AF087291

# Analisi dei sistemi dinamici

Alessandro Giua
Carla Seatzu

# Analisi dei sistemi dinamici

2a edizione

Springer

Alessandro Giua
Dipartimento di Ingegneria Elettrica ed Elettronica
Università di Cagliari, Cagliari

Carla Seatzu
Dipartimento di Ingegneria Elettrica ed Elettronica
Università di Cagliari, Cagliari

ISBN 978-88-470-1483-1
ISBN 978-88-470-1484-8 e(Book)
DOI 10.1007/978-88-470-1484-8



*In copertina:* "Senza titolo", olio su tela, riprodotto per gentile concessione del maestro Antonio Mallus
*Layout copertina:* Simona Colombo, Milano

Impaginazione: PTP-Berlin, Protago TEX-Production GmbH, Germany (www.ptp-berlin.eu)
Stampa: Signum, Bollate (Mi)
*Stampato in Italia*

Springer-Verlag Italia S.r.l., Via Decembrio 28, I-20137 Milano
Springer-Verlag fa parte di Springer Science+Business Media (www.springer.com)

# Prefazione

## Prefazione alla prima edizione

Il nuovo ordinamento didattico ha reso necessario un rapido adeguamento dei programmi degli insegnamenti e dei manuali universitari. La principale novità introdotta dal nuovo ordinamento consiste nella frammentazione dei corsi monolitici della vecchia laurea in corsi più semplici, ripartiti su più anni o addirittura su più corsi di studio: *laurea di base* e *laurea specialistica*.

I classici testi che hanno formato la scuola dell'Automatica in Italia non sono adeguati alla laurea di base, non solo perché presuppongono una maturità matematica che gli studenti non possono ancora avere raggiunto, ma anche perché presentano i vari argomenti ad un livello di dettaglio molto superiore a quello che i tempi ristretti della laurea di base permettono di adottare.

D'altro canto, per lo studente che prosegue gli studi fino al conseguimento della laurea specialistica è utile disporre di un unico manuale inteso come guida ed approfondimento per lo studio di una disciplina. L'esperienza delle università anglosassoni, in cui da sempre esiste un percorso di base (*bachelor*) seguito da uno specialistico (*master*), ci ha insegnato l'utilità di manuali che possano essere usati a più livelli.

Il testo che presentiamo è dedicato all'*analisi dei sistemi a tempo continuo*. Esso è principalmente dedicato allo studio dei sistemi lineari, ma contiene anche qualche cenno ai sistemi non lineari. In esso sono trattati sia i *modelli ingresso-uscita* che i *modelli in variabili di stato*. Le tecniche di analisi presentate coprono sia lo studio nel *dominio del tempo*, che nel *dominio della variabile di Laplace* e nel *dominio della frequenza*. Benché si sia cercato di mostrare le interconnessioni tra tutte queste tecniche di analisi, i vari argomenti sono trattati in capitoli e sezioni a sé stanti: nelle nostre intenzioni ciò consente al testo di venir utilizzato quale sussidio didattico per un insegnamento che affronti solo una parte di tali argomenti.

Il testo copre i contenuti di:

- un insegnamento di *analisi dei sistemi* (o *teoria dei sistemi*) dedicato all'analisi dei sistemi lineari a tempo continuo per la laurea di base;
- uno o più insegnamenti di *complementi di analisi dei sistemi* per la laurea specialistica.

Ciò ha reso necessario una ristrutturazione della presentazione per consentire due diversi percorsi di lettura.

Per prima cosa, si è posta particolare attenzione nel presentare ogni argomento attraverso una serie di risultati che vengono dapprima chiaramente enunciati e poi dimostrati. Ad una prima lettura è sempre possibile saltare la dimostrazione, perché uno o più esempi chiariscono come il risultato debba essere applicato. Tuttavia, laddove il lettore voglia approfondire l'argomento, la dimostrazione costituisce un utile complemento: grande cura è stata posta nel presentare ogni dimostrazione in termini semplici e intuitivi, per quanto possibile.

In secondo luogo, si sono previste delle intere sezioni (e perfino un intero capitolo, il numero 12) dedicate ad argomenti di approfondimento. Tali sezioni sono indicate con un asterisco e possono essere saltate senza compromettere la comprensione del restante materiale.

A complemento del materiale didattico presentato nel testo sono disponibili sul sito `http://www.diee.unica.it/giua/ASD` una serie di esercizi svolti e di programmi MATLAB che riteniamo essere utili agli studenti.

Vorremmo ringraziare i colleghi Maria Maddalena Pala e Elio Usai che hanno letto le bozze di alcuni capitoli di questo libro, suggerendoci utili modifiche. Un ulteriore ringraziamento va anche a tutti gli studenti e i tutori del corso di Analisi dei Sistemi dell'Università di Cagliari, che negli anni 2000-2005 hanno letto e corretto una serie di appunti e dispense da cui poi questo testo ha preso corpo.

Infine un ringraziamento speciale va alle nostre famiglie che ci hanno sostenuto colmando quelle mancanze che il lavoro impegnativo svolto per realizzare questo libro ha inevitabilmente generato.

Cagliari, settembre 2005

## Prefazione alla seconda edizione

Nell'occasione della seconda edizione del nostro testo, a quattro anni di distanza dalla prima, vogliamo ringraziare tutti coloro che lo hanno usato e che, grazie ai loro commenti, ci hanno permesso di migliorarlo.

Gli studenti hanno accolto con favore questo manuale. Molti fra loro ci hanno segnalato la presenza di diversi errori di stampa e, rendendoci partecipi dei loro dubbi, ci hanno spinto a modificare alcune parti per rendere il materiale di più facile comprensione. In particolare, abbiamo parzialmente riscritto la trattazione dei seguenti argomenti: *forma di Jordan* e *autovettori generalizzati*, *calcolo della matrice di trasferimento per sistemi a blocchi interconnessi*, *analisi delle proprietà filtranti mediante diagramma di Bode*, *criterio di Routh*.

Diversi colleghi hanno adottato o suggerito questo testo per i loro corsi. Alcuni, in particolare, ci hanno proposto di arricchirlo con nuovi argomenti, non trattati nella prima edizione. Tali argomenti sono: *stabilità del movimento e della traiettoria*, *osservatore di ordine ridotto*, *funzione descrittiva*.

Infine, siamo grati al collega Elio Usai per gli utili suggerimenti relativi alla presentazione dei nuovi argomenti e ai nostri dottorandi, Maria Paola Cabasino e Mauro Franceschelli, per l'aiuto prestatoci nella correzione delle bozze.

Speriamo che anche questa nuova edizione, come la prima, risulti uno strumento didattico utile a studenti e colleghi.

Cagliari, luglio 2009 *Alessandro Giua* e *Carla Seatzu*

# Indice

# 1

# Introduzione

L'obiettivo di questo capitolo è quello di introdurre i concetti che stanno alla base dell'*Automatica*, la disciplina dell'ingegneria a cui questo testo introduttivo è dedicato. Nella prima sezione viene data una breve definizione dell'Automatica e della nozione di *sistema*, che ne è il principale oggetto di studio. Nella seconda sezione si descrivono per sommi capi i problemi che tale disciplina affronta e risolve. Una semplice classificazione dei principali approcci e modelli usati è infine proposta nella terza sezione.

## 1.1 Automatica e sistemi

L'*Automatica* o *Ingegneria dei Sistemi* è quella disciplina che studia la modellazione matematica di sistemi di diversa natura, ne analizza il comportamento dinamico e realizza opportuni dispositivi di controllo per far sì che tali sistemi abbiano il comportamento desiderato.

La nozione che sta alla base dell'Automatica è certamente quella di *sistema*. Numerose definizioni di tale ente sono state proposte nella letteratura. Al momento non ve n'è tuttavia una che possa considerarsi universalmente riconosciuta. Il manuale dell'IEEE ad esempio definisce un sistema come *un insieme di elementi che cooperano per svolgere una funzione altrimenti impossibile per ciascuno dei singoli componenti*. Il grande dizionario della lingua italiana di S. Battaglia definisce un sistema come *un insieme, complesso articolato di elementi o di strumenti fra loro coordinati in vista di una funzione determinata*.

In queste definizioni non viene messo in risalto, tuttavia, un elemento essenziale che costituisce invece l'oggetto principale di studio dell'Automatica: il *comportamento dinamico* di un sistema. Secondo il paradigma dell'Automatica, infatti, un sistema è soggetto a sollecitazioni esterne che influenzano la sua evoluzione nel tempo. Nel seguito faremo quindi riferimento alla seguente definizione secondo la quale *un sistema è un ente fisico, tipicamente formato da diverse componenti tra loro interagenti, che risponde a sollecitazioni esterne producendo un determinato comportamento.*

Giua A., Seatzu C.: Analisi dei sistemi dinamici. 2a edizione

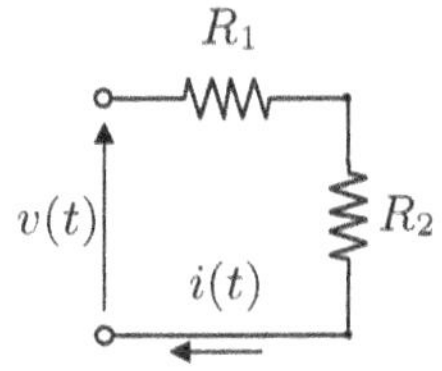


**Fig. 1.1.** Sistema elettrico in Esempio 1.2

**Esempio 1.1** Un circuito elettrico costituito da componenti quali resistori, capacitori, induttori, diodi, generatori di corrente e tensione, ecc., costituisce un semplice esempio di sistema dinamico. Il comportamento del sistema può venire descritto dal valore dei segnali di tensione e di corrente nei rami del circuito. Le sollecitazioni che agiscono sul sistema sono le tensioni e le correnti applicate dai generatori, che possono essere imposte dall'esterno. ◇

Infine è importante rimarcare un aspetto peculiare dell'Automatica: la sua indipendenza da una particolare tecnologia. Molte discipline ingegneristiche sono caratterizzate dall'interesse per una particolare applicazione a cui corrisponde una particolare tecnologia: si pensi all'Elettrotecnica che studia i circuiti elettrici, all'Elettronica che studia i dispositivi elettronici, all'Informatica che studia i sistemi di elaborazione, ecc. Al contrario, l'Automatica si caratterizza per un *approccio metodologico* formale che vuol essere indipendente da una particolare famiglia di dispositivi ed è, dunque, potenzialmente applicabile in diversi contesti applicativi.

## 1.2 Problemi affrontati dall'Automatica

Sono molte le attività oggetto dell'interesse dell'Automatica. Senza la pretesa di essere esaustivi, qui ci si limita a ricordare i principali problemi che tale disciplina consente di affrontare e risolvere.

### 1.2.1 Modellazione

Per poter studiare un sistema è di fondamentale importanza disporre di un modello matematico che ne descriva il comportamento in termini quantitativi. Tale modello viene solitamente costruito sulla base della conoscenza dei dispositivi che compongono il sistema e delle leggi fisiche a cui essi obbediscono.

**Esempio 1.2** Si supponga di avere un circuito elettrico costituito da due resistori $R_1 = 1\Omega$ e $R_2 = 3\Omega$ in serie, come in Fig. 1.1. Si vuole descrivere come la corrente $i(t)$ che attraversa il circuito dipenda dalla tensione $v(t)$. Tenendo conto che entrambi i resistori soddisfano la legge di Ohm, e tenendo conto di come essi sono collegati, si ricava facilmente il modello $v(t) = (R_1 + R_2)i(t) = 4i(t)$. ◇

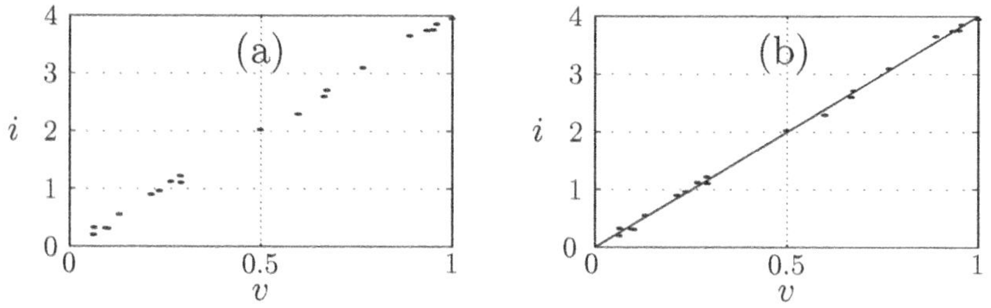


**Fig. 1.2.** Procedura di identificazione in Esempio 1.3

### 1.2.2 Identificazione

In alcuni casi, la conoscenza dei dispositivi che compongono un sistema non è completa e il modello del sistema può essere costruito solo sulla base dell'osservazione del suo comportamento. Se è noto quali e quanti sono i componenti ma non sono noti tutti i loro parametri si parla di un problema di *identificazione parametrica*; nel caso più generale, tuttavia, non si ha alcuna informazione sulla costituzione del sistema e si parla talvolta di *identificazione a scatola nera.*

**Esempio 1.3** Si supponga che nel circuito del precedente esempio sia nota la struttura del sistema ma non si conosca il valore delle due resistenze $R_1$ e $R_2$. In tal caso è ancora possibile scrivere la relazione $v(t) = (R_1 + R_2)i(t) = Ri(t)$, dove $R$ è un parametro incognito che deve essere identificato. In base all'osservazione del sistema si determinano diverse coppie di misure $(v_k, i_k)$, per $k = 1, \ldots, N$, rappresentate sul grafico in Fig. 1.2.a. Si noti che in genere tali punti non saranno perfettamente allineati su una retta di coefficiente angolare $R$, fondamentalmente a causa di due motivi. Un primo motivo è dovuto al fatto che le osservazioni sono sempre affette da inevitabili *errori di misura*, più o meno rilevanti. Un secondo motivo consiste nel fatto che sul sistema agiscono *disturbi* che modificano il suo comportamento: ad esempio, una variazione di temperatura tra una misura e l'altra può modificare il valore della resistenza. Una possibile soluzione consiste nello scegliere quel valore di $R$ che determina la retta che meglio approssima i dati, per esempio interpolando nel senso dei minimi quadrati come in Fig. 1.2.b. ◇

### 1.2.3 Analisi

Il problema fondamentale dell'analisi dei sistemi consiste nel prevedere il comportamento futuro di un sistema sulla base delle sollecitazioni a cui è soggetto. Per risolvere tale problema in termini quantitativi è fondamentale avere a disposizione un modello matematico del sistema.

**Esempio 1.4** Il comportamento dell'ecosistema marino può essere descritto dall'evoluzione nel tempo della popolazione della fauna e della flora, che nasce, cresce e muore. Tale comportamento è influenzato dalle condizioni climatiche, dalla presenza di cibo, dai predatori umani, dagli inquinanti presenti nell'acqua, ecc. È stata recentemente avanzata la proposta di ridurre la concentrazione di anidride carbonica nell'atmosfera terrestre, iniettando i gas prodotti dalle lavorazioni industriali nel mare, dove l'anidride carbonica si scioglie. Un importante problema di analisi non ancora risolto, anche per la mancanza di un modello adeguato, consiste nel determinare quale sarebbe il comportamento dell'ecosistema marino a tale sollecitazione. ◇

### 1.2.4 Controllo

L'obiettivo del controllo consiste nell'imporre ad un sistema un comportamento desiderato. Vi sono due aspetti principali legati a tale problema. Per prima cosa occorre definire cosa si intende per comportamento desiderato, tramite opportune *specifiche* che tale comportamento deve soddisfare. In secondo luogo, si deve progettare un dispositivo, detto *controllore*, che sollecitando in modo opportuno il sistema sia capace di guidare la sua evoluzione nel senso desiderato. Il problema del controllo viene anche chiamato problema di *sintesi*, intendendo con ciò la sintesi (o progetto) del dispositivo di controllo.

**Esempio 1.5** In una rete di distribuzione idrica si desidera mantenere costante la pressione nei diversi rami. Per ogni ramo è dato un valore di pressione nominale e la specifica prevede che durante l'esercizio della rete il valore istantaneo della pressione non si discosti da questo di oltre il 10%. Due tipi di sollecitazioni agiscono su questa rete modificandone il comportamento: le portate prelevate dalle utenze e le pressioni imposte dalle pompe in alcuni nodi della rete. Le portate prelevate dalle utenze non sono variabili che possono venir controllate e sono da considerarsi alla stregua di disturbi. Le pressioni imposte dalle pompe sono invece variabili manipolabili e lo scopo del controllore è appunto quello di determinare come esse devono variare al fine di soddisfare la specifica. ◇

### 1.2.5 Ottimizzazione

Il problema di ottimizzazione può essere visto come un caso particolare del problema di controllo in cui si desidera che il sistema realizzi un determinato obiettivo ottimizzando al contempo un dato *indice di prestazione*. Tale indice, che misura la bontà del comportamento del sistema, in genere tiene conto di più esigenze.

**Esempio 1.6** La sospensione di un veicolo stradale è progettata in modo da contemperare a due diverse esigenze: garantire un adeguato livello di comfort ai passeggeri e assicurare una buona tenuta di strada. I moderni SUV (Sport Utility Vehicle) sono equipaggiati di sospensioni semi-attive. In tali dispositivi, un controllore varia opportunamente il coefficiente di smorzamento della sospensione per garantire il migliore compromesso fra queste due esigenze a seconda delle diverse condizioni di marcia (fuori-strada o su pavimentazione stradale). L'indice di prestazione da ottimizzare tiene conto delle oscillazioni dell'abitacolo e delle ruote. ◇

### 1.2.6 Verifica

Una procedura di verifica consente, disponendo di un modello matematico col quale rappresentare un sistema e di un insieme di proprietà desiderate espresse in termini formali, di dimostrare attraverso opportune tecniche di calcolo che il modello soddisfa le proprietà desiderate.

Tale approccio è particolarmente utile nella verifica di un dispositivo di controllo. Infatti capita spesso che un dispositivo di controllo sia progettato a partire dalle specifiche con metodi semi-empirici: in questi casi è utile verificare che esso soddisfi le specifiche.

**Esempio 1.7** Un ascensore viene controllato al fine di garantire che esso risponda alle chiamate servendo i vari piani. Il dispositivo di controllo è un automa a logica programmabile (PLC: Programmable Logic Controller): per garantire che il suo programma non abbia bachi e che effettivamente soddisfi le specifiche, può essere utile usare delle tecniche di verifica formale. ◇

### 1.2.7 Diagnosi di guasto

Un problema che si verifica di frequente nei sistemi dinamici è dovuto al verificarsi di guasti o malfunzionamenti che modificano il comportamento nominale di un sistema. In tali circostanze è necessario poter disporre di un approccio per rilevare un comportamento anomalo che indica la presenza di un guasto, identificare il guasto e determinare una opportuna azione correttiva che tenda a ristabilire il comportamento nominale.

**Esempio 1.8** Il corpo umano è un sistema complesso soggetto a un particolare tipo di guasto: la malattia. La presenza di febbre o di altra condizione anomala è un sintomo rivelatore della presenza di una patologia. Il medico, identificata la malattia, cura il paziente prescrivendo una opportuna terapia. ◇

## 1.3 Classificazione dei sistemi

Si è detto che l'Automatica si caratterizza per un approccio metodologico che si vuole indipendente da un particolare tipo di sistema. Tuttavia, la grande diversità dei sistemi che si ha interesse a studiare e controllare ha reso necessario sviluppare un numero consistente di tali approcci, ciascuno dei quali fa riferimento ad una particolare classe di modelli ed è applicabile in particolari contesti. È allora possibile dare una prima classificazione delle metodologie e dei modelli oggetto di studio dell'Automatica come fatto in Fig. 1.3, dove procedendo dall'alto verso il basso si passa da una classe ad un suo sottoinsieme.

Per convenzione si è soliti denotare queste classi con il nome di *sistemi* (p.e., sistemi ibridi, sistemi ad eventi discreti, ecc.) ma come detto sarebbe più corretto parlare di *modelli* (p.e., modelli ibridi, modelli ad eventi discreti, ecc.). Infatti uno

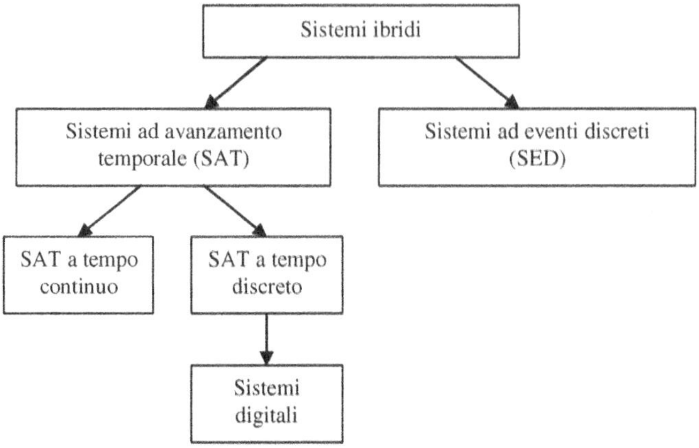


**Fig. 1.3.** Classificazione dei sistemi oggetto di studio dell'Automatica

stesso sistema può spesso venir descritto tramite uno o l'altro di questi modelli come si vedrà negli esempi presentati in questa sezione.

Si noti infine che sono possibili ulteriori classificazioni che per brevità qui non vengono indicate. Le sotto-classi di interesse dei sistemi ad avanzamento temporale, a cui questo testo è dedicato, sono presentate nel Capitolo 2.

### 1.3.1 Sistemi ad avanzamento temporale

I sistemi che hanno costituito sino ad ora il principale oggetto di studio dell'Automatica sono i cosiddetti *sistemi ad avanzamento temporale* (SAT). In tali sistemi il comportamento del sistema è descritto da segnali ossia funzioni reali della variabile indipendente tempo $t$. Se la variabile tempo varia con continuità si parla di SAT *a tempo continuo*, mentre se essa prende valori in un insieme discreto si parla di SAT *a tempo discreto*. Nel caso particolare dei sistemi a tempo discreto, è possibile identificare la sotto-classe dei *sistemi digitali* in cui anche i segnali in gioco, e non solo la variabile tempo, assumono valori discreti.

L'evoluzione di tali sistemi nasce dal trascorre del tempo. Nel caso dei SAT a tempo continuo, i segnali che descrivono il comportamento del sistema soddisfano una equazione differenziale che specifica il legame istantaneo tra tali segnali e le loro derivate. Nel caso dei SAT a tempo discreto, i segnali che descrivono il comportamento del sistema soddisfano una equazione alle differenze.

**Esempio 1.9 (SAT a tempo continuo)** Si consideri il serbatoio mostrato in Fig. 1.4. Il volume di liquido in esso contenuto $V(t)$ [m$^3$] varia nel tempo a causa delle portate imposte da due pompe azionate dall'esterno. La portata entrante vale $q_1(t) \geq 0$ e quella uscente vale $q_2(t) \geq 0$; entrambe sono misurate in [m$^3$/s]. Supponendo che il serbatoio non si svuoti e non si riempia mai completamente,

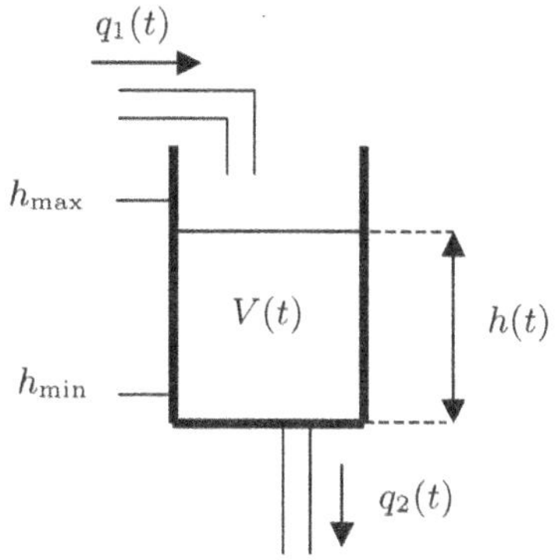


**Fig. 1.4.** Un serbatoio

possiamo descrivere il comportamento di tale sistema mediante l'equazione

$$\frac{d}{dt}V(t) = q_1(t) - q_2(t). \tag{1.1}$$

Si tratta dunque di una equazione differenziale che lega fra loro le variabili a tempo continuo $V(t)$, $q_1(t)$ e $q_2(t)$. ◇

**Esempio 1.10 (SAT a tempo discreto)** Se nel serbatoio mostrato in Fig. 1.4 le misure di volume e di portata non sono disponibili con continuità ma solo ogni $T$ unità di tempo, ha interesse descrivere il comportamento del sistema solo negli istanti di tempo

$$0,\ T,\ 2T,\ 3T,\ \ldots,\ kT,\ \ldots.$$

Si possono dunque considerare le variabili a tempo discreto $V(k) = V(kT)$, $q_1(k) = q_1(kT)$ e $q_2(k) = q_2(kT)$ definite per $k = 0, 1, \ldots$.

Posto $\Delta t = T$, approssimando la derivata con il rapporto incrementale

$$\frac{d}{dt}V(t) \approx \frac{\Delta V}{\Delta t} = \frac{V(k+1) - V(k)}{T}$$

e moltiplicando ambo i membri per $T$, l'eq. (1.1) diventa

$$V(k+1) - V(k) = Tq_1(k) - Tq_2(k). \tag{1.2}$$

Si tratta dunque di una equazione alle differenze che lega fra loro le variabili a tempo discreto $V(k)$, $q_1(k)$ e $q_2(k)$. ◇

### 1.3.2 Sistemi ad eventi discreti

Un sistema ad eventi discreti si può definire come un sistema dinamico i cui stati assumono diversi valori logici o simbolici, piuttosto che numerici, e il cui comportamento è caratterizzato dall'occorrenza di *eventi* istantanei che si verificano con un cadenzamento irregolare non necessariamente noto. Il comportamento di tali sistemi è descritto in termini, appunto, di stati e di eventi.

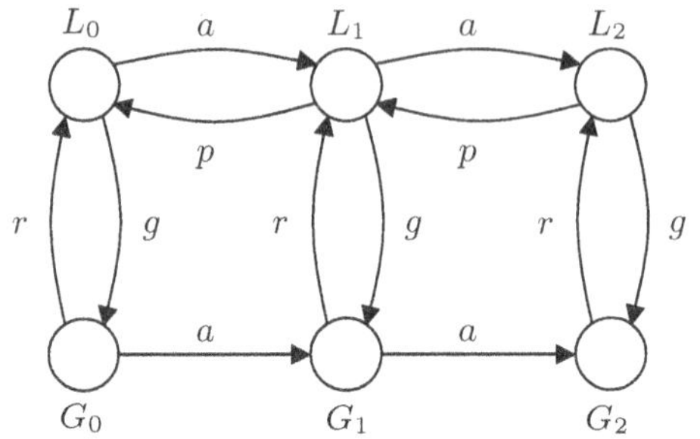


**Fig. 1.5.** Modello ad eventi discreti del deposito in Esempio 1.11

**Esempio 1.11 (Sistema ad eventi discreti)** Si consideri un deposito di parti in attesa di venir lavorate da una macchina. Si suppone che il numero di parti in attesa non possa superare le due unità e che la macchina possa essere in lavorazione oppure guasta.

Lo stato del sistema complessivo è dato dal numero di parti in attesa e dallo stato della macchina. Sono dunque possibili sei stati:

$L_0, L_1, L_2$: macchina in lavorazione e deposito vuoto, con una parte o con due parti;
$G_0, G_1, G_2$: macchina guasta e deposito vuoto, con una parte o con due parti.

Gli eventi che determinano un cambiamento di stato sono:

$a$: arrivo di una nuova parte nel deposito;
$p$: prelievo da parte della macchina di una parte dal deposito;
$g$: la macchina si guasta;
$r$: la macchina viene riparata.

L'evento $a$ può sempre verificarsi purché il deposito non contenga due parti (in tal caso non possono arrivare nuove parti); tale evento modifica lo stato da $L_i$ (ovvero $G_i$) a $L_{i+1}$ (ovvero $G_{i+1}$). L'evento $p$ può verificarsi solo se il deposito non è vuoto e la macchina è in lavorazione; tale evento modifica lo stato da $L_i$ a $L_{i-1}$. Infine gli eventi $g$ e $r$ determinano, rispettivamente, il passaggio da $L_i$ a $G_i$ e viceversa. Tale comportamento può essere descritto formalmente mediante il modello in Fig. 1.5 che assume la forma di un *automa* a stati finiti. ◇

Esistono sistemi intrinsecamente ad eventi discreti quale il sistema descritto nell'esempio precedente. Molti sistemi di questo tipo si trovano nell'ambito della produzione, della robotica, del traffico, della logistica (trasporto e immagazzinamento di prodotti, organizzazione e consegna di servizi) e delle reti di elaboratori elettronici e di comunicazioni. Altre volte, dato un sistema la cui evoluzione potrebbe essere descritta con un modello ad avanzamento temporale, si preferisce astrarre e rinunciare ad una descrizione del suo comportamento in termini di segnali al fine di mettere in evidenza i soli fenomeni di interesse. Il seguente esempio presenta un caso del genere.

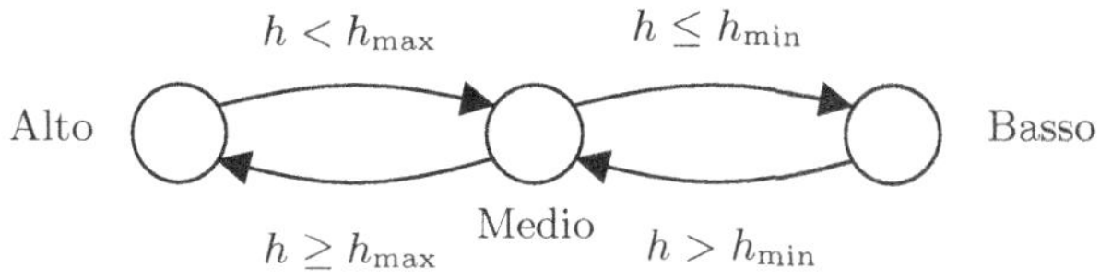


**Fig. 1.6.** Modello ad eventi discreti del serbatoio in Fig. 1.4

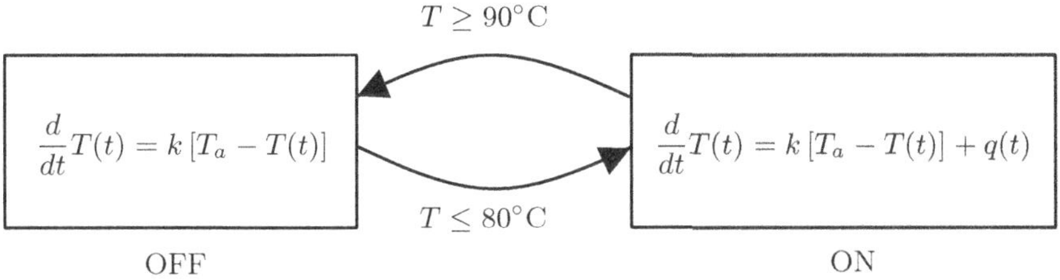


**Fig. 1.7.** Modello ibrido di una sauna finlandese con termostato in Esempio 1.13

**Esempio 1.12 (Sistema ad eventi discreti)** Si desidera controllare il serbatoio studiato negli Esempi 1.9 e 1.10 per mantenere il suo livello all'interno di un'intervallo $[h_{\min}, h_{\max}]$. Per far ciò si decide di usare un dispositivo di supervisione che spegne la pompa associata alla portata entrante quando si raggiunge il livello $h_{\max}$ e spegne la pompa associata alla portata uscente quando si raggiunge il livello $h_{\min}$. Ai fini della supervisione, è sufficiente descrivere il comportamento del sistema tramite un modello ad eventi discreti quale quello rappresentato dall'automa in Fig. 1.6. Tale automa ha tre stati (Alto, Medio, Basso) e i corrispondenti eventi, che indicano il raggiungimento dei livelli $h_{\min}$ e $h_{\max}$, possono venir rilevati da due semplici sensori di livello posti nel serbatoio. ◇

### 1.3.3 Sistemi ibridi

Nel linguaggio comune si definisce ibrido un sistema formato da componenti di natura diversa. All'interno dell'Automatica si usa tale termine con uno specifico significato: un *sistema ibrido* è un sistema il cui comportamento viene descritto mediante un modello che unisce dinamiche ad avanzamento temporale con dinamiche ad eventi discreti. Per le loro caratteristiche, i sistemi ibridi si possono considerare come la classe più generale di sistemi dinamici, che contiene come sottoclassi i SAT e i SED, come indicato in Fig. 1.3.

**Esempio 1.13 (Sistema ibrido)** Si consideri una sauna finlandese la cui temperatura è regolata tramite un termostato. Possiamo distinguere due principali componenti in tale sistema.

Una prima componente è il termostato, il cui comportamento può ben essere descritto da un sistema ad eventi: nello stato ON esso mette in funzione il riscaldamento e nello stato OFF lo tiene spento. Poiché si desidera mantenere la temperatura tra 80°C e 90°C gli eventi che fanno passare da ON a OFF e viceversa sono legati al raggiungimento di tali livelli di temperatura.

Una seconda componente è la cabina della sauna, il cui stato può venir rappresentato dalla sua temperatura $T(t)$, che è un segnale a tempo continuo. Quando il termostato è nello stato OFF la temperatura decresce perché la cabina perde calore verso l'ambiente esterno che si trova a temperatura $T_a < T(t)$, e il comportamento del sistema è descritto nel generico istante $t$ dall'equazione

$$\frac{d}{dt}T(t) = k\left[T_a - T(t)\right],$$

dove $k > 0$ è un opportuno coefficiente che tiene conto dello scambio termico. Quando viceversa il termostato è nello stato ON la temperatura cresce con la legge

$$\frac{d}{dt}T(t) = k\left[T_a - T(t)\right] + q(t),$$

dove $q(t)$ rappresenta l'incremento di temperatura nell'unità di tempo dovuto al calore prodotto dal dispositivo di riscaldamento.

Lo stato di tale sistema

$$x = (\ell, T)$$

ha dunque due componenti: la variabile logica $\ell \in \{ON, OFF\}$ è detta *locazione* e rappresenta lo *stato discreto*; il segnale di temperatura $T \in \mathbb{R}$ rappresenta lo *stato continuo*.

Possiamo infine dare il modello ibrido mostrato in Fig. 1.7, dove ogni rettangolo rappresenta una locazione, le frecce descrivono il comportamento ad eventi, mentre all'interno di ogni locazione una equazione differenziale descrive il comportamento ad avanzamento temporale. ◇

# 2

# Sistemi, modelli e loro classificazione

L'obiettivo di questo capitolo è quello di fornire alcuni concetti fondamentali nello studio dei sistemi dinamici ad avanzamento temporale, ossia di quei sistemi la cui evoluzione, come visto nel Capitolo 1, nasce dal trascorrere del tempo. In particolare, con riferimento ai sistemi ad avanzamento temporale e a tempo continuo, che costituiscono la classe di sistemi che verrà presa in esame in questo testo, vengono introdotte le due principali descrizioni che di un sistema si possono dare, a seconda delle grandezze o variabili di interesse. La prima è la *descrizione ingresso-uscita* (IU), la seconda è la *descrizione in variabili di stato* (VS). A seconda del tipo di descrizione scelta è poi necessario formulare diversi tipi di modello matematico, ossia il *modello IU* o il *modello in VS*. La derivazione di entrambi i tipi di modelli matematici è illustrata all'interno del capitolo attraverso alcuni semplici esempi fisici, quali sistemi idraulici, elettrici, meccanici e termici.

Una importante classificazione di tali modelli è infine proposta, sulla base di alcune proprietà elementari di cui i sistemi possono godere. In particolare, nel seguito i sistemi verranno classificati come, *dinamici* o *istantanei*, *lineari* o *non lineari*, *stazionari* o *non stazionari*, *propri* o *impropri*, *a parametri concentrati* o *distribuiti*, *con* o *senza elementi di ritardo*.

## 2.1 Descrizione di sistema

Il primo passo fondamentale per poter applicare delle tecniche formali allo studio dei sistemi consiste naturalmente nella descrizione del comportamento del sistema mediante *grandezze* (o *variabili*, o *segnali*) che evolvono nel tempo. Nel caso dei sistemi ad avanzamento temporale a cui è dedicato questo testo, due sono le possibili descrizioni: la prima nota come descrizione *ingresso-uscita* (IU), la seconda nota come descrizione in termini di *variabili di stato* (VS).

Giua A., Seatzu C.: Analisi dei sistemi dinamici. 2a edizione

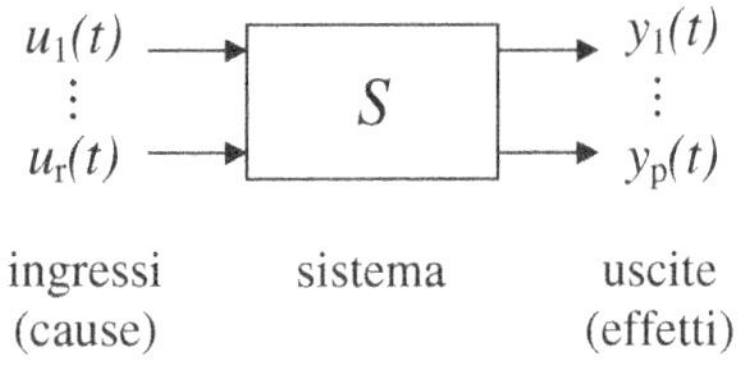


**Fig. 2.1.** Descrizione in ingresso-uscita

### 2.1.1 Descrizione ingresso-uscita

Le grandezze alla base di una descrizione IU sono le *cause esterne* al sistema e gli *effetti*. Le cause esterne sono delle grandezze che si generano al di fuori del sistema; la loro evoluzione influenza il comportamento del sistema ma non dipende da esso. Gli effetti invece sono delle grandezze la cui evoluzione dipende dalle cause esterne al sistema e dalla natura del sistema stesso. Di solito si usa la convenzione di definire come *ingressi* al sistema le cause esterne, e come *uscite* gli effetti. In generale su un sistema possono agire più ingressi così come più di una possono essere le grandezze in uscita. La classica rappresentazione grafica di un sistema per il quale siano stati individuati $r$ ingressi e $p$ uscite è quella mostrata in Fig. 2.1 dove $S$ può venire considerato come un operatore che assegna uno specifico andamento alle grandezze in uscita in corrispondenza ad ogni possibile andamento degli ingressi.

Di solito si usa la convenzione di indicare con

$$\boldsymbol{u}(t) = \left[ \begin{array}{ccc} u_1(t) & \dots & u_r(t) \end{array} \right]^T \in \mathbb{R}^r$$

il vettore degli ingressi, e con

$$\boldsymbol{y}(t) = \left[ \begin{array}{ccc} y_1(t) & \dots & y_p(t) \end{array} \right]^T \in \mathbb{R}^p$$

il vettore delle uscite.

Un sistema che abbia un solo ingresso ($r = 1$) e una sola uscita ($p = 1$) viene detto *SISO* (single-input single-output). Un sistema che abbia più ingressi e/o più uscite viene invece detto *MIMO* (multiple-inputs multiple-outputs).

Per convenzione si assume che sia gli ingressi che le uscite siano tutte grandezze *misurabili*, ossia grandezze la cui entità possa essere rilevata tramite appositi strumenti di misura.

Per quanto riguarda gli ingressi si opera inoltre una importante distinzione a seconda che questi siano o meno delle grandezze *manipolabili*. Più precisamente, se gli ingressi sono grandezze manipolabili, essi costituiscono proprio le grandezze tramite le quali si cerca di imporre al sistema il comportamento desiderato; viceversa, se sono grandezze non manipolabili, la loro azione sul sistema costituisce un disturbo che può alterare il comportamento desiderato del sistema stesso. Questa è la ragione per cui in questo secondo caso tali grandezze sono dette *disturbi* in ingresso al sistema. Ai fini dell'Analisi dei Sistemi tuttavia tale distinzione non è

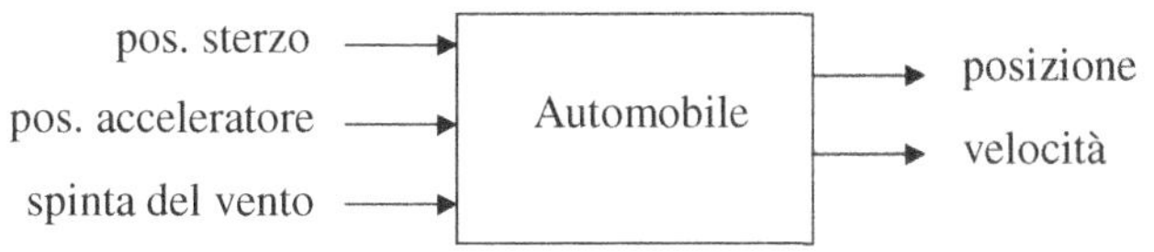


**Fig. 2.2.** Sistema relativo all'Esempio 2.1

importante, in quanto l'obiettivo di tale disciplina è quello di capire come il sistema evolve in risposta a determinate cause esterne al sistema stesso, a prescindere dal fatto che queste siano manipolabili o meno.

**Esempio 2.1** Si supponga che il sistema allo studio sia un'automobile. Siano la posizione e la velocità le grandezze in uscita, entrambe misurabili. Come variabili in ingresso si possono assumere la posizione dello sterzo e quella dell'acceleratore (cfr. Fig. 2.2), entrambe sia misurabili che manipolabili. Agendo infatti su tali grandezze si provoca una variazione delle grandezze in uscita, in una misura che dipende dal particolare sistema allo studio, ossia dalla particolare dinamica dell'automobile. Come ulteriore grandezza di ingresso al sistema si assuma la spinta del vento che influenza ovviamente la posizione e la velocità del veicolo, ma sulla quale il conducente non può agire, ossia essa non è una grandezza manipolabile.

È questo un semplice esempio di un sistema MIMO, essendo $r = 3$ e $p = 2$. ◇

**Esempio 2.2** Si consideri il sistema rappresentato in Fig. 2.3.a dato da due serbatoi cilindrici di base $B$ [m$^2$]. Sul primo serbatoio agisce la portata in ingresso $q_1$ [m$^3$/s] e la portata in uscita $q_2$ [m$^3$/s]; sul secondo serbatoio agisce invece la portata in ingresso $q_2$ e la portata in uscita $q_3$ [m$^3$/s], dove la portata in uscita dal primo serbatoio coincide con la portata in ingresso al secondo serbatoio. Siano infine $h_1$ [m] e $h_2$ [m] i livelli del liquido nei due serbatoi.

Si supponga di poter imporre il valore desiderato a $q_1$ e $q_2$ azionando opportunamente delle pompe, mentre la portata $q_3$ è una funzione lineare del livello del liquido nel serbatoio, ossia $q_3 = k \cdot h_2$, dove $k$ [m$^2$/s] è un opportuno coefficiente di proporzionalità. In questo caso le portate $q_1$ e $q_2$ possono essere considerate

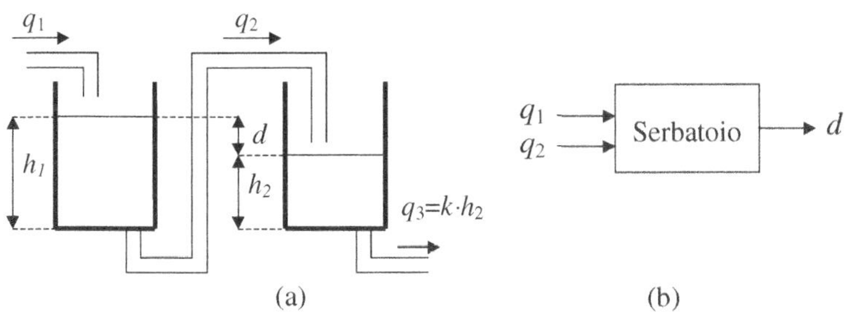


**Fig. 2.3.** Sistema relativo all'Esempio 2.2

come degli ingressi esterni al sistema (misurabili e manipolabili) che influenzano l'andamento del livello del liquido nei due serbatoi. Si assuma infine come variabile in uscita $d = h_1 - h_2$, ossia la differenza tra il livello del primo serbatoio e il livello del secondo serbatoio. Tale grandezza è naturalmente misurabile ma non manipolabile: il suo valore può essere infatti modificato solo indirettamente, ossia agendo opportunamente sugli ingressi.

Per quanto detto prima, questo è ancora un esempio di un sistema MIMO essendo 2 le grandezze in ingresso. La rappresentazione schematica di tale sistema in termini di variabili IU è data in Fig. 2.3.b. ◇

### 2.1.2 Descrizione in variabili di stato

Con riferimento alla Fig. 2.1 si è detto che, dato uno specifico andamento degli ingressi, attraverso $S$ risulta individuato un ben preciso andamento delle grandezze in uscita. È tuttavia facile rendersi conto che in generale l'uscita di un sistema in un certo istante di tempo $t$ non dipende dal solo ingresso al tempo $t$, ma dipende anche dall'evoluzione precedente del sistema.

**Esempio 2.3** Si consideri ancora il sistema in Fig. 2.3. Sia $d_0 = h_{1,0} - h_{2,0}$ il valore dell'uscita all'istante di tempo $t_0$, dove $h_{1,0}$ e $h_{2,0}$ rappresentano i livelli del liquido nei due serbatoi all'istante di tempo $t_0$. Si supponga inoltre che in $t_0$ tutte le grandezze in ingresso siano nulle, ossia $q_{1,0} = q_{2,0} = 0$.

È chiaro che l'uscita al generico istante di tempo $t > t_0$ dipende dal valore assunto dalle portate $q_1(t)$ e $q_2(t)$ durante l'intero intervallo di tempo $[t_0, t]$. ◇

Di questo fatto è possibile tenere conto introducendo una grandezza intermedia tra ingressi e uscite, chiamata *stato* del sistema. Lo stato del sistema gode della proprietà di concentrare in sé l'informazione sul passato e sul presente del sistema.

Così come le grandezze di ingresso e uscita, anche lo stato è in generale una grandezza vettoriale e viene indicato mediante un vettore di stato

$$\boldsymbol{x}(t) = \left[\ x_1(t) \quad \dots \quad x_n(t)\ \right]^T \in \mathbb{R}^n$$

dove il numero di componenti del vettore di stato si indica con $n$ e viene detto *ordine* del sistema. Il vettore $\boldsymbol{x}$ viene anche detto *vettore di stato* del sistema e per esso vale la seguente definizione formale.

**Definizione 2.4.** *Lo* stato *di un sistema all'istante di tempo $t_0$ è la grandezza che contiene l'informazione necessaria per determinare univocamente l'andamento dell'uscita $\boldsymbol{y}(t)$, per ogni $t \geq t_0$, sulla base della conoscenza dell'andamento dell'ingresso $\boldsymbol{u}(t)$, per $t \geq t_0$ e appunto dello stato in $t_0$.*

Lo schema rappresentativo di un sistema descritto in termini di variabili di stato è del tipo riportato in Fig. 2.4.

**Esempio 2.5** Si consideri ancora il sistema costituito dai due serbatoi in Fig. 2.3. Si assumano come variabili di stato i volumi di fluido nei due serbatoi che indichiamo come $V_1$ e $V_2$, rispettivamente. In questo caso, come mostrato in dettaglio

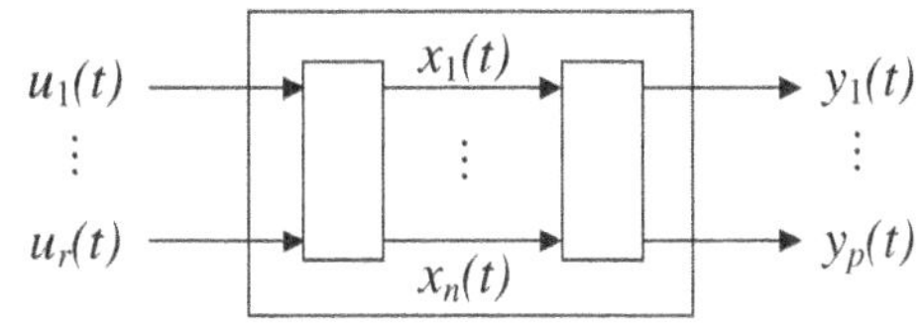


**Fig. 2.4.** Descrizione in variabili di stato

nel successivo Esempio 2.10, il valore dell'uscita al tempo $t$ può essere valutato in base alla conoscenza dello stato iniziale del sistema ($V_{1,0}$ e $V_{2,0}$) e in base alla conoscenza del vettore di ingresso durante l'intervallo di tempo $[t_0, t]$. ◇

In generale diverse grandezze fisiche relative ad un dato sistema possono essere scelte quali variabili di stato, per cui il vettore di stato non è univocamente determinato. La scelta più naturale e più comune consiste tuttavia nell'assumere come variabili di stato le grandezze che caratterizzano immediatamente il sistema dal punto di vista energetico.

**Esempio 2.6** Si considerino i seguenti sistemi fisici elementari.

- Dato un condensatore di capacità $C$, l'energia in esso immagazzinata al tempo $t$ è pari a $E_C = 1/2\ Cv_C^2(t)$ dove $v_C(t)$ è la tensione ai capi del condensatore all'istante di tempo $t$. Come variabile di stato è quindi naturale assumere $v_C(t)$.
- Dato un induttore di induttanza $L$, l'energia in esso immagazzinata al tempo $t$ è pari a $E_L = 1/2\ Li_L^2(t)$ dove $i_L(t)$ è la corrente che lo attraversa al tempo $t$. Come variabile di stato è allora naturale assumere $i_L(t)$.
- Data una molla di costante elastica $k$, l'energia in essa immagazzinata all'istante di tempo $t$ è pari a $E_k = 1/2\ kz^2(t)$ dove $z(t)$ è la deformazione della molla rispetto alla condizione di equilibrio. La scelta più naturale consiste pertanto nell'assumere come variabile di stato la deformazione $z(t)$ della molla.
- Data una massa $m$ in moto ad una velocità $v(t)$ su un piano, l'energia (cinetica) posseduta dalla massa $m$ è pari a $E_m = 1/2\ mv^2(t)$. In questo caso lo stato del sistema è pari alla velocità $v(t)$ della massa.
- Si consideri un serbatoio cilindrico di sezione costante $B$ e sia $h(t)$ il livello del liquido al suo interno al tempo $t$. L'energia (potenziale) che tale sistema possiede al tempo $t$ è pari a $E_p = 1/2\ \varrho g V^2(t)/B$ dove $\varrho$ è la densità del liquido nel serbatoio, $g$ è l'accelerazione di gravità e $V(t) = Bh(t)$ è il volume del liquido nel serbatoio. In questo caso una scelta naturale consiste nell'assumere lo stato del sistema pari al volume $V(t)$. Si noti che una scelta altrettanto naturale consiste nell'assumere lo stato pari al livello $h(t)$ del liquido nel serbatoio. ◇

**Esempio 2.7** Si consideri il sistema in Fig. 2.3. In ogni serbatoio è possibile immagazzinare energia potenziale che dipende dal volume (o equivalentemente dal livello) del liquido nei serbatoi. L'ordine del sistema è pertanto pari a 2. ◇

Si noti che se esiste energia immagazzinata nel sistema (cioè se il suo stato non è nullo) il sistema può evolvere anche in assenza di ingressi esterni. Questo significa che *anche lo stato di un sistema deve essere visto come una possibile causa di evoluzione* (interna e non esterna al sistema).

**Esempio 2.8** Si consideri un circuito costituito da un condensatore inizialmente carico con una resistenza in parallelo. Nella resistenza circola corrente pur non essendovi alcun generatore di tensione fino a quando il condensatore non si scarica completamente. ◇

## 2.2 Modello matematico di un sistema

L'obiettivo dell'*Analisi dei Sistemi* consiste nel studiare il legame esistente tra gli ingressi e le uscite di un sistema e/o tra gli stati, gli ingressi e le uscite del sistema. In altri termini, risolvere un problema di analisi significa capire, dati certi segnali in ingresso al sistema, come evolveranno gli stati e le uscite di tale sistema.

Questo rende necessaria la definizione di un *modello matematico* che descriva in maniera *quantitativa* il comportamento del sistema allo studio, ossia fornisca una descrizione matematica esatta del legame tra ingressi (stati) e uscite.

A seconda del tipo di descrizione che si vuole dare al sistema (IU o VS) è necessario formulare due diversi tipi di modello.

- Il *modello ingresso-uscita* (IU) descrive il legame tra l'uscita $\boldsymbol{y}(t)$ (e le sue derivate) e l'ingresso $\boldsymbol{u}(t)$ (e le sue derivate) sotto forma di una equazione differenziale.
- Il *modello in variabili di stato* (VS) descrive come:
  1. l'evoluzione dello stato $\dot{\boldsymbol{x}}(t) \in \mathbb{R}^n$ dipende dallo stato $\boldsymbol{x}(t) \in \mathbb{R}^n$ e dall'ingresso $\boldsymbol{u}(t)$ (*equazione di stato*),
  2. l'uscita $\boldsymbol{y}(t)$ dipende dallo stato $\boldsymbol{x}(t)$ e dall'ingresso $\boldsymbol{u}(t)$ (*trasformazione di uscita*).

### 2.2.1 Modello ingresso-uscita

Il modello IU per un sistema SISO, ossia un sistema con un solo ingresso e una sola uscita, è espresso mediante *una* equazione differenziale del tipo[1]:

$$h\left(\underbrace{y(t), \dot{y}(t), \ldots, y^{(n)}(t)}_{\text{uscita}}, \underbrace{u(t), \dot{u}(t), \ldots, u^{(m)}(t)}_{\text{ingresso}}, t\right) = 0 \tag{2.1}$$

dove

[1]Si noti che in realtà tale affermazione è vera solo qualora il sistema sia a parametri concentrati, ossia come si vedrà meglio nel seguito (cfr. § 2.4.5) quando l'unica variabile indipendente è il tempo. Nel seguito supporremo sempre che i sistemi di cui si parla siano a parametri concentrati.

- $\dot{y}(t) = \frac{d}{dt}\, y(t), \ldots, y^{(n)}(t) = \frac{d^n}{dt^n}\, y(t)$,
- $h$ è una funzione di più parametri che dipende dal particolare sistema allo studio,
- $n$ è il grado massimo di derivazione dell'uscita e coincide con l'ordine del sistema,
- $m$ è il grado massimo di derivazione dell'ingresso.

**Esempio 2.9** Un esempio di modello nella forma (2.1) è dato dall'equazione differenziale

$$2\dot{y}(t)y(t) + 2\sqrt{t}u(t)\ddot{u}(t) = 0$$

in cui $n = 1$ ed $m = 2$. In particolare si può notare che in questo caso la funzione $h$ lega $y$, $\dot{y}$, $u$, $\ddot{u}$ secondo una relazione che dipende esplicitamente dal tempo per la presenza del coefficiente $2\sqrt{t}$. ◇

Il modello IU per un sistema MIMO con $p$ uscite ed $r$ ingressi è invece espresso mediante $p$ equazioni differenziali del tipo:

$$\begin{cases} h_1\left(\underbrace{y_1(t), \ldots, y_1^{(n_1)}(t)}_{\text{uscita 1}}, \underbrace{u_1(t), \ldots, u_1^{(m_{1,1})}(t)}_{\text{ingresso 1}}, \ldots, \underbrace{u_r(t), \ldots, u_r^{(m_{1,r})}(t)}_{\text{ingresso } r}, t\right) = 0 \\ h_2\left(\underbrace{y_2(t), \ldots, y_2^{(n_2)}(t)}_{\text{uscita 2}}, \underbrace{u_1(t), \ldots, u_1^{(m_{2,1})}(t)}_{\text{ingresso 1}}, \ldots, \underbrace{u_r(t), \ldots, u_r^{(m_{2,r})}(t)}_{\text{ingresso } r}, t\right) = 0 \\ \qquad \vdots \qquad\qquad\qquad\qquad\qquad\qquad\qquad\qquad \vdots \\ h_p\left(\underbrace{y_p(t), \ldots, y_p^{(n_p)}(t)}_{\text{uscita } p}, \underbrace{u_1(t), \ldots, u_1^{(m_{p,1})}(t)}_{\text{ingresso 1}}, \ldots, \underbrace{u_r(t), \ldots, u_r^{(m_{p,r})}(t)}_{\text{ingresso } r}, t\right) = 0 \end{cases} \tag{2.2}$$

dove

- $h_i$, $i = 1, \ldots, p$, sono funzioni di più parametri che dipendono dal particolare sistema allo studio,
- $n_i$ è il grado massimo di derivazione della $i$-ma componente dell'uscita $y_i(t)$,
- $m_i$ è il grado massimo di derivazione della $i$-ma componente dell'ingresso $u_i(t)$.

### 2.2.2 Modello in variabili di stato

Il modello in VS per un sistema SISO invece di considerare equazioni differenziali di ordine $n$, lega la derivata di ciascuna variabile di stato con le diverse variabili di stato e con l'ingresso, mediante una relazione che prende il nome di *equazione di stato*; inoltre, tale modello lega la variabile in uscita alle componenti dello stato e all'ingresso mediante una relazione nota come *trasformazione in uscita*:

$$\begin{cases} \dot{x}_1(t) &= f_1\left(x_1(t), \ldots, x_n(t), u(t), t\right) \\ \quad\vdots & \qquad\vdots \\ \dot{x}_n(t) &= f_n\left(x_1(t), \ldots, x_n(t), u(t), t\right) \\ y(t) &= g\left(x_1(t), \ldots, x_n(t), u(t), t\right) \end{cases}$$

dove $f_i$, $i = 1, \ldots, n$ e $g$ sono funzioni di più parametri che dipendono dalla dinamica del particolare sistema allo studio.

Ora, se indichiamo con

$$\dot{\boldsymbol{x}}(t) = \frac{d}{dt}\boldsymbol{x}(t) = \begin{bmatrix} \dot{x}_1(t) \\ \vdots \\ \dot{x}_n(t) \end{bmatrix}$$

il vettore le cui componenti sono pari alle derivate prime delle componenti dello stato, il modello in VS di un sistema SISO può essere riscritto in forma più compatta come

$$\begin{cases} \dot{\boldsymbol{x}}(t) &= \boldsymbol{f}\left(\boldsymbol{x}(t), u(t), t\right) \\ y(t) &= g\left(\boldsymbol{x}(t), u(t), t\right) \end{cases} \tag{2.3}$$

dove $\boldsymbol{f}$ è una funzione vettoriale la cui $i$-ma componente è pari a $f_i$.

Il modello in VS per un sistema MIMO con $r$ ingressi e $p$ uscite ha invece una struttura del tipo

$$\begin{cases} \dot{x}_1(t) &= f_1\left(x_1(t), \ldots, x_n(t), u_1(t), \ldots, u_r(t), t\right) \\ \quad\vdots & \qquad\vdots \\ \dot{x}_n(t) &= f_n\left(x_1(t), \ldots, x_n(t), u_1(t), \ldots, u_r(t), t\right) \\ y_1(t) &= g_1\left(x_1(t), \ldots, x_n(t), u_1(t), \ldots, u_r(t), t\right) \\ \quad\vdots & \qquad\vdots \\ y_p(t) &= g_p\left(x_1(t), \ldots, x_n(t), u_1(t), \ldots, u_r(t), t\right) \end{cases} \tag{2.4}$$

che riscritto in forma matriciale diviene

$$\begin{cases} \dot{\boldsymbol{x}}(t) &= \boldsymbol{f}\left(\boldsymbol{x}(t), \boldsymbol{u}(t), t\right) \\ \boldsymbol{y}(t) &= \boldsymbol{g}\left(\boldsymbol{x}(t), \boldsymbol{u}(t), t\right). \end{cases} \tag{2.5}$$

L'*equazione di stato* è pertanto un sistema di $n$ equazioni differenziali del primo ordine, a prescindere dal fatto che il sistema sia SISO o MIMO. La *trasformazione in uscita* è invece una equazione algebrica, scalare o vettoriale a seconda del numero delle variabili in uscita.

La rappresentazione schematica che si può dare di un modello in VS è pertanto quella riportata in Fig. 2.5.

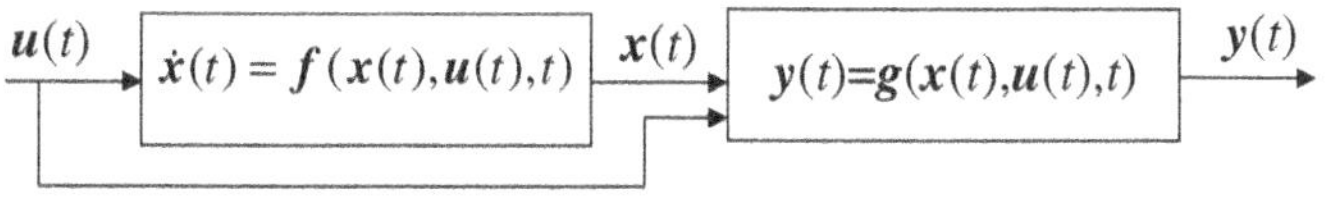


**Fig. 2.5.** Rappresentazione schematica di un modello in VS

## 2.3 Formulazione del modello matematico

Illustriamo ora attraverso alcuni semplici esempi fisici come procedere nella derivazione del modello matematico di un sistema. In particolare nel seguito presenteremo esempi di sistemi idraulici, elettrici, meccanici e termici.

### 2.3.1 Sistemi idraulici

**Esempio 2.10** Si consideri ancora il sistema in Fig. 2.3 e siano $u_i = q_i$, $i = 1, 2$, le variabili in ingresso; $y = d$ la variabile di uscita; $x_1 = V_1$ e $x_2 = V_2$ le variabili di stato. Si noti che le variabili di stato sono 2 essendo 2 gli elementi in grado di immagazzinare energia nel sistema (cfr. Esempio 2.7).

Deduciamo per tale sistema il modello IU e il modello in VS.

Osserviamo innanzi tutto che in virtù della *legge di conservazione della massa* per un fluido incomprimibile vale[2]

$$\begin{cases} \dfrac{dV_1(t)}{dt} = q_1(t) - q_2(t) \\ \dfrac{dV_2(t)}{dt} = q_2(t) - q_3(t) = q_2(t) - k\, h_2(t). \end{cases} \tag{2.6}$$

Ora, essendo $h_1 = V_1/B$ e $h_2 = V_2/B$, dall'eq. (2.6) segue che

$$\begin{cases} \dot{h}_1(t) = \dfrac{1}{B}\, q_1(t) - \dfrac{1}{B}\, q_2(t) \\ \dot{h}_2(t) = \dfrac{1}{B}\, q_2(t) - \dfrac{1}{B}\, q_3(t) = \dfrac{1}{B}\, q_2(t) - \dfrac{k}{B}\, h_2(t). \end{cases}$$

Inoltre, essendo per definizione $y(t) = d(t) = h_1(t) - h_2(t)$, vale

$$\begin{aligned} \dot{y}(t) &= \dot{d}(t) = \dot{h}_1(t) - \dot{h}_2(t) = \frac{1}{B}\, q_1(t) - \frac{2}{B}\, q_2(t) + \frac{k}{B}\, h_2(t) \\ &= \frac{1}{B}\, u_1(t) - \frac{2}{B}\, u_2(t) + \frac{k}{B}(h_1(t) - y(t)) \end{aligned}$$

[2] Si noti che in effetti tali equazioni differenziali hanno un campo di validità limitato. Questo è definito dai vincoli di non negatività $V_1(t)$, $V_2(t) \geq 0$ e da vincoli che limitano il valore massimo di tali volumi, che non possono naturalmente superare la capienza dei serbatoi.

pertanto

$$\begin{aligned}\ddot{y}(t) &= \frac{1}{B}\,\dot{u}_1(t) - \frac{2}{B}\,\dot{u}_2(t) + \frac{k}{B}\,\dot{h}_1(t) - \frac{k}{B}\,\dot{y}(t)\\ &= \frac{1}{B}\,\dot{u}_1(t) - \frac{2}{B}\,\dot{u}_2(t) + \frac{k}{B^2}\,u_1(t) - \frac{k}{B^2}\,u_2(t) - \frac{k}{B}\,\dot{y}(t).\end{aligned}$$

Il modello IU del sistema in esame è quindi dato dalla seguente equazione differenziale ordinaria

$$\ddot{y}(t) + \frac{k}{B}\,\dot{y}(t) = \frac{1}{B}\,\dot{u}_1(t) - \frac{2}{B}\,\dot{u}_2(t) + \frac{k}{B^2}\,u_1(t) - \frac{k}{B^2}\,u_2(t).$$

Si noti che tale equazione è nella forma (2.2) dove $p = 1$, $n_1 = 2$, $r = 2$, $m_1 = m_2 = 1$.

Per dedurre il modello in VS osserviamo infine che l'equazione di stato è data proprio dalla (2.6) ove si ponga $h_2 = x_2/B$, mentre la trasformazione di uscita è definita come

$$y(t) = \frac{1}{B}\,x_1(t) - \frac{1}{B}\,x_2(t).$$

Il modello in VS è quindi

$$\begin{cases}\dot{x}_1(t) = u_1(t) - u_2(t)\\ \dot{x}_2(t) = -\frac{k}{B}x_2(t) + u_2(t)\\ y(t) = \frac{1}{B}\,x_1(t) - \frac{1}{B}x_2(t)\end{cases}$$

che è nella forma (2.4).

È importante ricordare che la scelta dello stato non è in generale unica.

Nel caso del sistema idraulico in esame avremmo potuto assumere come variabili di stato i livelli del liquido nei serbatoi, ossia porre $x_1 = h_1$ e $x_2 = h_2$. In questo caso è immediato verificare che il modello in VS sarebbe stato

$$\begin{cases}\dot{x}_1(t) = B\,u_1(t) - B\,u_2(t)\\ \dot{x}_2(t) = -k\,x_2(t) + B\,u_2(t)\\ y(t) = x_1(t) - x_2(t).\end{cases}$$

◇

### 2.3.2 Sistemi elettrici

Presentiamo ora due semplici esempi di circuiti elettrici.

**Esempio 2.11 (Circuito puramente resistivo)** Si consideri il circuito in Fig. 2.6 costituito da una resistenza $R$ [$\Omega$] posta in parallelo ad un generatore di tensione $v(t)$ [V].

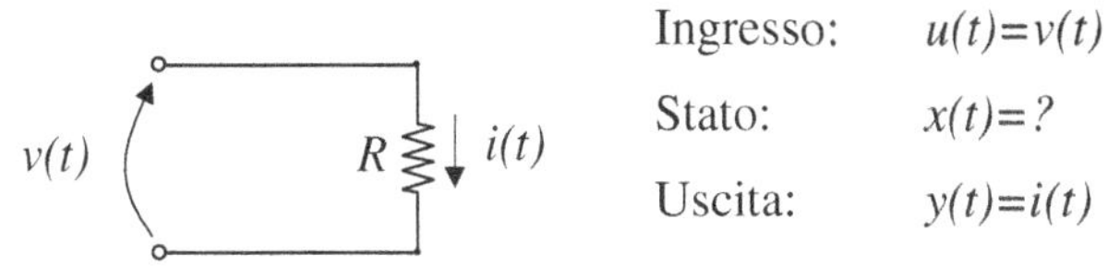


**Fig. 2.6.** Circuito resistivo relativo all'Esempio 2.11

Assumiamo come variabile di ingresso la tensione $v(t)$ e come variabile di uscita la corrente $i(t)$ [A], ossia poniamo

$$u(t) = v(t), \quad y(t) = i(t).$$

Per quanto riguarda la scelta dello stato, osserviamo subito che il sistema non ha elementi in grado di immagazzinare energia. Questo significa che l'ordine del sistema è $n = 0$ ossia che lo stato non esiste.

Per ricavare un modello in grado di descrivere il comportamento di tale sistema scriviamo le *leggi dei componenti* (in questo caso la sola resistenza) e le *leggi delle connessioni* (in questo caso l'*equazione della maglia*):

$$v_R(t) = R\, i(t)$$

e

$$v(t) = v_R(t)$$

da cui si ottiene

$$y(t) = \frac{1}{R}\, u(t).$$

Tale equazione può essere considerata allo stesso tempo:

- un modello IU in cui l'ordine di derivazione è $n = m = 0$ (dunque l'equazione differenziale si riduce ad una equazione algebrica),
- un modello in VS di ordine $n = 0$ che comprende la sola trasformazione di uscita (non compare l'equazione di stato perché lo stato non esiste). ◇

**Esempio 2.12 (Circuito RC)** Si consideri il circuito elettrico in Fig. 2.7 costituito da una resistenza $R$ [$\Omega$], un condensatore di capacità $C$ [F] e un generatore di tensione $v(t)$ [V].

Indichiamo con $i(t)$ [A] la corrente nel circuito e con $v_C(t)$ [V] la tensione ai capi del condensatore.

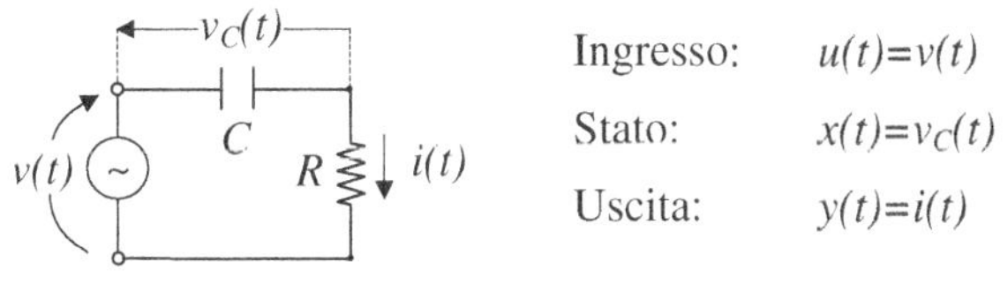


**Fig. 2.7.** Circuito RC relativo all'Esempio 2.12

Assumiamo come variabile di ingresso la tensione $v(t)$, come variabile di stato la tensione $v_C(t)$ ai capi del condensatore e come uscita la corrente $i(t)$, ossia poniamo

$$u(t) = v(t), \qquad x(t) = v_C(t), \qquad y(t) = i(t).$$

Si osservi che in questo caso vi è un'unica variabile di stato essendovi nel sistema un solo elemento (il condensatore) in grado di immagazzinare energia.

Per dedurre un modello matematico che descriva la dinamica di questo sistema scriviamo come prima cosa le *leggi dei componenti*, ossia le leggi che descrivono la dinamica di ciascun componente. La prima è la *legge di Ohm*:

$$v_R(t) = R\, i(t), \tag{2.7}$$

la seconda è la legge che regola la dinamica del condensatore:

$$\dot{v}_C(t) = \frac{1}{C}\, i(t). \tag{2.8}$$

È inoltre necessario tenere conto di come tali componenti sono tra loro connessi. Questo equivale a scrivere l'*equazione della maglia*:

$$v(t) = v_C(t) + v_R(t). \tag{2.9}$$

Ora, dalla (2.9) si ricava $v_R(t) = v(t) - v_C(t)$, che sostituito nella (2.7) porta a

$$v(t) - v_C(t) = R\, i(t). \tag{2.10}$$

Infine ricavando $i(t)$ dalla (2.10) rimane

$$\begin{cases} \dot{v}_C(t) = \dfrac{1}{C}\, i(t) & \text{(a)} \\[2ex] i(t) = -\dfrac{1}{R}\, v_C(t) + \dfrac{1}{R}\, v(t) & \text{(b)} \end{cases} \tag{2.11}$$

ovvero

$$\begin{cases} \dot{x}(t) = \dfrac{1}{C}\, y(t) & \text{(a)} \\[2ex] y(t) = -\dfrac{1}{R}\, x(t) + \dfrac{1}{R}\, u(t). & \text{(b)} \end{cases} \tag{2.12}$$

Per determinare il modello IU si deve eliminare lo stato. A tal fine si ricava $x(t) = u(t) - R\, y(t)$ dalla (2.12.b), si deriva e si sostituisce nella (2.12.a). Il modello IU risulta definito dall'equazione differenziale:

$$\dot{y}(t) + \frac{1}{RC}\, y(t) = \frac{1}{R}\, \dot{u}(t). \tag{2.13}$$

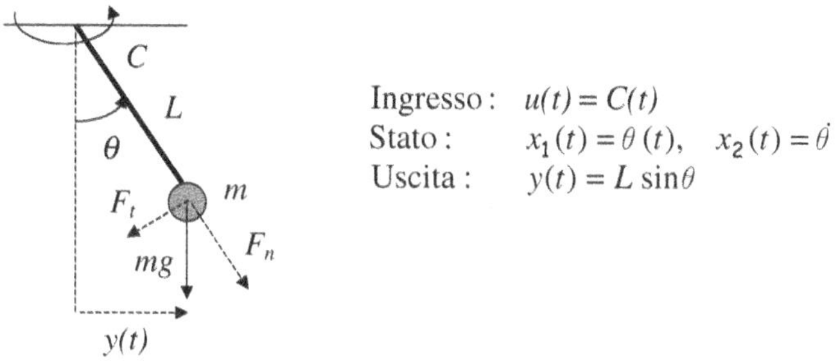


**Fig. 2.8.** Pendolo

Per determinare il modello in VS si deve invece eliminare l'uscita $y(t)$ dall'equazione di stato. A tal fine si sostituisce la (2.12.b) nella (2.12.a) e si ottiene

$$\begin{cases} \dot{x}(t) = -\dfrac{1}{RC}\, x(t) + \dfrac{1}{RC}\, u(t) \\ y(t) = -\dfrac{1}{R}\, x(t) + \dfrac{1}{R}\, u(t). \end{cases}$$ ◇

### 2.3.3 Sistemi meccanici

Presentiamo ora due sistemi meccanici, il primo dato da un pendolo e il secondo da un sistema massa-molla.

**Esempio 2.13 (Pendolo)** Si consideri il pendolo in Fig. 2.8 costituito da una massa $m$ [Kg] posta all'estremità di un'asta di lunghezza $L$ [m] e massa trascurabile. La posizione della massa $m$ è individuata dall'angolo $\theta$ [rad] che l'asta forma con la verticale, dove il verso di $\theta$ è assunto positivo quando diretto in senso antiorario, come mostrato in Fig. 2.8.

Il pendolo si muove sul piano verticale sotto l'azione della forza peso la cui componente tangenziale vale $F_t(t) = -mg\sin\theta(t)$, dove $g$ è pari all'accelerazione di gravità, e sotto l'effetto di una coppia meccanica esterna $C(t)$ [N m ]. Vi è infine una forza di attrito che si oppone al moto, che assumiamo essere proporzionale alla velocità della massa tramite un coefficiente di attrito $b$ [N s/m].

Dal secondo principio della dinamica rotazionale sappiamo che il momento motore totale

$$M_{tot}(t) = mL^2\ddot{\theta}(t)$$

è pari alla somma del momento motore dovuto alla forza peso $M_{F_t}(t) = L\ F_t(t)$, più la forza di attrito, più il momento motore dovuto alla coppia esterna $C(t)$, ossia

$$mL^2\ddot{\theta}(t) = -mgL\sin\theta(t) - bL\dot{\theta}(t) + C(t). \tag{2.14}$$

Se come variabile di uscita si assume $y(t) = L \ \sin\theta(t)$, e come variabile d'ingresso si assume la coppia esterna $C(t)$, data l'eq. (2.14) è immediato verificare che il modello IU vale:

$$\frac{d^2(\arcsin(y(t)/L))}{dt^2} + \frac{b}{mL}\frac{d(\arcsin(y(t)/L))}{dt} + \frac{g}{L^2}\ y(t) = \frac{1}{mL^2}u(t). \tag{2.15}$$

Inoltre, se assumiamo come variabili di stato

$$x_1(t) = \theta(t), \qquad x_2(t) = \dot{\theta}(t)$$

il modello in VS di tale sistema vale

$$\begin{cases} \dot{x}_1(t) = x_2(t) \\ \dot{x}_2(t) = -\dfrac{g}{L}\ \sin x_1(t) - \dfrac{b}{mL}\ x_2(t) + \dfrac{1}{mL^2}\ u(t) \\ y(t) = L\ \sin x_1(t). \end{cases} \tag{2.16}$$

Si noti che entrambi i modelli IU e VS di tale sistema possono essere semplificati nell'ipotesi che le oscillazioni cui il sistema è sottoposto siano molto piccole. In tal caso infatti è lecito assumere

$$\sin\theta \simeq \theta. \tag{2.17}$$

Sotto questa ipotesi il modello IU vale

$$\ddot{y}(t) + \frac{b}{mL}\ \dot{y}(t) + \frac{g}{L}\ y(t) = \frac{1}{mL}\ u(t) \tag{2.18}$$

mentre il modello in VS è pari a

$$\begin{cases} \dot{x}_1(t) = x_2(t) \\ \dot{x}_2(t) = -\dfrac{g}{L}\ x_1(t) - \dfrac{b}{mL}\ x_2(t) + \dfrac{1}{mL^2}\ u(t) \\ y(t) = L\ x_1(t). \end{cases} \tag{2.19}$$

◇

**Esempio 2.14 (Sistema massa-molla)** Si consideri il sistema in Fig. 2.9 dato da una massa $m$ [Kg] collegata ad un riferimento fisso mediante una molla di costante elastica $k$ [N/m] e uno smorzatore con coefficiente di attrito viscoso $b$ [N s/m] posti in parallelo. Sia $F(t)$ [N] la forza esterna agente sulla massa (positiva se diretta verso destra) e $z(t)$ [m] la posizione della massa rispetto ad un riferimento la cui origine coincide con la posizione di equilibrio del sistema.

Assumiamo come ingresso la forza applicata alla massa, ossia poniamo $u(t) = F(t)$ e come uscita la posizione della massa rispetto al riferimento scelto, ossia $y(t) = z(t)$.

Il sistema ha certamente ordine 2 essendo 2 le componenti in grado di immagazzinare energia, ossia la massa e la molla (cfr. Esempio 2.6). Assumiamo come variabili di stato $x_1(t) = z(t)$ e $x_2(t) = \dot{z}(t)$.

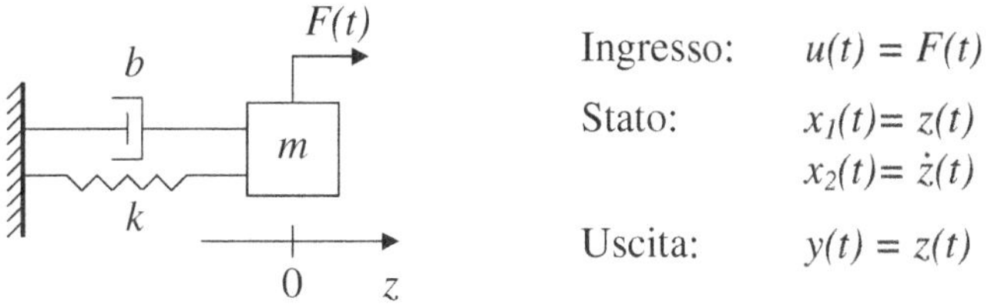


**Fig. 2.9.** Sistema massa-molla relativo all'Esempio 2.14

Scriviamo dapprima le *leggi dei componenti*, ossia le leggi che regolano la dinamica della molla, dello smorzatore e della massa:

$$\begin{aligned} f_k(t) &= -kz(t) \\ f_b(t) &= -b\dot{z}(t) \\ f_m(t) &= m\ddot{z}(t) \end{aligned} \tag{2.20}$$

dove le grandezze al primo membro rappresentano le forze agenti sulla molla, sullo smorzatore e sulla massa, rispettivamente, assunte positive se dirette verso destra.

È necessaria inoltre una relazione che tenga conto di come tali componenti sono connesse tra loro, ossia la *legge delle connessioni*:

$$F(t) + f_k(t) + f_b(t) = f_m(t). \tag{2.21}$$

Sostituendo le (2.20) nella (2.21) si ottiene:

$$F(t) - kz(t) - b\,\dot{z}(t) = m\,\ddot{z}(t) \tag{2.22}$$

cioè

$$\ddot{z}(t) + \frac{b}{m}\,\dot{z}(t) + \frac{k}{m}\,z(t) = \frac{1}{m}\,F(t)$$

ovvero, per la scelta di variabili fatta, si ottiene il modello IU

$$\ddot{y}(t) + \frac{b}{m}\,\dot{y}(t) + \frac{k}{m}\,y(t) = \frac{1}{m}\,u(t).$$

Inoltre, in base alla definizione di $x_1(t)$, $x_2(t)$ e $y(t)$ vale:

$$\left\{ \begin{array}{lcl} \dot{x}_1(t) &=& \dot{z}(t) = x_2(t) \\ \dot{x}_2(t) &=& \ddot{z}(t) \\ y(t) &=& x_1(t). \end{array} \right. \tag{2.23}$$

Infine dalla (2.22) segue

$$\ddot{z}(t) - \frac{1}{m}F(t) - \frac{k}{m}z(t) - \frac{b}{m}\,\dot{z}(t)$$

che sostituita nella (2.23) fornisce il modello in VS del sistema

$$\left\{ \begin{array}{lcl} \dot{x}_1(t) &=& x_2(t) \\ \dot{x}_2(t) &=& -\dfrac{k}{m}\,x_1(t) - \dfrac{b}{m}\,x_2(t) + \dfrac{1}{m}\,u(t). \\ y(t) &=& x_1(t). \end{array} \right.$$ ◇

### 2.3.4 Sistemi termici

**Esempio 2.15** Si consideri il forno rappresentato nella Fig. 2.10.a che scambia calore con l'ambiente esterno attraverso la parete di destra che, a differenza delle altre, non è adiabatica. Attraverso una resistenza è possibile fornire al forno una certa potenza $q(t)$ [J/s]. La temperatura dell'ambiente esterno è $T_a(t)$ [K] mentre la temperatura interna del forno, supposta uniforme, vale $T(t)$ [K].

La capacità termica del forno vale $C_T$ [J/K] e infine si suppone che il coefficiente di scambio termico attraverso la parete non adiabatica sia $k$ [J/K s]. Vale dunque la seguente *legge di conservazione dell'energia*

$$C_T \dot{T}(t) = k\,(T_a(t) - T(t)) + q(t). \tag{2.24}$$

Si assumano come ingressi $u_1(t) = q(t)$ e $u_2(t) = T_a(t)$, come uscita $y(t) = T(t)$ e come variabile di stato $x_1(t) = T(t)$.

Dalla legge di conservazione dell'energia, introducendo le variabili d'ingresso e di uscita, si ottiene il modello IU:

$$C_T\ \dot{y}(t) + k\ y(t) = u_1(t) + k\ u_2(t).$$

Sempre dall'equazione di conservazione dell'energia introducendo la variabile di stato e le variabili di ingresso, si ottiene l'equazione di stato:

$$\dot{x}(t) = -\frac{k}{C_T}\ x(t) + \frac{1}{C_T}\ u_1(t) + \frac{k}{C_T}\ u_2(t).$$

Inoltre, come variabile d'uscita si è assunta la temperatura del forno, per cui

$$y(t) = x(t).$$

Pertanto il sistema è descritto dal seguente modello in VS

$$\begin{cases} \dot{x}(t) = -\dfrac{k}{C_T}\ x(t) + \dfrac{1}{C_T}\ u_1(t) + \dfrac{k}{C_T}\ u_2(t) \\ y(t) = x(t). \end{cases}$$

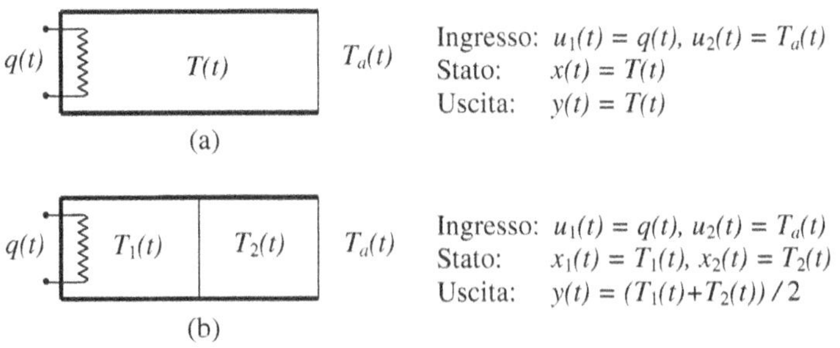


**Fig. 2.10.** Un forno con una parete non adiabatica. **(a)** Schema di un modello del primo ordine (temperatura interna uniforme); **(b)** Schema di un modello del secondo ordine (temperatura interna non uniforme)

Si supponga ora di voler usare un modello più dettagliato che tenga conto del fatto che la temperatura all'interno del forno non è uniforme. In particolare, come mostrato in Fig.2.10.b, si consideri il forno diviso in due aree della stessa dimensione, la prima di temperatura $T_1(t)$ e la seconda di temperatura $T_2(t)$. La capacità termica di ciascuna delle due aree vale $C_T/2$ mentre si suppone che il coefficiente di scambio termico fra le due aree valga $\tilde{k}$ [J/K s]. Assumendo come variabile di uscita la temperatura media fra le due aree

$$y(t) = \frac{T_1(t) + T_2(t)}{2},$$

vogliamo determinare il nuovo modello in termini di VS.

La prima area del forno riceve la potenza fornita dalla resistenza e scambia calore con la seconda area in base all'equazione

$$\dot{T}_1(t) = \frac{2\tilde{k}}{C_T}\,(T_2(t) - T_1(t)) + \frac{2}{C_T}\,q(t)$$

mentre la seconda area del forno scambia calore con la prima area e con l'ambiente esterno in base all'equazione

$$\dot{T}_2(t) = \frac{2\tilde{k}}{C_T}\,(T_1(t) - T_2(t)) + \frac{2k}{C_T}\,(T_a(t) - T_2(t)).$$

È quindi immediato verificare che il modello in VS del sistema vale

$$\begin{cases} \dot{x}_1(t) = -\dfrac{2\tilde{k}}{C_T}\,x_1(t) + \dfrac{2\tilde{k}}{C_T}\,x_2(t) + \dfrac{2}{C_T}\,u_1(t) \\ \dot{x}_2(t) = \dfrac{2\tilde{k}}{C_T}\,x_1(t) - \dfrac{2(k+\tilde{k})}{C_T}\,x_2(t) + \dfrac{2k}{C_T}\,u_2(t) \\ y(t) = \dfrac{1}{2}x_1(t) + \dfrac{1}{2}x_2(t). \end{cases}$$

◇

## 2.4 Proprietà dei sistemi

Nel Capitolo 1 abbiamo visto una classificazione dei sistemi oggetto di studio dell'Automatica, di cui fanno parte i sistemi ad avanzamento temporale (SAT). Nel seguito presenteremo una serie di *proprietà* elementari di cui possono godere i SAT e che possono venire usate per classificarli.

Ad esempio classificheremo i SAT in *lineari* e *non lineari* a seconda che godano o meno della proprietà di linearità.

In genere tuttavia ha più senso parlare delle proprietà riferendole ai *modelli* piuttosto che ai *sistemi*.

I modelli infatti forniscono una descrizione del comportamento del sistema ma sono sempre basati su un certo numero di ipotesi semplificative. Ad esempio un'ampia classe di sistemi può essere descritta da modelli lineari. Nella pratica tuttavia un sistema lineare è una pura astrazione che non esiste in natura. Lo stesso discorso vale per tutte le altre proprietà.

Nel seguito definiremo le proprietà elementari in termini generali riferendole ai sistemi. Vedremo inoltre che tali proprietà sono *strutturali* in quanto dipendono dalla particolare struttura del modello, sia questo un modello IU o un modello in VS.

### 2.4.1 Sistemi dinamici o istantanei

La prima importante distinzione che si può fare è tra sistemi istantanei e sistemi dinamici.

**Definizione 2.16.** *Un sistema è detto*

- istantaneo*: se il valore* $\boldsymbol{y}(t)$ *assunto dall'uscita al tempo* $t$ *dipende solo dal valore* $\boldsymbol{u}(t)$ *assunto dall'ingresso al tempo* $t$*;*
- dinamico*: in caso contrario.*

Vediamo ora come è possibile, sulla base della sola osservazione della struttura del modello, stabilire se un sistema è istantaneo o dinamico.

Consideriamo dapprima un modello IU e supponiamo per semplicità che il sistema sia SISO.

**Proposizione 2.17 (Modello IU, sistema SISO)** *Condizione necessaria e sufficiente affinché un sistema SISO sia* istantaneo *è che il legame IU sia espresso da una equazione della forma:*

$$h(y(t), u(t), t) = 0.$$

In virtù di tale proposizione possiamo pertanto concludere che *se* un sistema SISO è *istantaneo* il legame IU si riduce ad una *equazione algebrica*, ossia l'ordine delle derivate di $y$ e $u$ è $n = m = 0$.

Al contrario, se il legame IU relativo ad un dato sistema SISO è descritto da una equazione differenziale allora il sistema è *dinamico.*

È importante sottolineare che il fatto che il legame IU di un sistema SISO sia espresso mediante una equazione algebrica è una condizione necessaria ma non sufficiente affinché un sistema SISO sia istantaneo. Si consideri infatti un sistema SISO il cui modello IU è definito dall'equazione algebrica

$$y(t) = u(t - T), \qquad T \in \mathbb{R}^+.$$

Tale sistema, noto come *elemento di ritardo*, è chiaramente dinamico in quanto l'uscita al tempo $t$ non dipende dal valore dell'ingresso al tempo $t$, ma dipende dal valore che l'ingresso ha assunto in un istante precedente. In proposito si veda anche § 2.4.6.

Quanto detto può essere facilmente esteso al caso di un sistema MIMO.

**Proposizione 2.18 (Modello IU, sistema MIMO)** *Condizione necessaria e suffi- ciente affinché un sistema MIMO con r ingressi e p uscite sia* istantaneo *è che il legame IU sia espresso da un insieme di equazioni della forma:*

$$\begin{cases} h_1(y_1(t), u_1(t), u_2(t), \dots, u_r(t), t) = 0 \\ h_2(y_2(t), u_1(t), u_2(t), \dots, u_r(t), t) = 0 \\ \vdots \\ h_p(y_p(t), u_1(t), u_2(t), \dots, u_r(t), t) = 0. \end{cases}$$

Questo implica che se un sistema MIMO è istantaneo le seguenti condizioni sono verificate:

- l'ordine delle derivate di $y_i$ è $n_i = 0$, per ogni $i = 1, \dots, p$,
- l'ordine delle derivate di $u_i$ è $m_{j,i} = 0$ per ogni $j = 1, \dots, p$, $i = 1, \dots, r$,
- il legame IU si riduce ad un insieme di $p$ *equazioni algebriche.*

Al contrario, se anche una sola delle equazioni del legame IU è una equazione differenziale, allora il sistema è *dinamico.*

Nel caso in cui il modello del sistema sia in termini di VS vale invece il seguente risultato[3].

**Proposizione 2.19 (Modello in VS)** *Condizione necessaria e sufficiente affinché un sistema sia* istantaneo *è che il modello in VS abbia ordine zero ovvero che non esista il vettore di stato.*

**Esempio 2.20** Si consideri il circuito resistivo visto nell'Esempio 2.11. Tale sistema è istantaneo perché il legame IU (che in questo caso coincide con la trasformazione in uscita del modello in VS) vale

$$y(t) = \frac{1}{R}\, u(t).$$

L'ordine di tale sistema è chiaramente pari a zero in quanto non vi sono elementi in grado di immagazzinare energia.

Al contrario tutti gli altri sistemi presentati nel Paragrafo 2.3 sono dinamici. ◇

### 2.4.2 Sistemi lineari o non lineari

Una delle proprietà fondamentali di cui gode un'ampia classe di sistemi (o più precisamente di modelli) è la linearità. È proprio su questa classe di sistemi che focalizzeremo la nostra attenzione in questo volume. L'importanza dei sistemi lineari deriva da una serie di considerazioni pratiche.

La prima è che tali sistemi sono facili da studiare. Per essi sono state proposte efficienti tecniche di analisi e di sintesi, non più applicabili se la linearità viene meno.

[3] Si noti che in effetti tale risultato è vero nell'ipotesi che il modello in VS sia controllabile e osservabile (cfr. § 11.7.2).

In secondo luogo, un modello lineare si rivela una buona approssimazione del comportamento di numerosi sistemi reali purché questi siano sottoposti a piccoli ingressi.

Infine, come si discuterà nel Capitolo 12 (cfr. § 12.2.2) è spesso possibile linearizzare un modello nell'intorno di un punto di lavoro ottenendo un *modello lineare alle variazioni* valido per piccoli segnali.

La proprietà di linearità può essere definita formalmente come segue.

**Definizione 2.21.** *Un sistema è detto*

- lineare*: se per esso vale il* principio di sovrapposizione degli effetti. *Ciò significa che se il sistema risponde alla causa $c_1$ con l'effetto $e_1$ e alla causa $c_2$ con l'effetto $e_2$, allora la risposta del sistema alla causa $ac_1 + bc_2$ è $ae_1 + be_2$, qualunque siano i valori assunti dalle costanti $a$ e $b$.*
  *Il seguente schema riassume tale proprietà:*

$$\left.\begin{array}{l} \textit{causa } c_1 \rightsquigarrow \textit{effetto } e_1 \\ \textit{causa } c_2 \rightsquigarrow \textit{effetto } e_2 \end{array}\right\} \Longrightarrow \quad \textit{causa } (ac_1 + bc_2) \rightsquigarrow \textit{effetto } (ae_1 + be_2);$$

- non lineare*: in caso contrario.*

È immediato stabilire se un sistema è lineare o meno una volta nota la struttura del modello, sia questo IU o in termini di VS.

**Proposizione 2.22 (Modello IU)** *Condizione necessaria e sufficiente affinché un sistema sia* lineare *è che il legame IU sia espresso da una equazione differenziale* lineare[4]*, cioè per un sistema SISO:*

$$\begin{aligned} a_0(t)y(t) + a_1(t)\dot{y}(t) + \cdots + a_n(t)y^{(n)}(t) = \\ b_0(t)u(t) + b_1(t)\dot{u}(t) + \cdots + b_m(t)u^{(m)}(t) \end{aligned} \tag{2.25}$$

*dove in generale i coefficienti della combinazione lineare del modello IU. sono funzioni del tempo.*

La condizione sopra si estende immediatamente al caso di sistemi MIMO. In tale caso infatti il sistema è lineare se e solo se ciascuna delle funzioni $h_i$, $i = 1, \ldots, p$, esprime una combinazione lineare tra la $i$-ma componente dell'uscita e le sue $n_i$ derivate e le variabili di ingresso con le loro derivate.

---

[4]Una equazione differenziale nella forma

$$h(y(t), \dot{y}(t), \ldots, y^{(n)}(t), u(t), \dot{u}(t), \ldots, u^{(m)}(t), t) = 0$$

è *lineare* se e solo se la funzione $h$ esprime una combinazione lineare tra l'uscita e le sue derivate e l'ingresso e le sue derivate. In altre parole tale equazione differenziale è lineare se la somma pesata secondo opportuni coefficienti dell'uscita e delle sue derivate e dell'ingresso e delle sue derivate è nulla. Si noti che essendo $h$ funzione del tempo $t$, in generale i coefficienti della combinazione lineare sono a loro volta funzione del tempo $t$.

**Proposizione 2.23 (Modello in VS)** *Condizione necessaria e sufficiente affinché un sistema sia* lineare *è che nel modello in VS sia l'equazione di stato che la trasformazione di uscita siano equazioni* lineari*:*

$$\begin{cases} \dot{x}_1(t) &= a_{1,1}(t)x_1(t) + \cdots + a_{1,n}(t)x_n(t) + b_{1,1}u_1(t) + \cdots + b_{1,r}u_r(t) \\ \vdots & \vdots \\ \dot{x}_n(t) &= a_{n,1}(t)x_1(t) + \cdots + a_{n,n}(t)x_n(t) + b_{n,1}u_1(t) + \cdots + b_{n,r}u_r(t) \\ y_1(t) &= c_{1,1}(t)x_1(t) + \cdots + c_{1,n}(t)x_n(t) + d_{1,1}u_1(t) + \cdots + d_{1,r}u_r(t) \\ \vdots & \vdots \\ y_p(t) &= c_{p,1}(t)x_1(t) + \cdots + c_{p,n}(t)x_n(t) + d_{p,1}u_1(t) + \cdots + d_{p,r}u_r(t) \end{cases}$$

*ovvero*

$$\begin{cases} \dot{\boldsymbol{x}}(t) &= \boldsymbol{A}(t)\boldsymbol{x}(t) + \boldsymbol{B}(t)\boldsymbol{u}(t) \\ \boldsymbol{y}(t) &= \boldsymbol{C}(t)\boldsymbol{x}(t) + \boldsymbol{D}(t)\boldsymbol{u}(t) \end{cases}$$

*dove*

$$\begin{array}{ll} \boldsymbol{A}(t) = \{a_{i,j}(t)\} \text{ matrice } n \times n; & \boldsymbol{B}(t) = \{b_{i,j}(t)\} \text{ matrice } n \times r; \\ \boldsymbol{C}(t) = \{c_{i,j}(t)\} \text{ matrice } p \times n; & \boldsymbol{D}(t) = \{d_{i,j}(t)\} \text{ matrice } p \times r. \end{array}$$

In generale le matrici dei coefficienti $\boldsymbol{A}(t)$, $\boldsymbol{B}(t)$, $\boldsymbol{C}(t)$ e $\boldsymbol{D}(t)$ sono funzioni del tempo.

**Esempio 2.24** Il modello del circuito idraulico dell'Esempio 2.2 in Fig. 2.3 è lineare. Se si considera infatti il suo modello IU è immediato osservare che la funzione $h$ lega l'uscita e le sue derivate alle variabili di ingresso e le loro derivate mediante una relazione di tipo lineare. Inoltre, se si considera il suo modello in VS è anche in questo caso immediato verificare che esso è nella forma data in Proposizione 2.23 dove

$$\boldsymbol{A}(t) = \begin{bmatrix} 0 & 0 \\ 0 & -\dfrac{k}{B} \end{bmatrix}, \qquad \boldsymbol{B}(t) = \begin{bmatrix} 1 & -1 \\ 0 & 1 \end{bmatrix},$$

$$\boldsymbol{C}(t) = \begin{bmatrix} \dfrac{1}{B} & -\dfrac{1}{B} \end{bmatrix}, \qquad \boldsymbol{D}(t) = \begin{bmatrix} 0 & 0 \end{bmatrix}.$$

I circuiti R e RC visti negli Esempi 2.11 e 2.12, rispettivamente, sono entrambi esempi di sistemi lineari.

Analogamente è lineare il sistema massa-molla visto nell'Esempio 2.14. In particolare in quest'ultimo caso con riferimento al modello in VS vale

$$\boldsymbol{A}(t) = \begin{bmatrix} 0 & 1 \\ -\dfrac{k}{m} & -\dfrac{b}{m} \end{bmatrix}, \quad \boldsymbol{B}(t) = \begin{bmatrix} 0 \\ \dfrac{1}{m} \end{bmatrix}, \quad \boldsymbol{C}(t) = \begin{bmatrix} 1 & 0 \end{bmatrix}, \quad D(t) = 0.$$

Al contrario, non è lineare il pendolo presentato nell'Esempio 2.13 come può facilmente verificarsi osservando la struttura delle eq. (2.15) e (2.16). Tuttavia nel caso in cui si effettui la semplificazione

$$\sin\theta \simeq \theta$$

valida per piccole oscillazioni, si perviene ad un modello lineare (cfr. eq. (2.18) e (2.19)).

È infine lineare il sistema termico presentato nell'Esempio 2.15 sia nel caso in cui si consideri la temperatura uniforme all'interno del forno, sia nel caso in cui tale ipotesi non sia verificata. ◇

**Esempio 2.25** Si consideri il sistema descritto dal modello IU

$$y(t) = u(t) + 1.$$

Tale sistema è non lineare. Il suo modello IU è infatti una equazione algebrica[5] *non lineare*, dove la non linearità nasce dalla presenza del termine $+1$ al secondo membro. Esso infatti non può essere posto nella forma (2.25) nella quale né al primo né al secondo membro compaiono addendi costanti, indipendenti sia dalle variabili di uscita e dalle sue derivate sia dall'ingresso e dalle sue derivate.

È interessante verificare quanto detto facendo vedere attraverso un semplice esempio numerico che tale sistema viola il principio di sovrapposizione degli effetti. A tal fine si considerino i seguenti due ingressi costanti: $u_1(t) = 1$ e $u_2(t) = 2$. L'uscita dovuta al primo ingresso è pari a $y_1(t) = 1+1 = 2$ mentre l'uscita dovuta al secondo ingresso vale $y_2(t) = 2+1 = 3$. Ora, supponiamo di applicare al sistema un ingresso pari alla somma dei due ingressi precedenti, ossia $u_3(t) = u_1(t)+u_2(t) = 3$. L'uscita che ne deriva è pari a $y_3(t) = 3 + 1 = 4 \neq y_1(t) + y_2(t) = 5$. ◇

**Esempio 2.26** Si consideri il sistema descritto dal modello IU

$$\dot{y}(t) + y(t) = \sqrt{t-1}\, u(t).$$

Tale sistema è lineare in quanto è nella forma (2.25) dove $a_0(t) = a_1(t) = 1$ e $b_0(t) = \sqrt{t-1}$. ◇

### 2.4.3 Sistemi stazionari o non stazionari

Un'altra importante proprietà di cui gode un'ampia classe di sistemi è la stazionarietà. In particolare, in questo testo ci occuperemo proprio dell'analisi dei sistemi lineari e stazionari.

**Definizione 2.27.** *Un sistema è detto*

[5] Si noti che una equazione algebrica non è altro che un caso particolare di equazione differenziale in cui gli ordini di derivazione sono nulli.

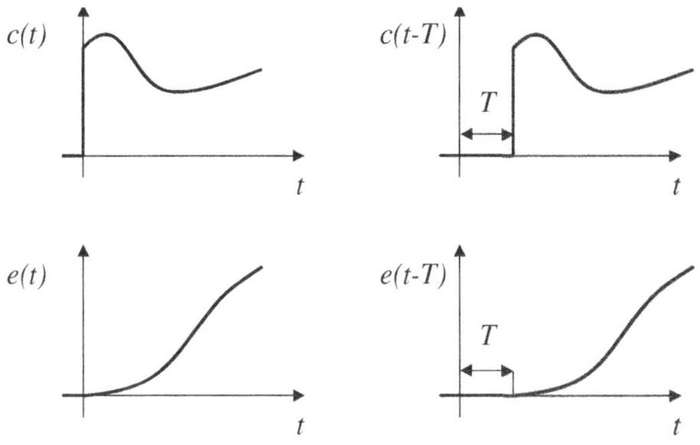


**Fig. 2.11.** Traslazione causa-effetto nel tempo

- stazionario *(o* tempo-invariante*): se per esso vale il* principio di traslazione causa-effetto nel tempo, *cioè se il sistema risponde sempre con lo stesso effetto ad una data causa, a prescindere dall'istante di tempo in cui tale causa agisca sul sistema.*
  *Il seguente schema riassume tale proprietà:*

$$\text{causa } c(t) \rightsquigarrow \text{ effetto } e(t) \quad \Longrightarrow \quad \text{causa } c(t-T) \rightsquigarrow \text{ effetto } e(t-T);$$

- non stazionario *(o* tempo-variante*): in caso contrario.*

La Fig. 2.11 mostra il comportamento tipico di un sistema lineare sollecitato dalla stessa causa applicata in due diversi intervalli di tempo, ossia a partire da $t = 0$ e a partire da $t = T$: nei due casi l'effetto risultante è analogo ma ha semplicemente origine da istanti di tempo che differiscono tra di loro proprio di una quantità pari a $T$.

Naturalmente nella realtà nessun sistema è stazionario. Si pensi ad esempio all'usura cui tutti i componenti fisici sono soggetti e quindi alle variazioni che i diversi parametri caratteristi del sistema subiscono nel tempo. Ciò nonostante, esiste un'ampia classe di sistemi per cui tali variazioni possono considerarsi trascurabili in intervalli di tempo significativamente ampi. Questo implica che all'interno di tali intervalli temporali questi sistemi possono con buona approssimazione considerarsi stazionari.

Così come le precedenti proprietà elementari, anche la stazionarietà può essere verificata attraverso una semplice analisi della struttura del modello.

**Proposizione 2.28 (Modello IU)** *Condizione necessaria e sufficiente affinché un sistema sia* stazionario *è che il legame IU non dipenda esplicitamente dal tempo, cioè per un sistema SISO:*

$$h\left(y(t), \dot{y}(t), \ldots, y^{(n)}(t), u(t), \dot{u}(t), \ldots, u^{(m)}(t)\right) = 0$$

*che nel caso dei sistemi lineari si riduce a una equazione differenziale lineare a coefficienti costanti:*

$$a_0 y(t) + a_1 \dot{y}(t) + \cdots + a_n y^{(n)}(t) = b_0 u(t) + b_1 \dot{u}(t) + \cdots + b_m u^{(m)}(t).$$

**Proposizione 2.29 (Modello in VS)** *Condizione necessaria e sufficiente affinché un sistema sia stazionario è che nel modello in VS l'equazione di stato e la trasformazione di uscita non dipendano esplicitamente dal tempo:*

$$\begin{cases} \dot{\boldsymbol{x}}(t) & = & \boldsymbol{f}(\boldsymbol{x}(t), \boldsymbol{u}(t)) \\ \boldsymbol{y}(t) & = & \boldsymbol{g}(\boldsymbol{x}(t), \boldsymbol{u}(t)) \end{cases}$$

*che nel caso dei sistemi lineari si riduce a*

$$\begin{cases} \dot{\boldsymbol{x}}(t) & = & \boldsymbol{A}\boldsymbol{x}(t) + \boldsymbol{B}\boldsymbol{u}(t) \\ \boldsymbol{y}(t) & = & \boldsymbol{C}\boldsymbol{x}(t) + \boldsymbol{D}\boldsymbol{u}(t) \end{cases}$$

*dove* $\boldsymbol{A}$, $\boldsymbol{B}$, $\boldsymbol{C}$ e $\boldsymbol{D}$ *sono matrici di costanti.*

**Esempio 2.30** Si consideri il sistema istantaneo e lineare

$$y(t) = t\ u(t).$$

Per quanto detto sopra tale sistema è chiaramente non stazionario.

È tuttavia interessante verificare la non stazionarietà attraverso il principio di traslazione causa-effetto. A tal fine si consideri l'ingresso

$$u(t) = \begin{cases} 1 & \text{se } t \in [0, 1] \\ 0 & \text{altrimenti} \end{cases}$$

che ha la forma riportata in Fig. 2.12.a. L'uscita in risposta a tale ingresso ha l'andamento in Fig. 2.12.b.

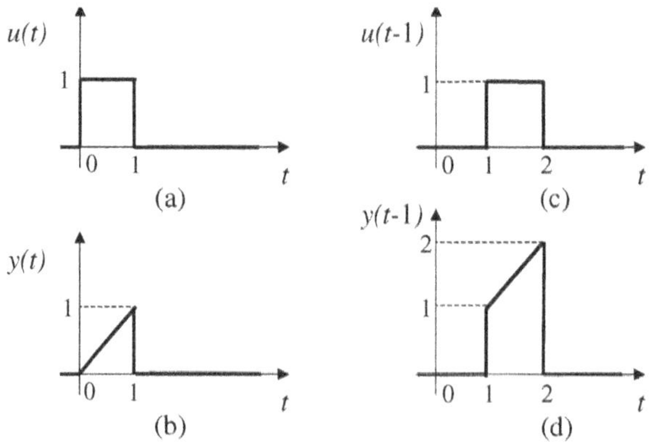


**Fig. 2.12.** Esempio 2.30

Si supponga ora di applicare al sistema lo stesso ingresso ma con una unità di tempo di ritardo: sia pertanto il segnale in ingresso pari a $u(t-1)$ (cfr. Fig. 2.12.c). È facile verificare che l'uscita del sistema ha l'andamento riportato in Fig. 2.12.d che non coincide con la precedente uscita traslata in avanti di una unità di tempo. ◇

### 2.4.4 Sistemi propri o impropri

Vale la seguente definizione.

**Definizione 2.31.** *Un sistema è detto*

- proprio*: se per esso vale il* principio di causalità, *ovvero se l'effetto non precede nel tempo la causa che lo genera;*
- improprio*: in caso contrario.*

In natura tutti i sistemi sono ovviamente propri. Vi sono tuttavia alcuni modelli che corrispondono a sistemi impropri.

**Esempio 2.32** Si consideri il condensatore ideale di capacità $C$ [F] in Fig. 2.13 dove $v_C(t)$ [V] rappresenta la tensione ai capi del condensatore e $i(t)$ [A] la corrente che lo attraversa al tempo $t$ [s].

Si assuma $u(t) = v_C(t)$ e $y(t) = i(t)$.

Come ben noto la dinamica di un condensatore è regolata dalla equazione differenziale

$$\dot{v}_C(t) = \frac{1}{C}\, i(t).$$

Pertanto il legame IU di tale sistema è

$$y(t) = C\, \dot{u}(t)$$

ossia, esplicando la derivata a secondo membro

$$y(t) = C \lim_{\Delta t \to 0} \frac{u(t+\Delta t) - u(t)}{\Delta t}.$$

Tale equazione mette chiaramente in luce come l'uscita al tempo $t$ dipenda da $u(t+\Delta t)$ ossia da un valore assunto dall'ingresso in un istante di tempo successivo.

Si noti che nella realtà non esiste un condensatore che abbia la sola capacità $C$. Ogni condensatore ha sempre anche una sua resistenza interna. Se mettessimo in conto tale resistenza avremmo un circuito $RC$, che come è facile verificare è un sistema proprio. ◇

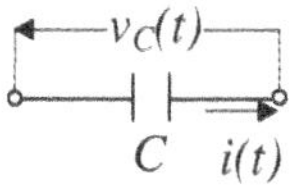


Ingresso: $u(t)=v_C(t)$

Uscita: $y(t)=i(t)$

**Fig. 2.13.** Condensatore ideale

Le regole che permettono di stabilire se un sistema è proprio o improprio in base al modello IU o al modello in VS possono essere enunciate come segue.

**Proposizione 2.33 (Modello IU, sistema SISO)** *Condizione necessaria e sufficiente affinché un sistema SISO sia* proprio *è che nel legame IU*

$$h\left(y(t), \dot{y}(t), \dots, y^{(n)}(t), u(t), \dot{u}(t), \dots, u^{(m)}(t), t\right) = 0 \tag{2.26}$$

*l'ordine di derivazione dell'uscita sia maggiore o uguale a quello dell'ingresso, cioè valga $n \geq m$. In particolare se vale $n > m$ il sistema è detto* strettamente proprio.

È immediata l'estensione di tale risultato al caso di un sistema MIMO. In questo caso infatti affinché un sistema sia proprio in nessuna delle equazioni (2.2) devono comparire derivate di una qualunque variabile di ingresso di ordine superiore alla derivata della corrispondente variabile di uscita. In altre parole, per ogni $i = 1, \dots, p$ deve risultare

$$n_i \geq \max_{j=1,\dots,r} m_{i,j}.$$

Infine, affinché il sistema sia strettamente proprio tale diseguaglianza deve essere verificata in senso stretto per ogni $i = 1, \dots, p$.

**Proposizione 2.34 (Modello in VS)** *Un sistema descritto da un modello in VS:*

$$\begin{cases} \dot{\boldsymbol{x}}(t) = \boldsymbol{f}(\boldsymbol{x}(t), \boldsymbol{u}(t), t) \\ \boldsymbol{y}(t) = \boldsymbol{g}(\boldsymbol{x}(t), \boldsymbol{u}(t), t) \end{cases} \tag{2.27}$$

*è sempre* proprio.

*Il sistema è* strettamente proprio *se la trasformazione di uscita non dipende da $u(t)$:*

$$\boldsymbol{y}(t) = \boldsymbol{g}\left(\boldsymbol{x}(t), t\right).$$

Il modello in VS di un sistema *lineare e stazionario strettamente proprio* si riduce pertanto a

$$\begin{cases} \dot{\boldsymbol{x}}(t) &= \boldsymbol{A}\boldsymbol{x}(t) + \boldsymbol{B}\boldsymbol{u}(t) \\ \boldsymbol{y}(t) &= \boldsymbol{C}\boldsymbol{x}(t). \end{cases}$$

**Esempio 2.35** Il condensatore ideale, che come visto nell'Esempio 2.32 è un sistema improprio, è descritto dalle equazioni

$$v_C(t) = u(t) = x(t), \qquad i(t) = y(t) = C\dot{u}(t),$$

che danno luogo ad un modello in VS del tipo:

$$\begin{cases} \dot{x}(t) &= \dot{u}(t) \\ y(t) &= C\dot{u}(t) \end{cases}$$

che non ricade nella forma definita dalla eq. (2.27) per la presenza dei termini $\dot{u}(t)$. ◇

**Esempio 2.36** Il sistema dell'Esempio 2.14 è strettamente proprio. I sistemi negli Esempi 2.11 e 2.12 sono propri ma non strettamente propri. ◇

### 2.4.5 Sistemi a parametri concentrati o distribuiti

Vale la seguente definizione.

**Definizione 2.37.** *Un sistema è detto*

- a parametri concentrati *(o* a dimensione finita*): se il suo stato è descritto da un numero finito di grandezze (ciascuna associata ad un componente);*
- a parametri distribuiti *(o* a dimensione infinita*): in caso contrario.*

**Esempio 2.38** In un circuito elettrico lo stato è descritto, p.e., dal valore delle tensioni nei condensatori e dalle correnti nelle induttanze: in un dispositivo con un numero finito di componenti "circuitali" anche il vettore di stato ha un numero di componenti $n$ finito. ◇

Si noti tuttavia che rappresentare un circuito elettrico con un numero finito di componenti è possibile solo a seguito di una semplificazione che però è lecita nel caso dei sistemi elettrici di dimensioni contenute: la velocità della luce si propaga infatti con una tale rapidità che di fatto le grandezze di interesse dipendono solo dal tempo e non dallo spazio. Ad esempio la corrente può essere considerata la stessa in tutte le sezioni di un conduttore che rappresenta un ramo.

Esistono tuttavia dei sistemi fisici in cui la propagazione è molto più lenta per cui le grandezze di interesse sono funzioni sia del tempo che dello spazio. Un esempio tipico in proposito è offerto dai sistemi idraulici.

**Esempio 2.39** Si consideri un canale a pelo libero in regime di flusso uniforme la cui generica tratta delimitata da due paratoie, è riportata in Fig. 2.14. Siano $q(s,t)$ e $h(s,t)$ la portata e il livello del liquido nella sezione di ascissa $s$ del canale al tempo $t$. Si può dimostrare che tali grandezze sono legate dalle equazioni di Saint-Venant:

$$\begin{cases} \dfrac{\partial^2}{\partial t^2} q(s,t) + a\dfrac{\partial^2}{\partial t \partial s} h(s,t) + b\dfrac{\partial^2}{\partial s^2} h(s,t) + c\dfrac{\partial}{\partial t} h(s,t) + d\dfrac{\partial}{\partial s} h(s,t) = 0 \\ \dfrac{\partial}{\partial s} q(s,t) + e\dfrac{\partial}{\partial t} h(s,t) = 0 \end{cases}$$

ossia da equazioni alle derivate parziali dove $a, b, \ldots, e$ sono costanti che dipendono dalla geometria del canale e dalle condizioni di moto.

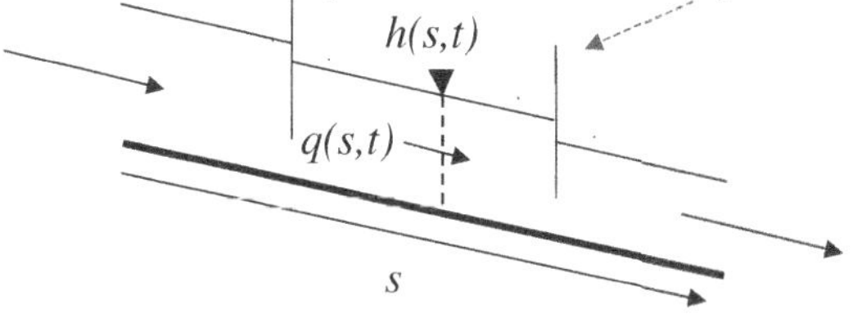


**Fig. 2.14.** Canale a pelo libero

Per descrivere lo stato del sistema occorre conoscere il livello $h(s,t)$ in ogni sezione $s$ del canale per cui il sistema ha infiniti stati. ◇

Anche in questo caso è immediato stabilire se un sistema è a parametri concentrati o meno, dalla semplice analisi della struttura del modello matematico.

**Proposizione 2.40 (Modello IU)** *Un sistema* a parametri concentrati *è descritto da una* equazione differenziale ordinaria[6].

*Un sistema* a parametri distribuiti *è descritto da una* equazione alle derivate parziali[7].

**Proposizione 2.41 (Modello in VS)** *Il vettore di stato di un sistema* a parametri concentrati *ha un numero* finito *di componenti; al contrario, il vettore di stato di un sistema* a parametri distribuiti *ha un numero* infinito *di componenti.*

**Esempio 2.42** I sistemi presentati nel Paragrafo 2.3 sono tutti a parametri concentrati. Si consideri tuttavia il sistema termico preso in esame nell'Esempio 2.15.

Nel caso in cui la temperatura all'interno del forno sia ritenuta uniforme il sistema è del primo ordine. Supponendo invece che la temperatura non sia uniforme è possibile dividere l'area interna al forno in due regioni e ottenere così un modello più dettagliato del secondo ordine. Dividendo l'area del forno in un numero sempre crescente di regioni è possibile costruire modelli sempre più precisi ma di ordine sempre più elevato. Al limite considerando aree infinitesime è possibile definire un modello di ordine infinito in cui ciascuna variabile di stato rappresenta la temperatura in un diverso punto del forno. Il modello risultante è in questo caso a parametri distribuiti. ◇

### 2.4.6 Sistemi senza elementi di ritardo o con elementi di ritardo

Un elemento di ritardo viene formalmente definito come segue.

**Definizione 2.43.** *Un* elemento di ritardo finito *è un sistema la cui uscita $y(t)$ al tempo $t$ è pari all'ingresso $u(t-T)$ al tempo $t-T$, dove $T \in (0,+\infty)$ è appunto il ritardo introdotto dall'elemento.*

Un elemento di ritardo può essere schematizzato come in Fig. 2.15.

**Esempio 2.44** Un fluido a temperatura variabile si muove con velocità $V$ in una condotta adiabatica di lunghezza $L$. Se in ingresso all'istante $t$ la temperatura vale $\theta$, in uscita la temperatura varrà ugualmente $\theta$ dopo un tempo $T = L/V$. ◇

Si ricordi che, come già osservato nel Paragrafo 2.4.1, anche se l'equazione che descrive il legame IU di un elemento di ritardo è una equazione algebrica, tale sistema non è istantaneo perché l'uscita al tempo $t$ dipende dai valori precedenti dell'ingresso.

[6] Una equazione differenziale è detta *ordinaria* quando le incognite sono funzione di una sola variabile reale (ad esempio, il tempo).

[7] Una equazione differenziale è detta *alle derivate parziali* quando le incognite sono funzione di più variabili reali indipendenti (ad esempio, il tempo e lo spazio).

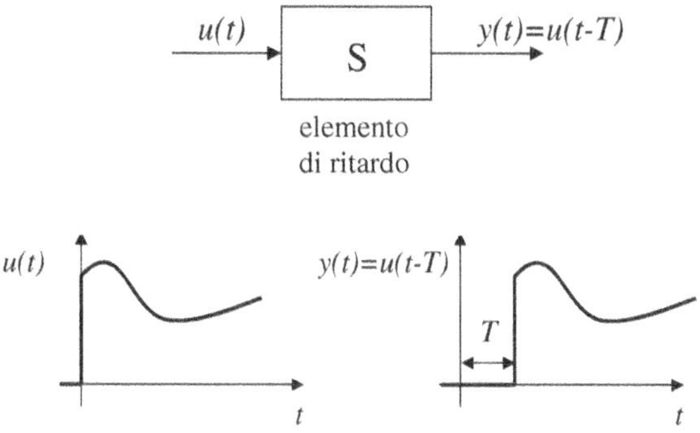


**Fig. 2.15.** Elemento di ritardo

**Proposizione 2.45** *Condizione necessaria e sufficiente affinché un sistema non contenga elemento di ritardo è che nel modello (sia esso IU o in VS) tutte le grandezze abbiamo lo stesso argomento.*

**Esempio 2.46** Il sistema descritto dal modello IU

$$4\dot{y}(t) + 2y(t) = u(t-T)$$

contiene elementi di ritardo in quanto nel modello compaiono sia grandezze con argomento $t$ sia grandezze con argomento $t - T$.

Analogamente contiene elementi di ritardo il modello in VS

$$\begin{cases} \dot{x}(t) &= x(t-T) + u(t) \\ y(t) &= 7x(t). \end{cases}$$

Al contrario, non contengono elementi di ritardo tutti i sistemi presentati nel Paragrafo 2.3. ◇

## Esercizi

**Esercizio 2.1** Sono dati i seguenti modelli matematici di sistemi dinamici.

$$\ddot{y}(t) + y(t) = 5\dot{u}(t)u(t); \tag{2.28}$$

$$t^2\ddot{y}(t) + t\dot{y}(t) + y(t) = 5sin(t)\ddot{u}(t) - 1; \tag{2.29}$$

$$\begin{cases} \begin{bmatrix} \dot{x}_1(t) \\ \dot{x}_2(t) \end{bmatrix} = \begin{bmatrix} -2 & t^2 \\ 0 & -1 \end{bmatrix} \begin{bmatrix} x_1(t) \\ x_2(t) \end{bmatrix} + \begin{bmatrix} 1 \\ 1 \end{bmatrix} u(t) \\ y(t) = \begin{bmatrix} 2 & 1 \end{bmatrix} \begin{bmatrix} x_1(t) \\ x_2(t) \end{bmatrix} + 3\,u(t); \end{cases} \tag{2.30}$$

$$y(t) = \dot{u}(t-T). \tag{2.31}$$

1. Classificare tali modelli in modelli ingresso-uscita o modelli in variabili di stato, indicando il valore dei parametri significativi (ordine di derivazione dell'uscita, dell'ingresso, dimensione del vettore di stato, di ingresso e di uscita).
2. Individuare le proprietà strutturali che li caratterizzano: lineare o non lineare, stazionario o tempovariante, dinamico o istantaneo, a parametri concentrati o distribuiti, con o senza elementi di ritardi, proprio (strettamente o meno) o improprio. Motivare le risposte.

**Esercizio 2.2** Individuare le proprietà generali che caratterizzano la struttura dei seguenti sistemi, assegnati mediante il modello ingresso-uscita.

1. $y(t) = 3u^2(t-T)$
2. $\ddot{y}(t) + 3\dot{y}(t) + 3ty(t) = \ddot{u}(t) - 2u(t)$
3. $\dfrac{\partial y(s,t)}{\partial t} y + \dfrac{\partial u(s,t)}{\partial s} = 0$
4. $\dddot{y}(t) + y(t)\ddot{y}(t) + 3\dot{y}(t) + 5ty(t) = 3u(t) + 2\dot{u}(t)$

**Esercizio 2.3** Il raggio di un dispositivo laser, mediante riflessione su uno specchio piano, illumina un punto di un'asta graduata posizionata a distanza $d$ dall'emettitore e parallela al raggio di luce emesso. La posizione del punto sull'asta graduata è modificabile mediante rotazione dello specchio attorno al proprio asse.

| | | |
|---|---|---|
| $u$ [rad] | : | angolo formato dallo specchio rispetto all'orizzontale |
| $y$ [m] | : | posizione del punto illuminato sull'asta graduata |
| $d$ [m] | : | distanza dell'asta dall'emettitore laser |

Determinare il modello matematico in termini di legame ingresso-uscita di tale sistema (si assuma che nella situazione in figura valga $u = +\frac{\pi}{4}$ e $y = 0$).

Individuare le proprietà generali che caratterizzano la struttura di tale sistema.

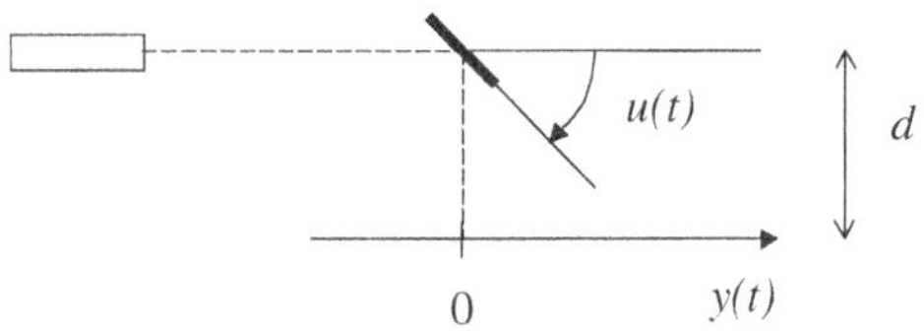


**Fig. 2.16.** Dispositivo laser

**Esercizio 2.4** Due serbatoi cilindrici di base $S_1$ e $S_2$ [m$^2$] sono collegati nella configurazione mostrata in Figura 2.17. L'altezza del liquido nei due serbatoi si denota, rispettivamente, $h_1(t)$ e $h_2(t)$ [m] mentre il volume di liquido in essi contenuto si denota $v_1(t)$ e $v_2(t)$ [m$^3$].

Il primo serbatoio è alimentato da una portata variabile $q(t)$ [m$^3$/s] mentre da una valvola alla sua base fuoriesce una portata $q_1(t) = K_1 h_1(t)$ [m$^3$/s]. La portata in uscita dal primo serbatoio alimenta il secondo serbatoio, dal quale, a sua volta, fuoriesce una portata $q_2(t) = K_2 h_2(t)$ [m$^3$/s].

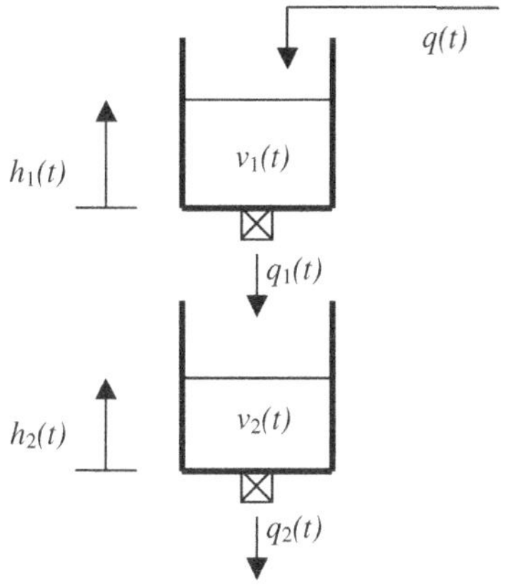


**Fig. 2.17.** Due serbatoi in cascata

La legge di conservazione della massa per un fluido incomprimibile impone che la derivata del volume di liquido $v(t)$ contenuto in un serbatoio sia pari alla portata ad esso afferente, ovvero dette $q_{in}(t)$ e $q_{out}(t)$ la somma totale delle portate in ingresso e di quelle in uscita, vale

$$\dot{v}(t) = q_{in}(t) - q_{out}(t).$$

1. Determinare un modello matematico in termini di variabili di stato per questo sistema, scegliendo come variabili di stato $x_1(t) = v_1(t)$ e $x_2(t) = v_2(t)$ il volume di liquido nei due serbatoi, come ingresso $u(t) = q(t)$ la portata in ingresso al primo serbatoio, e come uscita $y(t) = h_2(t)$ l'altezza del secondo serbatoio. Indicare il valore delle matrici $\boldsymbol{A}, \boldsymbol{B}, \boldsymbol{C}, \boldsymbol{D}$ che costituiscono la rappresentazione.
2. Individuare le proprietà generali che caratterizzano la struttura di tale sistema.
3. Determinare il modello matematico in termini di legame ingresso-uscita di tale sistema.
4. Indicare come si modifica la rappresentazione in variabili di stato se si suppone che sia possibile alimentare dall'esterno anche il secondo serbatoio mediante una portata variabile $\tilde{q}(t)$. (Gli ingressi sarebbero in questo caso due: $u_1(t) = q(t)$ e $u_2(t) = \tilde{q}(t)$.)

**Esercizio 2.5** Per lo studio delle sospensioni dei veicoli stradali, si è soliti usare un modello detto quarto di automobile in cui si rappresenta una sola sospensione e la massa sospesa $M$ che incide su di essa (un quarto della massa totale del corpo dell'automobile). Noi considereremo il modello più semplice, rappresentato in Figura 2.18, che prevede di trascurare la massa della ruota.

Nella figura la sospensione è rappresentata da una molla con coefficiente elastico $K$ [N/m] e da uno smorzatore con coefficiente di smorzamento $b$ [N s/m]. Si considera come ingresso $u(t)$ la posizione della ruota sul fondo stradale e come

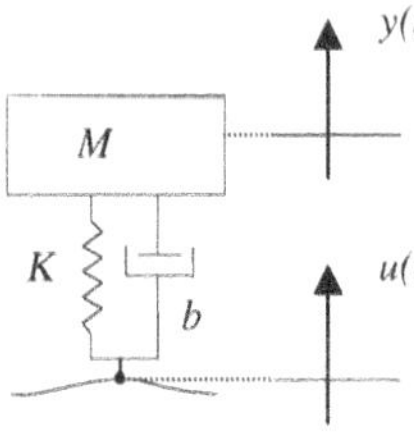


**Fig. 2.18.** Modello ad un grado di libertà del quarto di automobile

uscita $y(t)$ la posizione della massa sospesa. La forza peso si trascura supponendo che essa venga bilanciata dalla tensione della molla nella condizione equilibrio (modello alle variazioni).

1. Si determini il modello ingresso-uscita di tale sistema.
2. Si cerchi di determinare un modello matematico in termini di variabili di stato per questo sistema, scegliendo come variabili di stato $x_1(t) = y(t)$ e $x_2(t) = \dot{y}(t)$. Si verifichi che tale scelta non consente di ottenere un modello in forma standard.
3. Si scelgano come variabili di stato $x_1(t) = y(t)$ e $x_2(t) = \dot{y}(t) - b/m\ u(t)$ e si verifichi che tale scelta consente di ottenere un modello in forma standard. Si indichi il valore delle matrici $\boldsymbol{A}, \boldsymbol{B}, \boldsymbol{C}, \boldsymbol{D}$ che costituiscono la rappresentazione.
4. Si individuino le proprietà generali che caratterizzano la struttura di tale sistema.

**Esercizio 2.6** Tre serbatoi cilindrici sono collegati nella configurazione mostrata in Figura 2.19. La superfice di base dei tre cilindri si denota $S_i$ [$\text{m}^2$], l'altezza del

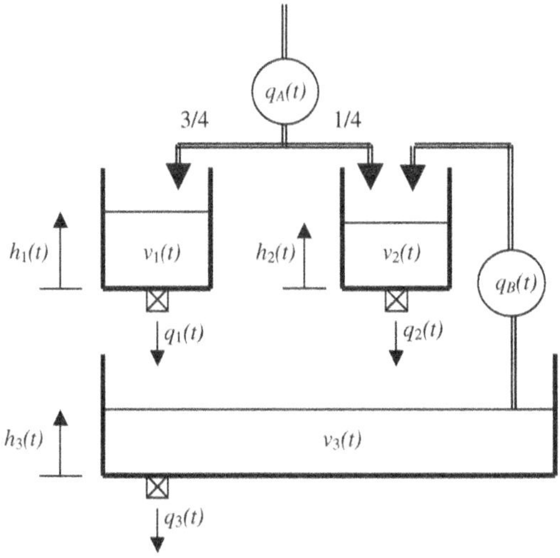


**Fig. 2.19.** Tre serbatoi

liquido nei serbatoi si denota $h_i(t)$ [m], mentre il volume di liquido in essi contenuto si denota $v_i(t)$ [m$^3$] dove $i = 1, 2, 3$.

Una pompa produce una portata variabile $q_A(t)$ [m$^3$/s] che viene distribuita per $\frac{3}{4}$ al primo serbatoio e per $\frac{1}{4}$ al secondo. Una seconda pompa che pesca dal terzo serbatoio e versa nel secondo consente anche di generare una portata variabile $q_B(t)$ [m$^3$/s] .

Infine, dalla valvola alla base di ogni serbatoio fuoriesce una portata $q_i(t) = K_i\sqrt{h_i(t)}$ [m$^3$/s]. Le portate che fuoriescono dal primo e secondo serbatoio alimentano il terzo.

La legge di conservazione della massa per un fluido incomprimibile impone che la derivata del volume di liquido $v(t)$ contenuto in un serbatoio sia pari alla portata ad esso afferente, ovvero dette $q_{in}(t)$ e $q_{out}(t)$ la somma totale delle portate in ingresso e di quelle in uscita, vale

$$\dot{v}(t) = q_{in}(t) - q_{out}(t).$$

1. Determinare un modello matematico in termini di variabili di stato per questo sistema, scegliendo come variabili di stato $x_i(t) = v_i(t)$ (con $i = 1, 2, 3$) il volume di liquido nei tre serbatoi, come ingressi $u_1(t) = q_A(t)$ e $u_2(t) = q_B(t)$ le portate imposte dalle pompe, e come uscita $y(t) = h_2(t) + h_3(t)$ la somma delle altezze del secondo e terzo serbatoio. Indicare il valore delle matrici $\boldsymbol{A}, \boldsymbol{B}, \boldsymbol{C}, \boldsymbol{D}$ che costituiscono la rappresentazione.
2. Individuare le proprietà generali che caratterizzano la struttura di tale sistema.

# 3

# Analisi nel dominio del tempo dei modelli ingresso-uscita

In questo capitolo si studieranno i sistemi SISO, lineari, stazionari e a parametri concentrati, descritti da un modello ingresso-uscita: tale modello consiste in una equazione differenziale ordinaria e lineare a coefficienti costanti. Le tecniche di analisi che si presentano in questo capitolo sono basate sull'integrazione diretta dell'equazione differenziale: si parla in tal caso di *analisi nel dominio del tempo* o di *analisi in* $t$.

Nella prima sezione si definisce il *problema fondamentale* dell'analisi dei sistemi, che consiste nel determinare il segnale di uscita che soddisfa un modello dato. Grazie alla linearità del sistema sarà possibile scomporre tale soluzione nella somma di due termini: l'*evoluzione libera*, che dipende dalle sole condizioni iniziali, e l'*evoluzione forzata*, che dipende dalla presenza di un ingresso non nullo. Nella seconda sezione si studia preliminarmente l'*equazione omogenea* associata ad un modello dato: ciò permette di definire dei particolari segnali detti *modi* che caratterizzano l'evoluzione propria del sistema. Nella terza sezione si studia l'evoluzione libera che si dimostra essere una combinazione lineare di modi. Nella quarta sezione si affronta nel dettaglio l'analisi modale, studiando e classificando tali segnali. Nella quinta sezione viene presentata una particolare risposta forzata, detta *risposta impulsiva*: essa è la risposta forzata che consegue all'applicazione di un impulso unitario; la sua importanza nasce dal fatto che essa è un regime canonico, ovvero la conoscenza analitica di tale segnale equivale alla conoscenza del modello del sistema. In conseguenza di ciò, nella sesta sezione si presenta un importante risultato, l'*integrale di Duhamel*: esso afferma che l'evoluzione forzata che consegue ad un qualunque segnale di ingresso si può determinare mediante convoluzione tra l'ingresso stesso e la risposta impulsiva. Infine, nella settima sezione si introduce un famiglia di segnali canonici che si possono ottenere a partire dalla risposta impulsiva per integrazione o derivazione successive.

Giua A., Seatzu C.: Analisi dei sistemi dinamici. 2a edizione

## 3.1 Modello ingresso-uscita e problema di analisi

Un sistema SISO, lineare, stazionario e a parametri concentrati è descritto dal seguente *modello ingresso-uscita* (IU)

$$a_n \frac{d^n y(t)}{dt^n} + \cdots + a_1 \frac{dy(t)}{dt} + a_0 y(t) = b_m \frac{d^m u(t)}{dt^m} + \cdots + b_1 \frac{du(t)}{dt} + b_0 u(t). \quad (3.1)$$

In questa espressione $t \in \mathbb{R}$ è la variabile indipendente tempo, mentre i due segnali $y : \mathbb{R} \to \mathbb{R}$ e $u : \mathbb{R} \to \mathbb{R}$ rappresentano rispettivamente la variabile di uscita e di ingresso. I coefficienti di tale equazione sono tutti reali, cioè $a_i \in \mathbb{R}$ per $i = 0, \ldots, n$, e $b_i \in \mathbb{R}$ per $i = 0, \ldots, m$.

Il grado massimo di derivazione dell'uscita $n$ è detto *ordine del sistema*. Si suppone che il sistema sia proprio e valga dunque $n \geq m$.

### 3.1.1 Problema fondamentale dell'analisi dei sistemi

Il *problema fondamentale dell'analisi dei sistemi* per il modello IU dato consiste nel risolvere l'equazione differenziale (3.1) a partire da un istante iniziale $t_0$ assegnato. Ciò richiede di determinare l'andamento dell'uscita $y(t)$ per $t \geq t_0$ conoscendo:

- le *condizioni iniziali*

$$y(t)|_{t=t_0} = y_0, \quad \left.\frac{dy(t)}{dt}\right|_{t=t_0} = y_0', \quad \cdots \quad \left.\frac{d^{n-1}y(t)}{dt^{n-1}}\right|_{t=t_0} = y_0^{(n-1)}, \quad (3.2)$$

  cioè il valore assunto all'istante iniziale $t_0$ dall'uscita e dalle sue derivate fino all'ordine $(n-1)$;
- il segnale

$$u(t) \qquad \text{per } t \geq t_0, \quad (3.3)$$

  cioè il valore assunto dall'*ingresso* applicato al sistema a partire dall'istante iniziale $t_0$.

La risoluzione di una equazione differenziale è affrontata nei corsi di base di analisi matematica. Qui si richiameranno alcuni di tali metodi risolutivi già noti (senza darne dimostrazione) e se ne introdurranno altri, mettendo sempre in evidenza, comunque, la loro interpretazione fisica. L'esposizione di questo capitolo presuppone che il lettore sia familiare con il materiale presentato nell'Appendice B.

Prima di andare avanti, tuttavia, occorre fare una precisazione a proposito del legame fra condizioni iniziali e stato iniziale. La storia passata del sistema per $t \in (-\infty, t_0]$ viene riassunta nello stato $\boldsymbol{x}(t_0)$. Tuttavia, nella descrizione del problema fondamentale dell'analisi dei sistemi per i modelli ingresso-uscita non viene assegnato tale stato bensì le condizioni iniziali dell'uscita e delle sue derivate. Le due informazioni sono fra loro equivalenti: infatti lo stato iniziale del sistema è univocamente[1] legato alle condizioni iniziali. In particolare vale quanto segue.

[1]Per essere esatti, ciò è vero per sistemi *osservabili*. Tale aspetto verrà meglio discusso in seguito, quando si studieranno le proprietà di controllabilità e osservabilità.

- Se il sistema ha stato iniziale nullo (si dice in tal caso che esso è inizialmente *a riposo* o *scarico*) allora anche le condizioni iniziali date dalla (3.2) sono tutte nulle, cioè
$$\boldsymbol{x}(t_0) = \mathbf{0} \quad \Longleftrightarrow \quad y_0 = y_0' = \cdots = y_0^{(n-1)} = 0.$$
- Se viceversa il sistema ha stato iniziale non nullo, allora le condizioni iniziali date dalla (3.2) non sono tutte identicamente nulle, cioè
$$\boldsymbol{x}(t_0) \neq \mathbf{0} \quad \Longleftrightarrow \quad (\exists i \in \{0, 1, \ldots, n-1\})\ y_0^{(i)} \neq 0.$$

### 3.1.2 Soluzione in termini di evoluzione libera e evoluzione forzata

Nel capitolo precedente è stato già osservato, in termini qualitativi, che è possibile considerare l'evoluzione dell'uscita di un sistema come un *effetto* determinato da due diversi tipi di *cause*: le cause interne al sistema (cioè lo *stato iniziale*) e le cause esterne al sistema (cioè gli *ingressi*). Per un sistema lineare vale il principio di sovrapposizione degli effetti, e dunque è anche possibile affermare che l'effetto dovuto alla presenza simultanea di entrambe le cause può essere determinato sommando l'effetto che ciascuna di esse produrrebbe se agisse da sola.

È dunque possibile scrivere l'uscita del sistema per $t \geq t_0$ come la somma di due termini:

$$y(t) = y_\ell(t) + y_f(t). \tag{3.4}$$

- Il termine $y_\ell(t)$ è detto *evoluzione libera* (o anche *risposta libera*, *regime libero*) e rappresenta il contributo alla risposta dovuto esclusivamente allo stato iniziale del sistema all'istante $t_0$. Tale termine può anche essere definito come la risposta del sistema (3.1) a partire dalle condizioni iniziali date dalla (3.2) qualora l'ingresso $u(t)$ sia identicamente nullo per $t \geq t_0$.
- Il termine $y_f(t)$ è detto *evoluzione forzata* (o anche *risposta forzata*, *regime forzato*) e rappresenta il contributo alla risposta totale dovuto esclusivamente all'ingresso applicato al sistema per $t \geq t_0$. Tale termine può anche essere definito come la risposta del sistema (3.1) soggetto all'ingresso dato dalla (3.3) qualora le condizioni iniziali siano tutte identicamente nulle.

Nel resto del capitolo si studieranno separatamente i due termini, mostrando come sia possibile calcolarli.

Si farà quasi sempre una piccola semplificazione, supponendo che l'istante di tempo iniziale considerato sia $t_0 = 0$. Poiché il sistema descritto dalla (3.1) è stazionario, ciò non riduce la generalità dell'approccio. Infatti, se fosse $t_0 \neq 0$, si potrebbe sempre con un semplice cambio di variabile $\tau = t - t_0$ risolvere l'equazione differenziale nella variabile $\tau$. Le condizioni iniziali in $t = t_0$ corrispondono infatti a condizioni iniziali in $\tau = 0$ e sostituendo $t = \tau + t_0$ nella espressione di $u(t)$ per $t \geq t_0$ si ottiene la $u(\tau)$ per $\tau \geq 0$. Una volta determinata l'espressione analitica della risposta in funzione di $\tau$, sostituendo $\tau = t - t_0$ si ottiene la $y(t)$ (cfr. l'Esempio 3.15).

## 3.2 Equazione omogenea e modi

In questo paragrafo viene studiata una forma semplificata di equazione differenziale, detta *omogenea*, in cui il secondo membro è nullo. Tale analisi permette di introdurre il concetto fondamentale di *modo*: si tratta di un segnale che caratterizza l'evoluzione dinamica del sistema. Il numero di modi è pari all'ordine del sistema e i segnali che si ottengono dalla combinazione lineare di modi sono le soluzioni dell'equazione omogenea.

**Definizione 3.1** *Data la equazione differenziale* (3.1), *ponendo pari a zero il secondo membro definiamo la* equazione omogenea *ad essa associata*

$$a_n \frac{d^n y(t)}{dt^n} + \cdots + a_1 \frac{dy(t)}{dt} + a_0 y(t) = 0, \tag{3.5}$$

*dove ricordiamo che* $y : \mathbb{R} \to \mathbb{R}$ *è una funzione reale e i coefficienti* $a_i \in \mathbb{R}$ *per* $i = 0, \ldots, n$ *sono anche essi reali.*

Ad ogni equazione omogenea è possibile associare un polinomio.

**Definizione 3.2** *Il* polinomio caratteristico *della equazione* (3.5) *è il polinomio di grado n della variabile s*

$$P(s) = a_n s^n + a_{n-1} s^{n-1} + \cdots + a_1 s + a_0 = \sum_{i=0}^{n} a_i s^i, \tag{3.6}$$

*che ha gli stessi coefficienti della equazione omogenea.*

In base al teorema fondamentale dell'algebra, un polinomio di grado $n$ con coefficienti reali ha $n$ radici reali o complesse coniugate. Le radici di tale polinomio sono le soluzioni dell'*equazione caratteristica* $P(s) = 0$. In generale vi saranno $r \leq n$ radici distinte[2] $p_i$ ciascuna di molteplicità $\nu_i$:

$$\overbrace{\underbrace{p_1 \ \cdots \ p_1}_{\nu_1} \ \underbrace{p_2 \ \cdots \ p_2}_{\nu_2} \ \cdots \ \underbrace{p_r \ \cdots \ p_r}_{\nu_r}}^{n}$$

dove vale $p_i \neq p_j$ se $i \neq j$ e chiaramente $\sum_{i=1}^{r} \nu_i = n$.

Nel caso particolare in cui tutte le radici abbiano molteplicità unitaria, avremo

$$\overbrace{p_1 \ \ p_2 \ \ \cdots \ \ p_{n-1} \ \ p_n}^{n}$$

con $p_i \neq p_j$ se $i \neq j$.

[2] Il simbolo usato per denotare le radici dell'equazione caratteristica è $p$ perché, come si vedrà nello studio della funzione di trasferimento, tali radici sono anche dette *poli* del sistema.

**Definizione 3.3.** *Data una radice $p$ del polinomio caratteristico di molteplicità $\nu$, definiamo* modi *associati a tale radice le $\nu$ funzioni del tempo*

$$e^{pt}, \quad te^{pt}, \quad \cdots, \quad t^{\nu-1}e^{pt}.$$

*Dunque ad un sistema il cui polinomio caratteristico ha grado $n$ corrispondono in totale $n$ modi.*

**Esempio 3.4** Si consideri l'equazione differenziale omogenea

$$3\frac{d^4y(t)}{dt^4} + 21\frac{d^3y(t)}{dt^3} + 45\frac{d^2y(t)}{dt^2} + 39\frac{dy(t)}{dt} + 12y(t) = 0.$$

Il polinomio caratteristico vale

$$P(s) = 3s^4 + 21s^3 + 45s^2 + 39s + 12 = 3(s+1)^3(s+4)$$

e dunque esso ha radici

$$\begin{cases} p_1 = -1 & \text{di molteplicità} \quad \nu_1 = 3, \\ p_2 = -4 & \text{di molteplicità} \quad \nu_2 = 1. \end{cases}$$

A tale polinomio corrispondono i quattro modi $e^{-t}$, $te^{-t}$, $t^2e^{-t}$ e $e^{-4t}$. ◇

Combinando linearmente fra loro i vari modi con opportuni coefficienti è possibile costruire una famiglia di segnali.

**Definizione 3.5.** *Una* combinazione lineare degli $n$ modi di un sistema *è un segnale $h(t)$ che si ottiene sommando i vari modi ciascuno pesato per un opportuno coefficiente. In particolare ad ogni radice distinta $p_i$ di molteplicità $\nu_i$ corrisponde una combinazione di $\nu_i$ termini*

$$A_{i,0}\ e^{p_it} + A_{i,1}\ te^{p_it} + \cdots + A_{i,\nu_i-1}\ t^{\nu_i-1}e^{p_it} = \sum_{k=0}^{\nu_i-1} A_{i,k}\ t^ke^{p_it} \tag{3.7}$$

*e dunque, tenendo conto che vi sono $r$ radici distinte, una combinazione lineare dei modi assume la forma :*

$$h(t) = \left(\sum_{k=0}^{\nu_1-1} A_{1,k}\ t^ke^{p_1t}\right) + \cdots + \left(\sum_{k=0}^{\nu_r-1} A_{r,k}\ t^ke^{p_rt}\right)$$

*ovvero*

$$h(t) = \sum_{i=1}^{r}\sum_{k=0}^{\nu_i-1} A_{i,k}\ t^ke^{p_it}. \tag{3.8}$$

*Nel caso particolare in cui tutte le radici abbiano molteplicità unitaria si può scrivere*

$$h(t) = A_1\ e^{p_1t} + A_2\ e^{p_2t} + \cdots + A_n\ e^{p_nt} = \sum_{i=1}^{n} A_i\ e^{p_it} \tag{3.9}$$

*omettendo per semplicità il secondo pedice nei coefficienti $A$.*

**Esempio 3.6** Il sistema studiato nell'Esempio 3.4 con $p_1 = -1$ e $p_2 = -4$ ha quattro modi $e^{-t}$, $te^{-t}$, $t^2e^{-t}$ e $e^{-4t}$. Una combinazione lineare di tali modi assume dunque la forma

$$h(t) = A_{1,0}\, e^{-t} + A_{1,1}\, te^{-t} + A_{1,2}\, t^2e^{-t} + A_2\, e^{-4t}. \qquad \diamond$$

Si osservi che benché i modi siano noti in base alla conoscenza del polinomio caratteristico, i coefficienti che compaiono in una loro combinazione lineare sono per ora dei parametri indeterminati: in tal senso l'eq. (3.8) definisce in forma parametrica una famiglia di segnali. Ad esempio, nel seguito vedremo che l'evoluzione libera è una combinazione lineare dei modi. Particolarizzando opportunamente i coefficienti potremo determinare l'evoluzione libera a partire da ogni possibile condizione iniziale.

Possiamo finalmente dare un risultato fondamentale che spiega l'importanza della combinazione lineare dei modi: questa famiglia di segnali costituisce infatti l'integrale generale della equazione omogenea.

**Teorema 3.7.** *Un segnale reale $h(t)$ è soluzione dell'equazione omogenea* (3.5) *se e solo se è una combinazione lineare dei modi associati a tale equazione.*

*Dimostrazione.* Il fatto che l'integrale generale di una equazione omogenea come la (3.5) abbia la parametrizzazione data dalla (3.8) è ben noto dai corsi di analisi matematica.

Senza pretesa di essere esaustivi, ci si limita a considerare il caso particolare in cui tutte le radici del polinomio caratteristico hanno molteplicità unitaria e si dimostra la sola condizione necessaria, ovvero che un segnale $h(t)$ della forma (3.9) è una soluzione della (3.5). Per far ciò, si osservi che la derivata del segnale $h(t)$ considerato vale per $k = 0, 1, \ldots, n$:

$$\frac{d^k}{dt^k}h(t) = p_1^k A_1\, e^{p_1 t} + p_2^k A_2\, e^{p_2 t} + \cdots + p_n^k A_n\, e^{p_n t} = \sum_{i=1}^{n} p_i^k A_i\, e^{p_i t}.$$

Sostituendo nella (3.5) si ottiene al primo membro:

$$\sum_{k=0}^{n} a_k \frac{d^k}{dt^k}h(t) = \sum_{k=0}^{n}\sum_{i=1}^{n} a_k p_i^k A_i\, e^{p_i t} = \sum_{i=1}^{n} A_i\, e^{p_i t} \left(\sum_{k=0}^{n} a_k p_i^k\right).$$

Ora si osservi che per ogni valore di $i = 1, \ldots, n$ il fattore fra parentesi si annulla; vale infatti

$$\sum_{k=0}^{n} a_k p_i^k = a_n p_i^n + \cdots + a_1 p_i + a_0 = P(s)\,|_{s=p_i} = 0$$

essendo $p_i$ radice del polinomio caratteristico. Dunque con le sostituzioni fatte il primo membro della (3.5) si annulla, dando l'identità cercata. □

### 3.2.1 Radici complesse e coniugate

Si osservi che nel caso in cui il polinomio caratteristico $P(s)$ abbia radici complesse, i corrispondenti modi che compaiono nell'eq. (3.8) sono anch'essi segnali complessi. Più esattamente, essendo $P(s)$ un polinomio a coefficienti reali, per ogni radice complessa $p_i = \alpha_i + j\omega_i$ di molteplicità $\nu_i$, esiste certamente una radice complessa $p_i' = \alpha_i - j\omega_i$ ad essa coniugata e di molteplicità $\nu_i' = \nu_i$. Dunque a tale coppia di radici corrisponde una combinazione lineare di $2\nu_i$ modi:

$$\underbrace{A_{i,0}\, e^{p_i t} + A'_{i,0}\, e^{p'_i t}}_{k=0} + \cdots + \underbrace{t^{\nu_i - 1}\left(A_{i,\nu_i-1} e^{p_i t} + A'_{i,\nu_i-1} e^{p'_i t}\right)}_{k=\nu_i-1}, \tag{3.10}$$

che abbiamo raggruppato in coppie di termini per $k = 0, \cdots, \nu_i - 1$.

Affinché il segnale $h(t)$ assuma valori reali per ogni $t$, come desiderato, si richiede che anche i coefficienti $A_{i,k}$ e $A'_{i,k}$ siano complessi e fra loro coniugati per ogni valore di $k = 0, \cdots, \nu_i - 1$: se ciò infatti si verifica anche i due termini $A_{i,k}\, e^{p_i t}$ e $A'_{i,k}\, e^{p'_i t}$ sono complessi e coniugati fra loro e la loro somma darà un numero reale.

Nel caso in cui il polinomio caratteristico $P(s)$ abbia radici complesse, è comunque possibile dare una parametrizzazione del segnale $h(t)$ in cui compaiono solo grandezze reali.

**Proposizione 3.8** *La somma di termini dati in eq.* (3.10), *che rappresenta il contributo di una coppia di radici complesse e coniugate* $p_i, p_i' = \alpha_i \pm j\omega_i$ *di molteplicità* $\nu_i$ *alla combinazione lineare dei modi, può anche venire riscritto come*

$$\sum_{k=0}^{\nu_i - 1} M_{i,k} t^k\, e^{\alpha_i t} \cos(\omega_i t + \phi_{i,k}), \tag{3.11}$$

*dove al posto dei* $2\nu_i$ *coefficienti incogniti complessi* $A_{i,k}$ *e* $A'_{i,k}$ *compaiono i* $2\nu_i$ *coefficienti incogniti reali* $M_{i,k}$ *e* $\phi_{i,k}$.

*Dimostrazione.* Si consideri il generico termine $\left(Ae^{pt} + A'e^{p't}\right)$, dove abbiamo omesso gli indici per non appesantire la trattazione. Scriviamo i coefficienti $A$ e $A'$ in forma polare

$$A = |A|e^{j\phi}, \qquad \text{e} \qquad A' = |A|e^{-j\phi},$$

dove $|A|$ è il modulo del coefficiente $A$ e $\phi = \arg(A)$ è la sua fase.

Vale dunque

$$\begin{aligned} Ae^{pt} + A'e^{p't} &= |A|e^{j\phi}e^{(\alpha+j\omega)t} + |A|e^{-j\phi}e^{(\alpha-j\omega)t} \\ &= |A|e^{\alpha t}\left[e^{j(\omega t+\phi)} + e^{-j(\omega t+\phi)}\right] \\ &= 2|A|e^{\alpha t}\cos(\omega t + \phi) \\ &= Me^{\alpha t}\cos(\omega t + \phi) \end{aligned}$$

dove nel terzo passaggio abbiamo usato la formula di Eulero (cfr. Appendice A.3) e nel quarto abbiamo introdotto un nuovo coefficiente $M = 2|A| \geq 0$ che vale il doppio del modulo del coefficiente $A$. La combinazione lineare di due modi $A\, t^k e^{pt} + A'\, t^k e^{p't}$ è dunque equivalente al termine $Mt^k\, e^{\alpha t} \cos(\omega t + \phi)$, che viene detto *modo pseudoperiodico.* □

La precedente considerazione porta a definire una struttura della combinazione lineare dei modi equivalente a quella data dalla (3.8), in cui però ad ogni coppia di radici complesse e coniugate corrisponde una combinazione lineare di modi nella forma data dalla (3.11).

Numeriamo per semplicità le radici del polinomio caratteristico come segue. Vi sono $R$ radici reali distinte $p_i$ di molteplicità $\nu_i$ (per $i = 1, \ldots, R$)

$$p_1, \quad p_2, \quad \ldots, \quad p_R,$$

e $S$ coppie di radici complesse e coniugate distinte[3] $p_i, p'_i$ di molteplicità $\nu_i$ (per $i = R+1, \ldots, R+S$)

$$p_{R+1}, \; p'_{R+1}, \quad p_{R+2}, \; p'_{R+2}, \quad \ldots, \quad p_{R+S}, \; p'_{R+S}.$$

Possiamo dunque rappresentare una combinazione lineare di modi distinguendo, grazie alla (3.7) e (3.11), i modi associati alle radici reali e quelli associati alle coppie di radici complesse e coniugate

$$h(t) = \sum_{i=1}^{R} \sum_{k=0}^{\nu_i - 1} A_{i,k}\; t^k e^{p_i t} \; + \sum_{i=R+1}^{R+S} \sum_{k=0}^{\nu_i - 1} M_{i,k} t^k\; e^{\alpha_i t} \cos(\omega_i t + \phi_{i,k}). \qquad (3.12)$$

Nel caso particolare in cui tutte le radici abbiano molteplicità unitaria[4] si può scrivere

$$h(t) = \sum_{i=1}^{R} A_i\; e^{p_i t} \; + \sum_{i=R+1}^{R+S} M_i\; e^{\alpha_i t} \cos(\omega_i t + \phi_i), \qquad (3.13)$$

omettendo per semplicità il secondo pedice nei coefficienti.

Le equazioni (3.12) e (3.13) devono quindi essere viste come una forma alternativa delle equazioni (3.8) e (3.9) più consona a descrivere il caso in cui il polinomio caratteristico del sistema ha sia radici reali sia radici complesse.

**Esempio 3.9** Si consideri un sistema la cui equazione differenziale omogenea è

$$\frac{d^3 y(t)}{dt^3} + 2\frac{d^2 y(t)}{dt^2} + 5\frac{dy(t)}{dt} = 0,$$

---

[3]Deve naturalmente valere $n = \sum_{i=1}^{R} \nu_i \; + \; 2 \sum_{i=R+1}^{R+S} \nu_i.$

[4]In tal caso vale $n = R + 2S$.

Il polinomio caratteristico è $P(s) = s^3 + 2s^2 + 5s$ (manca il termine noto) e dunque esso ha radici

$$\begin{cases} p_1 = 0 & \text{di molteplicità } \nu_1 = 1, \\ p_2 = \alpha_2 + j\omega = -1 + j2 & \text{di molteplicità } \nu_2 = 1, \\ p_2' = \alpha_2 - j\omega = -1 - j2 & \text{di molteplicità } \nu_2' = 1. \end{cases}$$

Vi sono dunque $R = 1$ radici reali distinte e $S = 1$ coppie di radici complesse e coniugate distinte.

Si può dunque scrivere che una combinazione lineare dei modi assume la forma

$$h(t) = A_1\, e^{p_1\, t} + M_2\, e^{\alpha t} \cos(\omega t + \phi_2) = A_1 + M_2\, e^{-t} \cos(2t + \phi_2). \qquad \diamond$$

È anche possibile porre una combinazione di modi associati ad una coppia di radici complesse e coniugate in un'altra forma standard.

**Proposizione 3.10** *La somma di termini dati in eq.* (3.10), *che rappresenta il contributo di una coppia di radici complesse e coniugate* $p_i, p_i' = \alpha_i \pm j\omega_i$ *di molteplicità* $\nu_i$ *alla combinazione lineare dei modi, può anche venire riscritto come*

$$\sum_{k=0}^{\nu_i - 1} \left( B_{i,k}\, t^k\, e^{\alpha_i t} \cos(\omega_i t) + C_{i,k}\, t^k\, e^{\alpha_i t} \sin(\omega_i t) \right), \tag{3.14}$$

*dove al posto dei* $2\nu_i$ *coefficienti incogniti complessi* $A_{i,k}$ *e* $A'_{i,k}$ *compaiono i* $2\nu_i$ *coefficienti incogniti reali* $B_{i,k}$ *e* $C_{i,k}$.

*Dimostrazione.* Tale risultato deriva dalle stesse considerazioni fatte per la precedente proposizione, tenendo presente che ponendo i coefficienti $A = u + jv$ e $A' = u - jv$ in forma cartesiana, vale:

$$\begin{aligned} Ae^{pt} + A'e^{p't} &= (u + jv)\, e^{\alpha t} \left(\cos(\omega t) + j \sin(\omega t)\right) \\ &\quad + (u - jv)\, e^{\alpha t} \left(\cos(\omega t) - j \sin(\omega t)\right) \\ &= 2ue^{\alpha t} \cos(\omega t) - 2ve^{\alpha t} \sin(\omega t) \\ &= Be^{\alpha t} \cos(\omega t) + Ce^{\alpha t} \sin(\omega t) \end{aligned}$$

avendo posto $B = 2u$ e $C = -2v$. □

Dunque con lo stesso ragionamento già visto, possiamo dare la seguente espressione della combinazione lineare dei modi, distinguendo le combinazioni lineari di modi associati alle $R$ radici reali distinte e le combinazioni lineari di modi associati alle $S$ coppie di radici complesse e coniugate distinte

$$\begin{aligned} h(t) = &\sum_{i=1}^{R} \sum_{k=0}^{\nu_i - 1} A_{i,k}\, t^k e^{p_i t} \\ &+ \sum_{i=R+1}^{R+S} \sum_{k=0}^{\nu_i - 1} \left( B_{i,k}\, t^k\, e^{\alpha_i t} \cos(\omega_i t) + C_{i,k}\, t^k\, e^{\alpha_i t} \sin(\omega_i t) \right). \end{aligned} \tag{3.15}$$

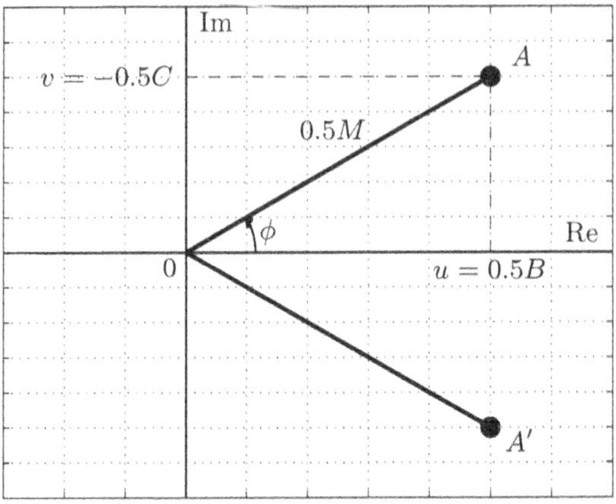


**Fig. 3.1.** Legame fra i coefficienti dei modi complessi

Nel caso particolare in cui tutte le radici abbiano molteplicità unitaria si può scrivere

$$h(t) = \sum_{i=1}^{R} A_i \; e^{p_i t} \; + \sum_{i=R+1}^{R+S} \left(B_i \; e^{\alpha_i t} \cos(\omega_i t) + C_i \; e^{\alpha_i t} \sin(\omega_i t)\right), \tag{3.16}$$

omettendo per semplicità il secondo pedice nei coefficienti.

Le equazioni (3.15) e (3.16) devono quindi essere viste come del tutto equivalenti alle equazioni (3.12) e (3.13): anche esse danno la struttura parametrica della combinazione lineare nel caso in cui il polinomio caratteristico del sistema ha sia radici reali che complesse.

**Esempio 3.11** Lo stesso problema dell'Esempio 3.9 può anche risolversi ponendo

$$h(t) = A_1 + B_2 \; e^{-t} \cos(2t) + C_2 \; e^{-t} \sin(2t). \qquad \diamond$$

Si osservi infine che se rappresentiamo sul piano complesso i due coefficienti $A$ e $A'$ come fatto in Fig. 3.1 si dimostra facilmente che vale

$$\begin{array}{ll} A = \frac{M}{2} e^{j\phi} = \frac{B}{2} - j\frac{C}{2}; & A' = \frac{M}{2} e^{-j\phi} = \frac{B}{2} + j\frac{C}{2}; \\ M = 2|A| = \sqrt{B^2 + C^2}; & \phi = \arg(A) = \arctan\left(\frac{-C}{B}\right); \\ B = M \cos\phi = 2u; & C = -M \sin\phi = -2v. \end{array} \tag{3.17}$$

## 3.3 L'evoluzione libera

Passiamo ora a caratterizzare l'evoluzione libera, ovvero il contributo alla risposta dovuto al fatto che il sistema non si trovi inizialmente a riposo.

**Proposizione 3.12** *L'evoluzione libera $y_\ell(t)$ è una combinazione lineare dei modi del sistema.*

*Dimostrazione.* Se si suppone che l'ingresso $u(t)$ applicato al sistema sia sempre nullo per $t \geq 0$, saranno nulle anche le sue derivate di ordine 1, 2, ecc. Dunque l'evoluzione libera $y_\ell(t)$ per $t \geq 0$ del sistema descritto dalla (3.1) coincide con la soluzione dell'equazione omogenea associata (3.5) a partire dalle condizioni iniziali (3.2). In base al Teorema 3.7 il segnale $y_\ell(t)$ è dunque una particolare combinazione lineare dei modi. □

Si tenga presente che l'andamento dell'evoluzione libera, e dunque il valore dei coefficienti che caratterizzano la sua parametrizzazione, dipende dalle condizioni iniziali. Dunque una volta scritta $y_\ell(t)$ come combinazione lineare dei modi del sistema si ricavano i valori degli $n$ coefficienti incogniti grazie alle condizioni iniziali (3.2) imponendo

$$y_\ell(t)|_{t=0} = y_0, \quad \left.\frac{dy_\ell(t)}{dt}\right|_{t=0} = y_0', \quad \ldots, \quad \left.\frac{d^{n-1}y_\ell(t)}{dt^{n-1}}\right|_{t=0} = y_0^{(n-1)}.$$

**Esempio 3.13** Si desidera calcolare per $t \geq 0$ l'evoluzione libera di un sistema la cui equazione differenziale omogenea è

$$\frac{d^3y(t)}{dt^3} + 8\frac{d^2y(t)}{dt^2} + 21\frac{dy(t)}{dt} + 18y(t) = 0,$$

a partire dalle condizioni iniziali $y_0 = 2$, $y_0' = 1$ e $y_0'' = -20$.

Il polinomio caratteristico è $P(s) = s^3 + 8s^2 + 21s + 18 = (s+2)(s+3)^2$ e dunque esso ha radici

$$\begin{cases} p_1 = -2 & \text{di molteplicità} \quad \nu_1 = 1, \\ p_2 = -3 & \text{di molteplicità} \quad \nu_2 = 2. \end{cases}$$

Si può pertanto scrivere

$$y_\ell(t) = A_1\, e^{-2t} + A_{2,0}\, e^{-3t} + A_{2,1}\, te^{-3t}$$

mentre derivando due volte si ottiene

$$\frac{dy_\ell(t)}{dt} = -2A_1\, e^{-2t} - 3A_{2,0}\, e^{-3t} + A_{2,1}(e^{-3t} - 3te^{-3t})$$

e

$$\frac{d^2y_\ell(t)}{dt^2} = 4A_1\, e^{-2t} + 9A_{2,0}\, e^{-3t} + A_{2,1}(-6e^{-3t} + 9te^{-3t}).$$

Tenendo conto delle condizioni iniziali si ottiene il sistema :

$$\begin{array}{rcccl} y_\ell(t)|_{t=0} & = & A_1 + A_{2,0} & = & 2, \\ \left.\dfrac{dy_\ell(t)}{dt}\right|_{t=0} & = & -2A_1 - 3A_{2,0} + A_{2,1} & = & 1, \\ \left.\dfrac{d^2y_\ell(t)}{dt^2}\right|_{t=0} & = & 4A_1 + 9A_{2,0} - 6A_{2,1} & = & -20, \end{array}$$

la cui soluzione $A_1 = 4$, $A_{2,0} = -2$, $A_{2,1} = 3$ consente di scrivere l'espressione dell'evoluzione libera per $t \geq 0$ come

$$y_\ell(t) = 4\ e^{-2t} - 2\ e^{-3t} + 3\ te^{-3t}. \tag{3.18}$$

◇

### 3.3.1 Radici complesse e coniugate

Qualora il polinomio caratteristico abbia radici complesse e coniugate, è ancora possibile usare la stessa strada per determinare l'evoluzione libera, avendo tuttavia l'accortezza di esprimere la combinazione lineare mediante la formula data in eq. (3.12) o in eq. (3.15).

**Esempio 3.14** Si desidera calcolare per $t \geq 0$ l'evoluzione libera di un sistema la cui equazione differenziale omogenea è

$$\frac{d^3y(t)}{dt^3} + 2\frac{d^2y(t)}{dt^2} + 5\frac{dy(t)}{dt} = 0,$$

a partire dalle condizioni iniziali $y_0 = 3$, $y'_0 = 2$ e $y''_0 = 1$.

Il polinomio caratteristico è $P(s) = s^3 + 2s^2 + 5s$ (manca il termine noto) e dunque esso ha radici

$$\begin{cases} p_1 = 0 & \text{di molteplicità } \nu_1 = 1, \\ p_2 = \alpha_2 + j\omega = -1 + j2 & \text{di molteplicità } \nu_2 = 1, \\ p'_2 = \alpha_2 - j\omega = -1 - j2 & \text{di molteplicità } \nu'_2 = 1. \end{cases}$$

Vi sono dunque $R = 1$ radici reali distinte e $S = 1$ coppie di radici complesse e coniugate distinte.

Usando la parametrizzazione data in eq. (3.12) si può dunque scrivere

$$y_\ell(t) = A_1\ e^{p_1\ t} + M_2\ e^{\alpha t}\cos(\omega t + \phi_2) = A_1 + M_2\ e^{-t}\cos(2t + \phi_2)$$

mentre derivando due volte si ottiene

$$\frac{dy_\ell(t)}{dt} = -M_2\ e^{-t}\cos(2t + \phi_2) - 2M_2\ e^{-t}\sin(2t + \phi_2)$$

e

$$\frac{d^2y_\ell(t)}{dt^2} = -3M_2\ e^{-t}\cos(2t + \phi_2) + 4M_2\ e^{-t}\sin(2t + \phi_2).$$

Tenendo conto delle condizioni iniziali si ottiene il sistema:

$$\begin{aligned} y_\ell(t)\big|_{t=0} &= A_1 + M_2\cos\phi_2 &&= 3, \\ \left.\frac{dy_\ell(t)}{dt}\right|_{t=0} &= -M_2\cos\phi_2 - 2M_2\sin\phi_2 &&= 2, \\ \left.\frac{d^2y_\ell(t)}{dt^2}\right|_{t=0} &= -3M_2\cos\phi_2 + 4M_2\sin\phi_2 &&= 1. \end{aligned}$$

Benché il sistema sia non lineare nelle incognite $M_2$ e $\phi_2$, è facile vedere che esso è lineare rispetto alle incognite $X = M_2 \cos\phi_2$ e $Y = M_2 \sin\phi_2$. Con queste sostituzioni si ottiene il sistema

$$\begin{cases} A_1 + X &= 3 \\ -X - 2Y &= 2 \\ -3X + 4Y &= 1 \end{cases}$$

che ha soluzione $A_1 = 4$, $X = -1$ e $Y = -0.5$. Dunque si ricava[5]:

$$M_2 = \sqrt{X^2 + Y^2} = \sqrt{1^2 + 0.5^2} = 1.12,$$

$$\phi_2 = \arctan(Y/X) = \arctan(-0.5/-1) = -2.68 \text{ rad},$$

e l'evoluzione libera vale per $t \geq 0$:

$$y_\ell(t) = 4 + 1.12\, e^{-t} \cos(2t - 2.68).$$

Lo stesso problema può anche risolversi usando la parametrizzazione data in eq. (3.12) ponendo

$$y_\ell(t) = A_1 + B_2\, e^{-t} \cos(2t) + C_2\, e^{-t} \sin(2t).$$

Derivando due volte si ottiene

$$\frac{dy_\ell(t)}{dt} = (-B_2 + 2C_2)\, e^{-t} \cos(2t) + (-2B_2 - C_2)\, e^{-t} \sin(2t)$$

e

$$\frac{d^2 y_\ell(t)}{dt^2} = (-3B_2 - 4C_2)\, e^{-t} \cos(2t) + (4B_2 - 3C_2)\, e^{-t} \sin(2t).$$

Tenendo conto delle condizioni iniziali si ottiene il sistema:

$$\begin{aligned} y_\ell(t)\big|_{t=0} &= A_1 + B_2 &&= 3, \\ \left.\frac{dy_\ell(t)}{dt}\right|_{t=0} &= -B_2 + 2C_2 &&= 2, \\ \left.\frac{d^2 y_\ell(t)}{dt^2}\right|_{t=0} &= -3B_2 - 4C_2 &&= 1, \end{aligned}$$

che ha per soluzione $A_1 = 4$, $B_2 = -1$ e $C_2 = 0.5$. Per $t \geq 0$ si può dunque scrivere l'evoluzione libera come

$$y_\ell(t) = 4 - e^{-t} \cos(2t) + 0.5\, e^{-t} \sin(2t).$$

Come previsto dalla eq. (3.17), confrontando le due diverse forme che assume la soluzione valgono le seguenti relazioni,

$$M_2 = \sqrt{B_2^2 + C_2^2} \quad \text{e} \quad \phi_2 = \arctan\left(\frac{-C_2}{B_2}\right),$$

o viceversa: $B_2 = M_2 \cos\phi_2$ e $C_2 = -M_2 \sin\phi_2$. ◇

[5] Si tenga presente che $\phi_2$ è l'angolo formato dal vettore $X + jY$ con l'asse delle ascisse. Tale vettore si trova nel terzo quadrante avendo parte reale e parte immaginaria $< 0$ (cfr. § A.2.3).

### 3.3.2 Istante iniziale diverso da 0

Terminiamo questo paragrafo dando anche un esempio che mostra come calcolare l'evoluzione libera a partire da un istante iniziale $t_0 \neq 0$.

**Esempio 3.15** Si consideri lo stesso sistema esaminato nell'Esempio 3.13, supponendo tuttavia che le condizioni iniziali date valgano in un istante iniziale $t_0 \neq 0$.

Si desidera dunque calcolare per $t \geq t_0$ l'evoluzione libera del sistema la cui equazione differenziale omogenea è

$$\frac{d^3y(t)}{dt^3} + 8\frac{d^2y(t)}{dt^2} + 21\frac{dy(t)}{dt} + 18y(t) = 0,$$

a partire dalle condizioni iniziali

$$y(t)|_{t=t_0} = y_0 = 2, \qquad \left.\frac{dy(t)}{dt}\right|_{t=t_0} = y_0' = 1, \qquad \left.\frac{d^2y(t)}{dt^2}\right|_{t=t_0} = y_0'' = -20.$$

Col cambiamento di variabile $\tau = t - t_0$ il problema diventa quello di calcolare per $\tau \geq 0$ l'evoluzione libera del sistema la cui equazione differenziale omogenea è

$$\frac{d^3y(\tau)}{d\tau^3} + 8\frac{d^2y(\tau)}{d\tau^2} + 21\frac{dy(\tau)}{d\tau} + 18y(\tau) = 0,$$

a partire dalle condizioni iniziali

$$y(\tau)|_{\tau=0} = y_0 = 2, \qquad \left.\frac{dy(\tau)}{d\tau}\right|_{\tau=0} = y_0' = 1, \qquad \left.\frac{d^2y(\tau)}{d\tau^2}\right|_{\tau=0} = y_0'' = -20.$$

La soluzione di questo problema è gia stata calcolata nell'Esempio 3.13 e in base alla (3.18) vale per $\tau \geq 0$

$$4\ e^{-2\tau} - 2\ e^{-3\tau} + 3\ \tau e^{-3\tau}.$$

Sostituendo infine $\tau = t - t_0$ nella espressione della funzione otteniamo la soluzione cercata, che vale per $t \geq t_0$

$$y_\ell(t) = 4\ e^{-2(t-t_0)} - 2\ e^{-3(t-t_0)} + 3\ (t - t_0)e^{-3(t-t_0)}.$$

La risposta libera del sistema studiato nell'Esempio 3.13 a partire dall'istante iniziale $t_0 = 0$ e quella del sistema considerato in questo esempio, assunto $t_0 = 2$, sono mostrate in Fig. 3.2. Si noti che l'evoluzione libera è definita solo per valori di $t \geq t_0$ e per maggiore chiarezza abbiamo indicato con un cerchietto il valore iniziale $y_\ell(t_0)$. È facile capire che a causa della proprietà di stazionarietà, la curva della seconda evoluzione si ottiene traslando la curva della prima in modo da farla partire dal nuovo istante iniziale. ◇

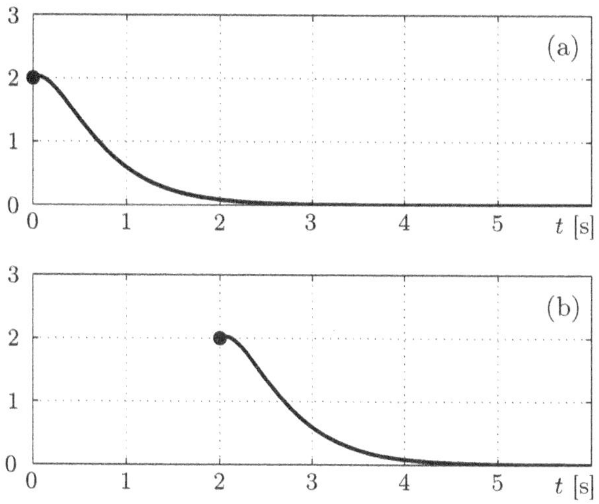


**Fig. 3.2.** (a) Evoluzione libera del sistema nell'Esempio 3.13 con $t_0 = 0$; (b) evoluzione libera del sistema nell'Esempio 3.15 con $t_0 = 2$

## 3.4 Classificazione dei modi

I modi caratterizzano la dinamica di un sistema ed è importante studiare che forma assumono tali segnali.

Una prima classificazione dei modi è la seguente.

- *Modi aperiodici*: sono, per $k = 0, \ldots, \nu - 1$, i modi della forma
$$t^k e^{\alpha t}$$
corrispondenti ad una radice reale $p = \alpha \in \mathbb{R}$ di molteplicità $\nu$.
- *Modi pseudoperiodici*: sono, per $k = 0, \ldots, \nu - 1$, i modi della forma
$$t^k e^{\alpha t} \cos(\omega t) \qquad \text{e} \qquad t^k e^{\alpha t} \sin(\omega t),$$
o equivalentemente della forma
$$t^k e^{\alpha t} \cos(\omega t + \phi_k),$$
corrispondenti ad una coppia di radici complesse e coniugate $p, p' = \alpha \pm j\omega \in \mathbb{C}$ di molteplicità $\nu$.

I nomi "aperiodico" e "pseudoperiodico" indicano che i modi del primo tipo non presentano comportamento oscillatorio, mentre quelli del secondo tipo presentano un comportamento oscillatorio (quasi periodico, appunto).

### 3.4.1 Modi aperiodici

Il parametro fondamentale che caratterizza il generico modo aperiodico $t^k e^{\alpha t}$ corrispondente ad una radice reale non nulla $\alpha \neq 0$ è la *costante di tempo* definita come

$$\tau = -\frac{1}{\alpha}.$$

Possiamo dunque rappresentare il modo nelle due forme equivalenti

$$t^k e^{\alpha t} = t^k e^{-\frac{t}{\tau}},$$

da cui si capisce che, essendo l'esponente $t/\tau$ un numero adimensionale, $\tau$ ha appunto la dimensione di un tempo. Nel caso di una radice reale nulla $\alpha = 0$, la costante di tempo non è invece definita.

## Radici di molteplicità unitaria

Se la radice reale $\alpha$ ha molteplicità $\nu = 1$, ad essa è associato un solo modo aperiodico che prende la forma di un semplice esponenziale $e^{\alpha t}$. Distinguiamo tre casi:

- $\alpha < 0$: in tal caso il modo è detto *stabile* (o *convergente*) perché al crescere di $t$ tende asintoticamente a 0.
- $\alpha = 0$: in tal caso il modo è detto *al limite di stabilità* (o *costante*) perché per ogni valore di $t \geq 0$ vale $e^{0t} = 1$.
- $\alpha > 0$: in tal caso il modo è detto *instabile* (o *divergente*) perché al crescere di $t$ tende a $+\infty$.

In Fig. 3.3 abbiamo riportato l'andamento di questi modi per diversi valori di $\alpha$.

*Interpretazione geometrica della costante di tempo.* La costante di tempo precedentemente definita ha una semplice interpretazione geometrica: essa è la *sottotangente* alla curva del modo in $t = 0$, ovvero è il valore in cui la retta tangente in $t = 0$ alla curva del modo interseca l'asse delle ascisse. Per dimostrare questo risultato, determiniamo l'equazione della retta tangente. La derivata del modo in

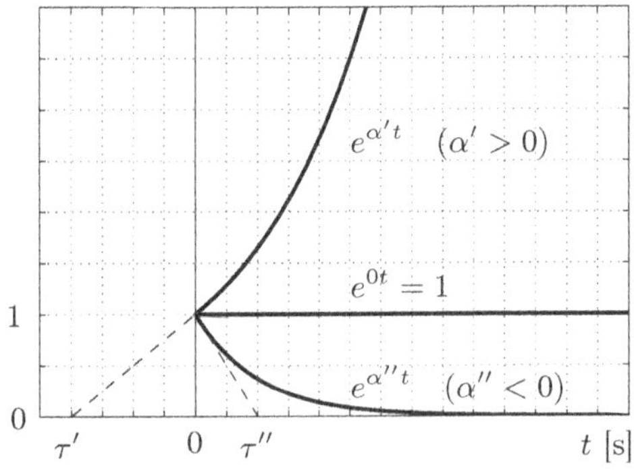


**Fig. 3.3.** Evoluzione dei modi aperiodici del tipo $e^{\alpha t}$

$t = 0$ vale:

$$\frac{d}{dt}e^{\alpha t}\bigg|_{t=0} = \alpha e^{\alpha t}\big|_{t=0} = \alpha;$$

dunque la retta $f(t) = at + b$ tangente alla curva $e^{\alpha t}$ in $t = 0$ ha coefficiente angolare $a = \alpha$. Inoltre tale retta passa per il punto $(0, 1)$, ossia $f(0) = b = 1$. Possiamo dunque concludere che la retta tangente ha espressione $f(t) = \alpha t + 1$ ed essa interseca l'asse delle ascisse quando $f(t) = \alpha t + 1 = 0$, ossia quando $t = -1/\alpha = \tau$.

Graficamente la costante di tempo di un modo $e^{\alpha t}$ si può ricavare con la costruzione mostrata in Fig. 3.3: la linea tratteggiata rappresenta la retta tangente al modo in $t = 0$ e viene tracciata sino ad intersecare l'asse delle ascisse. Osserviamo ancora che la costante di tempo assume valori negativi se $\alpha > 0$ (modo instabile) mentre assume valori positivi se $\alpha < 0$ (modo stabile). Entrambi i casi sono mostrati in Fig. 3.3: alla radice positiva $\alpha'$ compete una costante di tempo negativa $\tau'$, mentre alla radice negativa $\alpha''$ compete una costante di tempo positiva $\tau''$.

*Interpretazione fisica della costante di tempo.* Per determinare il principale significato fisico della costante di tempo, valutiamo il modulo del modo $e^{\alpha t}$ per valori di $t$ multipli di $\tau$.

| $t$ | 0 | $\tau$ | $2\tau$ | $3\tau$ | $4\tau$ | $5\tau$ |
|---|---|---|---|---|---|---|
| $e^{\alpha t} = e^{-\frac{t}{\tau}}$ | 1 | 0.37 | 0.14 | 0.05 | 0.02 | 0.01 |

Dalla tabella osserviamo che un modo stabile si può in pratica considerare estinto dopo un tempo pari a circa $4 \div 5$ volte la costante di tempo $\tau$: infatti il suo valore si riduce al $2\% \div 1\%$ del valore iniziale. Ad esempio, in Fig. 3.4.a si osserva che per $t > 4\tau'$ il modo $e^{\alpha' t}$ è quasi estinto.

Si definisce allora per un modo stabile il *tempo di assestamento al $x\%$* come il tempo necessario affinché il valore del modo si riduca a $x\%$ del valore iniziale.

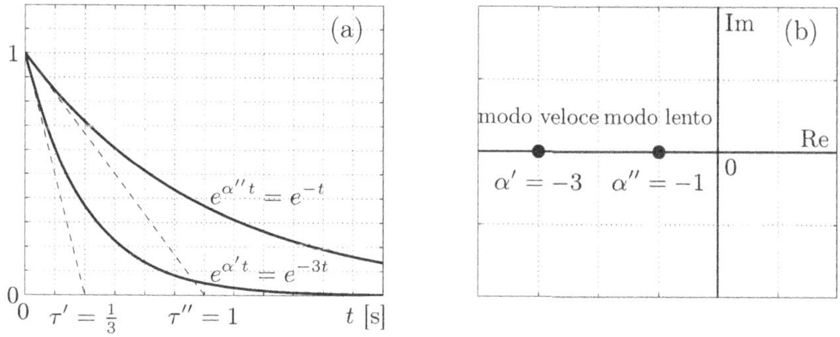


**Fig. 3.4.** Confronto fra due modi stabili con diverse costanti di tempo: **(a)** evoluzione dei modi; **(b)** rappresentazione delle radici nel piano di complesso

Tale grandezza si denota $t_{a,x}$. Vale dunque

$$t_{a,5} = 3\tau, \qquad t_{a,2} = 4\tau, \qquad t_{a,1} = 5\tau.$$

Si noti che talvolta si parla di tempo di assestamento $t_a$ senza ulteriore specificazione: si intende allora il tempo di assestamento al 5 %.

*Modi lenti e modi veloci.* Un modo decrescente si estingue tanto più rapidamente quanto minore è la sua costante di tempo (ovvero il suo tempo di assestamento). Ciò permette di confrontare due modi aperiodici decrescenti associati rispettivamente alle radici $\alpha', \alpha'' < 0$: il primo modo è detto più *veloce* del secondo se $\tau' < \tau''$ ovvero più *lento* in caso contrario. Si noti ancora che se rappresentiamo le radici $\alpha', \alpha''$ nel piano complesso[6], esse si trovano sull'asse reale negativo e la costante di tempo più piccola compete alla radice più lontana dall'asse immaginario.

Ad esempio si considerino i due modi aperiodici decrescenti in Fig. 3.4.a, associati rispettivamente alle radici $\alpha' = -3$ e $\alpha'' = -1$. La rappresentazione nel piano complesso delle due radici è data in Fig. 3.4.b. Osserviamo che il modo associato alla radice $\alpha' = -3$ più distante dall'asse immaginario è il più veloce: ad esso infatti corrisponde la costante di tempo più piccola $\tau' = \frac{1}{3} < 1 = \tau''$. Viceversa, il modo associato alla radice $\alpha'' = -1$ più vicina all'asse immaginario è il più lento.

### Radici di molteplicità maggiore di uno

Se la radice reale $\alpha$ ha molteplicità $\nu > 1$, ad essa sono associati i modi aperiodici:

$$e^{\alpha t}, \; te^{\alpha t}, \; \ldots, \; t^{\nu-1}e^{\alpha t}.$$

Il primo di questi modi ha la forma già vista precedentemente mentre per i modi della forma $t^k e^{\alpha t}$ con $k > 0$ è possibile distinguere due casi.

- Se $\alpha < 0$ il modo è *stabile* per ogni valore di $k \geq 1$. Tale risultato non è evidente, perché studiando il comportamento del modo per valori di $t$ crescenti si ottiene
$$\lim_{t\to\infty} t^k e^{\alpha t} = \lim_{t\to\infty} \frac{t^k}{e^{-\alpha t}}$$
che per $\alpha < 0$ e $k > 0$ è una forma indeterminata $(\infty/\infty)$. Tuttavia derivando $k$ volte si ottiene grazie alla regola de l'Hospital:
$$\lim_{t\to\infty} t^k e^{\alpha t} = \lim_{t\to\infty} \frac{t^k}{e^{-\alpha t}} = \lim_{t\to\infty} \frac{k!}{(-\alpha)^k e^{-\alpha t}} = 0,$$
e dunque possiamo concludere che il modo tende a 0 per $t$ che tende all'infinito.

[6]Tale piano è anche detto *piano di Gauss* in onore di Johann Carl Friedrich Gauss (1777-1855, Germania).

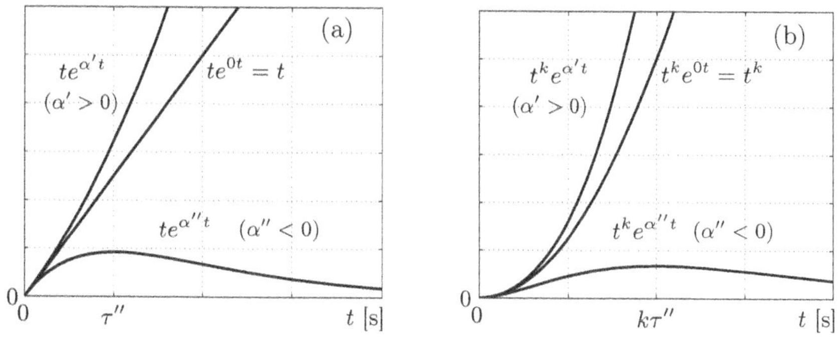


**Fig. 3.5.** Evoluzione dei modi aperiodici del tipo $t^k e^{\alpha t}$: **(a)** caso $k = 1$; **(b)** caso $k > 1$

- Se $\alpha \geq 0$ il modo è *instabile* per ogni valore di $k \geq 1$. Infatti se la radice è nulla ($\alpha = 0$) il modo vale $t^k$ e tale funzione è sempre crescente; in particolare per $k = 1$ si ha una retta, per $k = 2$ una parabola, per $k = 3$ una parabola cubica, ecc. Per $\alpha > 0$, il modo diverge ancora più rapidamente.

Esempi di evoluzione di tali modi per $k = 1$ e $k > 1$ sono mostrati in Fig. 3.5. Si osservi che se $k = 1$ la tangente al modo in $t = 0$ ha pendenza unitaria; viceversa, se $k > 1$ la tangente al modo in $t = 0$ ha pendenza nulla.

Anche per un modo decrescente della forma $t^k e^{\alpha t}$ con $k \geq 1$ possiamo dire che più è piccola la costante di tempo $\tau = -1/\alpha$, più è veloce il modo ad estinguersi. Tuttavia ora tale grandezza ha una interpretazione geometrica del tutto diversa da quella vista nel caso $k = 0$: infatti *$k\tau$ rappresenta il valore di $t$ in cui il modo stabile presenta il suo (unico) massimo.* Per dimostrare questo risultato, osserviamo che la derivata di un modo di questo tipo vale

$$\frac{d}{dt} t^k e^{\alpha t} = k t^{k-1} e^{\alpha t} + \alpha t^k e^{\alpha t} = t^{k-1} e^{\alpha t} (k + \alpha t).$$

Tale derivata si annulla per valori di $t$ positivi solo se $\alpha < 0$ e $t = -k/\alpha = k\tau$. Dunque la curva $t^k e^{\alpha t}$ per $\alpha < 0$ ha un massimo nel punto $t = k\tau$. Tali punti sono mostrati in Fig. 3.5.

### 3.4.2 Modi pseudoperiodici

Delle diverse forme che può assumere un modo pseudoperiodico corrispondente alla coppia di radici complesse coniugate $p, p' = \alpha \pm j\omega$, possiamo limitarci in tutta generalità a considerare la forma

$$t^k e^{\alpha t} \cos(\omega t).$$

Le altre forme si ottengono da questa introducendo un opportuno sfasamento.

Definiamo i seguenti parametri.

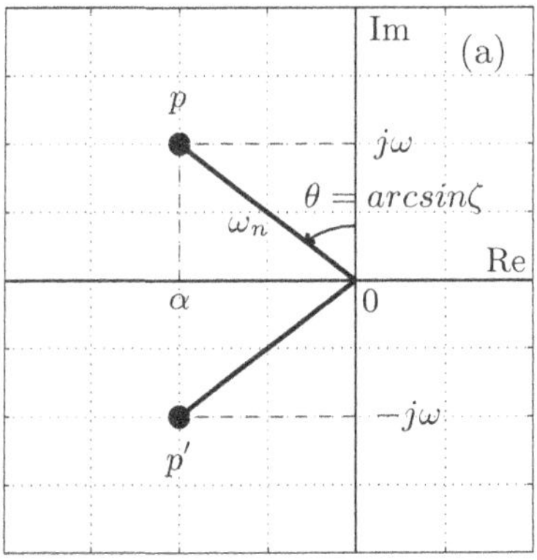


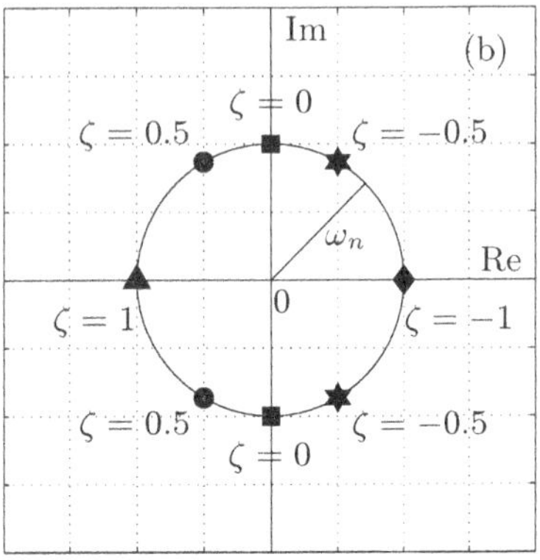


**Fig. 3.6.** Rappresentazione di una coppia di radici complesse e coniugate $p, p' = \alpha \pm j\omega$ nel piano complesso: **(a)** Significato geometrico di $\omega_n$ e $\zeta$; **(b)** coppie di radici con $\omega_n$ costante al variare del coefficiente di smorzamento

- Se $\alpha \neq 0$, in maniera analoga a quanto fatto per i modi aperiodici si definisce la *costante di tempo*
$$\tau = -\frac{1}{\alpha}.$$
- La *pulsazione naturale* è definita come
$$\omega_n = \sqrt{\alpha^2 + \omega^2}. \tag{3.19}$$
Se si rappresenta la coppia di radici $p, p'$ nel piano complesso, assumendo che $p = \alpha + j\omega$ sia il polo nel semipiano immaginario positivo (ossia che valga $\omega > 0$) come in Fig. 3.6, osserviamo che $\omega_n$ corrisponde al modulo del vettore che congiunge il polo $p$ (ovvero il polo $p'$) con l'origine.
- Il *coefficiente di smorzamento* è definito come
$$\zeta = -\frac{\alpha}{\omega_n} = -\frac{\alpha}{\sqrt{\alpha^2 + \omega^2}}. \tag{3.20}$$
Come si vede in Fig. 3.6.a, nel piano complesso $\zeta$ corrisponde al seno dell'angolo $\theta$ che il vettore che congiunge il polo $p$ con l'origine forma con il semiasse $j\omega$, assunto come verso positivo quello antiorario. Dunque tale angolo è positivo se $\alpha < 0$, nullo se $\alpha = 0$ e negativo se $\alpha > 0$.

Si noti infine che mentre le equazioni (3.19) e (3.20) esprimono la pulsazione naturale e il coefficiente di smorzamento in funzione della parte reale e immaginaria delle radici, è anche possibile invertire tali relazioni. Otterremo in tal caso

$$\alpha = -\zeta\, \omega_n \quad \text{e} \quad \omega = \omega_n \sqrt{1 - \zeta^2}. \tag{3.21}$$

## Radici di molteplicità unitaria

Se la coppia di radici complesse coniugate $p, p' = \alpha \pm j\omega$ ha molteplicità $\nu = 1$, il corrispondente modo pseudoperiodico prende la forma $e^{\alpha t} \cos(\omega t)$.

Tale modo presenta un comportamento oscillante a causa del fattore coseno. È anche immediato osservare che esso viene inviluppato dalle curve $-e^{\alpha t}$ e $e^{\alpha t}$. Infatti vale

$$e^{\alpha t}\cos(\omega t) = \begin{cases} -e^{\alpha t} & \text{se } t = (2h+1)\dfrac{\pi}{\omega},\ h \in \mathbb{N}; \\ e^{\alpha t} & \text{se } t = 2h\dfrac{\pi}{\omega},\ h \in \mathbb{N}. \end{cases}$$

Distinguiamo tre casi:

- $\alpha < 0$. In tal caso il modo è *stabile* perché al crescere di $t$ gli inviluppi tendono asintoticamente a 0. Due esempi di tale modo sono rappresentati in Fig. 3.7.
- $\alpha = 0$. Questo modo si riduce a $\cos(\omega t)$ ed è anche detto *periodico*. In tal caso il modo è *al limite di stabilità* perché al crescere di $t$ gli inviluppi sono le curve costanti $\pm 1$. Tale modo è rappresentato in Fig. 3.8.a.
- $\alpha > 0$. In tal caso il modo è *instabile* perché al crescere di $t$ gli inviluppi tendono a $\pm\infty$. Tale modo è rappresentato in Fig. 3.8.b.

La costante di tempo indica, in maniera analoga a quanto già visto nel caso di un modo aperiodico, con che rapidità l'inviluppo cresce o decresce. Anche al coefficiente di smorzamento è possibile associare un significato fisico molto intuitivo.

Per prima cosa possiamo osservare che il coefficiente di smorzamento è un numero reale compreso nell'intervallo $[-1, 1]$ essendo il seno dell'angolo $\theta$. Consideriamo ora diverse coppie di radici tutte caratterizzate dalla stessa pulsazione naturale ma con diverso coefficiente di smorzamento. Tali radici giacciono nel piano complesso lungo una circonferenza di raggio $\omega_n$ e in particolare distinguiamo diversi casi:

- $\zeta = 1$: se $\alpha = -\omega_n < 0$ e $\omega = 0$; in questo caso limite le due radici complesse coincidono con una radice reale negativa di molteplicità 2 a cui competono i modi aperiodici $e^{-\omega_n t}$ e $te^{-\omega_n t}$.

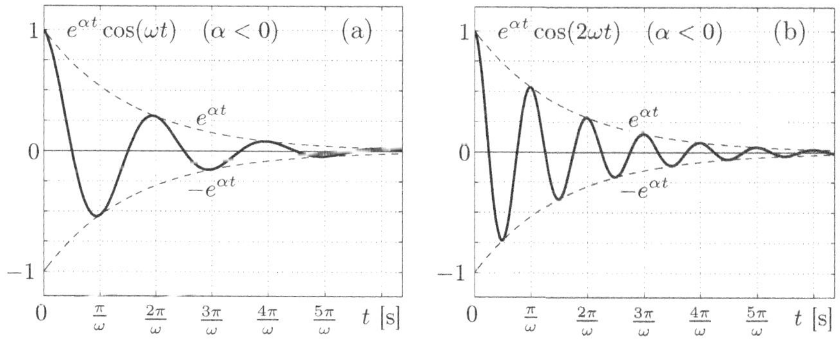


**Fig. 3.7.** Evoluzione dei modi pseudoperiodici del tipo $e^{\alpha t}\cos(\omega t)$ stabili ($\alpha < 0$); il modo in figura (**a**) ha la stessa costante di tempo ma coefficiente di smorzamento maggiore rispetto al modo in figura (**b**)

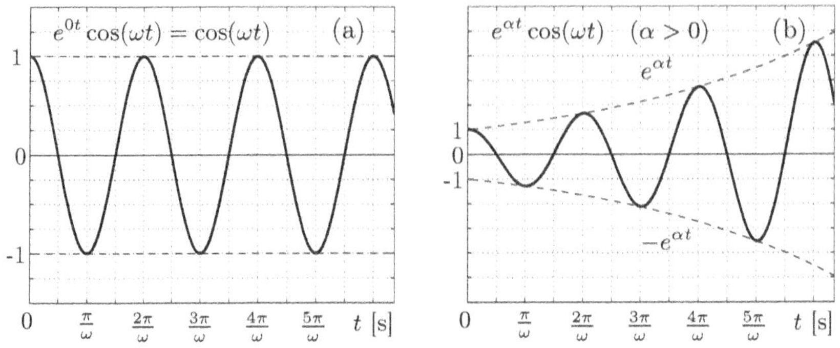


**Fig. 3.8.** Evoluzione dei modi pseudoperiodici del tipo $e^{\alpha t}\cos(\omega t)$: **(a)** modo al limite di stabilità ($\alpha = 0$); **(b)** modo instabile ($\alpha > 0$)

- $\zeta \in (0, 1)$: se $\alpha < 0$ e $\omega > 0$; in tal caso le due radici complesse hanno parte reale negativa e ad esse corrisponde un modo pseudoperiodico stabile.
- $\zeta = 0$: se $\alpha = 0$ e $\omega = \omega_n$; in tal caso le due radici sono immaginarie coniugate e ad esse corrisponde un modo al limite di stabilità.
- $\zeta \in (-1, 0)$: se $\alpha > 0$ e $\omega > 0$; in tal caso le due radici complesse hanno parte reale positiva e ad esse corrisponde un modo pseudoperiodico instabile.
- $\zeta = -1$: se $\alpha = \omega_n > 0$ e $\omega = 0$; in questo caso limite le due radici complesse coincidono con una radice reale positiva di molteplicità 2 a cui competono i modi aperiodici $e^{\omega_n t}$ e $te^{\omega_n t}$.

I vari casi sono riassunti nella Fig. 3.6.b.

Inoltre si confrontino due modi stabili della forma $e^{\alpha t}\cos(\omega t)$ e $e^{\alpha t}\cos(\overline{\omega} t)$ con $\alpha < 0$ e $\overline{\omega} = 2\omega$. Tali modi hanno stessa costante di tempo $\tau$ ma diverso smorzamento. Infatti vale

$$\zeta = \frac{-\alpha}{\sqrt{\alpha^2 + \omega^2}} > \frac{-\alpha}{\sqrt{\alpha^2 + \overline{\omega}^{\,2}}} = \overline{\zeta},$$

e dunque il primo modo ha un coefficiente di smorzamento maggiore. L'andamento di tali modi è mostrato in Fig. 3.7: si osservi come il secondo modo, avendo minore smorzamento, presenti un comportamento oscillatorio più marcato.

### Radici di molteplicità maggiore di uno

Se la coppia di radici complesse coniugate $p, p' = \alpha \pm j\omega$ ha molteplicità $\nu > 1$, ad essa sono associati i modi pseudoperiodici:

$$e^{\alpha t}\cos(\omega t),\ te^{\alpha t}\cos(\omega t),\ \ldots,\ t^{\nu-1}e^{\alpha t}\cos(\omega t).$$

Il primo di questi modi ha la forma già vista precedentemente. Per il modo della forma $t^k e^{\alpha t}\cos(\omega t)$ con $k > 0$, in analogia con quanto fatto per i modi aperiodici, distinguiamo due casi:

- se $\alpha < 0$ il modo è *stabile* per ogni valore di $k > 0$;
- se $\alpha \geq 0$ il modo è *instabile* per ogni valore di $k \geq 1$.

Tali modi si ottengono inviluppando la funzione sinusoidale $\cos(\omega t)$ con le curve $\pm t^k e^{\alpha t}$ già studiate. Esempi di tali modi sono mostrati in Fig. 3.9.

**Esempio 3.16** Si consideri un sistema il cui modello ingresso-uscita ha equazione omogenea associata

$$\frac{d^3}{dt^3}y(t) + 7\frac{d^2}{dt^2}y(t) + 32\frac{d}{dt}y(t) + 60y(t) = 0.$$

Il polinomio caratteristico di tale sistema vale

$$P(s) = s^3 + 7s^2 + 32s + 60 = (s+3)(s^2+4s+20),$$

e le sue radici valgono:

$$p_1 = -3, \quad p_2, p_2' = \alpha_2 \pm j\omega_2 = -2 \pm j4.$$

Il sistema ha dunque un modo aperiodico corrispondente alla radice reale ed un modo pseudoperiodico corrispondente alla coppia di radici complesse e coniugate. Tali modi valgono:

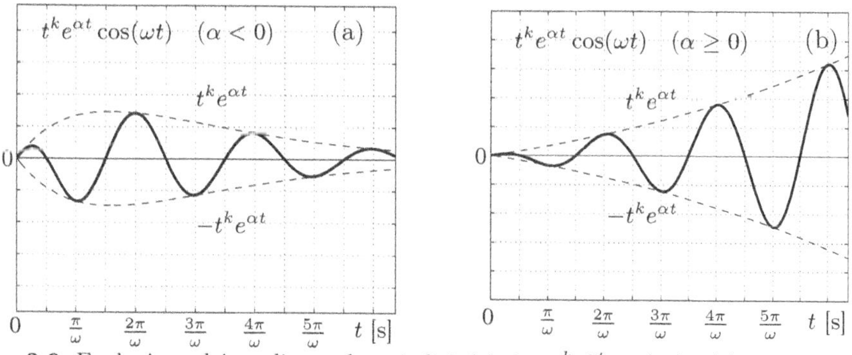


**Fig. 3.9.** Evoluzione dei modi pseudoperiodici del tipo $t^k e^{\alpha t}\cos(\omega t)$: **(a)** modo stabile $(\alpha < 0)$; **(b)** modo instabile $(\alpha \geq 0)$

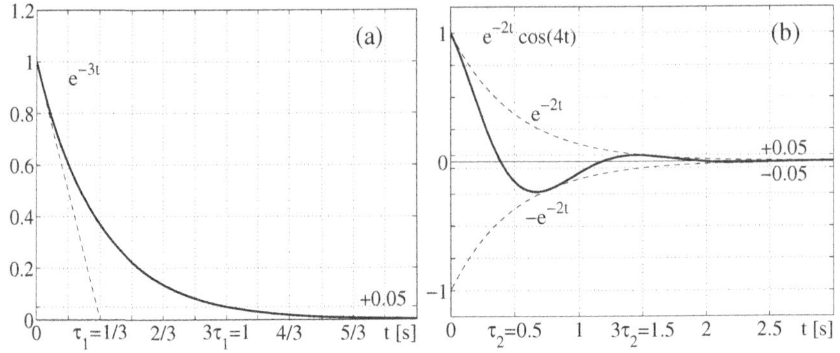


**Fig. 3.10.** Andamento dei modi del sistema nell'Esempio 3.16

- $e^{p_1 t} = e^{-3t}$: modo aperiodico stabile con costante di tempo
$$\tau_1 = -\frac{1}{p_1} = \frac{1}{3};$$
- $e^{\alpha_2 t}\cos(\omega_2 t) = e^{-2t}\cos(4t)$: modo pseudoperiodico stabile con costante di tempo
$$\tau_2 = -\frac{1}{\alpha_2} = \frac{1}{2},$$
pulsazione naturale
$$\omega_{n,2} = \sqrt{\alpha_2^2 + \omega_2^2} = \sqrt{20} = 4.47,$$
e coefficiente di smorzamento
$$\zeta_2 = -\frac{\alpha_2}{\omega_{n,2}} = \frac{1}{\sqrt{5}}.$$

L'andamento dei modi è tracciato in Fig. 3.10. Il tempo di assestamento al 5% vale per il primo modo $3\tau_1 = 1$s. Il tempo di assestamento al 5% per il secondo modo vale circa $t_a = 1.5$s: come si vede dalla figura per valori di $t \geq t_a$ il valore del modo è sempre compreso nell'intervallo $\pm 0.05$. Il primo modo, avendo minore costante di tempo e dunque minore tempo di assestamento, è il modo più veloce. ◇

## 3.5 La risposta impulsiva

Prima di studiare come si possa determinare l'evoluzione forzata della (3.1) conseguente all'applicazione di un ingresso arbitrario, è utile definire una particolare evoluzione forzata. L'esposizione di questa sezione presuppone che il lettore sia familiare con il materiale presentato nell'Appendice B relativamente alle distribuzioni e alle derivate di segnali discontinui.

**Definizione 3.17.** *La* risposta impulsiva $w(t)$ *è l'evoluzione forzata che consegue all'applicazione di un segnale* $u(t) = \delta(t)$*, ossia un impulso unitario applicato all'istante* $t = 0$.

L'importanza di tale funzione nasce dal fatto che, come vedremo, essa è un *regime canonico*: ciò significa che la conoscenza analitica di tale risposta consente di determinare l'evoluzione forzata del sistema per un qualunque altro ingresso, e anche l'evoluzione libera per ogni valore delle condizioni iniziali. Dunque conoscere la risposta impulsiva di un sistema equivale a conoscere perfettamente il suo modello.

### 3.5.1 Struttura della risposta impulsiva

**Proposizione 3.18** *La risposta impulsiva di un sistema descritto dal modello* (3.1) *è nulla per* $t < 0$*, e per* $t \geq 0$ *può essere parametrizzata come una combinazione lineare* $h(t)$ *degli* $n$ *modi del sistema e di un eventuale termine impulsivo ovvero*

$$w(t) = A_0\delta(t) + h(t)\ \delta_{-1}(t) \tag{3.22}$$

*dove, detta* $\nu_i$ *la molteplicità della generica radice* $p_i$ *del polinomio caratteristico, vale*

$$h(t) = \left( \sum_{i=1}^{r} \sum_{k=0}^{\nu_i - 1} A_{i,k}\ t^k e^{p_i t} \right) \tag{3.23}$$

*mentre nel caso particolare in cui tutte le radici del polinomio caratteristico abbiano molteplicità unitaria vale invece:*

$$h(t) = \left( \sum_{i=1}^{n} A_i\ e^{p_i t} \right). \tag{3.24}$$

*Inoltre il temine impulsivo sarà presente se e solo se il modello* (3.1) *non è strettamente proprio e vale:*

$$A_0 = \begin{cases} \dfrac{b_n}{a_n} & se\ m = n; \\ 0 & se\ m < n. \end{cases}$$

*Dimostrazione.* Osserviamo per prima cosa che in un sistema causale un effetto non può mai precedere la causa che lo ha generato. Il sistema descritto dalla (3.1) è certamente causale (essendo proprio) e dunque la risposta ad un impulso applicato al tempo $t = 0$ deve necessariamente essere nulla per valori di $t$ negativi: ciò è imposto dalla presenza del fattore $\delta_{-1}(t)$ nell'espressione della risposta impulsiva.

Ancora, osserviamo che un ingresso $u(t)$ impulsivo è per definizione nullo per $t > 0$. Possiamo dunque pensare che il sistema, inizialmente scarico in $t = 0^-$, si viene a trovare all'istante $t = 0^+$ in uno stato iniziale non nullo a causa dell'azione dell'ingresso impulsivo. A partire dall'istante $t = 0^+$, essendo l'ingresso sempre nullo, l'evoluzione del sistema è una particolare evoluzione libera con coefficienti $A_{i,k}$ da determinare. Ciò giustifica la presenza nell'espressione di $w(t)$ della combinazione lineare dei modi.

Non daremo invece una dimostrazione formale della possibile presenza del termine impulsivo e di quanto detto a proposito del coefficiente $A_0$: la validità di tali affermazioni discende dalla regola per determinare i coefficienti $A_{i,k}$ descritta nel paragrafo seguente. □

Vediamo adesso un semplice esempio per motivare la presenza di un termine impulsivo nell'espressione della risposta impulsiva.

**Esempio 3.19** Si consideri un sistema istantaneo il cui modello è il seguente

$$3y(t) = 2u(t).$$

Si tratta dunque di un caso particolare del modello (3.1) con $m = n = 0$ (sistema non strettamente proprio), $a_n = 3, b_n = 2$.

Poiché il modello IU è una equazione algebrica, il polinomio caratteristico ha grado $n = 0$ e dunque tale sistema non ammette alcun modo. Possiamo anche calcolare agevolmente la risposta impulsiva: infatti all'ingresso $u(t) = \delta(t)$ consegue la risposta

$$w(t) = \frac{2}{3}\delta(t)$$

che è proprio nella forma specificata dalla Proposizione 3.18, con $A_0 = b_n/a_n$. ◇

Naturalmente nel caso in cui il polinomio caratteristico del sistema abbia $R$ radici reali distinte e $S$ coppie di radici complesse e coniugate distinte, è sempre possibile in base a quanto visto nel Paragrafo 3.2.1 riscrivere la (3.23) in una forma equivalente in cui compaiono i modi pseudoperiodici ponendo

$$h(t) = \sum_{i=1}^{R} \sum_{k=0}^{\nu_i - 1} A_{i,k}\, t^k e^{p_i t} + \sum_{i=R+1}^{R+S} \sum_{k=0}^{\nu_i - 1} M_{i,k}\, t^k e^{\alpha_i t} \cos(\omega_i t + \phi_{i,k}) \tag{3.25}$$

ovvero

$$\begin{aligned} h(t) = & \sum_{i=1}^{R} \sum_{k=0}^{\nu_i - 1} A_{i,k}\, t^k e^{p_i t} + \\ & + \sum_{i=R+1}^{R+S} \sum_{k=0}^{\nu_i - 1} \left( B_{i,k}\, t^k\, e^{\alpha_i t} \cos(\omega_i t) + C_{i,k}\, t^k\, e^{\alpha_i t} \sin(\omega_i t) \right). \end{aligned} \tag{3.26}$$

Si osservi infine che nelle equazioni (3.23), (3.25) e (3.26) abbiamo denotato i coefficienti incogniti che compaiono nell'espressione della risposta impulsiva con gli stessi simboli ($A$, $M$, $\phi$, $B$, $C$) già usati per denotare i coefficienti che compaiono nell'espressione dell'evoluzione libera. Si tenga tuttavia sempre presente che i valori di tali coefficienti saranno in genere diversi per l'evoluzione libera e per la risposta impulsiva. Nel caso della evoluzione libera, infatti, tali coefficienti possono assumere una infinità di valori arbitrari, in funzione delle particolari condizioni iniziali considerate. Al contrario, nel caso della risposta impulsiva i coefficienti dipendono univocamente dalle caratteristiche del sistema: il loro valore può essere determinato con la procedura descritta nel prossimo paragrafo.

### 3.5.2 Calcolo della risposta impulsiva [*]

Nel Capitolo 6 verrà presentata una tecnica molto semplice per il calcolo della risposta impulsiva, basata sull'uso delle trasformate di Laplace. È tuttavia possibile, benché meno agevole, calcolare la risposta impulsiva anche nel dominio del tempo; per completezza, in questo paragrafo descriviamo una tecnica per far ciò.

L'algoritmo che presentiamo si basa sul fatto che la risposta impulsiva $w(t)$ ha una parametrizzazione nota (Proposizione 3.18) e che tale risposta deve soddisfare per ogni valore di $t$ la (3.1) quando l'ingresso è un impulso. La parametrizzazione contiene $n+1$ coefficienti incogniti: i coefficienti degli $n$ modi e il coefficiente $A_0$ del termine impulsivo.

Poiché la $w(t)$ deve soddisfare l'eq. (3.1) per ogni valore di $t$, incluso l'istante $t = 0$ nel quale compariranno in genere discontinuità o termini impulsivi, si calcolano le derivate successive della $w(t)$, sino alla derivata di ordine $n$-mo, con la tecnica[7] descritta in Appendice B (cfr. § B.2).

Indicando le derivate della funzione $h(t)$ come $\dot{h}(t)$, $\ddot{h}(t)$, ..., $h^{(n-1)}(t)$, $h^{(n)}(t)$, e ricordando che $\delta_k(t)$, per $k = 1, 2, \ldots$, denota la derivata $k$-ma dell'impulso si ottiene:

$$\begin{array}{lllll}
w(t) & = h(t)\delta_{-1}(t) & +A_0\delta(t), & & \\
\dfrac{dw(t)}{dt} & = \dot{h}(t)\delta_{-1}(t) & +h(0)\delta(t) & +A_0\delta_1(t), & \\
\vdots & \quad\vdots & \quad\vdots & \quad\vdots & \ddots \\
\dfrac{d^n w(t)}{dt^n} & = h^{(n)}(t)\delta_{-1}(t) & +h^{(n-1)}(0)\delta(t) & +h^{(n-2)}(0)\delta_1(t) & +\ldots + A_0\delta_n(t).
\end{array}$$

La risposta impulsiva deve soddisfare l'equazione differenziale (3.1) essendo

$$u(t) = \delta(t), \quad \frac{du(t)}{dt} = \delta_1(t), \quad \ldots, \quad \frac{d^m u(t)}{dt^m} = \delta_m(t),$$

ovvero deve soddisfare l'equazione

$$a_n \frac{d^n w(t)}{dt^n} + \cdots + a_1 \frac{dw(t)}{dt} + a_0 w(t) = b_m \delta_m(t) + \cdots + b_1\delta_1(t) + b_0\delta(t). \qquad (3.27)$$

Sostituendo l'espressione della $w(t)$ e delle sue derivate in tale equazione, possiamo imporre l'eguaglianza fra primo e secondo membro dei coefficienti che moltiplicano

[7] Si ricordi che se $f(t) = h(t)\delta_{-1}(t)$ vale $\dot{f}(t) = \dot{h}(t)\delta_{-1}(t) + h(0)\delta(t)$.

i singoli termini $\delta(t), \delta_1(t), \dots \delta_n(t)$: infatti tali segnali sono fra di loro linearmente indipendenti.

Si ricava dunque un sistema di $n+1$ equazioni

$$\begin{cases} b_0 &= a_0 A_0 & +a_1 h(0) & + \cdots + & a_{n-1} h^{(n-2)}(0) + a_n h^{(n-1)}(0) \\ b_1 &= a_1 A_0 & +a_2 h(0) & + \cdots + & a_n h^{(n-2)}(0) \\ \vdots & & \vdots & & \\ b_{n-1} &= a_{n-1} A_0 & +a_n h(0) & & \\ b_n &= a_n A_0 & & & \end{cases} \tag{3.28}$$

dove se $m < n$ si pone $b_{m+1} = b_{m+2} = \cdots = b_n = 0$. Si noti che in questo sistema le $a_i$ e le $b_i$ (per $i = 1, \dots, n$) sono coefficienti noti che si ricavano dalla equazione differenziale data. Le $n+1$ incognite sono invece il coefficiente $A_0$ e gli $n$ coefficienti[8] della $w(t)$ che, comparendo nella espressione della combinazione lineare $h(t)$, saranno anche presenti nella espressione dei termini $h(0), \dot{h}(0) \dots, h^{(n-1)}(0)$.

Si osservi che al primo membro dovrebbero anche comparire dei termini che moltiplicano $\delta_{-1}(t)$: è possibile dimostrare, tuttavia, che tali termini si annullano sempre fra loro.

Dalla ultima equazione del sistema (3.28) si deduce, come afferma la Proposizione 3.18, che:

- se $m = n$ vale: $\quad a_n A_0 = b_n \neq 0 \quad \Longrightarrow \quad A_0 = \dfrac{b_n}{a_n} \neq 0;$
- se $m < n$ vale: $\quad a_n A_0 = b_n = 0 \quad \Longrightarrow \quad A_0 = 0.$

È possibile quindi semplificare ulteriormente il calcolo della risposta impulsiva, determinando a priori il termine $A_0$ e considerare tale termine come una costante nota nel sistema (3.28), la cui ultima equazione diventa quindi una identità.

Riassumendo, possiamo dare in forma sintetica la seguente procedura.

**Algoritmo 3.20** (Calcolo della risposta impulsiva)

1. *Si determina il polinomio caratteristico $P(s)$ dell'equazione omogenea associata alla* (3.1) *e si calcolano le sue radici.*
2. *Si determinano gli $n$ modi del sistema.*
3. *Si scrive la $w(t)$ in una delle parametrizzazioni date dalle equazioni* (3.22), (3.24), (3.25) *o* (3.26) *in funzione dei valori assunti dalle radici del polinomio caratteristico,*
$$w(t) = A_0 \delta(t) + h(t)\ \delta_{-1}(t)$$
*dove $A_0 = b_n / a_n$ e $h(t)$ è una combinazione lineare mediante $n$ coefficienti incogniti dei modi del sistema.*
4. *Si calcolano le derivate successive della $h(t)$ sino alla derivata di ordine $n-1$: $\dot{h}(t)$, $\ddot{h}(t)$, ..., $h^{(n-1)}(t)$.*

[8]Tali coefficienti sono gli $A_i$ nel caso di radici reali, mentre nel caso di radici complesse e coniugate compariranno i coefficienti $M_i$ e $\phi_i$ ovvero $B_i$ e $C_i$.

5. *Si scrive il sistema seguente di $n$ equazioni*

$$\left\{\begin{array}{l} b_0 - a_0 A_0 \;\; = a_1 h(0) + a_2 \dot{h}(0) + \cdots + a_{n-1} h^{(n-2)}(0) + a_n h^{(n-1)}(0) \\ b_1 - a_1 A_0 \;\; = a_2 h(0) + a_3 \dot{h}(0) + \cdots + a_n h^{(n-2)}(0) \\ \quad \vdots \qquad\qquad \vdots \qquad\qquad \vdots \\ b_{n-2} - a_{n-2} A_0 = a_{n-1} h(0) + a_n \dot{h}(0) \\ b_{n-1} - a_{n-1} A_0 = a_n h(0) \end{array}\right. \tag{3.29}$$

*che consente di determinare gli $n$ coefficienti incogniti della $w(t)$.*

Vediamo ora un esempio di applicazione.

**Esempio 3.21** Si desidera calcolare la risposta impulsiva del sistema descritto dal modello IU

$$2\frac{d^2y(t)}{dt^2} + 6\frac{dy(t)}{dt} + 4y(t) = \frac{du(t)}{dt} + 3u(t). \tag{3.30}$$

Il polinomio caratteristico vale $P(s) = 2s^2 + 6s + 4$ e ha due radici reali $p_1 = -1$ e $p_2 = -2$ di molteplicità unitaria. Inoltre, essendo in tal caso $m = 1 < n = 2$, sappiamo che la $w(t)$ non conterrà il termine impulsivo.

Dunque la struttura della risposta impulsiva e delle sue derivate prima e seconda vale:

$$\begin{aligned} w(t) &= \underbrace{(A_1 e^{-t} + A_2 e^{-2t})}_{h(t)} \delta_{-1}(t), \\ \frac{dw(t)}{dt} &= \underbrace{(-A_1 e^{-t} - 2A_2 e^{-2t})}_{\dot{h}(t)} \delta_{-1}(t) + \underbrace{(A_1 + A_2)}_{h(0)} \delta(t), \\ \frac{d^2w(t)}{dt^2} &= \underbrace{(A_1 e^{-t} + 4A_2 e^{-2t})}_{\ddot{h}(t)} \delta_{-1}(t) + \underbrace{(-A_1 - 2A_2)}_{\dot{h}(0)} \delta(t) + \underbrace{(A_1 + A_2)}_{h(0)} \delta_1(t). \end{aligned}$$

Sostituendo la $w(t)$ e le sue derivate nella (3.30) e posto $u(t) = \delta(t)$ si ottiene:

$$\begin{aligned} & \underbrace{4(A_1 e^{-t} + A_2 e^{-2t})\delta_{-1}(t)}_{a_0 w(t)} \\ + \;& \underbrace{6(-A_1 e^{-t} - 2A_2 e^{-2t})\delta_{-1}(t) \quad + 6(A_1 + A_2)\delta(t)}_{a_1 \frac{dw(t)}{dt}} \\ + \;& \underbrace{2(A_1 e^{-t} + 4A_2 e^{-2t})\delta_{-1}(t) \quad + 2(-A_1 - 2A_2)\delta(t) \quad + 2(A_1 + A_2)\delta_1(t)}_{a_2 \frac{d^2w(t)}{dt^2}} \\ = \;& \qquad\qquad\qquad\qquad\qquad \underbrace{+\, 3\delta(t) \qquad\qquad + \;\delta_1(t)}_{b_0 \delta(t) + b_1 \delta_1(t)} \end{aligned}$$

dove può verificarsi che il coefficiente che moltiplica il termine $\delta_{-1}(t)$ è identicamente nullo.

Possiamo scrivere il sistema di due equazioni (si ricordi che vale $A_0 = 0$ essendo $m < n$)

$$\begin{cases} a_1 h(0) + a_2 \dot{h}(0) & = & b_0 \\ a_2 h(0) & = & b_1 \end{cases} \quad \Longrightarrow \quad \begin{cases} 4A_1 + 2A_2 & = & 3 \\ 2A_1 + 2A_2 & = & 1 \end{cases}$$

che ha soluzione $A_1 = 1$ e $A_2 = -0.5$. Pertanto $w(t) = \left(e^{-t} - 0.5e^{-2t}\right) \delta_{-1}(t)$. ◇

Nello svolgere il precedente esempio, si è preferito procedere a passo a passo determinando tutte le grandezze che sono state usate nella presentazione dell'Algoritmo 3.20. È possibile limitarsi più semplicemente ai passi descritti nell'algoritmo, come nel seguente esempio che tratta il caso di un sistema avente modi aperiodici e pseudoperiodici.

**Esempio 3.22** Si desidera calcolare la risposta impulsiva del sistema descritto dal modello IU

$$\frac{d^3y(t)}{dt^3} + 2\frac{d^2y(t)}{dt^2} + 5\frac{dy(t)}{dt} = 4\frac{du(t)}{dt} + u(t).$$

Il polinomio caratteristico è $P(s) = s^3 + 2s^2 + 5s$ (manca il termine noto) e dunque esso ha radici

$$\begin{cases} p_1 = 0 & \text{di molteplicità} \quad \nu_1 = 1 \\ p_2 = \alpha_2 + j\omega = -1 + j2 & \text{di molteplicità} \quad \nu_2 = 1 \\ p_2' = \alpha_2 - j\omega = -1 - j2 & \text{di molteplicità} \quad \nu_2' = 1. \end{cases}$$

Essendo il sistema strettamente proprio, il coefficiente del termine impulsivo nella $w(t)$ vale $A_0 = 0$ e si può dunque porre

$$\begin{aligned} w(t) = h(t)\ \delta_{-1}(t) &= (A_1\ e^{p_1\ t} + M_2\ e^{\alpha t} \cos(\omega t + \phi_2))\ \delta_{-1}(t) \\ &= (A_1 + M_2\ e^{-t} \cos(2t + \phi_2))\ \delta_{-1}(t). \end{aligned}$$

Derivando due volte la funzione $h(t)$ si ottiene:

$$\begin{aligned} \dot{h}(t) &= -M_2\ e^{-t} \cos(2t + \phi_2) - 2M_2\ e^{-t} \sin(2t + \phi_2) \\ \ddot{h}(t) &= -3M_2\ e^{-t} \cos(2t + \phi_2) + 4M_2\ e^{-t} \sin(2t + \phi_2) \end{aligned}$$

e possiamo scrivere il sistema di tre equazioni

$$\begin{cases} a_1 h(0) + a_2 \dot{h}(0) + a_3 \ddot{h}(0) & = & b_0 \\ a_2 h(0) + a_3 \dot{h}(0) & = & b_1 \\ a_3 h(0) & = & b_2 \end{cases}$$

ovvero

$$\begin{cases} 5A_1 & = & 1 \\ 2A_1 + M_2 \cos\phi_2 - 2M_2 \sin\phi_2 & = & 4 \\ A_1 + M_2 \cos\phi_2 & = & 0 \end{cases}$$

che col cambio di variabile $u_2 = M_2 \cos\phi_2$ e $v_2 = M_2 \sin\phi_2$ diventa

$$\begin{cases} 5A_1 & = 1 \\ 2A_1 + u_2 - 2v_2 & = 4 \\ A_1 + u_2 & = 0 \end{cases}$$

e ha soluzione: $A_1 = 0.2$, $u_2 = -0.2$ e $v_2 = -1.9$. Dunque vale anche

$$\begin{aligned} M_2 &= \sqrt{u^2 + v^2} = 1.91, \\ \phi_2 &= \arctan\left(\tfrac{v}{u}\right) = \arctan\left(\tfrac{-1.9}{-0.2}\right) = -1.68 \text{ rad}, \end{aligned}$$

e infine si ricava $\quad w(t) = (0.2 + 1.91\, e^{-t} \cos(2t - 1.68))\, \delta_{-1}(t).$ ◇

## 3.6 L'evoluzione forzata e l'integrale di Duhamel

In questo paragrafo viene presentato un fondamentale risultato, detto integrale di Duhamel[9], che afferma che l'evoluzione forzata $y_f(t)$ che consegue all'applicazione di un generico ingresso $u(t)$ si determina mediante convoluzione con la risposta impulsiva $w(t)$ del sistema. Per la definizione di integrale di convoluzione si rimanda all'Appendice B (cfr. § B.3).

### 3.6.1 Integrale di Duhamel

Nella seguente definizione si considera un sistema in un istante remoto $t = -\infty$: si suppone che prima di tale istante nessuna causa abbia potuto agire sul sistema che dunque si trova inizialmente a riposo. Inoltre a partire da tale istante sul sistema agisce un segnale di ingresso $u(t)$: la conoscenza di tale ingresso per un intervallo di tempo $(-\infty, t]$ ci consente di determinare l'uscita al tempo $t$.

**Proposizione 3.23 (Integrale di Duhamel)** *Dato un sistema a riposo per $t = -\infty$, per ogni valore di $t \in \mathbb{R}$ vale*

$$y(t) = \int_{-\infty}^{t} u(\tau) w(t - \tau) d\tau. \tag{3.31}$$

*Dimostrazione.* Per prima cosa si definisca $w_\varepsilon(t)$ come la risposta forzata che consegue all'applicazione di un *impulso finito* $\delta_\varepsilon(t)$, dove la definizione formale di impulso finito di area $\varepsilon$ è data in Appendice B, cfr. § B.1.3, eq. (B.4). Poiché in base all'eq. (B.5) vale

$$\delta(t) = \lim_{\varepsilon \to 0} \delta_\varepsilon(t),$$

[9] Jean Marie Constant Duhamel (1797-1872, Francia).

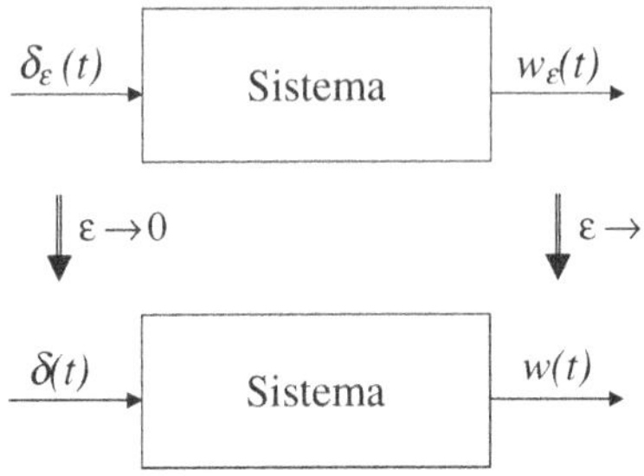


**Fig. 3.11.** La risposta impulsiva $w(t)$ come limite per $\varepsilon \to 0$ della risposta $w_\varepsilon(t)$ che consegue ad un impulso finito $\delta_\varepsilon(t)$

è facile capire che vale anche

$$w(t) = \lim_{\varepsilon \to 0} w_\varepsilon(t),$$

come esemplificato in Fig. 3.11.

Scelto un passo di campionamento $\Delta t$ si approssima poi il segnale $u(t)$ con una serie di rettangoli come mostrato in Fig. 3.12. Il generico rettangolo che compone il segnale d'ingresso è un impulso finito $\delta_{\Delta t}(t - k\Delta t)$ dove il pedice $\Delta t$ indica il valore della base del rettangolo, mentre l'argomento $(t - k\Delta t)$ indica che esso è traslato di una quantità $k\Delta t$ verso destra; inoltre tale impulso finito di area unitaria è moltiplicato per il fattore di scala $u(k\Delta t)\Delta t$ che corrisponde all'area del generico rettangolo di base $\Delta t$ e altezza $u(k\Delta t)$. Si noti che tale scomposizione è tanto migliore quanto più è piccolo $\Delta t$. Detto

$$u_{\Delta t}(t) = \sum_{k=-\infty}^{+\infty} u(k\Delta t)\delta_{\Delta t}(t - k\Delta t)\Delta t$$

vale $u(t) = \lim_{\Delta t \to 0} u_{\Delta t}(t)$.

Essendo il sistema lineare, vale il principio di sovrapposizione degli effetti: possiamo dunque approssimare la risposta totale del sistema ad un tale ingresso come la somma delle risposte che conseguono ai singoli termini che lo compongono: dunque

$$y_{\Delta t}(t) = \sum_{k=-\infty}^{+\infty} u(k\Delta t) w_{\Delta t}(t - k\Delta t)\Delta t$$

e per $\Delta t$ che tende a zero è possibile fare le sostituzioni $k\Delta t = \tau$ (tale variabile diventa reale), $\Delta t = d\tau$ e dunque

$$\begin{aligned} y(t) &= \lim_{\Delta t \to 0} y_{\Delta t}(t) = \lim_{\Delta t \to 0} \sum_{k=-\infty}^{+\infty} u(k\Delta t) w_{\Delta t}(t - k\Delta t)\Delta t \\ &= \int_{-\infty}^{+\infty} u(\tau) w(t - \tau) d\tau \end{aligned}$$

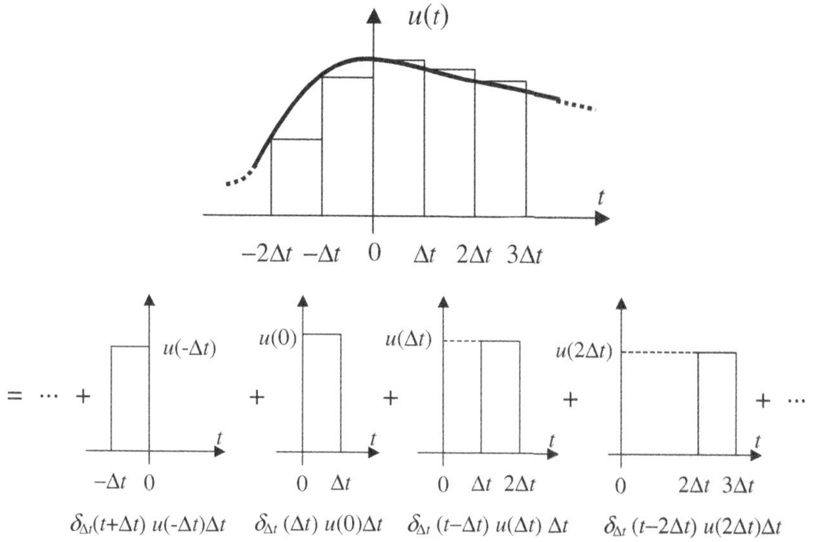


**Fig. 3.12.** Scomposizione di un segnale $u(t)$ in una somma di impulsi finiti

ed infine, osservando che per un sistema causale la $w(t-\tau)$ è nulla per valori negativi dell'argomento, ovvero per $\tau \geq t$ si ottiene l'integrale di Duhamel (3.31). □

Si osservi che l'integrale di Duhamel è un integrale di convoluzione (cfr. § B.3) in cui per convenienza si è posto l'estremo superiore di integrazione pari a $t$ invece che a $+\infty$ perché, come già osservato, la convoluzione dei due segnali $u(\tau)$ e $w(\tau)$ è nulla per valori di $\tau \geq t$. Possiamo dunque scrivere anche in base alle proprietà dell'integrale di convoluzione

$$y(t) = u * w(t) = w * u(t) = \int_{-\infty}^{+\infty} u(t-\tau)w(\tau)d\tau = \int_{0}^{+\infty} u(t-\tau)w(\tau)d\tau,$$

essendo $w(\tau) = 0$ per $\tau < 0$.

Questa forma equivalente dell'integrale di Duhamel si presta anche ad una ulteriore interpretazione fisica. Il contributo al valore $y(t)$ assunto dall'uscita all'istante $t$ dovuto al valore $u(t-\tau)$ assunto dall'ingresso $\tau$ istanti di tempo prima, viene pesato attraverso la risposta impulsiva $w(\tau)$.

In un sistema i cui modi sono tutti stabili la $w(\tau)$ tende a zero e, per valori di $\tau$ maggiori di un certo valore $\overline{\tau}$ che dipende dalle costanti di tempo del sistema, essa si può in pratica considerare nulla. Dunque un sistema i cui modi sono tutti stabili perde memoria del valore assunto dall'ingresso dopo che è passato un tempo maggiore di $\overline{\tau}$ dalla sua applicazione.

### 3.6.2 Scomposizione in evoluzione libera ed evoluzione forzata

È possibile dare diverse interpretazioni fisiche all'integrale di Duhamel. Scelto un generico istante di tempo $t_0$ che verrà considerato come istante iniziale, scomponiamo l'integrale in due termini scrivendo per $t \geq t_0$:

$$y(t) = \underbrace{\int_{-\infty}^{t_0} u(\tau)w(t-\tau)d\tau}_{y_\ell(t)} + \underbrace{\int_{t_0}^{t} u(\tau)w(t-\tau)d\tau}_{y_f(t)} .$$

Il primo termine rappresenta il contributo al segnale di uscita al tempo $t$ dovuto ai valori assunti dall'ingresso per valori di tempo antecedenti l'istante iniziale $t_0$. A causa di questo ingresso, il sistema si troverà all'istante $t_0$ in uno stato che sarà generalmente diverso dallo stato zero, ossia esso avrà uno stato iniziale $\boldsymbol{x}(t_0)$ non nullo (ovvero le condizioni iniziali date dalla (3.2) non saranno tutte nulle). Per come abbiamo definito il problema fondamentale dell'analisi dei sistemi, il contributo di questo termine al segnale di uscita al tempo $t$ è appunto detto *evoluzione libera*. Si osservi che l'evoluzione libera ha dunque una duplice interpretazione: da un lato può essere considerata come la risposta del sistema causata dalla presenza di uno stato iniziale $\boldsymbol{x}(t_0)$ non nullo, ovvero come la risposta a quell'ingresso che agendo sul sistema precedentemente all'istante $t_0$ ha portato il sistema a tale stato $\boldsymbol{x}(t_0)$.

Il secondo termine rappresenta il contributo al segnale di uscita al tempo $t$ dovuto ai valori assunti dall'ingresso per valori di tempo successivi all'istante iniziale $t_0$: tale termine coincide dunque con l'*evoluzione forzata*. Questa osservazione ci permette quindi di dare un metodo per il calcolo dell'evoluzione forzata di un sistema di cui è nota la risposta impulsiva.

Infine, si osservi che l'integrale di Duhamel consente di giustificare l'affermazione già fatta secondo la quale la risposta impulsiva è un regime canonico. Infatti, assegnata tale funzione è anche possibile calcolare il valore dell'uscita che consegue all'applicazione di un qualunque altro ingresso.

### 3.6.3 Calcolo della risposta forzata mediante convoluzione

In base alle considerazioni fatte nel paragrafo precedente, dato un generico istante di tempo iniziale $t_0$ l'evoluzione forzata può venir determinata mediante una delle due formule equivalenti

$$y_f(t) = \int_{t_0}^{t} u(\tau)w(t-\tau)d\tau = \int_{0}^{t-t_0} u(t-\tau)w(\tau)d\tau. \tag{3.32}$$

La seconda formula si ricava dalla prima col cambiamento di variabile $\rho = t - \tau$:

$$\int_{t_0}^{t} u(\tau)w(t-\tau)d\tau = \int_{t-t_0}^{0} u(t-\rho)w(\rho)(-d\rho) = \int_{0}^{t-t_0} u(t-\rho)w(\rho)d\rho.$$

Se $t_0 = 0$ la (3.32) si semplifica in

$$y_f(t) = \int_0^t u(\tau)w(t-\tau)d\tau = \int_0^t u(t-\tau)w(\tau)d\tau. \tag{3.33}$$

Nella tavola alla fine di questo capitolo sono riportate alcune formule notevoli che possono essere utili nel risolvere l'integrale di Duhamel.

Concludiamo infine con due esempi che mostrano come calcolare la risposta forzata di un sistema mediante l'integrale di Duhamel.

**Esempio 3.24** Si desidera calcolare l'evoluzione forzata del sistema considerato nell'Esempio 3.21 e descritto dal modello IU (3.30), conseguente all'applicazione per $t \geq 0$ di un ingresso $u(t) = 4\delta_{-1}(t)$. La risposta impulsiva di tale sistema vale $w(t) = \left(e^{-t} - 0.5e^{-2t}\right)\delta_{-1}(t)$.

L'evoluzione forzata sarà nulla per $t < 0$. Per determinarne il valore negli istanti successivi a quello iniziale, applichiamo la prima delle (3.33), tenendo presente che $u(\tau) = 4$ per $\tau \in [0,t]$. Vale dunque per $t \geq 0$

$$\begin{aligned} y_f(t) &= \int_0^t u(\tau)w(t-\tau)d\tau = \int_0^t 4\left(e^{-(t-\tau)} - 0.5e^{-2(t-\tau)}\right)d\tau \\ &= 4e^{-t}\int_0^t e^{\tau}d\tau \; - 2e^{-2t}\int_0^t e^{2\tau}d\tau \\ &= 4e^{-t}(e^t - 1) \; - 2e^{-2t}(0.5e^{2t} - 0.5) = 3 - 4e^{-t} + e^{-2t}. \end{aligned}$$

Possiamo dunque scrivere che l'evoluzione forzata vale

$$y_f(t) = \left(3 - 4e^{-t} + e^{-2t}\right)\delta_{-1}(t).$$

Naturalmente si sarebbe ottenuto lo stesso risultato anche applicando la seconda delle (3.33). Si tenga presente che anche in questo caso vale $u(t-\tau) = 4$ per $\tau \in [0,t]$. Vale dunque per $t \geq 0$

$$\begin{aligned} y_f(t) &= \int_0^t u(t-\tau)w(\tau)d\tau = \int_0^t 4\left(e^{-\tau} - 0.5e^{-2\tau}\right)d\tau \\ &= 4\int_0^t e^{-\tau}d\tau \; - 2\int_0^t e^{-2\tau}d\tau \\ &= -4(e^{-t} - 1) \; + 2(0.5e^{-2t} - 0.5) = 3 - 4e^{-t} + e^{-2t}. \end{aligned}$$ ◇

**Esempio 3.25** Per lo stesso sistema dell'esempio precedente si determini la risposta forzata che consegue all'applicazione del segnale di ingresso

$$u(t) = \begin{cases} 2 & \text{se } t \in [1,4) \\ 0 & \text{altrove} \end{cases}$$

mostrato anche in Fig. 3.13.

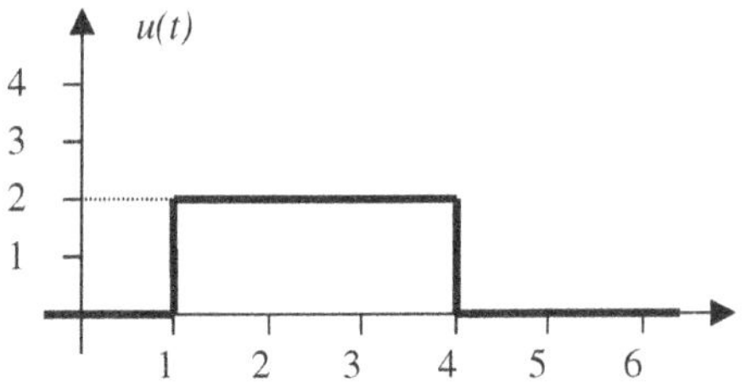


**Fig. 3.13.** Segnale di ingresso nell'Esempio 3.25

Si è visto che la risposta impulsiva vale $w(t) = \left(e^{-t} - 0.5e^{-2t}\right)\delta_{-1}(t)$ e grazie all'integrale di Duhamel possiamo scrivere che la risposta forzata vale

$$y_f(t) = \int_{-\infty}^{t} u(\tau)w(t-\tau)d\tau = \begin{cases} 0 & \text{se } t \in (-\infty, 1) \\ 2\displaystyle\int_1^t w(t-\tau)d\tau & \text{se } t \in [1, 4) \\ 2\displaystyle\int_1^4 w(t-\tau)d\tau & \text{se } t \in [4, +\infty). \end{cases}$$

Con il cambiamento di variabile $\rho = t - \tau$ vediamo che per $1 \leq t < 4$ vale

$$\begin{aligned} \int_1^t w(t-\tau)d\tau &= \int_0^{t-1} w(\rho)d\rho = \int_0^{t-1} \left(e^{-\rho} - 0.5e^{-2\rho}\right) d\rho \\ &= 0.75 - e^{-(t-1)} + 0.25e^{-2(t-1)} = 0.75 - 2.72e^{-t} + 1.85e^{-2t}, \end{aligned}$$

mentre per $t \geq 4$ vale

$$\begin{aligned} \int_1^4 w(t-\tau)d\tau &= \int_{t-4}^{t-1} w(\rho)d\rho = \int_{t-4}^{t-1} \left(e^{-\rho} - 0.5e^{-2\rho}\right) d\rho \\ &= -e^{-(t-1)} + 0.25e^{-2(t-1)} + e^{-(t-4)} - 0.25e^{-2(t-4)} \\ &= 51.9e^{-t} - 743e^{-2t}. \end{aligned}$$

Dunque vale

$$y_f(t) = \begin{cases} 0 & \text{se } t \in (-\infty, 1) \\ 1.5 - 5.44e^{-t} + 3.69e^{-2t} & \text{se } t \in [1, 4) \\ 104e^{-t} - 1487e^{-2t} & \text{se } t \in [4, +\infty). \end{cases}$$ ◇

L'esempio precedente si presta ad alcune importanti considerazioni.

Per prima cosa si osservi che benché l'ingresso $u(t)$ agisca su questo sistema solo per un intervallo di tempo limitato $[1, 4]$, la riposta forzata che ad esso consegue non si annulla per valori di $t \geq 4$. Infatti, all'istante $t = 4$ il sistema si troverà ad avere uno stato non nullo a causa della precedente azione di $u(t)$. A partire da tale istante l'evoluzione del sistema, venendo a mancare l'azione dell'ingresso, si riduce ad una evoluzione libera e ciò giustifica il fatto che essa abbia la forma di una combinazione lineare di modi: $104e^{-t} - 1487e^{-2t}$.

Anche la forma della risposta forzata $y_f(t)$ durante l'intervallo di tempo $[1, 4]$ ha una struttura particolare: si tratta di una combinazione lineare di modi più un termine costante. Questa particolare forma in risposta ad un gradino verrà meglio studiata nel Capitolo 6 (cfr. § 6.5) quando si discuterà la forma dell'evoluzione forzata per una vasta famiglia di segnali di ingresso.

Infine si osservi che l'ingresso dato può anche considerarsi come la somma di due segnali: un gradino di ampiezza 2 applicato all'istante di tempo $t = 1$, e un gradino di ampiezza $-2$ applicato all'istante di tempo $t = 4$. Sfruttando la linearita e stazionarietà del sistema, sarebbe stato possibile determinare l'evoluzione forzata dalla sola conoscenza della risposta ad un gradino unitario (cfr. Esercizio 3.7).

## 3.7 Altri regimi canonici [*]

Si è osservato che la risposta impulsiva di un sistema è un regime canonico, ovvero una particolare evoluzione la cui conoscenza equivale a conoscere perfettamente il suo modello. Ciò è una immediata conseguenza dell'integrale di Duhamel. Tuttavia occorre osservare che esistono altri regimi canonici.

Per prima cosa daremo alcune definizioni.

Dato un segnale $u(t)$ definiamo la sua famiglia integro-differenziale come segue: $u_0(t) = u(t)$ è il segnale stesso, mentre per $k \in \mathbb{N}_+$ vale

$$u_k(t) = \frac{d^k u(t)}{dt^k}, \qquad u_{-k}(t) = \underbrace{\int_{-\infty}^{t} \cdots \int_{-\infty}^{t}}_{k \text{ volte}} u(\tau) d\tau.$$

Dunque $u_1(t)$ è la derivata prima del segnale mentre $u_{-1}$ è il suo integrale, e così via per gli altri valori di $k$. Si noti che tale notazione è consistente con la notazione usata in Appendice B (cfr. § B.1.5) per descrivere la famiglia dei segnali canonici $\delta_k(t)$, $k \in \mathbb{Z}$ ottenuti per integrazione e derivazione dell'impulso.

In particolare, dato un sistema la cui risposta impulsiva vale $w(t)$, possiamo definire la famiglia integro-differenziale dei segnali $w_k(t)$, $k \in \mathbb{Z}$. Si noti per prima cosa che è possibile associare al generico segnale $w_k(t)$ un importante significato fisico.

**Proposizione 3.26** *Dato un sistema descritto dal modello* (3.1) *sia $w(t)$ la sua risposta impulsiva. Per $k \in \mathbb{Z}$, il segnale $w_k(t)$ è la risposta forzata che consegue all'applicazione di un ingresso $\delta_k(t)$.*

*Dimostrazione.* La risposta impulsiva è la risposta forzata $y(t) = w(t)$ che consegue all'applicazione di un ingresso impulsivo $u(t) = \delta(t)$ e può essere scritta, grazie all'integrale di Duhamel,

$$w(t) = \delta * w(t).$$

In base alla Proposizione B.8 in Appendice B, derivando o integrando tale espressione si ottiene per $k \in \mathbb{Z}$:

$$w_k(t) = \delta_k * w(t),$$

che può appunto venir interpretata, sempre in base all'integrale di Duhamel, come segue: all'applicazione del segnale $u(t) = \delta_k(t)$ il sistema risponde con un'uscita $y(t) = w_k(t)$. □

È possibile finalmente enunciare il seguente risultato

**Proposizione 3.27** *Dato un sistema descritto dal modello* (3.1) *sia* $w(t)$ *la sua risposta impulsiva. Se il sistema è a riposo per* $t = -\infty$ *e* $u(t)$ *è il segnale di ingresso ad esso applicato, per ogni valore di* $k \in \mathbb{Z}$ *vale*

$$y(t) = \int_{-\infty}^{t} u_k(\tau) w_{-k}(t-\tau) d\tau. \tag{3.34}$$

*Dimostrazione.* L'integrale di Duhamel ci consente di scrivere

$$y(t) = u * w(t)$$

mentre grazie alla Proposizione B.8 parte 2, che afferma che la convoluzione fra due segnali non cambia se un operando della convoluzione viene derivato mentre l'altro viene integrato, vale

$$\begin{aligned} y(t) \ &= u * w(t) &= u_1 * w_{-1}(t) = u_2 * w_{-2}(t) = \cdots \\ & &= u_{-1} * w_1(t) = u_{-2} * w_2(t) = \cdots \end{aligned}$$

e osservando che $w_k(t-\tau)$ è sempre nulla per valori negativi del suo argomento (cioè per $\tau > t$) si può restringere l'estremo superiore della convoluzione a $t$. □

Dunque per $k \in \mathbb{Z}$, l'evoluzione forzata $w_k(t)$ conseguente all'applicazione del segnale $\delta_k(t)$ è un regime canonico.

## Esercizi

**Esercizio 3.1.** È dato un sistema descritto dal modello ingresso-uscita

$$\frac{d^3}{dt^3}y(t) + \frac{d^2}{dt^2}y(t) + 2\frac{d}{dt}y(t) = \frac{d}{dt}u(t) + 6u(t). \tag{3.35}$$

Si determinino i modi che caratterizzano tale sistema indicandone i parametri caratteristici. Si valuti la stabilità dei singoli modi indicando approssimativamente il tempo di assestamento. Si valuti quale sia il modo più lento e quello più veloce.

**Esercizio 3.2.** Per il sistema (3.35) si determini l'evoluzione libera a partire dall'istante iniziale $t_0 = 0$ date le condizioni iniziali

$$y_0 = y(t)|_{t=t_0} = 2, \qquad y'_0 = \left.\frac{d}{dt}y(t)\right|_{t=t_0} = 4, \qquad y''_0 = \left.\frac{d^2}{dt^2}y(t)\right|_{t=t_0} = 1.$$

**Esercizio 3.3.** Si verifichi che che la risposta impulsiva del sistema (3.35) vale:

$$w(t) = \left(3 - \frac{1}{\sqrt{7}}e^{-0.5t}\sin\left(\frac{\sqrt{7}}{2}t\right) - 3e^{-0.5t}\cos\left(\frac{\sqrt{7}}{2}t\right)\right)\ \delta_{-1}(t).$$

Si determini una espressione equivalente della risposta impulsiva secondo la forma data in eq. (3.25).

**Esercizio 3.4.** Si determini la risposta forzata $y_f(t)$ del sistema (3.35) che consegue all'applicazione di un segnale di ingresso $u(t) = e^{-2t}\delta_{-1}(t)$.

*(Si applichi l'integrale di Duhamel tenendo presente che il valore della risposta impulsiva è noto dal precedente esercizio.)*

**Esercizio 3.5.** Si consideri un sistema lineare e stazionario descritto dal seguente modello IU:

$$2\frac{d^2y(t)}{dt^2} + 16\frac{dy(t)}{dt} + 32y(t) = 3\frac{du(t)}{dt} + u(t). \tag{3.36}$$

Si verifichi che la risposta impulsiva di tale sistema vale

$$w(t) = \left(1.5e^{-4t} - 5.5te^{-4t}\right)\ \delta_{-1}(t)$$

e si calcoli la risposta forzata conseguente all'azione di un ingresso $u(t) = e^t\delta_{-1}(t)$.

**Esercizio 3.6.** Il seguente esercizio intende mostrare che, benché ogni modo aperiodico stabile ha un andamento monotono decrescente, l'evoluzione libera di un sistema caratterizzata da più modi aperiodici stabili non è necessariamente monotona.

Si consideri un sistema la cui equazione differenziale omogenea vale

$$\frac{d^3}{dt^3}y(t) + 13\frac{d^2}{dt^2}y(t) + 44\frac{d}{dt}y(t) + 32y(t) = 0.$$

(a) Si determinino i modi che caratterizzano tale sistema indicandone i parametri caratteristici.
(b) Si verifichi che l'evoluzione libera a partire dalle condizioni iniziali

$$y_0 = y(t)|_{t=0} = 2, \quad y'_0 = \left.\frac{d}{dt}y(t)\right|_{t=0} = -58, \quad y''_0 = \left.\frac{d^2}{dt^2}y(t)\right|_{t=0} = 674,$$

vale per $t \geq 0$:

$$y_\ell(t) = 2e^{-t} - 14e^{-4t} + 14e^{-8t}.$$

(c) Si tracci l'andamento di tale funzione e si verifichi che essa, presentando più massimi e minimi, non ha una andamento monotono. Come si spiega la presenza di tali massimi e minimi anche in assenza di modi pseudoperiodici?
(d) Si valuti il tempo di assestamento al 5% per l'evoluzione libera data.

**Esercizio 3.7.** Si consideri il sistema lineare e stazionario descritto dal seguente modello IU:

$$2\frac{d^2y(t)}{dt^2} + 6\frac{dy(t)}{dt} + 4y(t) = \frac{du(t)}{dt} + 3u(t). \tag{3.37}$$

I modi di tale sistema sono stati studiati nell'Esempio 3.21, mentre nell'Esempio 3.25 è stata determinata la risposta forzata all'applicazione del segnale di ingresso

$$u(t) = \begin{cases} 2 & \text{se } t \in [1, 4) \\ 0 & \text{altrove.} \end{cases}$$

Si osservi che vale anche $u(t) = 2\ \delta(t-1) - 2\ \delta(t-4)$, ovvero l'ingresso dato può anche considerarsi come la somma di due segnali: un gradino di ampiezza 2 applicato all'istante di tempo $t = 1$, e un gradino di ampiezza $-2$ applicato all'istante di tempo $t = 4$.

Si calcoli la risposta forzata al segnale $u(t)$ seguendo una procedura alternativa a quella usata nell'Esempio 3.25.

(a) Si calcoli mediante l'integrale di Duhamel la risposta forzata che consegue all'applicazione di un gradino unitario.
(b) Sfruttando la proprietà di linearità e stazionarietà si determini la risposta forzata al segnale $2\ \delta(t-1)$ e al segnale $-2\ \delta(t-4)$.
(c) Si sommino le due risposte e si verifichi che la risposta totale ha la stessa espressione determinata nell'Esempio 3.25.

## Tavole di integrali indefiniti

Le seguenti formule sono utili per il calcolo della risposta forzata mediante l'integrale di Duhamel.

$$\int te^{\alpha t}dt = \frac{1}{\alpha^2}(\alpha te^{\alpha t} - e^{\alpha t})$$

$$\begin{aligned}\int e^{\alpha t}\cos(\omega t)dt &= \frac{e^{\alpha t}}{\sqrt{\alpha^2+\omega^2}}\cos\left(\omega t - \arctan\left(\frac{\omega}{\alpha}\right)\right) \\ &= \frac{e^{\alpha t}}{\alpha^2+\omega^2}\left(\alpha\cos(\omega t) + \omega\sin(\omega t)\right)\end{aligned}$$

$$\begin{aligned}
\int e^{\alpha t}\sin(\omega t)dt &= e^{\alpha t}\frac{\sin(\omega t-\arctan(\frac{\omega}{\alpha}))}{\sqrt{\alpha^2+\omega^2}}\\
&= \frac{e^{\alpha t}}{\alpha^2+\omega^2}\left(-\omega\cos(\omega t)+\alpha\sin(\omega t)\right)
\end{aligned}$$

$$\int e^{\alpha t}\cos(\omega t+\varphi)dt = \frac{e^{\alpha t}}{\sqrt{\alpha^2+\omega^2}}\cos\left(\omega t+\varphi-\arctan\left(\frac{\omega}{\alpha}\right)\right).$$

# 4

# Analisi nel dominio del tempo delle rappresentazioni in variabili di stato

In questo capitolo si affronta lo studio, nel dominio del *tempo*, dei modelli di sistemi lineari, stazionari e a parametri concentrati descritti in termini di *variabili di stato*. Nella prima sezione si ricorda in cosa consiste per tali modelli il *problema fondamentale dell'analisi dei sistemi*. Per risolvere tale problema occorre determinare la *matrice di transizione dello stato*: nella seconda sezione tale concetto viene definito e viene presentata una procedura generale, detta *sviluppo di Sylvester*, per il suo calcolo. Nella terza sezione si presenta la soluzione generale al problema di analisi che viene espressa tramite la *formula di Lagrange*. Nella quarta sezione si studia una particolare trasformazione di variabili, detta *trasformazione di similitudine*, che consente di passare da una rappresentazione in variabili di stato ad una diversa rappresentazione in variabili di stato sempre dello stesso sistema: ciò che distingue le due rappresentazioni è la scelta delle grandezze assunte quali variabili di stato. Una particolare trasformazione di similitudine, detta *diagonalizzazione*, permette in molti casi di passare ad una nuova rappresentazione (più facile da analizzare) in cui la matrice di stato è nella *forma canonica diagonale*: questa procedura è presentata nella quinta sezione. Qualora non sia possibile ricondurre una data matrice alla forma diagonale, è sempre comunque possibile ricondurla, mediante similitudine, ad una forma canonica diagonale a blocchi, detta *forma di Jordan*: tale procedura è descritta nella sesta sezione. Nella ottava e ultima sezione si definiscono anche per i sistemi in variabili di stato i modi e si associa ad essi una interpretazione fisica.

## 4.1 Rappresentazione in variabili di stato e problema di analisi

Un sistema lineare e stazionario di ordine $n$, con $r$ ingressi e $p$ uscite, ha la seguente rappresentazione in termini di *variabili di stato* (VS):

$$\begin{cases} \dot{\boldsymbol{x}}(t) &= \boldsymbol{A}\boldsymbol{x}(t) + \boldsymbol{B}\boldsymbol{u}(t) \\ \boldsymbol{y}(t) &= \boldsymbol{C}\boldsymbol{x}(t) + \boldsymbol{D}\boldsymbol{u}(t) \end{cases} \tag{4.1}$$

dove il *vettore di stato* $\boldsymbol{x}(t)$ e la sua derivata $\dot{\boldsymbol{x}}(t)$ hanno $n$ componenti, il *vettore degli ingressi* $\boldsymbol{u}(t)$ ha $r$ componenti e il *vettore delle uscite* $\boldsymbol{y}(t)$ ha $p$ componenti.

Il *problema fondamentale dell'analisi dei sistemi* per un tale sistema consiste nel determinare l'andamento dello stato $\boldsymbol{x}(t)$ e dell'uscita $\boldsymbol{y}(t)$ per $t \geq t_0$ noto:

- il valore dello stato iniziale $\boldsymbol{x}(t_0)$;
- l'andamento dell'ingresso $\boldsymbol{u}(t)$ per $t \geq t_0$.

La soluzione di questo problema è fornita dalla cosiddetta formula di Lagrange che verrà descritta in seguito. Preliminarmente, tuttavia, è utile introdurre la nozione di *matrice di transizione dello stato* che viene descritta nella sezione seguente.

## 4.2 La matrice di transizione dello stato

Data una matrice quadrata $\boldsymbol{A}$ il suo *esponenziale* (cfr. Appendice C, § C.2.6) è la matrice

$$e^{\boldsymbol{A}} = \boldsymbol{I} + \boldsymbol{A} + \frac{\boldsymbol{A}^2}{2!} + \frac{\boldsymbol{A}^3}{3!} + \cdots = \sum_{k=0}^{\infty} \frac{\boldsymbol{A}^k}{k!}.$$

La matrice di transizione dello stato $e^{\boldsymbol{A}t}$ è una particolare matrice esponenziale i cui elementi sono funzioni del tempo.

**Definizione 4.1** *Dato un modello in VS* (4.1) *in cui la matrice* $\boldsymbol{A}$ *ha dimensione* $n \times n$, *si definisce* matrice di transizione dello stato *la matrice* $n \times n$

$$e^{\boldsymbol{A}t} = \sum_{k=0}^{\infty} \frac{\boldsymbol{A}^k t^k}{k!}. \tag{4.2}$$

Si noti che tale serie è sempre convergente e dunque la matrice di transizione dello stato è ben definita per ogni matrice quadrata $\boldsymbol{A}$.

In genere non è agevole determinare la matrice di transizione dello stato a partire dalla sua definizione, e si è soliti ricorrere ad altre procedure che saranno discusse nei paragrafi seguenti. In un caso particolare, tuttavia, il calcolo di $e^{\boldsymbol{A}t}$ risulta immediato: quando $\boldsymbol{A}$ è una matrice diagonale.

**Proposizione 4.2** *Se* $\boldsymbol{A}$ *è una matrice diagonale di dimensione* $n \times n$

$$\boldsymbol{A} = \begin{bmatrix} \lambda_1 & 0 & \cdots & 0 \\ 0 & \lambda_2 & \cdots & 0 \\ \vdots & \vdots & \ddots & \vdots \\ 0 & 0 & \cdots & \lambda_n \end{bmatrix} \qquad \textit{vale} \qquad e^{\boldsymbol{A}t} = \begin{bmatrix} e^{\lambda_1 t} & 0 & \cdots & 0 \\ 0 & e^{\lambda_2 t} & \cdots & 0 \\ \vdots & \vdots & \ddots & \vdots \\ 0 & 0 & \cdots & e^{\lambda_n t} \end{bmatrix}.$$

*Dimostrazione.* Vale

$$\boldsymbol{A}t = \begin{bmatrix} \lambda_1 t & 0 & \cdots & 0 \\ 0 & \lambda_2 t & \cdots & 0 \\ \vdots & \vdots & \ddots & \vdots \\ 0 & 0 & \cdots & \lambda_n t \end{bmatrix},$$

e, poiché tale matrice è diagonale, il risultato deriva dalla Proposizione C.25. □

**Esempio 4.3** Data $\boldsymbol{A} = \begin{bmatrix} -1 & 0 \\ 0 & -2 \end{bmatrix}$ vale $e^{\boldsymbol{A}t} = \begin{bmatrix} e^{-t} & 0 \\ 0 & e^{-2t} \end{bmatrix}$. ◇

### 4.2.1 Proprietà della matrice di transizione dello stato [*]

In questo paragrafo ricordiamo alcune proprietà fondamentali di cui gode la $e^{\boldsymbol{A}t}$; tali proprietà permetteranno di dimostrare la formula di Lagrange.

**Proposizione 4.4 (Derivata della matrice di transizione dello stato)** *Vale*

$$\frac{d}{dt} e^{\boldsymbol{A}t} = \boldsymbol{A} e^{\boldsymbol{A}t} = e^{\boldsymbol{A}t} \boldsymbol{A}.$$

*Dimostrazione.* Per dimostrare la prima eguaglianza si derivi l'eq. (4.2); si ottiene

$$\begin{aligned} \frac{d}{dt} e^{\boldsymbol{A}t} &= \sum_{k=0}^{\infty} \frac{d}{dt} \frac{\boldsymbol{A}^k t^k}{k!} = \sum_{k=1}^{\infty} \frac{\boldsymbol{A}^k k t^{k-1}}{k!} = \boldsymbol{A} \sum_{k=1}^{\infty} \frac{\boldsymbol{A}^{k-1} t^{k-1}}{(k-1)!} = \boldsymbol{A} \sum_{k=0}^{\infty} \frac{\boldsymbol{A}^k t^k}{k!} \\ &= \boldsymbol{A} e^{\boldsymbol{A}t}. \end{aligned}$$

Mettendo invece in evidenza $\boldsymbol{A}$ a destra, si dimostra la seconda eguaglianza. □

Si noti che dalla precedente proprietà deriva anche un fatto importante: $\boldsymbol{A}$ *commuta con* $e^{\boldsymbol{A}t}$ (cfr. § C.2.4).

**Proposizione 4.5 (Composizione di due matrici di transizione dello stato)** *Vale*

$$e^{\boldsymbol{A}t} e^{\boldsymbol{A}\tau} = e^{\boldsymbol{A}(t+\tau)}.$$

*Dimostrazione.* Sviluppando i due esponenziali nelle corrispondenti serie ed eseguendo il prodotto si ottiene

$$
\begin{aligned}
e^{\boldsymbol{A}t}e^{\boldsymbol{A}\tau} &= \left(\boldsymbol{I} + \boldsymbol{A}t + \tfrac{\boldsymbol{A}^2t^2}{2!} + \tfrac{\boldsymbol{A}^3t^3}{3!} + \cdots\right)\left(\boldsymbol{I} + \boldsymbol{A}\tau + \tfrac{\boldsymbol{A}^2\tau^2}{2!} + \tfrac{\boldsymbol{A}^3\tau^3}{3!} + \cdots\right) \\
&= \begin{array}{llllll}
\boldsymbol{I} & +\boldsymbol{A}\tau & +\frac{\boldsymbol{A}^2\tau^2}{2!} & +\frac{\boldsymbol{A}^3\tau^3}{3!} & +\frac{\boldsymbol{A}^4\tau^4}{4!} & +\cdots \\
 & +\boldsymbol{A}t & +\boldsymbol{A}^2t\tau & +\frac{\boldsymbol{A}^3t\tau^2}{2!} & +\frac{\boldsymbol{A}^4t\tau^3}{3!} & +\cdots \\
 & & +\frac{\boldsymbol{A}^2t^2}{2!} & +\frac{\boldsymbol{A}^3t^2\tau}{2!} & +\frac{\boldsymbol{A}^4t^2\tau^2}{2!\cdot 2!} & +\cdots \\
 & & & +\frac{\boldsymbol{A}^3t^3}{3!} & +\frac{\boldsymbol{A}^4t^3\tau}{3!} & +\cdots \\
 & & & & +\frac{\boldsymbol{A}^4t^4}{4!} & +\cdots \\
 & & & & & +\cdots
\end{array} \\
&= \boldsymbol{I} + \boldsymbol{A}(t+\tau) + \tfrac{\boldsymbol{A}^2}{2!}(t^2 + 2t\tau + \tau^2) + \tfrac{\boldsymbol{A}^3}{3!}(t^3 + 3t^2\tau + 3t\tau^2 + \tau^3) \\
&\quad + \tfrac{\boldsymbol{A}^4}{4!}(t^4 + 4t^3\tau + 6t^2\tau^2 + 4t\tau^3 + \tau^4) + \cdots \\
&= \boldsymbol{I} + \boldsymbol{A}(t+\tau) + \frac{\boldsymbol{A}^2(t+\tau)^2}{2!} + \frac{\boldsymbol{A}^3(t+\tau)^3}{3!} + \frac{\boldsymbol{A}^4(t+\tau)^4}{4!} + \cdots \\
&= \sum_{k=0}^{\infty} \frac{\boldsymbol{A}^k(t+\tau)^k}{k!} = e^{\boldsymbol{A}(t+\tau)}. \qquad \square
\end{aligned}
$$

Si osservi che il precedente risultato non è banale come appare a prima vista. Infatti mentre nel caso scalare vale ovviamente $e^{at}e^{a\tau} = e^{a(t+\tau)}$ o equivalentemente $e^{at}e^{bt} = e^{(a+b)t}$, nel caso matriciale la relazione $e^{\boldsymbol{A}t}e^{\boldsymbol{B}t} = e^{(\boldsymbol{A}+\boldsymbol{B})t}$ non è sempre vera ma vale se e solo se $\boldsymbol{A}$ e $\boldsymbol{B}$ commutano, ovvero se e solo se $\boldsymbol{AB} = \boldsymbol{BA}$ (cfr. Esercizio 4.11).

**Proposizione 4.6 (Inversa della matrice di transizione dello stato)** *L'inversa della matrice $e^{\boldsymbol{A}t}$ è la matrice $e^{-\boldsymbol{A}t}$, cioè vale*

$$e^{\boldsymbol{A}t}e^{-\boldsymbol{A}t} = e^{-\boldsymbol{A}t}e^{\boldsymbol{A}t} = \boldsymbol{I}.$$

*Dimostrazione.* In base alla precedente proposizione vale

$$e^{\boldsymbol{A}t}e^{-\boldsymbol{A}t} = e^{\boldsymbol{A}(t-t)} = e^{\boldsymbol{A}\cdot 0} = \boldsymbol{I} + \boldsymbol{A}\cdot 0 + \frac{\boldsymbol{A}^2\cdot 0^2}{2!} + \frac{\boldsymbol{A}^3\cdot 0^3}{3!} + \cdots = \boldsymbol{I}. \qquad \square$$

Si noti che in base a questa proposizione una matrice di transizione dello stato $e^{\boldsymbol{A}t}$ è sempre invertibile (e dunque non singolare) anche se la matrice $\boldsymbol{A}$ fosse singolare.

### 4.2.2 Lo sviluppo di Sylvester

Ci si pone ora il problema di determinare l'espressione analitica della matrice di transizione dello stato $e^{\boldsymbol{A}t}$ senza dover necessariamente calcolare la serie infinita che la definisce. La procedura che qui presentiamo si basa sullo *sviluppo di Sylvester*[1]. Una seconda procedura, basata sul passaggio alla forma diagonale o alla

[1] James Joseph Sylvester (Londra, Inghilterra, 1814 - 1897).

forma di Jordan verrà presentata in § 4.5.1 e § 4.6.3. Infine, una terza procedura, basata sull'uso delle trasformate di Laplace, verrà presentata nel Capitolo 6 (cfr. Proposizione 6.5).

Vale il seguente risultato, la cui dimostrazione è data nell'Appendice G (cfr. Proposizione G.5).

**Proposizione 4.7 (Sviluppo di Sylvester)** *Se $\boldsymbol{A}$ è una matrice di dimensione $n \times n$, la corrispondente matrice di transizione dello stato $e^{\boldsymbol{A}t}$ può essere scritta come:*

$$e^{\boldsymbol{A}t} = \sum_{i=0}^{n-1} \beta_i(t)\boldsymbol{A}^i = \beta_0(t)\boldsymbol{I} + \beta_1(t)\boldsymbol{A} + \cdots + \beta_{n-1}(t)\boldsymbol{A}^{n-1}, \tag{4.3}$$

*dove i coefficienti dello sviluppo $\beta_i(t)$ sono opportune funzioni scalari del tempo.*

I coefficienti dello sviluppo di Sylvester possono venir determinati risolvendo un sistema di equazioni lineari. Discuteremo separatamente vari casi.

### Autovalori di molteplicità unitaria

Se la matrice $\boldsymbol{A}$ ha autovalori tutti distinti $\lambda_1, \lambda_2, \ldots, \lambda_n$, le $n$ funzioni incognite $\beta_i(t)$ si ricavano risolvendo il seguente sistema di $n$ equazioni (tante equazioni quanti sono gli autovalori):

$$\begin{cases} \beta_0(t) + \lambda_1\beta_1(t) + \lambda_1^2\beta_2(t) + \cdots + \lambda_1^{n-1}\beta_{n-1}(t) & = e^{\lambda_1 t} \\ \beta_0(t) + \lambda_2\beta_1(t) + \lambda_2^2\beta_2(t) + \cdots + \lambda_2^{n-1}\beta_{n-1}(t) & = e^{\lambda_2 t} \\ \qquad\qquad \vdots & \quad \vdots \\ \beta_0(t) + \lambda_n\beta_1(t) + \lambda_n^2\beta_2(t) + \cdots + \lambda_n^{n-1}\beta_{n-1}(t) & = e^{\lambda_n t} \end{cases} \tag{4.4}$$

ovvero risolvendo il sistema di equazioni lineari

$$\boldsymbol{V}\boldsymbol{\beta} = \boldsymbol{\eta} \tag{4.5}$$

dove $\boldsymbol{\beta} = \left[\ \beta_0(t) \quad \beta_1(t) \quad \cdots \quad \beta_{n-1}(t)\ \right]^T$ è il vettore delle incognite, la matrice dei coefficienti vale[2]

$$\boldsymbol{V} = \begin{bmatrix} 1 & \lambda_1 & \cdots & \lambda_1^{n-1} \\ 1 & \lambda_2 & \cdots & \lambda_2^{n-1} \\ \vdots & \vdots & \ddots & \vdots \\ 1 & \lambda_n & \cdots & \lambda_n^{n-1} \end{bmatrix} \tag{4.6}$$

e il vettore dei termini noti vale $\boldsymbol{\eta} = \left[\ e^{\lambda_1 t} \quad e^{\lambda_2 t} \quad \ldots \quad e^{\lambda_n t}\ \right]^T$.

[2] Un matrice che assume la forma della eq. (4.6) è detta *matrice di Vandermonde* in onore di Alexandre-Théophile Vandermonde (Parigi, Francia, 1735 - 1796 ). L'attribuzione è nata da un malinteso, poiché il matematico francese non studiò tali strutture.

La generica componente del vettore $\boldsymbol{\eta}$ è una funzione del tempo $e^{\lambda t}$ che viene detta *modo* della matrice $\boldsymbol{A}$ associato all'autovalore $\lambda$. Si verifica facilmente che ogni elemento della matrice $e^{\boldsymbol{A}t}$ è combinazione lineare di tali modi. Per una discussione completa sui modi si rimanda al § 4.7.1 alla fine di questo capitolo.

**Esempio 4.8** Si consideri la matrice $2 \times 2$

$$\boldsymbol{A} = \begin{bmatrix} -1 & 1 \\ 0 & -2 \end{bmatrix}.$$

Essendo $\boldsymbol{A}$ triangolare i suoi autovalori coincidono con gli elementi lungo la diagonale. Tale matrice ha dunque autovalori distinti $\lambda_1 = -1$ e $\lambda_2 = -2$. Per determinare $e^{\boldsymbol{A}t}$ scriviamo il sistema

$$\begin{cases} \beta_0(t) + \lambda_1\beta_1(t) & = e^{\lambda_1 t} \\ \beta_0(t) + \lambda_2\beta_1(t) & = e^{\lambda_2 t} \end{cases} \qquad \Longrightarrow \qquad \begin{cases} \beta_0(t) - \beta_1(t) & = e^{-t} \\ \beta_0(t) - 2\beta_1(t) & = e^{-2t} \end{cases}$$

da cui si ricava

$$\begin{cases} \beta_0(t) & = 2e^{-t} - e^{-2t} \\ \beta_1(t) & = e^{-t} - e^{-2t} \end{cases}.$$

Dunque

$$\begin{aligned} e^{\boldsymbol{A}t} & = \beta_0(t)\boldsymbol{I}_2 + \beta_1(t)\boldsymbol{A} \\ & = (2e^{-t} - e^{-2t}) \begin{bmatrix} 1 & 0 \\ 0 & 1 \end{bmatrix} + (e^{-t} - e^{-2t}) \begin{bmatrix} -1 & 1 \\ 0 & -2 \end{bmatrix} \\ & = \begin{bmatrix} e^{-t} & (e^{-t} - e^{-2t}) \\ 0 & e^{-2t} \end{bmatrix}. \end{aligned}$$

Come atteso, ogni elemento della matrice $\boldsymbol{A}$ è una combinazione dei due modi $e^{-t}$ e $e^{-2t}$. ◇

## Autovalori di molteplicità non unitaria [*]

Se la matrice $\boldsymbol{A}$ ha autovalori di molteplicità non unitaria, si costruisce un sistema simile a (4.4) in cui ad ogni autovalore $\lambda$ di molteplicità $\nu$ corrispondono $\nu$ equazioni della forma[3]:

$$\begin{cases} \beta_0(t) + \lambda\beta_1(t) + \cdots + \lambda^{n-1}\beta_{n-1}(t) & = e^{\lambda t} \\ \dfrac{d}{d\lambda}\left(\beta_0(t) + \lambda\beta_1(t) + \cdots + \lambda^{n-1}\beta_{n-1}(t)\right) & = \dfrac{d}{d\lambda}e^{\lambda t} \\ \vdots & \vdots \\ \dfrac{d^{\nu-1}}{d\lambda^{\nu-1}}\left(\beta_0(t) + \lambda\beta_1(t) + \cdots + \lambda^{n-1}\beta_{n-1}(t)\right) & = \dfrac{d^{\nu-1}}{d\lambda^{\nu-1}}e^{\lambda t} \end{cases} \tag{4.7}$$

[3]Si noti che in questa espressione si deve calcolare la derivata del primo e del secondo membro rispetto al parametro $\lambda$ (visto come variabile) e non rispetto alla variabile $t$.

ovvero

$$\begin{cases} \beta_0(t) + \lambda\beta_1(t) + \cdots + \lambda^{n-1}\beta_{n-1}(t) & = e^{\lambda t} \\ \beta_1(t) + 2\lambda\beta_2(t) + \cdots + (n-1)\lambda^{n-2}\beta_{n-1}(t) & = te^{\lambda t} \\ \vdots & \vdots \\ \frac{(\nu-1)!}{0!}\beta_{\nu-1}(t) + \cdots + \frac{(n-1)!}{(n-\nu)!}\lambda^{n-\nu}\beta_{n-1}(t) & = t^{\nu-1}e^{\lambda t}. \end{cases} \tag{4.8}$$

Anche in tal caso è possibile scrivere un sistema lineare della forma (4.5) dove ad ogni autovalore $\lambda$ di molteplicità $\nu$ sono associate $\nu$ righe della matrice dei coefficienti[4] $\boldsymbol{V}$:

$$\begin{bmatrix} 1 & \lambda & \lambda^2 & \cdots & \lambda^{\nu-1} & \cdots & \lambda^{n-1} \\ 0 & 1 & 2\lambda & \cdots & (\nu-1)\lambda^{\nu-2} & \cdots & (n-1)\lambda^{n-2} \\ \vdots & \vdots & \vdots & \ddots & \vdots & \ddots & \vdots \\ 0 & 0 & 0 & \cdots & (\nu-1)! & \cdots & \frac{(n-1)!}{(n-\nu)!}\lambda^{n-\nu} \end{bmatrix}$$

e $\nu$ righe del vettore dei termini noti $\boldsymbol{\eta}$: $\begin{bmatrix} e^{\lambda t} & te^{\lambda t} & \cdots & t^{\nu-1}e^{\lambda t} \end{bmatrix}^T$.

**Esempio 4.9** Si consideri la matrice $3 \times 3$

$$\boldsymbol{A} = \begin{bmatrix} 3 & 0 & 1 \\ 2 & -1 & 1.5 \\ 0 & 0 & 3 \end{bmatrix}$$

che ha polinomio caratteristico $P(s) = (s-3)^2(s+1)$ e dunque ha autovalore $\lambda_1 = 3$ di molteplicità 2 e $\lambda_2 = -1$ di molteplicità 1. Per determinare $e^{\boldsymbol{A}t}$ scriviamo il sistema

$$\begin{cases} \beta_0(t) + \lambda_1\beta_1(t) + \lambda_1^2\beta_2(t) = e^{\lambda_1 t} \\ \beta_1(t) + 2\lambda_1\beta_2(t) = te^{\lambda_1 t} \\ \beta_0(t) + \lambda_2\beta_1(t) + \lambda_2^2\beta_2(t) = e^{\lambda_2 t} \end{cases} \implies \begin{cases} \beta_0(t) + 3\beta_1(t) + 9\beta_2(t) = e^{3t} \\ \beta_1(t) + 6\beta_2(t) = te^{3t} \\ \beta_0(t) - \beta_1(t) + \beta_2(t) = e^{-t} \end{cases}$$

da cui si ricava

$$\begin{cases} \beta_0(t) = \frac{1}{16}\left(7e^{3t} - 12te^{3t} + 9e^{-t}\right) \\ \beta_1(t) = \frac{1}{8}\left(3e^{3t} - 4te^{3t} - 3e^{-t}\right) \\ \beta_2(t) = \frac{1}{16}\left(-e^{3t} + 4te^{3t} + e^{-t}\right). \end{cases}$$

Dunque

$$\begin{aligned} e^{\boldsymbol{A}t} &= \beta_0(t)\boldsymbol{I}_3 + \beta_1(t)\boldsymbol{A} + \beta_2(t)\boldsymbol{A}^2 \\ &= \begin{bmatrix} e^{3t} & 0 & te^{3t} \\ (0.5e^{3t} - 0.5e^{-t}) & e^{-t} & (0.25e^{3t} + 0.5te^{3t} - 0.25e^{-t}) \\ 0 & 0 & e^{3t} \end{bmatrix}. \end{aligned}$$ ◇

[4]Una matrice che assume questa forma è detta *matrice di Vandermonde confluente*.

### Autovalori complessi [*]

Anche nel caso in cui vi siano autovalori complessi è possibile determinare i coefficienti dello sviluppo di Sylvester come sopra indicato.

Per evitare, tuttavia, di lavorare con numeri complessi conviene modificare la procedura per il calcolo dei coefficienti $\beta$ come segue (tratteremo solo il caso di autovalori di molteplicità unitaria per semplicità). Supponiamo che fra gli $n$ autovalori della matrice ve ne siano 2 complessi e coniugati $\lambda, \lambda' = \alpha \pm j\omega$.

In tal caso nel sistema di equazioni (4.4) dovrebbero comparire le due equazioni

$$\begin{cases} \beta_0(t) + \lambda\beta_1(t) + \lambda^2\beta_2(t) + \cdots + \lambda^{n-1}\beta_{n-1}(t) & = e^{\lambda t} = e^{\alpha t}e^{j\omega t} \\ \beta_0(t) + \lambda'\beta_1(t) + (\lambda')^2\beta_2(t) + \cdots + (\lambda')^{n-1}\beta_{n-1}(t) & = e^{\lambda' t} = e^{\alpha t}e^{-j\omega t}. \end{cases} \quad (4.9)$$

Possiamo tuttavia sostituire queste due equazioni con due equazioni equivalenti in cui non compaiono termini complessi:

$$\begin{cases} \beta_0(t) + \mathrm{Re}(\lambda)\beta_1(t) + \mathrm{Re}(\lambda^2)\beta_2(t) + \cdots + \mathrm{Re}(\lambda^{n-1})\beta_{n-1}(t) = e^{\alpha t}\cos(\omega t) \\ \mathrm{Im}(\lambda)\beta_1(t) + \mathrm{Im}(\lambda^2)\beta_2(t) + \cdots + \mathrm{Im}(\lambda^{n-1})\beta_{n-1}(t) = e^{\alpha t}\sin(\omega t) \end{cases} \quad (4.10)$$

dove Re e Im indicano la parte reale e immaginaria di un numero complesso. In particolare dunque vale $\mathrm{Re}(\lambda) = \alpha$ e $\mathrm{Im}(\lambda) = \omega$.

La prima delle (4.10) si ottiene sommando le due equazioni (4.9) e dividendo per 2. La seconda delle (4.10) si ottiene sottraendo la seconda delle equazioni (4.9) dalla prima e dividendo per $2j$. Infatti se $\lambda$ e $\lambda'$ sono complessi e coniugati, tali saranno anche $\lambda^k$ e $(\lambda')^k$ e dunque $\lambda^k + (\lambda')^k = 2\mathrm{Re}(\lambda^k)$ e $\lambda^k - (\lambda')^k = 2j\mathrm{Im}(\lambda^k)$. La presenza dei termini in seno e coseno al secondo membro deriva invece dalle formule di Eulero (cfr. Appendice A.3).

Il seguente esempio presenta il caso di una matrice con autovalori complessi e coniugati in una particolare forma che verrà ripresa anche in seguito.

**Esempio 4.10** Si consideri la matrice $2 \times 2$

$$\boldsymbol{A} = \begin{bmatrix} \alpha & \omega \\ -\omega & \alpha \end{bmatrix}.$$

Tale matrice ha polinomio caratteristico $P(s) = s^2 - 2\alpha s + (\alpha^2 + \omega^2)$ e autovalori distinti $\lambda, \lambda' = \alpha \pm j\omega$. Essa è detta *rappresentazione matriciale*[5] della coppia $\lambda, \lambda' = \alpha \pm j\omega$. Si noti che gli elementi lungo la diagonale di questa matrice coincidono con la parte reale degli autovalori, mentre gli elementi lungo l'anti-diagonale coincidono con la parte immaginaria.

Per determinare $e^{\boldsymbol{A}t}$ scriviamo il sistema

$$\begin{cases} \beta_0(t) + \mathrm{Re}(\lambda)\beta_1(t) & = e^{\alpha t}\cos(\omega t) \\ \mathrm{Im}(\lambda)\beta_1(t) & = e^{\alpha t}\sin(\omega t) \end{cases} \implies \begin{cases} \beta_0(t) + \alpha\beta_1(t) & = e^{\alpha t}\cos(\omega t) \\ \omega\beta_1(t) & = e^{\alpha t}\sin(\omega t) \end{cases}$$

[5] Talvolta si definisce rappresentazione matriciale di $\lambda, \lambda' = \alpha \pm j\omega$ la trasposta di tale matrice.

da cui si ricava

$$\begin{cases} \beta_0(t) &= e^{\alpha t}\cos(\omega t) - \dfrac{\alpha e^{\alpha t}}{\omega}\sin(\omega t) \\ \beta_1(t) &= \dfrac{e^{\alpha t}}{\omega}\sin(\omega t). \end{cases}$$

Dunque

$$e^{\boldsymbol{A}t} = \beta_0(t)\boldsymbol{I}_2 + \beta_1(t)\boldsymbol{A} = e^{\alpha t}\begin{bmatrix} \cos(\omega t) & \sin(\omega t) \\ -\sin(\omega t) & \cos(\omega t) \end{bmatrix}. \qquad \diamond$$

## 4.3 Formula di Lagrange

Possiamo finalmente dimostrare un importante risultato che determina la soluzione al problema di analisi per i sistemi MIMO precedentemente enunciato. Tale risultato è noto con il nome di *formula di Lagrange*[6].

**Teorema 4.11 (Formula di Lagrange)** *La soluzione del sistema* (4.1), *con stato iniziale* $\boldsymbol{x}(t_0)$ *e andamento dell'ingresso* $\boldsymbol{u}(t)$ *(per* $t \geq t_0$*), vale per* $t \geq t_0$*:*

$$\begin{cases} \boldsymbol{x}(t) = e^{\boldsymbol{A}(t-t_0)}\boldsymbol{x}(t_0) + \displaystyle\int_{t_0}^{t} e^{\boldsymbol{A}(t-\tau)}\boldsymbol{B}\boldsymbol{u}(\tau)d\tau \\ \boldsymbol{y}(t) = \boldsymbol{C}\, e^{\boldsymbol{A}(t-t_0)}\boldsymbol{x}(t_0) + \boldsymbol{C}\displaystyle\int_{t_0}^{t} e^{\boldsymbol{A}(t-\tau)}\boldsymbol{B}\boldsymbol{u}(\tau)d\tau + \boldsymbol{D}\boldsymbol{u}(t). \end{cases} \tag{4.11}$$

*Dimostrazione.* Si osservi preliminarmente che dalla Proposizione 4.4 consegue:

$$\begin{aligned} \frac{d}{dt}\left(e^{-\boldsymbol{A}t}\,\boldsymbol{x}(t)\right) &= e^{-\boldsymbol{A}t}\left(\frac{d}{dt}\boldsymbol{x}(t)\right) + \left(\frac{d}{dt}e^{-\boldsymbol{A}t}\right)\boldsymbol{x}(t) \\ &= e^{-\boldsymbol{A}t}\,\dot{\boldsymbol{x}}(t) - e^{-\boldsymbol{A}t}\,\boldsymbol{A}\,\boldsymbol{x}(t). \end{aligned} \tag{4.12}$$

L'equazione di stato della (4.1), moltiplicando ambo i membri per $e^{-\boldsymbol{A}t}$, vale:

$$e^{-\boldsymbol{A}t}\,\dot{\boldsymbol{x}}(t) = e^{-\boldsymbol{A}t}\,\boldsymbol{A}\,\boldsymbol{x}(t) + e^{-\boldsymbol{A}t}\boldsymbol{B}\boldsymbol{u}(t),$$

che può riscriversi

$$e^{-\boldsymbol{A}t}\,\dot{\boldsymbol{x}}(t) - e^{-\boldsymbol{A}t}\,\boldsymbol{A}\,\boldsymbol{x}(t) = e^{-\boldsymbol{A}t}\boldsymbol{B}\boldsymbol{u}(t),$$

e, in base alla (4.12),

$$\frac{d}{dt}\left(e^{-\boldsymbol{A}t}\,\boldsymbol{x}(t)\right) = e^{-\boldsymbol{A}t}\boldsymbol{B}\boldsymbol{u}(t).$$

[6] Joseph-Louis Lagrange, nato Giuseppe Lodovico Lagrangia (Torino, Italia, 1736 - Parigi, Francia, 1813).

Integrando fra $t_0$ e $t$ si ha:

$$\left[e^{-\boldsymbol{A}\tau}\ \boldsymbol{x}(\tau)\right]_{t_0}^{t} = \int_{t_0}^{t} e^{-\boldsymbol{A}\tau}\boldsymbol{B}\boldsymbol{u}(\tau)d\tau,$$

cioè

$$e^{-\boldsymbol{A}t}\ \boldsymbol{x}(t) - e^{-\boldsymbol{A}t_0}\ \boldsymbol{x}(t_0) = \int_{t_0}^{t} e^{-\boldsymbol{A}\tau}\boldsymbol{B}\boldsymbol{u}(\tau)d\tau$$

e dunque

$$e^{-\boldsymbol{A}t}\ \boldsymbol{x}(t) = e^{-\boldsymbol{A}t_0}\ \boldsymbol{x}(t_0) + \int_{t_0}^{t} e^{-\boldsymbol{A}\tau}\boldsymbol{B}\boldsymbol{u}(\tau)d\tau.$$

Moltiplicando ambo i membri per $e^{\boldsymbol{A}t}$ in base alle Proposizioni 4.5 e 4.6, si ottiene la prima delle formule di Lagrange.

La seconda formula di Lagrange si ottiene sostituendo il valore di $\boldsymbol{x}(t)$ così determinato nella trasformazione di uscita della (4.1). □

### 4.3.1 Evoluzione libera e evoluzione forzata

In base al precedente risultato possiamo anche scrivere l'evoluzione dello stato per $t \geq t_0$ come la somma di due termini:

$$\boldsymbol{x}(t) = \boldsymbol{x}_\ell(t) + \boldsymbol{x}_f(t).$$

- Il termine
$$\boldsymbol{x}_\ell(t) = e^{\boldsymbol{A}(t-t_0)}\boldsymbol{x}(t_0) \tag{4.13}$$
corrisponde all'*evoluzione libera dello stato* a partire dalle condizioni iniziali $\boldsymbol{x}(t_0)$. Si noti che $e^{\boldsymbol{A}(t-t_0)}$ indica appunto come avviene la transizione dallo stato $\boldsymbol{x}(t_0)$ allo stato $\boldsymbol{x}(t)$ in assenza di contributi dovuti all'ingresso.
- Il termine
$$\boldsymbol{x}_f(t) = \int_{t_0}^{t} e^{\boldsymbol{A}(t-\tau)}\boldsymbol{B}\boldsymbol{u}(\tau)d\tau = \int_{0}^{t-t_0} e^{\boldsymbol{A}\tau}\boldsymbol{B}\boldsymbol{u}(t-\tau)d\tau \tag{4.14}$$
corrisponde all'*evoluzione forzata dello stato* (la seconda equazione si dimostra per cambiamento di variabile) . Si osservi che in tale integrale il contributo di $\boldsymbol{u}(\tau)$ allo stato $\boldsymbol{x}(t)$ è pesato tramite la funzione ponderatrice $e^{\boldsymbol{A}(t-\tau)}\boldsymbol{B}$.

Anche l'evoluzione dell'uscita per $t \geq t_0$ si può scrivere come la somma di due termini:

$$\boldsymbol{y}(t) = \boldsymbol{y}_\ell(t) + \boldsymbol{y}_f(t).$$

- Il termine
$$\boldsymbol{y}_\ell(t) = \boldsymbol{C}\boldsymbol{x}_\ell(t) = \boldsymbol{C}e^{\boldsymbol{A}(t-t_0)}\boldsymbol{x}(t_0) \tag{4.15}$$
corrisponde all'*evoluzione libera dell'uscita* a partire dalle condizioni iniziali $\boldsymbol{y}(t_0) = \boldsymbol{C}\ \boldsymbol{x}(t_0)$.

- Il termine

$$\boldsymbol{y}_f(t) = \boldsymbol{C}\boldsymbol{x}_f(t) + \boldsymbol{D}\boldsymbol{u}(t) = \boldsymbol{C}\int_{t_0}^{t} e^{\boldsymbol{A}(t-\tau)}\boldsymbol{B}\boldsymbol{u}(\tau)d\tau \; + \boldsymbol{D}\boldsymbol{u}(t) \tag{4.16}$$

corrisponde all'*evoluzione forzata dell'uscita.*

Si osservi finalmente che nel caso particolare in cui $t_0 = 0$, la (4.11) si riduce a

$$\begin{cases} \boldsymbol{x}(t) = e^{\boldsymbol{A}t}\boldsymbol{x}(0) \quad + \displaystyle\int_0^t e^{\boldsymbol{A}(t-\tau)}\boldsymbol{B}\boldsymbol{u}(\tau)d\tau \\ \boldsymbol{y}(t) = \boldsymbol{C}\, e^{\boldsymbol{A}t}\boldsymbol{x}(0) \; + \boldsymbol{C} \displaystyle\int_0^t e^{\boldsymbol{A}(t-\tau)}\boldsymbol{B}\boldsymbol{u}(\tau)d\tau + \boldsymbol{D}\boldsymbol{u}(t). \end{cases}$$

**Esempio 4.12** Data la seguente rappresentazione in termini di variabili di stato:

$$\begin{cases} \begin{bmatrix} \dot{x}_1(t) \\ \dot{x}_2(t) \end{bmatrix} = \begin{bmatrix} -1 & 1 \\ 0 & -2 \end{bmatrix} \begin{bmatrix} x_1(t) \\ x_2(t) \end{bmatrix} + \begin{bmatrix} 0 \\ 1 \end{bmatrix} u(t) \\ \quad y(t) \quad = \quad \begin{bmatrix} 2 & 1 \end{bmatrix} \begin{bmatrix} x_1(t) \\ x_2(t) \end{bmatrix} \end{cases} \tag{4.17}$$

si vuole calcolare per $t \geq 0$ l'evoluzione dello stato e dell'uscita conseguenti all'applicazione di un segnale di ingresso $u(t) = 2\delta_{-1}(t)$ a partire da uno stato iniziale

$$\boldsymbol{x}(0) = \begin{bmatrix} 3 \\ 4 \end{bmatrix}.$$

La matrice di transizione dello stato per questa rappresentazione è stata già calcolata nell'Esempio 4.8 e vale

$$e^{\boldsymbol{A}t} = \begin{bmatrix} e^{-t} & (e^{-t} - e^{-2t}) \\ 0 & e^{-2t} \end{bmatrix}.$$

Possiamo dunque calcolare immediatamente l'evoluzione libera dello stato che per $t \geq 0$ vale:

$$\boldsymbol{x}_\ell(t) = e^{\boldsymbol{A}t}\,\boldsymbol{x}(0) = \begin{bmatrix} e^{-t} & (e^{-t} - e^{-2t}) \\ 0 & e^{-2t} \end{bmatrix} \begin{bmatrix} 3 \\ 4 \end{bmatrix} = \begin{bmatrix} (7e^{-t} - 4e^{-2t}) \\ 4e^{-2t} \end{bmatrix}$$

mentre l'evoluzione libera dell'uscita per $t \geq 0$ vale:

$$y_\ell(t) = \boldsymbol{C}\boldsymbol{x}_\ell(t) = \begin{bmatrix} 2 & 1 \end{bmatrix} \begin{bmatrix} (7e^{-t} - 4e^{-2t}) \\ 4e^{-2t} \end{bmatrix} = 14e^{-t} - 4e^{-2t}.$$

Calcoliamo ora l'evoluzione forzata dello stato che per $t \geq 0$ vale

$$\begin{aligned}
\boldsymbol{x}_f(t) &= \int_0^t e^{\boldsymbol{A}\tau}\boldsymbol{B}u(t-\tau)d\tau = \int_0^t \begin{bmatrix} e^{-\tau} & (e^{-\tau}-e^{-2\tau}) \\ 0 & e^{-2\tau} \end{bmatrix} \begin{bmatrix} 0 \\ 1 \end{bmatrix} 2d\tau \\
&= 2\int_0^t \begin{bmatrix} (e^{-\tau}-e^{-2\tau}) \\ e^{-2\tau} \end{bmatrix} d\tau = 2 \begin{bmatrix} \int_0^t (e^{-\tau}-e^{-2\tau})d\tau \\ \int_0^t e^{-2\tau}d\tau \end{bmatrix} \\
&= 2\begin{bmatrix} (1-e^{-t}) - \frac{1}{2}(1-e^{-2t}) \\ \frac{1}{2}(1-e^{-2t}) \end{bmatrix} = \begin{bmatrix} (1-2e^{-t}+e^{-2t}) \\ (1-e^{-2t}) \end{bmatrix}
\end{aligned}$$

mentre, essendo $\boldsymbol{D} = 0$, l'evoluzione forzata dell'uscita per $t \geq 0$ vale:

$$y_f(t) = \boldsymbol{C}\boldsymbol{x}_f(t) = \begin{bmatrix} 2 & 1 \end{bmatrix} \begin{bmatrix} (1-2e^{-t}+e^{-2t}) \\ (1-e^{-2t}) \end{bmatrix} = 3 - 4e^{-t} + e^{-2t}. \qquad \diamond$$

### 4.3.2 Risposta impulsiva di una rappresentazione in VS

Nel precedente capitolo è stato introdotto, con riferimento ai modelli ingresso-uscita, il concetto di *risposta impulsiva*: essa è la risposta forzata che consegue all'applicazione di un impulso unitario. La proposizione seguente caratterizza la risposta impulsiva di una realizzazione in variabili di stato.

**Proposizione 4.13** *Un sistema SISO descritto dalla rappresentazione in variabili di stato*

$$\begin{cases} \dot{\boldsymbol{x}}(t) &= \boldsymbol{A}\boldsymbol{x}(t) + \boldsymbol{B}\boldsymbol{u}(t) \\ \boldsymbol{y}(t) &= \boldsymbol{C}\boldsymbol{x}(t) + \boldsymbol{D}\boldsymbol{u}(t) \end{cases}$$

*ha risposta impulsiva*

$$w(t) = \boldsymbol{C}e^{\boldsymbol{A}t}\boldsymbol{B} + D\delta(t). \tag{4.18}$$

*Dimostrazione.* Poiché la risposta impulsiva è la risposta forzata che consegue all'applicazione di un impulso unitario, posto $u(t) = \delta(t)$ nella formula di Lagrange (4.16) si ottiene

$$w(t) = \boldsymbol{C} \int_0^t e^{\boldsymbol{A}(t-\tau)}\boldsymbol{B}\delta(\tau)d\tau + D\delta(t).$$

Ricordando la fondamentale proprietà della funzione di Dirac (cfr. Proposizione B.2) per cui se $f$ è una funzione continua in $t$ vale $f(t-\tau)\delta(\tau) = f(t)\delta(\tau)$, si ottiene dalla formula precedente

$$w(t) = \boldsymbol{C} \int_0^t e^{\boldsymbol{A}t}\boldsymbol{B}\delta(\tau)d\tau + D\delta(t) = \boldsymbol{C}e^{\boldsymbol{A}t}\boldsymbol{B} \int_0^t \delta(\tau)d\tau + D\delta(t),$$

da cui ricordando che $\int_0^t \delta(\tau)d\tau = 1$ (cfr. eq. (B.7)) si ottiene il risultato cercato. $\square$

Si osservi che come atteso:

- se il sistema è strettamente proprio vale $D = 0$, e dunque la $w(t)$ è una combinazione lineare dei modi del sistema che caratterizzano la matrice $e^{\boldsymbol{A}t}$;
- se il sistema non è strettamente proprio vale $D \neq 0$, e dunque la $w(t)$ è una combinazione lineare dei modi del sistema e di un termine impulsivo.

Si può infine osservare che l'espressione dell'evoluzione forzata dell'uscita data dalla formula di Lagrange è del tutto analoga all'integrale di Duhamel. Infatti, si consideri l'eq. (3.33) che esprime la risposta forzata mediante l'integrale di Duhamel, e si sostituisca in essa l'espressione precedentemente ricavata per $w(t)$; si ottiene

$$\begin{aligned} y_f(t) &= \int_0^t w(t-\tau)u(\tau)d\tau = \int_0^t \left(\boldsymbol{C}e^{\boldsymbol{A}(t-\tau)}\boldsymbol{B} + D\delta(t-\tau)\right) u(\tau)d\tau \\ &= \int_0^t \boldsymbol{C}e^{\boldsymbol{A}(t-\tau)}\boldsymbol{B}u(\tau)d\tau + \int_0^t D\delta(\tau - t)u(\tau)d\tau \\ &= \boldsymbol{C}\int_0^t e^{\boldsymbol{A}(t-\tau)}\boldsymbol{B}u(\tau)d\tau + Du(t), \end{aligned}$$

che è appunto la formula di Lagrange.

## 4.4 Trasformazione di similitudine

La forma assunta da una rappresentazione in VS di un dato sistema dipende dalla scelta delle grandezze che si considerano come variabili di stato. Tale scelta non è unica e infatti si possono dare infinite diverse rappresentazioni dello stesso sistema, tutte legate da un particolare tipo di trasformazione detta di similitudine. In questa sezione si definisce il concetto di trasformazione di similitudine e si caratterizzano le relazioni elementari che sussistono fra due rappresentazioni legate da similitudine.

Uno dei principali vantaggi di questa procedura consiste nel fatto che attraverso particolari trasformazioni è possibile passare a nuove rappresentazioni in cui la matrice di stato assume una *forma canonica* particolarmente facile da studiare. Esempi di forme canoniche sono la *forma diagonale* e la *forma di Jordan*, che saranno studiate nelle sezioni successive di questo capitolo. Altre forme canoniche legate alla controllabilità e alla osservabilità saranno invece definite nell'Appendice D (cfr. § D.2).

**Definizione 4.14** *Data una rappresentazione della forma* (4.1) *si consideri il vettore* $\boldsymbol{z}(t)$ *legato a* $\boldsymbol{x}(t)$ *dalla trasformazione*

$$\boldsymbol{x}(t) = \boldsymbol{P}\boldsymbol{z}(t), \tag{4.19}$$

*dove* $\boldsymbol{P}$ *è una qualunque matrice di costanti* $n \times n$ non-singolare. *Dunque esiste sempre l'inversa di* $\boldsymbol{P}$ *e vale anche* $\boldsymbol{z}(t) = \boldsymbol{P}^{-1}\boldsymbol{x}(t)$. *Tale trasformazione è detta* trasformazione di similitudine *e la matrice* $\boldsymbol{P}$ *è detta* matrice di similitudine.

La trasformazione di similitudine porta ad una nuova rappresentazione.

**Proposizione 4.15** *Si consideri un sistema che ha rappresentazione in variabili di stato*

$$\begin{cases} \dot{\boldsymbol{x}}(t) &= \boldsymbol{A}\boldsymbol{x}(t) + \boldsymbol{B}\boldsymbol{u}(t) \\ \boldsymbol{y}(t) &= \boldsymbol{C}\boldsymbol{x}(t) + \boldsymbol{D}\boldsymbol{u}(t) \end{cases} \tag{4.20}$$

*e una generica trasformazione di similitudine* $\boldsymbol{x}(t) = \boldsymbol{P}\boldsymbol{z}(t)$.

*Il vettore* $\boldsymbol{z}(t)$ *soddisfa la nuova rappresentazione:*

$$\begin{cases} \dot{\boldsymbol{z}}(t) &= \boldsymbol{A}'\boldsymbol{z}(t) + \boldsymbol{B}'\boldsymbol{u}(t) \\ \boldsymbol{y}(t) &= \boldsymbol{C}'\boldsymbol{z}(t) + \boldsymbol{D}'\boldsymbol{u}(t) \end{cases} \tag{4.21}$$

*dove*

$$\begin{aligned} \boldsymbol{A}' &= \boldsymbol{P}^{-1}\boldsymbol{A}\boldsymbol{P}; & \boldsymbol{B}' &= \boldsymbol{P}^{-1}\boldsymbol{B}; \\ \boldsymbol{C}' &= \boldsymbol{C}\boldsymbol{P}; & \boldsymbol{D}' &= \boldsymbol{D}. \end{aligned} \tag{4.22}$$

*Dimostrazione.* Derivando la (4.19) si ottiene

$$\dot{\boldsymbol{x}}(t) = \boldsymbol{P}\dot{\boldsymbol{z}}(t), \tag{4.23}$$

e sostituendo (4.19) e (4.23) in (4.20) si ottiene

$$\begin{cases} \boldsymbol{P}\dot{\boldsymbol{z}}(t) &= \boldsymbol{A}\boldsymbol{P}\boldsymbol{z}(t) + \boldsymbol{B}\boldsymbol{u}(t) \\ \boldsymbol{y}(t) &= \boldsymbol{C}\boldsymbol{P}\boldsymbol{z}(t) + \boldsymbol{D}\boldsymbol{u}(t) \end{cases}$$

da cui, pre-moltiplicando l'equazione di stato per la matrice $\boldsymbol{P}^{-1}$, si ottiene il risultato voluto. □

Questa che abbiamo ottenuto è ancora una rappresentazione in VS dello stesso sistema in cui ingresso e uscita non vengono modificati, ma lo stato è descritto dal vettore $\boldsymbol{z}(t)$. Poiché esistono infinite possibili scelte di matrici non singolari $\boldsymbol{P}$, esistono anche infinite possibili rappresentazioni dello stesso sistema.

Si dice ancora che le rappresentazioni (4.20) e (4.21) sono *simili* o anche *legate dalla matrice di similitudine* $\boldsymbol{P}$.

**Esempio 4.16** Data la rappresentazione $\{\boldsymbol{A}, \boldsymbol{B}, \boldsymbol{C}, \boldsymbol{D}\}$ in termini di variabili di stato:

$$\begin{cases} \begin{bmatrix} \dot{x}_1(t) \\ \dot{x}_2(t) \end{bmatrix} = \begin{bmatrix} -1 & 1 \\ 0 & -2 \end{bmatrix} \begin{bmatrix} x_1(t) \\ x_2(t) \end{bmatrix} + \begin{bmatrix} 0 \\ 1 \end{bmatrix} u(t) \\ \\ \begin{bmatrix} y_1(t) \\ y_2(t) \end{bmatrix} = \begin{bmatrix} 2 & 1 \\ 0 & 2 \end{bmatrix} \begin{bmatrix} x_1(t) \\ x_2(t) \end{bmatrix} + \begin{bmatrix} 1.5 \\ 0 \end{bmatrix} u(t) \end{cases}$$

e la trasformazione di similitudine

$$\begin{bmatrix} x_1(t) \\ x_2(t) \end{bmatrix} = \begin{bmatrix} 1 & 1 \\ 1 & 0 \end{bmatrix} \begin{bmatrix} z_1(t) \\ z_2(t) \end{bmatrix}$$

si vuole determinare la rappresentazione $\{\boldsymbol{A}', \boldsymbol{B}', \boldsymbol{C}', \boldsymbol{D}'\}$ che corrisponde al vettore di stato $\boldsymbol{z}(t)$.

Si osservi che vale

$$\boldsymbol{P} = \begin{bmatrix} 1 & 1 \\ 1 & 0 \end{bmatrix} \quad \text{e vale anche} \quad \boldsymbol{P}^{-1} = \begin{bmatrix} 0 & 1 \\ 1 & -1 \end{bmatrix}.$$

È possibile dare una semplice interpretazione a questa trasformazione. Poiché vale $\boldsymbol{z}(t) = \boldsymbol{P}^{-1}\boldsymbol{x}(t)$ possiamo scrivere

$$\begin{bmatrix} z_1(t) \\ z_2(t) \end{bmatrix} = \begin{bmatrix} 0 & 1 \\ 1 & -1 \end{bmatrix} \begin{bmatrix} x_1(t) \\ x_2(t) \end{bmatrix} = \begin{bmatrix} x_2(t) \\ x_1(t) - x_2(t) \end{bmatrix}$$

e dunque la trasformazione porta ad un nuovo vettore di stato $\boldsymbol{z}(t)$ che ha come prima componente la seconda componente di $\boldsymbol{x}(t)$ e come seconda componente la differenza tra la prima e la seconda componente di $\boldsymbol{x}(t)$.

Vale

$$\begin{aligned}
\boldsymbol{A}' &= \boldsymbol{P}^{-1}\boldsymbol{A}\boldsymbol{P} = \begin{bmatrix} 0 & 1 \\ 1 & -1 \end{bmatrix} \begin{bmatrix} -1 & 1 \\ 0 & -2 \end{bmatrix} \begin{bmatrix} 1 & 1 \\ 1 & 0 \end{bmatrix} \\
&= \begin{bmatrix} 0 & 1 \\ 1 & -1 \end{bmatrix} \begin{bmatrix} 0 & -1 \\ -2 & 0 \end{bmatrix} = \begin{bmatrix} -2 & 0 \\ 2 & -1 \end{bmatrix}, \\
\boldsymbol{B}' &= \boldsymbol{P}^{-1}\boldsymbol{B} = \begin{bmatrix} 0 & 1 \\ 1 & -1 \end{bmatrix} \begin{bmatrix} 0 \\ 1 \end{bmatrix} = \begin{bmatrix} 1 \\ -1 \end{bmatrix}, \\
\boldsymbol{C}' &= \boldsymbol{C}\boldsymbol{P} = \begin{bmatrix} 2 & 1 \\ 0 & 2 \end{bmatrix} \begin{bmatrix} 1 & 1 \\ 1 & 0 \end{bmatrix} = \begin{bmatrix} 3 & 2 \\ 2 & 0 \end{bmatrix}, \\
\boldsymbol{D}' &= \boldsymbol{D} = \begin{bmatrix} 1.5 \\ 0 \end{bmatrix}.
\end{aligned}$$

◇

Esistono alcune importanti relazioni fra due rappresentazioni simili.

**Proposizione 4.17 (Similitudine e matrice di transizione dello stato)** Data una matrice $\boldsymbol{A}' = \boldsymbol{P}^{-1}\boldsymbol{A}\boldsymbol{P}$ vale

$$e^{\boldsymbol{A}'t} = \boldsymbol{P}^{-1}e^{\boldsymbol{A}t}\boldsymbol{P}.$$

*Dimostrazione.* Osserviamo che

$$(\boldsymbol{A}')^k = \underbrace{\boldsymbol{P}^{-1}\boldsymbol{A}\boldsymbol{P} \cdot \boldsymbol{P}^{-1}\boldsymbol{A}\boldsymbol{P} \quad \cdots \quad \boldsymbol{P}^{-1}\boldsymbol{A}\boldsymbol{P}}_{k \text{ volte}} = \boldsymbol{P}^{-1}\underbrace{\boldsymbol{A}\boldsymbol{A}\cdots\boldsymbol{A}}_{k \text{ volte}}\boldsymbol{P} = \boldsymbol{P}^{-1}\boldsymbol{A}^k\boldsymbol{P}$$

e dunque

$$e^{\boldsymbol{A}'t} = \sum_{k=0}^{\infty} \frac{(\boldsymbol{A}')^k t^k}{k!} = \sum_{k=0}^{\infty} \frac{\boldsymbol{P}^{-1}\boldsymbol{A}^k\boldsymbol{P}t^k}{k!} = \boldsymbol{P}^{-1}\left(\sum_{k=0}^{\infty} \frac{\boldsymbol{A}^k t^k}{k!}\right)\boldsymbol{P} = \boldsymbol{P}^{-1}e^{\boldsymbol{A}t}\boldsymbol{P}.$$

□

Questo risultato ci consente di provare formalmente che due rappresentazioni simili descrivono lo stesso legame ingresso-uscita.

**Proposizione 4.18 (Invarianza del legame IU per similitudine)** *Due rappresentazioni legate da similitudine soggette allo stesso ingresso producono la stessa risposta forzata.*

*Dimostrazione.* In base alla formula di Lagrange, la risposta forzata ad un generico ingresso $\boldsymbol{u}(t)$ del sistema descritto dalla rappresentazione (4.21) con

$$\boldsymbol{A}' = \boldsymbol{P}^{-1}\boldsymbol{A}\boldsymbol{P},\ \boldsymbol{B}' = \boldsymbol{P}^{-1}\boldsymbol{B},\ \boldsymbol{C}' = \boldsymbol{C}\boldsymbol{P},\ \boldsymbol{D}' = \boldsymbol{D},$$

vale per $t \geq t_0$:

$$\begin{aligned}\boldsymbol{y}_f(t) &= \boldsymbol{C}' \int_{t_0}^{t} e^{\boldsymbol{A}'(t-\tau)}\ \boldsymbol{B}'\ \boldsymbol{u}(\tau)d\tau + \boldsymbol{D}'\boldsymbol{u}(t) \\ &= \boldsymbol{C}\boldsymbol{P} \int_{t_0}^{t} \boldsymbol{P}^{-1}e^{\boldsymbol{A}(t-\tau)}\boldsymbol{P}\ \boldsymbol{P}^{-1}\boldsymbol{B}\ \boldsymbol{u}(\tau)d\tau + \boldsymbol{D}\boldsymbol{u}(t) \\ &= \boldsymbol{C} \int_{t_0}^{t} e^{\boldsymbol{A}(t-\tau)}\boldsymbol{B}\ \boldsymbol{u}(\tau)d\tau + \boldsymbol{D}\boldsymbol{u}(t)\end{aligned}$$

e cioè coincide con la risposta forzata del sistema descritto dalla rappresentazione (4.20) soggetto allo stesso ingresso. □

Vale, infine, il seguente risultato.

**Proposizione 4.19 (Invarianza degli autovalori per similitudine)** *La matrice $\boldsymbol{A}$ e la matrice $\boldsymbol{A}' = \boldsymbol{P}^{-1}\boldsymbol{A}\boldsymbol{P}$ hanno lo stesso polinomio caratteristico.*

*Dimostrazione.* Il polinomio caratteristico della matrice $\boldsymbol{A}'$ vale

$$\begin{aligned}\det(\lambda\boldsymbol{I} - \boldsymbol{A}') &= \det\big(\lambda\boldsymbol{I} - \boldsymbol{P}^{-1}\boldsymbol{A}\boldsymbol{P}\big) = \det\big(\lambda\boldsymbol{P}^{-1}\boldsymbol{P} - \boldsymbol{P}^{-1}\boldsymbol{A}\boldsymbol{P}\big) \\ &= \det\big(\boldsymbol{P}^{-1}(\lambda\boldsymbol{I} - \boldsymbol{A})\boldsymbol{P}\big) = \det\big(\boldsymbol{P}^{-1}\big)\ \det(\lambda\boldsymbol{I} - \boldsymbol{A})\ \det(\boldsymbol{P}) \\ &= \det(\lambda\boldsymbol{I} - \boldsymbol{A})\end{aligned}$$

dove l'ultima eguaglianza deriva dal fatto che $\det\big(\boldsymbol{P}^{-1}\big)\ \det(\boldsymbol{P}) = 1$. Le due matrici hanno quindi stesso polinomio caratteristico (e dunque stessi autovalori). □

Questo risultato ci consente di affermare che due rappresentazioni simili hanno gli stessi modi: dunque i modi caratterizzano la dinamica di un dato sistema e sono indipendenti dalla particolare rappresentazione scelta per descriverlo. Si veda anche la discussione sui modi in § 4.7.1.

**Esempio 4.20** Le matrici

$$\boldsymbol{A} = \begin{bmatrix} -1 & 1 \\ 0 & -2 \end{bmatrix} \quad \text{e} \quad \boldsymbol{A}' = \begin{bmatrix} -2 & 0 \\ 2 & -1 \end{bmatrix}$$

considerate nell'Esempio 4.16 e legate da una trasformazione di similitudine hanno entrambe autovalori $-1$ e $-2$ e dunque modi $e^{-t}$ e $e^{-2t}$. ◇

Si noti tuttavia che due matrici $\boldsymbol{A}$ e $\boldsymbol{A}'$, pur legate da un rapporto di similitudine, non hanno in genere gli stessi autovettori.

## 4.5 Diagonalizzazione

Si considera adesso il caso di una particolare trasformazione di similitudine che, sotto opportune ipotesi, permette di passare ad una matrice $\boldsymbol{\Lambda} = \boldsymbol{P}^{-1}\boldsymbol{A}\boldsymbol{P}$ in forma diagonale.

Una rappresentazione in cui la matrice di stato è in forma diagonale è detta *forma canonica diagonale* ed essa si presta ad una semplice interpretazione fisica. Si consideri ad esempio un sistema SISO (ma lo stesso discorso vale per sistemi MIMO) la cui equazione di stato vale

$$\begin{bmatrix} \dot{x}_1(t) \\ \dot{x}_2(t) \\ \vdots \\ \dot{x}_n(t) \end{bmatrix} = \begin{bmatrix} \lambda_1 & 0 & \cdots & 0 \\ 0 & \lambda_2 & \cdots & 0 \\ \vdots & \vdots & \ddots & \vdots \\ 0 & 0 & \cdots & \lambda_2 \end{bmatrix} \begin{bmatrix} x_1(t) \\ x_2(t) \\ \vdots \\ x_n(t) \end{bmatrix} + \begin{bmatrix} b_1 \\ b_2 \\ \vdots \\ b_n \end{bmatrix} u(t).$$

L'evoluzione della $i$-ma componente dello stato è retta dall'equazione

$$\dot{x}_i(t) = \lambda_i x_i(t) + b_i u(t)$$

dalla quale si vede che la derivata della componente $i$-ma non è influenzata dal valore delle altre componenti.

Possiamo dunque pensare a questo sistema come ad una collezione di $n$ sottosistemi di ordine 1, ciascuno descritto da una componente del vettore di stato, che evolvono indipendentemente. Il sistema corrispondente alla componente $i$-ma ha polinomio caratteristico $P_i = (s - \lambda_i)$ e ad esso corrisponde il modo $e^{\lambda_i t}$. Talvolta si è anche soliti definire una rappresentazione diagonale con il termine *disaccoppiata* per indicare appunto l'indipendenza fra i diversi modi.

Il passaggio da una rappresentazione generica ad una rappresentazione in forma diagonale richiede una particolare matrice di similitudine.

**Definizione 4.21** *Data una matrice* $\boldsymbol{A}$ *di dimensione* $n \times n$ *siano* $\boldsymbol{v}_1, \boldsymbol{v}_2, \ldots, \boldsymbol{v}_n$ *un insieme di autovettori linearmente indipendenti corrispondenti agli autovalori* $\lambda_1, \lambda_2, \ldots, \lambda_n$. *Definiamo* matrice modale *di* $\boldsymbol{A}$ *la matrice* $n \times n$

$$\boldsymbol{V} = \left[\ \boldsymbol{v}_1 \mid \boldsymbol{v}_2 \mid \cdots \mid \boldsymbol{v}_n\ \right].$$

**Esempio 4.22** Si consideri la matrice

$$\boldsymbol{A} = \begin{bmatrix} 2 & 1 \\ 3 & 4 \end{bmatrix}$$

che ha autovettori $\boldsymbol{v}_1 = \begin{bmatrix} 1 & -1 \end{bmatrix}^T$ e $\boldsymbol{v}_2 = \begin{bmatrix} 1 & 3 \end{bmatrix}^T$ associati agli autovalori $\lambda_1 = 1$ e $\lambda_2 = 5$ come visto nell'Esempio C.62.

La matrice modale vale

$$\boldsymbol{V} = \begin{bmatrix} \boldsymbol{v}_1 \mid \boldsymbol{v}_2 \end{bmatrix} = \begin{bmatrix} 1 & 1 \\ -1 & 3 \end{bmatrix}.$$

Naturalmente poiché ogni autovettore è determinato a meno di una costante moltiplicativa, e poiché l'ordinamento degli autovalori e autovettori è arbitrario, possono esistere più matrici modali. Ad esempio, per la matrice $\boldsymbol{A}$ data si sarebbero potuto usare come matrici modali anche le seguenti

$$\boldsymbol{V}' = \begin{bmatrix} \boldsymbol{v}_2 \mid \boldsymbol{v}_1 \end{bmatrix} = \begin{bmatrix} 1 & 1 \\ 3 & -1 \end{bmatrix} \quad \text{e} \quad \boldsymbol{V}'' = \begin{bmatrix} 2\boldsymbol{v}_1 \mid 3\boldsymbol{v}_2 \end{bmatrix} = \begin{bmatrix} 2 & 3 \\ -2 & 9 \end{bmatrix}. \qquad \diamond$$

Si noti che se una matrice ha $n$ autovalori distinti (come nel caso del precedente esempio) essa ammette certamente un matrice modale: infatti in tal caso, come si ricorda in Appendice C (cfr. Teorema C.64) esistono certamente $n$ autovettori linearmente indipendenti. Se viceversa una matrice ha autovalori di molteplicità non unitaria, allora la matrice modale esiste se e solo se ad ogni autovalore di molteplicità $\nu$ è possibile associare $\nu$ autovettori linearmente indipendenti $\boldsymbol{v}_1, \ldots, \boldsymbol{v}_\nu$. Tuttavia non sempre questo è possibile come si discute nei due esempi seguenti.

**Esempio 4.23** Si consideri la matrice

$$\boldsymbol{A} = \begin{bmatrix} 2 & 0 \\ 0 & 2 \end{bmatrix}$$

che ha autovalore $\lambda = 2$ con molteplicità 2. Per calcolare gli autovettori si deve risolvere il sistema $[\lambda \boldsymbol{I} - \boldsymbol{A}]\, \boldsymbol{v} = \boldsymbol{0}$, ovvero

$$[2\boldsymbol{I} - \boldsymbol{A}]\, \boldsymbol{v} = \begin{bmatrix} 0 & 0 \\ 0 & 0 \end{bmatrix} \begin{bmatrix} a \\ b \end{bmatrix} = \begin{bmatrix} 0 \\ 0 \end{bmatrix} \quad \Longrightarrow \quad \begin{cases} 0 = 0 \\ 0 = 0 \end{cases}.$$

Tale equazione è soddisfatta per ogni valore di $a$ e $b$ ed è dunque possibile scegliere due autovettori linearmente indipendenti associati a $\lambda$. Se in particolare si scelgono come autovettori i due vettori di base canonica, la matrice modale vale

$$\boldsymbol{V} = \begin{bmatrix} \boldsymbol{v}_1 \mid \boldsymbol{v}_2 \end{bmatrix} = \begin{bmatrix} 1 & 0 \\ 0 & 1 \end{bmatrix}. \qquad \diamond$$

**Esempio 4.24** Si consideri la matrice

$$\boldsymbol{A} = \begin{bmatrix} 2 & 1 \\ 0 & 2 \end{bmatrix}$$

che ha autovalore $\lambda = 2$ con molteplicità 2. Per calcolare gli autovettori si deve risolvere il sistema $[\lambda \boldsymbol{I} - \boldsymbol{A}]\,\boldsymbol{v} = \boldsymbol{0}$, ovvero

$$[2\boldsymbol{I} - \boldsymbol{A}]\,\boldsymbol{v} = \begin{bmatrix} 0 & -1 \\ 0 & 0 \end{bmatrix} \begin{bmatrix} a \\ b \end{bmatrix} = \begin{bmatrix} 0 \\ 0 \end{bmatrix} \qquad \Longrightarrow \qquad \begin{cases} -b = 0 \\ \;\;\, 0 = 0 \end{cases}.$$

Dovendo porre $b = 0$ è possibile scegliere un solo autovettore linearmente indipendente associato a $\lambda$, ad esempio

$$\boldsymbol{v}_1 = \begin{bmatrix} 1 \\ 0 \end{bmatrix}.$$

Dunque la matrice $\boldsymbol{A}$ data non ammette matrice modale. ◇

Possiamo finalmente dimostrare che ogni matrice che ammette matrice modale è diagonalizzabile.

**Proposizione 4.25** *Data una matrice* $\boldsymbol{A}$ *di dimensione* $n \times n$ *e autovalori* $\lambda_1, \ldots, \lambda_n$ *sia* $\boldsymbol{V} = [\, \boldsymbol{v}_1 \mid \boldsymbol{v}_2 \mid \cdots \mid \boldsymbol{v}_n \,]$ *una sua matrice modale. La matrice* $\boldsymbol{\Lambda}$ *ottenuta attraverso la trasformazione di similitudine*

$$\boldsymbol{\Lambda} = \boldsymbol{V}^{-1} \boldsymbol{A} \boldsymbol{V}$$

*è diagonale.*

*Dimostrazione.* Si osservi intanto che la matrice modale, essendo le sue colonne linearmente indipendenti, è non singolare e dunque può essere invertita.

Inoltre, per definizione di autovalore e autovettore vale per $i = 1, \ldots, n$

$$\lambda_i \boldsymbol{v}_i = \boldsymbol{A} \boldsymbol{v}_i$$

e dunque combinando tutte queste equazioni

$$[\, \lambda_1 \boldsymbol{v}_1 \mid \lambda_2 \boldsymbol{v}_2 \mid \cdots \mid \lambda_n \boldsymbol{v}_n \,] = [\, \boldsymbol{A}\boldsymbol{v}_1 \mid \boldsymbol{A}\boldsymbol{v}_2 \mid \cdots \mid \boldsymbol{A}\boldsymbol{v}_n \,]$$

e ancora, mediante le formule date in Appendice C (cfr. § C.2.4) possiamo riscrivere la precedente equazione come

$$[\, \boldsymbol{v}_1 \mid \boldsymbol{v}_2 \mid \cdots \mid \boldsymbol{v}_n \,] \begin{bmatrix} \lambda_1 & 0 & \cdots & 0 \\ 0 & \lambda_2 & \cdots & 0 \\ \vdots & \vdots & \ddots & \vdots \\ 0 & 0 & \cdots & \lambda_n \end{bmatrix} = \boldsymbol{A}\, [\, \boldsymbol{v}_1 \mid \boldsymbol{v}_2 \mid \cdots \mid \boldsymbol{v}_n \,]$$

ovvero

$$\boldsymbol{V} \begin{bmatrix} \lambda_1 & 0 & \cdots & 0 \\ 0 & \lambda_2 & \cdots & 0 \\ \vdots & \vdots & \ddots & \vdots \\ 0 & 0 & \cdots & \lambda_n \end{bmatrix} = \boldsymbol{A}\boldsymbol{V}.$$

Moltiplicando da sinistra ambo i membri di questa equazione per $\boldsymbol{V}^{-1}$ si ottiene il risultato cercato con

$$\boldsymbol{\Lambda} = \begin{bmatrix} \lambda_1 & 0 & \cdots & 0 \\ 0 & \lambda_2 & \cdots & 0 \\ \vdots & \vdots & \ddots & \vdots \\ 0 & 0 & \cdots & \lambda_n \end{bmatrix}. \qquad \square$$

**Esempio 4.26** Data la rappresentazione $\{\boldsymbol{A}, \boldsymbol{B}, \boldsymbol{C}, \boldsymbol{D}\}$ in termini di variabili di stato già presa in esame nell'Esempio 4.16:

$$\begin{cases} \begin{bmatrix} \dot{x}_1(t) \\ \dot{x}_2(t) \end{bmatrix} = \begin{bmatrix} -1 & 1 \\ 0 & -2 \end{bmatrix} \begin{bmatrix} x_1(t) \\ x_2(t) \end{bmatrix} + \begin{bmatrix} 0 \\ 1 \end{bmatrix} u(t) \\ \begin{bmatrix} y_1(t) \\ y_2(t) \end{bmatrix} = \begin{bmatrix} 2 & 1 \\ 0 & 2 \end{bmatrix} \begin{bmatrix} x_1(t) \\ x_2(t) \end{bmatrix} + \begin{bmatrix} 1.5 \\ 0 \end{bmatrix} u(t) \end{cases} \tag{4.24}$$

si vuole ottenere per similitudine una rappresentazione diagonale.

Gli autovalori di $\boldsymbol{A}$ sono $\lambda_1 = -1$ e $\lambda_2 = -2$. I corrispondenti autovettori valgono (a meno di una costante moltiplicativa )

$$\boldsymbol{v}_1 = \begin{bmatrix} 1 \\ 0 \end{bmatrix} \quad \text{e} \quad \boldsymbol{v}_2 = \begin{bmatrix} 1 \\ -1 \end{bmatrix}$$

e la matrice modale e la sua inversa valgono, rispettivamente,

$$\boldsymbol{V} = \begin{bmatrix} 1 & 1 \\ 0 & -1 \end{bmatrix} \quad \text{e} \quad \boldsymbol{V}^{-1} = \begin{bmatrix} 1 & 1 \\ 0 & -1 \end{bmatrix}.$$

Dunque

$$\begin{aligned} \boldsymbol{A}' = \boldsymbol{\Lambda} &= \boldsymbol{V}^{-1}\boldsymbol{A}\boldsymbol{V} = \begin{bmatrix} 1 & 1 \\ 0 & -1 \end{bmatrix} \begin{bmatrix} -1 & 1 \\ 0 & -2 \end{bmatrix} \begin{bmatrix} 1 & 1 \\ 0 & -1 \end{bmatrix} \\ &= \begin{bmatrix} 1 & 1 \\ 0 & -1 \end{bmatrix} \begin{bmatrix} -1 & -2 \\ 0 & 2 \end{bmatrix} = \begin{bmatrix} -1 & 0 \\ 0 & -2 \end{bmatrix}, \\ \boldsymbol{B}' &= \boldsymbol{V}^{-1}\boldsymbol{B} = \begin{bmatrix} 1 & 1 \\ 0 & -1 \end{bmatrix} \begin{bmatrix} 0 \\ 1 \end{bmatrix} = \begin{bmatrix} 1 \\ -1 \end{bmatrix}, \\ \boldsymbol{C}' &= \boldsymbol{C}\boldsymbol{V} = \begin{bmatrix} 2 & 1 \\ 0 & 2 \end{bmatrix} \begin{bmatrix} 1 & 1 \\ 0 & -1 \end{bmatrix} = \begin{bmatrix} 2 & 1 \\ 0 & -2 \end{bmatrix}, \\ \boldsymbol{D}' &= \boldsymbol{D} = \begin{bmatrix} 1.5 \\ 0 \end{bmatrix}. \end{aligned}$$

◇

### 4.5.1 Calcolo della matrice di transizione dello stato tramite diagonalizzazione

In questo paragrafo si descrive una strada alternativa allo sviluppo di Sylvester per calcolare la matrice di transizione dello stato di una rappresentazione la cui matrice $\boldsymbol{A}$ può essere ricondotta per similitudine alla forma diagonale.

**Proposizione 4.27** *Data una matrice $\boldsymbol{A}$ di dimensione $n \times n$ con $n$ autovalori $\lambda_1, \lambda_2, \ldots, \lambda_n$, si supponga che essa ammetta una matrice modale $\boldsymbol{V}$.*

*Vale*

$$e^{\boldsymbol{A}t} = \boldsymbol{V} e^{\boldsymbol{\Lambda}t} \boldsymbol{V}^{-1} = \boldsymbol{V} \begin{bmatrix} e^{\lambda_1 t} & 0 & \cdots & 0 \\ 0 & e^{\lambda_2 t} & \cdots & 0 \\ \vdots & \vdots & \ddots & \vdots \\ 0 & 0 & \cdots & e^{\lambda_n t} \end{bmatrix} \boldsymbol{V}^{-1}. \tag{4.25}$$

*Dimostrazione.* In base alla Proposizione 4.17 vale $e^{\boldsymbol{\Lambda}t} = \boldsymbol{V}^{-1} e^{\boldsymbol{A}t} \boldsymbol{V}$. Moltiplicando ambo i membri di questa equazione per $\boldsymbol{V}$ a sinistra e per $\boldsymbol{V}^{-1}$ a destra si ottiene il risultato cercato. □

**Esempio 4.28** Per il sistema in eq. (4.24) si desidera calcolare $e^{\boldsymbol{A}t}$ applicando la formula data nella Proposizione 4.27.

Nell'Esempio 4.26 si è visto che vale

$$\boldsymbol{V} = \begin{bmatrix} 1 & 1 \\ 0 & -1 \end{bmatrix} \quad \text{e} \quad \boldsymbol{V}^{-1} = \begin{bmatrix} 1 & 1 \\ 0 & -1 \end{bmatrix}.$$

Dunque

$$\begin{aligned} e^{\boldsymbol{A}t} &= \boldsymbol{V} \begin{bmatrix} e^{\lambda_1 t} & 0 \\ 0 & e^{\lambda_2 t} \end{bmatrix} \boldsymbol{V}^{-1} = \begin{bmatrix} 1 & 1 \\ 0 & -1 \end{bmatrix} \begin{bmatrix} e^{-t} & 0 \\ 0 & e^{-2t} \end{bmatrix} \begin{bmatrix} 1 & 1 \\ 0 & -1 \end{bmatrix} \\ &= \begin{bmatrix} 1 & 1 \\ 0 & -1 \end{bmatrix} \begin{bmatrix} e^{-t} & e^{-t} \\ 0 & -e^{-2t} \end{bmatrix} = \begin{bmatrix} e^{-t} & (e^{-t} - e^{-2t}) \\ 0 & e^{-2t} \end{bmatrix}. \end{aligned}$$

Si osservi che tale espressione coincide con quella già determinata mediante lo sviluppo di Sylvester nell'Esempio 4.8. ◇

### 4.5.2 Matrici con autovalori complessi [*]

La procedura di diagonalizzazione può anche essere applicata a matrici con autovalori complessi. In tal caso gli autovettori che corrispondono a tali autovalori sono complessi e coniugati, e sia la matrice modale[7] sia la matrice diagonale risultante sono anch'esse complesse. Si preferisce, allora, scegliere una matrice di similitudine diversa dalla matrice modale al fine di arrivare ad una forma canonica reale in

[7]Si noti che una matrice con autovalori complessi non è diagonalizzabile nel campo reale, cioè essa non è diagonalizzabile mediante una matrice di similitudine reale.

cui ad ogni coppia di autovalori complessi e coniugati corrisponde un blocco reale di ordine 2 lungo la diagonale: tale blocco è la rappresentazione matriciale della coppia di autovalori complessi (cfr. Esempio 4.10). Presentiamo questo risultato in termini informali per non appesantire la notazione.

Si assuma che la matrice $\boldsymbol{A}$ abbia per semplicità una coppia di autovalori complessi e coniugati $\lambda, \lambda' = \alpha \pm j\omega$ mentre i restanti autovalori $\lambda_1, \cdots, \lambda_R$ sono tutti reali e distinti. Gli autovettori $\boldsymbol{v}$ e $\boldsymbol{v}'$ che corrispondono agli autovalori complessi sono anch'essi complessi e coniugati e possono essere scomposti in parte reale e immaginaria come segue:

$$\boldsymbol{v} = \mathrm{Re}(\boldsymbol{v}) + j\ \mathrm{Im}(\boldsymbol{v}) = \boldsymbol{u} + j\boldsymbol{w}, \qquad \boldsymbol{v}' = \mathrm{Re}(\boldsymbol{v}') + j\ \mathrm{Im}(\boldsymbol{v}') = \boldsymbol{u} - j\boldsymbol{w}.$$

Si dimostra facilmente che i vettori $\boldsymbol{u}$ e $\boldsymbol{w}$ sono linearmente indipendenti e sono anche linearmente indipendenti dagli autovettori associati agli altri autovalori.

Si osservi che per definizione di autovalore e autovettore vale:

$$\boldsymbol{A}\boldsymbol{v} = \lambda\boldsymbol{v} \qquad \Longrightarrow \qquad \boldsymbol{A}(\boldsymbol{u} + j\boldsymbol{w}) = (\alpha + j\omega)(\boldsymbol{u} + j\boldsymbol{w}),$$

e considerando separatamente le parti reali e immaginarie di questa equazione si ottiene:

$$\boldsymbol{A}\boldsymbol{u} = (\alpha\boldsymbol{u} - \omega\boldsymbol{w}) \quad \text{e} \quad \boldsymbol{A}\boldsymbol{w} = (\omega\boldsymbol{u} + \alpha\boldsymbol{w}).$$

Si scelga allora la matrice di similitudine $\tilde{\boldsymbol{V}}$ in cui le colonne associate agli autovalori reali sono i corrispondenti autovettori (come nel caso della matrice modale) ma in cui alla coppia di autovalori complessi e coniugati corrispondono le colonne $\boldsymbol{u}$ e $\boldsymbol{w}$ pari alla parte reale e immaginaria del corrispondente autovettore.

Possiamo allora scrivere, supposto senza ledere la generalità che le colonne associate a $\boldsymbol{u}$ e $\boldsymbol{w}$ siano le ultime due,

$$\left[\ \lambda_1\boldsymbol{v}_1 \mid \cdots \mid \lambda_R\boldsymbol{v}_R \mid \alpha\boldsymbol{u} - \omega\boldsymbol{w} \mid \omega\boldsymbol{u} + \alpha\boldsymbol{w}\ \right] = \left[\ \boldsymbol{A}\boldsymbol{v}_1 \mid \cdots \mid \boldsymbol{A}\boldsymbol{v}_R \mid \boldsymbol{A}\boldsymbol{u} \mid \boldsymbol{A}\boldsymbol{w}\ \right]$$

e ancora, mediante le formule date in Appendice C (cfr. § C.2.4), possiamo riscrivere la precedente equazione come

$$\left[\ \boldsymbol{v}_1 \mid \cdots \mid \boldsymbol{v}_R \mid \boldsymbol{u} \mid \boldsymbol{w}\ \right] \begin{bmatrix} \lambda_1 & \cdots & 0 & 0 & 0 \\ \vdots & \ddots & \vdots & \vdots & \vdots \\ 0 & \cdots & \lambda_R & 0 & 0 \\ 0 & \cdots & 0 & \alpha & \omega \\ 0 & \cdots & 0 & -\omega & \alpha \end{bmatrix} = \boldsymbol{A} \left[\ \boldsymbol{v}_1 \mid \cdots \mid \boldsymbol{v}_R \mid \boldsymbol{u} \mid \boldsymbol{w}\ \right]$$

ovvero

$$\tilde{\boldsymbol{\Lambda}} = \tilde{\boldsymbol{V}}^{-1}\boldsymbol{A}\tilde{\boldsymbol{V}} = \begin{bmatrix} \lambda_1 & \cdots & 0 & 0 & 0 \\ \vdots & \ddots & \vdots & \vdots & \vdots \\ 0 & \cdots & \lambda_{n-2} & 0 & 0 \\ 0 & \cdots & 0 & \alpha & \omega \\ 0 & \cdots & 0 & -\omega & \alpha \end{bmatrix}.$$

Si osservi dunque che con questa trasformazione di similitudine alla coppia di autovalori $\lambda, \lambda' = \alpha \pm j\omega$ corrisponde nella matrice quasi-diagonale il blocco che li rappresenta in forma matriciale

$$\boldsymbol{H} = \begin{bmatrix} \alpha & \omega \\ -\omega & \alpha \end{bmatrix}.$$

In genere possiamo affermare che se una matrice $\boldsymbol{A}$ ha $R$ radici reali distinte $\lambda_i$ (per $i = 1, \ldots, R$) e $S$ coppie di radici complesse e coniugate distinte $\lambda_i, \lambda_i'$ (per $i = R+1, \ldots, R+S$), mediante la matrice $\tilde{\boldsymbol{V}}$ è possibile ricondurla ad una forma standard quasi-diagonale

$$\tilde{\boldsymbol{\Lambda}} = \tilde{\boldsymbol{V}}^{-1}\boldsymbol{A}\tilde{\boldsymbol{V}} = \begin{bmatrix} \lambda_1 & \cdots & 0 & \boldsymbol{0} & \cdots & \boldsymbol{0} \\ \vdots & \ddots & \vdots & \vdots & \ddots & \vdots \\ 0 & \cdots & \lambda_R & \boldsymbol{0} & \cdots & \boldsymbol{0} \\ \boldsymbol{0} & \cdots & \boldsymbol{0} & \boldsymbol{H}_{R+1} & \cdots & \boldsymbol{0} \\ \vdots & \ddots & \vdots & \vdots & \ddots & \vdots \\ \boldsymbol{0} & \cdots & \boldsymbol{0} & \boldsymbol{0} & \cdots & \boldsymbol{H}_{R+S} \end{bmatrix}, \qquad (4.26)$$

dove ad ogni coppia di radici complesse $\lambda_i, \lambda_i' = \alpha_i \pm j\omega_i$ è associato il generico blocco reale che le rappresenta in forma matriciale

$$\boldsymbol{H}_i = \begin{bmatrix} \alpha_i & \omega_i \\ -\omega_i & \alpha_i \end{bmatrix}.$$

**Esempio 4.29** Si consideri un sistema la cui matrice di stato vale

$$\boldsymbol{A} = \begin{bmatrix} -1 & 2 & 0 \\ -2 & -1 & 0 \\ -3 & -2 & -4 \end{bmatrix}.$$

Tale matrice ha polinomio caratteristico $P(s) = s^3 + 6s^2 + 13s + 20$ e dunque autovalori $\lambda_1 = -4$ e $\lambda_2, \lambda_2' = -1 \pm j2$. A tali autovalori corrispondono gli autovettori

$$\boldsymbol{v}_1 = \begin{bmatrix} 0 \\ 0 \\ 1 \end{bmatrix} \qquad \text{e} \qquad \boldsymbol{v}_2, \boldsymbol{v}_2' = \boldsymbol{u}_2 \pm j\boldsymbol{w}_2 = \begin{bmatrix} 1 \\ 0 \\ -1 \end{bmatrix} \pm j \begin{bmatrix} 0 \\ 1 \\ 0 \end{bmatrix}.$$

Scelta la matrice $\tilde{\boldsymbol{V}} = \begin{bmatrix} \boldsymbol{v}_1 & \boldsymbol{u}_2 & \boldsymbol{w}_2 \end{bmatrix}$ si ottiene infine

$$\tilde{\boldsymbol{\Lambda}} = \tilde{\boldsymbol{V}}^{-1}\boldsymbol{A}\tilde{\boldsymbol{V}} = \begin{bmatrix} -4 & 0 & 0 \\ 0 & -1 & 2 \\ 0 & -2 & -1 \end{bmatrix}.$$ ◇

Il calcolo dell'esponenziale matriciale per una matrice nella forma (4.26) è immediato. Essendo $\tilde{\boldsymbol{\Lambda}}$ diagonale a blocchi, in base alla Proposizione C.24 vale

$$e^{\tilde{\boldsymbol{\Lambda}}t} = \begin{bmatrix} e^{\lambda_1 t} & \cdots & 0 & \mathbf{0} & \cdots & \mathbf{0} \\ \vdots & \ddots & \vdots & \vdots & \ddots & \vdots \\ 0 & \cdots & e^{\lambda_R t} & \mathbf{0} & \cdots & \mathbf{0} \\ \mathbf{0} & \cdots & \mathbf{0} & e^{\boldsymbol{H}_{R+1}t} & \cdots & \mathbf{0} \\ \vdots & \ddots & \vdots & \vdots & \ddots & \vdots \\ \mathbf{0} & \cdots & \mathbf{0} & \mathbf{0} & \cdots & e^{\boldsymbol{H}_{R+S}t} \end{bmatrix}.$$

In questa espressione ad ogni coppia di radici complesse $\lambda_i, \lambda_i' = \alpha_i \pm j\omega_i$ corrisponde il blocco canonico che la rappresenta in forma matriciale

$$\boldsymbol{H}_i = \begin{bmatrix} \alpha_i & \omega_i \\ -\omega_i & \alpha_i \end{bmatrix}$$

e l'esponenziale matriciale che corrisponde a questa particolare matrice è stato determinato nell'Esempio 4.10; vale

$$e^{\boldsymbol{H}_i t} = e^{\alpha_i t} \begin{bmatrix} \cos(\omega_i t) & \sin(\omega_i t) \\ -\sin(\omega_i t) & \cos(\omega_i t) \end{bmatrix}.$$

Dunque, è anche possibile determinare agevolmente la matrice di transizione dello stato della matrice $\boldsymbol{A}$ mediante la formula

$$e^{\boldsymbol{A}t} = \tilde{\boldsymbol{V}} e^{\tilde{\boldsymbol{\Lambda}}t} \tilde{\boldsymbol{V}}^{-1},$$

analoga alla (4.25).

**Esempio 4.30** La matrice $\boldsymbol{A}$ dell'Esempio 4.30 è riconducibile mediante la matrice $\tilde{\boldsymbol{V}}$ alla forma quasi-diagonale

$$\tilde{\boldsymbol{\Lambda}} = \tilde{\boldsymbol{V}}^{-1} \boldsymbol{A} \tilde{\boldsymbol{V}} = \begin{bmatrix} -4 & 0 & 0 \\ 0 & -1 & 2 \\ 0 & -2 & -1 \end{bmatrix}.$$

Dunque vale

$$e^{\tilde{\boldsymbol{\Lambda}}t} = \begin{bmatrix} e^{-4t} & 0 & 0 \\ 0 & e^{-t}\cos(2t) & e^{-t}\sin(2t) \\ 0 & -e^{-t}\sin(2t) & e^{-t}\cos(2t) \end{bmatrix},$$

e si ricava anche

$$e^{\boldsymbol{A}t} = \tilde{\boldsymbol{V}} e^{\tilde{\boldsymbol{\Lambda}}t} \tilde{\boldsymbol{V}}^{-1} = \begin{bmatrix} e^{-t}\cos(2t) & e^{-t}\sin(2t) & 0 \\ -e^{-t}\sin(2t) & e^{-t}\cos(2t) & 0 \\ e^{-4t} - e^{-t}\cos(2t) & -e^{-t}\sin(2t) & e^{-4t} \end{bmatrix}. \quad \diamond$$

## 4.6 Forma di Jordan

Si consideri una matrice $\boldsymbol{A}$ di dimensione $n \times n$ i cui autovalori hanno molteplicità non unitaria. In tal caso non vi è garanzia, come visto nell'Esempio 4.24, che esistano $n$ autovettori linearmente indipendenti con cui costruire una matrice modale: dunque non sempre esiste una trasformazione di similitudine che porti ad una forma diagonale. Si dimostra, tuttavia, che è sempre possibile, estendendo il concetto di autovettore, determinare un insieme di $n$ *autovettori generalizzati* linearmente indipendenti. Tali vettori possono venir usati per costruire una *matrice modale generalizzata* $\boldsymbol{V}$ che consente, per similitudine, di passare ad una matrice $\boldsymbol{J} = \boldsymbol{V}^{-1}\boldsymbol{A}\boldsymbol{V}$ in *forma di Jordan*[8], una forma canonica diagonale a blocchi che generalizza la forma diagonale. In questa discussione introduttiva ci limiteremo a riassumere i principali risultati necessari per lo studio della forma canonica di Jordan.

Iniziamo col presentare la definizione di blocco di Jordan e di forma di Jordan.

**Definizione 4.31** *Dato un numero complesso $\lambda \in \mathbb{C}$ e un numero intero $p \geq 1$ definiamo* blocco di Jordan di ordine *$p$ associato a $\lambda$ la matrice quadrata $p \times p$*

$$\begin{bmatrix} \lambda & 1 & 0 & \cdots & 0 & 0 \\ 0 & \lambda & 1 & \cdots & 0 & 0 \\ 0 & 0 & \lambda & \cdots & 0 & 0 \\ \vdots & \vdots & \vdots & \ddots & \vdots & \vdots \\ 0 & 0 & 0 & \cdots & \lambda & 1 \\ 0 & 0 & 0 & \cdots & 0 & \lambda \end{bmatrix}$$

*Ogni elemento lungo la diagonale di tale matrice vale $\lambda$, mentre ogni elemento lungo la sopradiagonale vale 1; ogni altro elemento è nullo. Dunque $\lambda$ è un autovalore di molteplicità $p$ di tale blocco di Jordan.*

Possiamo ora definire la forma canonica di Jordan.

**Definizione 4.32** *Una matrice $\boldsymbol{J}$ è detta in* forma di Jordan *se essa è una matrice diagonale a blocchi*

$$\boldsymbol{J} = \begin{bmatrix} \boldsymbol{J}_1 & \boldsymbol{0} & \cdots & \boldsymbol{0} \\ \boldsymbol{0} & \boldsymbol{J}_2 & \cdots & \boldsymbol{0} \\ \vdots & \vdots & \ddots & \vdots \\ \boldsymbol{0} & \boldsymbol{0} & \cdots & \boldsymbol{J}_q \end{bmatrix}$$

*dove ogni blocco $\boldsymbol{J}_i$ lungo la diagonale è un blocco di Jordan.*

Si noti che nella precedente definizione più blocchi di Jordan possono essere associati allo stesso autovalore. La forma di Jordan è una generalizzazione della forma diagonale: in particolare, una forma di Jordan in cui tutti i blocchi hanno ordine 1 è diagonale.

---

[8]Marie Ennemond Camille Jordan (La Croix-Rousse, Lyon, France, 1838 - Parigi, 1922).

**Esempio 4.33** Le seguenti matrici, in cui i blocchi lungo la diagonale sono stati messi in evidenza tramite separatori, sono tutte in forma di Jordan.

$$
J_1 = \left[\begin{array}{ccc|c|cc} 2 & 1 & 0 & 0 & 0 & 0 \\ 0 & 2 & 1 & 0 & 0 & 0 \\ 0 & 0 & 2 & 0 & 0 & 0 \\ \hline 0 & 0 & 0 & 2 & 0 & 0 \\ \hline 0 & 0 & 0 & 0 & 3 & 1 \\ 0 & 0 & 0 & 0 & 0 & 3 \end{array}\right], \quad J_2 = \left[\begin{array}{c|c|c} 2 & 0 & 0 \\ \hline 0 & 2 & 0 \\ \hline 0 & 0 & 3 \end{array}\right], \quad J_3 = \left[\begin{array}{cc|c} 2 & 1 & 0 \\ 0 & 2 & 0 \\ \hline 0 & 0 & 0 \end{array}\right].
$$

Nella prima matrice all'autovalore $\lambda_1 = 2$ di molteplicità 4 sono associati due blocchi di Jordan di ordine, rispettivamente, 3 e 1; all'autovalore $\lambda_2 = 3$ di molteplicità 2 è invece associato un unico blocco, di ordine appunto 2.

Nella seconda matrice all'autovalore $\lambda_1 = 2$ di molteplicità 2 sono associati due blocchi di Jordan di ordine 1, mentre all'autovalore $\lambda_2 = 3$ di molteplicità 1 è invece associato un unico blocco di ordine 1; si noti che tale matrice è appunto diagonale.

Nella terza matrice all'autovalore $\lambda_1 = 2$ di molteplicità 2 è associato un unico blocco di Jordan di ordine 2, mentre all'autovalore $\lambda_2 = 0$ di molteplicità 1 è invece associato un unico blocco di ordine 1. ◇

Enunciamo infine in termini qualitativi il seguente risultato che verrà ripreso e dimostrato nei due paragrafi seguenti.

**Proposizione 4.34** *Una matrice quadrata $\boldsymbol{A}$ può sempre venir ricondotta, mediante una trasformazione di similitudine ad una matrice $\boldsymbol{J}$ in forma canonica di Jordan. Tale forma è unica, a meno di permutazioni dei blocchi diagonali.*

*Sia $\lambda$ un autovalore di molteplicità $\nu$ e molteplicità geometrica[9] $\mu$. Ad esso competono un numero di blocchi di Jordan pari a $\mu$. Indicando con $p_i$ l'ordine del generico blocco $i$, per $i = 1, \ldots, \mu$, vale dunque $\sum_{i=1}^{\mu} p_i = \nu$.*

In base alla forma di Jordan a cui una matrice è riconducibile, possiamo definire il concetto di indice di un autovalore.

**Definizione 4.35** *Sia $\lambda$ un autovalore di molteplicità $\nu$ di una matrice $\boldsymbol{A}$ riconducibile alla forma di Jordan $\boldsymbol{J}$. Definiamo* indice $\pi$ *dell'autovalore $\lambda$ l'ordine del più grande blocco di Jordan associato a $\lambda$ in $\boldsymbol{J}$. Vale naturalmente $1 \leq \pi \leq \nu$.*

Il seguente esempio mostra un caso semplice in cui la conoscenza degli autovalori e della loro molteplicità algebrica e geometrica è sufficiente per determinare la forma di Jordan e dunque anche l'indice di ogni autovalore.

---

[9]Si faccia attenzione a non confondere la *molteplicità geometrica* $\mu$ di un autovalore con la sua *molteplicità* $\nu$ (cfr. Definizione C.65). Talvolta per evitare ambiguità si è anche soliti chiamare $\nu$ *molteplicità algebrica*. La molteplicità geometrica $\mu$ di un autovalore indica il numero di autovettori linearmente indipendenti ad esso associati e vale $1 \leq \mu \leq \nu$, cioè la molteplicità geometrica di un autovalore è minore o uguale alla sua molteplicità algebrica.

**Esempio 4.36** Si consideri la matrice

$$A = \begin{bmatrix} 3 & 1 & 2 \\ -1 & 1 & -2 \\ -2 & -2 & 0 \end{bmatrix}$$

di ordine $n = 3$ il cui polinomio caratteristico vale $P(s) = s^3 - 4s^2 + 4s = s(s-2)^2$ e dunque ha autovalori $\lambda_1 = 0$ di molteplicità $\nu_1 = 1$ e $\lambda_2 = 2$ di molteplicità $\nu_2 = 2$.

L'autovalore di molteplicità unitaria ha ovviamente anche molteplicità geometrica $\mu_1$ e indice $\pi_1$ unitari; ad esso corrisponde un unico blocco di ordine 1 nella forma di Jordan.

Calcoliamo invece la molteplicità geometrica del secondo autovalore. In base a quanto afferma la Proposizione C.66 vale

$$\begin{aligned} \mu_2 &= \text{null}(\lambda_2 I - A) = n - \text{rango}(\lambda_2 I - A) \\ &= 3 - \text{rango}\left( \begin{bmatrix} -1 & -1 & -2 \\ 1 & 1 & 2 \\ 2 & 2 & 2 \end{bmatrix} \right) = 3 - 2 = 1. \end{aligned}$$

Dunque anche all'autovalore $\lambda_2$ compete un unico blocco ma di ordine 2 e l'indice di tale autovalore vale $\pi_2 = 2$. La forma di Jordan cercata è

$$J = \left[ \begin{array}{c|cc} 0 & 0 & 0 \\ \hline 0 & 2 & 1 \\ 0 & 0 & 2 \end{array} \right]$$

o anche la forma equivalente della matrice $J_3$ in Esempio 4.33 che si ottiene permutando i blocchi. ◇

Il seguente esempio mette in luce un punto importante su cui è bene soffermarsi: possono esistere casi in cui la conoscenza degli autovalori e della loro molteplicità algebrica e geometrica non è sufficiente a caratterizzare completamente né la forma di Jordan né l'indice degli autovalori.

**Esempio 4.37** Sia $A$ una matrice $5 \times 5$ con autovalore $\lambda_1$ di molteplicità $\nu_1 = 4$ e autovalore $\lambda_2$ di molteplicità $\nu_2 = 1$.

Essa può essere ricondotta ad una forma di Jordan in cui all'autovalore $\lambda_2$ di molteplicità singola è associato un solo blocco di Jordan di ordine 1. All'autovalore $\lambda_1$ sono invece associati uno o più blocchi a seconda della sua molteplicità geometrica $\mu_1 \leq \nu_1 = 4$. Questi sono i casi possibili.

- $\mu_1 = 4$. In tal caso all'autovalore è associato un numero di blocchi di Jordan pari alla sua molteplicità e dunque ciascuno di essi ha ordine 1, ossia l'indice dell'autovalore vale $\pi_1 = 1$. La matrice è dunque riconducibile alla forma

$$J_1 = \left[\begin{array}{c|c|c|c|c} \lambda_1 & 0 & 0 & 0 & 0 \\ \hline 0 & \lambda_1 & 0 & 0 & 0 \\ \hline 0 & 0 & \lambda_1 & 0 & 0 \\ \hline 0 & 0 & 0 & \lambda_1 & 0 \\ \hline 0 & 0 & 0 & 0 & \lambda_2 \end{array}\right]$$

ed è anche detta *diagonalizzabile.*

- $\mu_1 = 3$. In tal caso all'autovalore sono associati tre blocchi di Jordan di ordine $p_1$, $p_2$ e $p_3$. Poiché deve valere $p_1 + p_2 + p_3 = \nu_1 = 4$, uno di questi blocchi ha ordine 2 e i due restanti hanno ordine 1, ossia l'indice dell'autovalore vale in tal caso $\pi_1 = 2$. La matrice è dunque riconducibile alla forma

$$J_2 = \left[\begin{array}{cc|c|c|c} \lambda_1 & 1 & 0 & 0 & 0 \\ 0 & \lambda_1 & 0 & 0 & 0 \\ \hline 0 & 0 & \lambda_1 & 0 & 0 \\ \hline 0 & 0 & 0 & \lambda_1 & 0 \\ \hline 0 & 0 & 0 & 0 & \lambda_2 \end{array}\right].$$

- $\mu_1 = 2$. In tal caso all'autovalore sono associati due blocchi di Jordan di ordine $p_1$ e $p_2$. Poiché deve valere $p_1 + p_2 = \nu_1 = 4$, due strutture sono possibili. Nel primo caso, entrambi i blocchi hanno ordine 2 e l'indice dell'autovalore vale $\pi_1 = 2$; la forma di Jordan corrispondente è quella della matrice $J_3$ qui sotto. Nel secondo caso, uno dei blocchi ha ordine 3 e l'altro ordine 1, ossia l'indice dell'autovalore vale $\pi_1 = 3$; la forma di Jordan corrispondente è quella della matrice $J_4$ qui sotto. Si noti dunque che in tal caso la molteplicità geometrica non caratterizza univocamente né la forma di Jordan né l'indice dell'autovalore.

$$J_3 = \left[\begin{array}{cc|cc|c} \lambda_1 & 1 & 0 & 0 & 0 \\ 0 & \lambda_1 & 0 & 0 & 0 \\ \hline 0 & 0 & \lambda_1 & 1 & 0 \\ 0 & 0 & 0 & \lambda_1 & 0 \\ \hline 0 & 0 & 0 & 0 & \lambda_2 \end{array}\right], \quad J_4 = \left[\begin{array}{ccc|c|c} \lambda_1 & 1 & 0 & 0 & 0 \\ 0 & \lambda_1 & 1 & 0 & 0 \\ 0 & 0 & \lambda_1 & 0 & 0 \\ \hline 0 & 0 & 0 & \lambda_1 & 0 \\ \hline 0 & 0 & 0 & 0 & \lambda_2 \end{array}\right].$$

- $\mu_1 = 1$. In tal caso all'autovalore è associato un unico blocco di ordine 4, ossia l'indice dell'autovalore vale $\pi_1 = 4$. La matrice è dunque riconducibile alla forma

$$J_5 = \left[\begin{array}{cccc|c} \lambda_1 & 1 & 0 & 0 & 0 \\ 0 & \lambda_1 & 1 & 0 & 0 \\ 0 & 0 & \lambda_1 & 1 & 0 \\ 0 & 0 & 0 & \lambda_1 & 0 \\ \hline 0 & 0 & 0 & 0 & \lambda_2 \end{array}\right].$$

Una matrice riconducibile a questa forma, in cui ad ogni autovalore distinto è associato un solo blocco, è detta *non derogatoria.* ◇

Alla luce del precedente esempio, possiamo affermare che nel caso più generale la sola strada per determinare la forma di Jordan $\boldsymbol{J}$ a cui una matrice $\boldsymbol{A}$ può essere ricondotta è quella di calcolare la matrice modale generalizzata che la determina per similitudine. La procedura per fare ciò verrà mostrata nei due paragrafi seguenti, la cui lettura non è tuttavia essenziale alla comprensione del materiale presentato nella parte restante di questo capitolo. Si ricordi infatti che, data una matrice $\boldsymbol{A}$, il calcolo di una matrice modale generalizzata $\boldsymbol{V}$ e la corrispondente forma canonica di Jordan $\boldsymbol{J}$ può essere determinata mediante l'istruzione MATLAB `[V,J]=jordan(A)`.

### 4.6.1 Determinazione di una base di autovettori generalizzati [*]

Nel precedente paragrafo è stato introdotto in modo discorsivo il concetto di autovettore generalizzato. In questo paragrafo si darà di tale vettore una definizione formale e si presenterà un algoritmo per determinare un insieme di $n$ autovettori generalizzati linearmente indipendenti che rappresenti una base dello spazio $\mathbb{R}^n$.

**Definizione 4.38** *Data una matrice $\boldsymbol{A}$ di dimensione $n \times n$, il vettore $\boldsymbol{v} \in \mathbb{R}^n$ è un* autovettore generalizzato (AG) di ordine $k$ *associato all'autovalore $\lambda$ se vale*

$$\begin{cases} (\lambda \boldsymbol{I} - \boldsymbol{A})^k \ \boldsymbol{v} = \boldsymbol{0} \\ (\lambda \boldsymbol{I} - \boldsymbol{A})^{k-1} \ \boldsymbol{v} \neq \boldsymbol{0}. \end{cases} \tag{4.27}$$

Si noti che in base alla precedente definizione un autovettore può essere visto come un particolare AG di ordine 1: infatti posto $k = 1$ le condizioni date nell'equazione (4.27) diventano $(\lambda \boldsymbol{I} - \boldsymbol{A})\boldsymbol{v} = \boldsymbol{0}$ e $\boldsymbol{v} \neq \boldsymbol{0}$, che sono appunto soddisfatte da un autovettore $\boldsymbol{v}$ e dal corrispondente autovalore $\lambda$.

**Esempio 4.39** Si consideri la matrice

$$\boldsymbol{A} = \begin{bmatrix} 5 & 0 & 0 & 4 \\ 1 & 3 & 0 & 1 \\ -1 & 0 & 3 & -2 \\ -1 & 0 & 0 & 1 \end{bmatrix},$$

che ha polinomio caratteristico $P(s) = \det(s\boldsymbol{I} - \boldsymbol{A}) = (s-3)^4$ e dunque autovalore $\lambda = 3$ di molteplicità 4.

Si vuole determinare , se esiste, un AG di ordine 3.

Vale:

$$(3\boldsymbol{I} - \boldsymbol{A}) = \begin{bmatrix} -2 & 0 & 0 & -4 \\ -1 & 0 & 0 & -1 \\ 1 & 0 & 0 & 2 \\ 1 & 0 & 0 & 2 \end{bmatrix}$$

e dunque

$$(3\boldsymbol{I}-\boldsymbol{A})^2 = \begin{bmatrix} 0 & 0 & 0 & 0 \\ 1 & 0 & 0 & 2 \\ 0 & 0 & 0 & 0 \\ 0 & 0 & 0 & 0 \end{bmatrix}, \quad (3\boldsymbol{I}-\boldsymbol{A})^3 = \begin{bmatrix} 0 & 0 & 0 & 0 \\ 0 & 0 & 0 & 0 \\ 0 & 0 & 0 & 0 \\ 0 & 0 & 0 & 0 \end{bmatrix}.$$

Se $\boldsymbol{v} = [a\ b\ c\ d]^T$ è un AG di ordine 3, esso deve soddisfare:

$$(3\boldsymbol{I}-\boldsymbol{A})^3\boldsymbol{v} = \begin{bmatrix} 0 \\ 0 \\ 0 \\ 0 \end{bmatrix} = \boldsymbol{0}, \quad \text{e} \quad (3\boldsymbol{I}-\boldsymbol{A})^2\boldsymbol{v} = \begin{bmatrix} 0 \\ a+2d \\ 0 \\ 0 \end{bmatrix} \neq \boldsymbol{0}.$$

Il primo sistema è sempre soddisfatto, mentre il secondo è soddisfatto da $a+2d \neq 0$. Dunque, scelto $a = 1$ e $d = 0$, il vettore $\boldsymbol{v}_3 = [1\ 0\ 0\ 0]^T$ è un AG di ordine 3.

Si noti che anche altre scelte sono possibili. Ad esempio, scegliendo $a = 0$ e $d = 1$ si otterrebbe il vettore $\boldsymbol{v}'_3 = [0\ 0\ 0\ 1]^T$, che è anche esso un AG di ordine 3. ◇

La seguente proposizione introduce il concetto di catena di AG e ne dimostra alcune proprietà.

**Proposizione 4.40** *Data una matrice quadrata $\boldsymbol{A}$, sia $\boldsymbol{v}_k$ un autovettore generalizzato di ordine $k$ associato all'autovalore $\lambda$. Allora, per $j = 1, \ldots, k-1$, il vettore*

$$\boldsymbol{v}_j = -(\lambda\boldsymbol{I}-\boldsymbol{A})\boldsymbol{v}_{j+1} = (\boldsymbol{A}-\lambda\boldsymbol{I})\boldsymbol{v}_{j+1} \tag{4.28}$$

*è un autovettore generalizzato di ordine $j$ e si definisce* catena di autovettori generalizzati di lunghezza $k$ *la sequenza*

$$\boldsymbol{v}_k \rightarrow \boldsymbol{v}_{k-1} \rightarrow \cdots \rightarrow \boldsymbol{v}_1$$

*che termina con un autovettore $\boldsymbol{v}_1$.*

*Dimostrazione.* Per dimostrare che ogni vettore della catena è un AG, si osservi che per $j = 1, \ldots, k-1$, se $\boldsymbol{v}_j = (\boldsymbol{A}-\lambda\boldsymbol{I})\boldsymbol{v}_{j+1}$ vale anche

$$\boldsymbol{v}_j = (\boldsymbol{A}-\lambda\boldsymbol{I})^{k-j}\boldsymbol{v}_k.$$

Allora se $\boldsymbol{v}_k$ è un AG di ordine $k$ in base alla Definizione 4.38 vale[10]:

$$\begin{cases} (\boldsymbol{A}-\lambda\boldsymbol{I})^k\boldsymbol{v}_k = \boldsymbol{0} \\ (\boldsymbol{A}-\lambda\boldsymbol{I})^{k-1}\boldsymbol{v}_k \neq \boldsymbol{0} \end{cases} \implies \begin{cases} (\boldsymbol{A}-\lambda\boldsymbol{I})^j\boldsymbol{v}_j = \boldsymbol{0} \\ (\boldsymbol{A}-\lambda\boldsymbol{I})^{j-1}\boldsymbol{v}_j \neq \boldsymbol{0} \end{cases}$$

e dunque $\boldsymbol{v}_j$ è un AG di ordine $j$. □

[10] Si noti che le equazioni (4.27) restano valide anche se si cambiano di segno ambo i membri.

**Esempio 4.41** Si consideri ancora l'Esempio 4.39. Dato l'autovettore generalizzato di ordine 3 $\boldsymbol{v}_3 = [1\ 0\ 0\ 0]^T$ si costruisce la seguente catena di lunghezza 3:

$$\boldsymbol{v}_3 = \begin{bmatrix} 1 \\ 0 \\ 0 \\ 0 \end{bmatrix} \rightarrow \boldsymbol{v}_2 = (\boldsymbol{A} - 3\boldsymbol{I})\boldsymbol{v}_3 = \begin{bmatrix} 2 \\ 1 \\ -1 \\ -1 \end{bmatrix} \rightarrow \boldsymbol{v}_1 = (\boldsymbol{A} - 3\boldsymbol{I})\boldsymbol{v}_2 = \begin{bmatrix} 0 \\ 1 \\ 0 \\ 0 \end{bmatrix}.$$

Si verifica facilmente che $\boldsymbol{v}_1$ è un autovettore di $\boldsymbol{A}$.

Si noti che anche a partire dall'autovettore generalizzato $\boldsymbol{v}'_3 = [0\ 0\ 0\ 1]^T$ è possibile costruire una catena di lunghezza 3:

$$\boldsymbol{v}'_3 = \begin{bmatrix} 0 \\ 0 \\ 0 \\ 1 \end{bmatrix} \rightarrow \boldsymbol{v}'_2 = (\boldsymbol{A} - 3\boldsymbol{I})\boldsymbol{v}'_3 = \begin{bmatrix} 4 \\ 1 \\ -2 \\ -2 \end{bmatrix} \rightarrow \boldsymbol{v}'_1 = (\boldsymbol{A} - 3\boldsymbol{I})\boldsymbol{v}'_2 = \begin{bmatrix} 0 \\ 2 \\ 0 \\ 0 \end{bmatrix},$$

dove $\boldsymbol{v}'_1$ è un autovettore di $\boldsymbol{A}$. Si noti che mentre $\boldsymbol{v}_3$ e $\boldsymbol{v}'_3$ sono linearmente indipendenti, al contrario le coppie $\boldsymbol{v}_2$ e $\boldsymbol{v}'_2$ (e $\boldsymbol{v}_1$ e $\boldsymbol{v}'_1$) differiscono solo per una costante moltiplicativa. ◇

Possiamo infine definire la struttura di autovettori generalizzati che compete ad un dato autovalore.

**Teorema 4.42 (Struttura di autovettori generalizzati)** *Sia $\boldsymbol{A}$ una matrice di dimensione $n \times n$ e sia $\lambda$ un suo autovalore di molteplicità algebrica $\nu$ e molteplicità geometrica $\mu$. A tale autovalore compete una struttura di $\nu$* autovettori generalizzati *linearmente indipendenti costituita da $\mu$ catene:*

$$\begin{cases} \boldsymbol{v}_{p_1}^{(1)} \rightarrow \cdots \rightarrow \boldsymbol{v}_2^{(1)} \rightarrow \boldsymbol{v}_1^{(1)} & \textit{catena } 1 \\ \boldsymbol{v}_{p_2}^{(2)} \rightarrow \cdots \rightarrow \boldsymbol{v}_2^{(2)} \rightarrow \boldsymbol{v}_1^{(2)} & \textit{catena } 2 \\ \qquad\quad \vdots & \quad\vdots \\ \boldsymbol{v}_{p_\mu}^{(\mu)} \rightarrow \cdots \rightarrow \boldsymbol{v}_2^{(\mu)} \rightarrow \boldsymbol{v}_1^{(\mu)} & \textit{catena } \mu. \end{cases}$$

*Indicando con $p_i$ la lunghezza della generica catena $i$, per $i = 1, \ldots, \mu$, vale dunque $\sum_{i=1}^{\mu} p_i = \nu$.*

*Dimostrazione.* La dimostrazione di questo teorema è costruttiva: l'Algoritmo 4.43 presenta una procedura per determinare la struttura di autovettori generalizzati che compete ad un determinato autovalore. □

Si osservi che ogni catena termina con un autovettore. Dunque è naturale aspettarsi, come prevede il precedente risultato, che il numero di catene che competono ad un dato autovalore coincida con la sua molteplicità geometrica $\mu$, ossia con il numero di autovettori linearmente indipendenti che è possibile associare ad esso.

Inoltre, come si dimostrerà nella Proposizione 4.49, la struttura di AG generalizzati che compete ad un dato autovalore, corrisponde esattamente alla struttura dei blocchi di Jordan che compete allo stesso autovalore, Infatti nella forma di Jordan vi saranno $\mu$ blocchi (un blocco per ogni catena) ciascuno di ordine $p_i$ (ogni blocco ha ordine pari alla lunghezza della catena corrispondente). Da ciò deriva anche il fatto che la lunghezza della catena più lunga $\pi = \max\{p_1, p_2, \ldots, p_\mu\}$ associata all'autovalore coincide con l'indice dell'autovalore, grandezza che è stata introdotta nella Definizione 4.35.

Prima di dare un algoritmo per scegliere questi vettori verranno fatte alcune considerazioni che permetteranno di comprendere come funziona tale procedura.

Data una matrice $\boldsymbol{A}$ di dimensione $n \times n$ sia $\lambda$ un suo autovalore di molteplicità $\nu$ e si consideri la matrice $(\lambda \boldsymbol{I} - \boldsymbol{A})$. Definiamo

$$\alpha_1 = \text{null}(\lambda \boldsymbol{I} - \boldsymbol{A}) = n - \text{rango}(\lambda \boldsymbol{I} - \boldsymbol{A})$$

la *nullità* della matrice $(\lambda \boldsymbol{I} - \boldsymbol{A})$ (cfr. Appendice C, § C.4). Tale valore indica la dimensione del sottospazio vettoriale

$$\ker(\lambda \boldsymbol{I} - \boldsymbol{A}) = \{\boldsymbol{x} \in \mathbb{R}^n \mid (\lambda \boldsymbol{I} - \boldsymbol{A})\boldsymbol{x} = \boldsymbol{0}\},$$

ossia indica quanti vettori linearmente indipendenti è possibile scegliere tali che il loro prodotto per $(\lambda \boldsymbol{I} - \boldsymbol{A})$ dia il vettore nullo.

Il parametro $\alpha_1$ coincide con la *molteplicità geometrica* dell'autovalore $\lambda$ che è stata precedente introdotta e si denota con $\mu$. Esso ha due importanti significati fisici. Per prima cosa $\mu$ indica il numero di autovettori linearmente indipendenti di $\boldsymbol{A}$ associati a $\lambda$. Inoltre poiché ogni catena di AG termina con un autovettore, esso indica anche il numero di catene di AG linearmente indipendenti che è possibile associare a $\lambda$.

Si consideri ora la matrice $(\lambda \boldsymbol{I} - \boldsymbol{A})^2$ e si calcoli la sua nullità

$$\alpha_2 = n - \text{rango}(\lambda \boldsymbol{I} - \boldsymbol{A})^2.$$

Tale valore indica la dimensione del sottospazio vettoriale

$$\ker(\lambda \boldsymbol{I} - \boldsymbol{A})^2 = \{\boldsymbol{x} \in \mathbb{R}^n \mid (\lambda \boldsymbol{I} - \boldsymbol{A})^2\boldsymbol{x} = \boldsymbol{0}\},$$

ossia indica quanti vettori linearmente indipendenti è possibile scegliere tali che il loro prodotto per $(\lambda \boldsymbol{I} - \boldsymbol{A})^2$ dia il vettore nullo. Poiché se $\boldsymbol{x} \in \ker(s\boldsymbol{I} - \boldsymbol{A})$ allora $\boldsymbol{x} \in \ker(s\boldsymbol{I} - \boldsymbol{A})^2$ è facile capire che vale $\alpha_1 \leq \alpha_2$ e che, inoltre, $\alpha_2$ coincide anche con il numero di AG linearmente indipendenti di ordine 1 e di ordine 2 di $\boldsymbol{A}$ associati a $\lambda$. Dunque $\beta_2 = \alpha_2 - \alpha_1$ indica il numero di AG di ordine 2 che è possibile scegliere in modo tale che essi siano linearmente indipendenti dagli $\alpha_1$ autovettori.

Proseguendo il ragionamento, è possibile dimostrare che si arriva per un dato valore di $h \in \mathbb{N}$ ad una matrice $(\lambda \boldsymbol{I} - \boldsymbol{A})^h$ la cui nullità vale

$$\alpha_h = n - \text{rango}(\lambda \boldsymbol{I} - \boldsymbol{A})^h = \nu,$$

e che soddisfa la relazione $\alpha_1 < \alpha_2 < \cdots < \alpha_h$. Dunque ciò significa che esistono $\nu$ AG di $\boldsymbol{A}$ linearmente indipendenti e di ordine minore o uguale a $h$. In particolare un numero pari a $\beta_h = \alpha_h - \alpha_{h-1}$ di questi sono AG di ordine $h$.

Osserviamo che se vi sono $\beta_{i+1}$ AG di ordine $i+1$ ($i = 1, \ldots, h-1$), il numero di autovettori di ordine $i$ è tale che $\beta_i \geq \beta_{i+1}$: infatti da ogni AG di ordine $i+1$ si può determinare un AG di ordine $i$ con la procedura vista nella Proposizione 4.40. La differenza $\gamma_i = \beta_i - \beta_{i+1}$ indica proprio il numero di nuove catene di ordine $i$ che originano da AG di ordine $i$.

**Algoritmo 4.43** (Calcolo di un insieme di AG linearmente indipendenti)

1. *Data una matrice $\boldsymbol{A}$ di dimensione $n \times n$ sia $\lambda$ un suo autovalore di molteplicità $\nu$. Si calcoli $\alpha_i = n - \mathrm{rango}(\lambda \boldsymbol{I} - \boldsymbol{A})^i$ per $i = 1, \ldots, h$ fino a che non valga $\alpha_h = \nu$.*
2. *Si costruisca la tabella*

| $i$ | 1 | 2 | $\cdots$ | $h-1$ | $h$ |
|---|---|---|---|---|---|
| $\alpha_i$ | $\alpha_1$ | $\alpha_2$ | $\cdots$ | $\alpha_{h-1}$ | $\alpha_h$ |
| $\beta_i$ | $\alpha_1$ | $\alpha_2 - \alpha_1$ | $\cdots$ | $\alpha_{h-1} - \alpha_{h-2}$ | $\alpha_h - \alpha_{h-1}$ |
| $\gamma_i$ | $\beta_1 - \beta_2$ | $\beta_2 - \beta_3$ | $\cdots$ | $\beta_{h-1} - \beta_h$ | $\beta_h$ |

*dove:*

- *l'elemento $\alpha_i$ indica la nullità della matrice $(\lambda \boldsymbol{I} - \boldsymbol{A})^i$;*
- *l'elemento $\beta_i$ indica il numero di AG linearmente indipendenti di ordine $i$ della matrice $\boldsymbol{A}$ ed è definito come: $\beta_1 = \alpha_1$ e $\beta_i = \alpha_i - \alpha_{i-1}$ per $i = 2, \cdots, h$;*
- *l'elemento $\gamma_i$ indica il numero di catene di AG di lunghezza $i$ della matrice $\boldsymbol{A}$ ed è definito come: $\gamma_i = \beta_i - \beta_{i+1}$ per $i = 1, \cdots, h-1$ e $\gamma_h = \beta_h$.*

3. *Se $\gamma_i > 0$, si determinino $\gamma_i$ AG linearmente indipendenti di ordine $i$ e si calcoli a partire da ciascuno di essi una catena di lunghezza $i$.*

*Attraverso questa procedura si determina un numero di catene pari a $\sum_{i=1}^{h} \gamma_i = \alpha_1$, cioè pari alla molteplicità geometrica di $\lambda$, che complessivamente comprendono un numero di AG pari a $\sum_{i=1}^{h} i\gamma_i = \nu$.*

Diamo ora un semplice esempio di applicazione di questa procedura.

**Esempio 4.44** Si consideri ancora la matrice $\boldsymbol{A}$ dell'Esempio 4.39, cha ha autovalore $\lambda = 3$ di molteplicità 4. In questo caso vale:

$$\begin{aligned} \alpha_1 &= n - \mathrm{rango}(3\boldsymbol{I} - \boldsymbol{A}) &&= 4 - 2 = 2; \\ \alpha_2 &= n - \mathrm{rango}(3\boldsymbol{I} - \boldsymbol{A})^2 &&= 4 - 1 = 3; \\ \alpha_3 &= n - \mathrm{rango}(3\boldsymbol{I} - \boldsymbol{A})^3 &&= 4 - 0 = 4. \end{aligned}$$

Poiché $\alpha_3 = 4 = \nu$ vale $h = 3$.

Costruiamo dunque la tabella

| $i$ | 1 | 2 | 3 |
|---|---|---|---|
| $\alpha_i$ | 2 | 3 | 4 |
| $\beta_i$ | 2 | 1 | 1 |
| $\gamma_i$ | 1 | 0 | 1 |

Poiché $\gamma_3 = 1$, si deve scegliere un AG di ordine 3, che darà luogo ad una catena di lunghezza 3: indicheremo con il simbolo (1) ad esponente tutti i vettori che appartengono a questa catena. Scegliendo come AG di ordine 3 il vettore $\boldsymbol{v}_3^{(1)} = [1\ 0\ 0\ 0]^T$, come già visto, si ottiene la seguente catena:

$$\boldsymbol{v}_3^{(1)} = \begin{bmatrix} 1 \\ 0 \\ 0 \\ 0 \end{bmatrix} \rightarrow \boldsymbol{v}_2^{(1)} = \begin{bmatrix} -2 \\ -1 \\ 1 \\ 1 \end{bmatrix} \rightarrow \boldsymbol{v}_1^{(1)} = \begin{bmatrix} 0 \\ 1 \\ 0 \\ 0 \end{bmatrix}.$$

Poiché $\gamma_2 = 0$, non si determinano nuovi AG di ordine 2.

Infine, poiché $\gamma_1 = 1$, si deve anche scegliere un AG di ordine 1 (ovvero un autovettore), che darà il quarto vettore cercato: indicheremo con il simbolo (2) ad esponente l'unico vettore $\boldsymbol{v}_1^{(2)}$ che appartiene a questa seconda catena di lunghezza 1. Poiché un autovettore $\boldsymbol{v} = [a\ b\ c\ d]^T \neq \boldsymbol{0}$ deve soddisfare:

$$(3\boldsymbol{I} - \boldsymbol{A})\boldsymbol{v} = \begin{bmatrix} -2a - 4d \\ -a - d \\ a + 2d \\ a + d \end{bmatrix} = \boldsymbol{0},$$

deve valere $a = d = 0$. Si potrebbe scegliere allora $b = 1$ e $c = 0$ o, viceversa, $b = 0$ e $c = 1$. La prima scelta darebbe il vettore $\boldsymbol{v}_1^{(1)}$ già considerato. Con la seconda si ottiene finalmente

$$\boldsymbol{v}_1^{(2)} = \begin{bmatrix} 0 \\ 0 \\ 1 \\ 0 \end{bmatrix}. \qquad \diamond$$

Il precedente algoritmo mostra come sia possibile associare ad un generico autovalore $\lambda$ di molteplicità $\nu$ una struttura di $\nu$ AG linearmente indipendenti. Un classico risultato (cfr. Teorema C.64) afferma che una matrice con $n$ autovalori distinti ha $n$ autovettori linearmente indipendenti. Possiamo estendere tale risultato al caso di AG.

Si consideri dapprima il seguente teorema, di cui non viene data dimostrazione, che estende il Teorema C.63 al caso di AG.

**Teorema 4.45** *Gli autovettori generalizzati associati ad autovalori distinti sono fra loro linearmente indipendenti.*

Possiamo enunciare finalmente un risultato fondamentale per garantire l'esistenza di una matrice modale generalizzata.

**Teorema 4.46** *Una matrice* $\boldsymbol{A}$ *di dimensione* $n \times n$ *ammette* $n$ *autovettori generalizzati linearmente indipendenti.*

*Dimostrazione.* Tale risultato discende dal Teorema 4.42 e dal Teorema 4.45. □

### 4.6.2 Matrice modale generalizzata [*]

Una volta determinati $n$ AG linearmente indipendenti con la procedura descritta nel precedente paragrafo, è possibile usare questi vettori per costruire una matrice non singolare.

**Definizione 4.47** *Data una matrice $\boldsymbol{A}$ di dimensione $n \times n$ si supponga che applicando l'Algoritmo 4.43 si sia determinato un insieme di autovettori generalizzati linearmente indipendenti.*

*Se al generico autovalore $\lambda$ corrispondono $\mu$ catene di autovettori generalizzati di lunghezza $p_1, p_2 \ldots, p_\mu$, ordiniamo gli autovettori generalizzati associati all'autovalore $\lambda$ costruendo la matrice:*

$$\boldsymbol{V}_\lambda = \Bigg[ \underbrace{\boldsymbol{v}_1^{(1)}\ \boldsymbol{v}_2^{(1)}\ \cdots\ \boldsymbol{v}_{p_1}^{(1)}}_{catena\ 1}\ \underbrace{\boldsymbol{v}_1^{(2)}\ \boldsymbol{v}_2^{(2)}\ \cdots\ \boldsymbol{v}_{p_2}^{(2)}}_{catena\ 2}\ \cdots\ \underbrace{\boldsymbol{v}_1^{(\mu)}\ \boldsymbol{v}_2^{(\mu)}\ \cdots\ \boldsymbol{v}_{p_\mu}^{(\mu)}}_{catena\ \mu} \Bigg].$$

*Se la matrice ha $r$ autovalori distinti $\lambda_i$ $(i = 1, \ldots, r)$ definiamo* matrice modale generalizzata *di $\boldsymbol{A}$ la matrice $n \times n$*

$$\boldsymbol{V} = \left[\ \boldsymbol{V}_{\lambda_1} \,\middle|\, \boldsymbol{V}_{\lambda_2} \,\middle|\, \cdots \,\middle|\, \boldsymbol{V}_{\lambda_r}\ \right].$$

Si noti che nella definizione della matrice $\boldsymbol{V}_\lambda$ l'ordine in cui sono numerate le catene non è essenziale: infatti tale scelta è arbitraria. È tuttavia essenziale che le colonne associate ad AG che appartengano alla stessa catena siano poste una accanto all'altra e siano ordinate nel senso che va dall'autovettore all'AG di ordine massimo.

**Esempio 4.48** La matrice $\boldsymbol{A}$ dell'Esempio 4.39 ha autovalore $\lambda = 3$ di molteplicità 4. Applicando l'Algoritmo 4.43 si è visto che a tale autovalore competono due catene di AG, una di lunghezza 3 e una di lunghezza 1, date nell'Esempio 4.44.

In questo caso vi è un solo autovalore distinto e la matrice modale vale dunque

$$\boldsymbol{V} = \left[\ \boldsymbol{v}_1^{(1)}\quad \boldsymbol{v}_2^{(1)}\quad \boldsymbol{v}_3^{(1)}\quad \boldsymbol{v}_1^{(2)}\ \right] = \begin{bmatrix} 0 & -2 & 1 & 0 \\ 1 & -1 & 0 & 0 \\ 0 & 1 & 0 & 1 \\ 0 & 1 & 0 & 0 \end{bmatrix}.$$

Cambiando l'ordine delle catene si ottiene una diversa matrice modale generalizzata

$$\boldsymbol{V}' = \left[\ \boldsymbol{v}_1^{(2)}\quad \boldsymbol{v}_1^{(1)}\quad \boldsymbol{v}_2^{(1)}\quad \boldsymbol{v}_3^{(1)}\ \right] = \begin{bmatrix} 0 & 0 & -2 & 1 \\ 0 & 1 & -1 & 0 \\ 1 & 0 & 1 & 0 \\ 0 & 0 & 1 & 0 \end{bmatrix}. \qquad \diamond$$

**Proposizione 4.49** *Data una matrice quadrata* $\boldsymbol{A}$ *sia* $\boldsymbol{V}$ *una sua matrice modale generalizzata. La matrice* $\boldsymbol{J}$ *ottenuta attraverso la trasformazione di similitudine*

$$\boldsymbol{J} = \boldsymbol{V}^{-1}\boldsymbol{A}\boldsymbol{V}$$

*è in forma di Jordan. Inoltre, se al generico autovalore* $\lambda$ *corrispondono* $\mu$ *catene di autovettori generalizzati, di lunghezza* $p_1, p_2 \ldots, p_\mu$, *allora nella forma di Jordan a tale autovalore competono* $\mu$ *blocchi di Jordan, di ordine* $p_1, p_2, \ldots, p_\mu$.

*Dimostrazione.* Si osservi intanto che la matrice modale generalizzata, essendo le sue colonne linearmente indipendenti, è non singolare e dunque può essere invertita.

Si consideri una generica catena $j$ di lunghezza $p$ associata all'autovalore $\lambda$. Per definizione di autovalore e autovettore, per il primo vettore della catena $\boldsymbol{v}_1^{(j)}$ vale

$$\lambda \boldsymbol{v}_1^{(j)} = \boldsymbol{A}\boldsymbol{v}_1^{(j)}$$

mentre per il generico vettore $\boldsymbol{v}_i^{(j)}$, AG di ordine $i > 1$, in base alla (4.28) vale

$$\boldsymbol{v}_{i-1}^{(j)} = (\boldsymbol{A} - \lambda\boldsymbol{I})\boldsymbol{v}_i^{(j)} \quad \Longrightarrow \quad \lambda\boldsymbol{v}_i^{(j)} + \boldsymbol{v}_{i-1}^{(j)} = \boldsymbol{A}\boldsymbol{v}_i^{(j)}.$$

Combinando tutte queste equazioni, supponendo che la catena $j$ dia luogo alle prime $p$ colonne della matrice $\boldsymbol{V}$, si ottiene

$$\begin{aligned} &\left[\ \lambda\boldsymbol{v}_1^{(j)} \mid \lambda\boldsymbol{v}_2^{(j)} + \boldsymbol{v}_1^{(j)} \mid \cdots \mid \lambda\boldsymbol{v}_p^{(j)} + \boldsymbol{v}_{p-1}^{(j)} \mid \cdots\ \right] \\ &\qquad = \left[\ \boldsymbol{A}\boldsymbol{v}_1^{(j)} \mid \boldsymbol{A}\boldsymbol{v}_2^{(j)} \mid \cdots \mid \boldsymbol{A}\boldsymbol{v}_p^{(j)} \mid \cdots\ \right] \end{aligned}$$

e ancora possiamo riscrivere la precedente equazione come

$$\begin{aligned} &\left[\ \boldsymbol{v}_1^{(j)} \mid \boldsymbol{v}_2^{(j)} \mid \cdots \mid \boldsymbol{v}_{c-1}^{(j)} \mid \boldsymbol{v}_c^{(j)} \mid \cdots\ \right] \left[\begin{array}{ccccc|c} \lambda & 1 & \cdots & 0 & 0 & \cdots \\ 0 & \lambda & \cdots & 0 & 0 & \cdots \\ \vdots & \vdots & \ddots & \vdots & \vdots & \vdots \\ 0 & 0 & \cdots & \lambda & 1 & \cdots \\ 0 & 0 & \cdots & 0 & \lambda & \cdots \\ \hline \vdots & \vdots & \cdots & \vdots & \vdots & \ddots \end{array}\right] \\ &\qquad = \boldsymbol{A}\left[\ \boldsymbol{v}_1^{(j)} \mid \boldsymbol{v}_2^{(j)} \mid \cdots \mid \boldsymbol{v}_{p-1}^{(j)} \mid \boldsymbol{v}_p^{(j)} \mid \cdots\ \right] \end{aligned}$$

ovvero

$$\boldsymbol{V}\boldsymbol{J} = \boldsymbol{A}\boldsymbol{V},$$

da cui si vede chiaramente che alla catena di lunghezza $p$ corrisponde nella matrice $\boldsymbol{J}$ un blocco di Jordan di ordine $p$.

Moltiplicando da sinistra ambo i membri di questa equazione per $\boldsymbol{V}^{-1}$ si ottiene il risultato cercato. □

In base a questa proposizione è anche possibile associare un secondo significato all'indice di un autovalore. Data una matrice $\boldsymbol{A}$, in base alla Definizione 4.35 l'indice $\pi$ di un suo generico autovalore $\lambda$ indica l'ordine del più grande blocco associato a $\lambda$ nella forma di Jordan $\boldsymbol{J}$ a cui $\boldsymbol{A}$ è riconducibile. Il precedente risultato permette di affermare che l'indice $\pi$ coincide con la lunghezza della più lunga catena di AG associata a $\lambda$.

**Esempio 4.50** Si consideri la matrice

$$\boldsymbol{A} = \begin{bmatrix} 5 & 0 & 0 & 4 \\ 1 & 3 & 0 & 1 \\ -1 & 0 & 3 & -2 \\ -1 & 0 & 0 & 1 \end{bmatrix},$$

che ha polinomio caratteristico $P(s) = \det(s\boldsymbol{I} - \boldsymbol{A}) = (s-3)^4$ e dunque autovalore $\lambda = 3$ di molteplicità 4.

Applicando l'Algoritmo 4.43 si è visto che a tale autovalore competono due catene di AG, una di lunghezza 3 e una di lunghezza 1, date nell'Esempio 4.44. Dunque ci si aspetta che tale matrice sia riconducibile, tramite trasformazione di similitudine ad una matrice in forma di Jordan in cui all'autovalore $\lambda = 3$ corrispondono due blocchi, uno di ordine 3 e uno di ordine 1.

Ciò si verifica facilmente. Scelta infatti la matrice modale generalizzata $\boldsymbol{V}$ data nell'Esempio 4.44, vale:

$$\boldsymbol{V} = \begin{bmatrix} 0 & -2 & 1 & 0 \\ 1 & -1 & 0 & 0 \\ 0 & 1 & 0 & 1 \\ 0 & 1 & 0 & 0 \end{bmatrix}, \qquad \boldsymbol{V}^{-1} = \begin{bmatrix} 0 & 1 & 0 & 1 \\ 0 & 0 & 0 & -1 \\ 1 & 0 & 0 & 2 \\ 0 & 0 & 1 & -1 \end{bmatrix},$$

e infine si ottiene

$$\boldsymbol{J} = \boldsymbol{V}^{-1}\boldsymbol{A}\boldsymbol{V} = \begin{bmatrix} 3 & 1 & 0 & 0 \\ 0 & 3 & 1 & 0 \\ 0 & 0 & 3 & 0 \\ 0 & 0 & 0 & 3 \end{bmatrix}.$$

L'indice dell'autovalore 3 vale dunque $\pi = 3$. ◇

### 4.6.3 Calcolo della matrice di transizione dello stato tramite forma di Jordan

Per il calcolo dell'esponenziale di una matrice in forma in Jordan è possibile dare una semplice formula.

**Proposizione 4.51** *Data una matrice* $\boldsymbol{J}$ *in forma di Jordan*

$$\boldsymbol{J} = \begin{bmatrix} \boldsymbol{J}_1 & \boldsymbol{0} & \cdots & \boldsymbol{0} \\ \boldsymbol{0} & \boldsymbol{J}_2 & \cdots & \boldsymbol{0} \\ \vdots & \vdots & \ddots & \vdots \\ \boldsymbol{0} & \boldsymbol{0} & \cdots & \boldsymbol{J}_q \end{bmatrix},$$

*il suo esponenziale matriciale vale*

$$e^{\boldsymbol{J}t} = \begin{bmatrix} e^{\boldsymbol{J}_1 t} & \mathbf{0} & \cdots & \mathbf{0} \\ \mathbf{0} & e^{\boldsymbol{J}_2 t} & \cdots & \mathbf{0} \\ \vdots & \vdots & \ddots & \vdots \\ \mathbf{0} & \mathbf{0} & \cdots & e^{\boldsymbol{J}_q t} \end{bmatrix}. \tag{4.29}$$

*Inoltre, se $\boldsymbol{J}_i$ è un generico blocco di ordine $p$*

$$\boldsymbol{J}_i = \begin{bmatrix} \lambda & 1 & 0 & \cdots & 0 & 0 & 0 \\ 0 & \lambda & 1 & \cdots & 0 & 0 & 0 \\ 0 & 0 & \lambda & \cdots & 0 & 0 & 0 \\ \vdots & \vdots & \vdots & \ddots & \vdots & \vdots & \vdots \\ 0 & 0 & 0 & \cdots & \lambda & 1 & 0 \\ 0 & 0 & 0 & \cdots & 0 & \lambda & 1 \\ 0 & 0 & 0 & \cdots & 0 & 0 & \lambda \end{bmatrix},$$

*il suo esponenziale matriciale vale*

$$e^{\boldsymbol{J}_i t} = \begin{bmatrix} e^{\lambda t} & te^{\lambda t} & \frac{t^2}{2!}e^{\lambda t} & \cdots & \frac{t^{p-3}}{(p-3)!}e^{\lambda t} & \frac{t^{p-2}}{(p-2)!}e^{\lambda t} & \frac{t^{p-1}}{(p-1)!}e^{\lambda t} \\ 0 & e^{\lambda t} & te^{\lambda t} & \cdots & \frac{t^{p-4}}{(p-4)!}e^{\lambda t} & \frac{t^{p-3}}{(p-3)!}e^{\lambda t} & \frac{t^{p-2}}{(p-2)!}e^{\lambda t} \\ 0 & 0 & e^{\lambda t} & \cdots & \frac{t^{p-5}}{(p-5)!}e^{\lambda t} & \frac{t^{p-4}}{(p-4)!}e^{\lambda t} & \frac{t^{p-3}}{(p-3)!}e^{\lambda t} \\ \vdots & \vdots & \vdots & \ddots & \vdots & \vdots & \vdots \\ 0 & 0 & 0 & \cdots & e^{\lambda t} & te^{\lambda t} & \frac{t^2}{2!}e^{\lambda t} \\ 0 & 0 & 0 & \cdots & 0 & e^{\lambda t} & te^{\lambda t} \\ 0 & 0 & 0 & \cdots & 0 & 0 & e^{\lambda t} \end{bmatrix}.$$

*Dimostrazione.* Essendo la matrice $\boldsymbol{J}$ diagonale a blocchi, la relazione (4.29) deriva immediatamente dalla Proposizione C.24.

Per dimostrare invece il secondo risultato, preliminarmente si determini la potenza $k$-ma del generico blocco di Jordan $\boldsymbol{J}_i$ di ordine $p$ associato all'autovalore $\lambda$. È facile verificare che vale[11]

[11] In questa formula si usa il coefficiente binomiale $\binom{k}{j} = \frac{k!}{j!(k-j)!}$ per $j \leq k$, mentre convenzionalmente si è posto $\binom{k}{j} = 0$ per $j > k$.

$$
\boldsymbol{J}_i^k = \begin{bmatrix}
\binom{k}{0}\lambda^k & \binom{k}{1}\lambda^{k-1} & \binom{k}{2}\lambda^{k-2} & \cdots & \binom{k}{p-2}\lambda^{k-p+2} & \binom{k}{p-1}\lambda^{k-p+1} \\
0 & \binom{k}{0}\lambda^k & \binom{k}{1}\lambda^{k-1} & \cdots & \binom{k}{p-3}\lambda^{k-p+3} & \binom{k}{p-2}\lambda^{k-p+2} \\
0 & 0 & \binom{k}{0}\lambda^k & \cdots & \binom{k}{p-4}\lambda^{k-p+4} & \binom{k}{p-3}\lambda^{k-p+3} \\
\vdots & \vdots & \vdots & \ddots & \vdots & \vdots \\
0 & 0 & 0 & \cdots & \binom{k}{0}\lambda^k & \binom{k}{1}\lambda^{k-1} \\
0 & 0 & 0 & \cdots & 0 & \binom{k}{0}\lambda^k
\end{bmatrix},
$$

come si dimostra per calcolo diretto.

Inoltre, poiché

$$
e^{\boldsymbol{J}_i t} = \sum_{k=0}^{\infty} \frac{t^k}{k!} \boldsymbol{J}_i^k
$$

osserviamo che il generico elemento della matrice $e^{\boldsymbol{J}_i t}$ che si trova lungo la sopradiagonale che parte dall'elemento $(1, j+1)$, per $j = 0, \ldots, p-1$, vale appunto

$$
\begin{aligned}
\sum_{k=0}^{\infty} \frac{t^k}{k!} \binom{k}{j} \lambda^{k-j} &= \sum_{k=j}^{\infty} \frac{t^k}{j!(k-j)!} \lambda^{k-j} = \frac{t^j}{j!} \left( \sum_{k=j}^{\infty} \frac{t^{k-j}}{(k-j)!} \lambda^{k-j} \right) \\
&= \frac{t^j}{j!} \left( \sum_{k=0}^{\infty} \frac{t^k}{k!} \lambda^k \right) = \frac{t^j}{j!} e^{\lambda t}.
\end{aligned}
$$

□

La precedente proposizione, combinata al risultato della Proposizione 4.17, fornisce inoltre una strada alternativa allo sviluppo di Sylvester per calcolare la matrice di transizione dello stato.

**Proposizione 4.52** *Data una matrice* $\boldsymbol{A}$ *di ordine* $n$ *con* $n$ *autovalori* $\lambda_1, \lambda_2, \ldots, \lambda_n$, *sia* $\boldsymbol{V}$ *una matrice modale generalizzata che consente di passare alla forma di Jordan* $\boldsymbol{J} = \boldsymbol{V}^{-1}\boldsymbol{A}\boldsymbol{V}$. *Vale*

$$
e^{\boldsymbol{A}t} = \boldsymbol{V} e^{\boldsymbol{J}t} \boldsymbol{V}^{-1}. \tag{4.30}
$$

*Dimostrazione.* Simile alla dimostrazione della Proposizione 4.27. □

**Esempio 4.53** La matrice $\boldsymbol{A}$ studiata nell'Esempio 4.48, mediante la matrice modale generalizzata $\boldsymbol{V}$ data nello stesso esempio, può essere ricondotta alla forma di Jordan

$$
\boldsymbol{J} = \boldsymbol{V}^{-1}\boldsymbol{A}\boldsymbol{V} = \begin{bmatrix} 3 & 1 & 0 & 0 \\ 0 & 3 & 1 & 0 \\ 0 & 0 & 3 & 0 \\ 0 & 0 & 0 & 3 \end{bmatrix}.
$$

Vale

$$e^{\boldsymbol{J}t} = \begin{bmatrix} e^{3t} & te^{3t} & \frac{t^2}{2}e^{3t} & 0 \\ 0 & e^{3t} & te^{3t} & 0 \\ 0 & 0 & e^{3t} & 0 \\ 0 & 0 & 0 & e^{3t} \end{bmatrix},$$

e dunque vale anche

$$e^{\boldsymbol{A}t} = \boldsymbol{V}e^{\boldsymbol{J}t}\boldsymbol{V}^{-1} = \begin{bmatrix} e^{3t}+2te^{3t} & 0 & 0 & 4te^{3t} \\ te^{3t}+0.5t^2e^{3t} & e^{3t} & 0 & te^{3t}+t^2e^{3t} \\ -te^{3t} & 0 & e^{3t} & -2te^{3t} \\ -te^{3t} & 0 & 0 & e^{3t}-2te^{3t} \end{bmatrix}. \qquad \diamond$$

Per concludere questa sezione, si osservi che nel caso in cui una matrice abbia autovalori complessi e coniugati la sua forma di Jordan non sarebbe una matrice reale. Anche in questo caso, come già visto per la procedura di diagonalizzazione, si potrebbe modificare la matrice modale generalizzata per raggiungere una forma canonica reale quasi-Jordan. Tuttavia, non tratteremo questo caso.

## 4.7 Matrice di transizione dello stato e modi

Nel Capitolo 3, dedicato allo studio dei modelli ingresso-uscita, sono stati definiti i *modi*, ovvero quei segnali che caratterizzano l'evoluzione di un sistema. In questo paragrafo vedremo come il concetto di modo possa anche essere definito nel caso di modelli in variabili di stato.

### 4.7.1 Polinomio minimo e modi

Data una matrice $\boldsymbol{J}$ in forma di Jordan, si consideri la corrispondente matrice di transizione dello stato $e^{\boldsymbol{J}t}$. In base alla Proposizione 4.51 in un dato blocco di ordine $p$ associato all'autovalore $\lambda$ compariranno le funzioni del tempo

$$e^{\lambda t}, \quad te^{\lambda t}, \quad \cdots, \quad t^{p-1}e^{\lambda t},$$

moltiplicate per opportuni coefficienti. Se ad un autovalore sono associati più blocchi, e $\pi$ è l'indice dell'autovalore (ossia l'ordine del blocco più grande) il termine di massimo ordine associato all'autovalore sarà dunque $t^{\pi-1}e^{\lambda t}$.

Si consideri ora una generica matrice $\boldsymbol{A}$. Poiché tale matrice può sempre essere ricondotta per similitudine ad una forma di Jordan, la sua matrice di transizione dello stato può essere calcolata mediate la formula (4.30). Dunque ogni suo elemento è una combinazione lineare delle funzioni appena descritte. Possiamo dunque dare la seguente definizione.

**Definizione 4.54** *Data una matrice $\boldsymbol{A}$ con $r$ autovalori distinti $\lambda_i$ ciascuno di indice $\pi_i$, definiamo il suo* polinomio minimo *come*

$$P_{\min}(s) = \prod_{i=1}^{r}(s - \lambda_i)^{\pi_i}.$$

*Ad ogni radice $\lambda_i$ del polinomio minimo di molteplicità $\pi_i$ possiamo associare le $\pi_i$ funzioni*

$$e^{\lambda_i t}, \quad te^{\lambda_i t}, \quad \cdots, \quad t^{\pi_i - 1}e^{\lambda_i t},$$

*che definiamo* modi. *Ogni elemento della matrice di transizione dello stato $e^{\boldsymbol{A}t}$ è una combinazione lineare di tali modi.*

Si noti che polinomio minimo e polinomio caratteristico di una matrice coincidono solo nel caso in cui la matrice è non derogatoria (e dunque, come caso particolare, se tutti gli autovalori hanno molteplicità singola).

**Esempio 4.55** La matrice di stato $\boldsymbol{A}$ della rappresentazione in eq. (4.17) ha due autovalori $\lambda_1 = -1$ e $\lambda_2 = -2$ di molteplicità singola e dunque, giocoforza, di indice unitario. Il polinomio minimo di $\boldsymbol{A}$ in tal caso coincide con il polinomio caratteristico:

$$P_{\min}(s) = P(s) = (s + 1)(s + 2).$$

I modi corrispondenti sono dunque $e^{-t}$ e $e^{-2t}$. Ogni elemento della matrice

$$e^{\boldsymbol{A}t} = \begin{bmatrix} e^{-t} & (e^{-t} - e^{-2t}) \\ 0 & e^{-2t} \end{bmatrix}$$

è una combinazione lineare di questi modi. ◇

**Esempio 4.56** La matrice $\boldsymbol{A}$ studiata nell'Esempio 4.48 può essere ricondotta alla forma di Jordan

$$\boldsymbol{J} = \begin{bmatrix} 3 & 1 & 0 & 0 \\ 0 & 3 & 1 & 0 \\ 0 & 0 & 3 & 0 \\ 0 & 0 & 0 & 3 \end{bmatrix}.$$

L'unico autovalore $\lambda = 3$ di molteplicità $\nu = 4$ ha indice $\pi = 3$. Il polinomio caratteristico e il polinomio minimo valgono rispettivamente:

$$P(s) = (s - \lambda)^{\nu} = (s - 3)^4 \qquad \text{e} \qquad P_{\min}(s) = (s - \lambda)^{\pi} = (s - 3)^3.$$

I modi corrispondenti sono dunque $e^{3t}$, $te^{3t}$ e $t^2e^{3t}$. Ogni elemento della matrice $e^{\boldsymbol{A}t}$ (cfr. Esempio 4.53) è una combinazione lineare di questi modi. Si noti, in particolare, che pur avendo l'autovalore $\lambda = 3$ molteplicità $\nu = 4$ non compare un modo della forma $t^{\nu-1}e^{3t} = t^3e^{3t}$. ◇

### 4.7.2 Interpretazione fisica degli autovettori

Data una rappresentazione in variabili di stato (4.1) è possibile dare un significato fisico molto importante agli autovettori *reali* della matrice di stato $\boldsymbol{A}$.

Iniziamo con un risultato generale[12] che si applica a tutti gli autovettori, reali o complessi.

**Proposizione 4.57** *Se $\boldsymbol{v}$ è un autovettore della matrice $\boldsymbol{A}$ associato all'autovalore $\lambda$, allora vale*

$$e^{\boldsymbol{A}t}\boldsymbol{v} = e^{\lambda t}\boldsymbol{v},$$

*ovvero $\boldsymbol{v}$ è anche un autovettore della matrice $e^{\boldsymbol{A}t}$ associato all'autovalore $e^{\lambda t}$.*

*Dimostrazione.* Se $\boldsymbol{v}$ è un autovettore della matrice $\boldsymbol{A}$ associato all'autovalore $\lambda$ vale $\boldsymbol{A}\boldsymbol{v} = \lambda\boldsymbol{v}$. Pre-moltiplicando ambo i membri di questa espressione per $\boldsymbol{A}$ si ottiene $\boldsymbol{A}^2\boldsymbol{v} = \lambda\boldsymbol{A}\boldsymbol{v} = \lambda^2\boldsymbol{v}$ e ripetendo questa operazione si osserva che vale $\boldsymbol{A}^k\boldsymbol{v} = \lambda^k\boldsymbol{v}$ per ogni valore di $k \in \mathbb{N}$.

Infine si ottiene

$$e^{\boldsymbol{A}t}\boldsymbol{v} = \sum_{k=0}^{\infty} \frac{t^k}{k!}\boldsymbol{A}^k\boldsymbol{v} = \sum_{k=0}^{\infty} \frac{t^k}{k!}\lambda^k\boldsymbol{v} = e^{\lambda t}\boldsymbol{v}. \qquad \square$$

Si consideri adesso un sistema dinamico descritto dal modello (4.1) di cui si vuole studiare l'evoluzione libera dello stato per diverse condizioni iniziali. A partire da un istante di tempo $t_0$ e da uno stato iniziale $\boldsymbol{x}(t_0)$ il vettore $\boldsymbol{x}_\ell(t)$ definisce nello spazio di stato una curva parametrizzata dal valore del tempo $t$ detta *evoluzione di stato*: l'insieme dei punti lungo questa curva costituisce la *traiettoria* associata all'evoluzione data.

Possiamo allora dare il seguente significato fisico agli autovettori reali della matrice $\boldsymbol{A}$.

- Si supponga che la condizione iniziale $\boldsymbol{x}_0$ coincida con un autovettore della matrice $\boldsymbol{A}$ associato all'autovalore $\lambda \in \mathbb{R}$. In tal caso l'evoluzione libera dello stato in base alla formula di Lagrange e alla Proposizione 4.57 vale

  $$\boldsymbol{x}_\ell(t) = e^{\boldsymbol{A}t}\boldsymbol{x}_0 = e^{\lambda t}\boldsymbol{x}_0.$$

  Dunque *il vettore di stato al variare del tempo mantiene sempre la direzione data dal vettore iniziale $\boldsymbol{x}_0$, mentre il suo modulo varia nel tempo secondo il modo $e^{\lambda t}$ associato all'autovalore.*
- Si supponga che la matrice di stato $\boldsymbol{A}$, di ordine $n$, abbia un insieme di $n$ autovettori linearmente indipendenti $\boldsymbol{v}_1, \boldsymbol{v}_2, \ldots, \boldsymbol{v}_n$ corrispondenti agli autovalori reali $\lambda_1, \lambda_2, \ldots, \lambda_n$. In tal caso, qualora la condizione iniziale $\boldsymbol{x}_0$ non coincidesse con un autovettore è sempre possibile porre:

  $$\boldsymbol{x}_0 = \alpha_1\boldsymbol{v}_1 + \alpha_2\boldsymbol{v}_2 + \cdots + \alpha_n\boldsymbol{v}_n = \sum_{i=1}^{n} \alpha_i\boldsymbol{v}_i$$

---

[12] Nell'Esercizio 4.12 si generalizza tale risultato al caso di autovettori generalizzati.

esprimendo tale vettore come una combinazione lineare, tramite opportuni coefficienti $\alpha_i$, della base di autovettori. Dunque vale anche:

$$\boldsymbol{x}_\ell(t) = e^{\boldsymbol{A}t}\boldsymbol{x}_0 = \sum_{i=1}^{n} \alpha_i e^{\boldsymbol{A}t}\boldsymbol{v}_i = \sum_{i=1}^{n} \alpha_i e^{\lambda_i t}\boldsymbol{v}_i,$$

da cui si vede che l'evoluzione è anche essa una combinazione lineare, con gli stessi coefficienti $\alpha_i$, delle singole evoluzioni lungo gli autovettori.

**Esempio 4.58** Si consideri la rappresentazione in termini di variabili di stato già presa in esame nell'Esempio 4.16 e nell'Esempio 4.26 la cui matrice di stato vale:

$$\boldsymbol{A} = \begin{bmatrix} -1 & 1 \\ 0 & -2 \end{bmatrix}.$$

Gli autovalori di $\boldsymbol{A}$ sono $\lambda_1 = -1$ e $\lambda_2 = -2$ e i corrispondenti autovettori sono

$$\boldsymbol{v}_1 = \begin{bmatrix} 1 \\ 0 \end{bmatrix} \quad \text{e} \quad \boldsymbol{v}_2 = \begin{bmatrix} 1 \\ -1 \end{bmatrix}.$$

In Fig. 4.1 abbiamo riportato nel piano $(x_1, x_2)$ l'evoluzione libera per diversi casi. Ogni traiettoria corrisponde ad una evoluzione che parte da una particolare condizione iniziale: il verso di percorrenza indicato dalla freccia corrisponde a valori di $t$ crescenti.

Le due condizioni iniziali indicate con un quadrato si trovano lungo l'autovettore $\boldsymbol{v}_1$. Partendo da esse, al trascorrere del tempo il vettore $\boldsymbol{x}_\ell(t)$ mantiene sempre la stessa direzione ma il suo modulo decresce perché il modo corrispondente $e^{\lambda_1 t} = e^{-t}$ è stabile: la traiettoria coincide in entrambi i casi con il segmento che unisce il punto iniziale con l'origine.

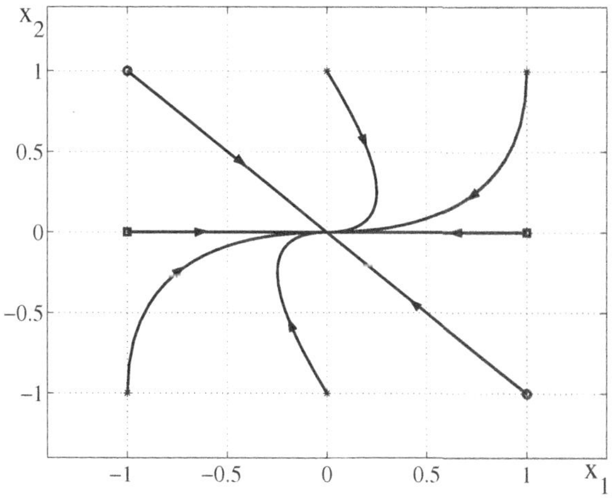


**Fig. 4.1.** Evoluzione libera del sistema in Esempio 4.58 a partire da diverse condizioni iniziali

Un analogo ragionamento può farsi per le due condizioni iniziali indicate con un cerchio; esse si trovano lungo l'autovettore $\boldsymbol{v}_2$ e le traiettorie che da esse si originano sono percorse secondo il modo $e^{\lambda_2 t} = e^{-2t}$.

Le altre condizioni iniziali, indicate da un asterisco, corrispondono a combinazioni lineari di autovettori. Si osservi che le traiettorie che da essi si originano non sono rette perché le due componenti nelle direzioni degli autovettori evolvono seguendo modi diversi. In effetti si vede che al crescere del tempo tutte queste traiettorie tendono all'origine con un asintoto lungo la direzione del vettore $\boldsymbol{v}_1$. Ciò si spiega facilmente: poiché $e^{\lambda_2 t} = e^{-2t}$ è il modo più veloce, la componente lungo $\boldsymbol{v}_2$ si estingue più rapidamente e dopo un certo tempo diventa trascurabile rispetto alla componente lungo il vettore $\boldsymbol{v}_1$. ◇

Nel caso di autovalori complessi e coniugati, tale interpretazione fisica perde di significato: gli autovettori che ad essi corrispondono sono complessi e dunque non possono venir rappresentati nello spazio di stato del sistema. Possiamo tuttavia osservare che in genere una coppia di autovalori complessi determina nello spazio di stato delle evoluzioni pseudo-periodiche. Il seguente esempio è relativo ad un sistema del secondo ordine.

**Esempio 4.59** Si consideri la rappresentazione di un sistema la cui matrice di stato vale:

$$\boldsymbol{A} = \begin{bmatrix} -1 & -2 \\ 2 & -1 \end{bmatrix}.$$

Tale matrice è un caso particolare di quella studiata nell'Esempio 4.10: essa ha autovalori $\lambda, \lambda' = \alpha \pm j\omega = -1 \pm j2$ ed è detta rappresentazione matriciale di tale coppia di numeri complessi e coniugati. In base a quanto visto nell'Esempio 4.10 vale

$$e^{\boldsymbol{A}t} = e^{-t} \begin{bmatrix} \cos(2t) & \sin(2t) \\ -\sin(2t) & \cos(2t) \end{bmatrix}.$$

Si consideri un'evoluzione libera a partire dalla condizione iniziale $\boldsymbol{x}_0 = [\, 1\; 0 \,]^T$. In tal caso vale:

$$\boldsymbol{x}(t) = \begin{bmatrix} x_1(t) \\ x_2(t) \end{bmatrix} = e^{\boldsymbol{A}t}\boldsymbol{x}_0 = \begin{bmatrix} e^{-t}\cos(2t) \\ -e^{-t}\sin(2t) \end{bmatrix}.$$

Tale equazione determina nel piano $(x_1, x_2)$ un vettore che ruota in senso orario con velocità angolare $\omega = 2$ e il cui modulo si riduce secondo il modo $e^{-t}$. La corrispondente traiettoria è dunque la curva a spirale mostrata in Fig. 4.2 che ha origine nel punto $[\, 1\; 0 \,]^T$ indicato con un quadrato.

Tutte le traiettorie di questo sistema, qualunque sia lo stato iniziale, hanno un andamento qualitativamente simile. Ad esempio, in Fig. 4.2 è anche mostrata la traiettoria dell'evoluzione libera a partire dallo stato iniziale $[\, 0\; 1 \,]^T$, indicato con un cerchio. Anche tale traiettoria ha una forma a spirale. ◇

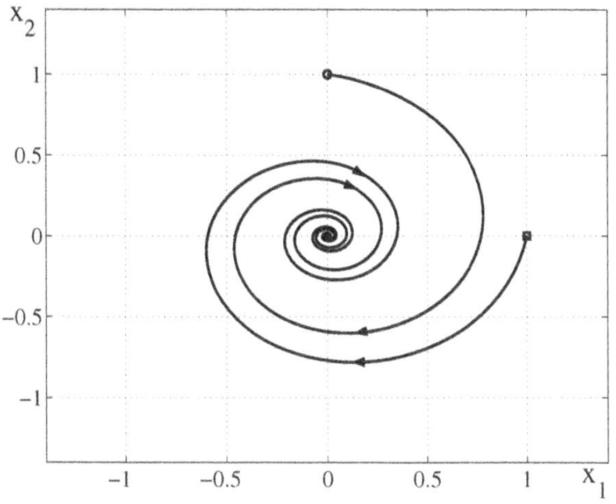


**Fig. 4.2.** Evoluzione libera del sistema in Esempio 4.59 a partire da due diverse condizioni iniziali

# Esercizi

**Esercizio 4.1.** Date le matrici

$$A_1 = \begin{bmatrix} 0 & -4 \\ 1 & 0 \end{bmatrix} \quad \text{e} \quad A_2 = \begin{bmatrix} 0 & 1 \\ 0 & 0 \end{bmatrix}$$

si calcolino mediante lo sviluppo di Sylvester le corrispondenti matrici di transizione dello stato. Per la soluzione di questo esercizio si confronti l'Esempio 9.15 e l'Esempio 9.40.

**Esercizio 4.2.** È data la matrice

$$A = \begin{bmatrix} 2 & -2 \\ 3 & -3 \end{bmatrix}.$$

(a) Si determinino i suoi modi.
(b) Si calcoli la matrice di transizione dello stato $e^{At}$ mediante lo sviluppo di Sylvester, verificando che ogni suo elemento è una combinazione lineare dei modi.

Per la soluzione di questo esercizio si confronti l'Esempio 9.41.

**Esercizio 4.3.** È data la rappresentazione in variabili di stato di un sistema lineare e stazionario

$$\begin{cases} \begin{bmatrix} \dot{x}_1(t) \\ \dot{x}_2(t) \end{bmatrix} = \begin{bmatrix} 0 & 3 \\ 0 & -3 \end{bmatrix} \begin{bmatrix} x_1(t) \\ x_2(t) \end{bmatrix} + \begin{bmatrix} 0 & 1 \\ 3 & -1 \end{bmatrix} \begin{bmatrix} u_1(t) \\ u_2(t) \end{bmatrix} \\ y(t) = \begin{bmatrix} 2 & 0 \end{bmatrix} \begin{bmatrix} x_1(t) \\ x_2(t) \end{bmatrix} + \begin{bmatrix} 1 & 1 \end{bmatrix} \begin{bmatrix} u_1(t) \\ u_2(t) \end{bmatrix}. \end{cases}$$

(a) Dato un istante iniziale $t_0 = 2$, si determini l'evoluzione libera dello stato e dell'uscita a partire da condizioni iniziali $x_1(t_0) = 3$, $x_2(t_0) = 1$.
(b) Si determini l'evoluzione forzata dello stato e della uscita che consegue all'applicazione di un ingresso

$$\boldsymbol{u}(t) = \begin{bmatrix} 0 \\ 3\ \delta_{-1}(t) \end{bmatrix}.$$

**Esercizio 4.4.** Si verifichi che per ogni valore di $\rho \in \mathbb{R} \setminus \{0\}$ esiste una trasformazione di similitudine che permette di passare dalla rappresentazione in eq. (4.1) alla rappresentazione

$$\begin{cases} \dot{\boldsymbol{z}}(t) &= \boldsymbol{A}\boldsymbol{z}(t) + \rho \boldsymbol{B}\boldsymbol{u}(t) \\ \boldsymbol{y}(t) &= \rho^{-1}\boldsymbol{C}\boldsymbol{z}(t) + \boldsymbol{D}\boldsymbol{u}(t). \end{cases}$$

Si determini la corrispondente matrice di similitudine $\boldsymbol{P}$. Che significato fisico è possibile dare agli stati della seconda rappresentazione?

**Esercizio 4.5.** Per il sistema dell'Esercizio 4.3 si determini una trasformazione di similitudine che porti ad una rappresentazione in cui la matrice di stato è diagonale, determinando tutte le matrici della nuova rappresentazione.

**Esercizio 4.6.** Per la matrice $\boldsymbol{A}$ dell'Esercizio 4.2 si calcoli la matrice di transizione dello stato $e^{\boldsymbol{A}t}$ mediante diagonalizzazione.

**Esercizio 4.7.** Sarebbe possibile calcolare mediante diagonalizzazione la matrice di transizione dello stato per la matrice $\boldsymbol{A}_1$ data nell'Esercizio 4.1? E per la matrice $\boldsymbol{A}_2$ dello stesso esercizio?

**Esercizio 4.8. [*]** Si determini la rappresentazione in forma di Jordan delle seguenti matrici costruendo preliminarmente una matrice modale generalizzata:

$$\boldsymbol{A}_1 = \begin{bmatrix} 1 & 4 & 10 \\ 0 & 2 & 0 \\ 0 & 0 & 3 \end{bmatrix}, \quad \boldsymbol{A}_2 = \begin{bmatrix} 0 & 1 & 0 \\ 0 & 0 & 1 \\ -2 & -4 & -3 \end{bmatrix}, \quad \boldsymbol{A}_3 = \begin{bmatrix} 0 & 1 & 1 & 1 & 1 \\ 0 & 0 & 1 & 1 & 1 \\ 0 & 0 & 0 & 1 & 1 \\ 0 & 0 & 0 & 0 & 1 \\ 0 & 0 & 0 & 0 & 0 \end{bmatrix}.$$

Si verifichino i risultati ottenuti usando il comando MATLAB `jordan`.

**Esercizio 4.9.** Si considerino le matrici in Esempio 4.33. Si determinino, dapprima, gli autovalori di tali matrici, indicando per ogni autovalore la molteplicità algebrica, la molteplicità geometrica e l'indice. Si determinino, infine, il polinomio caratteristico, il polinomio minimo e i modi di ogni matrice.

**Esercizio 4.10.** Si determinino il polinomio caratteristico, il polinomio minimo e i modi delle matrici in Esempio 4.37.

**Esercizio 4.11.** [*] Sono date le matrici

$$\boldsymbol{A} = \begin{bmatrix} 1 & 2 \\ 3 & 4 \end{bmatrix}, \qquad \boldsymbol{B} = \begin{bmatrix} 1 & 1 \\ 1.5 & 2.5 \end{bmatrix}.$$

(a) Si verifichi che le matrici $\boldsymbol{A}$ e $\boldsymbol{B}$ commutano.
(b) Si calcoli, mediante lo sviluppo di Sylvester, $e^{\boldsymbol{A}t}$, $e^{\boldsymbol{B}t}$ e $e^{(\boldsymbol{A}+\boldsymbol{B})t}$.
(c) Si verifichi che vale $e^{\boldsymbol{A}t}e^{\boldsymbol{B}t} = e^{\boldsymbol{B}t}e^{\boldsymbol{A}t} = e^{(\boldsymbol{A}+\boldsymbol{B})t}$.

**Esercizio 4.12.** [*] Sia $\boldsymbol{v}_p \to \boldsymbol{v}_{p-1} \to \cdots \to \boldsymbol{v}_1$ una catena di autovettori generalizzati associata all'autovalore $\lambda$ della matrice $\boldsymbol{A}$. Si dimostri che per ogni $j = 1, \ldots, p$ vale

$$e^{\boldsymbol{A}t}\boldsymbol{v}_j = \sum_{i=0}^{j-1} \frac{t^i}{i!} e^{\lambda t} v_{j-i}.$$

Si osservi che in base a tale risultato una evoluzione di stato che parte lungo la direzione di un autovettore generalizzato $\boldsymbol{v}_j$ conterrà componenti anche lungo gli altri autovettori generalizzati della catena di ordine inferiore $\boldsymbol{v}_{j-1}, \boldsymbol{v}_{j-2}, \ldots, \boldsymbol{v}_1$.

*Suggerimento*: Si mostri preliminarmente che per ogni $j = 1, \ldots, p$ e per ogni $k \in \mathbb{N}$ vale

$$\boldsymbol{A}^k \boldsymbol{v}_j = \sum_{i=0}^{\min\{k,j-1\}} \binom{k}{i} \lambda^{k-i} v_{j-i}$$

e si sfrutti lo sviluppo in serie dell'esponenziale $e^{\boldsymbol{A}t} = \sum_{k=0}^{\infty} \frac{t^k}{k!} A^k$ per ottenere il risultato cercato.

# 5

# La trasformata di Laplace

In questo capitolo si presenta uno strumento matematico, detto *trasformata di Laplace*[1], che consente di risolvere agevolmente le equazioni differenziali lineari a coefficienti costanti e dunque trova applicazione nei più svariati campi dell'ingegneria. Nella prima sezione viene definito il concetto di trasformata e vengono calcolate per via diretta le trasformate di alcuni segnali elementari. Nella seconda sezione si presentano alcuni risultati fondamentali che consentono di acquisire dimestichezza con l'uso delle trasformate e permettono anche di determinare agevolmente la trasformata di una vasta classe di segnali: in particolare si studierà la famiglia delle rampe esponenziali, perché essa contiene i segnali di maggiore interesse nell'analisi dei sistemi. Nella terza sezione si presenta una tecnica che consente di antitrasformare in modo agevole una funzione razionale $F(s)$: l'importanza di questa classe di funzioni di $s$ nasce dal fatto che se una funzione $f(t)$ può essere scritta come combinazione lineare di rampe esponenziali, allora la sua trasformata è una funzione razionale. Infine nella quarta sezione vengono presentati alcuni esempi di uso delle trasformate di Laplace per la risoluzione di equazioni differenziali. Una tavola che riassume le trasformate dei principali segnali è riportata alla fine del capitolo.

## 5.1 Definizione di trasformata e antitrasformata di Laplace

Una tecnica spesso usata nella risoluzione di problemi matematici consiste nell'utilizzo delle trasformate. Si supponga che un dato problema possa essere descritto mediante segnali del tempo: ad esempio, questo è il caso di una equazione differenziale lineare del tipo

$$a_n y^{(n)}(t) + \cdots + a_1 \dot{y}(t) + a_0 y(t) = b_m u^{(m)}(t) + \cdots + b_1 \dot{u}(t) + b_0 u(t) \qquad (5.1)$$

che lega i segnali $y(t)$ e $u(t)$ e le loro derivate. Se la ricerca diretta di una soluzione al problema dato non è agevole, si può pensare di trasformare, mediante un operatore

[1] Pierre-Simon Laplace (Beaumont-en-Auge, Francia, 1749 - Parigi, 1827).

Giua A., Seatzu C.: Analisi dei sistemi dinamici. 2a edizione

$\mathcal{F}$, ciascuno dei segnali trasformando il problema dato in un *problema immagine* di cui sia più facile determinare la *soluzione immagine*. La soluzione immagine può poi essere antitrasformata nella soluzione cercata, mediante l'operatore inverso $\mathcal{F}^{-1}$. In generale tale procedimento funziona se esiste un legame biunivoco tra ogni segnale e la sua trasformata.

Una vasta classe di trasformate può venir descritta in termini formali come segue. Si consideri una funzione $f(t) : \mathbb{R} \to \mathbb{C}$ che ha per argomento la variabile reale $t$, e sia data una funzione $K(s,t) : \mathbb{C} \times \mathbb{R} \to \mathbb{C}$ che ha per argomento la variabile complessa $s = \alpha + j\omega$ e la variabile $t$. Si definisce *trasformata di $f(t)$ con nucleo $K(s,t)$* la funzione $F(s) : \mathbb{C} \to \mathbb{C}$ che ha per argomento la variabile complessa $s$ così definita

$$F(s) = \int_a^b f(t)K(s,t)\, dt,$$

dove $a$ e $b$ sono opportuni estremi di integrazione.

### 5.1.1 Trasformata di Laplace

La trasformata di Laplace è un caso particolare dell'operatore appena descritto, per cui valgono le seguenti ipotesi:

- si suppone che la funzione da trasformare $f(t)$ sia definita per $t \geq 0$ e sia localmente sommabile, intendendo con ciò che esista il suo integrale in ogni intervallo finito di $[0, +\infty)$;
- si scelgono come estremi di integrazione $a = 0$ e $b = +\infty$;
- si usa il nucleo $K(s,t) = e^{-st}$.

**Definizione 5.1 (Trasformata di Laplace)** *La* trasformata di Laplace *della funzione $f(t)$ della variabile reale $t$ è la funzione della variabile complessa $s$*

$$F(s) = \mathcal{L}\left[f(t)\right] = \int_0^{+\infty} f(t)e^{-st}\, dt. \tag{5.2}$$

La trasformata di Laplace di una funzione $f(t), g(t), \ldots$, si denota usualmente $\mathcal{L}\left[f(t)\right], \mathcal{L}\left[g(t)\right], \ldots$, oppure, più semplicemente, $F(s), G(s), \ldots$, usando la corrispondente lettera maiuscola.

In generale l'integrale (5.2) può essere calcolato solo per valori di $s = \alpha + j\omega$ appartenenti ad un semipiano aperto per cui vale $\text{Re}(s) = \alpha > \alpha_c$, come mostrato in Fig. 5.1. Tale semipiano è detto *regione di convergenza* e il valore $\alpha_c$ è detto *ascissa di convergenza*.

**Esempio 5.2 (Trasformata del gradino unitario)** Si consideri il gradino unitario

$$\delta_{-1}(t) = \begin{cases} 0, & \text{se } t < 0; \\ 1, & \text{se } t \geq 0. \end{cases}$$

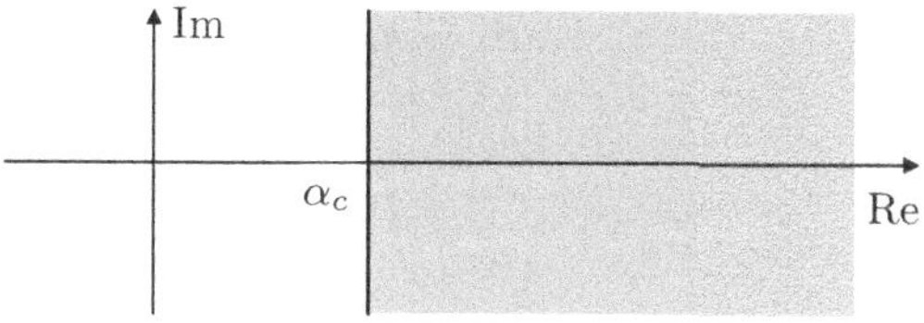


**Fig. 5.1.** Esempio di regione di convergenza nel piano complesso per la trasformata di Laplace

La trasformata di questa funzione vale

$$\begin{aligned} \Delta_{-1}(s) &= \mathcal{L}\left[\delta_{-1}(t)\right] = \int_0^{+\infty} 1 \cdot e^{-st}\, dt = \left[\frac{e^{-st}}{-s}\right]_{t=0}^{t=\infty} \\ &= \left.\frac{e^{-st}}{-s}\right|_{t=\infty} - \left.\frac{e^{-st}}{-s}\right|_{t=0} = \left.\frac{e^{-st}}{-s}\right|_{t=\infty} + \frac{1}{s}. \end{aligned}$$

La regione di convergenza per questo integrale è data dai valori di $s = \alpha + j\omega$ con $\mathrm{Re}(s) = \alpha > \alpha_c = 0$; infatti in tal caso vale

$$\left.\frac{e^{-st}}{-s}\right|_{t=\infty} = \left.\frac{e^{-\alpha t}e^{-j\omega t}}{-s}\right|_{t=\infty} = \left. e^{-\alpha t}\right|_{t=\infty} \cdot \left.\frac{e^{-j\omega t}}{-s}\right|_{t=\infty} = 0 \cdot \left.\frac{e^{-j\omega t}}{-s}\right|_{t=\infty} = 0$$

e dunque otteniamo il risultato

$$\Delta_{-1}(s) = \mathcal{L}\left[\delta_{-1}(t)\right] = \frac{1}{s}. \qquad \diamond$$

Si è detto che la funzione $F(s)$ trasformata di $f(t)$ può in genere essere calcolata solo nell'ipotesi che $s$ appartenga alla regione di convergenza. Si è soliti, tuttavia, considerare l'*estensione analitica* della $F(s)$ su tutti i punti del piano complesso dove essa è definita, e cioè anche per valori di $s$ non appartenenti alla regione di convergenza.

**Esempio 5.3** La trasformata del gradino $\Delta_{-1}(s) = 1/s$ è stata determinata nell'ipotesi che $s$ appartenga al semipiano reale positivo. Tuttavia la funzione $\Delta_{-1}(s) = 1/s$ verrà considerata come una funzione definita su quasi tutto il piano complesso, tranne ovviamente che nell'origine $s = 0$ dove $1/s$ non è definita. $\diamond$

### 5.1.2 Antitrasformata di Laplace

Dalla funzione $F(s)$ è anche possibile, invertendo l'operatore $\mathcal{L}$, rideterminare la $f(t)$.

**Definizione 5.4 (Antitrasformata di Laplace)** *Se $F(s) = \mathcal{L}[f(t)]$, il valore della funzione $f(t)$ per ogni $t \geq 0$ può essere determinato come:*

$$f(t) = \mathcal{L}^{-1}[F(s)] = \frac{1}{2\pi j} \int_{\alpha_0 - j\infty}^{\alpha_0 + j\infty} F(s) e^{st} \, ds, \tag{5.3}$$

*dove $\alpha_0$ è un qualunque valore reale che soddisfa $\alpha_0 > \alpha_c$.*

Si noti che la eq. (5.3) non viene in pratica mai usata per antitrasformare: l'interesse di questa formula è puramente teorico perché evidenzia una relazione biunivoca fra una funzione $f(t)$ (considerata solo per $t \geq 0$) e la sua trasformata $F(s)$.

È importante osservare che l'andamento della funzione $f(t)$ per valori di $t < 0$ non viene preso in conto nel calcolo della trasformata e, reciprocamente, non viene determinato dall'antitrasformata. Ciò implica che due diverse funzioni $f(t)$ e $\hat{f}(t)$ non coincidenti per $t \in (-\infty, 0)$ e coincidenti per $t \in [0, +\infty)$ hanno la stessa trasformata di Laplace. Non vi è dunque un rapporto di biunivocità tra funzione in $t$ e funzione in $s$ per ogni $t \in \mathbb{R}$ come invece si desidererebbe. Per ovviare a questo problema, si suppone che la trasformata descriva una funzione $f(t)$ che assume valori nulli per $t < 0$ e dunque l'operatore di antitrasformazione determina una funzione $f(t)$ che assume valori nulli per $t < 0$. In tal modo la relazione tra funzione $f(t)$ e trasformata $F(s)$ diventa biunivoca per ogni valore di $t \in \mathbb{R}$.

**Esempio 5.5** Si consideri la funzione costante $c(t) = 1$ per $t \in \mathbb{R}$. Questa funzione coincide con la funzione gradino unitario $\delta_{-1}(t)$ per $t \geq 0$. Dunque la sua trasformata vale

$$C(s) = \Delta_{-1}(s) = \frac{1}{s}.$$

Tuttavia antitrasformando si definirà

$$\mathcal{L}^{-1}\left[\frac{1}{s}\right] = \delta_{-1}(t) \neq c(t). \qquad \diamond$$

### 5.1.3 Trasformata di segnali impulsivi

Molti segnali di interesse nello studio dell'analisi dei sistemi sono distribuzioni, ovvero funzioni che possono presentare termini impulsivi (cfr. Appendice B). Per tenere conto della possibile presenza di termini impulsivi nell'origine, la definizione di trasformata di Laplace dovrebbe essere modificata come segue:

$$\mathcal{L}[f(t)] = \int_{0^-}^{+\infty} f(t) e^{-st} \, dt, \tag{5.4}$$

affinché non si trascuri, nel calcolo dell'integrale, l'area di tali termini.

Si tenga presente che la definizione in eq. (5.4) generalizza la definizione data in eq. (5.2): per una funzione $f(t)$ che non contiene termini impulsivi nell'origine le due definizioni sono equivalenti.

**Esempio 5.6 (Trasformata dell'impulso)** Si consideri la funzione di Dirac $\delta(t)$. In base alla Proposizione B.9 la trasformata di questa funzione vale

$$\Delta(s) = \mathcal{L}[\delta(t)] = \int_{0^-}^{+\infty} \delta(t)e^{-st}\, dt = e^{-st}\Big|_{t=0} = 1. \qquad \diamond$$

Nel resto di questo capitolo si userà quasi sempre l'espressione in eq. (5.2) tranne che in pochi casi (teorema della derivata e teorema del valore iniziale) in cui è essenziale mettere in evidenza il comportamento della funzione nell'origine.

L'uso della eq. (5.2) e della eq. (5.3) per calcolare trasformate e antitrasformate non è agevole. In pratica, per trasformare i segnali di interesse ci si limita a considerare le trasformate di Laplace di alcuni segnali canonici che esauriscono i casi di maggiore interesse, mentre per antitrasformare si scompone una funzione $F(s)$ in un somma di funzioni elementari la cui antitrasformata può immediatamente essere determinata.

### 5.1.4 Calcolo della trasformata della funzione esponenziale

Terminiamo infine questa sezione introduttiva con il calcolo della trasformata di Laplace di un particolare segnale, la *funzione esponenziale* che è definita in funzione del parametro $a \in \mathbb{C}$ come

$$e^{at}\delta_{-1}(t) = \begin{cases} 0 & \text{se } t < 0, \\ e^{at} & \text{se } t \geq 0. \end{cases}$$

**Proposizione 5.7** *La trasformata di Laplace della funzione esponenziale vale*

$$\mathcal{L}\left[e^{at}\delta_{-1}(t)\right] = \frac{1}{s-a}. \tag{5.5}$$

*Dimostrazione.* Il calcolo della trasformata vale

$$\begin{aligned} \mathcal{L}\left[e^{at}\delta_{-1}(t)\right] &= \int_0^{+\infty} e^{at}e^{-st}\, dt = \int_0^{+\infty} e^{(a-s)t}\, dt \\ &= \left[\frac{e^{(a-s)t}}{a-s}\right]_{t=0}^{t=\infty} = \left.\frac{e^{(a-s)t}}{a-s}\right|_{t=\infty} + \frac{1}{s-a} = \frac{1}{s-a}, \end{aligned}$$

avendo posto $e^{(a-s)t}\big|_{t=\infty} = 0$ nell'ipotesi che valga $\mathrm{Re}(a-s) < 0$ ovvero $\mathrm{Re}(s) > \mathrm{Re}(a)$. L'ascissa di convergenza per tale funzione vale $\alpha_c = \mathrm{Re}(a)$. □

Come caso particolare, se $a = 0$ la funzione esponenziale coincide con il gradino unitario. In tal caso, si verifica che posto $a = 0$ nella eq. (5.5) si ottiene appunto la trasformata del gradino unitario $1/s$.

## 5.2 Proprietà fondamentali delle trasformate di Laplace

Si presentano ora alcuni risultati fondamentali che caratterizzano le trasformate di Laplace. In particolare essi consentono anche di determinare in modo agevole le trasformate di Laplace di tutti i segnali di interesse senza dover risolvere l'integrale che definisce tale trasformata. La tavola alla fine del capitolo riassume le trasformate di alcune funzioni notevoli.

### 5.2.1 Proprietà di linearità

**Proposizione 5.8** *Se* $f(t) = c_1 f_1(t) + c_2 f_2(t)$ *la sua trasformata di Laplace vale:*

$$\begin{aligned} F(s) &= \mathcal{L}\left[f(t)\right] = \mathcal{L}\left[c_1 f_1(t) + c_2 f_2(t)\right] = c_1 \; \mathcal{L}\left[f_1(t)\right] + c_2 \; \mathcal{L}\left[f_2(t)\right] \\ &= c_1 \; F_1(s) + c_2 \; F_2(s). \end{aligned}$$

*Dimostrazione.* Deriva immediatamente dalla Definizione 5.1 essendo l'integrale un operatore lineare. □

Grazie a questa proprietà è possibile usare la trasformata della funzione esponenziale per calcolare, ad esempio, la trasformata delle funzioni sinusoidali.

**Esempio 5.9 (Trasformata di seno e coseno)** La trasformata della funzione coseno vale

$$\begin{aligned} \mathcal{L}\left[\cos(\omega t)\delta_{-1}(t)\right] &= \mathcal{L}\left[\frac{e^{j\omega t} + e^{-j\omega t}}{2}\delta_{-1}(t)\right] \\ &= \frac{1}{2}\;\mathcal{L}\left[e^{j\omega t}\delta_{-1}(t)\right] + \frac{1}{2}\;\mathcal{L}\left[e^{-j\omega t}\delta_{-1}(t)\right] \\ &= \frac{1}{2}\;\frac{1}{s - j\omega} + \frac{1}{2}\;\frac{1}{s + j\omega} = \frac{1}{2}\;\frac{s + j\omega}{s^2 + \omega^2} + \frac{1}{2}\;\frac{s - j\omega}{s^2 + \omega^2} \\ &= \frac{s}{s^2 + \omega^2}, \end{aligned}$$

essendo $e^{\pm j\omega t}$ un caso particolare della funzione esponenziale per $a = \pm j\omega$.

Un analogo ragionamento vale per la funzione seno, la cui trasformata vale

$$\begin{aligned} \mathcal{L}\left[\sin(\omega t)\delta_{-1}(t)\right] &= \mathcal{L}\left[\frac{e^{j\omega t} - e^{-j\omega t}}{2j}\delta_{-1}(t)\right] \\ &= \frac{1}{2j}\;\mathcal{L}\left[e^{j\omega t}\delta_{-1}(t)\right] - \frac{1}{2j}\;\mathcal{L}\left[e^{-j\omega t}\delta_{-1}(t)\right] \\ &= \frac{1}{2j}\;\frac{1}{s - j\omega} - \frac{1}{2j}\;\frac{1}{s + j\omega} = \frac{1}{2j}\;\frac{s + j\omega}{s^2 + \omega^2} - \frac{1}{2j}\;\frac{s - j\omega}{s^2 + \omega^2} \\ &= \frac{\omega}{s^2 + \omega^2}. \end{aligned}$$

◇

### 5.2.2 Teorema della derivata in $s$

**Teorema 5.10.** *Data la funzione $f(t)$ con trasformata di Laplace $F(s)$, la trasformata della funzione $tf(t)$ vale:*

$$\mathcal{L}[tf(t)] = -\frac{d}{ds}F(s).$$

*Dimostrazione.* Si osservi, per prima cosa, che vale $\frac{d}{ds}e^{-st} = -te^{-st}$.

Dunque la trasformata della funzione $tf(t)$ vale per definizione

$$\begin{aligned}\mathcal{L}[tf(t)] &= \int_0^\infty tf(t)e^{-st}dt = \int_0^\infty f(t)\left(-\frac{d}{ds}e^{-st}\right)dt \\ &= -\frac{d}{ds}\int_0^\infty f(t)e^{-st}dt = -\frac{d}{ds}F(s),\end{aligned}$$

avendo scambiato fra loro l'operatore di derivata e di integrale. □

In base a questo risultato, *moltiplicare per $t$* nel dominio del tempo corrisponde a *derivare rispetto a $s$* (cambiando di segno) nel dominio della variabile di Laplace.

Il precedente risultato consente in modo agevole di determinare la trasformata di Laplace di una importante famiglia di funzioni: le *rampe esponenziali* (o *cisoidi*) che sono definite mediante due parametri $a \in \mathbb{C}$ e $k \in \mathbb{N}$ come

$$\frac{t^k}{k!}e^{at}\delta_{-1}(t) = \begin{cases} 0 & \text{se } t < 0, \\ \frac{t^k}{k!}e^{at} & \text{se } t \geq 0. \end{cases}$$

**Proposizione 5.11 (Trasformata della rampa esponenziale)** *La trasformata di Laplace di una rampa esponenziale vale*

$$\mathcal{L}\left[\frac{t^k}{k!}e^{at}\delta_{-1}(t)\right] = \frac{1}{(s-a)^{k+1}}. \tag{5.6}$$

*Dimostrazione.* Si dimostra facilmente per induzione.

*(Passo iniziale)* Si noti che per $k = 0$ la rampa esponenziale coincide con la funzione esponenziale precedentemente definita. Dunque in tal caso la eq. (5.6) diventa

$$\mathcal{L}\left[e^{at}\delta_{-1}(t)\right] = \frac{1}{(s-a)},$$

che è vera in base alla eq. (5.5).

*(Passo induttivo)* Si supponga che la eq. (5.6) sia vera per $k-1$. Dimostriamo che essa è vera anche per $k$. Infatti sfruttando il teorema della derivata in $s$ si

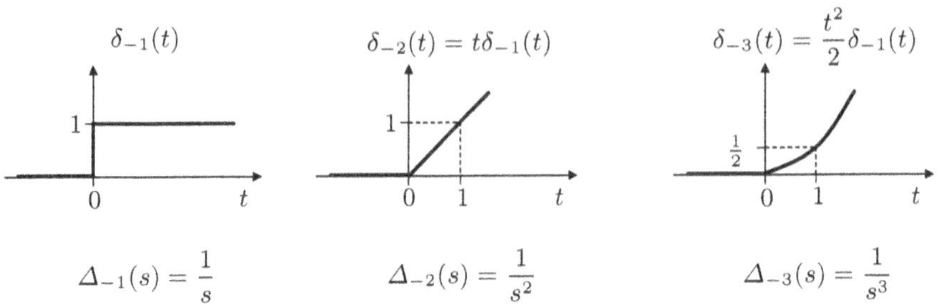


**Fig. 5.2.** Le funzioni a rampa per $k = 0, 1, 2$

ottiene con semplici passaggi

$$\begin{aligned}\mathcal{L}\left[\frac{t^k}{k!}\, e^{at}\delta_{-1}(t)\right] &= \mathcal{L}\left[\frac{t}{k}\frac{t^{k-1}}{(k-1)!}\, e^{at}\delta_{-1}(t)\right] = \frac{1}{k}\mathcal{L}\left[t\frac{t^{k-1}}{(k-1)!}\, e^{at}\delta_{-1}(t)\right] \\ &= \frac{1}{k}\left(-\frac{d}{ds}\mathcal{L}\left[\frac{t^{k-1}}{(k-1)!}\, e^{at}\delta_{-1}(t)\right]\right) \\ &= \frac{1}{k}\left(-\frac{d}{ds}\frac{1}{(s-a)^k}\right) = \frac{1}{k}\frac{k}{(s-a)^{k+1}} = \frac{1}{(s-a)^{k+1}}. \qquad \square\end{aligned}$$

La rampa esponenziale è rappresentativa di una vasta classe di funzioni.

**Esempio 5.12** Si consideri la famiglia delle rampe esponenziali per cui vale $a = 0$ e $k = 0, 1, 2, \ldots$. Si ottiene la famiglia delle *funzioni a rampa*, costituita dal gradino unitario $\delta_{-1}(t)$ e dai suoi integrali successivi: la rampa lineare

$$\delta_{-2}(t) = t\delta_{-1}(t),$$

la rampa quadratica

$$\delta_{-3}(t) = \frac{t^2}{2}\delta_{-1}(t),$$

ecc., come mostrato in Fig. 5.2. ◇

Più in genere la proprietà di linearità consente di determinare in modo agevole la trasformata di funzioni che possono essere scritte come combinazione lineare di rampe.

**Esempio 5.13** Si consideri la funzione il cui grafico è tracciato in Fig. 5.3. Tale funzione può essere vista come la somma di un gradino di ampiezza $a$ e di una rampa lineare di pendenza $b$, ovvero può porsi

$$f(t) = (a + bt)\delta_{-1}(t) = a\delta_{-1}(t) + bt\delta_{-1}(t).$$

La trasformata di tale funzione vale dunque

$$F(s) = a\mathcal{L}[\delta_{-1}(t)] + b\mathcal{L}[t\delta_{-1}(t)] = \frac{a}{s} + \frac{b}{s^2}. \qquad \diamond$$

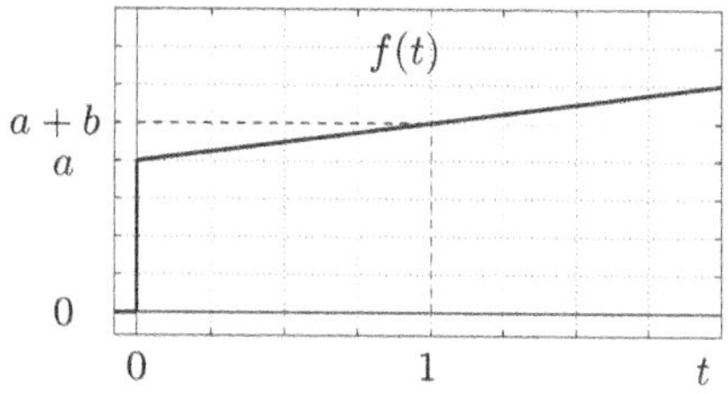


**Fig. 5.3.** Grafico della funzione $f(t) = (a + bt)\delta_{-1}(t)$

### 5.2.3 Teorema della derivata nel tempo

**Teorema 5.14.** *Data la funzione $f(t)$ con trasformata di Laplace $F(s)$, vale:*

$$\mathcal{L}\left[\frac{d}{dt}f(t)\right] = sF(s) - f(0).$$

*Nel caso in cui la funzione $f(t)$ sia discontinua nell'origine si deve intendere $f(0)$ come $f(0^-)$.*

*Dimostrazione.* La trasformata della funzione $f(t)$ vale per definizione[2]

$$F(s) = \int_{0^-}^{\infty} f(t)e^{-st}dt$$

e, integrando per parti e supposto che $\text{Re}(s) > \alpha_c$, otteniamo

$$F(s) = \left[\frac{f(t)e^{-st}}{-s}\right]_{t=0^-}^{t=\infty} + \frac{1}{s}\int_{0^-}^{\infty}\left(\frac{d}{dt}f(t)\right)e^{-st}dt = 0 + \frac{f(0^-)}{s} + \frac{\mathcal{L}\left[\frac{d}{dt}f(t)\right]}{s}$$

da cui si ottiene immediatamente il risultato cercato. Chiaramente se $f(t)$ è continua nell'origine vale $f(0^-) = f(0^+) = f(0)$. □

In base a questo risultato, *derivare rispetto a $t$* nel dominio del tempo corrisponde a *moltiplicare per $s$* nel dominio della variabile di Laplace.

Si noti che benché per il calcolo della trasformata di una funzione $f(t)$ siano importanti solo i valori assunti per $t \geq 0$, il valore assunto dalla funzione in $f(0^-)$ è importante per determinare la sua derivata e la corrispondente trasformata. Il seguente esempio chiarisce questo concetto.

[2] Si osservi che se la funzione $f(t)$ fosse discontinua nell'origine, la sua derivata conterrebbe un termine impulsivo; per tenere conto di questa eventualità si usa la definizione di trasformata data in eq. (5.4).

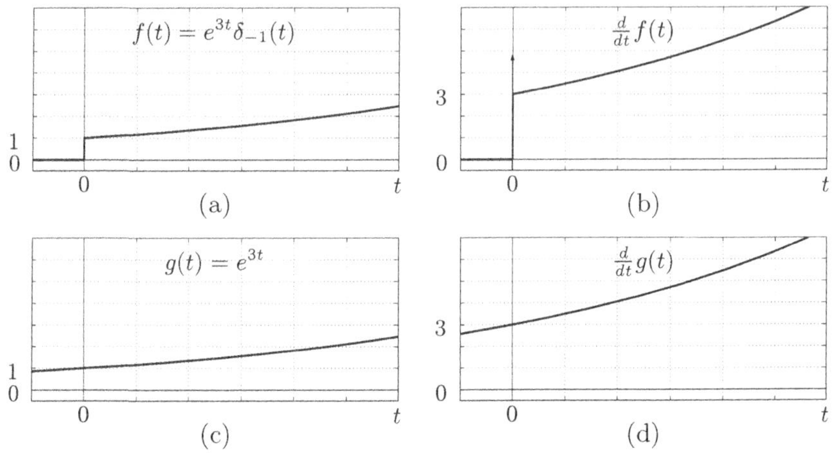


**Fig. 5.4.** **(a)** La funzione $f(t) = e^{3t}\delta_{-1}(t)$; **(b)** la sua derivata $\frac{d}{dt}f(t) = \delta(t)+3e^{3t}\delta_{-1}(t)$; **(c)** La funzione $g(t) = e^{3t}$; **(d)** la sua derivata $\frac{d}{dt}g(t) = 3e^{3t}$

**Esempio 5.15** Si consideri la funzione $f(t) = e^{3t}\delta_{-1}(t)$ mostrata in Fig. 5.4.a la cui trasformata di Laplace vale $F(s) = 1/(s-3)$. Tale funzione non è continua nell'origine poiché $f(0^-) = 0$ mentre $f(0^+) = 1$. Vale dunque

$$\mathcal{L}\left[\frac{d}{dt}f(t)\right] = sF(s) - f(0^-) = sF(s) - 0 = \frac{s}{(s-3)}.$$

Ciò può verificarsi immediatamente. La derivata della $f(t)$ vale infatti[3]

$$\frac{d}{dt}f(t) = \delta(t) + 3e^{3t}\delta_{-1}(t).$$

Tale funzione è mostrata in Fig. 5.4.b, dove l'impulso nell'origine è indicato da una freccia. Trasformando si ottiene come previsto

$$\mathcal{L}\left[\frac{d}{dt}f(t)\right] = \mathcal{L}\left[\delta(t)\right] + \mathcal{L}\left[3e^{3t}\delta_{-1}(t)\right] = 1 + \frac{3}{s-3} = \frac{s}{s-3}.$$

Si consideri adesso la funzione $g(t) = e^{3t}$ mostrata in Fig. 5.4.c, che coincide, per $t \geq 0$ con $f(t)$ e che ha dunque identica trasformata $G(s) = F(s) = 1/(s-3)$. Tale funzione è continua nell'origine poiché $g(0^-) = g(0^+) = 1$.

Vale dunque

$$\mathcal{L}\left[\frac{d}{dt}g(t)\right] = sG(s) - g(0) = sG(s) - 1 = \frac{s}{s-3} - 1 = \frac{3}{s-3}.$$

[3]Si ricordi la regola data in Appendice B (cfr. § B.2) per il calcolo della derivata di una funzione con discontinuità.

Ciò può verificarsi immediatamente. La derivata della $g(t)$ vale infatti

$$\frac{d}{dt}g(t) = 3e^{3t},$$

e tale funzione è mostrata in Fig. 5.4.d. Trasformando si ottiene come previsto

$$\mathcal{L}\left[\frac{d}{dt}g(t)\right] = \mathcal{L}\left[3e^{3t}\right] = \frac{3}{s-3}. \qquad \diamond$$

Il teorema della derivata può anche essere generalizzato al calcolo delle derivate di ordine superiore al primo.

**Proposizione 5.16** *Data la funzione $f(t)$ con trasformata di Laplace $F(s)$, sia $f^{(i)}(t)$ la sua derivata i-ma rispetto al tempo per $i = 0, \ldots, n$. Vale:*

$$\begin{aligned}\mathcal{L}\left[f^{(n)}(t)\right] &= s^n F(s) - s^{n-1}f(0) - s^{n-2}\dot{f}(0) + \cdots - sf^{(n-2)}(0) - f^{(n-1)}(0)\\ &= s^n F(s) - \sum_{i=0}^{n-1} s^{n-1-i} f^{(i)}(0).\end{aligned}$$

*Nel caso in cui la funzione $f^{(i)}(t)$ sia discontinua nell'origine si deve intendere $f^{(i)}(0)$ come $f^{(i)}(0^-)$, per $i = 0, \ldots, n-1$.*

*Dimostrazione.* Si dimostra per ripetuta applicazione del teorema della derivata poiché

$$\begin{aligned}\mathcal{L}\left[f^{(n)}(t)\right] &= s\,\mathcal{L}\left[f^{(n-1)}(t)\right] - f^{(n-1)}(0)\\ &= s^2\mathcal{L}\left[f^{(n-2)}(t)\right] - sf^{(n-2)}(0) - f^{(n-1)}(0)\\ &= \cdots\end{aligned}$$

e in $n$ passi si ottiene il risultato cercato. □

**Esempio 5.17** Si consideri la funzione $f(t) = 2t\delta_{-1}(t)$ mostrata in Fig. 5.5 la cui derivata prima vale $g(t) = \dot{f}(t) = 2\delta_{-1}(t)$ e la cui derivata seconda vale $h(t) = \ddot{f}(t) = 2\delta(t)$. La funzione $f(t)$ è dunque una rampa lineare di pendenza 2, la sua derivata prima è una gradino di ampiezza 2 e la sua derivata seconda è un impulso di area 2.

In base alle formule già precedentemente determinate (cfr. la tavola alla fine del capitolo) è immediato verificare che le trasformate di tali funzioni valgono rispettivamente

$$F(s) = \frac{2}{s^2}, \qquad G(s) = \frac{2}{s}, \qquad H(s) = 2.$$

Si verifichino i valori di $G(s)$ e $H(s)$ applicando il teorema della derivata. Poiché $g(t)$ è la derivata prima di $f(t)$ vale

$$G(s) = sF(s) - f(0) = s\frac{2}{s^2} - 0 = \frac{2}{s}.$$

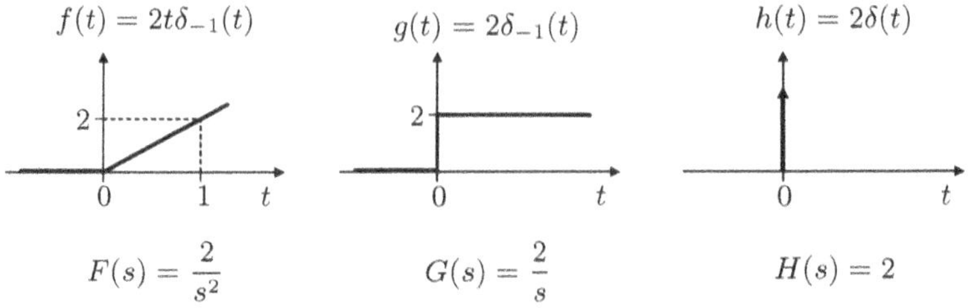


**Fig. 5.5.** La funzione $f(t) = 2t\delta_{-1}(t)$, la sua derivata prima $g(t)$ e la sua derivata seconda $h(t)$

Poiché $h(t)$ è la derivata seconda di $f(t)$ vale

$$H(s) = s^2 F(s) - sf(0) - \dot{f}(0^-) = s^2 \frac{2}{s^2} - 0 - 0 = 2,$$

dove essendo la funzione $g(t) = \dot{f}(t)$ discontinua in $t = 0$ è necessario specificare che il valore iniziale è quello assunto in $0^-$. ◇

### 5.2.4 Teorema dell'integrale nel tempo

**Teorema 5.18.** *Data la funzione $f(t)$ con trasformata di Laplace $F(s)$, vale:*

$$\mathcal{L}\left[\int_0^t f(\tau)d\tau\right] = \frac{F(s)}{s}.$$

*Dimostrazione.* Se $g(t) = \int_0^t f(\tau)d\tau$, chiaramente $\frac{d}{dt}g(t) = f(t)$ e $g(0) = 0$. Detta $G(s) = \mathcal{L}[g(t)]$, in base al teorema della derivata vale $F(s) = sG(s) - g(0)$ da cui si ottiene immediatamente il risultato cercato. □

In base a questo risultato *integrare rispetto a t nel dominio del tempo corrisponde a dividere per s nel dominio della variabile di Laplace.* Si noti la dualità di tale risultato rispetto al teorema della derivata.

**Esempio 5.19** Si consideri la funzione $f(t) = t\delta_{-1}(t)$ la cui trasformata di Laplace vale $F(s) = 1/s^2$. Vale dunque

$$\mathcal{L}\left[\int_0^t f(\tau)d\tau\right] = \frac{F(s)}{s} = \frac{1}{s^3}.$$

Ciò può verificarsi immediatamente. L'integrale della $f(t)$ vale infatti per $t \geq 0$:

$$\int_0^t f(\tau)d\tau = \int_0^t t d\tau = \frac{t^2}{2}$$

e trasformando si ottiene come previsto

$$\mathcal{L}\left[\int_0^t f(\tau)d\tau\right] = \mathcal{L}\left[\frac{t^2}{2}\right] = \frac{1}{s^3}.$$

◇

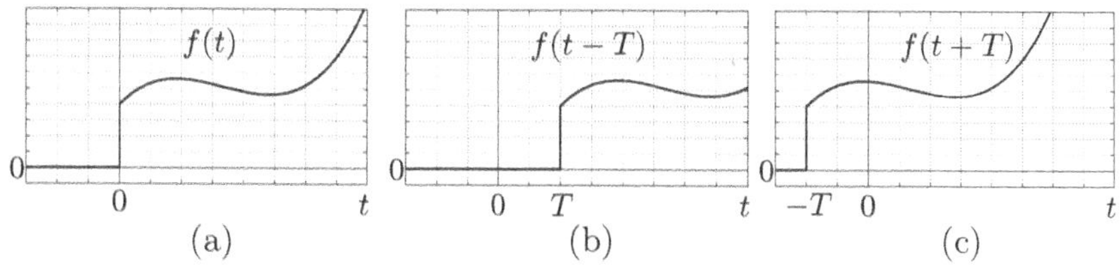


**Fig. 5.6.** **(a)** Una funzione $f(t)$; **(b)** la funzione $f(t-T)$ traslata in avanti di $T$; **(c)** la funzione $f(t+T)$ traslata all'indietro di $T$

### 5.2.5 Teorema della traslazione nel tempo

**Teorema 5.20.** *Sia $f(t)$ una funzione con trasformata di Laplace $F(s)$ e sia $f(t-T)$, con $T > 0$, una funzione ottenuta dalla $f(t)$ per traslazione "in avanti" nel tempo. Vale*

$$\mathcal{L}\left[f(t-T)\right] = e^{-Ts}\, F(s). \tag{5.7}$$

*Dimostrazione.* La trasformata della funzione $f(t-T)$ vale per definizione

$$F(s) = \int_0^\infty f(t-T)e^{-st}dt = \int_T^\infty f(t-T)e^{-st}dt$$

essendo $f(t-T)$ nulla per $t < T$. Con un semplice cambiamento di variabile, posto $\theta = t - T$, otteniamo

$$F(s) = \int_0^\infty f(\theta)e^{-s(\theta+T)}d\theta = e^{-Ts} \int_0^\infty f(\theta)e^{-s\theta}d\theta = F(s)\; e^{-Ts}. \qquad \square$$

In base a questo risultato, *traslare in avanti di una quantità* $T > 0$ nel dominio del tempo corrisponde a *moltiplicare per* $e^{-Ts}$ nel dominio della variabile di Laplace. Il fattore $e^{-Ts}$ che compare nella eq. (5.7) rappresenta un *elemento di ritardo* (cfr. Capitolo 6, § 6.3.9).

Osserviamo che qualora $f(t)$ non sia nulla tra 0 e $T$, il teorema non può essere applicato per traslazione "all'indietro" nel tempo, cioè per calcolare la trasformata della funzione $f(t+T)$ con $T > 0$: in tal caso, infatti, la $f(t+T)$ non sarebbe identicamente nulla per $t < 0$. Si veda per maggior chiarezza la Fig. 5.6.

Alla luce di questo teorema, è agevole calcolare la trasformata di Laplace di funzioni che possono scriversi come combinazione lineare di segnali elementari anche traslati nel tempo.

**Esempio 5.21** La funzione $f(t)$ in Fig. 5.7 si può pensare come la somma di tre funzioni elementari:

- $f_1(t) = k\delta_{-1}(t)$: un gradino di ampiezza $k$ applicato in $t = 0$, perché la funzione parte con valore $f(0) = k$;
- $f_2(t) = -k\ t\ \delta_{-1}(t)$: una rampa lineare di pendenza $-k$ applicata in $t = 0$, perché la funzione decresce tra 0 e 1 con pendenza $-k$;

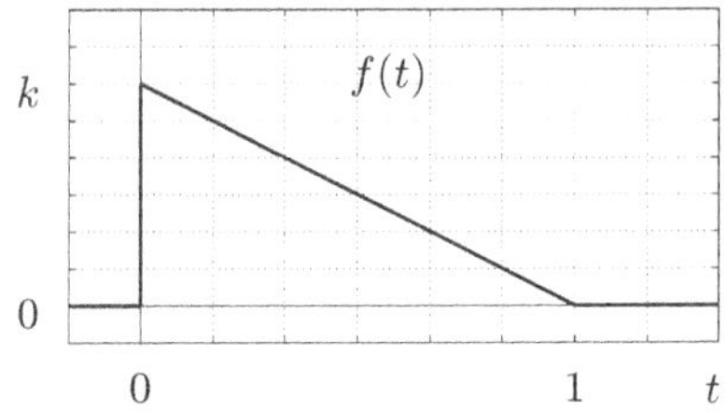


**Fig. 5.7.** Una funzione combinazione lineare di più funzioni elementari traslate

- $f_3(t) = k\,(t-1)\,\delta_{-1}(t-1)$: una rampa lineare di pendenza $k$ applicata in $t = 1$, che controbilancia per $t \geq 1$ il contributo della rampa precedente affinché la funzione resti costante.

Dunque vale

$$f(t) = f_1(t) + f_2(t) + f_3(t) = k\delta_{-1}(t) - kt\delta_{-1}(t) + k(t-1)\delta_{-1}(t-1)$$

e trasformando a termine a termine otteniamo

$$F(s) = \frac{k}{s} - \frac{k}{s^2} + \frac{k}{s^2}\,e^{-s}. \qquad \diamond$$

Concludiamo infine questo paragrafo mostrando come sia possibile calcolare la trasformata di un segnale che per $t \geq 0$ è periodico di periodo $T$, cioè tale che valga $f(t+T) = f(t)$.

**Proposizione 5.22 (Trasformata di una funzione periodica)** *Sia $f(t)$ una funzione periodica per $t \geq 0$ con periodo $T$. Chiameremo* funzione di base *di $f(t)$ la funzione*

$$f_0(t) = \begin{cases} f(t) & \text{se } t \in [0,T) \\ 0 & \text{altrove} \end{cases}$$

*che coincide con $f(t)$ nel primo periodo e vale 0 altrove. Siano $F(s)$ e $F_0(s)$ le trasformate, rispettivamente, di $f(t)$ e di $f_0(t)$. Vale*

$$F(s) = \frac{F_0(s)}{1 - e^{-Ts}}.$$

*Dimostrazione.* È facile vedere che vale

$$f(t) = f_0(t) + f_0(t-T) + f_0(t-2T) + \cdots = \sum_{i=0}^{\infty} f_0(t-iT)$$

e dunque

$$F(s) = \sum_{i=0}^{\infty} \mathcal{L}\left[f_0(t-iT)\right] = \sum_{i=0}^{\infty} F_0(s)\,e^{-iTs} = F_0(s)\sum_{i=0}^{\infty} e^{-iTs} = \frac{F_0(s)}{1-e^{-Ts}}. \qquad \square$$

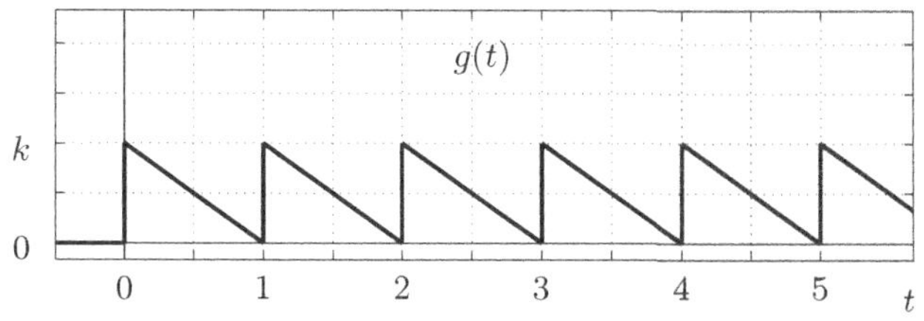


**Fig. 5.8.** Una funzione periodica per $t \geq 0$

**Esempio 5.23** La funzione $g(t)$ in Fig. 5.8 è periodica di periodo 1 per $t \geq 0$. Inoltre, la funzione di base di $g(t)$ è la funzione $f(t)$ in Fig. 5.7, la cui trasformata $F(s)$ è stata calcolata nel precedente esercizio. Dunque vale

$$G(s) = \frac{F(s)}{1-e^{-s}} = \frac{1}{1-e^{-s}}\left(\frac{k}{s} - \frac{k}{s^2} + \frac{k}{s^2}\,e^{-s}\right). \qquad \diamond$$

### 5.2.6 Teorema della traslazione in $s$

**Teorema 5.24.** *Sia $f(t)$ una funzione con trasformata di Laplace $F(s)$ e sia $a \in \mathbb{C}$ un numero complesso. Vale*

$$\mathcal{L}\left[e^{at}f(t)\right] = F(s-a). \tag{5.8}$$

*Dimostrazione.* La trasformata della funzione $e^{at}f(t)$ vale per definizione

$$\mathcal{L}\left[e^{at}f(t)\right] = \int_0^{\infty} e^{at}f(t)e^{-st}dt = \int_0^{\infty} f(t)e^{-(s-a)t}dt.$$

Con un semplice cambiamento di variabile, posto $\sigma = s - a$, otteniamo

$$\mathcal{L}\left[e^{at}f(t)\right] = \int_0^{\infty} f(t)e^{-\sigma t}dt = F(\sigma) = F(s-a). \qquad \square$$

Si noti che la funzione $F(s-a)$ è una funzione ottenuta dalla $F(s)$ per traslazione[4] di una quantità pari ad $a$ nel dominio della variabile complessa $s$. In base a questo risultato, *moltiplicare per $e^{at}$* nel dominio del tempo corrisponde a *traslare di una quantità pari ad $a$* nel dominio della variabile di Laplace.

**Esempio 5.25** Si desidera calcolare la trasformata di Laplace della funzione $f(t) = e^{at}\cos(\omega t)\delta_{-1}(t)$ che, come visto nel Capitolo 4, corrisponde ad un modo pseudo-periodico. Poiché la trasformata della funzione $\cos(\omega t)\delta_{-1}(t)$ vale (cfr.

[4]Nella prossima sezione verrà introdotto il concetto di polo e zero di una funzione $F(s)$. Si verifica che ad ogni polo $p = \alpha + j\omega$ della funzione $F(s)$ corrisponde un polo $\hat{p} = p + a = (\alpha + \mathrm{Re}(a)) + j(\omega + \mathrm{Im}(a))$ della funzione $F(s-a)$. Un simile discorso vale anche per gli zeri della $F(s)$.

tavola alla fine del capitolo)

$$\frac{s}{s^2+\omega^2}$$

e, sostituendo $s$ con $s-a$ in base al precedente teorema, si ricava immediatamente

$$\mathcal{L}\left[e^{at}\cos(\omega t)\delta_{-1}(t)\right]=\frac{s-a}{(s-a)^2+\omega^2}.$$

In modo analogo, poiché la trasformata della funzione $\sin(\omega t)\delta_{-1}(t)$ vale

$$\frac{\omega}{s^2+\omega^2}$$

si ricava che vale

$$\mathcal{L}\left[e^{at}\sin(\omega t)\delta_{-1}(t)\right]=\frac{\omega}{(s-a)^2+\omega^2}.$$

◇

### 5.2.7 Teorema della convoluzione

**Teorema 5.26.** *Siano $f(t)$ e $g(t)$ due funzioni tali che $f(t)=g(t)=0$ per $t<0$. La trasformata di Laplace della loro convoluzione*

$$h(t)=f*g(t)=\int_{-\infty}^{+\infty}f(\tau)g(t-\tau)d\tau=\int_{-\infty}^{+\infty}f(t-\tau)g(\tau)d\tau \tag{5.9}$$

*vale*

$$H(s)=\mathcal{L}\left[h(t)\right]=\mathcal{L}\left[f(t)\right]\mathcal{L}\left[g(t)\right]=F(s)G(s). \tag{5.10}$$

*Dimostrazione.* Si considera solo la prima delle due espressioni della $h(t)$ per semplicità, ma quanto si dirà vale per entrambe le espressioni.

Per prima cosa si osservi che è possibile dare una espressione del tutto equivalente alla prima espressione in eq. (5.9):

$$h(t)=\int_{-\infty}^{+\infty}f(\tau)g(t-\tau)d\tau=\int_{0}^{+\infty}f(\tau)g(t-\tau)d\tau,$$

essendo $f(t)=0$ per $t<0$.

In base alla definizione di trasformata vale pertanto

$$\begin{aligned}\mathcal{L}\left[h(t)\right] &= \int_0^{+\infty}h(t)e^{-st}\,dt=\int_0^{+\infty}\left(\int_0^{+\infty}f(\tau)g(t-\tau)d\tau\right)e^{-st}\,dt\\ &= \int_0^{+\infty}f(\tau)\left(\int_0^{+\infty}g(t-\tau)e^{-st}\,dt\right)d\tau\\ &= \int_0^{+\infty}f(\tau)e^{-s\tau}\left(\int_0^{+\infty}g(t-\tau)e^{-s(t-\tau)}\,dt\right)d\tau\\ &= \int_0^{+\infty}f(\tau)\mathcal{L}\left[g(t-\tau)\right]d\tau=\int_0^{+\infty}f(\tau)e^{-s\tau}d\tau\;\mathcal{L}\left[g(t)\right]\\ &= \mathcal{L}\left[f(t)\right]\mathcal{L}\left[g(t)\right]=F(s)G(s),\end{aligned}$$

dove nel terzo passaggio si è scambiato l'ordine di integrazione, nel quarto si è moltiplicato per il fattore $e^{-s\tau}e^{s\tau} = 1$ e nel sesto si è usato il teorema della traslazione nel tempo, che può essere applicato poiché essendo $\tau \in [0, +\infty)$ la $g(t-\tau)$ è la funzione $g(t)$ traslata in avanti di $\tau$. □

Tale risultato è di fondamentale importanza nell'analisi dei sistemi. Si è infatti visto come grazie all'integrale di Duhamel l'evoluzione forzata dell'uscita di un sistema possa essere scritta come la convoluzione dell'ingresso con la risposta impulsiva. Grazie a questo teorema il complicato calcolo di un *integrale di convoluzione fra due funzioni* si riduce, grazie alla trasformata di Laplace, nel semplice calcolo di un *prodotto fra due funzioni.*

### 5.2.8 Teorema del valore finale

Il seguente teorema consente, sotto alcune condizioni, di determinare il valore finale di una funzione $f(t)$ di cui è nota la trasformata $F(s)$ senza dover antitrasformare.

**Teorema 5.27.** *Sia $f(t)$ una funzione con trasformata di Laplace $F(s)$. Se esiste finito il $\lim_{t\to\infty} f(t)$ allora*

$$\lim_{t\to\infty} f(t) = \lim_{s\to 0} sF(s).$$

*Dimostrazione.* In base al teorema della derivata vale $\mathcal{L}\left[\frac{d}{dt}f(t)\right] = sF(s) - f(0)$. Dunque vale anche:

$$\begin{aligned}\lim_{s\to 0} sF(s) - f(0) &= \lim_{s\to 0} \mathcal{L}\left[\frac{d}{dt}f(t)\right] = \lim_{s\to 0} \int_0^\infty \left(\frac{d}{dt}f(t)\right) e^{-st}dt \\ &= \int_0^\infty \frac{d}{dt}f(t)dt = \lim_{t\to\infty} f(t) - f(0),\end{aligned}$$

da cui, confrontando primo e ultimo membro, si ottiene il risultato cercato. □

**Esempio 5.28** Si consideri la funzione

$$F(s) = \frac{2}{s} - \frac{1}{s+3} = \frac{s+6}{s(s+3)},$$

che è la trasformata della funzione $f(t) = (2 - e^{-3t})\delta_{-1}(t)$ mostrata in Fig. 5.9. Si verifica facilmente che vale

$$\lim_{s\to 0} sF(s) = \lim_{s\to 0} \frac{s+6}{s+3} = 2 = \lim_{t\to\infty} f(t). \qquad \diamond$$

Si noti che per poter applicare il precedente teorema occorre essere sicuri che il valore finale esista finito altrimenti si ottengono risultati non corretti.

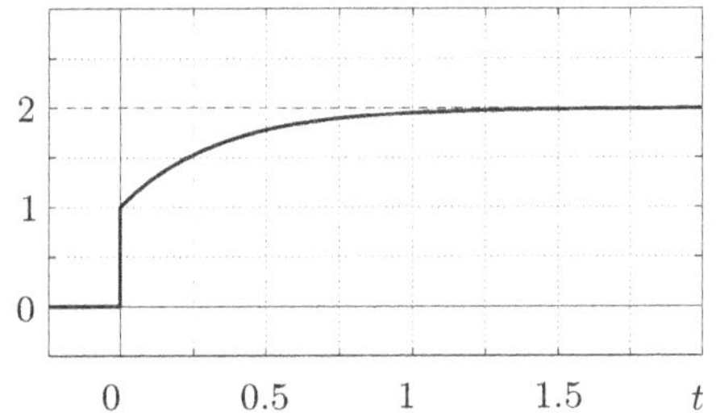


**Fig. 5.9.** La funzione $(2 - e^{-3t})\delta_{-1}(t)$

**Esempio 5.29** Si consideri la funzione $f(t) = (1 + e^t)\delta_{-1}(t)$ la cui trasformata vale

$$F(s) = \frac{1}{s} + \frac{1}{s-1} = \frac{2s-1}{s(s-1)}.$$

Il teorema del valore finale non è applicabile, poiché $\lim_{t\to\infty} f(t) = +\infty$. In tal caso vale

$$\lim_{s\to 0} sF(s) = \lim_{s\to 0} \frac{2s-1}{s-1} = 1,$$

ma questo valore non coincide con il valore finale. ◇

**Esempio 5.30** Si consideri la funzione $f(t) = \cos(2t)\delta_{-1}(t)$ in Fig. 5.10. Il teorema del valore finale non è applicabile, poiché $\lim_{t\to\infty} f(t)$ non esiste. In tal caso vale

$$\lim_{s\to 0} sF(s) = \lim_{s\to 0} s\,\frac{s}{s^2+4} = 0,$$

ma questo valore non coincide con il valore finale. ◇

È possibile enunciare in modo esatto le condizioni sotto le quali il teorema del valore finale è applicabile, ma ciò richiede alcune definizioni che verranno presentate solo nella prossima sezione. Rimandiamo dunque tale discussione al § 5.3.5.

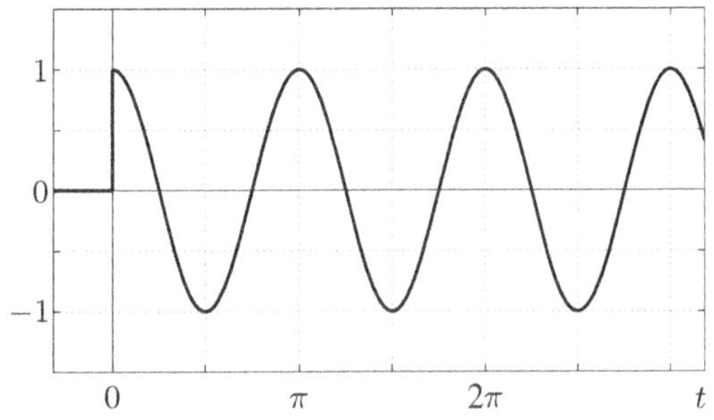


**Fig. 5.10.** La funzione $\cos(2t)\delta_{-1}(t)$

### 5.2.9 Teorema del valore iniziale

**Teorema 5.31.** *Sia $f(t)$ una funzione con trasformata di Laplace $F(s)$. Se esiste finito il $\lim_{s\to\infty} sF(s)$ allora*

$$f(0^+) = \lim_{s\to\infty} sF(s).$$

*Dimostrazione.* Si osservi che vale[5]

$$\begin{aligned}\mathcal{L}\left[\frac{d}{dt}f(t)\right] &= \int_{0^-}^{\infty}\left(\frac{d}{dt}f(t)\right)e^{-st}dt \\ &= f(0^+) - f(0^-) + \int_{0^+}^{\infty}\left(\frac{d}{dt}f(t)\right)e^{-st}dt.\end{aligned}$$

Eseguendo il limite per $s \to \infty$ della precedente espressione si ottiene

$$\lim_{s\to\infty}\mathcal{L}\left[\frac{d}{dt}f(t)\right] = f(0^+) - f(0^-),$$

poiché il fattore $e^{-st}$ dell'integrando tende a zero. Infine ricordando il teorema della derivata $\mathcal{L}\left[\frac{d}{dt}f(t)\right] = sF(s) - f(0^-)$, vale anche:

$$\lim_{s\to\infty} sF(s) - f(0^-) = \lim_{s\to\infty}\mathcal{L}\left[\frac{d}{dt}f(t)\right] = f(0^+) - f(0^-)$$

da cui, confrontando primo e ultimo membro, si ottiene il risultato cercato. □

**Esempio 5.32** Si consideri la funzione $f(t) = \cos(2t)\delta_{-1}(t)$ in Fig. 5.10 la cui trasformata vale

$$F(s) = \frac{s}{s^2+4}.$$

Si verifica facilmente che, applicando la regola di de l'Hôpital[6], vale

$$\lim_{s\to\infty} sF(s) = \lim_{s\to\infty}\frac{s^2}{s^2+4} = \lim_{s\to\infty}\frac{2s}{2s} = 1,$$

e anche $\lim_{t\to 0^+} f(t) = \cos(0) = 1$. Si noti che tale funzione $f(t)$ è discontinua nell'origine, poiché vale $f(0^-) = 0$. ◇

Il precedente esempio mette in evidenza come nel teorema del valore iniziale sia essenziale specificare che il valore iniziale va calcolato in $0^+$ affinché esso possa anche essere applicato nel caso di una funzione discontinua nell'origine per cui $f(0^-) \neq f(0^+)$.

---

[5] Come già osservato nella nota 2 a piede della pagina 143, se la funzione $f(t)$ fosse discontinua nell'origine, la sua derivata conterrebbe un termine impulsivo; per tenere conto di questa eventualità si usa la definizione di trasformata data in eq. (5.4).

[6] Guillaume François Antoine de l'Hôpital (Parigi, Francia, 1661 - 1704).

## 5.3 Antitrasformazione delle funzioni razionali

Abbiamo visto che, nota la trasformata di Laplace $F(s)$ di una funzione $f(t)$, è possibile in linea di principio calcolare la $f(t)$ mediante l'integrale (5.3). In pratica, questa strada non è agevole e si preferisce usare altri metodi per antitrasformare la funzione $F(s)$. In particolare qui presentiamo una tecnica che permette di determinare la antitrasformata di una qualunque *funzione razionale propria* in $s$.

Una *funzione razionale* assume la forma di un rapporto di polinomi a coefficienti reali

$$F(s) = \frac{N(s)}{D(s)} = \frac{b_m s^m + b_{m-1} s^{m-1} + \cdots + b_1 s + b_0}{a_n s^n + a_{n-1} s^{n-1} + \cdots + a_1 s + a_0}.$$

Essa è detta *propria* se vale $n \geq m$, ossia se il grado del polinomio $D(s)$ al denominatore è maggiore o uguale al grado del polinomio $N(s)$ al numeratore. Come caso particolare, la funzione è detta *strettamente propria* se vale $n > m$.

Le funzioni razionali rivestono particolare importanza nell'ambito dell'analisi dei sistemi. Infatti, se una funzione $f(t)$ può essere scritta come combinazione lineare di rampe esponenziali e di loro derivate, allora la sua trasformata di Laplace è appunto una funzione razionale.

Il polinomio $D(s)$ al denominatore avrà $n$ radici reali o complesse coniugate $p_1, p_2, \ldots, p_n$, che vengono chiamate *poli*. Il polinomio $N(s)$ al numeratore avrà $m$ radici reali o complesse coniugate $z_1, z_2, \ldots, z_m$, che vengono chiamate *zeri*. È allora possibile fattorizzare i due polinomi nella forma

$$N(s) = b_m(s - z_1)(s - z_2)\cdots(s - z_m) \quad \text{e} \quad D(s) = a_n(s - p_1)(s - p_2)\cdots(s - p_n),$$

ponendo la funzione $F(s)$ nella forma detta *zeri-poli*:

$$F(s) = \frac{K'(s - z_1)(s - z_2)\cdots(s - z_m)}{(s - p_1)(s - p_2)\cdots(s - p_n)}, \tag{5.11}$$

dove $K' = b_m/a_n$.

Si suppone ancora che la $F(s)$ sia in *forma minima*, cioè che essa non abbia alcun polo coincidente con uno zero. Se infatti valesse $z_k = p_i$ il fattore $(s - z_k)$ al numeratore potrebbe cancellarsi con il fattore $(s - p_i)$ al denominatore: tramite questa *cancellazione zero-polo* si riconduce la $F(s)$ alla forma minima.

Si considereranno separatamente diversi casi.

1. La funzione $F(s)$ è strettamente propria e tutti i suoi poli hanno molteplicità unitaria.
2. La funzione $F(s)$ è strettamente propria e uno o più poli hanno molteplicità maggiore di uno.
3. La funzione $F(s)$ è propria ma non strettamente.
4. La funzione $F(s)$ è la somma di funzioni razionali ciascuna moltiplicata per un fattore $e^{-sT}$ che corrisponde ad un elemento di ritardo.

### 5.3.1 Funzioni strettamente proprie con poli di molteplicità unitaria

Supponiamo che il grado del polinomio $D(s)$ al denominatore sia maggiore del grado del polinomio $N(s)$ al numeratore, cioè $n > m$, e che i poli della funzione $F(s)$ siano tutti distinti, cioè $p_i \neq p_j$ se $i \neq j$.

Sotto queste ipotesi, vale il seguente risultato.

**Proposizione 5.33** *Sia $F(s)$ una funzione razionale nella forma* (5.11). *Se essa è strettamente propria e i suoi poli hanno molteplicità unitaria, essa ammette il seguente* sviluppo di Heaviside*:*

$$F(s) = \sum_{i=1}^{n} \frac{R_i}{s - p_i} = \frac{R_1}{s - p_1} + \frac{R_2}{s - p_2} + \cdots + \frac{R_n}{s - p_n} \tag{5.12}$$

*dove il coefficiente reale $R_i$ associato al termine $(s - p_i)$ è detto* residuo *del polo $p_i$. Si dice anche che in questa forma la $F(s)$ è scritta in termini di* residui-poli.

*Dimostrazione.* La prova è costruttiva, ma per non appesantire la notazione ci si limita ad applicare tale costruzione ad una funzione con due soli poli. Si consideri una generica funzione razionale strettamente propria con due poli distinti $p_1, p_2$ che può con semplici passaggi venir ricondotta alla forma:

$$F(s) = \frac{b_1 s + b_0}{a_2 s^2 + a_1 s + a_0} = \frac{b_1 s + b_0}{a_2 (s - p_1)(s - p_2)} = \frac{b_1' s + b_0'}{(s - p_1)(s - p_2)}, \tag{5.13}$$

dove si è posto $b_1' = b_1/a_2$ e $b_0' = b_0/a_2$. È facile verificare che tale funzione ammette sviluppo di Heaviside. Infatti

$$\begin{aligned} F(s) &= \frac{R_1}{s - p_1} + \frac{R_2}{s - p_2} = \frac{R_1(s - p_2) + R_2(s - p_1)}{(s - p_1)(s - p_2)} \\ &= \frac{(R_1 + R_2)s - (R_1 p_2 + R_2 p_1)}{(s - p_1)(s - p_2)}, \end{aligned} \tag{5.14}$$

e le due espressioni (5.13) e (5.14) sono equivalenti purché i residui $R_1$ e $R_2$ siano scelti in modo da soddisfare il sistema lineare

$$\begin{cases} R_1 + R_2 &= b_1' \\ -p_2 R_1 - p_1 R_2 &= b_0' \end{cases}$$

che ammette sempre una e una sola soluzione essendo la matrice dei coefficienti

$$\boldsymbol{A} = \begin{bmatrix} 1 & 1 \\ -p_2 & -p_1 \end{bmatrix}$$

non singolare per l'ipotesi che $p_1 \neq p_2$. La stessa costruzione vale per una funzione razionale strettamente propria con un numero arbitrario di poli di molteplicità unitaria. □

Lo sviluppo di Heaviside consente di porre una funzione razionale $F(s)$ in una forma di cui è immediato calcolare l'antitrasformata. Infatti per il generico termine residuo-polo vale

$$\mathcal{L}^{-1}\left[\frac{R_i}{s-p_i}\right] = R_i e^{p_i t}\delta_{-1}(t),$$

e dunque vale anche

$$f(t) = \mathcal{L}^{-1}[F(s)] = \sum_{i=1}^{n} \mathcal{L}^{-1}\left[\frac{R_i}{s-p_i}\right] = \sum_{i=1}^{n} R_i e^{p_i t}\delta_{-1}(t).$$

I residui incogniti $R_i$ (per $i = 1, \ldots, n$) possono essere calcolati con la stessa costruzione usata per dimostrare la precedente proposizione. Esiste tuttavia una procedura più semplice, come indica il seguente risultato.

**Proposizione 5.34** *Il generico residuo $R_i$ dello sviluppo di Heaviside in eq.* (5.12), *vale*

$$R_i = \lim_{s \to p_i} (s - p_i)F(s). \tag{5.15}$$

*Dimostrazione.* Moltiplicando i due membri dell'equazione (5.12) per $(s - p_i)$ vale

$$(s - p_i)F(s) = R_i + \sum_{\substack{j=1 \\ j \neq i}}^{n} R_j \frac{s - p_i}{s - p_j}$$

e, eseguendo il limite per $s$ che tende a $p_i$ di entrambi i membri, i termini della sommatoria si annullano dando così il risultato voluto. □

Un semplice esempio aiuterà a chiarire il procedimento.

**Esempio 5.35** La funzione razionale

$$F(s) = \frac{s+8}{s^2+2s} = \frac{s+8}{s(s+2)}$$

ha $m = 1$ e $n = 2 > m$. I poli valgono $p_1 = 0$ e $p_2 = -2$. Dunque la funzione può essere posta nella forma

$$F(s) = \frac{R_1}{s} + \frac{R_2}{s+2}$$

e vale

$$\begin{aligned} R_1 &= \lim_{s \to 0} sF(s) = \lim_{s \to 0} \frac{s+8}{s+2} = 4, \\ R_2 &= \lim_{s \to -2} (s+2)F(s) = \lim_{s \to -2} \frac{s+8}{s} = -3. \end{aligned}$$

Dunque

$$F(s) = \frac{4}{s} - \frac{3}{s+2}$$

e antitrasformando si ottiene $f(t) = (4 - 3e^{-2t})\delta_{-1}(t)$. ◇

Si noti che sebbene nello sviluppo di Heaviside gli zeri della $F(s)$ data dalla (5.11) non compaiano esplicitamente, dal valore degli zeri dipende il valore dei residui calcolato con la (5.15).

### Il caso di una coppia di poli complessi e coniugati

Si osservi che qualora la funzione $F(s)$ abbia un polo $p = \alpha + j\omega$ complesso, il corrispondente residuo $R$ sarà anche esso complesso. Tuttavia ad ogni polo complesso $p$ corrisponde un polo $p' = \alpha - j\omega$ complesso coniugato il cui residuo $R'$ è il complesso coniugato di $R$ e il contributo complessivo dei due poli alla $f(t)$ sarà dunque dato da un termine reale. È possibile calcolare tale contributo in modo relativamente semplice.

**Proposizione 5.36** *Data una coppia di poli complessi e coniugati $p, p' = \alpha \pm j\omega$, siano $R, R'$ i corrispondenti residui. Posto*

$$M = 2|R|, \qquad \phi = \arg(R), \tag{5.16}$$

*vale*

$$\mathcal{L}^{-1}\left[\frac{R}{s-p} + \frac{R'}{s-p'}\right] = Me^{\alpha t}\cos(\omega t + \phi)\delta_{-1}(t). \tag{5.17}$$

*Dimostrazione.* Se $|R|$ il modulo del residuo $R$ e $\phi$ la sua fase, i due residui hanno rappresentazione polare

$$R = |R|e^{j\phi} \qquad \text{e} \qquad R' = |R|e^{-j\phi}$$

e dunque

$$\begin{aligned}
\mathcal{L}^{-1}\left[\frac{R}{s-p} + \frac{R'}{s-p'}\right] &= \left[Re^{pt} + R'e^{p't}\right]\delta_{-1}(t) \\
&= |R|\left[e^{\alpha t + j(\omega t + \phi)} + e^{\alpha t - j(\omega t + \phi)}\right]\delta_{-1}(t) \\
&= 2|R|e^{\alpha t}\cos(\omega t + \phi)\delta_{-1}(t) \\
&= Me^{\alpha t}\cos(\omega t + \phi)\delta_{-1}(t).
\end{aligned}$$

□

In base alla precedente proposizione, è sufficiente calcolare il solo residuo $R$ del polo $p = \alpha + j\omega$, per poi determinare $M$ e $\phi$ mediante le eq. (5.16) e infine calcolare l'antitrasformata mediante la eq. (5.17).

**Esempio 5.37** Si consideri la funzione razionale

$$F(s) = \frac{20}{s(s^2 + 2s + 5)} = \frac{20}{s(s + 1 - j2)(s + 1 + j2)}$$

con $m = 1$ e $n = 3 > m$. I poli valgono $p_1 = 0$; $p = \alpha + j\omega = -1 + j2$; $p' = \alpha - j\omega = -1 - j2$. Dunque la funzione può essere posta nella forma

$$F(s) = \frac{R_1}{s} + \frac{R}{s+1-j2} + \frac{R'}{s+1+j2}$$

e vale

$$\begin{aligned} R_1 &= \lim_{s\to 0} sF(s) = \lim_{s\to 0} \frac{20}{s^2+2s+5} = 4, \\ R &= \lim_{s\to -1+j2} (s+1-j2)F(s) = \lim_{s\to -1+j2} \frac{20}{s(s+1+j2)} = \frac{20}{-8-j4}. \end{aligned}$$

Dunque

$$M = 2|R| = 2\frac{20}{\sqrt{8^2+4^2}} = 2\sqrt{5},$$

$$\phi = \arg(R) = -\arctan\left(\frac{-4}{-8}\right) = 2.68 \text{ rad}$$

e antitrasformando si ottiene

$$\begin{aligned} f(t) &= \left(R_1 + Me^{\alpha t}\cos(\omega t + \phi)\right)\delta_{-1}(t) \\ &= \left(4 + 2\sqrt{5}e^{-t}\cos(2t + 2.68)\right)\delta_{-1}(t). \end{aligned}$$ ◇

Esiste anche una tecnica alternativa, data dalla seguente proposizione.

**Proposizione 5.38** *Data una coppia di poli complessi e coniugati* $p, p' = \alpha \pm j\omega$, *siano* $R, R' = u \pm jv$ *i corrispondenti residui. Posto*

$$B = 2u, \qquad C = -2v, \tag{5.18}$$

*vale*

$$\mathcal{L}^{-1}\left[\frac{R}{s-p} + \frac{R'}{s-p'}\right] = \left[Be^{\alpha t}\cos(\omega t) + Ce^{\alpha t}\sin(\omega t)\right]\delta_{-1}(t). \tag{5.19}$$

*Dimostrazione.* Vale:

$$\begin{aligned} \mathcal{L}^{-1}\left[\frac{R}{s-p} + \frac{R'}{s-p'}\right] &= \left[Re^{pt} + R'e^{p't}\right]\delta_{-1}(t) \\ &= \left[(u+jv)e^{\alpha t + j\omega t} + (u-jv)e^{\alpha t - j\omega t}\right]\delta_{-1}(t) \\ &= \left[ue^{\alpha t}\left(e^{j\omega t} + e^{-j\omega t}\right) + jve^{\alpha t}\left(e^{j\omega t} - e^{-j\omega t}\right)\right]\delta_{-1}(t) \\ &= \left[2ue^{\alpha t}\cos(\omega t) - 2ve^{\alpha t}\sin(\omega t)\right]\delta_{-1}(t) \\ &= \left[Be^{\alpha t}\cos(\omega t) + Ce^{\alpha t}\sin(\omega t)\right]\delta_{-1}(t). \end{aligned}$$ □

**Esempio 5.39** Si consideri la stessa funzione

$$F(s) = \frac{20}{s(s^2+2s+5)} = \frac{R_1}{s} + \frac{R}{s+1-j2} + \frac{R'}{s+1+j2}$$

studiata nell'Esempio 5.37. Si è già determinato che il residuo del polo $p_1 = 0$ vale $R_1 = 4$, mentre il residuo del polo $p = \alpha + j\omega = -1 + j2$ vale

$$R = \frac{20}{-8-j4} = \frac{20}{8^2+4^2}(-8+j4) = -2+j = u+jv.$$

Posto allora

$$B = 2u = -4, \qquad C = -2v = -2,$$

l'antitrasformata di $F(s)$ vale

$$\begin{aligned} f(t) &= \left(R_1 + Be^{\alpha t}\cos(\omega t) + Ce^{\alpha t}\sin(\omega t)\right)\delta_{-1}(t) \\ &= \left(4 - 4e^{-t}\cos(2t) - 2e^{-t}\sin(2t)\right)\delta_{-1}(t). \end{aligned}$$

◇

Si noti che è immediato passare dalla rappresentazione in eq. (5.17) alla rappresentazione in eq. (5.19) e viceversa ponendo

$$M = \sqrt{B^2+C^2} \quad \text{e} \quad \phi = \arctan\left(\frac{-C}{B}\right),$$

o viceversa:

$$B = M\cos\phi \quad \text{e} \quad C = -M\sin\phi.$$

### 5.3.2 Funzioni strettamente proprie con poli di molteplicità maggiore di uno

Si supponga ora che la funzione $F(s)$ sia, come nel caso precedente, strettamente propria ma che i suoi poli abbiano molteplicità non necessariamente unitaria. Sotto queste ipotesi, vale il seguente risultato.

**Proposizione 5.40** *Sia $F(s)$ una funzione razionale nella forma* (5.11). *Se essa è strettamente propria e ha $r$ poli distinti $p_i$ ($i = 1,\ldots,r$) ciascuno con molteplicità $\nu_i$ essa ammette uno sviluppo in cui ad ogni polo $p_i$ corrisponde una sequenza $F_i(s)$ di $\nu_i$ termini residuo-polo della forma*

$$F_i(s) = \frac{R_{i,0}}{(s-p_i)} + \frac{R_{i,1}}{(s-p_i)^2} + \cdots + \frac{R_{i,\nu_i-1}}{(s-p_i)^{\nu_i}} = \sum_{k=0}^{\nu_i-1} \frac{R_{i,k}}{(s-p_i)^{k+1}}, \tag{5.20}$$

*e dunque lo sviluppo di Heaviside della funzione vale:*

$$F(s) = \sum_{i=1}^{r} F_i(s) = \sum_{i=1}^{r}\sum_{k=0}^{\nu_i-1} \frac{R_{i,k}}{(s-p_i)^{k+1}}. \tag{5.21}$$

*Dimostrazione.* La prova, analogamente a quella della Proposizione 5.33, è costruttiva e viene lasciata al lettore. □

Posta la $F(s)$ in questa forma, è immediato calcolare l'antitrasformata. Infatti antitrasformando il generico termine

$$\mathcal{L}^{-1}\left[\frac{R_{i,k}}{(s-p_i)^{k+1}}\right] = R_{i,k}\frac{t^k}{k!}\; e^{p_i t}\delta_{-1}(t)$$

si ottiene una rampa esponenziale e dunque vale anche

$$f(t) = \mathcal{L}^{-1}\left[F(s)\right] = \sum_{i=1}^{r}\sum_{k=0}^{\nu_i-1}\mathcal{L}^{-1}\left[\frac{R_{i,k}}{(s-p_i)^{k+1}}\right] = \sum_{i=1}^{r}\sum_{k=0}^{\nu_i-1} R_{i,k}\frac{t^k}{k!}\; e^{p_i t}\delta_{-1}(t).$$

La seguente proposizione indica una semplice procedura per il calcolo dei residui incogniti $R_{i,k}$.

**Proposizione 5.41** *Dato un polo $p_i$ di molteplicità $\nu_i$, i residui $R_{i,k}$ dello sviluppo in eq.* (5.21) *valgono*

$$\begin{aligned}
R_{i,\nu_i-1} &= \lim_{s\to p_i}\; (s-p_i)^{\nu_i}\; F(s),\\
R_{i,\nu_i-2} &= \lim_{s\to p_i}\; \frac{d}{ds}\; (s-p_i)^{\nu_i}\; F(s),\\
R_{i,\nu_i-3} &= \lim_{s\to p_i}\; \frac{1}{2!}\,\frac{d^2}{ds^2}\; (s-p_i)^{\nu_i}\; F(s),
\end{aligned}$$

*e in generale per $j \in [1,\ldots,\nu_i]$ vale*

$$R_{i,\nu_i-j} = \lim_{s\to p_i}\; \frac{1}{(j-1)!}\,\frac{d^{j-1}}{ds^{j-1}}\; (s-p_i)^{\nu_i}F(s). \tag{5.22}$$

*Dimostrazione.* Si definisce preliminarmente la funzione

$$H_i(s) = (s-p_i)^{\nu_i}\left[F(s) - F_i(s)\right], \tag{5.23}$$

dove $F_i(s)$ è definita in (5.20). Poiché $p_i$ è radice di molteplicità $\nu_i$ dell'equazione $H_i(s) = 0$, allora vale anche

$$H_i(s)\big|_{s=p_i} = 0; \quad \left.\frac{d}{ds}H_i(s)\right|_{s=p_i} = 0; \quad \cdots \quad \left.\frac{d^{\nu_i-1}}{ds^{\nu_i-1}}H_i(s)\right|_{s=p_i} = 0. \tag{5.24}$$

Dalla (5.23) tenendo anche conto della (5.20) si ricava

$$\begin{aligned}
(s-p_i)^{\nu_i}F(s) &= (s-p_i)^{\nu_i}F_i(s) + H_i(s)\\
&= R_{i,\nu_i-1} + R_{i,\nu_i-2}(s-p_i) + \cdots\\
&\quad + R_{i,0}(s-p_i)^{\nu_i-1} + H_i(s),
\end{aligned} \tag{5.25}$$

ed eseguendo il limite per $s$ che tende a $p_i$ della precedente espressione, tenendo conto della prima delle (5.24) si ottiene per $R_{i,\nu_1-1}$ il risultato voluto.

Si calcolino ora le derivate successive (sino all'ordine $\nu_i-1$) dell'eq. (5.25). Si ottiene:

$$\begin{aligned}
\frac{d}{ds}(s-p_i)^{\nu_i}F(s) &= R_{i,\nu_1-2}+2\;R_{i,\nu_1-3}(s-p_i)+\cdots\\
&\quad +(\nu_i-1)\;R_{i,0}(s-p_i)^{\nu_i-2}+\frac{d}{ds}H_i(s),\\
\frac{d^2}{ds^2}(s-p_i)^{\nu_i}F(s) &= 2\;R_{i,\nu_1-3}+3!\;R_{i,\nu_1-4}(s-p_i)+\cdots\\
&\quad +(\nu_i-1)(\nu_i-2)\;R_{i,0}(s-p_i)^{\nu_i-3}+\frac{d^2}{ds^2}H_i(s),\\
&\;\;\vdots \qquad\qquad \vdots\\
\frac{d^{\nu_i-1}}{ds^{\nu_i-1}}(s-p_i)^{\nu_i}F(s) &= (\nu_i-1)!\;R_{i,0}+\frac{d^{\nu_i-1}}{ds^{\nu_i-1}}H_i(s),
\end{aligned}$$

ed eseguendo il limite per $s$ che tende a $p_i$ dalle precedenti equazioni si ottengono per $R_{i,\nu_1-2}$, $R_{i,\nu_1-3}$, ..., $R_{i,0}$, i risultati voluti. □

Un semplice esempio aiuterà a chiarire il procedimento.

**Esempio 5.42** La funzione razionale

$$F(s)=\frac{s-6}{s^2(s+3)}$$

con $m=1$ e $n=3>m$ ha poli: $p_1=0$ di molteplicità $\nu_1=2$ e $p_2=-3$ di molteplicità $\nu_2=1$. Dunque essa può essere posta nella forma

$$F(s)=\frac{R_{1,0}}{s}+\frac{R_{1,1}}{s^2}+\frac{R_2}{s+3}$$

e vale

$$\begin{aligned}
R_{1,1} &= \lim_{s\to 0}\;s^2\;F(s)=\lim_{s\to 0}\;\frac{s-6}{s+3}=-2,\\
R_{1,0} &= \lim_{s\to 0}\;\frac{d}{ds}\;s^2\;F(s)=\lim_{s\to 0}\;\frac{d}{ds}\;\frac{s-6}{s+3}=\lim_{s\to 0}\;\frac{9}{(s+3)^2}=1,\\
R_2 &= \lim_{s\to -3}\;(s+3)\;F(s)=\lim_{s\to -3}\;\frac{s-6}{s^2}=-1.
\end{aligned}$$

Dunque

$$F(s)=\frac{1}{s}-\frac{2}{s^2}-\frac{1}{s+3}$$

e antitrasformando si ottiene $f(t)=(1-2t-e^{-3t})\delta_{-1}(t)$. ◇

### Il caso di una coppia di poli complessi e coniugati

La procedura descritta nella sezione precedente per calcolare l'antitrasformata di termini associati a poli complessi e coniugati può facilmente estendersi anche al caso di poli di molteplicità maggiore di uno. Vale infatti la seguente proposizione la cui dimostrazione è analoga a quella delle Proposizioni 5.36 e 5.38 e per brevità viene omessa.

**Proposizione 5.43** *Data una coppia di poli complessi e coniugati $p, p' = \alpha \pm j\omega$, sia*

$$F(s) = \frac{R}{(s-p)^{k+1}} + \frac{R'}{(s-p')^{k+1}}$$

*dove $k \in \mathbb{N}$ e siano i residui $R, R'$ due numeri complessi e coniugati esprimibili, rispettivamente, in forma polare e in forma cartesiana come segue:*

$$R = u + jv = |R|e^{j\phi}, \quad R' = u - jv = |R|e^{-j\phi}.$$

*Posto $M = 2|R|$, vale*

$$\mathcal{L}^{-1}[F(s)] = M\frac{t^k}{k!}e^{\alpha t}\cos(\omega t + \phi)\delta_{-1}(t).$$

*Posto $B = 2u$ e $C = -2v$, vale*

$$\mathcal{L}^{-1}[F(s)] = \left[B\frac{t^k}{k!}e^{\alpha t}\cos(\omega t) + C\frac{t^k}{k!}e^{\alpha t}\sin(\omega t)\right]\delta_{-1}(t).$$

**Esempio 5.44** Si desidera antitrasformare la funzione

$$F(s) = \frac{1}{(s^2+1)^2} = \frac{1}{(s-j)^2(s+j)^2}$$

che ha poli $p, p' = \alpha \pm j\omega = \pm j$ di molteplicità 2. Lo sviluppo di Heaviside di tale funzione vale dunque

$$F(s) = \frac{R_0}{s-j} + \frac{R'_0}{s+j} + \frac{R_1}{(s-j)^2} + \frac{R'_1}{(s+j)^2}.$$

Vale

$$\begin{aligned} R_0 &= \lim_{s\to j} \frac{d}{ds}(s-j)^2 F(s) = \lim_{s\to j} \frac{d}{ds}\frac{1}{(s+j)^2} \\ &= \lim_{s\to j} \frac{-2}{(s+j)^3} = -j0.25 = u_0 + jv_0, \end{aligned}$$

$$R_1 = \lim_{s\to j}(s-j)^2 F(s) = \lim_{s\to j}\frac{1}{(s+j)^2} = -0.25 = u_1 + jv_1.$$

Posto

$$M_0 = 2|R_0| = 0.5, \quad \phi_0 = \arg(R_0) = -\frac{\pi}{2},$$

e

$$M_1 = 2|R_1| = 0.5, \quad \phi_1 = \arg(R_1) = \pi,$$

l'antitrasformata vale

$$\begin{aligned} f(t) &= \left[M_0 e^{\alpha t}\cos(\omega t + \phi_0) + M_1 t e^{\alpha t}\cos(\omega t + \phi_1)\right]\delta_{-1}(t) \\ &= \left[0.5\cos(t - \tfrac{\pi}{2}) + 0.5t\cos(t + \pi)\right]\delta_{-1}(t). \end{aligned}$$

Una forma del tutto equivalente si ottiene ponendo

$$B_0 = 2u_0 = 0, \quad C_0 = -2v_0 = 0.5,$$

e

$$B_1 = 2u_1 = -0.5, \quad C_1 = -2v_1 = 0.$$

In tal caso l'antitrasformata ha espressione

$$\begin{aligned} f(t) &= [B_0 e^{\alpha t}\cos(\omega t) + C_0 e^{\alpha t}\sin(\omega t) \\ &\quad + B_1 t e^{\alpha t}\cos(\omega t) + C_1 t e^{\alpha t}\sin(\omega t)]\,\delta_{-1}(t) \\ &= [0.5\sin(t) - 0.5t\cos(t)]\,\delta_{-1}(t). \end{aligned}$$

◇

### 5.3.3 Funzioni non strettamente proprie

Se il polinomio $N(s) = b_n s^n + \cdots + b_1 s + b_0$ a numeratore della $F(s)$ e il polinomio $D(s) = a_n s^n + \cdots + a_1 s + a_0$ al denominatore hanno lo stesso grado $n$, vale certamente

$$N(s) = K'D(s) + R(s),$$

dove lo scalare $K' = b_n/a_n$ è il quoziente dei due polinomi e il resto $R(s)$ è un polinomio di grado $m' < n$.

Può dunque porsi:

$$F(s) = \frac{N(s)}{D(s)} = \frac{K'D(s) + R(s)}{D(s)} = K' + \frac{R(s)}{D(s)} = K' + F'(s),$$

e per quanto detto la funzione $F'(s) = R(s)/D(s)$ è strettamente propria. Antitrasformando la precedente espressione si ottiene

$$\mathcal{L}^{-1}[F(s)] = \mathcal{L}^{-1}[K'] + \mathcal{L}^{-1}[F'(s)] = K'\delta(t) + f'(t),$$

dove per antitrasformare il termine $K'$ abbiamo usato un risultato già visto che afferma che la trasformata della funzione impulso di Dirac vale 1. Il calcolo dell'antitrasformata $f'(t)$ invece ricade sempre in uno dei due casi precedenti, essendo $F'(s)$ strettamente propria.

Si noti dunque un importante risultato: *la antitrasformata di una funzione razionale propria ma non strettamente propria contiene un termine impulsivo.*

**Esempio 5.45** Si consideri la funzione razionale

$$F(s) = \frac{N(s)}{D(s)} = \frac{s^2 + 5s + 3}{2s^2 + 6s + 4}$$

con $m = n = 2$. Per eseguire la divisione di $N(s)$ per $D(s)$ costruiamo la tabella

$$\begin{array}{ccc||ccc} 1 & 5 & 3 & 2 & 6 & 4 \\ \hline\hline -1 & -3 & -2 & \frac{1}{2} & & \\ \hline 0 & 2 & 1 & & & \end{array}$$

da cui si ricava che $N(s) = K'D(s) + R(s)$ con $K' = 1/2$ e $R(s) = 2s + 1$.

Dunque la funzione può essere posta nella forma

$$F(s) = \frac{b_2}{a_2} + \frac{R(s)}{D(s)} = K' + F'(s) = \frac{1}{2} + \frac{2s + 1}{2s^2 + 6s + 4}.$$

Con la procedura già vista nelle sezioni precedenti si può agevolmente dimostrare che la funzione $F'(s)$ ha sviluppo di Heaviside

$$F'(s) = \frac{2s + 1}{2(s + 1)(s + 2)} = -\frac{\frac{1}{2}}{(s + 1)} + \frac{\frac{3}{2}}{(s + 2)}$$

e dunque vale

$$F(s) = \frac{1}{2} - \frac{\frac{1}{2}}{(s + 1)} + \frac{\frac{3}{2}}{(s + 2)},$$

da cui antitrasformando si ottiene

$$f(t) = \frac{1}{2}\delta(t) + \frac{1}{2}\left(-e^{-t} + 3e^{-2t}\right)\delta_{-1}(t). \qquad \diamond$$

### 5.3.4 Antitrasformazione di funzioni con elementi di ritardo

Le funzioni razionali, benché importanti, non descrivono tutti i segnali di interesse nell'analisi dei sistemi. In particolare si consideri una funzione $f(t)$ che può essere scritta come combinazione lineare di rampe esponenziali *traslate nel tempo*. In tal caso la sua trasformata di Laplace contiene uno o più termini del tipo $e^{-Ts}$ (con $T > 0$) che corrispondono ad elementi di ritardo (cfr. Capitolo 6, § 6.3.9). Per antitrasformare queste ultime funzioni vale il seguente risultato.

**Proposizione 5.46** *Sia $F(s)$ una funzione che può essere scritta come*

$$F(s) = F_1(s)e^{-sT_1} + F_2(s)e^{-sT_2} + \cdots + F_p(s)e^{-sT_p}$$

*dove per $i = 1, \ldots, p$, le funzioni $F_i(s)$ sono funzioni razionali proprie e $T_i \geq 0$. Detto $f_i(t) = \mathcal{L}^{-1}[F_i(s)]$, per $i = 1, \ldots, p$, vale:*

$$f(t) = \mathcal{L}^{-1}[F(s)] = f_1(t - T_1) + f_2(t - T_2) + \cdots + f_p(t - T_p).$$

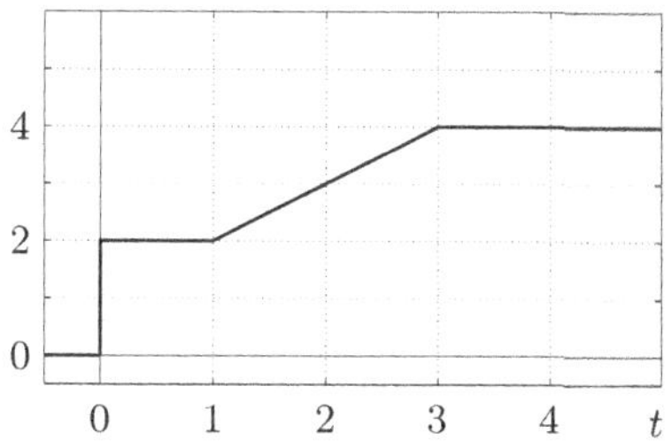


**Fig. 5.11.** La funzione $f(t)$ dell'Esempio 5.47

*Dimostrazione.* Il risultato deriva immediatamente in base alla proprietà di linearità e al teorema della traslazione nel tempo. □

Un semplice esempio chiarirà come si deve applicare questo risultato.

**Esempio 5.47** Si consideri la funzione

$$F(s) = \frac{2}{s} + \frac{1}{s^2}e^{-s} - \frac{1}{s^2}e^{-3s}.$$

Definendo

$$f_1(t) = \mathcal{L}^{-1}\left[\frac{2}{s}\right] = 2\delta_{-1}(t), \quad f_2(t) = \mathcal{L}^{-1}\left[\frac{1}{s^2}\right] = t\delta_{-1}(t)$$

vale anche

$$\begin{aligned} f(t) &= \mathcal{L}^{-1}[F(s)] = f_1(t) + f_2(t-1) - f_2(t-3) \\ &= 2\delta_{-1}(t) + (t-1)\delta_{-1}(t-1) - (t-3)\delta_{-1}(t-3). \end{aligned}$$

Tale funzione può anche essere descritta come segue:

$$f(t) = \begin{cases} 0 & \text{se } t < 0 \\ 2 & \text{se } t \in [0,1) \\ t+1 & \text{se } t \in [1,3) \\ 4 & \text{se } t \geq 3. \end{cases}$$

Il suo grafico è mostrato in Fig. 5.11. ◇

### 5.3.5 Esistenza del valore finale di una antitrasformata

Sia $F(s)$ una funzione razionale propria in forma minima. Si desidera valutare sotto quali condizioni sia possibile applicare il teorema del valore finale senza dover necessariamente antitrasformare tale funzione per valutare se esista finito il limite per $t \to \infty$ della funzione $f(t)$.

Se tutti i poli della funzione $F(s)$ hanno parte reale negativa ($\alpha < 0$) la sua antitrasformata $f(t)$ per quanto visto in questa sezione può essere scritta come una combinazione lineare di termini $Rt^k e^{\alpha t}$ oppure $Mt^k e^{\alpha t}\cos(\omega t + \phi)$; tali modi sono tutti descrescenti e dunque il limite per $t \to \infty$ della funzione $f(t)$ esiste e vale 0.

Se poi la funzione $F(s)$ ha un polo reale nullo $p = 0$ di molteplicità unitaria e residuo $R$, nella $f(t)$ compare un termine costante $Re^{pt} = R$ e il limite per $t \to \infty$ della funzione $f(t)$ vale appunto $R$.

In tutti gli altri casi la $f(t)$ non ammette valore finale finito. Infatti:

- la presenza di un polo reale nullo di molteplicità maggiore di uno dà luogo ad un termine del tipo $Rt$, che per $t \to \infty$ diverge;
- la presenza di coppie di poli immaginari (siano essi a molteplicità singola o meno) dà luogo ad un termine del tipo $R\cos(\omega t + \phi)$ che per $t \to \infty$ non ammette limite;
- la presenza di poli a parte reale positiva ($\alpha > 0$) dà luogo a termini $Rt^k e^{\alpha t}$ oppure $Mt^k e^{\alpha t}\cos(\omega t + \phi)$ che per $t \to \infty$ divergono.

Risultati analoghi valgono se la funzione $F(s)$ è una funzione razionale non propria. Possiamo dunque enunciare il seguente risultato.

**Proposizione 5.48** *Sia $F(s) = \mathcal{L}[f(t)]$ una funzione razionale in forma minima. Esiste finito il limite per $t \to \infty$ della $f(t)$ e dunque può essere applicato il teorema del valore finale se e solo se tutti i poli della $F(s)$ hanno parte reale negativa tranne al più un polo $p = 0$ di molteplicità unitaria.*

**Esempio 5.49** Nell'Esempio 5.28 si è visto che il teorema del valore finale è applicabile alla funzione

$$F(s) = \frac{s+6}{s(s+3)};$$

tale funzione ha infatti un polo reale negativo $p_1 = -3$ e un polo reale nullo $p_2 = 0$.

Viceversa il teorema non può applicarsi alle funzioni date nell'Esempio 5.29 e nell'Esempio 5.30. Nel primo caso infatti la funzione da antitrasformare vale

$$F(s) = \frac{2s-1}{s(s-1)}$$

ed essa ha un polo reale positivo $p_1 = 1$ e un polo reale nullo $p_2 = 0$. Nel secondo caso la funzione da antitrasformare vale

$$F(s) = \frac{s}{s^2+4}$$

ed essa ha una coppia di poli immaginari coniugati $p, p' = \pm j2$. ◇

## 5.4 Risoluzione di equazioni differenziali mediante le trasformate di Laplace

In questa sezione si presentano alcuni esempi per mostrare in che modo le trasformate di Laplace possano essere usate per risolvere equazioni differenziali (o più in genere equazioni integro-differenziali) lineari a coefficienti costanti.

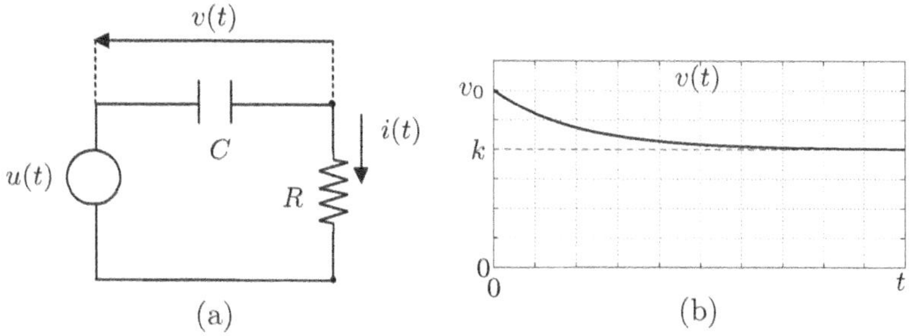


**Fig. 5.12.** **(a)** Il circuito RC dell'Esempio 5.50; **(b)** andamento della tensione ai capi del capacitore per un segnale applicato a gradino $u(t) = k\delta_{-1}(t)$

**Esempio 5.50** Si consideri il circuito in Fig. 5.12.a la cui evoluzione è descritta dall'equazione

$$u(t) = Ri(t) + v(t). \tag{5.26}$$

Tale equazione, tenuto conto dell'equazione del capacitore $i(t) = C\ dv(t)/dt$, diviene

$$\frac{d}{dt}v(t) + \frac{1}{RC}v(t) = \frac{1}{RC}u(t).$$

Si suppone che il segnale applicato sia un gradino di ampiezza $k$ applicato all'istante $t = 0$, cioè vale $u(t) = k\delta_{-1}(t)$; la trasformata di tale funzione vale $U(s) = k/s$. Inoltre si suppone che nell'istante immediatamente precedente all'applicazione del segnale $u(t)$ la tensione ai capi del condensatore valga $v(0^-) = v_0$.

Trasformando l'equazione differenziale si ottiene:

$$s\ V(s) - \ v(0^-) + \frac{1}{RC}V(s) = \frac{1}{RC}U(s),$$

che, particolarizzando per la condizione iniziale e per il segnale $u(t)$ assegnati diventa

$$\left(\frac{1}{RC} + s\right)V(s) - \ v_0 = \frac{k}{RCs}$$

e risolvendo per $V(s)$ si ottiene infine

$$V(s) = \frac{\frac{k}{RC} + \ v_0\ s}{s(\frac{1}{RC} + s)}.$$

Lo sviluppo di Heaviside di tale funzione vale

$$V(s) = \frac{R_1}{s} + \frac{R_2}{(\frac{1}{RC} + s)} = \frac{k}{s} + \frac{v_0 - k}{(\frac{1}{RC} + s)},$$

essendo

$$\begin{aligned} R_1 &= \lim_{s\to 0} sV(s) = \lim_{s\to 0} \frac{\frac{k}{RC} + v_0\, s}{\frac{1}{RC} + s} = k, \\ R_2 &= \lim_{s\to -\frac{1}{RC}} (\frac{1}{RC} + s)V(s) = \lim_{s\to -\frac{1}{RC}} \frac{\frac{k}{RC} + v_0\, s}{s} = v_0 - k. \end{aligned}$$

Antitrasformando si ottiene

$$\mathcal{L}^{-1}\left[V(s)\right] = k\delta_{-1}(t) + (v_0 - k)e^{\frac{-t}{RC}}\delta_{-1}(t).$$

Possiamo dunque affermare che l'andamento della tensione $v(t)$ sarà:

$$v(t) = k + (v_0 - k)e^{\frac{-t}{RC}}, \qquad t \geq 0, \tag{5.27}$$

e l'andamento qualitativo di tale funzione (assunto $v_0 > k$) è quello mostrato in Fig. 5.12.b.

In base alla (5.27) vale $v(0) = v_0$ e tale valore coincide con la condizione iniziale assegnata $v(0^-) = v_0$. Possiamo dunque affermare che la tensione $v(t)$ non subisce discontinuità in seguito all'applicazione di un segnale $u(t)$ a gradino. ◇

**Esempio 5.51** Si consideri nuovamente il circuito in Fig. 5.12.a. Vogliamo ora determinare, date le stesse condizioni iniziali e lo stesso segnale $u(t)$ dell'Esempio 5.50, il valore della corrente $i(t)$.

Tenuto conto dell'equazione del capacitore $i(t) = C\dot{v}(t)$, che riscriviamo come $v(t) = v(0^-) + (1/C)\int_0^t i(\tau)d\tau$, l'eq. (5.26) diventa

$$Ri(t) + v(0^-) + \frac{1}{C}\int_0^t i(\tau)d\tau = u(t).$$

Trasformando l'equazione integrale (la costante $v(0^-)$ equivale ad un gradino) otteniamo:

$$RI(s) + \frac{v(0^-)}{s} + \frac{1}{C}\frac{I(s)}{s} = U(s),$$

che particolarizzata per condizioni iniziali e segnale $u(t)$ assegnati diventa

$$RI(s) + \frac{v_0}{s} + \frac{1}{C}\frac{I(s)}{s} = \frac{k}{s}$$

e risolvendo per $I(s)$ si ottiene infine

$$I(s) = \frac{k - v_0}{\frac{1}{C} + Rs} = \frac{\frac{k-v_0}{R}}{\frac{1}{RC} + s}.$$

Poiché la $I(s)$ è scritta come la trasformata di una funzione esponenziale, è immediato antitrasformare ottenendo

$$\mathcal{L}^{-1}\left[I(s)\right] = \frac{k - v_0}{R}e^{\frac{-t}{RC}}\delta_{-1}(t).$$

[t]

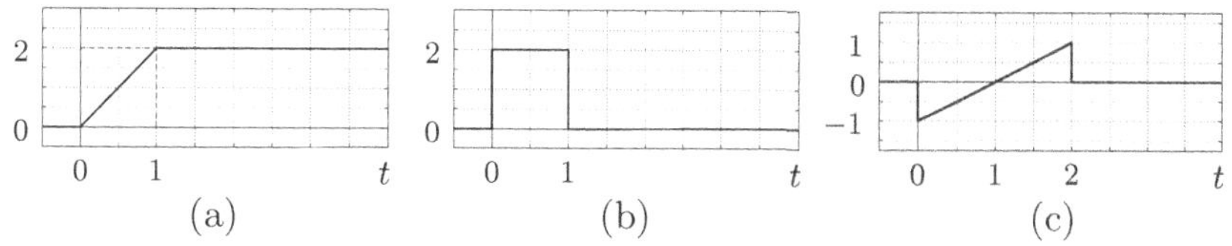


**Fig. 5.13.** Funzioni da trasformare nell'Esercizio 5.2

Possiamo dunque affermare che l'andamento della corrente $i(t)$ sarà:

$$i(t) = \frac{k - v_0}{R} e^{\frac{-t}{RC}}, \qquad t \geq 0. \tag{5.28}$$

◇

## Esercizi

**Esercizio 5.1** Calcolare la trasformata di Laplace delle seguenti funzioni del tempo:

(a) $f_1(t) = 2e^{4t}\ \delta_{-1}(t)$
(b) $f_2(t) = 3e^{-2t}\ \delta_{-1}(t)$
(c) $f_3(t) = (5t - 3)\ \delta_{-1}(t)$
(d) $f_4(t) = (3t^2 - e^{-t})\ \delta_{-1}(t)$
(e) $f_5(t) = (t^2 + 1)^2\ \delta_{-1}(t)$
(f) $f_6(t) = (t + 2)^2 e^t\ \delta_{-1}(t)$.

**Esercizio 5.2** Trasformare secondo Laplace le funzioni assegnate graficamente in Fig. 5.13.

**Esercizio 5.3** Si applichi il teorema della derivata alla funzione $\delta_{-1}(t)$ per calcolare la trasformata dell'impulso. Tale valore deve coincide con quello determinato nell'Esempio 5.6.

**Esercizio 5.4** Data la funzione $f(t) = (2+t^2)e^{-t}\delta_{-1}(t)$, si verifichi il teorema del valore finale.

**Esercizio 5.5** Data la funzione $f(t) = (2t + 1)^2\delta_{-1}(t)$, si verifichi il teorema del valore iniziale.

**Esercizio 5.6** Trasformare secondo Laplace la funzione in Fig. 5.14. Si tenga presente che questa funzione è periodica per $t \geq 0$ e la sua funzione di base è la funzione in Fig. 5.13.c.

**Esercizio 5.7** In una officina una punzonatrice esegue ripetutamente, ogni $T$ secondi, un foro su una lastra di metallo. La sollecitazione a cui essa è sottoposta

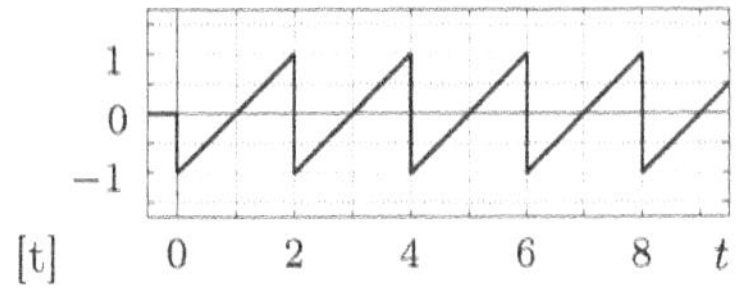


**Fig. 5.14.** Funzione da trasformare nell'Esercizio 5.6

può dunque ben essere rappresentata da un treno di impulsi

$$f(t) = \sum_{k=0}^{\infty} A\delta(t - kT).$$

Si dimostri, in base alla Proposizione 5.22, che la trasformata di questo segnale vale

$$F(s) = \frac{A}{1 - e^{-Ts}}.$$

**Esercizio 5.8** In Appendice B sono state definite, per ogni valore di $k \geq 1$, le derivate di ordine $k$ dell'impulso

$$\delta_k(t) = \frac{d^k}{dt^k}\delta(t).$$

Si dimostri, applicando il teorema della derivata, che $\mathcal{L}[\delta_k] = s^k$ per ogni $k$.

**Esercizio 5.9** Antitrasformare le seguenti funzioni di $s$:

(a) $F_1(s) = \dfrac{3s^2 + 5s}{s^3 + 6s^2 + 11s + 6}$ $\quad (p_1 = -3)$

(b) $F_2(s) = \dfrac{s^2 + 2s + 1}{(s + 2)^3}$

(c) $F_3(s) = \dfrac{2s + 3}{s^3 + 6s^2 + 21s + 26}$ $\quad (p_1 = -2)$

(d) $F_4(s) = \dfrac{1 - 2e^{-s}}{s^2 + 3s + 2}$

(e) $F_5(s) = \dfrac{s^3 + 5s^2 + 7s + 6}{2s^3 + 10s^2 + 16s + 8}$ $\quad (p_1 = -1)$.

Di alcune funzioni viene indicato uno dei poli, per poter agevolmente calcolare le radici del polinomio al denominatore.

**Esercizio 5.10** Si antitrasformi la seguente funzione:

$$F(s) = \frac{(3s - 1) + 2e^{-s} - (3s + 1)e^{-2s}}{s^2}$$

e si tracci il grafico della funzione $f(t)$. Se il risultato è corretto si riconosce nel grafico una lettera dell'alfabeto: quale?

**Esercizio 5.11** Si dimostri che ogni funzione $F(s) = N(s)/D(s)$ razionale non propria, dove $D(s)$ è un polinomio di grado $n$ e $N(s)$ è un polinomio di grado $n + p$, può sempre essere posta nella forma

$$F(s) = c_p s^p + \cdots c_1 s + c_0 + F'(s),$$

dove $F'(s)$ è una funzione razionale strettamente propria con gli stessi poli di $F(s)$. Tale risultato, assieme a quanto visto nell'Esercizio 5.8, consente di trasformare una qualunque funzione razionale, non necessariamente propria.

In particolare si calcoli l'antitrasformata della funzione

$$F(s) = \frac{s^4}{2s^2 + 6s + 4}.$$

**Esercizio 5.12** Si risolva per $t \geq 0$ la seguente equazione differenziale

$$\frac{d^2}{dt^2}y(t) + 5\frac{d}{dt}y(t) + 6y(t) = u(t),$$

a partire dalle condizioni iniziali $y(0^-) = 2$ e $\dot{y}(0^-) = 1$ e dato un segnale applicato $u(t) = cos(t)\delta_{-1}(t)$.

**Esercizio 5.13** Si risolva per $t \geq 0$ la seguente equazione differenziale

$$\frac{d^2}{dt^2}y(t) = u(t),$$

a partire dalle condizioni iniziali $y(0^-) = \dot{y}(0^-) = 0$ e dato un segnale applicato $u(t) = (3 + 2t)\,\delta_{-1}(t)$.

**Esercizio 5.14** Si consideri il circuito in Fig. 5.15 e si dimostri che il legame fra la tensione $v_2(t)$ ai capi del condensatore $C_2$ e la tensione $u(t)$ applicata dal generatore vale

$$\frac{d}{dt}v_2(t) + \frac{1}{R(C_1 + C_2)}v_2(t) = \frac{C_1}{C_1 + C_2}\frac{d}{dt}u(t).$$

Si risolva l'equazione differenziale a partire dalle condizioni iniziali $v_1(0^-) = v_2(0^-)$ (circuito inizialmente scarico) dato un ingresso $u(t) = k\delta_{-1}(t)$.

Si tracci il grafico della funzione $v_2(t)$ e si discuta se l'applicazione da parte del generatore di un segnale discontinuo nell'origine provochi una discontinuità nel segnale $v_2(t)$.

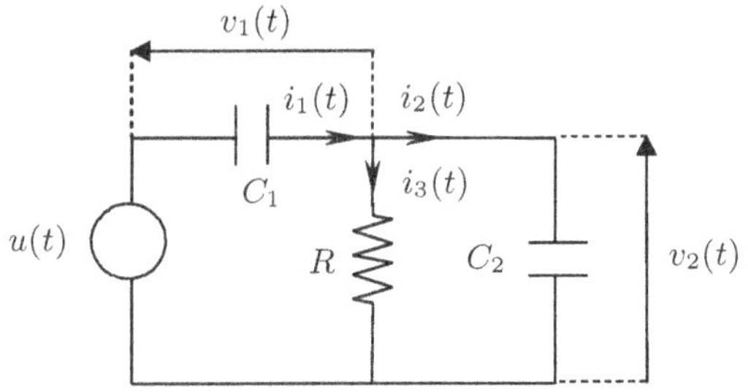


**Fig. 5.15.** Il circuito RC dell'Esercizio 5.9

**Tabella 5.1.** Trasformate notevoli

| | *Funzione del tempo* | *Trasformata di Laplace* |
|---|---|---|
| Impulso unitario | $\delta(t)$ | $1$ |
| Gradino unitario | $\delta_{-1}(t)$ | $\frac{1}{s}$ |
| Rampa lineare | $t\ \delta_{-1}(t)$ | $\frac{1}{s^2}$ |
| Rampa polinomiale | $\frac{t^k}{k!}\ \delta_{-1}(t)$ | $\frac{1}{s^{k+1}}$ |
| Esponenziale | $e^{at}\ \delta_{-1}(t)$ | $\frac{1}{s-a}$ |
| Coseno | $\cos(\omega t)\ \delta_{-1}(t)$ | $\frac{s}{s^2+\omega^2}$ |
| Seno | $\sin(\omega t)\ \delta_{-1}(t)$ | $\frac{\omega}{s^2+\omega^2}$ |
| Cosinusoide smorzata | $e^{at}\cos(\omega t)\ \delta_{-1}(t)$ | $\frac{s-a}{(s-a)^2+\omega^2}$ |
| Sinusoide smorzata | $e^{at}\sin(\omega t)\ \delta_{-1}(t)$ | $\frac{\omega}{(s-a)^2+\omega^2}$ |
| Rampa esponenziale | $\frac{t^k}{k!}e^{at}\ \delta_{-1}(t)$ | $\frac{1}{(s-a)^{k+1}}$ |

# 6

# Analisi nel dominio della variabile di Laplace

Lo studio della trasformata di Laplace è stato motivato col fatto che essa è uno strumento matematico utile alla risoluzione delle equazioni differenziali che descrivono una importante classe di sistemi dinamici, quella dei sistemi lineari e stazionari. In questo capitolo questa tecnica sarà applicata sia all'analisi dei modelli ingresso-uscita (IU) che all'analisi delle rappresentazioni in termini di variabili di stato (VS): tale analisi è detta "nel dominio della variabile di Laplace" o più semplicemente ancora "in $s$" per distinguerla dallo studio nel "dominio del tempo" o "in $t$".

Alcuni dei risultati che verranno qui presentati sono già stati ottenuti mediante l'analisi nel dominio del tempo: sarà utile tuttavia riaffrontarli dal nuovo punto di vista dello studio in $s$. Altri risultati, viceversa, sono del tutto originali.

Nella prima sezione si descrive come le trasformate di Laplace possano essere applicate ai modelli IU, mentre nella seconda sezione si studiano i modelli in VS. Un concetto fondamentale per l'analisi in $s$ è quello di funzione di trasferimento a cui è dedicata la terza sezione. Tale funzione può venire fattorizzata in varie forme che è necessario conoscere: esse sono descritte nella quarta sezione. L'uso delle trasformate di Laplace è particolarmente vantaggioso nello studio della risposta forzata di un sistema come si vedrà nella quinta sezione dove si analizza la risposta forzata per una classe di segnali di ingresso particolarmente interessanti: i segnali esponenziali. Ciò consente di introdurre anche il concetto di *regime permanente* e di *regime transitorio*. Come caso particolare di risposta forzata, infine, si considera la risposta al gradino (*risposta indiciale*).

## 6.1 Analisi dei modelli ingresso-uscita mediante trasformate di Laplace

Il legame tra l'uscita $y(t)$ e l'ingresso $u(t)$ di un sistema SISO lineare e stazionario è descritto da una equazione differenziale lineare a coefficienti costanti di ordine $n$, del tipo

$$a_n y^{(n)}(t) + \cdots + a_1 \dot{y}(t) + a_0 y(t) = b_m u^{(m)}(t) + \cdots + b_1 \dot{u}(t) + b_0 u(t) \qquad (6.1)$$

Giua A., Seatzu C.: Analisi dei sistemi dinamici. 2a edizione

con $n \geq m$. Il problema fondamentale dell'analisi consiste nel determinare l'andamento dell'uscita $y(t)$ per $t \geq 0$ conoscendo:

- le condizioni iniziali[1] $y(0) = y_0$, $\dot{y}(0) = y'_0$, $\cdots$, $y^{(n-1)}(0) = y_0^{(n-1)}$;
- l'andamento dell'ingresso $u(t)$ per $t \geq t_0$.

Per prima cosa è utile introdurre il concetto di *funzione di trasferimento* che, come si vedrà, gioca un ruolo fondamentale nell'analisi dei sistemi lineari e stazionari. Data l'equazione differenziale (6.1) sia

$$D(s) = a_n s^n + \cdots + a_1 s + a_0$$

il polinomio caratteristico della omogenea associata, e sia

$$N(s) = b_m s^m + \cdots + b_1 s + b_0$$

il polinomio ottenuto con i coefficienti del secondo membro della equazione. Si chiama *funzione di trasferimento* del sistema descritto dal modello (6.1) la funzione razionale propria della variabile $s$ definita come:

$$W(s) = \frac{N(s)}{D(s)} = \frac{b_m s^m + \cdots + b_1 s + b_0}{a_n s^n + \cdots + a_1 s + a_0}.$$

L'importanza e il significato fisico di tale funzione verranno discussi nella sezione 6.3.

Per risolvere il problema dell'analisi dei sistemi si trasforma secondo Laplace l'equazione differenziale data. Denotiamo con $Y(s)$ e $U(s)$ le $\mathcal{L}$-trasformate di $y(t)$ e $u(t)$. In base alla Proposizione 5.16 la trasformata della derivata $k$-ma dell'uscita vale

$$\mathcal{L}\left[y^{(k)}(t)\right] = s^k Y(s) - y_0 s^{k-1} - y'_0 s^{k-2} + \cdots - y_0^{(k-2)} s - y_0^{(k-1)},$$

mentre, ricordando che l'ingresso e le sue derivate sono nulli in $0^-$, vale anche

$$\mathcal{L}\left[u^{(k)}(t)\right] = s^k U(s).$$

La trasformata della (6.1) vale dunque:

$$\begin{array}{lllllll}
 & a_n & ( s^n Y(s) & -y_0 s^{n-1} & -y'_0 s^{n-2} & +\cdots & -y_0^{(n-2)} s \quad -y_0^{(n-1)} \;) \\
+ & a_{n-1} & ( s^{n-1} Y(s) & -y_0 s^{n-2} & -y'_0 s^{n-3} & +\cdots & -y_0^{(n-2)} \;) \\
 & & \vdots & \vdots & \vdots & & \\
+ & a_2 & ( s^2 Y(s) & -y_0 s & -y'_0 \;) & & \\
+ & a_1 & ( sY(s) & -y_0 \;) & & & \\
+ & a_0 & \;\; Y(s) & & & & \\
= & \multicolumn{6}{l}{b_m s^m U(s) \; + b_{m-1} s^{m-1} U(s) \; + \cdots \; + b_1 s U(s) \; + b_0 U(s)}
\end{array}$$

[1]Ricordiamo che nel caso in cui vi siano discontinuità nell'origine, si considerano quali valori iniziali quelli assunti in $0^-$.

ovvero riordinando i termini

$$(a_n s^n + \cdots + a_1 s + a_0)\, Y(s) = (b_m s^m + \cdots + b_1 s + b_0)\, U(s) + Q(s).$$

Nella precedente espressione si è denotato con $Q(s)$ un polinomio di grado minore o uguale a $n-1$ che dipende dalle condizioni iniziali e la cui espressione esatta vale:

$$\begin{aligned} Q(s) &= (a_n y_0)\, s^{n-1} \\ &\quad +(a_{n-1} y_0 + a_n y_0')\, s^{n-2} \\ &\quad +(a_{n-2} y_0 + a_{n-1} y_0' + a_n y_0'')\, s^{n-3} \\ &\quad +\dots \\ &\quad +(a_2 y_0 + a_3 y_0' + \cdots + a_n y_0^{(n-2)})\, s \\ &\quad +(a_1 y_0 + a_2 y_0' + \cdots + a_{n-1} y_0^{(n-2)} + a_n y_0^{(n-1)}) \\ &= \sum_{k=0}^{n-1} \left( \sum_{i=0}^{n-1-k} a_{k+i+1} y_0^{(i)} \right) s^k. \end{aligned}$$

Finalmente possiamo scrivere che la soluzione nel dominio di $s$ del problema di analisi (6.1) assume la forma

$$\begin{aligned} Y(s) &= \overbrace{\frac{Q(s)}{a_n s^n + \cdots + a_1 s + a_0}}^{Y_\ell(s)} + \overbrace{\frac{b_m s^m + \cdots + b_1 s + b_0}{a_n s^n + \cdots + a_1 s + a_0} U(s)}^{Y_f(s)} \\ &= \frac{Q(s)}{D(s)} + W(s)U(s). \end{aligned} \tag{6.2}$$

Antitrasformando si potrà ottenere la soluzione cercata nel dominio del tempo.

In questa espressione della $Y(s)$ riconosciamo due termini.

- Il termine $Y_\ell(s)$ indica il contributo alla $Y(s)$ dovuto alla presenza di condizioni iniziali diverse da zero: infatti il polinomio $Q(s)$ è identicamente nullo se e solo se sono nulle tutte le condizioni iniziali. Tale termine è dunque la $\mathcal{L}$-trasformata della risposta libera $y_\ell(t)$.
- Il termine $Y_f(s)$ indica il contributo alla $Y(s)$ dovuto alla presenza dell'ingresso; tale termine è dunque la $\mathcal{L}$-trasformata della risposta forzata $y_f(t)$.

Studieremo i due termini separatamente, ma prima consideriamo un esempio.

**Esempio 6.1** Dato il sistema descritto dal seguente modello IU

$$2\ddot{y}(t) + 6\dot{y}(t) + 4y(t) = \dot{u}(t) + 3u(t)$$

con condizioni iniziali $y(0) = y_0$ e $\dot{y}(0) = y'_0$, la $\mathcal{L}$-trasformata del legame ingresso-uscita fornisce l'equazione:

$$\begin{aligned} Y(s) &= \frac{(a_2 y_0)\ s + (a_1 y_0 + a_2 y'_0)}{a_2 s^2 + a_1 s + a_0} + \frac{b_1 s + b_0}{a_2 s^2 + a_1 s + a_0} U(s) \\ &= \underbrace{\frac{(2y_0)\ s + (6y_0 + 2y'_0)}{2s^2 + 6s + 4}}_{Y_\ell(s)} + \underbrace{\frac{s+3}{2s^2 + 6s + 4} U(s)}_{Y_f(s)}. \end{aligned} \tag{6.3}$$

◇

### 6.1.1 Risposta libera

Data la (6.2), osserviamo che il polinomio $D(s) = a_n s^n + \cdots + a_1 s + a_0$ al denominatore della $Y_\ell(s)$ coincide con il polinomio caratteristico della omogenea associata alla equazione differenziale (6.1). Dunque i poli della trasformata della risposta libera caratterizzano i modi del sistema.

Considerando la forma residui-poli della funzione $Y_\ell(s)$, nell'ipotesi che vi siano $r$ poli distinti $p_i$ di molteplicità $\nu_i$ in base alla Proposizione 5.40 si ottiene,

$$Y_\ell(s) = Y_{\ell,1}(s) + \cdots + Y_{\ell,r}(s) = \sum_{i=1}^{r} Y_{\ell,i}(s)$$

dove il generico termine associato al polo $p_i$ vale

$$Y_{\ell,i}(s) = \frac{R_{i,0}}{(s-p_i)} + \frac{R_{i,1}}{(s-p_i)^2} + \cdots + \frac{R_{i,\nu_i-1}}{(s-p_i)^{\nu_i}} = \sum_{k=0}^{\nu_i-1} \frac{R_{i,k}}{(s-p_i)^{k+1}},$$

e dunque

$$Y_\ell(s) = \frac{Q(s)}{D(s)} = \sum_{i=1}^{r} \sum_{k=0}^{\nu_i-1} \frac{R_{i,k}}{(s-p_i)^{k+1}},$$

dove i residui dipendono dalla forma del polinomio $Q(s)$ e dunque dalle condizioni iniziali. Antitrasformando infine si ottiene

$$y_\ell(t) = \sum_{i=1}^{r} \sum_{k=0}^{\nu_i-1} R_{i,k} \frac{t^k}{k!}\ e^{p_i t} \delta_{-1}(t).$$

Dunque, come già osservato quando abbiamo studiato il problema di analisi nel dominio del tempo, la risposta libera è una combinazione lineare dei modi del sistema.

**Esempio 6.2** Per il sistema dell'Esempio 6.1 si desidera calcolare la risposta libera a partire dalle condizioni iniziali $y(0) = y_0 = 2$ e $\dot{y}(0) = y'_0 = 1$.

Dalla (6.3) vale:

$$Y_\ell(s) = \frac{(2y_0)\ s + (6y_0 + 2y_0')}{2s^2 + 6s + 4} = \frac{4s + 14}{2s^2 + 6s + 4}.$$

Tale funzione ha due poli reali distinti, $p_1 = -1$ e $p_2 = -2$. Scomponendo in fattori e passando alla forma residui-poli si ottiene

$$Y_\ell(s) = \frac{4s + 14}{2(s+1)(s+2)} = \frac{5}{s+1} - \frac{3}{s+2},$$

da cui antitrasformando ricaviamo la risposta libera

$$y_\ell(t) = \left(5e^{-t} - 3e^{-2t}\right)\ \delta_{-1}(t),$$

che come atteso è una combinazione lineare dei due modi del sistema. ◇

### 6.1.2 Risposta forzata

Il calcolo della risposta forzata nel domino del tempo richiede, come già visto, il calcolo di un integrale di convoluzione, il che non è sempre facile. Mediante le trasformate di Laplace, al contrario, il calcolo dell'evoluzione forzata risulta piuttosto agevole. Si tratta di determinare dapprima la trasformata della risposta forzata

$$Y_f(s) = W(s)U(s) \tag{6.4}$$

come il prodotto fra la trasformata dell'ingresso e la funzione di trasferimento. Antitrasformando tale espressione si ricava immediatamente l'evoluzione forzata $y_f(t)$.

**Esempio 6.3** Per il sistema dell'Esempio 6.1 si desidera calcolare la risposta forzata che consegue applicazione dell'ingresso $u(t) = 12e^{-4t}\ \delta_{-1}(t)$.

La trasformata di Laplace dell'ingresso dato vale

$$U(s) = \frac{12}{s+4},$$

e dunque

$$Y_f(s) = W(s)U(s) = \frac{6(s+3)}{(s+1)(s+2)(s+4)} = \frac{4}{s+1} - \frac{3}{s+2} - \frac{1}{s+4},$$

da cui antitrasformando si ricava

$$y_f(t) = \left(4e^{-t} - 3e^{-2t} - e^{-4t}\right)\ \delta_{-1}(t).$$

◇

## 6.2 Analisi dei modelli in variabili di stato mediante trasformate di Laplace

Data una rappresentazione in variabili di stato

$$\begin{cases} \dot{\boldsymbol{x}}(t) &= \boldsymbol{A}\boldsymbol{x}(t) + \boldsymbol{B}\boldsymbol{u}(t) \\ \boldsymbol{y}(t) &= \boldsymbol{C}\boldsymbol{x}(t) + \boldsymbol{D}\boldsymbol{u}(t) \end{cases} \tag{6.5}$$

che descrive un sistema MIMO lineare e stazionario, il problema fondamentale dell'analisi consiste nel determinare l'andamento dello stato e dell'uscita per $t \geq 0$ conoscendo:

- lo stato iniziale $\boldsymbol{x}(0) = [x_1(0)\ x_2(0)\ \cdots\ x_n(0)]^T$;
- l'andamento dell'ingresso $\boldsymbol{u}(t)$ per $t \geq 0$.

Denotiamo con $\boldsymbol{U}(s)$, $\boldsymbol{X}(s)$ e $\boldsymbol{Y}(s)$ le $\mathcal{L}$-trasformate di $\boldsymbol{u}(t)$, $\boldsymbol{x}(t)$ e $\boldsymbol{y}(t)$. Poiché tali vettori hanno rispettivamente $r$, $n$ e $p$ componenti, anche le loro trasformate saranno dei vettori del tipo

$$\boldsymbol{U}(s) = \begin{bmatrix} U_1(s) \\ U_2(s) \\ \vdots \\ U_r(s) \end{bmatrix}, \qquad \boldsymbol{X}(s) = \begin{bmatrix} X_1(s) \\ X_2(s) \\ \vdots \\ X_n(s) \end{bmatrix}, \qquad \boldsymbol{Y}(s) = \begin{bmatrix} Y_1(s) \\ Y_2(s) \\ \vdots \\ Y_p(s) \end{bmatrix},$$

essendo $U_i(s) = \mathcal{L}[u_i(t)]$ la trasformata della generica $i$-ma componente dell'ingresso, $X_i(s) = \mathcal{L}[x_i(t)]$ la trasformata della $i$-ma componente dello stato e $Y_i(s) = \mathcal{L}[y_i(t)]$ la trasformata della $i$-ma componente dell'uscita.

È immediato trasformare la (6.5) tenendo conto che la trasformata della generica funzione $\dot{x}_i(t)$ vale $sX_i(s) - x_i(0)$ e in termini vettoriali tale relazione diventa:

$$\mathcal{L}[\dot{\boldsymbol{x}}(t)] = s\boldsymbol{X}(s) - \boldsymbol{x}(0).$$

La trasformata della (6.5) vale dunque:

$$\begin{cases} s\boldsymbol{X}(s) - \boldsymbol{x}(0) &= \boldsymbol{A}\boldsymbol{X}(s) + \boldsymbol{B}\boldsymbol{U}(s) \\ \boldsymbol{Y}(s) &= \boldsymbol{C}\boldsymbol{X}(s) + \boldsymbol{D}\boldsymbol{U}(s) \end{cases} \tag{6.6}$$

e riordinando l'equazione di stato si ottiene

$$(s\boldsymbol{I} - \boldsymbol{A})\boldsymbol{X}(s) = \boldsymbol{x}(0) + \boldsymbol{B}\boldsymbol{U}(s)$$

dalla quale, moltiplicando ambo i membri per $(s\boldsymbol{I} - \boldsymbol{A})^{-1}$, si ricava $\boldsymbol{X}(s)$. Sostituendo tale valore nella trasformazione di uscita, la soluzione nel dominio di $s$ del problema di analisi (6.5) assume la forma

$$\begin{array}{rcl} \boldsymbol{X}(s) &=& \overbrace{(s\boldsymbol{I}-\boldsymbol{A})^{-1}\,\boldsymbol{x}(0)}^{\boldsymbol{X}_\ell(s)} + \overbrace{(s\boldsymbol{I}-\boldsymbol{A})^{-1}\boldsymbol{B}\,\boldsymbol{U}(s)}^{\boldsymbol{X}_f(s)} \\ \boldsymbol{Y}(s) &=& \underbrace{\boldsymbol{C}(s\boldsymbol{I}-\boldsymbol{A})^{-1}\,\boldsymbol{x}(0)}_{\boldsymbol{Y}_\ell(s)} + \underbrace{[\boldsymbol{C}(s\boldsymbol{I}-\boldsymbol{A})^{-1}\boldsymbol{B}+\boldsymbol{D}]\,\boldsymbol{U}(s)}_{\boldsymbol{Y}_f(s)}. \end{array} \tag{6.7}$$

Tale espressione è l'equivalente della formula di Lagrange nel dominio di $s$: antitrasformando si potrà ottenere la soluzione cercata.

Nella espressione della $\boldsymbol{X}(s)$ e della $\boldsymbol{Y}(s)$ riconosciamo anche in questo caso due termini.

- I termini $\boldsymbol{X}_\ell(s)$ e $\boldsymbol{Y}_\ell(s)$ nascono solo in presenza di uno stato iniziale $\boldsymbol{x}(0)$ non nullo; tali termini sono dunque le $\mathcal{L}$-trasformate dell'evoluzione libera dello stato $\boldsymbol{x}_\ell(t)$ e dell'uscita $\boldsymbol{y}_\ell(t)$.
- I termini $\boldsymbol{X}_f(s)$ e $\boldsymbol{Y}_f(s)$ nascono solo in presenza di un ingresso non identicamente nullo; tali termini sono dunque le $\mathcal{L}$-trasformate dell'evoluzione forzata dello stato $\boldsymbol{x}_f(t)$ e dell'uscita $\boldsymbol{y}_f(t)$.

### 6.2.1 La matrice risolvente

Nella espressione della formula di Lagrange nel dominio di $s$ compare la matrice

$$(s\boldsymbol{I}-\boldsymbol{A})^{-1}$$

che viene detta *matrice risolvente*. È importante soffermarsi a studiare che forma assume tale matrice e qual è il suo significato fisico.

#### Esistenza della matrice risolvente

Per prima cosa, si osservi che la matrice risolvente è ben definita qualunque sia il valore di $\boldsymbol{A}$, ossia è sempre possibile invertire la matrice $(s\boldsymbol{I}-\boldsymbol{A})$. Per dimostrare ciò si osservi preliminarmente che la matrice $(s\boldsymbol{I}-\boldsymbol{A})$ non è una matrice di scalari ma è una matrice polinomiale i cui generici elementi sono polinomi di grado 1 lungo la diagonale e di grado 0 altrove. La sua inversa, che si calcola con la nota formula

$$(s\boldsymbol{I}-\boldsymbol{A})^{-1} = \frac{1}{\det(s\boldsymbol{I}-\boldsymbol{A})}\operatorname{agg}(s\boldsymbol{I}-\boldsymbol{A}),$$

esiste se e solo se il determinante $\det(s\boldsymbol{I}-\boldsymbol{A})$ è non nullo. Si noti tuttavia che essendo $(s\boldsymbol{I}-\boldsymbol{A})$ una matrice di polinomi, anche il suo determinante è un polinomio e affinché sia possibile calcolare la matrice risolvente occorre che esso sia diverso dal polinomio nullo[2]. Tuttavia è noto che il determinante $\det(s\boldsymbol{I}-\boldsymbol{A})$ è il polinomio

[2] Il *polinomio nullo* è il polinomio 0: esso è formato cioè dal solo termine noto, che per di più vale zero. Si osservi che essendo una costante il polinomio nullo ha grado 0.

caratteristico della matrice $\boldsymbol{A}$ di dimensioni $n \times n$: per definizione, tale polinomio ha grado $n > 0$ ed è dunque diverso dal polinomio nullo.

Si noti ancora che la matrice polinomiale $\text{agg}(s\boldsymbol{I} - \boldsymbol{A})$ ha come elementi i cofattori di $(s\boldsymbol{I} - \boldsymbol{A})$ che, essendo minori di ordine $n - 1$, saranno polinomi di grado minore o pari a $n - 1$. Poiché $\det(s\boldsymbol{I} - \boldsymbol{A})$ è un polinomio di grado $n$, è possibile concludere quindi che la matrice risolvente ha per elementi funzioni razionali *strettamente proprie*.

**Esempio 6.4** È data una rappresentazione in VS la cui matrice di stato vale:

$$\boldsymbol{A} = \begin{bmatrix} -1 & 1 \\ 0 & -2 \end{bmatrix}.$$

Poiché

$$(s\boldsymbol{I} - \boldsymbol{A}) = \begin{bmatrix} s+1 & -1 \\ 0 & s+2 \end{bmatrix}$$

la matrice risolvente vale

$$\begin{aligned}(s\boldsymbol{I} - \boldsymbol{A})^{-1} &= \frac{1}{\det(s\boldsymbol{I} - \boldsymbol{A})}\text{agg}(s\boldsymbol{I} - \boldsymbol{A}) = \frac{1}{(s+1)(s+2)} \begin{bmatrix} s+2 & 1 \\ 0 & s+1 \end{bmatrix} \\ &= \begin{bmatrix} \dfrac{1}{s+1} & \dfrac{1}{(s+1)(s+2)} \\ 0 & \dfrac{1}{s+2} \end{bmatrix}.\end{aligned}$$

Si noti come in alcuni elementi della matrice risolvente intervengano cancellazioni zero-polo che riducono l'ordine dei polinomi a numeratore e denominatore. ◇

### Significato fisico della matrice risolvente

**Proposizione 6.5** *La matrice risolvente è la trasformata di Laplace della matrice di transizione dello stato, cioè vale*

$$(s\boldsymbol{I} - \boldsymbol{A})^{-1} = \mathcal{L}\left[e^{\boldsymbol{A}t}\right].$$

*Dimostrazione.* L'espressione della evoluzione libera dello stato in $s$ in base alla (6.7) vale $\boldsymbol{X}_\ell(s) = (s\boldsymbol{I} - \boldsymbol{A})^{-1}\boldsymbol{x}(0)$. Nel dominio del tempo, d'altro canto, l'evoluzione libera dello stato in base alla formula di Lagrange (4.13) vale $\boldsymbol{x}_\ell(t) = e^{\boldsymbol{A}t}\boldsymbol{x}(0)$.

Dunque vale

$$(s\boldsymbol{I} - \boldsymbol{A})^{-1}\boldsymbol{x}(0) = \boldsymbol{X}_\ell(s) = \mathcal{L}\left[\boldsymbol{x}_\ell(t)\right] = \mathcal{L}\left[e^{\boldsymbol{A}t}\boldsymbol{x}(0)\right] = \mathcal{L}\left[e^{\boldsymbol{A}t}\right]\ \boldsymbol{x}(0)$$

e confrontando il primo e l'ultimo membro di questa equazione si ottiene il risultato cercato. □

Questa proprietà ci fornisce un ulteriore metodo, oltre a quelli già visti precedentemente, per il calcolo di $e^{\boldsymbol{A}t}$ come antitrasformata della $(s\boldsymbol{I} - \boldsymbol{A})^{-1}$.

**Esempio 6.6** La matrice risolvente della rappresentazione in VS discussa nell'Esempio 6.4 vale

$$(s\boldsymbol{I} - \boldsymbol{A})^{-1} = \begin{bmatrix} \dfrac{1}{s+1} & \left(\dfrac{1}{(s+1)} - \dfrac{1}{(s+2)}\right) \\ 0 & \dfrac{1}{s+2} \end{bmatrix}$$

avendo dato lo sviluppo di Heaviside del termine $1/\left((s+1)(s+2)\right)$. Dunque la matrice di transizione dello stato per questa rappresentazione vale

$$\begin{aligned} e^{\boldsymbol{A}t} &= \mathcal{L}^{-1}\left[(s\boldsymbol{I} - \boldsymbol{A})^{-1}\right] = \begin{bmatrix} \mathcal{L}^{-1}\left[\dfrac{1}{s+1}\right] & \mathcal{L}^{-1}\left[\dfrac{1}{(s+1)} - \dfrac{1}{(s+2)}\right] \\ \mathcal{L}^{-1}\left[0\right] & \mathcal{L}^{-1}\left[\dfrac{1}{s+2}\right] \end{bmatrix} \\ &= \begin{bmatrix} e^{-t} & \left(e^{-t} - e^{-2t}\right) \\ 0 & e^{-2t} \end{bmatrix} \delta_{-1}(t). \end{aligned}$$

◇

### 6.2.2 Esempio di calcolo dell'evoluzione libera e forzata

Sia data la seguente rappresentazione in termini di variabili di stato

$$\left\{ \begin{array}{lcl} \begin{bmatrix} \dot{x}_1(t) \\ \dot{x}_2(t) \end{bmatrix} & = & \begin{bmatrix} -2 & 0 \\ 0 & -3 \end{bmatrix} \begin{bmatrix} x_1(t) \\ x_2(t) \end{bmatrix} + \begin{bmatrix} 1 \\ 2 \end{bmatrix} u(t) \\ y(t) & = & \begin{bmatrix} 1 & -4 \end{bmatrix} \begin{bmatrix} x_1(t) \\ x_2(t) \end{bmatrix} + u(t). \end{array} \right. \tag{6.8}$$

Si vuole calcolare l'evoluzione dello stato e dell'uscita che consegue per $t \geq 0$ all'applicazione di un ingresso $u(t) = e^t\, \delta_{-1}(t)$ a partire da condizioni iniziali $\boldsymbol{x}(0) = [2\ \ 3]^T$.

Si calcola per prima cosa la matrice risolvente, che vale

$$[s\boldsymbol{I} - \boldsymbol{A}]^{-1} = \begin{bmatrix} s+2 & 0 \\ 0 & s+3 \end{bmatrix}^{-1} = \begin{bmatrix} \dfrac{1}{s+2} & 0 \\ 0 & \dfrac{1}{s+3} \end{bmatrix},$$

mentre la trasformata di Laplace dell'ingresso vale

$$U(s) = \mathcal{L}\left[e^t\, \delta_{-1}(t)\right] = \frac{1}{s-1}.$$

Si determina allora la trasformata di Laplace dello stato che vale

$$\boldsymbol{X}(s) = \boldsymbol{X}_\ell(s) + \boldsymbol{X}_f(s),$$

essendo la trasformata dell'evoluzione libera

$$\boldsymbol{X}_\ell(s) = (s\boldsymbol{I} - \boldsymbol{A})^{-1}\, \boldsymbol{x}(0) = \begin{bmatrix} \dfrac{2}{s+2} \\ \dfrac{3}{s+3} \end{bmatrix}$$

e la trasformata dell'evoluzione forzata

$$\boldsymbol{X}_f(s) = (s\boldsymbol{I} - \boldsymbol{A})^{-1}\, \boldsymbol{B}U(s) = \begin{bmatrix} \dfrac{1}{(s-1)(s+2)} \\ \dfrac{2}{(s-1)(s+3)} \end{bmatrix}.$$

Antitrasformando $\boldsymbol{X}_\ell(s)$, l'evoluzione libera vale

$$\boldsymbol{x}_\ell(t) = \mathcal{L}^{-1}\left[\boldsymbol{X}_\ell(s)\right] = \begin{bmatrix} 2e^{-2t} \\ 3e^{-3t} \end{bmatrix} \delta_{-1}(t)$$

mentre eseguendo lo sviluppo di Heaviside di ciascuno dei due elementi di $\boldsymbol{X}_f(s)$ si ottiene

$$\boldsymbol{X}_f(s) = \begin{bmatrix} \left(\dfrac{1/3}{s-1} - \dfrac{1/3}{s+2}\right) \\ \left(\dfrac{1/2}{s-1} - \dfrac{1/2}{s+3}\right) \end{bmatrix}$$

e antitrasformando

$$\boldsymbol{x}_f(t) = \mathcal{L}^{-1}\left[\boldsymbol{X}_f(s)\right] = \begin{bmatrix} \dfrac{1}{3}\left(e^{t} - e^{-2t}\right) \\ \dfrac{1}{2}\left(e^{t} - e^{-3t}\right) \end{bmatrix} \delta_{-1}(t).$$

Si determina la trasformata di Laplace dell'uscita che vale

$$Y(s) = Y_\ell(s) + Y_f(s)$$

essendo la trasformata dell'evoluzione libera

$$Y_\ell(s) = \boldsymbol{C}(s\boldsymbol{I} - \boldsymbol{A})^{-1}\, \boldsymbol{x}(0) = \frac{2}{s+2} - \frac{12}{s+3}$$

e la trasformata dell'evoluzione forzata

$$Y_f(s) = \left[\boldsymbol{C}(s\boldsymbol{I} - \boldsymbol{A})^{-1}\, \boldsymbol{B} + D\right] U(s) = \frac{s^2 - 2s - 7}{(s-1)(s+2)(s+3)}$$

Antitrasformando $Y_\ell(s)$, l'evoluzione libera vale

$$y_\ell(t) = \mathcal{L}^{-1}[Y_\ell(s)] = \left(2e^{-2t} - 12e^{-3t}\right)\ \delta_{-1}(t)$$

mentre eseguendo lo sviluppo di Heaviside di $Y_\ell(s)$ si ottiene

$$Y_f(s) = -\frac{2/3}{s-1} - \frac{1/3}{s+2} + \frac{2}{s+3}$$

e antitrasformando

$$y_f(t) = \mathcal{L}^{-1}[Y_f(s)] = \left(-\frac{2}{3}e^{t} - \frac{1}{3}e^{-2t} + 2e^{-3t}\right)\ \delta_{-1}(t).$$

## 6.3 Funzione di trasferimento

### 6.3.1 Definizione di funzione e matrice di trasferimento

Nella Sezione 6.1 è stato introdotto il concetto di funzione di trasferimento facendo riferimento ad un sistema SISO descritto da un modello IU. Più in generale è possibile dare la seguente definizione.

**Definizione 6.7** *Dato un sistema lineare e stazionario, si definisce* matrice di trasferimento $\boldsymbol{W}(s)$ *quella matrice della variabile s che, moltiplicata per la trasformata di Laplace* $\boldsymbol{U}(s)$ *di un generico segnale di ingresso, fornisce la trasformata di Laplace* $\boldsymbol{Y}_f(s)$ *della corrispondente risposta forzata, ovvero soddisfa l'equazione*

$$\boldsymbol{Y}_f(s) = \boldsymbol{W}(s)\boldsymbol{U}(s). \tag{6.9}$$

*Se l'ingresso è un vettore con r componenti e l'uscita è un vettore con p componenti, la matrice di trasferimento ha dimensioni* $p \times r$.

*Nel caso particolare di un sistema SISO la matrice di trasferimento diventa una funzione scalare detta* funzione di trasferimento.

Nel resto di questo capitolo si considererà principalmente il caso di sistemi SISO. Lo studio dei sistemi MIMO mediante matrice di trasferimento sarà trattato solo in § 6.3.6 e nel Capitolo 7 in § 7.2.

La funzione di trasferimento, in base alla definizione appena data, descrive il legame esterno tra l'ingresso e l'uscita di un sistema. Essa è dunque la controparte di un modello IU nel dominio della variabile di Laplace $s$.

Dato un modello IU di un sistema SISO

$$a_n y^{(n)}(t) + \cdots + a_1\dot{y}(t) + a_0 y(t) = b_m u^{(m)}(t) + \cdots + b_1\dot{u}(t) + b_0 u(t)$$

si è visto che in base alla eq. (6.2) vale

$$Y_f(s) = \frac{N(s)}{D(s)}U(s) = \frac{b_m s^m + b_{m-1}s^{m-1} + \cdots + b_0}{a_n s^n + a_{n-1}s^{n-1} + \cdots + a_0}U(s)$$

e dunque la funzione di trasferimento vale

$$W(s) = \frac{N(s)}{D(s)} = \frac{b_m s^m + b_{m-1}s^{m-1} + \cdots + b_0}{a_n s^n + a_{n-1}s^{n-1} + \cdots + a_0}. \tag{6.10}$$

Si noti la particolare struttura che assume la funzione di trasferimento. Essa è una funzione razionale di $s$ che ha al numeratore il polinomio $N(s)$ costruito con i coefficienti del secondo membro della equazione differenziale e al denominatore il polinomio $D(s)$ costruito con i coefficienti del primo membro. Come già osservato, poiché $D(s)$ è per definizione il polinomio caratteristico del sistema, i poli della funzione di trasferimento coincidono con le radici dell'equazione omogenea e dunque caratterizzano i modi del sistema. L'equazione differenziale che descrive il legame IU nel dominio del tempo e la funzione di trasferimento contengono le stesse informazioni ed è immediato passare da un modello all'altro.

### 6.3.2 Funzione di trasferimento e risposta impulsiva

Uno stretto legame esiste tra la funzione di trasferimento e la risposta impulsiva di un sistema.

**Proposizione 6.8** *La funzione di trasferimento di un sistema lineare e stazionario SISO è la trasformata di Laplace della risposta impulsiva, cioè vale*

$$W(s) = \mathcal{L}\left[w(t)\right].$$

*Dimostrazione.* La trasformata della risposta forzata $Y_f(s)$ in base alla (6.2) può essere scritta come:

$$Y_f(s) = W(s)\, U(s). \tag{6.11}$$

Questa relazione afferma che se all'applicazione dell'ingresso $u(t)$ consegue una risposta forzata $y_f(t)$ allora vale

$$\mathcal{L}\left[y_f(t)\right] = W(s)\mathcal{L}\left[u(t)\right].$$

Per definizione la *risposta impulsiva* $w(t)$ è la risposta forzata che consegue all'applicazione di un impulso unitario $\delta(t)$ all'istante $t = 0$. Passando al dominio della variabile di Laplace e ricordando che la trasformata dell'impulso vale $\mathcal{L}\left[\delta(t)\right] = 1$, si ottiene

$$\mathcal{L}\left[w(t)\right] = W(s)\mathcal{L}\left[\delta(t)\right] = W(s) \cdot 1 = W(s)$$

e confrontando il primo e l'ultimo membro di questa equazione si ricava il risultato cercato. □

Questo risultato fornisce una semplice procedura per calcolare la risposta impulsiva di un sistema caratterizzato da un modello IU del tipo (6.1), eseguendo questo passaggio:

$$\text{modello IU} \quad \longrightarrow \quad W(s) \quad \xrightarrow{\mathcal{L}^{-1}} \quad w(t).$$

Tale tecnica, che opera nel dominio della variabile di Laplace, può essere usata in alternativa all'Algoritmo 3.20 che opera nel dominio del tempo.

**Esempio 6.9** Per il sistema dell'Esempio 6.1 si desidera calcolare la risposta impulsiva. Noti i coefficienti dell'equazione differenziale, possiamo direttamente scrivere la funzione di trasferimento di questo sistema come

$$W(s) = \frac{b_1 s + b_0}{a_2 s^2 + a_1 s + a_0} = \frac{s+3}{2s^2+6s+4}.$$

Scomponendo in fattori e passando alla forma residui-poli si ottiene

$$W(s) = \frac{s+3}{2(s+1)(s+2)} = \frac{R_1}{s+1} + \frac{R_2}{s+2},$$

dove

$$\begin{aligned} R_1 &= \lim_{s\to-1}(s+1)\, W(s) = \lim_{s\to-1} \frac{s+3}{2(s+2)} = 1, \\ R_2 &= \lim_{s\to-2}(s+2)\, W(s) = \lim_{s\to-2} \frac{s+3}{2(s+1)} = -0.5, \end{aligned}$$

da cui antitrasformando ricaviamo

$$w(t) = \left(e^{-t} - 0.5e^{-2t}\right) \delta_{-1}(t).$$ ◇

### 6.3.3 Risposta impulsiva e modello ingresso-uscita

Ricordiamo ancora che la risposta impulsiva $w(t)$ è stata definita un *regime canonico*, la cui conoscenza è perfettamente equivalente alla conoscenza del modello (6.1). Tuttavia non è stato finora discusso come sia possibile, nota la $w(t)$, determinare il modello IU che corrisponde a tale risposta impulsiva. Ciò può farsi con il seguente procedimento:

$$w(t) \quad \xrightarrow{\mathcal{L}} \quad W(s) \quad \longrightarrow \quad \text{modello IU},$$

poiché nota la $W(s)$ è immediato determinare il modello IU nella forma (6.1).

**Esempio 6.10** Dato un sistema caratterizzato dalla sua risposta impulsiva

$$w(t) = \left(e^{t} + 2te^{t} - 0.5e^{-2t}\right) \delta_{-1}(t),$$

si desidera calcolare il corrispondente modello IU.

Trasformando la $w(t)$ termine a termine si ottiene:

$$W(s) = \frac{1}{s-1} + \frac{2}{(s-1)^2} - \frac{0.5}{s+2} = \frac{0.5s^2+4s+1.5}{(s-1)^2(s+2)} = \frac{0.5s^2+4s+1.5}{s^3-3s+2};$$

tenendo conto dei coefficienti dei polinomi al numeratore e denominatore si ricava immediatamente il modello IU

$$\dddot{y}(t) - 3\dot{y}(t) + 2y(t) = 0.5\ddot{u}(t) + 4\dot{u}(t) + 1.5u(t).$$ ◇

### 6.3.4 Identificazione della funzione di trasferimento

Sempre in base alla (6.11) la funzione di trasferimento può essere scritta come:

$$W(s) = \frac{Y_f(s)}{U(s)}, \tag{6.12}$$

relazione che ci permette di calcolare la funzione di trasferimento $W(s)$ di un sistema di cui sia nota la risposta forzata che consegue all'applicazione di un determinato ingresso.

**Esempio 6.11** È dato un sistema la cui risposta forzata in conseguenza all'applicazione di un segnale

$$u(t) = 3t\,\delta_{-1}(t) \qquad \text{vale} \qquad y_f(t) = \left(-12e^{-0.5t} + 9e^{-t} + 3 + 3t\right)\delta_{-1}(t).$$

Si vuole determinare la funzione di trasferimento.

Trasformando i segnali di ingresso e di uscita si ottiene

$$U(s) = \frac{3}{s^2} \quad \text{e} \quad Y_f(s) = \frac{-12}{s+0.5} + \frac{9}{s+1} + \frac{3}{s} + \frac{3}{s^2} = \frac{12s+3}{2s^4+3s^3+s^2}.$$

Dunque la funzione di trasferimento di tale sistema è

$$W(s) = \frac{Y_f(s)}{U(s)} = \frac{4s+1}{2s^2+3s+1}.$$ ◇

Questa relazione consente dunque di determinare la funzione di trasferimento (e dunque il modello IU) sulla base delle misure dell'ingresso e dell'uscita di un sistema supposto inizialmente a riposo. Tale procedura è detta *identificazione*. Nella pratica, la procedura di identificazione è molto più complessa di quanto non possa sembrare: infatti la condizione di sistema a riposo potrebbe non essere verificata, le misure dell'ingresso e dell'uscita potrebbero essere affette da rumore, ecc. Tale problema non verrà affrontato in questo testo.

### 6.3.5 Funzione di trasferimento per modelli in variabile di stato

Si consideri un sistema SISO descritto dal modello in variabili di stato (6.5). In base alla eq. (6.7) la risposta forzata vale

$$Y_f(s) = [\boldsymbol{C}(s\boldsymbol{I} - \boldsymbol{A})^{-1}\boldsymbol{B} + D]\,U(s)$$

e tenendo conto della (6.9) si ottiene la seguente espressione per la funzione di trasferimento:

$$W(s) = \boldsymbol{C}(s\boldsymbol{I} - \boldsymbol{A})^{-1}\boldsymbol{B} + D. \tag{6.13}$$

Si noti che anche in questa formula la $W(s)$ esprime il legame fra l'ingresso e l'uscita: tuttavia, mentre nella (6.10) compaiono i coefficienti che caratterizzano il modello IU, nella (6.13) compaiono i coefficienti che caratterizzano il modello VS.

Si verifica facilmente che anche la $W(s)$ espressa dalla (6.13) assume la forma di una funzione razionale. Infatti, ricordando che la matrice risolvente è un matrice i cui elementi sono funzioni razionali strettamente proprie (cfr. § 6.2.1), indicando le dimensioni dei vari termini che compaiono nella espressione della matrice di trasferimento si ottiene:

$$W(s) = \overbrace{\boldsymbol{C}}^{1\times n} \overbrace{(s\boldsymbol{I} - \boldsymbol{A})^{-1}}^{n\times n} \overbrace{\boldsymbol{B}}^{n\times 1} + \overbrace{D}^{1\times 1} = \frac{R(s)}{P(s)} + D = \frac{R(s) + DP(s)}{P(s)}.$$

Nella precedente espressione $R(s)$ è un polinomio di grado $m < n$, mentre $P(s)$ ha grado $n$ ed è il polinomio caratteristico della matrice di stato $\boldsymbol{A}$. Si noti che $W(s)$ è una funzione sempre propria, e strettamente propria se e solo se $D = 0$.

**Esempio 6.12** Si vuole determinare la funzione di trasferimento del sistema descritto dal modello (6.8).

Vale:

$$\begin{aligned} W(s) &= \boldsymbol{C}(s\boldsymbol{I} - \boldsymbol{A})^{-1}\boldsymbol{B} + D = \begin{bmatrix} 1 & -4 \end{bmatrix} \begin{bmatrix} \frac{1}{s+2} & 0 \\ 0 & \frac{1}{s+3} \end{bmatrix} \begin{bmatrix} 1 \\ 2 \end{bmatrix} + 1 \\ &= \frac{s^2 - 2s - 7}{s^2 + 5s + 6}. \end{aligned}$$

Si noti che il denominatore della funzione di trasferimento è il polinomio caratteristico della matrice $\boldsymbol{A}$, che vale appunto $P(s) = (s+2)(s+3) = s^2 + 5s + 6$. La funzione di trasferimento non è strettamente propria perché $D \neq 0$. ◇

### 6.3.6 Matrice di trasferimento

Nel caso di sistemi MIMO l'ingresso è un vettore con $r$ componenti, mentre l'uscita è un vettore con $p$ componenti. Facendo riferimento ad un modello in variabili di stato, in base alla eq. (6.7) vale

$$\boldsymbol{Y}_f(s) = [\boldsymbol{C}(s\boldsymbol{I} - \boldsymbol{A})^{-1}\boldsymbol{B} + \boldsymbol{D}]\, \boldsymbol{U}(s)$$

e in base alla (6.9) la *matrice di trasferimento* vale

$$\boldsymbol{W}(s) = \boldsymbol{C}(s\boldsymbol{I} - \boldsymbol{A})^{-1}\boldsymbol{B} + \boldsymbol{D}; \tag{6.14}$$

tale matrice ha dimensioni $p \times r$.

Per comprendere che significato fisico ha il generico elemento $W_{i,j}(s)$ di questa matrice, osserviamo che la risposta forzata che consegue ad un ingresso $\boldsymbol{U}(s)$ vale (omettendo il pedice $f$ per non appesantire la notazione)

$$\begin{bmatrix} Y_1(s) \\ \vdots \\ Y_p(s) \end{bmatrix} = \boldsymbol{Y}_f(s) = \boldsymbol{W}(s)\boldsymbol{U}(s) = \begin{bmatrix} W_{1,1}(s) & \cdots & W_{1,r}(s) \\ \vdots & \ddots & \vdots \\ W_{p,1}(s) & \cdots & W_{p,r}(s) \end{bmatrix} \begin{bmatrix} U_1(s) \\ \vdots \\ U_r(s) \end{bmatrix}$$

e dunque la trasformata della $i$-ma componente della uscita vale

$$Y_i(s) = W_{i,1}(s)U_1(s) + W_{i,2}(s)U_2(s) + \cdots + W_{i,r}(s)U_r(s) = \sum_{j=1}^{r} W_{i,j}(s)U_j(s).$$

Se dunque si applica in ingresso al sistema un vettore $\boldsymbol{u}(t)$ che ha come $j$-ma componente un impulso unitario e tutte le altre componenti nulle, vale

$$\begin{aligned} \boldsymbol{U}(s) &= \mathcal{L}[\boldsymbol{u}(t)] = [\underbrace{0 \ \cdots \ 0 \ \ \mathcal{L}[\delta(t)]}_{j} \ \ 0 \ \cdots \ 0]^T \\ &= [\underbrace{0 \ \cdots \ 0 \ \ 1}_{j} \ \ 0 \ \cdots \ 0]^T \end{aligned}$$

e la trasformata della $i$-ma componente dell'uscita assume il valore

$$Y_i(s) = W_{i,j}(s),$$

che chiamiamo *funzione di trasferimento fra l'ingresso $j$ e l'uscita $i$*. La antitrasformata della $W_{i,j}(s)$ è la risposta dell'uscita $i$ ad un impulso sull'ingresso $j$ e si denota $w_{i,j}(t)$.

**Esempio 6.13** Si consideri la seguente rappresentazione in VS:

$$\begin{cases} \begin{bmatrix} \dot{x}_1(t) \\ \dot{x}_2(t) \end{bmatrix} = \begin{bmatrix} -2 & 0 \\ 0 & -3 \end{bmatrix} \begin{bmatrix} x_1(t) \\ x_2(t) \end{bmatrix} + \begin{bmatrix} 1 & 1 \\ 0 & 2 \end{bmatrix} \begin{bmatrix} u_1(t) \\ u_2(t) \end{bmatrix} \\ \begin{bmatrix} y_1(t) \\ y_2(t) \end{bmatrix} = \begin{bmatrix} 1 & 4 \\ 0 & 2 \end{bmatrix} \begin{bmatrix} x_1(t) \\ x_2(t) \end{bmatrix}. \end{cases}$$

La matrice di trasferimento vale

$$\begin{aligned} \boldsymbol{W}(s) &= \boldsymbol{C}(s\boldsymbol{I} - \boldsymbol{A})^{-1}\boldsymbol{B} = \begin{bmatrix} 1 & 4 \\ 0 & 2 \end{bmatrix} \begin{bmatrix} \dfrac{1}{s+2} & 0 \\ 0 & \dfrac{1}{s+3} \end{bmatrix} \begin{bmatrix} 1 & 1 \\ 0 & 2 \end{bmatrix} \\ &= \begin{bmatrix} \dfrac{1}{s+2} & \dfrac{9s+19}{(s+2)(s+3)} \\ 0 & \dfrac{4}{s+3} \end{bmatrix}. \end{aligned}$$

Si noti che in questo caso particolare, essendo $p = r = 2$, la matrice $\boldsymbol{W}(s)$ è quadrata, ma in generale il numero di righe di questa matrice può essere diverso dal numero di colonne. Ancora si osservi che l'elemento $W_{2,1}$ vale zero: ciò indica che l'ingresso $u_1(t)$ non influenza l'uscita $y_2(t)$. ◇

Lo studio di sistemi MIMO mediante la matrice di trasferimento è anche trattato nel Capitolo 7 (cfr. § 7.2).

### 6.3.7 Matrice di trasferimento e similitudine

La matrice di trasferimento (o la funzione di trasferimento nel caso dei sistemi SISO) descrive il comportamento ingresso-uscita di un sistema nel domino della variabile di Laplace. Se si considerano due diverse rappresentazioni legate da similitudine, poiché esse descrivono lo stesso sistema è intuitivo che debbano avere la stessa funzione di trasferimento. Questo fatto è formalmente dimostrato nella seguente proposizione.

**Proposizione 6.14 (Invarianza della matrice di trasferimento per similitudine)** *Si considerino due rappresentazioni in VS legate da similitudine*

$$\begin{cases} \dot{\boldsymbol{x}}(t) &= \boldsymbol{A}\boldsymbol{x}(t) + \boldsymbol{B}\boldsymbol{u}(t) \\ \boldsymbol{y}(t) &= \boldsymbol{C}\boldsymbol{x}(t) + \boldsymbol{D}\boldsymbol{u}(t) \end{cases}$$

*e*

$$\begin{cases} \dot{\boldsymbol{z}}(t) &= \boldsymbol{P}^{-1}\boldsymbol{A}\boldsymbol{P}\boldsymbol{z}(t) + \boldsymbol{P}^{-1}\boldsymbol{B}\boldsymbol{u}(t) \\ \boldsymbol{y}(t) &= \boldsymbol{C}\boldsymbol{P}\boldsymbol{z}(t) + \boldsymbol{D}\boldsymbol{u}(t). \end{cases}$$

*Le due rappresentazioni hanno la stessa matrice di trasferimento.*

*Dimostrazione.* La matrice di trasferimento della seconda rappresentazione vale

$$\boldsymbol{W}(s) = (\boldsymbol{C}\boldsymbol{P})\left(s\boldsymbol{I} - \boldsymbol{P}^{-1}\boldsymbol{A}\boldsymbol{P}\right)^{-1}\left(\boldsymbol{P}^{-1}\boldsymbol{B}\right) + \boldsymbol{D}$$

e tale relazione può anche essere riscritta

$$\begin{aligned} \boldsymbol{W}(s) &= \boldsymbol{C}\boldsymbol{P}\left(s\boldsymbol{P}^{-1}\boldsymbol{P} - \boldsymbol{P}^{-1}\boldsymbol{A}\boldsymbol{P}\right)^{-1}\boldsymbol{P}^{-1}\boldsymbol{B} + \boldsymbol{D} \\ &= \boldsymbol{C}\boldsymbol{P}\left(\boldsymbol{P}^{-1}(s\boldsymbol{I} - \boldsymbol{A})\boldsymbol{P}\right)^{-1}\boldsymbol{P}^{-1}\boldsymbol{B} + \boldsymbol{D} \\ &= \boldsymbol{C}\boldsymbol{P}\boldsymbol{P}^{-1}(s\boldsymbol{I} - \boldsymbol{A})^{-1}\boldsymbol{P}\boldsymbol{P}^{-1}\boldsymbol{B} + \boldsymbol{D} = \boldsymbol{C}(s\boldsymbol{I} - \boldsymbol{A})^{-1}\boldsymbol{B} + \boldsymbol{D} \end{aligned}$$

e dunque coincide con la matrice di trasferimento della prima rappresentazione.

□

### 6.3.8 Passaggio da un modello in VS a un modello IU

L'equazione (6.13), o in maniera equivalente la (6.14) per un sistema MIMO, ci permette di risolvere agevolmente il seguente problema[3]: *dato un modello in VS di un sistema lineare e stazionario determinare un modello IU dello stesso sistema.* Per risolvere tale problema si può infatti seguire questa strada:

$$\text{modello VS} \;\rightarrow\; W(s) \;\rightarrow\; \text{modello IU},$$

cioè si determina per prima cosa la funzione di trasferimento $W(s)$ che corrisponde alla rappresentazione data e si determina poi il legame IU che ad essa corrisponde.

[3]Il problema inverso, che consiste nel determinare un modello in VS di un sistema di cui sia noto un modello IU, è detto problema della *realizzazione*. Esso è notevolmente più complesso e verrà trattato nel Capitolo 7.

**Esempio 6.15** Si vuole determinare il modello IU che corrisponde alla rappresentazione in VS data dalla (6.8).

La funzione di trasferimento di tale sistema è già stata calcolata nell'Esempio 6.12 e vale

$$W(s) = \frac{s^2 - 2s - 7}{s^2 + 5s + 6}.$$

Dunque il modello IU di tale sistema è descritto dall'equazione differenziale

$$\ddot{y}(t) + 5\dot{y}(t) + 6y(t) = \ddot{u}(t) - 2\dot{u}(t) - 7u(t). \qquad \diamond$$

Anche nel caso di un sistema MIMO tale procedura è di immediata applicazione.

**Esempio 6.16** Si vuole determinare il modello IU che corrisponde alla rappresentazione in VS considerata nell'Esercizio 6.13, la cui matrice di trasferimento vale

$$\boldsymbol{W}(s) = \begin{bmatrix} \dfrac{1}{s+2} & \dfrac{9s+19}{(s+2)(s+3)} \\ 0 & \dfrac{4}{s+3} \end{bmatrix}.$$

La trasformata della risposta forzata è legata alla trasformata dell'ingresso mediante la relazione

$$\begin{bmatrix} Y_1(s) \\ Y_2(s) \end{bmatrix} = \begin{bmatrix} \dfrac{1}{s+2} & \dfrac{9s+19}{(s+2)(s+3)} \\ 0 & \dfrac{4}{s+3} \end{bmatrix} \begin{bmatrix} U_1(s) \\ U_2(s) \end{bmatrix}.$$

Tenendo presente che $(s+2)(s+3) = (s^2+5s+6)$, la precedente espressione può essere riscritta

$$\begin{aligned} (s^2+5s+6)Y_1(s) &= (s+3)U_1(s) + (9s+19)U_2(s), \\ (s+3)Y_2(s) &= 4U_2(s). \end{aligned}$$

Antitrasformando si ottiene il modello

$$\begin{cases} \ddot{y}_1(t) + 5\dot{y}_1(t) + 6y_1(t) = \big(\dot{u}_1(t) + 3u_1(t)\big) + \big(9\dot{u}_2(t) + 19u_2(t)\big) \\ \dot{y}_2(t) + 3y_2(t) = 4u_2(t). \end{cases} \qquad \diamond$$

### 6.3.9 Sistemi con elementi di ritardo

Tra i vari sistemi descritti nel Capitolo 2 ve ne è uno il cui modello IU assume una forma diversa da quella prescritta dalla (6.1). Tale sistema è il cosiddetto *elemento di ritardo* il cui legame ingresso-uscita è descritto dalla equazione

$$y(t) = u(t-T) \tag{6.15}$$

che indica come il valore assunto dall'uscita al tempo $t$ sia pari al valore assunto dall'ingresso al tempo $t - T$ (cioè $T$ unità di tempo prima).

Trasformando questa relazione, ricordando il teorema della traslazione nel tempo e tenendo presente che l'uscita $y(t)$ coincide con l'uscita forzata, vale

$$Y(s) = e^{-Ts}U(s)$$

e in base alla (6.9) possiamo scrivere che la funzione di trasferimento vale

$$W(s) = \frac{Y(s)}{U(s)} = e^{-Ts}.$$

Dunque la funzione di trasferimento dell'elemento di ritardo non è una funzione razionale (rapporto di polinomi) bensì una funzione esponenziale in $s$.

Nel resto di questo capitolo ci si limiterà a studiare sistemi la cui funzione di trasferimento è una funzione razionale. Tuttavia, la tecnica descritta nel Capitolo 5 (cfr. § 5.3.4) per antitrasformare segnali in cui siano presenti elementi di ritardo, consente di estendere i risultati che vengono qui presentati a tali sistemi.

## 6.4 Forme fattorizzate della funzione di trasferimento

Come visto nella sezione precedente, la funzione di trasferimento di un sistema SISO lineare e stazionario, senza elementi di ritardo, è una funzione razionale della variabile $s$, cioè un rapporto di due polinomi in $s$. Più precisamente, si è soliti chiamare l'espressione in eq. (6.10) *rappresentazione polinomiale* della funzione di trasferimento.

È possibile, tuttavia, ricondurre la funzione di trasferimento ad altre rappresentazioni standard che consentono di meglio studiare certe proprietà di interesse. Le forme che qui consideriamo sono la *rappresentazione residui-poli*, la *rappresentazione zeri-poli* e la *rappresentazione di Bode*.

### 6.4.1 Rappresentazione residui-poli

Sulla base di quanto visto nello capitolo dedicato allo studio delle trasformate di Laplace, dall'esame della (6.10) possiamo affermare che se la funzione di trasferimento è una funzione razionale strettamente propria, cioè se $m < n$, essa ammette uno sviluppo di Heaviside della forma

$$W(s) = \frac{Q(s)}{D(s)} = \sum_{i=1}^{r} \sum_{k=0}^{\nu_i - 1} \frac{R_{i,k}}{(s - p_i)^{k+1}}, \tag{6.16}$$

dove i poli $p_i$ sono le radici di $D(s)$.

Se viceversa la $W(s)$ fosse propria ma non strettamente propria, cioè se $m = n$, nel suo sviluppo comparirebbe anche un termine costante, cioè

$$W(s) = \frac{b_n}{a_n} + \sum_{i=1}^{r} \sum_{k=0}^{\nu_i - 1} \frac{R_{i,k}}{(s - p_i)^{k+1}}. \tag{6.17}$$

Spesso si indica lo sviluppo di Heaviside della funzione di trasferimento data dalla eq. (6.16) o dalla eq. (6.17) come *rappresentazione residui-poli.*

Grazie a tale scomposizione possiamo confermare agevolmente un risultato che abbiamo già studiato nel Capitolo 3. La Proposizione 3.18 afferma che la risposta impulsiva $w(t)$ ha una particolare struttura: essa è la somma di una combinazione lineare dei modi del sistema più un eventuale termine impulsivo se il sistema è proprio ma non strettamente.

Tale risultato può venire dimostrato anche mediante lo studio della funzione di trasferimento, essendo quest'ultima la trasformata di Laplace della risposta impulsiva. Se la $W(s)$ è strettamente propria, antitrasformando la (6.16) si ricava che anche la $w(t)$ avrà una espressione del tipo

$$w(t) = \sum_{i=1}^{r} \sum_{k=0}^{\nu_i - 1} R_{i,k} \frac{t^k}{k!}\, e^{p_i t} \delta_{-1}(t),$$

e dunque essa è una combinazione lineare dei modi del sistema. Se viceversa la $W(s)$ fosse propria ma non strettamente propria, cioè se $m = n$, antitrasformando la (6.17) si osserva che nell'espressione della $w(t)$ comparirebbe anche un termine impulsivo:

$$w(t) = \frac{b_n}{a_n} \delta(t) + \sum_{i=1}^{r} \sum_{k=0}^{\nu_i - 1} R_{i,k} \frac{t^k}{k!}\, e^{p_i t} \delta_{-1}(t).$$

Si noti che in quest'ultimo caso, come previsto dalla Proposizione 3.18, il termine impulsivo ha area pari a $b_n/a_n$.

### 6.4.2 Rappresentazione zeri-poli

Una seconda forma alla quale può essere ricondotta una funzione di trasferimento data dalla (6.10) è la cosiddetta *rappresentazione zeri-poli.* Essa si ottiene fattorizzando il polinomio $N(s)$ a numeratore della funzione di trasferimento e il polinomio $D(s)$ al denominatore, per mettere in evidenza zeri e poli.

Se indichiamo con $p_i$ (per $i = 1, \ldots, n$) il generico polo e con $z_i$ (per $i = 1, \ldots, m$) il generico zero, vale ovviamente

$$N(s) = b_m (s - z_1) \cdots (s - z_m), \quad \text{e} \quad D(s) = a_n (s - p_1) \cdots (s - p_n),$$

e la funzione di trasferimento (6.10) può essere scritta come

$$W(s) = K' \cdot \frac{\prod_{i=1}^{m}(s - z_i)}{\prod_{i=1}^{n}(s - p_i)}, \tag{6.18}$$

dove definiamo *guadagno alle alte frequenze* la costante

$$K' = \frac{b_m}{a_n}.$$

**Esempio 6.17** Si consideri la funzione di trasferimento

$$W(s) = \frac{-2s + 1}{3s^3 + 9s + 3s + 9}.$$

Il polinomio di grado 1 al numeratore ha coefficiente $b_1 = -2$ e radici $z = 0.5$. Il polinomio di grado 3 al denominatore ha coefficiente $a_3 = 3$ e radici $p_{1,2} = \pm j$ e $p_3 = -1$. Fattorizzando i polinomi al numeratore e denominatore otteniamo la rappresentazione zeri-poli

$$W(s) = -\frac{2}{3}\frac{s - 0.5}{(s + j)(s - j)(s + 3)},$$

dove il guadagno alle alte frequenze vale $K' = -\frac{2}{3}$. ◇

## Forma minima

La rappresentazione zeri-poli è particolarmente utile per definire il concetto di *forma minima.*

**Definizione 6.18** *Una funzione di trasferimento è detta in* forma minima *se nessuno dei suoi poli coincide con uno zero.* ◇

In caso contrario è sempre possibile ricondurre una funzione di trasferimento alla forma minima eseguendo una *cancellazione zero-polo*: tale cancellazione riduce l'ordine del modello.

**Esempio 6.19** Si consideri la funzione di trasferimento

$$W(s) = \frac{3s + 6}{s^2 + 3s + 2},$$

che ha zero $z = -2$ e poli $p_1 = -1$ e $p_2 = -2$. Essa corrisponde ad un modello di ordine $n = 2$.

Fattorizzando i polinomi al numeratore e denominatore otteniamo

$$W(s) = 3\frac{s + 2}{(s + 1)(s + 2)},$$

che non è chiaramente in forma minima. Cancellando il fattore $(s+2)$ a numeratore e denominatore si ottiene la forma minima

$$W(s) = \frac{3}{(s+1)}.$$

Questo modello ha ordine ridotto $n' = 1$. ◇

Si noti che in una funzione di trasferimento in forma non-minima non tutte le radici del polinomio $D(s)$ al denominatore della funzione di trasferimento corrispondono a modi del sistema caratterizzanti la risposta impulsiva.

**Esempio 6.20** Si consideri il sistema descritto dalla funzione di trasferimento

$$W(s) = \frac{3s+6}{(s+1)(s+2)}$$

già studiata nell'esempio precedente. Posta la $W(s)$ nella forma residui-poli si ottiene:

$$W(s) = \frac{R_1}{s+1} + \frac{R_1}{s+2},$$

dove

$$R_1 = \lim_{s \to -1} (s+1) W(s) = \lim_{s \to -1} \frac{3s+6}{s+2} = 3$$

mentre

$$R_2 = \lim_{s \to -2} (s+2) W(s) = \lim_{s \to -2} \frac{3s+6}{s+1} = 0.$$

Antitrasformando si ottiene

$$w(t) = 3e^{-t}\, \delta_{-1}(t).$$

Dunque, la risposta impulsiva contiene solo il modo $e^{-t}$, mentre il modo $e^{-2t}$ ( che corrisponde al polo $p_2 = -2$ coincidente con lo zero) ha residuo nullo e dunque non compare. ◇

### 6.4.3 Rappresentazione di Bode

L'ultima rappresentazione della funzione di trasferimento che consideriamo consiste in una particolare fattorizzazione in cui compaiono i diversi parametri che caratterizzano i modi. Tali parametri, come visto nel Capitolo 3, sono: la costante di tempo associata ad un polo reale non nullo; la pulsazione naturale e il coefficiente di smorzamento associati ad una coppia di poli complessi e coniugati.

Si noti che la costante di tempo non è definita per un polo reale nullo (si parla spesso in tal caso di *polo nell'origine*); ciò richiede che tali poli vengano considerati a parte rispetto agli altri poli reali non nulli.

Se la $W(s)$ ha $n$ poli sia: $\nu_0$ la molteplicità dell'eventuale polo nell'origine; $R$ il numero di poli reali (inclusi quelli nell'origine); $S$ il numero di coppie di poli complessi e coniugati.

Possiamo dunque riordinare gli $n$ poli come segue:

$$\overbrace{\underbrace{p_1\ ,\ \cdots\ ,\ p_{\nu_0}}_{\nu_0 \text{ poli nell'origine}}\ ,\ p_{\nu_0+1}\ ,\ \cdots\ ,\ p_R}^{R \text{ poli reali}}\ ,\ \overbrace{p_{R+1}\ ,\ p'_{R+1}\ ,\ \cdots\ ,\ p_{R+S}\ ,\ p'_{R+S}}^{S \text{ coppie di poli complessi e coniugati}}\ ,$$

dove:

- $p_i = 0$ per $i = 1, \ldots, \nu_0$;
- $p_i = \alpha_i \neq 0$ per $i = \nu_0 + 1, \ldots, R$;
- $p_i, p'_i = \alpha_i \pm j\omega_i$ per $i = R + 1, \ldots, R + S$.

Poiché vi sono in totale $n$ poli vale ovviamente $R + 2S = n$.

Un discorso analogo vale naturalmente anche per gli zeri. Possiamo dunque riordinare gli $m$ zeri come segue:

$$\overbrace{\underbrace{z_1\ ,\ \cdots\ ,\ z_{\nu'_0}}_{\nu'_0 \text{ zeri nell'origine}}\ ,\ z_{\nu'_0+1}\ ,\ \cdots\ ,\ z_{R'}}^{R' \text{ zeri reali}}\ ,\ \overbrace{z_{R'+1}\ ,\ z'_{R'+1}\ ,\ \cdots\ ,\ z_{R'+S'}\ ,\ z'_{R'+S'}}^{S' \text{ coppie di zeri complessi e coniugati}}\ ,$$

dove:

- $z_i = 0$ per $i = 1, \ldots, \nu'_0$;
- $z_i = \alpha'_i \neq 0$ per $i = \nu'_0 + 1, \ldots, R'$;
- $z_i, z'_i = \alpha'_i \pm j\omega'_i$ per $i = R' + 1, \ldots, R' + S'$.

Poiché vi sono in totale $m$ zeri vale ovviamente $R' + 2S' = m$.

La (6.18) può pertanto essere riscritta come

$$W(s) = K' \cdot \frac{\prod_{i=\nu'_0+1}^{R'} (s - \alpha'_i) \cdot \prod_{i=R'+1}^{R'+S'} (s - (\alpha'_i + j\omega'_i))(s - (\alpha'_i - j\omega'_i))}{s^{\nu} \cdot \prod_{i=\nu_0+1}^{R} (s - \alpha_i) \cdot \prod_{i=R+1}^{R+S} (s - (\alpha_i + j\omega_i))(s - (\alpha_i - j\omega_i))}, \tag{6.19}$$

dove $\nu = \nu_0 - \nu'_0$. Se positivo $\nu$ rappresenta l'eventuale numero di poli nell'origine[4], se negativo invece il suo valore assoluto è pari al numero di zeri nell'origine.

È ora possibile introdurre in questa fattorizzazione, in luogo delle parti reali e immaginarie dei poli $\alpha_i$ e $\omega_i$, altri coefficienti. Essi sono: la *costante di tempo* $\tau_i$ in luogo di ciascun polo reale; la *pulsazione naturale* $\omega_{n,i}$, e il *coefficiente di smorzamento* $\zeta_i$ in luogo di ciascuna coppia di poli complessi coniugati.

Il generico fattore binomio $(s - \alpha)$ corrispondente ad un polo reale $p = \alpha$ può essere infatti riscritto (omettendo il pedice $i$ per non appesantire la notazione) come

$$(s - \alpha) = -\alpha \left(1 - \frac{s}{\alpha}\right) = \frac{1}{\tau}(1 + \tau s) \tag{6.20}$$

[4]Si suppone che la $W(s)$ sia in forma minima e dunque che $\nu_0$ e $\nu'_0$ non siano entrambi diversi da zero.

dove $\tau = -1/\alpha$ rappresenta la costante di tempo relativa al modo aperiodico associato al polo reale non nullo $p = \alpha$.

I fattori corrispondenti ad una coppia di poli complessi coniugati $p, p' = \alpha \pm j\omega$ possono invece essere riscritti come:

$$\begin{aligned}
&(s-(\alpha+j\omega))(s-(\alpha-j\omega)) = (s-\alpha-j\omega)(s-\alpha+j\omega) \\
&= (s-\alpha)^2 - (j\omega)^2 = s^2+\alpha^2-2\alpha s+\omega^2 \\
&= s^2 - 2\alpha s + \omega_n^2 = \omega_n^2\left(1 - \frac{2\alpha}{\omega_n^2}s + \frac{s^2}{\omega_n^2}\right) \\
&= \omega_n^2\left(1 + \frac{2\zeta}{\omega_n}s + \frac{s^2}{\omega_n^2}\right)
\end{aligned} \tag{6.21}$$

dove

$$\omega_n = \sqrt{\alpha^2+\omega^2}, \qquad \zeta = -\frac{\alpha}{\omega_n},$$

denotano rispettivamente la pulsazione naturale e il coefficiente di smorzamento. Si ricordi che per definizione $|\zeta| \in [0,1)$.

Parametri analoghi $\tau_i'$, $\omega_{n,i}'$ e $\zeta_i'$ possono essere introdotti anche a numeratore in luogo della parte reale ed immaginaria di ciascuno zero $z_i$. Si noti tuttavia che tali parametri, a differenza di quelli associati ai poli, non hanno alcun significato fisico perché non caratterizzano l'evoluzione di alcun modo.

Sostituendo le fattorizzazioni (6.20) e (6.21) nella equazione (6.19), si perviene dunque alla forma desiderata della $W(s)$, detta *rappresentazione di Bode*:

$$W(s) = K \cdot \frac{\displaystyle\prod_{i=\nu_0'+1}^{R'} (1+\tau_i' s) \cdot \prod_{i=R'+1}^{R'+S'} \left(1 + \frac{2\zeta_i'}{\omega_{n,i}'}s + \frac{s^2}{{\omega_{n,i}'}^2}\right)}{\displaystyle s^\nu \cdot \prod_{i=\nu_0+1}^{R} (1+\tau_i s) \cdot \prod_{i=R+1}^{R+S} \left(1 + \frac{2\zeta_i}{\omega_{n,i}}s + \frac{s^2}{\omega_{n,i}^2}\right)} \tag{6.22}$$

dove la costante $K$, detta *guadagno di Bode* della $W(s)$, o semplicemente *guadagno* della $W(s)$, è legata alla costante $K'$ e agli altri parametri caratteristici della funzione di trasferimento dalla relazione

$$K = K' \cdot \frac{\displaystyle\prod_{i=\nu_0+1}^{R} \tau_i \cdot \prod_{i=R'+1}^{R'+S'} \omega_{n,i}'^2}{\displaystyle\prod_{i=\nu_0'+1}^{R'} \tau_i' \cdot \prod_{i=R+1}^{R+S} \omega_{n,i}^2}. \tag{6.23}$$

Si noti che il guadagno $K$ può anche essere facilmente calcolato a partire dalla espressione (6.10) della $W(s)$. Infatti

$$K = \frac{b_{k'}}{a_k}$$

dove $b_{k'}$ e $a_k$ sono i coefficienti dei termini di grado più basso a numeratore e a denominatore della $W(s)$, ossia

$$k' = \min\{j \mid b_j \neq 0\}, \qquad k = \min\{j \mid a_j \neq 0\}.$$

Se quindi la $W(s)$ non ha né poli né zeri nell'origine vale $K = b_0/a_0$.

**Esempio 6.21** Si consideri la funzione di trasferimento

$$W(s) = \frac{40s - 10}{s^3 + 21s^2 + 20s}.$$

Per passare alla forma di Bode è necessario fattorizzare il polinomio caratteristico a denominatore $P(s) = s^3 + 21s^2 + 20s = s(s+1)(s+20)$ e dunque

$$W(s) = \frac{(40s - 10)}{s(s+1)(s+20)} = \frac{-10(1-4s)}{20s(s+1)(1+1/20s)} = -\frac{1}{2}\,\frac{(1-4s)}{s(1+s)(1+1/20s)}.$$

Il guadagno vale $K = -1/2$. ◇

## 6.5 Studio della risposta forzata mediante le trasformate di Laplace

Nei capitoli precedenti abbiamo affrontato lo studio della risposta forzata $y_f(t)$ nel dominio del tempo. In particolare abbiamo visto che per i modelli ingresso-uscita la risposta forzata può determinarsi mediante l'integrale di Duhamel (cfr. Capitolo 3, § 3.6.1), mentre per i modelli in variabili di stato essa può determinarsi mediante la formula di Lagrange (cfr. Capitolo 4, § 4.3). In entrambi i casi è dunque necessario risolvere un integrale di convoluzione.

L'uso delle trasformate di Laplace semplifica notevolmente tale calcolo perché nel dominio della variabile di Laplace $s$ un integrale di convoluzione corrisponde ad un semplice prodotto di funzioni di $s$. Inoltre, come vedremo, sarà anche possibile capire la struttura generale che assume la risposta forzata; nei casi di interesse che studieremo essa infatti è costituita da una combinazione lineare dei modi del sistema a cui si aggiungono anche dei modi introdotti dal segnale di ingresso.

Si osservi, infine, che benché la nostra analisi si limiterà alla evoluzione forzata dell'uscita, gli stessi risultati valgono anche per l'evoluzione forzata dello stato. Infatti se un sistema in termini di variabili di stato è caratterizzato dall'equazione di stato

$$\dot{\boldsymbol{x}}(t) = \boldsymbol{A}\boldsymbol{x}(t) + \boldsymbol{B}\boldsymbol{u}(t)$$

la generica componente $x_j(t)$ del vettore di stato può anche essere vista come l'uscita del sistema fittizio

$$\begin{cases} \dot{\boldsymbol{x}}(t) &= \boldsymbol{A}\boldsymbol{x}(t) + \boldsymbol{B}\boldsymbol{u}(t) \\ \boldsymbol{y}(t) &= \boldsymbol{C}\boldsymbol{x}(t) \end{cases}$$

dove la matrice $\boldsymbol{C}$ non è altro che la trasposta del $j$-mo vettore di base canonica $\boldsymbol{e}_j$ ovvero

$$\boldsymbol{C} = \boldsymbol{e}_j^T = [\ \underbrace{0\ \ldots\ 0\ 1}_{j}\ 0\ \ldots\ 0\ ].$$

### 6.5.1 Risposta forzata ad ingressi canonici

In questo paragrafo si studia la struttura della risposta forzata $y_f(t)$ sotto una particolare ipotesi. Si assume che il segnale di ingresso abbia la forma

$$u(t) = e^{at}\delta_{-1}(t), \tag{6.24}$$

cioè si assume che $u(t)$ appartenga alla famiglia delle *funzioni esponenziali* (cfr. Capitolo 5, § 5.1.4). Ciò equivale a dire che la sua trasformata vale

$$U(s) = \frac{1}{(s-a)},$$

ovvero essa ha un polo $a$ di molteplicità singola.

Vale il seguente risultato.

**Proposizione 6.22** *Si consideri un sistema la cui funzione di trasferimento vale $W(s)$ e soggetto ad un ingresso $u(t) = e^{at}\delta_{-1}(t)$. La risposta forzata di tale sistema può essere scomposta nella somma di due termini*[5]*:*

$$y_f(t) = y_{f.o}(t) + y_{f.p}(t).$$

- *Il termine $y_{f.o}(t)$ è una combinazione lineare dei modi del sistema.*
- *Il termine $y_{f.p}(t)$ è un modo associato al parametro $a$ introdotto dal segnale di ingresso.*
  *In particolare, se il parametro $a$ dell'ingresso non coincide con un polo della funzione di trasferimento, l'integrale particolare vale*

$$y_{f.p}(t) = \hat{R}e^{at}\ \delta_{-1}(t) \qquad \text{con} \qquad \hat{R} = W(a), \tag{6.25}$$

  *mentre se $a$ coincide con un polo di molteplicità $\nu \geq 1$ della funzione di trasferimento, l'integrale particolare vale*

$$y_{f.p}(t) = \hat{R}\frac{t^\nu}{\nu!}e^{at}\ \delta_{-1}(t) \qquad \text{con} \qquad \hat{R} = \lim_{s\to a}(s-a)^\nu W(s). \tag{6.26}$$

*Dimostrazione.* Una generica funzione di trasferimento può venir fattorizzata come

$$W(s) = \frac{N(s)}{(s-p_1)^{\nu_1}\cdots(s-p_r)^{\nu_r}}, \tag{6.27}$$

---

[5] Il pedice $p$ ricorda che $y_{f.p}(t)$ è un *integrale particolare* dell'equazione differenziale che descrive il legame IU, mentre il pedice $o$ ricorda $y_{f.o}(t)$ è un *integrale dell'omogenea* associata.

avendo $r$ poli distinti $p_i$ di molteplicità $\nu_i$ (per $i = 1, \ldots, r$). Il numero totale di poli della funzione di trasferimento è $n = \sum_{i=1}^{r} \nu_i$ e il grado del polinomio al numeratore vale $m \leq n$.

La trasformata di Laplace della risposta forzata vale dunque

$$Y_f(s) = W(s)U(s) = \frac{N(s)}{(s-p_1)^{\nu_1} \cdots (s-p_r)^{\nu_r}} \frac{1}{(s-a)}, \tag{6.28}$$

e ha come poli l'insieme dei poli della $W(s)$ e della $U(s)$.

Il risultato deriva immediatamente dallo sviluppo di Heaviside della funzione $Y_f(s)$ data in eq. (6.28). Infatti il numeratore di $Y_f(s)$ ha grado $m$ e il denominatore ha grado $n+1 > m$ e dunque tale funzione è strettamente propria

Nel caso in cui $a$ non sia polo di $W(s)$ la funzione $Y_f(s)$ può essere scritta

$$Y_f(s) = \underbrace{\sum_{i=1}^{r} \sum_{k=0}^{\nu_i - 1} \frac{R_{i,k}}{(s-p_i)^{k+1}}}_{Y_{f,o}(s)} + \underbrace{\frac{\hat{R}}{(s-a)}}_{Y_{f.p}(s)},$$

dove $\hat{R} = \lim_{s \to a}(s-a)Y_f(s) = \lim_{s \to a} W(s) = W(a)$.

Viceversa, si supponga che $a$ coincida con un polo di molteplicità $\nu$ di $W(s)$. Possiamo allora assumere in tutta generalità che valga $p_r = a$ e $\nu_r = \nu$ e dunque

$$Y_f(s) = \underbrace{\sum_{i=1}^{r-1} \sum_{k=0}^{\nu_i - 1} \frac{R_{i,k}}{(s-p_i)^{k+1}} + \sum_{k=0}^{\nu-1} \frac{R_{r,k}}{(s-a)^{k+1}}}_{Y_{f.o}(s)} + \underbrace{\frac{\hat{R}}{(s-a)^{\nu+1}}}_{Y_{f.p}(s)},$$

dove il residuo $\hat{R}$ vale

$$\hat{R} = \lim_{s \to a}(s-a)^{\nu+1} Y_{f.p}(s) = \lim_{s \to a}(s-a)^{\nu} W(s).$$

Antitrasformando, il termine $Y_{f.o}(s)$ determina una combinazione lineare dei modi del sistema, mentre il termine $Y_{f.p}(s)$ determina il segnale (6.25) o (6.26) a seconda dei casi. □

In base al precedente risultato, si può osservare che la risposta forzata del sistema è una combinazione lineare dei modi del sistema più un modo esponenziale (o a rampa esponenziale nel caso generale) che ha lo stesso parametro $a$ del segnale di ingresso. Possiamo dunque pensare che il segnale di ingresso eccita il sistema, che evolve con i suoi modi, ma a tali modi si aggiunge anche un nuovo modo introdotto dall'ingresso.

Tale risultato non è sorprendente. Anche nel caso della risposta impulsiva si era osservato che tale particolare evoluzione forzata può essere scomposta in due termini: un termine composto da una combinazione lineare dei modi del sistema, e un eventuale termine impulsivo introdotto appunto dall'ingresso.

Si osservi, infine, che benché per non appesantire l'esposizione ci si è limitati a studiare segnali di ingresso di tipo esponenziale, i risultati di questo paragrafo possono essere generalizzati ad ingressi a rampa esponenziale

$$u(t) = \frac{t^\mu}{\mu!} e^{at} \delta_{-1}(t) \tag{6.29}$$

con $\mu \in \mathbb{N}$. L'interesse per questa particolare famiglia di ingressi canonici nasce dal fatto che, come più volte osservato, la maggior parte dei segnali di interesse si può ottenere mediante combinazioni lineari di rampe esponenziali, eventualmente traslate nel tempo.

Anche per un segnale di ingresso a rampa esponenziale è possibile scomporre la risposta forzata nella somma di un termine $y_{f.o}(t)$ combinazione lineare dei modi del sistema e di un termine $y_{f.p}(t)$ contenente i modi introdotti dall'ingresso. Poiché la trasformata di Laplace del segnale (6.29) ha $\mu + 1$ poli, anche l'integrale particolare che ad esso corrisponde è una combinazione lineare di $\mu + 1$ termini (cfr. Esercizio 6.10).

Terminiamo con due esempi relativi ad ingressi di tipo esponenziale. Il primo è relativo al caso in cui il parametro $a$ non coincide con uno dei poli del sistema e dunque l'integrale particolare è un segnale che ha la stessa forma del segnale di ingresso.

**Esempio 6.23** Si consideri un sistema del terzo ordine la cui funzione di trasferimento vale

$$W(s) = \frac{N(s)}{(s-p_1)(s-p_2)^{\nu_2}} = \frac{s+4}{(s+1)(s+2)^2}.$$

I modi di tale sistema sono chiaramente $e^{-t}$, $e^{-2t}$ e $te^{-2t}$.

Si vuole determinare la struttura dell'evoluzione forzata che consegue all'applicazione del segnale di ingresso $u(t) = e^{3t}\delta_{-1}(t)$. Poiché vale

$$Y_f(s) \quad = W(s)U(s) = \frac{s+4}{(s+1)(s+2)^2} \frac{1}{(s-3)},$$

determinati i vari residui e antitrasformando si ottiene

$$y_f(t) = \big(\underbrace{-0.75e^{-t} + 0.68e^{-2t} + 0.4te^{-2t}}_{y_{f.o}(t)} + \underbrace{0.07e^{3t}}_{y_{f.p}(t)}\big)\ \delta_{-1}(t).$$

Come atteso l'integrale particolare vale $y_{f,p} = \hat{R}e^{3t}\delta_{-1}(t)$ con $\hat{R} = W(3) = 0.07$. Esso è dunque un segnale esponenziale che, a meno di una costante, coincide con il segnale d'ingresso. ◇

Il secondo esempio considera il caso più generale in cui invece l'integrale particolare non ha esattamente la stessa forma del segnale di ingresso.

**Esempio 6.24** Si consideri ancora il sistema dell'Esempio 6.23 soggetto all'ingresso $u(t) = e^{-2t}\delta_{-1}(t)$. In tal caso il parametro $a = -2$ del segnale di ingresso coincide con un polo di molteplicità $\nu = 2$ della funzione di trasferimento. Poiché

$$Y_f(s) = W(s)U(s) = \frac{s+4}{(s+1)(s+2)^3},$$

antitrasformando si ottiene

$$y_f(t) = \big(\underbrace{3e^{-t} - 3e^{-2t} - 3te^{-2t}}_{y_{f.o}(t)} \underbrace{- 2\frac{t^2}{2}e^{-2t}}_{y_{f.p}(t)}\big)\, \delta_{-1}(t).$$

Si noti che in tal caso l'integrale particolare ha la forma di una rampa quadratica perché $\nu = 2$ e come atteso il residuo vale $\hat{R} = \left.\frac{s+4}{s+1}\right|_{s=-2} = -2$. ◇

### 6.5.2 La risposta a regime permanente e la risposta transitoria

Verrà ora introdotto un concetto fondamentale nell'analisi dei sistemi.

**Definizione 6.25** *La* risposta a regime permanente $y_r(t)$ *ad un assegnato ingresso è quella funzione del tempo alla quale, indipendentemente dallo stato iniziale, tende la risposta in uscita al crescere del tempo.* ◇

Non sempre un regime permanente viene raggiunto. Tuttavia, si considerino le seguenti ipotesi:

(A) i poli della funzione di trasferimento del sistema sono tutti a parte reale negativa;

(B) l'ingresso applicato è una combinazione lineare di rampe esponenziali.

In tal caso, per quanto visto nella precedente sezione l'uscita totale può essere scritta come la somma dei seguenti termini

$$y(t) = y_\ell(t) + y_f(t) = \underbrace{y_\ell(t) + y_{f.o}(t)}_{y_t(t)} + \underbrace{y_{f.p}(t)}_{y_r(t)},$$

dove per prima cosa si è separata l'evoluzione libera da quella forzata, e in seguito, grazie all'ipotesi (B), si è scomposta la risposta forzata nella somma di un integrale della omogenea e di un integrale particolare.

In questa scomposizione riconosciamo due termini.

- Il termine $y_t(t) = y_\ell(t) + y_{f.o}(t)$ tende asintoticamente a zero al crescere di $t$ ed è detto *risposta transitoria*. Infatti sia l'evoluzione libera $y_\ell(t)$ sia la componente $y_{f.o}(t)$ dell'evoluzione forzata sono combinazioni lineari dei modi del sistema. Grazie all'ipotesi (A), tutti i modi sono stabili e vale:

$$\lim_{t\to\infty} y_\ell(t) = 0, \qquad \text{e} \qquad \lim_{t\to\infty} y_{f.o}(t) = 0.$$

In pratica il termine transitorio si può considerare estinto dopo un certo tempo $\bar{\tau}$: tale valore è pari al tempo che il modo *più lento* impiega ad estinguersi.

- Il termine restante $y_r(t) = y_{f.p}(t)$ è detto *risposta a regime permanente* perché esso non dipende dallo stato iniziale del sistema e per $t > \bar{\tau}$ vale

$$y(t) \approx y_r(t),$$

ovvero la risposta totale coincide con l'integrale particolare e dunque è caratterizzata dai soli modi introdotti dall'ingresso.

Si noti che questa scomposizione della risposta totale in termine transitorio e di regime è alternativa alla scomposizione in evoluzione libera e forzata e ha un significato fisico diverso. Nella evoluzione libera e forzata riconosciamo il contributo dovuto allo stato iniziale e all'ingresso, visti come due cause separate di evoluzione. Nel termine transitorio e di regime riconosciamo invece i modi propri del sistema e dell'ingresso. Anche la sola risposta forzata, se valgono le ipotesi A e B, può essere scomposta in un termine transitorio (che coincide con l'integrale dell'omogenea) e un termine di regime (che coincide con l'integrale particolare).

**Esempio 6.26** Si consideri il sistema del secondo ordine caratterizzato dalla funzione di trasferimento

$$W(s) = \frac{2}{(s+4)(s+5)}$$

che ha due poli $p_1 = -4$ e $p_2 = -5$ a parte reale negativa.

Si verifica facilmente che l'evoluzione libera di tale sistema a partire dalle condizioni iniziali $y(0) = 1$, $\dot{y}(0) = 2$ vale

$$y_\ell(t) = \left(7e^{-4t} - 6e^{-5t}\right)\, \delta_{-1}(t).$$

La risposta forzata conseguente all'applicazione dell'ingresso $u(t) = 30e^t\delta_{-1}(t)$ vale invece

$$y_f(t) = \underbrace{\left(-12e^{-4t} + 10e^{-5t}\right)\, \delta_{-1}(t)}_{y_{f.o}(t)} + \underbrace{2e^t\, \delta_{-1}(t)}_{y_{f.p}(t)}.$$

Dunque il termine transitorio e il termine di regime valgono rispettivamente:

$$\begin{aligned} y_t(t) &= y_\ell(t) + y_{f.o}(t) &&= \left(-5e^{-4t} + 4e^{-5t}\right)\, \delta_{-1}(t), \\ y_r(t) &= y_{f.p}(t) &&= 2e^t\, \delta_{-1}(t). \end{aligned}$$

In Fig. 6.1 si è tracciato l'andamento di questi due segnali e della risposta complessiva $y(t) = y_t(t) + y_r(t)$. Si osservi che dopo un tempo $\bar{\tau} = 1$ il termine transitorio praticamente si può considerare estinto e la risposta complessiva coincide con il termine di regime. Il modo più lento del sistema è quello corrispondente al polo $p_1 = -4$ di molteplicità unitaria e la sua costante di tempo vale $\tau_1 = 0.25$; dunque in questo caso abbiamo $\bar{\tau} = 4\tau_1$. ◇

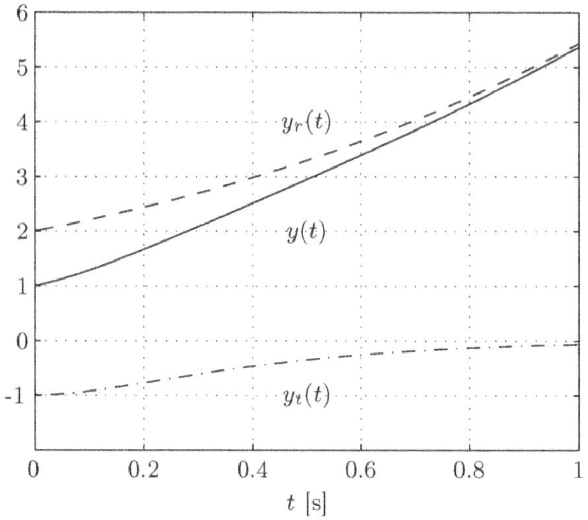


**Fig. 6.1.** Scomposizione della risposta totale $y(t) = y_t(t) + y_r(t)$ in termine transitorio e di regime nell'Esempio 6.26

### 6.5.3 Risposta indiciale

In questo capitolo studiamo il particolare regime canonico che consegue all'applicazione del più semplice fra tutti i segnali esponenziali: il *gradino unitario*. L'importanza di tale regime, nasce dal fatto che nella realtà capita spesso che un sistema sia controllato mediante un segnale di ingresso costante (o costante a tratti).

**Definizione 6.27** *La* risposta indiciale $w_{-1}(t)$ *è l'evoluzione forzata che consegue all'applicazione di un segnale* $u(t) = \delta_{-1}(t)$, *ossia un gradino unitario applicato all'istante* $t = 0$. ◇

La risposta indiciale $w_{-1}(t)$, in base alla Proposizione 3.26, è legata alla risposta impulsiva $w(t)$ dalla relazione:

$$w(t) = \frac{d}{dt} w_{-1}(t) \qquad \text{ovvero} \qquad w_{-1}(t) = \int_{-\infty}^{t} w(\tau) d\tau.$$

Tale risultato è intuitivo: se un sistema lineare all'applicazione del segnale $\delta_{-1}(t)$ risponde con un'uscita $w_{-1}(t)$, all'applicazione del segnale $\delta(t) = \frac{d}{dt}\delta_{-1}(t)$ risponde con un'uscita $w(t) = \frac{d}{dt} w_{-1}(t)$, essendo la derivata un operatore lineare.

Per prima cosa si vuole caratterizzare il comportamento della risposta indiciale in $t = 0$. Poiché il gradino unitario è un segnale discontinuo in $t = 0$, ci si potrebbe chiedere se anche la risposta a tale segnale presenti una discontinuità. Vale in generale il seguente risultato.

**Proposizione 6.28** *Si consideri un sistema la cui funzione di trasferimento vale*

$$W(s) = \frac{b_m s^m + \cdots + b_1 s + b_0}{a_n s^n + \cdots + a_1 s + a_0},$$

*e sia $K' = b_m/a_n$ il guadagno alle alte frequenze.*

- *Se il sistema è strettamente proprio ($m < n$) la risposta indiciale è una funzione continua in $t = 0$ dove vale $w_{-1}(0) = 0$.*
- *Se il sistema è proprio ma non strettamente ($m = n$) la risposta indiciale è una funzione discontinua in $t = 0$ dove vale $w_{-1}(0^-) = 0$ e $w_{-1}(0^+) = K'$ .*

*Dimostrazione.* Il valore della risposta indiciale per $t < 0$ è certamente nullo (sistema causale). Il valore della risposta indiciale in $t = 0^+$ può invece calcolarsi facilmente mediante il teorema del valore iniziale. La trasformata della risposta indiciale vale infatti: $W_{-1}(s) = W(s)\frac{1}{s}$ e in base al teorema del valore iniziale

$$w_{-1}(0^+) = \lim_{s\to\infty} s\, W_{-1}(s) = \lim_{s\to\infty} W(s) = \begin{cases} 0 & \text{se } m < n \\ K' = \dfrac{b_n}{a_n} & \text{se } m = n. \end{cases} \qquad \square$$

Il seguente risultato caratterizza la struttura della risposta indiciale.

**Proposizione 6.29** *La risposta indiciale può essere scomposta come segue*

$$w_{-1}(t) = y_{f.o}(t) + y_{f.p}(t),$$

*dove $y_{f.o}(t)$ è una combinazione lineare dei modi del sistema, mentre $y_{f.p}(t)$ è un integrale particolare. Quest'ultimo termine qualora $p = 0$ non sia un polo della funzione di trasferimento vale*

$$y_{f.p}(t) = \hat{R}\ \delta_{-1}(t), \qquad \text{con} \quad \hat{R} = W(0), \tag{6.30}$$

*mentre, supposto che la funzione di trasferimento del sistema abbia un polo $p = 0$ di molteplicità $\nu \geq 1$, vale*

$$y_{f.p}(t) = \hat{R}\frac{t^\nu}{\nu!}\ \delta_{-1}(t), \qquad \text{con} \quad \hat{R} = \lim_{s\to 0} s^\nu W(s). \tag{6.31}$$

*Dimostrazione.* Il risultato deriva immediatamente dalla Proposizione 6.22, tenendo presente che un gradino unitario è una particolare funzione esponenziale nella forma (6.29) di parametro $a = 0$. □

Questo risultato assume un forma particolarmente importante qualora il sistema ammetta un regime permanente.

**Proposizione 6.30** *Si consideri un sistema la cui funzione di trasferimento*

$$W(s) = \frac{b_m s^m + \cdots + b_1 s + b_0}{a_n s^n + \cdots + a_1 s + a_0}$$

*ha tutti poli a parte reale minore di zero.*

*In questo caso la risposta indiciale ha un termine di regime permanente che vale*

$$y_r(t) = \frac{b_0}{a_0}\ \delta_{-1}(t) = K\ \delta_{-1}(t), \tag{6.32}$$

*dove $K = b_0/a_0$ ($K$ coincide con il guadagno di Bode se $b_0 \neq 0$).*

*Dimostrazione.* Se la funzione di trasferimento ha tutti poli a parte reale minore di zero, l'integrale generale dell'omogenea è un termine transitorio mentre il termine di regime permanente $y_r(t) = y_{f.p}(t)$ coincide con l'integrale particolare. Non potendo avere la funzione di trasferimento poli nell'origine vale $\nu = 0$ e dunque il termine noto del polinomio al denominatore vale $a_0 \neq 0$. In base alla (6.30) vale dunque $y_r(t) = y_{f.p}(t) = K\ \delta_{-1}(t)$ con

$$K = \lim_{s \to 0} W(s) = W(0) = \frac{b_0}{a_0}. \qquad \square$$

Tale risultato ha una importante interpretazione fisica. *Si consideri un sistema che ha tutti i modi stabili; se si eccita il sistema mediante un segnale costante di ampiezza unitaria dopo un periodo di transitorio anche l'uscita tende ad essere un segnale costante di ampiezza $K$.*

Vediamo adesso due casi tipici relativi a semplici sistemi del primo ordine e del secondo ordine.

### Sistema del primo ordine

Si consideri un sistema del primo ordine strettamente proprio. La funzione di trasferimento di tale sistema è caratterizzata da un unico polo reale $p$. Secondo la rappresentazione di Bode essa ha espressione

$$W(s) = \frac{K}{1 + \tau s},$$

dove $K$ è il guadagno di Bode e $\tau = -1/p$ è la costante di tempo associata all'unico polo $p < 0$ (che supponiamo negativo).

Si osservi che in forma zeri-poli la funzione di trasferimento ha rappresentazione

$$W(s) = \frac{K'}{s - p},$$

dove il guadagno alle alte frequenze $K'$ è legato a quello di Bode dalla relazione $K = \tau K'$. Dunque la trasformata della risposta indiciale vale

$$W_{-1}(s) = W(s)\frac{1}{s} = \frac{K'}{(s-p)s} = \frac{\hat{R}}{s} + \frac{R_1}{s - p},$$

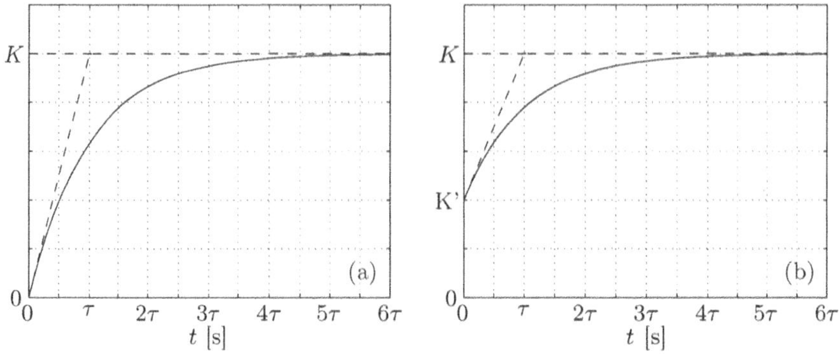


**Fig. 6.2.** Risposta indiciale di un sistema del primo ordine con modo stabile: (a) sistema strettamente proprio; (b) sistema proprio ma non strettamente

dove

$$\hat{R} = \lim_{s \to 0} s \; W_{-1}(s) = \frac{K'}{-p} = \tau K' = K,$$

$$R_1 = \lim_{s \to p} (s - p) W_{-1}(s) = \frac{K'}{p} = -\tau K' = -K,$$

e dunque vale

$$w_{-1}(t) = K \left(1 - e^{-\frac{t}{\tau}}\right) \; \delta_{-1}(t).$$

Tale segnale, come atteso, contiene un termine transitorio caratterizzato dal modo $e^{pt} = e^{-\frac{t}{\tau}}$ e un termine di regime che vale $K$. Il coefficiente del modo $e^{-\frac{t}{\tau}}$ vale $-K$ e ciò fa sì che il segnale sia continuo in $t = 0$ dove vale $w_{-1}(t) = 0$. L'andamento di tale funzione è mostrato in Fig. 6.2.a, dove la scala dei tempi è normalizzata in funzione della costante di tempo $\tau$. Si noti che la figura è relativa al caso in cui il polo $p$ è negativo e dunque il modo corrispondente è stabile: ciò implica l'esistenza di un regime permanente.

La funzione $w_{-1}(t)$ tende monotonicamente al valore di regime e la velocità con cui si raggiunge tale valore dipende ovviamente dalla costante di tempo $\tau$ associata al polo $p$. In particolare, come visto nel Capitolo 3 (cfr. § 3.4.1) dopo un tempo $t_a = 3\tau$ il termine $(1 - e^{-\frac{t_a}{\tau}})$ vale 0.95 e dunque la risposta indiciale raggiunge il 95% del valore di regime: tale valore del tempo si definisce *tempo di assestamento*.

Più in generale si definisce il tempo di assestamento al $x\%$, che si denota $t_{a,x}$, come l'istante di tempo a partire dal quale la risposta raggiunge il $(100 - x)\%$ del valore di regime. Per quanto visto in § 3.4.1, il tempo di assestamento al 2% vale $t_{a,2} = 4\tau$, e quello all'1% vale $t_{a,1} = 5\tau$.

Nel caso in cui il sistema sia proprio ma non strettamente, la funzione di trasferimento sarà anche caratterizzata da uno zero reale $z$ e vale:

$$W(s) = K \frac{1 + \tau' s}{1 + \tau s},$$

dove $\tau' = -\frac{1}{z}$ è il parametro associato allo zero.

Con un ragionamento analogo al precedente si dimostra (cfr. Esercizio 6.11) che vale

$$w_{-1}(t) = \left(K + (K' - K)e^{-\frac{t}{\tau}}\right) \delta_{-1}(t), \tag{6.33}$$

e dunque tale funzione ha una discontinuità di ampiezza $K'$ in $t = 0$ come mostra la Fig. 6.2.b, anch'essa relativa ad un sistema con un polo a parte reale negativa.

Si osservi infine che per semplicità la Fig. 6.2 è relativa al caso di sistemi in cui $K > K' > 0$. In genere però tali coefficienti possono indipendentemente assumere un qualunque valore reale (positivo o negativo).

## Sistema del secondo ordine

La funzione di trasferimento di un sistema del secondo ordine ha molti parametri e sono tanti i possibili casi da considerare. Ci si limita qui a considerare il caso del *sistema elementare del secondo ordine*, ovvero di un sistema strettamente proprio, senza zeri e caratterizzato da una coppia di poli complessi coniugati $p, p' = \alpha \pm j\omega$. La funzione di trasferimento di tale sistema ha la seguente rappresentazione di Bode

$$W(s) = \frac{K}{\left(1 + \dfrac{2\zeta}{\omega_n}s + \dfrac{s^2}{\omega_n^2}\right)},$$

dove la pulsazione naturale vale $\omega_n = \sqrt{\alpha^2 + \omega^2}$ e il coefficiente di smorzamento vale $\zeta = -\alpha/\omega_n$ (cfr. § 6.4.3).

In tal caso, il sistema ha due modi pseudoperiodici

$$e^{\alpha t}\cos(\omega t) = e^{-\zeta\omega_n t}\cos\left(\omega_n t\sqrt{1-\zeta^2}\right)$$

e

$$e^{\alpha t}\sin(\omega t) = e^{-\zeta\omega_n t}\sin\left(\omega_n t\sqrt{1-\zeta^2}\right).$$

Per quanto detto precedentemente, l'espressione della risposta indiciale sarà costituita da un termine costante di valore $K = 1$ più una combinazione lineare dei modi. Si dimostra facilmente (cfr. Esercizio 6.14) che essa assume la forma

$$w_{-1}(t) = K\left(1 - \frac{e^{-\zeta\omega_n t}}{\sqrt{1-\zeta^2}}\sin\left(\omega_n t\sqrt{1-\zeta^2} + \arctan\frac{\sqrt{1-\zeta^2}}{\zeta}\right)\right) \delta_{-1}(t), \tag{6.34}$$

ovvero la forma equivalente

$$\begin{aligned} w_{-1}(t) = \; & K\big(1 \; - \; e^{-\zeta\omega_n t}\cos\left(\omega_n t\sqrt{1-\zeta^2}\right) \\ & - \; \tfrac{\zeta}{\sqrt{1-\zeta^2}}e^{-\zeta\omega_n t}\sin\left(\omega_n t\sqrt{1-\zeta^2}\right)\big) \; \delta_{-1}(t). \end{aligned} \tag{6.35}$$

La forma generale che assume l'evoluzione di un tale sistema è mostrata in Fig. 6.3 (per $K > 0$). La scala dei tempi è normalizzata secondo l'inverso della

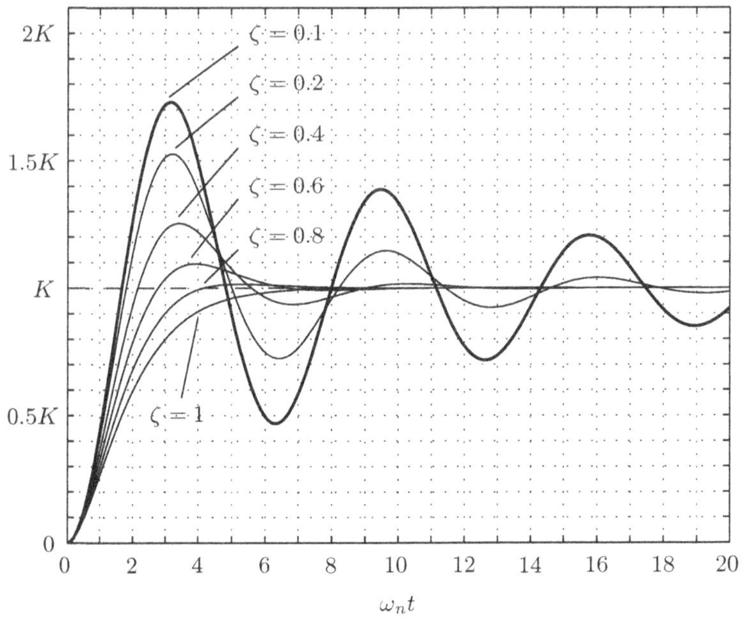


**Fig. 6.3.** Risposta indiciale di un sistema elementare del secondo ordine in funzione di vari valori del coefficiente di smorzamento

pulsazione naturale $\omega_n$ (che ha appunto la dimensione dell'inverso di un tempo). Le diverse curve sono invece parametrizzate in funzione del valore assunto dal coefficiente di smorzamento $\zeta$ che si assume sempre compreso nell'intervallo $(0, 1)$. Infatti:

- se $\zeta \in (-1, 0]$ il modo pseudoperiodico non sarebbe stabile e dunque non esisterebbe il regime permanente. Si noti, tuttavia, che anche in questo caso l'espressione della risposta impulsiva sarebbe data dalle eq. (6.34) e (6.35);
- se $|\zeta| \geq 1$ la funzione di trasferimento non sarebbe più caratterizzata da una coppia di poli complessi coniugati ma da due poli reali. In tal caso l'espressione della risposta impulsiva avrebbe una forma diversa (cfr. Esercizio 6.15 e 6.16).

Infine si osservi che indipendentemente dal valore di $\zeta$ tutte le evoluzioni tendono a regime al valore costante $K$.

Abbiamo visto che il transitorio di un sistema del primo ordine ha sempre la stessa forma nel senso che la funzione tende monotonicamente al valore di regime e può essere caratterizzato in base ad un unico parametro: la costante di tempo. Viceversa, il transitorio di un sistema del secondo ordine può assumere forme diverse e può essere caratterizzato in base a diversi parametri. I più significativi di tali parametri sono indicati graficamente in Fig. 6.4 (che fa riferimento al caso $K > 0$) e sono brevemente descritti nel seguito.

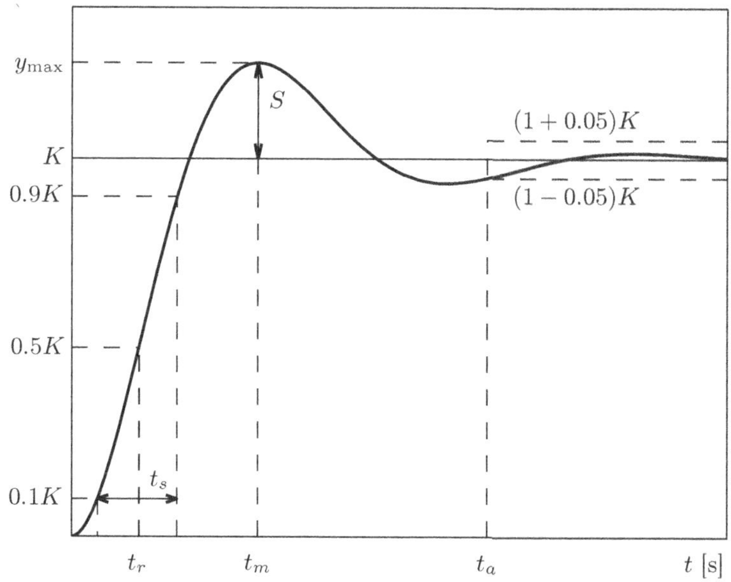


**Fig. 6.4.** Parametri caratterizzanti il transitorio della risposta indiciale di un sistema elementare del secondo ordine

- *Valore massimo* $y_{\max}$. Esso corrisponde al valore assunto dalla $w_{-1}(t)$ in corrispondenza del primo massimo.
- *Massima sovraelongazione.* Indica la differenza tra il valore massimo e il valore di regime $S = y_{\max} - K$. Di solito tuttavia tale parametro viene espresso in percento relativamente al valore di regime, ovvero

$$S_{\%} = \frac{y_{\max} - K}{K} 100.$$

- *Tempo di massima sovraelongazione* $t_m$. Indica l'istante di tempo al quale si presenta la massima sovraelongazione.
- *Tempo di assestamento* $t_a$. Indica l'istante di tempo a partire dal quale la risposta non si discosta dal valore di regime di $\pm 0.05K$. Più in generale, si denota $t_{a,x}$ il tempo di assestamento al $x\%$, cioè l'istante di tempo a partire dal quale la risposta non si discosta dal valore di regime di $\pm 0.01xK$.
- *Tempo di ritardo* $t_r$. Indica il tempo necessario affinché la risposta raggiunga il 50% del valore di regime.
- *Tempo di salita* $t_s$. Indica il tempo necessario affinché la risposta passi dal 10% al 90% del valore di regime.

Nel caso del sistema elementare del secondo ordine è abbastanza agevole legare il valore assunto da tali parametri al valore del coefficiente di smorzamento e della pulsazione naturale.

Si derivi l'espressione (6.34) al fine di determinare i punti di massimo e minimo. Posto $\omega = \omega_n\sqrt{1-\zeta^2}$ e $\phi = \arctan\frac{\sqrt{1-\zeta^2}}{\zeta}$ per semplificare la notazione, vale:

$$\frac{d}{dt}w_{-1}(t) = \frac{K\omega_n}{\sqrt{1-\zeta^2}}e^{-\zeta\omega_n t}\left(\zeta\sin(\omega t+\phi) - \sqrt{1-\zeta^2}\cos(\omega t+\phi)\right)$$

e tale derivata si annulla per

$$\tan(\omega t+\phi) = \frac{\sqrt{1-\zeta^2}}{\zeta} \qquad \Longrightarrow \qquad \tan(\omega t+\phi) = \tan(\phi)\,.$$

Ciò implica $\omega t = \omega_n\sqrt{1-\zeta^2}t = k\pi \quad (k=0,1,2,\ldots)$, e infine si ricava che i punti di massimo e minimo della risposta indiciale sono raggiunti agli istanti

$$t_k = k\frac{\pi}{\omega_n\sqrt{1-\zeta^2}} \qquad (k=0,1,2,\ldots),$$

in corrispondenza dei quali la risposta indiciale vale

$$\begin{aligned} y_k &= w_{-1}(t_k) = K\left(1-\frac{1}{\sqrt{1-\zeta^2}}e^{-k\frac{\pi\zeta}{\sqrt{1-\zeta^2}}}\sin\left(k\pi+\arctan\frac{\sqrt{1-\zeta^2}}{\zeta}\right)\right) \\ &= K\left(1-(-1)^k e^{-k\frac{\pi\zeta}{\sqrt{1-\zeta^2}}}\right). \end{aligned}$$

La massima sovraelongazione si ha per $k=1$, ovvero vale

$$t_m = \frac{\pi}{\omega_n\sqrt{1-\zeta^2}}, \tag{6.36}$$

mentre il corrispondente valore massimo vale

$$y_{\max} = K\left(1+e^{-\frac{\pi\zeta}{\sqrt{1-\zeta^2}}}\right) \tag{6.37}$$

e la sovraelongazione vale

$$S = Ke^{-\frac{\pi\zeta}{\sqrt{1-\zeta^2}}} \quad \text{e} \quad S_{\%} = 100\,e^{-\frac{\pi\zeta}{\sqrt{1-\zeta^2}}}. \tag{6.38}$$

Si osservi, infine, che i massimi e minimi della risposta indiciale giacciono sulle due curve $K(1+e^{-\zeta\omega_n t})$ e $K(1-e^{-\zeta\omega_n t})$, come mostrato in Fig. 6.5. Ciò consente di approssimare per eccesso il valore esatto $t_{a,x}$ del tempo di assestamento all'$x$% determinando l'istante di tempo $t'_{a,x}$ nel quale le curve dei massimi e dei minimi entrano nella banda $K(1\pm 0.01x)$. Questo si verifica quando $e^{-\zeta\omega_n t'_{a,x}} = 0.01x$, e vale

$$t_{a,x} \le t'_{a,x} = \frac{\ln(0.01x)}{-\zeta\omega_n}. \tag{6.39}$$

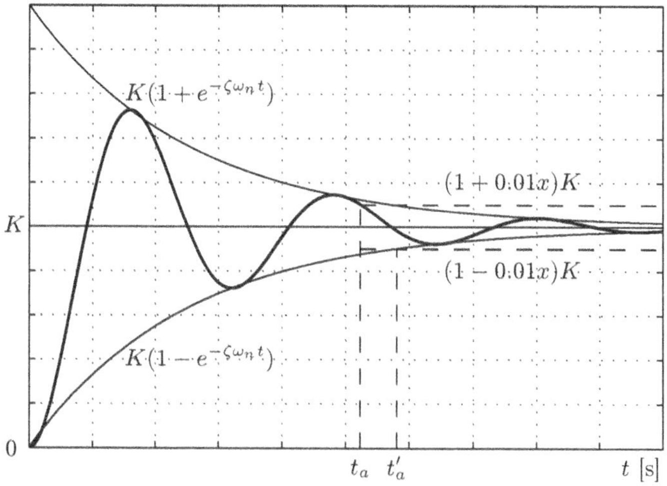


**Fig. 6.5.** Massimi e minimi della risposta indiciale di un sistema elementare del secondo ordine

## Esercizi

**Esercizio 6.1** È dato un sistema descritto dal modello ingresso-uscita

$$2\frac{d^2y(t)}{dt^2} + 6\frac{dy(t)}{dt} + 4y(t) = \frac{du(t)}{dt} + 3u(t).$$

Si determini, mediante l'uso della trasformata di Laplace:

(a) l'evoluzione libera a partire dalle condizioni iniziali

$$y_0 = y(t)|_{t=0} = 2, \qquad y'_0 = \left.\frac{d}{dt}y(t)\right|_{t=0} = 4;$$

(b) la risposta forzata che consegue all'applicazione del segnale di ingresso

$$u(t) = \begin{cases} 2 & \text{se } t \in [1,4) \\ 0 & \text{altrove.} \end{cases}$$

Si verifichi se il risultato al punto (b) coincide con quello ottenuto nell'Esempio 3.25.

**Esercizio 6.2** Si consideri la matrice

$$\boldsymbol{A} = \begin{bmatrix} \alpha & \omega \\ -\omega & \alpha \end{bmatrix}.$$

Si determini la matrice risolvente e, antitrasformando, la matrice $e^{\boldsymbol{a}t}$ (cfr. anche Esempio 4.10).

**Esercizio 6.3** È dato un sistema descritto dal modello in variabili di stato:

$$\begin{cases} \begin{bmatrix} \dot{x}_1(t) \\ \dot{x}_2(t) \end{bmatrix} = \begin{bmatrix} -1 & 1 \\ 0 & -2 \end{bmatrix} \begin{bmatrix} x_1(t) \\ x_2(t) \end{bmatrix} + \begin{bmatrix} 0 \\ 1 \end{bmatrix} u(t) \\ \\ y(t) = \begin{bmatrix} 2 & 1 \end{bmatrix} \begin{bmatrix} x_1(t) \\ x_2(t) \end{bmatrix}. \end{cases}$$

(a) Si determini la funzione di trasferimento.
(b) Si determini, mediante l'uso della trasformata di Laplace, l'evoluzione dello stato e dell'uscita conseguenti all'applicazione di un segnale di ingresso $u(t) = 2\delta_{-1}(t)$ a partire da uno stato iniziale $\boldsymbol{x}(0) = \begin{bmatrix} 3 & 4 \end{bmatrix}^T$ (cfr. anche Esempio 4.12).
(c) Si determini un modello ingresso-uscita di tale sistema.

**Esercizio 6.4** Per il sistema MIMO studiato nell'Esempio 6.13 si determini l'evoluzione forzata dell'uscita $\boldsymbol{y}(t) = \begin{bmatrix} y_1(t) & y_2(t) \end{bmatrix}^T$ conseguente all'applicazione di un segnale di ingresso $\boldsymbol{u}(t) = \begin{bmatrix} 2\delta_{-1}(t) & e^{-t}\delta_{-1}(t) \end{bmatrix}^T$.

Si determini se esiste un regime permanente, e in tal caso si scomponga ogni componente dell'uscita in termine transitorio e termine di regime.

**Esercizio 6.5** Si verifichi che le matrici di trasferimento delle due rappresentazioni simili studiate nell'Esempio 4.16 coincidono, come implica la Proposizione 6.14.

**Esercizio 6.6** Dato il sistema descritto dal modello IU

$$\frac{d^3y(t)}{dt^3} + 2\frac{d^2y(t)}{dt^2} + 5\frac{dy(t)}{dt} = 5\frac{du(t)}{dt} + u(t),$$

se ne determini la funzione di trasferimento e, antitrasformando, la risposta impulsiva (cfr. Esempio 3.22).

**Esercizio 6.7** Data la funzione di trasferimento

$$W(s) = \frac{2s+3}{s^2 + (1+\varrho)s + \varrho}$$

se ne determini prima la rappresentazione zeri-poli e poi la rappresentazione di Bode, indicando i parametri che caratterizzano le due rappresentazioni.

Si valuti per quali valori del parametro $\varrho$ la funzione data è in forma non-minima: si determini, in tal caso, la forma minima corrispondente.

**Esercizio 6.8** Dato il sistema descritto dal modello IU

$$\frac{dy(t)}{dt} + y(t) = 5u(t),$$

se ne determini la risposta forzata che consegue all'applicazione di un ingresso $u(t) = \cos(\omega t)\delta_{-1}(t)$. Si determini se esiste un regime permanente, e in tal caso, si scomponga l'uscita in termine transitorio e termine di regime, tracciandone il grafico.

**Esercizio 6.9** Per il sistema del precedente esercizio si determini la risposta totale che consegue all'applicazione dell'ingresso $u(t) = t\delta_{-1}(t)$ a partire da condizioni iniziali $y(0) = 2$, individuando l'evoluzione libera e quella forzata. Si determini se esiste un regime permanente, e in tal caso, si scomponga l'uscita totale in termine transitorio e termine di regime, tracciandone il grafico.

**Esercizio 6.10** Si consideri un sistema soggetto ad un ingresso a forma di rampa esponenziale

$$u(t) = \frac{t^\mu}{\mu!} e^{at} \delta_{-1}(t),$$

con $\mu \in \mathbb{N}$. Si dimostri che la risposta forzata a tale ingresso può essere scomposta nella somma di due termini:

$$y_f(t) = y_{f.o}(t) + y_{f.p}(t).$$

dove $y_{f.o}(t)$ è una combinazione lineare dei modi del sistema e $y_{f.p}(t)$ è una combinazione lineare dei $\mu + 1$ modi associati al parametro $a$ introdotti dal segnale di ingresso.

In particolare si verifichi che se $a$ non coincide con alcuno dei poli della funzione di trasferimento del sistema vale

$$y_{f.p}(t) = \left( \hat{R}_0 e^{at} + \hat{R}_1 t e^{at} + \cdots + \hat{R}_\mu \frac{t^\mu}{\mu!} e^{at} \right) \delta_{-1}(t),$$

mentre se $a$ coincide con un polo di molteplicità $\nu \geq 1$ della funzione di trasferimento vale

$$y_{f.p}(t) = \left( \hat{R}_\nu \frac{1}{\nu!} e^{at} + \hat{R}_{\nu+1} \frac{t}{(\nu+1)!} e^{at} + \cdots + \hat{R}_{\nu+\mu} \frac{t^\mu}{(\nu+\mu)!} e^{at} \right) t^\nu \, \delta_{-1}(t).$$

**Esercizio 6.11** Si dimostri che la risposta indiciale di un sistema del primo ordine proprio (ma non strettamente proprio) assume la forma data in eq. (6.33).

**Esercizio 6.12** Si determini la risposta indiciale del sistema la cui funzione di trasferimento vale

$$W(s) = \frac{2s - 3}{s + 2}.$$

**Esercizio 6.13** Si determini la risposta indiciale del sistema la cui funzione di trasferimento vale

$$W(s) = \frac{2}{1 + 0.1s + s^2}.$$

Tracciato l'andamento di tale risposta in funzione del tempo, si valutino graficamente i seguenti parametri che caratterizzano il suo transitorio: valore massimo, massima sovraelongazione, tempo di massima sovraelongazione, tempo di ritardo, tempo di salita e tempo di assestamento. Si verifichi se il valore determinato per i primi tre parametri coincide con il valore determinabile analiticamente mediante le equazioni (6.36), (6.37) e (6.38). Si valuti, infine, se il valore determinato in eq. (6.39) costituisca una buona approssimazione del tempo di assestamento.

**Esercizio 6.14** Si dimostri che la risposta indiciale di un sistema del secondo ordine con una coppia di poli complessi coniugati e senza zeri assume la forma data in eq. (6.34) o quella equivalente data in eq. (6.35).

**Esercizio 6.15** Si dimostri che la risposta indiciale di un sistema del secondo ordine con una coppia di poli reali coincidenti e senza zeri caratterizzato dalla funzione di trasferimento

$$W(s) = \frac{K}{(1+\tau s)^2}$$

assume la forma

$$w_{-1}(t) = K\left(1 - e^{-\frac{t}{\tau}} - \frac{t}{\tau}e^{-\frac{t}{\tau}}\right)\,\delta_{-1}(t).$$

**Esercizio 6.16** Si dimostri che la risposta indiciale di un sistema del secondo ordine con una coppia di poli reali distinti e senza zeri caratterizzato dalla funzione di trasferimento

$$W(s) = \frac{K}{(1+\tau_1 s)(1+\tau_2 s)}$$

assume la forma

$$w_{-1}(t) = K\left(1 + \frac{\tau_1}{\tau_2 - \tau_1}e^{-\frac{t}{\tau_1}} + \frac{\tau_2}{\tau_1 - \tau_2}e^{-\frac{t}{\tau_2}}\right)\,\delta_{-1}(t).$$

**Esercizio 6.17** Si dimostri che il generico polinomio di secondo grado $P(s) = (s-p_1)(s-p_2)$ può sempre essere scritto nella forma $P(s) = s^2 + 2\zeta\omega_n s + \omega_n^2$ purché le radici $p_1, p_2$ siano complesse e coniugate oppure reali ma dello stesso segno.

In particolare si dimostri che le radici del polinomio hanno la seguente espressione in funzione dei parametri $\zeta$ e $\omega_n$.

- Se $|\zeta| < 1$ le radici sono complesse e coniugate di valore $p_1, p_2 = -\zeta\omega_n \pm j\omega_n\sqrt{1-\zeta^2}$.
- Se $|\zeta| = 1$ le radici sono reali e coincidenti di valore $p_1 = p_2 = -\zeta\omega_n$.
- Se $|\zeta| > 1$ le radici sono reali e distinte di valore $p_1 = \omega_n\left(-\zeta - \sqrt{\zeta^2-1}\right)$ e $p_2 = \omega_n\left(-\zeta + \sqrt{\zeta^2-1}\right)$. In questo caso le radici $p_1$ e $p_2$ hanno entrambe segno opposto a quello di $\zeta$.

# 7

# Realizzazione di modelli in variabili di stato e analisi dei sistemi interconnessi

In questo capitolo si trattano due diversi argomenti. Nella prima sezione si studia il problema della *realizzazione* di un sistema, cioè della determinazione di un modello in variabili di stato a partire da un modello ingresso-uscita noto. Il nome "realizzazione" ricorda che tale approccio è stato inizialmente proposto per consentire la costruzione di un dispositivo fisico, solitamente un circuito elettrico, che consente di simulare il comportamento del sistema dato. A tale scopo, si mostrerà come il modello in VS determinato possa direttamente venire tradotto in uno schema circuitale.

L'argomento affrontato nella seconda sezione consiste nello studio di *sistemi interconnessi*, cioè costituiti da più componenti elementari collegati fra loro. Si è soliti rappresentare ogni singolo componente mediante un blocco SISO caratterizzato dalla sua funzione di trasferimento. Il sistema complessivo sarà in tutta generalità un sistema MIMO di cui è possibile, mediante un'algebra dei blocchi, determinare la matrice di trasferimento e studiare la risposta forzata. Un sistema costituito da più componenti interconnessi può essere rappresentato mediante uno schema grafico che generalizza lo schema circuitale già visto nello studio del problema della realizzazione.

## 7.1 Realizzazione di sistemi SISO

### 7.1.1 Introduzione

Nel Capitolo 6 (cfr. § 6.3.8) si è discusso come sia possibile determinare un modello ingresso-uscita di un sistema di cui è noto un modello in variabili di stato. Infatti, determinata la funzione di trasferimento (o la matrice di trasferimento nel caso di un sistema MIMO) è immediato ricavare il modello IU per antitrasformazione.

In questa sezione si studia il problema inverso, che consiste nel determinare un modello in VS di un sistema di cui è noto un modello IU. Il modello in VS così ottenuto è anche detto *realizzazione* del sistema: esso infatti può essere rappresentato mediante uno schema circuitale che permette una diretta implemen-

Giua A., Seatzu C.: Analisi dei sistemi dinamici. 2a edizione

tazione tramite un dispositivo hardware. In particolare, questo approccio è stato usato nei calcolatori elettronici analogici (DDA: digital differential analyzers) che negli anni '50-'60 del XX secolo hanno avuto notevole successo prima di venire definitivamente soppiantati dai calcolatori elettronici digitali.

Si noti che il problema del passaggio da un modello IU ad un modello in VS non ammette un'unica soluzione: infatti si è già visto nel Capitolo 4 che ad uno stesso sistema possono corrispondere più realizzazioni in termini di VS, cioè più insiemi di matrici $\{\boldsymbol{A}, \boldsymbol{B}, \boldsymbol{C}, \boldsymbol{D}\}$, $\{\boldsymbol{A}', \boldsymbol{B}', \boldsymbol{C}', \boldsymbol{D}'\}$, ecc., legate fra loro da una relazione di similitudine. Qui verrà presentata una tecnica generale che, a partire da un modello IU dato, consente di determinare, fra i tanti possibili, un particolare modello in VS detto *in forma canonica di controllo* (cfr. Appendice D). Per semplicità si considerano esclusivamente sistemi SISO. La realizzazione dei sistemi MIMO è notevolmente più complicata, soprattutto se si richiede che il modello abbia ordine minimo, e non viene trattato in questo testo.

Il modello IU di un sistema SISO lineare e stazionario di ordine $n$ può essere descritto da una equazione differenziale della forma:

$$\underbrace{a_n y^{(n)} + \cdots + a_1 \dot{y}(t) + a_0 y(t)}_{\chi(t)} = \underbrace{b_m u^{(m)} + \cdots + b_1 \dot{u}(t) + b_0 u(t)}_{\xi(t)} \tag{7.1}$$

dove $n \geq m$ (sistema causale). Denoteremo $\chi(t)$ il primo membro della (7.1), mentre denoteremo $\xi(t)$ il suo secondo membro.

A partire da un tale modello si vuole trovare una realizzazione in VS della forma

$$\begin{cases} \dot{\boldsymbol{x}}(t) &= \boldsymbol{A}\boldsymbol{x}(t) + \boldsymbol{B}u(t) \\ y(t) &= \boldsymbol{C}\boldsymbol{x}(t) + Du(t) \end{cases} \tag{7.2}$$

dove il *vettore di stato* $\boldsymbol{x}(t)$ e la sua derivata $\dot{\boldsymbol{x}}(t)$ hanno $n$ componenti,

$$\boldsymbol{x}(t) = \begin{bmatrix} x_1(t) \\ x_2(t) \\ \vdots \\ x_n(t) \end{bmatrix}; \qquad \dot{\boldsymbol{x}}(t) = \begin{bmatrix} \dot{x}_1(t) \\ \dot{x}_2(t) \\ \vdots \\ \dot{x}_n(t) \end{bmatrix}.$$

Tale modello può essere descritto in forma più compatta da una matrice, detta *matrice della realizzazione*, che prende la forma

$$\mathcal{R} = \left[\begin{array}{c||c} \boldsymbol{A} & \boldsymbol{B} \\ \hline \boldsymbol{C} & D \end{array}\right] = \left[\begin{array}{cccc||c} a_{1,1} & \cdots & a_{1,n} & & b_1 \\ a_{2,1} & \cdots & a_{2,n} & & b_2 \\ \vdots & \ddots & \vdots & & \vdots \\ a_{n,1} & \cdots & a_{n,n} & & b_n \\ \hline\hline c_1 & \cdots & c_n & & d \end{array}\right].$$

Si distinguono vari casi a seconda del valore assunto da $n$ (ordine del sistema) e da $m$ (ordine massimo di derivazione dell'ingresso nel modello IU).

### 7.1.2 Caso $n = m = 0$

Il caso $n = 0$ (e dunque $m = 0$) corrisponde ad un sistema istantaneo. Per tali sistemi la (7.1) si riduce alla equazione algebrica

$$a_0 y(t) = b_0 u(t).$$

La corrispondente rappresentazione in VS è degenere: poiché il sistema non è dinamico, non è possibile definire il suo stato. Dunque le matrici $\boldsymbol{A}$, $\boldsymbol{B}$, $\boldsymbol{C}$ non sono definite, mentre vale $D = b_0/a_0$.

**Esempio 7.1** Si consideri un semplice circuito elettrico composto da un sola resistenza e il cui comportamento è descritto dalla legge di Ohm: $v(t) = Ri(t)$.

Posto $u(t) = v(t)$ e $y(t) = i(t)$ il modello IU vale

$$y(t) = \frac{1}{R} u(t).$$

Tale equazione rappresenta anche un modello in VS con $D = 1/R$. ◇

### 7.1.3 Caso $n > 0$ e $m = 0$

Si consideri il caso di un sistema dinamico ($n > 0$) in cui però valga $m = 0$. In tal caso il secondo membro della (7.1) si riduce a $\xi(t) = b_0 u(t)$ (non compaiono derivate dell'ingresso) e dunque vale :

$$a_n y^{(n)}(t) + a_{n-1} y^{(n-1)}(t) + \cdots + a_1 \dot{y}(t) + a_0 y(t) = b_0 u(t). \tag{7.3}$$

In tal caso si può scegliere come spazio di stato del sistema il cosiddetto *spazio di fase*, cioè si può scegliere come variabili di stato l'uscita e le sue prime $n - 1$ derivate:

$$\begin{aligned} x_1(t) &= y(t), \\ x_2(t) &= \dot{y}(t), \\ x_3(t) &= \ddot{y}(t), \\ &\vdots \\ x_n(t) &= y^{(n-1)}(t). \end{aligned}$$

A questa scelta corrisponde la seguente *equazione di stato*:

$$\begin{cases} \dot{x}_1(t) & = \frac{d}{dt}y(t) = \dot{y}(t) = x_2(t) \\ \dot{x}_2(t) & = \frac{d}{dt}\dot{y}(t) = \ddot{y}(t) = x_3(t) \\ \quad\vdots & \qquad\qquad \vdots \\ \dot{x}_{n-1}(t) & = \frac{d}{dt}y^{(n-2)}(t) = y^{(n-1)}(t) = x_n(t) \\ \dot{x}_n(t) & = \frac{d}{dt}y^{(n-1)}(t) = y^{(n)}(t) = \\ & = -\dfrac{a_0}{a_n}y(t) - \dfrac{a_1}{a_n}\dot{y}(t) \cdots - \dfrac{a_{n-1}}{a_n}y^{(n-1)}(t) + \dfrac{b_0}{a_n}u(t) \\ & = -\dfrac{a_0}{a_n}x_1(t) - \dfrac{a_1}{a_n}x_2(t) \cdots - \dfrac{a_{n-1}}{a_n}x_n(t) + \dfrac{b_0}{a_n}u(t) \end{cases}$$

dove le prime $n-1$ equazioni derivano dalla scelta dello spazio di fase e l'ultima deriva dalla (7.3). In forma vettoriale le precedenti equazioni diventano

$$\dot{\boldsymbol{x}}(t) = \boldsymbol{A}\boldsymbol{x}(t) + \boldsymbol{B}u(t)$$

dove vale

$$\boldsymbol{A} = \begin{bmatrix} 0 & 1 & 0 & \cdots & 0 & 0 \\ 0 & 0 & 1 & \cdots & 0 & 0 \\ 0 & 0 & 0 & \cdots & 0 & 0 \\ \vdots & \vdots & \vdots & \ddots & \vdots & \vdots \\ 0 & 0 & 0 & \cdots & 0 & 1 \\ -\dfrac{a_0}{a_n} & -\dfrac{a_1}{a_n} & -\dfrac{a_2}{a_n} & \cdots & -\dfrac{a_{n-2}}{a_n} & -\dfrac{a_{n-1}}{a_n} \end{bmatrix}, \quad \boldsymbol{B} = \begin{bmatrix} 0 \\ 0 \\ 0 \\ \vdots \\ 0 \\ \dfrac{b_0}{a_n} \end{bmatrix}. \tag{7.4}$$

La forma particolare della matrice di stato $\boldsymbol{A}$ è detta *forma compagna* e la rappresentazione assume una struttura detta *forma canonica di controllo*[1], come discusso in Appendice D.

La *trasformazione di uscita* si ricava dalla definizione della prima variabile di stato e vale semplicemente:

$$y(t) = x_1(t),$$

che in forma vettoriale si scrive

$$y(t) = \begin{bmatrix} 1 & 0 & 0 & \cdots & 0 & 0 \end{bmatrix} \begin{bmatrix} x_1(t) \\ x_2(t) \\ x_3(t) \\ \vdots \\ x_{n-1}(t) \\ x_n(t) \end{bmatrix}.$$

---

[1]Per essere precisi, questa rappresentazione è in forma canonica di controllo a meno di una costante perché il termine diverso da zero nella matrice $\boldsymbol{B}$ non è necessariamente unitario.

La matrice di questa realizzazione vale dunque:

$$
\mathcal{R}_{m=0} = \left[\begin{array}{cccccc||c}
0 & 1 & 0 & \cdots & 0 & 0 & 0 \\
0 & 0 & 1 & \cdots & 0 & 0 & 0 \\
0 & 0 & 0 & \cdots & 0 & 0 & 0 \\
\vdots & \vdots & \vdots & \ddots & \vdots & \vdots & \vdots \\
0 & 0 & 0 & \cdots & 0 & 1 & 0 \\
-\frac{a_0}{a_n} & -\frac{a_1}{a_n} & -\frac{a_2}{a_n} & \cdots & -\frac{a_{n-2}}{a_n} & -\frac{a_{n-1}}{a_n} & \frac{b_0}{a_n} \\
\hline\hline
1 & 0 & 0 & \cdots & 0 & 0 & 0
\end{array}\right]. \tag{7.5}
$$

**Esempio 7.2** Si consideri un sistema SISO il cui legame ingresso-uscita è descritto dall'equazione differenziale

$$2\ddot{y}(t) + 6\dot{y}(t) + y(t) = 5u(t).$$

In questo caso vale $n = 2$ e $m = 0$ e poiché al secondo membro non compaiono derivate dell'ingresso, seguendo la procedura esposta sopra possiamo immediatamente dare la seguente rappresentazione in termini di variabili di stato:

$$
\begin{cases}
\begin{bmatrix} \dot{x}_1(t) \\ \dot{x}_2(t) \end{bmatrix} = \begin{bmatrix} 0 & 1 \\ -0.5 & -3 \end{bmatrix} \begin{bmatrix} x_1(t) \\ x_2(t) \end{bmatrix} + \begin{bmatrix} 0 \\ 2.5 \end{bmatrix} u(t) \\
y(t) = \begin{bmatrix} 1 & 0 \end{bmatrix} \begin{bmatrix} x_1(t) \\ x_2(t) \end{bmatrix}.
\end{cases}
$$

◇

**Esempio 7.3** Si consideri un sistema SISO del primo ordine il cui legame ingresso-uscita è descritto dall'equazione differenziale

$$\dot{y}(t) + 2y(t) = 3u(t).$$

In questo caso vale $n = 1$ e $m = 0$ e il sistema ha la seguente rappresentazione in termini di variabili di stato:

$$
\begin{cases}
\dot{x}(t) = -2x(t) + 3u(t) \\
y(t) = x(t).
\end{cases}
$$

Si noti che in questo caso la matrice di stato è uno scalare $\boldsymbol{A} = -a_0/a_1 = -2$. ◇

### Rappresentazione mediante schemi circuitali

La realizzazione descritta dalla (7.5) può ben essere simulata mediante uno *schema circuitale*, contenente i due tipi di componenti mostrati in Fig. 7.1. Un *moltiplicatore* è caratterizzato da uno scalare $k$ e ha in uscita un segnale che è pari al

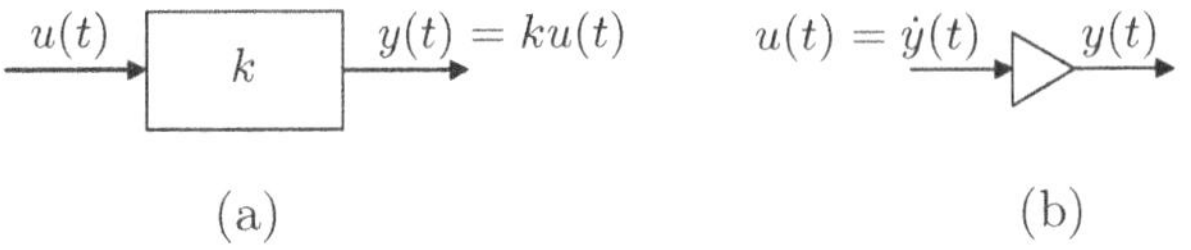


**Fig. 7.1.** Componenti elementari dello schema circuitale: **(a)** moltiplicatore; **(b)** integratore

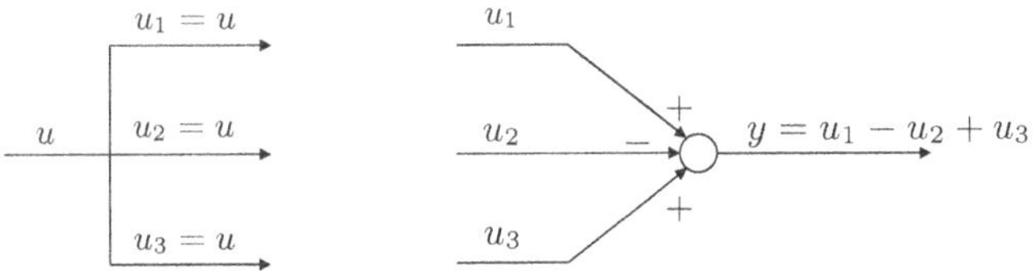


**Fig. 7.2.** Punto di diramazione (a sinistra) e nodo sommatore (a destra)

prodotto del segnale di ingresso per $k$. Un *integratore* ha in uscita un segnale che è pari all'integrale del segnale in ingresso.

Per collegare questi componenti fra loro sarà anche necessario usare delle diramazioni e dei nodi sommatori, come mostrato in Fig. 7.2. Una diramazione permette di far arrivare lo stesso segnale in più punti: la diramazione in figura ha in ingresso il segnale $u$ e in uscita tre segnali $u_1$, $u_2$ e $u_3$ tutti uguali al segnale di ingresso. Il nodo sommatore consente di eseguire la somma algebrica di più segnali. In ingresso a tale nodo vi sono tanti segmenti quanti sono gli addendi, per ognuno dei quali è specificato il segno con cui appaiono nella somma algebrica; in uscita vi è invece un unico segmento a cui è associato il risultato della somma algebrica. Se tutti gli addendi della somma hanno segno positivo per semplicità si omette il segno dei segnali in ingresso rappresentando un + dentro il nodo (cfr. Fig. 7.3).

In particolare lo schema circuitale che corrisponde alla realizzazione (7.5) è mostrato in Fig. 7.3. Ogni variabile $x_i(t)$, per $i = 1, \ldots, n-1$, corrisponde all'uscita di un integratore che ha in ingresso $\dot{x}_i(t) = x_{i+1}(t)$, mentre la variabile $x_n(t)$ corrisponde all'uscita di un integratore che ha in ingresso

$$\dot{x}_n(t) = \sum_{i=1}^{n} -\frac{a_{i-1}}{a_n} x_i(t) + \frac{b_0}{a_n} u(t).$$

Tale schema può venir direttamente usato per costruire un dispositivo in cui i singoli blocchi sono implementati mediante amplificatori operazionali oppure anche un programma di calcolo (cfr. il programma *Simulink* del pacchetto MATLAB) capace di determinare l'evoluzione dello stato e dell'uscita che conseguono ad un dato ingresso e a date condizioni iniziali.

**Esempio 7.4** Lo schema circuitale della realizzazione determinata nell'Esempio 7.2 è mostrato in Fig. 7.4. ◇

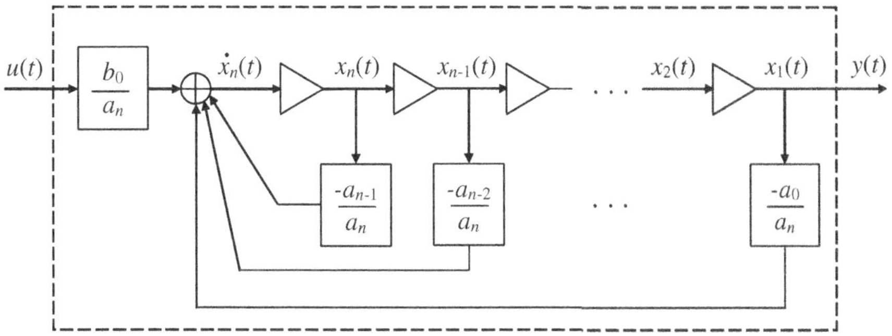


**Fig. 7.3.** Schema circuitale che corrisponde alla realizzazione $\mathcal{R}_{m=0}$

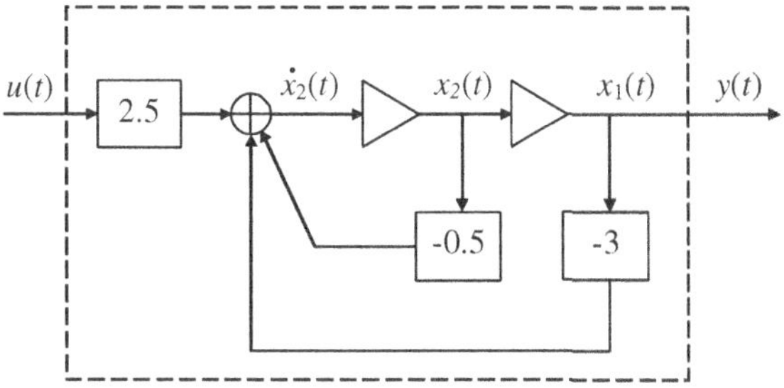


**Fig. 7.4.** Schema circuitale della rappresentazione nell'Esempio 7.2

### 7.1.4 Caso $n \geq m > 0$

Si consideri ora il caso generale in cui $m > 0$, cioè il caso in cui $\xi(t)$ contenga derivate dell'ingresso. In tal caso la scelta come spazio di stato dello spazio di fase non porta ad una rappresentazione ammissibile, come mostra il seguente esempio.

**Esempio 7.5** Si consideri un sistema SISO il cui legame ingresso-uscita è descritto dall'equazione differenziale

$$\ddot{y}(t) + 6\dot{y}(t) + y(t) = \dot{u}(t) + 5u(t).$$

In questo caso vale $n = 2$ e $m = 1$ e se si ponesse $x_1(t) = y(t)$ e $x_2(t) = \dot{y}(t)$ le derivate di tali variabili varrebbero

$$\begin{cases} \dot{x}_1(t) &= \dot{y}(t) = x_2(t) \\ \\ \dot{x}_2(t) &= \ddot{y}(t) = -y(t) - 6\dot{y}(t) + 5u(t) + \dot{u}(t) \\ &= -x_1(t) - 6x_2(t) + 5u(t) + \dot{u}(t). \end{cases}$$

Dunque l'equazione di stato diventerebbe

$$\begin{bmatrix} \dot{x}_1(t) \\ \dot{x}_2(t) \end{bmatrix} = \begin{bmatrix} 0 & 1 \\ -1 & -6 \end{bmatrix} \begin{bmatrix} x_1(t) \\ x_2(t) \end{bmatrix} + \begin{bmatrix} 0 \\ 5 \end{bmatrix} u(t) + \begin{bmatrix} 0 \\ 1 \end{bmatrix} \dot{u}(t)$$

che non è nella forma standard prevista dalla eq. (7.2) a causa del termine $\dot{u}(t)$. ◇

Per poter ottenere una rappresentazione in VS anche nel caso in cui valga $m > 0$, si introduce una grandezza ausiliaria $s(t)$, definita in base alla seguente proposizione.

**Proposizione 7.6** *Se due segnali $u(t)$ e $y(t)$ sono legati dalla relazione* (7.1) *allora esiste un segnale $s(t)$ che soddisfa le due equazioni:*

$$a_n s^{(n)}(t) + a_{n-1} s^{(n-1)}(t) + \cdots + a_1 \dot{s}(t) + a_0 s(t) = u(t) \tag{7.6}$$

*e*

$$y(t) = b_m s^{(m)}(t) + b_{m-1} s^{(m-1)}(t) + \cdots + b_1 \dot{s}(t) + b_0 s(t). \tag{7.7}$$

*Dimostrazione.* La dimostrazione è poco intuitiva ma viene riportata per completezza. Si sostituisce nel primo membro $\chi(t)$ della (7.1) la relazione (7.7) e le sue derivate, e si sostituisce nel secondo membro $\xi(t)$ della (7.1) la relazione (7.6) e le sue derivate. Se mediante queste sostituzioni si ottiene una identità il risultato è dimostrato.

Con queste sostituzioni il primo membro $\chi(t)$ della (7.1) diventa:

$$\begin{array}{rllllll}
\chi(t) = & a_n & [b_m s^{(n+m)}(t) & + \cdots & +b_1 s^{(n+1)}(t) & +b_0 s^{(n)}(t)]+ \\
& & & & \vdots & \\
& a_1 & [b_m s^{(m+1)}(t) & + \cdots & +b_1 \ddot{s}(t) & +b_0 \dot{s}(t)]+ \\
& a_0 & [b_m s^{(m)}(t) & + \cdots & +b_1 \dot{s}(t) & +b_0 s(t)]
\end{array}$$

e raggruppando secondo i termini $b_i$ diventa:

$$\begin{array}{rllllll}
\chi(t) = & b_m & [a_n s^{(n+m)}(t) & + \cdots & +a_1 s^{(m+1)}(t) & +a_0 s^{(m)}(t)]+ \\
& & & & \vdots & \\
& b_1 & [a_n s^{(n+1)}(t) & + \cdots & +a_1 \ddot{s}(t) & +a_0 \dot{s}(t)]+ \\
& b_0 & [a_n s^{(n)}(t) & + \cdots & +a_1 \dot{s}(t) & +a_0 s(t)].
\end{array}$$

Sostituendo nel secondo membro $\xi(t)$ della (7.1) si ottiene invece:

$$\begin{array}{rllllll}
\xi(t) = & b_m & [a_n s^{(n+m)}(t) & + \cdots & +a_1 s^{(m+1)}(t) & +a_0 s^{(m)}(t)]+ \\
& & & & \vdots & \\
& b_1 & [a_n s^{(n+1)}(t) & + \cdots & +a_1 \ddot{s}(t) & +a_0 \dot{s}(t)]+ \\
& b_0 & [a_n s^{(n)}(t) & + \cdots & +a_1 \dot{s}(t) & +a_0 s(t)],
\end{array}$$

e vale dunque $\chi(t) = \xi(t)$. □

Le equazioni (7.6) e (7.7) possono venir usate immediatamente per determinare una rappresentazione in VS: in particolare, la prima di queste equazioni serve per determinare l'equazione di stato, mentre la seconda permette di determinare la trasformazione di uscita.

Poiché la variabile $s(t)$ soddisfa l'eq. (7.6), in base a quanto visto nel precedente paragrafo si può scegliere come spazio di stato[2]:

$$\begin{aligned} x_1(t) &= s(t), \\ x_2(t) &= \dot{s}(t), \\ x_3(t) &= \ddot{s}(t), \\ \vdots\ \ &\quad\ \vdots \\ x_n(t) &= s^{(n-1)}(t). \end{aligned}$$

A questa scelta corrisponde la stessa equazione di stato già vista nel caso precedente, con la sola differenza che il termine $b_0$ nella (7.6) è pari a 1, cioè

$$\begin{cases} \dot{x}_1(t) &= x_2(t) \\ \dot{x}_2(t) &= x_3(t) \\ \quad\vdots & \quad\vdots \\ \dot{x}_{n-1}(t) &= x_n(t) \\ \dot{x}_n(t) &= -\dfrac{a_0}{a_n}x_1(t) - \dfrac{a_1}{a_n}x_2(t) \cdots - \dfrac{a_{n-1}}{a_n}x_n(t) + \dfrac{1}{a_n}u(t). \end{cases}$$

Anche questa rappresentazione è in forma canonica di controllo (a meno di una costante).

La trasformazione di uscita ora si ricava dalla (7.7) e assume due forme diverse a seconda che valga $n > m$ (sistema strettamente proprio) oppure $n = m$ (sistema non strettamente proprio).

### Caso $n > m > 0$

Se $n > m$, allora $m + 1 \leq n$ e la (7.7) ci dà:

$$y(t) = b_0 x_1(t) + b_1 x_2(t) + \cdots + b_m x_{m+1}(t).$$

La matrice di questa realizzazione vale dunque:

$$\mathcal{R}_{0<m<n} = \left[\begin{array}{ccccccc|c} 0 & 1 & \cdots & 0 & 0 & \cdots & 0 & 0 \\ 0 & 0 & \cdots & 0 & 0 & \cdots & 0 & 0 \\ \vdots & \vdots & \ddots & \vdots & \vdots & \ddots & \vdots & \vdots \\ 0 & 0 & \cdots & 0 & 0 & \cdots & 1 & 0 \\ -\dfrac{a_0}{a_n} & -\dfrac{a_1}{a_n} & \cdots & -\dfrac{a_m}{a_n} & -\dfrac{a_{m+1}}{a_n} & \cdots & -\dfrac{a_{n-1}}{a_n} & \dfrac{1}{a_n} \\ \hline b_0 & b_1 & \cdots & b_m & 0 & \cdots & 0 & 0 \end{array}\right]. \qquad (7.8)$$

[2]Questa scelta di variabili di stato, a differenza delle variabili di fase, non ha un significato fisico immediato.

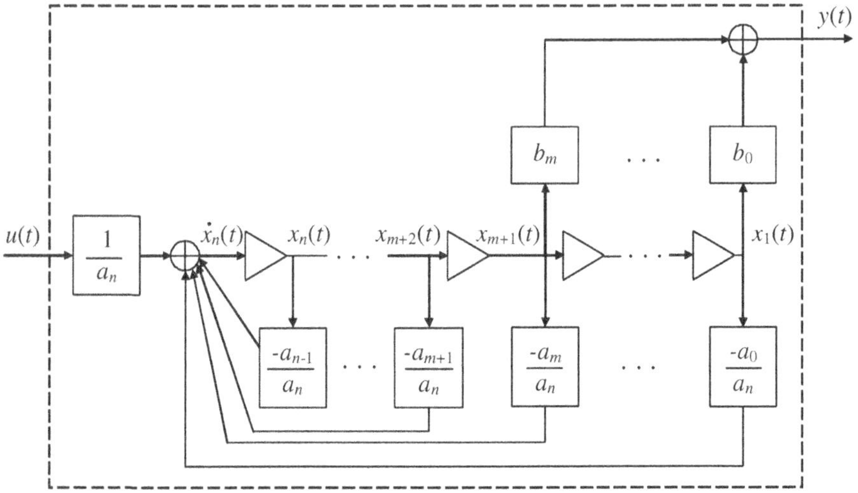


**Fig. 7.5.** Schema circuitale che corrisponde alla realizzazione $\mathcal{R}_{m=n}$ strettamente propria

Lo schema circuitale che corrisponde a questa realizzazione è mostrato in Fig. 7.5. Si noti che in questo caso il segnale di uscita è una combinazione lineare delle variabili di stato, ciascuna moltiplicata per un opportuno coefficiente $b_i$.

**Esempio 7.7** Si consideri un sistema SISO il cui legame ingresso-uscita è descritto dall'equazione differenziale

$$2\dddot{y}(t) + \ddot{y}(t) + 3\dot{y}(t) + 4y(t) = 6\dot{u}(t) + 2u(t).$$

In questo caso vale $n = 3$ e $m = 1 < n$ e seguendo la procedura esposta sopra possiamo immediatamente dare la seguente rappresentazione in termini di variabili di stato:

$$\begin{cases} \begin{bmatrix} \dot{x}_1(t) \\ \dot{x}_2(t) \\ \dot{x}_3(t) \end{bmatrix} = \begin{bmatrix} 0 & 1 & 0 \\ 0 & 0 & 1 \\ -2 & -1.5 & -0.5 \end{bmatrix} \begin{bmatrix} x_1(t) \\ x_2(t) \\ x_3(t) \end{bmatrix} + \begin{bmatrix} 0 \\ 0 \\ 0.5 \end{bmatrix} u(t) \\ y(t) = \begin{bmatrix} 2 & 6 & 0 \end{bmatrix} \begin{bmatrix} x_1(t) \\ x_2(t) \\ x_3(t) \end{bmatrix}. \end{cases}$$

Lo schema circuitale di questa particolare rappresentazione è mostrato in Fig. 7.6. ◇

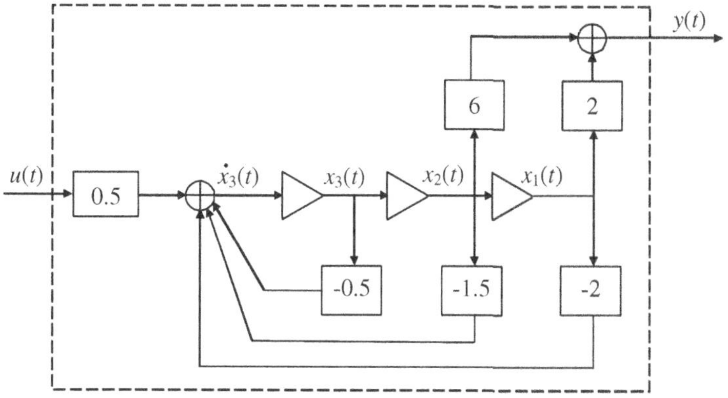


**Fig. 7.6.** Schema circuitale della rappresentazione nell'Esempio 7.7

### Caso $n = m > 0$

Se $n = m$, invece la (7.7) ci dà:

$$
\begin{aligned}
y(t) &= b_0 x_1(t) + b_1 x_2(t) + \cdots + b_{n-1} x_n(t) + b_n \dot{x}_n(t) \\
&= b_0 x_1(t) + b_1 x_2(t) + \cdots + b_{n-1} x_n(t) \\
&\quad - a_0 \frac{b_n}{a_n} x_1(t) - a_1 \frac{b_n}{a_n} x_2(t) - \cdots - a_{n-1} \frac{b_n}{a_n} x_n(t) + \frac{b_n}{a_n} u(t) \\
&= (b_0 - a_0 \frac{b_n}{a_n}) x_1(t) + (b_1 - a_1 \frac{b_n}{a_n}) x_2(t) + \cdots \\
&\quad + (b_{n-1} - a_{n-1} \frac{b_n}{a_n}) x_n(t) + \frac{b_n}{a_n} u(t).
\end{aligned}
$$

La matrice di questa realizzazione vale dunque:

$$
\mathcal{R}_{m=n} = \left[ \begin{array}{cccc||c}
0 & 1 & \cdots & 0 & 0 \\
0 & 0 & \cdots & 0 & 0 \\
\vdots & \vdots & \ddots & \vdots & \vdots \\
0 & 0 & \cdots & 1 & 0 \\
-\dfrac{a_0}{a_n} & -\dfrac{a_1}{a_n} & \cdots & -\dfrac{a_{n-1}}{a_n} & \dfrac{1}{a_n} \\
\hline \hline
\left( b_0 - a_0 \dfrac{b_n}{a_n} \right) & \left( b_1 - a_1 \dfrac{b_n}{a_n} \right) & \cdots & \left( b_{n-1} - a_{n-1} \dfrac{b_n}{a_n} \right) & \dfrac{b_n}{a_n}
\end{array} \right]. \tag{7.9}
$$

Lo schema che corrisponde a questa realizzazione è mostrato in Fig. 7.7. Si osservi che in tale schema la generica componente dello stato $x_i(t)$ contribuisce

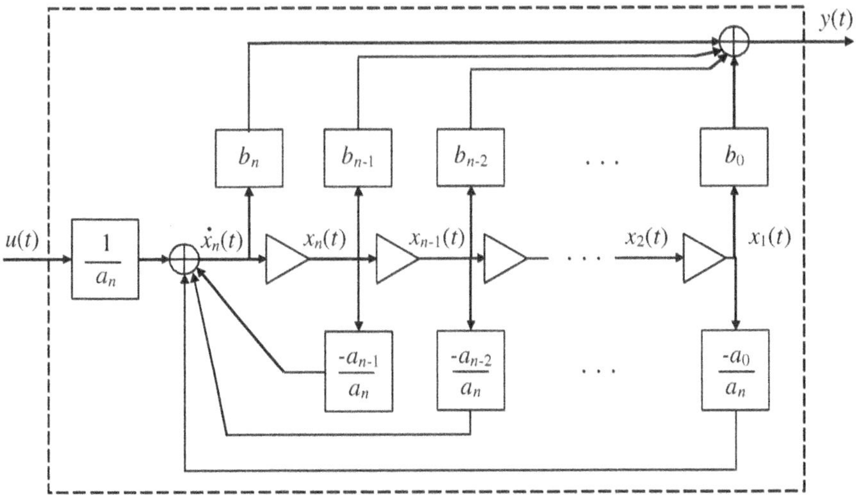


**Fig. 7.7.** Schema circuitale che corrisponde alla realizzazione $\mathcal{R}_{m=n}$ non strettamente propria

all'uscita attraverso due diversi percorsi diretti (cioè che non attraversano un integratore): un percorso che attraversa il blocco $b_{i-1}$ e un percorso che attraversa dapprima il blocco $-a_{i-1}/a_n$ e poi il blocco $b_n$. Il contributo totale relativo alla componente $x_i(t)$ vale dunque $(b_{i-1} - a_{i-1}b_n/a_n)x_i(t)$, come richiesto. Infine si noti che l'ingresso offre un contributo diretto all'uscita attraverso il percorso che attraversa dapprima il blocco $1/a_n$ e poi il blocco $b_n$.

La realizzazione $\mathcal{R}_{0<m<n}$ può essere considerata come un caso particolare della realizzazione $\mathcal{R}_{m=n}$ in cui i coefficienti $b_{m+1}, \ldots, b_n$ sono tutti nulli. Si è preferito tuttavia presentare separatamente i due casi per maggiore chiarezza.

**Esempio 7.8** Si consideri un sistema SISO il cui legame ingresso-uscita è descritto dall'equazione differenziale

$$4\dddot{y}(t) + \ddot{y}(t) + 4\dot{y}(t) + 2y(t) = 8\dddot{u}(t) - 2\ddot{u}(t) + 3\dot{u}(t) + 2u(t).$$

In questo caso vale $n = m = 3$ e seguendo la procedura esposta sopra possiamo immediatamente dare la seguente rappresentazione in termini di variabili di stato:

$$\begin{cases} \begin{bmatrix} \dot{x}_1(t) \\ \dot{x}_2(t) \\ \dot{x}_3(t) \end{bmatrix} = \begin{bmatrix} 0 & 1 & 0 \\ 0 & 0 & 1 \\ -0.5 & -1 & -0.25 \end{bmatrix} \begin{bmatrix} x_1(t) \\ x_2(t) \\ x_3(t) \end{bmatrix} + \begin{bmatrix} 0 \\ 0 \\ 0.25 \end{bmatrix} u(t) \\ y(t) = \begin{bmatrix} -2 & -5 & -4 \end{bmatrix} \begin{bmatrix} x_1(t) \\ x_2(t) \\ x_3(t) \end{bmatrix} + 2\,u(t). \end{cases}$$

Lo schema circuitale di questa rappresentazione è mostrato in Fig. 7.8. ◇

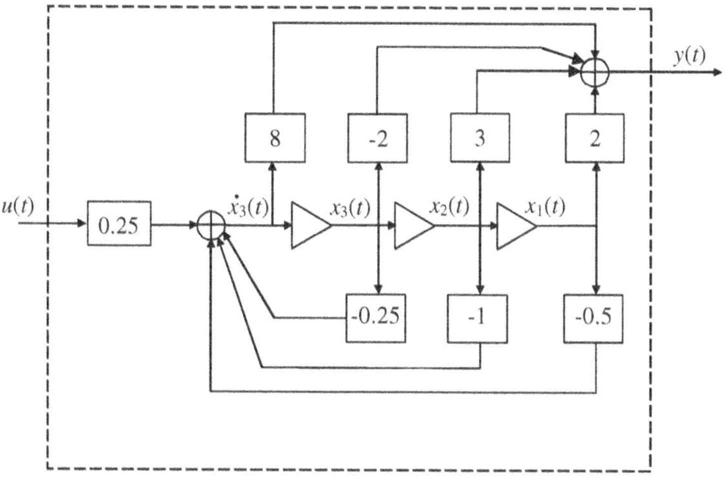


**Fig. 7.8.** Schema circuitale della rappresentazione nell'Esempio 7.8

### 7.1.5 Passaggio da un insieme di condizioni iniziali sull'uscita ad uno stato iniziale

Può capitare che, nel passaggio da un modello IU ad una rappresentazione in VS, siano note le condizioni iniziali dell'uscita e delle sue derivate

$$y(t)|_{t=t_0} = y_0, \quad \left.\frac{dy(t)}{dt}\right|_{t=t_0} = y_0', \quad \cdots, \quad \left.\frac{d^{n-1}y(t)}{dt^{n-1}}\right|_{t=t_0} = y_0^{(n-1)}, \tag{7.10}$$

ed occorra determinare lo stato iniziale $\boldsymbol{x}(t_0)$ che ad esse corrisponde.

Se lo spazio di stato coincide con lo spazio di fase, tale problema ha soluzione immediata perché per definizione vale

$$\boldsymbol{x}(t_0) = \begin{bmatrix} y(t_0) \\ \dot{y}(t_0) \\ \vdots \\ y^{(n-1)}(t_0) \end{bmatrix} = \begin{bmatrix} y_0 \\ y_0' \\ \vdots \\ y_0^{(n-1)} \end{bmatrix}.$$

Nel caso più generale è possibile determinare per la rappresentazione in VS uno stato iniziale equivalente in base alla seguente proposizione.

**Proposizione 7.9** *Si consideri un sistema SISO descritto da una rappresentazione in VS di ordine n*

$$\begin{cases} \dot{\boldsymbol{x}}(t) &= \boldsymbol{A}\,\boldsymbol{x}(t) \\ y(t) &= \boldsymbol{C}\,\boldsymbol{x}(t) \end{cases} \tag{7.11}$$

*in cui per semplicità si è assunto che l'ingresso sia nullo. Date le condizioni iniziali in eq.* (7.10) *che possono venir rappresentate mediante il vettore:*

$$\boldsymbol{y}_0 = \begin{bmatrix} y_0 \\ y_0' \\ \vdots \\ y_0^{(n-1)} \end{bmatrix}.$$

*si vuole determinare il valore dello stato iniziale* $\boldsymbol{x}(t_0)$ *che ad esse corrisponde.*

*Se la matrice* $n \times n$

$$\mathcal{O} = \begin{bmatrix} \boldsymbol{C} \\ \hline \boldsymbol{CA} \\ \hline \boldsymbol{CA}^2 \\ \hline \vdots \\ \hline \boldsymbol{CA}^{n-1} \end{bmatrix}$$

*è invertibile, vale*

$$\boldsymbol{x}(t_0) = \mathcal{O}^{-1}\boldsymbol{y}_0.$$

*Dimostrazione.* In base alla (7.11) vale

$$\begin{array}{llll} y(t) & = \boldsymbol{C}\ \boldsymbol{x}(t) & & \\ \dot{y}(t) & = \dfrac{d}{dt}(\boldsymbol{C}\ \boldsymbol{x}(t)) & = \boldsymbol{C}\ \dot{\boldsymbol{x}}(t) & = \boldsymbol{CA}\ \boldsymbol{x}(t) \\ \ddot{y}(t) & = \dfrac{d}{dt}(\boldsymbol{CA}\ \boldsymbol{x}(t)) & = \boldsymbol{CA}\ \dot{\boldsymbol{x}}(t) & = \boldsymbol{CA}^2\ \boldsymbol{x}(t) \\ \vdots & \vdots & \vdots & \vdots \\ y^{(n-1)}(t) & = \dfrac{d}{dt}\left(\boldsymbol{CA}^{n-2}\ \boldsymbol{x}(t)\right) & = \boldsymbol{CA}^{n-2}\ \dot{\boldsymbol{x}}(t) & = \boldsymbol{CA}^{n-1}\ \boldsymbol{x}(t). \end{array}$$

Tale equazione vale per ogni $t$ e in particolare per $t = t_0$. Il vettore incognito cercato $\boldsymbol{x}(t_0) = [x_1\ x_2\ x_3\ \cdots\ x_n]^T$ può dunque essere determinato risolvendo il sistema lineare

$$\underbrace{\begin{bmatrix} \boldsymbol{C} \\ \hline \boldsymbol{CA} \\ \hline \boldsymbol{CA}^2 \\ \hline \vdots \\ \hline \boldsymbol{CA}^{n-1} \end{bmatrix}}_{\mathcal{O}} \begin{bmatrix} x_1 \\ x_2 \\ x_3 \\ \vdots \\ x_n \end{bmatrix} = \begin{bmatrix} y_0 \\ y_0' \\ y_0'' \\ \vdots \\ y_0^{(n-1)} \end{bmatrix}$$

purché la matrice $\mathcal{O}$ sia invertibile. □

La matrice $n \times n$ che si indicato come $\mathcal{O}$ è la ben nota *matrice di osservabilità* che verrà meglio studiata nel Capitolo 11. Si noti che è possibile applicare la procedura descritta nella precedente proposizione se e solo se tale matrice è invertibile il che equivale a dire, per un sistema SISO, se e solo se la rappresentazione è osservabile.

**Esempio 7.10** Si consideri il sistema studiato nell'Esempio 7.7 e si supponga che le condizioni iniziali in $t_0 = 0$ dell'uscita e delle sue derivate valgano $y_0 = 1$, $y'_0 = 0.5$, $y''_0 = -2$.

Dunque ricordando che per la rappresentazione determinata nell'Esempio 7.7 vale

$$\boldsymbol{A} = \begin{bmatrix} 0 & 1 & 0 \\ 0 & 0 & 1 \\ -2 & -1.5 & -0.5 \end{bmatrix}, \quad \boldsymbol{C} = \begin{bmatrix} 2 & 6 & 0 \end{bmatrix}$$

si può scrivere il sistema

$$\begin{bmatrix} \boldsymbol{C} \\ \hline \boldsymbol{CA} \\ \hline \boldsymbol{CA}^2 \end{bmatrix} \begin{bmatrix} x_1 \\ x_2 \\ x_3 \end{bmatrix} = \begin{bmatrix} y_0 \\ y'_0 \\ y''_0 \end{bmatrix} \Longrightarrow \begin{bmatrix} 2 & 6 & 0 \\ 0 & 2 & 6 \\ -12 & -9 & -1 \end{bmatrix} \begin{bmatrix} x_1 \\ x_2 \\ x_3 \end{bmatrix} = \begin{bmatrix} 1 \\ 0.5 \\ -2 \end{bmatrix}.$$

Essendo la matrice dei coefficienti non singolare, il sistema può essere risolto e ha soluzione

$$\boldsymbol{x}(0) = \begin{bmatrix} 0.052 \\ 0.149 \\ 0.034 \end{bmatrix}. \qquad \diamond$$

## 7.2 Studio dei sistemi interconnessi

Nei capitoli precedenti sono sempre stati presi in esame sistemi a sé stanti, trascurando le interazioni che essi possono presentare con altri sistemi. In questa sezione si prenderà invece in considerazione il caso in cui un sistema sia composto da più sottosistemi interconnessi, detti *componenti*. Ciascun componente verrà rappresentato da un modello ingresso-uscita SISO, lineare e stazionario: esso potrà dunque essere caratterizzato mediante la sua funzione di trasferimento (o in termini del tutto equivalenti, mediante una equazione differenziale o mediante la sua risposta impulsiva). Benché ogni singolo componente sia un sistema SISO, il sistema complessivo potrà avere più di un ingresso e di una uscita. Vedremo come sia possibile determinare la matrice di trasferimento del sistema complessivo basandosi sulla conoscenza dei singoli componenti e delle loro interconnessioni.

Nel seguito faremo l'ipotesi semplificativa che la connessione tra i diversi componenti non ne influenzi il comportamento e che quindi ciascun componente si comporti come se fosse isolato. Tale ipotesi non è sempre verificata; si confronti a tale proposito l'Esercizio 7.7.

Ciascun componente verrà rappresentato secondo la convenzione degli schemi a blocchi, ossia come un blocco rettangolare con un segmento orientato in ingresso

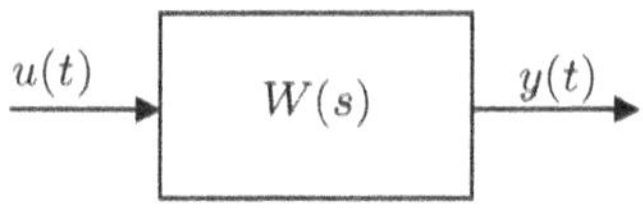


**Fig. 7.9.** Rappresentazione di un sistema ingresso-uscita mediante schema a blocchi

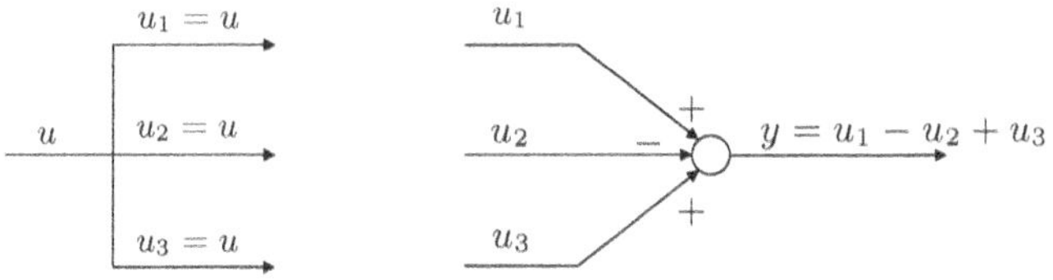


**Fig. 7.10.** Punto di diramazione (a sinistra) e nodo sommatore (a destra)

e un segmento orientato in uscita, dove il primo segmento rappresenta l'ingresso al sistema e il secondo l'uscita. Infine, all'interno del blocco rettangolare verrà specificata la funzione di trasferimento $W(s)$ che lega l'uscita all'ingresso, come mostrato in Fig. 7.9.

Per collegare questi componenti fra loro sarà anche necessario usare diramazioni e nodi sommatori come mostrato in Fig. 7.10. Benché la descrizione di tali componenti sia già stata data in § 7.1.3, per maggiore facilità di lettura viene brevemente richiamata anche qui. Una diramazione permette di far arrivare lo stesso segnale in più punti. Il nodo sommatore consente di eseguire la somma algebrica di più segnali. In ingresso a tale nodo vi sono tanti segmenti quanti sono gli addendi, per ognuno dei quali è specificato il segno con cui appaiono nella somma algebrica; in uscita vi è invece un unico segmento a cui è associato il risultato della somma algebrica.

**Nota 7.11** La rappresentazione mediante componenti interconnessi costituisce una generalizzazione degli schemi circuitali visti nella precedente sezione. Infatti è facile dimostrare che i componenti usati per realizzare tali schemi, ossia il moltiplicatore e l'integratore, sono casi particolari dei blocchi considerati in questa sezione. Il legame fra l'ingresso e l'uscita di un moltiplicatore vale $y(t) = ku(t)$. Nel domino della variabile di Laplace vale $Y(s) = kU(s)$ e dunque tale componente può essere rappresentato da un blocco con funzione di trasferimento

$$W(s) = \frac{Y(s)}{U(s)} = k.$$

Il legame fra l'ingresso e l'uscita di un integratore vale $y(t) = \int u(\tau)d\tau$. Nel domino della variabile di Laplace vale $Y(s) = U(s)/s$ (cfr. Capitolo 5, § 5.2.4) e dunque tale componente può essere rappresentato da un blocco con funzione di trasferimento

$$W(s) = \frac{Y(s)}{U(s)} = \frac{1}{s}.$$ ◇

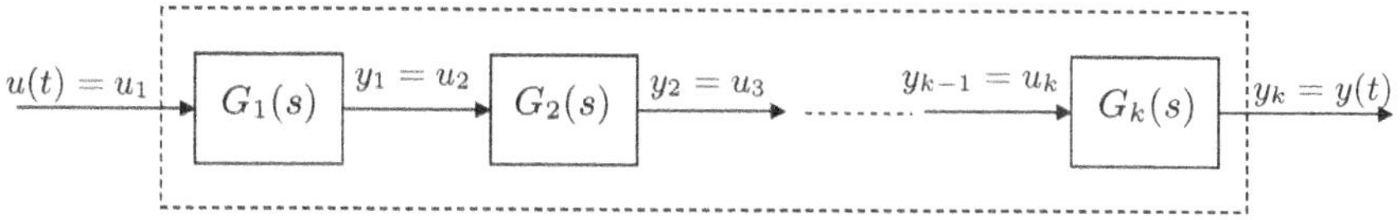


**Fig. 7.11.** Collegamento in serie

### 7.2.1 Collegamenti elementari

I principali collegamenti elementari sono tre: *serie*, *parallelo* e *retroazione*.

#### Serie

Il collegamento in *serie* è rappresentato in Fig. 7.11: in questo caso l'uscita di un componente coincide con l'ingresso del componente successivo, pertanto l'ingresso del sistema complessivo coincide con l'ingresso del primo componente e la sua uscita coincide con l'uscita dell'ultimo componente.

In tale schema si è soliti denotare la funzione di trasferimento del singolo blocco $G_i(s)$. La funzione di trasferimento del sistema complessivo vale:

$$W(s) = \prod_{i=1}^{k} G_i(s).$$

Infatti con semplici passaggi si ricava:

$$\begin{aligned}
Y_1(s) &= G_1(s)U_1(s) = G_1(s)U(s), \\
Y_2(s) &= G_2(s)U_2(s) = G_2(s)Y_1(s) = G_2(s)G_1(s)U(s), \\
&\vdots \\
Y_k(s) &= G_k(s)U_k(s) = G_k(s)Y_{k-1}(s) = G_k(s)G_{k-1}(s)\dots G_1(s)U(s), \\
Y(s) &= Y_k(s) = \underbrace{G_k(s)G_{k-1}(s)\dots G_1(s)}_{W(s)}U(s).
\end{aligned}$$

#### Parallelo

Il collegamento in *parallelo* è rappresentato in Fig. 7.12: l'ingresso è lo stesso per tutti i componenti e coincide con l'ingresso del sistema complessivo; l'uscita complessiva invece è data dalla somma delle uscite dei singoli componenti.

Denotando la funzione di trasferimento del singolo blocco $G_i(s)$, la funzione di trasferimento del sistema complessivo vale

$$W(s) = \sum_{i=1}^{k} G_i(s).$$

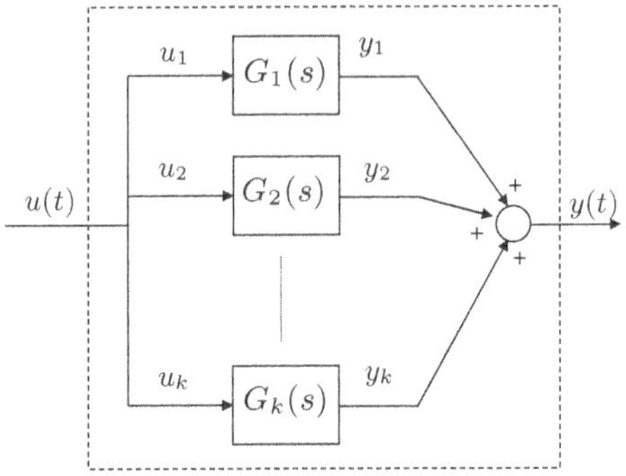


**Fig. 7.12.** Collegamento in parallelo

Infatti

$$
\begin{aligned}
Y_1(s) &= G_1(s)U_1(s) = G_1(s)U(s) \\
Y_2(s) &= G_2(s)U_2(s) = G_2(s)U(s) \\
&\vdots \\
Y_k(s) &= G_k(s)U_k(s) = G_k(s)U(s) \\
Y(s) &= \sum_{i=1}^{k} Y_i(s) = \underbrace{\sum_{i=1}^{k} G_i(s)}_{W(s)} U(s).
\end{aligned}
$$

## Controreazione

Il collegamento in *controreazione*, o più precisamente in *retroazione negativa*, particolarmente importante nella risoluzione di problemi di controllo, è rappresentato in Fig. 7.13. In tale schema riconosciamo due blocchi: la *catena diretta* la cui funzione di trasferimento si denota $G(s)$ e il *blocco di retroazione* con funzione di trasferimento $H(s)$. L'uscita esterna del sistema complessivo $y(t)$ coincide con l'uscita della catena diretta, e a sua volta costituisce l'ingresso del blocco di retroazione. L'ingresso $e(t)$ della catena diretta è costituito dalla differenza fra l'ingresso esterno $u(t)$ e l'uscita $a(t)$ del blocco di retroazione.

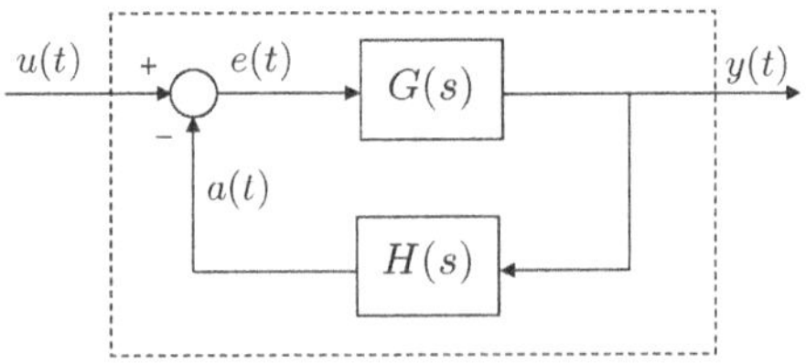


**Fig. 7.13.** Collegamento in controreazione

In questo caso la funzione di trasferimento del sistema complessivo vale

$$W(s) = \frac{G(s)}{1 + G(s)H(s)}.$$

Infatti nel dominio della variabile di Laplace vale:

$$\begin{aligned}
A(s) &= H(s)Y(s) \\
E(s) &= U(s) - A(s) \\
Y(s) &= G(s)E(s) = G(s)U(s) - G(s)A(s) \\
&= G(s)U(s) - G(s)H(s)Y(s) \\
[1 + G(s)H(s)]\, Y(s) &= G(s)U(s) \\
Y(s) &= \underbrace{\frac{G(s)}{1 + G(s)H(s)}}_{W(s)} U(s).
\end{aligned}$$

La funzione $W(s)$ viene detta funzione di trasferimento *a ciclo chiuso* mentre la funzione di trasferimento

$$F(s) = G(s)H(s)$$

viene detta funzione di trasferimento *a ciclo aperto*. Quest'ultima denominazione si giustifica osservando che, se lo schema a blocchi viene aperto in corrispondenza del segnale $a(t)$, $F(s)$ è proprio pari alla funzione di trasferimento tra l'ingresso $e(t)$ e l'uscita $a(t)$.

È importante inoltre precisare che, qualora in luogo del segno negativo nel blocco sommatore avessimo un ulteriore segno positivo, il collegamento verrebbe detto in *retroazione positiva*. Ripetendo un ragionamento analogo a quello appena visto è facile dimostrare che in questo caso varrebbe

$$W(s) = \frac{G(s)}{1 - G(s)H(s)}.$$

Spesso si parla semplicemente di retroazione, senza precisare se questa sia negativa o positiva. Per convenzione in questo caso si sottintende che la retroazione sia negativa. Talvolta, infine, si usa anche la dizione inglese *feedback* per indicare la controreazione. Lo studio dei sistemi in retroazione è un argomento fondamentale dell'automatica: all'analisi di tali sistemi è dedicato il Capitolo 10.

### 7.2.2 Determinazione della matrice di trasferimento per sistemi MIMO

Nel paragrafo precedente si è visto come sia possibile determinare la *funzione di trasferimento* complessiva per particolari sistemi SISO elementari. In questo paragrafo si generalizza tale approccio studiando studiando sistemi MIMO, per i quali sarà necessario determinare la *matrice di trasferimento*.

Si ricordi (cfr. § 6.3.6) che la matrice di trasferimento di un sistema MIMO con $r$ ingressi e $p$ uscite ha dimensioni $p \times r$ e si denota

$$\boldsymbol{W}(s) = \begin{bmatrix} W_{1,1}(s) & \cdots & W_{1,r}(s) \\ \vdots & \ddots & \vdots \\ W_{p,1}(s) & \cdots & W_{p,r}(s) \end{bmatrix}$$

dove $W_{i,j}(s)$ è la funzione di trasferimento tra l'ingresso $u_j(t)$ e l'uscita $y_i(t)$.

Dette $\boldsymbol{U}(s) = \begin{bmatrix} U_1(s) & \cdots & U_r(s) \end{bmatrix}^T$ e $\boldsymbol{Y}(s) = \begin{bmatrix} Y_1(s) & \cdots & Y_p(s) \end{bmatrix}^T$ le trasformate di Laplace dell'ingresso e dell'uscita, la matrice di trasferimento soddisfa

$$\boldsymbol{Y}(s) = \boldsymbol{W}(s)\boldsymbol{U}(s)$$

ovvero vale

$$\begin{cases} Y_1(s) &= W_{1,1}(s)U_1(s) + \cdots + W_{1,r}(s)U_r(s) \\ \vdots & \vdots \\ Y_p(s) &= W_{p,1}(s)U_1(s) + \cdots + W_{p,r}(s)U_r(s). \end{cases}$$

Per determinare la matrice di trasferimento per un sistema MIMO arbitrario si può procedere come segue.

1. Si assegni un nome a tutti i segnali in ingresso e in uscita ad ogni blocco e ad ogni nodo sommatore.
2. Si scriva per ogni blocco e per ogni nodo sommatore l'equazione che lega ingressi e uscite.
3. Usando tali equazioni si esprima ogni uscita $Y_i$ (per $i = 1, \ldots, p$) in funzione dei soli segnali di ingresso per poter finalmente ricavare le singole funzioni di trasferimento.

Tale procedura viene mostrata nell'esempio seguente.

**Esempio 7.12** Si consideri il sistema MIMO con due ingressi e una uscita in Fig. 7.14. Si desidera determinare la sua matrice di trasferimento $\boldsymbol{W}(s)$, sapendo che

$$G_1(s) = \frac{3}{s+1}; \quad G_2(s) = 2; \quad G_3(s) = \frac{1}{s+4}.$$

In questo caso vale $r = 2$ e $p = 1$; dunque la matrice di trasferimento ha dimensione $(r \times p) = (2 \times 1)$ e si può scrivere

$$\boldsymbol{W}(s) = \begin{bmatrix} W_{1,1}(s) & W_{1,2}(s) \end{bmatrix},$$

dove $W_{1,1}(s)$ è la funzione di trasferimento fra il primo ingresso e l'uscita, mentre $W_{1,2}(s)$ è la funzione di trasferimento fra il secondo ingresso e l'uscita. Dunque

$$Y(s) = \boldsymbol{W}(s)\boldsymbol{U}(s) = W_{11}(s)U_1(s) + W_{12}(s)U_2(s).$$

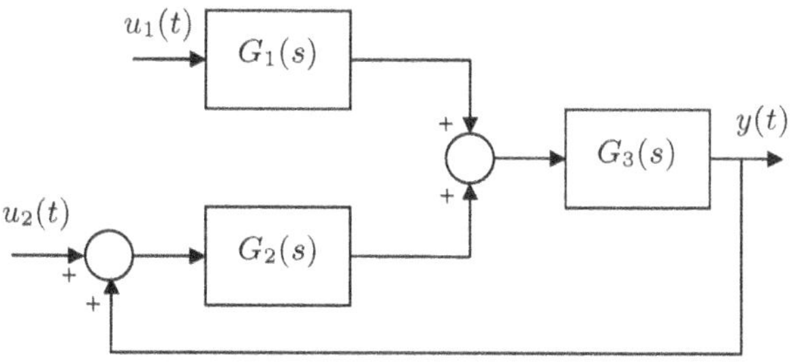


**Fig. 7.14.** Sistema in Esempio 7.12

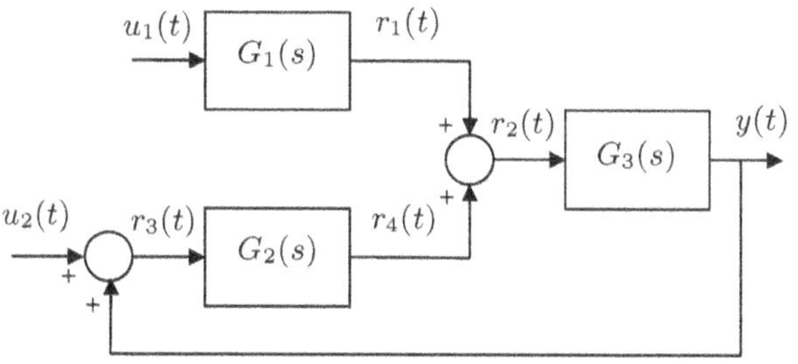


**Fig. 7.15.** Sistema in Esempio 7.12 dopo aver assegnato un nome a tutti i segnali

1. Per prima cosa si assegnino nomi $r_1(t)$, $r_2(t)$, $r_3(t)$ e $r_4(t)$ ai segnali intermedi come mostrato in Fig. 7.15. Le trasformate di Laplace di tali segnali si denoteranno $R_1(s)$, $R_2(s)$, $R_3(s)$ e $R_4(s)$.
2. Si scrivano le equazioni che legano fra loro ingressi e uscite dei tre blocchi (che chiamiamo eq. $a$, $b$, $c$) e dei due nodi sommatori (che chiamiamo eq. $d$, $e$). Per semplicità non indichiamo la dipendenza dalla variabile $s$:

$$(a) \quad R_1 = G_1 U_1 \qquad (b) \quad R_4 = G_2 R_3 \qquad (c) \quad Y = G_3 R_2$$
$$(d) \quad R_3 = U_2 + Y \qquad (e) \quad R_2 = R_1 + R_4.$$

3. Si esprima l'unica uscita come funzione degli ingressi:

$$Y = G_3 R_2 = G_3(R_1 + R_4) = G_3(G_1 U_1 + G_2 R_3) = G_3(G_1 U_1 + G_2(U_2 + Y))$$

ovvero

$$Y = G_3 G_1 U_1 + G_3 G_2 U_2 + G_3 G_2 Y$$

da cui si ricava per l'uscita $Y$

$$Y = \frac{G_3 G_1}{1 - G_3 G_2} U_1 + \frac{G_3 G_2}{1 - G_3 G_2} U_2 = W_{1,1} U_1 + W_{1,2} U_2.$$

Vale dunque

$$W_{1,1} = \frac{G_3 G_1}{1 - G_3 G_2} = \frac{\dfrac{1}{s+4} \cdot \dfrac{3}{s+1}}{1 - \dfrac{2}{s+4}} = \frac{3}{(s+1)(s+2)}$$

$$W_{1,2} = \frac{G_3G_2}{1 - G_3G_2} = \frac{\dfrac{2}{s+4}}{1 - \dfrac{2}{s+4}} = \frac{2}{s+2}. \qquad \diamond$$

Una volta determinata la matrice di trasferimento è anche possibile determinare la risposta forzata che consegue ad un ingresso assegnato mediante le trasformate di Laplace.

**Esempio 7.13** Per il sistema studiato nell'Esempio 7.12 si desidera determinare l'uscita forzata che consegue all'applicazione dell'ingresso

$$\boldsymbol{u}(t) = \begin{bmatrix} u_1(t) \\ u_2(t) \end{bmatrix} = \begin{bmatrix} \delta_{-1}(t) \\ e^{-2t}\delta_{-1}(t) \end{bmatrix}.$$

Le trasformate di Laplace delle due componenti del segnale in ingresso valgono:

$$U_1(s) = \mathcal{L}[\delta_{-1}(t)] = \frac{1}{s} \qquad \text{e} \qquad U_2(s) = \mathcal{L}[e^{-2t}\delta_{-1}(t)] = \frac{1}{s+2}.$$

La matrice di trasferimento è stata determinata nell'Esempio 7.12 e vale

$$\boldsymbol{W}(s) = \begin{bmatrix} W_{1,1}(s) & W_{1,2}(s) \end{bmatrix} = \begin{bmatrix} \dfrac{3}{(s+1)(s+2)} & \dfrac{2}{s+2} \end{bmatrix}.$$

Dunque la trasformata della risposta forzata vale

$$\begin{aligned} Y(s) &= \boldsymbol{W}(s)\boldsymbol{U}(s) = W_{1,1}(s)U_1(s) + W_{1,2}(s)U_2(s) \\ &= \frac{3}{s(s+1)(s+2)} + \frac{2}{(s+2)^2} = \frac{1.5}{s} - \frac{3}{s+1} + \frac{1.5}{s+2} + \frac{2}{(s+2)^2}, \end{aligned}$$

e antitrasformando

$$y(t) = \left(1.5 - 3e^{-t} + 1.5e^{-t} + 2te^{-2t}\right)\delta_{-1}(t). \qquad \diamond$$

### 7.2.3 Algebra degli schemi a blocchi [*]

Una tecnica alternativa a quella presentata nel paragrafo precedente per il calcolo della funzione di trasferimento di sistemi interconnessi si basa sulle regole dell'*algebra degli schemi a blocchi*. Tali regole sono basate sulla determinazione di *schemi a blocchi equivalenti* a quello di partenza, ossia schemi a blocchi che hanno le stesse grandezze di ingresso e di uscita, ma diverse grandezze intermedie.

Tali regole sono riassunte schematicamente nelle Fig. 7.16 e 7.17. In particolare, in Fig. 7.16 sono riportati i vari casi possibili che hanno origine dallo spostamento di un blocco moltiplicatore rispetto ad un altro moltiplicatore (caso a), rispetto ad un sommatore (casi b-c) e rispetto ad un punto di diramazione (d-e). I più

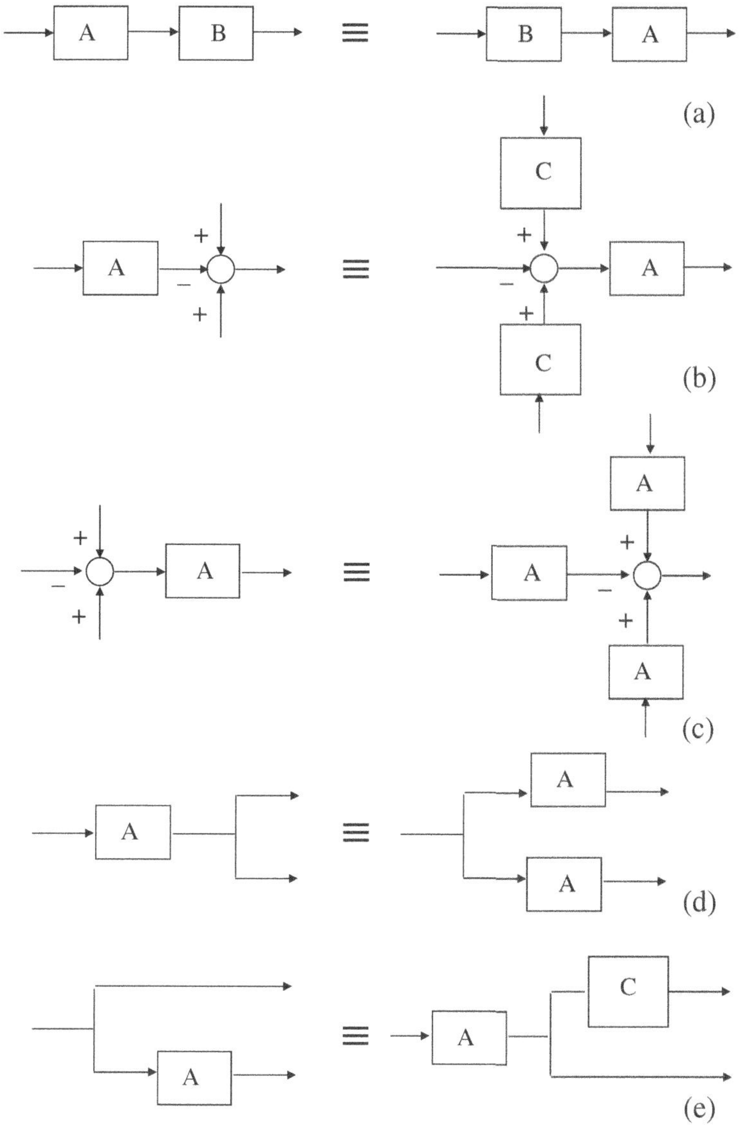


**Fig. 7.16.** Schemi a blocchi equivalenti che hanno origine dallo spostamento di un blocco moltiplicatore

rappresentativi casi possibili che hanno invece origine dallo spostamento di un nodo sommatore sono riportati in Fig. 7.17.

Costruendo successivamente una opportuna serie di schemi a blocchi equivalenti che siano rispettosi delle regole schematicamente riassunte nelle Fig. 7.16 e 7.17, e usando le regole di semplificazione dei collegamenti elementari, è facile de-

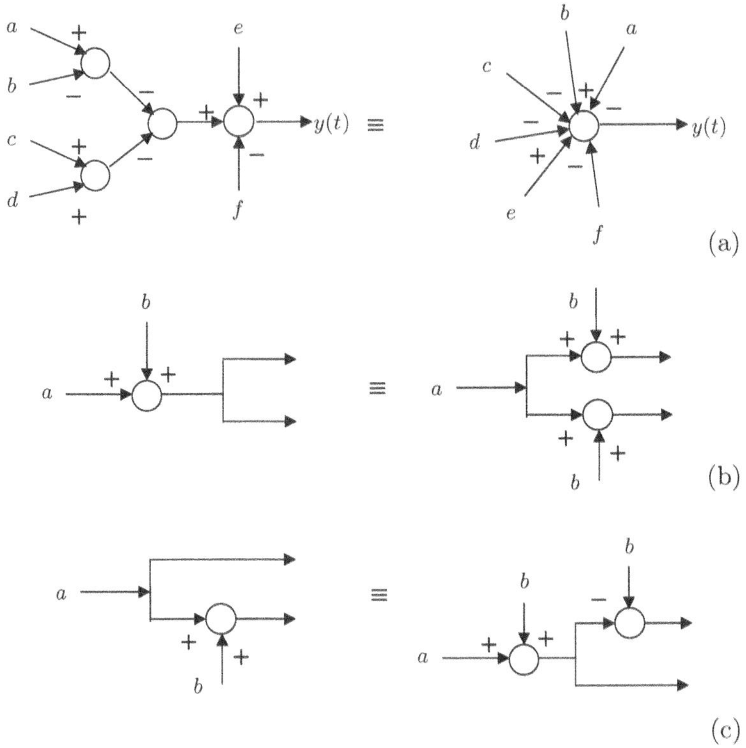


**Fig. 7.17.** Schemi a blocchi equivalenti che hanno origine dallo spostamento di un nodo sommatore

terminare la funzione di trasferimento del sistema complessivo a partire da quelle dei componenti.

**Esempio 7.14** Si consideri il sistema SISO rappresentato in Fig. 7.18.a. Applicando le regole di equivalenza sopra esposte è facile costruire gli schemi a blocchi equivalenti riportati nella stessa Fig. 7.18 e determinare quindi la funzione di trasferimento tra l'ingresso $u(t)$ e l'uscita $y(t)$ mostrata in Fig. 7.18.d. Con semplici passaggi algebrici tale funzione può anche essere posta nella forma più semplice

$$W(s) = \frac{(G_1G_2 + G_3)G_4G_5}{1 + G_5H_1 - (1 - H_2)G_2G_4G_5}. \qquad \diamond$$

Nel caso di sistemi MIMO, con la stessa tecnica può determinarsi la singola funzione di trasferimento $W_{i,j}(s)$ tra l'ingresso $u_j(t)$ e l'uscita $y_i(t)$: occorre in tal caso supporre che tutti gli ingressi $u_k(t)$ per $k \neq j$ siano nulli, riconducendosi al caso SISO. Il seguente esempio chiarirà come si può procedere in tal senso.

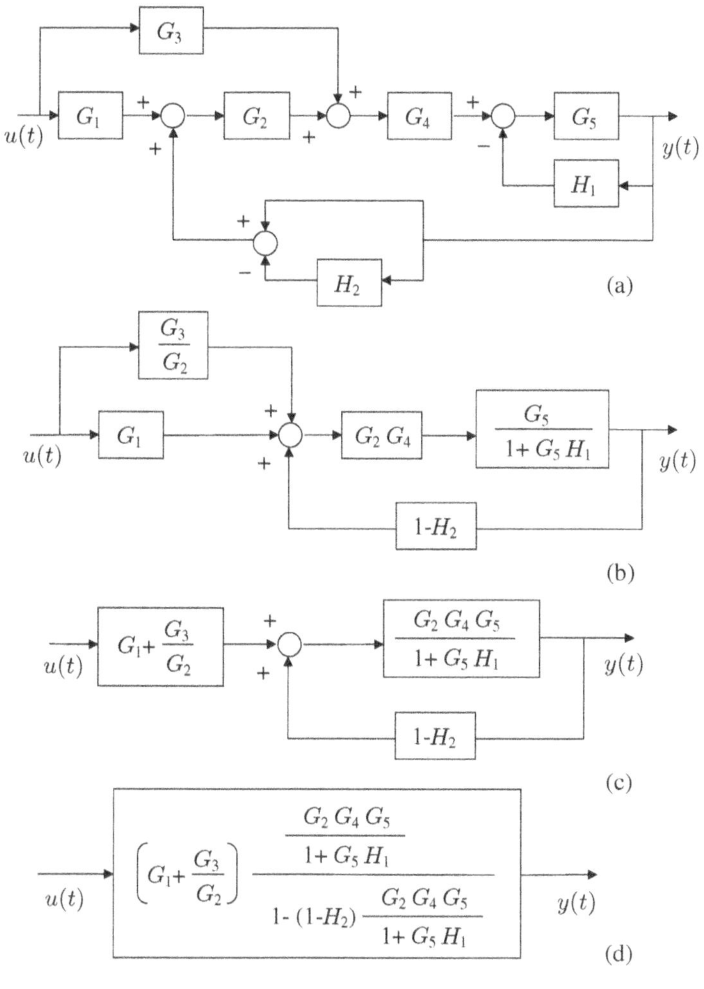


**Fig. 7.18.** Schemi a blocchi equivalenti nell'Esempio 7.14

**Esempio 7.15** Si consideri il sistema MIMO con due ingressi e una uscita in Fig. 7.14 già studiato nell'Esempio 7.12 dove

$$Y(s) = \boldsymbol{W}(s)\boldsymbol{U}(s) = W_{11}(s)U_1(s) + W_{12}(s)U_2(s).$$

Si desidera determinare la matrice di trasferimento di tale sistema mediante l'applicazione delle regole dell'algebra dei blocchi.

Posto $u_2(t) = 0$, lo schema in Fig. 7.14 si riduce allo schema SISO in Fig. 7.19.a e con semplici trasformazioni si ottiene il sistema in Fig. 7.19.c. Dunque

$$W_{1,1}(s) = \frac{G_1G_3}{1 - G_3G_2} = \frac{3}{(s+1)(s+2)}.$$

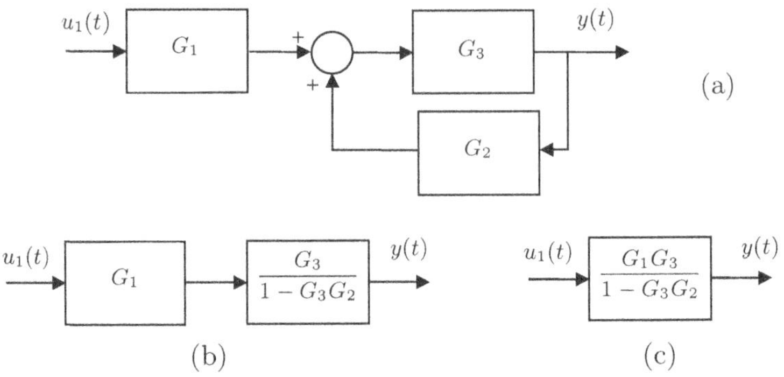


**Fig. 7.19.** Calcolo della funzione di trasferimento $W_{1,1}$ in Esempio 7.12

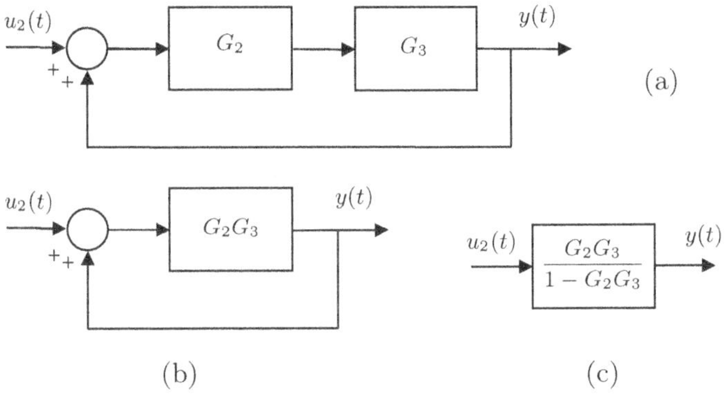


**Fig. 7.20.** Calcolo della funzione di trasferimento $W_{1,2}$ in Esempio 7.12

Viceversa, posto $u_1(t) = 0$, lo schema in Fig. 7.14 si riduce allo schema SISO in Fig. 7.20.a e con semplici trasformazioni si ottiene il sistema in Fig. 7.20.c. Dunque

$$W_{1,2}(s) = \frac{G_2G_3}{1 - G_2G_3} = \frac{2}{s+2}.$$

Tali valori coincidono, come atteso, con quelli determinati per altra strada nell'Esempio 7.12. ◇

## Esercizi

**Esercizio 7.1** Il sistema massa-molla studiato nel Capitolo 2 (cfr. Esempio 2.14) è descritto dal modello ingresso-uscita:

$$m\frac{d^2y(t)}{dt^2} + b\frac{dy(t)}{dt} + ky(t) = u(t).$$

Si determini una rappresentazione in VS di tale sistema e se ne tracci il corrispondente schema circuitale. Si verifichi se tale rappresentazione coincide con quella data nell'Esempio 2.14.

**Esercizio 7.2** Si determini una rappresentazione in VS del sistema descritto nell'Esempio 7.5 e se ne tracci il corrispondente schema circuitale.

**Esercizio 7.3** Si determini una rappresentazione in VS e se ne tracci il corrispondente schema circuitale per i seguenti sistemi del primo ordine.

(a) Integratore: $\dot{y}(t) = u(t)$.
(b) Sistema strettamente proprio: $a_1\dot{y}(t) + a_0 y(t) = b_0 u(t)$.
(c) Sistema non strettamente proprio: $a_1\dot{y}(t) + a_0 y(t) = b_1\dot{u}(t) + b_0 u(t)$.

**Esercizio 7.4** Si consideri una trasformazione di similitudine in cui la generica componente $z_i(t)$ del nuovo vettore di stato è legato alla componente $x_i(t)$ del vettore di stato originario dalla relazione $z_i(t) = (a_n/b_0)x_i(t)$.

Si determini la matrice di similitudine tale che $\boldsymbol{z}(t) = \boldsymbol{P}\boldsymbol{x}(t)$. Si dimostri che attraverso tale trasformazione la rappresentazione (7.5) può essere ricondotta alla forma canonica di controllo data nell'eq. (D.5) dell'Appendice D in cui il coefficiente non nullo del vettore $\boldsymbol{B}$ vale 1. In particolare si determini la mattrice della realizzazione della nuova rappresentazione in funzione dei coefficienti $a_i$ e $b_0$ del modello ingresso-uscita.

**Esercizio 7.5** Si consideri una trasformazione di similitudine in cui la generica componente $z_i(t)$ del nuovo vettore di stato è legato alla componente $x_i(t)$ del vettore di stato originario dalla relazione $z_i(t) = a_n x_i(t)$.

Si determini la matrice di similitudine tale che $\boldsymbol{z}(t) = \boldsymbol{P}\boldsymbol{x}(t)$. Si dimostri che attraverso tale trasformazione le rappresentazioni (7.8) e (7.9) possono essere ricondotte alla forma canonica di controllo data nell'eq. (D.5) dell'Appendice D in cui il coefficiente non nullo del vettore $\boldsymbol{B}$ vale 1. In particolare si determini la matrice della realizzazione delle due nuove rappresentazioni in funzione dei coefficienti $a_i$ e $b_i$ del modello ingresso-uscita.

**Esercizio 7.6** Si determini la matrice di similitudine che permette di passare dalla rappresentazione (7.8) alla rappresentazione determinata dalla funzione `tf2ss.m` di MATLAB. Si tracci lo schema circuitale della rappresentazione determinata da MATLAB e lo si confronti con lo schema in Fig. 7.5.

**Esercizio 7.7** Questo esercizio mostra che l'*effetto di carico* in un circuito elettrico viola una ipotesi fondamentale che è stata assunta per lo studio dei sistemi interconnessi: *il comportamento di ciascun componente interconnesso coincide con il comportamento del componente isolato.*

Il circuito in Fig. 7.21.a è un partitore di tensione composto da due resistori $R$.

(a) Si dimostri che la funzione di trasferimento tra tensione di ingresso $u(t)$ e tensione di uscita $y(t)$ del partitore vale $G(s) = 1/2$.

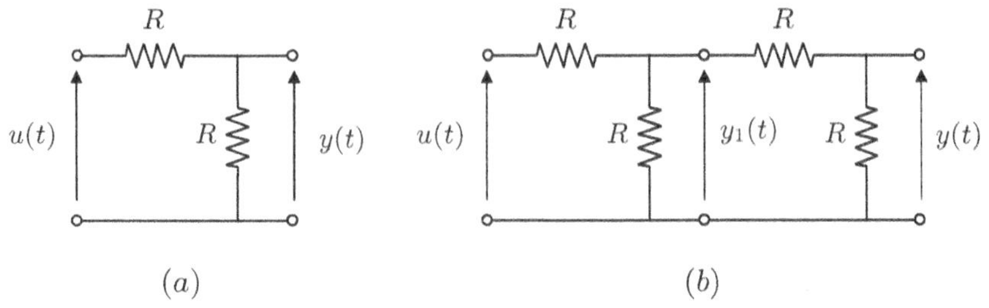


**Fig. 7.21.** Circuito in Esercizio 7.7: (**a**) partitore di tensione; (**b**) serie di due partitori

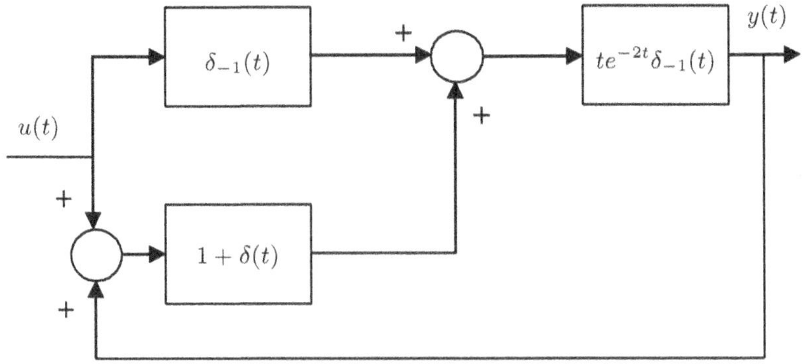


**Fig. 7.22.** Sistema in Esercizio 7.8

(b) Si consideri il circuito in Fig. 7.21.b dato dalla serie di due partitori e si verifichi che la sua funzione di trasferimento vale

$$W(s) = \frac{1}{5} \neq G(s)G(s) = \frac{1}{4}.$$

(c) Si spieghi tale fenomeno verificando che il legame ingresso-uscita del primo partitore della serie in Fig. 7.21.b è diverso da quello del circuito a se stante in Fig. 7.21.a.

**Esercizio 7.8** Il sistema in Fig. 7.22 è caratterizzato dalle risposte impulsive dei singoli blocchi.

(a) Calcolare le funzioni di trasferimento dei singoli blocchi.
(b) Calcolare la funzione di trasferimento di tale sistema.

**Esercizio 7.9** Si determini la matrice di trasferimento per il sistema in Fig. 7.23, caratterizzato dalle funzioni di trasferimento dei singoli blocchi.

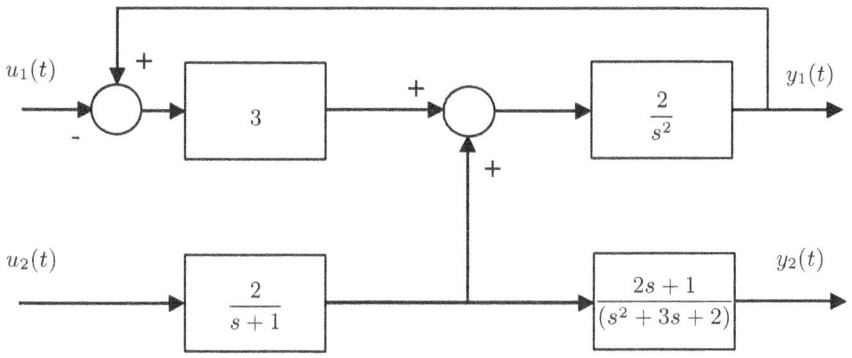


**Fig. 7.23.** Sistema in Esercizio 7.9

# 8

# Analisi nel dominio della frequenza

In questo capitolo verrà presentata l'analisi nel dominio della frequenza che per i sistemi lineari e stazionari costituisce uno degli strumenti più importanti ed efficaci per lo studio di talune proprietà, quali ad esempio le proprietà filtranti. L'analisi in tale dominio si basa sulla particolare forma che l'uscita di un sistema lineare e stazionario stabile assume in risposta ad un segnale in ingresso di tipo sinusoidale. Tuttavia, in virtù del principio di sovrapposizione degli effetti, tale tipo di analisi si può estendere a classi molto più ampie di segnali in ingresso, ossia a tutti quei segnali che possono essere rappresentati come una combinazione lineare, finita o infinita, di componenti sinusoidali.

Verrà inoltre fornita una definizione formale di *risposta armonica* o *risposta in frequenza*, avente nel caso dei sistemi con poli tutti a parte reale negativa, un ben preciso significato fisico.

All'interno di questo capitolo verrà inoltre presentato il *diagramma di Bode* che è certamente il modo più comune di rappresentare graficamente la risposta armonica. A partire da tale diagramma è infatti facile leggere un certo numero di parametri caratteristici del sistema in esame. In particolare, verranno dapprima introdotte le unità di misura scelte per la rappresentazione del modulo (*diagramma di Bode del modulo*) e della fase (*diagramma di Bode della fase*) della risposta armonica $W(j\omega)$, unitamente alle carte semilogaritmiche sulle quali tali diagrammi vengono tracciati. Verranno inoltre introdotte delle semplici regole pratiche che sfruttando il principio di sovrapposizione, permettono facilmente il tracciamento dei diagrammi di Bode, sia *asintotici* che *esatti*.

Il capitolo si conclude con l'introduzione di alcuni parametri caratteristici della risposta armonica leggibili dai diagrammi di Bode e con una breve discussione sulle diverse azioni filtranti che un sistema lineare e stazionario con poli tutti a parte reale negativa può svolgere.

Giua A., Seatzu C.: Analisi dei sistemi dinamici. 2a edizione

## 8.1 Risposta armonica

In questo paragrafo verrà dapprima esaminata la particolare struttura assunta dall'uscita di un sistema SISO lineare e stazionario stabile soggetto ad un segnale in ingresso di tipo sinusoidale. Sulla base di questo verrà inoltre definita la *risposta in frequenza* o *risposta armonica.*

### 8.1.1 Risposta a regime ad un ingresso sinusoidale

**Proposizione 8.1** *Si consideri un sistema SISO lineare e stazionario avente funzione di trasferimento $W(s)$ con poli tutti a parte reale negativa*[1]. *Si supponga che tale sistema venga eccitato a partire dall'istante di tempo $t = 0$ da un segnale di tipo sinusoidale avente pulsazione $\omega \in [0, +\infty)$ e modulo $U$:*

$$u(t) = U \sin(\omega t).$$

*Siano $M(\omega)$ e $\phi(\omega)$ rispettivamente, il modulo e la fase della funzione di trasferimento $W(s)$ valutati in $s = j\omega$.*

*In condizioni di regime la risposta di tale sistema $y_r(t)$ è anch'essa un segnale di tipo sinusoidale avente la stessa pulsazione del segnale in ingresso, modulo pari al prodotto $M(\omega)U$ e il cui sfasamento rispetto al segnale in ingresso è pari a $\phi(\omega)$, ossia*

$$y_r(t) = M(\omega)U \sin(\omega t + \phi(\omega)).$$

*Dimostrazione.* Osserviamo come prima cosa che tale sistema ammette regime. Infatti, come visto in § 6.1.1, l'evoluzione libera di un sistema è data da una combinazione lineare dei suoi modi. In questo caso, essendo per ipotesi tutti i poli a parte reale negativa, tutti i modi del sistema si estinguono per $t \to +\infty$, per cui l'evoluzione libera si estingue per $t \to +\infty$.

Inoltre, sia

$$U(s) = \mathcal{L}[u(t)] = \frac{U\omega}{s^2 + \omega^2}$$

la trasformata di Laplace del segnale in ingresso $u(t)$. La trasformata di Laplace dell'evoluzione forzata è pari a

$$Y_f(s) = W(s)U(s) = W(s)\frac{U\omega}{s^2 + \omega^2} = W(s)\frac{U\omega}{(s - j\omega)(s + j\omega)}.$$

I poli della funzione $Y_f(s)$ sono pertanto dati dai poli della funzione di trasferimento $W(s)$ più quelli corrispondenti al segnale in ingresso, ossia $p_1 = j\omega$ e $p_2 = -j\omega$. Nell'antitrasformata della $Y_f(s)$ i poli della $W(s)$ corrispondono al termine transitorio essendo a parte reale negativa; al contrario i poli $p_1$ e $p_2$ corrispondono al termine a regime avendo parte reale nulla. Più precisamente la risposta

[1] Si noti che, come verrà discusso in dettaglio nel Capitolo 9, tale condizione implica una particolare proprietà del sistema nota come BIBO *stabilità*.

a regime vale

$$y_r(t) = R_1 e^{p_1 t} + R_2 e^{p_2 t} = R_1 e^{j\omega t} + R_2 e^{-j\omega t}, \qquad t \geq 0$$

dove $R_1$ ed $R_2$ sono i residui corrispondenti ai poli $p_1$ e $p_2$ rispettivamente, ossia

$$R_1 = \lim_{s \to j\omega} W(s) \frac{U\omega}{s + j\omega} = W(j\omega) \frac{U}{2j},$$

$$R_2 = \lim_{s \to -j\omega} W(s) \frac{U\omega}{s - j\omega} = -W(-j\omega) \frac{U}{2j}.$$

Pertanto

$$y_r(t) = \frac{U}{2j} \left( W(j\omega) e^{j\omega t} - W(-j\omega) e^{-j\omega t} \right).$$

Ora, posto

$$W(j\omega) = M(\omega) e^{j\phi(\omega)},$$

vale anche

$$W(-j\omega) = M(\omega) e^{-j\phi(\omega)},$$

per cui

$$y_r(t) = \frac{M(\omega)U}{2j} \left( e^{j(\omega t + \phi(\omega))} - e^{-j(\omega t + \phi(\omega))} \right) = M(\omega) U \sin(\omega t + \phi(\omega))$$

come volevasi dimostrare. □

Si noti che il precedente risultato è stato enunciato per semplicità nel caso di un ingresso sinusoidale del tipo $U \sin(\omega t)$ ma vale in generale per ogni ingresso sinusoidale della forma $U \sin(\omega t + \psi)$ e $U \cos(\omega t + \psi)$.

**Esempio 8.2** Si consideri un sistema lineare e stazionario la cui funzione di trasferimento è

$$W(s) = -100 \, \frac{(s - 1/2)}{(s + 1)(s + 5)}$$

e sia tale sistema sottoposto all'ingresso sinusoidale

$$u(t) = 3 \sin(2t + 3) \; \delta_{-1}(t).$$

Tale sistema ha due poli reali e negativi, $p_1 = -1$ e $p_2 = -5$, pertanto la sua evoluzione libera tende a zero. Inoltre, per quanto detto sopra possiamo affermare che tale sistema risponde a regime con un'uscita anch'essa sinusoidale la cui pulsazione è pari a quella della sinusoide in ingresso, ossia $\omega = 2$.

Inoltre, essendo $W(j2) = -16.21 - j\,5.52$ risulta $M(2) = 17.12$ e $\phi(2) = -2.81$ rad.

Ciò implica che l'ampiezza della sinusoide in uscita a regime è uguale a 17.12 volte l'ampiezza della sinusoide in ingresso, mentre la sinusoide in uscita a regime è sfasata in anticipo rispetto alla sinusoide in ingresso di 2.81 rad.

Concludendo, possiamo affermare che il valore della risposta a regime è

$$y_r(t) = 51.36 \ \sin(2t + 3 - 2.81) = 51.36 \ \sin(2t + 0.19).$$

Si noti che, essendo le due costanti di tempo caratteristiche del sistema pari a $\tau_1 = 1$ e $\tau_2 = 1/5$, il regime si può considerare raggiunto già dopo un tempo pari a $4 \div 5 \ \tau_1 = 4 \div 5$ secondi. ◇

### 8.1.2 Definizione di risposta armonica

Vediamo ora la definizione formale di *risposta armonica* che, è importante sottolineare fin dal principio, è valida anche per sistemi con poli a parte reale positiva e/o nulla, pur non avendo in questo caso significato fisico e non essendo misurabile per via sperimentale.

**Definizione 8.3.** *Si consideri un sistema SISO lineare e stazionario avente funzione di trasferimento $W(s)$. Si definisce* risposta armonica *o* risposta in frequenza *la funzione $W(j\omega)$ della variabile reale non negativa $\omega$ ottenuta ponendo $s = j\omega$ nella espressione della funzione di trasferimento.*

In virtù di quanto dimostrato nel paragrafo precedente, se la $W(s)$ ha poli tutti a parte reale negativa, la risposta armonica gode di un ben preciso significato fisico. In questo caso infatti se il sistema avente funzione di trasferimento $W(s)$ viene eccitato da un segnale di tipo sinusoidale, il modulo della risposta armonica è pari al rapporto tra il modulo del segnale in ingresso e il modulo del segnale in uscita, mentre la fase della risposta armonica è pari allo sfasamento tra il segnale di ingresso e il segnale in uscita. Ciò per ogni valore della pulsazione $\omega \in [0, +\infty)$ caratteristica del segnale in ingresso.

### 8.1.3 Determinazione sperimentale della risposta armonica

Il significato fisico attribuito alla $W(j\omega)$ nel caso dei sistemi con poli a parte reale negativa suggerisce anche un metodo per la sua determinazione sperimentale. In questo caso infatti è sufficiente applicare in ingresso al sistema un segnale sinusoidale, aspettare che l'uscita vada a regime, e quindi determinare il rapporto tra l'ampiezza del segnale in uscita e quella del segnale in ingresso nonché lo sfasamento tra i due. Ripetendo questa operazione con diversi segnali sinusoidali in ingresso, caratterizzati da diversi valori della pulsazione, si risale all'andamento del modulo e della fase della risposta armonica nel campo delle pulsazioni di interesse.

Chiaramente questo procedimento risulta in genere piuttosto laborioso in quanto bisogna attendere che il transitorio sia completamente esaurito per poter avere una stima attendibile del modulo e della fase del segnale in uscita. Tale intervallo di tempo diventa inoltre particolarmente lungo quando le costanti di tempo di interesse sono grandi.

Esistono altre procedure alternative a questa per l'identificazione sperimentale della risposta armonica, basate sull'eccitazione del sistema mediante segnali di ingresso più ricchi di armoniche. Ad esempio, ricordando che la funzione di trasferimento coincide con la trasformata di Laplace della risposta impulsiva, una possibilità consiste nel determinare sperimentalmente la risposta impulsiva e poi trasformarla secondo Laplace. Tale procedimento è tuttavia non realizzabile a causa delle difficoltà pratiche legate alla generazione del segnale impulsivo. Si può ovviare a ciò rilevando la risposta indiciale in luogo di quella impulsiva. La risposta indiciale può poi essere derivata oppure trasformata e poi moltiplicata per il termine $j\omega$. Quest'ultimo procedimento ha il vantaggio di essere molto più rapido ma per contro fornisce risultati meno precisi di quelli che si hanno rilevando direttamente la risposta armonica al variare della frequenza.

## 8.2 Risposta a segnali dotati di serie o trasformata di Fourier

Nell'Appendice F si è visto come esistono delle classi molto importanti di segnali che possono essere scomposti nella somma di un numero infinito di armoniche, ossia di componenti sinusoidali caratterizzate da diversi valori della pulsazione. In virtù di ciò, tenendo presente il principio di sovrapposizione degli effetti applicabile ai sistemi lineari, è chiaro che i risultati visti in § 8.1.1 possono essere estesi a questo tipo di segnali. In particolare, nel seguito verranno presi in esame sia i segnali periodici dotati di sviluppo in serie di Fourier, sia i segnali non periodici ma dotati di trasformata di Fourier.

### Segnali sviluppabili in serie di Fourier

Si consideri un sistema SISO lineare e stazionario avente funzione di trasferimento $W(s)$ con poli tutti a parte reale negativa. Sia

$$W(j\omega) = M(\omega)e^{j\phi(\omega)}$$

la sua risposta armonica.

Si supponga che tale sistema sia eccitato mediante un segnale in ingresso $u(t)$ periodico di periodo $T$ e sviluppabile in serie di Fourier[2]:

$$u(t) = U_0 + \sum_{k=1}^{+\infty} U_k \cos(k\Omega t + \psi_k) \tag{8.1}$$

dove $\Omega = 2\pi/T$ e $u(t)$ è posto nella forma trigonometrica (F.5).

L'uscita di tale sistema in condizioni di regime è pari a

$$y_r(t) = Y_0 + \sum_{k=1}^{+\infty} Y_k \cos(k\Omega t + \psi_k + \phi(k\Omega))$$

[2]Come visto in § F.1.1 le ipotesi che garantiscono che un segnale periodico sia sviluppabile in serie di Fourier sono molto blande. In particolare ciò è vero se $u(t)$ è definito per ogni valore di $t \in \mathbb{R}$ ed è continuo a tratti.

dove $Y_0 = U_0 M(0)$, $Y_k = U_k M(k\Omega)$.

Si noti che tale risultato segue immediatamente dall'applicazione della Proposizione 8.1 in virtù della quale la $k$-ma armonica presente nell'ingresso (8.1) subisce una amplificazione pari a $M(k\Omega)$ e uno sfasamento pari a $\phi(k\Omega)$, nonché dal principio di sovrapposizione degli effetti.

Possiamo pertanto concludere che il segnale in uscita conseguente all'applicazione di un segnale periodico di periodo $T$ può al più contenere armoniche di pulsazione pari a $k\Omega = 2\pi k/T$, per $k = 1, \ldots, +\infty$.

### Segnali dotati di trasformata di Fourier

Quanto detto per i segnali periodici può naturalmente estendersi al caso di ingressi non periodici purché dotati di trasformata di Fourier, ossia a segnali assolutamente sommabili. Come visto nell'Appendice F, un segnale $u(t)$ che appartiene a tale classe può infatti essere posto nella forma (F.10)

$$u(t) = \frac{1}{\pi} \int_0^{+\infty} M_U(\omega) \cos(\omega t + \psi_U(\omega)) d\omega \tag{8.2}$$

dove $U(\omega) = M_U(\omega) e^{j\psi_U(\omega)}$ è la trasformata di Fourier del segnale $u(t)$.

Il segnale $u(t)$ è pertanto scomponibile in una infinità non numerabile di armoniche, con pulsazioni che coprono l'intero asse reale.

La presenza dell'integrale al posto della sommatoria non modifica chiaramente l'analisi svolta nel caso precedente poiché anche in questo caso è applicabile il principio di sovrapposizione degli effetti. Pertanto, se un sistema SISO lineare e stazionario con poli tutti a parte reale negativa, avente risposta armonica $W(j\omega) = M(\omega) e^{j\phi(\omega)}$ è eccitato mediante un ingresso $u(t)$ non periodico ma assolutamente sommabile posto nella forma (8.2), esso risponde in uscita a regime con un segnale del tipo

$$y_r(t) = \frac{1}{\pi} \int_0^{+\infty} M_U(\omega) M(\omega) \cos(\omega t + \psi_U(\omega) + \phi(\omega)) d\omega. \tag{8.3}$$

## 8.3 Diagramma di Bode

Il diagramma di Bode costituisce senza dubbio la maniera più usata per rappresentare la risposta armonica associata ad una data funzione di trasferimento.

Tale diagramma parte dalla rappresentazione della $W(j\omega)$ in termini di *coordinate polari*, ossia

$$W(j\omega) = M(\omega)\ e^{j\phi(\omega)}$$

e prevede la costruzione di una coppia di diagrammi, il *diagramma di Bode del modulo* e il *diagramma di Bode della fase*.

In ascissa ai diagrammi di Bode viene posta la pulsazione $\omega$ espressa in scala logaritmica decimale. Tale scelta è anche in questo caso dettata dall'esigenza di avere una rappresentazione compatta della $W(j\omega)$ per ampie escursioni della frequenza (e quindi della pulsazione). L'impiego di una scala logaritmica consente infatti di rappresentare più agevolmente grandezze che sono suscettibili di variazioni molto ampie, in quanto porta ad una contrazione dei valori elevati e ad una espansione dei valori più bassi.

- Il *diagramma di Bode del modulo* presenta in ordinata il modulo della $W(j\omega)$ espresso in *decibel*, $M_{\mathrm{dB}}(\omega)$, definito come

$$M_{\mathrm{dB}}(\omega) = 20 \ \log M(\omega)$$

dove log indica il logaritmo in base 10.
- Il *diagramma di Bode della fase* presenta in ordinata la fase, espressa in gradi o in radianti, della $W(j\omega)$.

Il ricorso alla rappresentazione del modulo in decibel è legato essenzialmente alla seguente considerazione. Tale scelta permette infatti di applicare anche al modulo il *principio di sovrapposizione* che già vale per la fase. Ponendo infatti la $W(j\omega)$ in forma fattorizzata, è possibile, data la rappresentazione dei singoli fattori, ottenere la rappresentazione della funzione globale come somma dei termini corrispondenti ai suoi fattori. La fase di un prodotto è infatti pari alla somma delle fasi dei singoli fattori e il logaritmo di un prodotto è anch'esso pari alla somma dei logaritmi dei singoli fattori. Per cui, essendo per definizione $M_{\mathrm{dB}}(\omega) = 20 \ \log M(\omega)$, se $M(\omega) = M_1(\omega)M_2(\omega)$, risulta che

$$\begin{aligned} M_{\mathrm{dB}}(\omega) &= 20 \ \log(M_1(\omega)M_2(\omega)) \\ &= 20 \ \log M_1(\omega) + 20 \ \log M_2(\omega) \\ &= M_{1,\mathrm{dB}}(\omega) + M_{2,\mathrm{dB}}(\omega) \end{aligned}$$

dove con ovvia notazione $M_{1,\mathrm{dB}}(\omega)$ e $M_{2,\mathrm{dB}}(\omega)$ denotano il modulo in decibel di $M_1(\omega)$ e $M_2(\omega)$ rispettivamente.

I diagrammi di Bode vengono tracciati nelle *carte semilogaritmiche* così dette in quanto il solo asse delle ascisse è in scala logaritmica[3]. Un esempio di carta semilogaritmica è riportato in Fig. 8.1.

Nella scala logaritmica l'origine corrisponde a $\omega = 10^0 = 1$ essendo $\log 1 = 0$. A destra dell'origine vi sono i punti corrispondenti a pulsazioni $\omega > 1$ poiché per tali pulsazioni $\log \omega > 0$; a sinistra si trovano invece i punti corrispondenti a valori di $\omega < 1$ poiché per tali pulsazioni risulta $\log \omega < 0$. Chiaramente la taratura dell'asse delle ascisse dipende dalla particolare funzione di trasferimento e deve essere fatta in maniera tale da evidenziarne l'andamento nel campo più significativo delle $\omega$.

Nella Fig. 8.1 abbiamo per chiarezza indicato sia i valori di $\omega$ che i valori di $\log \omega$. Nel seguito tuttavia ci limiteremo ad indicare i soli valori di $\omega$.

[3]Si osservi infatti che anche se il modulo è in espresso in decibel, l'asse delle ordinate del diagramma del modulo è in scala lineare.

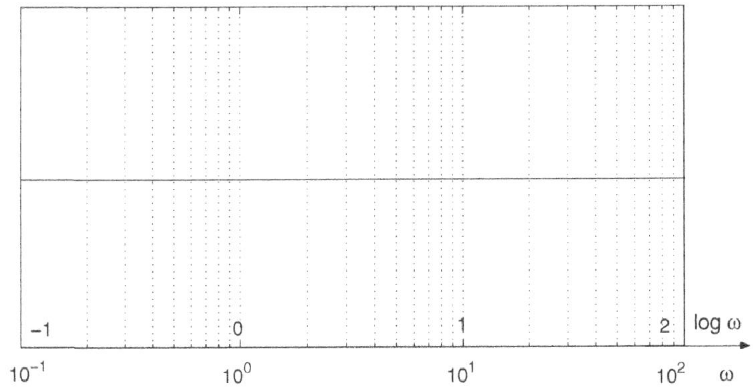


**Fig. 8.1.** Carta semilogaritmica

Si osservi infine che la pulsazione nulla non compare naturalmente mai al finito essendo

$$\lim_{\omega \to 0^+} \log \omega = -\infty.$$

Nell'asse delle ascisse l'intervallo unitario prende il nome di *decade*.

**Definizione 8.4.** *Due pulsazioni distano di una* decade *nella scala logaritmica quando il loro rapporto è pari a* 10.

Sia infatti $\omega_2 = 10\ \omega_1$, allora

$$\log \omega_2 = \log 10 + \log \omega_1 = 1 + \log \omega_1.$$

Un'altra grandezza significativa è l'*ottava.*

**Definizione 8.5.** *Due pulsazioni distano di un'*ottava *nella scala logaritmica quando il loro rapporto è pari a* 2.

Sia infatti $\omega_2 = 2\omega_1$, allora

$$\log \omega_2 = \log 2 + \log \omega_1 \simeq 0.3 + \log \omega_1.$$

Il significato di decade e ottava è mostrato chiaramente in Fig. 8.2.

### 8.3.1 Regole per il tracciamento del diagramma di Bode

Esistono delle regole ben precise che permettono di tracciare in modo agevole e sistematico il diagramma di Bode del modulo e il diagramma di Bode della fase. Tali regole sono applicabili a partire da una particolare rappresentazione della funzione di trasferimento, ossia la *rappresentazione di Bode* che vede la funzione di trasferimento espressa come il prodotto di una serie di fattori dipendenti da

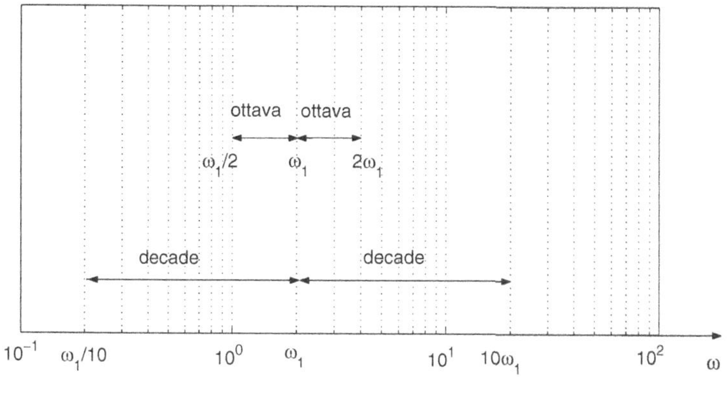


**Fig. 8.2.** Carta semilogaritmica: decade e ottava

diversi parametri fisici quali il guadagno $K$, le costanti di tempo $\tau_i$, le pulsazioni naturali $\omega_{n,i}$, ecc. In base a tale rappresentazione, introdotta nel Capitolo 6 (cfr. § 6.4.3), una funzione di trasferimento $W(s)$ può essere scritta come:

$$W(s) = K \cdot \frac{\prod_{i=\nu'_0+1}^{R'} (1 + \tau'_i s) \prod_{i=R'+1}^{R'+S'} (1 + \frac{2\zeta'_i}{\omega'_{n,i}} s + \frac{s^2}{\omega'^2_{n,i}})}{s^\nu \prod_{i=\nu_0+1}^{R} (1 + \tau_i s) \prod_{i=R+1}^{R+S} (1 + \frac{2\zeta_i}{\omega_{n,i}} s + \frac{s^2}{\omega^2_{n,i}})} \tag{8.4}$$

dove per il significato fisico dei singoli termini si rimanda a tale capitolo. Ponendo $s = j\omega$ nella espressione sopra otteniamo

$$W(j\omega) = K \cdot \frac{\prod_{i=\nu'_0+1}^{R'} (1 + j\omega\tau'_i) \prod_{i=R'+1}^{R'+S'} (1 - \frac{\omega^2}{\omega'^2_{n,i}} + j\frac{2\zeta'_i}{\omega'_{n,i}}\omega)}{(j\omega)^\nu \prod_{i=\nu_0+1}^{R} (1 + j\omega\tau_i) \prod_{i=R+1}^{R+S} (1 - \frac{\omega^2}{\omega^2_{n,i}} + \frac{2\zeta_i}{\omega_{n,i}}\omega)} \tag{8.5}$$

ed è proprio con riferimento a tale espressione che presenteremo le regole per il tracciamento del diagramma di Bode.

La forma fattorizzata (8.5), unitamente alla scelta di esprimere il modulo in decibel, permette di costruire sia il diagramma del modulo sia quello della fase, facendo ricorso al principio di sovrapposizione, ossia sommando i moduli in decibel e le fasi (in gradi o in radianti) di ciascun fattore della (8.5).

## Diagrammi di Bode dei singoli fattori

Prenderemo ora in esame i singoli fattori che compaiono nella espressione (8.5) e vedremo quale forma assume il diagramma di Bode ad essi relativo. In particolare

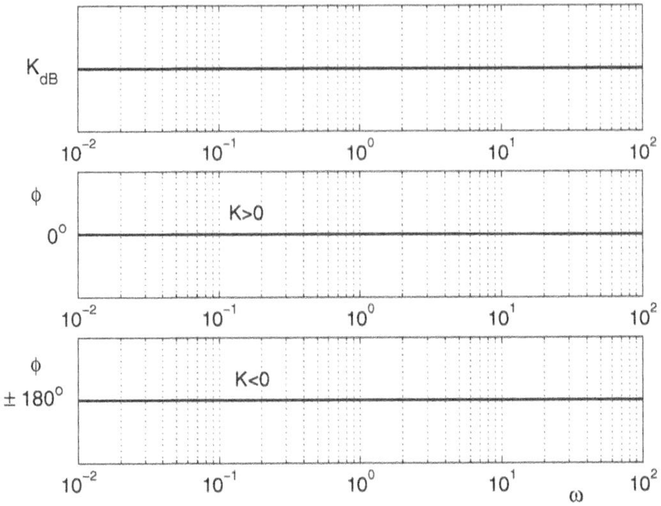


**Fig. 8.3.** Diagramma di Bode del guadagno K

mostreremo come per alcuni di essi sia possibile dare, oltre ad una rappresentazione esatta, una rappresentazione semplificata ma significativa che prende il nome di rappresentazione *asintotica*.

## Guadagno $K$

Il guadagno $K$ è una costante che può essere sia positiva sia negativa. In particolare, se $K > 0$ si ha che

$$K = |K|\, e^{j0},$$

mentre se $K < 0$

$$K = |K|\, e^{-j\pi}.$$

Indipendentemente dal segno di $K$ il diagramma di Bode del modulo è una retta orizzontale di ordinata $K_{\text{dB}} = 20 \log |K|$.

Il diagramma di Bode della fase è ancora una retta orizzontale ma la sua ordinata dipende dal segno di $K$: se $K > 0$ (come avviene in quasi tutte le applicazioni di interesse pratico) la fase vale $0^o$; se invece $K < 0$ la fase vale $\pm 180^o$. Questi risultati sono riassunti in Fig. 8.3.

## Fattore monomio $j\omega$

Si consideri ora un termine monomio a numeratore della $W(j\omega)$ relativo ad uno zero nell'origine: $j\omega$. Nell'espressione (8.5) questo corrisponde al caso in cui $\nu = -1$.

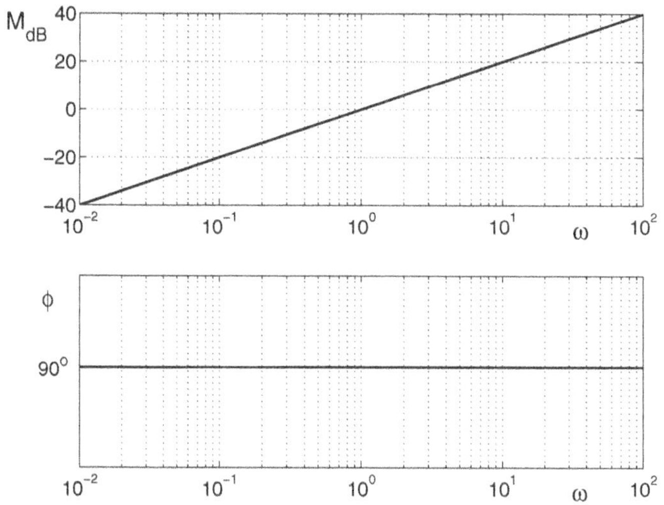


**Fig. 8.4.** Diagramma di Bode del termine monomio $j\omega$

Mettendo in evidenza il modulo e la fase di $j\omega$ possiamo scrivere il fattore monomio come

$$j\omega = \omega \; e^{j\pi/2}.$$

*Modulo*: Il modulo espresso in decibel è quindi $M_{\mathrm{dB}}(\omega) = 20 \; \log \; \omega$. Tale termine è chiaramente lineare rispetto a log $\omega$. Ciò vuol dire che il diagramma del modulo corrispondente al termine monomio in esame è una retta passante per l'origine la cui pendenza è pari a 20 dB per decade. Ossia la retta relativa al diagramma del modulo passa per $M_{\mathrm{dB}} = 0$ in corrispondenza della pulsazione $\omega = 1$ essendo $M_{\mathrm{dB}}(1) = 20 \; \log(1) = 0$.

*Fase*: La fase invece è costante al variare della pulsazione $\omega$ e vale $\phi(\omega) = 90^o$, per cui il diagramma della fase è una retta orizzontale di ordinata pari a $90^o$.

Il diagramma di Bode completo è riportato nella Fig. 8.4.

### Fattore monomio $1/j\omega$

Il diagramma di Bode relativo ad un polo nell'origine $1/j\omega$ può essere immediatamente ricavato facendo riferimento alle considerazioni viste a proposito del termine monomio a numeratore $j\omega$. Infatti il modulo e la fase del fattore a denominatore sono pari rispettivamente al modulo e alla fase del fattore a numeratore, ossia

$$M_{\mathrm{dB}}(\omega) = \left| \frac{1}{j\omega} \right|_{\mathrm{dB}} = - \; |j\omega|_{\mathrm{dB}}$$

e

$$\phi(\omega) = \arg\left( \frac{1}{j\omega} \right) = -\arg(j\omega).$$

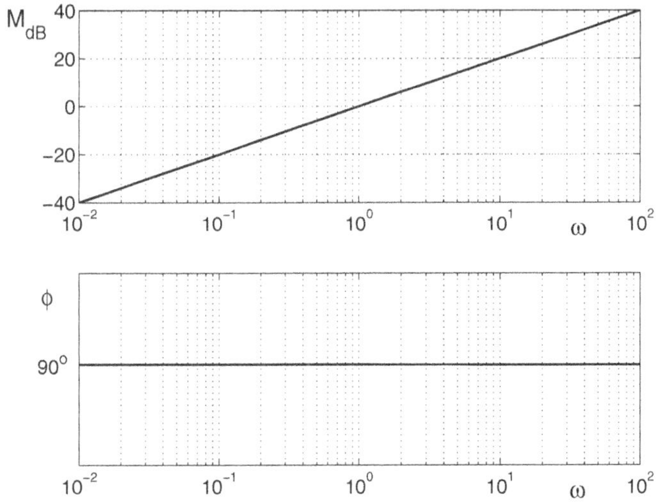


**Fig. 8.5.** Diagramma di Bode del termine monomio $1/j\omega$

Il diagramma di Bode completo è riportato nella Fig. 8.5. Si osservi che chiaramente i diagrammi in Fig. 8.5 sono i simmetrici rispetto all'asse delle ascisse dei diagrammi in Fig. 8.4.

### Fattore binomio $(1 + j\omega\tau)$

Del fattore binomio a numeratore $(1 + j\omega\tau)$, così come dei termini presentati nel seguito, è possibile dare oltre alla rappresentazione esatta, una rappresentazione che risulta particolarmente comoda ed efficace: la *rappresentazione asintotica*.

*Modulo*: Per definizione

$$M(\omega) = \sqrt{1 + \omega^2\tau^2},$$

per cui

$$M_{\text{dB}}(\omega) = 20 \log \sqrt{1 + \omega^2\tau^2}.$$

Quando il termine $\omega^2\tau^2$ è trascurabile rispetto all'unità, e ciò avviene quando $\omega << 1/|\tau|$,

$$M_{\text{dB}}(\omega) \simeq 20 \ \log 1 = 0.$$

Viceversa quando è l'unità ad essere trascurabile rispetto a $\omega^2\tau^2$, ossia quando $\omega >> 1/|\tau|$,

$$M_{\text{dB}}(\omega) \simeq 20 \ \log \sqrt{\omega^2\tau^2} = 20 \ \log \omega|\tau| = 20 \log \omega + 20 \log |\tau|.$$

Il diagramma di Bode del modulo relativo al termine binomio in esame presenta pertanto due asintoti: uno per $\omega \to 0$ ($\log \omega \to -\infty$) e uno per $\omega \to +\infty$ ($\log \omega \to$

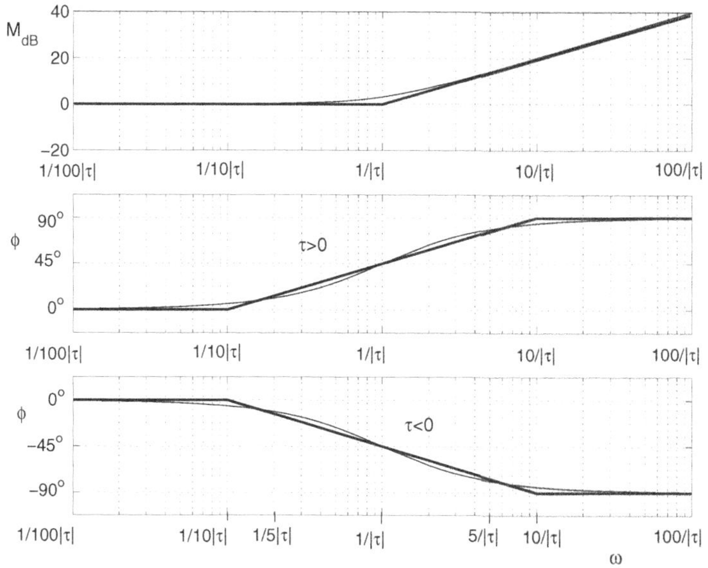


**Fig. 8.6.** Diagramma di Bode asintotico (linea spessa) ed esatto (linea sottile) del termine binomio $(1 + j\omega\tau)$

$+\infty$). In particolare, l'asse delle ascisse è un asintoto per $\omega \to 0$, mentre la retta

$$y = 20 \log \omega + 20 \log |\tau|$$

è un asintoto per $\omega \to +\infty$. Quest'ultima è una retta che interseca l'asse delle ascisse nel punto $\log \omega = -\log |\tau| = \log\ 1/|\tau|$ e che ha pendenza pari a 20 dB per decade. I due asintoti costituiscono una spezzata che prende il nome di *diagramma asintotico del modulo* e il punto di intersezione tra le due curve, $\omega = 1/|\tau|$, viene detto *punto di rottura*. Tale diagramma è riportato in Fig. 8.6 con una linea spessa.

Il diagramma esatto (linea sottile) è anch'esso riportato in Fig. 8.6 dove si può osservare che le due curve, pur non essendo esattamente coincidenti, sono tuttavia molto vicine tra loro. Il massimo scostamento si ha in corrispondenza del punto di rottura dove il diagramma esatto vale $20 \log \sqrt{2} \simeq 3$ dB mentre quello asintotico vale 0. Spostandosi poi di un'ottava a destra o un'ottava a sinistra rispetto al punto di rottura è facile calcolare che lo scostamento del diagramma esatto rispetto a quello asintotico è pari a 1 dB. Quando ci si sposta di una decade rispetto al punto di rottura i due diagrammi possono già considerarsi coincidenti. Per completezza gli scostamenti tra il diagramma esatto del modulo e quello asintotico al variare della pulsazione $\omega$ sono riportati in Fig. 8.7, dove con ovvia notazione $\Delta M_{\text{dB}}(\omega)$ indica proprio la differenza tra il diagramma esatto e quello asintotico al variare di $\omega$.

Si osservi infine che quando il diagramma di Bode viene tracciato manualmente, il diagramma esatto del modulo viene spesso ricavato a partire da quello asintotico

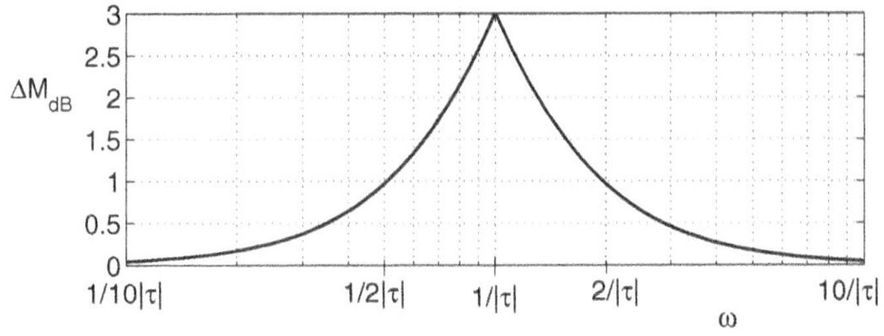


**Fig. 8.7.** Scostamenti tra diagramma esatto e diagramma asintotico del modulo relativi al termine $(1 + j\omega\tau)$

apportando le dovute correzioni solo in alcuni punti fondamentali come riassunto nella tabella che segue.

| $\omega$ | $0$ | $\dfrac{1}{2\lvert\tau\rvert}$ | $\dfrac{1}{\lvert\tau\rvert}$ | $\dfrac{2}{\lvert\tau\rvert}$ | $+\infty$ |
|---|---|---|---|---|---|
| $\Delta M_{\mathrm{dB}}(\omega)$ | 0 | 1 | 3 | 1 | 0 |

I punti così ottenuti vengono poi raccordati facendo in modo che per pulsazioni che distano una decade o più da $\omega = 1/|\tau|$, il diagramma coincida esattamente con quello asintotico.

*Fase*: Un discorso simile può essere ripetuto per il diagramma della fase, anche se ora è necessario distinguere il caso in cui $\tau > 0$ dal caso in cui $\tau < 0$ essendo

$$\phi(\omega) = \arg(1 + j\omega\tau) = \arctan(\omega\tau).$$

Osserviamo dapprima che, a prescindere dal segno di $\tau$, per valori molto piccoli della pulsazione $\omega$, ossia per $\omega << 1/|\tau|$, $\phi(\omega) \simeq 0^o$ per cui il semiasse negativo delle ascisse è in ogni caso un asintoto per $\omega \to 0$.

Vi è poi un secondo asintoto, relativo ad $\omega \to +\infty$, che è invece funzione del segno di $\tau$. Più precisamente, se $\tau > 0$, tale asintoto coincide con la retta orizzontale di ordinata pari a $90^o$ essendo per $\tau > 0$

$$\lim_{\omega \to +\infty} \arctan(\omega\tau) = 90^o.$$

Se $\tau < 0$ l'asintoto è ancora una retta orizzontale ma di ordinata pari a $-90^o$ essendo in questo caso

$$\lim_{\omega \to +\infty} \arctan(\omega\tau) = -90^o.$$

Gli asintoti per $\omega \to 0$ e per $\omega \to +\infty$ non hanno punti di intersezione. Per poter definire un *diagramma asintotico della fase* è pertanto necessario effettuare un raccordo tra le due semirette asintotiche. Esistono diverse convenzioni in proposito che portano tutte ad una spezzata di tre lati. Tuttavia, essendo per $\omega = 1/|\tau|$

$$\arctan(\omega\tau) = \begin{cases} +45^o & \text{se } \tau > 0 \\ -45^o & \text{se } \tau < 0, \end{cases}$$

qualunque sia la convenzione adottata, il terzo lato della spezzata passa sempre per il punto di ascissa $\omega = 1/|\tau|$ e ordinata pari a $\pm 45^o$ a seconda del segno di $\tau$.

La convenzione adottata in questo testo consiste nel scegliere il terzo lato della spezzata come il segmento passante per il punto di flesso ma intersecante i due asintoti orizzontali una decade prima e una decade dopo rispetto al punto di rottura, cioè in corrispondenza a pulsazioni pari a 1/10 e 10 volte $1/|\tau|$. Il diagramma asintotico risultante è evidenziato in Fig. 8.6 con tratto spesso.

Il diagramma esatto della fase è riportato anch'esso in Fig. 8.6 con tratto più sottile.

Si noti che nel tracciamento del diagramma della fase, a differenza di quanto visto per il diagramma del modulo, non risulta conveniente ricorrere al diagramma asintotico per il tracciamento del diagramma esatto. Il diagramma asintotico viene quindi utilizzato solo qualora non sia necessaria una esatta valutazione della fase per ogni valore di $\omega$. Quando viene tracciato manualmente, il diagramma esatto della fase si costruisce a partire da alcuni punti fondamentali riassunti nella tabella che segue.

| $\omega$ | $0$ | $\frac{1}{10\vert\tau\vert}$ | $\frac{1}{2\vert\tau\vert}$ | $\frac{1}{\vert\tau\vert}$ | $\frac{2}{\vert\tau\vert}$ | $\frac{10}{\vert\tau\vert}$ | $+\infty$ |
|---|---|---|---|---|---|---|---|
| $\phi(\omega)$ per $\tau > 0$ | $0°$ | $6°$ | $27°$ | $45°$ | $63°$ | $84°$ | $90°$ |
| $\phi(\omega)$ per $\tau < 0$ | $0°$ | $-6°$ | $-27°$ | $-45°$ | $-63°$ | $-84°$ | $-90°$ |

### Fattore binomio $1/(1 + j\omega\tau)$

Il diagramma di Bode del fattore binomio $1/(1+j\omega\tau)$ può essere facilmente ricavato facendo riferimento alle considerazioni appena viste a proposito del termine $(1 + j\omega\tau)$. Infatti,

$$M_{\text{dB}} = \left|\frac{1}{1 + j\omega\tau}\right|_{\text{dB}} = -\left|1 + j\omega\tau\right|_{\text{dB}}$$

e

$$\phi(\omega) = \arg\left(\frac{1}{1 + j\omega\tau}\right) = -\arg(1 + j\omega\tau)$$

per cui i diagrammi di Bode del modulo e della fase di $1/(1 + j\omega\tau)$ si ottengono semplicemente ribaltando rispetto all'asse delle ascisse i diagrammi del modulo e della fase relativi al termine $(1 + j\omega\tau)$. Per completezza tali diagrammi sono riportati in Fig. 8.8. Anche in questo caso gli scostamenti tra il diagramma del modulo esatto e quello asintotico possono essere valutati facendo riferimento alla Fig. 8.7 purché tali scostamenti siano cambiati di segno.

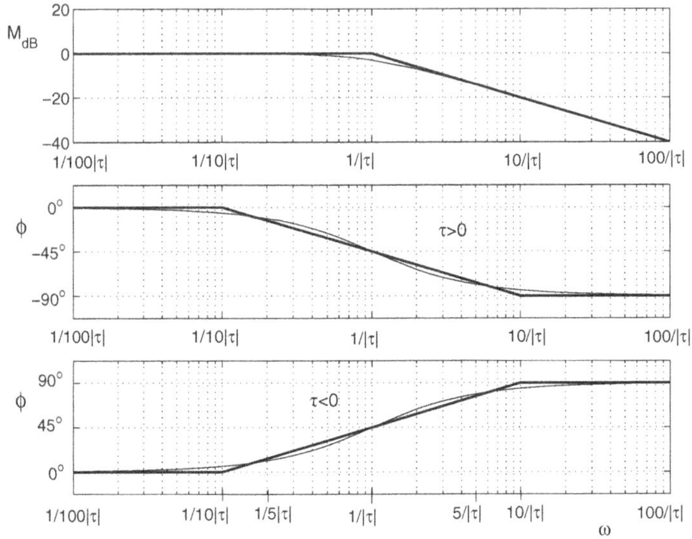


**Fig. 8.8.** Diagramma di Bode asintotico (linea spessa) ed esatto (linea sottile) del termine binomio $1/(1 + j\omega\tau)$

## Fattore trinomio $(1 - \omega^2/\omega_n^2 + 2\zeta \cdot j\omega/\omega_n)$

Come visto il termine trinomio

$$\left(1 - \frac{\omega^2}{\omega_n^2}\right) + j\omega\frac{2\zeta}{\omega_n}$$

corrisponde ad una coppia di zeri complessi coniugati.

Anche in questo caso possiamo dare una rappresentazione asintotica e una esatta sia per il modulo sia per la fase.

*Modulo*: Per definizione, il modulo in decibel vale

$$M_{\text{dB}}(\omega) = 20 \log \sqrt{\left(1 - \frac{\omega^2}{\omega_n^2}\right)^2 + \frac{4\zeta^2\omega^2}{\omega_n^2}}.$$

La struttura del diagramma asintotico del modulo è simile a quella vista per il termine binomio.

Quando $\omega/\omega_n << 1$, ossia quando $\omega << \omega_n$ i termini in $\omega$ sono trascurabili rispetto all'unità per cui

$$M_{\text{dB}}(\omega) \simeq 20 \log \sqrt{1} = 0.$$

Ciò vuol dire che il diagramma del modulo presenta un primo asintoto per $\omega \to 0$ e tale asintoto coincide con l'asse delle ascisse.

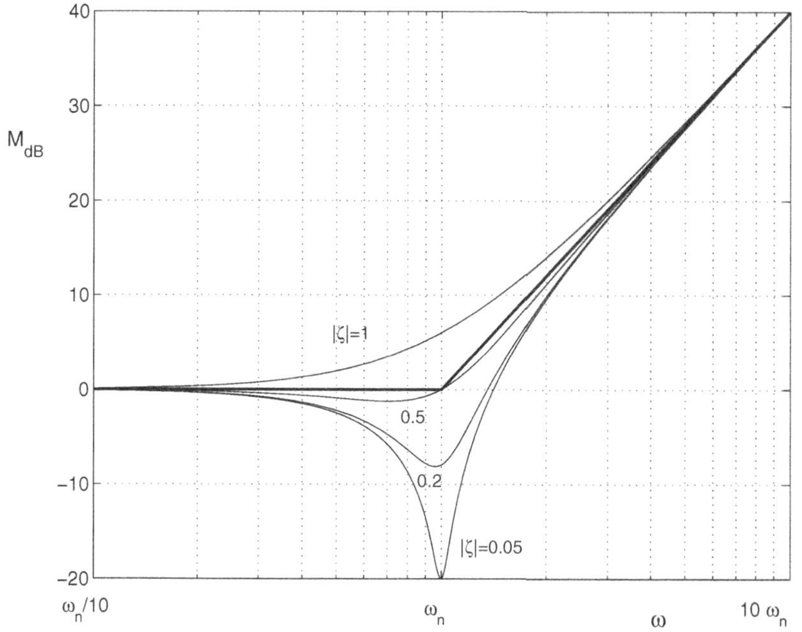


**Fig. 8.9.** Diagramma del modulo asintotico (linea più spessa) ed esatto (linee più sottili) relativi al termine trinomio $(1 - \omega^2/\omega_n^2 + 2\zeta \cdot j\omega/\omega_n)$ al variare di $|\zeta|$

Quando invece il rapporto $\omega/\omega_n \gg 1$, ossia per $\omega \gg \omega_n$, i termini dominanti nella espressione di $M_{\mathrm{dB}}(\omega)$ sono quelli relativi alle potenze del rapporto $\omega/\omega_n$ di grado più elevato, per cui

$$M_{\mathrm{dB}}(\omega) \simeq 20 \log \sqrt{\frac{\omega^4}{\omega_n^4}} = 20 \log \frac{\omega^2}{\omega_n^2} = 40 \log \omega - 40 \log \omega_n.$$

Possiamo quindi concludere che la retta

$$y = 40 \log \omega - 40 \log \omega_n$$

è un asintoto per $\omega \to +\infty$. Nella scala scelta questa retta ha pendenza pari a 40 dB per decade e incontra l'asse delle ascisse nel punto relativo ad $\omega = \omega_n$. In analogia al caso dei termini binomi, il punto di ascissa $\omega = \omega_n$ viene detto *punto di rottura*.

Il diagramma asintotico del modulo è riportato in Fig. 8.9 con la linea più spessa.

Per quanto riguarda il diagramma esatto del modulo, il discorso è leggermente più complesso di quello fatto per i termini binomi. Ora infatti, come evidenziato in Fig. 8.9, è possibile individuare una famiglia di curve parametrizzate in funzione del modulo del coefficiente di smorzamento $\zeta$. Ciò comporta chiaramente che

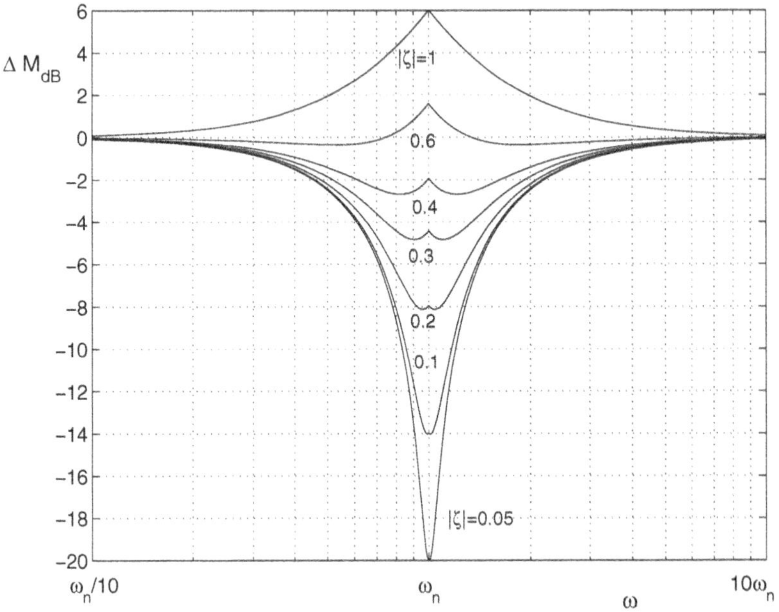


**Fig. 8.10.** Scostamenti tra diagramma esatto e diagramma asintotico del modulo relativi al termine $(1 - \omega^2/\omega_n^2 + 2\zeta \cdot j\omega/\omega_n)$ al variare di $\omega$ e $|\zeta|$

anche gli scostamenti tra diagramma asintotico e diagramma esatto costituiscono una famiglia di curve parametrizzate in funzione di $|\zeta|$. Tali curve sono riportate in Fig. 8.10 al variare della pulsazione $\omega$. Come si può osservare gli scostamenti possono essere sia per eccesso sia per difetto, a seconda del valore di $|\zeta|$. Al diminuire del modulo di $\zeta$ il diagramma esatto del modulo tende a scostarsi sempre più rispetto a quello asintotico. La condizione limite si ha per $\zeta = 0$: per tale valore del coefficiente di smorzamento infatti il modulo del fattore trinomio in corrispondenza del punto di rottura è nullo e quindi $M_{\text{dB}} \to -\infty$.

Se $|\zeta| = 1$ il termine trinomio corrisponde al prodotto di due fattori binomi uguali essendo in questo caso

$$1 - \frac{\omega^2}{\omega_n^2} + j\omega\frac{2\zeta}{\omega_n} = 1 + \frac{(j\omega)^2}{\omega_n^2} + j\omega\frac{2}{\omega_n} = \left(1 + j\omega\frac{1}{\omega_n}\right)^2$$

per cui per ogni valore della pulsazione $\omega$ il modulo in decibel è esattamente pari al doppio del modulo in decibel del singolo fattore binomio per il quale valgono le considerazioni appena viste, ove si ponga $\omega_n$ al posto di $1/|\tau|$. Il massimo scostamento tra diagramma esatto e diagramma asintotico si ha pertanto in questo caso in corrispondenza del punto di rottura e vale 6 dB. Spostandosi invece di un'ottava a destra o a sinistra rispetto al punto di rottura, lo scostamento è pari a 2 dB.

Infine, in corrispondenza di $|\zeta| = 0.5$ e di $\omega = \omega_n$ il diagramma del modulo esatto e quello asintotico sono tra loro coincidenti.

*Fase*: Per quanto riguarda il diagramma della fase, osserviamo innanzitutto che la fase del termine trinomio a numeratore è pari a

$$\phi(\omega) = \arctan\left(\frac{2\zeta\omega}{\omega_n(1-\omega^2/\omega_n^2)}\right)$$

ed è quindi funzione anche del parametro $\zeta$. In particolare, come mostrato in Fig. 8.11 (vedi curve continue) avremo due diverse famiglie di curve a seconda del segno di $\zeta$ e quindi anche due diverse famiglie di diagrammi asintotici (linee tratteggiate).

I diagrammi della fase hanno tutti un asintoto in comune relativo ad $\omega \to 0$. Tale asintoto coincide con l'asse delle ascisse essendo per $\omega << \omega_n$, $\phi(\omega) \simeq 0$, qualunque sia il segno di $\zeta$.

Il segno del coefficiente di smorzamento influenza invece il comportamento limite della fase per $\omega \to +\infty$. Infatti per valori di $\omega >> \omega_n$

$$\phi(\omega) \simeq \arctan\left(-\frac{2\omega_n\zeta}{\omega}\right)$$

che risulta una funzione crescente di $\omega$ se $\zeta > 0$, e una funzione decrescente di $\omega$ se $\zeta < 0$. Inoltre

$$\lim_{\omega\to+\infty} \phi(\omega) = \begin{cases} +180^o & \text{se } \zeta > 0 \\ -180^o & \text{se } \zeta < 0 \end{cases}$$

per cui il secondo asintoto è ancora una retta orizzontale la cui ordinata vale $\pm 180^o$ a seconda che $\zeta$ sia maggiore o minore di zero.

Così come già discusso nel caso del termine binomio, non essendovi punti di intersezione tra i due asintoti, per definire un diagramma asintotico è necessario effettuare un raccordo tra le due semirette asintotiche orizzontali. Anche in questo caso sono possibili diverse soluzioni. La soluzione che adotteremo in questo testo fornisce una buona approssimazione tra diagramma asintotico e diagramma esatto ed è analoga a quella adottata nel caso del termine binomio. In questo caso tuttavia per diversi valori di $|\zeta|$ i punti di intersezione del segmento di raccordo con gli asintoti orizzontali sono diversi. Indichiamo con $\omega_s$ e $\omega_d$ le pulsazioni relative a tali punti di intersezione, ossia $\omega_s$ e $\omega_d$ denotano le pulsazioni dei punti di intersezione tra il segmento di raccordo e gli asintoti orizzontali. In particolare, $\omega_d$ denota la pulsazione a destra del punto di rottura e $\omega_s$ la pulsazione a sinistra del punto di rottura. Data la simmetria delle curve è evidente che per ogni valore di $|\zeta|$ si ha che $\omega_n/\omega_s = \omega_d/\omega_n$. Nel seguito indicheremo con $\beta$ tale rapporto, dove chiaramente $\beta = \beta(|\zeta|)$. In particolare, essendo per $|\zeta| = 1$ il termine trinomio pari al prodotto di due termini binomi aventi punto di rottura $\omega_n$, vale naturalmente $\beta(1) = 10$.

È facile verificare che una buona approssimazione è ottenibile mediante la relazione

$$\beta(|\zeta|) = 10^{|\zeta|}.$$

Ciò implica che se ad esempio $|\zeta| = 0.5$, allora $\beta = 3.1623$, $\omega_s = 0.3162\ \omega_n$ e $\omega_d = 3.1623\ \omega_n$. Se $|\zeta| = 0.2$, allora $\beta = 1.5849$, $\omega_s = 0.6310\ \omega_n$ e $\omega_d = 1.5849\ \omega_n$.

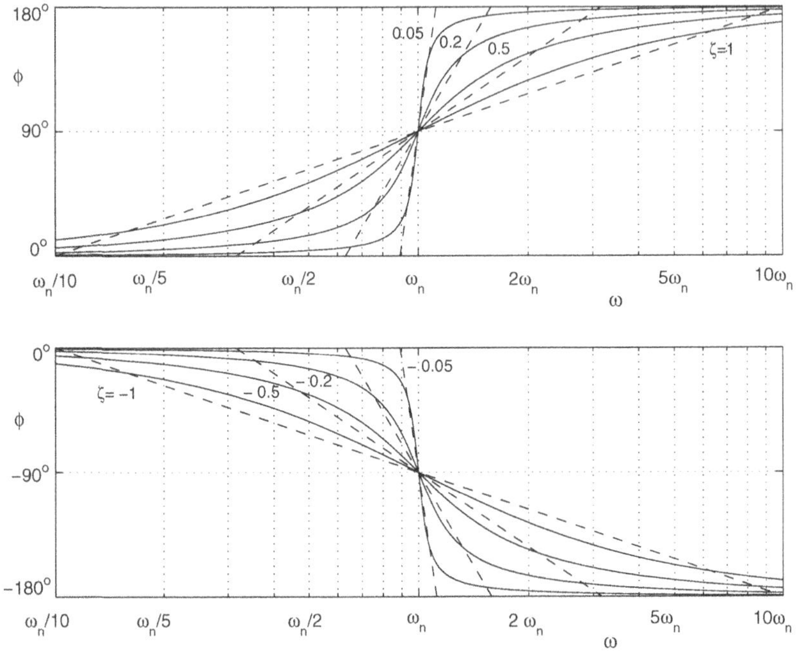


**Fig. 8.11.** Diagramma della fase asintotico (linee tratteggiate) ed esatto (linee continue) del termine $(1 - \omega^2/\omega_n^2 + 2\zeta \cdot j\omega/\omega_n)$ al variare di $\zeta$

Come mostrato in Fig. 8.11 abbiamo pertanto due diverse famiglie di asintoti a seconda del segno di $\zeta$.

In pratica per determinare sulla scala logaritmica le due pulsazioni $\omega_s$ e $\omega_d$ basta misurare la lunghezza di una decade e moltiplicare tale lunghezza per $|\zeta|$. La lunghezza così ottenuta è pari alla distanza di $\omega_s$ e $\omega_d$ da $\omega_n$ nella scala scelta. Una volta fissato il punto di rottura risulta quindi immediata la determinazione delle altre due pulsazioni e quindi anche del diagramma asintotico della fase.

## Fattore trinomio $1/(1 - \omega^2/\omega_n^2 + 2\zeta \cdot j\omega/\omega_n)$

Se il termine trinomio è a denominatore i diagrammi di Bode si ottengono da quelli precedenti semplicemente ribaltando rispetto all'asse delle ascisse tali diagrammi, come mostrato nelle Fig. 8.12 e 8.13. Gli scostamenti tra il diagramma del modulo esatto e quello asintotico al variare di $|\zeta|$ sono anch'essi l'opposto degli scostamenti che si hanno nel caso in cui il termine trinomio è a numeratore e sono quindi immediatamente deducibili dalla Fig. 8.10.

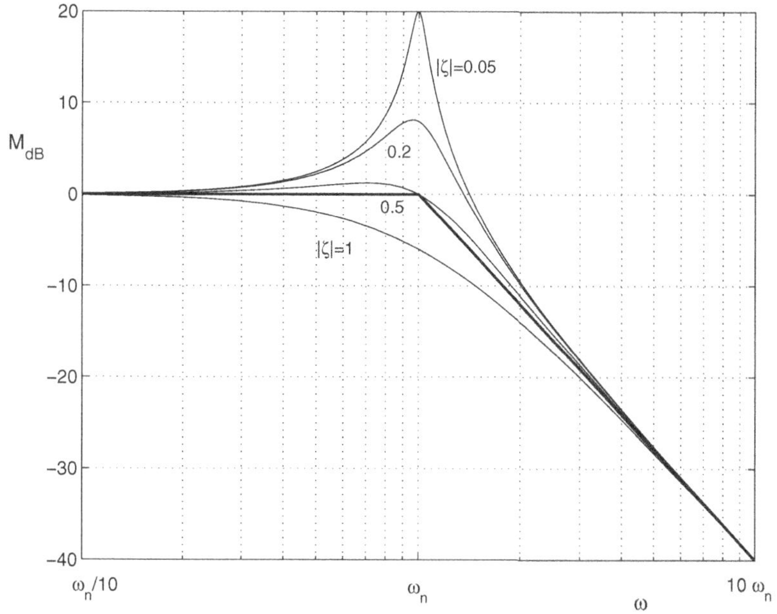


**Fig. 8.12.** Diagramma del modulo asintotico (linea più spessa) ed esatto (linee più sottili) relativi al termine trinomio $1/(1-\omega^2/\omega_n^2 2+\zeta\cdot j\omega/\omega_n)$ al variare di $|\zeta|$

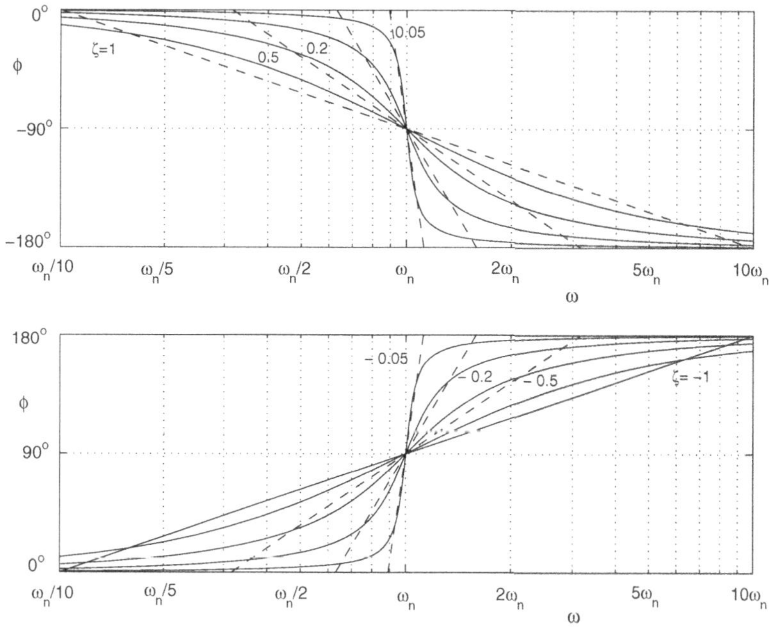


**Fig. 8.13.** Diagramma della fase asintotico (linee tratteggiate) ed esatto (linee continue) del termine $1/(1-\omega^2/\omega_n^2+2\zeta\cdot j\omega/\omega_n)$ al variare di $\zeta$

## Regole di composizione

In virtù delle considerazioni precedenti relative al principio di sovrapposizione, data una $W(j\omega)$ nella forma (8.5), il diagramma di Bode ad essa relativo può essere facilmente determinato sommando i diagrammi di Bode relativi ai singoli fattori. L'introduzione dei diagrammi asintotici permette tuttavia, nel caso del diagramma del modulo, di seguire una procedura molto più rapida e agevole.

Per la costruzione del diagramma del modulo tale procedura può schematizzarsi come segue.

*Determinazione del diagramma del modulo.*

1. Si fissa l'origine nell'asse delle ascisse corrispondente a $\omega = 1$. Si fissano i punti di rottura relativi ai termini binomi e trinomi a numeratore e a denominatore.
2. Si traccia il diagramma del modulo relativo al guadagno e ai fattori monomi; si traccia il diagramma asintotico relativo ai fattori binomi e trinomi.
3. Si effettua la somma di tali diagrammi tenendo conto della molteplicità di ciascun fattore. Si ottiene così il diagramma asintotico del modulo in cui l'ultimo tratto di spezzata ha pendenza pari a $-(n-m)$ 20 dB per decade.
4. Per ottenere il diagramma esatto, è necessaria l'introduzione degli scostamenti. In generale è sufficiente tenere conto degli scostamenti relativi ai termini trinomi, trascurando invece quelli dovuti ai termini binomi. A tal fine bisogna fare riferimento al diagramma riportato in Fig. 8.10. Si noti che se i punti di rottura sono sufficientemente lontani, le correzioni possono essere introdotte tenendo conto di un solo fattore alla volta; quando invece vi sono dei punti di rottura che distano meno di una decade è necessario sommare le correzioni relative a diversi fattori.

Per la costruzione del diagramma della fase l'approccio è simile.

*Determinazione del diagramma asintotico della fase.*

1. Si fissa l'origine nell'asse delle ascisse corrispondente a $\omega = 1$. Per ogni termine binomio si individua la pulsazione corrispondente al punto di rottura e le pulsazioni che distano da questa di una decade. Per ogni termine trinomio si individua la pulsazione corrispondente al punto di rottura e le due pulsazioni $\omega_s = \omega_n / 10^{|\zeta|}$ e $\omega_d = 10^{|\zeta|}\, \omega_n$.
2. Si tracciano i diagrammi asintotici dei singoli fattori.
3. Si effettua la somma di tali diagrammi tenendo conto della molteplicità di ciascun fattore. Si ottiene così il diagramma asintotico della fase.

Se si desidera invece costruire il diagramma esatto della fase si parte direttamente dal diagramma esatto dei singoli termini senza passare attraverso il diagramma asintotico. Più precisamente, si tracciano i diagrammi esatti dei termini binomi e trinomi, nonché del guadagno e dei termini monomi. Questi poi vengono sommati tenendo conto della loro molteplicità.

### 8.3.2 Esempi numerici

In questa sezione verranno presentati in dettaglio alcuni esempi di tracciamento del diagramma di Bode.

**Esempio 8.6** Si consideri la funzione di trasferimento

$$W(s) = -\frac{1}{2}\,\frac{(1-4s)}{s(1+s)(1+1/20s)}.$$

Il diagramma di Bode del modulo è riportato in Fig. 8.14 dove sono stati tracciati anche i diagrammi asintotici di ciascun termine (linee continue sottili), il diagramma asintotico complessivo (linea continua spessa) e quello esatto (linea tratteggiata spessa).

Esaminiamo dapprima i singoli fattori.

Il guadagno in decibel vale $K_{\text{dB}} = 20 \log |K| = -6$ dB per cui tale termine dà un contributo pari a $-6$ dB per ogni valore di $\omega$.

Il termine binomio a numeratore ha punto di rottura $\omega = 1/4$ a partire dal quale il modulo cresce con pendenza 20 dB per decade.

Il diagramma del termine associato al polo nell'origine ha modulo sempre decrescente con pendenza pari a $-20$ dB per decade e vale 0 dB per $\omega = 1$.

Il termine binomio a denominatore, associato al polo $p = -1$, ha punto di rottura $\omega = 1$ a partire dal quale il modulo decresce con pendenza $-20$ dB per decade. Si osservi che per $\omega \in [1, \infty)$ il diagramma asintotico del modulo relativo al polo nell'origine e quello relativo al termine binomio $1/(1+j\omega)$ sono coincidenti.

Infine il termine binomio a denominatore, associato al polo $p = -20$, ha punto di rottura $\omega = 20$ a partire dal quale il modulo decresce con pendenza $-20$ dB per decade.

Seguendo le regole di composizione prima illustrate è facile ricavare il diagramma asintotico totale. Da $\omega = 0$ fino a $\omega = 1/4$ vi è il solo contributo dovuto al polo nell'origine e al guadagno. Per pulsazioni da $\omega = 1/4$ fino ad $\omega = 1$ la pendenza della spezzata è zero perché al termine precedente si somma il contributo del termine binomio a denominatore. Nell'intervallo di pulsazioni $\omega \in (1, 20]$ la pendenza è $-20$ dB per decade perché si aggiunge il contributo di un termine binomio a denominatore. Infine, a partire da $\omega = 20$ la pendenza si porta a $-40$ dB per decade per la presenza del secondo fattore binomio a denominatore.

Per completezza il diagramma esatto del modulo è anch'esso riportato in Fig. 8.14 con linea tratteggiata spessa. Come si vede, essendo i diversi punti di rottura sufficientemente distanti tra loro, la differenza tra la rappresentazione esatta e quella asintotica in corrispondenza di tali punti vale 3 dB.

Nella stessa Fig. 8.14 sono anche riportati il diagramma della fase esatto (con linea tratteggiata spessa), nonché i contributi relativi ai singoli fattori binomi, al guadagno e al polo nell'origine. Con tratto continuo sono infine tracciati i diagrammi asintotici (globale e relativi ai singoli fattori), mentre con linee tratteggiate sono tracciati i diagrammi esatti. Si può osservare come l'approssimazione ottenuta ricorrendo agli andamenti asintotici sia pienamente soddisfacente. ◇

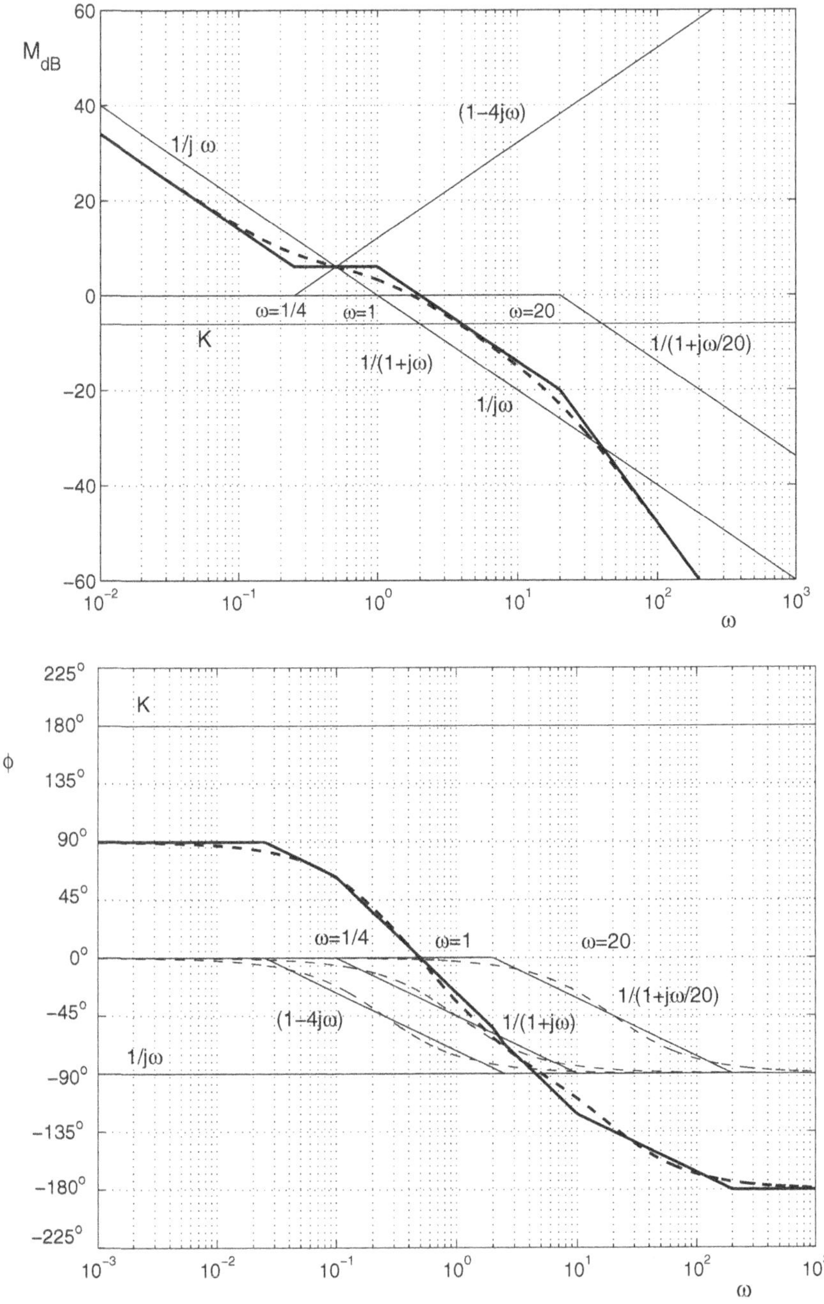


**Fig. 8.14.** Diagramma di Bode asintotico ed esatto relativo alla funzione di trasferimento dell'Esempio 8.6

**Esempio 8.7** Si consideri la funzione di trasferimento

$$W(s) = \frac{s+50}{s(s^2+2s+20)}$$

che posta nella forma di Bode è pari a:

$$W(j\omega) = 2.5\frac{1+j\omega/50}{j\omega(1-\omega^2/20+j\omega/10)}.$$

Da tale espressione si deduce facilmente che il guadagno vale $K = 2.5$, ossia $K_{\mathrm{dB}} = 8$ dB. I parametri caratteristici del termine trinomio sono $\omega_n = 4.472$ e $\zeta = 0.223$.

Il diagramma di Bode del modulo esatto (linea tratteggiata spessa) è riportato in Fig. 8.15 dove sono tracciati i diagrammi asintotici dei singoli termini (linee continue sottili) e quello asintotico totale (linea continua spessa).

È facile osservare che anche in questo caso sono state seguite le regole di composizione illustrate in precedenza.

I diagrammi della fase, asintotico (linea spessa continua) ed esatto (linea spessa tratteggiata), sono anch'essi riportati in Fig. 8.15 dove sono stati evidenziati i contributi dei singoli termini (linee continue). Per quanto riguarda il termine trinomio, osserviamo che essendo $\zeta = 0.223$, si ha $\beta = 1.6711$ per cui le ascisse dei punti di intersezione del lato di spezzata inclinato con gli asintoti orizzontali sono $\omega_s = \omega_n/\beta = 2.6761$ e $\omega_d = \beta\,\omega_n = 7.4731$. Il diagramma risultante, sia nel caso della rappresentazione esatta, sia nel caso di quella asintotica, sono stati anche in questo caso ottenuti sommando i contributi relativi al termine binomio, a quello trinomio e al polo nell'origine. Il guadagno in questo caso, essendo positivo, non dà alcun contributo al diagramma della fase. ◇

## 8.4 Parametri caratteristici della risposta armonica e azioni filtranti

La risposta armonica $W(j\omega)$ è stata formalmente definita come la funzione di trasferimento calcolata in corrispondenza a valori immaginari puri della variabile di Laplace, ossia ponendo $s = j\omega$.

All'inizio del capitolo si è tuttavia mostrato come tale funzione abbia un ben preciso significato fisico se relativa ad un sistema con poli tutti a parte reale negativa. In particolare, si è visto che un sistema SISO lineare, stazionario e con poli tutti a parte reale negativa, sottoposto ad un ingresso sinusoidale $u(t) = \sin(\omega t)$ di ampiezza unitaria, ammette a regime un'uscita anch'essa sinusoidale di pulsazione $\omega$, ampiezza $M(\omega)$ e sfasata rispetto all'ingresso di un angolo pari a $\phi(\omega)$, dove $M(\omega)$ e $\phi(\omega)$ sono il modulo e la fase della $W(j\omega)$.

Questa interpretazione fisica della $W(j\omega)$ rende particolarmente importante il tracciamento del diagramma di Bode in molti settori, quali l'Elettrotecnica e le Telecomunicazioni, in cui i segnali in gioco sono quasi sempre segnali di tipo sinusoidale, o periodico, e i sistemi allo studio hanno poli a parte reale negativa.

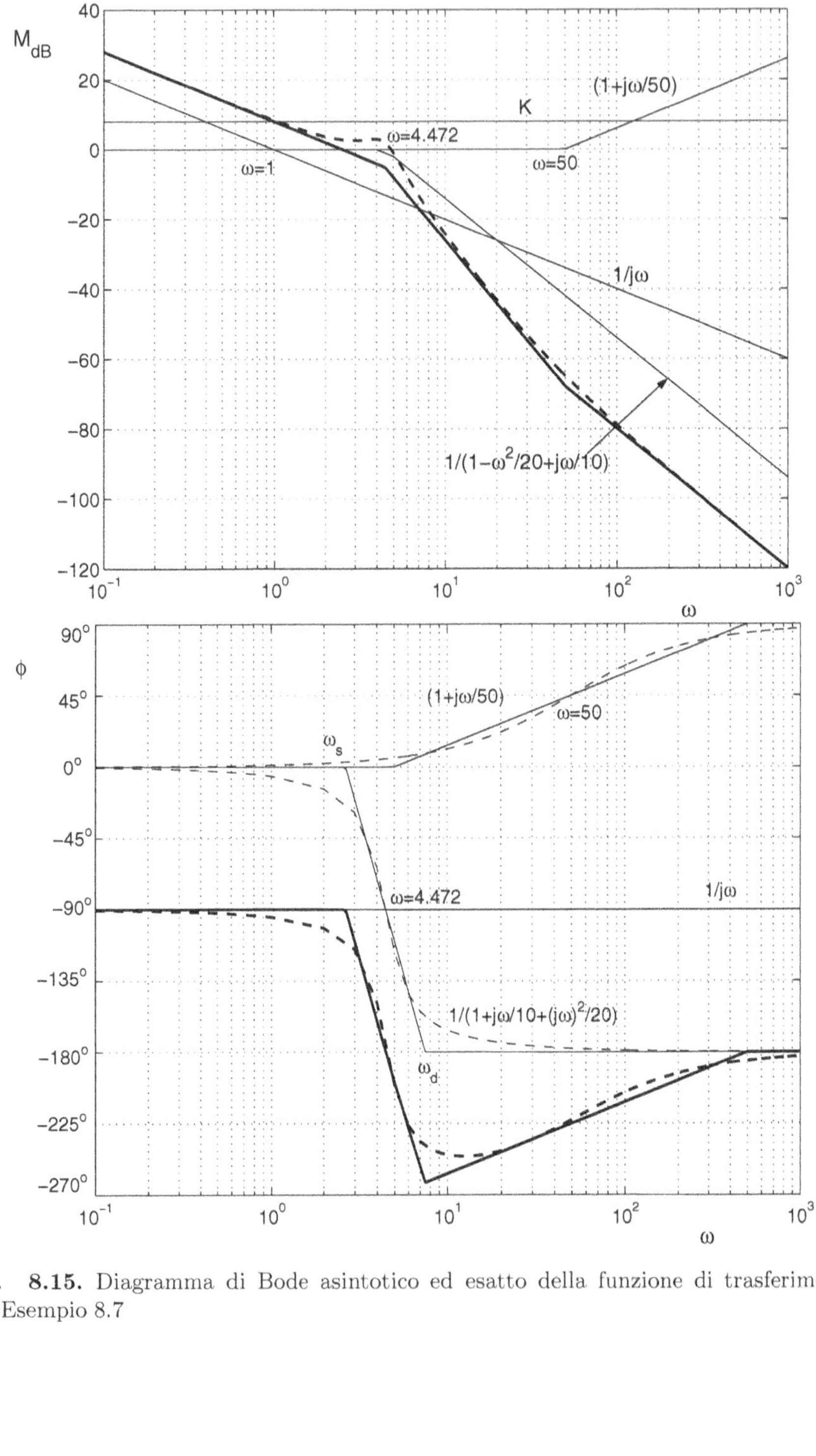


**Fig. 8.15.** Diagramma di Bode asintotico ed esatto della funzione di trasferimento dell'Esempio 8.7

I diagrammi di Bode forniscono infatti una indicazione immediata di quelli che a regime saranno gli sfasamenti in anticipo o in ritardo e le attenuazioni o amplificazioni che il segnale in ingresso subirà a seconda della sua frequenza. Inoltre, nel caso di segnali periodici, permette di valutare agevolmente come verrà modificato in uscita lo spettro del segnale in ingresso.

Il diagramma di Bode fornisce comunque una rappresentazione grafica estremamente utile anche nel caso di sistemi con poli a parte reale positiva e/o nulla, per i quali cioè la risposta armonica non ha il significato fisico prima discusso. Con tale tipo di sistemi si ha frequentemente a che fare nell'ambito dei Controlli Automatici, il cui obiettivo è proprio quello di determinare una legge di controllo stabilizzante che garantisca il soddisfacimento di determinate specifiche. In questo ambito il diagramma di Bode viene proprio utilizzato quale strumento ausiliario per la sintesi del controllore in quanto permette di valutare alcuni parametri importanti ai fini della regolazione, quali il margine di fase, il margine di guadagno, ecc. Nel seguito questo argomento non verrà tuttavia affrontato essendo oggetto di studio di corsi specifici orientati alla sintesi dei regolatori.

### 8.4.1 Parametri caratteristici

Introduciamo ora alcuni parametri caratterizzanti la risposta armonica di un sistema e direttamente accessibili dal diagramma di Bode. Questi risultano particolarmente importanti in quanto i loro valori influenzano il comportamento dinamico del sistema e le sue proprietà filtranti.

I parametri comunemente considerati sono i seguenti.

- *Modulo alla risonanza* $M_r$ o *picco di risonanza*: è il punto di massimo (se esiste al finito) del diagramma del modulo.
- *Pulsazione di risonanza* $\omega_r$: è la pulsazione in corrispondenza alla quale il modulo è pari a $M_r$.
- *Banda passante* $B$ (detta anche *banda passante a* 3 *dB*): è espressa in Hz e indica la frequenza alla quale il diagramma del modulo presenta un'attenuazione di 3 dB rispetto al valore del modulo in $\omega = 0$.
- *Banda passante a* 6 *dB* $B_6$ e *banda passante a* 20 *dB* $B_{20}$: sono anch'esse espresse in Hz e indicano, rispettivamente, le frequenze alle quali il diagramma del modulo presenta un'attenuazione di 6 dB e di 20 dB rispetto al valore del modulo in $\omega = 0$.
- *Sfasamento alla banda passante*: indica il valore della fase in corrispondenza della pulsazione $\omega = 2\pi B$.
- *Pendenza iniziale del diagramma di fase* $\theta$.

Chiaramente non sempre è possibile definire i parametri sopra.

I parametri $M_r$ e $\omega_r$ hanno significato solo per risposte armoniche che presentino un massimo al finito. Questo è per esempio vero nel caso dei sistemi del secondo ordine caratterizzati da una coppia di poli complessi coniugati con smorzamento sufficientemente minore di 1.

La definizione data per le bande passanti $B$, $B_6$ e $B_{20}$ ha significato solo nel caso di sistemi in cui il diagramma dei moduli parte per $\omega = 0$ da un valore $M_{\mathrm{dB}}(0)$ finito e in cui $M_{\mathrm{dB}}(\omega) \to -\infty$ per $\omega \to \infty$. Un sistema di questo tipo è detto un *filtro passa-basso*. È comunque possibile definire in maniera opportuna il concetto di banda passante anche per filtri di altra natura (cfr. § 8.4.2).

Il seguente esempio illustra chiaramente come i parametri sopra definiti possano essere facilmente letti dal diagramma di Bode.

**Esempio 8.8** Si consideri il sistema lineare e stazionario del secondo ordine la cui funzione di trasferimento è

$$W(s) = \frac{10}{1 + 2\zeta s/w_n + s^2/\omega_n^2}$$

con $\omega_n = 2$ e $\zeta = 0.45$.

Tale sistema ha una coppia di poli complessi coniugati a parte reale negativa $p_{1,2} = -0.9 \pm 1.78j$. Il diagramma di Bode di tale funzione di trasferimento è riportato in Fig. 8.16.

Come evidenziato in figura, dal diagramma di Bode possiamo agevolmente rilevare tutti i parametri caratteristici prima introdotti. Osserviamo come prima cosa che tale funzione di trasferimento presenta un massimo in corrispondenza della pulsazione $\omega = 1.54$ rad/sec e che tale massimo vale 21.87 dB. Possiamo pertanto concludere che il modulo alla risonanza è pari a 21.87 dB, e quindi $M_r = 12.40$, mentre la pulsazione di risonanza è $\omega_r = 1.54$ rad/sec. Lo sfasamento alla risonanza è pari a $-57°$.

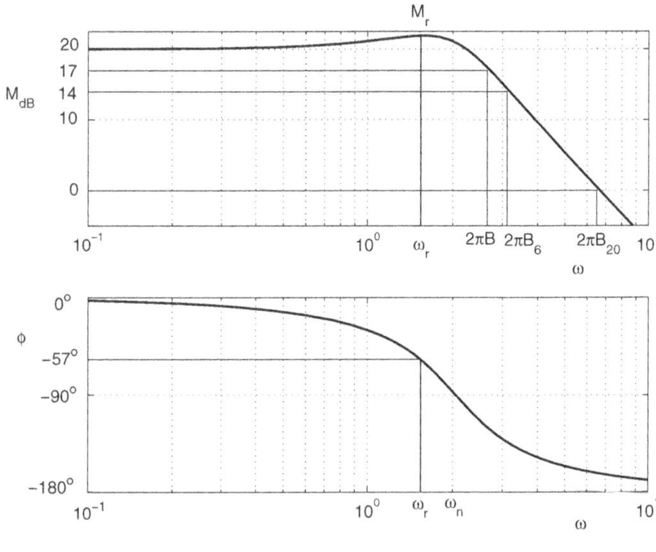


**Fig. 8.16.** Diagramma di Bode della funzione di trasferimento dell'Esempio 8.8 e parametri caratteristici della relativa risposta armonica

Inoltre osserviamo che $M_{\mathrm{dB}}(0) = 20$ dB e quindi $M(0) = 10$. La banda passante a 3 dB è data allora dal valore della frequenza in corrispondenza della quale il modulo vale $20 - 3 = 17$ dB. Dalla figura vediamo che questo si verifica per $\omega = 2.65$ rad/sec da cui $B = 2.65/2\pi$ Hz $= 0.42$ Hz.

La banda passante a 6 dB è data invece dal valore della frequenza in corrispondenza della quale il modulo vale $20 - 6 = 14$ dB ed è pertanto pari a $B_6 = 3.12/2\pi$ Hz $= 0.50$ Hz.

La banda passante a 20 dB è $B_{20} = 6.50/2\pi$ Hz $= 1.03$ Hz.

Osserviamo infine che la pendenza iniziale del diagramma di fase è $\theta = 0$, essendo per $\omega = 0$ il diagramma della fase tangente all'asse delle ascisse. ◇

## Significato fisico di banda passante

La Fig. 8.16 mostra il tipico andamento del diagramma di Bode di un sistema fisico caratterizzato da due aspetti:

- per $\omega \to 0$, il modulo alla basse frequenze tende ad un valore costante $M(0)$ pari al valore del guadagno di Bode;
- per $\omega \to \infty$, il modulo alle alte frequenze tende a zero (ovvero il modulo in dB tende a $-\infty$) perché il sistema è strettamente proprio.

Si supponga che tale sistema abbia poli tutti a parte reale negativa. In base alla definizione di risposta armonica precedentemente ricordata, possiamo affermare che un segnale sinusoidale di ampiezza unitaria e bassa frequenza genererà a regime una risposta di ampiezza $M(0)$ mentre per alte frequenze la risposta a regime avrà una ampiezza attenuata $M(\omega) < M(0)$ che tende a zero per $\omega$ crescente. Si dice anche che i segnali a bassa frequenza vengono trasmessi mentre quelli ad alta frequenza vengono filtrati: dunque tale sistema si comporta come un filtro passa-basso (vedi definizione nella sezione seguente). La banda passante consente appunto di specificare la soglia che separa le frequenze trasmesse e quelle filtrate.

I valori 3, 6 e 20 dB hanno un particolare significato fisico e derivano dalla conversione dei decibel in scala naturale. Infatti un'attenuazione del modulo $M$ di una quantità pari a $\alpha$, porta ad un nuovo valore del modulo

$$M' = \frac{M}{\alpha} \qquad \text{ovvero passando ai dB} \qquad M'_{\mathrm{dB}} = M_{\mathrm{dB}} - \alpha_{\mathrm{dB}}$$

dove

$$\alpha_{\mathrm{dB}} = 20 \log \alpha \qquad \text{ovvero} \qquad \alpha = 10^{\alpha_{\mathrm{dB}}/20}.$$

In particolare vale

$$\alpha = \begin{cases} \sqrt{2} & \text{per } \alpha_{\mathrm{dB}} = 3 \\ 2 & \text{per } \alpha_{\mathrm{dB}} = 6 \\ 10 & \text{per } \alpha_{\mathrm{dB}} = 20. \end{cases}$$

Dunque la banda passante a 3 dB (risp., a 6 dB o 20 dB) indica quel valore di frequenza per cui un segnale sinusoidale viene attenuato di $\sqrt{2}$ volte (risp., 2 volte o 10 volte) rispetto ad un segnale alle basse frequenza.

### Significato fisico di risonanza

Un'altra caratteristica del diagramma di Bode in Fig. 8.16 consiste ne fatto che esso presenta un massimo nel diagramma dei moduli per una pulsazione pari a $\omega_r$. Tale massimo può essere dovuto, ad esempio, alla presenza di una coppia di poli complessi e coniugati con piccolo smorzamento, oppure anche ad altre opportune strutture di zeri e poli (cfr. il sistema descritto nell'Esempio 8.11).

Supposto che il sistema abbia poli tutti a parte reale negativa, in base alla definizione di risposta armonica possiamo affermare che un segnale sinusoidale di ampiezza unitaria e pulsazione $\omega$ molto vicina ad $\omega_r$ genererà a regime una risposta di ampiezza massima $M(\omega_r) = M_r$ mentre per tutte le altre pulsazioni la risposta a regime avrà una ampiezza inferiore $M(\omega) < M_r$.

È interessante ricordare che il termine *risonanza* ha origine dalla teoria delle vibrazioni e veniva inizialmente usato con riferimento ai sistemi oscillanti privi di elementi dissipativi. Per tali sistemi infatti esiste un particolare valore della pulsazione, o equivalentemente della frequenza, per cui il modulo della risposta armonica a quella frequenza tende ad un valore infinitamente grande. Tale frequenza è appunto la frequenza di risonanza.

Questa dizione è stata poi estesa al caso in cui il modulo della risposta armonica assume solo valori al finito ma presenta un massimo in corrispondenza di un valore di frequenza assegnato.

## 8.4.2 Azioni filtranti

Il termine *banda passante* ha origine dalla teoria dei filtri sviluppata nell'ambito delle comunicazioni elettriche. Uno dei problemi fondamentali nella trasmissione dei segnali è infatti quello di far sì che solo i segnali caratterizzati da frequenze all'interno di un certo intervallo (che può essere finito o infinito), detto appunto *banda*, siano effettivamente trasmessi, mentre i disturbi o altri segnali spuri devono essere filtrati. Ciò porta alla definizione di un *filtro ideale* la cui risposta armonica è costante all'interno dell'intervallo di frequenze di interesse ed è nulla altrove. Tale filtro tuttavia non è fisicamente realizzabile e si cerca allora di trovarne una efficace approssimazione.

Nel seguito sono discussi i principali tipi di filtri e sono forniti alcuni esempi di loro approssimazioni reali.

### Filtro passa-basso

Un filtro *passa-basso* ideale è un sistema che trasmette inalterati, o con una amplificazione costante, i segnali caratterizzati da frequenze inferiori ad un dato valore di banda $B$, mentre i segnali caratterizzati da frequenze superiori vengono eliminati. Detto in altri termini, se un segnale in ingresso ad un filtro passa-basso presenta componenti armoniche di varie frequenze, nell'uscita si ritroveranno solo le componenti di frequenza inferiore a $B$ mentre le altre verranno filtrate.

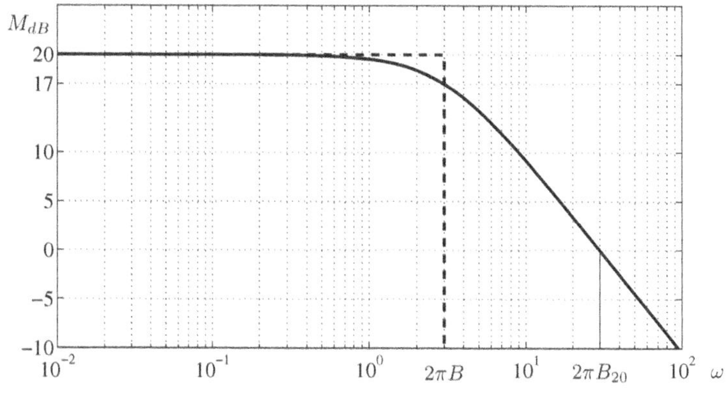


**Fig. 8.17.** Diagramma di Bode del filtro passa-basso in Esempio 8.9

**Esempio 8.9** Si consideri il sistema il cui diagramma di Bode dei moduli è mostrato in Fig. 8.17 con la linea tratteggiata. In tal caso il modulo vale

$$M_{\mathrm{dB}}^{\mathrm{id}}(\omega) = \begin{cases} 20 & \text{per } \omega \leq 3 \text{ rad/sec} \\ -\infty & \text{per } \omega > 3 \text{ rad/sec.} \end{cases}$$

Dunque tale sistema è un filtro passa-basso ideale che non lascia passare alcun segnale con frequenza superiore a $B = 3/(2\pi)$, mentre lascia passare tutti i segnali con frequenza inferiore a $B$ con una amplificazione costante del modulo, in questo caso particolare pari a 20 dB.

Si consideri il sistema con funzione di trasferimento

$$W(s) = \frac{10}{1 + s/3}.$$

Il diagramma di Bode del modulo di tale funzione è riportato in Fig. 8.17 con tratto continuo. Il sistema dato approssima il filtro ideale. Infatti in questo caso $M_{\mathrm{dB}}(0) = 20$ e la banda passante di tale filtro vale anch'essa $B = 3/(2\pi)$. Dunque le componenti armoniche di bassa frequenza (inferiore alla banda passante) presenti nell'ingresso si ritrovano nell'uscita con una amplificazione di circa 20 dB, mentre le componenti armoniche di alta frequenza (superiore alla banda passante) subiscono una forte attenuazione. ◇

Si osservi che la distanza fra i valori delle bande passanti $B$ e $B_{20}$ permette di valutare quanto il filtro *reale* approssimi quello ideale. Infatti, quando questi valori sono molto vicini tra loro, significa che vi è una netta separazione tra quelle frequenze alle quali il segnale viene lasciato passare e quelle frequenze alle quali si ha un'attenuazione significativa.

Infine si confronti il comportamento dei due sistemi le cui risposte armoniche sono mostrate in Fig. 8.16 e in Fig. 8.17. Entrambi i sistemi possono essere considerati come filtri passa-basso. Tuttavia, il diagramma di Bode del primo sistema è caratterizzato da un picco di risonanza alla pulsazione $\omega_r < 2\pi B$. Questo significa che non tutte le componenti di bassa frequenza (inferiore alla banda passante) presenti nell'ingresso del primo sistema presentano la stessa amplificazione in uscita: in particolare le componenti di frequenza nell'intorno di $\omega_r/2\pi$ subiscono una maggiore amplificazione. Poiché le diverse armoniche comprese nella banda saranno amplificate diversamente, il segnale di uscita presenterà una forte distorsione rispetto al caso ideale. Tale effetto è chiaramente minore nel secondo sistema che non presenta picco di risonanza: in tale caso infatti le deformazioni sono esclusivamente dovute alla non idealità del filtro.

Possiamo quindi concludere dicendo che la presenza di un picco di risonanza in un filtro passa-basso è nocivo ai fini della fedeltà di risposta, ossia della capacità di lasciar passare il più possibile inalterati nella forma tutti i segnali caratterizzati da frequenze sufficientemente piccole.

### Filtro passa-alto

Un filtro *passa-alto* ideale è un sistema che trasmette inalterati, o con una amplificazione costante, i segnali caratterizzati da frequenze superiori ad un dato valore di banda $B$, mentre i segnali caratterizzati da frequenze inferiori vengono eliminati. Detto in altri termini, se un segnale in ingresso ad un filtro passa-alto presenta componenti armoniche di varie frequenze, nell'uscita si ritroveranno solo le componenti di frequenza superiore a $B$ mentre le altre verranno filtrate.

Un filtro passa-alto *reale* approssimerà il comportamento di un filtro ideale. Per specificarne le caratteristiche si deve definire la sua banda passante in maniera simile a quanto fatto in § 8.4.1 per un filtro passa-basso. Nel caso di un filtro passa-alto si definisce la banda passante[4] come quella frequenza $B$ espressa in Hz alle quali il modulo della risposta armonica presenta una attenuazione di 3 dB *rispetto al modulo alle alte frequenze*, ovvero rispetto a $M_{\text{dB}}(+\infty)$.

**Esempio 8.10** Si consideri il sistema il cui diagramma di Bode dei moduli è mostrato in Fig. 8.18 con la linea tratteggiata. In tal caso il modulo vale

$$M_{\text{dB}}^{\text{id}}(\omega) = \begin{cases} -\infty & \text{per } \omega < 0.5 \text{ rad/sec} \\ -9 & \text{per } \omega \geq 0.5 \text{ rad/sec.} \end{cases}$$

Dunque tale sistema è un filtro passa-alto ideale che non lascia passare alcun segnale a frequenza inferiore a $B = 0.5/(2\pi)$, mentre lascia passare tutti i segnali con frequenza superiore a $B$ con una amplificazione costante del modulo, pari in questo caso a $-9$ dB.

Si consideri il sistema con funzione di trasferimento

$$W(s) = \frac{0.7s}{1+2s}.$$

Il diagramma di Bode del modulo di tale funzione è riportato in Fig. 8.18 con tratto continuo. Il sistema dato approssima il filtro ideale. Infatti in questo caso

[4] In maniera analoga a quanto detto per un filtro passa-basso è anche possibile definire la banda passante a 6 dB e a 20 dB, denotate, rispettivamente con $B_6$ e $B_{20}$.

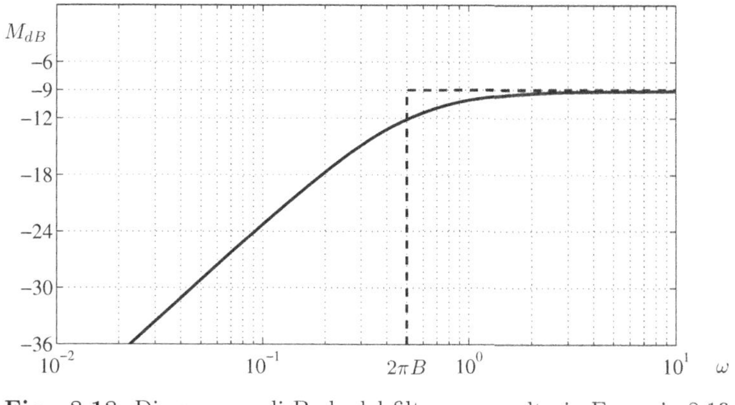


**Fig. 8.18.** Diagramma di Bode del filtro passa-alto in Esempio 8.10

$M_{\rm dB}(+\infty) = -9$ e la banda passante di tale filtro vale anch'essa $B = 0.5/(2\pi)$, perché $M_{\rm dB}(2\pi B) = M_{\rm dB}(+\infty) - 3 = -12$. Dunque le componenti armoniche di alta frequenza (superiore alla banda passante) presenti nell'ingresso si ritrovano nell'uscita con una amplificazione di circa $-9$ dB, mentre le componenti armoniche di bassa frequenza (inferiori alla banda passante) subiscono una forte attenuazione.

◇

### Filtro passa-banda

L'ultimo tipo di filtri che verranno menzionati, di grande interesse pratico, sono i filtri *passa-banda*. Un filtro passa-banda *ideale* è un sistema in grado di trasmettere inalterati, o amplificati di una quantità costante, tutti i segnali la cui frequenza è compresa in un intervallo $[B_{\min}, B_{\max}]$, mentre tutti i segnali la cui frequenza è al di fuori di questo intervallo vengono eliminati.

Un filtro passa-banda *reale* approssimerà il comportamento di un filtro ideale tramite un diagramma di Bode dei moduli caratterizzato da una risonanza. Nel caso di un filtro passa-banda si definisce banda passante[5] l'intervallo $[B_{\min}, B_{\max}]$ i cui estremi sono le due frequenze espresse in Hz alle quali il modulo della risposta armonica presenta una attenuazione di 3 dB *rispetto al modulo alla risonanza*, ovvero al massimo valore del modulo.

**Esempio 8.11** Si consideri il sistema il cui diagramma di Bode dei moduli è mostrato in Fig. 8.19 con la linea tratteggiata. In tal caso il modulo vale

$$M_{\rm dB}^{\rm id}(\omega) = \begin{cases} -\infty & \text{per } \omega < 0.4 \text{ rad/sec} \\ 3 & \text{per } \omega \in [0.4, 30] \text{ rad/sec} \\ -\infty & \text{per } \omega > 30 \text{ rad/sec.} \end{cases}$$

[5]Come per gli altri filtri già visti, è anche possible definire le bande passanti a 6 dB e a 20 dB, denotate, rispettivamente con $[B_{6,\min}, B_{6,\max}]$ e $[B_{20,\min}, B_{20,\max}]$.

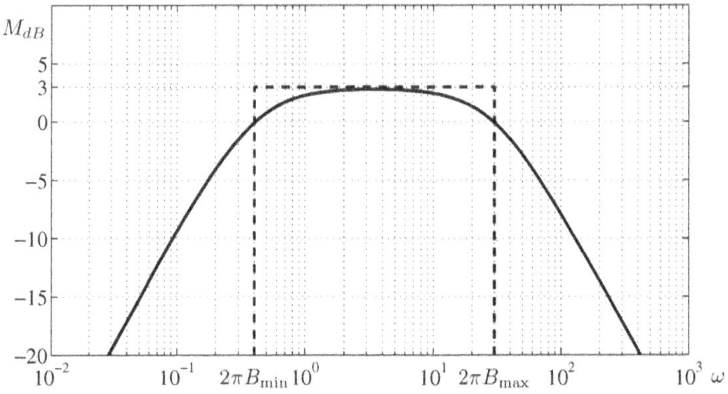


**Fig. 8.19.** Diagramma di Bode del filtro passa-banda in Esempio 8.11

Dunque tale sistema è un filtro passa-banda ideale che non lascia passare alcun segnale di frequenza inferiore a $B_{\min} = 0.4/(2\pi)$ o superiore a $B_{\max} = 30/(2\pi)$, mentre lascia passare tutti i segnali di frequenza compresa in tale intervallo con una amplificazione costante del modulo pari 3 dB.

Si consideri il sistema con funzione di trasferimento

$$W(s) = \frac{3.5s}{(1+2.5s)(1+s/30)}.$$

Il diagramma di Bode del modulo di tale funzione è riportato in Fig. 8.19 con tratto continuo. Il sistema dato approssima il filtro ideale. Infatti in questo caso il valore massimo del modulo, ossia il modulo alla risonanza, vale $M_r = 3$ dB in corrispondenza alla pulsazione $\omega_r = 3.5$ rad/sec. Inoltre, la banda passante di tale filtro vale $[B_{\min}, B_{\max}] = [0.4/(2\pi), 30/(2\pi)]$, perché $M_{\mathrm{dB}}(2\pi B_{\min}) = M_{\mathrm{dB}}(2\pi B_{\min}) = M_r - 3 = 0$. Dunque le componenti armoniche presenti nell'ingresso di frequenza all'interno della banda si ritrovano nell'uscita con una amplificazione di circa 3 dB, mentre le componenti armoniche di bassa frequenza (inferiori alla banda passante) subiscono una forte attenuazione.

## Esercizi

**Esercizio 8.1** È dato un sistema la cui funzione di trasferimento vale

$$W(s) = \frac{15s + 13.5}{10s^3 + 34s^2 + 646.6s + 128} \quad \text{(uno dei poli vale } p = -0.2\text{).}$$

(a) Si riporti la funzione di trasferimento di tale sistema in forma di Bode calcolandone i parametri caratteristici. Tracciare il diagramma di Bode della $W(j\omega)$.

(b) Quanto vale la banda passante a 20 dB per questo sistema? Qual'è il suo significato fisico?

**Esercizio 8.2** Si ripeta l'Esercizio 8.1 con riferimento alla funzione di trasferimento

$$W(s) = \frac{100s + 60}{100s^3 + 808s^2 + 68s + 32} \quad \text{(uno dei poli vale } p = -8\text{)}.$$

**Esercizio 8.3** È dato un sistema descritto dal modello ingresso-uscita

$$\frac{d^3y(t)}{dt^3} + 8\frac{d^2y(t)}{dt^2} + 25\frac{dy(t)}{dt} + 26y(t) = 39\frac{du(t)}{dt} + 26u(t)$$

dove si può verificare che una delle radici del polinomio caratteristico del sistema vale $p_1 = -2$.

(a) Si calcoli la funzione di trasferimento di tale sistema e la si ponga in forma di Bode, indicandone tutti i parametri significativi.
(b) Si tracci il diagramma di Bode di tale funzione.
(c) Si discuta se per tale funzione ha senso parlare di banda passante e di risonanza. In caso affermativo si determinino i parametri corrispondenti (banda passante a 20 dB, pulsazione, modulo e sfasamento alla risonanza).

**Esercizio 8.4** È dato un sistema descritto dal modello ingresso-uscita

$$10\frac{d^2y(t)}{dt^2} + 506\frac{dy(t)}{dt} + 300y(t) = 30\frac{d^2u(t)}{dt^2} + 120\frac{du(t)}{dt} + 3120u(t).$$

(a) Si determini la funzione di trasferimento di tale sistema e la si ponga in forma di Bode calcolandone i parametri significativi.
(b) Si tracci il diagramma di Bode della $W(j\omega)$.
(c) Sulla base del diagramma di Bode si risponda alle seguenti domande. Qual'è la frequenza $\omega_m$ che subisce la maggiore attenuazione tra ingresso e uscita? Se si suppone di applicare al sistema un ingresso sinusoidale con tale pulsazione e ampiezza unitaria $u(t) = \sin(\omega_m t)$, quanto vale l'ampiezza $Y$ dell'uscita a regime $y_r(t) = Y \sin(\omega_m t + \phi)$?

**Esercizio 8.5** Si consideri il circuito elettrico in Fig. 8.20 dove $v(t)$ [V] rappresenta la tensione in ingresso e $i(t)$ [A] la corrente nella maglia. Si assuma che l'ingresso al sistema sia

$$v(t) = 100 \ \cos(10t + 20).$$

Si determini l'andamento della corrente $i(t)$ in condizioni di regime.

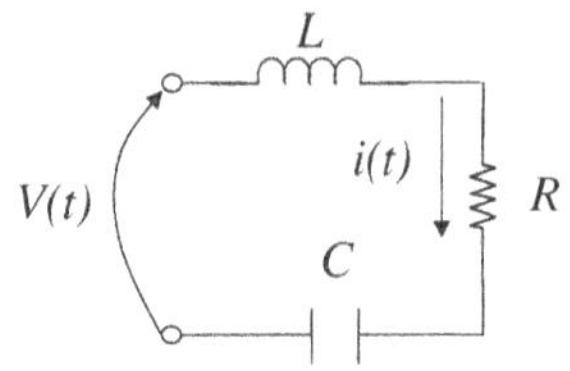


**Fig. 8.20.** Circuito RLC

**Esercizio 8.6** Si consideri ancora il circuito elettrico in Fig. 8.20 dove $v(t)$ [V] rappresenta la tensione in ingresso e $i(t)$ [A] la corrente nella maglia. Si assuma che l'ingresso sia un segnale a forma di onda quadra di periodo $T = 10$ [s], simmetrico rispetto all'asse delle ordinate e tale per cui $v(0) = 20$ [V].

(a) Si determini l'andamento della corrente $i(t)$ in condizioni di regime.
(b) Si ripeta lo stesso esercizio supponendo che l'ingresso sia un segnale a forma di onda triangolare simmetrico rispetto all'asse delle ordinate, avente lo stesso periodo $T$, ma tale per cui $v(0) = 40$ [V].

# 9

# Stabilità

In questo capitolo verrà introdotta una proprietà fondamentale nello studio dei sistemi dinamici, la stabilità. L'importanza di tale proprietà deriva dal fatto che la stabilità è una specifica imposta a quasi ogni sistema fisico controllato perché implica la possibilità di lavorare intorno a certe condizioni nominali senza discostarsi troppo da esse.

Nel seguito verranno introdotte due diverse definizioni di stabilità: la prima relativa al legame ingresso-uscita (stabilità BIBO), la seconda relativa ad una rappresentazione in termini di variabili di stato (stabilità alla Lyapunov). Nel primo caso limiteremo la nostra analisi ai soli sistemi lineari, nel secondo caso invece le definizioni date sono valide anche nel caso più generale di sistemi non lineari.

Nella terza sezione di questo capitolo verrà poi affrontato il problema dello studio della stabilità secondo Lyapunov per sistemi lineari e stazionari. In particolare verrà fornito un importante criterio di analisi basato sul calcolo degli autovalori della matrice di stato $\boldsymbol{A}$ (criterio degli autovalori). La sezione termina con un confronto tra la stabilità BIBO e la stabilità alla Lyapunov.

Nella quarta sezione verrà infine presentato un importante criterio di analisi, noto come criterio di Routh, che permette di valutare il segno della parte reale delle radici di un dato polinomio, senza ricorrere al calcolo delle radici stesse. Tale criterio si rivela naturalmente molto utile sia nello studio della stabilità BIBO che nello studio della stabilità alla Lyapunov.

## 9.1 Stabilità BIBO

Si consideri un sistema SISO e si supponga che tale sistema sia a riposo nell'istante iniziale $t_0$. Si supponga inoltre che tale sistema venga perturbato mediante l'applicazione per $t \geq t_0$ di un ingresso esterno $u(t)$ di ampiezza limitata. L'ipotesi di limitatezza implica che esista una costante $M_u > 0$ tale che

$$|u(t)| \leq M_u < \infty \qquad \forall\, t \geq 0.$$

Giua A., Seatzu C.: Analisi dei sistemi dinamici. 2a edizione

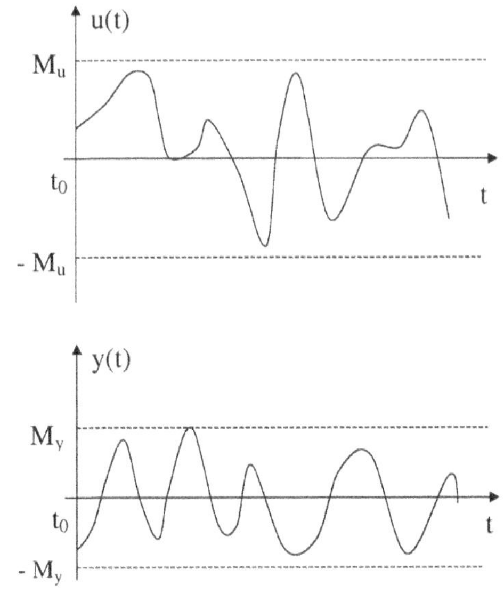


**Fig. 9.1.** Funzioni di ingresso e di uscita di un sistema BIBO stabile

Ciò che è importante sapere è se nel tempo l'uscita di tale sistema tende a divergere, oppure se si mantiene anch'essa limitata. In altre parole, ci si chiede se anche per l'uscita $y(t)$, esiste una costante $M_y > 0$ tale

$$|y(t)| \leq M_y < \infty \qquad \forall\, t \geq 0.$$

Nel caso in cui tale condizione sia verificata qualunque sia l'ingresso esterno applicato, purché di ampiezza limitata, il sistema viene detto BIBO stabile [1]. Più precisamente, vale la seguente definizione formale mentre il significato fisico delle definizioni sopra date è illustrato in Fig. 9.1.

**Definizione 9.1** *Un sistema SISO è detto* BIBO *(*bounded-input bounded-output*)* stabile *se e solo se a partire da una condizione di riposo, ad ogni ingresso limitato risponde con un'uscita anch'essa limitata.*

È importante osservare che se un sistema non è BIBO stabile, non è detto che risponda con una uscita illimitata ad ogni ingresso limitato. È però vero che se non è BIBO stabile è sempre possibile determinare degli ingressi la cui uscita corrispondente è illimitata, come apparirà evidente nel paragrafo che segue.

Per i sistemi SISO *lineari* e *stazionari* l'analisi della BIBO stabilità si semplifica notevolmente ed esistono alcuni risultati fondamentali in proposito. Infatti, come visto nei capitoli precedenti, un sistema SISO lineare e stazionario può essere descritto nel dominio del tempo mediante la sua risposta impulsiva. Non sorpren-

[1] Nella letteratura italiana la BIBO stabilità viene anche spesso indicata come stabilità ILUL (ingresso-limitato uscita-limitata).

de quindi che la proprietà di BIBO stabilità sia strettamente dipendente dalla struttura della risposta impulsiva, come mostrato dal seguente teorema.

**Teorema 9.2.** *Si consideri un sistema SISO, lineare e stazionario. Sia $w(t)$ la sua risposta impulsiva.* Condizione necessaria e sufficiente *affinché tale sistema sia* BIBO stabile *è che la sua* risposta impulsiva *sia* assolutamente sommabile, *ossia esista $M > 0$ tale che*

$$\int_0^\infty |w(\tau)| d\tau \leq M < \infty. \tag{9.1}$$

*Dimostrazione.* Poiché la BIBO stabilità caratterizza per definizione il comportamento del sistema a partire da condizioni iniziali nulle, supponiamo che il sistema sia a riposo per cui la sua evoluzione globale coincide con la sola evoluzione forzata. Per semplicità supponiamo che l'istante in cui viene applicato l'ingresso sia $t_0 = 0$ per cui, facendo ricorso all'integrale di Duhamel, possiamo scrivere l'uscita $y(t)$ del sistema come

$$y(t) = \int_0^t w(\tau) u(t-\tau) d\tau.$$

(*Condizione sufficiente.*) Supponiamo che la risposta impulsiva sia assolutamente sommabile, ovvero che valga la (9.1). L'ipotesi di limitatezza dell'ingresso ci consente di affermare che esiste una costante positiva $M_u$ tale che $\forall\ t \geq 0$, $|u(t)| \leq M_u < \infty$. Se consideriamo il valore assoluto dell'uscita abbiamo che

$$\begin{aligned} |y(t)| &\leq \int_0^t |w(\tau)||u(t-\tau)| d\tau \leq \int_0^t M_u |w(\tau)| d\tau \\ &\leq M_u \int_0^{+\infty} |w(\tau)| d\tau \leq M_u \cdot M \stackrel{\text{def}}{=} M_y \end{aligned}$$

ovvero l'uscita è anch'essa limitata.

(*Condizione necessaria.*) Per dimostrare che l'assoluta sommabilità della risposta impulsiva è anche una condizione necessaria per la BIBO stabilità è sufficiente far vedere che, se tale ipotesi è violata, esiste almeno un ingresso limitato a cui il sistema risponde con una uscita non limitata.

Supponiamo pertanto che la risposta impulsiva non sia assolutamente sommabile, per cui

$$\lim_{t\to\infty} \int_0^t |w(\tau)| d\tau = \infty.$$

Fissato un valore di $t$, supponiamo inoltre che in ingresso al sistema venga inviato il segnale $u(\cdot)$ con

$$u(t-\tau) = \begin{cases} +1 & \text{se} \quad w(\tau) \geq 0 \\ -1 & \text{se} \quad w(\tau) < 0 \end{cases}$$

il cui andamento è illustrato in Fig. 9.2. In questo caso l'uscita nel generico istante di tempo $t$ vale:

$$y(t) = \int_0^t |w(\tau)| d\tau$$

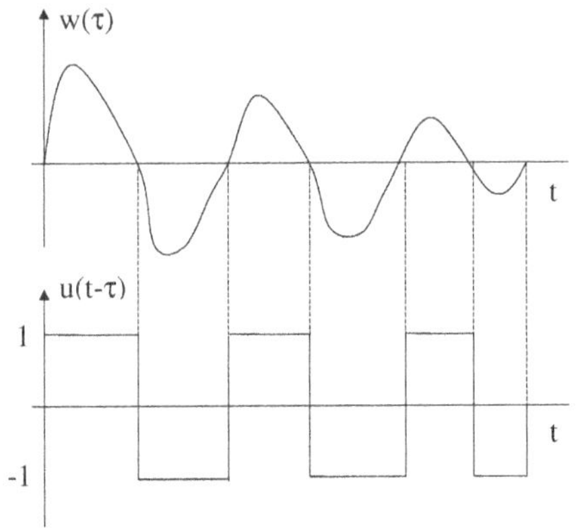


**Fig. 9.2.** Funzione di ingresso presa in esame nella dimostrazione del Teorema 9.2

dove

$$\lim_{t \to \infty} \int_0^t |w(\tau)| d\tau = \infty$$

per ipotesi. Ciò implica che se la condizione di assoluta sommabilità della $w(t)$ è violata allora l'uscita conseguente all'applicazione dell'ingresso limitato preso in esame non è limitata, per cui il sistema non è BIBO stabile. □

Come visto in dettaglio nel Capitolo 3 (cfr. § 3.18) la risposta impulsiva di un sistema lineare e stazionario ha la forma:

$$w(t) = A_0 \delta(t) + \left( \sum_{i=1}^{r} \sum_{k=0}^{\nu_i - 1} A_{i,k} t^k e^{p_i t} \right) \delta_{-1}(t) \tag{9.2}$$

dove $p_i$ sono le radici del polinomio caratteristico, ossia è una combinazione lineare dei modi del sistema.

Si noti che nel seguito, per semplicità di trattazione, supporremo che il modello ingresso-uscita sia in *forma minima* (cfr. § 6.4.2), ovvero che la funzione di trasferimento non abbia alcun polo coincidente con uno zero. In tali condizioni la risposta impulsiva $w(t)$ contiene tutti i modi del sistema ovvero $A_{i,k} \neq 0$, $\forall\ i \in 1, \cdots, r$, $\forall\ k = 0, 1, \cdots, \nu_i - 1$.

Sotto tali ipotesi, dall'esame della struttura della $w(t)$ si ricava immediatamente una condizione necessaria e sufficiente per la sua assoluta sommabilità, che si rivela un utile strumento di indagine nello studio della BIBO stabilità nel dominio del tempo.

**Teorema 9.3.** Condizione necessaria e sufficiente *affinché un sistema SISO, lineare, stazionario, a parametri concentrati e in forma minima sia* BIBO stabile *è che tutte le radici del polinomio caratteristico siano a parte reale negativa.*

*Dimostrazione.* Per dimostrare il risultato, in base al Teorema 9.2, basta dimostrare che la risposta impulsiva è assolutamente sommabile se e solo se le radici del polinomio caratteristico sono tutte a parte reale negativa.

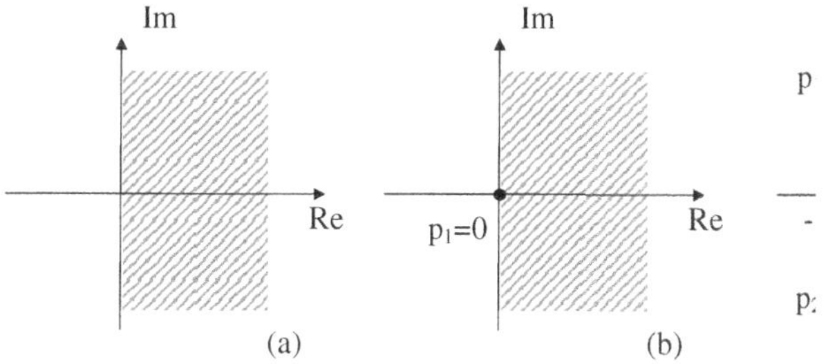


**Fig. 9.3.** **(a)** Piano di Gauss: la regione tratteggiata indica la zona di instabilità; **(b)** la radice del polinomio caratteristico dell'Esempio 9.5 nel piano di Gauss; **(c)** le radici del polinomio caratteristico dell'Esempio 9.6 nel piano di Gauss

In particolare, dato che la risposta impulsiva non è altro che una combinazione lineare dei modi del sistema, si verifica facilmente che essa è assolutamente sommabile se e solo se tutti i termini della combinazione lineare sono assolutamente sommabili.

Sarà sufficiente quindi dimostrare che il generico modo è assolutamente sommabile se e solo se esso corrisponde ad un polo a parte reale negativa. Consideriamo infatti il generico termine della risposta impulsiva $At^k e^{p_i t}$, dove $p_i = \alpha_i + j\omega_i$ e $\omega_i$ può anche essere nullo se $p_i$ è reale. Vale

$$\int_0^\infty |At^k e^{p_i t}| dt = \int_0^\infty |A| t^k e^{\alpha_i t} dt = \begin{cases} \dfrac{|A|k!}{(-\alpha_i)^{k+1}} & \text{se } \alpha_i < 0 \\ +\infty & \text{se } \alpha_i \geq 0. \end{cases} \qquad \square$$

La BIBO stabilità può essere equivalentemente studiata anche in termini di funzione di trasferimento se si considera che tutti i poli della funzione di trasferimento sono anche radici del polinomio caratteristico. Per cui possiamo subito enunciare il seguente risultato fondamentale.

**Teorema 9.4.** Condizione necessaria e sufficiente *affinché un sistema SISO, lineare, stazionario, a parametri concentrati e in forma minima sia* BIBO stabile *è che tutti i poli della funzione di trasferimento siano a parte reale strettamente negativa.*

In base ai precedenti teoremi un sistema è stabile se e solo se le radici del polinomio caratteristico giacciono nel semipiano sinistro $\mathbb{C}^-$ del piano di Gauss $(\alpha, j\omega)$, ovvero non giacciono nella regione tratteggiata in Fig. 9.3.a. Si noti che in Fig. 9.3.a la regione di stabilità BIBO non comprende l'asse immaginario.

**Esempio 9.5** Si consideri il sistema descritto dal modello ingresso-uscita

$$\frac{dy(t)}{dt} = u(t)$$

che corrisponde ad un semplice integratore. La funzione di trasferimento vale

$$W(s) = \frac{N(s)}{D(s)} = \frac{1}{s}.$$

L'unica radice del polinomio caratteristico $D(s)$ è $p_1 = 0$ che come si vede dalla Fig. 9.3.b giace nell'asse immaginario del piano di Gauss. In virtù del Teorema 9.4 possiamo pertanto concludere che il sistema non è BIBO stabile.

In questo caso è anche molto facile trovare un ingresso limitato a cui corrisponde un'uscita illimitata. La risposta impulsiva del sistema vale infatti

$$w(t) = \mathcal{L}^{-1}[W(s)] = \mathcal{L}^{-1}\left[\frac{1}{s}\right] = \delta_{-1}(t)$$

per cui se consideriamo come segnale d'ingresso un gradino di ampiezza 1, $u(t) = \delta_{-1}(t)$, l'uscita corrispondente vale

$$y(t) = \int_0^t w(t-\tau)u(\tau)d\tau = \int_0^t u(\tau)d\tau = \int_0^t d\tau = t\ \delta_{-1}(t)$$

che diverge per $t \to \infty$.

Si noti tuttavia che esistono degli ingressi limitati a cui corrisponde una uscita limitata. Si consideri ad esempio l'ingresso $u(t) = e^{-t}$. In tal caso

$$y(t) = \int_0^t w(t-\tau)u(\tau)d\tau = \int_0^t u(\tau)d\tau = \int_0^t e^{-\tau}d\tau = 1 - e^{-t}$$

e $\lim_{t\to\infty} y(t) = 1$. ◇

**Esempio 9.6** Si consideri il sistema SISO lineare, stazionario e a parametri concentrati descritto dal modello ingresso-uscita

$$\frac{d^2y(t)}{dt^2} + 2\frac{dy(t)}{dt} + 5y(t) = \frac{du(t)}{dt} + 3u(t).$$

La funzione di trasferimento vale

$$W(s) = \frac{N(s)}{D(s)} = \frac{s+3}{s^2+2s+5} = \frac{s+3}{(s+1-j2)(s+1+j2)}.$$

Le radici del polinomio caratteristico $D(s)$ sono $p_1 = -1+j2$ e $p_2 = -1-j2$ che come si vede dalla Fig. 9.3.c giacciono nel semipiano sinistro del piano di Gauss. La condizione necessaria e sufficiente per la BIBO stabilità è pertanto verificata per cui possiamo concludere che il sistema è BIBO stabile. ◇

È importante osservare che i Teoremi 9.3 e 9.4 darebbero solo condizioni sufficienti ma non necessarie per la stabilità qualora il modello ingresso-uscita non fosse in *forma minima*, ovvero qualora la funzione di trasferimento avesse uno o più poli coincidenti con uno o più zeri. Si veda in proposito l'Esercizio 9.2.

## 9.2 Stabilità secondo Lyapunov delle rappresentazioni in termini di variabili di stato

In questa sezione verrà introdotta una diversa nozione di stabilità che fa riferimento ai sistemi autonomi descritti in termini di variabili di stato e che può anche applicarsi ai sistemi non lineari. Tale definizione è stata per la prima volta proposta dallo studioso russo A. Lyapunov[2] ed è questa la ragione per cui viene comunemente detta stabilità alla Lyapunov.

Come già visto nel Capitolo 2, un generico sistema dinamico viene descritto in termini di variabili di stato mediante un sistema di equazioni differenziali nella forma:

$$\dot{\boldsymbol{x}}(t) = \boldsymbol{f}(\boldsymbol{x}(t), \boldsymbol{u}(t), t) \tag{9.3}$$

dove $\boldsymbol{f}$ è una funzione vettoriale a $n$ componenti, $\boldsymbol{x} \in \mathbb{R}^n$ è il vettore di stato e $\boldsymbol{u} \in \mathbb{R}^r$ è il vettore degli ingressi.

Per semplicità di presentazione in questa sezione limiteremo la nostra attenzione ad una classe particolare di sistemi dinamici nella forma (9.3), detti *autonomi* e definiti come segue.

**Definizione 9.7** *Il sistema* (9.3) *è detto* autonomo *se*

- *l'ingresso* $\boldsymbol{u}(t)$ *è identicamente nullo,*
- *il sistema è stazionario, ovvero la funzione* $\boldsymbol{f}$ *non dipende esplicitamente dal tempo.*

Nel caso di sistemi automomi l'eq. (9.3) può essere scritta come

$$\dot{\boldsymbol{x}}(t) = \boldsymbol{f}(\boldsymbol{x}(t)) \tag{9.4}$$

ovvero

$$\begin{cases} \dot{x}_1(t) = f_1\left(x_1(t), x_2(t), \ldots, x_n(t)\right) \\ \dot{x}_2(t) = f_2\left(x_1(t), x_2(t), \ldots, x_n(t)\right) \\ \vdots \qquad\qquad \vdots \\ \dot{x}_n(t) = f_n\left(x_1(t), x_2(t), \ldots, x_n(t)\right). \end{cases} \tag{9.5}$$

**Definizione 9.8** *La soluzione dell'eq.* (9.5) *a partire da un istante di tempo* $t_0$ *e da uno stato iniziale* $\boldsymbol{x}(t_0) = \boldsymbol{x}_0$ *definisce nello spazio di stato una curva parametrizzata dal valore del tempo* $t$*, che denotiamo* $\boldsymbol{x}(t)$*. Tale curva viene detta* evoluzione nello spazio di stato *del sistema.*

Si noti che l'evoluzione è chiaramente funzione, oltre che dell'istante di tempo $t$, anche del tempo iniziale e dello stato iniziale. Sarebbe pertanto più preciso indicarla come $\boldsymbol{x}(t; t_0, \boldsymbol{x}_0)$. Per semplicità di notazione si preferisce tuttavia esplicitare la sola dipendenza dal tempo $t$, distinguendo ove necessario, con opportuna

[2]Alexey Andreevich Lyapunov (Mosca, Russia, 1911 - 1973).

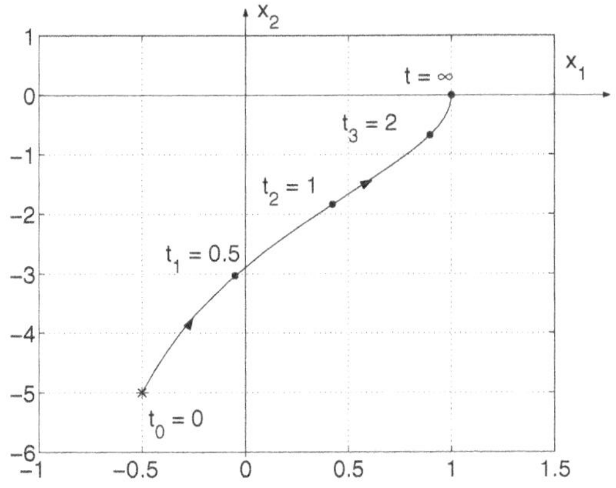


**Fig. 9.4.** L'evoluzione nello spazio di stato del sistema non lineare (9.6) a partire dalla condizione iniziale $\boldsymbol{x}_0 = [-0.5 \quad -5]^T$

notazione definita di volta in volta, evoluzioni aventi origine a partire da istanti iniziali diversi e/o stati iniziali diversi.

Inoltre, sempre per semplificare la trattazione, assumeremo quando non indicato diversamente, $t_0 = 0$.

**Esempio 9.9** Si consideri il sistema autonomo non lineare

$$\begin{cases} \dot{x}_1(t) = 1 - x_1^2(t) \\ \dot{x}_2(t) = -x_2(t). \end{cases} \tag{9.6}$$

Si supponga che all'istante $t_0 = 0$ il sistema si trovi nel generico stato iniziale $\boldsymbol{x}_0 = [x_{1,0}\ x_{2,0}]^T$ e sia $|x_{1,0}| < 1$. Sotto tale ipotesi sulla $|x_{1,0}|$, è facile integrare per parti il sistema di equazioni differenziali (9.6). In particolare, posto $a = \text{atanh}(x_{1,0})$, dove atanh indica l'inverso della tangente iperbolica, abbiamo

$$\begin{cases} x_1(t) = \dfrac{e^{(t+a)} - e^{-(t+a)}}{e^{(t+a)} + e^{-(t+a)}} \\ x_2(t) = x_{2,0}e^{-t}. \end{cases} \tag{9.7}$$

L'evoluzione nello spazio di stato del sistema (9.6) ottenuta ponendo $\boldsymbol{x}_0 = [-0.5 \ -5]^T$ è riportata in Fig. 9.4 dove $\boldsymbol{x}_0$ è indicato con un asterisco. Tale curva è parametrizzata dal valore del tempo e a titolo esplicativo sono stati riportati i valori del tempo lungo alcuni punti. Come si vede chiaramente dalla Fig. 9.4 per $t \to \infty$ l'evoluzione converge al punto $[1\ 0]^T$, la qual cosa è anche immediatamente verificabile a partire dalla soluzione analitica del sistema (9.7). ◇

### 9.2.1 Stati di equilibrio

La teoria della stabilità di Lyapunov è basata su una nozione fondamentale che è quella di stato di equilibrio.

**Definizione 9.10** *Uno stato* $\boldsymbol{x}_e$ *è uno* stato di equilibrio, *o equivalentemente un* punto di equilibrio *per il sistema* (9.3), *se vale la seguente condizione:*

$$\boldsymbol{x}(t_0) = \boldsymbol{x}_e \quad \Rightarrow \quad (\forall\, t \geq t_0) \quad \boldsymbol{x}(t) = \boldsymbol{x}_e,$$

*ovvero se ogni evoluzione che parte da* $\boldsymbol{x}_e$ *all'istante di tempo* $t_0$ *resta in* $\boldsymbol{x}_e$ *in ogni istante successivo.*

Da un punto di vista prettamente matematico ciò implica che il vettore costante $\boldsymbol{x}_e$ è soluzione del sistema

$$\boldsymbol{f}(\boldsymbol{x}_e) = \boldsymbol{0},$$

poiché infatti, se $\boldsymbol{x}(t) = \boldsymbol{x}_e$ allora $\dot{\boldsymbol{x}}(t) = \boldsymbol{f}(\boldsymbol{x}(t)) = \boldsymbol{f}(\boldsymbol{x}_e) = \boldsymbol{0}$ e dunque lo stato non varia negli istanti successivi essendo la sua derivata nulla.

**Esempio 9.11** Si consideri ancora il sistema autonomo in eq. (9.6). È facile verificare che tale sistema ha 2 stati di equilibrio, $\boldsymbol{x}_{1,e} = [1 \;\, 0]^T$ e $\boldsymbol{x}_{2,e} = [-1 \;\, 0]^T$ essendo tali vettori le uniche soluzioni del sistema $\boldsymbol{f}(\boldsymbol{x}) = \boldsymbol{0}$. Ciò comporta che ogni evoluzione del sistema che ha origine da uno qualunque di tali punti, resta in tale punto in ogni istante di tempo successivo.

Per meglio chiarire la definizione di stato di equilibrio, in Fig. 9.5 sono riportate alcune evoluzioni del sistema (9.6) ottenute a partire da diverse condizioni iniziali[3].

In ogni curva in Fig. 9.5 è stato indicato un verso di percorrenza che specifica appunto come il sistema evolve al crescere del tempo. Come si vede tutte le evoluzioni che hanno origine da un punto che si trova alla destra della retta $x_1 = -1$ raggiungono lo stato di equilibrio $\boldsymbol{x}_{1,e}$. Le evoluzioni che hanno origine in un qualunque punto lungo la retta $x_1 = -1$ terminano invece nello stato di equilibrio $\boldsymbol{x}_{2,e}$. Infine, le evoluzioni che hanno origine in un qualunque punto alla sinistra della retta $x_1 = -1$ non terminano in nessuno degli stati di equilibrio e si allontano indefinitamente da questi al trascorrere del tempo. ◇

### 9.2.2 Definizioni di stabilità secondo Lyapunov

Uno dei maggiore contributi della teoria di Lyapunov è la definizione di stabilità di uno stato di equilibrio.

[3] Si noti che, come discusso nell'Esempio 9.9, se lo stato iniziale verifica la condizione $|x_{1,0}| < 1$, è possibile allora procedendo ad una integrazione per parti, determinare analiticamente la soluzione del sistema (9.6). Per punti al di fuori di tale regione ciò non è invece possibile. Tuttavia le evoluzioni aventi origine da punti non appartenenti alla regione $|x_{1,0}| < 1$ sono calcolabili per integrazione numerica.

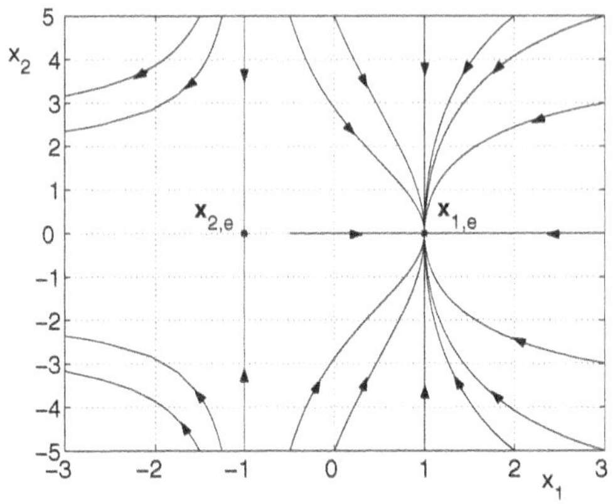


**Fig. 9.5.** Alcune evoluzioni del sistema non lineare (9.6) a partire da diverse condizioni iniziali

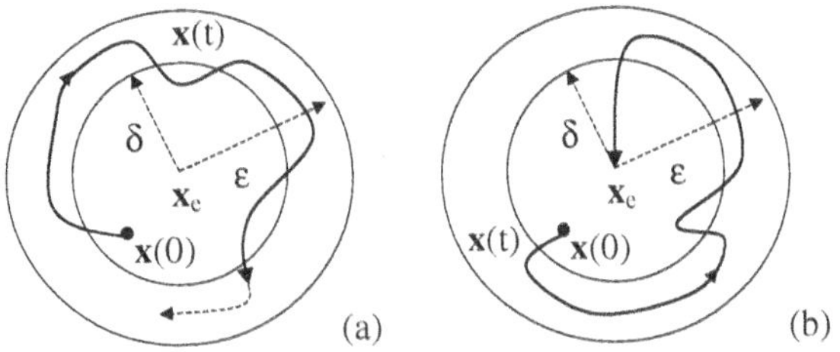


**Fig. 9.6.** **(a)** Stato di equilibrio stabile e una evoluzione rappresentativa; **(b)** stato di equilibrio asintoticamente stabile e una evoluzione rappresentativa

**Definizione 9.12** *Uno* stato di equilibrio $\boldsymbol{x}_e$ *è detto* stabile *se per ogni* $\varepsilon > 0$ *esiste un* $\delta(\varepsilon) > 0$ *tale che se* $||\boldsymbol{x}(0) - \boldsymbol{x}_e|| \leq \delta(\varepsilon)$, *allora* $||\boldsymbol{x}(t) - \boldsymbol{x}_e|| \leq \varepsilon$ *per ogni* $t \geq 0$. *In caso contrario* $\boldsymbol{x}_e$ *è uno stato di equilibrio* instabile.

La stabilità nel senso di Lyapunov implica pertanto che se un punto di equilibrio è stabile, la sua evoluzione si mantiene arbitrariamente prossima a tale punto, purché le condizioni iniziali del sistema siano sufficientemente prossime a questo, come illustrato in Fig. 9.6.a. Ossia preso un intorno di centro $\boldsymbol{x}_e$ e raggio $\varepsilon$, se il punto di equilibrio $\boldsymbol{x}_e$ è stabile è sempre possibile determinare un nuovo intorno di raggio $\delta(\varepsilon)$ e centro $\boldsymbol{x}_e$ tale che, se lo stato iniziale del sistema viene portato in un punto nell'intorno di raggio $\delta(\varepsilon)$, il sistema evolve lungo una curva che non si porterà mai al di fuori dell'intorno di raggio $\varepsilon$.

Talvolta la nozione di stabilità viene anche introdotta supponendo che lo stato di equilibrio allo studio coincida con l'origine.

**Definizione 9.13** *L'*origine *è uno stato di equilibrio* stabile *se per ogni* $\varepsilon > 0$ *esiste un* $\delta(\varepsilon) > 0$ *tale che se* $||\boldsymbol{x}(0)|| \leq \delta(\varepsilon)$, *allora* $||\boldsymbol{x}(t)|| \leq \varepsilon$ *per ogni* $t \geq 0$. *In caso contrario l'origine è uno stato di equilibrio* instabile.

Si osservi che se un sistema è non lineare la stabilità di uno stato di equilibrio non implica la stabilità degli altri stati di equilibrio.

**Esempio 9.14** Si consideri il sistema (9.6) che, come discusso sopra, ha due diversi stati di equilibrio $\boldsymbol{x}_{1,e}$ e $\boldsymbol{x}_{2,e}$. In particolare, è possibile dimostrare che di questi stati di equilibrio solo $\boldsymbol{x}_{1,e}$ è stabile. In generale tale dimostrazione richiede l'applicazione di opportuni criteri di stabilità che saranno presentati solo nel seguito. Tuttavia nel caso in esame tale conclusione può facilmente trarsi applicando proprio la definizione di stabilità di uno stato di equilibrio.

Si fissi dapprima l'attenzione sul punto $\boldsymbol{x}_{1,e}$. Si consideri un qualunque valore di $\varepsilon > 0$ purché sia $\varepsilon < 2$ e si assuma $\delta(\varepsilon) = \varepsilon$. È immediato dimostrare che tutte le *evoluzioni* aventi origine nel cerchio di centro $\boldsymbol{x}_{1,e}$ e raggio $\varepsilon$ non escono da tale cerchio, o equivalentemente, qualunque sia $\boldsymbol{x}(0)$ tale che $||\boldsymbol{x}(0) - \boldsymbol{x}_{1,e}|| \leq \delta(\varepsilon)$, allora $||\boldsymbol{x} - \boldsymbol{x}_{1,e}|| < \varepsilon$ per ogni $t \geq 0$, che è proprio la condizione di stabilità. Infatti, dato il sistema (9.6), possiamo affermare quanto segue. Se lo stato del sistema si trova in un punto in cui $x_2 > 0$, essendo in tal punto $\dot{x}_2 < 0$, il valore attuale di $x_2$ decresce fino ad incontrare l'asse delle ascisse. Viceversa, se lo stato si trova in un punto in cui $x_2 < 0$, essendo in tal punto $\dot{x}_2 > 0$, il valore di $x_2$ cresce fino ad incontrare l'asse delle ascisse. Infine, se lo stato si trova in un punto sull'asse delle ascisse, non potrà allontanarsi da tale asse essendo ivi $\dot{x}_2 = 0$. Analogamente, se lo stato si trova in un punto la cui ascissa non dista da $x_1 = -1$ più di $\varepsilon < 2$ e tale punto è alla destra (sinistra) di $x_1 = -1$, essendo in tal punto $\dot{x}_1 < 0$ ($\dot{x}_1 > 0$), lo stato evolverà nella direzione di $x_1 = -1$.

Si noti che se fissassimo un valore di $\varepsilon \geq 2$ non potremmo più assumere $\delta(\varepsilon) = \varepsilon$ ma dovremmo porre $\delta(\varepsilon) = k$ dove $k$ è una qualunque costante purché sia $k < 2$, e ciò a prescindere dal particolare valore di $\varepsilon$ scelto.

Si consideri ora lo stato di equilibrio $\boldsymbol{x}_{2,e}$. In tal caso non è più vero che le *evoluzioni* aventi origine in un punto "sufficientemente" vicino ad $\boldsymbol{x}_{2,e}$ si mantengono in un intorno di tale punto. Infatti, qualunque evoluzione avente origine in un punto alla sinistra di $\boldsymbol{x}_{2,e}$, anche se arbitrariamente vicino ad esso, si allontana indefinitamente da tale stato di equilibrio al trascorrere del tempo, essendo in tal punto $\dot{x}_1 < 0$. ◇

**Esempio 9.15** Si consideri il sistema lineare autonomo

$$\begin{cases} \dot{x}_1(t) = -4x_2(t) \\ \dot{x}_2(t) = x_1(t). \end{cases} \tag{9.8}$$

L'origine è chiaramente l'unico punto di equilibrio essendo l'unica soluzione del sistema

$$\begin{cases} -4x_2 = 0 \\ x_1 = 0. \end{cases}$$

In particolare, si può dimostrare che tale stato di equilibrio è stabile. Come già chiarito sopra, stabilire se un punto di equilibrio è stabile o meno richiede in genere l'applicazione di opportuni criteri. Tuttavia anche in questo caso, data la sua semplicità, tale conclusione può essere tratta sulla base della definizione stessa di stabilità. Nel caso ora in esame la matrice $\boldsymbol{A}$ vale

$$\boldsymbol{A} = \begin{bmatrix} 0 & -4 \\ 1 & 0 \end{bmatrix}$$

e i suoi autovalori valgono $\lambda, \lambda' = \pm j2$. Come visto nel Capitolo 5, la soluzione del sistema lineare $\dot{\boldsymbol{x}}(t) = \boldsymbol{A}\boldsymbol{x}(t)$ con stato iniziale $\boldsymbol{x}(0)$ vale per $t \geq 0$

$$\boldsymbol{x}(t) = e^{\boldsymbol{A}t}\boldsymbol{x}(0)$$

dove nel caso in esame la matrice di transizione dello stato è

$$e^{\boldsymbol{A}t} = \begin{bmatrix} \cos(2t) & -2\sin(2t) \\ 0.5\sin(2t) & \cos(2t) \end{bmatrix}.$$

L'evoluzione del sistema avente origine in un generico punto $\boldsymbol{x}_0 = [x_{1,0} \ x_{2,0}]^T$ è pertanto regolata dall'equazione

$$\boldsymbol{x}(t) = e^{\boldsymbol{A}t}\boldsymbol{x}_0$$

ovvero

$$\begin{cases} x_1(t) & = & \cos(2t)x_{1,0} - 2\sin(2t)x_{2,0} \\ x_2(t) & = & 0.5\sin(2t)x_{1,0} + \cos(2t)x_{2,0}. \end{cases}$$

Eliminando la dipendenza dal tempo, otteniamo la seguente equazione

$$x_1^2 + 4x_2^2 = x_{1,0}^2 + 4x_{2,0}^2$$

che coincide con un'ellisse che interseca gli assi nei punti

$$\left[\pm\sqrt{x_{1,0}^2 + 4x_{2,0}^2} \ \ 0\right]^T, \quad \left[0 \ \ \pm\frac{\sqrt{x_{1,0}^2 + 4x_{2,0}^2}}{2}\right]^T.$$

Come verrà formalmente definito nella successiva sezione asteriscata, tale curva definisce la *traiettoria* del sistema.

Ora, preso un qualunque $\varepsilon > 0$ si assuma $\delta(\varepsilon) = \varepsilon/2$. È evidente che — si veda in proposito la Fig. 9.7 — qualunque evoluzione avente origine in un intorno di $\boldsymbol{x} = \boldsymbol{0}$ di raggio $\varepsilon/2$, si mantiene sempre all'interno del cerchio di centro $\boldsymbol{x} = \boldsymbol{0}$ e raggio $\varepsilon$, che è proprio la condizione di stabilità dell'origine. ◇

È interessante osservare che un sistema può anche avere un numero *infinito* di stati di equilibrio. Inoltre, se il sistema è non lineare tali stati di equilibrio possono anche essere *isolati* e alcuni di essi possono essere stabili e altri instabili.

**Esempio 9.16** Si consideri il sistema autonomo non lineare

$$\begin{cases} \dot{x}_1(t) = \sin x_2(t) \\ \dot{x}_2(t) = 5x_1(t) - x_2(t). \end{cases} \tag{9.9}$$

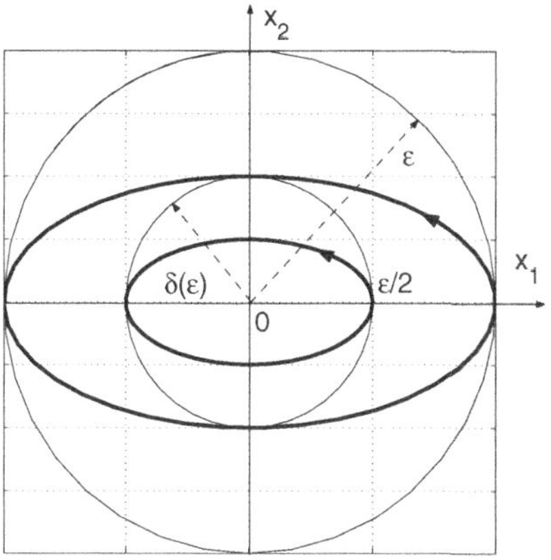


**Fig. 9.7.** Evoluzioni del sistema (9.8) e intorni dell'origine di raggio $\varepsilon$ e $\delta(\varepsilon) = \varepsilon/2$

Tale sistema ha un numero infinito di stati di equilibrio ossia tutti i punti

$$\left[\pm\frac{k\pi}{5} \quad \pm k\pi\right]^T, \quad k = 0, 1, 2, \ldots.$$

Gli infiniti punti di equilibrio del sistema (9.9) giacciono pertanto tutti lungo la retta di equazione $x_2 = 5\ x_1$.

Attraverso opportuni criteri di stabilità, che vedremo nel seguito, è facile dimostrare che tutti gli stati di equilibrio relativi a valori dispari di $k$ sono stabili, mentre quelli relativi a valori pari di $k$, compreso $k = 0$, sono punti di equilibrio instabile (cfr. Esercizio 12.9).

Un certo numero di evoluzioni del sistema (9.9) ottenute a partire da diverse condizioni iniziali sono riportate in Fig. 9.8. Le diverse condizioni iniziali considerate sono denotate mediante un asterisco. A seconda di tali condizioni iniziali (a meno che queste non coincidano con un punto di equilibrio instabile) le evoluzioni che si ottengono convergono ad uno dei punti di equilibrio stabile. Con un cerchietto sono stati invece denotati i punti di equilibrio instabile. Se il sistema si trovasse inizialmente in uno di tali stati, essendo questi degli stati di equilibrio, lo stato del sistema si manterrebbe indefinitamente in tali punti. Tuttavia, se le condizioni iniziali venissero perturbate rispetto a tali punti, anche se di una quantità infinitesima, lo stato del sistema si porterebbe in uno dei punti di equilibrio stabile. ◇

Un concetto più forte di quello di stabilità è quello di stabilità asintotica che richiede anche il soddisfacimento di una condizione al limite. Più precisamente la stabilità asintotica non solo richiede che l'evoluzione del sistema perturbato si mantenga in un intorno del punto di equilibrio, ma richiede anche che per $t \to \infty$ tale evoluzione si porti proprio a coincidere con il punto di equilibrio. Tale concetto è intuitivamente illustrato in Fig. 9.6.b e formalmente espresso come segue.

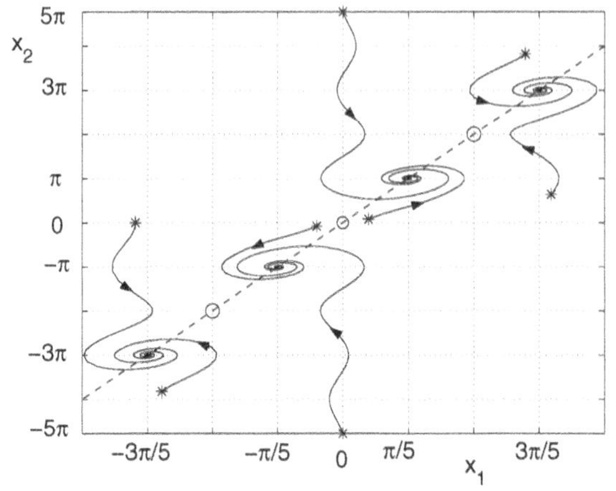


**Fig. 9.8.** Alcune evoluzioni del sistema non lineare (9.9) a partire da diverse condizioni iniziali

**Definizione 9.17** *Uno* stato di equilibrio $\boldsymbol{x}_e$ *è detto* asintoticamente stabile *se valgono entrambe le seguenti condizioni:*

*(i) per ogni* $\varepsilon > 0$ *esiste un* $\delta(\varepsilon) > 0$ *tale che se* $||\boldsymbol{x}(0) - \boldsymbol{x}_e|| \leq \delta(\varepsilon)$ *allora* $||\boldsymbol{x}(t) - \boldsymbol{x}_e|| \leq \varepsilon$ *per ogni* $t \geq 0$*;*
*(ii)* $\lim_{t\to\infty} ||\boldsymbol{x}(t) - \boldsymbol{x}_e|| = 0.$

La condizione (i) della Definizione 9.17 non è altro che la condizione di stabilità per cui possiamo semplicemente dire che uno stato di equilibrio $\boldsymbol{x}_e$ è asintoticamente stabile se è stabile e se il $\lim_{t\to\infty} ||\boldsymbol{x}(t) - \boldsymbol{x}_e|| = 0$.

**Definizione 9.18** *L'*origine *è uno stato di equilibrio* asintoticamente stabile *se valgono entrambe le seguenti condizioni:*

*(i) per ogni* $\varepsilon > 0$ *esiste un* $\delta(\varepsilon) > 0$ *tale che se* $||\boldsymbol{x}(0)|| \leq \delta(\varepsilon)$ *allora* $||\boldsymbol{x}(t)|| \leq \varepsilon$ *per ogni* $t \geq 0$*;*
*(ii)* $\lim_{t\to\infty} ||\boldsymbol{x}(t)|| = 0.$

**Esempio 9.19** Gli stati di equilibrio stabili dei sistemi (9.6) e (9.9) sono tutti anche asintoticamente stabili.

Al contrario, l'origine è uno stato di equilibrio stabile per il sistema (9.8) ma non asintoticamente stabile. Infatti come di vede dalla Fig. 9.7 le evoluzioni di tale sistema sono delle ellissi percorse in senso antiorario i cui punti di intersezione con gli assi dipendono dalle particolari condizioni iniziali. ◇

È importante osservare che la condizione al limite da sola non dà alcuna informazione sulla stabilità di uno stato di equilibrio. Può cioè capitare che tutte le evoluzioni aventi origine in un intorno dello stato di equilibrio si portino per

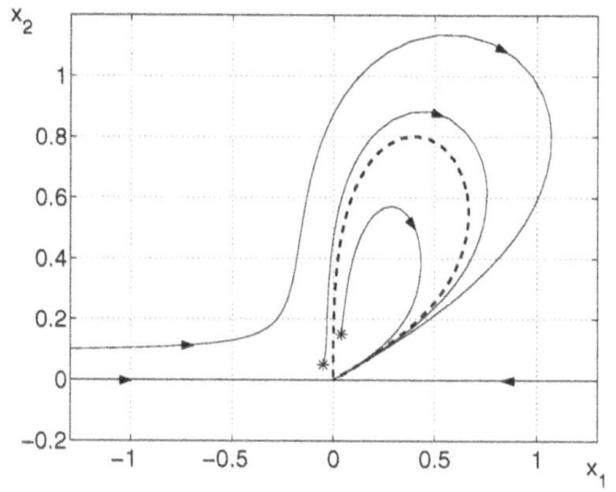


**Fig. 9.9.** Alcune evoluzioni del sistema non lineare (9.10) a partire da diverse condizioni iniziali

$t \to \infty$ a coincidere con lo stato di equilibrio stesso pur non essendo verificata la condizione di stabilità.

**Esempio 9.20** Si consideri il sistema autonomo non lineare

$$\begin{cases} \dot{x}_1(t) = x_1^2(t)\,(x_2(t) - x_1(t)) + x_2^5(t) \\ \dot{x}_2(t) = x_2^2(t)\,(x_2(t) - 2x_1(t)) \,. \end{cases} \tag{9.10}$$

L'origine è chiaramente un punto di equilibrio per il sistema (9.10). Si può inoltre dimostrare che tutte le evoluzioni di tale sistema convergono per $t \to \infty$ all'origine stessa. Ciò nonostante l'origine non è un punto di equilibrio stabile. Infatti, dall'osservazione delle evoluzioni riportate in Fig. 9.9, è facile convincersi che tutte le evoluzioni che partono da un punto nel quarto quadrante ($x_{1,0} < 0$, $x_{2,0} > 0$) rimangono sempre al di sopra della curva tratteggiata, portandosi poi nel primo quadrante dove convergono infine verso l'origine.

Dunque non è vero che per ogni $\varepsilon > 0$ esiste un $\delta(\varepsilon) > 0$ tale che se $||\boldsymbol{x}(0)|| \leq \delta(\varepsilon)$ allora $||\boldsymbol{x}(t)|| \leq \varepsilon$ per ogni $t \geq 0$. Basta infatti scegliere un qualunque $\varepsilon < d$, dove $d$ indica la massima distanza della curva tratteggiata dall'origine, perché tale condizione non sia verificata. ◇

Si noti che uno stato di equilibrio che verifica la condizione al limite dell'asintotica stabilità ma che è instabile, viene detto un *punto di attrazione* per il sistema. L'origine è pertanto un punto di attrazione per il sistema (9.10).

Tutte le definizioni sopra date, riferendosi ad un intorno del punto di equilibrio, permettono di caratterizzare esclusivamente il comportamento *locale* del sistema, ossia permettono di caratterizzare la sua risposta nel caso in cui il sistema venga sottoposto a piccole perturbazioni in prossimità dello stato di equilibrio. L'insieme delle possibili condizioni iniziali a partire dalle quali si ha asintotica stabilità costituisce il *dominio di attrazione*. Qualora il dominio di attrazione coincida con l'intero spazio di stato si parla di *globale asintotica stabilità*.

**Definizione 9.21** *Se uno stato di equilibrio* $\boldsymbol{x}_e$ *è asintoticamente stabile qualunque sia lo stato iniziale da cui l'evoluzione del sistema ha origine, allora tale stato di equilibrio è detto* globalmente asintoticamente stabile.

Si osservi che se un sistema ha uno stato di equilibrio globalmente asintoticamente stabile, allora questo è anche l'*unico* stato di equilibrio del sistema.

Nei problemi ingegneristici reali la globale asintotica stabilità è una proprietà desiderabile anche se molto spesso di difficile realizzazione. Il problema allora viene rilassato e ci si accontenta della sola proprietà locale. Diventa però in questo caso importante individuare la più ampia regione di asintotica stabilità, ossia il *dominio di attrazione*. La risoluzione di tale problema è in generale molto complessa.

**Esempio 9.22** Si consideri il sistema (9.6). Come visto in precedenza il punto di equilibrio $\boldsymbol{x}_{1,e} = [1\ 0]^T$ è asintoticamente stabile. Tale punto tuttavia non è globalmente asintoticamente stabile in quanto il suo dominio di attrazione non coincide con l'intero spazio di stato, bensì con il solo semipiano a destra della retta di equazione $x_1 = -1$, di cui tale retta non fa parte.

Il sistema (9.9) ha invece un numero infinito di stati di equilibrio asintoticamente stabili, nessuno dei quali può pertanto esserlo in modo globale. In questo caso tuttavia non è altrettanto immediato determinare i loro dominii di attrazione.
◇

**Esempio 9.23** Si consideri il sistema autonomo lineare

$$\begin{cases} \dot{x}_1(t) = -x_1(t) + 10x_2(t) \\ \dot{x}_2(t) = -10x_1(t) - x_2(t). \end{cases} \tag{9.11}$$

Chiaramente tale sistema ha un solo punto di equilibrio che coincide con l'origine. Infatti la matrice

$$\boldsymbol{A} = \begin{bmatrix} -1 & 10 \\ -10 & -1 \end{bmatrix}$$

ha autovalori $\lambda, \lambda' = -1 \pm j10$ e la matrice di transizione dello stato vale

$$e^{\boldsymbol{A}t} = \begin{bmatrix} e^{-t}\cos(10t) & e^{-t}\sin(10t) \\ -e^{-t}\sin(10t) & e^{-t}\cos(10t) \end{bmatrix}.$$

L'evoluzione del sistema avente origine in un generico punto $\boldsymbol{x}_0 = [x_{1,0}\ x_{2,0}]^T$ vale dunque

$$\boldsymbol{x}(t) = e^{\boldsymbol{A}t}\boldsymbol{x}_0$$

ovvero

$$\begin{cases} x_1(t) = e^{-t}\ [\cos(10t)x_{1,0} + \sin(10t)x_{2,0}] \\ x_2(t) = e^{-t}\ [-\sin(10t)x_{1,0} + \cos(10t)x_{2,0}]. \end{cases}$$

Si può facilmente osservare che l'origine è un punto di equilibrio globalmente asintoticamente stabile perché, indipendentemente dalla condizione iniziale, l'evoluzione converge verso l'origine e per ogni $t > t_0$ vale

$$|x_1^2(t) + x_2^2(t)| < |x_{1,0}^2 + x_{2,0}^2|.$$

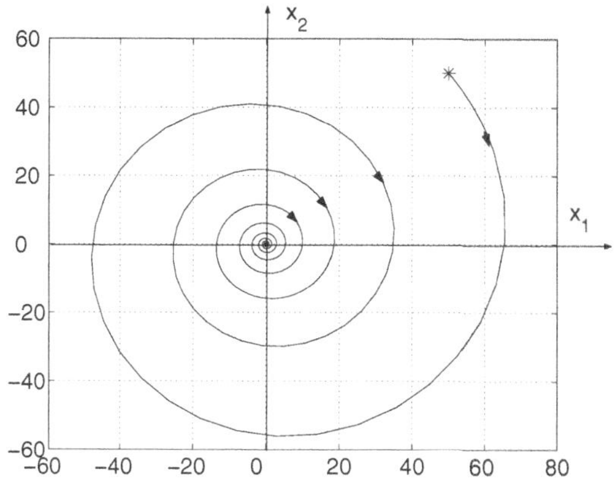


**Fig. 9.10.** L'evoluzione del sistema lineare (9.11) ottenuta a partire dalla condizione iniziale $\boldsymbol{x}(0) = [50 \;\; 50]^T$

A titolo esemplificativo nella Fig. 9.10 è riportata una evoluzione di tale sistema ottenuta a partire dalla condizione iniziale $\boldsymbol{x}(0) = [50 \;\; 50]^T$, indicata in figura mediante un asterisco. Tale evoluzione evidenzia la convergenza all'origine che, in virtù della globale asintotica stabilità dell'origine, si ha qualunque sia la condizione iniziale scelta. ◇

### 9.2.3 Movimento e traiettoria [*]

Come illustrato nella sezione precedente la teoria di Lyapunov si basa essenzialmente sulla nozione di stato di equilibrio. Vi sono tuttavia altre importanti definizioni che consentono di caratterizzare il comportamento di un sistema dinamico, in particolare le definizioni di movimento e traiettoria.

**Definizione 9.24** *Si consideri il sistema dinamico* (9.4) *e sia* $\boldsymbol{x}(t)$ *la sua evoluzione a partire da uno stato iniziale* $\boldsymbol{x}(0) = \boldsymbol{x}_0$.

*Definiamo* movimento *(o* moto*) del sistema associato allo stato iniziale* $\boldsymbol{x}_0$, *il sottoinsieme di* $\mathbb{R}^n \times \mathbb{R}$ *dato da*

$$m(\boldsymbol{x}_0) = \{(\bar{\boldsymbol{x}}, t) \mid t \geq 0 \;, \boldsymbol{x}(t) = \bar{\boldsymbol{x}}\}. \tag{9.12}$$

*Definiamo inoltre* traiettoria *(o* traiettoria di stato*) del sistema associato allo stato iniziale* $\boldsymbol{x}_0$, *il sottoinsieme di* $\mathbb{R}^n$ *dato da*

$$t(\boldsymbol{x}_0) = \{\bar{\boldsymbol{x}} \mid \exists t \geq 0 \;: \boldsymbol{x}(t) = \bar{\boldsymbol{x}}\}. \tag{9.13}$$

Il movimento del sistema associato allo stato iniziale $\boldsymbol{x}_0$ non è quindi altro che la curva in $\mathbb{R}^n \times \mathbb{R}$ ottenuta rappresentando l'evoluzione $\boldsymbol{x}(t)$ al variare del tempo. La traiettoria invece è la proiezione ortogonale del movimento sul piano $t = 0$ ed è pertanto definita nello spazio $\mathbb{R}^n$. Essa pertanto coincide con l'insieme di tutti i punti dello spazio di stato individuati dall'evoluzione del sistema stesso al variare di $t \in [0, +\infty)$.

Un caso particolare di movimento e traiettoria si ha quando lo stato iniziale del sistema coincide con uno stato di equilibrio $\boldsymbol{x}_e$ (sia esso stabile o instabile). In questo caso infatti il movimento non è altro che una semiretta nel piano $\mathbb{R}^n \times \mathbb{R}$ parallela all'asse $t$ e avente origine nel punto $\boldsymbol{x}_e$, ossia

$$m(\boldsymbol{x}_e) = \{(\boldsymbol{x}_e, t) \mid t \geq 0\}. \tag{9.14}$$

La traiettoria comprende invece il solo stato di equilibrio, ossia

$$t(\boldsymbol{x}_e) = \{\boldsymbol{x}_e\}. \tag{9.15}$$

**Esempio 9.25** Si consideri ancora il sistema autonomo non lineare (9.6) in Esempio 9.9. Alcune sue evoluzioni a partire da diverse condizioni iniziali sono riportate in Fig. 9.5.

Sia $\boldsymbol{x}_0 = [1\ 2]^T$. Come evidenziato in Fig. 9.5 in questo caso il sistema evolve lungo la retta di equazione $x_1 = 1$ fino ad incontrare il punto di equilibrio $\boldsymbol{x}_{1,e} = [1\ 0]^T$. Ciò significa che il movimento è dato da

$$m([1\ 2]^T) = \{([x_1\ x_2]^T, t) \mid t \geq 0,\ x_1 = 1,\ x_2 = 2e^{-t}\}$$

mentre la traiettoria è data da

$$t([1\ 2]^T) = \{[x_1\ x_2]^T\ :\ x_1 = 1,\ x_2 \in [0, 2]\}. \qquad \diamond$$

Le nozioni di stabilità prima introdotte per uno stato di equilibrio si estendono naturalmente anche al movimento e alla traiettoria.

**Definizione 9.26** *Si consideri il sistema dinamico autonomo* (9.4). *Sia* $\boldsymbol{x}(t)$ *la sua evoluzione a partire dallo stato* $\boldsymbol{x}_0$ *e* $\tilde{\boldsymbol{x}}(t)$ *la sua evoluzione a partire dallo stato* $\tilde{\boldsymbol{x}}_0$.

*Il* movimento $m(\boldsymbol{x}_0)$ *è detto* stabile *se per ogni* $\varepsilon > 0$ *esiste un* $\delta(\varepsilon) > 0$ *tale che se* $||\tilde{\boldsymbol{x}}_0 - \boldsymbol{x}_0|| \leq \delta(\varepsilon)$, *allora* $||\tilde{\boldsymbol{x}}(t) - \boldsymbol{x}(t)|| \leq \varepsilon$ *per ogni* $t \geq 0$.

*In caso contrario* $m(\boldsymbol{x}_0)$ *è un movimento* instabile.

Un movimento $m(\boldsymbol{x}_0)$ è pertanto stabile se perturbando lo stato da cui l'evoluzione $\boldsymbol{x}(t)$ ha origine, mantenendosi però sufficientemente vicino a tale stato, si ottiene una nuova evoluzione $\tilde{\boldsymbol{x}}(t)$ che in ogni istante $t \geq 0$ è arbitrariamente prossima all'evoluzione $\boldsymbol{x}(t)$.

**Definizione 9.27** *Si consideri il sistema dinamico autonomo* (9.4). *Sia* $\boldsymbol{x}(t)$ *la sua evoluzione a partire dallo stato* $\boldsymbol{x}_0$ *e* $\tilde{\boldsymbol{x}}(t)$ *la sua evoluzione a partire dallo stato* $\tilde{\boldsymbol{x}}_0$.

*La* traiettoria $t(\boldsymbol{x}_0)$ *è detta* stabile *se per ogni* $\varepsilon > 0$ *esiste un* $\delta(\varepsilon) > 0$ *tale che se* $||\tilde{\boldsymbol{x}}_0 - \boldsymbol{x}_0|| \leq \delta(\varepsilon)$ *è possibile determinare per ogni istante* $t_1 \geq 0$ *un istante* $t_2 \geq 0$ *tale che* $||\tilde{\boldsymbol{x}}(t_1) - \boldsymbol{x}(t_2)|| \leq \varepsilon$ .

*In caso contrario* $t(\boldsymbol{x}_0)$ *è una traiettoria* instabile.

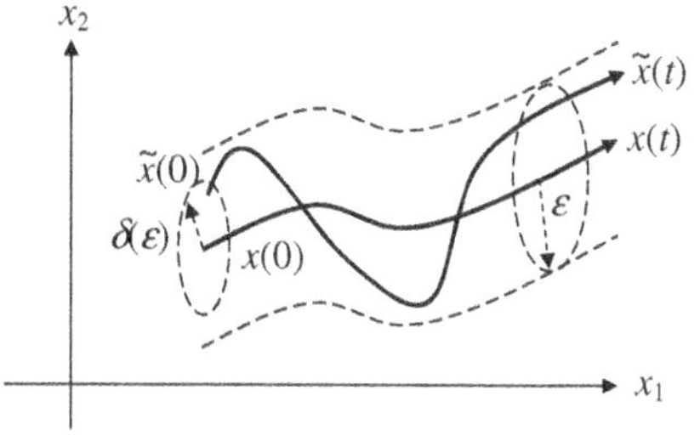


**Fig. 9.11.** Un esempio di traiettoria stabile

Una traiettoria $t(\boldsymbol{x}_0)$ è pertanto stabile se perturbando lo stato da cui l'evoluzione $\boldsymbol{x}(t)$ ha origine, mantenendosi però sufficientemente vicino a tale stato, si ottiene una nuova evoluzione $\tilde{\boldsymbol{x}}(t)$ tale che, qualunque istante $t_1 \geq 0$ si prenda in considerazione, esiste un altro istante $t_2 \geq 0$ tale per cui il punto dello spazio di stato attraversato dall'evoluzione $\boldsymbol{x}(t)$ al tempo $t = t_1$ è arbirariamente prossima all'evoluzione perturbata al tempo $t = t_2$.

Tale definizione è chiarita in Fig. 9.11 dove per semplicità di rappresentazione si è considerato un sistema del secondo ordine. La traiettoria $t(\boldsymbol{x}_0)$ è stabile se per ogni $\varepsilon > 0$ esiste un $\delta(\varepsilon) > 0$ tale che, considerando una qualunque perturbazione di $\boldsymbol{x}_0$ purché interna al cerchio di centro $\boldsymbol{x}_0$ e raggio $\delta(\varepsilon)$, in ogni istante di tempo la traiettoria perturbata cade internamente alla regione del piano individuata dall'inviluppo dei cerchi aventi centro nella traiettoria nominale e raggio $\varepsilon$.

È intuitivo osservare che la stabilità del movimento è una condizione più forte rispetto alla stabilità della traiettoria. Infatti, nel caso del movimento perché questo sia stabile la distanza tra le due evoluzioni (nominale e perturbata) si deve mantenere in un dato intorno (la cui ampiezza dipende dalla perturbazione iniziale) in ogni istante di tempo $t$. In pratica tale proprietà dipende dalla rapidità con cui le curve di evoluzione nello spazio di stato sono percorse al variare del tempo. Questo è invece ininfluente nel caso della traiettoria. In tal caso infatti l'unica cosa che influisce sulla stabilità è il luogo geometrico dei punti descritto da tali evoluzioni nello spazio di stato (le traiettorie stesse) indipendentemente dalla loro velocità di percorrenza.

Possiamo pertanto dimostrare il seguente risultato.

**Proposizione 9.28** *Si consideri un generico sistema autonomo. Se il movimento* $m(\boldsymbol{x}_0)$ *è stabile allora anche la traiettoria* $t(\boldsymbol{x}_0)$ *è stabile, qualunque sia lo stato iniziale* $\boldsymbol{x}_0$.

*Dimostrazione.* Segue dalle Definizioni 9.26 e 9.27 di stabilità del movimento e della traiettoria. Infatti, il soddisfacimento della condizione data in Definizione 9.26 implica il soddisfacimento della condizione in Definizione 9.27 se si pone $t_2 = t_1$.

□

Il seguente esempio mostra come, neanche nel caso lineare, la stabilità della traiettoria implichi invece quella del movimento. Possono esservi cioè traiettorie

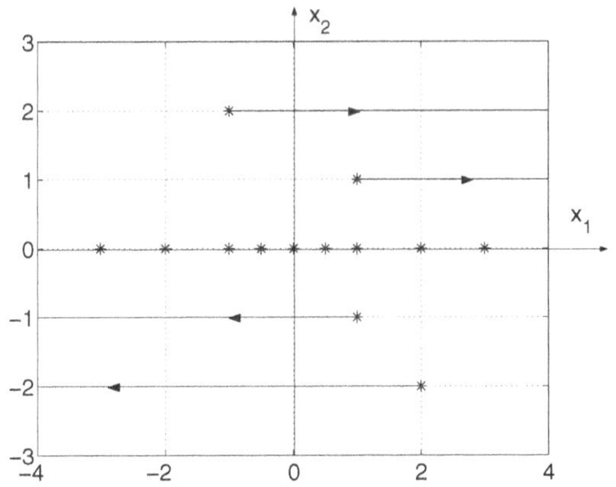


**Fig. 9.12.** Alcune evoluzioni del sistema lineare dell'Esempio 9.29 ottenute a partire da diverse condizioni iniziali

stabili a partire da certe condizioni iniziali, mentre i corrispondenti movimenti sono instabili.

**Esempio 9.29** Si consideri il sistema lineare

$$\dot{\boldsymbol{x}}(t) = \boldsymbol{A}\boldsymbol{x}(t), \qquad \text{dove} \quad \boldsymbol{A} = \begin{bmatrix} 0 & 1 \\ 0 & 0 \end{bmatrix}.$$

Tale sistema ha infiniti stati di equilibrio, ossia tutti i punti lungo la retta di equazione $x_2 = 0$. Inoltre, la matrice di transizione dello stato vale

$$e^{\boldsymbol{A}t} = \begin{bmatrix} 1 & t \\ 0 & 1 \end{bmatrix}$$

e dunque l'evoluzione del sistema avente origine in un generico punto $\boldsymbol{x}_0 = [x_{1,0}\ x_{2,0}]^T$ vale $\boldsymbol{x}(t) = e^{\boldsymbol{A}t}\boldsymbol{x}_0$, ovvero

$$\begin{cases} x_1(t) &=& x_{1,0} + x_{2,0}\, t \\ x_2(t) &=& x_{2,0}. \end{cases}$$

Pertanto, qualunque sia la condizione iniziale scelta, a meno che questa non coincida con un qualunque punto sulla retta $x_2 = 0$, la componente $x_1(t)$ tende a $\pm\infty$. In particolare, possiamo osservare che tutte le evoluzioni sono parallele alla retta $x_2 = 0$, essendo $x_2(t) = x_{2,0} = \text{cost}$. Inoltre, se la condizione iniziale è caratterizzata da un valore positivo (negativo) di $x_{2,0}$, lo stato del sistema si muove verso valori sempre crescenti (decrescenti) di $x_1$.

Per maggiore chiarezza in Fig. 9.12 sono state riportate alcune evoluzioni del sistema in esame ottenute a partire da diverse condizioni iniziali. Al solito la condizione iniziale di ciascuna evoluzione è stata denotata mediante un asterisco.

Dimostriamo ora che tutti i movimenti di tale sistema sono instabili.

Si supponga ora di perturbare leggermente la generica condizione iniziale $\boldsymbol{x}_0 = [x_{1,0}\ x_{2,0}]^T$. In particolare, si assuma $\tilde{\boldsymbol{x}}_0 = [x_{1,0} + \Delta_1\ x_{2,0} + \Delta_2]^T$. L'evoluzione perturbata $\tilde{\boldsymbol{x}}(t)$ è chiaramente definita dalle equazioni

$$\begin{cases} \tilde{x}_1(t) &= x_{1,0} + \Delta_1 + x_{2,0}\, t + \Delta_2\, t \\ \tilde{x}_2(t) &= x_{2,0} + \Delta_2. \end{cases}$$

Ciò implica che

$$\lim_{t\to\infty} ||\tilde{\boldsymbol{x}}(t) - \boldsymbol{x}(t)|| = \lim_{t\to\infty} \sqrt{(\Delta_1 + \Delta_2 t)^2 + \Delta_2^2} = \infty$$

qualunque sia $\Delta_1 \in \mathbb{R}$ e $\Delta_2 \in \mathbb{R}^+$. Il movimento $m(\boldsymbol{x}_0)$ è pertanto instabile per ogni condizione iniziale $\boldsymbol{x}_0 \in \mathbb{R}^2$.

È facile anche constatare che non tutte le traiettorie sono invece instabili.

Si consideri uno stato iniziale $\boldsymbol{x}_0 = [x_{1,0}\ x_{2,0}]^T$ con $x_{2,0} \neq 0$ e sia $\tilde{\boldsymbol{x}}_0 = [x_{1,0} + \Delta_1\ x_{2,0} + \Delta_2]^T$ una sua perturbazione. Qualunque sia lo stato iniziale perturbato $\tilde{\boldsymbol{x}}_0$, purché sufficientemente prossimo ad $\boldsymbol{x}_0$, le due evoluzioni (perturbata e nominale) sono definite da rette parallele percorse nello stesso verso. Più precisamente la distanza nella direzione dell'asse $x_2$ si mantiene inalterata nel tempo; inoltre, se per ogni $t_1 \geq 0$ si considera $t_2 = \frac{x_{2,0}}{x_{2,0}+\Delta_2} t_1$ la distanza nella direzione dell'asse $x_1$ tra la traiettoria perturbata in $t_1$ e la traiettoria nominale in $t_2$ è addirittura nulla. Per definizione questo implica che la traiettoria $t(\boldsymbol{x}_0)$ così definita è stabile mentre, per quanto visto prima, il corrispondente movimento è instabile.

Si supponga ora di considerare come stato iniziale $\boldsymbol{x}_0$ un qualunque punto sull'asse $x_1$, ossia un qualunque punto di equilibrio $\boldsymbol{x}_e$. In questo caso $t(\boldsymbol{x}_0) = t(\boldsymbol{x}_e) = \{\boldsymbol{x}_e\}$. Una sua qualunque perturbazione genera un'evoluzione che tende a divergere in accordo a quanto mostrato in Fig. 9.12. Ciò implica che $t(\boldsymbol{x}_0)$ è una traiettoria instabile. ◇

La nozione di asintotica stabilità si estende facilmente al movimento.

**Definizione 9.30** *Un* movimento $m(\boldsymbol{x}_0)$ *relativo al sistema dinamico autonomo* (9.4) *è detto* asintoticamente stabile *se valgono entrambe le seguenti condizioni:*

*(i) per ogni* $\varepsilon > 0$ *esiste un* $\delta(\varepsilon) > 0$ *tale che se* $||\tilde{\boldsymbol{x}}_0 - \boldsymbol{x}_0|| \leq \delta(\varepsilon)$, *allora* $||\tilde{\boldsymbol{x}}(t) - \boldsymbol{x}(t)|| \leq \varepsilon$ *per ogni* $t \geq 0$;

*(ii)* $\lim_{t\to\infty} ||\tilde{\boldsymbol{x}}(t) - \boldsymbol{x}(t)|| = 0$.

Un movimento $m(\boldsymbol{x}_0)$ è pertanto asintoticamente stabile se esso è stabile e se inoltre l'evoluzione che risulta da una perturbazione sufficientemente piccola dello stato iniziale converge dopo un tempo sufficientemente grande all'evoluzione perturbata.

**Esempio 9.31** Si consideri ancora il sistema autonomo in eq. (9.6). Come già discusso tale sistema ha 2 stati di equilibrio, $\boldsymbol{x}_{1,e} = [1\ 0]^T$ e $\boldsymbol{x}_{2,e} = [-1\ 0]^T$ (cfr. Fig. 9.5).

In questo caso qualunque sia $\boldsymbol{x}_0 = [x_{1,0} \; x_{2,0}]^T$ con $x_{1,0} > -1$, il movimento $m(\boldsymbol{x}_0)$ è asintoticamente stabile.

Se $x_{1,0} = -1$, allora $m(\boldsymbol{x}_0)$ è instabile.

Infine, se $x_{1,0} < -1$ non disponendo di una espressione analitica delle corrispondenti evoluzioni che ci permetta di valutare con quale rapidità le traiettorie di stato sono percorse andando verso valori di $x_1$ sempre decrescenti, non è facile trarre conclusioni circa la stabilità dei corrispondenti movimenti. ◇

**Esempio 9.32** Si consideri il sistema autonomo lineare

$$\begin{cases} \dot{x}_1(t) = -x_1(t) + 10x_2(t) \\ \dot{x}_2(t) = -10x_1(t) - x_2(t) \end{cases} \tag{9.16}$$

già preso in esame nell'Esempio 9.23. Come già discusso l'origine è un punto di equilibrio globalmente asintoticamente stabile pertanto ogni evoluzione termina nell'origine stessa (cfr. Fig. 9.10). È facile verificare (tale compito è lasciato come esercizio al lettore) che per tale sistema qualunque movimento definito a partire da qualunque stato iniziale è anch'esso asintoticamente stabile. ◇

Concludiamo questo paragrafo osservando che benché alcuni autori [8] estendano il concetto di asintotica stabilità anche alla traiettoria, in questa sede si è preferito non introdurre questa definizione. L'asintotica stabilità è infatti una proprietà strettamente legata al concetto di tempo, mentre la traiettoria prescinde da tale concetto e descrive semplicemente il luogo geometrico dei punto nello spazio di stato descritti da un sistema durante la sua evoluzione. Al contrario il movimento tiene espressamente conto di come tali punti sono raggiunti al variare del tempo. Pertanto in tale caso è assolutamente significativo caratterizzare il comportamento del sistema al crescere del tempo attraverso la nozione di asintotica stabilità.

## 9.3 Stabilità secondo Lyapunov dei sistemi lineari e stazionari

In questa sezione fisseremo la nostra attenzione sui sistemi lineari, e coerentemente con quanto svolto finora, autonomi.

### 9.3.1 Stati di equilibrio

Per un sistema lineare autonomo l'eq. (9.5) si riduce a

$$\dot{\boldsymbol{x}}(t) = \boldsymbol{A}\boldsymbol{x}(t) \tag{9.17}$$

ovvero

$$\begin{cases} \dot{x}_1(t) &=& a_{1,1}x_1(t) + a_{1,2}x_2(t) + \ldots + a_{1,n}x_n(t) \\ \dot{x}_2(t) &=& a_{2,1}x_1(t) + a_{2,2}x_2(t) + \ldots + a_{2,n}x_n(t) \\ \vdots & & \vdots \\ \dot{x}_n(t) &=& a_{n,1}x_1(t) + a_{n,2}x_2(t) + \ldots + a_{n,n}x_n(t). \end{cases}$$

Gli stati di equilibrio di un sistema lineare autonomo possono essere caratterizzati come segue.

**Proposizione 9.33** *Dato un sistema lineare autonomo* $\dot{\boldsymbol{x}}(t) = \boldsymbol{A}\boldsymbol{x}(t)$, *lo stato* $\boldsymbol{x}_e$ *è un punto di equilibrio se e solo se è soluzione del sistema lineare omogeneo*

$$\boldsymbol{A}\boldsymbol{x}_e = \boldsymbol{0}.$$

*Da ciò derivano immediatamente i seguenti risultati.*

- *Se la matrice* $\boldsymbol{A}$ *è non singolare, l'unico stato di equilibrio del sistema è* $\boldsymbol{x}_e = \boldsymbol{0}$ *ossia l'origine.*
- *Viceversa, se* $\boldsymbol{A}$ *è singolare allora il sistema ha un numero infinito di stati di equilibrio che descrivono uno spazio lineare: sono tutti i punti contenuti nello spazio nullo di* $\boldsymbol{A}$. *Un sistema lineare autonomo non può pertanto avere stati di equilibrio isolati (siano essi in numero finito o infinito), come invece è possibile nel caso dei sistemi non lineari.*

*Dimostrazione.* La valità di tale proposizione segue immediatamente da quanto visto in Appendice C a proposito dei sistemi di equazioni lineari (cfr. Teorema C.42). □

**Esempio 9.34** Si consideri il sistema lineare (9.8) la cui matrice di stato è

$$\boldsymbol{A} = \begin{bmatrix} 0 & -4 \\ 1 & 0 \end{bmatrix}.$$

Tale matrice è non singolare essendo $\det(\boldsymbol{A}) = 4$. Da ciò segue che l'origine è l'unico stato di equilibrio del sistema. Si noti che tale risultato è in accordo con quanto detto nell'Esempio 9.15 in cui gli eventuali stati di equilibrio del sistema erano stati calcolati risolvendo il sistema lineare omogeneo $\boldsymbol{A}\boldsymbol{x}_e = \boldsymbol{0}$.

Analogamente, l'origine è l'unico stato di equilibrio per il sistema (9.11) considerato nell'Esempio 9.23 essendo in tal caso la matrice di stato

$$\boldsymbol{A} = \begin{bmatrix} -1 & 10 \\ -10 & -1 \end{bmatrix}$$

non singolare: vale infatti $\det(\boldsymbol{A}) = 101$. ◇

**Esempio 9.35** Si consideri il sistema lineare autonomo

$$\dot{\boldsymbol{x}}(t) = \boldsymbol{A}\boldsymbol{x}(t)$$

dove

$$\boldsymbol{A} = \begin{bmatrix} 2 & -2 \\ 3 & -3 \end{bmatrix}.$$

In tal caso il sistema ha un numero infinito di stati di equilibrio essendo la matrice $\boldsymbol{A}$ singolare.

In particolare, sono stati di equilibrio tutti i punti che nello spazio di stato giacciono sulla retta di equazione $x_1 = x_2$. Tali punti sono infatti tutti soluzione del sistema lineare omogeneo

$$\begin{cases} 2x_1 - 2x_2 = 0 \\ 3x_1 - 3x_2 = 0. \end{cases}$$ ◇

### 9.3.2 Stabilità dei punti di equilibrio

Lo studio della stabilità nel caso dei sistemi lineari si semplifica notevolmente. Vale infatti il seguente risultato fondamentale.

**Teorema 9.36.** *Si consideri il sistema lineare autonomo*

$$\dot{\boldsymbol{x}}(t) = \boldsymbol{A}\boldsymbol{x}(t)$$

*e sia* $\boldsymbol{x}_e$ *un suo stato di equilibrio:*

- $\boldsymbol{x}_e$ è asintoticamente stabile *se e solo se tutti gli autovalori della matrice* $\boldsymbol{A}$ *hanno parte reale negativa;*
- $\boldsymbol{x}_e$ è stabile *se e solo se la matrice* $\boldsymbol{A}$ *non ha autovalori a parte reale positiva e gli eventuali autovalori a parte reale nulla hanno indice unitario*[4]*;*
- $\boldsymbol{x}_e$ è instabile *se e solo se almeno un autovalore di* $\boldsymbol{A}$ *ha parte reale positiva, oppure parte reale nulla e indice* $> 1$.

*Dimostrazione.* Si consideri per semplicità $t_0 = 0$. Come visto in dettaglio nel Capitolo 4 l'evoluzione libera dello stato per $t \geq 0$ vale $\boldsymbol{x}(t) = e^{\boldsymbol{A}t}\boldsymbol{x}_0$.

Supponiamo ora che $\boldsymbol{x}_0$ sia ottenuto da una perturbazione dello stato di equilibrio di cui si vuole studiare la stabilità, ossia $\boldsymbol{x}_0 = \boldsymbol{x}_e + \boldsymbol{\Delta}$. In tal caso lo stato perturbato al generico istante di tempo $t$ vale

$$\boldsymbol{x}(t) = e^{\boldsymbol{A}t}\boldsymbol{x}_0 = e^{\boldsymbol{A}t}\left(\boldsymbol{x}_e + \boldsymbol{\Delta}\right) = \boldsymbol{x}_e + e^{\boldsymbol{A}t}\boldsymbol{\Delta}$$

essendo per definizione di stato di equilibrio $e^{\boldsymbol{A}t}\boldsymbol{x}_e = \boldsymbol{x}_e$ in quanto ogni evoluzione che parte da uno stato di equilibrio resta indefinitamente in tale stato.

*(Asintotica stabilità)* Come visto nel Capitolo 4, ciascun termine della matrice di transizione dello stato $e^{\boldsymbol{A}t}$ e dunque anche del vettore $e^{\boldsymbol{A}t}\boldsymbol{\Delta}$, è una particolare combinazione lineare dei modi del sistema. Inoltre, ad ogni autovalore reale $\lambda = \alpha$ di indice $\pi$ corrispondono $\pi$ modi del tipo

$$t^k e^{\alpha t}, \quad k = 0, \cdots, \pi - 1.$$

[4] Si ricorda che l'indice associato ad un autovalore è stato introdotto nella Definizione 4.35: esso rappresenta la lunghezza della più lunga catena di autovalori generalizzati associata ad un autovalore. Inoltre, in virtù della Proposizione 4.34, ricondotta la matrice $\boldsymbol{A}$ nella sua forma di Jordan, l'indice di un autovalore coincide con l'ordine del blocco di Jordan più grande tra quelli relativi all'autovalore stesso.

Chiaramente tali modi sono limitati e vale

$$\lim_{t\to\infty} t^k e^{\alpha t} = 0, \quad k = 0, \cdots, \pi - 1$$

se e solo se $\alpha < 0$.

Inoltre, ad ogni coppia di autovalori complessi coniugati $\lambda, \lambda' = \alpha \pm j\omega$ di indice $\pi$ corrispondono $\pi$ modi del tipo

$$t^k e^{\alpha t} \cos(\omega t), \quad k = 0, \cdots, \pi - 1$$

le cui curve inviluppo sono proprio $\pm t^k e^{\alpha t}$. Pertanto anche tali modi sono limitati e si estinguono per $t \to \infty$ se e solo se $\alpha < 0$.

Ciò dimostra che $\boldsymbol{x}(t)$ è limitato e vale

$$\lim_{t\to\infty} \boldsymbol{x}(t) = \lim_{t\to\infty} \boldsymbol{x}_e + e^{\boldsymbol{A}t}\boldsymbol{\Delta} = \boldsymbol{x}_e$$

qualunque sia la perturbazione $\boldsymbol{\Delta}$, se e solo se gli autovalori della matrice $\boldsymbol{A}$ hanno tutti parte reale negativa, dimostrando così la validità del primo punto del teorema.

*(Stabilità) (Se)* Supponiamo che non vi siano autovalori a parte reale positiva e che ogni autovalore a parte reale nulla abbia indice unitario. In tale caso gli elementi della matrice di transizione dello stato $e^{\boldsymbol{A}t}$ sono combinazioni lineari di modi di due tipi. I modi dovuti a eventuali autovalori a parte reale negativa, come già visto, sono limitati e si estinguono per $t \to \infty$. Ad ogni autovalore a parte reale nulla corrisponde un unico modo (essendo il suo indice unitario) del tipo $e^{\lambda t} = 1$ (autovalore $\lambda = 0$), oppure $\cos(\omega t)$ (coppia di autovalori $\lambda, \lambda' = \pm j\omega$); i modi di questo tipo si mantengono limitati al crescere del tempo. Ciò significa che, qualunque sia la perturbazione iniziale $\boldsymbol{\Delta}$ dello stato di equilibrio, la distanza tra lo stato di equilibrio stesso e lo stato perturbato si mantiene al finito in qualunque istante di tempo $t$.

(*Solo se*) Se viceversa vi fosse un autovalore $\lambda$ a parte reale nulla con indice $\pi > 1$, la matrice di transizione dello stato avrebbe in questo caso elementi contenenti combinazioni lineari di termini del tipo $t^k e^{\lambda t} = t^k$ (autovalore $\lambda = 0$), oppure $t^k \cos(\omega t)$ (coppia di autovalori $\lambda, \lambda' = \pm j\omega$) con $k = 0, 1, \ldots, \pi - 1$ che chiaramente divergono per $t \to \infty$ e $k > 0$. È sempre possibile quindi determinare una perturbazione $\boldsymbol{\Delta}$ che origina una evoluzione che si allontana indefinitamente da $\boldsymbol{x}_e$ al tendere di $t$ ad infinito.

Infine, ad un autovalore a parte reale positiva corrispondono modi divergenti che implicano la non stabilità. Anche in questo caso esiste sempre una perturbazione $\boldsymbol{\Delta}$ che eccitando i modi instabili, determina una evoluzione che si allontana indefinitamente da $\boldsymbol{x}_e$ al crescere del tempo.

*(Instabilità)* Segue immediatamente da quanto visto nei punti precedenti. □

Dal teorema appena enunciato segue la seguente proposizione che spiega perché nel caso dei sistemi lineari è lecito parlare di *sistema stabile*, ovvero *sistema asintoticamente stabile*, ovvero *sistema instabile*, anziché riferire tali proprietà al particolare stato di equilibrio.

**Teorema 9.37.** *Si consideri il sistema lineare autonomo*

$$\dot{\boldsymbol{x}}(t) = \boldsymbol{A}\boldsymbol{x}(t).$$

- *Se uno stato di equilibrio* $\boldsymbol{x}_e$ *è asintoticamente stabile, allora valgono i tre seguenti risultati:*
  1. $\boldsymbol{x}_e$ *è l'unico stato di equilibrio del sistema;*
  2. $\boldsymbol{x}_e = \boldsymbol{0}$, *ovvero tale stato coincide con l'origine;*
  3. $\boldsymbol{x}_e$ *è globalmente asintoticamente stabile, ossia il suo dominio di attrazione coincide con l'intero spazio di stato.*
- *Se uno stato di equilibrio è stabile (instabile), ciò implica che anche tutti gli altri eventuali stati di equilibrio sono stabili (instabili).*

*Dimostrazione. (Asintotica stabilità)* Sia $\boldsymbol{x}_e$ uno stato di equlibrio del sistema considerato. Dal Teorema 9.36 segue che l'asintotica stabilità di $\boldsymbol{x}_e$ si ha se e solo se tutti gli autovalori della matrice $\boldsymbol{A}$ sono a parte reale negativa, il che implica naturalmente che la matrice $\boldsymbol{A}$ è non singolare. Pertanto, in virtù della Proposizione 9.33 ciò significa che $\boldsymbol{x}_e$ è l'unico stato di equilibrio del sistema e coincide con l'origine.

Infine, tale stato deve necessariamente essere globalmente asintoticamente stabile. Tutti i modi sono infatti limitati e si estinguono per $t \to \infty$ per cui lo stato converge all'origine.

*(Stabilità e instabilità)* Segue immediatamente dal Teorema 9.36. Infatti in virtù di tale teorema la stabilità (instabilità) di uno stato di equilibrio dipende unicamente dagli autovalori della matrice $\boldsymbol{A}$. □

Dai due precedenti teoremi segue il seguente risultato, noto in letteratura come *criterio degli autovalori.*

**Corollario 9.38 (Criterio degli autovalori)** *Si consideri il sistema lineare*

$$\dot{\boldsymbol{x}}(t) = \boldsymbol{A}\boldsymbol{x}(t).$$

- *Tale sistema è* asintoticamente stabile *se e solo se tutti gli autovalori della matrice* $\boldsymbol{A}$ *hanno parte reale negativa.*
- *Tale sistema è* stabile *se e solo se la matrice* $\boldsymbol{A}$ *non ha autovalori a parte reale positiva e gli eventuali autovalori a parte reale nulla hanno indice unitario.*
- *Tale sistema è* instabile *se e solo se almeno un autovalore di* $\boldsymbol{A}$ *ha parte reale positiva, oppure parte reale nulla e indice* $> 1$.

**Esempio 9.39** Si consideri il sistema lineare

$$\dot{\boldsymbol{x}}(t) = \boldsymbol{A}\boldsymbol{x}(t), \quad \text{dove} \quad \boldsymbol{A} = \begin{bmatrix} 0 & 0 \\ 0 & 0 \end{bmatrix}.$$

Tale sistema ha chiaramente infiniti stati di equilibrio che coincidono con tutti i punti dello spazio $\mathbb{R}^2$.

La matrice $\boldsymbol{A}$ ha un unico autovalore $\lambda = 0$ di molteplicità $\nu = 2$. Essa è inoltre diagonale per cui l'indice dell'autovalore vale $\pi = 1$. Il sistema in esame è pertanto stabile ma non asintoticamente stabile.

È facile verificare che la matrice di transizione dello stato vale

$$e^{\boldsymbol{A}t} = \begin{bmatrix} 1 & 0 \\ 0 & 1 \end{bmatrix}$$

e dunque l'evoluzione del sistema avente origine in un generico punto $\boldsymbol{x}_0 = [x_{1,0}\ x_{2,0}]^T$ vale

$$\boldsymbol{x}(t) = e^{\boldsymbol{A}t}\boldsymbol{x}_0 = \boldsymbol{x}_0.$$

Pertanto, qualunque sia la condizione iniziale scelta, il sistema rimarrà in tale condizione in ogni istante di tempo successivo. ◇

**Esempio 9.40** Si consideri il sistema lineare

$$\dot{\boldsymbol{x}}(t) = \boldsymbol{A}\boldsymbol{x}(t), \quad \text{dove} \quad \boldsymbol{A} = \begin{bmatrix} 0 & 1 \\ 0 & 0 \end{bmatrix}$$

già preso in esame nell'Esempio 9.29. Come già discusso tale sistema ha infiniti stati di equilibrio, ossia tutti i punti lungo la retta di equazione $x_2 = 0$.

Anche in questo caso la matrice $\boldsymbol{A}$ ha un unico autovalore $\lambda = 0$ di molteplicità $\nu = 2$. Poiché la matrice è già in forma di Jordan, possiamo immediatamente affermare che essa è nonderogatoria e l'indice dell'autovalore vale $\pi = 2$. Il sistema in esame è pertanto instabile. ◇

### 9.3.3 Esempi di analisi della stabilità

In questo paragrafo si studieranno in dettaglio alcuni esempi di sistemi lineari. Si noti che benché la stabilità possa essere studiata mediante la sola analisi degli autovalori della matrice di stato $\boldsymbol{A}$, in alcuni casi per maggiore chiarezza abbiamo anche integrato l'equazione di stato e calcolato le evoluzioni del sistema.

**Esempio 9.41** Si consideri il sistema lineare dell'Esempio 9.35. Gli autovalori della matrice $\boldsymbol{A}$ sono $\lambda_1 = -1$ e $\lambda_2 = 0$ per cui essendo $\boldsymbol{A}$ singolare possiamo subito concludere che il sistema ha un numero infinito di stati di equilibrio. Inoltre essendo l'autovalore non nullo a parte reale negativa, tali stati di equilibrio sono tutti stabili.

Tale risultato è in accordo con quanto visto nell'Esempio 9.35. In particolare in tale esempio avevamo calcolato che gli infiniti stati di equilibrio giacciono tutti sulla retta di equazione $x_2 = x_1$.

La soluzione del sistema lineare $\dot{\boldsymbol{x}} = \boldsymbol{A}\boldsymbol{x}$ con stato iniziale $\boldsymbol{x}(0)$ vale per $t \geq 0$, $\boldsymbol{x} = e^{\boldsymbol{A}t}\boldsymbol{x}(0)$ dove la matrice di transizione dello stato vale

$$e^{\boldsymbol{A}t} = \begin{bmatrix} 3 - 2e^{-t} & -2 + 2e^{-t} \\ 3 - 3e^{-t} & -2 + 3e^{-t} \end{bmatrix}.$$

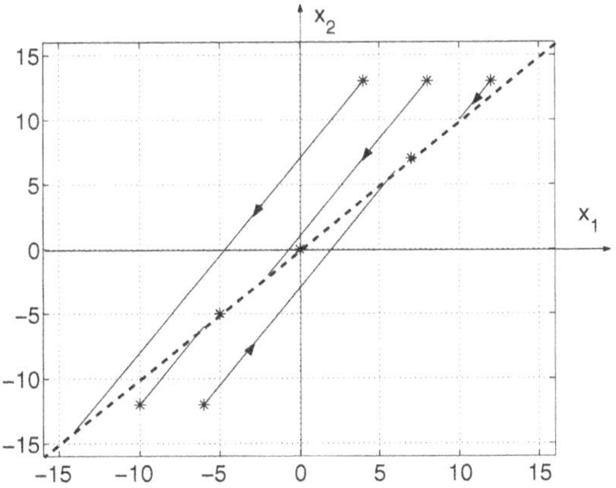


**Fig. 9.13.** Evoluzioni del sistema lineare dell'Esempio 9.41 a partire da diverse condizioni iniziali

L'evoluzione del sistema avente origine in un generico punto $\boldsymbol{x}_0 = [x_{1,0}\ x_{2,0}]^T$ vale dunque $\boldsymbol{x}(t) = e^{\boldsymbol{A}t}\boldsymbol{x}_0$ ovvero

$$\begin{cases} x_1(t) &= (3x_{1,0} - 2x_{2,0}) - 2e^{-t}(x_{1,0} - x_{2,0}) \\ x_2(t) &= (3x_{1,0} - 2x_{2,0}) - 3e^{-t}(x_{1,0} - x_{2,0}) \end{cases}$$

e per $t \to \infty$, è facile vedere che

$$\lim_{t\to\infty} x_1(t) = \lim_{t\to\infty} x_2(t) = 3x_{1,0} - 2x_{2,0}.$$

Eliminando la dipendenza dal tempo, è inoltre possibile verificare che la generica evoluzione si muove lungo la retta di equazione

$$-3x_1 + 2x_2 = 3x_{1,0} - 2x_{2,0}.$$

Tale risultato è anche messo in evidenza in Fig. 9.13 dove sono riportare alcune evoluzioni del sistema ottenute a partire da diverse condizioni iniziali. Chiaramente tutte le evoluzioni terminano in un punto della retta di equazione $x_2 = x_1$. $\diamond$

**Esempio 9.42** Si consideri un sistema autonomo lineare la cui matrice $\boldsymbol{A}$ vale

$$\boldsymbol{A} = \begin{bmatrix} 1 & -10 \\ 10 & 1 \end{bmatrix}.$$

Gli autovalori della matrice $\boldsymbol{A}$ sono $\lambda, \lambda' = 1 \pm j10$ per cui sono entrambi a parte reale positiva. Possiamo pertanto affermare che l'origine è l'unico stato di equilibrio del sistema (essendo $\boldsymbol{A}$ non singolare) ed esso è instabile (essendo gli autovalori di $\boldsymbol{A}$ a parte reale positiva).

Si lascia come esercizio al lettore il compito di determinare l'evoluzione nel tempo e la traiettoria di stato similmente a quanto fatto nell'Esempio 9.23. Si noti

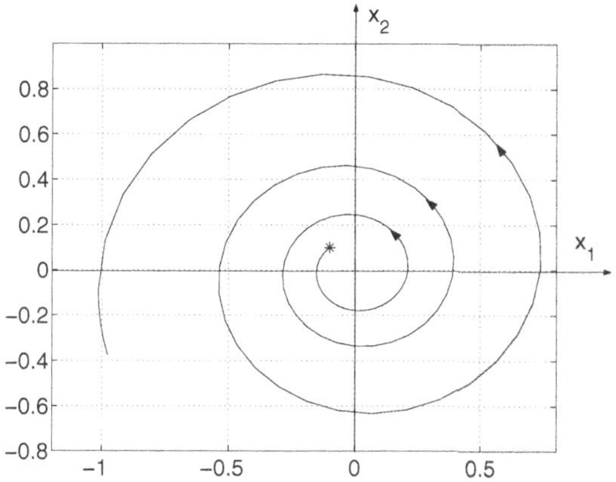


**Fig. 9.14.** L'evoluzione del sistema lineare dell'Esempio 9.42 ottenuta a partire dalla condizione iniziale $[-0.1 \;\; 0.1]^T$

che le matrici dinamiche dei due esempi sono l'una l'opposta dell'altra. A titolo esemplificativo in Fig. 9.14 è stata riportata l'evoluzione del sistema ottenuta a partire dalle condizioni iniziali $[-0.1 \;\; 0.1]^T$. Come si vede lo stato del sistema si allontana indefinitamente dall'origine al trascorrere del tempo. ◇

**Esempio 9.43** Si consideri un sistema autonomo lineare la cui matrice $\boldsymbol{A}$ vale

$$\boldsymbol{A} = \begin{bmatrix} -1 & 0 & 0 \\ 0 & 2 & -5 \\ 0 & 1 & 0 \end{bmatrix}.$$

Gli autovalori della matrice $\boldsymbol{A}$ sono $\lambda_1 = -1$ e $\lambda_{2,3} = 1 \pm j2$. Dati i due autovalori a parte reale positiva, anche in questo caso possiamo subito concludere che l'origine è l'unico stato di equilibrio del sistema ed esso è instabile. ◇

**Esempio 9.44** Si consideri un sistema autonomo lineare la cui matrice $\boldsymbol{A}$ vale

$$\boldsymbol{A} = \begin{bmatrix} 0 & 0 & 0 \\ 0 & 2 & -5 \\ 0 & 1 & 0 \end{bmatrix}.$$

Gli autovalori della matrice $\boldsymbol{A}$ sono $\lambda_1 = 0$ e $\lambda_{2,3} = 1 \pm j2$. La matrice $\boldsymbol{A}$ è singolare per cui il sistema ha un numero infinito di stati di equilibrio. Essendo i due autovalori a parte reale positiva, tutti gli infiniti stati di equilibrio sono instabili. ◇

### 9.3.4 Movimento e traiettoria [*]

In questa sezione presenteremo alcune proprietà che caratterizzano i movimenti e le traiettorie dei sistemi lineari.

**Proposizione 9.45** *Dato un sistema lineare autonomo se esso è stabile (risp., asintoticamente stabile, instabile) allora ogni movimento definito a partire da una qualunque condizione iniziale, è anch'esso stabile (risp., asintoticamente stabile, instabile).*

*Dimostrazione.* Sia $\dot{\boldsymbol{x}}(t) = \boldsymbol{A}\boldsymbol{x}(t)$ l'equazione del sistema lineare e autonomo di cui studiamo la stabilità dei movimenti. Indichiamo come sempre con $\boldsymbol{x}_0$ lo stato iniziale di tale sistema e con $\boldsymbol{x}(t)$ l'evoluzione a partire da tale stato. Sia inoltre $\tilde{\boldsymbol{x}}_0$ una perturbazione di $\boldsymbol{x}_0$ e $\tilde{\boldsymbol{x}}(t)$ la corrispondente evoluzione. Chiaramente, essendo il sistema lineare e autonomo studiare la stabilità del movimento equivale a studiare la stabilità del sistema $\dot{\boldsymbol{z}}(t) = \boldsymbol{A}\boldsymbol{z}(t)$ con $\boldsymbol{z}(t) = \tilde{\boldsymbol{x}}(t) - \boldsymbol{x}(t)$. È quindi ovvio che la stabilità del sistema in $\boldsymbol{x}(t)$ implichi la stabilità del sistema in $\boldsymbol{z}(t)$. Lo stesso vale per l'asintotica stabilità e per l'instabilità. □

**Proposizione 9.46** *Dato un sistema lineare autonomo, valgono le seguenti implicazioni.*

*(i) Se il sistema è stabile allora ogni traiettoria definita a partire da una qualunque condizione iniziale, è anch'essa stabile.*
*(ii) Se il sistema è instabile nessuna conclusione può essere tratta a priori circa le traiettorie: queste possono essere stabili o instabili.*

*Dimostrazione. (i)* Segue immediatamente dalla Proposizione 9.45 e dal fatto che la stabilità del movimento implichi la stabilità della traiettoria (cfr. Proposizione 9.28).

*(ii)* Per dimostrare la validità di tale affermazione è sufficiente presentare un esempio di sistema instabile a cui corrispondono sia traiettorie stabili che instabili (cfr. Esempio 9.29 e il seguente Esempio 9.47). □

**Esempio 9.47** Si consideri il sistema lineare instabile del primo ordine $\dot{x}(t) = x(t)$ a cui corrisponde l'evoluzione $x(t) = e^t x_0$.

È facile verificare che la traiettoria se $x_0 > 0$ vale

$$t(x_0) = \{x \ : \ x \in [x_0, +\infty)\}$$

ed è stabile. Si consideri infatti la generica perturbazione dello stato iniziale $\tilde{x}_0 > 0$, la traiettoria relativa a tale stato è pari a

$$t(\tilde{x}_0) = \{x \ : \ x \in [\tilde{x}_0, +\infty)\}$$

essendo $\tilde{x}(t) = e^t \tilde{x}_0$ la corrispondente evoluzione. Se $\tilde{x}_0 > x_0$ vale $t(\tilde{x}_0) \subset t(x_0)$ per cui la distanza tra le due curve è addirittura nulla. Se $\tilde{x}_0 \in (0, x_0)$ la massima distanza tra le due evoluzioni si ha in corrispondenza dell'istante iniziale e vale $x_0 - \tilde{x}_0$.

In modo del tutto analogo si dimostra la stabilità di tutte le traiettorie relative ad $x_0 < 0$.

Infine, se $x_0 = 0$ la traiettoria è chiaramente instabile. ◇

### 9.3.5 Confronto tra stabilità BIBO e stabilità alla Lyapunov

È importante a questo punto mettere in relazione i due diversi concetti di stabilità visti, ossia la BIBO stabilità e la stabilità alla Lyapunov.

Si consideri un sistema SISO descritto dal modello in termini di variabili di stato

$$\begin{cases} \dot{\boldsymbol{x}}(t) &= \boldsymbol{A}\boldsymbol{x}(t) + \boldsymbol{B}u(t) \\ y(t) &= \boldsymbol{C}\boldsymbol{x}(t) + Du(t). \end{cases}$$

Sia $n$ l'ordine di tale rappresentazione, ovvero il numero di componenti del vettore $\boldsymbol{x}(t)$. La stabilità secondo Lyapunov di tale rappresentazione può essere studiata dall'analisi della matrice di stato $\boldsymbol{A}$. È tuttavia possibile studiare per tale sistema anche la BIBO stabilità. In tal caso dovremo far riferimento alla sua funzione di trasferimento che vale

$$W(s) = \boldsymbol{C}[s\boldsymbol{I} - \boldsymbol{A}]^{-1}\boldsymbol{B} + D.$$

**Proposizione 9.48** *Si consideri un sistema SISO lineare e stazionario descritto mediante un modello in termini di variabili di stato di ordine $n$ e sia $W(s)$ la sua funzione di trasferimento in* forma minima. *Se il denominatore della $W(s)$ è di grado $n$ allora il sistema è* BIBO stabile *se e solo se esso è* asintoticamente stabile.

*Dimostrazione.* Il denominatore della $W(s)$ coincide con $\det(s\boldsymbol{I} - \boldsymbol{A})$ ovvero con il polinomio caratteristico della matrice $\boldsymbol{A}$. Se la $W(s)$ in forma minima ha al denominatore un polinomio di grado $n$ allora non vi sono cancellazioni zero-polo e dunque i poli della $W(s)$ coincidono con gli autovalori della matrice $\boldsymbol{A}$. La rappresentazione è asintoticamente stabile se e solo se tutti gli autovalori di $\boldsymbol{A}$ sono in $\mathbb{C}^-$, ovvero se e solo se tutti i poli di $W(s)$ sono in $\mathbb{C}^-$, ovvero se e solo se il sistema è BIBO stabile. □

**Esempio 9.49** Si consideri il seguente sistema SISO lineare e stazionario

$$\begin{cases} \dot{\boldsymbol{x}} = \boldsymbol{A}\boldsymbol{x} + \boldsymbol{B}u(t) \\ y(t) = \boldsymbol{C}\boldsymbol{x} \end{cases}$$

dove

$$\boldsymbol{A} = \begin{bmatrix} -1 & 10 \\ -10 & -1 \end{bmatrix}, \qquad \boldsymbol{B} = \begin{bmatrix} 1 \\ 2 \end{bmatrix}, \qquad \boldsymbol{C} = \begin{bmatrix} 2 & 1 \end{bmatrix}.$$

La funzione di trasferimento di tale sistema vale

$$W(s) = \frac{Y(s)}{U(s)} = \boldsymbol{C}(s\boldsymbol{I} - \boldsymbol{A})^{-1}\boldsymbol{B} = \frac{4(s+9)}{(s+1+10j)(s+1-10j)}$$

per cui non vi sono cancellazioni polo-zero. Essendo inoltre i poli della $W(s)$, $p_{1,2} = -1 \pm j10$, entrambi a parte reale negativa, tale sistema è BIBO stabile. In virtù della Proposizione 9.48 segue che tale sistema è anche asintoticamente stabile, o più precisamente l'origine è un punto di equilibrio globalmente asintoticamente stabile. ◇

Si noti che se non avessimo imposto che la funzione di trasferimento fosse in forma minima, il risultato sopra non sarebbe stato valido. Sarebbe potuto cioè accadere che un certo numero di modi della rappresentazione in termini di variabili di stato non fossero presenti nella rappresentazione ingresso-uscita. Se tali modi fossero proprio gli unici modi instabili del sistema, questo sarebbe risultato BIBO stabile pur non essendo stabile secondo Lyapunov.

**Esempio 9.50** Si consideri il seguente sistema SISO lineare e stazionario

$$\begin{cases} \dot{\boldsymbol{x}} = \boldsymbol{A}\boldsymbol{x} + \boldsymbol{B}u(t) \\ y(t) = \boldsymbol{C}\boldsymbol{x} \end{cases}$$

dove

$$\boldsymbol{A} = \begin{bmatrix} 2.6 & -1.2 \\ 1.8 & -1.6 \end{bmatrix}, \qquad \boldsymbol{B} = \begin{bmatrix} 1 \\ 3 \end{bmatrix}, \qquad \boldsymbol{C} = \begin{bmatrix} -0.2 & 0.4 \end{bmatrix}.$$

È facile verificare che tale sistema è instabile essendo gli autovalori di $\boldsymbol{A}$ pari a $\lambda_1 = -1$ e $\lambda_2 = 2$.

Tuttavia tale sistema è BIBO stabile essendo

$$W(s) = \frac{Y(s)}{U(s)} = \boldsymbol{C}(s\boldsymbol{I} - \boldsymbol{A})^{-1}\boldsymbol{B} = \frac{1}{(s+1)}$$

e dunque l'unica radice dell'equazione caratteristica vale $p = -1$ e ha parte reale negativa. ◇

È importante infine osservare che se un sistema è stabile secondo Lyapunov ma non asintoticamente stabile, allora esso non è BIBO stabile.

**Esempio 9.51** Si consideri il sistema

$$\begin{cases} \dot{x}_1(t) = u(t) \\ y(t) = x_1(t) \end{cases}$$

la cui matrice di stato, che in questo caso coincide con uno scalare, vale $A = 0$. Il sistema è pertanto stabile secondo Lyapunov ma non asintoticamente stabile.

Tale sistema è inoltre non BIBO stabile. Il suo legame IU vale infatti $\dot{y}(t) = u(t)$ (cfr. Esempio 9.5). ◇

## 9.4 Criterio di Routh

Nei paragrafi precedenti abbiamo visto che se la funzione di trasferimento di un sistema è posta nella sua forma minima, la BIBO stabilità di tale sistema è univocamente determinata dal segno della parte reale dei suoi poli che coincidono con le radici del polinomio al denominatore della $W(s)$. Analogamente abbiamo visto che la stabilità alla Lyapunov dipende dal segno della parte reale degli autovalori della matrice dinamica $\boldsymbol{A}$, cioè dal segno delle radici del polinomio $\det(s\boldsymbol{I} - \boldsymbol{A})$. In entrambi i casi quindi lo studio della stabilità si riduce alla determinazione del segno della parte reale delle radici di un polinomio

$$P(s) = a_n s^n + a_{n-1} s^{n-1} + \cdots + a_0. \tag{9.18}$$

Il calcolo delle radici di tale polinomio può divenire molto complesso quando l'ordine di tale polinomio è elevato. Nella letteratura sono stati proposti diversi criteri che permettono di determinare il segno della parte reale delle radici di tale polinomio senza calcolarne il valore esatto. Il criterio più frequentemente adoperato e che verrà nel seguito presentato in dettaglio, prende il nome di *criterio di Routh* ed è stato proposto da Routh[5] più di un secolo fa, quando l'esigenza di evitare il calcolo delle radici era ancora più stringente, data la mancanza in quel tempo di sistemi di calcolo automatico. Si noti che lo stesso problema può anche essere risolto mediante un altro criterio, detto *criterio di Hurwitz*, che fu elaborato in maniera del tutto indipendente dallo studioso tedesco Hurwitz[6]. Questo secondo criterio non verrà tuttavia presentato in questa sede.

Nel seguito della trattazione supporremo che valga

$$a_0 \neq 0. \tag{9.19}$$

Tale ipotesi non lede infatti la generalità dei casi poiché se fosse $a_0 = a_1 = \ldots = a_{k-1} = 0$ il polinomio $P(s)$ potrebbe fattorizzarsi nella forma $P(s) = s^k Q(s)$ dove il polinomio $Q(s)$ di grado $n - k$ soddisfa la condizione (9.19). Potremmo dunque riferire quanto segue al solo polinomio $Q(s)$ ricordando poi che il polinomio $P(s)$ avrà le stesse radici di $Q(s)$ con l'aggiunta, a causa del fattore $s^k$ messo in evidenza, di una radice $p = 0$ di molteplicità $k$.

### 9.4.1 Criteri elementari per valutare il segno delle radici di un polinomio

Prima di presentare il criterio di Routh, enunciamo due particolari criteri che si basano sull'ispezione diretta dei coefficienti del polinomio dato.

Il primo risultato, noto anche come *regola di Cartesio*[7], è relativo ad un polinomio di secondo grado e fornisce condizioni necessarie e sufficienti affinché le radici del polinomio appartengano al semipiano complesso negativo.

**Teorema 9.52 (Regola di Cartesio).** Condizione necessaria e sufficiente *affinché le radici del polinomio di secondo grado*

$$P(s) = a_2 s^2 + a_1 s + a_0$$

*abbiano tutte parte reale negativa è che i coefficienti $a_i$, $i = 0, 1, 2$, siano tutti dello stesso segno.*

---

[5] Edward John Routh (Quebec, Canada, 1831 - Cambridge, Gran Bretagna, 1907).

[6] Adolf Hurwitz (Hanover, Germania, 1859 - Zurigo, Svizzera, 1919).

[7] René Descartes (Tours, Francia, 1596 - Stoccolma, Svezia, 1650) noto anche con il nome latino di Cartesio.

*Dimostrazione.* Poiché il polinomio è di secondo grado, necessariamente $a_2 \neq 0$ e, senza ledere la generalità dei casi, possiamo supporre che sia $a_2 = 1$. Se così non fosse sarebbe sufficiente dividere per $a_2$ ciascun coefficiente del polinomio $P(s)$ senza che questo comporti alcuna variazione nelle sue radici.

Siano $p_1$, $p_2$ le due radici di $P(s)$. Vale ovviamente

$$P(s) = (s - p_1)(s - p_2) = (s^2 - (p_1 + p_2)s + p_1\, p_2),$$

ovvero $a_1 = -(p_1 + p_2)$ e $a_0 = p_1\, p_2$.

Supponiamo che le due radici siano reali. I coefficienti $a_1$ e $a_0$ saranno entrambi positivi (e dunque di segno concorde con $a_2$) se e solo se $p_1\, p_2 > 0$ e $p_1 + p_2 < 0$, ovvero se e solo se le radici sono entrambe negative.

Supponiamo ora che le radici siano complesse coniugate e indichiamo tali radici come $p_{1,2} = \alpha \pm j\omega$. In tal caso vale

$$p_1 + p_2 = (\alpha + j\omega) + (\alpha - j\omega) = 2\alpha$$

e

$$p_1\, p_2 = (\alpha + j\omega)\ (\alpha - j\omega) = \alpha^2 + \omega^2.$$

Il polinomio può dunque essere scritto come

$$P(s) = s^2 - 2\alpha s + \omega_n^2, \qquad \text{con } \omega_n = \sqrt{\alpha^2 + \omega^2}.$$

Il termine costante $\omega_n^2$ è certamente positivo mentre il coefficiente del termine in $s$ è positivo se e solo se $\alpha < 0$, ovvero se le due radici sono entrambe a parte reale negativa. □

Il secondo risultato invece è relativo ad un generico polinomio di grado $n > 2$ e fornisce condizioni solo necessarie affinché tutte le radici del polinomio appartengano al semipiano complesso negativo. Si noti che tale teorema può essere visto come un test semplificato qualora non sia importante determinare l'eventuale numero di modi instabili.

**Teorema 9.53.** Condizione necessaria *affinché le radici del polinomio di grado $n$,*

$$P(s) = a_n s^n + a_{n-1} s^{n-1} + \cdots + a_0$$

*abbiano tutte parte reale negativa è che tutti i coefficienti $a_i$, per $i = 0, 1, \cdots, n$, siano dello stesso segno.*

*Dimostrazione.* Senza ledere la generalità dei casi, supponiamo che sia $a_n = 1$ in analogia a quanto visto nella prova del Teorema 9.52.

Supponiamo che il polinomio abbia $R$ radici reali e $S$ coppie di radici complesse. Vale dunque $n = R + 2S$. Indichiamo ora con $p_i = \alpha_i$, per $i = 1, \cdots, R$, la generica radice reale e con $p_i, p_i' = \alpha_i \pm j\omega_i$, per $i = R+1, \cdots, R+S$, la generica coppia di radici complesse coniugate. Il polinomio può essere fattorizzato come

$$P(s) = \prod_{i=1}^{R}(s - \alpha_i) \prod_{i=R+1}^{R+S} (s^2 - 2\alpha_i s + \omega_{n,i}^2), \qquad \text{con } \omega_{n,i} = \sqrt{\alpha_i^2 + \omega_i^2}. \quad (9.20)$$

È evidente quindi che se tutte le radici hanno parte reale negativa, ossia se $\alpha_i < 0$ per $i = 1, \cdots, R + S$, allora sviluppando la produttoria si ottengono solo termini positivi. Dunque nessun coefficiente del polinomio può essere negativo o nullo. □

### 9.4.2 Tabella e criterio di Routh

In virtù del Teorema 9.53, possiamo subito concludere che se qualche coefficiente del polinomio (9.18) è negativo o nullo, il sistema in esame non è BIBO stabile o non è asintoticamente stabile, a seconda del problema studiato. Viceversa, essendo tale condizione solo necessaria, ma non sufficiente (tranne che per $n = 2$), nel caso in cui tutti i coefficienti del polinomio siano positivi è comunque necessaria l'applicazione del criterio di Routh per completare l'analisi di stabilità. Tale criterio prevede la costruzione di una opportuna tabella.

**Definizione 9.54 (Tabella di Routh)** *Dato un polinomio di grado $n$*

$$P(s) = a_n s^n + a_{n-1} s^{n-1} + \cdots + a_0$$

*con $a_0 \neq 0$ definiamo* tabella di Routh

$$\begin{array}{c||ccccc}
n & a_n & a_{n-2} & a_{n-4} & a_{n-6} & \cdots \\
n-1 & a_{n-1} & a_{n-3} & a_{n-5} & a_{n-7} & \cdots \\
n-2 & b_{n-2} & b_{n-4} & b_{n-6} & b_{n-8} & \cdots \\
n-3 & c_{n-3} & c_{n-5} & c_{n-7} & c_{n-9} & \cdots \\
\vdots & \vdots & \vdots & & & \\
2 & d_2 & d_0 & & & \\
1 & e_1 & & & & \\
0 & e_0 & & & &
\end{array},$$

*dove le prime due righe della tabella sono formate dai coefficienti del polinomio, disposti a partire da quello corrispondente alla potenza più elevata. Gli elementi della terza riga sono valutati a partire dalla prima e dalla seconda riga come segue*

$$b_{n-2} = \frac{a_{n-1}a_{n-2} - a_n a_{n-3}}{a_{n-1}} = -\frac{1}{a_{n-1}} \begin{vmatrix} a_n & a_{n-2} \\ a_{n-1} & a_{n-3} \end{vmatrix}$$

$$b_{n-4} = \frac{a_{n-1}a_{n-4} - a_n a_{n-5}}{a_{n-1}} = -\frac{1}{a_{n-1}} \begin{vmatrix} a_n & a_{n-4} \\ a_{n-1} & a_{n-5} \end{vmatrix}$$

$$b_{n-6} = \frac{a_{n-1}a_{n-6} - a_n a_{n-7}}{a_{n-1}} = -\frac{1}{a_{n-1}} \begin{vmatrix} a_n & a_{n-6} \\ a_{n-1} & a_{n-7} \end{vmatrix}$$

$$\vdots$$

*fino ad ottenere elementi tutti nulli. Analogamente i coefficienti della quarta riga sono ottenuti a partire da quelli delle due righe precedenti secondo il seguente schema*

$$c_{n-3} = \frac{b_{n-2}a_{n-3} - a_{n-1}b_{n-4}}{b_{n-2}} = -\frac{1}{b_{n-2}} \begin{vmatrix} a_{n-1} & a_{n-3} \\ b_{n-2} & b_{n-4} \end{vmatrix}$$

$$c_{n-5} = \frac{b_{n-2}a_{n-5} - a_{n-1}b_{n-6}}{b_{n-2}} = -\frac{1}{b_{n-2}} \begin{vmatrix} a_{n-1} & a_{n-5} \\ b_{n-2} & b_{n-6} \end{vmatrix}$$

$$c_{n-7} = \frac{b_{n-2}a_{n-7} - a_{n-1}b_{n-8}}{b_{n-2}} = -\frac{1}{b_{n-2}} \begin{vmatrix} a_{n-1} & a_{n-7} \\ b_{n-2} & b_{n-8} \end{vmatrix}$$

$$\vdots$$

*Il procedimento va iterato fino a completare la* $(n+1)$*-esima riga di indice* 0.

Si noti che nella compilazione della tabella un'intera riga può essere divisa o moltiplicata per una costante positiva al fine di semplificare i calcoli che seguono.

Chiaramente la tabella può venire completata se e solo se nella prima colonna non compaiono elementi nulli. Nel caso in cui la tabella possa venire completata, il criterio di Routh, formalmente espresso mediante il seguente teorema, ci permette di valutare il segno della parte reale delle radici del polinomio (9.18).

Indichiamo nel seguito per un polinomio $P(s)$ dato: $n_-$ il numero di radici a parte reale negativa; $n_0$ il numero di radici a parte reale nulla; $n_+$ il numero di radici a parte reale positiva.

**Teorema 9.55 (Criterio di Routh).** *Dato un generico polinomio $P(s)$, si supponga che possa venir completata la tabella di Routh che ad esso corrisponde. Detto $N_p$ il numero di permanenze di segno dei coefficienti della prima colonna della tabella, considerati consecutivamente e $N_v$ il numero di variazioni vale:*

- $n_- = N_p$, *ovvero il numero di radici a parte reale negativa del polinomio è pari al numero di permanenze;*
- $n_+ = N_v$, *ovvero il numero di radici a parte reale positiva del polinomio è pari al numero di variazioni;*
- $n_0 = 0$, *ovvero non vi sono radici a parte reale nulla.*

La dimostrazione di tale teorema non verrà riportata. Si noti, comunque, che la tabella di Routh associata ad un polinomio di grado $n$ ha $n+1$ righe, e dunque vale sempre $N_p + N_v = n$.

**Esempio 9.56** Si consideri il polinomio

$$P(s) = s^4 + 4s^3 + 3s^2 + 8s + 5.$$

La tabella di Routh può in questo caso venire completata ed è la seguente:

| | | | |
|---|---|---|---|
| 4 | 1 | 3 | 5 |
| 3 | 4 | 8 | |
| 2 | 1 | 5 | |
| 1 | −12 | | |
| 0 | 5 | | |

Nella prima colonna contiamo $N_p = 2$ permanenze e $N_v = 2$ variazioni di segno. Infatti, vale

$$\begin{array}{ccccc} & \text{per} & \text{per} & \text{var} & \text{var} \\ & \curvearrowright & \curvearrowright & \curvearrowright & \curvearrowright \\ 1 & 4 & 1 & -12 & 5\,. \end{array}$$

Questo porta a concludere che il polinomio allo studio ha $n_- = N_p = 2$ radici a parte reale negativa e $n_+ = N_v = 2$ radici a parte reale positiva. Le radici del polinomio sono infatti $p_1 = -3.676$, $p_2 = -0.669$, $p_{3,4} = 0.172 \pm j1.417$. ◇

**Esempio 9.57** Si consideri il polinomio

$$P(s) = 8s^4 + 3s^3 + 7s^2 + 2s + 1.$$

La tabella di Routh in questo caso può venire completata ed è la seguente:

| | | | | |
|---|---|---|---|---|
| 4 | 8 | 7 | 1 | |
| 3 | 3 | 2 | | |
| 2 | 5 | 3 | | (la riga è stata moltiplicata per 3) |
| 1 | 1 | | | (la riga è stata moltiplicata per 5) |
| 0 | 3 | | | |

Tutti i coefficienti della prima colonna sono positivi per cui non contiamo alcuna variazione di segno. Possiamo pertanto concludere che tutte le radici del polinomio considerato sono a parte reale negativa. Le radici del polinomio in esame sono infatti $p_{1,2} = -0.008 \pm j0.830$, $p_{3,4} = -0.180 \pm j0.387$. ◇

### 9.4.3 Casi singolari

Come accennato in precedenza, non sempre la tabella di Routh può venire completata. Infatti se il primo elemento di una riga si annullasse, in base alla procedura di costruzione data in Definizione 9.54 per il calcolo della riga successiva si dovrebbe dividere per zero.

In particolare, si possono presentare due casi singolari che discuteremo separatamente:

1. i primi $k$ termini di una riga sono nulli ma non è identicamente nulla la riga stessa;
2. un'intera riga è nulla.

#### Caso 1

Se i primi $k$ termini di una riga sono nulli ma non è identicamente nulla la riga stessa, possiamo subito affermare che vi sono radici a parte reale positiva. Per valutare il numero di tali radici si modifica la costruzione della tabella mediante la procedura segue, presentata in [19].

1. Sia la riga i cui primi $k$ elementi sono nulli

$$\boldsymbol{r}' = [\ \underbrace{0 \ \ldots \ 0}_{k} \ \ r_{k+1} \ \ \ldots \ \ r_m \ ]$$

con $r_{k+1} \neq 0$.

2. Si consideri una nuova riga $\boldsymbol{r}''$ ottenuta da $\boldsymbol{r}'$ con uno slittamento ciclico verso sinistra di $k$ posizioni, ovvero

$$\boldsymbol{r}'' = [\ r_{k+1} \ \dots \ r_m \ \underbrace{0 \ \dots \ 0}_{k}\ ].$$

3. Calcolata la nuova riga

$$\boldsymbol{r} = \boldsymbol{r}' + (-1)^k \boldsymbol{r}''$$

si prosegua la tabella usando questa riga al posto di $\boldsymbol{r}'$.

Una volta completata la tabella, vale ancora

$$n_+ = N_v$$

ovvero il numero di radici a parte reale positiva è pari al numero di variazioni di segno che si contano nella prima colonna della tabella così completata.

**Esempio 9.58** Si consideri il polinomio

$$P(s) = s^4 + s^3 + 5s^2 + 5s + 2.$$

Procedendo alla costruzione della tabella di Routh si vede che questa non può venire completata poiché compare un elemento nullo nella prima colonna della riga di indice 2:

| | | | |
|---|---|---|---|
| 4 | 1 | 5 | 2 |
| 3 | 1 | 5 | |
| 2 | 0 | 2 | |

Possiamo subito concludere che il polinomio allo studio presenta radici a parte reale positiva.

Per completare la tabella applichiamo la procedura data. Sia

$$\boldsymbol{r}' = [\ 0 \ \ 2\ ]$$

la riga il cui primo elemento si annulla (qui vale $k = 1$). Slittando di una posizione verso sinistra si determina

$$\boldsymbol{r}'' = [\ 2 \ \ 0\ ]$$

e si calcola infine

$$\boldsymbol{r} = \boldsymbol{r}' + (-1)\boldsymbol{r}'' = [\ -2 \ \ 2\ ].$$

Proseguiamo quindi nella costruzione della tabella usando come riga di indice 2 la nuova riga $\boldsymbol{r}$.

| | | | |
|---|---|---|---|
| 4 | 1 | 5 | 2 |
| 3 | 1 | 5 | |
| 2 | −2 | 2 | |
| 1 | 6 | | |
| 0 | 2 | | |

Lungo la prima colonna si contano $N_v = 2$ variazioni e possiamo quindi concludere che il polinomio in esame ha $n_+ = N_v = 2$ radici a parte reale positiva.

Determinando per via numerica le radici del polinomio in esame, è possibile verificare che esse valgono: $p_{1,2} = -0.540 \pm j0.370$, $p_{3,4} = 0.040 \pm j2.158$. ◇

### Caso 2

Esaminiamo ora il caso in cui una riga della tabella di Routh sia identicamente nulla. In questo caso il polinomio $P(s)$ in esame ha sicuramente o radici a parte reale nulla o addirittura radici a parte reale positiva. Può essere utile, tuttavia, verificare che vi siano solo radici a parte reale nulla che corrispondano a modi periodici: se tale condizione è verificata si suole anche dire, in termini un po' imprecisi, che il sistema che ha per polinomio caratteristico $P(s)$ è *al limite di stabilità*.

Innanzitutto osserviamo (la dimostrazione di ciò è per brevità omessa) che nella costruzione della tabella solo una riga di indice dispari può annullarsi[8]. Sia $2m-1$ l'indice relativo a tale riga. È possibile dimostrare che il polinomio $P(s)$ in esame può essere fattorizzato come segue:

$$P(s) = R(s)Q(s),$$

dove:

- $R(s)$ è un polinomio di grado $n - 2m$;
- $Q(s)$ è un polinomio di grado $2m$ che non contiene termini di grado dispari ed è detto *polinomio ausiliario*. Esso è il polinomio nella variabile $s^2$ costruito mediante i coefficienti della riga precedente la riga nulla, ossia della riga di indice $2m$.
  Ad esempio, se indichiamo con $q_{2m}$, $q_{2m-2}$, $\cdots$, $q_2$, $q_0$ i coefficienti della riga di indice $2m$, il polinomio ausiliario risulta essere

$$\begin{aligned} Q(s) &= q_{2m}(s^2)^m + q_{2m-2}(s^2)^{m-1} + \cdots + q_2 s^2 + q_0 \\ &= q_{2m}s^{2m} + q_{2m-2}s^{2m-2} + \cdots + q_2 s^2 + q_0. \end{aligned}$$

Indichiamo nel seguito:

- $r_-$, $r_0$ e $r_+$ e il numero di radici a parte reale negativa, nulla e positiva di $R(s)$;
- $q_-$, $q_0$ e $q_+$ e il numero di radici a parte reale negativa, nulla e positiva del polinomio ausiliario $Q(s)$.

[8] Si noti che questo è vero solo in virtù dell'ipotesi che sia $a_0 \neq 0$, ossia nell'ipotesi che non vi siano radici in $s = 0$.

Poiché l'insieme delle radici del polinomio $P(s)$ è l'unione dellle radici di $R(s)$ e $Q(s)$, vale ovviamente:

$$n_- = r_- + q_-; \qquad n_0 = r_0 + q_0; \qquad n_+ = r_+ + q_+.$$

Il segno delle radici del polinomio $R(s)$ può valutarsi esaminando la prima colonna della tabella relativamente alle prime $n - 2m + 1$ righe (le righe al di sopra della riga nulla). Per tali righe vale la regola solita, ovvero ad ogni variazione di segno corrisponde una radice a parte reale positiva ($r_+ = N_v$) e ad ogni permanenza corrisponde una radice a parte reale negativa ($r_- = N_p$). Non vi sono radici nulle, ovvero $r_0 = 0$.

Per dedurre informazioni circa il segno della parte reale delle $2m$ radici di $Q(s)$ si procede come segue. Possiamo subito osservare che le radici del polinomio ausiliario, mancando in esso i termini di grado dispari, sono certamente disposte in modo simmetrico rispetto all'origine, come mostrato in Fig. 9.15. Se infatti ponessimo $z = s^2$, il polinomio ausiliario di grado $2m$ in $s$ si ricondurrebbe al polinomio di grado $m$ in $z$

$$Q'(z) = q_{2m} z^m + q_{2m-2} z^{m-1} + \cdots + q_0. \tag{9.21}$$

Il polinomio (9.21) ha in generale radici reali (negative e positive) e radici immaginarie (complesse coniugate). Ricordando che $z = s^2$, possiamo trarre le seguenti conclusioni.

- Ad ogni radice reale negativa $z < 0$ di (9.21) corrispondono due radici immaginarie pure $s_{1,2} = \pm j\sqrt{z}$ del polinomio caratteristico disposte nel piano di Gauss come mostrato in Fig. 9.15.a.
- Ad ogni radice reale positiva $z > 0$ di (9.21) corrispondono due radici reali $s_{1,2} = \pm\sqrt{z}$ del polinomio caratteristico disposte nel piano di Gauss come in Fig. 9.15.b.
- Ad ogni coppia di radici complesse coniugate, $z = \alpha + j\omega$ e $z' = \alpha - j\omega$, di (9.21) corrispondono due coppie di radici complesse coniugate simmetriche rispetto all'origine disposte nel piano di Gauss come mostrato in Fig. 9.15.c[9].

Possiamo quindi concludere che il polinomio ausiliario ha tante radici a parte reale positiva quante sono le sue radici a parte reale negativa, ossia $q_+ = q_-$, più un eventuale numero $q_0$ di radici a parte reale nulla.

Per la determinazione del segno delle radici del polinomio ausiliario e dell'eventuale numero di radici a parte reale nulla, si procede come segue. Si deriva il polinomio ausiliario rispetto alla variabile $s$ e si sostituiscono i coefficienti di $dQ(s)/ds$ in luogo degli zeri nella riga identicamente nulla. A questo punto si completa la tabella di Routh seguendo lo schema visto in precedenza e per valutare

[9]Può dimostrarsi che se in forma polare vale $z, z' = Me^{\pm j\varphi}$, allora le 4 radici valgono:

$$s_{1,2} = \sqrt{z} = \begin{cases} \sqrt{M} e^{j\frac{\varphi}{2}} \\ \sqrt{M} e^{j\frac{\varphi}{2}+\pi} \end{cases} \qquad s'_{1,2} = \sqrt{z'} = \begin{cases} \sqrt{M} e^{-j\frac{\varphi}{2}} \\ \sqrt{M} e^{-j\frac{\varphi}{2}-\pi} \end{cases}$$

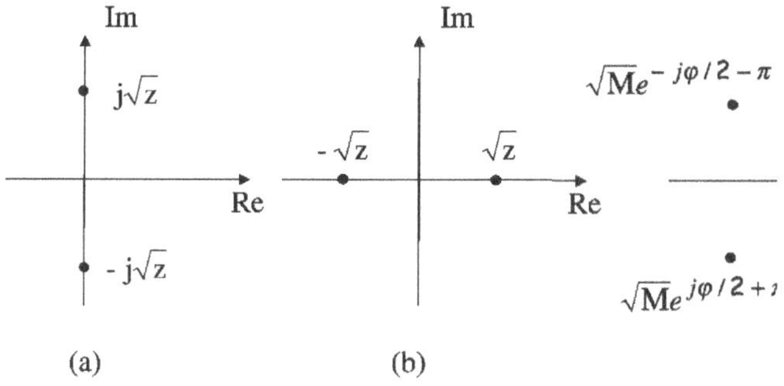


**Fig. 9.15.** Possibili disposizioni delle radici della equazione ausiliaria: **(a)** radice $z$ reale negativa, **(b)** radice $z$ reale positiva, **(c)** radici $z, z'$ complesse coniugate

il segno delle radici del polinomio ausiliario si considerano le righe a partire da quella di indice $n - 2m + 1$, ossia quella precedente la riga contenente i coefficienti di $dQ(s)/ds$.

Il numero $N_v \leq m$ di variazioni di segno in tali righe coincide con il numero di radici a parte reale positiva di $Q(s)$, ovvero: $q_+ = N_v$, mentre il numero di permanenze in questo caso coincide con il numero di radici a parte reale negativa e nulla, ovvero $q_- + q_0 = N_p$ o anche $q_0 = N_p - q_-$.

In base alle considerazioni fatte in precedenza, per ragioni di simmetria ad ogni radice a parte reale positiva corrisponde anche una radice a parte reale negativa e quindi

$$q_+ = q_- = N_v,$$

e anche

$$q_0 = N_p - N_v.$$

Da ciò segue che se $N_v = 0$, ossia non contiamo alcuna variazione di segno nella tabella così completata, allora tutte le $2m$ radici del polinomio ausiliario sono immaginarie pure.

**Esempio 9.59** Si consideri il polinomio

$$P(s) = s^5 + s^4 + 4s^3 + 4s^2 + 7s + 7.$$

Procedendo nella costruzione della tabella di Routh, si vede che questa non può venire completata poiché si trova che la terza riga è identicamente nulla:

| | | | |
|---|---|---|---|
| 5 | 1 | 4 | 7 |
| 4 | 1 | 4 | 7 |
| 3 | 0 | 0 | |

Poiché la prima colonna non presenta variazioni di segno in corrispondenza delle prime due righe, possiamo subito affermare che almeno una radice è a parte reale negativa. Possiamo inoltre affermare che le altre 4 radici sono simmetriche rispetto all'origine e che vi sarà almeno una coppia di radici immaginarie pure o una radice a parte reale positiva.

Per valutare esattamente la distribuzione di tali radici definiamo allora il polinomio ausiliario

$$Q(s) = s^4 + 4s^2 + 7$$

la cui derivata rispetto ad $s$ vale

$$dQ(s)/ds = 4s^3 + 8s.$$

Sostituiamo i coefficienti di $dQ(s)/ds$ nella riga nulla e proseguiamo nella costruzione della tabella di Routh:

| 5 | 1 | 4 | 7 |
|---|---|---|---|
| 4 | 1 | 4 | 7 |
| 3 | 4 | 8 | |
| 2 | 2 | 7 | |
| 1 | −6 | | |
| 0 | 7 | | |

Per trarre informazioni sulle restanti 4 radici dobbiamo esaminare la tabella così ottenuta solo a partire dalla riga 4 ossia dalla riga precedente quella in cui sono stati inseriti i coefficienti di $dQ(s)/ds$. Poiché contiamo due variazioni di segno ($N_v = 2$) e due permanenze, possiamo concludere che il polinomio ausiliario $Q(s)$ ha due radici a parte reale positiva e due radici a parte reale negativa. Il polinomio di partenza ha pertanto due radici a parte reale positiva e tre radici a parte reale negativa.

Si verifica facilmente che in questo caso il polinomio $P(s)$ in esame può venir fattorizzato come $P(s) = R(s)Q(s)$. Il polinomio $R(s) = (s + 1)$ ha una radice reale negativa $p_1 = -1$. Il polinomio ausiliario $Q(s) = s^4 + 4s^2 + 7$ ha radici $p_{2,3} = 0.568 \pm j1.524$, $p_{4,5} = -0.568 \pm j1.524$: tali radici sono simmetriche rispetto all'origine e disposte come nel caso in Fig. 9.15.c. ◇

**Esempio 9.60** Si consideri il polinomio

$$P(s) = s^5 + 2s^4 + 4s^3 + 4s^2 + 3s + 2.$$

Anche in questo caso non possiamo completare la tabella di Routh poiché l'unico elemento nella riga di indice 1 è nullo:

| | | | |
|---|---|---|---|
| 5 | 1 | 4 | 3 |
| 4 | 2 | 4 | 2 |
| 3 | 2 | 2 | |
| 2 | 2 | 2 | |
| 1 | 0 | | |

Possiamo però subito affermare, sulla base delle prime 4 righe, che il polinomio ha 3 radici a parte reale negativa, poiché in tali righe contiamo 3 permanenze di segno. Possiamo inoltre concludere che le altre 2 radici sono simmetriche rispetto all'origine.

Per completare la tabella costruiamo il polinomio caratteristico

$$Q(s) = 2s^2 + 2$$

e sostituiamo il coefficiente di

$$dQ(s)/ds = 4s$$

in luogo dello zero nella riga di indice 1:

| | | | |
|---|---|---|---|
| 5 | 1 | 4 | 3 |
| 4 | 2 | 4 | 2 |
| 3 | 2 | 2 | |
| 2 | 2 | 2 | |
| 1 | 4 | | |
| 0 | 2 | | |

Dall'esame delle ultime 3 righe della tabella così ottenuta vediamo che nella prima colonna non si contano variazioni di segno. Per quanto detto precedentemente ciò significa che le altre 2 radici del polinomio allo studio (coincidenti con le radici del polinomio ausiliario) sono immaginarie pure. Ciò è d'altronde immediato da verificare essendo $Q(s)$ un polinomio di secondo grado. In questo caso, dunque, il sistema che ha quale polinomio caratteristico $P(s)$ è al limite di stabilità.

Infine, si verifica facilmente che vale $P(s) = R(s)Q(s)$. Il polinomio $R(s) = (s+1)(s^2+s+2)$ ha radici $p_1 = -1$ e $p_{2,3} = -0.5 \pm j1.323$. Il polinomio ausiliario $Q(s) = 2s^2 + 2$ ha due radici immaginarie coniugate $p_{4,5} = \pm j$. ◇

### 9.4.4 Criterio di Routh in forma parametrica

È importante osservare che, sebbene l'esistenza di procedure numeriche che consentono la determinazione delle radici di un polinomio del tipo (9.18) abbia notevolmente ridotto l'importanza pratica del criterio di Routh, esso continua a fornire un importante strumento di analisi nel caso in cui non tutti i parametri del modello sono esattamente noti. Si veda a tal fine il seguente esempio.

**Esempio 9.61** Si consideri il polinomio

$$P(s) = s^3 + 5s^2 + 6s + K \tag{9.22}$$

dove $K \in \mathbb{R}$ è un parametro incognito. Vogliamo stabilire come varia il segno della parte reale delle radici del polinomio in esame al variare di $K$.

Osserviamo innanzi tutto che nel caso in cui $K = 0$, il polinomio in esame può essere riscritto come

$$P(s) = s(s^2 + 5s + 6).$$

È evidente quindi che tale polinomio ha una radice coincidente con l'origine e, in virtù del Teorema 9.52, due radici a parte reale negativa.

Inoltre, nel caso in cui $K < 0$, in virtù del Teorema 9.53, possiamo subito affermare che tale polinomio ha almeno una radice a parte reale nulla o una radice a parte reale positiva.

Per capire come varia il segno della parte reale delle radici di tale polinomio al variare di $K$, con $K \neq 0$, costruiamo la tabella di Routh:

$$\begin{array}{c||cc}
3 & 1 & 6 \\
2 & 5 & K \\
1 & 30 - K & \\
0 & K &
\end{array}
\qquad \text{(la riga è stata moltiplicata per 5)}$$

Possono verificarsi i seguenti casi.

- La prima colonna della tabella di Routh non presenta variazioni di segno, ossia il polinomio in esame ha 3 radici a parte reale negativa. Ciò si verifica quando $30 - K > 0$ e $K > 0$, ossia per $0 < K < 30$.
- L'elemento in corrispondenza della riga di indice 1 è positivo, ma risulta negativo il termine nella riga di indice 0. Questo caso si presenta quando $K < 0$ e fa sì che nella prima colonna si contino 2 permanenze e una variazione di segno. Il polinomio in esame ha pertanto per valori negativi di $K$, 2 radici a parte reale negativa e una a parte reale positiva.
- L'elemento in corrispondenza della riga di indice 1 è negativo, mentre il termine nella riga di indice 0 è positivo. Questo caso si presenta quanto $K > 30$ e fa sì che nella prima colonna si contino 2 variazioni di segno e una permanenza. Il polinomio in esame ha pertanto due radici a parte reale positiva e una a parte reale negativa.
- La riga di indice 1 si annulla. Ciò è vero quando $K = 30$. In questo caso, poiché nella prima colonna, in corrispondenza delle righe di indice 3 e 2 contiamo una permanenza di segno, possiamo subito concludere che il polinomio ha una radice a parte reale negativa. Le altre due radici saranno invece o a parte reale positiva o a parte reale nulla, e certamente simmetriche rispetto all'origine. Per completare la nostra analisi, costruiamo il polinomio ausiliario

$$Q(s) = 5s^2 + 30.$$

Essendo $Q(s)$ un polinomio di secondo grado, è immediato calcolare le sue radici, $s_{1,2} = \pm j\sqrt{6}$. Possiamo pertanto concludere che per $K = 30$ il polinomio in esame presenta una radice a parte reale negativa e 2 radici a parte reale nulla, che coincidono proprio con le radici di $Q(s)$.

I risultati di tale analisi possono essere sinteticamente riassunti nella Tabella 9.1, dove con $n_-$, $n_0$ e $n_+$ abbiamo indicato rispettivamente il numero di radici a parte reale negativa, nulla e positiva del polinomio (9.22) al variare di $K \in \mathbb{R}$. ◇

**Tabella 9.1.** Risultati dell'Esempio 9.61

| $K$ | $n_-$ | $n_0$ | $n_+$ |
|---|---|---|---|
| $(-\infty, 0)$ | 2 | 0 | 1 |
| 0 | 2 | 1 | 0 |
| $(0, 30)$ | 3 | 0 | 0 |
| 30 | 1 | 2 | 0 |
| $(30, \infty)$ | 1 | 0 | 2 |

## Esercizi

**Esercizio 9.1** Si consideri il sistema lineare e stazionario descritto dal modello

$$3\frac{d^2y(t)}{dt^2} + 16\frac{dy(t)}{dt} - 12y(t) = 6\frac{du(t)}{dt} - 4u(t).$$

Si valuti la stabilità BIBO di tale sistema. Si calcoli anche la risposta impulsiva e si verifichi se essa è sommabile o meno.

**Esercizio 9.2** Si consideri il sistema SISO lineare, stazionario e a parametri concentrati descritto dal modello ingresso-uscita

$$2\frac{d^2y(t)}{dt^2} + 2\frac{dy(t)}{dt} - 4y(t) = \frac{du(t)}{dt} - u(t). \tag{9.23}$$

Si verifichi che benché le radici del polinomio caratteristico non siano entrambe a parte reale negativa il sistema è BIBO stabile.

**Esercizio 9.3** Si consideri il sistema lineare e stazionario

$$\dot{\boldsymbol{x}}(t) = \begin{bmatrix} 1 & -3 & 1 \\ -3 & 0 & 1 \\ 0 & 0 & 0 \end{bmatrix} \boldsymbol{x}(t) + \begin{bmatrix} 0 \\ 1 \\ 0 \end{bmatrix} u(t)$$

e si assuma $u(t) = \cos\, x_1(t)$. Si determinino gli eventuali stati di equilibrio del sistema controllato risultante.

**Esercizio 9.4** Si consideri il sistema lineare, stazionario e autonomo

$$\dot{\boldsymbol{x}}(t) = \begin{bmatrix} -1 & 2 & 0 \\ -2 & -1 & 0 \\ 0 & 0 & -1 \end{bmatrix} \boldsymbol{x}(t).$$

Si determini la traiettoria di tale sistema supponendo che esso evolva a partire dalla condizione iniziale $\boldsymbol{x}(0) = [1\ 1\ 1]^T$.

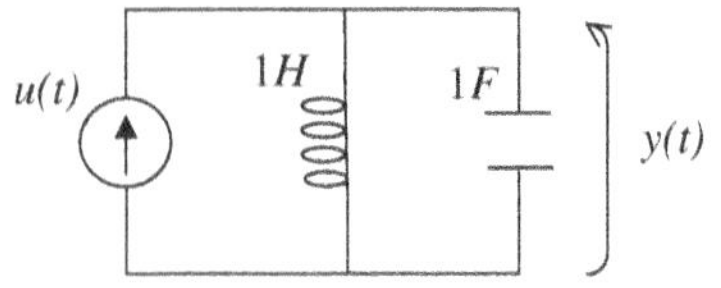


**Fig. 9.16.** Rete relativa all'Esercizio 9.6

**Esercizio 9.5** Si consideri il sistema autonomo non lineare (9.6). Si assuma $\boldsymbol{x}_0 = [x_{1,0}\ x_{2,0}]^T$ con $|x_{1,0}| < 1$. Si dimostri che la traiettoria di tale sistema a partire da $\boldsymbol{x}_0$ è pari a

$$t(\boldsymbol{x}_0) = \{[x_1\ x_2]^T\ :\ \left(x_{2,0}^2 \cdot e^a + x_2^2 \cdot e^{-a}\right) x_1 = x_{2,0}^2 \cdot e^a - x_2^2 \cdot e^{-a}\}$$

dove $a = \operatorname{atanh}(x_{1,0})$.

**Esercizio 9.6** Si valuti se la rete in Fig. 9.16 è BIBO stabile. Qualora non lo sia, si determini un ingresso limitato in grado di generare una uscita illimitata.

**Esercizio 9.7** Si verifichi la stabilità BIBO per i sistemi di cui nel seguito sono dati i polinomi caratteristici. Si valuti anche per ciascuno di questi il numero di eventuali coppie di radici simmetriche rispetto all'origine.

(a) $s^5 + 8s^4 + 25s^3 + 40s^2 + 34s + 12 = 0$
(b) $s^5 + 7s^4 + 17s^3 + 17s^2 + 36s + 30 = 0$
(c) $s^4 + s^3 + s^2 + s + 1 = 0$
(d) $s^5 + 4s^4 + 7s^3 + 8s^2 + 6s + 4 = 0$
(e) $s^5 + s^4 + s^3 + s^2 + s + 1 = 0$.

**Esercizio 9.8** Si consideri il sistema lineare, stazionario ed autonomo descritto dal modello

$$\dot{\boldsymbol{x}}(t) = \boldsymbol{A}\boldsymbol{x}(t) \qquad \text{dove } \boldsymbol{A} = \begin{bmatrix} 2 & -2 \\ 3 & -3 \end{bmatrix}.$$

Si valuti la stabilità asintotica di tale sistema e si individuino gli eventuali stati di equilibrio.

**Esercizio 9.9 [*]** Si considerino i due sistemi

$$\dot{\boldsymbol{x}}(t) = \begin{bmatrix} -1 & 0 \\ 1 & 2 \end{bmatrix} \boldsymbol{x}(t), \qquad \dot{\boldsymbol{z}}(t) = \begin{bmatrix} -2 & 0 \\ 2 & 1 \end{bmatrix} \boldsymbol{z}(t).$$

Sia $\boldsymbol{x}(t)$ una generica evoluzione del primo sistema e $\boldsymbol{z}(t)$ una generica evoluzione del secondo sistema.

Sia $\boldsymbol{x}(0) = \boldsymbol{z}(0) = [0\ 1]^T$. Si mostri che alle due evoluzioni corrispondono identiche traiettorie ma diversi movimenti.

Sia $\boldsymbol{x}(0) = \boldsymbol{z}(0) = [1\ 0]^T$. Si mostri che alle due evoluzioni corrispondono traiettorie e movimenti diversi.

**Esercizio 9.10 [*]** Si consideri il primo dei due sistemi definiti nell'esercizio precedente.

Si discuta la stabilità del movimento relativo al generico stato iniziale $\boldsymbol{x}_0$.

Si assuma $\boldsymbol{x}(0) = [1 \ -1/3]^T$. Si determini la traiettoria $t(\boldsymbol{x}(0))$ e si discuta la sua stabilità.

**Esercizio 9.11** Sia data la seguente rappresentazione in termini di variabili di stato di un sistema lineare e stazionario a parametri concentrati

$$\begin{cases} \dot{\boldsymbol{x}}(t) = \begin{bmatrix} -3 & 1 \\ 0 & -4 \end{bmatrix} \boldsymbol{x}(t) + \begin{bmatrix} 1 \\ 3 \end{bmatrix} u(t) \\ \\ y(t) = \begin{bmatrix} 2 & 7 \end{bmatrix} \boldsymbol{x}(t). \end{cases}$$

Si valuti la stabilità del sistema secondo Lyapunov e in senso BIBO.

**Esercizio 9.12** Si dimostri mediante il criterio di Routh la regola di Cartesio.

**Esercizio 9.13** Si verifichi per mezzo del criterio di Routh la stabilità del sistema descritto dalla funzione di trasferimento

$$W(s) = \frac{s^2 - 2}{s^5 + 3s^4 + 7s^3 + 13s^2 + 12s + 4}.$$

Tale funzione è in forma minima?

**Esercizio 9.14** Il seguente esempio mostra che i due casi singolari possono entrambi presentarsi nella costruzione della stessa tabella di Routh. Dato il polinomio

$$P(s) = s^6 + s^5 + 3s^4 + 3s^3 + 3s^2 + 2s + 1,$$

si determini il numero delle sue radici a parte reale negativa, nulla e positiva per mezzo del criterio di Routh. Si verifichi tale valore calcolando le radici del polinomio mediante MATLAB.

**Esercizio 9.15** Si verifichi per mezzo del criterio di Routh la stabilità del sistema descritto dalla seguente funzione di trasferimento:

$$W(s) = \frac{s + 1}{0.1s^4 + 1.5s^3 + 5.6s^2 + (6 + 50\tau)s + 50}$$

al variare del parametro $\tau$.

**Esercizio 9.16** Si consideri il polinomio caratteristico

$$P(s) = s^4 + Ks^3 + s^2 + s + 1.$$

Si determinino gli eventuali valori di $K$ per i quali si ha BIBO stabilità.

**Esercizio 9.17** Si consideri il polinomio

$$P(s) = s^4 + 2s^3 + 5s^2 + (2K + 1)s + 5 \tag{9.24}$$

dove $K \in \mathbb{R}$.

Si verifichi che al variare del parametro $K$ il numero di radici a parte reale negativa $n_-$, a parte reale nulla $n_0$ e a parte reale positiva $n_+$ variano come riassunto nella seguente tabella.

| K | $n_-$ | $n_0$ | $n_+$ |
|---|---|---|---|
| $(-\infty, 0.88)$ | 2 | 0 | 2 |
| 0.88 | 2 | 2 | 0 |
| $(0.88, 3.12)$ | 4 | 0 | 0 |
| 3.12 | 2 | 2 | 0 |
| $(3.12, +\infty)$ | 2 | 0 | 2 |

# 10

# Analisi dei sistemi in retroazione

In questo capitolo fisseremo la nostra attenzione su un particolare schema di collegamento di sottosistemi elementari noto come *schema in retroazione*. L'importanza di tale schema deriva dal fatto che esso si rivela particolarmente utile nella risoluzione di molti problemi di controllo.

Lo studio dei sistemi in retroazione è in realtà molto complesso e articolato e in particolare la determinazione di una opportuna funzione di trasferimento che inserita nella catena diretta, a monte del processo, permetta il soddisfacimento delle specifiche desiderate a ciclo chiuso, va oltre le finalità di questo testo. Tale argomento è infatti oggetto dei corsi di *Controlli Automatici* e non di *Analisi dei Sistemi*.

In questo capitolo ci limiteremo pertanto a presentare alcuni importanti criteri di *analisi* dei sistemi in retroazione che sono poi alla base delle diverse procedure di *sintesi*. Attraverso tali criteri è infatti possibile ottenere in modo diretto alcune informazioni sulle proprietà globali del sistema a ciclo chiuso (in particolare sulla stabilità) sulla base della sola conoscenza delle funzioni di trasferimento delle parti componenti.

Al riguardo verranno presentati sia il *luogo delle radici* sia il *criterio di Nyquist*. Verrà infine discusso come sia possibile ricavare una rappresentazione grafica della funzione di trasferimento a ciclo chiuso nel caso in cui della funzione di trasferimento della catena diretta sia nota solo una rappresentazione grafica.

## 10.1 Controllo in retroazione

Nel Capitolo 7 (cfr. § 7.2.1) è stato introdotto un particolare schema di collegamento che prende il nome di *schema in retroazione* (o meglio, *retroazione negativa*). Si è anche detto che tale schema è particolarmente utile nella risoluzione di problemi di controllo. Più precisamente, esso è particolarmente utile nella risoluzione di quei problemi di controllo il cui obiettivo è far sì che la variabile controllata coincida con un certo *segnale di riferimento* o *set point*. Il set point può essere costante o

Giua A., Seatzu C.: Analisi dei sistemi dinamici. 2a edizione

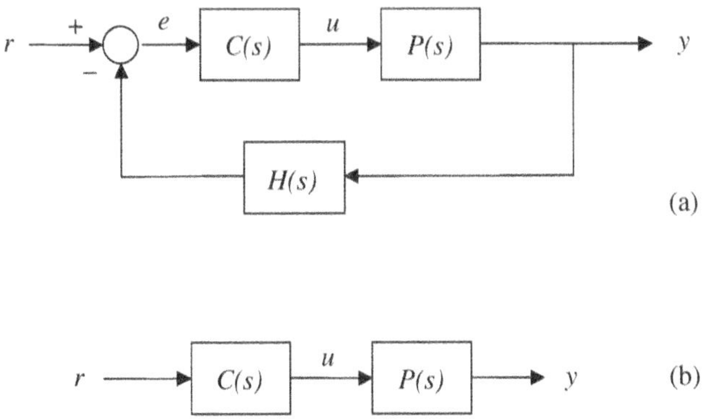


**Fig. 10.1.** **(a)** Schema di collegamento di un sistema di controllo in retroazione; **(b)** schema di collegamento di un sistema di controllo a ciclo aperto

variabile nel tempo: nel primo caso si parla di problemi di *regolazione*, nel secondo caso si parla invece di problemi di *asservimento*.

Nella realtà pratica in effetti non si riesce ad ottenere una perfetta coincidenza tra la variabile controllata (l'uscita) ed il set point per cui si ritiene soddisfacente un segnale di uscita che sia una "buona" approssimazione del set point. La "bontà" di tale approssimazione viene misurata attraverso una serie di specifiche, o di requisiti, che il segnale errore, pari alla differenza tra il set point e l'uscita, deve soddisfare nelle condizioni di funzionamento di interesse.

Lo schema di controllo che meglio permette di soddisfare le specifiche richieste in un problema di questo tipo è lo schema in retroazione riportato in Fig. 10.1.a dove si è usata la seguente notazione:

- $r$ rappresenta il *set point*;
- $u$ è l'*ingresso* al processo;
- $y$ l'*uscita*, ossia la variabile controllata;
- $P(s)$ è la funzione di trasferimento del *processo* da controllare. Si noti che nella realtà il processo è soggetto ad una serie di incertezze e di variazioni durante il suo funzionamento per cui in pratica non si dispone mai di una funzione di trasferimento che descriva con assoluta precisione la dinamica del processo durante tutta la sua evoluzione;
- $H(s)$ è la funzione di trasferimento dell'eventuale *trasduttore di misura* che permette di valutare istante per istante la differenza esistente tra l'uscita e il set point, ossia il segnale $e$ in Fig. 10.1.a;
- $C(s)$ è la funzione di trasferimento del *regolatore*, o *controllore*. La risoluzione di un problema di controllo prevede proprio la determinazione di un opportuno controllore $C(s)$ che, sulla base della differenza esistente tra l'uscita e il set point, fornisca in ingresso al processo un segnale $u$ tale da garantire il soddisfacimento delle specifiche desiderate.

La funzione di trasferimento tra il set point $r$ e l'uscita $y$ vale (cfr. § 7.2.1)

$$W(s) = \frac{R(s)}{Y(s)} = \frac{C(s)P(s)}{1 + C(s)P(s)H(s)}$$

e viene detta funzione di trasferimento *a ciclo chiuso*. La funzione di trasferimento

$$F(s) = C(s)P(s)H(s)$$

viene invece denominata funzione di trasferimento *a ciclo aperto* mentre

$$G(s) = C(s)P(s)$$

è la funzione di trasferimento della *catena diretta*.

Un'alternativa allo schema in retroazione (o a ciclo chiuso) riportato in Fig. 10.1.a è lo schema di controllo *a ciclo aperto*, riportato in Fig. 10.1.b, che peraltro costituisce un caso particolare dello schema in retroazione.

Si può tuttavia dimostrare che lo schema a ciclo chiuso presenta una serie di vantaggi rispetto allo schema a ciclo aperto, che possono essenzialmente essere riassunti come segue:

- lo schema a ciclo chiuso fornisce una maggiore precisione a regime;
- presenta una minore sensibiltà alle incertezze e alle variazioni parametriche del processo;
- ha una maggiore insensibilità rispetto ad eventuali disturbi esterni agenti sul sistema.

La dimostrazione formale di tali affermazioni, così come le regole pratiche ed empiriche per la determinazione di una funzione di trasferimento $C(s)$ che permetta di soddisfare le specifiche desiderate, esula dalla presente trattazione. Per una dettagliata discussione in proposito si rimanda a testi specifici orientati al controllo, piuttosto che all'analisi.

Il seguente semplice esempio fisico mostra comunque in maniera intuitiva quelli che sono i vantaggi del controllo in retroazione rispetto al controllo a ciclo chiuso.

**Esempio 10.1** Si consideri il serbatoio cilindrico schematicamente rappresentato in Fig. 10.2. Siano $q_1$ e $q_2$ le portate in ingresso e in uscita, rispettivamente, e $h$ il livello del liquido nel serbatoio.

Si supponga che inizialmente il livello del liquido sia pari a $h_0 = 1$ m e che le pompe in ingresso ed in uscita non siano operative, ossia $q_{1,0} = q_{2,0} = 0$ m$^3$/s. Si supponga infine che la sezione del serbatoio sia pari ad $S = 1$ m$^2$.

Si desidera portare il livello del liquido al valore desiderato $h_d = 2.5$ m variando opportunamente le portate $q_1$ e $q_2$. Tali portate rappresentano quindi l'ingresso al processo, il livello $h$ rappresenta l'uscita e $h_d$ è il set point.

Una semplice soluzione a questo problema consiste nell'azionare la pompa in ingresso ottenendo una portata $q_1 = 1$ litro/s $= 10^{-3}$ m$^3$/s. In questo modo il livello sale con velocità

$$\dot{h}(t) = q_1/S = 10^{-3} \text{ m/s}$$

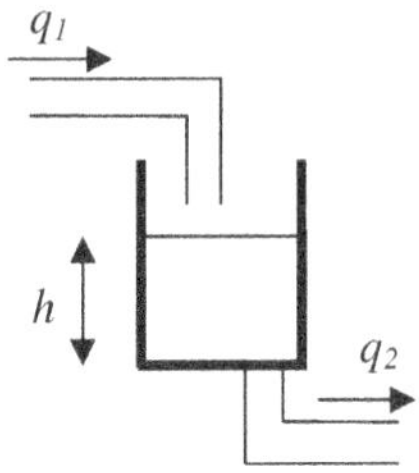


**Fig. 10.2.** Rappresentazione schematica del serbatoio preso in esame nell'Esempio 10.1

ed essendo $h_d - h_0 = 1.5$ m, il valore desiderato di $h$ si raggiunge lasciando aperta la pompa di ingresso per un tempo $\Delta t = 1500$ s. Per passare da $h_0$ a $h_d$ vale infatti la relazione

$$h_d - h_0 = \frac{q_1}{S} \cdot \Delta t.$$

Una logica di controllo di questo tipo, che definisce chiaramente un controllo a ciclo aperto, presenta tuttavia dei problemi.

- Cosa succede infatti se sul sistema agisce un *disturbo* in ingresso (per esempio, azionando la pompa di ingresso non arriva una portata di 1 litro/s ma una portata diversa)?
- Cosa accade se il *modello* del sistema *non è esatto* (per esempio, la sezione non è $S = 1\ \text{m}^2$ ma $S' = 1.1\ \text{m}^2$)?

Chiaramente in nessuno di questi casi si riuscirebbe ad ottenere il valore desiderato dell'uscita.

Una legge di controllo che permette invece il raggiungimento del set point anche in presenza dei suddetti problemi è la seguente:

- se $h < h_d \Longrightarrow$ apri la pompa di ingresso ($q_1 > 0$),
- se $h = h_d \Longrightarrow$ chiudi le pompe ($q_1 = q_2 = 0$),
- se $h > h_d \Longrightarrow$ apri la pompa di uscita ($q_2 > 0$).

Tale logica realizza un controllo in retroazione in quanto l'ingresso al processo (le portate $q_1$ e $q_2$) è stabilito istante per istante sulla base della differenza tra il set point e l'uscita ($h - h_d$).

Si dice allora che il controllo in retroazione è *robusto* in quanto funziona bene anche in presenza di disturbi o errori sul modello. ◇

Nel seguito presenteremo alcune tecniche di analisi dei sistemi a ciclo chiuso, ossia vedremo come sia possibile ottenere in modo diretto alcune informazioni sulle proprietà globali del sistema a ciclo chiuso (in particolare sulla sua stabilità) sulla base della conoscenza delle funzioni di trasferimento delle parti componenti.

## 10.2 Luogo delle radici

Il tracciamento del luogo delle radici costituisce un prezioso strumento di analisi e di sintesi dei sistemi lineari in retroazione nel dominio di $s$.

Per la definizione del luogo delle radici si faccia riferimento al generico schema in retroazione in Fig. 10.3 la cui funzione di trasferimento a ciclo chiuso vale

$$W(s) = \frac{Y(s)}{R(s)} = \frac{G(s)}{1 + F(s)}$$

dove $F(s) = G(s)H(s)$ è la funzione di trasferimento a ciclo aperto che si suppone sempre in forma minima.

Sia

$$F(s) = K' \frac{\prod_{i=1}^{m} (s - z_i)}{\prod_{i=1}^{n} (s - p_i)}. \tag{10.1}$$

Il luogo delle radici ci permette di capire come varia la posizione dei poli del sistema a ciclo chiuso al variare del parametro $K'$ caratteristico della funzione di trasferimento della catena diretta.

Il polinomio caratteristico del sistema a ciclo chiuso coincidente con il numeratore di $1 + F(s)$, è pari a

$$P_W(s) = \prod_{i=1}^{n} (s - p_i) + K' \prod_{i=1}^{m} (s - z_i) \tag{10.2}$$

mentre l'equazione caratteristica del sistema a ciclo chiuso vale

$$\prod_{i=1}^{n} (s - p_i) + K' \prod_{i=1}^{m} (s - z_i) = 0. \tag{10.3}$$

Possiamo dare la seguente definizione.

**Definizione 10.2.** *Il* luogo positivo delle radici *è l'insieme delle linee nel piano di Gauss descritte dai poli del sistema a ciclo chiuso al variare del parametro $K'$ da 0 a $+\infty$, dove tali linee sono orientate nel verso dei $K'$ crescenti.*

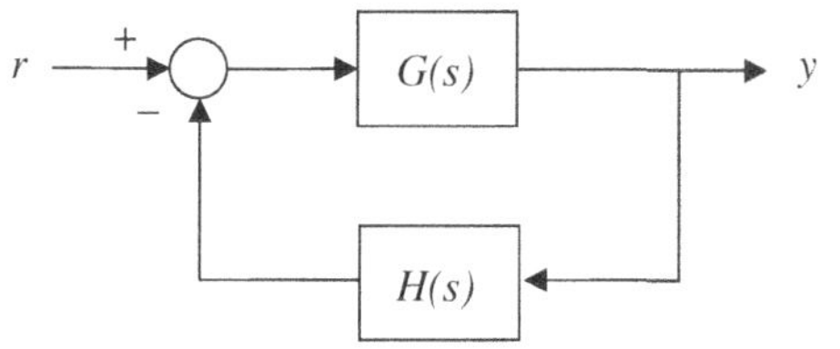


**Fig. 10.3.** Generico schema in retroazione

**Esempio 10.3** Sia

$$G(s) = \frac{K'}{s(s+2)}, \quad \text{e} \quad H(s) = 1.$$

In tal caso $F(s) = G(s)$ e la funzione di trasferimento a ciclo chiuso vale

$$W(s) = \frac{\dfrac{K'}{s(s+2)}}{1 + \dfrac{K'}{s(s+2)}} = \frac{K'}{s^2 + 2s + K'}.$$

Le radici del polinomio caratteristico

$$P_W(s) = s^2 + 2s + K'$$

sono $p_{1,2} = -1 \pm \sqrt{1-K'}$.

Il luogo positivo delle radici è il luogo dei punti nel piano di Gauss individuati dai poli $p_{1,2}$ al variare di $K'$ da 0 a $+\infty$.

- Per $K' = 0$, vale $p_1 = 0$ e $p_2 = -2$.
- Per $0 < K' < 1$, $1 - K' > 0$ per cui $p_1$ e $p_2$ assumono valori reali interni al segmento $(-2, 0)$. In particolare al crescere di $K'$ da 0 a 1, $p_1$ si muove lungo il semiasse reale negativo dall'origine verso il punto -1, mentre $p_2$ si muove lungo il semiasse reale negativo dal punto -2 verso il punto -1.
- Per $K' = 1$ le due radici coincidono e vale $p_1 = p_2 = -1$.
- Per $K' > 1$, $1 - K' < 0$ per cui le due radici sono complesse coniugate. Inoltre, la loro parte reale è pari a -1 per qualunque valore di $K'$, mentre la loro parte immaginaria tende a crescere indefinitamente in modulo al crescere di $K'$.

Il luogo positivo delle radici assume pertanto la forma riportata in Fig. 10.4 dove i poli a ciclo aperto sono stati indicati con il simbolo $\times$. ◇

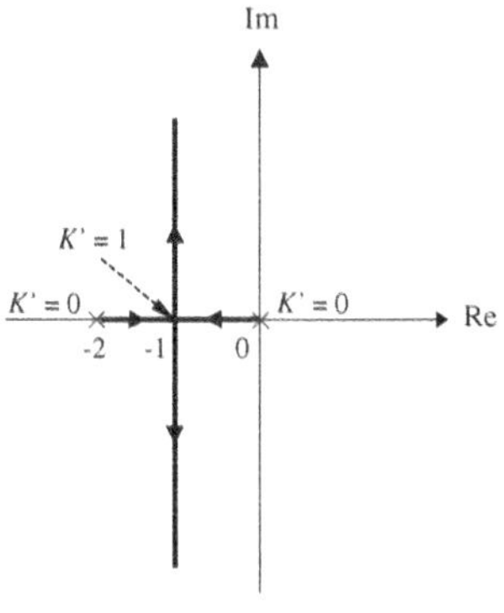


**Fig. 10.4.** Luogo delle radici della $F(s) = \dfrac{K'}{s(s+2)}$

Si noti che solitamente il luogo definito come sopra viene semplicemente denominato *luogo delle radici*, senza specificare che questo è il luogo positivo. A rigore però quando si parla di luogo delle radici ci si riferisce all'insieme delle linee ottenute facendo variare $K'$ da $-\infty$ a $+\infty$, ossia all'insieme del luogo positivo e del luogo negativo delle radici, dove quest'ultimo è ottenuto al variare di $K'$ da $-\infty$ a $0$[1]. Nel seguito della trattazione fisseremo la nostra attenzione sul solo luogo positivo delle radici che per semplicità verrà semplicemente chiamato *luogo delle radici.*

L'eq. (10.3) viene detta *equazione vettoriale del luogo*: essendo infatti una equazione nella variabile complessa $s$, questa può essere scissa in due equazioni scalari, relative rispettivamente ai moduli e alle fasi. In particolare, possiamo dare a tale equazione una intuitiva interpretazione geometrica. Sia infatti $s = \alpha + j\omega$ il generico punto nel piano di Gauss. I fattori $s - z_i$ $(s - p_i)$ possono essere visti come dei vettori che congiungono $z_i$ $(p_i)$ con il punto di coordinate $s$. In particolare, indichiamo con $M_i$ ed $N_i$ i moduli dei vettori $s - z_i$ e $s - p_i$, rispettivamente, e con $\phi_i$ e $\varphi_i$ gli angoli che tali vettori formano con il semiasse reale positivo. Si veda in proposito la Fig. 10.5 dove i poli sono stati indicati con il simbolo $\times$ e gli zeri con un cerchietto.

L'eq. (10.3) può essere scomposta nelle due equazioni scalari[2]:

$$\begin{cases} K' = \dfrac{\prod_{i=1}^{n} |s - p_i|}{\prod_{i=1}^{m} |s - z_i|} = \dfrac{\prod_{i=1}^{n} N_i}{\prod_{i=1}^{m} M_i} & (a) \\ \arg(K') + \sum_{i=1}^{m} \arg(s - z_i) - \sum_{i=1}^{n} \arg(s - p_i) & \\ \qquad = \sum_{i=1}^{m} \varphi_i - \sum_{i=1}^{n} \psi_i = (2h+1)\,180^o, \quad h = 0, 1, 2, \cdots. & (b) \end{cases} \tag{10.4}$$

[1]Il luogo delle radici negativo è estremamente utile qualora si studino sistemi a retroazione negativa il cui polinomio caratteristico è pari al numeratore di $1 - F(s)$ (cfr. § 7.2.1), o qualora si vogliano studiare le proprietà della $F$ a partire dalla espressione analitica della $W$. Tale luogo tuttavia non sarà preso in esame in questo testo.

[2]L'equazione (b) risulta evidente se si riscrive la (10.3) nella forma

$$K' \frac{\prod_{i=1}^{m} (s - z_i)}{\prod_{i=1}^{n} (s - p_i)} = -1$$

e si osserva che $K' \geq 0$ e quindi $\arg(K') = 0^o$, mentre $\arg(-1)$ è pari ad un qualunque multiplo dispari di $180^o$.

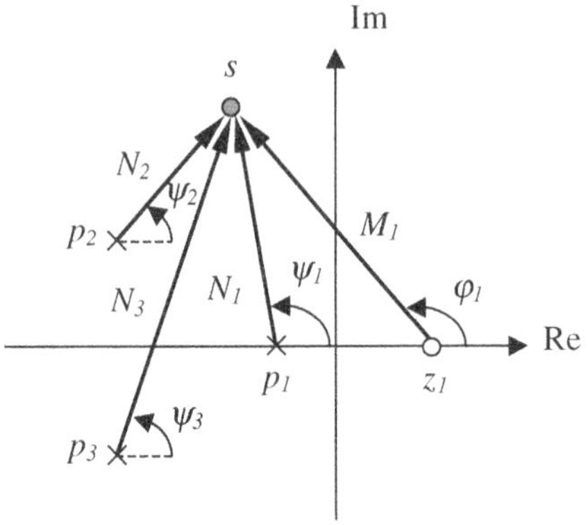


**Fig. 10.5.** Definizione degli angoli $\phi_i$, $\varphi_i$ e dei moduli $M_i$, $N_i$

L'eq. (10.4.a) viene detta *condizione di modulo* e la (10.4.b) *condizione di fase*. Come è immediato osservare, nella condizione di fase non compare il parametro $K'$ e questa può pertanto essere interpretata come l'equazione del luogo: tutti e soli i punti del luogo soddisfano infatti tale condizione. Questa verrà quindi utilizzata per il tracciamento del luogo. Nella condizione di modulo al contrario compare $K'$ e in particolare, per ogni valore di $K'$ tale equazione è soddisfatta da $n$ punti del luogo. Essa permette quindi di tarare il luogo delle radici in $K'$, ossia di associare ad ogni punto del luogo un particolare valore di $K'$.

### 10.2.1 Regole per il tracciamento del luogo

Il luogo delle radici gode di alcune proprietà che consentono la formulazione di semplici regole pratiche che ne permettono il tracciamento esatto di alcune parti ed il tracciamento qualitativo di alcune altre sue parti.

Si osservi che il luogo ottenuto sulla base di tali regole, pur se qualitativo in alcune sue parti, fornisce un prezioso strumento di analisi e di sintesi dei sistemi in retroazione. Esso permette infatti di dedurre le principali informazioni relative al sistema retroazionato e consente anche di capire come una eventuale variazione nel guadagno e/o l'aggiunta di opportune dinamiche (ossia opportuni poli e zeri) nella catena diretta possono influire sulla dinamica del sistema a ciclo chiuso.

**Nota 10.4** *Si osservi che nel seguito si ipotizzerà sempre che il sistema verifichi il* principio di causalità *per cui ci si riferirà sempre a funzioni di trasferimento a ciclo aperto $F(s)$ tali per cui $m \leq n$, dove $m$ ed $n$ denotano rispettivamente il grado del numeratore e del denominatore della $F(s)$.*

Le regole per il tracciamento del luogo, di alcune delle quali daremo anche una dimostrazione formale, possono essere enunciate come segue.

**Regola 10.5** *Il luogo delle radici è costituito da $n$ rami.*

*Dimostrazione.* Essendo per ipotesi $n \geq m$, l'eq. (10.3) è di ordine $n$ ed ha pertanto $n$ radici che dipendono con continuità dal parametro $K'$. □

**Regola 10.6** *Il luogo delle radici è simmetrico rispetto all'asse reale.*

*Dimostrazione.* L'eq. (10.3) ha coefficienti reali: le sue radici sono pertanto reali oppure complesse coniugate. □

**Regola 10.7** *I rami hanno origine per $K' = 0$ dai poli della $F(s)$. In particolare, se un polo $p_i$ della $F(s)$ è semplice da esso ha origine un solo ramo del luogo; se invece $p_i$ ha molteplicità $\nu_i > 1$ da esso hanno origine $\nu_i$ rami del luogo.*

*Dimostrazione.* La validità dell'enunciato segue immediatamente dal fatto che per $K' = 0$ l'eq. (10.3) si riduce a

$$\prod_{i=1}^{n}(s - p_i) = 0 \tag{10.5}$$

le cui radici sono proprio i poli $p_i$ della $F(s)$, ognuno contato con la sua molteplicità. □

**Regola 10.8** *Per $K' \to +\infty$, $m$ degli $n$ rami del luogo terminano negli $m$ zeri della $F(s)$ e gli altri $n-m$ tendono all'infinito. In particolare, se uno zero $z_i$ della $F(s)$ ha molteplicità semplice in esso termina un solo ramo del luogo; se invece $z_i$ ha molteplicità $\nu_i$ in esso terminano $\nu_i$ rami del luogo.*

*Dimostrazione.* Segue dal fatto che, se $K' \neq 0$ l'eq. (10.3) può essere riscritta come

$$\frac{1}{K'}\prod_{i=1}^{n}(s - p_i) + \prod_{i=1}^{m}(s - z_i) = 0. \tag{10.6}$$

Ora, per $K' \to +\infty$ la (10.6) diviene

$$\prod_{i=1}^{m}(s - z_i) = 0 \tag{10.7}$$

che ha solo $m$ radici che coincidono proprio con gli zeri della $F(s)$, ognuno preso con la sua molteplicità. Per $K' \to +\infty$, queste sono anche le uniche radici al finito dell'eq. (10.3). □

**Regola 10.9** *Il luogo ha $n-m$ asintoti a cui tendono gli $n-m$ rami che terminano all'infinito. Tali asintoti si intersecano in un punto sull'asse reale di ascissa pari a*

$$x_s = \frac{\sum_{i=1}^{n} p_i - \sum_{i=1}^{m} z_i}{n - m} \tag{10.8}$$

*e formano con l'asse reale angoli pari a*

$$\phi_s = \frac{(2h+1)\ 180^o}{n - m}, \quad h = 0, 1, \cdots, n - m - 1. \tag{10.9}$$

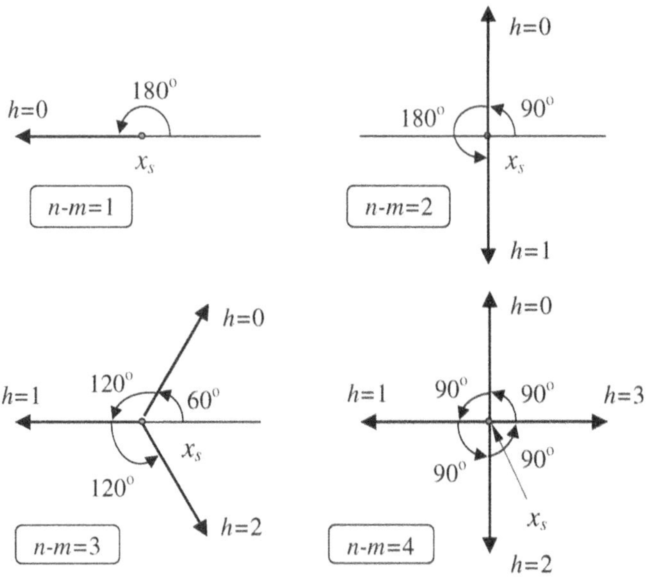


**Fig. 10.6.** Stella di asintoti al variare di $n - m$

*Dimostrazione.* Per semplicità la dimostrazione completa di questo risultato non viene data. Osserviamo solo, con riferimento alla Fig. 10.5, che se il generico punto $s$ tende all'infinito tutti i vettori $s - z_i$ ed $s - p_i$ assumono ampiezza infinita e una direzione comune, ossia tutti gli angoli $\varphi_i$ e i $\psi_i$ divengono uguali. Ora, sia $\phi_s$ il valore comune di tali angoli. La condizione di fase diviene $(m - n)\phi_s = (2h + 1)\ 180^o = -(2h + 1)\ 180^o$, da cui segue l'eq. (10.9). □

Si osservi che gli angoli che gli eventuali asintoti formano con l'asse reale dipendono solo dall'eccesso poli-zeri $n - m$ e non dalla posizione dei poli e degli zeri nel piano di Gauss. In particolare, gli asintoti costituiscono una stella di rette centrata in $x_s$. Tale stella è regolare nel senso che gli angoli tra ciascuna coppia di rette adiacenti sono uguali. Essendo inoltre il luogo simmetrico rispetto all'asse reale, tali rette sono disposte al variare del numero $n - m$ come mostrato in Fig. 10.6.

**Regola 10.10** *Appartengono al luogo tutti i punti dell'asse reale che lasciano alla loro destra un numero dispari di poli e zeri, ognuno contato con la propria molteplicità.*

*Dimostrazione.* Si consideri un generico punto $s$ del piano complesso appartenente all'asse reale come mostrato in Fig. 10.7. La validità dell'enunciato segue immediatamente dalle seguenti osservazioni:

- le coppie di poli e di zeri complessi coniugati danno un contributo alla fase complessivamente nullo (la somma dei rispettivi angoli è pari a $360^o$);
- i poli e gli zeri sull'asse reale a sinistra del punto $s$ danno un contributo alla fase nullo;

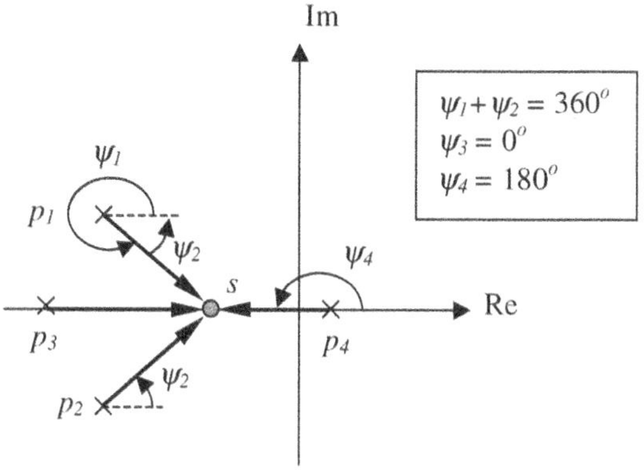


**Fig. 10.7.** Definizione degli angoli nel caso in cui $s$ appartenga all'asse reale

- i poli e gli zeri sull'asse reale alla destra del punto $s$ danno ciascuno un contributo alla fase pari a $180^o$. Solo se il loro numero è dispari la condizione di fase risulta pertanto verificata. □

**Regola 10.11** *I rami del luogo possono avere punti in comune in corrispondenza a radici multiple dell'eq. (10.3). Nel caso di radici doppie i corrispondenti* punti doppi *sono calcolabili mediante l'equazione:*

$$\sum_{i=1}^{m} \frac{1}{s - z_i} - \sum_{i=1}^{n} \frac{1}{s - p_i} = 0. \tag{10.10}$$

*Inoltre, in un punto doppio la tangente del ramo che va verso il punto doppio forma un angolo di* $90^o$ *con la tangente del ramo che da esso parte.*

*Dimostrazione.* Per dimostrare la validità di tale enunciato, si ricordi che le radici di (10.3) coincidono con le radici di

$$1 + F(s) = 0. \tag{10.11}$$

Inoltre, le radici doppie dell'eq. (10.11) soddisfano, oltre alla (10.11) anche l'equazione che si ottiene eguagliando a zero la derivata del primo membro, ossia sono soluzioni del sistema

$$\begin{cases} 1 + F(s) = 0 \\ \dfrac{dF(s)}{ds} = 0. \end{cases} \tag{10.12}$$

Per calcolare la derivata prima della $F(s)$ conviene scrivere la $F(s)$ come

$$F(s) = K' \frac{\prod_{i=1}^{m}(s - z_i)}{\prod_{i=1}^{n}(s - p_i)} \tag{10.13}$$

da cui segue

$$\ln F(s) = \ln K' + \sum_{i=1}^{m} \ln(s - z_i) - \sum_{i=1}^{n} \ln(s - p_i) \tag{10.14}$$

dove ln denota il logaritmo naturale. Derivando ambo i membri della (10.14) rispetto ad $s$ otteniamo

$$\frac{1}{F(s)} \cdot \frac{dF(s)}{ds} = \sum_{i=1}^{m} \frac{1}{s - z_i} - \sum_{i=1}^{n} \frac{1}{s - p_i} \tag{10.15}$$

il che dimostra la validità dell'eq. (10.10).

Per semplicità non viene invece dimostrata la proprietà delle tangenti nei punti doppi. □

Si osservi che in generale la determinazione dei punti doppi non è affatto semplice. L'eq. (10.10) ha infatti $n + m - 1$ soluzioni, non tutte peraltro appartenenti al luogo delle radici[3]. Una volta che si è quindi risolta l'eq. (10.10) bisogna capire quali radici effettivamente appartengono al luogo e questo è in genere possibile sulla base delle informazioni ricavate applicando le regole precedenti.

Il caso più frequente è quello in cui i punti doppi sono appartenenti all'asse reale e compresi tra due poli reali. In questi casi la presenza del punto doppio si deduce immediatamente dalla presenza di due rami che percorrono il segmento compreso tra i due poli in senso opposto. Tali rami, dopo essersi incontrati nel punto doppio si separano proseguendo al di fuori dell'asse reale. Un esempio in proposito è fornito dal luogo delle radici riportato in Fig. 10.4.

Mediante le 7 regole sopra esposte è quindi possibile ottenere una buona approssimazione dell'andamento del luogo delle radici. Per quanto riguarda poi la taratura del luogo in $K'$ ricordiamo che questa può essere agevolmente fatta mediante la condizione di modulo.

**Regola 10.12** *Dato un generico punto $s$ appartenente al luogo, in esso vale*

$$K' = \frac{\prod_{i=1}^{n} N_i}{\prod_{i=1}^{m} M_i} \tag{10.16}$$

*dove, in accordo con la notazione precedente, $M_i = |s - z_i|$ e $N_i = |s - p_i|$.*

[3] Si noti che questa affermazione è vera in quanto in questa sede, come chiarito all'inizio del capitolo, parlando di luogo delle radici ci stiamo in effetti riferendo al luogo *positivo* delle radici. Per completezza precisiamo che tutte le radici dell'equazione dei punti doppi che non appartengono al luogo positivo delle radici appartengono al luogo negativo delle radici.

*Dimostrazione.* Segue immediatamente dalla scomposizione della equazione vettoriale del luogo nelle due condizioni di modulo e di fase. □

È utile infine fare la seguente osservazione.

**Nota 10.13** *Gli eventuali punti di attraversamento dell'asse immaginario da parte del luogo si possono determinare applicando il criterio di Routh all'equazione algebrica (10.3). Più precisamente, si costruisce la tabella di Routh relativa a tale equazione e si calcola il valore (o i valori) di $K'$ per i quali una riga diventa identicamente nulla. Gli eventuali punti di attraverso dell'asse immaginario si hanno in corrispondenza di uno o più di tali valori di $K'$.*

Presentiamo ora alcuni esempi significativi al fine di chiarire le regole per la determinazione del luogo e spiegare come il luogo permetta di trarre utili informazioni circa la dinamica del sistema a ciclo chiuso.

**Esempio 10.14** Sia

$$F(s) = \frac{K'(s+1)}{s(s+2)}.$$

Tale funzione di trasferimento ha uno zero $z_1 = -1$ e due poli: $p_1 = 0$ e $p_2 = -2$, per cui vale $m = 1$ e $n = 2$.

Il luogo ha pertanto $n - m = 2$ rami.

Tali rami hanno origine per $K' = 0$ ciascuno da un polo della $F(s)$. Per $K' \to +\infty$ un ramo tende allo zero e l'altro tende all'infinito.

In particolare, il ramo che tende all'infinito forma con l'asse reale un angolo pari a $180^o$. Si noti che essendovi in questo caso un solo asintoto coincidente con l'asse reale negativo non ha senso calcolare il valore di $x_s$.

In virtù della Regola 10.10 inoltre appartengono al luogo tutti i punti dell'asse reale alla sinistra di $-2$ e quelli interni al segmento $[-1, 0]$. I punti alla sinistra di $-2$ lasciano infatti alla loro destra i 2 poli e lo zero della $F(s)$; i punti interni al segmento $[-1, 0]$ lasciano invece alla loro destra il polo nell'origine.

Il luogo delle radici in questo semplice esempio giace pertanto tutto sull'asse reale.

Esso chiaramente non presenta punti doppi. Questo fatto può dedursi dalla semplice osservazione che non vi sono rami che tendono ad incontrarsi e può comunque essere facilmente verificato calcolando le radici dell'equazione dei punti doppi, che in questo caso particolare vale:

$$\frac{1}{s+1} - \frac{1}{s} - \frac{1}{s+2} = -\frac{s^2+2s+2}{s(s+1)(s+2)} = 0$$

e verificando che le sue radici ($s_{1,2} = -1 \pm j$) non appartengono al luogo.

Il luogo delle radici ha pertanto la forma e l'orientamento mostrati in Fig. 10.8.

Dall'esame del luogo possiamo trarre le seguenti informazioni in termini della dinamica del sistema a ciclo chiuso avente $F(s)$ come funzione di trasferimento a ciclo aperto.

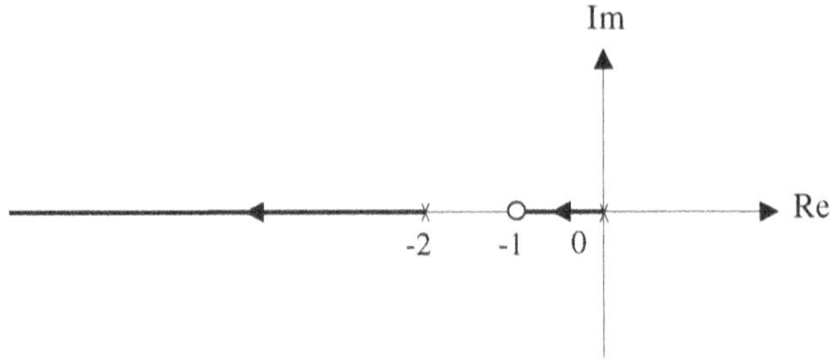


**Fig. 10.8.** Luogo delle radici della $F(s) = \dfrac{K'(s+1)}{s(s+2)}$

- Per $K' = 0$ i poli a ciclo chiuso coincidono con i poli a ciclo aperto. L'evoluzione libera del sistema ha pertanto una forma del tipo:

$$y_l(t) = A_1 + A_2 e^{-2t}$$

  dove le costanti $A_1$ e $A_2$ dipendono dalle condizioni iniziali del sistema.
- Per $K' > 0$ i poli a ciclo chiuso sono entrambi a parte reale negativa. L'evoluzione libera ha una forma del tipo:

$$y_l(t) = A_1 e^{\alpha_1 t} + A_2 e^{\alpha_2 t}$$

  dove $\alpha_1 \in (-1, 0)$ e $\alpha_2 < -2$. In particolare al crescere di $K'$, $\alpha_1$ tende a valori sempre più prossimi a $-1$ e $\alpha_2$ a valori sempre più grandi in valore assoluto. Il sistema a ciclo chiuso è pertanto stabile per ogni valore di $K' > 0$. ◇

**Esempio 10.15** Sia

$$F(s) = \frac{K'}{s(s+1)(s+2)}.$$

Tale funzione di trasferimento non ha zeri ($m = 0$) e ha tre poli reali e distinti ($n = 3$): $p_1 = 0$, $p_2 = -1$, $p_3 = -2$.

Il luogo pertanto ha $n - m = 3$ rami.

Tali rami hanno origine per $K' = 0$ ciascuno da un polo della $F(s)$ e terminano per $K' \to +\infty$ tutti all'infinito.

In particolare, i rami tendono all'infinito lungo $n - m = 3$ diversi asintoti. Gli asintoti si intersecano in un punto sull'asse reale di ascissa pari a

$$x_s = \frac{0 - 1 - 2}{3} = -1$$

e formano con l'asse reale angoli pari a

$$\phi_s = \frac{(2h+1)\,180^o}{3} = \begin{cases} 60^o & \text{per } h = 0 \\ 180^o & \text{per } h = 1 \\ 300^o & \text{per } h = 2. \end{cases}$$

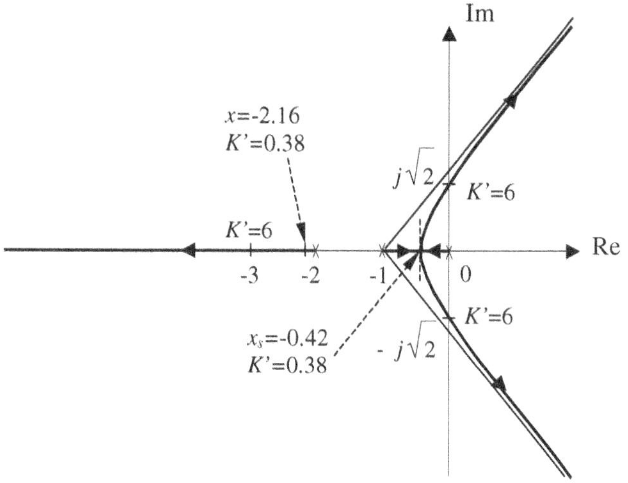


**Fig. 10.9.** Luogo delle radici della $F(s) = \dfrac{K'}{s(s+1)(s+2)}$

In virtù della Regola 10.10 inoltre appartengono al luogo tutti i punti dell'asse reale alla sinistra di $-2$ e quelli interni al segmento $[-1,0]$. I punti alla sinistra di $-2$ lasciano infatti alla loro destra 3 poli, ossia tutti i poli della $F(s)$; i punti interni al segmento $[-1,0]$ lasciano invece alla loro destra il solo polo nell'origine.

L'equazione dei punti doppi è:

$$\frac{1}{s} + \frac{1}{s+1} + \frac{1}{s+2} = \frac{3s^2+6s+2}{s(s+1)(s+2)} = 0$$

le cui radici sono: $s_{1,2} = -1 \pm 1/\sqrt{3}$, ossia $s_1 \simeq -0.42$ e $s_2 \simeq -1.58$. Il punto $s_1$ appartiene al luogo essendo $s_1 \in [-1,0]$. Al contrario il punto $s_2$ non appartiene al luogo in quanto $s_2 > -2$ e $s_2 \notin [-1,0]$. Si osservi che la presenza di un punto doppio internamente al segmento $[-1,0]$ era prevedibile dato che dagli estremi di tale segmento partono due rami del luogo, l'uno diretto in verso opposto all'altro. Dalla condizione di modulo è inoltre immediato calcolare che nel punto doppio vale $K' = 0.38$.

Il luogo delle radici ha quindi la forma mostrata in Fig. 10.9 in cui è stato anche evidenziato il verso di percorrenza dei rami.

Da tale figura è anche facile osservare (si veda la linea tratteggiata perpendicolare all'asse delle ascisse in $x_s$) che nel punto doppio la tangente del ramo che va verso il punto doppio forma un angolo di $90^o$ con la tangente del ramo che da esso parte.

È inoltre evidente che il luogo attraversa l'asse immaginario in due punti. Tali punti di attraversamento possono essere facilmente determinati applicando il criterio di Routh all'equazione algebrica (10.3), che in questo esempio particolare vale

$$s(s+1)(s+2) = s^3 + 3s^2 + 2s + K' = 0. \tag{10.17}$$

A partire da tale equazione di costruisce la tabella

| | | | |
|---|---|---|---|
| 3 | 1 | 2 | |
| 2 | 3 | $K'$ | |
| 1 | 6-$K'$ | | (la riga è stata moltiplicata per 3) |
| 0 | $K'$ | | |

la cui riga di indice 1 si annulla per $K' = 6$. Per tale valore di $K'$ il polinomio ausiliario costruito con i coefficienti della riga precedente vale:

$$Q(s) = 3(s^2 + 2).$$

Gli zeri di tale polinomio sono chiaramente dei numeri immaginari puri e valgono: $s_{1,2} = \pm j\sqrt{2}$. Questo implica che, come mostrato in Fig. 10.9, il luogo delle radici attraversa l'asse immaginario nei punti di ordinata $\pm j\sqrt{2}$.

Si osservi che il terzo punto del luogo corrispondente a $K' = 6$ può facilmente calcolarsi tendendo conto che anch'esso è soluzione dell'equazione di terzo grado (10.17) dove si ponga $K' = 6$. Poiché sappiamo che due delle radici di tale equazione sono $s_{1,2} = \pm j\sqrt{2}$ è immediato calcolare che la terza radice vale $s_3 = -3$. Possiamo pertanto concludere che il terzo punto del luogo per $K' = 6$ si trova nell'asse reale e vale $-3$.

Si noti infine che con un ragionamento del tutto analogo è anche immediato calcolare il terzo punto del luogo per il quale vale $K' = 0.38$, dove $K' = 0.38$ è il valore di $K'$ per il quale si ha un punto doppio. Particolarizzando infatti l'eq. (10.17) con $K' = 0.38$ e tenendo conto che due delle radici dell'equazione così ottenuta valgono $-0.42$, è immediato calcolare che la terza radice vale -2.16.

Dall'esame del luogo possiamo quindi trarre le seguenti conclusioni in termini della dinamica del sistema a ciclo chiuso avente $F(s)$ come funzione di trasferimento a ciclo aperto.

- Per $K' = 0$ i poli a ciclo chiuso coincidono con i poli a ciclo aperto. L'evoluzione libera del sistema ha pertanto una forma del tipo:

$$y_l(t) = A_1 + A_2 e^{-t} + A_3 e^{-2t}$$

  dove le costanti $A_i$, per $i = 1, 2, 3$, dipendono chiaramente dalle condizioni iniziali del sistema.
- Per $K' \in (0, 0.38)$ i poli a ciclo chiuso sono reali, distinti e tutti a parte reale negativa. L'evoluzione libera del sistema ha pertanto una forma del tipo:

$$y_l(t) = A_1 e^{\alpha_1 t} + A_2 e^{\alpha_2 t} + A_3 e^{\alpha_3 t}$$

  dove $\alpha_1 \in (-0.42, 0)$, $\alpha_2 \in (-1, -0.42)$ e $\alpha_3 \in (-2.16, -2)$.
- Per $K' = 0.38$ il sistema a ciclo chiuso ha un polo reale negativo con molteplicità doppia e uno reale negativo semplice. In particolare, il polo reale con molteplicità doppia coincide con il punto doppio $x_s = -0.42$ e il polo semplice vale $-2.16$. L'evoluzione libera del sistema ha pertanto una forma del tipo:

$$y_l(t) = A_1 e^{-0.42t} + A_2 t e^{-0.42t} + A_3 e^{-2.16t}.$$

- Per $K' \in (0.38, 6)$ il sistema a ciclo chiuso ha una coppia di poli complessi coniugati a parte reale negativa e un polo semplice a parte reale negativa nel ramo che parte da $-2$ e tende a $-\infty$. La forma della evoluzione libera è:

$$y_l(t) = Me^{\alpha t}\cos(\omega t + \phi) + A_3 e^{\alpha_3 t}$$

dove $\alpha \in (-0.42, 0)$, $\omega \in (0, \sqrt{2})$, $\alpha_3 \in (-3, -2.16)$ e $M$, $\phi$ e $A_3$ dipendono dalle condizioni iniziali.

- Per $K' = 6$ il sistema a ciclo chiuso ha una coppia di poli complessi coniugati a parte reale nulla e ancora un polo reale negativo pari a $-3$. La forma della evoluzione libera è

$$y_l(t) = M\cos(\sqrt{2}t + \phi) + A_3 e^{-3t}.$$

- Per $K' > 6$ la parte reale dei poli complessi coniugati diviene positiva per cui il sistema a ciclo chiuso diviene instabile. La forma della evoluzione libera è

$$y_l(t) = Me^{\alpha t}\cos(\omega t + \phi) + A_3 e^{\alpha_3 t}$$

dove $\alpha > 0$, $\omega > \sqrt{2}$ e $\alpha_3 < -3$. ◇

**Esempio 10.16** Sia

$$F(s) = \frac{K'}{s(s^2 + 2s + 2)}.$$

La $F(s)$ non ha zeri ($m = 0$) e ha $n = 3$ poli distinti: $p_1 = 0$ coincidente con l'origine e due poli complessi coniugati $p_{2,3} = -1 \pm j$.

Il luogo ha quindi 3 rami: ciascun ramo parte per $K' = 0$ da uno dei poli e termina per $K' \to +\infty$ all'infinito. Vi sono 3 diversi asintoti le cui direzioni sono chiaramente $60^o$, $180^o$ e $300^o$. Gli asintoti si intersecano in un punto sull'asse reale di ascissa

$$x_s = \frac{0 - 1 + j - 1 - j}{3} = -\frac{2}{3}.$$

Appartengono al luogo tutti i punti nell'asse reale negativo, compresa naturalmente l'origine da cui parte uno dei rami. I punti all'interno del segmento $[-1, 0)$ lasciano infatti alla loro destra il polo nell'origine; i punti appartenenti alla semiretta $(-\infty, -1)$ lasciano invece alla loro destra i tre poli della $F(s)$.

In questo caso, come è facilmente intuibile poiché non vi sono rami del luogo che tendono ad incontrarsi, non vi sono punti doppi. Ciò è in accordo col fatto che l'equazione dei punti doppi

$$\frac{1}{s} + \frac{1}{s+1-j} + \frac{1}{s+1+j} = \frac{3s^2 + 4s + 2}{s(s^2 + 2s + 2)} = 0$$

ha come radici $s_{1,2} = -2/3 \pm j\sqrt{2}/3$ che non appartengono al luogo.

Possiamo pertanto concludere che il luogo ha la forma mostrata in Fig. 10.10[4].

Il luogo chiaramente attraversa l'asse immaginario in due punti che possono essere determinati anche in questo caso applicando il criterio di Routh all'equazione algebrica:

$$s(s^2 + 2s + 2) + K' = s^3 + 2s^2 + 2s + K' = 0.$$

A partire da tale equazione si costruisce la tabella

| | | | |
|---|---|---|---|
| 3 | 1 | 2 | |
| 2 | 2 | $K'$ | |
| 1 | 4-$K'$ | | (la riga è stata moltiplicata per 2) |
| 0 | $K'$ | | |

la cui riga di indice 1 si annulla per $K' = 4$. Per tale valore di $K'$ il polinomio ausiliario costruito con i coefficienti della riga di indice 2 vale:

$$Q(s) = 2(s^2 + 2)$$

le cui radici sono $\pm j\sqrt{2}$ che coincidono con i punti in cui il luogo attraversa l'asse immaginario.

Ripetendo inoltre un ragionamento analogo a quello visto negli esempi precedenti, si determina immediatamente che il terzo punto del luogo per cui vale $K' = 4$ è il punto sull'asse reale di ascissa pari a $-2$.

A questo punto è quindi immediato capire per quali valori di $K'$ il sistema a ciclo chiuso avente $F(s)$ come funzione di trasferimento a ciclo aperto è stabile o instabile e qual'è la struttura della sua evoluzione libera. ◇

---

[4]Si può dimostrare che i $\nu_i$ rami del luogo che partono dal polo $p_i$ hanno tangenti in $p_i$ che formano con l'asse reale angoli pari a

$$\theta_i = \frac{1}{\nu_i}\left((2h+1)\ 180^o + \sum_{j=1}^{m} \arg(p_i - z_j) - \sum_{j=1,\ j\neq i}^{n} \arg(p_i - p_j)\right), \quad h = 0, 1, \cdots, \ \nu_i - 1. \tag{10.18}$$

Questo permette di dare una giustificazione alla direzione di partenza dei rami dai poli complessi. Si consideri ad esempio il polo $p_2 = -1 + j$ (data la simmetria del luogo un discorso analogo vale anche per il suo complesso coniugato $p_3$). Il polo $p_2$ ha molteplicità semplice per cui la relazione (10.18) è definita solo per $h = 0$ e vale:

$$\begin{aligned}\theta_2 &= 180^o - \arg(p_2 - p_1) - \arg(p_2 - p_3)\\ &= 180^o - \arg(p_2 - p_1) - 90^o\\ &= -\arg(p_2 - p_1) + 90^o.\end{aligned}$$

Essendo $\arg(p_2 - p_1) - 90^o$ l'angolo alla base di un triangolo rettangolo isoscele (si veda la Fig. 10.10), tale angolo è pari a $45^o$, ossia $\arg(p_2 - p_1) = 135^o$. Pertanto dalle eguaglianze sopra segue che $\theta_2 = -135^o + 90^o = -45^o$. Il ramo del luogo che ha origine dal polo $p_2$ parte quindi tangente alla semiretta che ha origine nel polo $p_2$ e che passa per $p_1$ coincidente con l'origine.

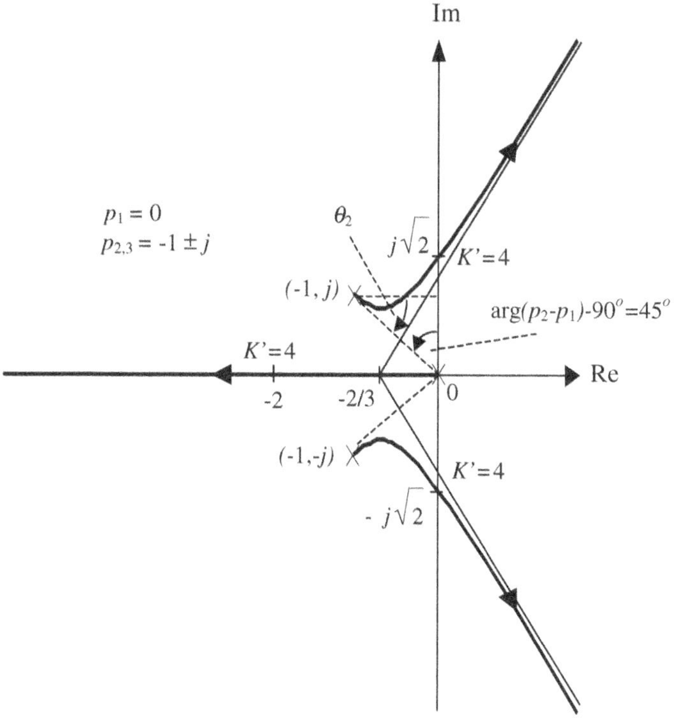


**Fig. 10.10.** Luogo delle radici della $F(s) = \dfrac{K'}{s(s^2+2s+2)}$

**Esempio 10.17** Sia

$$F(s) = \frac{K'(s+1)}{s^2(s+1/3)(s+1/5)}.$$

Tale funzione di trasferimento ha uno zero $z_1 = -1$ e 4 poli: $p_1 = p_2 = 0$, $p_3 = -1/3$ e $p_4 = -1/5$.

Il luogo ha pertanto 4 rami di cui uno termina nello zero e gli altri all'infinito lungo le direzioni individuate dagli angoli: $60^o$, $180^o$ e $300^o$. Il centro stella degli asintoti ha come ascissa

$$x_s = \frac{-1/3 - 1/5 + 1}{3} = 4/75 \simeq 0.16.$$

Dal polo nell'origine, avendo esso molteplicità doppia, partono naturalmente due rami.

Appartengono inoltre all'asse reale tutti i punti interni al segmento $[-1/3, -1/5]$ e i punti della semiretta $(-\infty, -1]$.

È intuibile quindi che il luogo abbia la forma mostrata in Fig. 10.11.

Gli unici punti di intersezione con l'asse immaginario sono i due poli coincidenti con l'origine.

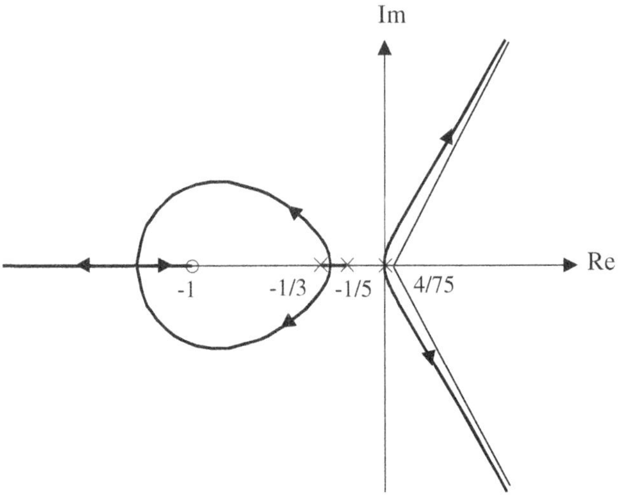


**Fig. 10.11.** Luogo delle radici dell'Esempio 10.17

Vi sono poi naturalmente due punti doppi nell'asse reale: uno interno al segmento $[-1/3, -1/5]$ e uno alla sinistra del punto $-2$. In tali zone dell'asse reale infatti vi sono due rami del luogo diretti in verso opposto. Risolvendo l'equazione dei punti doppi (una equazione di quarto grado) è possibile verificare che i punti doppi valgono $-1.28$ e $-0.28$. È lasciato come esercizio al lettore la determinazione dei valori di $K'$ in tali punti. Si osservi che nei punti doppi la tangente del ramo che va verso il punto doppio forma un angolo di $90^o$ con la tangente del ramo che da esso parte.

Con considerazioni analoghe a quelle viste negli esempi precedenti è facile a questo punto trarre le dovute conclusioni circa la dinamica del sistema a ciclo chiuso al variare di $K'$. ◇

## 10.3 Criterio di Nyquist

Il criterio di Nyquist costituisce uno dei criteri fondamentali di analisi e di sintesi dei sistemi lineari e stazionari in retroazione basati sulla risposta in frequenza della funzione di trasferimento a ciclo aperto. Tale criterio si basa sul tracciamento di un particolare diagramma, detto diagramma di Nyquist, illustrato nella sezione che segue.

### 10.3.1 Diagramma di Nyquist

Data una generica funzione di trasferimento $F(s)$ che si suppone sempre in forma minima, sia $F(j\omega)$ la funzione ottenuta ponendo $s = j\omega$.

Il diagramma di Nyquist della $F(s)$ è il luogo dei punti $F(j\omega)$ nel piano complesso al variare di $\omega$ da $-\infty$ a $+\infty$. Esso è pertanto una curva parametrizzata in $\omega$ a cui è associato un verso di percorrenza al crescere della pulsazione $\omega$.

La seguente proprietà dimostra la simmetria del diagramma di Nyquist rispetto all'asse reale del piano complesso e ciò ne semplifica notevolmente il tracciamento.

**Proprietà 10.18** Data una funzione di trasferimento $F(s)$, sia

$$F(j\omega) = M(\omega)\ e^{j\varphi(\omega)}.$$

Per ogni valore della pulsazione $\omega \in \mathbb{R}^+$ vale

$$M(\omega) = M(-\omega), \qquad \varphi(\omega) = -\varphi(-\omega),$$

ossia il modulo della $F(j\omega)$ è una funzione pari di $\omega$ mentre la fase è una funzione dispari di $\omega$.

*Dimostrazione.* La validità dell'enunciato segue dalla seguente semplice considerazione geometrica. Essendo la $F(s)$ data dal rapporto di due polinomi in $s$, la $F(j\omega)$ può essere scritta come

$$F(j\omega) = K' \frac{\prod_{i=1}^{m}(j\omega - z_i)}{\prod_{i=1}^{n}(j\omega - p_i)}$$

che in termini di modulo e fase, diviene

$$M(\omega) = |K'| \frac{\prod_{i=1}^{m}|j\omega - z_i|}{\prod_{i=1}^{n}|j\omega - p_i|},$$

$$\varphi(\omega) = \arg(K') + \sum_{i=1}^{m}\arg(j\omega - z_i) - \sum_{i=1}^{n}\arg(j\omega - p_i).$$

Sia $j\omega_0$ con $\omega_0 \in \mathbb{R}^+$ un generico punto sul semiasse positivo immaginario del piano di Gauss. I fattori $(j\omega_0 - z_i)$ e $(j\omega_0 - p_i)$ possono essere visti come dei vettori che congiungono $z_i$ e $p_i$ con il punto $j\omega_0$.

Si supponga per semplicità che la $F(s)$ non abbia zeri e che abbia tre poli disposti come in Fig. 10.12.a dove $p_2$ e $p_3$ sono naturalmente poli complessi coniugati. In questo caso

$$\begin{array}{l} M(\omega_0) = \dfrac{|K'|}{N_1 N_2 N_3}, \\ \varphi(\omega_0) = \arg(K') - \psi_1 - \psi_2 - \psi_3 = \left\{ \begin{array}{ll} -\psi_1 - \psi_2 - \psi_3 & \text{se } K' > 0, \\ -180^o - \psi_1 - \psi_2 - \psi_3 & \text{se } K' < 0, \end{array} \right. \end{array}$$

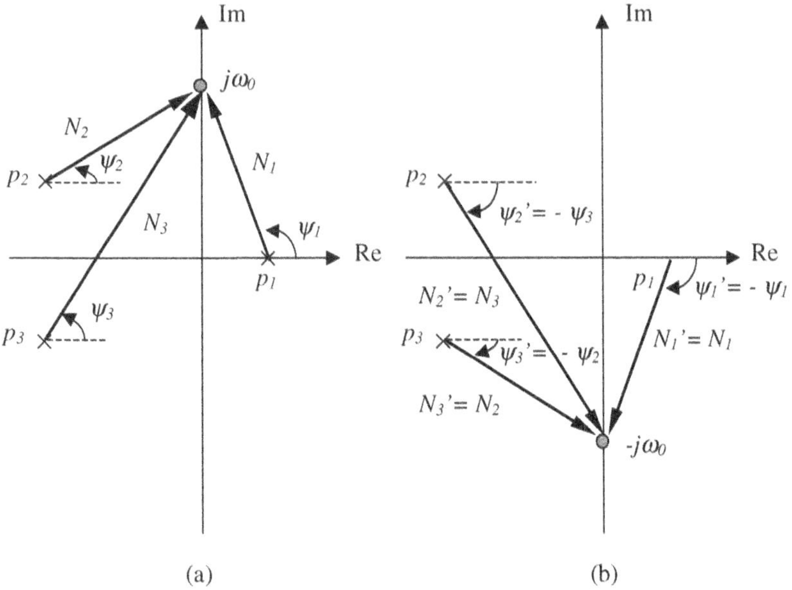


**Fig. 10.12.** Dimostrazione della Proprietà 10.18

dove

$$\begin{array}{lll} N_1 = |j\omega_0 - p_1|, & N_2 = |j\omega_0 - p_2|, & N_3 = |j\omega_0 - p_3|, \\ \psi_1 = \arg(j\omega_0 - p_1), & \psi_2 = \arg(j\omega_0 - p_2), & \psi_3 = \arg(j\omega_0 - p_3). \end{array}$$

Si consideri ora il punto $-j\omega_0$. In questo caso (si veda la Fig. 10.12.a e b)

$$M(-\omega_0) = \frac{|K'|}{N_1' N_2' N_3'} = M(\omega_0),$$

essendo

$$N_1' = |-j\omega_0 - p_1| = N_1, \quad N_2' = |-j\omega_0 - p_2| = N_3, \quad N_3' = |-j\omega_0 - p_3| = N_2.$$

Inoltre

$$\varphi(-\omega_0) = \arg(K') - \psi_1' - \psi_2' - \psi_3' = \begin{cases} -\psi_1' - \psi_2' - \psi_3' & \text{se } K' > 0, \\ -180^o - \psi_1' - \psi_2' - \psi_3' & \text{se } K' < 0. \end{cases}$$

Ma essendo

$$\psi_1' = -\psi_1 \quad \psi_2' = -\psi_3 \quad \psi_3' = -\psi_2$$

vale

$$\begin{aligned} \varphi(-\omega_0) &= \arg(K') + \psi_1 + \psi_2 + \psi_3 \\ &= \begin{cases} \psi_1 + \psi_2 + \psi_3 & \text{se } K' > 0, \\ -180^o + \psi_1 + \psi_2 + \psi_3 = & \\ -180^o + \psi_1 + \psi_2 + \psi_3 + 360^o = & \text{se } K' < 0 \\ 180^o + \psi_1 + \psi_2 + \psi_3 & \end{cases} \end{aligned}$$

da cui segue che

$$\varphi(-\omega_0) = -\varphi(\omega_0)$$

come volevasi dimostrare.

Un ragionamento del tutto analogo può naturalmente ripetersi nel caso in cui la $F(s)$ abbia anche zeri reali e/o complessi coniugati. □

In virtù di tale proprietà il diagramma di Nyquist può essere tracciato prendendo inizialmente in considerazione le sole pulsazioni $\omega \in [0, +\infty)$. Poi, essendo il digramma relativo alle pulsazioni $\omega \in (-\infty, 0)$ il simmetrico rispetto all'asse reale del diagramma relativo alle $\omega \in (0, +\infty)$, il suo tracciamento è immediato.

Il diagramma di Nyquist può naturalmente ricavarsi per punti a partire dal diagramma di Bode. Vi sono tuttavia delle semplici regole pratiche che, unitamente a considerazioni circa l'intervallo di variazione della fase e l'andamento del modulo al crescere di $\omega$, ne consentono il tracciamento qualitativo con una buona approssimazione almeno in corrispondenza delle alte e delle basse frequenze. Tali regole si possono enunciare come segue.

Si noti che nel seguito supporremo per semplicità che l'eccesso poli-zeri nell'origine sia sempre maggiore o uguale a zero. Pertanto, con riferimento alla rappresentazione di Bode della $F(s)$ (cfr. eq. (6.22)), supporremo che valga $\nu \geq 0$, essendo questo il caso più frequente nella pratica.

**Regola 10.19** *Se vale $\nu = 0$, il diagramma di Nyquist parte per $\omega = 0$ dal punto di coordinate $(K, 0)$ con una fase pari a*

$$\varphi(0) = \arg(K) = \begin{cases} 0^o & \textit{se } K > 0 \\ \pm 180^o & \textit{se } K < 0 \end{cases}$$

*dove $K$ è il guadagno della $F(s)$*[5].

*Se $\nu > 0$ il diagramma parte da un punto improprio del piano complesso con una fase pari a*

$$\varphi(0) = \arg(K) - \nu\, 90^o = \begin{cases} -\nu\, 90^o & \textit{se } K > 0 \\ \pm 180^o - \nu\, 90^o & \textit{se } K < 0. \end{cases}$$

*Dimostrazione.* Come ben noto la funzione di trasferimento $F(s)$ è data dal rapporto di due polinomi in $s$, ossia

$$F(s) = \frac{b_m s^m + b_{m-1} s^{m-1} + \cdots + b_0}{a_n s^n + a_{n-1} s^{n-1} + \cdots + a_0}.$$

Se $\nu = 0$, allora $a_0 \neq 0$ e

$$\lim_{\omega \to 0^+} F(j\omega) = \frac{b_0}{a_0} = K$$

[5]Si ricordi che il guadagno $K$ di una generica funzione di trasferimento $F(s)$ è stato definito come (cfr. § 6.4.3)

$$K = \lim_{s \to 0} F(s)\, s^{\nu}.$$

il che dimostra la prima parte dell'enunciato.

Se invece $\nu > 0$, allora $a_{\nu-1} = a_{\nu-2} = \cdots = a_0 = 0$ per cui

$$\lim_{\omega \to 0^+} F(j\omega) = \lim_{\omega \to 0^+} \frac{b_0}{a_\nu (j\omega)^\nu}$$

il che implica, in termini di modulo e fase, che

$$\lim_{\omega \to 0^+} M(\omega) = \lim_{\omega \to 0^+} \frac{|K|}{(j\omega)^\nu} = +\infty$$

e

$$\lim_{\omega \to 0^+} \varphi(\omega) = \lim_{\omega \to 0^+} \arg\left(\frac{K}{(j\omega)^\nu}\right) = \arg(K) - \nu\ 90^o. \qquad \square$$

**Regola 10.20** *Se la funzione di trasferimento $F(s)$ è strettamente propria allora il diagramma di Nyquist termina per $\omega \to +\infty$ nell'origine del piano complesso.*

*Se la $F(s)$ è propria il diagramma di Nyquist termina per $\omega \to +\infty$ nel punto di coordinate $(K', 0)$.*

*Inoltre vale*

$$\varphi(+\infty) = \arg(K') - (n-m)\ \ 90^o = \begin{cases} -(n-m)\ \ 90^o & \text{se } K' > 0 \\ \pm 180^o - (n-m)\ \ 90^o & \text{se } K' < 0. \end{cases}$$

*Dimostrazione.* Chiaramente

$$\lim_{\omega \to +\infty} F(j\omega) = \lim_{\omega \to +\infty} \frac{K'}{(j\omega)^{n-m}}$$

per cui

$$\lim_{\omega \to +\infty} M(\omega) = \lim_{\omega \to +\infty} \frac{|K'|}{\omega^{n-m}} = \begin{cases} 0 & \text{se } m < n \\ |K'| & \text{se } m = n \end{cases}$$

e

$$\lim_{\omega \to +\infty} \varphi(\omega) = \lim_{\omega \to +\infty} \arg\left(\frac{K'}{(j\omega)^{n-m}}\right) = \begin{cases} -(n-m)\ 90^o & \text{se } K' > 0 \\ \pm 180^o - (n-m)\ 90^o & \text{se } K' < 0. \end{cases}$$

$\square$

Illustriamo ora l'utilizzo di tali regole attraverso alcuni semplici esempi che mettono anche in luce come in generale sia necessario valutare entro quale intervallo varia la fase e qual'è l'andamento del modulo al crescere di $\omega$, al fine di tracciare, anche solo in maniera qualitativa, il diagramma di Nyquist di una certa funzione di trasferimento.

**Esempio 10.21** Si consideri la funzione di trasferimento

$$F(s) = \frac{K}{1 + \tau s}$$

che ha il solo polo $p_1 = -1/\tau$ e nessuno zero ($\nu = 0$ e $n - m = 1$).

Supponiamo inizialmente che sia $K > 0$ e $\tau > 0$. In base alle due regole sopra enunciate possiamo subito affermare che:

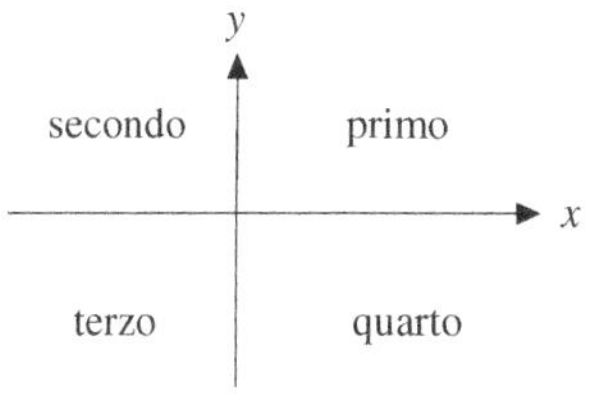


**Fig. 10.13.** Numerazione quadranti

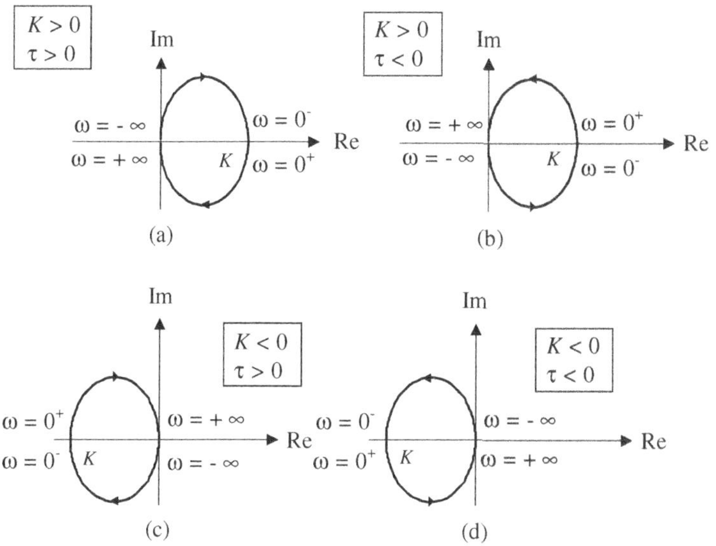


**Fig. 10.14.** Diagramma di Nyquist di $F(s) = K/(1+\tau s)$ al variare del segno di $K$ e $\tau$

- il diagramma di Nyquist parte per $\omega = 0$ dal punto di coordinate $(K, 0)$ nel semiasse positivo reale con fase $\varphi(0) = 0^o$;
- termina per $\omega \to +\infty$ nell'origine con fase $\varphi(+\infty) = -90^o$ essendo $K' = K/\tau > 0$.

Sappiamo inoltre dalla conoscenza del diagramma di Bode di tale funzione di trasferimento che al variare di $\omega \in [0, +\infty)$ la fase è sempre compresa tra $-90^o$ e $0^o$, per cui possiamo concludere che il diagramma di Nyquist giace tutto nel quarto quadrante del piano complesso[6]. Il modulo inoltre, rimane praticamente costante fino a valori di $\omega$ pari a $1/\tau$, dopo di che tende a decrescere fino a raggiungere lo zero. Possiamo pertanto concludere che il diagramma di Nyquist per $\omega \geq 0$ ha l'andamento riportato nel quarto quadrate del piano complesso in Fig. 10.14.a.

In virtù della Proprietà 10.18 è infine immediato il completamento di tale diagramma per valori negativi di $\omega$, che risulta il simmetrico rispetto all'asse reale

[6] Si ricordi che per convenzione i quadranti di un generico piano cartesiano $xy$ sono numerati come mostrato in Fig. 10.13.

del diagramma precedente.

Il diagramma di Nyquist completo è pertanto quello riportato in Fig. 10.14.a.

Supponiamo ora che sia $K > 0$ e $\tau < 0$. In base alle due regole sopra enunciate possiamo subito affermare che:

- il diagramma di Nyquist parte per $\omega = 0$ dal punto di coordinate $(K, 0)$ nel semiasse positivo reale con fase $\varphi(0) = 0^o$;
- termina per $\omega \to +\infty$ nell'origine con fase $\varphi(+\infty) = 180^o - 90^o = 90^o$ (o equivalentemente $\varphi(+\infty) = -180^o - 90^o = -270^o$) essendo $K' = K/\tau < 0$ e $n - m = 1$.

Sappiamo inoltre dalla conoscenza del diagramma di Bode di tale funzione di trasferimento che al variare di $\omega \in [0, +\infty)$ la fase è sempre compresa tra $0^o$ e $90^o$, per cui possiamo concludere che il diagramma di Nyquist giace tutto nel primo quadrante del piano complesso. Il modulo naturalmente ha un andamento analogo al caso precedente, poiché non dipende dal segno di $\tau$. Possiamo pertanto concludere che il diagramma di Nyquist per $\omega \geq 0$ ha l'andamento riportato nel primo quadrate del piano complesso in Fig. 10.14.b.

Il diagramma di Nyquist per valori negativi di $\omega$ è infine il simmetrico rispetto all'asse reale del diagramma precedente per cui il diagramma completo ha l'andamento riportato in Fig. 10.14.b.

Ripetendo un ragionamento analogo per le altre due combinazioni di segno di $K$ e $\tau$, ossia $K < 0, \tau > 0$ e $K < 0, \tau < 0$, è facile verificare gli andamenti riportati nelle Fig. 10.14.c-d. ◇

**Esempio 10.22** Si consideri la funzione di trasferimento

$$F(s) = \frac{1}{s(s+1)}$$

che ha due poli, di cui uno nell'origine, e nessuno zero.

I parametri caratteristici al fine del tracciamento del diagramma di Nyquist sono: $K = K' = 1$, $n - m = 2$ e $\nu = 1$. Pertanto,

- il diagramma di Nyquist parte per $\omega = 0$ da un punto improprio del piano complesso con fase $\varphi(0) = -90^o$;
- termina per $\omega \to +\infty$ nell'origine con fase $\varphi(+\infty) = -180^o$.

Tali informazioni non sono naturalmente sufficienti per il tracciamento del diagramma di Nyquist perché non ci dicono in quali quadranti si trova effettivamente il diagramma.

Il tracciamento, anche molto qualitativo, del diagramma di Bode della $F(s)$ ci permette però di affermare che la fase per $\omega \in [0, +\infty)$ è tutta compresa tra $-90^o$ e $-180^o$ per cui il diagramma si trova tutto nel terzo quadrante del piano complesso. Il modulo inoltre è strettamente decrescente al crescere della pulsazione. Tenendo infine conto della simmetria del diagramma rispetto all'asse reale, l'andamento qualitativo del diagramma completo è quello mostrato in Fig. 10.15.

Si noti che la determinazione della posizione dell'asintoto a cui tende il diagramma per $\omega \to 0^+$ (e quindi anche $\omega \to 0^-$) non segue dalle precedenti considerazioni.

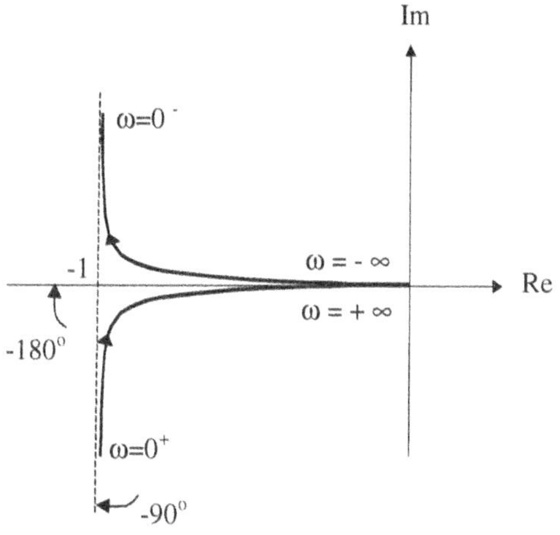


**Fig. 10.15.** Diagramma di Nyquist di $F(s) = \dfrac{1}{s(1+s)}$

A tal fine è necessario calcolare

$$
\begin{aligned}
\lim_{\omega \to 0^+} F(j\omega) &= \lim_{\omega \to 0^+} \frac{1}{j\omega(1+j\omega)} \\
&= \lim_{\omega \to 0^+} \frac{j(1-j\omega)}{-\omega(1+\omega^2)} \\
&= -1 + j \lim_{\omega \to 0^+} \frac{-1}{\omega(1+\omega^2)}
\end{aligned}
$$

da cui segue che l'asintoto cercato interseca l'asse reale in $-1$. ◇

**Esempio 10.23** Si consideri la funzione di trasferimento

$$F(s) = \frac{s+10}{10\ s^3}.$$

In tale caso vale: $K = 1$, $K' = 0.1$, $n - m - 2$ e $\nu = 3$, per cui

- il diagramma di Nyquist parte per $\omega = 0$ da un punto improprio del piano complesso con fase $\varphi(0) = -270^o$;
- termina per $\omega \to +\infty$ nell'origine con fase $\varphi(+\infty) = -180^o$.

Dal tracciamento, anche solo qualitativo del diagramma di Bode, è facile rendersi conto che la fase per $\omega$ positivi è tutta compresa tra $-270^o$ e $-180^o$. Il diagramma di Nyquist relativo alle $\omega$ positive ha pertanto l'andamento mostrato in Fig. 10.16. Si noti che anche in questo caso per la determinazione della posizione dell'asintoto a cui tende il diagramma per $\omega \to 0^+$ è necessario ripetere un ragionamento analogo

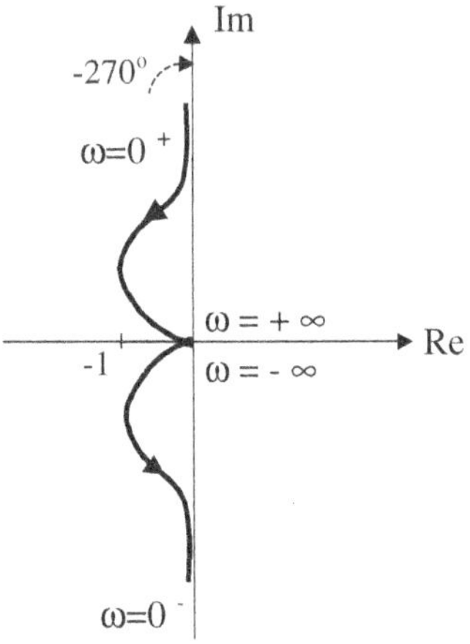


**Fig. 10.16.** Diagramma di Nyquist di $F(s) = \dfrac{s+10}{10s^3}$

a quello visto nell'esempio precedente per cui calcoliamo

$$\lim_{\omega\to 0^+} F(j\omega) = \lim_{\omega\to 0^+} \frac{(j\omega+10)}{(j\omega)^3} = 0 + j \lim_{\omega\to 0^+} \frac{10}{\omega^4}.$$

Possiamo pertanto concludere che l'asintoto cercato coincide con il semiasse immaginario positivo.

Infine, in virtù della Proprietà 10.18, il diagramma completo ha l'andamento mostrato nella stessa Fig. 10.16. ◇

**Esempio 10.24** Sia

$$F(s) = \frac{(s+10)}{10(s+1)^3}.$$

Vale $K = 1$, $K' = 0.1$, $n - m = 2$ e $\nu = 0$, per cui

- il diagramma di Nyquist parte per $\omega = 0$ dal punto di coordinate $(1, 0)$ del piano complesso con fase $\varphi(0) = 0^o$;
- termina per $\omega \to +\infty$ nell'origine con fase $\varphi(+\infty) = -180^o$.

Tracciando anche solo qualitativamente il diagramma di Bode è facile rendersi conto che la fase per $\omega$ positivi è compresa tra $-270^o$ e $0^o$ per cui il diagramma interessa i primi tre quadranti. Il diagramma di Nyquist relativo alle $\omega$ positive ha pertanto l'andamento mostrato nella Fig. 10.17.a. Tale diagramma è stato tracciato utilizzando il software `Matlab` per cui in effetti non si riesce ad apprezzare l'effettivo andamento della curva alle alte frequenze. A tal fine, nella stessa figura è stata pertanto evidenziata la parte di diagramma relativa a valori di $\omega$ elevati: risulta in tal modo evidente che la fase con cui il diagramma termina nell'origine è pari a $-180^o$ e non pari a $-270^o$ come apparentemente potrebbe sembrare dal diagramma completo. In virtù poi della Proprietà 10.18, il diagramma relativo alle $\omega \in (-\infty, +\infty)$ ha l'andamento mostrato in Fig. 10.17.b. ◇

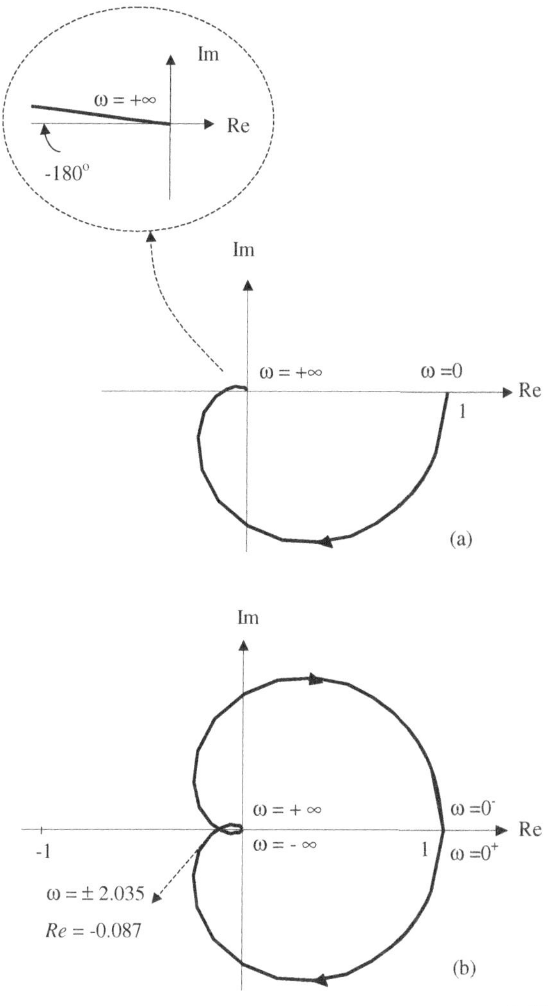


**Fig. 10.17.** Diagramma di Nyquist di $F(s) = \dfrac{s+10}{10(s+1)^3}$

### 10.3.2 Criterio di Nyquist

Il criterio di Nyquist permette di stabilire se un dato sistema a ciclo chiuso è stabile a partire dal diagramma di Nyquist della funzione di trasferimento a ciclo aperto.

Prima di enunciare formalmente il criterio di Nyquist, è utile fare alcune osservazioni preliminari.

Si consideri il generico polinomio

$$\begin{aligned} P(j\omega) &= a_n(j\omega)^n + a_{n-1}(j\omega)^{n-1} + \cdots + a_0 \\ &= a_n(j\omega - z_1)(j\omega - z_2) \cdots (j\omega - z_n). \end{aligned}$$

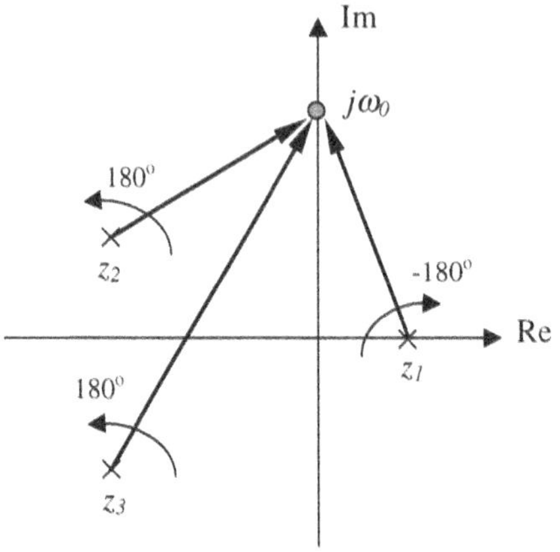


**Fig. 10.18.** Variazione di fase dei vettori $j\omega_0 - p_i$ al variare di $\omega_0$ da $-\infty$ a $+\infty$

Si supponga che $P(j\omega)$ non abbia radici a parte reale nulla. Sia $(0,\ j\omega_0)$ un qualunque punto sull'asse immaginario. Come mostrato in Fig. 10.18, al variare di $\omega_0$ da $-\infty$ a $+\infty$ ciascun vettore avente origine nella generica radice $z_i$ di $P(j\omega)$ e che termina nel punto $(0,\ j\omega_0)$ subisce una variazione di fase $\Delta\phi$ pari a:

- $\Delta\phi = +180^o$, se $z_i$ giace nel semipiano sinistro del piano complesso;
- $\Delta\phi = -180^o$, se $z_i$ giace nel semipiano destro del piano complesso.

Sulla base di tale osservazione e sempre sotto l'ipotesi che $P(j\omega)$ non abbia radici sull'asse immaginario, possiamo affermare quanto segue. Detto $n_p$ il numero di radici a parte reale positiva di $P(j\omega)$, la variazione di fase $\Delta\phi_P$ che subisce $P(j\omega)$ al variare di $\omega$ da $-\infty$ a $+\infty$ è pari a

$$\Delta\phi_P = (n - n_p)\ 180^o - n_p\ 180^o = (n - 2n_p)\ 180^o \tag{10.19}$$

dove $n - n_p$ è naturalmente pari al numero di radici a parte reale negativa.

**Esempio 10.25** Sia

$$P(j\omega) = (j\omega - z_1)(j\omega - z_2)(j\omega - z_3)$$

dove $z_1$, $z_2$ e $z_3$ sono disposti come in Fig. 10.18.

In virtù della Regola 10.20, essendo $n = 0$ e $m = 3$, possiamo affermare che

$$\varphi(+\infty) = -(n - m)90^o = 270^o.$$

Inoltre, dalla simmetria del diagramma di Nyquist segue che $\varphi(-\infty) = -\varphi(+\infty) = -270^o$. Pertanto

$$\Delta\phi_P = \varphi(+\infty) - \varphi(-\infty) = 270^o - (-270^o) = 540^o = 540^o - 360^o = 180^o$$

il quale risultato è in accordo con la (10.19) essendo $n_p = 1$. ◇

Ora, sia $F(s)$ la funzione di trasferimento a ciclo aperto relativa al sistema in retroazione di cui vogliamo studiare la stabilità a ciclo chiuso.

Si supponga che la $F(s)$ sia una funzione di trasferimento propria per cui $m \leq n$.

Definiamo *funzione differenza* associata alla $F(s)$, la funzione di trasferimento

$$\Delta(s) = 1 + F(s).$$

Naturalmente, essendo la $F(s)$ data dal rapporto di due polinomi in $s$, anche la $\Delta(s)$ è data dal rapporto di due polinomi in $s$. In particolare, sia

$$F(s) = \frac{N_F(s)}{D_F(s)}$$

dove $N_F(s)$ e $D_F(s)$ sono due polinomi di grado $m$ ed $n$, rispettivamente. Allora

$$\Delta(s) = 1 + F(s) = 1 + \frac{N_F(s)}{D_F(s)} = \frac{N_F(s) + D_F(s)}{D_F(s)},$$

ossia $\Delta(s)$ è il rapporto di due polinomi entrambi di grado $n$ (essendo per ipotesi $m \leq n$).

Siano inoltre

- $z_p$ il numero di zeri a parte reale positiva del polinomio $N_F(s) + D_F(s)$, ossia il numero di zeri a parte reale positiva della $\Delta(s)$;
- $p_p$ il numero di zeri a parte reale positiva del polinomio $D_F(s)$, ossia il numero di poli a parte reale positiva della $\Delta(s)$ (e quindi anche della $F(s)$).

Ponendo $s = j\omega$ nella $\Delta(s)$, possiamo calcolare la variazione di fase $\Delta\phi_\Delta$ che $\Delta(j\omega)$ subisce al variare di $\omega$ da $-\infty$ a $+\infty$, che vale

$$\Delta\phi_\Delta = \Delta\phi_{N_F+D_F} - \Delta\phi_{D_F}$$

dove, con ovvia notazione $\Delta\phi_{N_F+D_F}$ e $\Delta\phi_{D_F}$ denotano rispettivamente le variazioni di fase dei polinomi $D_F(j\omega) + N_F(j\omega)$ e $D_F(j\omega)$ al variare di $\omega$ da $-\infty$ a $+\infty$. In virtù dell'eq. (10.19),

$$\Delta\phi_{N_F+D_F} = (n - 2z_p)\ 180^o, \qquad \Delta\phi_{D_F} = (n - 2p_p)\ 180^o$$

per cui

$$\Delta\phi_\Delta = (n - 2z_p)\ 180^o - (n - 2p_p)\ 180^o = (p_p - z_p)\ 360^o. \tag{10.20}$$

Tale variazione di fase può equivalentemente essere espressa in termini di numero di giri $\overset{\frown}{N}$ (positivi se in senso antiorario) che il vettore rappresentativo di $\Delta(j\omega)$ compie intorno all'origine al variare di $\omega$ da $-\infty$ a $+\infty$. A tal fine è sufficiente dividere l'ultimo membro della (10.20) per $360^o$, per cui

$$\overset{\frown}{N} = p_p - z_p. \tag{10.21}$$

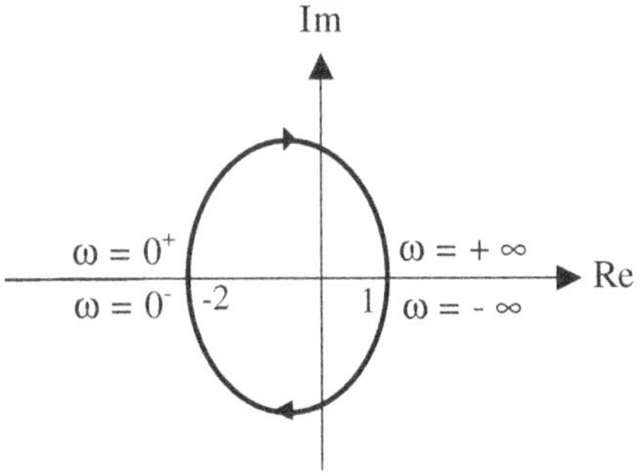


**Fig. 10.19.** Diagramma di Nyquist di $\Delta(s) = \dfrac{s-2}{s+1}$

**Esempio 10.26** Sia

$$\Delta(s) = \frac{s-2}{s+1}.$$

È facile verificare (tale compito è lasciato al lettore) che il diagramma di Nyquist della $\Delta(s)$ ha l'andamento mostrato in Fig. 10.19. Da tale diagramma è anche evidente che il vettore rappresentativo della $\Delta(s)$ compie intorno all'origine un giro in senso orario al variare di $\omega$ da $-\infty$ a $+\infty$. Per cui, secondo la notazione prima introdotta possiamo scrivere che $\overset{\curvearrowleft}{N} = -1$. Tale risultato è chiaramente in accordo con la (10.21) essendo $p_p = 0$ e $z_p = 1$. ◇

Si consideri ora il sistema in retroazione avente $F(s)$ come funzione di trasferimento a ciclo aperto dove $F(s) = G(s)H(s)$, $G(s)$ è la funzione di trasferimento della catena diretta e $H(s)$ la retroazione. Come ben noto

$$W(s) = \frac{G(s)}{1 + F(s)}$$

per cui omettendo la dipendenza da $s$ possiamo scrivere, senza ambiguità nella notazione,

$$W = \frac{G}{1+GH} = \frac{\dfrac{N_G}{D_G}}{1 + \dfrac{N_G N_H}{D_G D_H}} = \frac{N_G D_H}{D_G D_H + N_G N_H} = \frac{N_G D_H}{D_F + N_F} = \frac{N_G D_H}{D_\Delta}.$$

Da ciò segue che i poli della $W$ dipendono dalla sola funzione $F$ (pari al prodotto di $G$ per $H$) ma non dalle singole funzioni $G$ e $H$.

Possiamo pertanto affermare che

- $z_p$ è anche pari al numero di poli a parte reale positiva di $W(s)$.

In virtù di tali considerazioni possiamo valutare l'eventuale numero di poli a parte reale positiva della $W(s)$ ($z_p$) a partire dal diagramma di Nyquist della $\Delta(s)$. Infatti, data la funzione di trasferimento $F(s)$, definiamo la funzione differenza

$\Delta(s)$ ad essa associata. Tracciamo il diagramma di Nyquist di tale funzione e contiamo il numero di giri $\overset{\frown}{N}$ (positivi se in senso antiorario) che l'estremo del vettore rappresentativo della $\Delta(j\omega)$ compie intorno all'origine al variare di $\omega$ da $-\infty$ a $+\infty$. A questo punto, noto il numero di poli $p_p$ a parte reale positiva della $\Delta(s)$ (che come visto coincidono con quelli della $F(s)$), dall'eq. (10.21) è immediato calcolare il numero di poli a parte reale positiva della $W(s)$, ossia

$$z_p = p_p - \overset{\frown}{N}.$$

Se $z_p = 0$ possiamo concludere che il sistema a ciclo chiuso è stabile. Viceversa, se $z_p \neq 0$, il sistema a ciclo chiuso è instabile.

Prima di enunciare formalmente il criterio di Nyquist, è importante però fare un'ultima osservazione che ne permette un'applicazione più immediata che non richiede il calcolo della funzione differenza.

Essendo $\Delta(j\omega) = 1 + F(j\omega)$, per ogni valore di $\omega$:

$$\begin{aligned} \mathrm{Re}(\Delta(j\omega)) &= 1 + \mathrm{Re}(F(j\omega)) \\ \mathrm{Im}(\Delta(j\omega)) &= \mathrm{Im}(F(j\omega)) \end{aligned}$$

ossia le due parti reali differiscono di una unità e le due parti immaginarie coincidono. Pertanto, dato il diagramma di Nyquist della $F(s)$, per ottenere il diagramma di Nyquist della $\Delta(s)$ è sufficiente traslare il diagramma di Nyquist della $F(s)$ di una unità a destra. Il diagramma della $F(s)$ si trova quindi rispetto all'origine nella stessa posizione relativa in cui il diagramma di Nyquist della $\Delta(s)$ si trova rispetto al punto di coordinate $(-1, 0)$. Il numero di giri $\overset{\frown}{N}$ che il vettore rappresentativo di $\Delta(j\omega)$ compie attorno all'origine al variare di $\omega$ da $-\infty$ a $+\infty$ è quindi uguale al numero di giri che il vettore rappresentativo di $F(j\omega)$ compie attorno al punto $(-1, 0)$ sempre al variare di $\omega$ da $-\infty$ a $+\infty$.

In virtù di quest'ultima osservazione, il criterio di Nyquist può pertanto enunciarsi formalmente come segue.

**Teorema 10.27 (Criterio di Nyquist).** *Si consideri un sistema in retroazione e sia $F(s)$ la funzione di trasferimento a ciclo aperto. Sia $F(s)$ una funzione di trasferimento propria, senza poli nell'asse immaginario e tale per cui il suo diagramma di Nyquist* non *passi per il punto di coordinate $(-1, 0)$.*

Condizione necessaria e sufficiente *affinché il corrispondente sistema a ciclo chiuso sia stabile è che il numero $\overset{\frown}{N}$ di giri (positivi se in senso antiorario) che l'estremo del vettore rappresentativo della $F(j\omega)$ compie intorno al punto $(-1, 0)$, per $\omega$ che varia da $-\infty$ a $+\infty$, sia uguale ed opposto al numero di poli a parte reale positiva $p_p$ della $F(s)$, ossia $\overset{\frown}{N} = p_p$.*

*Nel caso in cui il sistema a ciclo chiuso sia instabile, il numero di poli $z_p$ a parte reale positiva della funzione di trasferimento a ciclo chiuso è pari a $z_p = p_p - \overset{\frown}{N}$.*

**Esempio 10.28** Si consideri la funzione di trasferimento

$$F(s) = \frac{K}{1 + \tau s}$$

già presa in esame nell'Esempio 10.21 e il cui diagramma di Nyquist è riportato in Fig. 10.14 al variare del segno di $K$ e $\tau$. Si desidera studiare la stabilità del sistema a ciclo chiuso avente $F(s)$ come funzione di trasferimento a ciclo aperto.

Consideriamo ora i quattro casi separatamente.

- Sia $K,\ \tau > 0$. Come mostrato in Fig. 10.14.a il diagramma di Nyquist della $F(s)$ rimane tutto alla destra del punto $(-1, 0)$ il che implica che $\overset{\frown}{N} = 0$. La $F(s)$ ha inoltre in tal caso un solo polo a parte reale negativa per cui $p_p = 0$. In virtù del criterio di Nyquist possiamo quindi concludere che $z_p = 0$ ossia il sistema a ciclo chiuso è stabile.
- Sia $K > 0$ e $\tau < 0$. Anche in questo caso (si veda la Fig. 10.14.b) il diagramma di Nyquist della $F(s)$ è tutto alla destra del punto $(-1, 0)$ per cui $\overset{\frown}{N} = 0$. Ora però vale $p_p = 1$ per cui $z_p = 1$. Possiamo pertanto concludere che il sistema a ciclo chiuso è instabile e presenta un polo a parte reale positiva.
- Sia $K < 0$ e $\tau > 0$. In questo caso dobbiamo distinguere tre diverse situazioni: $K < -1$, $K = -1$ e $K > -1$. Tralasciamo per ora il caso in cui sia $K = -1$ poiché in tale caso il diagramma di Nyquist della $F(j\omega)$ passa per il punto di coordinate $(-1, 0)$.
  Nel caso in cui sia $K < -1$, il diagramma di Nyquist della $F(s)$ circonda il punto $(-1, 0)$. Inoltre, il vettore rappresentativo della $F(j\omega)$ compie al variare di $\omega$ da $-\infty$ a $+\infty$ un giro in senso orario attorno al punto $(-1, 0)$. In tal caso quindi $\overset{\frown}{N} = -1$. Infine, essendo $p_p = 0$, possiamo pertanto concludere che $z_p = 1$ ossia il sistema a ciclo chiuso è instabile e ha un polo a parte reale positiva.
  Al contrario se $-1 < K < 0$ il sistema è stabile a ciclo chiuso poiché siamo in un caso del tutto analogo a quello visto nel primo punto $(K,\ \tau > 0)$.
- Sia $K < 0$ e $\tau < 0$. Anche in questo caso dobbiamo distinguere tre diverse situazioni: $K < -1$, $K = -1$ e $K > -1$. Tralasciamo per il momento il caso in cui $K = 1$. In tale caso infatti il diagramma di Nyquist della $F(j\omega)$ *passa per il punto di coordinate* $(-1, 0)$.
  Nel caso in cui sia $K < -1$, il diagramma di Nyquist della $F(s)$ circonda il punto $(-1, 0)$. Inoltre, il vettore rappresentativo della $F(j\omega)$ compie al variare di $\omega$ da $-\infty$ a $+\infty$ un giro in senso antiorario attorno al punto $(-1, 0)$. Allora $\overset{\frown}{N} = 1$. Essendo $p_p = 1$, possiamo concludere che $z_p = 0$ ossia il sistema a ciclo chiuso è stabile.
  Al contrario, se $-1 < K < 0$ il sistema è instabile a ciclo chiuso poiché siamo in un caso del tutto analogo a quello visto nel secondo punto $(K > 0,\ \tau < 0)$.

◇

**Esempio 10.29** Si consideri la funzione di trasferimento

$$F(s) = \frac{(s + 10)}{10(s + 1)^3}$$

già presa in esame nell'Esempio 10.24 e il cui diagramma di Nyquist è riportato in

Fig. 10.17. Si desidera studiare la stabilità del sistema a ciclo chiuso avente $F(s)$ come funzione di trasferimento a ciclo aperto.

Il diagramma di Nyquist della $F(s)$ interseca l'asse delle ascisse in due punti, uno dei quali è relativo ad $\omega = 0$. Per poter valutare $\overset{\frown}{N}$ è necessario determinare il secondo punto di intersezione del diagramma con l'asse orizzontale per capire se il punto $(-1, 0)$ è interno o meno al diagramma stesso. A tal fine è sufficiente risolvere l'equazione algebrica $\text{Im}(F(j\omega)) = 0$ e calcolare quindi in corrispondenza di quali valori della pulsazione $\omega$ si ha l'intersezione cercata[7]. Quindi, in corrispondenza di tali valori si calcola il valore assunto da $\text{Re}(F(j\omega))$. In questo particolare esempio è facile verificare che il secondo punto di intersezione della curva con l'asse delle ascisse si ha in corrispondenza delle pulsazioni $\omega = \pm 2.035$ e l'ascissa del punto di intersezione vale $-0.0875$.

Il diagramma di Nyquist della $F(s)$ è pertanto tutto a destra di $(-1, 0)$ per cui $\overset{\frown}{N} = 0$. Infine, essendo $p_p = 0$, vale $z_p = 0$ ossia il sistema a ciclo chiuso è stabile.

Si supponga ora che in luogo della precedente funzione di trasferimento si abbia $F'(s) = 20 \cdot F(s)$. Il diagramma di Nyquist della $F'(s)$ ha naturalmente la stessa forma del diagramma di Nyquist della $F(s)$. Tuttavia l'ascissa e l'ordinata di ciascun punto devono essere moltiplicati per 20. In particolare, il diagramma intersecherà il semiasse reale positivo nel punto di ascissa 20 (essendo 20 il nuovo valore del guadagno) in corrispondenza della pulsazione $\omega = 0$ e il semiasse reale negativo nel punto di ascissa $-0.0875 \cdot 20 = -1.75$ in corrispondenza delle pulsazioni $\omega = \pm 2.035$. In questo caso quindi il punto $(-1, 0)$ rimane interno al diagramma come mostrato in Fig. 10.20 e vale $\overset{\frown}{N} = -2$. Essendo $p_p = 0$, possiamo concludere che il sistema a ciclo chiuso è in questo caso instabile in quanto ha due poli a parte reale positiva ($z_p = 2$). ◇

Discutiamo ora 2 casi critici, ossia il caso in cui la $F(s)$ ha poli nell'origine, o più in generale poli immaginari, e il caso in cui il diagramma di Nyquist della $F(s)$ passa per il punto di coordinate $(-1, 0)$.

### Primo caso critico: $F(s)$ ha poli immaginari

Vediamo ora come procedere nel caso in cui la $F(s)$ ha poli sull'asse immaginario.

- Se la $F(s)$ ha un *polo nell'origine*, la $F(j\omega)$ non è chiaramente definita in $\omega = 0$. Si assume allora per convenzione che quando la funzione di trasferimento $F(s)$ ha un polo nell'origine, la variabile $s$ percorra l'asse immaginario del piano di Gauss lungo un percorso uncinato come mostrato in Fig. 10.21.a, dove l'ampiezza della deviazione dall'origine è infinitesima. Quando il punto $s$ varia lungo il percorso uncinato così definito è chiaro che il vettore che parte dal polo nell'origine e termina nel punto $s$ ha un'ampiezza infinitesima per valori di $\omega$ prossimi allo zero. Ciò implica che il modulo della $F(j\omega)$ per valori di $\omega$ pros-

[7] Si osservi che, data la simmetria del diagramma rispetto all'asse delle ascisse, se $\omega_0 > 0$ è soluzione dell'equazione $\text{Im}(F(j\omega)) = 0$, anche $-\omega_0$ è soluzione di tale equazione.

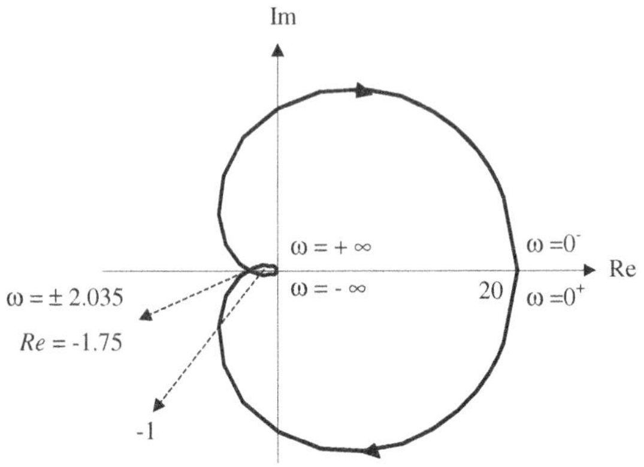


**Fig. 10.20.** Diagramma di Nyquist di $F'(s) = 20 \cdot F(s)$ dove $F(s) = \dfrac{s+10}{10(s+1)^3}$

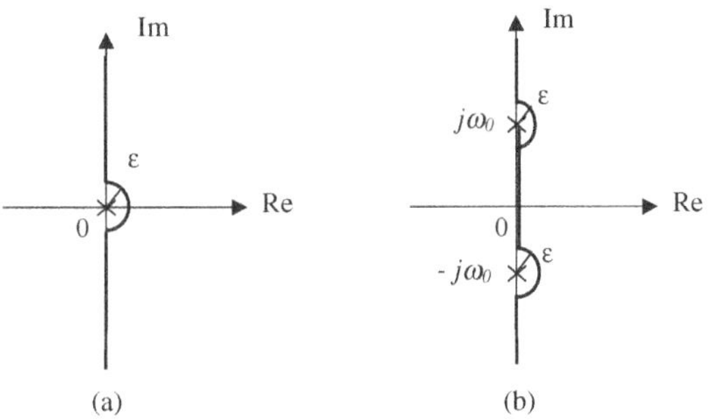


**Fig. 10.21.** Percorso seguito dalla variabile $s$ nel piano di Gauss **(a)** quando la $F(s)$ ha un polo nell'origine e **(b)** quando ha una coppia di poli nell'asse immaginario

simi allo zero abbia un'ampiezza infinita essendo il fattore $(s-p)$ con $p=0$ a denominatore della $F(s)$.
Inoltre, poiché per convenzione il polo nell'origine viene lasciato alla destra del percorso uncinato, esso risulta assimilato agli altri poli a parte reale negativa e dà luogo quindi ad una variazione di fase di $-180^o$, o equivalentemente di $180^o$ in senso orario, quando $\omega$ passa da valori negativi (piccoli in modulo) a valori positivi (piccoli in modulo), ossia per $\omega$ che va da $0^-$ a $0^+$.
Si dice allora che un polo nell'origine comporta nel diagramma di Nyquist una chiusura all'infinito di $180^o$ in senso orario per $\omega$ che va da $0^-$ a $0^+$.
Naturalmente poi se il polo nell'origine ha molteplicità $\nu > 1$, la chiusura all'infinito avverrà sempre in senso orario ma con una variazione di fase pari a $\nu\ 180^o$.

- Analogamente, se la $F(s)$ ha una *coppia di poli immaginari puri* $p_{1,2} = \pm j\omega_0$, la $F(j\omega)$ non è chiaramente definita in $\omega = \pm\omega_0$.
Si assume allora una convenzione analoga a quella vista al punto precedente, ossia si assume che la variabile $s$ percorra l'asse immaginario del piano di Gauss

lungo un percorso uncinato come mostrato in Fig. 10.21.b, dove l'ampiezza della deviazione dai poli immaginari è infinitesima. La coppia di poli immaginari puri è quindi lasciata alla destra e tali poli sono pertanto assimilati agli altri poli a parte reale negativa.
Ripetendo un ragionamento analogo a quello appena visto per un polo nell'origine, possiamo affermare che ogni coppia di poli $p_{1,2} = \pm j\omega_0$ nell'asse immaginario comporta nel diagramma di Nyquist una chiusura all'infinito di $180^o$ in senso orario sia per $\omega$ che varia da $-\omega_0^-$ a $-\omega_0^+$, sia per $\omega$ che varia da $\omega_0^-$ a $\omega_0^+$.
Chiaramente poi se tali poli hanno molteplicità $\nu > 1$, allora le chiusure all'infinito avverranno sempre in senso orario ma con una variazione di fase pari a $\nu\ 180^o$.

**Esempio 10.30** Sia

$$F(s) = \frac{1}{s(s+1)}.$$

Tale funzione di trasferimento è già stata presa in esame nel precedente Esempio 10.22 e il suo diagramma di Nyquist è riportato in Fig. 10.15.

Tale funzione di trasferimento ha un polo nell'origine e parte quindi da un punto improprio del piano complesso.

Per poter applicare il criterio di Nyquist e contare il numero di giri $\overset{\curvearrowleft}{N}$ è necessario "chiudere" il diagramma. Avendo la $F(s)$ un solo polo nell'origine la chiusura avverrà con una variazione di fase pari a $180^o$ in senso orario in corrispondenza a valori di $\omega$ che variano da $0^-$ a $0^+$. Il diagramma di Nyquist assume allora la forma mostrata in Fig. 10.22.

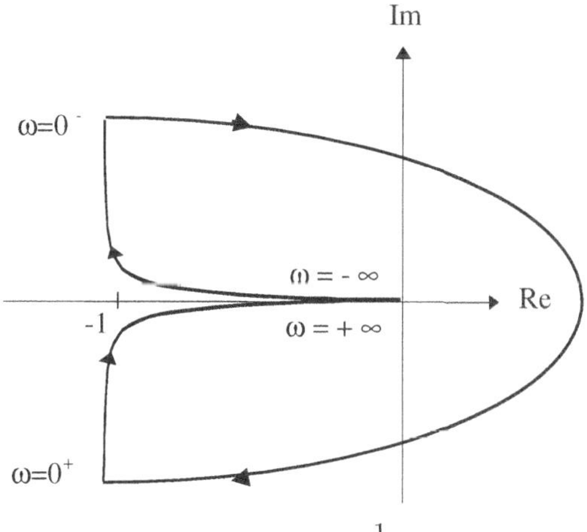


**Fig. 10.22.** Diagramma di Nyquist di $F(s) = \dfrac{1}{s(1+s)}$ con l'introduzione della chiusura all'infinito di $180^o$ in senso orario dovuta al polo nell'origine

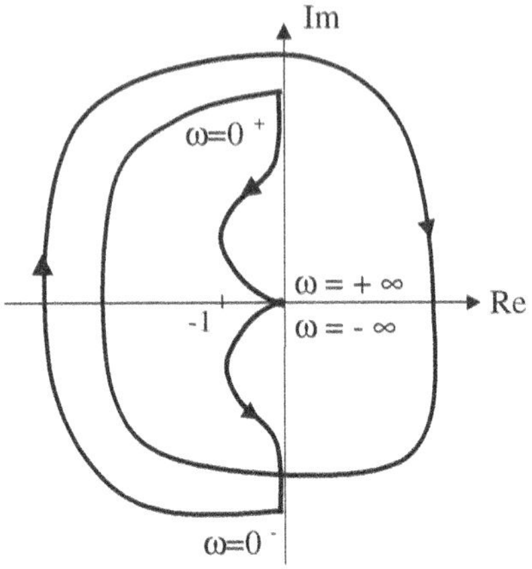


**Fig. 10.23.** Diagramma di Nyquist di $F(s) = (s+10)/10s^3$ con l'introduzione della chiusura all'infinito di $3 \cdot 180^o$ in senso orario dovuta al polo nell'origine di molteplicità 3

Il diagramma di Nyquist è tutto a destra del punto $(-1,\ j0)$ per cui $\overset{\frown}{N} = 0$. Essendo $p_p = 0$, vale $z_p = 0$ per cui il sistema a ciclo chiuso avente $F(s)$ come funzione di trasferimento a ciclo aperto è stabile. ◇

**Esempio 10.31** Si consideri la funzione di trasferimento

$$F(s) = \frac{s+10}{10s^3}$$

il cui diagramma di Nyquist è riportato in Fig. 10.16.

Avendo la $F(s)$ un polo nell'origine con molteplicità $\nu = 3$ dobbiamo in questo caso introdurre una chiusura all'infinito di $3 \cdot 180^o$ in senso orario in corrispondenza di $\omega$ che varia da $0^-$ a $0^+$. Il diagramma di Nyquist così completato assume pertanto la forma mostrata in Fig. 10.23. Il punto $(-1, 0)$ è pertanto interno al diagramma e vale $\overset{\frown}{N} = -2$. Essendo $p_p = 0$ (il polo nell'origine è assimilato infatti ai poli a parte reale negativa), risulta $z_p = 2$ e possiamo concludere che il sistema a ciclo chiuso ha 2 poli a parte reale positiva. ◇

### Secondo caso critico: il diagramma di Nyquist di $F(s)$ passa per $(-1, 0)$

Un'altra situazione critica si presenta quando il diagramma di Nyquist della $F(s)$ passa per il punto di coordinate $(-1, 0)$. In questo caso naturalmente possiamo subito affermare che il sistema a ciclo chiuso è instabile in quanto esso ha almeno un polo a parte reale nulla. Sia infatti $\omega_c$ il valore di $\omega$ in corrispondenza del quale il diagramma di Nyquist passa per $(-1, 0)$. Allora $F(j\omega_c) = -1$ o equivalentemente $1 + F(j\omega_c) = 0$ e quindi $j\omega_c$ è radice dell'equazione caratteristica a ciclo chiuso e quindi polo della $W(s)$.

Può tuttavia essere importante valutare l'eventuale presenza di poli a parte reale positiva.

Naturalmente il criterio di Nyquist così come visto sopra non può essere applicato: se il diagramma di Nyquist passa per $(-1,0)$ non si riesce infatti a valutare $\stackrel{\frown}{N}$.

Una soluzione a questo problema esiste e consiste nel modificare il diagramma in modo tale che sia poi possibile applicare il criterio di Nyquist con riferimento al diagramma modificato.

In particolare, il diagramma viene deformato in modo tale che il punto $(-1,0)$ stia alla sinistra della curva, quando questa è percorsa nel senso delle $\omega$ crescenti. Si applica quindi il criterio di Nyquist sulla base della curva così ottenuta e il risultante valore di $z_p$ indica il numero di poli a parte reale positiva della $W(s)$.

**Esempio 10.32** Si consideri un sistema a ciclo chiuso con retroazione unitaria ($H(s) = 1$) e sia

$$F(s) = G(s) = \frac{K}{1+\tau s} \qquad \tau > 0$$

la funzione di trasferimento a ciclo aperto coincidente con la funzione di trasferimento della catena diretta, dove $K = -1$ e $\tau > 0$. Si desidera valutare la stabilità del sistema a ciclo chiuso e l'eventuale numero di poli a parte reale positiva della $W(s)$.

Come già visto (Esempio 10.28) se $K = -1$ il diagramma di Nyquist della $F(s)$ passa per il punto di coordinate $(-1,0)$ in corrispondenza della pulsazione $\omega = 0$. Possiamo pertanto affermare che un polo del sistema a ciclo chiuso giace nell'origine per cui il sistema a ciclo chiuso risulta instabile.

Per valutare gli eventuali poli a parte reale positiva della $W(s)$ possiamo applicare il criterio di Nyquist dopo aver modificato il diagramma di Nyquist in accordo alla regola sopra enunciata, come mostrato in Fig. 10.24.

Poiché tale diagramma è tutto alla destra del punto $(-1,0)$, vale $\stackrel{\frown}{N} = 0$. Essendo poi $p_p = 0$ possiamo concludere che il sistema a ciclo chiuso non ha poli a parte reale positiva ($z_p = 0$).

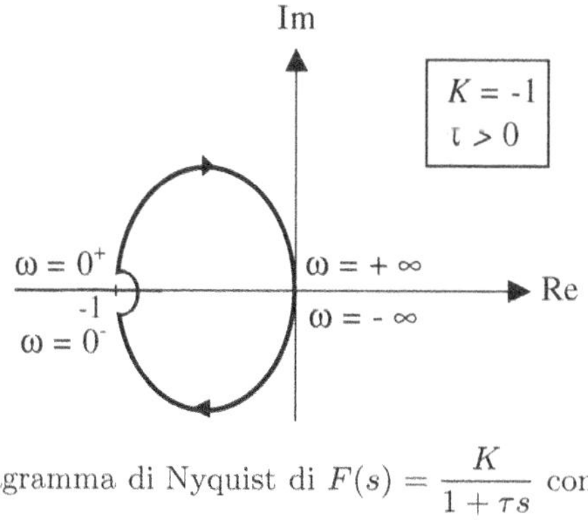


**Fig. 10.24.** Diagramma di Nyquist di $F(s) = \dfrac{K}{1+\tau s}$ con $K = -1$ e $\tau > 0$

Come verifica si osservi che

$$W(s) = \frac{\dfrac{-1}{1+\tau s}}{1 - \dfrac{1}{1+\tau s}} = -\frac{1}{\tau s}. \qquad \diamond$$

**Esempio 10.33** Sia

$$F(s) = \frac{10}{s^2}.$$

In tal caso $K = 10$, $\nu = 2$ e $n - m = 2$. In base alle regole viste per il tracciamento del diagramma di Nyquist è immediato osservare che tale diagramma parte da un punto improprio del piano complesso con fase $\phi(0) = -180^o$ e termina nell'origine sempre con fase $\phi(+\infty) = -180^o$.

È anche immediato osservare che la $F(j\omega)$, per qualunque valore di $\omega$ non nullo, è pari ad un numero reale negativo. Infatti

$$F(j\omega) = -\frac{10}{\omega^2}.$$

Il diagramma di Nyquist di tale funzione di trasferimento coincide pertanto con il semiasse reale negativo del piano complesso, compresa l'origine. In particolare, per valori positivi di $\omega$ tale asse è percorso nel verso positivo; per valori negativi di $\omega$ è invece percorso nel verso negativo.

La presenza del polo doppio nell'origine comporta inoltre la chiusura all'infinito in senso orario di $360^o$ per $\omega$ che va da $0^-$ a $0^+$.

Infine, poiché il diagramma passa per il punto $(-1, 0)$, tale digramma deve essere modificato in accordo alla regola sopra esposta.

Il diagramma risultante adattato al fine dell'applicazione del criterio di Nyquist, è pertanto quello riportato in Fig. 10.25.

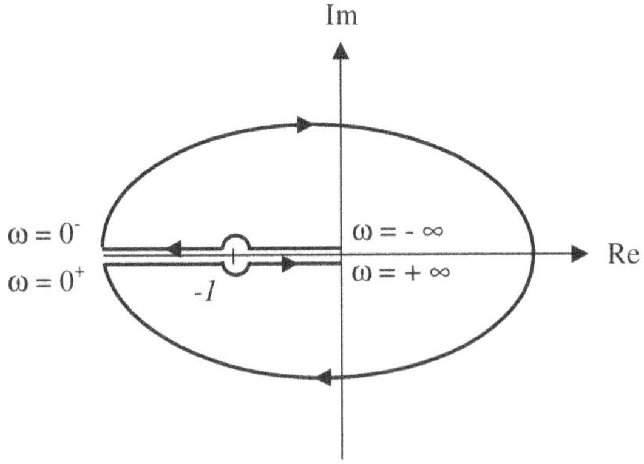


**Fig. 10.25.** Diagramma di Nyquist della $F(s) = 10/s^2$ modificato al fine dell'applicazione del criterio di Nyquist

Si noti che solo per fornire una maggiore chiarezza nella rappresentazione il diagramma è stato tracciato prossimo ma non coincidente con il semiasse reale negativo. In realtà però esso coincide con tale semiasse sia per le pulsazioni positive sia per quelle negative.

Applicando il criterio di Nyquist con riferimento a tale curva è facile verificare che il sistema a ciclo chiuso non ha poli a parte reale positiva ( $\overset{\frown}{N} = p_p = z_p = 0$). Tuttavia esso è instabile poiché ha radici a parte reale nulla, la qual cosa segue dal passaggio del diagramma di Nyquist per il punto $(-1, 0)$.

Come verifica si osservi che il denominatore della funzione di trasferimento a ciclo chiuso $W(s)$ è pari a $\Delta(s) = N_F(s) + D_F(s) = 10 + s^2$. La $W(s)$ ha pertanto due poli complessi coniugati a parte reale nulla, $p_{1,2} = \pm j\sqrt{10}$. ◇

## 10.4 Luoghi per calcolare $W(j\omega)$ quando $G(j\omega)$ è assegnata graficamente

In molte applicazioni pratiche può succedere che dato un certo sistema in retroazione non si conosca la forma analitica della funzione di trasferimento della catena diretta, ma si disponga soltanto della rappresentazione grafica relativa al dominio di $\omega$ di tale funzione. È possibile in questo caso, grazie all'utilizzo di opportuni luoghi, ricavare agevolmente una rappresentazione grafica della funzione di trasferimento a ciclo chiuso.

Supponiamo inizialmente che la retroazione sia unitaria, ossia $H(s) = 1$. Vedremo poi che le procedure proposte possono essere applicate anche quando tale ipotesi non è soddisfatta.

Distinguiamo due diversi casi:

- si dispone del diagramma di Bode della $G(s)$;
- si dispone del diagramma di Nyquist della $G(s)$.

Nel primo caso quindi sono noti per punti il modulo e la fase della $G(j\omega)$, nel secondo caso invece sono note per punti la parte reale e la parte immaginaria della $G(j\omega)$.

### 10.4.1 Carta di Nichols

Si consideri un sistema a ciclo chiuso con retroazione unitaria $H(s) = 1$ e funzione di trasferimento

$$W(s) = \frac{G(s)}{1 + G(s)}, \tag{10.22}$$

dove $G(s)$ è la funzione di trasferimento della catena diretta. In particolare, siano

$$G(j\omega) = A(\omega)\ e^{j\alpha(\omega)} \tag{10.23}$$

e

$$W(j\omega) = M(\omega)e^{j\varphi(\omega)} \tag{10.24}$$

le rappresentazioni polari della $G(j\omega)$ e della $W(j\omega)$, rispettivamente.

Definiamo *diagramma di Nichols* (o *rappresentazione di Nichols*) della $G(j\omega)$ la curva ottenuta nel piano cartesiano (detto *piano di Nichols*) in cui in ascissa si pone la fase $\alpha$ espressa in gradi e in ordinata si pone il modulo $A$ espresso in decibel. Tale curva è pertanto parametrizzata in $\omega$ ed è immediatamente ottenibile a partire dal diagramma di Bode della $G$.

Il tracciamento del diagramma di Nichols della $G(j\omega)$ su una opportuna carta, detta *carta di Nichols*, permette la determinazione del diagramma di Bode della $W(j\omega)$.

La carta di Nichols è infatti un abaco comprendente due diverse famiglie di curve nel piano di Nichols: la prima famiglia è data dall'insieme di curve a modulo costante a ciclo chiuso ($M$ = costante); la seconda famiglia è data dall'insieme di curve a fase costante a ciclo chiuso ($\varphi$ = costante). Tracciando il diagramma di Nichols della $G(j\omega)$ sulla carta di Nichols, è pertanto immediato leggere per ogni valore di $\omega$ il corrispondente valore di $M$ e $\varphi$, ossia del modulo e della fase a ciclo chiuso corrispondenti a quel valore della pulsazione. Ad ogni punto della carta di Nichols infatti corrisponde una ben precisa curva a modulo costante a ciclo chiuso e una ben precisa curva a fase costante costante a ciclo chiuso. Riportando in carta semilogaritmica i valori così ottenuti di $M$ e $\varphi$ per i valori di $\omega$ di interesse, si ottiene il diagramma di Bode della $W$.

Vediamo ora come sono definite le curve a modulo e fase costante a ciclo chiuso nel piano di Nichols.

In virtù della (10.22) e tenendo presente le (10.23) e (10.24), possiamo scrivere

$$Me^{j\varphi} = \frac{Ae^{j\alpha}}{1 + Ae^{j\alpha}}$$

dove per semplicità di notazione si è omessa la dipendenza da $\omega$. Da tale equazione vettoriale seguono due equazioni scalari, ossia l'equazione a modulo e a fase costante.

L'equazione del luogo a modulo costante è pari a

$$M = \frac{A}{|1 + Ae^{j\alpha}|},$$

che dopo semplici manipolazioni può riscriversi in forma compatta come[8]

$$\cos\alpha = \frac{A^2 - M^2(1 + A^2)}{2M^2 A}. \tag{10.25}$$

[8]La condizione di modulo

$$M = \frac{A}{|1 + A\, e^{j\alpha}|}$$

può essere riscritta come

$$M = \frac{A}{|1 + A\cos\alpha + jA\sin\alpha|} = \frac{A}{\sqrt{(1 + A\cos\alpha)^2 + A^2\sin^2\alpha}}$$

Poiché supponiamo di disporre del diagramma di Bode della $G(s)$, in tale equazione andrà sostituita ad $A$ la sua espressione in decibel, ossia

$$A = 10^{A_{db}/20}.$$

Inoltre, poiché siamo interessati a parametrizzare le curve a modulo costante con valori di $M$ espressi in decibel, in luogo di $M$ nella (10.25) dovremo porre

$$M = 10^{M_{db}/20}.$$

Si noti che essendo $A_{db}$, $M_{db}$ e $\alpha$ funzioni di $\omega$, ogni curva a modulo costante nel piano di Nichols è quindi una curva parametrizzata dalla pulsazione $\omega$.

L'equazione del luogo a fase costante si ottiene facilmente manipolando l'equazione scalare

$$\varphi = \alpha - \arg\big(1 + Ae^{j\alpha}\big)$$

e risulta pari a[9]

$$\alpha = \varphi + \text{asin}(A\ \sin\varphi).$$

I luoghi a $M$ e a $\varphi$ costanti nel piano di Nichols costituiscono la carta di Nichols, riportata in Fig. 10.26. Tali luoghi si ripetono ovviamente in maniera identica per fasce verticali con periodicità pari a $360^o$. Inoltre all'interno di ciascuna fascia di periodicità entrambe le famiglie di curve hanno un andamento simmetrico rispetto alla verticale passante per il punto medio della fascia stessa (ossia per il punto di ascissa $(2h+1)180^o$).

Riassumendo, la carta di Nichols può essere utilizzata come segue. Si supponga di avere un sistema a ciclo chiuso con retroazione unitaria e funzione di trasferimento della catena diretta $G(s)$ di cui si conosce solo il diagramma di Bode in un

---

da cui segue

$$\begin{aligned} &M^2(1 + A^2\cos^2\alpha + 2A\cos\alpha + A^2\sin^2\alpha) = A^2 \quad \Rightarrow \\ &M^2(1 + A^2 + 2A\cos\alpha) = A^2 \quad \Rightarrow \\ &\cos\alpha = \frac{A^2 - M^2(1 + A^2)}{2M^2A}. \end{aligned}$$

[9]La condizione di fase

$$\varphi = \alpha - \arg\big(1 + Ae^{j\alpha}\big)$$

può essere riscritta come segue

$$\begin{aligned} &\varphi = \alpha - \arg(1 + A\cos\alpha + jA\sin\alpha) = \alpha - \text{atan}\left(\frac{A\sin\alpha}{1 + A\cos\alpha}\right) \\ &\Rightarrow \text{atan}\left(\frac{A\sin\alpha}{1 + A\cos\alpha}\right) = \alpha - \varphi = \text{atan}(\tan(\alpha - \varphi)) \\ &\Rightarrow \frac{A\sin\alpha}{1 + A\cos\alpha} = \frac{\sin(\alpha - \varphi)}{\cos(\alpha - \varphi)} \\ &\Rightarrow (\cos\alpha\cos\varphi + \sin\alpha\sin\varphi)A\sin\alpha = (\sin\alpha\cos\varphi - \cos\alpha\sin\varphi)(1 + A\cos\alpha) \\ &\Rightarrow A\sin\varphi = \sin(\alpha - \varphi) \\ &\Rightarrow \alpha - \varphi = \text{asin}(A\sin\varphi) \\ &\Rightarrow \alpha = \varphi + \text{asin}(A\sin\varphi). \end{aligned}$$

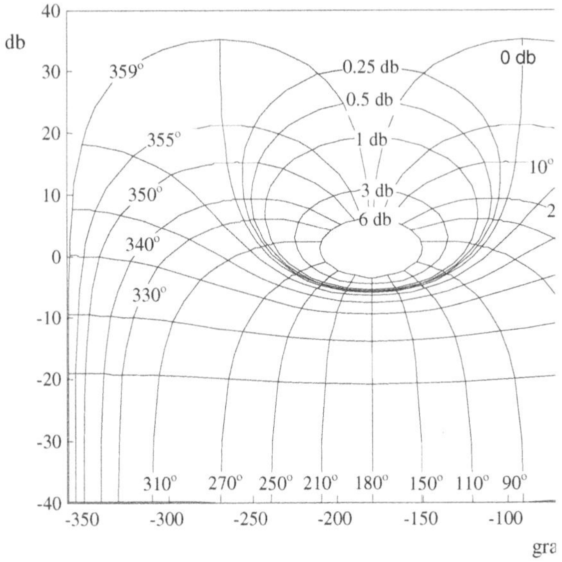


**Fig. 10.26.** Carta di Nichols

certo intervallo di $\omega$. Si traccia allora per punti il diagramma di Nichols della $G(s)$. Ogni punto di tale diagramma interseca una curva a modulo costante e una curva a fase costante. Sia ad esempio $\omega_0$ il valore della pulsazione relativa ad un certo punto del diagramma di Nichols e siano $M_{db}$ e $\varphi$ i valori assunti dalle curve intersezione in quel punto. Tali valori di $M_{db}$ e $\varphi$ forniscono rispettivamente il modulo (in decibel) e la fase (in gradi) della funzione di trasferimento a ciclo chiuso per $\omega = \omega_0$. È possibile quindi ottenere per punti il diagramma di Bode della $W(s)$ nell'intervallo di $\omega$ considerato.

**Esempio 10.34** Si consideri un sistema a ciclo chiuso in retroazione unitaria. Si supponga che della $G(s)$ sia noto il solo diagramma di Bode in un certo intervallo di frequenza ma non la sua espressione analitica. In particolare, il diagramma di Bode della $G(s)$ sia quello riportato in Fig. 10.27.

A partire da tale diagramma è possibile costruire la seguente tabella ottenuta valutando per alcuni significativi punti di $\omega$ il modulo $A_{db}$ e la fase $\alpha$ della $G(s)$.

| $\omega$ | 0.05 | 0.07 | 0.09 | 0.20 | 0.30 | 0.40 | 0.50 | 1.00 | 2.00 | 3.00 | 4.00 |
|---|---|---|---|---|---|---|---|---|---|---|---|
| $A_{db}$ | 38 | 32 | 28 | 15 | 8 | 4 | 2 | −6 | −16 | −18 | −20 |
| $\alpha$ | −152 | −156 | −158 | −152 | −146 | −140 | −134 | −116 | −105 | −98 | −97 |

Riportando tali punti sulla carta di Nichols, è facile leggere per gli stessi valori di $\omega$, i valori del modulo $M_{db}$ (in decibel) e della fase $\varphi$ (in gradi) della funzione di trasferimento a ciclo chiuso $W(s)$ come mostrato in Fig. 10.28. Più precisamente

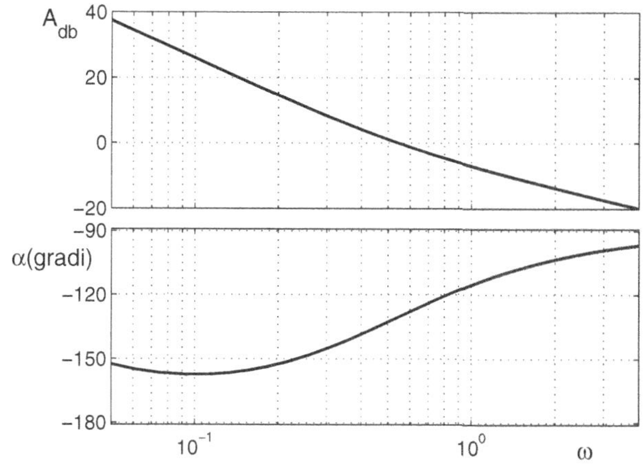


**Fig. 10.27.** Diagramma di Bode della $G(s)$ presa in esame nell'Esempio 10.34

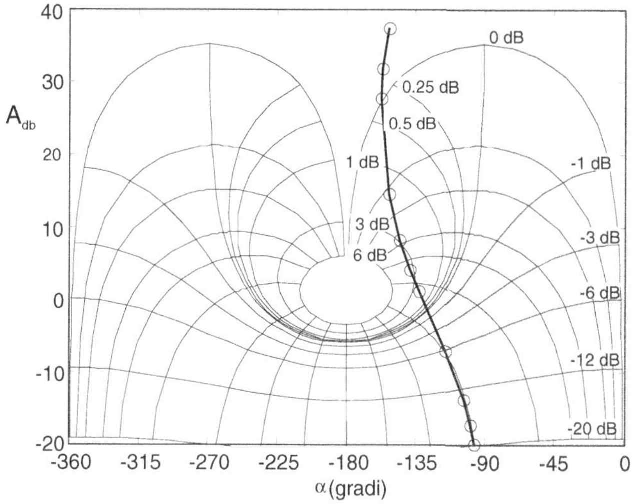


**Fig. 10.28.** Diagramma di Nichols della $G(s)$ presa in esame nell'Esempio 10.34

in tale figura i punti relativi ai dati della tabella sopra sono stati indicati con dei cerchietti. Per interpolazione si è poi ricavato il diagramma di Nichols della $G(s)$.

I valori del modulo e della fase della $W(s)$ relativi alle $\omega$ prese in esame per il tracciamento del diagramma di Nichols sono riassunti nella seguente tabella:

| $\omega$ | 0.05 | 0.07 | 0.09 | 0.20 | 0.30 | 0.40 | 0.50 | 1.00 | 2.00 | 3.00 | 4.00 |
|---|---|---|---|---|---|---|---|---|---|---|---|
| $M_{db}$ | 0.08 | 0.20 | 0.35 | 1.5 | 3 | 4 | 3 | −5 | −13 | −19 | −20 |
| $\varphi$ | −0.3 | −0.5 | −1.2 | −6 | −9 | −40 | −50 | −85 | −91 | −91 | −90 |

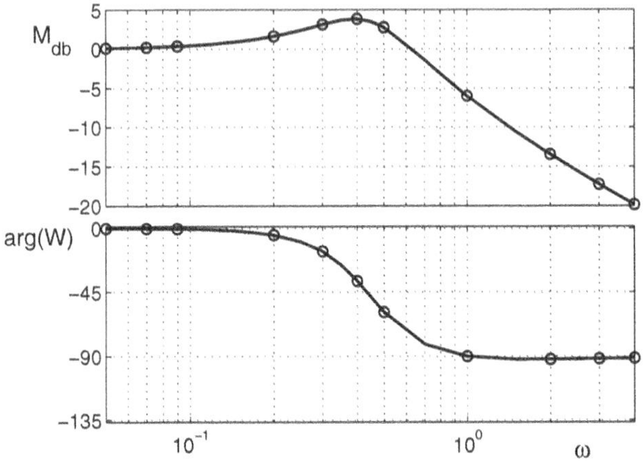


**Fig. 10.29.** Diagramma di Bode della $W(s)$ relativa all'Esempio 10.34

Riportando infine, per le diverse $\omega$ considerate, i corrispondenti valori di $M_{db}$ e di $\varphi$ nella carta semilogaritmica, si ricava per punti il diagramma di Bode della $W(s)$ in Fig. 10.29. ◇

Si noti che dal diagramma di Nichols della $G(s)$ è facile dedurre alcune importanti osservazioni relative al comportamento del sistema a ciclo chiuso, quali ad esempio il modulo alla risonanza, la pulsazione di risonanza, la banda passante e la relativa pulsazione.

**Esempio 10.35** Si consideri ancora il sistema a ciclo chiuso a retroazione unitaria la cui funzione di trasferimento della catena diretta è pari alla $G(s)$ presa in esame nel precedente Esempio 10.34. Il diagramma di Nichols di tale funzione è stato tracciato per punti ed è riportato in Fig. 10.28.

Da tale diagramma è facile rendersi conto che il massimo valore che il modulo della $W(j\omega)$ può assumere è circa pari a 4 db: la curva a modulo costante corrispondente a 4 db è infatti la curva alla sinistra del diagramma di Nichols ad esso tangente[10]. In particolare tale punto di tangenza si ha per $\omega = 0.4$ come può facilmente dedursi dall'ultima tabella vista nell'Esempio 10.34. Possiamo pertanto concludere che il modulo alla risonanza e la pulsazione alla risonanza valgono rispettivamente

$$M_r = 10^{4/20} \cong 1.57, \quad \omega_r = 0.4 \text{ rad/s}.$$

La validità di tale risultato può naturalmente verificarsi guardando il diagramma di Bode della $W(s)$ riportato in Fig. 10.29.

Dal diagramma di Nichols della $G(s)$ deduciamo infine che $W(0) = 0$ ed in particolare $M_{db} = 0$. Ricordando che la banda passante a 3 db è pari al valore della

[10] In effetti la curva parametrizzata dal valore 4 db non è riportata in Fig. 10.28. Tale valore può tuttavia dedursi in buona approssimazione tenendo conto che tale curva è compresa tra quella a 3 db e quella a 6 db ed in particolare è più vicina a quella a 3 db.

frequenza alla quale si ha un'attenuazione di 3 db rispetto al valore del modulo in $\omega = 0$, possiamo affermare che la banda passante a 3 db è in questo caso pari al valore di $\omega$ in corrispondenza del quale $M_{db} = -3$ db, diviso naturalmente $2\pi$. Dal diagramma in Fig. 10.28 concludiamo pertanto che

$$B_3 \cong 0.75/2\pi \cong 0.12 \text{ Hz}.$$

Con ragionamento del tutto analogo possiamo calcolare la banda passante a 6 db, a 12 db, ecc. ◇

### 10.4.2 Luoghi sul piano di Nyquist

Sia

$$G(j\omega) = X(\omega) + jY(\omega), \qquad W(j\omega) = M(\omega)e^{j\varphi(\omega)}.$$

Essendo per ipotesi la retroazione unitaria, omettendo per semplicità la dipendenza da $j\omega$, possiamo scrivere

$$Me^{j\varphi} = \frac{\text{Re} + j\text{Im}}{1 + \text{Re} + j\text{Im}},$$

o equivalentemente

$$\frac{\sqrt{X^2 + Y^2}}{\sqrt{(1 + X)^2 + Y^2}} = M, \qquad \arg\left(\frac{X + jY}{1 + X + jY}\right) = \varphi.$$

Ponendo $M$ e $\varphi$ pari a delle costanti si ottengono, rispettivamente, i luoghi a modulo e a fase costanti nel piano di Nyquist. È facile verificare che sia le curve a modulo costante che le curve a fase costante sono delle circonferenze[11].

In particolare, le curve a modulo costante hanno raggio $r_M$ e coordinate del centro $(X_M, Y_M)$ date dalle seguenti espressioni:

$$r_M = \frac{M}{|M^2 - 1|}, \qquad X_M = \frac{-M^2}{M^2 - 1}, \qquad Y_M = 0.$$

[11]Ricordiamo come prima cosa che

$$x^2 + y^2 + 2ax + 2ay + c = 0, \quad a, b, c \in \mathbb{R}$$

è l'equazione di una circonferenza nel piano $xy$. In particolare, tale circonferenza è centrata nel punto di coordinate

$$x_c = -a, \quad y_c = -b$$

e ha raggio

$$r = \sqrt{a^2 + b^2 - c^2}.$$

Ora, essendo la condizione di modulo

$$\frac{\sqrt{X^2 + Y^2}}{(1 + X)^2 + Y^2} = M,$$

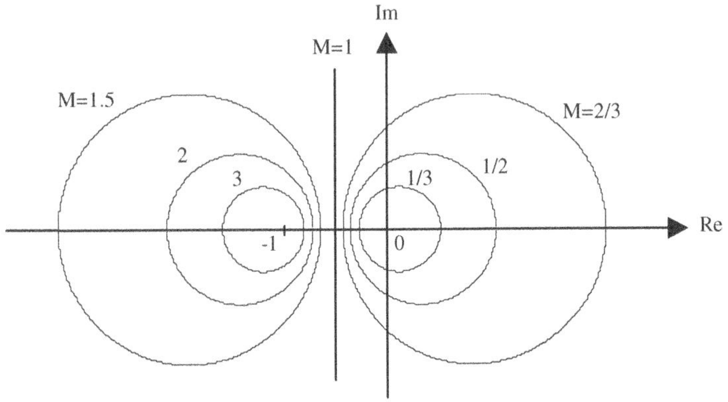


**Fig. 10.30.** Luogo ad $M$ costante nel piano di Nyquist

Il loro andamento qualitativo è riportato in Fig. 10.30. Il centro di tali circonferenze giace quindi sempre sull'asse delle ascisse e per $M \to 0$ tende a coincidere con l'origine. All'aumentare di $M$ il centro si sposta verso destra fino a raggiungere l'infinito per $M = 1$.

Successivamente, per valori di $M > 1$, il centro si sposta lungo l'asse reale negativo e per $M \to \infty$ $X_M \to -1$.

Come si vede quindi dalla Fig. 10.30 il luogo caratterizzato dal valore di $M = 1$ (ossia la retta verticale passante per il punto di ascissa $-1/2$) è un'asse di simmetria per tale famiglia di circonferenze. Inoltre, le circonferenze simmetriche rispetto a tale retta sono caratterizzate da valori di $M$ inversi.

---

vale

$$X^2 + Y^2 = M^2(1 + X^2 + 2X + Y^2) \quad \Rightarrow$$

$$X^2(M^2 - 1) + Y^2(M^2 - 1) + 2XM^2 + M^2 = 0 \quad \Rightarrow$$

$$X^2 + Y^2 + 2X\frac{M^2}{M^2 - 1} + \frac{M^2}{M^2 - 1} = 0$$

che è l'equazione di una circonferenza di centro

$$X_M = -\frac{M^2}{M^2 - 1}, \quad Y_M = 0$$

e raggio

$$r_M = \frac{M}{|M^2 - 1|}.$$

Le curve a fase costante hanno invece raggio $r_\varphi$ e coordinate del centro $(X_\varphi, Y_\varphi)$ date dalle seguenti espressioni[12]:

$$r_\varphi = \frac{1}{2\,|\sin\,\varphi|}, \qquad X_\varphi = -\frac{1}{2}, \qquad Y_\varphi = \frac{1}{2\tan\,\varphi}.$$

L'andamento qualitativo di tali curve è quello riportato in Fig. 10.31 dove possiamo osservare la loro simmetria rispetto all'asse delle ascisse. In particolare, due circonferenze simmetriche rispetto all'asse delle ascisse sono caratterizzate da valori di $\varphi$ opposti.

La carta dei luoghi a $M$ costante e a $\varphi$ costante è infine riportata in Fig. 10.32. Tale carta è ottenuta mediante l'unione delle due famiglie di circonferenze riportate nelle Fig. 10.30 e 10.31 e può essere utilizzata in maniera del tutto analoga a quanto visto a proposito della carta di Nichols. Supponiamo infatti di avere un sistema a ciclo chiuso con retroazione unitaria e funzione di trasferimento a ciclo aperto $G(s)$ di cui conosciamo l'andamento relativamente al dominio della frequenza solo per via grafica. Tracciamo quindi per punti il diagramma di Nyquist della $G(s)$ sulla carta in Fig. 10.32. Ogni punto del diagramma così ottenuto interseca una curva a modulo costante e una curva a fase costante. Sia ad esempio $\omega_0$ il valore della pulsazione relativa ad un certo punto del diagramma di Nyquist e siano $M$ e $\varphi$ i valori associati alle curve intersezione in quel punto. Tali valori di $M$ e $\varphi$ forniscono rispettivamente il modulo e la fase della funzione di trasferimento a ciclo chiuso per $\omega = \omega_0$. A partire da tali valori è quindi facile costruire per punti i diagramma di Nyquist della funzione di trasferimento a ciclo chiuso.

[12]La condizione di fase è

$$\arg\left(\frac{X + jY}{1 + X + jY}\right) = \varphi$$

ma essendo

$$\frac{X + jY}{1 + X + jY} = \frac{(X + jY)(1 + X - jY)}{(1 + X + jY)(1 + X - jY)} = \frac{X^2 + Y^2 + X + jY}{(1 + X)^2 + Y^2}$$

vale

$$\begin{aligned}
&\arg\left(\frac{X + jY}{1 + X + jY}\right) = \text{atan}\left(\frac{Y}{X^2 + Y^2 + X}\right) = \text{atan}(\tan\varphi) \quad \Rightarrow \\
&\frac{Y}{X^2 + Y^2 + X} = \tan\varphi \quad \Rightarrow \\
&X^2\tan\varphi + Y^2\tan\varphi + X\tan\varphi - Y = 0 \quad \Rightarrow \\
&X^2 + Y^2 + X - Y\frac{1}{\tan\varphi} = 0
\end{aligned}$$

che è l'equazione di una circonferenza di centro

$$X_\varphi = -\frac{1}{2}, \quad Y_\varphi = \frac{1}{2\tan\varphi}$$

e raggio

$$r_\varphi = \sqrt{\frac{1}{4} + \frac{1}{4\tan^2\varphi}} = \frac{1}{2}\sqrt{\frac{\sin^2\varphi + \cos^2\varphi}{\sin^2\varphi}} = \frac{1}{2\,|\sin\varphi|}.$$

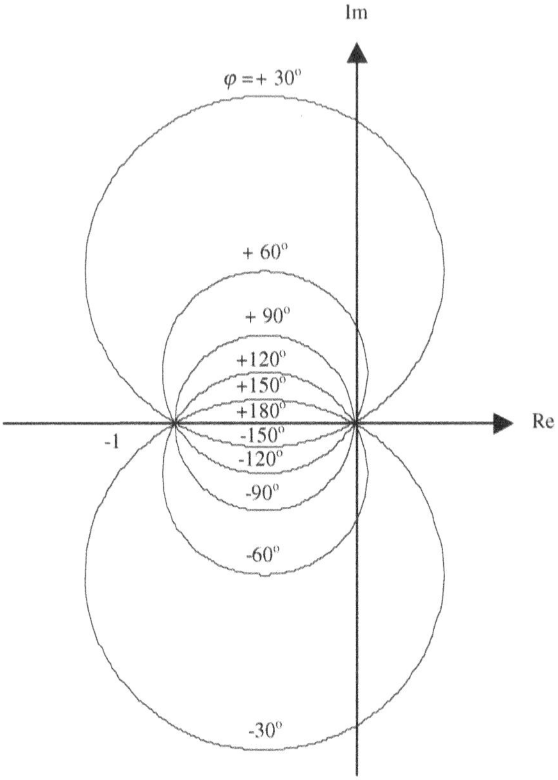


**Fig. 10.31.** Luogo ad $\varphi$ costante nel piano di Nyquist

È infine importante osservare che benché la carta di Nichols e la carta in Fig. 10.32 siano state ottenute nell'ipotesi che sia $H(s) = 1$, tali carte possono essere utilizzate anche quando la retroazione non è unitaria, purché della $H(s)$ sia nota almeno una sua rappresentazione grafica. A tal fine è sufficiente utilizzare il seguente artificio. Omettendo la dipendenza da $s$, la funzione di trasferimento a ciclo chiuso

$$W = \frac{G}{1+GH}$$

può infatti essere riscritta come

$$W = \frac{GH}{1+GH}\ H^{-1} = W_1\ H^{-1}.$$

È possibile allora utilizzare le carte considerando in luogo della $G$ la $GH$, essendo la funzione di trasferimento

$$W_1 = \frac{GH}{1+GH}$$

nella forma desiderata. Si costruisce allora per punti il diagramma di Nichols (o quello di Nyquist) della $W_1$ e moltiplicando poi i valori che la $W_1$ assume in

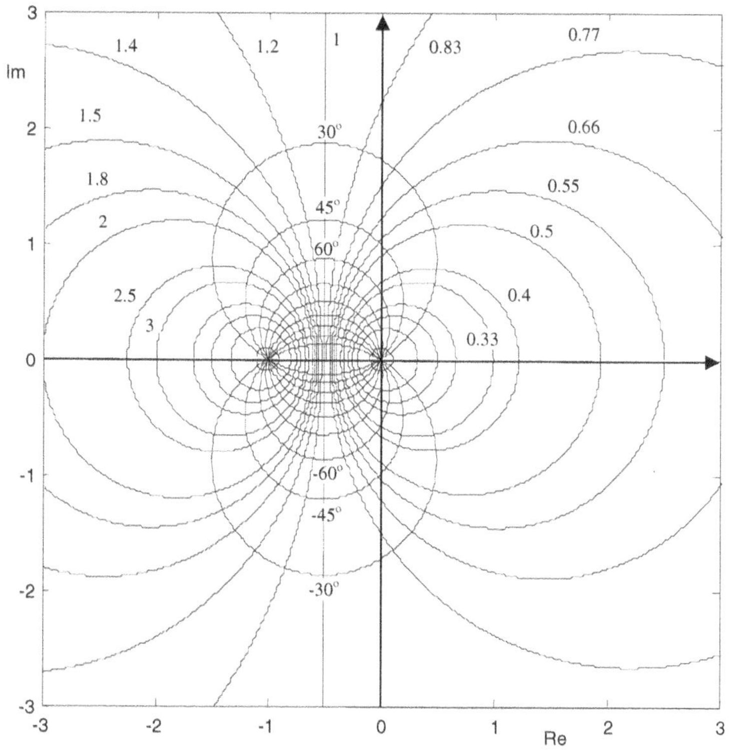


**Fig. 10.32.** Luogo ad $M$ e $\varphi$ costanti nel piano di Nyquist

corrispondenza di determinati valori di $\omega$ per il valore che la $H^{-1}$ assume in corrispondenza di quegli stessi valori di $\omega$, si ottiene il corrispondente diagramma della $W$.

# Esercizi

**Esercizio 10.1** Verificare per mezzo del criterio di Routh la stabilità del sistema a ciclo chiuso con controreazione unitaria corrispondente alla seguente funzione di trasferimento a ciclo aperto:

$$F(s) = \frac{1+s}{s^2(1+3s)(1+5s)}.$$

**Esercizio 10.2** Tracciare il luogo delle radici per i seguenti sistemi assegnati mediante le loro funzioni di trasferimento a ciclo aperto:

(a) $F(s) = K' \dfrac{s+3}{(s+1)(s+2)}$

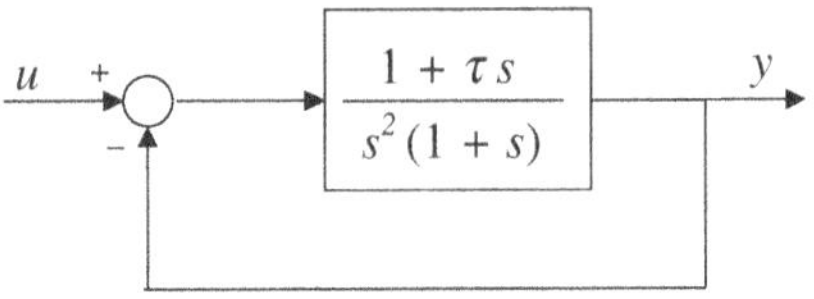


**Fig. 10.33.** Sistema in retroazione relativo all'Esercizio 10.4

(b) $F(s) = K' \dfrac{s+1}{(s+2)(s^2+1)}$

(c) $F(s) = K' \dfrac{s+3}{(s+1)(s+2)(s+4)}$

(d) $F(s) = K' \dfrac{1}{s(s^2+9)}$

(e) $F(s) = K' \dfrac{1}{(s+1)(s^2+1)}$

(f) $F(s) = K' \dfrac{s+2}{(s+1)(s^2+9)}$

(g) $F(s) = K' \dfrac{s+0.5}{(s+1)(s^2+9)}$

(h) $F(s) = K' \dfrac{s+1}{s^2(s+0.3)(s^2+0.2)}$.

**Esercizio 10.3** Tracciare il diagramma di Nyquist della funzione di trasferimento dell'Esercizio 10.1 e studiare la stabilità del sistema a ciclo chiuso applicando il criterio di Nyquist.

**Esercizio 10.4** Analizzare utilizzando il criterio di Routh la stabilità al variare del parametro $\tau$ del sistema in Fig. 10.33. Interpretare i risultati ottenuti utilizzando il criterio di Nyquist.

**Esercizio 10.5** Tracciare il luogo delle radici al variare del parametro $\tau$ per il sistema dell'esercizio precedente.

**Esercizio 10.6** Tracciare il diagramma di Nyquist delle seguenti funzioni di trasferimento dell'Esercizio 10.2.

Studiare inoltre la stabilità dei sistemi a ciclo chiuso in retroazione unitaria aventi tali funzioni di trasferimento della catena diretta.

**Esercizio 10.7** Si faccia vedere mediante il criterio di Nyquist che non esiste alcun valore di $K > 0$ per cui il sistema a retroazione con funzione di trasferimento della catena diretta

$$F(s) = \frac{K}{s(s-1)}$$

risulti stabile.

**Esercizio 10.8** Si consideri un sistema in retroazione unitaria avente

$$F(s) = \frac{2(1+2s)(1+s)}{s^2(1+5s)}$$

come funzione di trasferimento della catena diretta. Si tracci il diagramma di Bode della funzione di trasferimento a ciclo chiuso utilizzando la carta di Nichols. Si tracci inoltre lo stesso diagramma a partire dalla espressione analitica della funzione di trasferimento a ciclo chiuso.

# 11

# Controllabilità e osservabilità

In questo capitolo vengono introdotte due proprietà fondamentali dei sistemi dinamici, ossia le proprietà di *controllabilità* e di *osservabilità*. In particolare, la controllabilità indica la possibilità di portare lo stato del sistema da una generica condizione iniziale ad un valore finale desiderato, mentre l'osservabilità indica la possibilità di ricostruire il valore dello stato iniziale del sistema sulla base dell'osservazione della sua uscita. In generale la controllabilità e l'osservabilità dipendono:

- dal particolare stato iniziale del sistema;
- dall'istante di tempo iniziale;
- dallo stato obiettivo (nel caso della controllabilità).

Tale dipendenza viene tuttavia meno nel caso dei sistemi *lineari e stazionari* che sono la classe di sistemi sui quali focalizzeremo la nostra attenzione. Per questa ragione nel resto della trattazione parleremo sempre di controllabilità e osservabilità *del sistema* e ci riferiremo ad un istante di tempo iniziale $t_0 = 0$.

Si noti inoltre che tali proprietà sono date con riferimento a sistemi in termini di variabili di stato, pertanto in questo capitolo ci riferiremo sempre a sistemi nella forma:

$$\begin{cases} \dot{\boldsymbol{x}}(t) = \boldsymbol{A}\boldsymbol{x}(t) + \boldsymbol{B}\boldsymbol{u}(t) \\ \boldsymbol{y}(t) = \boldsymbol{C}\boldsymbol{x}(t) + \boldsymbol{D}\boldsymbol{u}(t). \end{cases}$$

In particolare nel seguito si forniscono le condizioni necessarie e sufficienti per la controllabilità e per l'osservabilità e si dimostra come tali proprietà sono invarianti rispetto a qualunque trasformazione di similitudine.

In una sezione asteriscata vengono inoltre introdotte alcune importanti forme canoniche quali la *forma canonica controllabile di Kalman* e la *forma canonica osservabile di Kalman*, cui qualunque sistema lineare e stazionario può essere ricondotto attraverso opportune trasformazioni di similitudine. Sempre in sezioni di approfondimento viene introdotto il concetto di retroazione dello stato e viene dimostrato come la proprietà di controllabilità equivale alla possibilità di assegnare ad arbitrio gli autovalori del sistema a ciclo chiuso. Si introduce anche il concetto di osservatore asintotico dello stato, necessario all'interno del ciclo di retroazione

Giua A., Seatzu C.: Analisi dei sistemi dinamici. 2a edizione

nel caso in cui lo stato non sia direttamente misurabile. In particolare, si mostra come tale osservatore può sempre essere costruito nel caso in cui il sistema sia osservabile.

Il legame tra proprietà di controllabilità, osservabilità e trasformazioni ingresso-uscita è infine discusso al termine del capitolo.

## 11.1 Controllabilità

In questo paragrafo verrà fornita dapprima una definizione formale di sistema lineare e stazionario controllabile. Verranno poi dati dei criteri di analisi di tale proprietà, i primi due di carattere generale, il terzo relativo al caso in cui la matrice $\boldsymbol{A}$ è in forma diagonale con autovalori tutti distinti.

Poiché la controllabilità di un sistema lineare e stazionario dipende dalla sola coppia di matrici $(\boldsymbol{A}, \boldsymbol{B})$ nel seguito non specificheremo la trasformazione in uscita.

**Definizione 11.1.** *Un sistema lineare e stazionario*

$$\dot{\boldsymbol{x}}(t) = \boldsymbol{A}\boldsymbol{x}(t) + \boldsymbol{B}\boldsymbol{u}(t)$$

*è detto* controllabile *se e solo se è possibile, agendo sull'ingresso, trasferire lo stato del sistema da un* qualunque *stato iniziale* $\boldsymbol{x}_0 = \boldsymbol{x}(0)$ *ad un* qualunque *altro stato* $\boldsymbol{x}_f = \boldsymbol{x}(t_f)$, *detto* stato zero *o* stato obiettivo, *in un tempo* finito $t_f \geq 0$.

Vediamo ora un semplice esempio fisico al fine di illustrare in maniera intuitiva la proprietà di controllabilità.

**Esempio 11.2** Si consideri la rete in Fig. 11.1 e si supponga che tale rete sia inizialmente a riposo. Si assumano come variabili di stato le correnti ai capi dei due induttori, ossia si ponga $x_1 = i_{L_1}$ e $x_2 = i_{L_2}$.

È facile verificare che non è possibile, agendo semplicemente sulla tensione $u$ in ingresso, imporre un qualunque valore a tali correnti. Dalla simmetria della rete risulta infatti che $i_{L_1} = i_{L_2}$ qualunque sia $u$. Il sistema non è pertanto controllabile.

È interessante tuttavia notare che è possibile imporre il valore desiderato ad una delle due variabili di stato, fermo restando il vincolo che l'altra assumerà anch'essa tale valore. Osserviamo infatti che valgono le seguenti relazioni:

$$\begin{aligned} u(t) &= L\dot{x}_1(t) + Ri_R(t) + L\dot{x}_2(t), \\ i(t) &= i_R(t) = x_1(t) + \frac{L}{R}\dot{x}_1(t) \end{aligned}$$

da cui segue che

$$u(t) = 2L\dot{x}_1(t) + Rx_1(t) + L\dot{x}_2(t) = 3L\dot{x}_1(t) + Rx_1(t),$$

dove la seconda eguaglianza segue dal fatto che $x_1(t) = x_2(t)$.

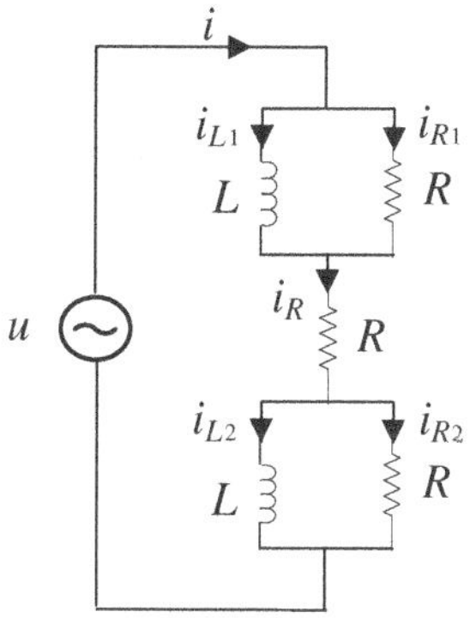


**Fig. 11.1.** La rete non controllabile dell'Esempio 11.2

L'equazione differenziale che regola l'evoluzione della prima componente dello stato è pertanto pari a

$$\dot{x}_1(t) = -\frac{R}{3L}x_1(t) + \frac{1}{3L}u(t).$$

Ora, ricordando la formula di Lagrange, abbiamo che

$$x_1(t_f) = e^{-at_f}x_1(0) + \frac{e^{-at_f}}{3L}\int_0^{t_f} e^{a\tau}u(\tau)d\tau, \qquad a = \frac{R}{3L}. \tag{11.1}$$

Supponiamo ora che l'ingresso sia un gradino di ampiezza $U$. Dimostriamo che per ogni possibile scelta dei parametri del sistema, per ogni possibile scelta di $t_f < +\infty$ e dello stato obiettivo $x_1(t_f)$, esiste un valore di $U$ tale per cui la prima componente dello stato si porta in $x_1(t_f)$ al tempo $t_f$. Sostituendo nell'equazione (11.1) l'espressione $u(t) = U\ \delta_{-1}(t)$ e integrando si ottiene infatti che

$$3L\ e^{at_f} \cdot \left(x_1(t_f) - e^{-at_f}x_1(0)\right) = \frac{U}{a} \cdot \left(e^{at_f} - 1\right).$$

Per imporre il valore desiderato allo stato $x_1$ è quindi sufficiente assumere

$$U = 3La\frac{e^{at_f}(x(t_f) - e^{-at_f}x_1(0))}{e^{at_f} - 1} = R\ \frac{e^{at_f}x_1(t_f) - x_1(0)}{e^{at_f} - 1}. \qquad \diamond$$

### 11.1.1 Verifica della controllabilità per rappresentazioni arbitrarie

In questo paragrafo verranno proposti due diversi criteri di analisi della controllabilità, entrambi basati sul calcolo di opportune matrici. In particolare, il primo criterio è basato sulla definizione del *gramiano di controllabilità*, il secondo è invece basato sulla definizione della *matrice di controllabilità*. Come vedremo, il secondo criterio fornisce una procedura di analisi più immediata in quanto la determinazione della matrice di controllabilità richiede semplicemente lo svolgimento di alcuni prodotti matriciali. Il primo criterio è tuttavia estremamente utile in quanto, nel caso in cui il sistema sia controllabile, la conoscenza del gramiano di controllabilità consente di ricavare una legge di controllo in grado di trasferire lo stato del sistema dal suo valore iniziale al valore finale desiderato.

**Definizione 11.3.** *Dato un sistema lineare e stazionario*

$$\dot{\boldsymbol{x}}(t) = \boldsymbol{A}\boldsymbol{x}(t) + \boldsymbol{B}\boldsymbol{u}(t) \tag{11.2}$$

*dove* $\boldsymbol{x} \in \mathbb{R}^n$ *e* $\boldsymbol{u} \in \mathbb{R}^r$, *definiamo* gramiano[1] di controllabilità *la matrice* $n \times n$

$$\boldsymbol{\Gamma}(t) = \int_0^t e^{\boldsymbol{A}\tau}\boldsymbol{B}\boldsymbol{B}^T e^{\boldsymbol{A}^T\tau} d\tau. \tag{11.3}$$

**Teorema 11.4.** *Il sistema* (11.2) *è controllabile se e solo se il gramiano di controllabilità è non singolare per ogni* $t > 0$.

*Dimostrazione. (Condizione sufficiente)* La prova della condizione sufficiente è costruttiva, cioè, supposto che il gramiano di controllabilità sia non singolare per $t = t_f$, si determina un ingresso che permette di passare da un qualunque stato $\boldsymbol{x}_0$ ad un qualunque stato finale $\boldsymbol{x}_f$ in un tempo $t_f$. In particolare, si assuma

$$\boldsymbol{u}(\tau) = \boldsymbol{B}^T e^{\boldsymbol{A}^T(t_f-\tau)}\boldsymbol{\Gamma}^{-1}(t_f)\left(\boldsymbol{x}_f - e^{\boldsymbol{A}t_f}\boldsymbol{x}_0\right).$$

In questa espressione il fattore sinistro $\boldsymbol{B}^T e^{\boldsymbol{A}^T(t_f-\tau)}$ è una funzione della variabile tempo $\tau$, mentre il secondo fattore è un vettore costante $\boldsymbol{\Gamma}^{-1}(t_f)\left(\boldsymbol{x}_f - e^{\boldsymbol{A}t_f}\boldsymbol{x}_0\right)$ che dipende dall'istante di tempo finale e dagli stati iniziali e finali.

È immediato verificare che tale ingresso porta allo stato $\boldsymbol{x}(t_f) = \boldsymbol{x}_f$; infatti in base alla formula di Lagrange vale

$$\begin{aligned}
\boldsymbol{x}(t_f) &= e^{\boldsymbol{A}t_f}\boldsymbol{x}_0 + \int_0^{t_f} e^{\boldsymbol{A}(t_f-\tau)}\boldsymbol{B}\boldsymbol{u}(\tau)d\tau \\
&= e^{\boldsymbol{A}t_f}\boldsymbol{x}_0 + \int_0^{t_f} e^{\boldsymbol{A}(t_f-\tau)}\boldsymbol{B}\boldsymbol{B}^T e^{\boldsymbol{A}^T(t_f-\tau)}\boldsymbol{\Gamma}^{-1}(t_f)\left(\boldsymbol{x}_f - e^{\boldsymbol{A}t_f}\boldsymbol{x}_0\right)d\tau \\
&= e^{\boldsymbol{A}t_f}\boldsymbol{x}_0 + \left(\int_0^{t_f} e^{\boldsymbol{A}(t_f-\tau)}\boldsymbol{B}\boldsymbol{B}^T e^{\boldsymbol{A}^T(t_f-\tau)}d\tau\right)\boldsymbol{\Gamma}^{-1}(t_f)\left(\boldsymbol{x}_f - e^{\boldsymbol{A}t_f}\boldsymbol{x}_0\right) \\
&= e^{\boldsymbol{A}t_f}\boldsymbol{x}_0 + \left(\int_0^{t_f} e^{\boldsymbol{A}\varrho}\boldsymbol{B}\boldsymbol{B}^T e^{\boldsymbol{A}^T\varrho}d\varrho\right)\boldsymbol{\Gamma}^{-1}(t_f)\left(\boldsymbol{x}_f - e^{\boldsymbol{A}t_f}\boldsymbol{x}_0\right) \\
&= e^{\boldsymbol{A}t_f}\boldsymbol{x}_0 + \boldsymbol{\Gamma}(t_f)\boldsymbol{\Gamma}^{-1}(t_f)\left(\boldsymbol{x}_f - e^{\boldsymbol{A}t_f}\boldsymbol{x}_0\right) = \boldsymbol{x}_f,
\end{aligned}$$

dove si è usato il cambio di variabile $\varrho = t_f - \tau$.

[1] Un altro termine usato per denotare il gramiano è *matrice di Gram*. Il nome deriva da Jorgen Pedersen Gram (Nustrup, Danimarca, 1850 - Copenhagen, 1916).

*(Condizione necessaria)* Supponiamo che esista un $\bar{t} > 0$ tale che il gramiano sia singolare in $\bar{t}$. Ciò implica, in virtù del Teorema E.5 (cfr. Appendice E), che le righe di $e^{\boldsymbol{A}\tau}\boldsymbol{B}$ sono linearmente dipendenti in $[0, \bar{t}]$. Allora esiste un vettore[2] $n \times 1$ costante $\boldsymbol{\alpha} \neq \boldsymbol{0}$ tale che

$$\boldsymbol{\alpha}^T e^{\boldsymbol{A}\tau}\boldsymbol{B} = \boldsymbol{0}, \qquad \forall\, \tau \in [0, \bar{t}].$$

Dimostriamo ora che scelto come stato iniziale $\boldsymbol{x}_0 = \boldsymbol{0}$ e scelto un istante finale $t_f \in [0, \bar{t}]$ non esiste un ingresso che consente di portare lo stato in $\boldsymbol{x}(t_f) = \boldsymbol{\alpha}$. Infatti, in base alla formula di Lagrange se un vettore $\boldsymbol{\alpha}$ è raggiungibile al tempo $t_f$ a partire dallo stato $\boldsymbol{x}_0 = \boldsymbol{0}$, vale:

$$\boldsymbol{\alpha} = \int_0^{t_f} e^{\boldsymbol{A}(t_f - \tau)}\boldsymbol{B}\boldsymbol{u}(\tau)d\tau = \int_0^{t_f} e^{\boldsymbol{A}\varrho}\boldsymbol{B}\boldsymbol{u}(t_f - \varrho)d\varrho,$$

dove nell'ultimo passaggio si è eseguito il cambio di variabile $\varrho = t_f - \tau$.

Pre-moltiplicando ambo i membri di tale equazione per $\boldsymbol{\alpha}^T$, segue

$$\boldsymbol{\alpha}^T\boldsymbol{\alpha} = \int_0^{t_f} \boldsymbol{\alpha}^T e^{\boldsymbol{A}\varrho}\boldsymbol{B}\boldsymbol{u}(t_f - \varrho)d\varrho. \tag{11.4}$$

Qualunque sia il segnale di ingresso $\boldsymbol{u}(\tau)$, l'integrale al secondo membro vale zero e la precedente equazione diventa $\boldsymbol{\alpha}^T\boldsymbol{\alpha} = 0$: tale equazione non può essere soddisfatta essendo $\boldsymbol{\alpha} \neq \boldsymbol{0}$.

Abbiamo dunque dimostrato che se il gramiano è singolare in $\bar{t}$ non è possibile raggiungere lo stato $\boldsymbol{\alpha}$ in un qualunque istante di tempo $t_f \in [0, \bar{t}]$. Tuttavia, la dimostrazione del successivo Teorema 11.6 mostra che se il gramiano è singolare in un dato istante di tempo $\bar{t} > 0$ allora esso è singolare in *ogni* altro istante di tempo $t > 0$. Da ciò segue naturalmente la non controllabilità del sistema. □

**Esempio 11.5** Si consideri il sistema lineare e stazionario

$$\dot{\boldsymbol{x}}(t) = \boldsymbol{A}\boldsymbol{x}(t) + \boldsymbol{B}\boldsymbol{u}(t) = \begin{bmatrix} 0 & 1 \\ 0 & 0 \end{bmatrix}\boldsymbol{x}(t) + \begin{bmatrix} 0 \\ 1 \end{bmatrix}u(t).$$

Sia $\boldsymbol{x}(0) = [0 \;\; 0]^T$. Si desidera verificare la controllabilità di tale sistema e determinare una opportuna legge di controllo in grado di portare il sistema nello stato $\boldsymbol{x}_f = [3 \;\; 3]^T$ al tempo $t_f = 2$.

La matrice di transizione dello stato per questo sistema vale

$$e^{\boldsymbol{A}\tau} = \begin{bmatrix} 1 & \tau \\ 0 & 1 \end{bmatrix}.$$

Dunque il gramiano di controllabilità vale

$$\begin{aligned} \boldsymbol{\Gamma}(t) &= \int_0^t \begin{bmatrix} 1 & \tau \\ 0 & 1 \end{bmatrix}\begin{bmatrix} 0 \\ 1 \end{bmatrix}\begin{bmatrix} 0 & 1 \end{bmatrix}\begin{bmatrix} 1 & 0 \\ \tau & 1 \end{bmatrix}d\tau \\ &= \int_0^t \begin{bmatrix} \tau^2 & \tau \\ \tau & 1 \end{bmatrix}d\tau = \begin{bmatrix} t^3/3 & t^2/2 \\ t^2/2 & t \end{bmatrix} \end{aligned}$$

[2] Si verifica facilmente che il vettore $\alpha$ appartiene allo spazio nullo del gramiano.

e

$$\det(\boldsymbol{\Gamma}(t)) = t^4/3 - t^4/4 = t^4/12 > 0, \qquad \forall t > 0$$

per cui il sistema è controllabile.

Inoltre vale

$$\boldsymbol{\Gamma}(2) = \begin{bmatrix} 8/3 & 2 \\ 2 & 2 \end{bmatrix} \qquad \text{e} \qquad \boldsymbol{\Gamma}^{-1}(2) = \begin{bmatrix} 3/2 & -3/2 \\ -3/2 & 2 \end{bmatrix}.$$

Dunque assunto per $\tau \in [0\ 2]$

$$u(\tau) = \begin{bmatrix} 0 & 1 \end{bmatrix} \begin{bmatrix} 1 & 0 \\ 2-\tau & 1 \end{bmatrix} \boldsymbol{\Gamma}^{-1}(2) \begin{bmatrix} 3 \\ 3 \end{bmatrix} = 3/2$$

il sistema si porta al tempo $t_f = 2$ nello stato desiderato. ◇

Il Teorema 11.4 fornisce un criterio per la verifica della controllabilità che è costruttivo e mostra come scegliere un ingresso opportuno che consente di raggiungere uno stato desiderato. Tuttavia, se si desidera unicamente determinare se un dato sistema è controllabile, è più agevole usare il seguente criterio.

**Teorema 11.6.** *Dato un sistema lineare e stazionario*

$$\dot{\boldsymbol{x}}(t) = \boldsymbol{A}\boldsymbol{x}(t) + \boldsymbol{B}\boldsymbol{u}(t)$$

*dove* $\boldsymbol{x} \in \mathbb{R}^n$ *e* $\boldsymbol{u} \in \mathbb{R}^r$, *definiamo* matrice di controllabilità *la matrice* $(n \times r \cdot n)$

$$\mathcal{T} = \left[\boldsymbol{B} \mid \boldsymbol{A}\boldsymbol{B} \mid \boldsymbol{A}^2\boldsymbol{B} \mid \cdots \mid \boldsymbol{A}^{n-1}\boldsymbol{B}\right].$$

Condizione necessaria e sufficiente *affinché il sistema sia* controllabile, *è che valga*

$$n_c \stackrel{\text{def}}{=} \text{rango}(\mathcal{T}) = n.$$

*Dimostrazione.* Dal Teorema E.5, sappiamo che il gramiano di controllabilità è non singolare per ogni $t \in (0, \infty)$ se e solo le righe di $e^{\boldsymbol{A}t}\boldsymbol{B}$ sono linearmente indipendenti in $[0, \infty)$. Come conseguenza, in virtù del Teorema 11.4, per dimostrare la validità del presente teorema è sufficiente dimostrare l'equivalenza delle seguenti due condizioni.

(a) Tutte le righe di $e^{\boldsymbol{A}t}\boldsymbol{B}$ sono linearmente indipendenti in $[0, \infty)$.
(b) La matrice di controllabilità $\mathcal{T}$ ha rango pari ad $n$.

A tal fine, osserviamo preliminarmente che gli elementi di $e^{\boldsymbol{A}t}\boldsymbol{B}$ sono combinazioni lineari di termini del tipo $t^k e^{\lambda t}$ dove $\lambda$ è autovalore di $\boldsymbol{A}$, per cui sono funzioni analitiche in $[0, \infty)$. Possiamo pertanto applicare il Teorema E.7 secondo il quale le righe di $e^{\boldsymbol{A}t}\boldsymbol{B}$ sono linearmente indipendenti in $[0, \infty)$ se e solo se

$$\begin{aligned} n &= \text{rango}\left(\left[e^{\boldsymbol{A}t}\boldsymbol{B} \mid e^{\boldsymbol{A}t}\boldsymbol{A}\boldsymbol{B} \mid \cdots \mid e^{\boldsymbol{A}t}\boldsymbol{A}^{n-1}\boldsymbol{B} \mid \ldots\right]\right) \\ &= \text{rango}\left(e^{\boldsymbol{A}t}\left[\boldsymbol{B} \mid \boldsymbol{A}\boldsymbol{B} \mid \cdots \mid \boldsymbol{A}^{n-1}\boldsymbol{B} \mid \ldots\right]\right) \end{aligned}$$

per ogni $t \in [0, \infty)$.

Poiché la matrice $e^{\boldsymbol{A}t}$ ha rango pieno per ogni $t$, l'equazione sopra si riduce a

$$\text{rango}\left(\left[\boldsymbol{B} \mid \boldsymbol{AB} \mid \cdots \mid \boldsymbol{A}^{n-1}\boldsymbol{B} \mid \ldots\right]\right) = n.$$

In base al Teorema di Cayley-Hamilton (cfr. Appendice G, Proposizione G.5) sappiamo che la funzione $f(\boldsymbol{A}) = \boldsymbol{A}^m$ con $m \geq n$ può essere scritta come una combinazione lineare di $\boldsymbol{I}$, $\boldsymbol{A}$, ..., $\boldsymbol{A}^{n-1}$; perciò le colonne di $\boldsymbol{A}^m\boldsymbol{B}$ con $m \geq n$ sono linearmente indipendenti dalle colonne di $\boldsymbol{B}$, $\boldsymbol{AB}$, ..., $\boldsymbol{A}^{n-1}\boldsymbol{B}$. Di conseguenza

$$\text{rango}\left(\left[\boldsymbol{B} \mid \boldsymbol{AB} \mid \cdots \mid \boldsymbol{A}^{n-1}\boldsymbol{B} \mid \ldots\right]\right) = \text{rango}\left(\left[\boldsymbol{B} \mid \boldsymbol{AB} \mid \cdots \mid \boldsymbol{A}^{n-1}\boldsymbol{B}\right]\right),$$

il che prova la validità dell'enunciato. □

**Esempio 11.7** Si consideri il sistema lineare e stazionario descritto dall'equazione di stato

$$\dot{\boldsymbol{x}}(t) = \boldsymbol{Ax}(t) + \boldsymbol{Bu}(t) = \begin{bmatrix} 2 & 4 & 0.5 \\ 0 & 4 & 0.5 \\ 0 & 0 & 2 \end{bmatrix} \boldsymbol{x}(t) + \begin{bmatrix} 1 & 0 \\ 0 & 0 \\ 0 & 3 \end{bmatrix} \boldsymbol{u}(t). \tag{11.5}$$

Vale $n = 3$ e $r = 2$. La matrice di controllabilità ha dimensione $(n \times r \cdot n) = (3 \times 6)$ e vale

$$\mathcal{T} = \left[\boldsymbol{B} \,|\, \boldsymbol{AB} \,|\, \boldsymbol{A}^2\boldsymbol{B}\right] = \left[\begin{array}{cc|cc|cc} 1 & 0 & 2 & 1.5 & 4 & 12 \\ 0 & 0 & 0 & 1.5 & 0 & 9 \\ 0 & 3 & 0 & 6 & 0 & 12 \end{array}\right].$$

Le colonne 1, 2 e 4 formano un minore di ordine 3 non singolare. Dunque vale

$$\text{rango}(\mathcal{T}) = 3 = n$$

per cui il sistema è controllabile. ◇

### 11.1.2 Verifica della controllabilità per rappresentazioni diagonali

Vediamo ora come si semplifica la verifica della controllabilità nel caso in cui la matrice $\boldsymbol{A}$ abbia autovalori tutti distinti e sia in forma diagonale.

**Teorema 11.8.** *Si consideri un sistema lineare e stazionario con $\boldsymbol{x} \in \mathbb{R}^n$ e $\boldsymbol{u} \in \mathbb{R}^r$ descritto dalla seguente equazione di stato*

$$\dot{\boldsymbol{x}}(t) = \overbrace{\begin{bmatrix} \lambda_1 & 0 & \cdots & 0 \\ 0 & \lambda_2 & \cdots & 0 \\ \vdots & \vdots & \ddots & \vdots \\ 0 & 0 & \cdots & \lambda_n \end{bmatrix}}^{\boldsymbol{A}} \boldsymbol{x}(t) + \overbrace{\begin{bmatrix} b_{1,1} & b_{1,2} & \cdots & b_{1,r} \\ b_{2,1} & b_{2,2} & \cdots & b_{2,r} \\ \vdots & \vdots & \ddots & \vdots \\ b_{n,1} & b_{n,2} & \cdots & b_{n,r} \end{bmatrix}}^{\boldsymbol{B}} \boldsymbol{u}(t)$$

*in cui cioè la matrice $\boldsymbol{A}$ è in forma diagonale. Siano inoltre gli autovalori di $\boldsymbol{A}$ tutti distinti, ossia $\lambda_i \neq \lambda_j$ per ogni $i \neq j$.*

Condizione necessaria e sufficiente *affinché il sistema sia* controllabile *è che la matrice $\boldsymbol{B}$ non abbia righe identicamente nulle.*

*Dimostrazione.* (*Condizione necessaria*) Supponiamo che la $k$-ma riga di $\boldsymbol{B}$ sia identicamente nulla. In questo caso abbiamo che

$$\dot{x}_k(t) = \lambda_k \; x_k(t) \quad \Rightarrow \quad x_k(t) = e^{\lambda_k t} x_k(0)$$

ossia la $k$-ma componente dello stato evolve in evoluzione libera e non può essere controllata dall'ingresso.

(*Condizione sufficiente*) Diamo per semplicità la dimostrazione di tale condizione nel solo caso in cui l'ingresso sia scalare ($r = 1$). La matrice di controllabilità $\mathcal{T}$ può essere scritta per esteso come

$$\mathcal{T} = \begin{bmatrix} b_1 & \lambda_1 b_1 & \cdots & \lambda_1^{n-1} b_1 \\ b_2 & \lambda_2 b_2 & \cdots & \lambda_2^{n-1} b_2 \\ \vdots & \vdots & \ddots & \vdots \\ b_n & \lambda_n b_n & \cdots & \lambda_n^{n-1} b_n \end{bmatrix}$$

$$= \begin{bmatrix} 1 & \lambda_1 & \cdots & \lambda_1^{n-1} \\ 1 & \lambda_2 & \cdots & \lambda_2^{n-1} \\ \vdots & \vdots & \ddots & \vdots \\ 1 & \lambda_n & \cdots & \lambda_n^{n-1} \end{bmatrix} \begin{bmatrix} b_1 & 0 & \cdots & 0 \\ 0 & b_2 & & \vdots \\ \vdots & & \ddots & 0 \\ 0 & \cdots & 0 & b_n \end{bmatrix}$$

ossia come il prodotto di due matrici non singolari, dove la prima è pari alla matrice di Vandermonde (cfr. § 4.2.2) e la seconda è una matrice diagonale i cui elementi sono tutti non nulli essendo pari agli elementi di $\boldsymbol{B}$. La matrice di controllabilità è pertanto anch'essa non singolare. □

**Esempio 11.9** Si consideri il sistema lineare e stazionario descritto dall'equazione di stato

$$\dot{\boldsymbol{x}}(t) = \boldsymbol{A}\boldsymbol{x}(t) + \boldsymbol{B}u(t) = \begin{bmatrix} 1 & 0 & 0 \\ 0 & 2 & 0 \\ 0 & 0 & 3 \end{bmatrix} \boldsymbol{x}(t) + \begin{bmatrix} 1 \\ 1 \\ 0 \end{bmatrix} u(t). \tag{11.6}$$

la cui matrice diagonale $\boldsymbol{A}$ ha autovalori tutti distinti: $\lambda_1 = 1$, $\lambda_2 = 2$ e $\lambda_3 = 3$. Essendo la terza riga di $\boldsymbol{B}$ identicamente nulla, possiamo subito concludere che il sistema non è controllabile. ◇

### 11.1.3 Controllabilità e similitudine

Nel caso dei sistemi lineari e stazionari la controllabilità non è una proprietà della particolare realizzazione ed è pertanto invariante rispetto a qualunque trasformazione di similitudine. È questa la ragione per cui, nel caso dei sistemi lineari e stazionari, è lecito parlare di controllabilità del sistema e non di controllabilità della realizzazione.

**Teorema 11.10.** *Si considerino due rappresentazioni di uno stesso sistema di ordine n:*

$$\dot{\boldsymbol{x}}(t) = \boldsymbol{A}\boldsymbol{x}(t) + \boldsymbol{B}\boldsymbol{u}(t),$$

*e*

$$\dot{\boldsymbol{z}}(t) = \boldsymbol{A}'\boldsymbol{z}(t) + \boldsymbol{B}'\boldsymbol{u}(t),$$

*legate dalla trasformazione di similitudine* $\boldsymbol{x}(t) = \boldsymbol{P}\boldsymbol{z}(t)$, *dove* $\boldsymbol{P} \in \mathbb{R}^{n\times n}$ *è una matrice non singolare. Dunque vale:* $\boldsymbol{A}' = \boldsymbol{P}^{-1}\boldsymbol{A}\boldsymbol{P}$ *e* $\boldsymbol{B}' = \boldsymbol{P}^{-1}\boldsymbol{B}$.

*La prima realizzazione è controllabile* se e solo se *la seconda è controllabile.*

*Dimostrazione.* La matrice di controllabilità della seconda rappresentazione vale:

$$\begin{aligned}
\mathcal{T}' &= \left[\boldsymbol{B}' \mid \boldsymbol{A}'\boldsymbol{B}' \mid \cdots \mid \boldsymbol{A}'^{n-1}\boldsymbol{B}'\right] \\
&= [\boldsymbol{P}^{-1}\boldsymbol{B} \mid \boldsymbol{P}^{-1}\boldsymbol{A}\boldsymbol{P}\cdot\boldsymbol{P}^{-1}\boldsymbol{B} \mid \cdots \mid \cdots \\
&\qquad \cdots \mid \overbrace{\boldsymbol{P}^{-1}\boldsymbol{A}\boldsymbol{P}\cdot\boldsymbol{P}^{-1}\boldsymbol{A}\boldsymbol{P}\cdots\boldsymbol{P}^{-1}\boldsymbol{A}\boldsymbol{P}}^{n-1 \text{ volte}}\cdot\boldsymbol{P}^{-1}\boldsymbol{B}] \\
&= \left[\boldsymbol{P}^{-1}\boldsymbol{B} \mid \boldsymbol{P}^{-1}\boldsymbol{A}\boldsymbol{B} \mid \cdots \mid \boldsymbol{P}^{-1}\boldsymbol{A}^{n-1}\boldsymbol{B}\right] \\
&= \boldsymbol{P}^{-1}\left[\boldsymbol{B} \mid \boldsymbol{A}\boldsymbol{B} \mid \cdots \mid \boldsymbol{A}^{n-1}\boldsymbol{B}\right] = \boldsymbol{P}^{-1}\cdot\mathcal{T}
\end{aligned}$$

ed essendo $\boldsymbol{P}^{-1}$ non singolare, le matrici di controllabilità delle due rappresentazioni hanno lo stesso rango. □

**Esempio 11.11** Si consideri il sistema lineare e stazionario descritto dall'equazione di stato

$$\dot{\boldsymbol{x}}(t) = \boldsymbol{A}\boldsymbol{x}(t) + \boldsymbol{B}u(t) = \begin{bmatrix} 1 & 2 \\ -3 & -4 \end{bmatrix}\boldsymbol{x}(t) + \begin{bmatrix} -4 \\ 7 \end{bmatrix}u(t).$$

Vale $n = 2$ e $r = 1$. La trasformazione di similitudine $\boldsymbol{x}(t) = \boldsymbol{P}\boldsymbol{z}(t)$, con

$$\boldsymbol{P} = \begin{bmatrix} 1 & -2 \\ -1 & 3 \end{bmatrix} \quad \text{e} \quad \boldsymbol{P}^{-1} = \begin{bmatrix} 3 & 2 \\ 1 & 1 \end{bmatrix},$$

detto $\boldsymbol{A}' = \boldsymbol{P}^{-1}\boldsymbol{A}\boldsymbol{P}$ e $\boldsymbol{B}' = \boldsymbol{P}^{-1}\boldsymbol{B}$ porta al sistema

$$\dot{\boldsymbol{z}}(t) = \boldsymbol{A}'\boldsymbol{z}(t) + \boldsymbol{B}'u(t) = \begin{bmatrix} -1 & 0 \\ 0 & -2 \end{bmatrix}\boldsymbol{z}(t) + \begin{bmatrix} 2 \\ 3 \end{bmatrix}u(t).$$

La matrice di controllabilità del primo sistema e del secondo valgono rispettivamente:

$$\mathcal{T} = [\boldsymbol{B} \mid \boldsymbol{A}\boldsymbol{B}] = \left[\begin{array}{r|r} -4 & 10 \\ 7 & -16 \end{array}\right], \qquad \mathcal{T}' = [\boldsymbol{B}' \mid \boldsymbol{A}'\boldsymbol{B}'] = \left[\begin{array}{r|r} 2 & -2 \\ 3 & -6 \end{array}\right] \equiv \boldsymbol{P}^{-1}\mathcal{T}.$$

Entrambe le matrici sono quadrate e hanno rango pieno:

$$\text{rango}(\mathcal{T}) = \text{rango}(\mathcal{T}') = 2 = n$$

per cui le due rappresentazioni sono entrambe controllabili. ◇

Si noti che, essendo la controllabilità invariante rispetto alla particolare realizzazione, di fatto il Teorema 11.8 fornisce un criterio alternativo di analisi della controllabilità anche quando la matrice $\boldsymbol{A}$ non è nella forma diagonale, purché $\boldsymbol{A}$ abbia autovalori tutti distinti. In questo caso infatti è sempre possibile definire una trasformazione di similitudine $\boldsymbol{x}(t) = \boldsymbol{P}\boldsymbol{z}(t)$ in cui la matrice dinamica della nuova realizzazione è nella forma diagonale. A questo punto, il Teorema 11.8 può essere usato per lo studio della controllabilità della coppia $(\boldsymbol{A}', \boldsymbol{B}')$ dove $\boldsymbol{A}' = \boldsymbol{P}^{-1}\boldsymbol{A}\boldsymbol{P}$ e $\boldsymbol{B}' = \boldsymbol{P}^{-1}\boldsymbol{B}$ sono le matrici dei coefficienti della realizzazione in $\boldsymbol{z}$. In virtù del Teorema 11.10 le conclusioni raggiunte per la realizzazione in $\boldsymbol{z}$ sono poi valide per la rappresentazione originaria.

**Esempio 11.12** Si consideri il sistema lineare e stazionario descritto dall'equazione di stato

$$\dot{\boldsymbol{x}}(t) = \boldsymbol{A}\boldsymbol{x}(t) + \boldsymbol{B}\boldsymbol{u}(t) = \begin{bmatrix} 2 & -3 & -2 \\ 0 & 1 & 0 \\ 0 & 3 & 4 \end{bmatrix} \boldsymbol{x}(t) + \begin{bmatrix} 1 & 2 \\ 3 & 2 \\ 1 & 0 \end{bmatrix} \boldsymbol{u}(t).$$

La matrice $\boldsymbol{A}$ non è diagonale, ma avendo autovalori tutti distinti, ossia $\lambda_1 = 2$, $\lambda_2 = 1$ e $\lambda_3 = 4$, è possibile definire una trasformazione di similitudine $\boldsymbol{x}(t) = \boldsymbol{P}\boldsymbol{z}(t)$ tale per cui nella realizzazione in $\boldsymbol{z}$ la nuova matrice dinamica è diagonale. In particolare, assumendo

$$\boldsymbol{P} = \begin{bmatrix} 1 & 1 & -1 \\ 0 & 1 & 0 \\ 0 & -1 & 1 \end{bmatrix}, \quad \boldsymbol{P}^{-1} = \begin{bmatrix} 1 & 0 & 1 \\ 0 & 1 & 0 \\ 0 & 1 & 1 \end{bmatrix}$$

(dove le colonne di $\boldsymbol{P}$ sono autovettori di $\boldsymbol{A}$), la matrice dinamica della realizzazione in $\boldsymbol{z}$ è diagonale. Più precisamente, vale

$$\boldsymbol{A}' = \boldsymbol{P}^{-1}\boldsymbol{A}\boldsymbol{P} = \begin{bmatrix} 2 & 0 & 0 \\ 0 & 1 & 0 \\ 0 & 0 & 4 \end{bmatrix}, \quad \boldsymbol{B}' = \boldsymbol{P}^{-1}\boldsymbol{B} = \begin{bmatrix} 2 & 2 \\ 3 & 2 \\ 4 & 2 \end{bmatrix}.$$

Non avendo $\boldsymbol{B}'$ righe identicamente nulle possiamo concludere che la rappresentazione originaria è controllabile.

Si lascia al lettore la verifica di tale esempio mediante l'uso della matrice di controllabilità. ◇

### 11.1.4 Forma canonica controllabile di Kalman [*]

Introduciamo ora una particolare forma canonica, detta *forma canonica controllabile di Kalman*, che mette in evidenza le proprietà di controllabilità di un dato sistema lineare e stazionario, in maniera del tutto analoga a come la forma canonica di Jordan mette in evidenza le proprietà di stabilità. Naturalmente in questo caso, essendo la controllabilità una proprietà della coppia $(\boldsymbol{A}, \boldsymbol{B})$, la forma canonica riguarda la struttura di entrambe le matrici $\boldsymbol{A}$ e $\boldsymbol{B}$ e non della sola matrice $\boldsymbol{A}$.

**Definizione 11.13.** *Un sistema lineare e stazionario*

$$\dot{\boldsymbol{z}}(t) = \boldsymbol{A}'\boldsymbol{z}(t) + \boldsymbol{B}'\boldsymbol{u}(t) \tag{11.7}$$

*nella* forma canonica controllabile di Kalman *è caratterizzato dalla seguente struttura delle matrici dei coefficienti:*

$$\boldsymbol{A}' = \left[\begin{array}{c|c} \boldsymbol{A}'_c & \boldsymbol{A}'_1 \\ \hline \boldsymbol{0} & \boldsymbol{A}'_{nc} \end{array}\right], \qquad \boldsymbol{B}' = \left[\begin{array}{c} \boldsymbol{B}'_c \\ \hline \boldsymbol{0} \end{array}\right]$$

*dove $\boldsymbol{A}'_c$ è una matrice quadrata di ordine pari al rango $n_c$ della matrice di controllabilità e $\boldsymbol{B}'_c$ è una matrice il cui numero di righe è anch'esso pari ad $n_c$. In particolare, la coppia*

$$(\boldsymbol{A}'_c, \boldsymbol{B}'_c)$$

*è controllabile.*

La precedente definizione implica che il vettore di stato $\boldsymbol{z}$ di una realizzazione nella forma canonica di Kalman può essere riscritto come

$$\boldsymbol{z} = \left[\begin{array}{c} \boldsymbol{z}_c \\ \hline \boldsymbol{z}_{nc} \end{array}\right]$$

dove $\boldsymbol{z}_c \in \mathbb{R}^{n_c}$ e $\boldsymbol{z}_{nc} \in \mathbb{R}^{n-n_c}$. Di conseguenza il sistema (11.7) può essere decomposto in due sottosistemi secondo lo schema in Fig. 11.2 dove

- la parte controllabile è il sottosistema di ordine $n_c$ retto dall'equazione differenziale:
$$\dot{\boldsymbol{z}}_c(t) = \boldsymbol{A}'_c\boldsymbol{z}_c(t) + \boldsymbol{A}'_1\boldsymbol{z}_{nc}(t) + \boldsymbol{B}'_c\boldsymbol{u}(t);$$
- la parte non controllabile è il sottosistema di ordine $n - n_c$ retto dall'equazione differenziale:
$$\dot{\boldsymbol{z}}_{nc}(t) = \boldsymbol{A}'_{nc}\boldsymbol{z}_{nc}(t)$$
che non può essere influenzato in alcun modo dall'ingresso, né direttamente, né indirettamente tramite $\boldsymbol{z}_c$.

Si noti che un qualunque sistema lineare e stazionario può essere ricondotto alla forma canonica di Kalman. In proposito vale il seguente risultato.

**Teorema 11.14.** *Dato un generico sistema*

$$\dot{\boldsymbol{x}}(t) = \boldsymbol{A}\boldsymbol{x}(t) + \boldsymbol{B}\boldsymbol{u}(t)$$

*questo può essere ricondotto alla forma canonica controllabile di Kalman attraverso una semplice trasformazione di similitudine $\boldsymbol{x}(t) = \boldsymbol{P}\boldsymbol{z}(t)$, dove $\boldsymbol{P}$ è una matrice non singolare le cui prime $n_c$ colonne coincidono con $n_c$ colonne linearmente indipendenti della matrice di controllabilità $\mathcal{T}$ e le cui rimanenti colonne sono pari a $n - n_c$ colonne linearmente indipendenti tra loro e ortogonali*[3] *alle precedenti $n_c$ colonne.*

---

[3] Si ricordi che due vettori $\boldsymbol{x}$ e $\boldsymbol{y}$ sono tra loro ortogonali quando il loro prodotto scalare è nullo ossia $\boldsymbol{x}^T\boldsymbol{y} = 0$.

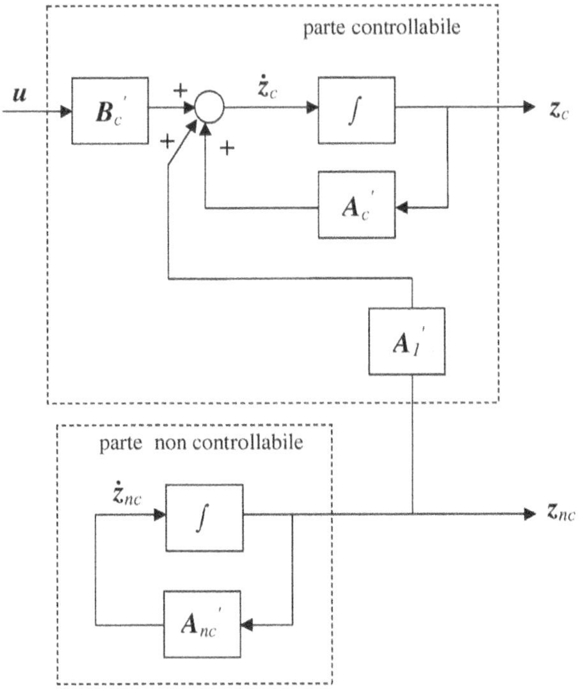


**Fig. 11.2.** Forma canonica controllabile di Kalman

È quindi evidente che la trasformazione di similitudine che permette di portare un sistema nella forma canonica di Kalman non è unica.

**Esempio 11.15** Si consideri il sistema lineare e stazionario descritto dall'equazione di stato:

$$\dot{\boldsymbol{x}}(t) = \boldsymbol{A}\boldsymbol{x}(t) + \boldsymbol{B}u(t) = \begin{bmatrix} 1 & 0 & 0 \\ 0 & 1 & 0 \\ 1 & 0 & 3 \end{bmatrix} \boldsymbol{x}(t) + \begin{bmatrix} 1 \\ 1 \\ 0 \end{bmatrix} u(t).$$

Come è facile verificare la matrice di controllabilità vale

$$\mathcal{T} = [\ \boldsymbol{B} \mid \boldsymbol{A}\boldsymbol{B} \mid \boldsymbol{A}^2\boldsymbol{B}\ ] = \left[\begin{array}{c|c|c} 1 & 1 & 1 \\ 1 & 1 & 1 \\ 0 & 1 & 4 \end{array}\right]$$

e $n_c = \text{rango}(\mathcal{T}) = 2$. Per determinare le prime 2 colonne della matrice $P$ dobbiamo selezionare 2 colonne linearmente indipendenti di $\mathcal{T}$. Ad esempio, procedendo da sinistra verso destra otteniamo i due vettori:

$$\boldsymbol{p}_1 = \begin{bmatrix} 1 \\ 1 \\ 0 \end{bmatrix}, \quad \boldsymbol{p}_2 = \begin{bmatrix} 1 \\ 1 \\ 1 \end{bmatrix}.$$

La terza colonna di $\boldsymbol{P}$ deve essere un vettore linearmente indipendente da $\boldsymbol{p}_1$ e $\boldsymbol{p}_2$ e ortogonale ai due vettori precedenti. Ciò implica che, detto

$$\boldsymbol{p}_3 = \begin{bmatrix} p_{31} \\ p_{32} \\ p_{33} \end{bmatrix}$$

tale vettore, esso deve essere soluzione del sistema di equazioni:

$$\begin{cases} \boldsymbol{p}_1^T \boldsymbol{p}_3 = 0 \\ \boldsymbol{p}_2^T \boldsymbol{p}_3 = 0. \end{cases}$$

Da tale sistema lineare di 2 equazioni in 3 incognite risulta che $p_{31} = -p_{32}$ e $p_{33} = 0$. Il vettore $\boldsymbol{p}_3$ può pertanto essere un qualunque vettore nella forma

$$\boldsymbol{p}_3 = \begin{bmatrix} k \\ -k \\ 0 \end{bmatrix}, \quad k \in \mathbb{R} \setminus \{0\}.$$

Se assumiamo per semplicità $k = 1$, mediante la trasformazione $\boldsymbol{x}(t) = \boldsymbol{P}\boldsymbol{z}(t)$ dove

$$\boldsymbol{P} = \begin{bmatrix} 1 & 1 & 1 \\ 1 & 1 & -1 \\ 0 & 1 & 0 \end{bmatrix}$$

il sistema viene posto nella forma canonica controllabile di Kalman. In particolare, si ottiene la nuova realizzazione

$$\dot{\boldsymbol{z}}(t) = \boldsymbol{A}'\boldsymbol{z}(t) + \boldsymbol{B}'\boldsymbol{u}(t)$$

dove

$$\boldsymbol{A}' = \boldsymbol{P}^{-1}\boldsymbol{A}\boldsymbol{P} = \left[\begin{array}{c|c} \boldsymbol{A}'_c & \boldsymbol{A}'_1 \\ \hline \boldsymbol{0} & \boldsymbol{A}'_{nc} \end{array}\right] = \left[\begin{array}{cc|c} 0 & -3 & -1 \\ 1 & 4 & 1 \\ \hline 0 & 0 & 1 \end{array}\right],$$

$$\boldsymbol{B}' = \boldsymbol{P}^{-1}\boldsymbol{B} = \left[\begin{array}{c} \boldsymbol{B}'_c \\ \hline \boldsymbol{0} \end{array}\right] = \left[\begin{array}{c} 1 \\ 0 \\ \hline 0 \end{array}\right].$$

La terza componente dello stato nella nuova realizzazione è quindi in evoluzione libera. ◇

## 11.2 Retroazione dello stato [*]

Nello schema di controllo in retroazione visto nel Capitolo 10 si è supposto che la retroazione avvenisse sull'uscita. Questa in effetti non è l'unica possibilità. In molti casi risulta infatti più vantaggioso effettuare la retroazione sullo stato del

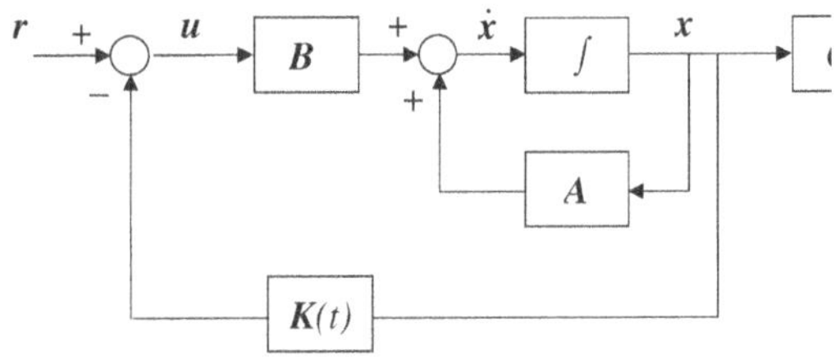


**Fig. 11.3.** Schema di collegamento di un sistema di controllo in retroazione sullo stato

sistema piuttosto che sulla sua uscita. Lo stato è infatti l'insieme delle grandezze fisiche che determinano, noto l'ingresso esterno, l'evoluzione futura del sistema. È quindi intuitivo che al fine di ottenere l'evoluzione desiderata del sistema, o equivalentemente il soddisfacimento delle specifiche imposte, sia in generale più vantaggioso far dipendere l'ingresso dallo stato piuttosto che dall'uscita.

Lo schema in retroazione assume in questo caso la struttura riportata in Fig. 11.3 dove $\boldsymbol{r}$ indica il *set point*, ossia il segnale che si desidera riprodurre. Nel seguito supporremo per semplicità che sia $\boldsymbol{r} = \boldsymbol{0}$.

La legge di controllo in retroazione è definita da una matrice $\boldsymbol{K} \in \mathbb{R}^{r \times n}$ che è in generale una funzione del tempo. In particolare nel caso in cui il set point sia nullo, tale legge vale $\boldsymbol{u}(t) = -\boldsymbol{K}(t)\boldsymbol{x}(t)$.

In questo caso il sistema controllato è regolato dalla equazione differenziale

$$\dot{\boldsymbol{x}}(t) = \boldsymbol{A}\boldsymbol{x}(t) + \boldsymbol{B}\boldsymbol{u}(t) = (\boldsymbol{A} - \boldsymbol{B}\boldsymbol{K}(t))\boldsymbol{u}(t)$$

dove la matrice $\boldsymbol{A} - \boldsymbol{B}\boldsymbol{K}(t)$ prende il nome di matrice dinamica *a ciclo chiuso*.

Esistono diverse procedure per la determinazione della matrice di retroazione $\boldsymbol{K}(t)$, dipendenti dal particolare obiettivo del controllo. Nel seguito fisseremo la nostra attenzione su una particolare classe di problemi il cui obiettivo è quello di imporre la dinamica desiderata al sistema a ciclo chiuso attraverso una scelta opportuna dei suoi autovalori. In questo caso la matrice di retroazione è una matrice costante per cui la legge di controllo assume una forma del tipo $\boldsymbol{u}(t) = -\boldsymbol{K}\boldsymbol{x}(t)$. In proposito vale il seguente risultato fondamentale.

**Teorema 11.16.** *Il sistema*

$$\dot{\boldsymbol{x}}(t) = \boldsymbol{A}\boldsymbol{x}(t) + \boldsymbol{B}\boldsymbol{u}(t),$$

*con* $\boldsymbol{x} \in \mathbb{R}^n$ *e* $\boldsymbol{u} \in \mathbb{R}^r$, *è controllabile* se e solo se *scelto un qualunque insieme di* $n$ *numeri reali e/o di coppie di numeri complessi coniugati* $\bar{\lambda}_1, \bar{\lambda}_2, \ldots, \bar{\lambda}_n$, *esiste una matrice di retroazione* $\boldsymbol{K} \in \mathbb{R}^{r \times n}$ *tale che gli autovalori della matrice a ciclo chiuso* $(\boldsymbol{A} - \boldsymbol{B}\boldsymbol{K})$ *siano pari a* $\bar{\lambda}_1, \bar{\lambda}_2, \ldots, \bar{\lambda}_n$.

In altre parole la proprietà di controllabilità coincide con la possibilità di poter assegnare ad arbitrio gli autovalori del sistema a ciclo chiuso attraverso una retroazione costante sullo stato. Nel seguito per maggiore chiarezza studieremo separatamente il caso in cui l'ingresso è scalare dal caso in cui l'ingresso è un generico vettore in $\mathbb{R}^r$, con $r > 1$.

### 11.2.1 Ingresso scalare

La determinazione della matrice di retroazione che porta agli autovalori desiderati si rivela particolarmente semplice nel caso in cui l'ingresso $u$ sia scalare e la matrice $\boldsymbol{A}$ sia nella forma canonica di controllo (cfr. Appendice D, eq. (D.4)).

**Teorema 11.17.** *Si consideri il sistema*

$$\dot{\boldsymbol{x}}(t) = \boldsymbol{A}\boldsymbol{x}(t) + \boldsymbol{B}u(t), \tag{11.8}$$

*con* $\boldsymbol{x} \in \mathbb{R}^n$ *e* $u \in \mathbb{R}$. *Sia tale sistema nella forma canonica di controllo, ossia*

$$\boldsymbol{A} = \begin{bmatrix} 0 & 1 & 0 & \dots & 0 & 0 \\ 0 & 0 & 1 & \dots & 0 & 0 \\ 0 & 0 & 0 & \dots & 0 & 0 \\ \vdots & \vdots & \vdots & \ddots & \vdots & \vdots \\ 0 & 0 & 0 & \dots & 0 & 1 \\ -\alpha_0 & -\alpha_1 & -\alpha_2 & \dots & -\alpha_{n-2} & -\alpha_{n-1} \end{bmatrix}, \qquad \boldsymbol{B} = \begin{bmatrix} 0 \\ 0 \\ \vdots \\ 0 \\ 1 \end{bmatrix}. \tag{11.9}$$

*Siano* $\bar{\lambda}_1, \bar{\lambda}_2, \dots, \bar{\lambda}_n$, *un insieme qualunque di* $n$ *autovalori reali e/o di coppie di complessi coniugati. Siano* $\bar{\alpha}_0$, $\bar{\alpha}_1$, ..., $\bar{\alpha}_{n-1}$ *i coefficienti del polinomio caratteristico relativo a tali autovalori.*

*Scelta come matrice in retroazione*

$$\boldsymbol{K} = \begin{bmatrix} \bar{\alpha}_0 - \alpha_0 & \bar{\alpha}_1 - \alpha_1 & \dots & \bar{\alpha}_{n-1} - \alpha_{n-1} \end{bmatrix}$$

*il sistema a ciclo* $\boldsymbol{A} - \boldsymbol{B}\boldsymbol{K}$ *ha come autovalori* $\bar{\lambda}_1, \bar{\lambda}_2, \dots, \bar{\lambda}_n$.

*Dimostrazione.* Si ricordi che, detti $\bar{\lambda}_1, \bar{\lambda}_2, \dots, \bar{\lambda}_n$ gli autovalori di una matrice, i coefficienti $\bar{\alpha}_0$, $\bar{\alpha}_1$, ..., $\bar{\alpha}_{n-1}$ del suo polinomio caratteristico sono legati agli autovalori della matrice mediante la relazione

$$(\lambda - \bar{\lambda}_1)(\lambda - \bar{\lambda}_2)\dots(\lambda - \bar{\lambda}_n) = \lambda^n + \bar{\alpha}_{n-1}\lambda^{n-1} + \dots + \bar{\alpha}_1\lambda + \bar{\alpha}_0.$$

La matrice dinamica del sistema a ciclo chiuso è pari a

$$\boldsymbol{A}-\boldsymbol{B}\boldsymbol{K} = \boldsymbol{A} - \begin{bmatrix} 0 \\ 0 \\ \vdots \\ 0 \\ 1 \end{bmatrix} \begin{bmatrix} \bar{\alpha}_0 - \alpha_0 & \bar{\alpha}_1 - \alpha_1 & \dots & \bar{\alpha}_{n-1} - \alpha_{n-1} \end{bmatrix} =$$

$$= \boldsymbol{A} - \begin{bmatrix} 0 & 0 & \dots & 0 \\ \vdots & \vdots & & \vdots \\ 0 & 0 & & 0 \\ \bar{\alpha}_0 - \alpha_0 & \bar{\alpha}_1 - \alpha_1 & \dots & \bar{\alpha}_{n-1} - \alpha_{n-1} \end{bmatrix}$$

$$= \begin{bmatrix} 0 & 1 & \dots & 0 \\ 0 & 0 & \dots & 0 \\ 0 & 0 & \dots & 0 \\ \vdots & \vdots & \ddots & \vdots \\ 0 & 0 & \dots & 1 \\ -\bar{\alpha}_0 & -\bar{\alpha}_1 & \dots & -\bar{\alpha}_{n-1} \end{bmatrix}$$

per cui gli autovalori di $\boldsymbol{A}-\boldsymbol{B}\boldsymbol{K}$ coincidono proprio con gli $n$ autovalori desiderati. Anche la matrice $\boldsymbol{A}-\boldsymbol{B}\boldsymbol{K}$ è infatti in forma canonica di controllo per cui i coefficienti dell'ultima riga coincidono con i coefficienti del suo polinomio caratteristico. □

Si osservi che tale risultato fornisce una procedura costruttiva per la determinazione della matrice in retroazione anche quando il sistema non è in forma canonica di controllo. Come visto nell'Appendice D infatti, ogni sistema controllabile può essere posto mediante opportuna trasformazione di similitudine $\boldsymbol{x}(t) = \boldsymbol{P}\boldsymbol{z}(t)$, nella forma canonica di controllo per la quale la determinazione della matrice di retroazione, che indichiamo come $\boldsymbol{K}'$, è immediata. A questo punto, moltiplicando a destra la matrice $\boldsymbol{K}'$ per l'inversa della matrice di trasformazione $(\boldsymbol{P}^{-1})$ , si ottiene la matrice di retrazione $\boldsymbol{K}$ per la realizzazione di partenza. Tale procedura è illustrata attraverso il seguente semplice esempio.

**Esempio 11.18** Si consideri il sistema

$$\dot{\boldsymbol{x}}(t) = \boldsymbol{A}\boldsymbol{x}(t) + \boldsymbol{B}u(t) = \begin{bmatrix} 1 & 0 & 0 \\ 0 & 2 & 0 \\ 0 & 0 & 3 \end{bmatrix} \boldsymbol{x}(t) + \begin{bmatrix} 1 \\ 1 \\ 1 \end{bmatrix} u(t).$$

Esso è chiaramente controllabile: la matrice $\boldsymbol{A}$ è infatti diagonale, i suoi autovalori sono distinti e il vettore $\boldsymbol{B}$ non presenta elementi nulli.

Si desidera determinare una matrice di retroazione $\boldsymbol{K}$ tale per cui il sistema a ciclo chiuso sia stabile e i suoi autovalori valgano $\bar{\lambda}_1 = -1$, $\bar{\lambda}_{2,3} = -1 \pm j$.

A tal fine si calcola dapprima una trasformazione di similitudine $\boldsymbol{x}(t) = \boldsymbol{P}\boldsymbol{z}(t)$ tale per cui la nuova realizzazione in $\boldsymbol{z}$ sia nella forma canonica controllabile.

Seguendo la procedura illustrata in Appendice D, si ottiene facilmente (la verifica di ciò è lasciata come esercizio al lettore) che

$$\boldsymbol{P} = \begin{bmatrix} 6 & -5 & 1 \\ 3 & -4 & 1 \\ 2 & -3 & 1 \end{bmatrix}$$

a cui corrisponde la nuova realizzazione

$$\boldsymbol{A}' = \boldsymbol{P}^{-1}\boldsymbol{A}\boldsymbol{P} = \begin{bmatrix} 0 & 1 & 0 \\ 0 & 0 & 1 \\ 6 & -11 & 6 \end{bmatrix}, \qquad \boldsymbol{B}' = \boldsymbol{P}^{-1}\boldsymbol{B} = \begin{bmatrix} 0 \\ 0 \\ 1 \end{bmatrix}$$

in forma canonica di controllo.

La matrice di retroazione $\boldsymbol{K}'$ per tale realizzazione vale

$$\boldsymbol{K}' = \begin{bmatrix} \bar{\alpha}_0 - \alpha_0 & \bar{\alpha}_1 - \alpha_1 & \bar{\alpha}_2 - \alpha_2 \end{bmatrix} = \begin{bmatrix} 8 & -7 & 9 \end{bmatrix}$$

per cui la matrice di retrazione $\boldsymbol{K}$ per il sistema di partenza è

$$\boldsymbol{K} = \boldsymbol{K}'\boldsymbol{P}^{-1} = \begin{bmatrix} 5 & -30 & 34 \end{bmatrix}.$$

È immediato verificare che gli autovalori della matrice $\boldsymbol{A} - \boldsymbol{B}\boldsymbol{K}$ (coincidenti naturalmente con gli autovalori della matrice $\boldsymbol{A}' - \boldsymbol{B}'\boldsymbol{K}'$) sono proprio pari a $\bar{\lambda}_1 = -1$, $\bar{\lambda}_{2,3} = -1 \pm j$. ◇

### 11.2.2 Ingresso non scalare

Nel caso in cui l'ingresso non sia scalare ma il sistema sia controllabile si possono seguire diverse procedure per la determinazione di una matrice di retroazione $\boldsymbol{K}$ che consenta di imporre gli autovalori desiderati a ciclo chiuso. Nel seguito per brevità verrà presentata solo una di tali procedure che prevede anch'essa la determinazione di una particolare forma canonica.

Prima di definire tale forma canonica è tuttavia necessario introdurre alcune definizioni preliminari.

Si consideri la generica coppia $(\boldsymbol{A}, \boldsymbol{B})$ dove $\boldsymbol{A} \in \mathbb{R}^{n\times n}$ e $\boldsymbol{B} \in \mathbb{R}^{n\times r}$. Sia $\boldsymbol{b}_i$ la $i$-ma colonna della matrice $\boldsymbol{B}$ e

$$\mathcal{T} = \left[\boldsymbol{B} \mid \boldsymbol{A}\boldsymbol{B} \mid \boldsymbol{A}^2\boldsymbol{B} \mid \cdots \mid \boldsymbol{A}^{n-1}\boldsymbol{B}\right]$$

la matrice di controllabilità associata alla coppia $(\boldsymbol{A}, \boldsymbol{B})$.

Ora, si selezionino le $n_c$ colonne linearmente indipendenti di $\mathcal{T}$ secondo il seguente criterio: partendo da sinistra verso destra si scartano tutte le colonne di $\mathcal{T}$ che possono essere scritte come una combinazione lineare delle colonne di $\mathcal{T}$ che stanno alla loro sinistra.

A questo punto possiamo definire una nuova matrice $\boldsymbol{M}_{\mathcal{T}} \in \mathbb{R}^{n \times n_c}$ ottenuta riordinando come segue le $n_c$ colonne di $\mathcal{T}$ selezionate:

$$\boldsymbol{M}_{\mathcal{T}} = \left[\boldsymbol{b}_1\ \boldsymbol{A}\boldsymbol{b}_1\ \ldots\ \boldsymbol{A}^{\mu_1-1}\boldsymbol{b}_1\ \boldsymbol{b}_2\ \boldsymbol{A}\boldsymbol{b}_2\ \ldots\ \boldsymbol{A}^{\mu_2-1}\boldsymbol{b}_2\ \ldots\ \boldsymbol{b}_r\ \boldsymbol{A}\boldsymbol{b}_r\ \ldots\ \boldsymbol{A}^{\mu_r-1}\boldsymbol{b}_r\right] \tag{11.10}$$

dove ogni intero $\mu_i$, $i = 1, \ldots, r$, indica il numero di colonne linearmente indipendenti associate a $\boldsymbol{b}_i$. Chiaramente

$$\mu_1 + \mu_2 + \ldots + \mu_r = n_c \leq n$$

dove l'eguaglianza vale se e solo se $(\boldsymbol{A}, \boldsymbol{B})$ è controllabile.

Gli indici $\mu_1, \mu_2, \ldots, \mu_r$ sono detti *indici di controllabilità* di $(\boldsymbol{A}, \boldsymbol{B})$.

**Esempio 11.19** Sia

$$\boldsymbol{A} = \begin{bmatrix} 1 & 0 & 0 & 0 & 0 & 0 & 2 & 0 & 0 \\ 1 & 0 & 0 & 0 & 1 & 0 & 0 & 1 & 0 \\ 0 & 0 & 0 & 0 & 0 & 0 & 1 & 0 & 0 \\ 0 & 1 & 0 & 0 & 1 & 0 & 0 & 0 & 0 \\ -1 & 1 & 0 & 0 & 0 & 1 & -1 & 0 & 0 \\ 0 & 0 & 0 & 0 & 0 & 0 & -1 & 0 & 0 \\ 0 & 1 & 0 & 1 & 0 & 0 & 0 & 0 & 1 \\ 0 & 0 & 1 & 0 & 0 & -1 & 0 & 0 & 1 \\ 0 & 0 & 0 & 0 & 1 & 0 & 0 & 0 & 1 \end{bmatrix}, \quad \boldsymbol{B} = \begin{bmatrix} 0 & 0 & 1 \\ 0 & 1 & 0 \\ 1 & 0 & 0 \\ 0 & 0 & 0 \\ 0 & 0 & 0 \\ 1 & 0 & 0 \\ 0 & 0 & 0 \\ 0 & 1 & 0 \\ 0 & 0 & 0 \end{bmatrix}$$

per cui $n = 9$ e $r = 3$. Seguendo la procedura sopra descritta selezioniamo le seguenti colonne di $\mathcal{T}$ linearmente indipendenti:

$$\boldsymbol{b}_1\ \boldsymbol{b}_2\ \boldsymbol{b}_3\ \boldsymbol{A}\boldsymbol{b}_1\ \boldsymbol{A}\boldsymbol{b}_2\ \boldsymbol{A}\boldsymbol{b}_3\ \boldsymbol{A}^2\boldsymbol{b}_1\ \boldsymbol{A}^2\boldsymbol{b}_2\ \boldsymbol{A}^3\boldsymbol{b}_1$$

da cui segue che $\mu_1 = 4$, $\mu_2 = 3$ $\mu_3 = 2$. Il sistema è pertanto controllabile essendo $\mu_1 + \mu_2 + \mu_3 = 9$.

Infine, la matrice $\boldsymbol{M}_{\mathcal{T}}$ vale

$$\begin{aligned} \boldsymbol{M}_{\mathcal{T}} &= \left[\ \boldsymbol{b}_1\quad \boldsymbol{A}\boldsymbol{b}_1\quad \boldsymbol{A}^2\boldsymbol{b}_1\quad \boldsymbol{A}^3\boldsymbol{b}_1\quad \boldsymbol{b}_2\quad \boldsymbol{A}\boldsymbol{b}_2\quad \boldsymbol{A}^2\boldsymbol{b}_2\quad \boldsymbol{b}_3\quad \boldsymbol{b}_3\ \right] \\ &= \begin{bmatrix} 0 & 0 & 0 & 0 & 0 & 0 & 2 & 1 & 1 \\ 0 & 0 & 1 & 0 & 1 & 1 & 1 & 0 & 1 \\ 1 & 0 & 0 & 0 & 0 & 0 & 1 & 0 & 0 \\ 0 & 0 & 1 & 1 & 0 & 1 & 2 & 0 & 0 \\ 0 & 1 & 0 & 1 & 0 & 1 & 0 & 0 & -1 \\ 1 & 0 & 0 & 0 & 0 & 0 & -1 & 0 & 0 \\ 0 & 0 & 0 & 3 & 0 & 1 & 2 & 0 & 0 \\ 0 & 0 & 0 & 1 & 1 & 0 & 0 & 0 & 0 \\ 0 & 0 & 1 & 1 & 0 & 0 & 1 & 0 & 0 \end{bmatrix}. \end{aligned}$$

◇

Nel caso in cui la coppia $(\boldsymbol{A}, \boldsymbol{B})$ sia controllabile è possibile definire una particolare forma canonica che risulta estremamente utile nell'assegnazione degli autovalori a ciclo chiuso. Ogni sistema controllabile può essere posto in tale forma attraverso una trasformazione di similitudine univocamente definita una volta nota la matrice $\boldsymbol{M}_{\mathcal{T}}$. Vale infatti il seguente risultato che per semplicità diamo senza dimostrazione.

**Teorema 11.20.** *Se il sistema*

$$\dot{\boldsymbol{x}}(t) = \boldsymbol{A}\boldsymbol{x}(t) + \boldsymbol{B}\boldsymbol{u}(t), \tag{11.11}$$

*con* $\boldsymbol{x} \in \mathbb{R}^n$ *e* $\boldsymbol{u} \in \mathbb{R}^r$, *è controllabile, allora esso può essere posto, attraverso una opportuna trasformazione di similitudine* $\boldsymbol{x}(t) = \boldsymbol{P}\boldsymbol{z}(t)$, *nella forma*

$$\dot{\boldsymbol{z}}(t) = \boldsymbol{A}'\boldsymbol{z}(t) + \boldsymbol{B}'u(t) \tag{11.12}$$

*con*

$$\boldsymbol{A}' = \left[\begin{array}{cccc|ccccc|cccc}
0 & 1 & & & & & & & & & & & \\
 & & \ddots & & & & & & & & & & \\
 & & & 1 & & & & & & & & & \\
* & * & \dots & * & * & & \dots & * & * & * & \dots & * & \\
\hline
 & & & & \ddots & & & & & & & & \\
 & & & & & & & & & & & & \\
 & & & & & & & \ddots & & & & & \\
\hline
 & & & & & & & & 0 & 1 & & & \\
 & & & & & & & & & & \ddots & & \\
 & & & & & & & & & & & 1 & \\
* & * & \dots & * & * & & \dots & * & * & * & \dots & * &
\end{array}\right], \quad \boldsymbol{B}' = \left[\begin{array}{cccc}
 & & & \\
 & & & \\
1 & * & \dots & * \\
\hline
 & \vdots & & \\
 & \vdots & & \\
 & \vdots & & \\
\hline
 & & & \\
 & & & \\
* & * & \dots & 1
\end{array}\right] \tag{11.13}$$

*dove* $*$ *indica un generico elemento che può essere non nullo mentre in corrispondenza delle posizioni vuote ci sono zeri.*

*Il sistema* (11.12) *è detto nella* forma canonica di controllo multivariabile.

Si noti che è possibile dimostrare che le ultime righe di ogni blocco di $\boldsymbol{B}'$ sono sempre tra loro *linearmente indipendenti*. Questa proprietà si rivela essenziale nell'assegnazione degli autovalori a ciclo chiuso.

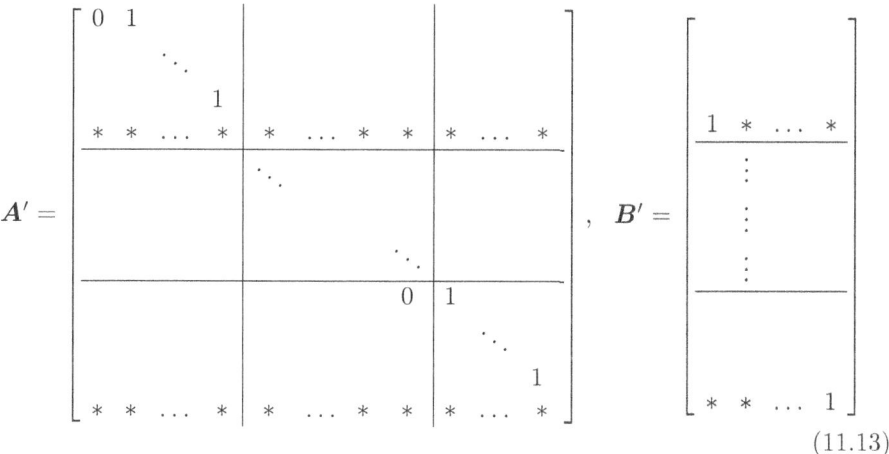

La trasformazione di similitudine $\boldsymbol{x}(t) = \boldsymbol{P}\boldsymbol{z}(t)$ si determina come segue. Sia $\boldsymbol{M}_{\mathcal{T}}^{-1}$ l'inversa della matrice $\boldsymbol{M}_{\mathcal{T}}$ definita in (11.10); si nominino le sue righe come:

$$\boldsymbol{M}_{\mathcal{T}}^{-1} = \left[\begin{array}{c} \boldsymbol{e}_{11} \\ \vdots \\ \boldsymbol{e}_{1\mu_1} \\ \hline \vdots \\ \\ \vdots \\ \hline \boldsymbol{e}_{r1} \\ \vdots \\ \boldsymbol{e}_{r\mu_r} \end{array}\right].$$

L'inversa della matrice $\boldsymbol{P}$ relativa alla trasformazione di similitudine cercata è definita in funzione delle ultime righe di ciascun blocco di $\boldsymbol{M}_{\mathcal{T}}^{-1}$ come

$$\boldsymbol{P}^{-1} = \left[\begin{array}{c} \boldsymbol{e}_{1\mu_1} \\ \boldsymbol{e}_{1\mu_1}\boldsymbol{A} \\ \vdots \\ \boldsymbol{e}_{1\mu_1}\boldsymbol{A}^{\mu_1-1} \\ \hline \vdots \\ \\ \vdots \\ \hline \boldsymbol{e}_{r\mu_r} \\ \boldsymbol{e}_{r\mu_r}\boldsymbol{A} \\ \vdots \\ \boldsymbol{e}_{r\mu_r}\boldsymbol{A}^{\mu_r-1} \end{array}\right].$$

**Esempio 11.21** Si consideri ancora il sistema dell'Esempio 11.19 che come visto è controllabile e per il quale gli indici di controllabilità valgono $\mu_1 = 4$, $\mu_2 = 3$, $\mu_3 = 2$. Calcolando l'inversa della matrice $\boldsymbol{M}_{\mathcal{T}}$ è immediato ricavare i vettori riga

$$\boldsymbol{e}_{1\mu_1} = \begin{bmatrix} 0 & 1 & 5/6 & -7/3 & 1 & -5/6 & 1/3 & -1 & 4/3 \end{bmatrix}$$

$$\boldsymbol{e}_{2\mu_2} = \begin{bmatrix} 0 & 0 & -1/3 & 1/3 & 0 & 1/3 & -1/3 & 0 & 0 \end{bmatrix}$$

$$\boldsymbol{e}_{3\mu_3} = \begin{bmatrix} 0 & 0 & -1/6 & -1/3 & 0 & 1/6 & 1/3 & 0 & 1/3 \end{bmatrix}$$

e quindi

$$
\boldsymbol{P}^{-1} = \left[\begin{array}{c}
\boldsymbol{e}_{1\mu_1} \\
\boldsymbol{e}_{1\mu_1}\boldsymbol{A} \\
\boldsymbol{e}_{1\mu_1}\boldsymbol{A}^2 \\
\boldsymbol{e}_{1\mu_1}\boldsymbol{A}^3 \\
\hline
\boldsymbol{e}_{2\mu_2} \\
\boldsymbol{e}_{2\mu_2}\boldsymbol{A} \\
\boldsymbol{e}_{2\mu_2}\boldsymbol{A}^3 \\
\hline
\boldsymbol{e}_{3\mu_3} \\
\boldsymbol{e}_{3\mu_3}\boldsymbol{A}
\end{array}\right]
$$

$$
= \left[\begin{array}{ccccccccc}
0 & 0 & -1/6 & -1/3 & 0 & 1/6 & 1/3 & 0 & 1/3 \\
0 & 0 & 0 & 1/3 & 0 & 0 & -1/3 & 0 & 2/3 \\
0 & 0 & 0 & -1/3 & 1 & 0 & 0 & 0 & 1/3 \\
-1 & 2/3 & 0 & 0 & 0 & 1 & & 0 & 2/3 \\
0 & 0 & 1/2 & 0 & 0 & -1/2 & 0 & 0 & 0 \\
0 & 0 & 0 & 0 & 0 & 0 & 1 & 0 & 0 \\
0 & 1 & 0 & 1 & 0 & 0 & 0 & 0 & 1 \\
0 & 1 & 1/6 & -5/3 & 0 & -1/6 & 2/3 & -1 & 2/3 \\
1 & -1 & -1 & 2/3 & 0 & 1 & 1/3 & 1 & 1/3
\end{array}\right].
$$

Le matrici $\boldsymbol{A}'$ e $\boldsymbol{B}'$ della forma canonica di controllo multivariabile sono pari a

$$
\boldsymbol{A}' = \boldsymbol{P}^{-1}\boldsymbol{A}\boldsymbol{P} = \left[\begin{array}{cccc|ccc|cc}
0 & 1 & 0 & 0 & 0 & 0 & 0 & 0 & 0 \\
0 & 0 & 1 & 0 & 0 & 0 & 0 & 0 & 0 \\
0 & 0 & 0 & 1 & 0 & 0 & 0 & 0 & 0 \\
11/3 & -5/3 & 1 & 0 & 8/9 & -4 & -1/3 & -1 & -1/3 \\
\hline
 & 0 & 0 & 0 & 0 & 1 & 0 & 0 & 0 \\
0 & 0 & 0 & 0 & 0 & 0 & 1 & 0 & 0 \\
1 & -4 & 3 & 0 & 7/3 & -2 & 2 & 0 & 1 \\
\hline
0 & 0 & 0 & 0 & 0 & 0 & 0 & 0 & 1 \\
-3 & 3 & 0 & 0 & 2/3 & 4/3 & 0 & 1 & 0
\end{array}\right],
$$

$$
\boldsymbol{B}' = \boldsymbol{P}^{-1}\boldsymbol{B} = \left[\begin{array}{ccc}
0 & 0 & 0 \\
0 & 0 & 0 \\
0 & 0 & 0 \\
1 & 2/3 & -1 \\
\hline
0 & 0 & 0 \\
0 & 0 & 0 \\
0 & 1 & 0 \\
\hline
0 & 0 & 0 \\
0 & 0 & 1
\end{array}\right].
$$

È facile verificare che le ultime righe di ogni blocco di $\boldsymbol{B}'$ sono effettivamente linearmente indipendenti. ◇

Se il sistema si trova nella forma canonica di controllo multivariabile la determinazione di una matrice di retroazione che consenta di imporre gli autovalori desiderati al sistema a ciclo chiuso è immediata. Essa richiede la risoluzione di un sistema algebrico lineare di $n \times r$ equazioni in $n \times r$ incognite (gli elementi della matrice di retroazione). Per semplicità, al fine di evitare l'introduzione di una notazione che risulterebbe piuttosto pesante, tale procedura è illustrata direttamente attraverso un esempio numerico.

**Esempio 11.22** Si consideri ancora la coppia $(\boldsymbol{A}', \boldsymbol{B}')$ definita nell'Esempio 11.21. Siano

$$\bar{\lambda}_1 = -1, \ \ \bar{\lambda}_2 = \bar{\lambda}_3 = -2, \ \ \bar{\lambda}_4 = \bar{\lambda}_5 = -3, \ \ \bar{\lambda}_{6,7} = -1 \pm j, \ \ \bar{\lambda}_{8,9} = -1 \pm j2$$

gli autovalori che si desidera imporre al sistema a ciclo chiuso.

Ora, a causa della forma di $\boldsymbol{B}'$, tutte le righe di $\boldsymbol{A}'$, fatta eccezione delle righe di indice pari a $\mu_1$, $\mu_1 + \mu_2$ e $\mu_1 + \mu_2 + \mu_3$, non vengono modificate dalla retroazione. Inoltre, poiché le righe di $\boldsymbol{B}'$ di indice pari a $\mu_1$, $\mu_1 + \mu_2$ e $\mu_1 + \mu_2 + \mu_3$ sono tra loro linearmente indipendenti, le corrispondenti righe di $(\boldsymbol{A}' - \boldsymbol{B}'\boldsymbol{K}')$ possono essere assegnate ad arbitrio. In particolare possiamo scegliere $\boldsymbol{K}'$ in modo tale che la matrice del sistema a ciclo chiuso sia pari a

$$\boldsymbol{A}' - \boldsymbol{B}'\boldsymbol{K}' = \begin{bmatrix} 0 & 1 & 0 & \dots & 0 & 0 \\ 0 & 0 & 1 & \dots & 0 & 0 \\ 0 & 0 & 0 & \dots & 0 & 0 \\ \vdots & \vdots & \vdots & \ddots & \vdots & \vdots \\ 0 & 0 & 0 & \dots & 0 & 1 \\ -\bar{\alpha}_0 & -\bar{\alpha}_1 & -\bar{\alpha}_2 & \dots & -\bar{\alpha}_7 & -\bar{\alpha}_8 \end{bmatrix}$$

dove $\bar{\alpha}_0 = 360$, $\bar{\alpha}_1 = 1464$, $\bar{\alpha}_2 = 2710$, $\bar{\alpha}_3 = 3028$, $\bar{\alpha}_4 = 2255$, $\bar{\alpha}_5 = 1165$, $\bar{\alpha}_6 = 420$, $\bar{\alpha}_7 = 102$, $\bar{\alpha}_8 = 15$ coincidono con i coefficienti del polinomio avente come radici gli autovalori desiderati a ciclo chiuso.

Ora, sia $\boldsymbol{K}'$ la matrice di retroazione cercata. Indichiamo con $k'_{ij}$ ($a'_{ij}$) l'elemento di posto $(i, j)$ della matrice $\boldsymbol{K}'$ ($\boldsymbol{A}'$). Data la struttura della matrice $\boldsymbol{B}'$, è immediato verificare che

$$\boldsymbol{B}'\boldsymbol{K}' = \begin{bmatrix} 0 & 0 & \dots & 0 \\ 0 & 0 & \dots & 0 \\ 0 & 0 & \dots & 0 \\ \beta_1 & \beta_2 & \dots & \beta_9 \\ 0 & 0 & \dots & 0 \\ 0 & 0 & \dots & 0 \\ -k'_{21} & -k'_{22} & \dots & -k'_{29} \\ 0 & 0 & \dots & 0 \\ k'_{31} & k'_{32} & \dots & k'_{39} \end{bmatrix}$$

dove

$$\beta_i = k'_{1i} + 2k'_{2i}/3 - k'_{3i}, \qquad i = 1, 2, \dots, 9.$$

Per cui soddisfa la specifica imposta la matrice $\boldsymbol{K}'$ i cui elementi sono soluzione del sistema algebrico lineare di $9 \times 3 = 27$ equazioni in 27 incognite

$$\begin{cases} a'_{4i} - k'_{1i} - 2k'_{2i}/3 + k'_{3i} = 0 & i \neq 5 \\ a'_{45} - k'_{15} - 2k'_{25}/3 + k'_{35} = 1 & \\ a'_{7i} - k'_{2i} = 0 & i \neq 8 \\ a'_{78} - k'_{28} = 1 & \\ a'_{9i} - k'_{3i} = -\bar{\alpha}_{i-1} & i = 1, \ldots, 9 \end{cases}$$

ossia la matrice

$$\boldsymbol{K}' = \begin{bmatrix} 360 & 1468 & 2709 & 3028 & 2254 & \dfrac{3491}{3} & \dfrac{1255}{3} & \dfrac{308}{3} & 14 \\ 1 & -4 & 3 & 0 & \dfrac{7}{3} & -2 & 2 & -1 & 1 \\ 357 & 1467 & 2710 & 3028 & \dfrac{6767}{3} & \dfrac{3499}{3} & 420 & 103 & 15 \end{bmatrix}.$$

◇

Nel caso in cui il sistema che si vuole controllare non sia nella forma canonica di controllo multivariabile è sufficiente determinare dapprima una trasformazione di similitudine che lo porti nella forma canonica desiderata. Detta $\boldsymbol{P}$ la matrice che definisce tale trasformazione, la matrice di retroazione cercata sarà pari a $\boldsymbol{K} = \boldsymbol{K}'\boldsymbol{P}^{-1}$ dove $\boldsymbol{K}'$ è la matrice di retroazione relativa al sistema nella forma canonica di controllo multivariabile.

## 11.3 Osservabilità

In questa sezione introdurremo un'altra proprietà fondamentale nello studio dei sistemi dinamici, ossia la proprietà di *osservabilità*. Anche in questo caso limiteremo la nostra analisi ai soli sistemi a tempo-continuo, lineari e stazionari.

In particolare, poiché l'osservabilità dipende dalla sola coppia di matrici $(\boldsymbol{A}, \boldsymbol{C})$ nel seguito ci limiteremo a considerare sistemi autonomi, ossia sistemi il cui ingresso esterno è nullo.

**Definizione 11.23.** *Un sistema lineare e stazionario*

$$\begin{cases} \dot{\boldsymbol{x}}(t) = \boldsymbol{A}\, \boldsymbol{x}(t) \\ \boldsymbol{y}(t) = \boldsymbol{C}\, \boldsymbol{x}(t) \end{cases}$$

*è detto* osservabile *se e solo se,* qualunque *sia il suo stato iniziale* $\boldsymbol{x}_0 = \boldsymbol{x}(0)$, *tale valore dello stato può essere determinato sulla base dell'osservazione dell'evoluzione libera per un tempo* finito $t_f \geq 0$.

Vediamo ora un semplice esempio fisico che permette di illustrare in modo intuitivo tale concetto.

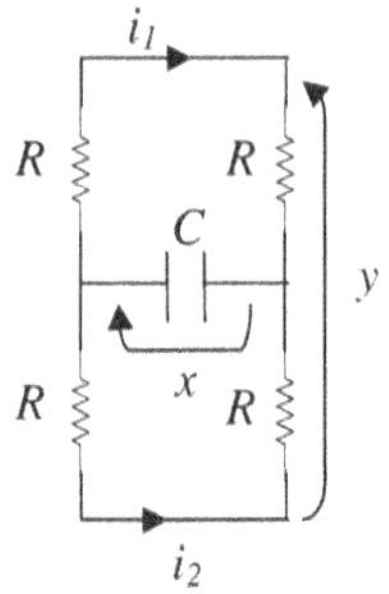


**Fig. 11.4.** La rete non controllabile dell'Esempio 11.24

**Esempio 11.24** Si consideri la rete in Fig. 11.4 dove si è assunta come variabile di stato la tensione ai capi del condensatore, ossia $x(t) = v_C(t)$. Data la simmetria della rete è facile verificare che, qualunque sia il valore iniziale $x(0)$ della tensione ai capi del condensatore, la tensione in uscita $y$ è nulla. Infatti per ogni $t \geq 0$, vale $y(t) = Ri_1(t) - Ri_2(t) = 0$ essendo $i_1(t) = i_2(t)$ qualunque sia il valore iniziale della tensione ai capi del condensatore. La misura dell'uscita $y(t)$ per un dato intervallo di tempo non ci permette quindi di risalire allo stato iniziale del sistema. Ciò significa che il sistema non è osservabile. ◇

### 11.3.1 Verifica della osservabilità per rappresentazioni arbitrarie

Anche per l'osservabilità verranno forniti due diversi criteri di analisi, entrambi basati sul calcolo di opportune matrici. Il primo criterio si basa sulla verifica della non singolarità di una matrice, detta *gramiano di osservabilità*, il secondo si basa invece sul calcolo del rango della *matrice di osservabilità*. Esattamente come nel caso della controllabilità, il secondo criterio è di applicazione molto più immediata. Tuttavia il primo criterio è estremamente importante in quanto fornisce una procedura costruttiva per la determinazione dello stato iniziale del sistema, nota la sua variabile in uscita per un intervallo di tempo finito.

**Definizione 11.25.** *Dato un sistema lineare e stazionario*

$$\begin{cases} \dot{\boldsymbol{x}}(t) = \boldsymbol{A}\boldsymbol{x}(t) \\ \boldsymbol{y}(t) = \boldsymbol{C}\boldsymbol{x}(t) \end{cases} \tag{11.14}$$

*dove* $\boldsymbol{x} \in \mathbb{R}^n$ *e* $\boldsymbol{y} \in \mathbb{R}^p$, *definiamo* gramiano di osservabilità *la matrice* $n \times n$

$$\boldsymbol{O}(t) = \int_0^t e^{\boldsymbol{A}^T\tau}\boldsymbol{C}^T\boldsymbol{C}e^{\boldsymbol{A}\tau}d\tau. \tag{11.15}$$

**Teorema 11.26.** *Il sistema* (11.14) *è osservabile se e solo se il gramiano di osservabilità è non singolare per ogni* $t > 0$.

*Dimostrazione.* *(Condizione sufficiente)* La prova della condizione sufficiente è costruttiva, cioè, supposto che il gramiano di osservabilità sia non singolare per $t = t_f$, si determina un sistema di equazioni che permette di determinare $\boldsymbol{x}_0$ sulla base del valore osservato dell'uscita tra 0 e $t_f$.

In virtù della formula di Lagrange vale

$$\boldsymbol{y}(\tau) = \boldsymbol{C}e^{\boldsymbol{A}\tau}\boldsymbol{x}(0)$$

dove $\boldsymbol{x}(0)$ è l'unica variabile incognita. Moltiplicando ambo i membri di tale equazione a sinistra per $e^{\boldsymbol{A}^T\tau}\boldsymbol{C}^T$ e integrando da 0 a $t_f$, otteniamo

$$\int_0^{t_f} e^{\boldsymbol{A}^T\tau}\boldsymbol{C}^T\boldsymbol{y}(\tau)d\tau = \int_0^{t_f} e^{\boldsymbol{A}^T\tau}\boldsymbol{C}^T\boldsymbol{C}e^{\boldsymbol{A}\tau}\boldsymbol{x}(0)d\tau = \boldsymbol{O}(t_f)\boldsymbol{x}(0)$$

da cui segue, essendo per ipotesi il gramiano non singolare,

$$\boldsymbol{x}(0) = \boldsymbol{O}^{-1}(t_f)\int_0^{t_f} e^{\boldsymbol{A}^T\tau}\boldsymbol{C}^T\boldsymbol{y}(\tau)d\tau.$$

Tale espressione fornisce il valore dello stato iniziale in funzione dell'inverso del gramiano $\boldsymbol{O}^{-1}(t_f)$ e dell'integrale $\int_0^{t_f} e^{\boldsymbol{A}^T\tau}\boldsymbol{C}^T\boldsymbol{y}(\tau)d\tau$ che può essere immediatamente calcolato in base all'osservazione dei valori assunti dall'uscita.

*(Condizione necessaria)* Supponiamo che esista un $\bar{t} > 0$ tale che il gramiano di osservabilità sia singolare in $\bar{t}$. In virtù del Teorema E.5 ciò implica che le colonne di $\boldsymbol{C}e^{\boldsymbol{A}\tau}$ sono linearmente dipendenti in $[0, \bar{t}]$. Pertanto, esiste un vettore $n \times 1$ costante $\boldsymbol{\alpha} \neq \boldsymbol{0}$ tale che $\boldsymbol{C}e^{\boldsymbol{A}\tau}\boldsymbol{\alpha} = \boldsymbol{0}$, per $\tau \in [0, \bar{t}]$.

Si consideri quale stato iniziale del sistema un qualunque vettore nella direzione di $\boldsymbol{\alpha}$, cioè sia $\boldsymbol{x}(0) = K\boldsymbol{\alpha}$ con $K \in \mathbb{R}$. L'uscita del sistema si mantiene identicamente nulla per ogni $\tau \in [0, \bar{t}]$ qualunque sia il valore di $K \in \mathbb{R}$ essendo $\boldsymbol{y}(\tau) = \boldsymbol{C}e^{\boldsymbol{A}\tau}\boldsymbol{x}(0) = K\boldsymbol{C}e^{\boldsymbol{A}\tau}\boldsymbol{\alpha} = \boldsymbol{0}$. Questo significa che sulla base dell'osservazione dell'uscita nell'intervallo di tempo $[0, \bar{t}]$ non siamo in grado di distinguere tra gli infiniti possibili valori dello stato iniziale nella direzione di $\boldsymbol{\alpha}$.

Dalla dimostrazione del successivo Teorema 11.28 discende il fatto che se il gramiano di osservabilità è singolare in un dato istante di tempo $\bar{t} > 0$ allora esso è singolare in ogni istante di tempo $t > 0$. Ciò implica la non osservabilità del sistema. □

**Esempio 11.27** Si consideri il sistema lineare e stazionario

$$\begin{cases} \dot{\boldsymbol{x}}(t) = \boldsymbol{A}\boldsymbol{x}(t) \\ \boldsymbol{y}(t) = \boldsymbol{C}\boldsymbol{x}(t) \end{cases} \qquad \text{con} \quad \boldsymbol{A} = \begin{bmatrix} 0 & 1 \\ 0 & 0 \end{bmatrix}, \quad \boldsymbol{C} = \begin{bmatrix} 1 & 0 \end{bmatrix}.$$

Si desidera verificare l'osservabilità di tale sistema. Inoltre avendo osservato per $\tau \in [0, 1]$ l'uscita del sistema in evoluzione libera e avendo visto che essa vale $y(\tau) = 1 + 2\tau$, si desidera determinare il valore dello stato iniziale $\boldsymbol{x}(0)$.

La matrice di transizione dello stato per questo sistema vale

$$e^{\boldsymbol{A}\tau} = \begin{bmatrix} 1 & \tau \\ 0 & 1 \end{bmatrix}.$$

Dunque il gramiano di osservabilità vale

$$\boldsymbol{O}(t) = \int_0^t \begin{bmatrix} 1 & 0 \\ \tau & 1 \end{bmatrix} \begin{bmatrix} 1 \\ 0 \end{bmatrix} \begin{bmatrix} 1 & 0 \end{bmatrix} \begin{bmatrix} 1 & \tau \\ 0 & 1 \end{bmatrix} d\tau = \begin{bmatrix} t & t^2/2 \\ t^2/2 & t^3/3 \end{bmatrix}$$

e

$$\det(\boldsymbol{O}(t)) = t^4/12 > 0, \qquad \forall t > 0$$

per cui il sistema è osservabile.

Inoltre,

$$\boldsymbol{O}(1) = \begin{bmatrix} 1 & 1/2 \\ 1/2 & 1/3 \end{bmatrix} \qquad \text{e} \qquad \boldsymbol{O}^{-1}(1) = \begin{bmatrix} 4 & -6 \\ -6 & 12 \end{bmatrix}$$

mentre vale

$$\int_0^1 e^{\boldsymbol{A}^T\tau} \boldsymbol{C}^T y(\tau) d\tau = \int_0^1 \begin{bmatrix} 1 & 0 \\ \tau & 1 \end{bmatrix} \begin{bmatrix} 1 \\ 0 \end{bmatrix} (1 + 2\tau) d\tau = \begin{bmatrix} 2 \\ 7/6 \end{bmatrix}.$$

Dunque si ricava

$$\boldsymbol{x}(0) = \boldsymbol{O}^{-1}(1) \int_0^1 e^{\boldsymbol{A}^T\tau} \boldsymbol{C}^T \boldsymbol{y}(\tau) d\tau = \begin{bmatrix} 4 & -6 \\ -6 & 12 \end{bmatrix} \begin{bmatrix} 2 \\ 7/6 \end{bmatrix} = \begin{bmatrix} 1 \\ 2 \end{bmatrix}. \qquad \diamond$$

Un criterio alternativo per la verifica della osservabilità è il seguente.

**Teorema 11.28.** *Dato un sistema lineare e stazionario*

$$\begin{cases} \dot{\boldsymbol{x}}(t) = \boldsymbol{A}\ \boldsymbol{x}(t) \\ \boldsymbol{y}(t) = \boldsymbol{C}\ \boldsymbol{x}(t) \end{cases} \tag{11.16}$$

*dove* $\boldsymbol{x} \in \mathbb{R}^n$ *e* $\boldsymbol{y} \in \mathbb{R}^p$, *definiamo* matrice di osservabilità *la matrice* $(p \cdot n \times n)$

$$\mathcal{O} = \begin{bmatrix} \boldsymbol{C} \\ \hline \boldsymbol{CA} \\ \hline \boldsymbol{CA}^2 \\ \hline \vdots \\ \hline \boldsymbol{CA}^{n-1} \end{bmatrix}.$$

Condizione necessaria e sufficiente *affinché il sistema sia* osservabile, *è che valga*

$$n_o \stackrel{\text{def}}{=} \text{rango}(\mathcal{O}) = n.$$

*Dimostrazione.* Dal Teorema E.5 sappiamo che il gramiano di osservabilità è non singolare per ogni $t > 0$ se e solo se le colonne di $\boldsymbol{C}e^{\boldsymbol{A}t}$ sono linearmente indipendenti in $[0, \infty)$. Come conseguenza, in virtù del Teorema 11.26, per dimostrare la validità del presente teorema è sufficiente dimostrare l'equivalenza delle seguenti due condizioni:

(a) tutte le righe di $\boldsymbol{C}e^{\boldsymbol{A}t}$ sono linearmente indipendenti in $[0, \infty)$;
(b) la matrice di osservabilità $\mathcal{O}$ ha rango pari ad $n$.

Ciò può farsi con una dimostrazione del tutto analoga a quella vista per il Teorema 11.6.

Si noti che la validità di tale teorema può alternativamente essere dimostrata basandosi sul principio di dualità (cfr. successivo Teorema 11.38). □

**Esempio 11.29** Si consideri il sistema lineare e stazionario il cui modello è

$$\begin{cases} \dot{\boldsymbol{x}}(t) = \boldsymbol{A}\,\boldsymbol{x}(t) \\ \boldsymbol{y}(t) = \boldsymbol{C}\,\boldsymbol{x}(t) \end{cases} \qquad \text{con} \quad \boldsymbol{A} = \begin{bmatrix} 2 & 4 & 0.5 \\ 0 & 4 & 0.5 \\ 0 & 0 & 2 \end{bmatrix}, \quad \boldsymbol{C} = \begin{bmatrix} 1 & 0 & 0 \\ 0 & 0 & 3 \end{bmatrix}.$$

Vale $n = 3$ e $p = 2$. La matrice di osservabilità ha dimensione $(p \cdot n \times n) = (6 \times 3)$ e vale

$$\mathcal{O} = \begin{bmatrix} \boldsymbol{C} \\ \hline \boldsymbol{CA} \\ \hline \boldsymbol{CA}^2 \end{bmatrix} = \begin{bmatrix} 1 & 0 & 0 \\ 0 & 0 & 3 \\ \hline 2 & 4 & 0.5 \\ 0 & 0 & 6 \\ \hline 4 & 24 & 4 \\ 0 & 0 & 12 \end{bmatrix}.$$

Le prime tre righe formano un minore di ordine 3 non singolare. Dunque vale:

$$\text{rango}(\mathcal{O}) = 3 = n$$

per cui il sistema è osservabile. ◇

### 11.3.2 Verifica della osservabilità per rappresentazioni diagonali

Presentiamo ora un importante criterio di analisi della osservabilità basato sulla semplice ispezione della struttura della matrice dei coefficienti. Tale criterio è applicabile quando la matrice $\boldsymbol{A}$ è nella forma diagonale e con autovalori distinti.

**Teorema 11.30.** *Si consideri un sistema lineare e stazionario descritto dal modello*

$$\begin{cases} \dot{\boldsymbol{x}}(t) = \boldsymbol{A}\,\boldsymbol{x}(t) \\ \boldsymbol{y}(t) = \boldsymbol{C}\,\boldsymbol{x}(t) \end{cases}$$

*dove $\boldsymbol{x} \in \mathbb{R}^n$, $\boldsymbol{y} \in \mathbb{R}^p$. Supponiamo che $\boldsymbol{A}$ sia in forma diagonale e abbia autovalori tutti distinti, ossia*

$$\boldsymbol{A} = \begin{bmatrix} \lambda_1 & 0 & \cdots & 0 \\ 0 & \lambda_2 & \cdots & 0 \\ \vdots & \vdots & \ddots & \vdots \\ 0 & 0 & \cdots & \lambda_n \end{bmatrix}, \qquad \boldsymbol{C} = \begin{bmatrix} c_{1,1} & c_{1,2} & \cdots & c_{1,n} \\ c_{2,1} & c_{2,2} & \cdots & c_{2,n} \\ \vdots & \vdots & \ddots & \vdots \\ c_{p,1} & c_{p,2} & \cdots & c_{p,n} \end{bmatrix},$$

*dove $\lambda_i \neq \lambda_j$, per ogni $i \neq j$.*

Condizione necessaria e sufficiente *affinché il sistema sia* osservabile *è che la matrice $\boldsymbol{C}$ non abbia colonne identicamente nulle.*

*Dimostrazione.* (*Condizione necessaria*) Supponiamo che la $k$-ma colonna di $\boldsymbol{C}$ sia identicamente nulla. In questo caso abbiamo che $x_k(t)$ non influenza direttamente alcuna variabile in uscita. Inoltre, essendo la matrice $\boldsymbol{A}$ diagonale, $x_k(t)$ non influenza neanche le altre variabili di stato. Dunque qualunque sia il valore iniziale $x_k(0)$, nessuna componente dell'uscita viene influenzata da essa né direttamente né indirettamente attraverso altre componenti dello stato.

(*Condizione sufficiente*) Si dimostra in maniera del tutto analoga a quanto visto per la dimostrazione della condizione sufficiente del Teorema 11.8, o alternativamente basandosi sul principio di dualità (cfr. successivo Teorema 11.38). □

**Esempio 11.31** Si consideri il sistema lineare e stazionario il cui modello è

$$\begin{cases} \dot{\boldsymbol{x}}(t) = \boldsymbol{A}\,\boldsymbol{x}(t) \\ y(t) = \boldsymbol{C}\,\boldsymbol{x}(t) \end{cases} \qquad \text{con} \qquad \boldsymbol{A} = \begin{bmatrix} 2 & 0 & 0 \\ 0 & 4 & 0 \\ 0 & 0 & -5 \end{bmatrix}, \qquad \boldsymbol{C} = \begin{bmatrix} 1 & 0 & 3 \end{bmatrix}.$$

In questo caso la matrice $\boldsymbol{A}$ ha autovalori distinti ed è nella forma diagonale per cui possiamo applicare il Teorema 11.30 e concludere che il sistema è non osservabile essendo la seconda colonna di $\boldsymbol{C}$ identicamente nulla. ◇

**Esempio 11.32** Si consideri il sistema lineare e stazionario il cui modello è

$$\begin{cases} \dot{\boldsymbol{x}}(t) = \boldsymbol{A}\,\boldsymbol{x}(t) \\ y(t) = \boldsymbol{C}\,\boldsymbol{x}(t) \end{cases} \qquad \text{con} \qquad \boldsymbol{A} = \begin{bmatrix} 2 & 0 \\ 0 & 2 \end{bmatrix}, \quad \boldsymbol{C} = \begin{bmatrix} 1 & 2 \end{bmatrix}.$$

Vale $n = 2$ e $p = 1$.

Si noti che in questo caso la matrice $\boldsymbol{A}$ è in forma diagonale, tuttavia il Teorema 11.30 non è applicabile in quanto i suoi autovalori non sono distinti.

Per lo studio della osservabilità, calcoliamo allora la matrice di osservabilità che ha dimensione $(p \cdot n \times n) = (2 \times 2)$ e vale

$$\mathcal{O} = \left[\begin{array}{c} \boldsymbol{C} \\ \hline \boldsymbol{C}\boldsymbol{A} \end{array}\right] = \left[\begin{array}{cc} 1 & 2 \\ \hline 2 & 4 \end{array}\right].$$

Tale matrice quadrata è singolare e vale:

$$\text{rango}(\mathcal{O}) = 1 < 2 = n$$

per cui il sistema non è osservabile.

Si noti che è facile dare una spiegazione intuitiva per la non osservabilità di tale sistema. L'evoluzione libera vale infatti

$$\begin{aligned} y(t) &= x_1(t) + 2x_2(t) \\ &= e^{2t}x_1(0) + 2e^{2t}x_2(0) \\ &= e^{2t}\left(x_1(0) + 2x_2(0)\right). \end{aligned}$$

Dunque non è possibile ricostruire esattamente il valore di $x_1(0)$ e $x_2(0)$ ma solo la loro somma pesata. Due diversi stati iniziali $\boldsymbol{x}'(0) = [1\ 1]^T$ e $\boldsymbol{x}''(0) = [3\ 0]^T$ producono infatti la stessa uscita $y(t) = 3e^{2t}$. Tale problema non sussiste invece per due modi associati ad autovalori distinti. ◇

### 11.3.3 Osservabilità e similitudine

In maniera del tutto analoga a quanto visto per la controllabilità è possibile dimostrare che anche l'osservabilità non è una proprietà della particolare rappresentazione ed è pertanto invariante rispetto a qualunque trasformazione di similitudine.

**Teorema 11.33.** *Si considerino due rappresentazioni di uno stesso sistema di ordine n:*

$$\begin{cases} \dot{\boldsymbol{x}}(t) = \boldsymbol{A}\ \boldsymbol{x}(t) \\ \boldsymbol{y}(t) = \boldsymbol{C}\ \boldsymbol{x}(t) \end{cases}$$

*e*

$$\begin{cases} \dot{\boldsymbol{z}}(t) = \boldsymbol{A}'\ \boldsymbol{z}(t) \\ \boldsymbol{y}(t) = \boldsymbol{C}'\ \boldsymbol{z}(t) \end{cases}$$

*legate dalla trasformazione di similitudine* $\boldsymbol{x}(t) = \boldsymbol{P}\boldsymbol{z}(t)$, *dove* $\boldsymbol{P} \in \mathbb{R}^{n\times n}$ *è una matrice non singolare. Dunque vale:* $\boldsymbol{A}' = \boldsymbol{P}^{-1}\boldsymbol{A}\boldsymbol{P}$ *e* $\boldsymbol{C}' = \boldsymbol{C}\boldsymbol{P}$.

*La prima realizzazione è osservabile* se e solo se *la seconda è osservabile.*

*Dimostrazione.* Con un ragionamento analogo a quello visto per la proprietà di controllabilità, si dimostra che le matrici di osservabilità delle due rappresentazioni sono legate dalla relazione $\mathcal{O}' = \mathcal{O}\boldsymbol{P}$ e dunque hanno lo stesso rango essendo $\boldsymbol{P}$ non singolare. □

**Esempio 11.34** Si consideri il sistema lineare e stazionario il cui modello è

$$\begin{cases} \dot{\boldsymbol{x}}(t) = \boldsymbol{A}\ \boldsymbol{x}(t) \\ y(t) = \boldsymbol{C}\ \boldsymbol{x}(t) \end{cases} \quad \text{con} \quad \boldsymbol{A} = \begin{bmatrix} 1 & 2 \\ -3 & -4 \end{bmatrix}, \quad \boldsymbol{C} = \begin{bmatrix} 1 & 2 \end{bmatrix}.$$

Vale $n = 2$ e $p = 1$. La trasformazione di similitudine $\boldsymbol{x}(t) = \boldsymbol{P}\boldsymbol{z}(t)$, con

$$\boldsymbol{P} = \begin{bmatrix} 1 & -2 \\ -1 & 3 \end{bmatrix} \quad \text{e} \quad \boldsymbol{P}^{-1} = \begin{bmatrix} 3 & 2 \\ 1 & 1 \end{bmatrix}$$

porta al sistema

$$\begin{cases} \dot{\boldsymbol{z}}(t) = \boldsymbol{A}'\ \boldsymbol{x}(t) \\ y(t) = \boldsymbol{C}'\ \boldsymbol{z}(t) \end{cases}$$

con

$$\boldsymbol{A}' = \boldsymbol{P}^{-1}\boldsymbol{A}\boldsymbol{P} = \begin{bmatrix} -1 & 0 \\ 0 & -2 \end{bmatrix}, \quad \boldsymbol{C}' = \boldsymbol{C}\boldsymbol{P} = \begin{bmatrix} -1 & 4 \end{bmatrix}.$$

La matrice di osservabilità del primo sistema e del secondo valgono rispettivamente:

$$\mathcal{O} = \left[\begin{array}{c} \boldsymbol{C} \\ \hline \boldsymbol{C}\boldsymbol{A} \end{array}\right] = \left[\begin{array}{cc} 1 & 2 \\ \hline -5 & -6 \end{array}\right] \quad \text{e} \quad \mathcal{O}' = \left[\begin{array}{c} \boldsymbol{C}' \\ \hline \boldsymbol{C}'\boldsymbol{A}' \end{array}\right] = \left[\begin{array}{cc} -1 & 4 \\ \hline 1 & -8 \end{array}\right] \equiv \mathcal{O}\boldsymbol{P}.$$

Entrambe le matrici sono quadrate e hanno rango pieno:

$$\text{rango}(\mathcal{O}) = \text{rango}(\mathcal{O})' = 2 = n,$$

per cui le due rappresentazioni sono entrambe osservabili. ◇

### 11.3.4 Forma canonica osservabile di Kalman [*]

In maniera analoga a quanto visto per la controllabilità, introduciamo ora una particolare forma canonica, detta *forma canonica osservabile di Kalman*, che mette in evidenza le proprietà di osservabilità di un dato sistema a tempo continuo, lineare e stazionario. Naturalmente, essendo l'osservabilità una proprietà della coppia $(\boldsymbol{A}, \boldsymbol{C})$ la forma canonica riguarda la struttura di entrambe le matrici $\boldsymbol{A}$ e $\boldsymbol{C}$.

**Definizione 11.35.** *Un sistema lineare e stazionario*

$$\begin{cases} \dot{\boldsymbol{z}}(t) = \boldsymbol{A}'\boldsymbol{z}(t) \\ \boldsymbol{y}(t) = \boldsymbol{C}'\boldsymbol{z}(t) \end{cases} \tag{11.17}$$

*nella* forma canonica osservabile di Kalman è *caratterizzato dalla seguente struttura delle matrici dei coefficienti:*

$$\boldsymbol{A}' = \left[\begin{array}{c|c} \boldsymbol{A}'_o & \boldsymbol{0} \\ \hline \boldsymbol{A}'_1 & \boldsymbol{A}'_{no} \end{array}\right], \qquad \boldsymbol{C}' = \left[\begin{array}{c|c} \boldsymbol{C}'_o & \boldsymbol{0} \end{array}\right]$$

*dove $\boldsymbol{A}'_o$ è una matrice quadrata di ordine pari al rango $n_o$ della matrice di osservabilità $\mathcal{O}$ e $\boldsymbol{C}'_o$ è una matrice il cui numero di colonne è anch'esso pari ad $n_o$. In particolare, la coppia*

$$(\boldsymbol{A}'_o, \boldsymbol{C}'_o)$$

*è osservabile.*

La seguente definizione implica che il vettore di stato $\boldsymbol{z}$ di una realizzazione nella forma canonica osservabile di Kalman può essere riscritto come

$$\boldsymbol{z} = \left[\begin{array}{c} \boldsymbol{z}_o \\ \hline \boldsymbol{z}_{no} \end{array}\right]$$

dove $\boldsymbol{z}_o \in \mathbb{R}^{n_o}$ e $\boldsymbol{z}_{no} \in \mathbb{R}^{n-n_o}$. Di conseguenza il sistema (11.17) può essere decomposto in due sottosistemi secondo lo schema in Fig. 11.5 dove

- la parte osservabile è il sottosistema di ordine $n_o$ retto dall'equazione differenziale:
$$\dot{\boldsymbol{z}}_o(t) = \boldsymbol{A}'_o\boldsymbol{z}_o(t);$$
- la parte non osservabile è il sottosistema di ordine $n - n_o$ retto dall'equazione differenziale:
$$\dot{\boldsymbol{z}}_{no}(t) = \boldsymbol{A}'_{no}\boldsymbol{z}_{no}(t) + \boldsymbol{A}'_1\boldsymbol{z}_o(t);$$
- la trasformazione in uscita è regolata dall'equazione algebrica:
$$\boldsymbol{y}(t) = \boldsymbol{C}'_o\boldsymbol{z}_o(t).$$

L'uscita non è quindi in alcun modo influenzata, né direttamente, né indirettamente dal vettore $\boldsymbol{z}_{no}$.

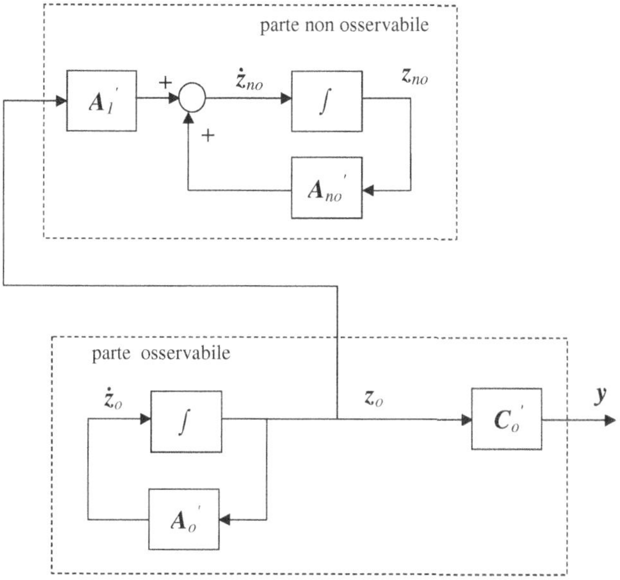


**Fig. 11.5.** Forma canonica osservabile di Kalman

Si noti che un qualunque sistema lineare e stazionario può essere ricondotto nella forma canonica osservabile di Kalman. In particolare, vale il seguente risultato.

**Teorema 11.36.** *Dato un generico sistema*

$$\begin{cases} \dot{\boldsymbol{x}}(t) = \boldsymbol{A}\boldsymbol{x}(t) \\ \boldsymbol{y}(t) = \boldsymbol{C}\boldsymbol{x}(t) \end{cases}$$

*questo può essere ricondotto nella forma canonica osservabile di Kalman attraverso una semplice trasformazione di similitudine* $\boldsymbol{x}(t) = \boldsymbol{P}\boldsymbol{z}(t)$, *dove* $\boldsymbol{P}$ *è una matrice non singolare le cui prime* $n_o$ *colonne coincidono con le trasposte di* $n_o$ *righe linearmente indipendenti della matrice di osservabilità* $\mathcal{O}$ *e le cui rimanenti* $n - n_o$ *colonne sono pari a* $n - n_o$ *colonne linearmente indipendenti tra loro e ortogonali alle precedenti* $n_o$ *colonne.*

Pertanto, così come nel caso della forma canonica controllabile di Kalman, anche la trasformazione di similitudine che permette di porre un sistema nella forma canonica osservabile di Kalman non è unica.

**Esempio 11.37** Si consideri il sistema lineare e stazionario già preso in esame nell'Esempio 11.31 il cui modello è

$$\begin{cases} \dot{\boldsymbol{x}}(t) = \boldsymbol{A}\,\boldsymbol{x}(t) \\ y(t) = \boldsymbol{C}\,\boldsymbol{x}(t) \end{cases} \qquad \text{con} \qquad \boldsymbol{A} = \begin{bmatrix} 2 & 0 & 0 \\ 0 & 4 & 0 \\ 0 & 0 & -5 \end{bmatrix}, \qquad \boldsymbol{C} = \begin{bmatrix} 1 & 0 & 3 \end{bmatrix}. \tag{11.18}$$

La matrice di osservabilità di tale sistema vale

$$\mathcal{O} = \begin{bmatrix} \boldsymbol{C} \\ \boldsymbol{CA} \\ \boldsymbol{CA}^2 \end{bmatrix} = \begin{bmatrix} 1 & 0 & 3 \\ \hline 2 & 0 & -15 \\ \hline 4 & 0 & 75 \end{bmatrix}$$

e $n_o = \text{rango}(\mathcal{O}) = 2$. Selezionando 2 righe linearmente indipendenti a partire dall'alto verso il basso e trasponendole, otteniamo i due vettori colonna

$$\boldsymbol{p}_1 = \begin{bmatrix} 1 \\ 0 \\ 3 \end{bmatrix}, \quad \boldsymbol{p}_2 = \begin{bmatrix} 2 \\ 0 \\ -15 \end{bmatrix}.$$

Anche in questo caso determiniamo la terza colonna di $\boldsymbol{P}$ in modo che questa sia ortogonale a $\boldsymbol{p}_1$ e $\boldsymbol{p}_2$. Ossia, detta $\boldsymbol{p}_3$ tale colonna, questa deve essere soluzione del sistema lineare di 2 equazioni in 3 incognite (le componenti di $\boldsymbol{p}_3$):

$$\begin{cases} \boldsymbol{p}_1^T \boldsymbol{p}_3 = 0 \\ \boldsymbol{p}_2^T \boldsymbol{p}_3 = 0. \end{cases}$$

È facile verificare che è soluzione di tale sistema un qualunque vettore del tipo

$$\boldsymbol{p}_3 = \begin{bmatrix} 0 \\ k \\ 0 \end{bmatrix}, \quad k \in \mathbb{R} \setminus \{0\}.$$

Assumiamo per semplicità $k = 1$. Mediante la trasformazione $\boldsymbol{x}(t) = \boldsymbol{Pz}(t)$ dove

$$\boldsymbol{P} = \begin{bmatrix} 1 & 2 & 0 \\ 0 & 0 & 1 \\ 3 & -15 & 0 \end{bmatrix}$$

il sistema viene posto nella forma canonica osservabile di Kalman. In particolare, si ottiene la nuova realizzazione

$$\dot{\boldsymbol{z}}(t) = \boldsymbol{A}'\boldsymbol{z}(t) + \boldsymbol{B}'\boldsymbol{u}(t)$$

in cui

$$\boldsymbol{A}' = \boldsymbol{P}^{-1}\boldsymbol{AP} = \left[\begin{array}{c|c} \boldsymbol{A}'_o & \boldsymbol{0} \\ \hline \boldsymbol{A}'_1 & \boldsymbol{A}'_{no} \end{array}\right] = \left[\begin{array}{cc|c} 0 & 10 & 0 \\ 1 & -3 & 0 \\ \hline 0 & 0 & 4 \end{array}\right],$$

$$\boldsymbol{C}' = \boldsymbol{CP} = \left[\begin{array}{c|c} \boldsymbol{C}'_o & \boldsymbol{0} \end{array}\right] = \left[\begin{array}{cc|c} 10 & -43 & 0 \end{array}\right].$$

La terza componente dello stato nella nuova realizzazione non influenza quindi in alcun modo l'evoluzione libera del sistema. Si noti che in effetti questo è un caso particolare poiché $\boldsymbol{z}_o$ non influenza la parte non osservabile essendo $\boldsymbol{A}'_1 = [0\ 0]$.

Si osservi infine che in questo caso avremmo potuto porre il sistema nella forma canonica osservabile di Kalman semplicemente rinominando gli stati, ossia operando la trasformazione di similitudine $\boldsymbol{x}(t) = \boldsymbol{P}\boldsymbol{z}(t)$ dove

$$\boldsymbol{P} = \begin{bmatrix} 1 & 0 & 0 \\ 0 & 0 & 1 \\ 0 & 1 & 0 \end{bmatrix}. \qquad \diamond$$

## 11.4 Dualità tra controllabilità e osservabilità

Si consideri il sistema lineare e stazionario:

$$\mathcal{S}_1 \quad \begin{cases} \dot{\boldsymbol{x}}(t) = \boldsymbol{A}\,\boldsymbol{x}(t) + \boldsymbol{B}\,\boldsymbol{u}(t) \\ \boldsymbol{y}(t) = \boldsymbol{C}\,\boldsymbol{x}(t) \end{cases}$$

dove $\boldsymbol{x} \in \mathbb{R}^n$, $\boldsymbol{u} \in \mathbb{R}^r$, $\boldsymbol{y} \in \mathbb{R}^p$, $\boldsymbol{A} \in \mathbb{R}^{n\times n}$, $\boldsymbol{B} \in \mathbb{R}^{n\times r}$, $\boldsymbol{C} \in \mathbb{R}^{p\times n}$, e il suo sistema *duale*

$$\mathcal{S}_2 \quad \begin{cases} \dot{\boldsymbol{z}}(t) = \boldsymbol{A}^T\boldsymbol{z}(t) + \boldsymbol{C}^T\boldsymbol{v}(t) \\ \boldsymbol{s}(t) = \boldsymbol{B}^T\boldsymbol{z}(t) \end{cases}$$

dove $\boldsymbol{z} \in \mathbb{R}^n$, $\boldsymbol{v} \in \mathbb{R}^p$, $\boldsymbol{s} \in \mathbb{R}^r$, e $\boldsymbol{A}^T$, $\boldsymbol{B}^T$, $\boldsymbol{C}^T$ denotano le trasposte di $\boldsymbol{A}$, $\boldsymbol{B}$ e $\boldsymbol{C}$.

**Teorema 11.38 (Principio di dualità).** *Il sistema $\mathcal{S}_1$ è controllabile (osservabile)* se e solo se *il sistema $\mathcal{S}_2$ è osservabile (controllabile).*

*Dimostrazione.* Dette $\mathcal{T}_i$ e $\mathcal{O}_i$ le matrici di controllabilità ed osservabilità del sistema $\mathcal{S}_i$, per $i = 1, 2$, è facile dimostrare che vale:

$$\mathcal{T}_1 = \left[\boldsymbol{B} \mid \boldsymbol{A}\boldsymbol{B} \mid \boldsymbol{A}^2\boldsymbol{B} \mid \cdots \mid \boldsymbol{A}^{n-1}\boldsymbol{B}\right] = \begin{bmatrix} \boldsymbol{B}^T \\ \hline \boldsymbol{B}^T\boldsymbol{A}^T \\ \hline \boldsymbol{B}^T(\boldsymbol{A}^T)^2 \\ \hline \vdots \\ \hline \boldsymbol{B}^T(\boldsymbol{A}^T)^{n-1} \end{bmatrix}^T = \mathcal{O}_2^T.$$

Analogamente vale

$$\mathcal{O}_1 = \mathcal{T}_2^T.$$

Poiché per una generica matrice $\boldsymbol{M}$ vale $\text{rango}(\boldsymbol{M}) = \text{rango}(\boldsymbol{M}^T)$, il risultato deriva immediatamente dai Teoremi 11.6 e 11.28. $\square$

**Esempio 11.39** Si consideri il sistema lineare e stazionario descritto dal modello

$$\begin{cases} \dot{\boldsymbol{x}}(t) = \begin{bmatrix} 2 & 0 \\ 1 & 3 \end{bmatrix} \boldsymbol{x}(t) + \begin{bmatrix} 2 \\ 3 \end{bmatrix} u(t) \\ y(t) = \begin{bmatrix} 3 & 0 \end{bmatrix} \boldsymbol{x}(t) \end{cases}$$

il cui duale vale

$$\begin{cases} \dot{\boldsymbol{z}}(t) = \begin{bmatrix} 2 & 1 \\ 0 & 3 \end{bmatrix} \boldsymbol{z}(t) + \begin{bmatrix} 3 \\ 0 \end{bmatrix} v(t) \\ s(t) = \begin{bmatrix} 2 & 3 \end{bmatrix} \boldsymbol{z}(t). \end{cases}$$

La matrice di controllabilità del primo sistema e quella di osservabilità del secondo valgono:

$$\mathcal{T}_1 = \begin{bmatrix} 2 & 4 \\ 3 & 11 \end{bmatrix}, \qquad \mathcal{O}_2 = \begin{bmatrix} 2 & 3 \\ 4 & 11 \end{bmatrix}.$$

Tali matrici sono l'una la trasposta dell'altra e hanno rango 2 pari all'ordine del sistema. Dunque il primo sistema è controllabile mentre il secondo è osservabile.

La matrice di osservabilità del primo sistema e quella di controllabilità del secondo valgono:

$$\mathcal{O}_1 = \begin{bmatrix} 3 & 0 \\ 6 & 0 \end{bmatrix}, \qquad \mathcal{T}_2 = \begin{bmatrix} 3 & 6 \\ 0 & 0 \end{bmatrix}.$$

Tali matrici sono l'una la trasposta dell'altra e hanno rango 1 inferiore all'ordine del sistema $n = 2$. Dunque il primo sistema è non osservabile mentre il secondo è non controllabile. ◇

## 11.5 Osservatore asintotico dello stato [*]

In § 11.2 è stato presentato lo schema di controllo basato sulla retroazione dello stato. In particolare in tale paragrafo si è discusso come una opportuna *legge in retroazione dello stato*

$$\boldsymbol{u}(t) = -\boldsymbol{K}\boldsymbol{x}(t) \tag{11.19}$$

possa essere determinata nel caso in cui il sistema sia controllabile, assegnando ad arbitrio gli autovalori della matrice a ciclo chiuso $\boldsymbol{A} - \boldsymbol{B}\boldsymbol{K}$.

La realizzabilità di una legge di controllo di questo tipo è naturalmente subordinata alla possibilità di misurare in ogni istante di tempo il valore di tutte le componenti dello stato. Ciò tuttavia non è in generale possibile. Nasce quindi la necessità di realizzare un dispositivo che sia in grado di fornire istante per istante una "soddisfacente" stima dello stato del sistema sulla base della conoscenza delle sole grandezze misurabili del sistema controllato, ossia la sua uscita $\boldsymbol{y}(t)$ e il suo ingresso $\boldsymbol{u}(t)$.

Si noti che nel seguito supporremo che sia rango$(\boldsymbol{C}) < n$, ossia che le componenti dell'uscita tra loro linearmente indipendenti siano in numero inferiore all'ordine del sistema di cui si vuole stimare lo stato. Se infatti fosse rango$(\boldsymbol{C}) = n$ di fatto il problema della ricostruzione dello stato si risolverebbe semplicemente calcolando l'inversa di una qualunque matrice $\bar{\boldsymbol{C}}$ di rango $n$ estratta da $\boldsymbol{C}$ e ponendo $\boldsymbol{x}(t) = \bar{\boldsymbol{C}}^{-1}\bar{\boldsymbol{y}}(t)$ dove $\bar{\boldsymbol{y}}(t)$ è un vettore di dimensione $n$ le cui componenti coincidono con le componenti di $\boldsymbol{y}(t)$ corrispondenti alle righe della matrice $\boldsymbol{C}$ selezionate nella definizione di $\bar{\boldsymbol{C}}$.

**Esempio 11.40** Si consideri un sistema del secondo ordine e sia

$$\boldsymbol{C} = \begin{bmatrix} 1 & 1 \\ 2 & 1 \\ 0 & 1 \end{bmatrix}.$$

Chiaramente rango($\boldsymbol{C}$) = 2 e tre sono le possibili scelte di $\bar{\boldsymbol{C}}$, da cui derivano le seguenti equazioni che permettono di individuare lo stato $\boldsymbol{x}(t)$:

$$\boldsymbol{x}(t) = \begin{bmatrix} 1 & 1 \\ 2 & 1 \end{bmatrix}^{-1} \begin{bmatrix} y_1(t) \\ y_2(t) \end{bmatrix},$$

$$\boldsymbol{x}(t) = \begin{bmatrix} 1 & 1 \\ 0 & 1 \end{bmatrix}^{-1} \begin{bmatrix} y_1(t) \\ y_3(t) \end{bmatrix},$$

$$\boldsymbol{x}(t) = \begin{bmatrix} 2 & 1 \\ 0 & 1 \end{bmatrix}^{-1} \begin{bmatrix} y_2(t) \\ y_3(t) \end{bmatrix}.$$

◇

Nelle sottosezioni che seguono viene mostrato come, qualora il sistema di partenza sia osservabile, una semplice soluzione al problema della ricostruzione dello stato esiste purché ci si limiti ad imporre che la coincidenza tra il vettore di stato e la sua stima si abbia — qualunque sia lo stato iniziale incognito del sistema — per $t \to \infty$ e non dopo un intervallo di tempo limitato. Questa è la ragione per cui si parlerà di stima *asintotica* dello stato. Il sistema dinamico che fornisce tale approssimazione del vettore di stato prende il nome di *osservatore* (o *stimatore*) asintotico dello stato. Indicata pertanto con $\hat{\boldsymbol{x}}(t)$ la stima dello stato $\boldsymbol{x}(t)$ al generico istante di tempo $t$, un osservatore asintotico dello stato gode della proprietà che

$$\lim_{t\to\infty} ||\boldsymbol{x}(t) - \hat{\boldsymbol{x}}(t)|| = 0. \tag{11.20}$$

Nel seguito introdurremo due diversi tipi di osservatore dello stato: l'*osservatore di Luenberger*[4] e l'*osservatore di ordine ridotto.*

### 11.5.1 Osservatore di Luenberger

L'osservatore di Luenberger viene formalmente definito come segue.

**Definizione 11.41.** *Si consideri il sistema lineare e stazionario*

$$\begin{cases} \dot{\boldsymbol{x}}(t) = \boldsymbol{A}\boldsymbol{x}(t) + \boldsymbol{B}\boldsymbol{u}(t) \\ \boldsymbol{y}(t) = \boldsymbol{C}\boldsymbol{x}(t) \end{cases} \tag{11.21}$$

*con* $\boldsymbol{x} \in \mathbb{R}^n$, $\boldsymbol{u} \in \mathbb{R}^r$ *e* $\boldsymbol{y} \in \mathbb{R}^p$.

[4] David G. Luenberger (Los Angeles, California, 1937).

*Il sistema dinamico lineare e stazionario*

$$\begin{cases} \dot{\hat{\boldsymbol{x}}}(t) = \boldsymbol{A}\hat{\boldsymbol{x}}(t) + \boldsymbol{B}\boldsymbol{u}(t) + \boldsymbol{K}_o(\boldsymbol{y}(t) - \hat{\boldsymbol{y}}(t)) \\ \hat{\boldsymbol{y}}(t) = \hat{\boldsymbol{C}}\hat{\boldsymbol{x}}(t) \end{cases} \tag{11.22}$$

*con* $\hat{\boldsymbol{x}} \in \mathbb{R}^n$, $\hat{\boldsymbol{y}} \in \mathbb{R}^p$, *dove* $\boldsymbol{K}_o \in \mathbb{R}^{n \times p}$ *è una qualunque matrice tale per cui gli autovalori della matrice* $\boldsymbol{A} - \boldsymbol{K}_o\boldsymbol{C}$ *siano tutti a parte reale negativa, è detto* osservatore di Luenberger *(o semplicemente* osservatore*) relativo al sistema* (11.21).

Dalla definizione sopra si evince che, dato un sistema lineare e stazionario, infiniti osservatori di Luenberger possono essere associati ad esso.

Il seguente teorema dimostra che un osservatore di Luenberger è un osservatore asintotico per il sistema cui esso è associato.

**Teorema 11.42.** *Si consideri un sistema lineare e stazionario la cui dinamica è regolata dalle equazioni* (11.21). *L'osservatore di Luenberger è un osservatore asintotico dello stato per tale sistema.*

*Dimostrazione.* Indichiamo con

$$\boldsymbol{e}(t) = \boldsymbol{x}(t) - \hat{\boldsymbol{x}}(t)$$

l'*errore di stima* che misura la differenza esistente tra lo stato $\boldsymbol{x}(t)$ e lo stato stimato $\hat{\boldsymbol{x}}(t)$.

Dimostreremo che l'errore segue una dinamica autonoma ed è retto da una equazione differenziale del primo ordine la cui matrice dinamica è pari a $\boldsymbol{A} - \boldsymbol{K}_o\boldsymbol{C}$.

Sottraendo membro a membro la (11.22) dalla (11.21) otteniamo

$$\begin{aligned} \dot{\boldsymbol{e}}(t) &= \dot{\boldsymbol{x}}(t) - \dot{\hat{\boldsymbol{x}}}(t) \\ &= \boldsymbol{A}\boldsymbol{x}(t) + \boldsymbol{B}\boldsymbol{u}(t) - \hat{\boldsymbol{A}}\hat{\boldsymbol{x}}(t) - \hat{\boldsymbol{B}}\hat{\boldsymbol{u}}(t) \\ &= \boldsymbol{A}\boldsymbol{e}(t) + \boldsymbol{B}\boldsymbol{u}(t) + \boldsymbol{K}_o\boldsymbol{C}\hat{\boldsymbol{x}}(t) - \boldsymbol{B}\boldsymbol{u}(t) - \boldsymbol{K}_o\boldsymbol{y}(t) \\ &= \boldsymbol{A}\boldsymbol{e}(t) - \boldsymbol{K}_o\boldsymbol{C}(\boldsymbol{x}(t) - \hat{\boldsymbol{x}}(t)) \\ &= (\boldsymbol{A} - \boldsymbol{K}_o\boldsymbol{C})\boldsymbol{e}(t) \end{aligned} \tag{11.23}$$

ossia la dinamica dell'errore è regolata dal sistema autonomo

$$\dot{\boldsymbol{e}}(t) = (\boldsymbol{A} - \boldsymbol{K}_o\boldsymbol{C})\boldsymbol{e}(t), \quad \boldsymbol{e}(0) = \boldsymbol{x}(0) - \hat{\boldsymbol{x}}(0) \tag{11.24}$$

da cui segue la validità dell'enunciato essendo

$$\lim_{t\to\infty} ||\boldsymbol{e}(t)|| = \lim_{t\to\infty} ||\boldsymbol{x}(t) - \hat{\boldsymbol{x}}(t)|| = 0 \tag{11.25}$$

per tutte le possibili funzioni di ingresso $\boldsymbol{u}(t)$ e per tutti i possibili stati iniziali $\boldsymbol{x}(0)$ e $\hat{\boldsymbol{x}}(0)$. □

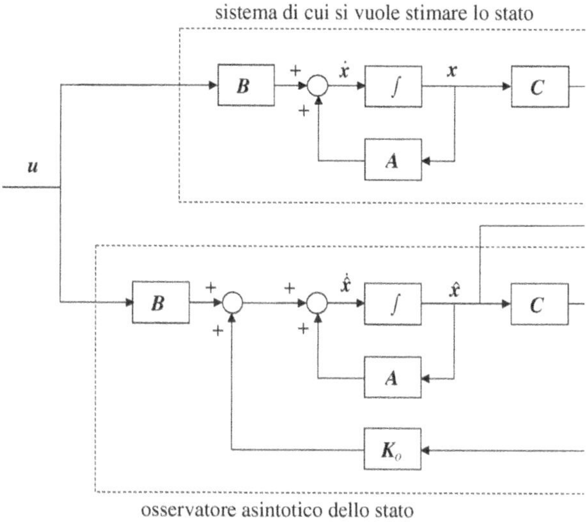


**Fig. 11.6.** Struttura di un osservatore di Luenberger

L'osservatore di Luenberger è pertanto un sistema lineare e stazionario avente lo stesso ordine $n$ del sistema di cui si vuole stimare lo stato (è questa la ragione per cui viene anche detto *di ordine pieno)*; il suo ingresso è dato dall'ingresso $\boldsymbol{u}(t)$ e dall'uscita $\boldsymbol{y}(t)$ di tale sistema e la sua trasformazione in uscita è analoga a quella del sistema osservato.

Lo schema rappresentativo della sua struttura è riportato in Fig. 11.6.

Naturalmente non tutti i sistemi che presentano una struttura del tipo mostrato in Fig. 11.6 sono stimatori asintotici per il sistema (11.21). Deve infatti essere verificata la condizione al limite (11.25), o equivalentemente la condizione sugli autovalori di $\boldsymbol{A} - \boldsymbol{K}_o\boldsymbol{C}$.

Si osservi infine che benché l'errore di stima tenda naturalmente a zero qualunque sia l'errore iniziale, la rapidità con cui l'errore diviene effettivamente trascurabile dipende dalla stima iniziale dello stato. Per cui si cerca sempre di inizializzare lo stato dell'osservatore ad un valore quanto più possibile prossimo allo stato vero, in genere sulla base di considerazioni fisiche sul sistema stesso.

Il seguente teorema dimostra che è sempre possibile progettare un osservatore di Luenberger purché il sistema di cui si desidera stimare lo stato sia osservabile.

**Teorema 11.43.** *Il sistema*

$$\begin{cases} \dot{\boldsymbol{x}}(t) = \boldsymbol{A}\boldsymbol{x}(t) \\ \boldsymbol{y}(t) = \boldsymbol{C}\boldsymbol{x}(t) \end{cases}$$

*con* $\boldsymbol{x} \in \mathbb{R}^n$ *e* $\boldsymbol{y} \in \mathbb{R}^p$, *è osservabile* se e solo se *scelto un qualunque insieme di* $n$ *numeri reali e/o di coppie di numeri complessi coniugati* $\bar{\lambda}_1, \bar{\lambda}_2, \ldots, \bar{\lambda}_n$, *esiste una matrice* $\boldsymbol{K}_o \in \mathbb{R}^{n \times p}$ *tale che gli autovalori della matrice* $(\boldsymbol{A} - \boldsymbol{K}_o\boldsymbol{C})$ *siano pari a* $\bar{\lambda}_1, \bar{\lambda}_2, \ldots, \bar{\lambda}_n$.

*Dimostrazione.* La validità dell'enunciato segue immediatamente dal Teorema 11.16 e dal principio di dualità. Infatti, per il principio di dualità la coppia $(\boldsymbol{A}, \boldsymbol{C})$ è osservabile se e solo se la coppia $(\boldsymbol{A}^T, \boldsymbol{C}^T)$ è controllabile. Ma per il Teorema 11.16 la coppia $(\boldsymbol{A}^T, \boldsymbol{C}^T)$ è controllabile se e solo se esiste una matrice costante $\boldsymbol{K}_o^T$ tale che gli autovalori di $\boldsymbol{A}^T - \boldsymbol{C}^T\boldsymbol{K}_o^T$ possano essere fissati ad arbitrio. Inoltre gli autovalori di una matrice coincidono con gli autovalori della sua trasposta per cui poter fissare ad arbitrio gli autovalori di $\boldsymbol{A}^T - \boldsymbol{C}^T\boldsymbol{K}_o^T$ è equivalente a poter fissare ad arbitrio gli autovalori di $\boldsymbol{A} - \boldsymbol{K}_o\boldsymbol{C}$, da cui segue la validità dell'enunciato. □

In virtù del Teorema 11.43 possiamo concludere che la proprietà di osservabilità coincide con la possibilità di poter assegnare ad arbitrio gli autovalori del sistema autonomo che regola la dinamica dell'errore di stima, così come la controllabilità coincide con la possibilità di poter assegnare ad arbitrio gli autovalori del sistema a ciclo chiuso.

Le procedure viste in § 11.2.1 e § 11.2.2 per la determinazione di una opportuna matrice in retroazione $\boldsymbol{K}$ che permetta di assegnare gli autovalori desiderati alla matrice $\boldsymbol{A} - \boldsymbol{BK}$ possono pertanto essere utilizzate anche per la determinazione della matrice $\boldsymbol{K}_o$ al fine di assegnare gli autovalori desiderati alla matrice $\boldsymbol{A} - \boldsymbol{K}_o\boldsymbol{C}$. Assegnare gli autovalori desiderati alla matrice $\boldsymbol{A} - \boldsymbol{K}_o\boldsymbol{C}$ coincide infatti con l'assegnare gli autovalori desiderati alla matrice

$$(\boldsymbol{A} - \boldsymbol{K}_o\boldsymbol{C})^T = \boldsymbol{A}^T - \boldsymbol{C}^T\boldsymbol{K}_o^T.$$

Quanto detto in § 11.2.1 e § 11.2.2 si ripete quindi identicamente nel caso in cui l'uscita sia scalare o non scalare, rispettivamente, a patto di considerare in luogo di $\boldsymbol{A}$ la sua trasposta $\boldsymbol{A}^T$ e in luogo di $\boldsymbol{B}$ la matrice $\boldsymbol{C}^T$.

**Esempio 11.44** Si consideri il sistema SISO

$$\begin{cases} \dot{\boldsymbol{x}}(t) = \boldsymbol{A}\boldsymbol{x}(t) + \boldsymbol{B}u(t) = \begin{bmatrix} 1 & 0 & 0 \\ 0 & 2 & 0 \\ 0 & 0 & 3 \end{bmatrix} \boldsymbol{x}(t) + \begin{bmatrix} 1 \\ 1 \\ 1 \end{bmatrix} u(t) \\ y(t) = \boldsymbol{C}\boldsymbol{x}(t) = \begin{bmatrix} -1 & 2 & 1 \end{bmatrix} \boldsymbol{x}(t) \end{cases}$$

la cui equazione di stato coincide con l'equazione del sistema preso in esame nell'Esempio 11.18. Tale sistema è chiaramente osservabile: la matrice $\boldsymbol{A}$ è infatti diagonale, i suoi autovalori ($\lambda_1 = 1$, $\lambda_2 = 2$ e $\lambda_3 = 3$) sono distinti e il vettore $\boldsymbol{C}$ non presenta elementi nulli.

Si desidera determinare una matrice $\boldsymbol{K}_o$ tale per cui gli autovalori che regolano la dinamica dell'errore, ossia gli autovalori della matrice $\boldsymbol{A} - \boldsymbol{K}_o\boldsymbol{C}$ siano pari a $\bar{\lambda}_1 = -3$, $\bar{\lambda}_{2,3} = -3 \pm 2j$.

Seguendo un procedimento analogo a quello visto nell'Esempio 11.18 con riferimento però alla coppia $(\boldsymbol{A}^T, \boldsymbol{C}^T)$, determiniamo la matrice di trasformazione

$$\boldsymbol{P} = \begin{bmatrix} -6 & 5 & -1 \\ 6 & -8 & 2 \\ 2 & -3 & 1 \end{bmatrix}.$$

Inoltre,

$$\boldsymbol{K}' = \begin{bmatrix} \bar{\alpha}_0 - \alpha_0 & \bar{\alpha}_1 - \alpha_1 & \bar{\alpha}_2 - \alpha_2 \end{bmatrix} = \begin{bmatrix} 45 & 20 & 15 \end{bmatrix}$$

essendo $\alpha_0 = -6$ (cfr. Esempio 11.18) e

$$(\lambda + 3)(\lambda + 3 - 2j)(\lambda + 3 + 2j) = \lambda^3 + 9\lambda^2 + 31\lambda + 39$$

da cui $\bar{\alpha}_0 = 39$, $\bar{\alpha}_1 = 31$ e $\bar{\alpha}_2 = 9$. Da ciò segue che

$$\boldsymbol{K}_o^T = \boldsymbol{K}'\boldsymbol{P}^{-1} = \begin{bmatrix} -40 & -72.5 & 120 \end{bmatrix}.$$

È lasciata al lettore la verifica che gli autovalori della matrice $\boldsymbol{A} - \boldsymbol{K}_o\boldsymbol{C}$ sono proprio pari agli autovalori desiderati. ◇

### 11.5.2 Osservatore di ordine ridotto

Nella sezione precedente è stato presentato l'osservatore di Luenberger. Tale osservatore viene anche detto di ordine pieno in quanto l'ordine del sistema dinamico che lo definisce è pari all'ordine del sistema di cui si vuole stimare lo stato. Essendo tuttavia le varie componenti dell'uscita combinazioni lineari delle componenti del vettore di stato, è piuttosto intuitivo osservare che, qualora il numero delle componenti linearmente indipendenti dell'uscita sia strettamente minore di $n$, sia di fatto possibile ricostruire una stima dello stato senza ricorrere ad un osservatore di ordine pieno. Infatti, un numero di componenti del vettore di stato pari al numero delle componenti linearmente indipendenti dell'uscita potranno essere facilmente dedotte a partire dall'uscita stessa, semplicemente operando una opportuna trasformazione di similitudine. La determinazione delle rimanenti componenti richiederà invece un osservatore di stato, definito da un opportuno sistema dinamico. Nel seguito chiameremo *osservatore di ordine ridotto* il sistema dinamico che fornisce la stima delle componenti non direttamente ricostruibili a partire dall'uscita.

La trasformazione di similitudine che permette di individuare un certo numero di componenti dello stato direttamente dall'uscita è definita dalla seguente proposizione.

**Proposizione 11.45** *Si consideri il sistema lineare e stazionario*

$$\begin{cases} \dot{\boldsymbol{x}}(t) = \boldsymbol{A}\boldsymbol{x}(t) + \boldsymbol{B}\boldsymbol{u}(t) \\ \boldsymbol{y}(t) = \boldsymbol{C}\boldsymbol{x}(t) \end{cases} \tag{11.26}$$

*con* $\boldsymbol{x} \in \mathbb{R}^n$, $\boldsymbol{u} \in \mathbb{R}^r$ *e* $\boldsymbol{y} \in \mathbb{R}^p$. *Si supponga che*

$$\text{rango}(\boldsymbol{C}) = p < n \tag{11.27}$$

*ossia tutte le $p$ componenti dell'uscita siano tra loro linearmente indipendenti*[5].

[5] Se fosse rango($\boldsymbol{C}$) $> p$ il risultato che segue continuerebbe ad essere valido eliminando tutte le componenti dell'uscita che sono linearmente dipendenti dalle altre.

*È sempre possibile determinare una trasformazione di similitudine* $\boldsymbol{x}(t) = \boldsymbol{P}\boldsymbol{z}(t)$ *che porti la rappresentazione* (11.26) *nella forma equivalente*

$$\begin{cases} \begin{bmatrix} \dot{\boldsymbol{z}}_1(t) \\ \dot{\boldsymbol{z}}_2(t) \end{bmatrix} = \begin{bmatrix} \boldsymbol{A}'_{11} & \boldsymbol{A}'_{12} \\ \boldsymbol{A}'_{21} & \boldsymbol{A}'_{22} \end{bmatrix} \begin{bmatrix} \boldsymbol{z}_1(t) \\ \boldsymbol{z}_2(t) \end{bmatrix} + \begin{bmatrix} \boldsymbol{B}'_1 \\ \boldsymbol{B}'_2 \end{bmatrix} \boldsymbol{u}(t) \\ \boldsymbol{y}(t) = \begin{bmatrix} \boldsymbol{I}_p & \boldsymbol{0} \end{bmatrix} \boldsymbol{z}(t) = \boldsymbol{z}_1(t) \end{cases} \tag{11.28}$$

*dove* $\boldsymbol{z}_1(t)$ *e* $\boldsymbol{z}_2(t)$ *derivano dalla partizione di* $\boldsymbol{z}(t)$ *in due componenti di dimensioni* $p$ *e* $n-p$, *rispettivamente, e le matrici* $\boldsymbol{A}'_{11}$, $\boldsymbol{A}'_{12}$, $\boldsymbol{A}'_{21}$, $\boldsymbol{A}'_{22}$, $\boldsymbol{B}'_1$, $\boldsymbol{B}'_2$ *sono matrici di opportune dimensioni definite in accordo alla partizione data di* $\boldsymbol{z}(t)$.

*Dimostrazione.* Sia

$$\boldsymbol{Q} = \begin{bmatrix} \boldsymbol{C} \\ \boldsymbol{R} \end{bmatrix} \tag{11.29}$$

una matrice costante di dimensione $n \times n$ dove $\boldsymbol{R}$ è una matrice di dimensione $(n-p) \times n$, scelta ad arbitrio garantendo però la non singolarità di $\boldsymbol{Q}$. Si definisca inoltre

$$\boldsymbol{P} = \boldsymbol{Q}^{-1} = \begin{bmatrix} \boldsymbol{P}_1 & \boldsymbol{P}_2 \end{bmatrix} \tag{11.30}$$

dove $\boldsymbol{P}_1$ e $\boldsymbol{P}_2$ sono matrici di dimensioni $n \times p$ e $n \times (n-p)$, rispettivamente. Vale naturalmente

$$\boldsymbol{I}_n = \boldsymbol{Q}\boldsymbol{P} = \begin{bmatrix} \boldsymbol{C} \\ \boldsymbol{R} \end{bmatrix} \begin{bmatrix} \boldsymbol{P}_1 & \boldsymbol{P}_2 \end{bmatrix} = \begin{bmatrix} \boldsymbol{C}\boldsymbol{P}_1 & \boldsymbol{C}\boldsymbol{P}_2 \\ \boldsymbol{R}\boldsymbol{P}_1 & \boldsymbol{R}\boldsymbol{P}_2 \end{bmatrix} = \begin{bmatrix} \boldsymbol{I}_p & \boldsymbol{0} \\ \boldsymbol{0} & \boldsymbol{I}_{n-p} \end{bmatrix}. \tag{11.31}$$

La rappresentazione equivalente alla (11.26) in $\boldsymbol{z}(t)$ è pertanto pari a

$$\begin{cases} \dot{\boldsymbol{z}}(t) = \boldsymbol{A}'\boldsymbol{z}(t) + \boldsymbol{B}'\boldsymbol{u}(t) \\ \boldsymbol{y}(t) = \boldsymbol{C}'\boldsymbol{z}(t) \end{cases} \tag{11.32}$$

con

$$\begin{aligned} \boldsymbol{A}' &= \boldsymbol{P}^{-1}\boldsymbol{A}\boldsymbol{P} = \boldsymbol{Q}\boldsymbol{A}\boldsymbol{P} = \begin{bmatrix} \boldsymbol{C} \\ \boldsymbol{R} \end{bmatrix} \boldsymbol{A} \begin{bmatrix} \boldsymbol{P}_1 & \boldsymbol{P}_2 \end{bmatrix} \\ &= \begin{bmatrix} \boldsymbol{C}\boldsymbol{A}\boldsymbol{P}_1 & \boldsymbol{C}\boldsymbol{A}\boldsymbol{P}_2 \\ \boldsymbol{R}\boldsymbol{A}\boldsymbol{P}_1 & \boldsymbol{R}\boldsymbol{A}\boldsymbol{P}_2 \end{bmatrix} = \begin{bmatrix} \boldsymbol{A}'_{11} & \boldsymbol{A}'_{12} \\ \boldsymbol{A}'_{21} & \boldsymbol{A}'_{22} \end{bmatrix}, \\ \boldsymbol{B}' &= \boldsymbol{P}^{-1}\boldsymbol{B} = \boldsymbol{Q}\boldsymbol{B} = \begin{bmatrix} \boldsymbol{C} \\ \boldsymbol{R} \end{bmatrix} \boldsymbol{B} = \begin{bmatrix} \boldsymbol{C}\boldsymbol{B} \\ \boldsymbol{R}\boldsymbol{B} \end{bmatrix} = \begin{bmatrix} \boldsymbol{B}'_1 \\ \boldsymbol{B}'_2 \end{bmatrix}, \\ \boldsymbol{C}' &= \boldsymbol{C}\boldsymbol{P} = \boldsymbol{C} \begin{bmatrix} \boldsymbol{P}_1 & \boldsymbol{P}_2 \end{bmatrix} = \begin{bmatrix} \boldsymbol{C}\boldsymbol{P}_1 & \boldsymbol{C}\boldsymbol{P}_2 \end{bmatrix} = \begin{bmatrix} \boldsymbol{I}_p & \boldsymbol{0} \end{bmatrix}, \end{aligned} \tag{11.33}$$

dove l'ultima eguaglianza sopra segue dall'ultima eguaglianza in eq. (11.31). □

L'uscita del sistema coincide con $\boldsymbol{z}_1(t)$ ossia con il vettore composto dalle prime $p$ componenti del vettore di stato. Il problema di osservazione dello stato si riduce allora alla determinazione di una stima delle $n-p$ componenti dello stato $\boldsymbol{z}_2(t)$. Nel seguito, in accordo con la notazione usata fino ad ora, indicheremo con $\hat{\boldsymbol{z}}_2(t)$ la stima del vettore $\boldsymbol{z}_2(t)$ ottenuta mediante un osservatore, detto appunto di ordine ridotto. Una volta ottenuta una stima di tale segnale si dispone di una stima completa del vettore $\boldsymbol{z}(t)$, denotata come $\hat{\boldsymbol{z}}(t) = \begin{bmatrix} \boldsymbol{y}(t) \\ \hat{\boldsymbol{z}}_2(t) \end{bmatrix}$.

Prima di presentare il teorema che ci fornisce le regole costruttive per la determinazione dell'osservatore di $\boldsymbol{z}_2(t)$, enunciamo però un importante risultato preliminare, che per semplicità diamo senza dimostrazione.

**Teorema 11.46.** *La coppia* $(\boldsymbol{A}, \boldsymbol{C})$ *in* (11.26) *è osservabile se e solo se la coppia* $(\boldsymbol{A}'_{22}, \boldsymbol{A}'_{12})$ *in* (11.28) *è osservabile.*

A questo punto possiamo enunciare il criterio per la determinazione di $\hat{\boldsymbol{z}}_2(t)$.

**Teorema 11.47.** *Si consideri il sistema lineare e stazionario*

$$\begin{cases} \begin{bmatrix} \dot{\boldsymbol{z}}_1(t) \\ \dot{\boldsymbol{z}}_2(t) \end{bmatrix} = \begin{bmatrix} \boldsymbol{A}'_{11} & \boldsymbol{A}'_{12} \\ \boldsymbol{A}'_{21} & \boldsymbol{A}'_{22} \end{bmatrix} \begin{bmatrix} \boldsymbol{z}_1(t) \\ \boldsymbol{z}_2(t) \end{bmatrix} + \begin{bmatrix} \boldsymbol{B}'_1 \\ \boldsymbol{B}'_2 \end{bmatrix} \boldsymbol{u}(t) \\ \\ \boldsymbol{y}(t) = \begin{bmatrix} \boldsymbol{I}_p & \boldsymbol{0} \end{bmatrix} \boldsymbol{z}(t) = \boldsymbol{z}_1(t) \end{cases} \tag{11.34}$$

*e si supponga che la coppia* $(\boldsymbol{A}'_{22}, \boldsymbol{A}'_{12})$ *sia osservabile. Il sistema dinamico*

$$\begin{cases} \dot{\boldsymbol{\gamma}}(t) = (\boldsymbol{A}'_{22} - \boldsymbol{L}'\boldsymbol{A}'_{12})\boldsymbol{\gamma}(t) + [(\boldsymbol{A}'_{22} - \boldsymbol{L}'\boldsymbol{A}'_{12})\boldsymbol{L}' + (\boldsymbol{A}'_{21} - \boldsymbol{L}'\boldsymbol{A}'_{11})]\boldsymbol{y}(t) + \\ \qquad + (\boldsymbol{B}'_2 - \boldsymbol{L}'\boldsymbol{B}'_1)\boldsymbol{u}(t). \\ \\ \hat{\boldsymbol{z}}_2(t) = \boldsymbol{L}'\boldsymbol{y}(t) + \boldsymbol{\gamma}(t) \end{cases} \tag{11.35}$$

*fornisce una stima* $\hat{\boldsymbol{z}}_2(t)$ *che tende asintoticamente a* $\boldsymbol{z}_2(t)$ *se e solo se la matrice* $\tilde{\boldsymbol{A}} = \boldsymbol{A}'_{22} - \boldsymbol{L}'\boldsymbol{A}'_{12}$ *ha tutti i suoi autovalori con parte reale negativa.*

*Il sistema* (11.35) *viene pertanto detto osservatore asintotico di ordine ridotto del sistema lineare* (11.34).

*Dimostrazione.* Essendo $\boldsymbol{z}_1(t) = \boldsymbol{y}(t)$, l'equazione di stato in (11.34) può essere riscritta come

$$\begin{cases} \dot{\boldsymbol{y}}(t) = \boldsymbol{A}'_{11}\boldsymbol{y}(t) + \boldsymbol{A}'_{12}\boldsymbol{z}_2(t) + \boldsymbol{B}'_1\boldsymbol{u}(t) \\ \dot{\boldsymbol{z}}_2(t) = \boldsymbol{A}'_{22}\boldsymbol{z}_2(t) + \boldsymbol{A}'_{21}\boldsymbol{y}(t) + \boldsymbol{B}'_2\boldsymbol{u}(t) \end{cases} \tag{11.36}$$

o equivalentemente come

$$\begin{cases} \dot{\boldsymbol{z}}_2(t) = \boldsymbol{A}'_{22}\boldsymbol{z}_2(t) + \boldsymbol{u}'(t) \\ \boldsymbol{w}(t) = \boldsymbol{A}'_{12}\boldsymbol{z}_2(t) \end{cases} \tag{11.37}$$

ponendo

$$\begin{cases} \boldsymbol{u}'(t) = \boldsymbol{A}'_{21}\boldsymbol{y}(t) + \boldsymbol{B}'_2\boldsymbol{u}(t) \\ \boldsymbol{w}(t) = \dot{\boldsymbol{y}}(t) - \boldsymbol{A}'_{11}\boldsymbol{y}(t) - \boldsymbol{B}'_1\boldsymbol{u}(t) \end{cases} \tag{11.38}$$

dove $\boldsymbol{u}'(t)$ e $\boldsymbol{w}(t)$ sono segnali noti, essendo a loro volta funzioni di segnali noti o misurabili.

Essendo per ipotesi la coppia $(\boldsymbol{A}'_{22}, \boldsymbol{A}'_{12})$ osservabile, è possibile costruire un osservatore asintotico dello stato $\boldsymbol{z}_2(t)$ nella forma

$$\dot{\hat{\boldsymbol{z}}}_2(t) = (\boldsymbol{A}'_{22} - \boldsymbol{L}'\boldsymbol{A}'_{12})\hat{\boldsymbol{z}}_2(t) + \boldsymbol{L}'\boldsymbol{w}(t) + \boldsymbol{u}'(t) \tag{11.39}$$

dove, in virtù del Teorema 11.43, gli autovalori di $(\boldsymbol{A}'_{22} - \boldsymbol{L}'\boldsymbol{A}'_{12})$ possono essere scelti ad arbitrio tramite un'opportuna scelta della matrice $\boldsymbol{L}'$. Ora, sostituendo la (11.38) nella (11.39), si ottiene

$$\begin{aligned}\dot{\hat{\boldsymbol{z}}}_2(t) &= (\boldsymbol{A}'_{22} - \boldsymbol{L}'\boldsymbol{A}'_{12})\hat{\boldsymbol{z}}_2(t) + \boldsymbol{L}'(\dot{\boldsymbol{y}}(t) - \boldsymbol{A}'_{11}\boldsymbol{y}(t) - \boldsymbol{B}'_1\boldsymbol{u}(t)) + \\ &\quad +(\boldsymbol{A}'_{21}\boldsymbol{y}(t) + \boldsymbol{B}'_2\boldsymbol{u}(t)).\end{aligned} \tag{11.40}$$

È facile osservare che la derivata di $\boldsymbol{y}(t)$ può facilmente essere eliminata definendo la nuova variabile

$$\gamma(t) = \hat{\boldsymbol{z}}_2(t) - \boldsymbol{L}'\boldsymbol{y}(t) \tag{11.41}$$

ottenendo così una nuova equazione dinamica nella variabile $\gamma(t)$ che definisce appunto l'equazione di stato dell'osservatore di ordine ridotto:

$$\begin{aligned}\dot{\gamma}(t) &= (\boldsymbol{A}'_{22} - \boldsymbol{L}'\boldsymbol{A}'_{12})(\gamma(t) + \boldsymbol{L}'\boldsymbol{y}(t)) + \\ &\quad +(\boldsymbol{A}'_{21} - \boldsymbol{L}'\boldsymbol{A}'_{11})\boldsymbol{y}(t) + (\boldsymbol{B}'_2 - \boldsymbol{L}'\boldsymbol{B}'_1)\boldsymbol{u}(t) \\ &= (\boldsymbol{A}'_{22} - \boldsymbol{L}'\boldsymbol{A}'_{12})\gamma(t) + [(\boldsymbol{A}'_{22} - \boldsymbol{L}'\boldsymbol{A}'_{12})\boldsymbol{L}' + (\boldsymbol{A}'_{21} - \boldsymbol{L}'\boldsymbol{A}'_{11})]\boldsymbol{y}(t) + \\ &\quad +(\boldsymbol{B}'_2 - \boldsymbol{L}'\boldsymbol{B}'_1)\boldsymbol{u}(t).\end{aligned} \tag{11.42}$$

Questa è un'equazione dinamica $(n-p)$-dimensionale dove $\boldsymbol{u}(t)$ e $\boldsymbol{y}(t)$ compaiono come ingressi esterni.

Dalla (11.41) è facile osservare che $\gamma(t) + \boldsymbol{L}'\boldsymbol{y}(t)$ è una stima di $\boldsymbol{z}_2(t)$. Infatti, se definiamo

$$\boldsymbol{e}(t) = \boldsymbol{z}_2(t) - \hat{\boldsymbol{z}}_2(t) = \boldsymbol{z}_2(t) - (\gamma(t) + \boldsymbol{L}'\boldsymbol{y}(t)), \tag{11.43}$$

otteniamo

$$\begin{aligned}\dot{\boldsymbol{e}}(t) &= \dot{\boldsymbol{z}}_2(t) - (\dot{\gamma}(t) + \boldsymbol{L}'\dot{\boldsymbol{y}}(t)) \\ &= \boldsymbol{A}'_{21}\boldsymbol{z}_1(t) + \boldsymbol{A}'_{22}\boldsymbol{z}_2(t) + \boldsymbol{B}'_2\boldsymbol{u}(t) - \\ &\quad -(\boldsymbol{A}'_{22} - \boldsymbol{L}'\boldsymbol{A}'_{12})(\gamma(t) + \boldsymbol{L}'\boldsymbol{z}_1(t)) - (\boldsymbol{A}'_{21} - \boldsymbol{L}'\boldsymbol{A}'_{11})\boldsymbol{z}_1(t) - \\ &\quad -(\boldsymbol{B}'_2 - \boldsymbol{L}'\boldsymbol{B}'_1)\boldsymbol{u}(t) - \boldsymbol{L}'\boldsymbol{A}'_{11}\boldsymbol{z}_1(t) - \boldsymbol{L}'\boldsymbol{A}'_{12}\boldsymbol{z}_2(t) - \boldsymbol{L}'\boldsymbol{B}'_1\boldsymbol{u}(t) \\ &= (\boldsymbol{A}'_{22} - \boldsymbol{L}'\boldsymbol{A}'_{12})(\boldsymbol{z}_2(t) - \gamma(t) - \boldsymbol{L}'\boldsymbol{z}_1(t)) \\ &= (\boldsymbol{A}'_{22} - \boldsymbol{L}'\boldsymbol{A}'_{12})\boldsymbol{e}(t)\end{aligned} \tag{11.44}$$

dove gli autovalori di $(\boldsymbol{A}'_{22} - \boldsymbol{L}'\boldsymbol{A}'_{12})$ possono essere assegnati ad arbitrio essendo per ipotesi la coppia $(\boldsymbol{A}'_{22}, \boldsymbol{A}'_{12})$ osservabile. □

Il Teorema 11.47 ci fornisce una procedura costruttiva per la determinazione dell'osservatore di ordine ridotto qualora il sistema sia nella forma (11.28). Si noti però che, grazie alla Proposizione 11.45, tale risultato è sempre applicabile.

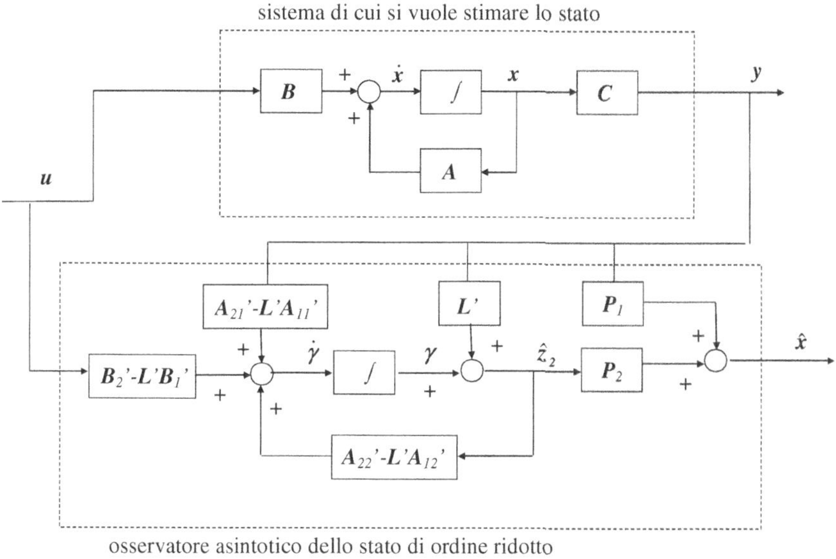


**Fig. 11.7.** Struttura di un osservatore asintotico dello stato di ordine ridotto

Infatti, se anche il sistema non fosse nella forma (11.28), sarebbe sempre possibile individuare una trasformazione di similitudine $\boldsymbol{x}(t) = \boldsymbol{P}\boldsymbol{z}(t)$ che lo porti nella forma (11.28), a partire dalla quale un osservatore di ordine ridotto può essere determinato applicando il Teorema 11.47 e poi ponendo

$$\begin{aligned} \hat{\boldsymbol{x}}(t) = \boldsymbol{P}\hat{\boldsymbol{z}}(t) &= \begin{bmatrix} \boldsymbol{P}_1 & \boldsymbol{P}_2 \end{bmatrix} \begin{bmatrix} \boldsymbol{y}(t) \\ \boldsymbol{L}'\boldsymbol{y}(t) + \boldsymbol{\gamma}(t) \end{bmatrix} \\ &= \begin{bmatrix} \boldsymbol{P}_1 & \boldsymbol{P}_2 \end{bmatrix} \begin{bmatrix} \boldsymbol{I}_p & \boldsymbol{0} \\ \boldsymbol{L}' & \boldsymbol{I}_{n-p} \end{bmatrix} \begin{bmatrix} \boldsymbol{y}(t) \\ \boldsymbol{\gamma}(t) \end{bmatrix} \end{aligned} \tag{11.45}$$

dove le matrici $\boldsymbol{P}_1$ e $\boldsymbol{P}_2$ sono individuate dalla partizione definita nell'equazione (11.30).

Il diagramma a blocchi rappresentativo di tale osservatore è riportato in Fig. 11.7, mentre i passi principali per la determinazione dell'osservatore di ordine ridotto a partire da un generico sistema nella forma (11.26) sono riassunti nel seguente algoritmo.

**Algoritmo 11.48 (Osservatore di ordine ridotto)**

1. *Si scelga ad arbitrio una matrice* $\boldsymbol{R} \in \mathbb{R}^{(n-p)\times n}$ *tale che*

$$\boldsymbol{Q} = \begin{bmatrix} \boldsymbol{C} \\ \boldsymbol{R} \end{bmatrix}$$

*sia non singolare.*

2. *Si definisca* $\boldsymbol{P} = \boldsymbol{Q}^{-1}$ *e si ponga*
$$\boldsymbol{P} = \begin{bmatrix} \boldsymbol{P}_1 & \boldsymbol{P}_2 \end{bmatrix}$$
*dove* $\boldsymbol{P}_1 \in \mathbb{R}^{n\times p}$ *e* $\boldsymbol{P}_2 \in \mathbb{R}^{n\times(n-p)}$*, rispettivamente.*
3. *Si pongano*
$$\boldsymbol{A}'_{11} = \boldsymbol{CAP}_1, \quad \boldsymbol{A}'_{12} = \boldsymbol{CAP}_2, \quad \boldsymbol{A}'_{21} = \boldsymbol{RAP}_1, \quad \boldsymbol{A}'_{22} = \boldsymbol{RAP}_2,$$
$$\boldsymbol{B}'_1 = \boldsymbol{CB}, \qquad \boldsymbol{B}'_2 = \boldsymbol{RB}.$$
4. *Si scelgano ad arbitrio* $n-p$ *autovalori* $\bar{\lambda}_i$, $i = 1,\ldots,n-p$, *tutti con parte reale strettamente negativa.*
5. *Si determini, seguendo la procedura illustrata in § 11.5.1, una matrice* $\boldsymbol{L}'$ *tale che gli autovalori di* $\boldsymbol{A}'_{22} - \boldsymbol{L}'\boldsymbol{A}'_{12}$ *siano pari a* $\bar{\lambda}_i$, $i = 1,\ldots,n-p$.
6. *Si implementi il sistema dinamico descritto mediante lo schema a blocchi in Fig. 11.7.*

Un confronto tra l'osservatore di ordine pieno e quello di ordine ridotto ci porta alle seguenti conclusioni. Dal punto di vista computazionale, l'osservatore di ordine ridotto è più vantaggioso benché esso richieda il calcolo dell'inversa della matrice $\boldsymbol{Q}$. Esso è inoltre più vantaggioso dal punto di vista implementativo in quanto richiede un numero inferiore di integratori. Per contro tuttavia nell'osservatore di ordine ridotto il segnale $\boldsymbol{y}(t)$, moltiplicato per la matrice $\boldsymbol{P}_1$, compare in uscita allo stimatore. Pertanto, se $\boldsymbol{y}(t)$ è affetto da rumore, tale rumore sarà presente anche nell'uscita dello stimatore. Al contrario, nell'osservatore di ordine pieno (si veda la Fig. 11.6) il segnale $\boldsymbol{y}(t)$ viene integrato o filtrato; pertanto i rumori in alta frequenza sull'uscita vengono soppressi.

**Esempio 11.49** Si consideri il sistema SISO
$$\begin{cases} \dot{\boldsymbol{x}}(t) = \boldsymbol{A}\boldsymbol{x}(t) + \boldsymbol{B}u(t) = \begin{bmatrix} 1 & 0 & 0 \\ 0 & 2 & 0 \\ 0 & 0 & 3 \end{bmatrix} \boldsymbol{x}(t) + \begin{bmatrix} 1 \\ 1 \\ 1 \end{bmatrix} u(t) \\ y(t) = \boldsymbol{C}\boldsymbol{x}(t) = \begin{bmatrix} -1 & 2 & 1 \end{bmatrix} \boldsymbol{x}(t) \end{cases}$$
già preso in esame nell'Esempio 11.44. Si desidera progettare un osservatore di ordine ridotto per tale sistema. Naturalmente, essendo $n = 3$ e $p = 1$ l'ordine di tale osservatore sarà pari a $n - p = 2$. A tal fine si seguono i passi dell'Algoritmo 11.48.

Si sceglie ad esempio
$$\boldsymbol{R} = \begin{bmatrix} 1 & 0 & 0 \\ 0 & 1 & 0 \end{bmatrix} \quad \Rightarrow \quad \boldsymbol{Q} = \begin{bmatrix} -1 & 2 & 1 \\ 1 & 0 & 0 \\ 0 & 1 & 0 \end{bmatrix}.$$
Si calcola
$$\boldsymbol{P} = \boldsymbol{Q}^{-1} = \begin{bmatrix} 0 & 1 & 0 \\ 0 & 0 & 1 \\ 1 & 1 & -2 \end{bmatrix} \quad \Rightarrow \quad \boldsymbol{P}_1 = \begin{bmatrix} 0 \\ 0 \\ 1 \end{bmatrix}, \qquad \boldsymbol{P}_2 = \begin{bmatrix} 1 & 0 \\ 0 & 1 \\ 1 & -2 \end{bmatrix}.$$

Si calcolano le seguenti matrici:

$$A'_{11} = CAP_1 = \begin{bmatrix} 3 \end{bmatrix}, \quad A'_{12} = CAP_2 = \begin{bmatrix} 2 & -2 \end{bmatrix},$$

$$A'_{21} = RAP_1 = \begin{bmatrix} 0 \\ 0 \end{bmatrix}, \quad A'_{22} = RAP_2 = \begin{bmatrix} 1 & 0 \\ 0 & 2 \end{bmatrix},$$

$$B'_1 = CB = \begin{bmatrix} 2 \end{bmatrix}, \qquad B'_2 = RB = \begin{bmatrix} 1 \\ 1 \end{bmatrix}.$$

Si assumono ad esempio $\bar{\lambda}_1 = -3$ e $\bar{\lambda}_2 = -2$. Si determina, seguendo la procedura illustrata in § 11.5.1 la matrice

$$L' = \begin{bmatrix} -6 \\ -10 \end{bmatrix}.$$

Infine si implementa il sistema dinamico descritto mediante lo schema a blocchi in Fig. 11.7.

È lasciata al lettore la verifica che gli autovalori della matrice $A'_{22} - L'A'_{12}$ sono effettivamente pari a $\bar{\lambda}_1 = -3$ e $\bar{\lambda}_2 = -2$. ◇

## 11.6 Retroazione dello stato in presenza di un osservatore [*]

Nel caso in cui si voglia realizzare una retroazione sullo stato ma tale stato non è misurabile nasce la necessità di costruire un osservatore. Come visto in precedenza una soluzione semplice al problema della stima dello stato esiste se il sistema è osservabile e se si costruisce un osservatore asintotico. L'obiettivo di questo paragrafo è quello di mostrare che la stima ottenuta mediante un osservatore asintotico può essere utilizzata nella legge in retroazione calcolata supponendo che lo stato $x(t)$ sia misurabile.

Si noti che per semplicità la trattazione che segue farà riferimento alla stima ottenuta mediante l'osservatore di Luenberger. Considerazioni analoghe possono essere naturalmente ripetute nel caso in cui la stima sia ottenuta mediante un osservatore di ordine minimo, con riferimento però alle sole componenti dello stato di cui effettivamente si costruisce una stima asintotica, essendo le altre note a meno di una semplice trasformazione di similitudine.

In particolare, nel seguito faremo vedere che nel caso in cui lo stato non sia misurabile è possibile assumere come legge in retroazione

$$u(t) = -K\hat{x}(t) \tag{11.46}$$

dove

- $K$ è la matrice ottenuta assegnando opportunamente gli autovalori desiderati alla matrice $A - BK$;

- $\hat{\boldsymbol{x}}(t)$ è la stima dello stato ottenuta mediante un osservatore di Luenberger la cui matrice $\boldsymbol{K}_o$ è scelta in modo da assegnare opportuni autovalori alla matrice $\boldsymbol{A} - \boldsymbol{K}_o\boldsymbol{C}$.

A tal fine presentiamo dapprima il seguente risultato.

**Teorema 11.50.** *Si consideri il sistema lineare e stazionario*

$$\begin{cases} \dot{\boldsymbol{x}}(t) = \boldsymbol{A}\boldsymbol{x}(t) + \boldsymbol{B}\boldsymbol{u}(t) \\ \boldsymbol{y}(t) = \boldsymbol{C}\boldsymbol{x}(t) \end{cases} \tag{11.47}$$

*dove* $\boldsymbol{x} \in \mathbb{R}^n$, $\boldsymbol{u} \in \mathbb{R}^r$, $\boldsymbol{y} \in \mathbb{R}^p$,

$$\boldsymbol{u}(t) = -\boldsymbol{K}\hat{\boldsymbol{x}}(t) \tag{11.48}$$

*e* $\hat{\boldsymbol{x}}(t)$ *è la stima ottenuta mediante l'osservatore di Luenberger*

$$\begin{aligned} \dot{\hat{\boldsymbol{x}}}(t) &= \boldsymbol{A}\hat{\boldsymbol{x}}(t) + \boldsymbol{B}\boldsymbol{u}(t) + \boldsymbol{K}_o\left(\boldsymbol{y}(t) - \hat{\boldsymbol{y}}(t)\right) \\ &= \boldsymbol{A}\hat{\boldsymbol{x}}(t) + \boldsymbol{B}\boldsymbol{u}(t) + \boldsymbol{K}_o\boldsymbol{y}(t) - \boldsymbol{K}_o\boldsymbol{C}\hat{\boldsymbol{x}}(t) \\ &= (\boldsymbol{A} - \boldsymbol{K}_o\boldsymbol{C})\hat{\boldsymbol{x}}(t) + \boldsymbol{B}\boldsymbol{u}(t) + \boldsymbol{K}_o\boldsymbol{y}(t). \end{aligned} \tag{11.49}$$

*Il sistema risultante a ciclo chiuso è un sistema di ordine $2n$ i cui autovalori sono dati dall'unione degli $n$ autovalori della matrice $\boldsymbol{A}-\boldsymbol{B}\boldsymbol{K}$ e degli $n$ autovalori della matrice $\boldsymbol{A} - \boldsymbol{K}_o\boldsymbol{C}$.*

*Dimostrazione.* Il sistema risultante a ciclo chiuso è chiaramente un sistema autonomo di ordine $2n$ la cui equazione di stato è

$$\begin{bmatrix} \dot{\boldsymbol{x}}(t) \\ \dot{\hat{\boldsymbol{x}}}(t) \end{bmatrix} = \begin{bmatrix} \boldsymbol{A} & -\boldsymbol{B}\boldsymbol{K} \\ \boldsymbol{K}_o\boldsymbol{C} & \boldsymbol{A} - \boldsymbol{B}\boldsymbol{K} - \boldsymbol{K}_o\boldsymbol{C} \end{bmatrix} \begin{bmatrix} \boldsymbol{x}(t) \\ \hat{\boldsymbol{x}}(t) \end{bmatrix}.$$

Si consideri ora la trasformazione di similitudine

$$\begin{bmatrix} \boldsymbol{x}(t) \\ \hat{\boldsymbol{x}}(t) \end{bmatrix} = \boldsymbol{P} \begin{bmatrix} \boldsymbol{z}(t) \\ \hat{\boldsymbol{z}}(t) \end{bmatrix}$$

dove

$$\boldsymbol{P} = \begin{bmatrix} \boldsymbol{I} & \boldsymbol{0} \\ \boldsymbol{I} & -\boldsymbol{I} \end{bmatrix} = \boldsymbol{P}^{-1}.$$

È immediato verificare che

$$\begin{bmatrix} \dot{\boldsymbol{z}}(t) \\ \dot{\hat{\boldsymbol{z}}}(t) \end{bmatrix} = \begin{bmatrix} \boldsymbol{A} - \boldsymbol{B}\boldsymbol{K} & \boldsymbol{B}\boldsymbol{K} \\ \boldsymbol{0} & \boldsymbol{A} - \boldsymbol{K}_o\boldsymbol{C} \end{bmatrix} \begin{bmatrix} \boldsymbol{z}(t) \\ \hat{\boldsymbol{z}}(t) \end{bmatrix}$$

per cui la matrice dei coefficienti della nuova realizzazione a ciclo chiuso è triangolare a blocchi. I suoi autovalori sono pertanto dati dall'unione degli autovalori dei singoli blocchi lungo la diagonale (cfr. Appendice C). Ricordando infine che una trasformazione di similitudine lascia inalterati gli autovalori della matrice dinamica, da ciò segue la validità dell'enunciato. □

Dal Teorema 11.50 e dai Teoremi 11.16 e 11.43 segue infine il seguente risultato fondamentale che, nel caso in cui il sistema sia controllabile e osservabile, permette di realizzare una retroazione sullo stato con osservatore determinando *separatamente* le matrici $\boldsymbol{K}$ del controllore e $\boldsymbol{K}_o$ dell'osservatore mediante i criteri sopra esposti.

**Teorema 11.51.** *Il sistema*

$$\begin{cases} \dot{\boldsymbol{x}}(t) = \boldsymbol{A}\boldsymbol{x}(t) + \boldsymbol{B}\boldsymbol{u}(t) \\ \boldsymbol{y}(t) = \boldsymbol{C}\boldsymbol{x}(t) \end{cases}$$

*con* $\boldsymbol{x} \in \mathbb{R}^n$, $\boldsymbol{u} \in \mathbb{R}^r$ *e* $\boldsymbol{y} \in \mathbb{R}^p$, *è controllabile e osservabile* se e solo se *scelti due qualunque insiemi di n numeri reali e/o di coppie di complessi coniugati* $\bar{\lambda}_1, \bar{\lambda}_2, \ldots, \bar{\lambda}_n$ *e* $\bar{\lambda}_{n+1}, \bar{\lambda}_{n+2}, \ldots, \bar{\lambda}_{2n}$ *esiste una matrice* $\boldsymbol{K} \in \mathbb{R}^{r\times n}$ *e una matrice* $\boldsymbol{K}_o \in \mathbb{R}^{n\times p}$ *tale che gli autovalori della matrice* $(\boldsymbol{A} - \boldsymbol{B}\boldsymbol{K})$ *siano pari a* $\bar{\lambda}_1, \bar{\lambda}_2, \ldots, \bar{\lambda}_n$ *e gli autovalori di* $(\boldsymbol{A} - \boldsymbol{K}_o\boldsymbol{C})$ *siano pari a* $\bar{\lambda}_{n+1}, \bar{\lambda}_{n+2}, \ldots, \bar{\lambda}_{2n}$.

La struttura del sistema a ciclo chiuso con osservatore è riportata in Fig. 11.8. È importante sottolineare che gli autovalori del sistema vengono naturalmente scelti in maniera tale da soddisfare al meglio le specifiche desiderate. In particolare, è prassi comune scegliere gli autovalori relativi all'osservatore in modo tale che la dinamica dell'errore sia decisamente più rapida di quella del sistema a ciclo chiuso: in generale si fa in modo che la risposta dell'osservatore sia da 2 a 5 volte più rapida di quella del sistema a ciclo chiuso. Ciò risulta di solito possibile in

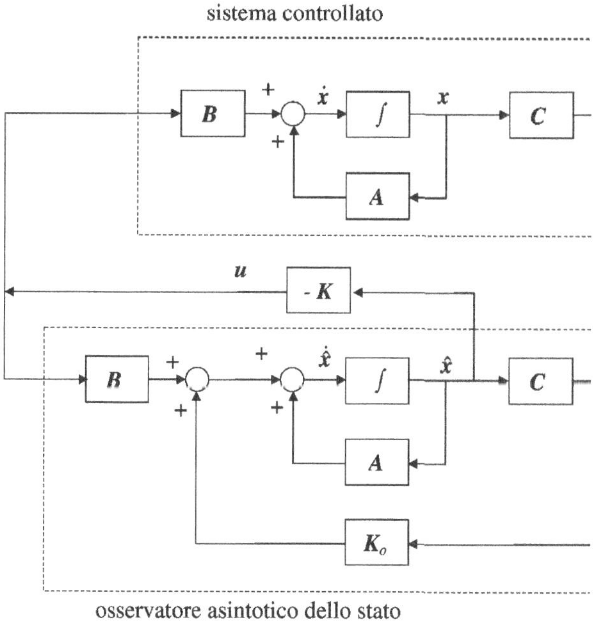


**Fig. 11.8.** Struttura di un sistema in retroazione con osservatore asintotico dello stato

quanto l'osservatore non è una struttura fisica ma piuttosto una struttura implementata ad un calcolatore e la rapidità della sua risposta è di fatto limitata solo dalla sensibilità dello stimatore stesso rispetto ai possibili errori nella misura delle grandezze esterne.

## 11.7 Controllabilità, osservabilità e relazione ingresso-uscita

Concludiamo questo capitolo esaminando quale legame esiste tra le proprietà di controllabilità e di osservabilità e la relazione ingresso-uscita del sistema.

A tal fine risulta fondamentale la definizione preliminare di una particolare forma canonica, nota come *forma canonica di Kalman.*

### 11.7.1 Forma canonica di Kalman

La forma canonica di Kalman è una generalizzazione delle forme canoniche controllabile ed osservabile di Kalman introdotte nei paragrafi precedenti. In particolare vale il seguente risultato.

**Teorema 11.52.** *Dato un qualunque sistema lineare e stazionario nella forma*

$$\left\{ \begin{array}{l} \dot{\boldsymbol{x}}(t) = \boldsymbol{A}\boldsymbol{x}(t) + \boldsymbol{B}\boldsymbol{u}(t) \\ \boldsymbol{y}(t) = \boldsymbol{C}\boldsymbol{x}(t) \end{array} \right. \tag{11.50}$$

*è sempre possibile definire una trasformazione di similitudine* $\boldsymbol{x}(t) = \boldsymbol{P}\boldsymbol{z}(t)$ *tale che la realizzazione in* $\boldsymbol{z}$ *abbia la seguente struttura:*

$$\left\{ \begin{array}{l} \begin{bmatrix} \dot{\boldsymbol{z}}_1(t) \\ \dot{\boldsymbol{z}}_2(t) \\ \dot{\boldsymbol{z}}_3(t) \\ \dot{\boldsymbol{z}}_4(t) \end{bmatrix} = \begin{bmatrix} \boldsymbol{A}'_{11} & \boldsymbol{A}'_{12} & \boldsymbol{A}'_{13} & \boldsymbol{A}'_{14} \\ \boldsymbol{0} & \boldsymbol{A}'_{co} & \boldsymbol{0} & \boldsymbol{A}'_{24} \\ \boldsymbol{0} & \boldsymbol{0} & \boldsymbol{A}'_{33} & \boldsymbol{A}'_{34} \\ \boldsymbol{0} & \boldsymbol{0} & \boldsymbol{0} & \boldsymbol{A}'_{44} \end{bmatrix} \begin{bmatrix} \boldsymbol{z}_1(t) \\ \boldsymbol{z}_2(t) \\ \boldsymbol{z}_3(t) \\ \boldsymbol{z}_4(t) \end{bmatrix} + \begin{bmatrix} \boldsymbol{B}'_1 \\ \boldsymbol{B}'_{co} \\ \boldsymbol{0} \\ \boldsymbol{0} \end{bmatrix} \boldsymbol{u}(t) \\ \boldsymbol{y}(t) = \begin{bmatrix} \boldsymbol{0} & \boldsymbol{C}'_{co} & \boldsymbol{0} & \boldsymbol{C}'_4 \end{bmatrix} \begin{bmatrix} \boldsymbol{z}_1(t) \\ \boldsymbol{z}_2(t) \\ \boldsymbol{z}_3(t) \\ \boldsymbol{z}_4(t) \end{bmatrix} \end{array} \right. \tag{11.51}$$

*e il sistema lineare e stazionario*

$$\left\{ \begin{array}{l} \dot{\boldsymbol{z}}_{co}(t) = \boldsymbol{A}'_{co}\boldsymbol{z}_{co}(t) + \boldsymbol{B}'_{co}\boldsymbol{u}(t) \\ \boldsymbol{y}_{co}(t) = \boldsymbol{C}'_{co}\boldsymbol{z}_{co}(t) \end{array} \right. \tag{11.52}$$

*sia* controllabile *ed* osservabile.

La dimostrazione di tale teorema fornisce anche una procedura costruttiva per la determinazione della matrice $\boldsymbol{P}$. Tale dimostrazione non verrà tuttavia riportata in quanto va oltre le finalità della presente trattazione.

È importante però ribadire che nel caso in cui un sistema è sia controllabile sia osservabile la dimensione della matrice $\boldsymbol{A}'_{co}$ è pari all'ordine del sistema. Al contrario, se il sistema è non controllabile, o non osservabile, oppure non è né controllabile né osservabile la dimensione di $\boldsymbol{A}'_{co}$ è strettamente inferiore all'ordine del sistema.

### 11.7.2 Relazione ingresso-uscita

Vediamo ora la relazione esistente tra le proprietà di controllabilità e osservabilità e il legame IU nel caso di un sistema SISO.

**Teorema 11.53.** *Si consideri un sistema SISO con* $\boldsymbol{x} \in \mathbb{R}^n$,

$$\begin{cases} \dot{\boldsymbol{x}}(t) = \boldsymbol{A}\boldsymbol{x}(t) + \boldsymbol{B}u(t) \\ y(t) = \boldsymbol{C}\boldsymbol{x}(t) \end{cases} \tag{11.53}$$

*La funzione di trasferimento che esprime il legame IU dipende solo dalla parte controllabile e osservabile di tale sistema. In particolare, se* $\boldsymbol{A}'_{co}$, $\boldsymbol{B}'_{co}$ *e* $\boldsymbol{C}'_{co}$ *sono definite come nel Teorema 11.52, vale*

$$W(s) = \boldsymbol{C}'_{co}(s\boldsymbol{I} - \boldsymbol{A}'_{co})^{-1}\boldsymbol{B}'_{co}. \tag{11.54}$$

*Dimostrazione.* In virtù del Teorema 11.52 esiste una trasformazione di similitudine $\boldsymbol{x}(t) = \boldsymbol{P}\boldsymbol{z}(t)$ che permette di porre il sistema (11.53) nella forma canonica equivalente di Kalman (11.51).

Per quanto visto nel Capitolo 6 (cfr. § 6.3.7) le funzioni di trasferimento relative a due rappresentazioni equivalenti sono tra loro identiche. Pertanto, se indichiamo con $\boldsymbol{A}'$, $\boldsymbol{B}'$ e $\boldsymbol{C}'$ le matrici dei coefficienti del sistema nella forma canonica (11.51), possiamo scrivere

$$W(s) = \boldsymbol{C}(s\boldsymbol{I} - A)^{-1}\boldsymbol{B} = \boldsymbol{C}'(s\boldsymbol{I} - \boldsymbol{A}')^{-1}\boldsymbol{B}'.$$

Essendo $\boldsymbol{A}'$ triangolare superiore a blocchi, anche $(s\boldsymbol{I} - \boldsymbol{A}')$ e di conseguenza $(s\boldsymbol{I} - \boldsymbol{A}')^{-1}$, sono triangolari superiori. In particolare, vale

$$(s\boldsymbol{I} - \boldsymbol{A}')^{-1} = \begin{bmatrix} (s\boldsymbol{I} - A'_{11})^{-1} & * & * & * \\ \boldsymbol{0} & (s\boldsymbol{I} - \boldsymbol{A}'_{co})^{-1} & * & * \\ \boldsymbol{0} & \boldsymbol{0} & (s\boldsymbol{I} - \boldsymbol{A}'_{33})^{\ 1} & * \\ \boldsymbol{0} & \boldsymbol{0} & \boldsymbol{0} & (s\boldsymbol{I} - \boldsymbol{A}'_{44})^{1} \end{bmatrix}$$

dove $*$ indica la presenza di elementi che possono essere non nulli che non è però importante specificare.

Tenendo conto della struttura dei vettori $\boldsymbol{B}'$ e $\boldsymbol{C}'$ è immediato verificare che:

$$W(s) = \boldsymbol{C}'(s\boldsymbol{I} - \boldsymbol{A}')^{-1}\boldsymbol{B}' = \boldsymbol{C}'_{co}(s\boldsymbol{I} - \boldsymbol{A}'_{co})^{-1}\boldsymbol{B}'_{co}$$

come volevasi dimostrare. □

Dal Teorema 11.53 segue immediatamente il seguente risultato.

**Teorema 11.54.** *Si consideri un sistema SISO con* $\boldsymbol{x} \in \mathbb{R}^n$,

$$\begin{cases} \dot{\boldsymbol{x}}(t) = \boldsymbol{A}\boldsymbol{x}(t) + \boldsymbol{B}u(t) \\ y(t) = \boldsymbol{C}\boldsymbol{x}(t) \end{cases}$$

*la cui funzione di trasferimento ingresso-uscita vale*

$$W(s) = \boldsymbol{C}(s\boldsymbol{I} - \boldsymbol{A})^{-1}\boldsymbol{B}.$$

Condizione necessaria e sufficiente *affinché il sistema sia* controllabile *e* osservabile *è che il denominatore della* $W(s)$ *espressa in forma minima abbia grado pari all'ordine del sistema.*

**Esempio 11.55** Si consideri il sistema lineare e stazionario descritto dal modello

$$\begin{cases} \dot{\boldsymbol{x}}(t) = \begin{bmatrix} 2 & 0 & 0 & 0 \\ 0 & 4 & 0 & 0 \\ 0 & 0 & -5 & 0 \\ 0 & 0 & 0 & 1 \end{bmatrix} \boldsymbol{x}(t) + \begin{bmatrix} 2 \\ 3 \\ 0 \\ 0 \end{bmatrix} u(t) \\ y(t) = \begin{bmatrix} 3 & 0 & 2 & 0 \end{bmatrix} \boldsymbol{x}(t). \end{cases}$$

Essendo la matrice $\boldsymbol{A}$ diagonale e avendo autovalori distinti è immediato osservare che tale sistema è non controllabile e non osservabile.

Inoltre, il polinomio caratteristico di $\boldsymbol{A}$ vale

$$\Delta(s) = s^4 - 2s^3 - 21s^2 + 62s - 40 = (s-2)(s-4)(s+5)(s-1)$$

mentre la funzione di trasferimento è pari a

$$W(s) = \frac{7s^3 - 21s + 20}{s^3 - s^2 - 22s + 40} = \frac{7(s-1)(s+5)(s-4)}{(s-2)(s-4)(s+5)(s-1)} = \frac{7}{(s-2)},$$

che in forma minima ha un denominatore di ordine $1 < 4 = n$. ◇

**Esempio 11.56** Dato un sistema lineare e stazionario, si considerino due sue possibili rappresentazioni in termini di variabili di stato:

$$\begin{cases} \dot{\boldsymbol{z}}(t) = \begin{bmatrix} 0 & 1 \\ -0.4 & -1.3 \end{bmatrix} \boldsymbol{z}(t) + \begin{bmatrix} 0 \\ 1 \end{bmatrix} u(t) \\ y(t) = \begin{bmatrix} 0.8 & 1 \end{bmatrix} \boldsymbol{z}(t) \end{cases}$$

e

$$\begin{cases} \dot{\boldsymbol{x}}(t) = \begin{bmatrix} 0 & -0.4 \\ 1 & -1.3 \end{bmatrix} \boldsymbol{x}(t) + \begin{bmatrix} 0 \\ 1 \end{bmatrix} u(t) \\ y(t) = \begin{bmatrix} 0 & 1 \end{bmatrix} \boldsymbol{x}(t). \end{cases}$$

È facile verificare che la prima rappresentazione è controllabile ma non osservabile, mentre la seconda rappresentazione è osservabile ma non controllabile.

L'apparente differenza nella controllabilità e osservabilità dello stesso sistema è causata dal fatto che il sistema di partenza presenta un cancellazione polo-zero nella funzione di trasferimento (che è naturalmente la stessa nei due casi), infatti

$$W(s) = \frac{s + 0.8}{(s + 0.8)(s + 0.5)}.$$

Se una cancellazione avviene nella funzione di trasferimento, allora la controllabilità e l'osservabilità variano, a seconda di come le variabili di stato sono scelte. Affinché una qualunque rappresentazione sia controllabile ed osservabile la funzione di trasferimento non deve ammettere alcuna cancellazione polo-zero. ◇

Si osservi infine che se la funzione di trasferimento $W(s)$ in forma minima ha un denominatore di ordine inferiore all'ordine del sistema possiamo certamente concludere che il sistema è non osservabile oppure non controllabile. Tuttavia dalla sola analisi della $W(s)$ non possiamo concludere se il sistema sia non controllabile, non osservabile oppure né controllabile né osservabile.

## 11.8 Raggiungibilità e ricostruibilità [*]

Concludiamo questo capitolo dando un breve cenno ad altre due importanti proprietà dei sistemi dinamici, la *raggiungibilità* e la *ricostruibilità*. Tali proprietà verranno solo brevemente introdotte in quanto nel caso dei sistemi lineari e stazionari a tempo-continuo, ossia per la classe di sistemi presa in esame in questo testo, esse coincidono con le proprietà di controllabilità e osservabilità, rispettivamente.

### 11.8.1 Controllabilità e raggiungibilità

Come visto in dettaglio in questo capitolo il problema della controllabilità è legato alla possibilità di trasferire in un intervallo di tempo finito lo stato attuale del sistema ad uno stato prefissato (stato obiettivo), agendo opportunamente sull'ingresso. In generale, la possibilità di trasferire lo stato del sistema ad un valore desiderato, dipende oltre che dal valore desiderato, anche dallo stato iniziale e dall'istante di tempo iniziale. Per cui, supponendo per semplicità che come stato obiettivo si assuma lo stato zero, un generico sistema dinamico può essere controllabile allo stato zero a partire da determinate condizioni iniziali, assunte in determinati istanti di tempo, mentre potrebbe non esserlo a partire da diverse condizioni iniziali, o anche dalle stesse condizioni iniziali assunte però in diversi istanti di tempo.

Dato quindi un generico sistema dinamico non ha senso riferire la controllabilità al sistema, in quanto essa non è una proprietà del sistema, bensì, supposto fissato lo stato obiettivo, essa è una proprietà dello stato iniziale e dell'istante di tempo iniziale. Vale in particolare la seguente definizione.

**Definizione 11.57.** *Uno stato* $\boldsymbol{x}_0$ *di un sistema dinamico è* controllabile *a zero (o semplicemente, controllabile) dall'istante* $t_0$ *se esiste un* $t > t_0$ *finito e un ingresso* $\boldsymbol{u}(\tau)$, $\tau \in [t_0, t]$, *in grado di portare il sistema dallo stato* $\boldsymbol{x}_0$ *allo stato* $\boldsymbol{x} = \mathbf{0}$ *al tempo* $t$.

Nel caso in cui il sistema sia lineare è stazionario, se un certo stato è controllabile ad un dato istante di tempo, allora ogni stato è controllabile in qualunque istante di tempo. Questo permette di mettere in relazione la Definizione 11.1 valida per un sistema lineare e stazionario con la Definizione 11.57 riferita ad un generico sistema dinamico e quindi di capire perché per un sistema lineare e stazionario la controllabilità è una proprietà del sistema.

La *raggiungibilità* riguarda al contrario la possibilità di poter raggiungere in un intervallo di tempo finito un qualunque stato a partire da uno stato prefissato (ad esempio dallo stato zero), sempre agendo opportunamente sull'ingresso. Più precisamente vale la seguente definizione.

**Definizione 11.58.** *Uno stato* $\boldsymbol{x}$ *di un sistema dinamico è* raggiungibile *da zero (o semplicemente, raggiungibile) all'istante* $t$ *se esiste un istante* $t_0 < t$, $t_0 > -\infty$, *e un ingresso* $\boldsymbol{u}(\tau)$ *che agendo sul sistema nell'intervallo di tempo* $\tau \in [t_0, t]$ *sia in grado di portare il sistema dallo stato zero allo stato* $\boldsymbol{x}$.

In generale tali proprietà non sono legate tra loro, nel senso che la validità dell'una non implica la validità dell'altra. Tuttavia, nel caso dei sistemi lineari e stazionari ogni stato controllabile allo stato zero è anche raggiungibile dallo stato zero. Inoltre, per i sistemi lineari, stazionari e a tempo continuo è vero anche il viceversa: ogni stato controllabile è anche raggiungibile. Ciò implica che per tale classe di sistemi le due proprietà sono del tutto equivalenti.

### 11.8.2 Osservabilità e ricostruibilità

In questo capitolo abbiamo visto che l'osservabilità riguarda la possibilità di determinare lo stato iniziale del sistema sulla base della osservazione delle grandezze esterne del sistema (la sola uscita nel caso di un sistema autonomo) per un intervallo di tempo finito.

Esiste anche una importante altra proprietà, la *ricostruibilità*, che implica invece la possibilità di ricostruire lo stato $\boldsymbol{x}(t_f)$ sempre sulla base della conoscenza delle grandezze esterne del sistema per un intervallo di tempo finito $t_f - t_0$.

Ovviamente lo stato $\boldsymbol{x}(t_f)$ è ricavabile da $\boldsymbol{x}(t_0)$ risolvendo l'equazione differenziale $\dot{\boldsymbol{x}}(t) = \boldsymbol{f}(\boldsymbol{x}(t), t)$, per cui l'osservabilità implica naturalmente la ricostruibilità. L'implicazione contraria è invece vera solo per una ristretta classe di sistemi dinamici che comprende i sistemi lineari, stazionari e a tempo-continuo, ossia per la classe di sistemi di interesse in questo libro. Questa è la ragione per la quale nella presente trattazione ci siamo limitati a parlare di osservabilità.

## Esercizi

**Esercizio 11.1** Data la rappresentazione in termini di variabili di stato di un sistema lineare e stazionario

$$\begin{cases} \dot{\boldsymbol{x}}(t) = \begin{bmatrix} 1 & 2 & 0 \\ 0 & 1 & 1 \\ 1 & 0 & 1 \end{bmatrix} \boldsymbol{x}(t) + \begin{bmatrix} 1 & 0 \\ 2 & 0 \\ 0 & 1 \end{bmatrix} \boldsymbol{u}(t) \\ \boldsymbol{y}(t) = \begin{bmatrix} 1 & 0 & 1 \\ 2 & 1 & 0 \end{bmatrix} \boldsymbol{x}(t). \end{cases}$$

Si stabilisca se tale rappresentazione è controllabile e osservabile.

In particolare, si effettui l'analisi sia attraverso il calcolo dei gramiani di controllabilità e osservabilità, sia attraverso il calcolo delle matrici di controllabilità e osservabilità.

**Esercizio 11.2** Si consideri il sistema dell'Esercizio 11.1 e sia assuma $\boldsymbol{x}(0) = [1\ 2\ 0]^T$. Si determini una legge di controllo in grado di portare il sistema nel punto $\boldsymbol{x}(t_f) = [2\ 0\ 1]^T$ all'istante di tempo $t_f = 3$.

**Esercizio 11.3** Data la rappresentazione in termini di variabili di stato di un sistema lineare e stazionario

$$\begin{cases} \dot{\boldsymbol{x}}(t) = \begin{bmatrix} 1 & 0 & 0 \\ 0 & 1 & 0 \\ 0 & 0 & 2 \end{bmatrix} \boldsymbol{x}(t) + \begin{bmatrix} 1 \\ 1 \\ 0 \end{bmatrix} u(t) \\ y(t) = \begin{bmatrix} 1 & 1 & 0 \end{bmatrix} \boldsymbol{x}(t). \end{cases}$$

Si stabilisca se tale rappresentazione è controllabile e osservabile.

**Esercizio 11.4** Si consideri il sistema in Fig. 11.9 dove $x_M$ ed $x_m$ denotano le posizioni dei baricentri dei due carrelli rispetto ad un riferimento fisso. Si determini il modello di tale sistema in termini di variabili di stato assumendo come variabili di stato

$$x_1 = x_M, \quad x_2 = \dot{x}_M, \quad x_3 = x_m, \quad x_4 = \dot{x}_m$$

e come grandezza in uscita la posizione del baricentro dell'intero sistema, ossia

$$y = \frac{M x_M + m x_m}{M + m}.$$

Si verifichi che tale sistema non e' osservabile.

**Esercizio 11.5** Data la rappresentazione in termini di variabili si stato

$$\begin{cases} \dot{\boldsymbol{x}}(t) = \begin{bmatrix} 2 & -1 \\ -1 & 2 \end{bmatrix} \boldsymbol{x}(t) + \begin{bmatrix} \alpha \\ 1 \end{bmatrix} u(t) \\ y(t) = \begin{bmatrix} \beta & \gamma \end{bmatrix} \boldsymbol{x}(t) \end{cases}$$

si studi la controllabilità e l'osservabilità di tale rappresentazione al variare dei parametri $\alpha,\ \beta,\ \gamma \in \mathbb{R}$.

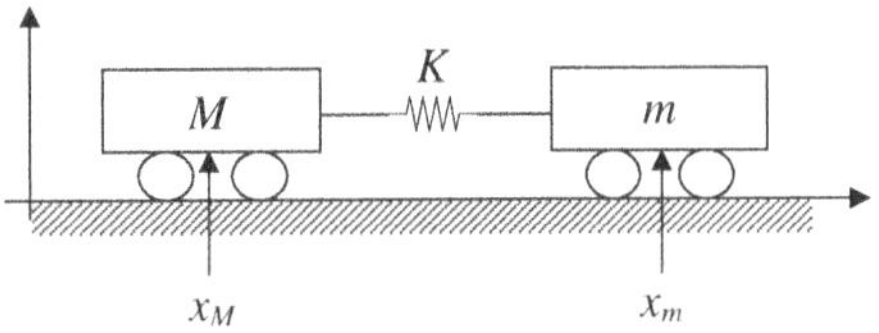


**Fig. 11.9.** Sistema di due carrelli dell'Esercizio 11.4

**Esercizio 11.6 [*]** Data la rappresentazione in termini di variabili di stato dell'Esercizio 11.3, la si riconduca alla forma canonica controllabile di Kalman.

**Esercizio 11.7 [*]** Data la rappresentazione in termini di variabili di stato dell'Esercizio 11.3, la si riconduca alla forma canonica osservabile di Kalman.

**Esercizio 11.8 [*]** Data la rappresentazione in termini di variabili di stato dell'Esercizio 11.1, si stabilisca se è possibile determinare una opportuna legge in retroazione $\boldsymbol{u}(t) = -\boldsymbol{K}\boldsymbol{x}(t)$ tale per cui gli autovalori del sistema a ciclo chiuso siano assegnabili ad arbitrio. Nel caso in cui questo sia possibile, si determini la matrice $\boldsymbol{K}$ tale per cui gli autovalori del sistema a ciclo chiuso siano pari a $\bar{\lambda}_1 = -1$, $\bar{\lambda}_{2,3} = -2 \pm j$.

Si ripeta l'esercizio con riferimento al sistema dell'Esercizio 11.3.

**Esercizio 11.9 [*]** Data la rappresentazione in termini di variabili di stato dell'Esercizio 11.1 si determini, se possibile, l'osservatore di Luenberger tale per cui il sistema rappresentativo della dinamica dell'errore di stima abbia autovalori pari a $\bar{\lambda}_1 = -2$, $\bar{\lambda}_{2,3} = -4 \pm 2\,j$.

**Esercizio 11.10 [*]** Data la rappresentazione in termini di variabili di stato dell'Esercizio 11.3, si determini un osservatore di ordine ridotto i cui autovalori che defiscono la dinamica dell'errore siano scelti ad arbitrio purché a parte reale strettamente negativa.

**Esercizio 11.11** Si calcoli la funzione di trasferimento relativa alla rappresentazione in termini di variabili di stato dell'Esercizio 11.3. Si discuta il risultato ottenuto in relazione alle proprietà di controllabilità e osservabilità di tale rappresentazione.

12

# Analisi dei sistemi non lineari

Nella realtà tutti i sistemi fisici, siano essi meccanici, elettrici, idraulici, ecc., presentano legami di tipo non lineare tra le diverse variabili fisiche in gioco. La principale caratteristica di un sistema non lineare è che esso non soddisfa il principio di sovrapposizione degli effetti. Per un sistema non lineare non è pertanto possibile calcolare la risposta ad un ingresso esterno dato dalla somma di due segnali, calcolando separatamente la risposta del sistema a ciascun segnale e sommando poi i risultati così ottenuti.

In questo capitolo verranno dapprima discusse le più comuni cause di non linearità e gli effetti tipici che esse provocano sul comportamento dei sistemi. Verranno poi presentati i più comuni metodi di analisi dei sistemi non lineari, ossia i due *metodi di Lyapunov*: uno basato sulla definizione di una opportuna funzione scalare dello stato, nota appunto come *funzione di Lyapunov*; l'altro basato invece sulla linearizzazione del sistema non lineare in un intorno del punto di equilibrio di cui si vuole studiare la stabilità. Verrà infine presentato un criterio di analisi dei sistemi non lineari nel dominio della frequenza, basato sulla definizione di una particolare funzione in tale dominio, nota come *funzione descrittiva*.

## 12.1 Cause ed effetti tipici di non linearità

In questa sezione discuteremo dapprima le principali cause di non linearità; successivamente verranno presentati gli effetti che tipicamente seguono da esse.

### 12.1.1 Cause tipiche di non linearità

In questo capitolo ci limiteremo a trattare le seguenti cause di non linearità: *saturazione*, *non linearità on-off*, *soglia* o *zona morta*, *isteresi*. Ci si limiterà, inoltre, a considerare sistemi istantanei in cui l'uscita dipende esclusivamente dal valore assunto dall'ingresso al tempo $t$. Le non linearità possono naturalmente essere presenti anche nei sistemi dinamici.

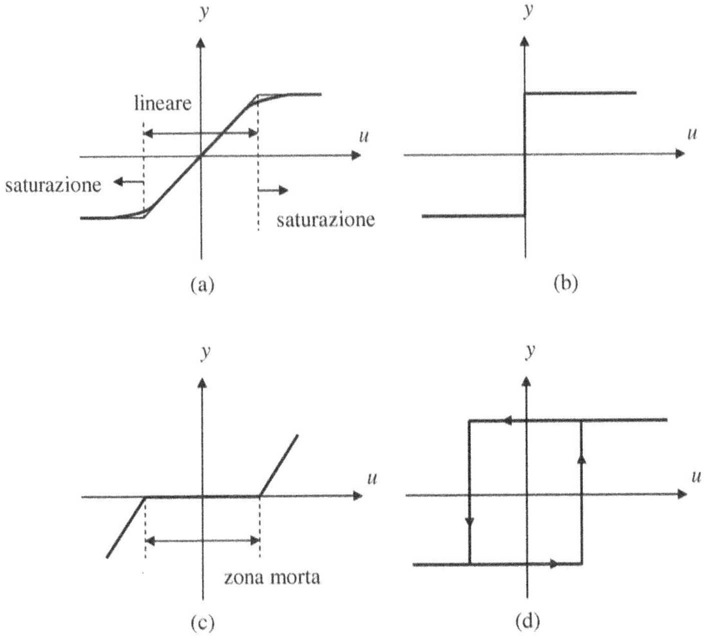


**Fig. 12.1.** **(a)** non linearità dovuta a saturazione; **(b)** non linearità on-off; **(c)** zona morta; **(d)** isteresi

### Saturazione

Un sistema fisico è soggetto a saturazione quando presenta il seguente comportamento: per piccoli incrementi della variabile in ingresso esso presenta incrementi proporzionali dell'uscita; quando però la sua variabile in uscita raggiunge un determinato livello, un ulteriore aumento dell'ingresso non provoca alcuna variazione nell'uscita. In altre parole, raggiunta una certa soglia, la variabile di uscita si assesta in un intorno del suo valore massimo raggiungibile. Un tipico andamento ingresso-uscita in presenza di non linearità dovuta a saturazione è rappresentato in Fig. 12.1.a, dove la linea più spessa indica il comportamento reale del sistema, mentre la linea più sottile è rappresentativa della saturazione ideale. Presentano un comportamento di questo genere diversi sistemi fisici, tra cui le molle elastiche, gli smorzatori, gli amplificatori magnetici, ecc.

### Linearità on-off

Un caso limite di saturazione è la non linearità on-off. Questa si verifica quando il campo di linearità è di ampiezza nulla e la curva in tale zona è verticale, come mostrato in Fig. 12.1.b. Un comportamento di questo genere è tipico dei relè elettrici.

### Zona morta

In molti sistemi fisici l'uscita è nulla fino a quando l'ampiezza del segnale in ingresso non supera un certo valore. L'insieme dei valori dell'ingresso non sufficienti a produrre una risposta da parte del sistema definiscono quella che viene detta *soglia* o *zona-morta*. La relazione ingresso-uscita è in questo caso del tipo mostrato in Fig. 12.1.c. Un comportamento di questo genere è tipico di tutti i motori in corrente continua: a causa dell'attrito infatti, fino a quando la tensione ai capi degli avvolgimenti di armatura non raggiunge un dato valore di soglia, non si verifica alcuna rotazione dell'asse del motore.

### Isteresi

L'isteresi è un esempio tipico di non linearità a più valori, ossia l'uscita del sistema non è univocamente determinata dal valore dell'ingresso. La relazione ingresso-uscita ha in questo caso un andamento del tipo mostrato in Fig. 12.1.d. Un comportamento di questo genere si riscontra frequentemente nei dispositivi di tipo magnetico. Questo tipo di non linearità di solito comporta un immagazzinamento di energia all'interno del sistema con conseguente insorgere di auto-oscillazioni e quindi di instabilità.

## 12.1.2 Effetti tipici delle non linearità

Le possibili conseguenze delle non linearità sono molteplici. In particolare, un sistema non lineare può presentare un numero finito o infinito di punti di equilibrio isolati, può avere cicli limite, biforcazioni, può presentare effetti caotici, ecc. Per completezza, nel seguito tali fenomeni verranno brevemente discussi e illustrati attraverso alcuni semplici esempi numerici.

### Punti di equilibrio isolati

Come già accennato nel Capitolo 9 dedicato alla stabilità, un sistema non lineare può, a differenza di un sistema lineare, presentare un numero finito o infinito di stati di equilibrio isolati. In particolare, alcuni di tali stati possono essere stabili e altri instabili. Si vedano in proposito gli Esempi 9.11 e 9.16.

### Cicli limite

I sistemi non lineari possono presentare oscillazioni di ampiezza e periodo costante anche in assenza di sollecitazioni esterne. Tali oscillazioni auto-alimentate sono dette *cicli-limite*. Come ben noto, effetti oscillatori possono essere osservati anche nel caso dei sistemi lineari autonomi qualora questi abbiano poli a parte reale nulla. Si noti tuttavia che vi è una differenza fondamentale tra i cicli limite dei sistemi non lineari e le oscillazioni dei sistemi lineari: l'ampiezza delle auto-oscillazioni dei

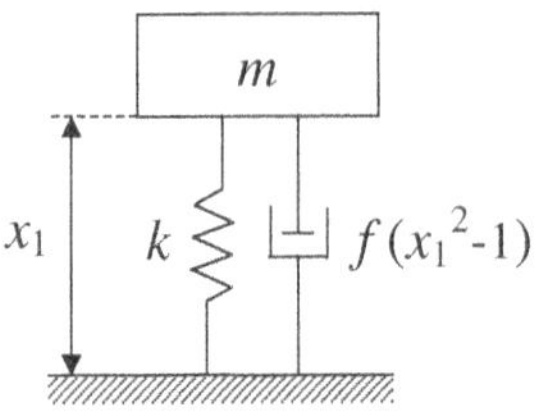


**Fig. 12.2.** Sistema massa-molla-smorzatore dell'Esempio 12.2

sistemi non lineari è indipendente dalle condizioni iniziali; al contrario le oscillazioni che possono presentarsi nei sistemi lineari con poli nell'asse immaginario dipendono strettamente dalle condizioni iniziali del sistema.

I cicli limite possono essere formalmente definiti come segue.

**Definizione 12.1.** *Si definisce* ciclo limite *di un sistema non lineare autonomo una curva chiusa ed isolata individuata dall'evoluzione del sistema stesso nello spazio di stato.*

*In particolare un ciclo limite può essere:*

- stabile *se tutte le evoluzioni in prossimità del ciclo limite convergono ad esso per* $t \to \infty$*;*
- instabile *se esistono evoluzioni in prossimità del ciclo limite che divergono da esso per* $t \to \infty$*.*

La Fig. 12.3 mostra alcuni esempi qualitativi di cicli limite stabili (a) e instabili (b e c).

Un esempio di ciclo limite stabile è illustrato attraverso il seguente esempio classico tratto dalla letteratura.

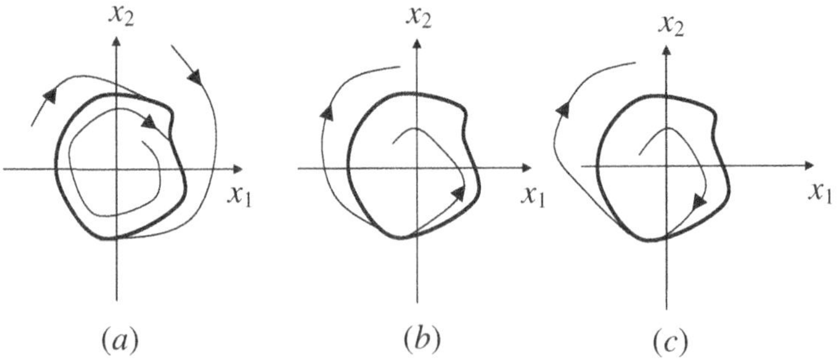


**Fig. 12.3.** **(a)** Ciclo limite stabile; **(b)** e **(c)** cicli limite instabili

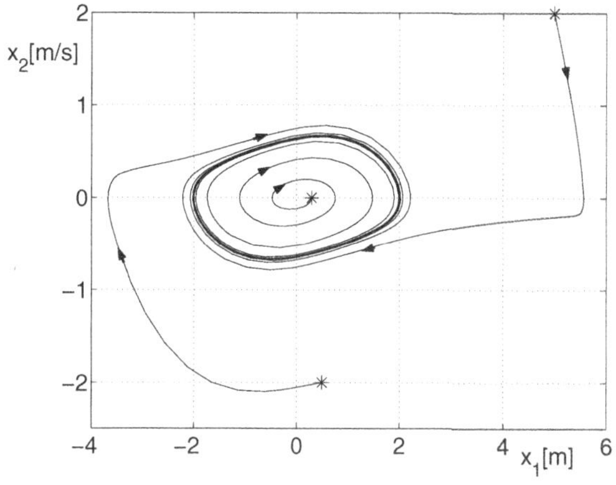


**Fig. 12.4.** Evoluzioni dell'oscillatore di Van der Pol a partire da diverse condizioni iniziali

**Esempio 12.2 (Oscillatore di Van der Pol[1])** Si consideri il sistema autonomo non lineare del secondo ordine

$$\begin{cases} \dot{x}_1(t) = x_2(t) \\ \dot{x}_2(t) = -\dfrac{k}{m}x_1(t) - \dfrac{f}{m}(x_1^2(t) - 1)x_2(t) \end{cases} \tag{12.1}$$

che descrive il comportamento del sistema massa-molla-smorzatore rappresentato in Fig. 12.2 dove $x_1(t)$ rappresenta la variazione della posizione di equilibrio della massa $m$, o equivalentemente la deformazione della molla e dello smorzatore.

La non linearità del sistema è dovuta allo smorzatore il cui coefficiente di smorzamento $f \cdot (x_1^2(t) - 1)$ varia al variare della posizione della massa $m$: per valori di $x_1$ in modulo maggiori di uno, il coefficiente di smorzamento è positivo e lo smorzatore assorbe energia dal sistema; per piccoli valori di $x_1(t)$ (in modulo minori di uno) invece lo smorzamento assume valori negativi e fornisce energia al sistema. Tale legge di variazione dello smorzamento fa sì che la deformazione della molla e quindi anche dello smorzatore, non può mai crescere indefinitamente, né portarsi a zero: tale deformazione tende ad oscillare con una ampiezza e un periodo che non dipendono dalle condizioni iniziali del sistema, come illustrato in Fig. 12.4 dove il ciclo limite a cui si porta l'evoluzione è indicato dalla curva a tratto spesso. Più precisamente in tale figura è stato riportato l'andamento di alcune traiettorie di stato ottenute assumendo $f = 1000$ Ns/m, $k = 1000$ N/m e $m = 100$ Kg.

Come è possibile intuire guardando la Fig. 12.4, il ciclo limite in esame è stabile in quanto tutte le evoluzioni che hanno origine da punti dello spazio di stato nelle sue vicinanze convergono ad esso al crescere del tempo. ◇

[1]Balthazar Van der Pol (Utrecht, Olanda, 1889 - Wassenaar, Olanda, 1959).

## Biforcazioni

Variando qualche parametro caratteristico di un sistema (anche lineare), può succedere che il comportamento asintotico del sistema, ossia il comportamento che esso presenta per tempi molto grandi, sia di tipo differente. Può per esempio accadere che un sistema si trovi, per un dato valore di un parametro, in un punto di equilibrio stabile; all'aumentare di tale parametro tuttavia il punto di equilibrio perde la propria stabilità ed il sistema raggiunge un moto periodico o addirittura esibisce un comportamento caotico. Il cambiamento nel comportamento asintotico che si verifica al variare di un dato parametro, che nel seguito verrà indicato con la lettera $r$, prende il nome di *biforcazione*.

Un modo di visualizzare l'effetto della biforcazione consiste nel rappresentare una qualche misura del comportamento asintotico del sistema al variare del parametro $r$. Nel caso dei sistemi del primo ordine, una scelta ovvia consiste nel rappresentare gli eventuali punti di equilibrio nel piano $(r, x_e)$. Per sistemi di ordine superiore invece non vi è alcuna regola di carattere generale: a seconda del particolare sistema allo studio è opportuno rappresentare una delle coordinate dei punti di equilibrio, in altri casi invece può essere più significativo mostrare l'andamento della norma euclidea di tali punti al variare di $r$.

A titolo esemplificativo vediamo nel seguito alcuni tipi di biforcazione. In particolare, al fine di fornire una rappresentazione grafica più intuitiva questi verranno illustrati con riferimento a sistemi del primo ordine.

La *biforcazione con nodo a sella* (*saddle node bifurcation*) è il tipo più semplice di biforcazione e mostra come, al variare di un dato parametro $r$, possano essere creati o distrutti punti di equilibrio.

**Esempio 12.3 (Biforcazione con nodo a sella)** Si consideri il sistema del primo ordine

$$\dot{x}(t) = r + x^2(t). \tag{12.2}$$

Per valori negativi di $r$ il sistema ha due punti di equilibrio: uno stabile e l'altro instabile; per $r = 0$ il sistema presenta un unico punto di equilibrio che coincide con l'origine; infine, per valori positivi di $r$ il sistema non presenta punti di equilibrio [2]. Tutto ciò è riassunto in Fig. 12.5.a. ◇

Un altro esempio di biforcazione è la *biforcazione transcritica* (*transcritical bifurcation*) che non crea e non distrugge punti di equilibrio al variare del parametro $r$. Semplicemente, esiste un valore di $r$ in cui le proprietà di stabilità dei diversi punti di equilibrio si invertono, ossia i punti di equilibrio stabili divengono instabili e quelli instabili divengono stabili.

**Esempio 12.4 (Biforcazione transcritica)** Si consideri il sistema del primo ordine

$$\dot{x}(t) = rx(t) - x^2(t). \tag{12.3}$$

[2] Per valutare la stabilità dei punti di equilibrio relativi a questo esempio, così come per i successivi Esempi 12.4 e 12.5, è possibile applicare il secondo criterio di Lyapunov presentato in § 12.2.1 (cfr. Esercizi 12.3, 12.4 e 12.5).

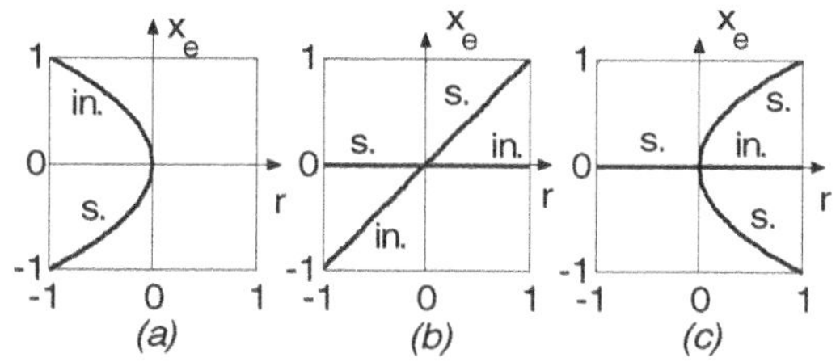


**Fig. 12.5.** (**a**) biforcazione a sella (s.: stabile, in.: instabile); (**b**) biforcazione transcritica; (**c**) biforcazione a forchetta

Per ogni valore di $r$, tranne che per $r = 0$, il sistema presenta due diversi punti di equilibrio, uno stabile e l'altro instabile. Più precisamente, uno dei due punti di equilibrio coincide con l'origine, l'altro assume valori positivi o negativi a seconda del segno di $r$. Inoltre, per $r < 0$ il punto di equilibrio stabile è quello coincidente con l'origine; al contrario, per $r > 0$ il punto di equilibrio coincidente con l'origine diviene instabile, come riassunto in Fig. 12.5.b. $\diamond$

La *biforcazione a forchetta* (*pitchfork bifurcation*) è una biforcazione simmetrica, per cui si presenta in numerosi problemi che hanno una certa simmetria rispetto ad una data partizione dello spazio di stato. La biforcazione a forchetta fa sì che al variare di un dato parametro un singolo punto di equilibrio dia origine a tre diversi punti di equilibrio, uno coincidente con il punto di equilibrio originario e avente proprietà di stabilità ad esso contrarie, gli altri due invece aventi le stesse proprietà di stabilità e simmetrici rispetto ad esso.

**Esempio 12.5 (Biforcazione a forchetta)** Si consideri il sistema del primo ordine

$$\dot{x}(t) = rx(t) - x^3(t). \tag{12.4}$$

Per ogni valore di $r \leq 0$ il sistema ha un unico punto di equilibrio coincidente con l'origine, che risulta essere stabile. Per $r > 0$ l'origine diviene un punto di equilibrio instabile e nascono anche altri due punti di equilibrio stabili, come mostrato in Fig. 12.5.c. $\diamond$

Ricordiamo inoltre le *biforcazioni di Hopf* (*Hopf bifurcations*) che si verificano negli oscillatori non lineari. In tal caso un punto di equilibrio può trasformarsi in un ciclo limite, o viceversa, un ciclo limite può collassare in un punto fisso. Tali biforcazioni sono tuttavia molto più complesse e il loro studio va ben oltre le finalità di questo capitolo.

## Chaos

I sistemi non lineari possono presentare un comportamento che viene detto caotico ossia può accadere che differenze apparentemente trascurabili nelle variabili di ingresso producano differenze molto rilevanti, e non prevedibili, nelle variabili di uscita. È importante sottolineare che tale comportamento non è affatto stocastico.

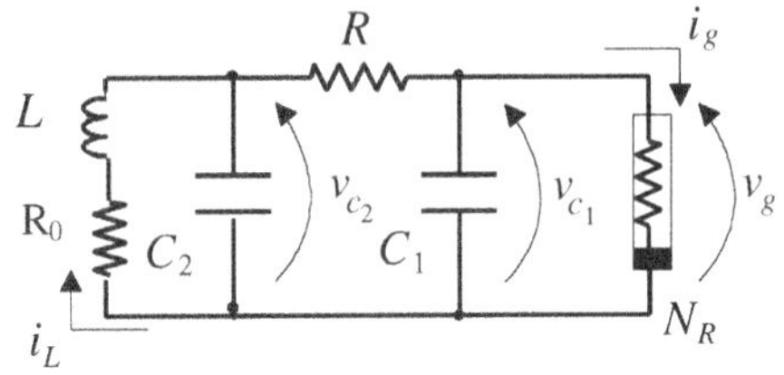


**Fig. 12.6.** L'oscillatore di Chua

Nei sistemi stocastici infatti il modello del sistema o gli ingressi esterni o le condizioni iniziali contengono delle incertezze e come conseguenza l'uscita non può essere prevista con esattezza. Al contrario, nei sistemi caotici, il modello del sistema così come le variabili di ingresso e le condizioni iniziali sono deterministiche.

Un ben noto esempio di comportamento caotico è dato dal circuito di Chua[3].

**Esempio 12.6 (Circuito di Chua)** Il circuito di Chua consiste di un induttore lineare $L$, due condensatori lineari $C_1$ e $C_2$, un resistore lineare $R$ e un resistore controllato in tensione $N_R$. Aggiungendo un resistore lineare $R_0$ in serie all'induttore si ottiene l'oscillatore di Chua mostrato in Fig. 12.6. L'oscillatore è completamente descritto da una sistema di tre equazioni differenziali ordinarie. Attraverso un semplice cambiamento di variabili, le equazioni di stato adimensionali dell'oscillatore di Chua divengono

$$\begin{cases} \dot{x}_1(t) = \alpha(x_2(t) - x_1(t) - h(x_1(t))) \\ \dot{x}_2(t) = x_1(t) - x_2(t) + x_3(t) \\ \dot{x}_3(t) = -\beta x_2(t) - \gamma x_3(t) \\ h(x_1(t)) = b x_1(t) + (a-b)\left[\,|x_1(t)+1| - |x_1(t)-1|\,\right]/2 \end{cases} \tag{12.5}$$

dove

$$\begin{array}{lll} x_1(t) \equiv v_{c_1}(t)/E, & x_2(t) \equiv v_{c_2}(t)/E, & x_3(t) \equiv i_L(t)R/E, \\ \alpha \equiv C_2/C_1, & \beta \equiv R^2 C_2/L, & \gamma \equiv R R_0 C_2/L, \\ a \equiv R G_a, & b \equiv R G_b, & t \equiv \tau/RC_2. \end{array} \tag{12.6}$$

Se i parametri adimensionali sono posti pari a: $\alpha = 9$, $\beta = 14$, $\gamma = 0.01$, $a = -8/7$ e $b = -5/7$ il sistema (12.5) presenta un comportamento caotico. Questo fatto è chiaramente evidenziato in Fig. 12.7 che mostra due diverse evoluzioni del sistema ottenute a partire da condizioni iniziali molto vicine, ossia $\boldsymbol{x}_0 = [-0.1 \;\; -0.1 \;\; -0.1]^T$ e $\boldsymbol{x}'_0 = [-0.101 \;\; -0.101 \;\; -0.101]^T$. Come si vede, dopo un breve intervallo di tempo le due evoluzioni sono completamente diverse tra loro.

[3]Leon O. Chua (Isole Filippine, 1936).

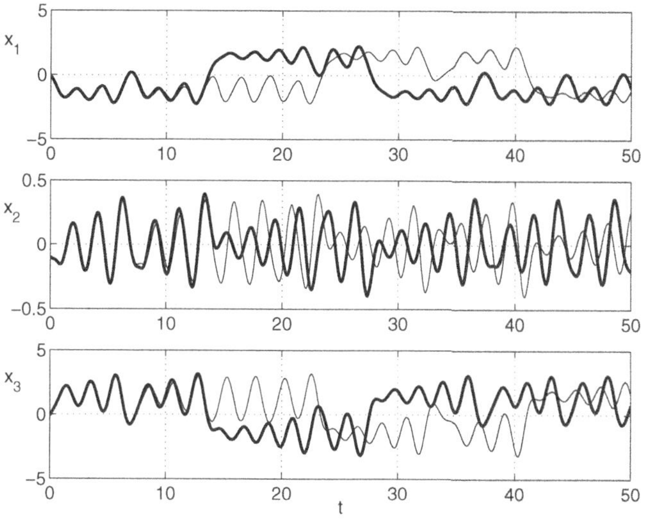


**Fig. 12.7.** Due diverse evoluzioni del sistema (12.5) ottenute a partire dai punti $\boldsymbol{x}_0 = [-0.1 \ -0.1 \ -0.1]^T$ (linea spessa) e $\boldsymbol{x}_0' = [-0.101 \ -0.101 \ -0.101]^T$ (linea sottile)

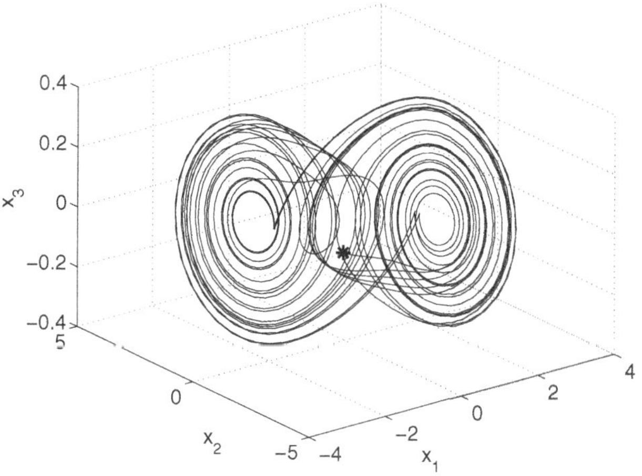


**Fig. 12.8.** La traiettoria del sistema (12.5) ottenuta a partire dal punto $\boldsymbol{x}_0 = [-0.1 \ -0.1 \ -0.1]^T$ (indicato in figura con un asterisco)

Per completezza in Fig. 12.8 è riportata anche la traiettoria del sistema ottenuta a partire da $\boldsymbol{x}_0 = [-0.1 \ -0.1 \ -0.1]^T$. Tale traiettoria evidenzia infatti un tipico andamento dei sistemi caotici, noto come *double scroll*, ossia la traiettoria tende a ruotare alternativamente attorno a due punti, detti *attrattori* senza mai convergere a nessuno di essi e senza mai attraversare più di una volta lo stesso punto dello spazio di stato. ◇

## 12.2 Studio della stabilità mediante i criteri di Lyapunov

Nel seguito verranno illustrati i più noti criteri di analisi della stabilità dei sistemi non lineari: uno basato sulla definizione di una particolare funzione, nota come *funzione di Lyapunov*, l'altro basato sulla *linearizzazione* del sistema attorno allo stato di equilibrio di cui si vuole studiare la stabilità.

### 12.2.1 Studio della stabilità mediante funzione di Lyapunov

Presentiamo dapprima il *metodo diretto di Lyapunov*, noto anche come *secondo criterio di Lyapunov*. Più precisamente, tale criterio fornisce delle condizioni sufficienti per la stabilità e per l'asintotica stabilità di uno stato di equilibrio di un sistema autonomo.

Prima di enunciare il metodo diretto di Lyapunov è tuttavia indispensabile richiamare alcune definizioni fondamentali.

**Definizione 12.7.** *Una funzione scalare continua* $V(\boldsymbol{x})$ *è* definita positiva *in* $\boldsymbol{x}'$ *se esiste una regione* $\Omega$ *dello spazio di stato (che costituisce un intorno circolare di* $\boldsymbol{x}'$*) tale per cui* $V(\boldsymbol{x}) > 0$ *per* $\boldsymbol{x} \in \Omega \setminus \{\boldsymbol{x}'\}$*, mentre* $V(\boldsymbol{x}') = 0$*. Se* $\Omega$ *coincide con l'intero spazio di stato, allora* $V(\boldsymbol{x})$ *è detta* globalmente definita positiva.

Dunque una funzione definita positiva in $\boldsymbol{x}'$ assume valori positivi per ogni stato $\boldsymbol{x}$ nell'intorno $\Omega$, tranne che nel punto $\boldsymbol{x}'$ stesso dove la funzione vale zero.

È utile dare una interpretazione geometrica di tale concetto. A tal fine supponiamo per semplicità che sia $\boldsymbol{x} \in R^2$. In questo caso $V = V(x_1, x_2)$. La Fig. 12.9.a è un esempio di forma tipica della $V(\boldsymbol{x})$ in uno spazio tridimensionale e in un intorno circolare del punto $[x_1' \; x_2']^T$: in questo caso la $V(\boldsymbol{x})$ ha la forma di un paraboloide rivolto verso l'alto in cui il punto di minimo vale zero e si ha proprio in corrispondenza di $\boldsymbol{x} = \boldsymbol{x}'$.

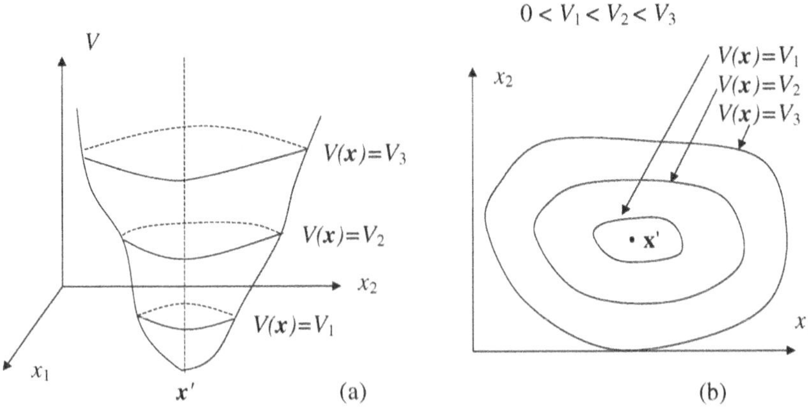


**Fig. 12.9.** Forma tipica di una funzione definita positiva $V(x_1, x_2)$ in $\boldsymbol{x}'$

Una seconda rappresentazione geometrica può essere data nello spazio di stato, ossia nel piano $x_1\ x_2$. A tal fine si consideri la Fig. 12.9.b. Le curve di livello $V = V_k$ definiscono un insieme di curve chiuse intorno al punto di equilibrio. Tali curve non sono altro che le intersezioni del paraboloide con piani orizzontali, proiettate nel piano $(x_1, x_2)$. Si osservi che la curva di livello relativa ad un valore costante più piccolo è interna a quella relativa ad un valore costante maggiore. Si noti infine che tali curve non possono mai intersecarsi. In caso contrario infatti la $V(\boldsymbol{x})$ non sarebbe una funzione univocamente definita perché assumerebbe due diversi valori in corrispondenza di uno stesso punto $\boldsymbol{x}$.

Un semplice esempio di funzione definita positiva nell'origine è dato da $V(\boldsymbol{x}) = x_1^2/a_1 + x_2^2/a_2$, con $a_1,\ a_2 > 0$. In particolare, la $V(\boldsymbol{x})$ ha la forma di un paraboloide ellittico rivolto verso l'alto e avente vertice proprio nell'origine.

**Definizione 12.8.** *Una funzione scalare continua* $V(\boldsymbol{x})$ *è* semidefinita positiva *in* $\boldsymbol{x}'$ *se esiste una regione* $\Omega$ *dello spazio di stato (che costituisce un intorno circolare di* $\boldsymbol{x}'$*) tale per cui* $V(\boldsymbol{x}) \geq 0$ *per* $\boldsymbol{x} \in \Omega \setminus \{\boldsymbol{x}'\}$, *mentre* $V(\boldsymbol{x}') = 0$. *Se* $\Omega$ *coincide con l'intero spazio di stato, allora* $V(\boldsymbol{x})$ *è detta* globalmente semidefinita positiva.

Dunque una funzione semidefinita positiva in $\boldsymbol{x}'$ assume valori non negativi per ogni stato $\boldsymbol{x}$ nell'intorno $\Omega$, mentre nel punto $\boldsymbol{x}'$ stesso la funzione vale zero.

Un semplice esempio di funzione in $\mathbb{R}^2$ semidefinita positiva nell'origine è dato da $V(\boldsymbol{x}) = x_1^2$.

**Definizione 12.9.** *Una funzione scalare continua* $V(\boldsymbol{x})$ *è (*globalmente*)* definita negativa *in* $\boldsymbol{x}'$ *se* $-V(\boldsymbol{x})$ *è (globalmente) definita positiva in* $\boldsymbol{x}'$.

**Definizione 12.10.** *Una funzione scalare continua* $V(\boldsymbol{x})$ *è (*globalmente*)* semidefinita negativa *in* $\boldsymbol{x}'$ *se* $-V(\boldsymbol{x})$ *è (globalmente) semidefinita positiva in* $\boldsymbol{x}'$.

A tali concetti è facile associare una interpretazione geometrica simile a quella appena vista per le funzioni definite positive.

Prima di dare l'enunciato formale del metodo diretto di Lyapunov, ricordiamo che tale metodo è ispirato ai principi fondamentali della Meccanica. Come ben noto infatti se l'energia totale di un sistema meccanico viene dissipata con continuità nel tempo, allora il sistema tende ad assestarsi in una ben determinata condizione di equilibrio. Inoltre l'energia totale di un sistema è una funzione definita positiva e il fatto che tale energia tenda a diminuire al trascorrere del tempo, implica che la sua derivata temporale sia una funzione definita negativa. Il criterio di Lyapunov si basa proprio sulla generalizzazione di queste osservazioni: se un sistema ha un punto di equilibrio asintoticamente stabile e viene perturbato in un intorno di tale punto, purché interno al suo dominio di attrazione, allora l'energia totale immagazzinata dal sistema tenderà a diminuire fino a raggiungere il suo valore minimo proprio in corrispondenza dello stato di equilibrio asintoticamente stabile.

È chiaro però che l'applicazione di tale principio non è immediata qualora non sia immediata la definizione della funzione "energia", come avviene nella stragrande maggioranza dei casi in cui i sistemi sono noti solo attraverso un modello puramente matematico. Per superare tale difficoltà Lyapunov ha introdotto una funzione energia "fittizia", nota appunto come *funzione di Lyapunov* e indicata per convenzione con la lettera $V$. In generale $V$ è funzione dello stato $\boldsymbol{x}$ e del tempo $t$, ossia $V = V(\boldsymbol{x}, t)$. Quando associata ad un sistema autonomo la funzione di Lyapunov non dipende esplicitamente dal tempo, ossia $V = V(\boldsymbol{x})$. Si noti tuttavia che anche in questo caso la $V$ dipende dal tempo, anche se in modo indiretto, ossia tramite la $\boldsymbol{x} = \boldsymbol{x}(t)$. Nel seguito limiteremo la nostra attenzione al solo caso autonomo.

Il teorema che segue, di cui per completezza riportiamo anche la dimostrazione, costituisce l'enunciato formale del metodo diretto di Lyapunov.

**Teorema 12.11.** *[Metodo diretto di Lyapunov] Si consideri un sistema autonomo descritto dalla equazione vettoriale*

$$\dot{\boldsymbol{x}}(t) = \boldsymbol{f}(\boldsymbol{x}(t))$$

*dove il vettore di funzioni $\boldsymbol{f}(\cdot)$ è continuo con le sue derivate parziali prime $\partial \boldsymbol{f}/\partial x_i$, per $i = 1, \cdots, n$. Sia $\boldsymbol{x}_e$ un punto di equilibrio per tale sistema, ossia $\boldsymbol{f}(\boldsymbol{x}_e) = \boldsymbol{0}$.*

*Se esiste una funzione scalare $V(\boldsymbol{x})$ continua insieme alle sue derivate parziali prime, definita positiva in $\boldsymbol{x}_e$ e tale che*

$$\begin{aligned}\dot{V}(\boldsymbol{x}) &= \frac{dV(\boldsymbol{x})}{dt} = \frac{\partial V(\boldsymbol{x})}{\partial \boldsymbol{x}} \cdot \frac{d\boldsymbol{x}}{dt} = \frac{\partial V(\boldsymbol{x})}{\partial \boldsymbol{x}} \cdot \boldsymbol{f}(\boldsymbol{x}) \\ &= \frac{\partial V}{\partial x_1}\dot{x}_1 + \frac{\partial V}{\partial x_2}\dot{x}_2 + \cdots + \frac{\partial V}{\partial x_n}\dot{x}_n\end{aligned}$$

*sia semidefinita negativa in $\boldsymbol{x}_e$, allora $\boldsymbol{x}_e$ è uno stato di equilibrio* stabile.

*Se inoltre $\dot{V}(\boldsymbol{x})$ è definita negativa in $\boldsymbol{x}_e$, allora $\boldsymbol{x}_e$ è uno stato di equilibrio* asintoticamente stabile.

*Dimostrazione.* Supponiamo ancora una volta che il sistema sia del secondo ordine in modo da poter fornire una chiara interpretazione geometrica. Si osservi a tal fine la Fig. 12.10 dove si è messo in evidenza lo stato di equilibrio $\boldsymbol{x}_e$ e alcune linee di livello della funzione $V(\boldsymbol{x})$.

Per dimostrare che $\boldsymbol{x}_e$ è un punto di equilibrio stabile è sufficiente dimostrare che per ogni $\varepsilon > 0$ esiste un $\delta(\varepsilon) > 0$ tale per cui tutte le traiettorie che hanno inizio in un punto $\boldsymbol{x}(0)$ che soddisfa la condizione $||\boldsymbol{x}(0) - \boldsymbol{x}_e|| \leq \delta(\varepsilon)$, ossia tutte le traiettorie che hanno inizio in un cerchio di centro $\boldsymbol{x}_e$ e raggio $\delta(\varepsilon)$, indicato nel seguito come $S(\boldsymbol{x}_e, \delta(\varepsilon))$, evolvono all'interno di un cerchio di centro $\boldsymbol{x}_e$ e ampiezza $\varepsilon$, ossia in $S(\boldsymbol{x}_e, \varepsilon)$.

Essendo per ipotesi $V(\boldsymbol{x})$ continua e definita positiva in $\boldsymbol{x}_e$, le sue linee di livello hanno una struttura del tipo mostrato in Fig. 12.10. Pertanto esistono sempre delle linee chiuse interamente contenute in $S(\boldsymbol{x}_e, \varepsilon)$. Fissata una di tali linee $V = V_1$, sia $\delta(\varepsilon)$ il raggio del cerchio di centro $\boldsymbol{x}_e$ e tangente internamente a tale curva. Tale cerchio è per definizione interamente contenuto nella linea di livello $V = V_1$.

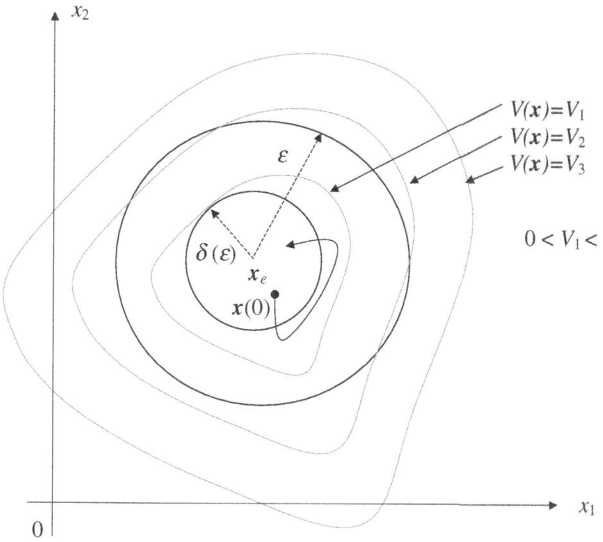


**Fig. 12.10.** Interpretazione geometrica del metodo diretto di Lyapunov

Si considerino le traiettorie il cui stato iniziale $\boldsymbol{x}(0)$ è contenuto in $S(\boldsymbol{x}_e, \delta(\varepsilon))$. In tali punti $V(\boldsymbol{x}) \leq V_1$ e $\dot{V}(\boldsymbol{x}) \leq 0$ per ipotesi. Tali traiettorie non potranno pertanto mai intersecare curve di livello caratterizzate da valori costanti maggiori di $V_1$ e rimarranno nella regione delimitata dalla curva $V(\boldsymbol{x}) = V_1$, interna per costruzione a $S(\boldsymbol{x}_e, \varepsilon)$, il che dimostra che $\boldsymbol{x}_e$ è uno stato di equilibrio stabile.

Se infine supponiamo che $\dot{V}(\boldsymbol{x}) < 0$ per $\boldsymbol{x} \in \Omega \backslash \{\boldsymbol{x}_e\}$, le traiettorie aventi origine in $S(\boldsymbol{x}_e, \delta(\varepsilon))$ intersecheranno curve di livello parametrizzate da valori sempre più piccoli di $V$ fino a portarsi in $\boldsymbol{x}_e$, il che dimostra che $\boldsymbol{x}_e$ è in questo caso un punto di equilibrio asintoticamente stabile. □

La funzione $V$ che soddisfa le condizioni del Teorema 12.11 viene detta *funzione di Lyapunov.*

È importante a questo punto fare alcune precisazioni. Il teorema appena enunciato fornisce delle *condizioni sufficienti* per la stabilità e per l'asintotica stabilità di uno stato di equilibrio. Tali condizioni non sono però necessarie. Questo significa che se si determina una funzione $V$ definita positiva in un dato stato di equilibrio $\boldsymbol{x}_e$, ma la cui derivata prima non è semidefinita (o definita) negativa in $\boldsymbol{x}_e$, ciò non implica che $\boldsymbol{x}_e$ non sia un punto di equilibrio stabile (o addirittura asintoticamente stabile). Un esempio in tale senso è presentato in Fig. 12.11. Osservando la traiettoria del sistema è evidente che $\boldsymbol{x}_e$ è un punto di equilibrio asintoticamente stabile. È però anche evidente che la funzione $V$ scelta, di cui in figura sono riportate alcune curve di livello, non permette di trarre alcuna conclusione circa la stabilità di tale stato di equilibrio. La sua derivata infatti non è né definita né semidefinita negativa nell'intorno di $\boldsymbol{x}_e$.

La determinazione di una funzione di Lyapunov che permetta poi di trarre le dovute conclusioni circa la stabilità di uno stato di equilibrio è in generale un problema molto complesso, in particolare quando si ha a che fare con sistemi di ordine elevato. Ciò costituisce la più forte limitazione del metodo diretto di Lyapunov. Si noti che nella letteratura sono state proposte diverse procedure per la costruzione sistematica di funzioni di Lyapunov, ma l'utilità di tali procedure si limita di fatto a classi particolari di sistemi.

**Esempio 12.12** Si consideri il sistema non lineare autonomo

$$\begin{cases} \dot{x}_1(t) = -x_1(t) + 2x_2(t) \\ \dot{x}_2(t) = -2x_1(t) - x_2(t) + x_2^2(t). \end{cases}$$

È facile verificare che l'origine è uno stato di equilibrio essendo soluzione del sistema

$$\begin{cases} -x_1 + 2x_2 = 0 \\ 2x_1 - x_2 + x_2^2 = 0. \end{cases}$$

Per studiare la stabilità dell'origine scegliamo come funzione di Lyapunov

$$V(\boldsymbol{x}) = x_1^2 + x_2^2.$$

Tale funzione è infatti continua con le sue derivate parziali prime ed è strettamente positiva in tutto lo spazio di stato, tranne che nell'origine in cui si annulla. Se deriviamo la $V(\boldsymbol{x})$ rispetto al tempo, otteniamo

$$\dot{V}(\boldsymbol{x}) = \frac{\partial V}{\partial x_1}\dot{x}_1 + \frac{\partial V}{\partial x_2}\dot{x}_2 = 2x_1\dot{x}_1 + 2x_2\dot{x}_2 = -2x_1^2 - 2x_2^2(1 - x_2)$$

che è definita negativa nell'origine. Infatti, se assumiamo $\Omega = \{\boldsymbol{x} \in \mathbb{R}^2 \mid x_2 < 1\}$, $\dot{V}(\boldsymbol{x})$ è strettamente negativa in $\Omega$, che costituisce un intorno circolare dell'origine. Inoltre, $\dot{V}(\boldsymbol{0}) = 0$. Possiamo pertanto affermare che l'origine è un punto di equilibrio asintoticamente stabile. ◇

Si osservi che esiste anche una estensione al teorema precedente che permette di trarre conclusioni circa l'instabilità di uno stato di equilibrio. Tale teorema è nel seguito riportato. La sua dimostrazione è invece per brevità omessa ma può facilmente dedursi con considerazioni analoghe a quelle viste per il Teorema 12.11.

**Teorema 12.13 (Criterio di instabilità).** *Si consideri un sistema autonomo descritto dalla equazione vettoriale*

$$\dot{\boldsymbol{x}}(t) = \boldsymbol{f}(\boldsymbol{x}(t))$$

*dove il vettore di funzioni $\boldsymbol{f}(\cdot)$ è continuo con le sue derivate parziali prime $\partial \boldsymbol{f}/\partial x_i$, per $i = 1, \cdots, n$. Sia $\boldsymbol{x}_e$ un punto di equilibrio per tale sistema. Se esiste una funzione scalare $V(\boldsymbol{x})$ continua insieme alle sue derivate prime, definita positiva in $\boldsymbol{x}_e$ e tale che $\dot{V}(\boldsymbol{x})$ sia definita positiva in $\boldsymbol{x}_e$, allora $\boldsymbol{x}_e$ è uno stato di equilibrio* instabile.

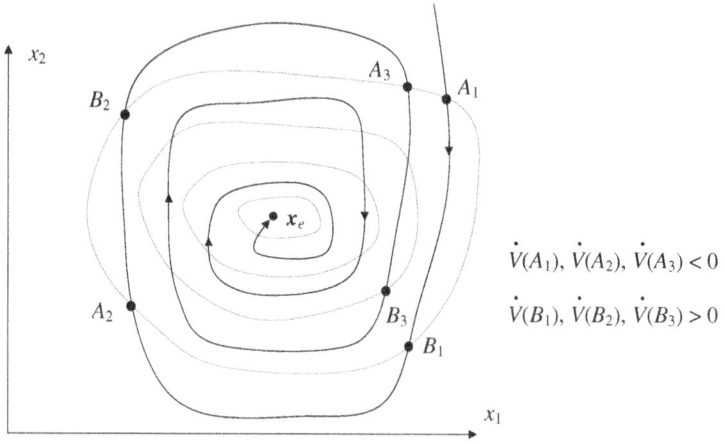


**Fig. 12.11.** Esempio di funzione di Lyapunov non rappresentativa

**Esempio 12.14** Si consideri il sistema non lineare

$$\begin{cases} \dot{x}_1(t) = -2x_2(t) + x_1(t)(x_1^2(t) + x_2^2(t)) \\ \dot{x}_2(t) = 2x_1(t) + x_2(t)(x_1^2(t) + x_2^2(t)). \end{cases}$$

È facile verificare che l'origine è uno stato di equilibrio. Se poi scegliamo come funzione di Lyapunov

$$V(\boldsymbol{x}) = x_1^2 + x_2^2$$

possiamo anche concludere che l'origine è uno stato di equilibrio instabile, essendo

$$\dot{V}(\boldsymbol{x}) = \frac{\partial V}{\partial x_1}\dot{x}_1 + \frac{\partial V}{\partial x_2}\dot{x}_2 = 2x_1\dot{x}_1 + 2x_2\dot{x}_2 = 2(x_1^2 + x_2^2)^2$$

definita positiva nell'origine. ◇

### 12.2.2 Linearizzazione intorno ad uno stato di equilibrio e stabilità

Presentiamo ora un altro importante criterio di stabilità, anch'esso proposto per la prima volta da Lyapunov e spesso citato nella letteratura come *primo criterio di Lyapunov*. Il vantaggio principale di tale metodo è che, a differenza del metodo diretto, esso può essere applicato in modo sistematico.

Tale approccio è basato sulla *linearizzazione* del sistema non lineare in esame nell'intorno dello stato di equilibrio di cui si vuole studiare la stabilità. Al sistema lineare così ottenuto è poi possibile applicare le tecniche di analisi tipiche dei sistemi lineari. Le informazioni che in questo modo si derivano permettono quindi di trarre delle conclusioni circa il comportamento del sistema originario in un intorno dello stato di equilibrio considerato.

Si consideri il generico sistema non lineare e autonomo

$$\dot{\boldsymbol{x}}(t) = \boldsymbol{f}(\boldsymbol{x}(t)) \tag{12.7}$$

e sia $\boldsymbol{x}_e$ un suo stato di equilibrio.

Supponiamo che in un generico istante di tempo $t = t_0$ il sistema si trovi in prossimità dello stato di equilibrio $\boldsymbol{x}_e$. In particolare, sia $\boldsymbol{x}(t_0) = \boldsymbol{x}_e + \delta\boldsymbol{x}(t_0)$, dove $\delta\boldsymbol{x}(t_0)$ è una misura della distanza dello stato perturbato dallo stato di equilibrio all'istante di tempo $t_0$. Analogamente, indichiamo con $\boldsymbol{x}(t) = \boldsymbol{x}_e + \delta\boldsymbol{x}(t)$ il generico valore assunto dallo stato all'istante di tempo $t$. Poiché lo stato del sistema evolve secondo la (12.7), $\boldsymbol{x}(t) = \boldsymbol{x}_e + \delta\boldsymbol{x}(t)$ deve essere soluzione di (12.7) in ogni istante di tempo $t \geq t_0$, ossia

$$\frac{d(\boldsymbol{x}_e + \delta\boldsymbol{x}(t))}{dt} = \boldsymbol{f}(\boldsymbol{x}_e + \delta\boldsymbol{x}(t)) \tag{12.8}$$

o equivalentemente

$$\begin{cases} \dfrac{d(x_{e,1} + \delta x_1(t))}{dt} = f_1(x_{e,1} + \delta x_1(t), x_{e,2} + \delta x_2(t), \cdots, x_{e,n} + \delta x_n(t)) \\ \dfrac{d(x_{e,2} + \delta x_2(t))}{dt} = f_2(x_{e,1} + \delta x_1(t), x_{e,2} + \delta x_2(t), \cdots, x_{e,n} + \delta x_n(t)) \\ \vdots \\ \dfrac{d(x_{e,n} + \delta x_n(t))}{dt} = f_n(x_{e,1} + \delta x_1(t), x_{e,2} + \delta x_2(t), \cdots, x_{e,n} + \delta x_n(t)). \end{cases} \tag{12.9}$$

Inoltre, essendo $\boldsymbol{x}_e$ uno stato di equilibrio, per definizione

$$\frac{d\boldsymbol{x}_e}{dt} = \mathbf{0}$$

per cui, indicato come

$$\delta\dot{x}_i(t) = \frac{d}{dt}[\delta x_i(t)]$$

possiamo scrivere

$$\begin{cases} \delta\dot{x}_1(t) = f_1(x_{e,1} + \delta x_1(t), x_{e,2} + \delta x_2(t), \cdots, x_{e,n} + \delta x_n(t)) \\ \delta\dot{x}_2(t) = f_2(x_{e,1} + \delta x_1(t), x_{e,2} + \delta x_2(t), \cdots, x_{e,n} + \delta x_n(t)) \\ \vdots \\ \delta\dot{x}_n(t) = f_n(x_{e,1} + \delta x_1(t), x_{e,2} + \delta x_2(t), \cdots, x_{e,n} + \delta x_n(t)). \end{cases} \tag{12.10}$$

A questo punto se le funzioni $f_1(\cdot)$, $f_2(\cdot)$, $\cdots$, $f_n(\cdot)$ sono sviluppabili in serie di Taylor in un intorno di $\boldsymbol{x}_e = [x_{e,1}\ x_{e,2}\ \cdots\ x_{e,n}]^T$, arrestando lo sviluppo in serie ai termini del primo ordine otteniamo il seguente sistema di equazioni:

$$\begin{cases} \delta\dot{x}_1(t) = & f_1(x_{e,1}, x_{e,2}, \cdots, x_{e,n}) + \\ & \left.\dfrac{\partial f_1}{\partial x_1}\right|_{\boldsymbol{x}_e} \delta x_1(t) + \left.\dfrac{\partial f_1}{\partial x_2}\right|_{\boldsymbol{x}_e} \delta x_2(t) + \cdots + \left.\dfrac{\partial f_1}{\partial x_n}\right|_{\boldsymbol{x}_e} \delta x_n(t) \\ \delta\dot{x}_2(t) = & f_2(x_{e,1}, x_{e,2}, \cdots, x_{e,n}) + \\ & \left.\dfrac{\partial f_2}{\partial x_1}\right|_{\boldsymbol{x}_e} \delta x_1(t) + \left.\dfrac{\partial f_2}{\partial x_2}\right|_{\boldsymbol{x}_e} \delta x_2(t) + \cdots + \left.\dfrac{\partial f_2}{\partial x_n}\right|_{\boldsymbol{x}_e} \delta x_n(t) \\ & \vdots \\ \delta\dot{x}_n(t) = & f_n(x_{e,1}, x_{e,2}, \cdots, x_{e,n}) + \\ & \left.\dfrac{\partial f_n}{\partial x_1}\right|_{\boldsymbol{x}_e} \delta x_1(t) + \left.\dfrac{\partial f_n}{\partial x_2}\right|_{\boldsymbol{x}_e} \delta x_2(t) + \cdots + \left.\dfrac{\partial f_n}{\partial x_n}\right|_{\boldsymbol{x}_e} \delta x_n(t). \end{cases} \tag{12.11}$$

Tale sistema si semplifica ulteriormente tenendo conto che, essendo $\boldsymbol{x}_e$ un punto di equilibrio, $f_i(x_{e,1}, x_{e,2}, \cdots, x_{e,n}) = 0$ per ogni $i = 1, \cdots, n$. Pertanto

$$\begin{cases} \delta\dot{x}_1(t) = \left.\dfrac{\partial f_1}{\partial x_1}\right|_{\boldsymbol{x}_e} \delta x_1(t) + \left.\dfrac{\partial f_1}{\partial x_2}\right|_{\boldsymbol{x}_e} \delta x_2(t) + \cdots + \left.\dfrac{\partial f_1}{\partial x_n}\right|_{\boldsymbol{x}_e} \delta x_n(t) \\ \delta\dot{x}_2(t) = \left.\dfrac{\partial f_2}{\partial x_1}\right|_{\boldsymbol{x}_e} \delta x_1(t) + \left.\dfrac{\partial f_2}{\partial x_2}\right|_{\boldsymbol{x}_e} \delta x_2(t) + \cdots + \left.\dfrac{\partial f_2}{\partial x_n}\right|_{\boldsymbol{x}_e} \delta x_n(t) \\ \qquad\vdots \\ \delta\dot{x}_n(t) = \left.\dfrac{\partial f_n}{\partial x_1}\right|_{\boldsymbol{x}_e} \delta x_1(t) + \left.\dfrac{\partial f_n}{\partial x_2}\right|_{\boldsymbol{x}_e} \delta x_2(t) + \cdots + \left.\dfrac{\partial f_n}{\partial x_n}\right|_{\boldsymbol{x}_e} \delta x_n(t) \end{cases} \tag{12.12}$$

che posto in forma matriciale diventa:

$$\begin{bmatrix} \delta\dot{x}_1(t) \\ \delta\dot{x}_2(t) \\ \vdots \\ \delta\dot{x}_n(t) \end{bmatrix} = \begin{bmatrix} \dfrac{\partial f_1}{\partial x_1} & \dfrac{\partial f_1}{\partial x_2} & \cdots & \dfrac{\partial f_1}{\partial x_n} \\ \dfrac{\partial f_2}{\partial x_1} & \dfrac{\partial f_2}{\partial x_2} & \cdots & \dfrac{\partial f_2}{\partial x_n} \\ \vdots & \vdots & \ddots & \vdots \\ \dfrac{\partial f_n}{\partial x_1} & \dfrac{\partial f_n}{\partial x_2} & \cdots & \dfrac{\partial f_n}{\partial x_n} \end{bmatrix}_{\boldsymbol{x}_e} \cdot \begin{bmatrix} \delta x_1(t) \\ \delta x_2(t) \\ \vdots \\ \delta x_n(t) \end{bmatrix} \tag{12.13}$$

o anche

$$\delta\dot{\boldsymbol{x}}(t) = \boldsymbol{J}(\boldsymbol{x}_e)\,\delta\boldsymbol{x}(t) \tag{12.14}$$

dove

$$\boldsymbol{J}(\boldsymbol{x}_e) = \left[\frac{\partial \boldsymbol{f}}{\partial \boldsymbol{x}}\right]_{\boldsymbol{x}_e} = \begin{bmatrix} \dfrac{\partial f_1}{\partial x_1} & \dfrac{\partial f_1}{\partial x_2} & \cdots & \dfrac{\partial f_1}{\partial x_n} \\ \dfrac{\partial f_2}{\partial x_1} & \dfrac{\partial f_2}{\partial x_2} & \cdots & \dfrac{\partial f_2}{\partial x_n} \\ \vdots & \vdots & \ddots & \vdots \\ \dfrac{\partial f_n}{\partial x_1} & \dfrac{\partial f_n}{\partial x_2} & \cdots & \dfrac{\partial f_n}{\partial x_n} \end{bmatrix}_{\boldsymbol{x}_e} \tag{12.15}$$

è la *matrice Jacobiana* o *Jacobiano* di $\boldsymbol{f}(\cdot)$ calcolata in $\boldsymbol{x} = \boldsymbol{x}_e$.

Il sistema (12.14) viene detto *sistema linearizzato* e la sua matrice dinamica coincide con lo Jacobiano di $\boldsymbol{f}(\cdot)$ calcolato in corrispondenza dello stato di equilibrio $\boldsymbol{x}_e$. Le variabili di stato del sistema lineare indicano invece le differenze tra le coordinate dello stato del sistema non lineare e quelle del punto di equilibrio. Naturalmente ciò è vero solo in prossimità dello stato di equilibrio stesso, ossia per piccoli valori di $\delta\boldsymbol{x}$ entro i quali è valida l'approssimazione derivante dall'aver trascurato i termini di ordine superiore al primo nello sviluppo in serie di Taylor.

A questo punto possiamo enunciare il seguente teorema dovuto a Lyapunov che afferma che la stabilità dello stato di equilibrio di un sistema non lineare può studiarsi, a meno di casi critici, analizzando semplicemente la stabilità del sistema linearizzato.

**Teorema 12.15 (Primo criterio di Lyapunov).** *Sia $\delta\dot{\boldsymbol{x}}(t) = \boldsymbol{J}(\boldsymbol{x}_e)\delta\boldsymbol{x}(t)$ il sistema lineare ottenuto per linearizzazione di $\dot{\boldsymbol{x}}(t) = \boldsymbol{f}(\boldsymbol{x}(t))$ intorno allo stato di equilibrio $\boldsymbol{x}_e$. Se la matrice $\boldsymbol{J}(\boldsymbol{x}_e)$ ha autovalori tutti a parte reale negativa, allora lo stato di equilibrio $\boldsymbol{x}_e$* è asintoticamente stabile.

*Se la matrice $\boldsymbol{J}(\boldsymbol{x}_e)$ ha uno o più autovalori a parte reale positiva, allora lo stato di equilibrio $\boldsymbol{x}_e$* è instabile.

**Esempio 12.16** Si consideri il sistema non lineare dell'Esempio 12.12. Attraverso il metodo diretto di Lyapunov abbiamo dimostrato che l'origine è uno stato di equilibrio asintoticamente stabile per tale sistema. Alla stessa conclusione possiamo giungere attraverso il metodo basato sulla linearizzazione. Lo Jacobiano di $\boldsymbol{f}(\cdot)$ valutato nell'origine vale infatti

$$J(\mathbf{0}) = \begin{bmatrix} -1 & 2 \\ -2 & -1 \end{bmatrix}$$

i cui autovalori sono le radici dell'equazione algebrica

$$\det(s\boldsymbol{I} - J(\mathbf{0})) = s^2 + 2s + 5 = 0$$

per cui sono chiaramente entrambi a parte reale negativa, essendo tale equazione del secondo ordine ed essendo tutti i coefficienti al primo membro strettamente positivi.

Tale sistema presenta inoltre un secondo stato di equilibrio coincidente con il punto

$$\boldsymbol{x}_e = \begin{bmatrix} -10 \\ -5 \end{bmatrix},$$

anch'esso soluzione del sistema non lineare

$$\begin{cases} -x_1 + 2x_2 = 0 \\ -2x_1 - x_2 - x_2^2 = 0. \end{cases}$$

Per valutare la stabilità di tale stato di equilibrio dobbiamo calcolare lo Jacobiano di $\boldsymbol{f}(\cdot)$ in corrispondenza di $\boldsymbol{x}_e$ che vale

$$J(\boldsymbol{x}_e) = \begin{bmatrix} -1 & 2 \\ -2 & 9 \end{bmatrix}.$$

Essendo le radici dell'equazione

$$\det(\lambda \boldsymbol{I} - J(\boldsymbol{x}_e)) = \lambda^2 - 8\lambda - 5 = 0$$

pari a $\lambda_1 = -0.58$ e $\lambda_2 = 8.58$, possiamo concludere che $J(\boldsymbol{x}_e)$ ha un autovalore a parte reale positiva, la qual cosa ci permette di affermare che $\boldsymbol{x}_e$ è uno stato di equilibrio instabile. ◇

L'unico caso in cui non è possibile trarre alcuna conclusione circa la stabilità di uno stato di equilibrio $\boldsymbol{x}_e$ di un sistema non lineare in base al Teorema 12.15 è quello in cui la matrice Jacobiana $\boldsymbol{J}(\boldsymbol{x}_e)$ ha, oltre ad un eventuale numero di autovalori a parte reale negativa, uno o più autovalori a parte reale nulla. In tale caso è necessario ricorrere ad altri criteri di analisi della stabilità. Una prima possibilità consiste naturalmente nell'applicazione del Metodo diretto di Lyapunov (si veda in proposito l'Esempio 12.18). Un'alternativa a questo consiste nell'applicare un importante teorema noto nella letteratura come *Center Manifold Theorem* che si basa sull'analisi di un sistema non lineare di ordine ridotto rispetto al sistema di partenza, ed in particolare di ordine pari al numero di autovalori di $\boldsymbol{J}(\boldsymbol{x}_e)$ a parte reale nulla. Tale risultato non verrà tuttavia presentato in quanto va oltre le finalità della presente trattazione.

**Esempio 12.17** Si consideri il sistema del primo ordine

$$\dot{x}(t) = ax^3(t).$$

L'origine è chiaramente un punto di equilibrio per tale sistema. In particolare è l'unico punto di equilibrio se $a \neq 0$, mentre se $a = 0$ il sistema è lineare e presenta un numero infinito di punti di equilibrio, ossia ogni $x \in \mathbb{R}$.

Vogliamo ora studiare la stabilità dell'origine.

Lo Jacobiano di $ax^3$ valutato nell'origine è pari a

$$J(0) = \frac{\partial}{\partial x} ax^3 \bigg|_{x=0} = 3ax^2\big|_{x=0} = 0$$

ossia presenta un autovalore che giace sull'asse immaginario. La linearizzazione non ci permette pertanto di trarre alcuna conclusione circa la stabilità dell'origine. L'origine può infatti essere asintoticamente stabile, stabile o anche instabile, a seconda del valore di $a$.

Più precisamente, se $a < 0$, l'origine è un punto di equilibrio asintoticamente stabile come può facilmente dimostrarsi mediante il Teorema 12.11. Assunta infatti $V(x) = x^4$, $\dot{V}(x) = 4ax^6 < 0$ per $x \neq 0$.

Se $a = 0$ il sistema è lineare con un autovalore a parte reale nulla e indice unitario, per cui il sistema (e quindi tutti i suoi punti di equilibrio) è stabile ma non asintoticamente stabile.

Infine, se $a > 0$ l'origine è un punto di equilibrio instabile come può facilmente dimostrarsi mediante il Teorema 12.11. Infatti, se assumiamo ancora $V(x) = x^4$, $\dot{V}(x) = 4ax^6 > 0$ per $x \neq 0$. ◇

**Esempio 12.18** Si consideri il pendolo semplice già presentato nell'Esempio 2.13 e rappresentato in Fig. 2.8. Si assuma che nessuna coppia meccanica esterna agisca sul sistema. Sotto tale ipotesi, assunte come variabili di stato $x_1(t) = \theta(t)$ e $x_2(t) = \dot{\theta}(t)$, come visto nell'Esempio 2.13, il modello VS di tale sistema è dato dalle equazioni differenziali:

$$\begin{cases} \dot{x}_1(t) = x_2(t) \\ \dot{x}_2(t) = -\dfrac{g}{L} \sin x_1(t) - \dfrac{b}{m}\, x_2(t). \end{cases} \tag{12.16}$$

Tale sistema ha due punti di equilibrio isolati che soddisfano le equazioni $x_2 = 0$ e $\sin x_1 = 0$, ossia $\boldsymbol{x}'_e = \boldsymbol{0}$ e $\boldsymbol{x}''_e = [\pi \quad 0]^T$. Fisicamente, entrambi gli stati rappresentano condizioni in cui il pendolo è fermo lungo la verticale: nel primo caso il pendolo si trova nel punto più basso della traiettoria, mentre nel secondo caso si trova nel punto più alto della traiettoria.

Lo Jacobiano di $\boldsymbol{f}(\cdot)$ vale in questo caso

$$J(\boldsymbol{x}) = \begin{bmatrix} 0 & 1 \\ -\dfrac{g}{L}\cos x_1 & -\dfrac{b}{m} \end{bmatrix}.$$

Per valutare la stabilità nell'origine calcoliamo lo Jacobiano in $\boldsymbol{x}'_e = \boldsymbol{0}$:

$$J(\boldsymbol{0}) = \begin{bmatrix} 0 & 1 \\ -\dfrac{g}{L} & -\dfrac{b}{m} \end{bmatrix}$$

i cui autovalori sono

$$\lambda_{1,2} = -\frac{1}{2}\left(\frac{b}{m} \pm \sqrt{\frac{b^2}{m^2} - \frac{4g}{L}}\right).$$

Per ogni valore di $b > 0$ tali autovalori hanno parte reale $< 0$, per cui l'origine è un punto di equilibrio asintoticamente stabile.

Se $b = 0$ non possiamo invece trarre alcuna conclusione circa la stabilità dell'origine usando il criterio della linearizzazione. Dobbiamo pertanto procedere per altra via. Una possibilità consiste nell'usare il Metodo diretto di Lyapunov (Teorema 12.11). Assumiamo ad esempio

$$V(\boldsymbol{x}) = \frac{g}{L}(1 - \cos x_1) + \frac{1}{2}x_2^2.$$

Chiaramente $V(\boldsymbol{0}) = 0$ e $V(\boldsymbol{x})$ è definita positiva nell'intorno $\Omega = \{\boldsymbol{x} \in \mathbb{R}^2 \mid -2\pi < x_1 < 2\pi\}$ dell'origine. Inoltre

$$\dot{V}(\boldsymbol{x}) = \frac{g}{L}\dot{x}_1 \sin x_1 + x_2\dot{x}_2 = \frac{g}{L}x_2(\sin x_1 - \sin x_1) = 0$$

per cui $\dot{V}(\boldsymbol{x})$ è semidefinita negativa nell'intorno considerato $\Omega$ dell'origine. Possiamo pertanto concludere che l'origine è un punto di equilibrio stabile.

Valutando infine lo Jacobiano in $\boldsymbol{x}_e''$ è facile vedere che vi è un autovalore a parte reale $> 0$ per ogni valore di $b \geq 0$ (la verifica di ciò è lasciata per brevità al lettore). Possiamo pertanto concludere che per ogni valore del coefficiente di smorzamento il punto di equilibrio $\boldsymbol{x}_e''$ è instabile[4]. ◇

## 12.3 Analisi mediante funzione descrittiva [*]

Come ampiamente discusso nei Capitoli 8 e 10, l'analisi di alcune importanti proprietà, quali proprietà filtranti e stabilità, può essere efficacemente condotta nel dominio della frequenza. Questo comporta una serie di vantaggi, in particolare il ricorso a rappresentazioni grafiche, la possibilità di associare ben precisi significati fisici alle grandezze in gioco, nonché la possibilità di disporre di approcci la cui complessità cresce debolmente con l'ordine del sistema.

Naturalmente l'analisi nel dominio della frequenza non può essere direttamente applicata ai sistemi non lineari perché per tale classe di sistemi le funzioni di risposta in frequenza (funzioni armoniche) non possono essere definite. È tuttavia possibile sotto certe ipotesi sulle non linearità del sistema in esame, definire una opportuna funzione nel dominio della frequenza, detta *funzione descrittiva*, che permette di analizzare e predire il comportamento del sistema, in particolare rilevando la presenza di eventuali cicli limite (stabili o instabili).

Nel seguito verrà dapprima introdotta la funzione descrittiva. Successivamente verrà mostrato come nel caso in cui il sistema non lineare sia in retroazione, la definizione di tale funzione permette l'analisi dei cicli limite estendendo essenzialmente il criterio di Nyquist visto per lo studio della stabilità dei sistemi lineari e stazionari in retroazione.

[4] Il fatto che il punto di equilibrio di un pendolo ritto lungo la verticale sia instabile è ben noto a chiunque abbia cercato di mantenere in equilibrio su un dito una matita. Un pendolo in tale condizione di funzionamento è anche detto *pendolo inverso*.

### 12.3.1 Funzione descrittiva

L'analisi mediante funzione descrittiva non si applica a sistemi con non linearità qualunque, ma si applica solo a quei sistemi che sono riconducibili a una forma del tipo mostrato in Fig. 12.12 costituita da due blocchi in serie, il primo non lineare e il secondo lineare. La parte non lineare verifica le seguenti condizioni:

(i) è completamente separabile da quella lineare;
(ii) è istantanea, non descritta quindi da equazioni differenziali, bensì da un funzione $w = f(u)$ che ad ogni istante di tempo $t$ fornisce l'uscita $w(t)$ in base al solo ingresso $u(t)$;
(iii) è tempo-invariante;
(iv) è una funzione dispari dell'ingresso, ovvero $f(u) = -f(-u)$.

L'unica limitazione sulla parte lineare è invece che essa abbia proprietà filtranti passa-basso.

Tale classe di sistemi, benché non del tutto generale, copre comunque un significativo insieme di casi. Sono di questo tipo, ad esempio, tutti i sistemi il cui controllo è ricavato con procedure lineari ma la cui implementazione richiede l'introduzione di elementi fortemente non lineari quali soglie, isteresi o saturazione.

La funzione descrittiva può formalmente essere definita come segue.

**Definizione 12.19.** *Si consideri un sistema non lineare rappresentabile mediante uno schema a blocchi del tipo mostrato in Fig. 12.12 dove il blocco lineare ha proprietà filtranti passa-basso e il blocco non lineare soddisfa le ipotesi (i)–(iv).*

*Si supponga che il segnale in ingresso al blocco non lineare sia pari a* $u(t) = U\sin(\omega t)$.

*La funzione descrittiva dell'elemento non lineare* $w = f(u)$ *è una funzione di variabile complessa il cui modulo è pari al rapporto tra il modulo dell'armonica fondamentale del segnale* $w(t)$ *e il modulo di* $u(t)$ *e la cui fase è pari allo sfasamento tra tali segnali.*

Per chiarire meglio tale definizione, mostrando soprattutto dove intervengono le varie ipotesi sopra introdotte, si consideri ancora lo schema a blocchi in Fig. 12.12. Sia $u(t) = U\sin(\omega t)$ il segnale in ingresso al blocco non lineare. L'uscita $w(t)$ sarà in generale una funzione periodica anche se non sinusoidale vista la non linearità del blocco in esame. In particolare, essa avrà periodo $T = 2\pi/\omega$ e pulsazione fondamentale $\Omega = 2\pi/T = \omega$.

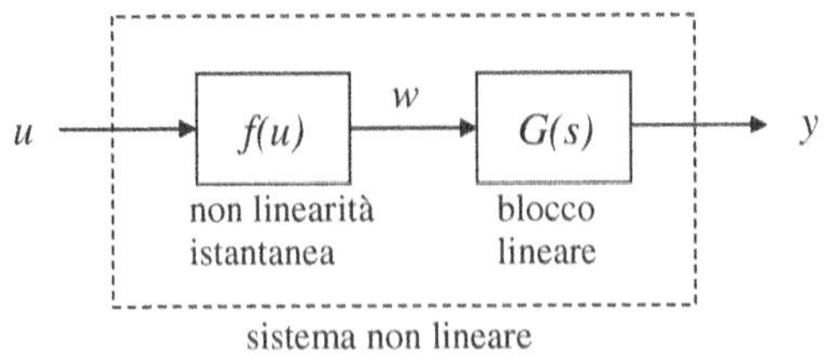


**Fig. 12.12.** Schema a blocchi di riferimento per la definizione della funzione descrittiva

Tale uscita potrà pertanto essere sviluppata in serie di Fourier (cfr. Appendice F, eq. (F.3)) come

$$w(t) = a_0 + \sum_{k=1}^{+\infty} [a_k \cos(k\omega t) + b_k \sin(k\omega t)] \tag{12.17}$$

dove, in base alle eq. (F.4),

$$\begin{aligned}
a_0 &= \frac{1}{T}\int_{-\frac{T}{2}}^{\frac{T}{2}} w(t)\ dt = \frac{1}{2\pi}\int_{-\pi}^{\pi} w(t)d(\omega t),\\
a_k &= \frac{2}{T}\int_{-\frac{T}{2}}^{\frac{T}{2}} w(t)\ \cos(k\Omega t)\ dt = \frac{1}{\pi}\int_{-\pi}^{\pi} w(t)\cos(k\omega t)d(\omega t),\\
b_k &= \frac{2}{T}\int_{-\frac{T}{2}}^{\frac{T}{2}} w(t)\ \sin(k\Omega t)\ dt = \frac{1}{\pi}\int_{-\pi}^{\pi} w(t)\sin(k\omega t)d(\omega t).
\end{aligned} \tag{12.18}$$

Ora, essendo per l'ipotesi (iv) la non linearità funzione dispari dell'ingresso ed essendo l'ingresso un segnale sinusoidale, il segnale $w(t)$ ha valore medio nullo e vale $a_0 = 0$. Inoltre, avendo il successivo blocco lineare un comportamento passa-basso, è lecito supporre trascurabili le armoniche di ordine superiore in ingresso a tale blocco. Il segnale $w(t)$ può pertanto essere approssimato tenendo solo conto della prima armonica come:

$$w(t) \cong w_1(t) = a_1 \cos(\omega t) + b_1 \sin(\omega t) = M_1 \sin(\omega t + \varphi_1) \tag{12.19}$$

dove

$$M_1 = M_1(U,\omega) = \sqrt{a_1^2 + b_1^2}, \qquad \varphi_1 = \varphi_1(U,\omega) = \text{atan}\frac{a_1}{b_1}. \tag{12.20}$$

In accordo alla Definizione 12.19, la funzione descrittiva del blocco non lineare $w = f(u)$ è pertanto pari a

$$D(U,\omega) = \frac{M_1}{U} e^{j\varphi_1} = \frac{b_1 + ja_1}{U}. \tag{12.21}$$

Essendo per le ipotesi (ii) e (iii), rispettivamente, il blocco non lineare istantaneo e tempo-invariante, si può dimostrare che la funzione descrittiva $D(U,\omega)$ così definita rende minimo l'errore quadratico medio che si commette nell'approssimare l'uscita con una funzione sinusoidale.

Si noti infine che l'ipotesi (iv) è stata assunta per semplicità di presentazione ma può naturalmente essere rilassata a patto di non trascurare il termine statico dello sviluppo di Fourier del segnale $w(t)$, ossia il termine sopra indicato come $a_0$.

Il concetto di funzione descrittiva è quindi una estensione del concetto di risposta in frequenza per i sistemi lineari. Vi è tuttavia una fondamentale differenza:

nel caso dei sistemi lineari la risposta in frequenza è indipendente dall'ampiezza del segnale in ingresso e dipende solo dalla pulsazione $\omega$; la funzione descrittiva è invece funzione non solo della pulsazione $\omega$, ma anche dell'ampiezza $U$ del segnale in ingresso al blocco non linare. È questa la ragione per cui la rappresentazione mediante funzione descrittiva viene anche detta "quasi-linearizzazione".

Presentiamo ora alcuni esempi di calcolo della funzione descrittiva.

## Saturazione

Si consideri ora il caso in cui la non linearità è dovuta a saturazione (cfr. Fig. 12.1.a). La relazione ingresso-uscita è mostrata in Fig. 12.13, dove l'intervallo $[-a, a]$ corrisponde alla zona di linearità e la pendenza $k$ della caratteristica denota il rapporto ingresso-uscita all'interno di tale intervallo.

Al solito si assuma l'ingresso al blocco non lineare pari a $u(t) = U \sin(\omega t)$.

Chiaramente se $U \leq a$ il segnale di ingresso $u(t)$ rimane tutto all'interno del campo di linearità per cui l'uscita è pari a $w(t) = kU \sin(\omega t)$, ossia è costituita dalla sua sola armonica fondamentale e quindi, con riferimento alla notazione prima introdotta, $w_1(t) = w(t)$. La funzione descrittiva sarà pertanto pari a

$$D = \frac{kU}{U} e^0 = k,$$

ossia assumerà un valore costante, indipendente sia dalla pulsazione $\omega$ che dall'ampiezza $U$ dell'ingresso.

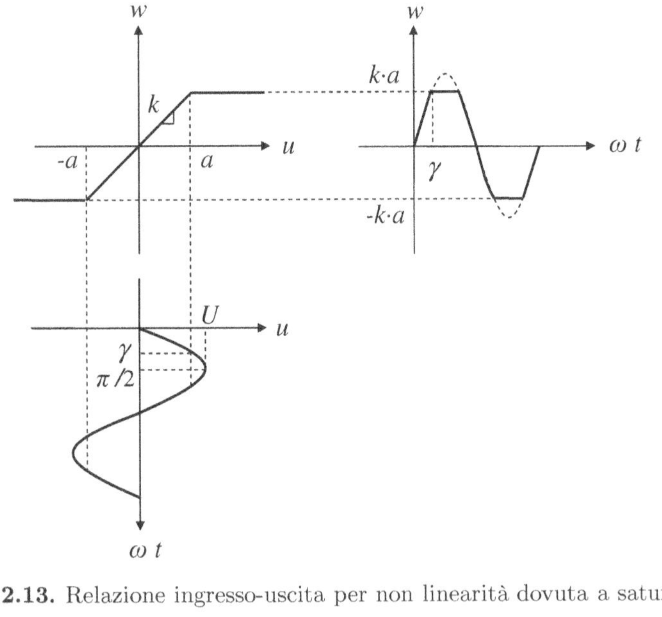


**Fig. 12.13.** Relazione ingresso-uscita per non linearità dovuta a saturazione

Supponiamo ora che sia $U > a$ come evidenziato in Fig. 12.13. L'uscita in questo caso è simmetrica nei quattro quarti del periodo. Ad esempio nel primo quarto di periodo, ossia per $\omega t \in [0, \pi/2]$, essa vale:

$$w(t) = \begin{cases} kU \sin(\omega t) & \omega t \in [0, \gamma] \\ ka & \omega t \in (\gamma, \pi/2]. \end{cases} \tag{12.22}$$

Calcoliamo le prime armoniche dello sviluppo in serie di Fourier per determinare il segnale approssimato $w_1(t)$ definito come in eq. (12.19). Essendo la funzione che definisce la non linearità dispari rispetto all'ingresso, risulta naturalmente $a_0 = 0$ (cfr. ipotesi (iv)). Inoltre, il fatto che $w(t)$ sia una funzione dispari di $t$ e quindi anche di $\omega t$, implica che anche $a_1 = 0$. Infine, la simmetria di $w(t)$ nei quattro quarti di periodo, unitamente alla sua definizione nel primo quarto di periodo, permette di calcolare il coefficiente non nullo della prima armonica[5] $b_1$:

$$\begin{aligned} b_1 &= \frac{1}{\pi}\int_{-\pi}^{\pi} w(t)\sin(\omega t)d(\omega t) = \frac{4}{\pi}\int_{0}^{\pi/2} w(t)\sin(\omega t)d(\omega t) \\ &= \frac{4}{\pi}\int_{0}^{\gamma} kU\sin^2(\omega t)d(\omega t) + \frac{4}{\pi}\int_{\gamma}^{\pi/2} ka\sin(\omega t)d(\omega t) \\ &= \frac{2kU}{\pi}\left[\gamma - \sin\gamma\cos\gamma + \frac{2a}{U}\cos\gamma\right]. \end{aligned} \tag{12.23}$$

Infine, essendo $\sin\gamma = a/U$, risulta

$$b_1 = \frac{2kU}{\pi}\left[\gamma + \frac{a}{U}\sqrt{1 - \frac{a^2}{U^2}}\right]. \tag{12.24}$$

La funzione descrittiva per valori del rapporto $U/a > 1$ è pertanto pari a

$$D(U,\omega) = D(U) = \frac{b_1}{U} = \frac{2k}{\pi}\left[\gamma + \frac{a}{U}\sqrt{1 - \frac{a^2}{U^2}}\right] \tag{12.25}$$

o equivalentemente a

$$D(U) = \frac{b_1}{U} = \frac{2k}{\pi}\left[\text{asin}\frac{a}{U} + \frac{a}{U}\sqrt{1 - \frac{a^2}{U^2}}\right]. \tag{12.26}$$

Per valori del rapporto $U/a > 1$ la funzione descrittiva dipende quindi dall'ampiezza del segnale di ingresso, ma non dalla sua pulsazione $\omega$.

In Fig. 12.14 è riportata la funzione descrittiva normalizzata $D(U)/k$ al variare del rapporto $U/a$. Dall'osservazione di tale figura si possono immediatamente trarre alcune importanti conclusioni.

---

[5]Per brevità nel seguito non sono riportati tutti i calcoli intermedi che portano all'espressione finale del coefficiente $b_1$. Ciò è lasciato come esercizio al lettore, ricordando però che le relazioni trigonometriche fondamentali che consentono di ricavare tale espressione sono

$$\sin^2\varphi = \frac{1 - \cos 2\varphi}{2}, \qquad \sin 2\varphi = 2\sin\varphi\cos\varphi.$$

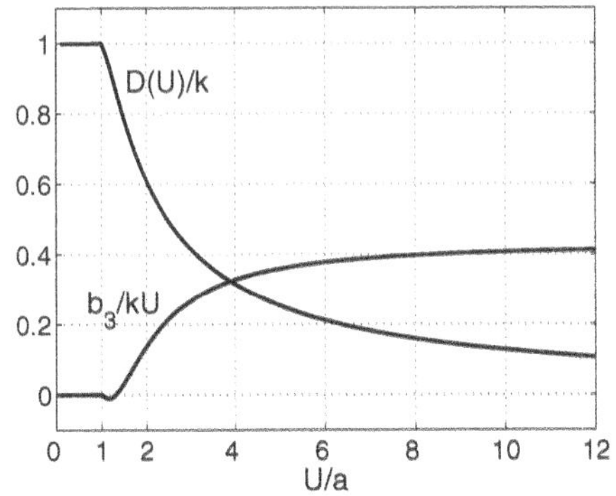


**Fig. 12.14.** Funzione descrittiva della non linearità dovuta a saturazione e rapporto tra la terza armonica e il prodotto $kU$

La prima, già messa in evidenza sopra, è che $D(U)$ è costante e pari a $k$ nella zona di linearià, ossia per valori del rapporto $U/a < 1$.

La seconda è che l'ampiezza di $D(U)$ decresce all'aumentare del rapporto $U/a$. Ciò è naturalmente intuitivo, infatti all'aumentare di tale rapporto l'effetto della saturazione diviene via via più rilevante e quindi il rapporto tra l'uscita e l'ingresso sempre più trascurabile.

La terza è che non vi è sfasamento tra il segnale di ingresso e quello di uscita. Anche questo non è affatto sorprendente se si considera che la saturazione non introduce alcun effetto di ritardo nella risposta del sistema ad un dato ingresso.

Si noti inoltre che la funzione descrittiva è una funzione reale dell'ampiezza del segnale di ingresso. Si può dimostrare che ciò è legato al fatto che la non linearità è a valore singolo, ossia ad ogni valore dell'ingresso corrisponde un solo valore di uscita. Come si vedrà in seguito, la funzione descrittiva relativa ad una non linearità dovuta ad isteresi è invece una funzione complessa di tale ampiezza.

Concludiamo questo paragrafo con un'ultima osservazione. Come chiarito nel corso della trattazione sopra, la definizione di funzione descrittiva nasce dall'approssimazione della risposta in uscita dal blocco non lineare, indicata come $w(t)$, con la sua prima armonica $w_1(t)$. È pertanto sempre opportuno verificare, prima di procedere all'applicazione di criteri di analisi mediante funzione descrittiva, almeno per le prime armoniche trascurate, che queste abbiano effettivamente ampiezza significativamente inferiore alla prima.

A tal fine in Fig. 12.14 è stata riportata anche l'ampiezza della terza armonica del segnale $w(t)$, contenente il solo termine $b_3$: il termine $a_3$ è infatti nullo essendo $w(t)$ funzione dispari di $t$. In particolare, in tale figura per rendere più immediato un confronto con la funzione descrittiva è stato riportato il valore del rapporto $b_3/kU$ al variare del rapporto $U/a$. Come è facile osservare, l'approssimazione del blocco non lineare tramite la funzione descrittiva è tanto più precisa quanto più si è in prossimità della zona di linearità. Al contrario, per valori del rapporto $U/a > 4$ l'effetto della terza armonica diviene addirittura più rilevante rispetto a quello dell'armonica fondamentale il che rende un'analisi condotta attraverso funzione descrittiva del tutto inattendibile.

Tale verifica verrà per brevità omessa nei casi che seguono pur essendo sempre fondamentale per una corretta analisi.

## Non linearità on-off

Questo tipo di non linearità è naturalmente un caso particolare di saturazione in cui $a \to 0$ e $k \to \infty$, ma $ka = M < \infty$.

La relazione ingresso-uscita è in questo caso mostrata in Fig. 12.15.

Ripetendo le stesse considerazioni viste per la saturazione è facile verificare che $a_1 = 0$ mentre

$$b_1 = \frac{4}{\pi} \int_0^{\pi/2} M \sin(\omega t) d(\omega t) = \frac{4}{\pi} M.$$

La funzione descrittiva è pertanto pari a

$$D(U) = \frac{4M}{\pi U}. \tag{12.27}$$

L'andamento della funzione descrittiva normalizzata, ossia di $D(U)/M$, è riportato in Fig. 12.16 al variare dell'ampiezza dell'ingresso $U$.

È facile osservare che in questo caso la zona di non linearità, presente invece nella saturazione, è di ampiezza nulla e il valore della funzione descrittiva va all'infinito per $U \to 0$. In questo caso infatti l'ampiezza della prima armonica in uscita

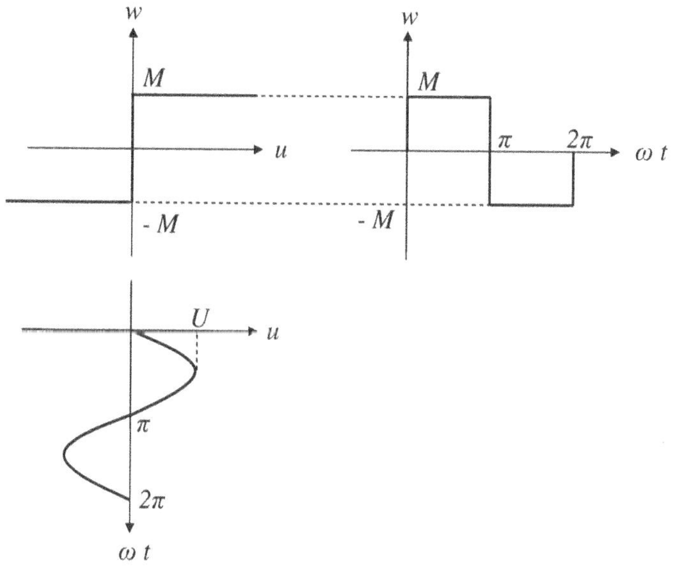


**Fig. 12.15.** Relazione ingresso-uscita per non linearità on-off

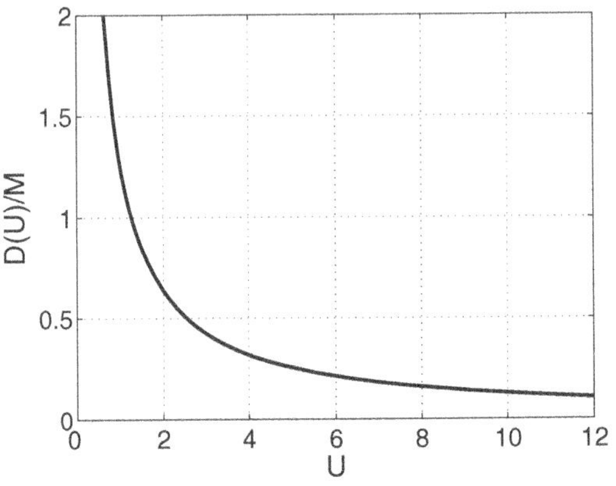


**Fig. 12.16.** Funzione descrittiva della non linearità on-off

diviene infinitamente grande rispetto all'ampiezza del segnale di ingresso. Al contrario, per $U \to \infty$, l'ampiezza della funzione descrittiva tende ad annullarsi. In questo caso infatti l'ampiezza della prima armonica in uscita diviene infinitamente piccola rispetto all'ampiezza del segnale di ingresso.

### Zona morta

Consideriamo ora il caso di non linearità dovuta a zona morta la cui caratteristica è stata già presentata in Fig. 12.1.c. La relazione ingresso-uscita nel caso di ingresso di tipo sinusoidale è invece riportata in Fig. 12.17.

Per la determinazione della funzione descrittiva di tale non linearità possiamo procedere in due diversi modi. Il primo consiste nel calcolo del coefficiente $b_1$, essendo anche in questo $a_1 = 0$, procedendo poi come visto negli altri casi. Alternativamente, ed è questo l'approccio che seguiremo, possiamo partire dalla semplice osservazione che la funzione caratteristica della zona morta non è altro che la somma delle caratteristiche di un blocco lineare e di un blocco non lineare di saturazione. Ciò significa che il segnale di uscita da un blocco di zona morta non è altro che la somma dei segnali di uscita di due blocchi in parallelo, definiti rispettivamente da un elemento lineare e da un elemento di saturazione, così come chiarito in Fig. 12.18.

La funzione descrittiva relativa al blocco di zona morta in Fig. 12.18 è quindi la somma delle funzioni descrittive dei due blocchi in parallelo nella stessa figura. Pertanto, tenendo presente che la funzione descrittiva di un blocco lineare di pendenza $k$ è chiaramente costante e pari a $k$, qualunque sia l'ampiezza dell'ingresso e la sua pulsazione, mentre la funzione descrittiva di un blocco di saturazione è pari a $k$ nella zona di linearità mentre è definita come in eq. (12.26) al di fuori,

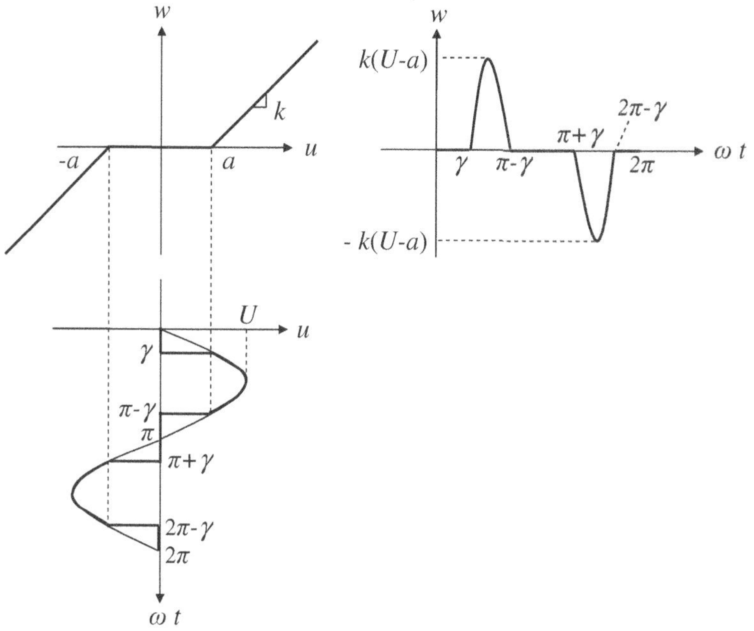


**Fig. 12.17.** Relazione ingresso-uscita per non linearità dovuta a zona morta

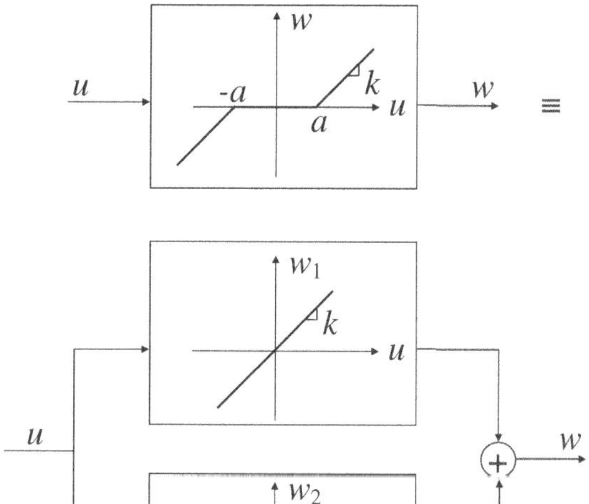

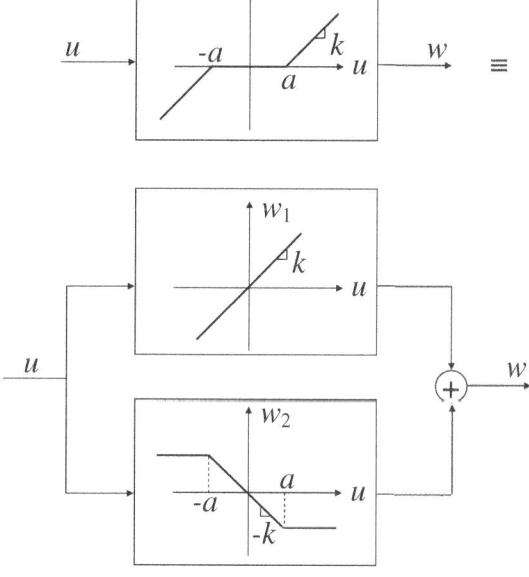

**Fig. 12.18.** Equivalenza tra la zona morta e il parallelo di due opportuni blocchi: uno lineare e uno di saturazione

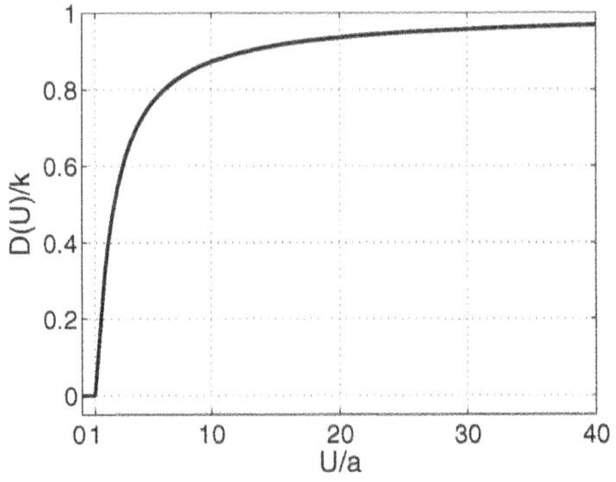


**Fig. 12.19.** Funzione descrittiva della zona morta

possiamo subito scrivere la funzione descrittiva della zona morta, che vale

$$D(U) = \begin{cases} 0 & \text{se } \dfrac{U}{a} \leq 1 \\ k - \dfrac{2k}{\pi}\left[\text{asin}\dfrac{a}{U} + \dfrac{a}{U}\sqrt{1 - \dfrac{a^2}{U^2}}\right] & \text{se } \dfrac{U}{a} > 1. \end{cases} \qquad (12.28)$$

Anche in questo caso quindi la funzione descrittiva è una funzione reale il che implica che essa non introduce alcuno sfasamento.

L'andamento della funzione normalizzata rispetto a $k$ al variare del rapporto $U/a$ è riportato in Fig. 12.19. Come si può osservare all'aumentare del rapporto $U/a$ tale funzione tende a uno, ossia si porta verso una zona di linearità. Ciò è naturale se si considera che all'aumentare di tale rapporto l'effetto della non linearità, ossia della zona morta, diviene sempre più trascurabile.

## Isteresi

Faremo ora riferimento al blocco di isteresi i cui parametri caratteristici sono definiti in Fig. 12.20. In questo caso, a differenza di tutti i casi fino ad ora esaminati, la caratteristica del blocco non lineare non è espressa da una funzione ad un solo valore.

Osserviamo preliminarmente che la funzione descrittiva è definita solo se l'ampiezza $U$ dell'ingresso sinusoidale è maggiore o uguale ad $a$. Infatti, se $U/a < 1$, l'uscita del blocco non lineare è una costante non definita, per cui anche la funzione descrittiva non è definita.

In Fig. 12.20 è riportata la relazione ingresso-uscita nell'ipotesi che sia $U/a \geq 1$. La risposta del blocco non lineare ad un ingresso di tipo sinusoidale è in questo caso un'onda quadra di ampiezza $M$, sfasata in ritardo rispetto al segnale di ingresso. La funzione descrittiva è pertanto una funzione complessa che si può calcolare

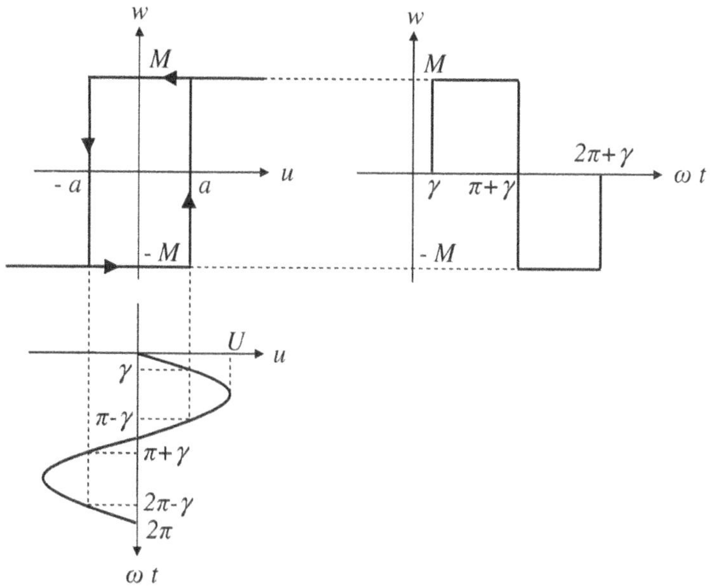


**Fig. 12.20.** Relazione ingresso-uscita per non linearità dovuta a isteresi

mediante le solite formule. In particolare, si ottiene

$$a_1 = -\frac{4Ma}{\pi U}, \qquad b_1 = \frac{4M}{\pi}\sqrt{1-\frac{a^2}{U^2}}. \tag{12.29}$$

per cui

$$D(U) = \frac{b_1 + ja_1}{U} = \frac{4M}{\pi U}\left(\sqrt{1-\frac{a^2}{U^2}} - j\frac{a}{U}\right). \tag{12.30}$$

Ora, essendo

$$|D(U)| = \frac{4M}{\pi U},$$

l'andamento del modulo della funzione descrittiva normalizzato rispetto a $4M/\pi a$ al variare del rapporto $U/a$ è del tipo mostrato in Fig. 12.21.

Nella stessa figura è riportato anche l'andamento della fase della funzione descrittiva, sempre al variare del rapporto $U/a$, dove naturalmente

$$\arg(D(U)) = \text{atan}\frac{-a/U}{\sqrt{1-a^2/U^2}} = -\text{asin}\frac{a}{U}.$$

Si noti che tali curve sono rappresentate solo per valori del rapporto $U/a \geq 1$. Infatti, come già detto, per valori più piccoli di tale rapporto la funzione descrittiva non è definita.

Inoltre, si può osservare come all'aumentare del rapporto $U/a$ sia il modulo che la fase della funzione descrittiva tendano ad annullarsi. Ciò è intuitivo se si

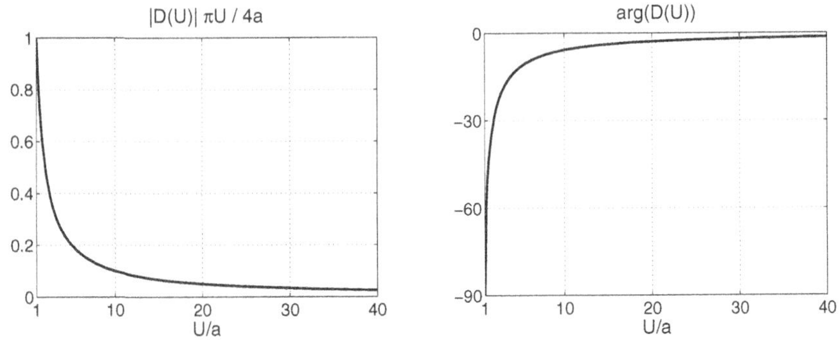


**Fig. 12.21.** Funzione descrittiva della non linearità dovuta ad isteresi

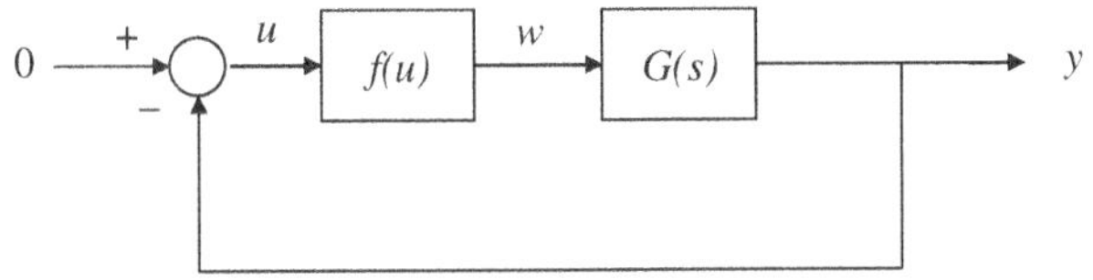


**Fig. 12.22.** Schema a blocchi di riferimento per l'analisi mediante funzione descrittiva

considera che, quanto più tale rapporto diviene elevato, tanto più il comportamento dell'isteresi si avvicina a quello di una non linearità on-off.

### 12.3.2 Analisi mediante funzione descrittiva

Come già anticipato, la funzione descrittiva viene essenzialmente introdotta per studiare la stabilità di sistemi non lineari soddisfacenti le ipotesi discusse nella sezione precedente, inseriti però in un ciclo in retroazione del tipo mostrato in Fig. 12.22. In particolare, l'analisi permette di rilevare l'eventuale presenza di cicli limite e, in caso affermativo, studiarne la stabilità. Il seguente risultato costituisce il punto di partenza per l'analisi condotta mediante funzione descrittiva.

**Teorema 12.20.** *Si consideri un sistema non lineare rappresentabile mediante uno schema a blocchi del tipo mostrato in Fig. 12.22 dove il blocco non lineare possa essere efficacemente approssimato*[6] *mediante la funzione descrittiva* $D(U, \omega)$.

*In tale sistema si possono innescare cicli limite, ovvero il segnale di uscita* $y(t)$ *può presentare oscillazioni autostenute, solo se l'equazione*

$$G(j\omega) = -\frac{1}{D(U, \omega)} \tag{12.31}$$

[6] Con questa precisazione intendiamo ribadire quanto già discusso nella sezione precedente, ossia che il blocco lineare abbia proprietà filtranti passa-basso, il blocco non lineare verifichi le condizioni (i)–(iv), l'ampiezza delle armoniche di ordine superiore presenti nel segnale $w(t)$ sia trascurabile rispetto all'armonica fondamentale.

*ammette soluzione. In particolare, ad ogni soluzione dell'eq.* (12.31) *corrisponde una ben precisa coppia* $(\omega, U)$ *dove* $\omega$ *e* $U$ *sono pari, rispettivamente, alla pulsazione e all'ampiezza della prima armonica del segnale periodico in uscita* $y(t)$.

*Dimostrazione.* Si supponga che il segnale $u(t)$ sia di tipo sinusoidale di ampiezza $U$ e pulsazione $\omega$, ossia valga

$$u(t) = U \sin \omega t. \tag{12.32}$$

L'uscita del blocco non lineare, in base alla eq. (12.17) e all'ipotesi (iv), può quindi essere posta nella forma

$$w(t) = \sum_{k=1}^{+\infty} [a_k \cos(k\omega t) + b_k \sin(k\omega t)] = \sum_{k=1}^{+\infty} M_k \sin(k\omega t + \varphi_k).$$

Ora, particolarizzando la risposta armonica del blocco lineare per i valori di pulsazione $k\omega$ e indicando

$$G(jk\omega) = |G(jk\omega)| e^{j\psi_k} \qquad \text{per } k \geq 1$$

segue che l'uscita del blocco lineare può anche essa essere scritta come somma di infiniti termini

$$y(t) = \sum_{k=1}^{+\infty} |G(jk\omega)| M_k \sin(k\omega t + \varphi_k + \psi_k)$$

e inoltre, avendo per ipotesi il blocco lineare proprietà filtranti passa-basso, vale

$$|G(jk\omega)| M_k << |G(j\omega)| M_1 \qquad \text{per } k > 1$$

per cui, trascurando le armoniche di ordine superiore alla prima, si ottiene

$$y(t) \cong |G(j\omega)| M_1 \sin(\omega t + \varphi_1 + \psi_1). \tag{12.33}$$

Affinché vi sia una oscillazione autosostenuta deve valere $u(t) = -y(t)$ e dalle eq. (12.32) e (12.33) segue

$$U \sin(\omega t) = -|G(j\omega)| M_1 \sin(\omega t + \varphi_1 + \psi_1)$$

o equivalentemente

$$\begin{cases} \dfrac{|G(j\omega)| M_1}{U} = 1 \\ \varphi_1 + \psi_1 = \pi \end{cases}$$

e quindi, tenendo presente che $1 e^{j\pi} = -1$ e ricordando la definizione di funzione descrittiva data in eq. (12.21), vale

$$-1 = \frac{|G(j\omega)| M_1}{U} e^{j(\varphi_1 + \psi_1)} = |G(j\omega)| e^{j\psi_1} \cdot \frac{M_1}{U} e^{j\varphi_1} = G(j\omega) D(U, \omega)$$

che corrisponde all'eq. (12.31). □

Si noti che l'eq. (12.31) si può anche riscrivere come

$$1 + G(j\omega)D(U, \omega) = 0 \tag{12.34}$$

che non è altro che la generalizzazione dell'equazione caratteristica a ciclo chiuso del sistema rappresentato in Fig. 12.12 dove in corrispondenza del blocco non lineare non abbiamo la risposta armonica ma la relativa funzione descrittiva. Come ben noto nel caso puramente lineare il soddisfacimento dell'equazione caratteristica corrisponde ad una situazione al "limite di stabilità" cui corrispondono modi costanti o più frequentemente modi periodici. In tali condizioni l'oscillazione è sinusoidale e l'ampiezza dipende dalle condizioni iniziali.

Nel caso non lineare il soddisfacimento dell'eq. (12.31) implica ancora comportamenti periodici ma in genere non sinusoidali, contenenti cioè anche armoniche di ordine superiore. Inoltre, come già discusso, le oscillazioni periodiche su cui si assesta un sistema non lineare sono in genere di ampiezza costante, indipendente dalle condizioni iniziali.

Per quanto appena detto, il primo problema che si pone con questo tipo di analisi è quindi quello di determinare le soluzioni dell'eq. (12.31). Questa è chiaramente un'equazione complessa non lineare che può ammettere un numero finito di soluzioni. Inoltre, soprattutto nel caso di sistemi di ordine elevato, tale equazione è di difficile risoluzione analitica, per cui si procede per via grafica. Tale approccio si diversifica a seconda che la funzione descrittiva sia indipendente o dipendente dalla frequenza.

Il primo caso è il più semplice da studiare e si verifica (ma non solo) ogni qualvolta le non linearità sono a valore singolo. L'eq. (12.31) si può in questo caso riscrivere come

$$G(j\omega) = -\frac{1}{D(U)} \tag{12.35}$$

e le eventuali soluzioni si determinano rappresentando le due funzioni a primo e secondo membro della (12.35) nel piano complesso e calcolando le eventuali intersezioni. La $G(j\omega)$ dipende dalla sola pulsazione $\omega$ per cui ad essa corrisponde una curva nel piano complesso parametrizzata dal valore di $\omega$; la $-1/D(U)$ è invece dipendente dalla sola ampiezza $U$ per cui ad essa corrisponde nel piano complesso una curva parametrizzata dal valore di $U$. Ad ogni intersezione di tali curve corrisponde un ciclo limite caratterizzato dalla coppia (pulsazione $\omega$, ampiezza $U$) relativa a tale punto. L'effettivo ciclo limite intercettato dipenderà poi dalle condizioni iniziali del sistema.

In Fig. 12.23 è mostrato il caso in cui la $G(j\omega)$ e la $-1/D(U)$ presentano due punti di intersezione $L_1$ e $L_2$ a cui corrispondono due possibili cicli limite, caratterizzati rispettivamente dalle coppie $(\omega_1, U_1)$ e $(\omega_2, U_2)$.

L'applicazione del metodo grafico sopra descritto si complica naturalmente nel caso più generale in cui la funzione descrittiva dipenda oltre che dall'ampiezza anche dalla pulsazione. In questo caso, come mostrato in Fig. 12.24.a alla funzione $-1/D(U, \omega)$ si associa una famiglia di curve, ognuna caratterizzata da un particolare valore $\omega = \omega_i$ e a sua volta parametrizzata dal valore $U$ dell'ampiezza. In

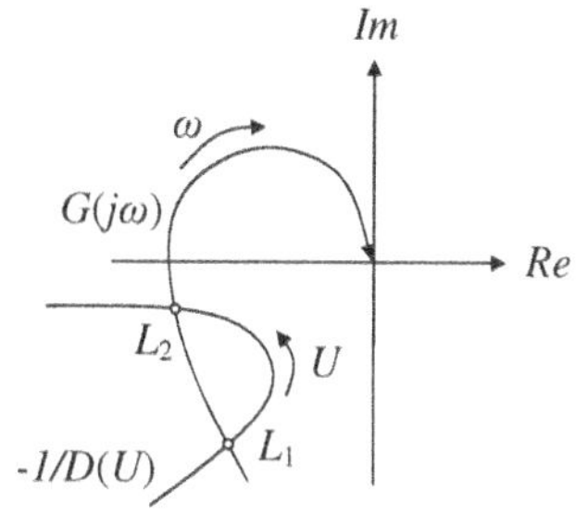


**Fig. 12.23.** Determinazione dei cicli limite per via grafica nel caso in cui la funzione descrittiva dipende dalla sola ampiezza $U$

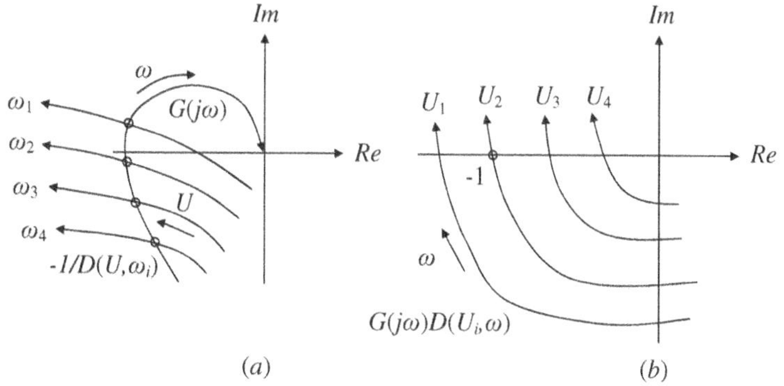


**Fig. 12.24.** Determinazione dei cicli limite per via grafica nel caso in cui la funzione descrittiva dipende sia dall'ampiezza $U$ che dalla pulsazione $\omega$

questo caso le intersezioni tra la famiglia di curve $-1/D(U, \omega_i)$ e la curva relativa a $G(j\omega)$ sono infinite. Tuttavia solo alcune di esse possono corrispondere effettivamente a cicli limite e cioè le intersezioni in cui il valore della pulsazione $\omega$ è lo stesso nelle due curve.

Per ovviare al problema della verifica della corrispondenza delle pulsazioni $\omega$ si procede alternativamente al tracciamento della famiglia di curve relative alla funzione $G(j\omega)D(U, \omega)$, ognuna corrispondente ad un diverso valore $U = U_i$ e ciascuna a sua volta parametrizzata dal valore di $\omega$. La presenza di un ciclo limite corrisponde in questo caso all'intersezione di tali curve con il punto di coordinate $(-1, 0)$ nel piano complesso. In Fig. 12.24.b è mostrato un esempio di analisi condotta con questa procedura alla quale corrisponde una curva della famiglia passante per il punto $(-1, 0)$. In particolare tale curva è parametrizzata da un valore dell'ampiezza pari a $U_2$.

Una volta individuata la presenza di cicli limite mediante uno degli approcci appena presentati, è naturalmente essenziale procedere ad un'analisi della loro stabilità. Questo può avvenire grazie ad una generalizzazione del criterio di Nyquist che enunciamo dapprima con riferimento al caso in cui la funzione descrittiva dipenda dalla sola ampiezza $U$.

**Teorema 12.21.** *Si consideri un sistema non lineare in retroazione del tipo mostrato in Fig. 12.22 dove il blocco non lineare possa essere efficacemente approssimato mediante funzione descrittiva $D(U)$, dipendente dalla sola ampiezza $U$.*

*Si supponga che la curva $G(j\omega)$ presenti nel piano complesso una intersezione con la curva $-1/D(U)$.*

*Tale punto corrisponde ad un ciclo limite stabile quando, all'aumentare di $U$ il punto $-1/D(U)$ tende ad uscire dal dominio la cui frontiera è costituita dal diagramma polare completo di $G(j\omega)$; è instabile in caso contrario.*

*Dimostrazione.* Il risultato segue dal fatto che il criterio di Nyquist presentato nel Capitolo 10 può naturalmente essere riformulato assumendo che la funzione di trasferimento della catena diretta sia la sola $G(s)$ e il punto attorno al quale si contano il numero di giri $\overset{\curvearrowleft}{N}$ non sia più il punto $(-1, 0)$ bensì il punto del piano complesso relativo all'intersezione della $G(j\omega)$ e della $-1/D(U)$, a cui corrisponde il ciclo limite.

Si supponga per semplicità di presentazione che il numero di poli a parte reale positiva della $G(s)$ sia nullo per cui vale $\overset{\curvearrowleft}{N} = -z_p$, dove $z_p$ indica il numero di poli a parte reale positiva della funzione di trasferimento a ciclo chiuso, da cui dipende la stabilità del sistema retroazionato.

Si consideri ora la Fig. 12.25. Si consideri il punto di intersezione $L_1$. Se all'aumentare di $U$ ci si porta verso punti circondati dalla curva $G(j\omega)$ (ad esempio nel punto $L_1'$), il sistema va verso condizioni di instabilità essendo in corrispondenza di tali punti $\overset{\curvearrowleft}{N} < 0$ e quindi $z_p > 0$. Questo significa che se si perturba leggermente, aumentandola, l'ampiezza dell'ingresso, il sistema risponde allontanandosi dal ciclo limite, presentando in uscita ampiezze sempre crescenti.

Analogamente, se al diminuire di $U$ ci si porta verso punti esterni alla curva $G(j\omega)$ (ad esempio nel punto $L_1''$), il sistema va verso condizioni di stabilità essendo in corrispondenza di tali punti $\overset{\curvearrowleft}{N} = 0$ e quindi anche $z_p = 0$. Questo significa che se si perturba leggermente, diminuendola, l'ampiezza dell'ingresso, il sistema risponde allontanandosi dal ciclo limite, presentando in uscita ampiezze sempre decrescenti.

In modo del tutto simile è facile provare la stabilità del ciclo limite corrispondente al punto di intersezione $L_2$. □

Tale risultato può essere esteso al caso in cui la funzione descrittiva sia funzione oltre che dell'ampiezza $U$, anche della pulsazione $\omega$. Si noti che per brevità la dimostrazione del teorema che segue viene omessa in quanto si basa su argomentazioni del tutto analoghe a quelle viste per la prova del precedente Teorema 12.21.

**Teorema 12.22.** *Si consideri un sistema non lineare in retroazione del tipo mostrato in Fig. 12.22 dove il blocco non lineare possa essere efficacemente approssimato mediante la funzione descrittiva $D(U, \omega)$.*

*Si supponga che la curva $G(j\omega)$ presenti nel piano complesso, per $\omega = \omega_i$, una intersezione con la curva $-1/D(U, \omega_i)$*

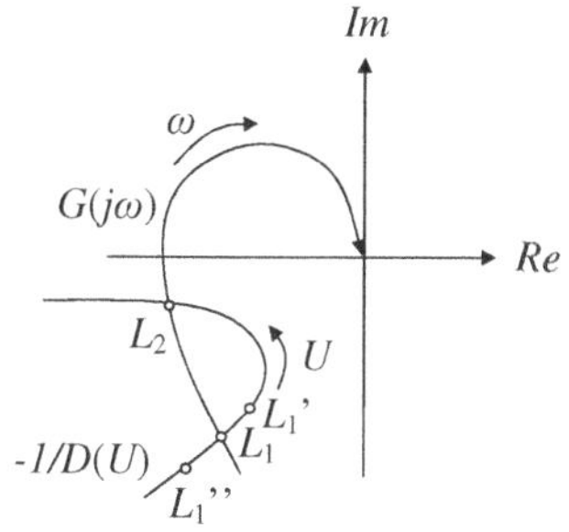


**Fig. 12.25.** Analisi della stabilità di un ciclo limite

*Tale punto corrisponde ad un ciclo limite stabile quando, all'aumentare di $U$ il $-1/D(N, \omega_i)$ tende ad uscire dal dominio la cui frontiera è costituita dal diagramma polare completo di $G(j\omega)$; è instabile in caso contrario.*

**Esempio 12.23** Si consideri il sistema a ciclo chiuso in Fig. 12.22 e sia

$$G(s) = \frac{s+3}{s^3 + 2s^2 + 3s + 1}.$$

Si supponga inoltre che la funzione descrittiva del blocco non lineare sia pari a

$$D(U) = \frac{4(U^2+1)}{1 + 4U(U^2+1)j}.$$

In Fig. 12.26 è riportato il diagramma di Nyquist della $G(s)$ e l'andamento della curva $-1/D(U)$ al variare di $U$. Come si vede le due curve si intersecano in due punti, $L_1$ ed $L_2$, che corrispondono a due possibili cicli limite di ampiezza e pulsazione rispettivamente pari a $A_1 = 0.015$, $\omega_1 = 2.3$ rad/sec e $A_2 = 1.48$, $\omega_2 = 1$ rad/sec. In base al Teorema 12.21 il ciclo limite corrispondente al punto di intersezione $L_2$, se esiste, è stabile mentre quello relativo ad $L_1$, se esiste, è instabile.

◇

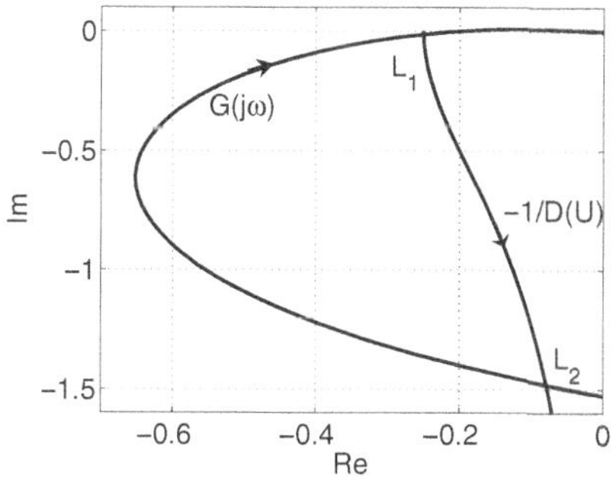


**Fig. 12.26.** Analisi della stabilità dei cicli limite relativi all'Esempio 12.23

## Esercizi

**Esercizio 12.1** Si consideri il sistema lineare

$$\dot{\boldsymbol{x}}(t) = \begin{bmatrix} 0 & 1 \\ -2 & -3 \end{bmatrix} \boldsymbol{x}(t)$$

e si valuti la sua asintotica stabilità.

Si valuti inoltre se le funzioni di Lyapunov

(a) $V(x) = x_1^2 + x_2^2$

(b) $V(x) = \boldsymbol{x}^T \begin{bmatrix} 5 & 1 \\ 1 & 1 \end{bmatrix} \boldsymbol{x}$

sono significative ai fini dell'analisi della stabilità di tale sistema.

**Esercizio 12.2** Si consideri il circuito elettrico in Fig. 12.27. Ricordando le leggi elementari che legano tensioni $v$ e correnti $i$ in un induttore ($v = L\ di/dt$) e in un condensatore ($i = C\ dv/dt$), sia $x_1$ la tensione ai capi del condensatore e $x_2$ la corrente nell'induttore.

Si dimostri che il sistema non lineare del secondo ordine

$$\begin{cases} \dot{x}_1(t) = \dfrac{1}{C}(u - x_1(t) - K(u - x_1(t))^3 - x_2(t)) \\ \dot{x}_2(t) = \dfrac{1}{L} x_1(t) \end{cases}$$

è rappresentativo della rete in esame.

Si determinino gli eventuali stati di equilibrio per $u = 0$ (corto circuito in ingresso) e si studi la stabilità di tali stati.

(È facile dimostrare che l'origine è l'unico stato di equilibrio. Per lo studio della stabilità si può poi assumere come funzione di Lyapunov $V(\boldsymbol{x}) = x_1^2/C + x_2^2/L$ che coincide con la somma dell'energia capacitiva e di quella induttiva.)

**Esercizio 12.3** Si consideri il sistema del primo ordine dell'Esempio 12.3. Si studi, mediante il secondo criterio di Lyapunov, la stabilità dei punti di equilibrio al variare del parametro $r \in \mathbb{R}$.

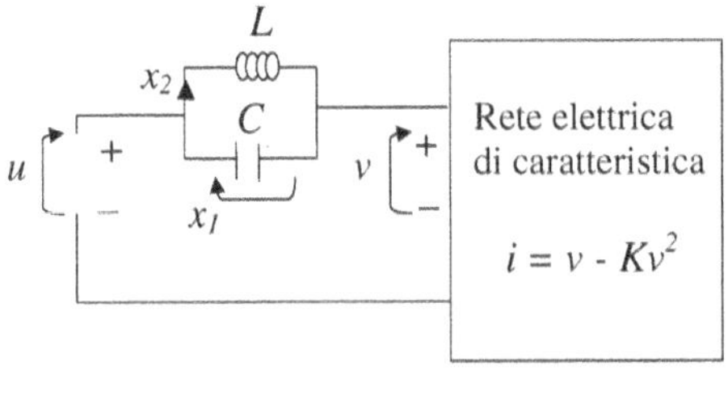


**Fig. 12.27.** Sistema dell'Esempio 12.2

**Esercizio 12.4** Si consideri il sistema del primo ordine dell'Esempio 12.4. Si studi, mediante il secondo criterio di Lyapunov, la stabilità dei punti di equilibrio al variare del parametro $r \in \mathbb{R}$.

**Esercizio 12.5** Si consideri il sistema del primo ordine dell'Esempio 12.5. Si studi, mediante il secondo criterio di Lyapunov, la stabilità dei punti di equilibrio al variare del parametro $r \in \mathbb{R}$.

**Esercizio 12.6** Si consideri il sistema del primo ordine

$$\dot{x}(t) = a\left(1 - \frac{x(t)}{c}\right)x(t), \quad a, c \in \mathbb{R}.$$

Si studi la stabilità dell'origine al variare dei parametri $a$ e $c$.

**Esercizio 12.7** Si consideri il sistema non lineare dell'Esercizio 12.18. Si dimostri mediante il primo criterio di Lyapunov l'asintotica stabilità dell'origine e l'instabilità del punto $\boldsymbol{x} = [\pi \ 0]^T$.

**Esercizio 12.8** Si consideri il sistema non lineare

$$\begin{cases} \dot{x}_1(t) = x_2(t) \\ \\ \dot{x}_2(t) = -x_1(t) - \varepsilon x_2(t) + \varepsilon x_1^2(t) x_2(t) \end{cases} \qquad \varepsilon > 0.$$

Si determinino gli eventuali punti di equilibrio e si studi la stabilità di tali punti mediante il primo criterio di Lyapunov.

**Esercizio 12.9** Si consideri il sistema

$$\begin{cases} \dot{x}_1(t) = \sin x_2(t) \\ \\ \dot{x}_2(t) = 5x_1(t) - x_2(t). \end{cases}$$

Si dimostri che i punti

$$\left[\pm\frac{k\pi}{5} \quad \pm k\pi\right]^T, \quad k = 0, 1, 2, \ldots$$

sono punti di equilibrio per tale sistema. Si dimostri inoltre che per valori dispari di $k$ tali punti sono di equilibrio stabile, mentre per valori pari di $k$, compreso $k = 0$, tali punti di equilibrio sono instabili.

**Esercizio 12.10 [*]** Si determini la funzione descrittiva relativa all'elemento non lineare la cui caratteristica è riportata in Fig. 12.28, noto come *soglia con saturazione*.

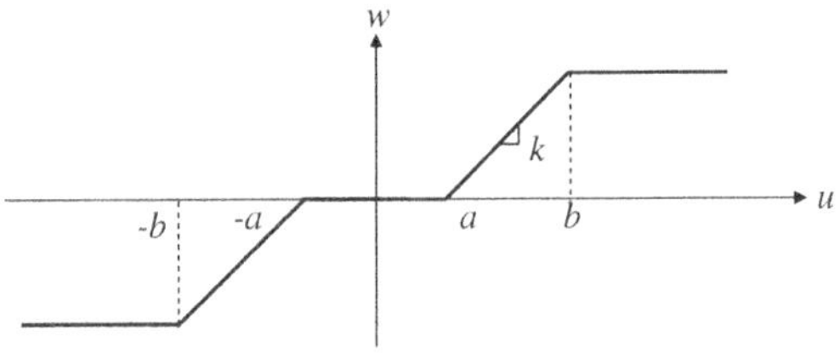


**Fig. 12.28.** Caratteristica relativa alla soglia con saturazione

# Appendici

# Appendice A

# Richiami ai numeri complessi

Questa appendice si propone di riassumere in forma compatta i concetti già noti relativi agli insiemi dei numeri con particolare attenzione all'insieme dei numeri complessi. Per una discussione più completa si rimanda ai testi adottati nei corsi di Analisi Matematica.

## A.1 Definizioni elementari

- L'insieme dei *numeri naturali* è $\mathbb{N} = \{0, 1, 2, 3, \cdots\}$.
- L'insieme dei *numeri interi* è $\mathbb{Z} = \{\cdots, -3, -2, -1, 0, 1, 2, 3, \cdots\}$.
- L'insieme dei *numeri razionali* è $\mathbb{Q} = \left\{ \frac{n}{d} \middle| n \in \mathbb{Z}, d \in \mathbb{Z} \setminus \{0\} \right\}$.
- L'insieme dei *numeri reali* si denota $\mathbb{R}$: a differenza degli insiemi precedenti, non può essere enumerato.

Denotando l'*unità immaginaria* $j = \sqrt{-1}$, si definisce anche l'insieme dei *numeri immaginari*

$$\mathbb{I} = \{jv \mid v \in \mathbb{R}\}$$

come l'insieme dei numeri che si ottengono moltiplicando l'unità immaginaria per un qualunque numero reale $v$.

## A.2 I numeri complessi

### A.2.1 Rappresentazione cartesiana

L'insieme dei *numeri complessi* è

$$\mathbb{C} = \{u + jv \mid u, v \in \mathbb{R}\}.$$

Giua A., Seatzu C.: Analisi dei sistemi dinamici. 2a edizione

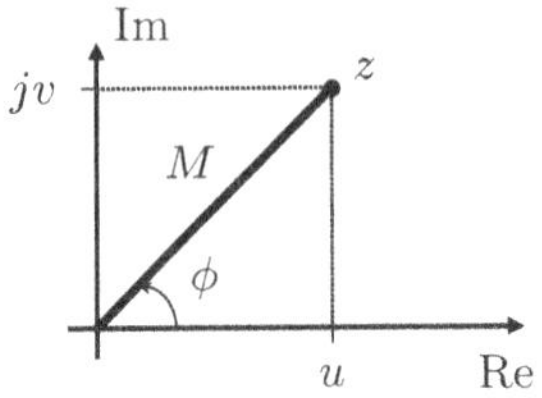


**Fig. A.1.** Rappresentazione cartesiana e polare di un numero complesso

Un generico numero complesso

$$z = \text{Re}(z) + j\ \text{Im}(z) = u + jv \tag{A.1}$$

è composto da due termini: la *parte reale* $\text{Re}(z) = u$ e la *parte immaginaria* $\text{Im}(z) = v$. Esso può essere rappresentato mediante un vettore nel piano come mostrato in Fig. A.1. L'ascissa rappresenta la parte reale, mentre l'ordinata rappresenta la parte immaginaria. La rappresentazione (A.1) è anche detta *rappresentazione cartesiana.*

Si osservi ancora che un numero reale può essere visto come un numero complesso con parte immaginaria nulla ($v = 0$), mentre un numero immaginario può essere visto come un numero complesso con parte reale nulla ($u = 0$). Vale dunque $\mathbb{R} \subset \mathbb{C}$ e $\mathbb{I} \subset \mathbb{C}$.

Si è soliti denotare con l'apice $+$, $0$ e $-$ la restrizione di tale insieme a valori positivi, nulli o negativi della parte reale. Ad esempio, $\mathbb{C}^- = \{u + jv \in \mathbb{C} \mid u < 0\}$, ecc.

Dato un numero complesso $z$, il numero $z'$ è detto il suo *coniugato* se ha stessa parte reale di $z$ e parte immaginaria opposta, ovvero se

$$z' = \text{con}(z) = \text{Re}(z) - j\ \text{Im}(z).$$

### A.2.2 Esponenziale immaginario

È possibile dare un'altra rappresentazione ugualmente intuitiva di un numero complesso. Tuttavia, preliminarmente è necessario definire un particolare numero complesso che si ottiene elevando il numero reale $e$ base dei logaritmi naturali per un esponente immaginario.

**Proposizione A.1** *Dato un numero immaginario* $j\phi$ *vale*

$$e^{j\phi} = \cos\phi + j\sin\phi$$

*ossia l'esponenziale di tale numero immaginario è un numero complesso che ha parte reale* $\cos\phi$ *e parte immaginaria* $\sin\phi$.

*Dimostrazione.* Noi sappiamo che dato un qualunque scalare $z \in \mathbb{C}$ vale

$$e^z = 1 + z + \frac{z^2}{2!} + \frac{z^3}{3!} + \cdots = \sum_{k=0}^{\infty} \frac{z^k}{k!}.$$

Nel caso particolare in cui $z = j\phi$ si ottiene

$$e^{j\phi} = 1 + j\phi - \frac{\phi^2}{2!} - j\frac{\phi^3}{3!} + \cdots = \left(\sum_{k=0}^{\infty}(-1)^k \frac{\phi^{2k}}{(2k)!}\right) + j\left(\sum_{k=0}^{\infty}(-1)^k \frac{\phi^{2k+1}}{(2k+1)!}\right).$$

Nella prima somma è facile riconoscere lo sviluppo di McLaurin della funzione coseno

$$\begin{aligned}\cos\phi &= \sum_{k=0}^{\infty}\left[\frac{d^k \cos x}{dx^k}\right]_{x=0}\frac{\phi^k}{k!}\\ &= (\cos 0) - (\sin 0)\phi - (\cos 0)\frac{\phi^2}{2!} + (\sin 0)\frac{\phi^3}{3!} + \cdots\\ &= 1 - \frac{\phi^2}{2!} + \frac{\phi^4}{4!} + \cdots = \left(\sum_{k=0}^{\infty}(-1)^k\frac{\phi^{2k}}{(2k)!}\right)\end{aligned}$$

mentre nella seconda è facile riconoscere lo sviluppo di McLaurin della funzione seno

$$\begin{aligned}\sin\phi &= \sum_{k=0}^{\infty}\left[\frac{d^k \sin x}{dx^k}\right]_{x=0}\frac{\phi^k}{k!}\\ &= (\sin 0) + (\cos 0)\phi - (\sin 0)\frac{\phi^2}{2!} - (\cos 0)\frac{\phi^3}{3!} + \cdots\\ &= \phi - \frac{\phi^3}{3!} + \frac{\phi^5}{5!} + \cdots = \left(\sum_{k=0}^{\infty}(-1)^k\frac{\phi^{2k+1}}{(2k+1)!}\right)\end{aligned}$$

il che dimostra l'enunciato. □

### A.2.3 Rappresentazione polare

Si consideri ancora la Fig. A.1. Dato un numero complesso $z = u + jv$ possiamo definire il suo *modulo* $M$ e la sua *fase* $\phi$ come

$$M = |z| = \sqrt{u^2 + v^2}, \qquad \phi = \arg(z) = \arctan\left(\frac{v}{u}\right). \tag{A.2}$$

Come si osserva dalla figura, $M$ è il modulo del vettore rappresentativo di $z$, mentre $\phi$ è l'angolo che tale vettore forma con l'asse reale, assumendo come positivo il verso antiorario.

Valgono ovviamente anche le formule inverse che consentono di ricavare parte reale e parte immaginaria noti modulo e fase:

$$u = M\cos\phi, \qquad v = M\sin\phi. \tag{A.3}$$

È possibile dunque scrivere

$$z = u + jv = M\cos\phi + jM\sin\phi = M(\cos\phi + j\sin\phi) = Me^{j\phi},$$

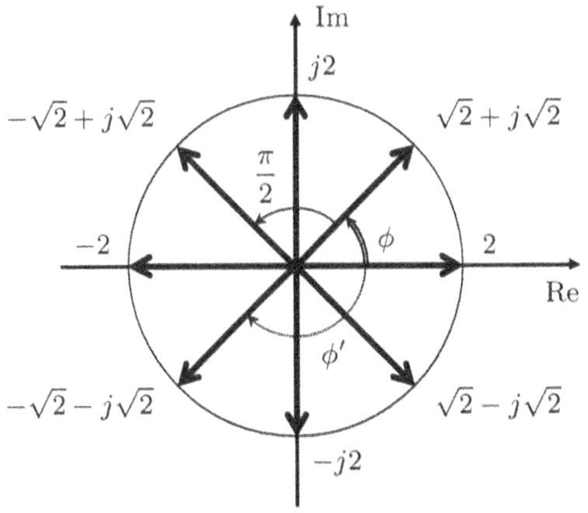


**Fig. A.2.** Vettori rappresentativi dei numeri complessi nell'Esempio A.2

dove nell'ultimo passaggio si è usato il risultato della Proposizione A.1. Si definisce *rappresentazione polare* di un numero complesso la rappresentazione in termini di modulo e fase

$$z = |z|e^{j\,\arg(z)} = Me^{j\phi}. \tag{A.4}$$

Dato un numero complesso $z$, il suo coniugato ha stesso modulo di $z$ e fase opposta, ovvero

$$z' = \mathrm{con}(z) = |z|e^{-\arg(z)}.$$

**Esempio A.2** Dati i numeri complessi la cui rappresentazione cartesiana è riportata nella prima riga della seguente tabella, la corrispondente rappresentazione polare è stata calcolata mediante le formule (A.2) e riportata nella seconda riga:

| $u+jv$ | $2$ | $\sqrt{2}(1+j)$ | $j2$ | $\sqrt{2}(-1+j)$ | $-2$ | $\sqrt{2}(-1-j)$ | $-j2$ | $\sqrt{2}(1+j)$ |
|---|---|---|---|---|---|---|---|---|
| $Me^{j\phi}$ | $2e^{j0}$ | $2e^{j\pi/4}$ | $2e^{j\pi/2}$ | $2e^{j3\pi/4}$ | $2e^{j\pi}$ | $2e^{-j3\pi/4}$ | $2e^{-j\pi/2}$ | $2e^{-j\pi/4}$ |

I vettori nel piano complesso rappresentativi di tali numeri sono mostrati in Fig. A.2. ◇

Alcune precisazioni a proposito di questo esempio.

- Si noti che essendo le funzioni coseno e seno periodiche con periodo $2\pi$, vale per $k \in \mathbb{Z}$:

$$e^{j(\phi+2k\pi)} = \cos(\phi + 2k\pi) + j\sin(\phi + 2k\pi) = \cos\phi + j\sin\phi = e^{j\phi},$$

  e dunque un numero complesso può dare luogo a diverse rappresentazioni polari, tutte fra loro equivalenti, se alla sua fase si aggiungono o si sottraggono multipli di $2\pi$. Ad esempio il numero $\sqrt{2} - j\sqrt{2}$ ammette tutte le rappresentazioni polari seguenti

$$\ldots,\ 2e^{-j17\pi/4},\ 2e^{-j9\pi/4},\ 2e^{-j\pi/4},\ 2e^{j7\pi/4},\ 2e^{j15\pi/4},\ \ldots$$

Nella tabella si è scelto di rappresentare la fase nell'intervallo $(-\pi, \pi]$.

- Un numero reale positivo $u > 0$ ha modulo $M = u$ e fase $\phi = 0$.
- Un numero reale negativo $u < 0$ ha modulo $M = |u|$ e fase $\phi = \pi$.
- Moltiplicare un numero complesso per $e^{j\phi}$ equivale a ruotare il suo vettore rappresentativo di $\phi$ radianti in senso antiorario lasciando il suo modulo inalterato; viceversa, moltiplicare per $e^{-j\phi}$ equivale a ruotare il vettore di $\phi$ radianti in senso orario. Ad esempio, si osservi che moltiplicando per $e^{j\pi/2}$ il numero complesso $\sqrt{2}+j\sqrt{2} = 2e^{j\pi/4}$ si ottiene $2e^{j3\pi/4} = -\sqrt{2}+j\sqrt{2}$ (cfr. la Fig. A.2).
- Occorre fare attenzione nell'uso delle formule (A.2) per il calcolo della fase di un numero complesso. Si considerino ad esempio i numeri $z = \sqrt{2} + j\sqrt{2}$ e $z' = -\sqrt{2} - j\sqrt{2}$, i cui vettori rappresentativi giacciono, rispettivamente, nel primo e terzo quadrante. Dette $\phi$ e $\phi'$ le corrispondenti fasi vale
$$\phi = \arctan\left(\frac{2}{2}\right) = \frac{\pi}{4} \neq \phi' = \arctan\left(\frac{-2}{-2}\right) = \frac{-3\pi}{4} = \phi - \pi,$$
come anche mostrato in Fig. A.2.
Solitamente un calcolatore tascabile non consente di specificare i due argomenti $u$ e $v$ per il calcolo di $\arctan(v/u)$ producendo in entrambi i due casi qui discussi l'identico risultato $\arctan 1 = \pi/4$. Infatti se l'argomento della funzione arctan è $v/u \geq 0$ il calcolatore determina un angolo sempre compreso nell'intervallo $[0, \pi/2)$ e se il vettore giacesse nel terzo quadrante occorre sottrarre (o sommare) $\pi$ al valore ottenuto col calcolatore. Analogamente il calcolatore non distingue fra la fase di un numero il cui vettore giace nel secondo e quarto quadrante: se l'argomento della funzione arctan è $v/u < 0$ il calcolatore determina un angolo sempre compreso nell'intervallo $(0, -\pi/2)$: se il vettore giace nel secondo quadrante occorre sottrarre (o sommare) $\pi$ a tale valore.

## A.3 Formule di Eulero

Si ricordano infine alcune relazioni elementari che consentono di scrivere una funzione periodica come somma di funzioni esponenziali.

**Proposizione A.3** *Valgono le seguenti relazioni*
$$\cos\phi = \frac{e^{j\phi} + e^{-j\phi}}{2}, \qquad \sin\phi = \frac{e^{j\phi} - e^{-j\phi}}{2j}.$$

*Dimostrazione.* Si dimostrano facilmente grazie alla Proposizione A.1 e ricordando che il coseno è una funzione pari, mentre il seno è una funziona dispari. Infatti vale
$$\begin{aligned}\frac{e^{j\phi} + e^{-j\phi}}{2} &= \frac{(\cos\phi + j\sin\phi) + (\cos(-\phi) + j\sin(-\phi))}{2} \\ &= \frac{(\cos\phi + j\sin\phi) + (\cos\phi - j\sin\phi)}{2} \\ &= \frac{2\cos\phi}{2} = \cos\phi,\end{aligned}$$

mentre

$$\begin{aligned}
\frac{e^{j\phi} - e^{-j\phi}}{2j} &= \frac{(\cos\phi + j\sin\phi) - (\cos(-\phi) + j\sin(-\phi))}{2j} \\
&= \frac{(\cos\phi + j\sin\phi) - (\cos\phi - j\sin\phi)}{2j} \\
&= \frac{2j\sin\phi}{2j} = \sin\phi.
\end{aligned}$$

□

# Appendice B

# Segnali e distribuzioni

Lo scopo di questa appendice è quello di descrivere alcuni *segnali*, ovvero funzioni $f : \mathbb{R} \to \mathbb{C}$ della variabile reale $t$ detta *tempo*, di particolare importanza nell'analisi dei sistemi. Tali segnali presentano spesso delle discontinuità e per poterli trattare analiticamente è necessario introdurre un nuovo strumento matematico, la *distribuzione*, che generalizza appunto il concetto di funzione.

## B.1 Segnali canonici

### B.1.1 Il gradino unitario

Cominciamo col definire la funzione *gradino unitario*, che denotiamo $\delta_{-1}(t)$. L'espressione analitica di tale funzione vale

$$\delta_{-1}(t) \stackrel{\text{def}}{=} \begin{cases} 0 & \text{se } t < 0 \\ 1 & \text{se } t \geq 0 \end{cases} \tag{B.1}$$

e il suo grafico è mostrato in Fig. B.1.a. Tale funzione è continua dappertutto tranne che nell'origine, dove presenta una discontinuità di ampiezza 1.

**Nota B.1** *Si noti che, data una generica funzione $f(t) : \mathbb{R} \to \mathbb{R}$, attraverso il gradino unitario possiamo anche definire agevolmente la funzione*

$$f(t)\, \delta_{-1}(t) = \begin{cases} 0 & se\ t < 0 \\ f(t) & se\ t \geq 0 \end{cases}$$

*che si ottiene da essa annullando i valori per $t < 0$ (si veda la Fig. B.2).*

Giua A., Seatzu C.: Analisi dei sistemi dinamici. 2a edizione

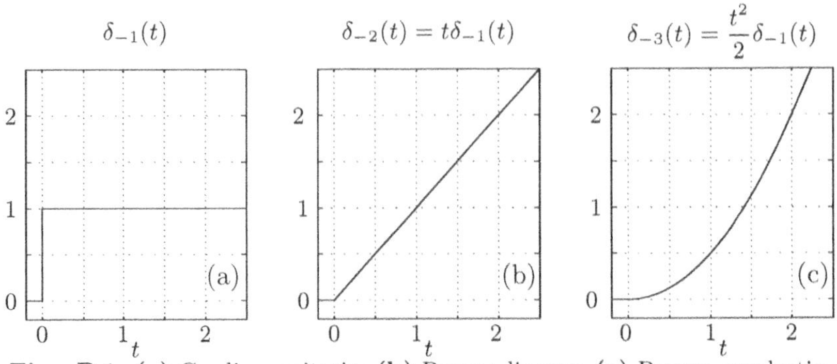


**Fig. B.1.** **(a)** Gradino unitario; **(b)** Rampa lineare; **(c)** Rampa quadratica

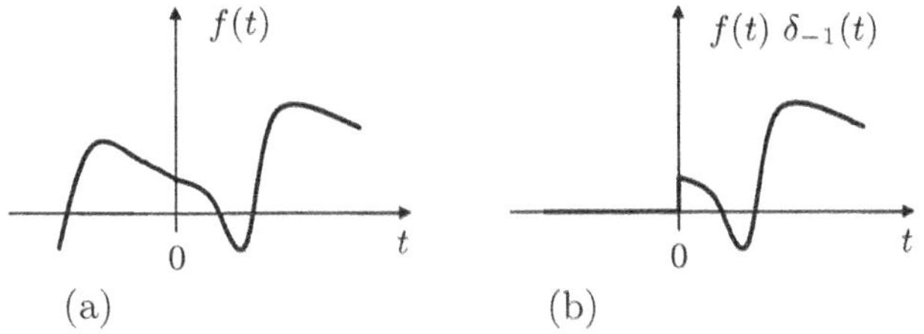


**Fig. B.2.** **(a)** Una generica funzione $f(t)$; **(b)** la funzione $f(t)\ \delta_{-1}(t)$

## B.1.2 Le funzioni a rampa e la rampa esponenziale

Possiamo anche definire agevolmente l'integrale del gradino unitario, che chiamiamo *rampa unitaria* e denotiamo $\delta_{-2}(t)$. Vale chiaramente:

$$\delta_{-2}(t) \stackrel{\text{def}}{=} \int_{-\infty}^{t} \delta_{-1}(\tau)d\tau = t\ \delta_{-1}(t) = \begin{cases} 0 & \text{se } t < 0 \\ t & \text{se } t \geq 0 \end{cases} \tag{B.2}$$

e il grafico di tale funzione è mostrato in Fig. B.1.b.

In generale possiamo ricorsivamente definire per $k > 2$ la famiglia delle funzioni a *rampa*:

$$\delta_{-k}(t) \stackrel{\text{def}}{=} \underbrace{\int_{-\infty}^{t} \cdots \int_{-\infty}^{t}}_{k-1 \text{ volte}} \delta_{-1}(\tau)d\tau = \frac{t^{k-1}}{(k-1)!}\ \delta_{-1}(t)$$

ovvero

$$\delta_{-k}(t) = \begin{cases} 0 & \text{se } t < 0 \\ \dfrac{t^{k-1}}{(k-1)!} & \text{se } t \geq 0. \end{cases} \tag{B.3}$$

Per $k = 3$ abbiamo la *rampa quadratica* mostrata in Fig. B.1.c

$$\delta_{-3}(t) = \frac{t^2}{2}\delta_{-1}(t);$$

per $k = 4$ abbiamo la *rampa cubica*

$$\delta_{-4}(t) = \frac{t^3}{3!}\delta_{-1}(t);$$

ecc.

Una generalizzazione della funzione a rampa è la *rampa esponenziale* (o *cisoide*) definita mediante i due parametri $k \in \mathbb{N}$ e $a \in \mathbb{C}$ come

$$\frac{t^k}{k!}e^{at}\delta_{-1}(t) = \begin{cases} 0 & \text{se } t < 0 \\ \dfrac{t^k}{k!}e^{at} & \text{se } t \geq 0. \end{cases}$$

La rampa esponenziale consente di rappresentare tutta la classe dei possibili modi caratterizzanti la dinamica di un sistema fisico. Casi particolari della rampa esponenziale sono i seguenti.

- Se $a = 0$ e $k = 0$ la rampa esponenziale descrive il *gradino unitario*.
- Se $a = 0$ al variare di $k = 1, 2, \cdots$ la rampa esponenziale genera la famiglia delle *funzioni a rampa* precedentemente definita. Si noti anche che combinazioni lineari di rampe possono venire usate per descrive le *funzioni polinomiali*, p.e.,

$$c_2 t^2 + c_1 t + c_0.$$

- Se $k = 0$ e $a \in \mathbb{R}$ la rampa esponenziale descrive una *funzione esponenziale* $e^{at}$.
- Se $k = 0$ e $a = j\omega \in \mathbb{I}$, combinazioni lineari di rampe esponenziali possono venire usate per descrivere le *funzioni sinusoidali*, p.e.,

$$\cos(\omega t) = \frac{e^{j\omega t} + e^{-j\omega t}}{2}; \qquad \sin(\omega t) = \frac{e^{j\omega t} - e^{-j\omega t}}{2j}.$$

### B.1.3 L'impulso

Vogliamo ora estendere la famiglia dei segnali canonici considerando le derivate del gradino unitario (derivata prima, seconda, ecc.). Per far ciò non è possibile usare i risultati dell'analisi classica, nel senso che la derivata di una funzione discontinua non è definita.

Procediamo allora come segue. Fissato un generico $\varepsilon > 0$, definiamo dapprima la funzione

$$\delta_{-1,\varepsilon}(t) \stackrel{\text{def}}{=} \begin{cases} 0 & \text{se } t < 0 \\ t/\varepsilon & \text{se } t \in [0, \varepsilon) \\ 1 & \text{se } t \geq \varepsilon. \end{cases}$$

Tale funzione, mostrata in Fig. B.3, può venir considerata come una approssimazione del gradino unitario, nel senso che $\lim_{\varepsilon \to 0} \delta_{-1,\varepsilon}(t) = \delta_{-1}(t)$.

Tuttavia, essendo continua, possiamo calcolarne la derivata che vale:

$$\delta_\varepsilon(t) \stackrel{\text{def}}{=} \frac{d}{dt}\delta_{-1,\varepsilon}(t) = \begin{cases} 1/\varepsilon & \text{se } t \in [0, \varepsilon) \\ 0 & \text{altrimenti.} \end{cases} \tag{B.4}$$

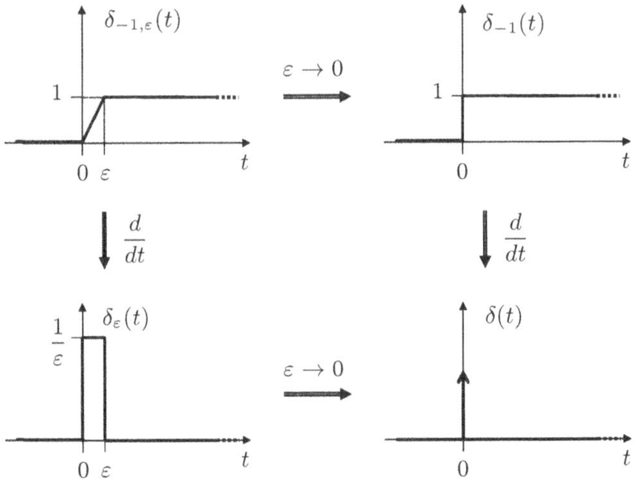


**Fig. B.3.** Relazione fra il gradino unitario $\delta_{-1}(t)$, l'impulso $\delta(t)$, e le funzioni $\delta_{-1,\varepsilon}(t)$ e $\delta_\varepsilon(t)$

La funzione $\delta_\varepsilon(t)$, anche essa mostrata in Fig. B.3, è detta *impulso finito di base* $\varepsilon$: essa è un rettangolo di base $\varepsilon$ e altezza $1/\varepsilon$; dunque la sua area vale 1 indipendentemente dal valore di $\varepsilon$.

Possiamo allora definire la derivata del gradino unitario, che prende il nome di *impulso unitario* (o *funzione di Dirac*), come

$$\delta(t) \stackrel{\text{def}}{=} \frac{d}{dt}\delta_{-1}(t) = \frac{d}{dt}\lim_{\varepsilon\to 0}\delta_{-1,\varepsilon}(t) = \lim_{\varepsilon\to 0}\frac{d}{dt}\delta_{-1,\varepsilon}(t) = \lim_{\varepsilon\to 0}\delta_\varepsilon(t). \tag{B.5}$$

Si noti che questa definizione di una funzione attraverso un limite non è formalmente corretta ai sensi dell'analisi matematica classica ma ha senso solo se ammettiamo di generalizzare il concetto di funzione come fa la *teoria delle distribuzioni*. Propriamente parlando, dunque l'impulso non è una funzione in senso classico ma una distribuzione.

L'impulso $\delta(t)$ ha queste proprietà:

- vale zero al di fuori dell'origine, ovvero

$$\delta(t) = 0 \qquad \text{se } t \neq 0; \tag{B.6}$$

- assume un valore infinito nell'origine;
- la sua area vale 1, ovvero

$$\int_{-\infty}^{\infty} \delta(t)dt = \int_{0^-}^{0^+} \delta(t)dt = 1. \tag{B.7}$$

Per convenzione si rappresenta $\delta(t)$ tramite una freccia centrata sull'origine come in Fig. B.3. La funzione $\delta(t-T)$ rappresenta invece un impulso centrato sul punto $t = T$.

Per concludere si ricorda una proprietà che sarà utile in seguito.

**Proposizione B.2** *Se $f(t)$ è una funzione continua in $t = 0$, il suo prodotto per l'impulso vale*

$$f(t)\delta(t) = f(0)\delta(t), \tag{B.8}$$

*e in generale se $f(t)$ è una funzione continua in $t = T$ vale*

$$f(t)\delta(t-T) = f(T)\delta(t-T). \tag{B.9}$$

*Dimostrazione.* Basta osservare che in base alla (B.6) i valori assunti dalla funzione $f(t)$ per $t \neq 0$ non sono significativi essendo l'impulso nullo in tali punti.

□

### B.1.4 Le derivate dell'impulso

Con lo stesso ragionamento al limite si definiscono le derivate successive dell'impulso. Per prima cosa, osserviamo che è anche possibile definire l'impulso come

$$\delta(t) = \lim_{\varepsilon \to 0} \hat{\delta}_\varepsilon(t)$$

dove la funzione $\hat{\delta}_\varepsilon(t)$, mostrata in Fig. B.4, vale

$$\hat{\delta}_\varepsilon(t) = \begin{cases} 4t/\varepsilon^2 & \text{se } t \in [0, \varepsilon/2) \\ 4/\varepsilon - 4t/\varepsilon^2 & \text{se } t \in [\varepsilon/2, \varepsilon) \\ 0 & \text{altrimenti.} \end{cases}$$

Si noti che tale funzione, come la $\delta_\varepsilon(t)$, ha area unitaria ma, essendo continua, può venire derivata a tratti. Derivando si ottiene la funzione $\delta_{1,\varepsilon}(t)$, anche essa mostrata in Fig. B.4.

Possiamo allora definire la derivata dell'impulso, che prende il nome di *doppietto*, come

$$\delta_1(t) \stackrel{\text{def}}{=} \frac{d}{dt}\delta(t) = \frac{d}{dt}\lim_{\varepsilon \to 0} \hat{\delta}_\varepsilon(t) = \lim_{\varepsilon \to 0} \frac{d}{dt}\hat{\delta}_\varepsilon(t) = \lim_{\varepsilon \to 0} \delta_{1,\varepsilon}(t). \tag{B.10}$$

In modo analogo possiamo definire per ogni valore di $k > 1$ le derivate di ordine $k$ dell'impulso

$$\delta_k(t) \stackrel{\text{def}}{=} \frac{d^k}{dt^k}\delta(t) = \frac{d}{dt}\delta_{k-1}(t). \tag{B.11}$$

### B.1.5 Famiglia dei segnali canonici

È possibile dunque definire la *famiglia dei segnali canonici* $\delta_k(t)$ per $k \in \mathbb{Z}$, dove per convenzione $\delta_0(t) = \delta(t)$. Valori negativi di $k$ corrispondono agli integrali dell'impulso, ovvero al gradino e alle rampe. Valori positivi di $k$ corrispondono alle derivate dell'impulso.

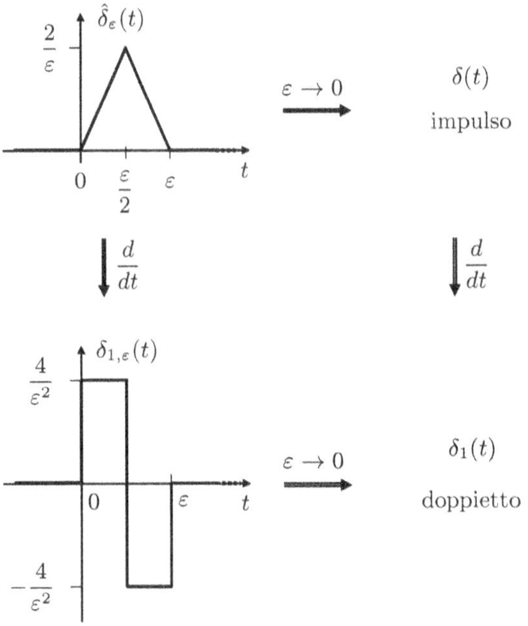


**Fig. B.4.** Relazione fra l'impulso unitario $\delta(t)$, il doppietto $\delta_1(t)$, e le funzioni $\hat{\delta}_\varepsilon(t)$ e $\delta_{1,\varepsilon}(t)$

Si noti che tali segnali sono fra loro *linearmente indipendenti*[1]. Dunque data una funzione

$$f(t) = \sum_{k=-\infty}^{\infty} a_k \delta_k(t)$$

se tale funzione è identicamente nulla su un intervallo $[a, b]$ (con $a \neq b$) vale necessariamente $a_k = 0$ per ogni $k \in \mathbb{Z}$.

## B.2 Calcolo delle derivate di una funzione discontinua

Il formalismo matematico appena introdotto serve per calcolare, nel senso della teoria delle distribuzioni, le derivate di funzioni discontinue. In particolare, nell'analisi dei sistemi si incontrano spesso segnali che sono nulli per $t < 0$ e continui per $t \geq 0$, ma che possono presentare delle discontinuità nell'origine.

Data, ad esempio, una funzione continua $f(t)$, si consideri la funzione $f(t)\delta_{-1}(t)$ (si veda la Fig. B.2): tale funzione presenta una discontinuità nell'origine se $f(0) \neq 0$. Si desidera calcolare le derivate successive di tale funzione[2].

[1] La definizione formale di indipendenza lineare tra funzioni e alcuni criteri per la verifica di tale proprietà sono dati in Appendice E.

[2] Per non appesantire la notazione denotiamo $\dot{f}(t), \ddot{f}(t), \ldots, f^{(k)}(k)$ la derivata prima, seconda, ..., $k-$ma, della funzione $f(t)$.

La derivata prima vale

$$\frac{d}{dt}f(t)\delta_{-1}(t) = \left[\frac{d}{dt}f(t)\right]\delta_{-1}(t) + f(t)\left[\frac{d}{dt}\delta_{-1}(t)\right] = \dot{f}(t)\delta_{-1}(t) + f(0)\delta(t) \quad \text{(B.12)}$$

cioè essa consiste nella derivata della funzione originale moltiplicata per $\delta_{-1}(t)$ più un impulso nell'origine moltiplicato per $f(0)$: quest'ultimo termine manca solo se $f(0) = 0$.

La derivata seconda vale

$$\begin{aligned}\frac{d^2}{dt^2}f(t)\delta_{-1}(t) &= \left[\frac{d}{dt}\dot{f}(t)\right]\delta_{-1}(t) + \dot{f}(t)\left[\frac{d}{dt}\delta_{-1}(t)\right] + f(0)\left[\frac{d}{dt}\delta(t)\right] \\ &= \ddot{f}(t)\delta_{-1}(t) + \dot{f}(0)\delta(t) + f(0)\delta_1(t)\end{aligned} \quad \text{(B.13)}$$

cioè essa consiste nella derivata seconda della funzione originale moltiplicata per $\delta_{-1}(t)$, più un impulso nell'origine moltiplicato per $\dot{f}(0)$, più un doppietto moltiplicato per $f(0)$.

In modo analogo si calcolano le derivate di ordine successivo.

$$\begin{aligned}\frac{d^k}{dt^k}f(t)\delta_{-1}(t) &= f^{(k)}(t)\delta_{-1}(t) + f^{(k-1)}(0)\delta(t) + \cdots + f(0)\delta_{k-1}(t) \\ &= f^{(k)}(t)\delta_{-1}(t) + \sum_{i=0}^{k-1} f^{(i)}(0)\delta_{k-1-i}(t)\end{aligned} \quad \text{(B.14)}$$

dove denotiamo $\delta_0(t) = \delta(t)$.

**Esempio B.3** Si consideri la funzione $\cos(t)\delta_{-1}(t)$. La derivata prima di tale funzione vale

$$\frac{d}{dt}\cos(t)\delta_{-1}(t) = \left[\frac{d}{dt}\cos(t)\right]\delta_{-1}(t) + \cos(0)\delta(t) = -\sin(t)\delta_{-1}(t) + \delta(t).$$

La derivata seconda vale

$$\begin{aligned}\frac{d^2}{dt^2}\cos(t)\delta_{-1}(t) &= \left[\frac{d^2}{dt^2}\cos(t)\right]\delta_{-1}(t) - \sin(0)\delta(t) + \cos(0)\delta_1(t) \\ &= -\cos(t)\delta_{-1}(t) + \delta_1(t).\end{aligned}$$

◇

**Esempio B.4** Si consideri la cisoide $te^{at}\delta_{-1}(t)$. La derivata prima di tale funzione vale

$$\frac{d}{dt}te^{at}\delta_{-1}(t) = e^{at}\delta_{-1}(t) + ate^{at}\delta_{-1}(t) + [te^{at}]_{t=0}\,\delta(t) = (1+at)e^{at}\delta_{-1}(t).$$

La derivata seconda vale

$$\begin{aligned}\frac{d^2}{dt^2}te^{at}\delta_{-1}(t) &= ae^{at}\delta_{-1}(t) + a(1+at)e^{at}\delta_{-1}(t) + [(1+at)e^{at}]_{t=0}\,\delta(t) \\ &= (2a + a^2t)e^{at}\delta_{-1}(t) + \delta(t).\end{aligned}$$

◇

## B.3 Integrale di convoluzione

L'integrale di convoluzione è un operatore di fondamentale importanza nello studio dei segnali e dei sistemi perchè fornisce gli strumenti matematici per risolvere numerosi problemi.

**Definizione B.5** *Date due funzioni* $f, g : \mathbb{R} \to \mathbb{C}$ *si definisce* convoluzione di $f$ con $g$ *una nuova funzione* $h : \mathbb{R} \to \mathbb{C}$ *della variabile reale* $t$

$$h(t) = f * g(t) \stackrel{\text{def}}{=} \int_{-\infty}^{+\infty} f(\tau)g(t-\tau)d\tau.$$

*Tale funzione si indica anche* $f * g$ *per specificare che essa si costruisce applicando l'operatore "integrale di convoluzione", denotato con* $*$, *alle due funzioni* $f$ *e* $g$.

È possibile dare una interpretazione grafica della convoluzione fra due funzioni.

**Esempio B.6** Si considerino le due funzioni

$$f(\tau) = \begin{cases} 1 & \text{se } \tau \in [0,1] \\ 0 & \text{altrimenti} \end{cases} \qquad g(\tau) = \begin{cases} \tau & \text{se } \tau \in [0,1] \\ 0 & \text{altrimenti} \end{cases}$$

mostrate in Fig. B.5.a-b. Per calcolare

$$g(\tau - t) = \begin{cases} \tau - t & \text{se } \tau \in [t, t+1] \\ 0 & \text{altrimenti} \end{cases}$$

si trasla di $t$ la seconda curva, come mostrato in Fig. B.5.c: se $t > 0$ si trasla verso destra e, viceversa, se $t < 0$ si trasla verso sinistra. Per calcolare

$$g(t - \tau) = \begin{cases} t - \tau & \text{se } \tau \in [t-1, t] \\ 0 & \text{altrimenti} \end{cases}$$

si ribalta la curva rappresentativa di $g(\tau - t)$ attorno ad un asse verticale passante per $\tau = t$, come mostrato in Fig. B.5.d.

Infine possiamo calcolare la funzione prodotto $f(\tau)g(t-\tau)$. Per $t \in [0,1]$ tale segnale assume la forma data in Fig. B.5.e: la sua area vale dunque $0.5t^2$. Per $t \in [1,2]$ tale segnale assume la forma data in Fig. B.5.f: la sua area vale dunque $0.5 - 0.5(t-1)^2$. Per tutti gli altri valori di $t$ la funzione prodotto è identicamente nulla. È dunque possibile concludere che vale:

$$f * g(t) = \begin{cases} 0.5t^2 & \text{se } t \in [0,1] \\ 0.5 - 0.5(t-1)^2 & \text{se } t \in [1,2] \\ 0 & \text{altrimenti} \end{cases}$$

e tale funzione è mostrata in Fig. B.5.g. ◇

È facile osservare che vale la seguente proprietà.

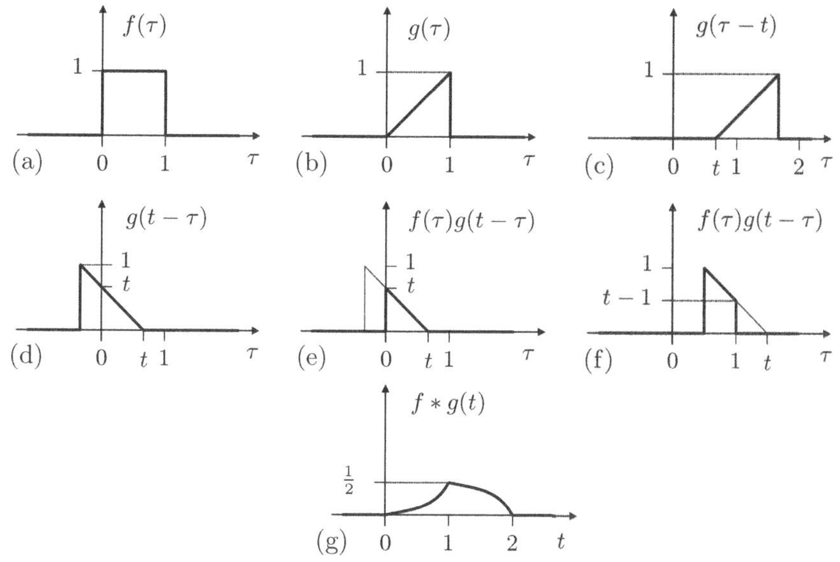


**Fig. B.5.** Interpretazione grafica della convoluzione $f * g(t)$

**Proposizione B.7** *L'operatore di convoluzione è commutativo, ovvero*

$$f * g(t) = g * f(t).$$

*Dimostrazione.* Con un cambio di variabile $\rho = t - \tau$ si può scrivere

$$f * g(t) = \int_{-\infty}^{+\infty} f(\tau)g(t-\tau)d\tau = \int_{-\infty}^{+\infty} f(t-\rho)g(\rho)d\rho = g * f(t).$$

Ciò consente anche di definire $f * g$ come "convoluzione fra $f$ e $g$" (invece che "convoluzione di $f$ con $g$") poiché l'ordine degli operandi è ininfluente. □

La seguente proposizione lega l'operatore di convoluzione con gli operatori di integrazione e derivazione.

**Proposizione B.8** *Date due funzioni $f, g : \mathbb{R} \to \mathbb{C}$, siano*

$$\dot{f}(t) = \frac{d}{dt}f(t) \qquad e \qquad \dot{g}(t) = \frac{d}{dt}g(t)$$

*le loro derivate*[3] *e siano*

$$\mathcal{F}(t) = \int_{-\infty}^{t} f(\tau)d\tau \qquad e \qquad \mathcal{G}(t) = \int_{-\infty}^{t} g(\tau)d\tau$$

*i loro integrali. Valgono le seguenti relazioni:*

---

[3] Se le funzioni non sono continue tali derivate si intendono determinate mediante la teoria delle distribuzioni, come visto nel paragrafo B.2.

1. *la derivata della convoluzione fra due funzioni si ottiene eseguendo la convoluzione fra una delle due funzioni e la derivata dell'altra, cioè*

$$\frac{d}{dt} f * g(t) = f * \dot{g}(t) = \dot{f} * g(t);$$

2. *l'integrale della convoluzione fra due funzioni si ottiene eseguendo la convoluzione fra una delle due funzioni e l'integrale dell'altra, cioè*

$$\int_{-\infty}^{t} f * g(\tau) d\tau = f * \mathcal{G}(t) = \mathcal{F} * g(t);$$

3. *un integrale di convoluzione non si modifica se uno dei due operandi viene derivato mentre l'altro viene integrato, cioè:*

$$f * g(t) = \mathcal{F} * \dot{g}(t) = \dot{f} * \mathcal{G}(t).$$

*Dimostrazione.* Per dimostrare il primo risultato, si osservi che vale

$$\begin{aligned} \frac{d}{dt} f * g(t) &= \frac{d}{dt} \int_{-\infty}^{+\infty} f(\tau) g(t-\tau) d\tau = \int_{-\infty}^{+\infty} f(\tau) \frac{d}{dt} g(t-\tau) d\tau \\ &= \int_{-\infty}^{+\infty} f(\tau) \dot{g}(t-\tau) d\tau = f * \dot{g}(t). \end{aligned}$$

D'altro canto, per la proprietà di commutatività data in Proposizione B.7 vale anche $f * g(t) = g * f(t)$ ossia

$$\begin{aligned} \frac{d}{dt} f * g(t) &= \frac{d}{dt} g * f(t) = \int_{-\infty}^{+\infty} \frac{d}{dt} f(t-\tau) g(\tau) d\tau \\ &= \int_{-\infty}^{+\infty} \dot{f}(t-\tau) g(\tau) d\tau = g * \dot{f}(t) = \dot{f} * g(t), \end{aligned}$$

dove nell'ultimo passaggio si è ancora usata la proprietà di commutatività.

Il secondo risultato deriva dal primo. Infatti per dimostrare che le tre funzioni di $t$ date sono identiche, basta osservare che valutate in $t = -\infty$ esse si annullano, mentre le loro derivate coincidono per ogni valore di $t$. Infatti per definizione di integrale $\frac{d}{dt} \int_{-\infty}^{t} f * g(\tau) d\tau = f * g(t)$, mentre in base alla prima parte della proposizione vale

$$\frac{d}{dt} f * \mathcal{G}(t) = f * \left[ \frac{d}{dt} \mathcal{G} \right] (t) = f * g(t)$$

e

$$\frac{d}{dt} \mathcal{F} * g(t) = \left[ \frac{d}{dt} \mathcal{F} \right] * g(t) = f * g(t).$$

Anche il terzo risultato deriva dal primo. Infatti, $\mathcal{F} * g(t)$ si ottiene in base alla prima parte della proposizione

$$\frac{d}{dt} \mathcal{F} * g(t) = \mathcal{F} * \left[ \frac{d}{dt} g \right] (t) = \left[ \frac{d}{dt} \mathcal{F} \right] * g(t) \quad \Longrightarrow \quad \mathcal{F} * \dot{g}(t) = f * g(t)$$

mentre derivando $f * \mathcal{G}(t)$ si ottiene

$$\frac{d}{dt} f * \mathcal{G}(t) = f * \left[\frac{d}{dt}\mathcal{G}\right](t) = \left[\frac{d}{dt} f\right] * \mathcal{G}(t) \quad \Longrightarrow \quad f * g(t) = \dot{f} * \mathcal{G}(t). \quad \square$$

## B.4 Convoluzione con segnali canonici

Terminiamo con alcuni risultati relativi alla convoluzione di una funzione con un segnale canonico.

**Proposizione B.9 (Convoluzione con l'impulso)** *Data una funzione $f : \mathbb{R} \to \mathbb{R}$ continua in $t$ vale*

$$f(t) = \int_{-\infty}^{+\infty} f(\tau)\delta(t-\tau)d\tau \tag{B.15}$$

*e più in generale dato un qualunque intervallo $(t_a, t_b)$ contenente $t$ vale*

$$f(t) = \int_{t_a}^{t_b} f(\tau)\delta(t-\tau)d\tau. \tag{B.16}$$

*Dimostrazione.* Si osservi che $\delta(t-\tau) = \delta(\tau - t)$ è un impulso centrato in $\tau = t$. Dunque vale

$$\int_{-\infty}^{+\infty} f(\tau)\delta(t-\tau)d\tau = \int_{-\infty}^{+\infty} f(t)\delta(t-\tau)d\tau = f(t)\int_{-\infty}^{+\infty} \delta(t-\tau)d\tau = f(t),$$

dove nel primo passaggio si è usata l'eq. (B.9) e nell'ultimo passaggio l'eq. (B.7). Si noti che l'eq. (B.16) deriva immediatamente dalla eq. (B.15) poiché $\delta(t-\tau) = 0$ se $\tau \neq t$. □

Il precedente risultato afferma che eseguendo la convoluzione di un segnale $f(\tau)$ con un impulso centrato in $\tau = t$ si ricava il valore $f(t)$ assunto dal segnale in $t$. Tale risultato può essere generalizzato alle derivata $k$-ma dell'impulso, dalla cui convoluzione si ricava il valore della derivata $k$-ma del segnale dato.

**Proposizione B.10** *Data una funzione $f : \mathbb{R} \to \mathbb{R}$ continua in $t$ assieme alle sue derivate sino all'ordine $k$-mo, vale*

$$\frac{d^k}{dt^k} f(t) = \int_{-\infty}^{+\infty} f(\tau)\delta_k(t-\tau)d\tau. \tag{B.17}$$

*Dimostrazione.* Si osservi che vale $f(t) = f * \delta(t)$ e dunque derivando ripetutamente e usando il risultato della Proposizione B.8 parte 1 si ottiene:

$$\begin{aligned}
\frac{d}{dt}f(t) &= \frac{d}{dt}f * \delta(t) = f * \left[\frac{d}{dt}\delta\right](t) = f * \delta_1(t) \\
\frac{d^2}{dt^2}f(t) &= \frac{d}{dt}f * \delta_1(t) = f * \delta_2(t) \\
&\vdots \\
\frac{d^k}{dt^k}f(t) &= \frac{d}{dt}f * \delta_{k-1}(t) = f * \delta_k(t).
\end{aligned}$$

□

# Appendice C

# Elementi di algebra lineare

In questa appendice vengono richiamati i fondamentali concetti di algebra lineare che serviranno nello studio dell'analisi dei sistemi. Si è preferito inserire in questa appendice solo dei richiami a materiale che si suppone già noto: tale materiale include la definizione di matrice e vettore, i principali operatori matriciali, il determinante e il rango di una matrice, la risoluzione dei sistemi di equazioni lineari, la matrice inversa, gli autovalori e autovettori.

Per lo studio dell'analisi dei sistemi sono necessari anche altri elementi di algebra lineare che, essendo forse meno noti, si è preferito trattare nei vari capitoli del testo, in particolare nel Capitolo 4. Questo materiale comprende ad esempio l'esponenziale matriciale, la procedura di diagonalizzazione, la forma di Jordan e le forme canoniche in genere. Infine un importante risultato noto sotto il nome di Teorema di Cayley-Hamilton e alcuni approcci che da esso discendono sono presentati in Appendice G.

## C.1 Matrici e vettori

**Definizione C.1** *Una* matrice *di dimensione $m \times n$ è una tabella di elementi disposti su $m$ righe e $n$ colonne*

$$\boldsymbol{A} = \begin{bmatrix} a_{1,1} & a_{1,2} & \cdots & a_{1,n} \\ a_{2,1} & a_{2,2} & \cdots & a_{2,n} \\ \vdots & \vdots & \ddots & \vdots \\ a_{m,1} & a_{m,2} & \cdots & a_{m,n} \end{bmatrix}.$$

*Si usa anche la notazione $\boldsymbol{A} = \{a_{i,j}\}$ per indicare che la matrice $\boldsymbol{A}$ ha elemento $a_{i,j}$ all'intersezione fra la riga $i-$ma e la colonna $j-$ma.*

Qui si considereranno matrici reali, ovvero matrici in cui ogni elemento $a_{i,j}$ appartiene all'insieme dei numeri reali $\mathbb{R}$. Inoltre si userà una lettera maiuscola $\boldsymbol{A}, \boldsymbol{B}, \boldsymbol{C}, \ldots$ per denotare una matrice. Si scrive $\boldsymbol{A} \in \mathbb{R}^{m \times n}$ per indicare che $\boldsymbol{A}$ è una matrice di dimensione $m \times n$.

Giua A., Seatzu C.: Analisi dei sistemi dinamici. 2a edizione

**Esempio C.2** Si consideri la matrice $2 \times 3$

$$\boldsymbol{A} = \begin{bmatrix} 1 & 3.5 & 2 \\ 0 & 1 & 3 \end{bmatrix}$$

per la quale vale $a_{1,1} = 1$, $a_{1,2} = 3.5$, $a_{1,3} = 2$, $a_{2,1} = 0$, $a_{2,2} = 1$, $a_{2,3} = 3$. ◇

Alcuni casi particolari di matrici sono degni di nota.

**Definizione C.3** *Uno* scalare *è una matrice di dimensione* $1 \times 1$.

*Un* vettore *è una matrice in cui una delle due dimensioni è unitaria. Distinguiamo:*

- vettore colonna*: è una matrice* $m \times 1$ *costituita da una sola colonna;*
- vettore riga*: è una matrice* $1 \times n$ *costituita da una sola riga.*

Si userà una lettera minuscola $\boldsymbol{x}, \boldsymbol{y}, \boldsymbol{z}, \ldots$, per denotare un vettore. Per indicare che $\boldsymbol{x}$ è un vettore colonna di dimensione $m \times 1$ si scrive $\boldsymbol{x} \in \mathbb{R}^m$.

**Esempio C.4** Si considerino i vettori

$$\boldsymbol{x} = \begin{bmatrix} 1 \\ 0 \\ 2 \end{bmatrix}; \qquad \boldsymbol{y} = \begin{bmatrix} 2 & 3 & 0 & 1.4 \end{bmatrix}.$$

Il vettore $\boldsymbol{x}$ di dimensione $3 \times 1$ è un vettore colonna con 3 componenti. Il vettore $\boldsymbol{y}$ di dimensione $1 \times 4$ è un vettore riga con 4 componenti. ◇

Una matrice di dimensione $m \times n$ può pensarsi composta da $n$ vettori colonna di dimensione $m \times 1$ e si scrive

$$\boldsymbol{A} = \begin{bmatrix} \boldsymbol{a}_1 \mid \boldsymbol{a}_2 \mid \cdots \mid \boldsymbol{a}_n \end{bmatrix}$$

per indicare che $\boldsymbol{a}_i$ è la $i$-ma colonna. Analogamente, essa può pensarsi composta da $m$ vettori riga di dimensione $1 \times n$ e si scrive

$$\boldsymbol{A} = \begin{bmatrix} \boldsymbol{a}'_1 \\ \hline \boldsymbol{a}'_2 \\ \hline \vdots \\ \hline \boldsymbol{a}'_m \end{bmatrix}$$

per indicare che $\boldsymbol{a}'_i$ è la $i$-ma riga.

**Esempio C.5** La matrice $2 \times 3$

$$\boldsymbol{A} = \begin{bmatrix} 1 & 3.5 & 2 \\ 0 & 1 & 3 \end{bmatrix}$$

ha tre colonne

$$\boldsymbol{a}_1 = \begin{bmatrix} 1 \\ 0 \end{bmatrix}, \quad \boldsymbol{a}_2 = \begin{bmatrix} 3.5 \\ 1 \end{bmatrix}, \quad \boldsymbol{a}_2 = \begin{bmatrix} 2 \\ 3 \end{bmatrix}$$

e due righe

$$a'_1 = \begin{bmatrix} 1 & 3.5 & 2 \end{bmatrix}, \quad a'_2 = \begin{bmatrix} 0 & 1 & 3 \end{bmatrix}. \qquad \diamond$$

Una matrice di dimensione $m \times n$ con $m \neq n$ è detta rettangolare. Un caso particolarmente importante è quello delle matrici quadrate.

**Definizione C.6** *Una matrice è detta* quadrata *se ha dimensione $n \times n$, ovvero se ha tante righe quante colonne. In tal caso si dice anche che la matrice ha* ordine *$n$.*

*La* diagonale *di una matrice quadrata di ordine $n$ è l'insieme degli elementi $a_{1,1}, a_{2,2}, \ldots, a_{n,n}$, che hanno ugual numero di riga e di colonna.*

**Esempio C.7** La seguente è una matrice quadrata di ordine 3 la cui diagonale è composta dagli elementi $1, 4, 6$:

$$\boldsymbol{A} = \begin{bmatrix} 1 & 3.5 & 2 \\ 0 & 4 & 3 \\ 3 & 2 & 6 \end{bmatrix}. \qquad \diamond$$

**Definizione C.8** *Una matrice quadrata è detta:*

- diagonale*: se tutti gli elementi non appartenenti alla diagonale valgono zero;*
- diagonale a blocchi*: se è possibile individuare dei blocchi quadrati lungo la diagonale e tutti gli elementi non appartenenti a tali blocchi valgono zero;*
- triangolare inferiore *(risp.,* superiore*): se tutti gli elementi al di sopra (risp., al di sotto) della diagonale valgono zero;*
- triangolare inferiore (risp., superiore) a blocchi*: se è possibile individuare dei blocchi quadrati lungo la diagonale e tutti gli elementi al di sopra (risp., al di sotto) di tali blocchi valgono zero;*
- matrice identità*: se è diagonale e gli elementi lungo la diagonale valgono tutti uno. In tal caso la matrice si denota $\boldsymbol{I}$ oppure, se necessario specificare che è di ordine $n$, si denota $\boldsymbol{I}_n$.*

**Esempio C.9** Sono date le seguenti matrici quadrate:

$$\boldsymbol{A} = \begin{bmatrix} 4 & 0 & 0 \\ 0 & 3 & 0 \\ 0 & 0 & 4 \end{bmatrix}; \quad \boldsymbol{B} = \begin{bmatrix} 4 & 0 & 0 \\ 2 & 3 & 0 \\ 6 & 0 & 4 \end{bmatrix}; \quad \boldsymbol{C} = \begin{bmatrix} 4 & 2 & 6 \\ 0 & 3 & 0 \\ 0 & 0 & 4 \end{bmatrix}; \quad \boldsymbol{I} = \begin{bmatrix} 1 & 0 & 0 \\ 0 & 1 & 0 \\ 0 & 0 & 1 \end{bmatrix}.$$

La matrice $\boldsymbol{A}$ è diagonale, la matrice $\boldsymbol{B}$ è triangolare inferiore, la matrice $\boldsymbol{C}$ è triangolare superiore, la matrice $\boldsymbol{I}$ è la matrice identità di ordine 3.

La seguente matrice è invece diagonale a blocchi:

$$\tilde{\boldsymbol{A}} = \left[\begin{array}{c|c|c} \tilde{\boldsymbol{A}}_1 & \boldsymbol{0} & \boldsymbol{0} \\ \hline \boldsymbol{0} & \tilde{\boldsymbol{A}}_2 & \boldsymbol{0} \\ \hline \boldsymbol{0} & \boldsymbol{0} & \tilde{\boldsymbol{A}}_3 \end{array}\right] = \left[\begin{array}{cc|c|c} 0 & 2 & 0 & 0 \\ 2 & 1 & 0 & 0 \\ \hline 0 & 0 & 2 & 0 \\ \hline 0 & 0 & 0 & 4 \end{array}\right];$$

essa è costituita da tre blocchi, uno di ordine 2 e due di ordine 1.

La seguente matrice è infine triangolare a blocchi:

$$\tilde{\boldsymbol{B}} = \left[\begin{array}{c|c} \tilde{\boldsymbol{B}}_1 & \tilde{\boldsymbol{B}}_3 \\ \hline \boldsymbol{0} & \tilde{\boldsymbol{B}}_2 \end{array}\right] = \left[\begin{array}{cc|cc} 1 & 2 & 1 & 0 \\ 0 & 3 & 0 & 4 \\ \hline 0 & 0 & 2 & 0 \\ 0 & 0 & 3 & 4 \end{array}\right];$$

i due blocchi diagonali $\tilde{\boldsymbol{B}}_1$ e $\tilde{\boldsymbol{B}}_2$ hanno entrambi ordine 2. ◇

## C.2 Operatori matriciali

### C.2.1 Trasposizione

La trasposta di una matrice si ottiene scambiando fra loro le righe della matrice con le sue colonne.

**Definizione C.10** *Data una matrice* $\boldsymbol{A} = \{a_{i,j}\}$ *di dimensione* $m \times n$ *definiamo* trasposta *di* $\boldsymbol{A}$ *la matrice* $\boldsymbol{A}^T = \{a'_{i,j} = a_{j,i}\}$ *di dimensione* $n \times m$ *che ha lungo la* $j-$*ma riga gli elementi della* $j-$*ma colonna di* $\boldsymbol{A}$, *e lungo la* $i-$*ma colonna gli elementi della* $i-$*ma riga di* $\boldsymbol{A}$, *ovvero*

$$\boldsymbol{A}^T = \begin{bmatrix} a_{1,1} & a_{2,1} & \cdots & a_{m,1} \\ a_{1,2} & a_{2,2} & \cdots & a_{m,2} \\ \vdots & \vdots & \ddots & \vdots \\ a_{1,n} & a_{2,n} & \cdots & a_{m,n} \end{bmatrix}.$$

**Esempio C.11** Data la matrice $\boldsymbol{A}$ di dimensione $2 \times 3$ sotto indicata, vale

$$\boldsymbol{A} = \begin{bmatrix} 1 & 3.5 & 2 \\ 0 & 1 & 3 \end{bmatrix} \quad \text{e} \quad \boldsymbol{A}^T = \begin{bmatrix} 1 & 0 \\ 3.5 & 1 \\ 2 & 3 \end{bmatrix}. \quad \diamond$$

Si noti che valgono le seguenti proprietà.

- Se $\boldsymbol{D}$ è una qualunque matrice diagonale, vale $\boldsymbol{D}^T = \boldsymbol{D}$.
- La trasposta di una matrice triangolare inferiore è una matrice triangolare superiore e viceversa.
- La trasposta di un vettore riga è un vettore colonna e viceversa.
- Se $\boldsymbol{B} = \boldsymbol{A}^T$ vale anche $\boldsymbol{B}^T = \left(\boldsymbol{A}^T\right)^T = \boldsymbol{A}$, ovvero applicando ad una generica matrice $\boldsymbol{A}$ due volte l'operatore di trasposizione otteniamo nuovamente la matrice $\boldsymbol{A}$.

### C.2.2 Somma e differenza

La somma o differenza di due matrici si ottiene sommando o sottraendo a termine a termine.

**Definizione C.12** *Date due matrici* $\boldsymbol{A} = \{a_{i,j}\}$ *e* $\boldsymbol{B} = \{b_{i,j}\}$ *entrambe di dimensione* $m \times n$ *definiamo* somma *di* $\boldsymbol{A}$ *e* $\boldsymbol{B}$ *la matrice* $\boldsymbol{C} = \{c_{i,j} = a_{i,j} + b_{i,j}\}$ *anch'essa di dimensione* $m \times n$ *che ha per elemento* $c_{i,j}$ *la somma degli elementi* $a_{i,j}$ *e* $b_{i,j}$*, ovvero*

$$\boldsymbol{C} = \boldsymbol{A} + \boldsymbol{B} = \begin{bmatrix} a_{1,1} + b_{1,1} & a_{1,2} + b_{1,2} & \cdots & a_{1,n} + b_{1,n} \\ a_{2,1} + b_{2,1} & a_{2,2} + b_{2,2} & \cdots & a_{2,n} + b_{2,n} \\ \vdots & \vdots & \ddots & \vdots \\ a_{m,1} + b_{m,1} & a_{m,2} + b_{m,2} & \cdots & a_{m,n} + b_{m,n} \end{bmatrix}.$$

*In maniera analoga definiamo* differenza *di* $\boldsymbol{A}$ *e* $\boldsymbol{B}$ *la matrice* $\boldsymbol{D} = \boldsymbol{A} - \boldsymbol{B} = \{d_{i,j} = a_{i,j} - b_{i,j}\}$ *anch'essa di dimensione* $m \times n$.

Si noti che la somma o la differenza di due matrici è definita se e solo se esse hanno la stessa dimensione.

**Esempio C.13** Date le matrici $\boldsymbol{A}$ e $\boldsymbol{B}$ di dimensione $2 \times 3$ sotto indicate:

$$\boldsymbol{A} = \begin{bmatrix} 1 & 3.5 & 2 \\ 0 & 1 & 3 \end{bmatrix} \quad \text{e} \quad \boldsymbol{B} = \begin{bmatrix} 1 & 2 & 3 \\ 4 & 5 & 6 \end{bmatrix},$$

vale

$$\boldsymbol{C} = \boldsymbol{A} + \boldsymbol{B} = \begin{bmatrix} 2 & 5.5 & 5 \\ 4 & 6 & 9 \end{bmatrix} \quad \text{e} \quad \boldsymbol{D} = \boldsymbol{A} - \boldsymbol{B} = \begin{bmatrix} 0 & 1.5 & -1 \\ -4 & -4 & -3 \end{bmatrix}. \quad \diamond$$

### C.2.3 Prodotto di una matrice per uno scalare

È possibile moltiplicare una matrice per uno scalare.

**Definizione C.14** *Dato un numero* $s \in \mathbb{R}$ *e una matrice* $\boldsymbol{A} = \{a_{i,j}\}$ *di dimensione* $m \times n$ *definiamo prodotto di* $\boldsymbol{A}$ *per* $s$*, la matrice* $\boldsymbol{B} = \{b_{i,j} = s\ a_{i,j}\}$ *anch'essa di dimensione* $m \times n$ *che si ottiene da* $\boldsymbol{A}$ *moltiplicando ogni elemento per* $s$*, ovvero*

$$\boldsymbol{B} = s\boldsymbol{A} = \begin{bmatrix} s\ a_{1,1} & s\ a_{1,2} & \cdots & s\ a_{1,n} \\ s\ a_{2,1} & s\ a_{2,2} & \cdots & s\ a_{2,n} \\ \vdots & \vdots & \ddots & \vdots \\ s\ a_{m,1} & s\ a_{m,2} & \cdots & s\ a_{m,n} \end{bmatrix}.$$

**Esempio C.15** Dato $s = 4$, per la matrice $\boldsymbol{A}$ di dimensione $2 \times 3$ qui sotto indicata vale

$$\boldsymbol{A} = \begin{bmatrix} 1 & 3.5 & 2 \\ 0 & 1 & 3 \end{bmatrix} \quad \text{e} \quad 4\boldsymbol{A} = \begin{bmatrix} 4 & 14 & 8 \\ 0 & 4 & 12 \end{bmatrix}. \quad \diamond$$

### C.2.4 Prodotto matriciale

Il prodotto fra due matrici richiede particolare attenzione perché esso non si ottiene moltiplicando a termine a termine ma eseguendo un prodotto detto righe per colonne.

**Definizione C.16** *Data una matrice* $\boldsymbol{A} = \{a_{i,j}\}$ *di dimensione* $m \times n$ *e una matrice* $\boldsymbol{B} = \{b_{i,j}\}$ *di dimensione* $n \times p$ *definiamo* prodotto *di* $\boldsymbol{A}$ *e* $\boldsymbol{B}$ *la matrice* $\boldsymbol{C} = \{c_{i,j} = \sum_{k=1}^{n} a_{i,k} b_{k,j}\}$ *di dimensione* $m \times p$

$$\boldsymbol{C} = \boldsymbol{AB} = \begin{bmatrix} (a_{1,1}b_{1,1} + \cdots + a_{1,n}b_{n,1}) & \cdots & (a_{1,1}b_{1,p} + \cdots + a_{1,n}b_{n,p}) \\ (a_{2,1}b_{1,1} + \cdots + a_{2,n}b_{n,1}) & \cdots & (a_{2,1}b_{1,p} + \cdots + a_{2,n}b_{n,p}) \\ \vdots & \ddots & \vdots \\ (a_{m,1}b_{1,1} + \cdots + a_{m,n}b_{n,1}) & \cdots & (a_{m,1}b_{1,p} + \cdots + a_{m,n}b_{n,p}) \end{bmatrix}.$$

Si noti che il generico elemento $c_{i,j}$ della matrice $\boldsymbol{C}$ si calcola eseguendo il *prodotto scalare* del vettore $\boldsymbol{a}_i'$, che rappresenta la riga $i$−ma di $\boldsymbol{A}$, con il vettore $\boldsymbol{b}_j$ che rappresenta la $j$−ma colonna di $\boldsymbol{B}$ ed è definito come segue:

$$\begin{aligned} c_{i,j} &= \boldsymbol{a}_i' \, \boldsymbol{b}_j = \begin{bmatrix} a_{i,1} & a_{i,2} & \cdots & a_{i,n} \end{bmatrix} \begin{bmatrix} b_{1,j} \\ b_{2,j} \\ \vdots \\ b_{n,j} \end{bmatrix} \\ &= a_{i,1}b_{1,j} + a_{i,2}b_{2,j} + \cdots + a_{i,n}b_{n,j} = \textstyle\sum_{k=1}^{n} a_{i,k}b_{k,j} \end{aligned}$$

cioè $c_{i,j}$ si calcola moltiplicando il primo elemento di $\boldsymbol{a}_i'$ con il primo elemento di $\boldsymbol{b}_j$, il secondo elemento di $\boldsymbol{a}_i'$ con il secondo elemento di $\boldsymbol{b}_j$, etc., e facendo la somma dei singoli prodotti.

**Esempio C.17** Date le matrici $\boldsymbol{A}$ di dimensione $3 \times 3$, e $\boldsymbol{B}$ di dimensione $3 \times 2$:

$$\boldsymbol{A} = \begin{bmatrix} 1 & 3.5 & 2 \\ 0 & 1 & 3 \\ 0 & 0 & 1 \end{bmatrix} \quad \text{e} \quad \boldsymbol{B} = \begin{bmatrix} 1 & 2 \\ 3 & 4 \\ 5 & 6 \end{bmatrix}$$

vale

$$\boldsymbol{C} = \boldsymbol{AB} = \begin{bmatrix} 1 \cdot 1 + 3.5 \cdot 3 + 2 \cdot 5 & 1 \cdot 2 + 3.5 \cdot 4 + 2 \cdot 6 \\ 0 \cdot 1 + 1 \cdot 3 + 3 \cdot 5 & 0 \cdot 2 + 1 \cdot 4 + 3 \cdot 6 \\ 0 \cdot 1 + 0 \cdot 3 + 1 \cdot 5 & 0 \cdot 2 + 0 \cdot 4 + 1 \cdot 6 \end{bmatrix} = \begin{bmatrix} 21.5 & 28 \\ 18 & 22 \\ 5 & 6 \end{bmatrix}.$$

◇

È chiaro che è possibile eseguire il prodotto di $\boldsymbol{A}$ per $\boldsymbol{B}$ se e solo se le due matrici si conformano in modo che il numero di colonne di $\boldsymbol{A}$ coincida con il numero di righe di $\boldsymbol{B}$. Più in generale, il prodotto di più matrici è possibile se esse si conformano opportunamente:

$$\underset{m \times n}{\boldsymbol{M}} = \underset{m \times m_1}{\boldsymbol{A}_1} \; \underset{m_1 \times m_2}{\boldsymbol{A}_2} \; \cdots \; \underset{m_{k-2} \times m_{k-1}}{\boldsymbol{A}_{k-1}} \; \underset{m_{k-1} \times n}{\boldsymbol{A}_k}.$$

Per ogni matrice $\boldsymbol{A}$ di dimensione $m \times n$ vale:

$$\boldsymbol{I}_m \boldsymbol{A} = \boldsymbol{A} \boldsymbol{I}_n = \boldsymbol{A},$$

ovvero moltiplicando a sinistra o a destra la matrice $\boldsymbol{A}$ per la matrice identità di ordine opportuno si ottiene ancora la matrice $\boldsymbol{A}$.

È anche importante osservare che mentre il prodotto nell'algebra classica (fra scalari) soddisfa la proprietà commutativa, ossia vale $ab = ba$, il prodotto matriciale non soddisfa necessariamente tale proprietà. Infatti, se $\boldsymbol{A}$ si conforma con $\boldsymbol{B}$ e dunque il prodotto $\boldsymbol{AB}$ è definito, non necessariamente $\boldsymbol{B}$ si conforma con $\boldsymbol{A}$ ed è definito il prodotto $\boldsymbol{BA}$. Si consideri ad esempio il caso delle matrici $\boldsymbol{A}$ e $\boldsymbol{B}$ nell'Esempio C.17. Mentre $\boldsymbol{A}$ si conforma con $\boldsymbol{B}$ avendo $\boldsymbol{A}$ tre colonne e $\boldsymbol{B}$ tre righe, il prodotto $\boldsymbol{BA}$ non è definito avendo $\boldsymbol{B}$ due colonne e $\boldsymbol{A}$ tre righe.

Vale il seguente risultato.

**Proposizione C.18** *Si dice che due matrici $\boldsymbol{A}$ e $\boldsymbol{B}$* commutano *se $\boldsymbol{AB} = \boldsymbol{BA}$.*

*Condizione* necessaria *affinché due matrici commutino è che esse siano entrambe quadrate e dello stesso ordine.*

*Dimostrazione.* Affinché sia definito sia il prodotto $\boldsymbol{AB}$ che il prodotto $\boldsymbol{BA}$, se la matrice $\boldsymbol{A}$ ha dimensione $m \times n$ necessariamente la matrice $\boldsymbol{B}$ deve avere dimensione $n \times m$. Inoltre, in tal caso il primo prodotto avrebbe dimensione $m \times m$, mentre il secondo avrebbe dimensione $n \times n$. Affinché siano identici deve valere $m = n$. □

La condizione precedente è necessaria ma non sufficiente come mostra il seguente esempio.

**Esempio C.19** Si considerino le matrici

$$\boldsymbol{A} = \begin{bmatrix} 1 & 2 \\ 0 & 2 \end{bmatrix} \quad \text{e} \quad \boldsymbol{B} = \begin{bmatrix} 2 & 0 \\ 2 & 3 \end{bmatrix}.$$

Vale

$$\boldsymbol{AB} = \begin{bmatrix} 6 & 6 \\ 4 & 6 \end{bmatrix} \neq \begin{bmatrix} 2 & 4 \\ 2 & 10 \end{bmatrix} = \boldsymbol{BA}.$$ ◇

Si noti che una matrice *diagonale* $\boldsymbol{D}$ di dimensione $n \times n$ commuta con ogni altra matrice $\boldsymbol{A}$ di dimensione $n \times n$.

Valgono infine le seguenti relazioni elementari la cui validità si verifica per moltiplicazione diretta.

**Proposizione C.20** *Sia $\boldsymbol{A}$ una matrice di dimensione $m \times n$*

$$\boldsymbol{A} = \begin{bmatrix} \boldsymbol{a}'_1 \\ \hline \boldsymbol{a}'_2 \\ \hline \vdots \\ \hline \boldsymbol{a}'_m \end{bmatrix}$$

*la cui i-ma riga vale* $\boldsymbol{a}'_i$*; sia* $\boldsymbol{B}$ *una matrice di dimensione* $n \times p$

$$\boldsymbol{B} = \left[\ \boldsymbol{b}_1 \mid \boldsymbol{b}_2 \mid \cdots \mid \boldsymbol{b}_p\ \right]$$

*la cui i-ma colonna vale* $\boldsymbol{b}_i$*; siano*

$$\boldsymbol{S} = \begin{bmatrix} s_1 & 0 & \cdots & 0 \\ 0 & s_2 & \cdots & 0 \\ \vdots & \vdots & \ddots & \vdots \\ 0 & 0 & \cdots & s_m \end{bmatrix} \qquad e \qquad \boldsymbol{Z} = \begin{bmatrix} z_1 & 0 & \cdots & 0 \\ 0 & z_2 & \cdots & 0 \\ \vdots & \vdots & \ddots & \vdots \\ 0 & 0 & \cdots & z_p \end{bmatrix}$$

*matrici diagonali di ordine* $m$ *e* $p$*, rispettivamente.*

*Valgono le seguenti identità:*

$$\boldsymbol{AB} = \begin{bmatrix} \boldsymbol{a}'_1 \\ \hline \boldsymbol{a}'_2 \\ \hline \vdots \\ \hline \boldsymbol{a}'_m \end{bmatrix} \boldsymbol{B} = \begin{bmatrix} \boldsymbol{a}'_1\boldsymbol{B} \\ \hline \boldsymbol{a}'_2\boldsymbol{B} \\ \hline \vdots \\ \hline \boldsymbol{a}'_m\boldsymbol{B} \end{bmatrix};$$

$$\boldsymbol{AB} = \boldsymbol{A}\left[\ \boldsymbol{b}_1 \mid \boldsymbol{b}_2 \mid \cdots \mid \boldsymbol{b}_p\ \right] = \left[\ \boldsymbol{Ab}_1 \mid \boldsymbol{Ab}_2 \mid \cdots \mid \boldsymbol{Ab}_p\ \right];$$

$$\boldsymbol{SA} = \begin{bmatrix} s_1 & 0 & \cdots & 0 \\ 0 & s_2 & \cdots & 0 \\ \vdots & \vdots & \ddots & \vdots \\ 0 & 0 & \cdots & s_m \end{bmatrix} \begin{bmatrix} \boldsymbol{a}'_1 \\ \hline \boldsymbol{a}'_2 \\ \hline \vdots \\ \hline \boldsymbol{a}'_m \end{bmatrix} = \begin{bmatrix} s_1\boldsymbol{a}'_1 \\ \hline s_2\boldsymbol{a}'_2 \\ \hline \vdots \\ \hline s_m\boldsymbol{a}'_m \end{bmatrix};$$

$$\boldsymbol{BZ} = \left[\ \boldsymbol{b}_1 \mid \boldsymbol{b}_2 \mid \cdots \mid \boldsymbol{b}_p\ \right] \begin{bmatrix} z_1 & 0 & \cdots & 0 \\ 0 & z_2 & \cdots & 0 \\ \vdots & \vdots & \ddots & \vdots \\ 0 & 0 & \cdots & z_p \end{bmatrix} = \left[\ z_1\boldsymbol{b}_1 \mid z_2\boldsymbol{b}_2 \mid \cdots \mid z_p\boldsymbol{b}_p\ \right].$$

### C.2.5 Potenza di una matrice

**Definizione C.21** *Data una matrice quadrata* $\boldsymbol{A}$ *di ordine* $n$ *definiamo* potenza di grado $k$ *di* $\boldsymbol{A}$ *la matrice*

$$\boldsymbol{A}^k = \underbrace{\boldsymbol{A}\ \boldsymbol{A}\ \cdots\ \boldsymbol{A}}_{k\ volte},$$

*anch'essa quadrata di ordine* $n$ *che si ottiene moltiplicando* $\boldsymbol{A}$ *per se stessa* $k$ *volte.*

*Si noti che per* $k = 1$ *vale* $\boldsymbol{A}^1 = \boldsymbol{A}$*. Inoltre si definisce* $\boldsymbol{A}^0 = \boldsymbol{I}$*, ovvero la potenza di grado* 0 *di una qualunque matrice* $\boldsymbol{A}$ *è la matrice identità.*

**Esempio C.22** Data la matrice $\boldsymbol{A} = \begin{bmatrix} 1 & 2 \\ 0 & 1 \end{bmatrix}$ di dimensione $2 \times 2$ vale

$$\boldsymbol{A}^0 = \begin{bmatrix} 1 & 0 \\ 0 & 1 \end{bmatrix}; \quad \boldsymbol{A}^2 = \boldsymbol{AA} = \begin{bmatrix} 1 & 4 \\ 0 & 1 \end{bmatrix}; \quad \boldsymbol{A}^3 = \boldsymbol{AA}^2 = \begin{bmatrix} 1 & 6 \\ 0 & 1 \end{bmatrix}; \quad \cdots.$$

◇

### C.2.6 L'esponenziale di una matrice

Dato uno scalare $z$, il suo esponenziale vale per definizione:

$$e^z = 1 + z + \frac{z^2}{2!} + \frac{z^3}{3!} + \cdots = \sum_{k=0}^{\infty} \frac{z^k}{k!},$$

e si dimostra che tale serie è sempre convergente. Per analogia, si estende tale concetto al caso di matrici quadrate.

**Definizione C.23** *Data una matrice* $\boldsymbol{A}$ $n \times n$ *il suo* esponenziale *è una matrice* $n \times n$ *definita come*

$$e^{\boldsymbol{A}} = \boldsymbol{I} + \boldsymbol{A} + \frac{\boldsymbol{A}^2}{2!} + \frac{\boldsymbol{A}^3}{3!} + \cdots = \sum_{k=0}^{\infty} \frac{\boldsymbol{A}^k}{k!}.$$

*Si dimostra che tale serie è sempre convergente.*

Nel caso di matrici diagonali a blocchi vale il seguente risultato.

**Proposizione C.24** *Data una generica matrice diagonale a blocchi*

$$\boldsymbol{A} = \begin{bmatrix} \boldsymbol{A}_1 & \mathbf{0} & \cdots & \mathbf{0} \\ 0 & \boldsymbol{A}_2 & \cdots & \mathbf{0} \\ \vdots & \vdots & \ddots & \vdots \\ \mathbf{0} & \mathbf{0} & \cdots & \boldsymbol{A}_q \end{bmatrix}, \qquad \textit{vale} \qquad e^{\boldsymbol{A}} = \begin{bmatrix} e^{\boldsymbol{A}_1} & \mathbf{0} & \cdots & \mathbf{0} \\ 0 & e^{\boldsymbol{A}_2} & \cdots & \mathbf{0} \\ \vdots & \vdots & \ddots & \vdots \\ \mathbf{0} & \mathbf{0} & \cdots & e^{\boldsymbol{A}_q} \end{bmatrix}.$$

*Dimostrazione.* È facile verificare che per ogni $k \in \mathbb{N}$ vale

$$\boldsymbol{A}^k \begin{bmatrix} \boldsymbol{A}_1^k & \mathbf{0} & \cdots & \mathbf{0} \\ 0 & \boldsymbol{A}_2^k & \cdots & \mathbf{0} \\ \vdots & \vdots & \ddots & \vdots \\ \mathbf{0} & \mathbf{0} & \cdots & \boldsymbol{A}_q^k \end{bmatrix}$$

e dunque

$$e^{\boldsymbol{A}} = \sum_{k=0}^{\infty} \frac{\boldsymbol{A}^k}{k!} = \begin{bmatrix} \sum_{k=0}^{\infty} \frac{\boldsymbol{A}_1^k}{k!} & \mathbf{0} & \cdots & \mathbf{0} \\ 0 & \sum_{k=0}^{\infty} \frac{\boldsymbol{A}_2^k}{k!} & \cdots & \mathbf{0} \\ \vdots & \vdots & \ddots & \vdots \\ \mathbf{0} & \mathbf{0} & \cdots & \sum_{k=0}^{\infty} \frac{\boldsymbol{A}_q^k}{k!} \end{bmatrix}$$

da cui deriva il risultato cercato. □

Come caso particolare della precedente proposizione vale dunque il seguente risultato che permette il calcolo immediato dell'esponenziale di matrici diagonali.

**Proposizione C.25** *Data una generica matrice diagonale $n \times n$*

$$A = \begin{bmatrix} \lambda_1 & 0 & \cdots & 0 \\ 0 & \lambda_2 & \cdots & 0 \\ \vdots & \vdots & \ddots & \vdots \\ 0 & 0 & \cdots & \lambda_n \end{bmatrix}, \qquad \textit{vale} \qquad e^{A} = \begin{bmatrix} e^{\lambda_1} & 0 & \cdots & 0 \\ 0 & e^{\lambda_2} & \cdots & 0 \\ \vdots & \vdots & \ddots & \vdots \\ 0 & 0 & \cdots & e^{\lambda_n} \end{bmatrix}.$$

**Esempio C.26** L'esponenziale della matrice diagonale $3 \times 3$

$$A = \begin{bmatrix} -2 & 0 & 0 \\ 0 & 0 & 0 \\ 0 & 0 & 0.5 \end{bmatrix} \qquad \text{vale} \qquad e^{A} = \begin{bmatrix} e^{-2} & 0 & 0 \\ 0 & 1 & 0 \\ 0 & 0 & e^{0.5} \end{bmatrix}. \qquad \diamond$$

La determinazione dell'esponenziale di matrici arbitrarie attraverso il calcolo della serie infinita non è in genere agevole. Nella Appendice G (cfr. § G.3) viene presentata una semplice procedura che consente di risolvere tale problema.

## C.3 Determinante

È possibile associare ad una matrice quadrata $A$ un numero reale, detto determinante, a cui sono strettamente legate molte proprietà della matrice stessa.

Iniziamo con definire il concetto di minore di una matrice.

**Definizione C.27** *Si consideri una matrice quadrata $A$ di ordine $n \geq 2$. Il suo* minore $(i, j)$ *è la matrice quadrata di ordine $(n-1)$ ottenuta da $A$ cancellando la $i$-ma riga e la $j$-ma colonna. Tale minore si denota $A_{i,j}$.*

**Esempio C.28** Data la matrice $A = \begin{bmatrix} 1 & 2 & 3 \\ 4 & 5 & 6 \\ 7 & 8 & 9 \end{bmatrix}$ vale

$$A_{1,1} = \begin{bmatrix} 5 & 6 \\ 8 & 9 \end{bmatrix}, \quad A_{1,2} = \begin{bmatrix} 4 & 6 \\ 7 & 9 \end{bmatrix} \quad A_{2,1} = \begin{bmatrix} 2 & 3 \\ 8 & 9 \end{bmatrix}, \quad A_{2,2} = \begin{bmatrix} 1 & 3 \\ 7 & 9 \end{bmatrix},$$

ecc. ◇

**Definizione C.29** *Si consideri una matrice quadrata $A$ di ordine $n$. Il* determinante *di $A$ è un numero reale che si denota*

$$\det(A) \qquad \textit{oppure} \qquad |A|$$

*e si definisce come segue.*

- *Se* $n = 1$, *posto* $\boldsymbol{A} = [a_{1,1}]$ *vale* $\det(\boldsymbol{A}) = a_{1,1}$.
- *Per un generico* $n \geq 2$ *vale*

$$\det(\boldsymbol{A}) = a_{1,1}\hat{a}_{1,1} + a_{2,1}\hat{a}_{2,1} + \cdots + a_{n,1}\hat{a}_{n,1} = \sum_{i=1}^{n} a_{i,1}\hat{a}_{i,1}, \tag{C.1}$$

*dove denotiamo* $\hat{a}_{i,j}$ *il* cofattore *dell'elemento* $(i,j)$, *cioè il determinante del minore* $\boldsymbol{A}_{i,j}$ *moltiplicato per* $(-1)^{i+j}$ *(ogni* $\hat{a}_{i,j}$ *è uno scalare).*

*Se* $\det(\boldsymbol{A}) = 0$ *la matrice* $\boldsymbol{A}$ *è detta* singolare, *altrimenti essa è detta* non singolare.

La precedente definizione consente di calcolare ricorsivamente il determinante di una matrice di ordine $n$ in funzione dei determinanti di matrici di ordine $n-1$ (i minori $(i,j)$ appunto), i quali a loro volta possono essere calcolati in funzione di determinanti di ordine inferiore, sino ad arrivare a determinanti di matrici di ordine $n = 1$.

**Esempio C.30** Per una generica matrice di ordine $n = 2$,

$$\boldsymbol{A} = \begin{bmatrix} a_{1,1} & a_{1,2} \\ a_{2,1} & a_{2,2} \end{bmatrix}$$

vale $\boldsymbol{A}_{1,1} = [a_{2,2}]$ e $\boldsymbol{A}_{2,1} = [a_{1,2}]$, dunque $\hat{a}_{1,1} = a_{2,2}$ e $\hat{a}_{2,1} = -a_{1,2}$. Si può infine porre[1]

$$\det(\boldsymbol{A}) = \begin{vmatrix} a_{1,1} & a_{1,2} \\ a_{2,1} & a_{2,2} \end{vmatrix} = a_{1,1}\, a_{2,2} - a_{2,1}\, a_{1,2}.$$

Come esempio numerico, data $\boldsymbol{A} = \begin{bmatrix} 2 & 1 \\ 6 & 4 \end{bmatrix}$ vale $\det(\boldsymbol{A}) = 2 \cdot 4 - 6 \cdot 1 = 2$. ◇

**Esempio C.31** Data la matrice

$$\boldsymbol{A} = \begin{bmatrix} a_{1,1} & a_{1,2} & a_{1,3} \\ a_{2,1} & a_{2,2} & a_{2,3} \\ a_{3,1} & a_{3,2} & a_{3,3} \end{bmatrix}$$

calcoliamo dapprima i cofattori degli elementi lungo la prima colonna. Vale:

$$\begin{aligned}
\hat{a}_{1,1} &= \phantom{(-1)} \begin{vmatrix} a_{2,2} & a_{2,3} \\ a_{3,2} & a_{3,3} \end{vmatrix} = a_{2,2}\, a_{3,3} - a_{2,3}\, a_{3,2}; \\
\hat{a}_{2,1} &= (-1) \begin{vmatrix} a_{1,2} & a_{1,3} \\ a_{3,2} & a_{3,3} \end{vmatrix} = -(a_{1,2}\, a_{3,3} - a_{1,3}\, a_{3,2}); \\
\hat{a}_{3,1} &= \phantom{(-1)} \begin{vmatrix} a_{1,2} & a_{1,3} \\ a_{2,2} & a_{2,3} \end{vmatrix} = a_{1,2}\, a_{2,3} - a_{1,3}\, a_{2,2}.
\end{aligned}$$

---

[1]Si noti la differenza fra la notazione $[\,\cdot\,]$ e la notazione $|\cdot|$. Mentre $\begin{bmatrix} a & b \\ c & d \end{bmatrix}$ indica una matrice, $\begin{vmatrix} a & b \\ c & d \end{vmatrix} = ad - cb$ indica il determinante di tale matrice, ossia uno scalare.

Dunque sommando il prodotto di ogni elemento $a_{i,1}$ lungo la prima colonna per il suo cofattore $\hat{a}_{i,1}$ si ottiene la nota formula

$$\begin{aligned}\det(\boldsymbol{A}) = \; & a_{1,1}(a_{2,2}\,a_{3,3} - a_{2,3}\,a_{3,2}) - a_{2,1}(a_{1,2}\,a_{3,3} - a_{1,3}\,a_{3,2}) \\ & + a_{3,1}(a_{1,2}\,a_{2,3} - a_{1,3}\,a_{2,2}).\end{aligned}$$ ◇

L'equazione C.1 è solo una delle tante formule che permettono di calcolare il determinante: in tale formula il calcolo del determinante si *sviluppa* lungo gli elementi della prima colonna. Esistono analoghe formule che sviluppano lungo gli elementi di una colonna qualsiasi: fissato un indice di colonna $j$ arbitrario vale infatti

$$\det(\boldsymbol{A}) = a_{1,j}\hat{a}_{1,j} + a_{2,j}\hat{a}_{2,j} + \cdots + a_{n,j}\hat{a}_{n,j} = \sum_{i=1}^{n} a_{i,j}\hat{a}_{i,j}. \tag{C.2}$$

Infine è anche possibile sviluppare il calcolo del determinante lungo una riga; fissato un indice di riga $i$ arbitrario vale infatti

$$\det(\boldsymbol{A}) = a_{i,1}\hat{a}_{i,1} + a_{i,2}\hat{a}_{i,2} + \cdots + a_{i,n}\hat{a}_{i,n} = \sum_{j=1}^{n} a_{i,j}\hat{a}_{i,j}. \tag{C.3}$$

Si ricordano infine alcune proprietà elementari che vengono date senza dimostrazione.

**Proposizione C.32** *Valgono le seguenti relazioni.*

*(a) Il determinante di una matrice* $\boldsymbol{A}$ *diagonale o triangolare, è pari al prodotto degli elementi lungo la diagonale, ovvero* $\det(\boldsymbol{A}) = a_{1,1}a_{2,2}\cdots a_{n,n}$.
*(b) Il determinante di una matrice* $\boldsymbol{A}$ *diagonale a blocchi o triangolare a blocchi è pari al prodotto dei determinanti dei blocchi lungo la diagonale.*
*(c) Il determinante di un prodotto di matrici quadrate è pari al prodotto dei determinanti, ovvero se* $\boldsymbol{C} = \boldsymbol{AB}$ *allora* $\det(\boldsymbol{C}) = \det(\boldsymbol{A}) \cdot \det(\boldsymbol{B})$.

**Esempio C.33** Si considerino le matrici definite nell'Esempio C.9.

Il determinante delle tre matrici $\boldsymbol{A}$, $\boldsymbol{B}$ e $\boldsymbol{C}$ è pari al prodotto degli elementi lungo la diagonale e vale dunque sempre $4 \cdot 3 \cdot 4 = 48$ essendo la prima diagonale e le altre triangolari.

Il determinante della matrice identità vale 1: questo risultato vale ovviamente qualunque sia il suo ordine.

Anche per le due matrici diagonali e triangolari a blocchi definite nello stesso esempio è agevole il calcolo del determinante. Per la prima matrice vale $\det(\tilde{\boldsymbol{A}}) = \det(\tilde{\boldsymbol{A}}_1) \cdot \det(\tilde{\boldsymbol{A}}_2) \cdot \det(\tilde{\boldsymbol{A}}_3) = -4 \cdot 2 \cdot 4 = -32$. Per la seconda matrice vale $\det(\tilde{\boldsymbol{B}}) = \det(\tilde{\boldsymbol{B}}_1) \cdot \det(\tilde{\boldsymbol{B}}_2) = (1 \cdot 3) \cdot (2 \cdot 4) = 24$.

Infine si considerino le matrici $\boldsymbol{A}$ e $\boldsymbol{B}$ dell'Esempio C.19. Si verifica facilmente che vale $\det(\boldsymbol{A}) = 2$ e $\det(\boldsymbol{B}) = 6$ e dunque vale anche $\det(\boldsymbol{AB}) = \det(\boldsymbol{BA}) = \det(\boldsymbol{A}) \cdot \det(\boldsymbol{B}) = 12$. ◇

## C.4 Rango e nullità di una matrice

**Definizione C.34** *Il* rango *di una matrice* $\boldsymbol{A}$ *di dimensione* $m \times n$ *è pari al numero di colonne (o di righe) della matrice che sono linearmente indipendenti. Tale valore si denota* $\text{rango}(\boldsymbol{A})$.

Se definiamo *minore*[2] di una matrice $\boldsymbol{A}$, una qualunque matrice che si ottiene da $\boldsymbol{A}$ cancellando un numero arbitrario di righe e di colonne, possiamo dare la seguente caratterizzazione del rango di una matrice.

**Proposizione C.35** *Il rango di una matrice è pari all'ordine del più grande minore quadrato non singolare.*

In base alla precedente proposizione per determinare il rango di una matrice è possibile procedere come segue. Data una matrice di dimensione $m \times n$ si considerano tutti i minori quadrati di ordine $\min(m, n)$: se almeno uno di essi fosse non singolare si può concludere che la matrice ha rango $\min(m, n)$. Se essi fossero tutti singolari, si passa a considerare tutti i minori di ordine $\min(m, n) - 1$, ecc.

**Esempio C.36** Si considerino le due matrici di dimensione $2 \times 3$:

$$\boldsymbol{Q} = \begin{bmatrix} 1 & 2 & 1 \\ 2 & 4 & 3 \end{bmatrix} \quad \text{e} \quad \boldsymbol{Q}' = \begin{bmatrix} 1 & 2 & 1 \\ 2 & 4 & 2 \end{bmatrix}.$$

I determinanti dei tre possibili minori di ordine 2 della prima matrice sono

$$\begin{vmatrix} 1 & 2 \\ 2 & 4 \end{vmatrix} = 0, \quad \begin{vmatrix} 1 & 1 \\ 2 & 3 \end{vmatrix} = 1 \quad \text{e} \quad \begin{vmatrix} 2 & 1 \\ 4 & 3 \end{vmatrix} = 2;$$

dunque non essendo tutti nulli vale: $\text{rango}(\boldsymbol{Q}) = 2$.

I determinanti dei tre possibili minori di ordine 2 della seconda matrice sono

$$\begin{vmatrix} 1 & 2 \\ 2 & 4 \end{vmatrix} = 0, \quad \begin{vmatrix} 1 & 1 \\ 2 & 2 \end{vmatrix} = 0 \quad \text{e} \quad \begin{vmatrix} 2 & 1 \\ 4 & 2 \end{vmatrix} = 0.$$

Essendo tutti nulli si valutano i minori di ordine 1. Poiché esistono elementi non nulli, vale: $\text{rango}(\boldsymbol{Q}') = 1$. ◇

Nel caso particolare di una matrice quadrata $n \times n$, il minore più grande consiste nella matrice stessa ed è unico. Dunque si inizia col calcolare il determinante della matrice e se essa è non singolare si conclude che il suo rango è pari a $n$. In caso contrario si procede al calcolo dei determinanti dei minori di ordine $n - 1$, ecc.

**Esempio C.37** Si consideri la matrice quadrata

$$\boldsymbol{A} = \begin{bmatrix} 1 & 2 \\ 2 & 4 \end{bmatrix}.$$

[2] Nella Definizione C.27 sono stati introdotti i *minori* $(i, j)$, ossia l'insieme dei minori di ordine $n - 1$. In genere, si indica con il nome di minore una qualunque sottomatrice.

Il determinante della matrice $\boldsymbol{A}$ vale $\det(\boldsymbol{A}) = 1 \cdot 4 - 2 \cdot 2 = 4 - 4 = 0$ e dunque tale matrice è singolare è ha certamente rango $< 2$. Poiché non tutti gli elementi della matrice sono nulli, esistono minori di ordine 1 non singolari e dunque questa matrice ha rango 1. ◇

Un concetto legato al rango di una matrice è quello di spazio nullo e di nullità.

**Definizione C.38** *Data una matrice* $\boldsymbol{A}$ *di dimensione* $m \times n$ *si definisce* spazio nullo *l'insieme*

$$\ker(\boldsymbol{A}) = \{\boldsymbol{x} \in \mathbb{R}^n \mid \boldsymbol{A}\boldsymbol{x} = \boldsymbol{0}\}$$

*costituito da tutti i vettori in* $\mathbb{R}^n$ *che moltiplicati a sinistra per* $\boldsymbol{A}$ *producono il vettore nullo.*

*Tale insieme è uno spazio vettoriale; la sua dimensione è detta* nullità *della matrice* $\boldsymbol{A}$ *e si denota* $\text{null}(\boldsymbol{A})$.

Si noti che il vettore nullo appartiene sempre a $\ker(\boldsymbol{A})$ e se esso è l'unico vettore che appartiene a questo insieme vale $\text{null}(\boldsymbol{A}) = 0$. Se lo spazio nullo contiene invece altri vettori, la nullità è pari al numero di vettori linearmente indipendenti che è possibile scegliere da esso.

**Esempio C.39** Si consideri la matrice $2 \times 3$:

$$\boldsymbol{Q}' = \begin{bmatrix} 1 & 2 & 1 \\ 2 & 4 & 2 \end{bmatrix}$$

già studiata nell'Esempio C.36.

Il suo spazio nullo comprende tutti i vettori $\boldsymbol{x} = \begin{bmatrix} x_1 & x_2 & x_3 \end{bmatrix}^T$ tali che

$$\boldsymbol{Q}'\boldsymbol{x} = \boldsymbol{0}$$

ovvero che soddisfano il sistema

$$\begin{cases} x_1 + 2x_2 + x_3 & = & 0 \\ 2x_1 + 4x_2 + 2x_3 & = & 0. \end{cases} \tag{C.4}$$

Si osserva immediatamente che la seconda equazione è identica alla prima moltiplicata per 2, e dunque è ridondante. Vale dunque

$$\ker(\boldsymbol{Q}') = \left\{ \begin{bmatrix} x_1 & x_2 & x_3 \end{bmatrix}^T \mid x_1 + 2x_2 + x_3 = 0 \right\}.$$

Poiché vi è una sola equazione che lega tre incognite, vi sono due gradi di libertà che consentono di scegliere due vettori linearmente indipendenti che soddisfano tale equazione. P.e., si possono fissare arbitrariamente le prime due componenti scegliendo $x'_1 = 1$ e $x'_2 = 0$, oppure $x''_1 = 0$ e $x''_2 = 1$, ottenendo i due vettori

$$\boldsymbol{x}' = \begin{bmatrix} 1 \\ 0 \\ -1 \end{bmatrix} \quad \text{e} \quad \boldsymbol{x}'' = \begin{bmatrix} 0 \\ 1 \\ -2 \end{bmatrix}$$

e dunque vale $\text{null}(\boldsymbol{Q}') = 2$. ◇

Il seguente teorema, che viene dato senza dimostrazione, lega fra loro rango e nullità di una matrice.

**Teorema C.40** *Data una matrice* $\boldsymbol{A}$ *con* $n$ *colonne vale*

$$\text{rango}(\boldsymbol{A}) + \text{null}(\boldsymbol{A}) = n. \tag{C.5}$$

**Esempio C.41** Si consideri la matrice $\boldsymbol{Q}'$ già studiata negli Esempi C.36 e C.39. Tale matrice, come visto, ha $\text{rango}(\boldsymbol{Q}') = 1$, $\text{null}(\boldsymbol{Q}') = 2$ e numero di colonne $n = 3$, dunque l'eq. (C.5) è soddisfatta. ◇

Un spiegazione intuitiva del precedente teorema, che si basa sui risultati presentati nel paragrafo seguente, consiste nel fatto che il rango della matrice è pari al numero di equazioni linearmente indipendenti del sistema $\boldsymbol{A}\boldsymbol{x} = \boldsymbol{0}$, mentre $n$ rappresenta il numero di incognite del sistema. Dunque la nullità della matrice, che consiste nel numero di soluzioni linearmente indipendenti del sistema $\boldsymbol{A}\boldsymbol{x} = \boldsymbol{0}$, è proprio pari alla differenza tra $n$ e e il suo rango.

## C.5 Sistemi di equazioni lineari

È possibile determinare se un sistema lineare di $n$ equazioni in $n$ incognite ammette una e una sola soluzione, in base all'analisi del determinante della matrice dei coefficienti.

Vale il seguente teorema di cui non diamo dimostrazione.

**Teorema C.42** *Si consideri un sistema lineare di* $n$ *equazioni in* $n$ *incognite*

$$\boldsymbol{A}\boldsymbol{x} = \boldsymbol{b},$$

*dove* $\boldsymbol{A}$ *di dimensione* $n \times n$ *è la* matrice dei coefficienti, $\boldsymbol{b}$ *di dimensione* $n \times 1$ *è il* vettore dei termini noti *e* $\boldsymbol{x}$ *di dimensione* $n \times 1$ *è il* vettore delle incognite.

1. *Se la matrice* $\boldsymbol{A}$ *è non singolare, il sistema ammette una ed una sola soluzione;*
2. *Se la matrice* $\boldsymbol{A}$ *è singolare, sia* $\boldsymbol{M} = [\boldsymbol{A} \mid \boldsymbol{b}\,]$ *la matrice* $n \times (n+1)$ *che si ottiene aggiungendo alla matrice* $\boldsymbol{A}$ *un'ulteriore colonna formata dal vettore* $\boldsymbol{b}$. *Vale:*
   *(a) se* $\text{rango}(\boldsymbol{A}) < \text{rango}(\boldsymbol{M})$ *il sistema non ammette soluzioni;*
   *(b) se* $\text{rango}(\boldsymbol{A}) = \text{rango}(\boldsymbol{M})$ *il sistema ammette infinite soluzioni.*

**Esempio C.43** È dato il sistema lineare di 2 equazioni in 2 incognite

$$\begin{cases} 2x_1 + x_2 &= 4 \\ 6x_1 + 4x_2 &= 14 \end{cases}$$

che può anche essere riscritto nella forma matriciale $\boldsymbol{A}\boldsymbol{x} = \boldsymbol{b}$ con

$$\boldsymbol{A} = \begin{bmatrix} 2 & 1 \\ 6 & 4 \end{bmatrix}, \qquad \boldsymbol{b} = \begin{bmatrix} 4 \\ 14 \end{bmatrix}, \qquad \boldsymbol{x} = \begin{bmatrix} x_1 \\ x_2 \end{bmatrix}.$$

Il determinante della matrice $\boldsymbol{A}$ è già stato calcolato nell'Esempio C.30 e vale 2: dunque tale sistema ammette una ed una sola soluzione.

È possibile risolvere tale sistema per sostituzione. Ricavando $x_1$ dalla prima equazione e sostituendo nella seconda si ottiene

$$\begin{cases} x_1 & = & 2 - \frac{1}{2}x_2 \\ 6x_1 + 4x_2 & = & 14 \end{cases} \Longrightarrow \begin{cases} x_1 & = & 2 - \frac{1}{2}x_2 \\ x_2 & = & 2 \end{cases} \Longrightarrow \begin{cases} x_1 & = & 1 \\ x_2 & = & 2. \end{cases}$$

Dunque la soluzione del sistema dato è $x_1 = 1$, $x_2 = 2$, ovvero in forma matriciale $\boldsymbol{x} = \begin{bmatrix} 1 & 2 \end{bmatrix}^T$. ◇

Il seguente esempio presenta il caso di un sistema lineare che non ammette soluzione.

**Esempio C.44** È dato il sistema di 2 equazioni lineari in 2 incognite

$$\begin{cases} x_1 + 2x_2 & = & 1 \\ 2x_1 + 4x_2 & = & 3 \end{cases}$$

che può anche essere riscritto nella forma matriciale $\boldsymbol{Ax} = \boldsymbol{b}$ con

$$\boldsymbol{A} = \begin{bmatrix} 1 & 2 \\ 2 & 4 \end{bmatrix}, \qquad \boldsymbol{b} = \begin{bmatrix} 1 \\ 3 \end{bmatrix}.$$

La matrice $\boldsymbol{A}$, come visto nell'Esempio C.37 è singolare e ha rango 1. La matrice $[\boldsymbol{A} \mid \boldsymbol{b}]$ coincide con la matrice $\boldsymbol{Q}$ studiata nell'Esempio C.36 che ha rango 2. Dunque tale sistema non ammette soluzione.

Infatti, ricavando $x_1$ dalla prima equazione e sostituendo nella seconda si ottiene

$$\begin{cases} x_1 & = & 1 - 2x_2 \\ 2x_1 + 4x_2 & = & 3 \end{cases} \Longrightarrow \begin{cases} x_1 & = & 1 - 2x_2 \\ 2 - 4x_2 + 4x_2 & = & 3 \end{cases},$$

ovvero

$$\begin{cases} x_1 & = & 1 - 2x_2 \\ 2 & = & 3 \end{cases}$$

che porta ad una palese incongruenza: $2 = 3$. ◇

Il seguente esempio presenta il caso di un sistema che ammette infinite soluzioni.

**Esempio C.45** È dato il sistema lineare di 2 equazioni in 2 incognite

$$\begin{cases} x_1 + 2x_2 & = & 1 \\ 2x_1 + 4x_2 & = & 2 \end{cases}$$

che può anche essere riscritto nella forma matriciale $\boldsymbol{Ax} = \boldsymbol{b}$ con

$$\boldsymbol{A} = \begin{bmatrix} 1 & 2 \\ 2 & 4 \end{bmatrix}, \qquad \boldsymbol{b} = \begin{bmatrix} 1 \\ 2 \end{bmatrix}.$$

La matrice $\boldsymbol{A}$ di questo esempio è identica a quella dell'esempio precedente e, come già visto, è singolare e ha rango 1. La matrice $[\boldsymbol{A} \mid \boldsymbol{b}\ ]$ coincide con la matrice $\boldsymbol{Q}'$ studiata nell'Esempio C.36 che ha rango 1. Dunque tale sistema ammette infinite soluzioni.

Ricavando $x_1$ dalla prima equazione e sostituendo nella seconda si ottiene

$$\begin{cases} x_1 & = & 1-2x_2 \\ 2x_1+4x_2 & = & 2 \end{cases} \implies \begin{cases} x_1 & = & 1-2x_2 \\ 2-4x_2+4x_2 & = & 2 \end{cases},$$

ovvero

$$\begin{cases} x_1 & = & 1-2x_2 \\ 2 & = & 2. \end{cases}$$

La seconda equazione è sempre soddisfatta (non dipende dalle incognite) mentre la prima è soddisfatta da una infinità di soluzioni della forma $x_2 = a$, dove $a \in \mathbb{R}$ è un numero arbitrario, e $x_1 = 1 - 2a$. Dunque tale sistema ammette infinite soluzioni della forma $\boldsymbol{x} = \begin{bmatrix} 1-2a & a \end{bmatrix}^T$. ◇

## C.6 Inversa

**Definizione C.46** *Data una matrice quadrata* $\boldsymbol{A}$ *di ordine* $n$, *definiamo* inversa *di* $\boldsymbol{A}$ *la matrice* $\boldsymbol{A}^{-1}$, *anch'essa quadrata e di ordine* $n$, *che gode della seguente proprietà:*

$$\boldsymbol{A}^{-1}\boldsymbol{A} = \boldsymbol{A}\boldsymbol{A}^{-1} = \boldsymbol{I}.$$

*La matrice inversa di* $\boldsymbol{A}$ *esiste se e solo se* $\boldsymbol{A}$ *è non singolare; inoltre quando esiste essa è unica.*

Prima di presentare una procedura per il calcolo dell'inversa, occorre, dapprima definire la matrice dei cofattori e l'aggiunta di una matrice.

**Definizione C.47** *Si consideri una matrice quadrata* $\boldsymbol{A}$ *di ordine* $n \geq 2$.

*La* matrice dei cofattori *di* $\boldsymbol{A}$ *è la matrice quadrata di ordine* $n$ *che ha per elemento* $(i, j)$ *il cofattore* $\hat{a}_{i,j}$ *di* $\boldsymbol{A}$:

$$\hat{\boldsymbol{A}} = \{\hat{a}_{i,j}\}.$$

*La* matrice aggiunta *di* $\boldsymbol{A}$ *è la matrice quadrata di ordine* $n$ *che si ottiene trasponendo la matrice dei cofattori:*

$$\operatorname{agg}(\boldsymbol{A}) = \{\alpha_{i,j} = \hat{a}_{j,i}\}.$$

**Esempio C.48** Data la matrice $\boldsymbol{A} = \begin{bmatrix} 1 & 2 & 0 \\ 3 & 4 & 0 \\ 0 & 0 & 5 \end{bmatrix}$ vale

$$\hat{a}_{1,1} = \begin{vmatrix} 4 & 0 \\ 0 & 5 \end{vmatrix} = 20, \qquad \hat{a}_{1,2} = -\begin{vmatrix} 3 & 0 \\ 0 & 5 \end{vmatrix} = -15 \quad \hat{a}_{1,3} = \begin{vmatrix} 3 & 4 \\ 0 & 0 \end{vmatrix} = 0,$$

$$\hat{a}_{2,1} = -\begin{vmatrix} 2 & 0 \\ 0 & 5 \end{vmatrix} = -10, \quad \hat{a}_{2,2} = \begin{vmatrix} 1 & 0 \\ 0 & 5 \end{vmatrix} = 5, \qquad \hat{a}_{2,3} = -\begin{vmatrix} 1 & 2 \\ 0 & 0 \end{vmatrix} = 0,$$

$$\hat{a}_{3,1} = \begin{vmatrix} 2 & 0 \\ 4 & 0 \end{vmatrix} = 0, \qquad \hat{a}_{3,2} = -\begin{vmatrix} 1 & 0 \\ 3 & 0 \end{vmatrix} = 0, \qquad \hat{a}_{3,3} = \begin{vmatrix} 1 & 2 \\ 3 & 4 \end{vmatrix} = -2.$$

Dunque vale

$$\hat{\boldsymbol{A}} = \begin{bmatrix} 20 & -15 & 0 \\ -10 & 5 & 0 \\ 0 & 0 & -2 \end{bmatrix} \quad \text{e} \quad \text{agg}(\boldsymbol{A}) = \begin{bmatrix} 20 & -10 & 0 \\ -15 & 5 & 0 \\ 0 & 0 & -2 \end{bmatrix}. \qquad \diamond$$

**Proposizione C.49** *Si consideri una matrice quadrata* $\boldsymbol{A}$ *di ordine* $n$ *non singolare.*

- *Se* $n = 1$, *posto* $\boldsymbol{A} = [a_{1,1}]$ *vale* $\boldsymbol{A}^{-1} = [a_{1,1}^{-1}]$.
- *Per un generico* $n \geq 2$ *vale*

$$\boldsymbol{A}^{-1} = \frac{1}{\det(\boldsymbol{A})} \text{agg}(\boldsymbol{A}).$$

**Esempio C.50** Si consideri una generica matrice del secondo ordine

$$\boldsymbol{A} = \begin{bmatrix} a_{1,1} & a_{1,2} \\ a_{2,1} & a_{2,2} \end{bmatrix} \quad \text{la cui aggiunta vale} \quad \text{agg}(\boldsymbol{A}) = \begin{bmatrix} a_{2,2} & -a_{1,2} \\ -a_{2,1} & a_{1,1} \end{bmatrix}.$$

Se $\det(\boldsymbol{A}) = a_{1,1}\, a_{2,2} - a_{2,1}\, a_{1,2} \neq 0$ vale

$$\boldsymbol{A}^{-1} = \frac{1}{\det(\boldsymbol{A})} \begin{bmatrix} a_{2,2} & -a_{1,2} \\ -a_{2,1} & a_{1,1} \end{bmatrix} = \frac{1}{a_{1,1}\, a_{2,2} - a_{2,1}\, a_{1,2}} \begin{bmatrix} a_{2,2} & -a_{1,2} \\ -a_{2,1} & a_{1,1} \end{bmatrix}.$$

Come esempio numerico si consideri la matrice $\boldsymbol{A}$ studiata nell'Esempio C.44, il cui determinante vale $\det(\boldsymbol{A}) = 2$. Si calcoli l'inversa di $\boldsymbol{A}$:

$$\boldsymbol{A} = \begin{bmatrix} 2 & 1 \\ 6 & 4 \end{bmatrix} \quad \Longrightarrow \quad \boldsymbol{A}^{-1} = \frac{1}{2} \begin{bmatrix} 4 & -1 \\ -6 & 2 \end{bmatrix} = \begin{bmatrix} 2 & -0.5 \\ -3 & 1 \end{bmatrix}.$$

È facile verificare che vale

$$\underbrace{\begin{bmatrix} 2 & -0.5 \\ -3 & 1 \end{bmatrix}}_{\boldsymbol{A}^{-1}} \underbrace{\begin{bmatrix} 2 & 1 \\ 6 & 4 \end{bmatrix}}_{\boldsymbol{A}} = \underbrace{\begin{bmatrix} 2 & 1 \\ 6 & 4 \end{bmatrix}}_{\boldsymbol{A}} \underbrace{\begin{bmatrix} 2 & -0.5 \\ -3 & 1 \end{bmatrix}}_{\boldsymbol{A}^{-1}} = \underbrace{\begin{bmatrix} 1 & 0 \\ 0 & 1 \end{bmatrix}}_{\boldsymbol{I}}. \qquad \diamond$$

**Esempio C.51** Si consideri la matrice $\boldsymbol{A}$ studiata nell'Esempio C.48, il cui determinante vale $\det(\boldsymbol{A}) = -10$. L'aggiunta di tale matrice è già stata calcolata e l'inversa vale dunque

$$\boldsymbol{A}^{-1} = \frac{1}{\det(\boldsymbol{A})}\text{agg}(\boldsymbol{A}) = \frac{1}{-10}\begin{bmatrix} 20 & -10 & 0 \\ -15 & 5 & 0 \\ 0 & 0 & -2 \end{bmatrix} = \begin{bmatrix} -2 & 1 & 0 \\ 1.5 & -0.5 & 0 \\ 0 & 0 & 0.2 \end{bmatrix}. \qquad \diamond$$

L'inversa ci consente anche di risolvere un sistema lineare la cui matrice dei coefficienti è non singolare.

**Teorema C.52** *Dato un sistema lineare di $n$ equazioni in $n$ incognite $\boldsymbol{Ax} = \boldsymbol{b}$, se la matrice $\boldsymbol{A}$ è non singolare l'unica soluzione del sistema vale*

$$\boldsymbol{x} = \boldsymbol{A}^{-1}\boldsymbol{b}.$$

*Dimostrazione.* Moltiplichiamo ambo i membri dell'equazione $\boldsymbol{Ax} = \boldsymbol{b}$ da sinistra per $\boldsymbol{A}^{-1}$. Si ottiene:

$$\boldsymbol{Ax} = \boldsymbol{b} \quad \Longrightarrow \quad \boldsymbol{A}^{-1}\boldsymbol{Ax} = \boldsymbol{A}^{-1}\boldsymbol{b} \quad \Longrightarrow \quad \boldsymbol{Ix} = \boldsymbol{A}^{-1}\boldsymbol{b} \quad \Longrightarrow \quad \boldsymbol{x} = \boldsymbol{A}^{-1}\boldsymbol{b},$$

dato che $\boldsymbol{A}^{-1}\boldsymbol{A} = \boldsymbol{I}$ e che $\boldsymbol{Ix} = \boldsymbol{x}$ in base alle proprietà della matrice identità. □

**Esempio C.53** Si consideri ancora il sistema dell'Esempio C.43 dove

$$\boldsymbol{A} = \begin{bmatrix} 2 & 1 \\ 6 & 4 \end{bmatrix} \quad \text{e} \quad \boldsymbol{b} = \begin{bmatrix} 4 \\ 14 \end{bmatrix}.$$

L'inversa della matrice $\boldsymbol{A}$ è stata calcolata nell'Esempio C.50.

Vale dunque

$$\begin{bmatrix} x_1 \\ x_2 \end{bmatrix} = \boldsymbol{x} = \boldsymbol{A}^{-1}\boldsymbol{b} = \begin{bmatrix} 2 & -0.5 \\ -3 & 1 \end{bmatrix}\begin{bmatrix} 4 \\ 14 \end{bmatrix} = \begin{bmatrix} 1 \\ 2 \end{bmatrix}.$$

Tale valore coincide, come atteso, con quello determinato nell'Esempio C.43 risolvendo il sistema per sostituzione. ◇

Si ricordano infine alcune proprietà elementari.

**Proposizione C.54** *Valgono le seguenti relazioni.*

*(a) Data una generica matrice diagonale non singolare, la sua inversa si ottiene invertendo gli elementi lungo la diagonale, ovvero*

$$\boldsymbol{A} = \begin{bmatrix} \lambda_1 & 0 & \cdots & 0 \\ 0 & \lambda_2 & \cdots & 0 \\ \vdots & \vdots & \ddots & \vdots \\ 0 & 0 & \cdots & \lambda_n \end{bmatrix} \quad \Longrightarrow \quad \boldsymbol{A}^{-1} = \begin{bmatrix} \lambda_1^{-1} & 0 & \cdots & 0 \\ 0 & \lambda_1^{-2} & \cdots & 0 \\ \vdots & \vdots & \ddots & \vdots \\ 0 & 0 & \cdots & \lambda_n^{-1} \end{bmatrix}.$$

*(b) Data una generica matrice diagonale a blocchi non singolare, la sua inversa si ottiene invertendo i blocchi lungo la diagonale, ovvero*

$$\boldsymbol{A} = \begin{bmatrix} \boldsymbol{A}_1 & 0 & \cdots & 0 \\ 0 & \boldsymbol{A}_2 & \cdots & 0 \\ \vdots & \vdots & \ddots & \vdots \\ 0 & 0 & \cdots & \boldsymbol{A}_q \end{bmatrix} \quad \Longrightarrow \quad \boldsymbol{A}^{-1} = \begin{bmatrix} \boldsymbol{A}_1^{-1} & 0 & \cdots & 0 \\ 0 & \boldsymbol{A}_2^{-1} & \cdots & 0 \\ \vdots & \vdots & \ddots & \vdots \\ 0 & 0 & \cdots & \boldsymbol{A}_q^{-1} \end{bmatrix}.$$

*(c) Data due matrici* $\boldsymbol{A}$ *e* $\boldsymbol{B}$ *di ordine* $n$ *non singolari, vale*

$$(\boldsymbol{AB})^{-1} = \boldsymbol{B}^{-1}\boldsymbol{A}^{-1}.$$

*(d) Data una matrice* $\boldsymbol{A}$ *di ordine* $n$ *non singolare, vale*

$$\det\left(\boldsymbol{A}^{-1}\right) = \frac{1}{\det(\boldsymbol{A})}.$$

*Dimostrazione.* Le prime tre proprietà sono evidenti e si dimostrano verificando che $\boldsymbol{AA}^{-1} = \boldsymbol{I}$ (nei primi due casi) o $\boldsymbol{B}^{-1}\boldsymbol{A}^{-1}\boldsymbol{AB} = \boldsymbol{B}^{-1}\boldsymbol{IB} = \boldsymbol{B}^{-1}\boldsymbol{B} = \boldsymbol{I}$ (nel terzo). Per dimostrare l'ultima proprietà si osservi che essendo $\boldsymbol{AA}^{-1} = \boldsymbol{I}$ in base alla Proposizione C.32.(c) vale anche

$$\det(\boldsymbol{A}) \cdot \det\left(\boldsymbol{A}^{-1}\right) = \det(\boldsymbol{I}) = 1$$

da cui si ricava la relazione cercata. □

**Esempio C.55** Si considerino le matrici definite nell'Esempio C.9.

L'inversa della matrice diagonale $\boldsymbol{A}$ vale

$$\boldsymbol{A}^{-1} = \begin{bmatrix} \frac{1}{4} & 0 & 0 \\ 0 & \frac{1}{3} & 0 \\ 0 & 0 & \frac{1}{4} \end{bmatrix}.$$

Inoltre mentre $\det(\boldsymbol{A}) = 48$ si può verificare che vale $\det\left(\boldsymbol{A}^{-1}\right) = 1/48$.

L'inversa della matrice diagonale a blocchi $\tilde{\boldsymbol{A}}$ vale

$$\tilde{\boldsymbol{A}}^{-1} = \begin{bmatrix} \tilde{\boldsymbol{A}}_1^{-1} & \boldsymbol{0} & \boldsymbol{0} \\ \boldsymbol{0} & \tilde{\boldsymbol{A}}_2^{-1} & \boldsymbol{0} \\ \boldsymbol{0} & \boldsymbol{0} & \tilde{\boldsymbol{A}}_3^{-1} \end{bmatrix} = \left[\begin{array}{cc|c|c} -0.25 & 0.5 & 0 & 0 \\ 0.5 & 0 & 0 & 0 \\ \hline 0 & 0 & 0.5 & 0 \\ \hline 0 & 0 & 0 & 0.25 \end{array}\right]. \qquad \diamond$$

## C.7 Autovalori e autovettori

Un altro concetto di fondamentale importanza che può essere definito solo per le matrici quadrate è il seguente.

**Definizione C.56** *Data una matrice quadrata* $\boldsymbol{A}$ *di ordine* $n$*, sia* $\lambda \in \mathbb{R}$ *uno scalare e sia* $\boldsymbol{v} \neq \boldsymbol{0}$ *un vettore colonna* $n \times 1$*. Se vale*

$$\boldsymbol{A}\,\boldsymbol{v} = \lambda\,\boldsymbol{v} \tag{C.6}$$

*allora* $\lambda$ *è detto un* autovalore *di* $\boldsymbol{A}$ *a cui è associato l'*autovettore $\boldsymbol{v}$.

Una matrice quadrata $\boldsymbol{A}$ di ordine $n$ i cui elementi sono tutti numeri reali ha $n$ autovalori[3] $\lambda_1, \lambda_2, \ldots, \lambda_n$ che possono essere numeri reali oppure presentarsi a coppie di numeri complessi e coniugati.

**Proposizione C.57** *Sia* $\boldsymbol{A} = \{a_{i,j}\}$ *una matrice* diagonale *o* triangolare. *I suoi autovalori sono gli* $n$ *elementi* $a_{i,i}$ *(per* $i = 1, \ldots, n$*) presenti lungo la diagonale.*

**Esempio C.58** Sono date le seguenti matrici

$$\boldsymbol{A}_1 = \begin{bmatrix} 1 & 0 & 0 \\ 0 & 1 & 0 \\ 0 & 0 & 2 \end{bmatrix}, \qquad \boldsymbol{A}_2 = \begin{bmatrix} 1 & 1 & 2 \\ 0 & 2 & 2 \\ 0 & 0 & 3 \end{bmatrix}, \qquad \boldsymbol{A}_3 = \begin{bmatrix} 1 & 0 & 0 \\ 2 & 3 & 0 \\ 3 & 0 & -2 \end{bmatrix}.$$

Osservando che ciascuna di esse è triangolare o diagonale, possiamo immediatamente dedurre che:

- la matrice $\boldsymbol{A}_1$ ha autovalori $\lambda_1 = \lambda_2 = 1$ e $\lambda_3 = 2$;
- la matrice $\boldsymbol{A}_2$ ha autovalori $\lambda_1 = 1$, $\lambda_2 = 2$ e $\lambda_3 = 3$;
- la matrice $\boldsymbol{A}_3$ ha autovalori $\lambda_1 = 1$, $\lambda_2 = 3$ e $\lambda_3 = -2$. ◇

Più in generale, per una matrice quadrata generica gli autovalori possono essere calcolati come segue. Diamo per prima cosa la seguente definizione.

**Definizione C.59** *Il* polinomio caratteristico *di una matrice quadrata* $\boldsymbol{A}$ *di ordine* $n$ *è il polinomio di grado* $n$ *nella variabile* $s$ *definito come* $P(s) = \det(s\boldsymbol{I} - \boldsymbol{A})$.

**Esempio C.60** Data la matrice

$$\boldsymbol{A} = \begin{bmatrix} 2 & 1 \\ 3 & 4 \end{bmatrix}$$

calcoliamo dapprima la matrice $(s\boldsymbol{I} - \boldsymbol{A})$ i cui elementi contengono la variabile $s$:

$$(s\boldsymbol{I} - \boldsymbol{A}) = s\begin{bmatrix} 1 & 0 \\ 0 & 1 \end{bmatrix} - \begin{bmatrix} 2 & 1 \\ 3 & 4 \end{bmatrix} = \begin{bmatrix} s & 0 \\ 0 & s \end{bmatrix} - \begin{bmatrix} 2 & 1 \\ 3 & 4 \end{bmatrix} = \begin{bmatrix} s-2 & -1 \\ -3 & s-4 \end{bmatrix}.$$

[3] Potrebbe capitare che alcuni degli $n$ autovalori coincidano, p.e., $\lambda_1 = \lambda_2$. Se viceversa $\lambda_j \neq \lambda_j$ per $i \neq j$ allora si dice che la matrice ha autovalori di molteplicità unitaria.

Il determinante di tale matrice vale: $\det(s\boldsymbol{I} - \boldsymbol{A}) = (s-2)(s-4) - 3 = s^2 - 6s + 5$ e dunque il polinomio caratteristico di $\boldsymbol{A}$ è il polinomio di secondo grado $P(s) = s^2 - 6s + 5$. ◇

**Proposizione C.61** *Gli autovalori di una matrice* $\boldsymbol{A}$ *di ordine* $n$ *sono le* $n$ *radici del suo polinomio caratteristico, ovvero le soluzioni dell'equazione* $\det(s\boldsymbol{I} - \boldsymbol{A}) = 0$.

*Inoltre se* $\lambda$ *è un autovalore di* $\boldsymbol{A}$ *ogni autovettore* $\boldsymbol{v}$ *ad esso corrispondente è una soluzione non nulla del sistema lineare*

$$(\lambda \boldsymbol{I} - \boldsymbol{A})\, \boldsymbol{v} = \boldsymbol{0} \tag{C.7}$$

*dove* $\boldsymbol{0}$ *è un vettore colonna* $n \times 1$ *i cui elementi valgono tutti zero.*

*Dimostrazione.* Un autovalore $\lambda$ con il suo autovettore $\boldsymbol{v}$ deve soddisfare l'eq. (C.6) da cui deriva immediatamente l'eq. (C.7).

Ora, in base al Teorema C.42, l'eq. (C.7) ammetterà come soluzione (oltre alla soluzione ovvia $\boldsymbol{v} = \boldsymbol{0}$) anche una soluzione $\boldsymbol{v} \neq \boldsymbol{0}$ se e solo se la matrice $(\lambda \boldsymbol{I} - \boldsymbol{A})$ è singolare. Ciò implica che $\det(\lambda \boldsymbol{I} - \boldsymbol{A}) = 0$ e dunque $\lambda$ è radice del polinomio caratteristico della matrice $\boldsymbol{A}$. □

**Esempio C.62** Si consideri ancora la matrice

$$\boldsymbol{A} = \begin{bmatrix} 2 & 1 \\ 3 & 4 \end{bmatrix}$$

presa in esame nel precedente esempio. I suoi autovalori sono le soluzioni dell'equazione $\lambda^2 - 6\lambda + 5 = 0$ ovvero

$$\lambda_{1,2} = \frac{6 \pm \sqrt{36 - 20}}{2} = \frac{6 \pm 4}{2} = \begin{cases} \lambda_1 = 1 \\ \lambda_2 = 5. \end{cases}$$

Si determinino i corrispondenti autovettori.

- L'autovettore

$$\boldsymbol{v}_1 = \begin{bmatrix} a \\ b \end{bmatrix}$$

corrispondente all'autovalore $\lambda_1 = 1$ deve soddisfare il sistema

$$[\lambda_1 \boldsymbol{I} - \boldsymbol{A}]\, \boldsymbol{v}_1 = \boldsymbol{0}$$

ovvero

$$[\boldsymbol{I} - \boldsymbol{A}]\, \boldsymbol{v}_1 = \begin{bmatrix} -1 & -1 \\ -3 & -3 \end{bmatrix} \begin{bmatrix} a \\ b \end{bmatrix} = \begin{bmatrix} 0 \\ 0 \end{bmatrix} \quad \Longrightarrow \quad \begin{cases} -a - b = 0 \\ -3a - 3b = 0. \end{cases}$$

Le due equazioni sono linearmente dipendenti: se la prima è soddisfatta sarà automaticamente soddisfatta anche la seconda. Tale dipendenza lineare fra le equazioni del sistema (C.7) si verifica sempre.

Ci si può limitare a considerare solo la prima delle due equazioni, che impone la relazione $b = -a$. Dunque scelta una prima componente $a$ arbitraria, l'autovettore $\boldsymbol{v}_1$ deve avere come seconda componente $b = -a$.
Scelto $a = 1$ vale

$$\boldsymbol{v}_1 = \begin{bmatrix} 1 \\ -1 \end{bmatrix}.$$

- L'autovettore

$$\boldsymbol{v}_2 = \begin{bmatrix} c \\ d \end{bmatrix}$$

corrispondente all'autovalore $\lambda_2 = 5$ deve soddisfare il sistema

$$[\lambda_2 \boldsymbol{I} - \boldsymbol{A}]\, \boldsymbol{v}_2 = \boldsymbol{0}$$

ovvero

$$[5\boldsymbol{I} - \boldsymbol{A}]\, \boldsymbol{v}_2 = \begin{bmatrix} 3 & -1 \\ -3 & 1 \end{bmatrix} \begin{bmatrix} c \\ d \end{bmatrix} = \begin{bmatrix} 0 \\ 0 \end{bmatrix} \quad \Longrightarrow \quad \begin{cases} 3c - d = 0 \\ -3c + d = 0. \end{cases}$$

Anche qui, come ci si aspetta, le due equazioni sono linearmente dipendenti e ci si può limitare a considerare solo la prima di esse, che impone la relazione $d = 3c$. Dunque scelta una prima componente $c$ arbitraria, l'autovettore $\boldsymbol{v}_1$ deve avere come seconda componente $d = 3c$.
Scelto $c = 1$ vale

$$\boldsymbol{v}_2 = \begin{bmatrix} 1 \\ 3 \end{bmatrix}. \qquad \diamond$$

Come visto nell'esempio, il sistema (C.7) ammette sempre una infinità di soluzioni (tra le quali si sceglierà sempre una soluzione non nulla) perché un autovettore è determinato a meno di una costante moltiplicativa. Infatti, è facile vedere che se $\boldsymbol{v}$ è un autovettore associato all'autovalore $\lambda$, il vettore $\boldsymbol{y} = r\ \boldsymbol{v}$ — che si ottiene moltiplicando $\boldsymbol{v}$ per uno scalare non nullo $r$ — è anche esso un autovettore associato a $\lambda$. Per dimostrare ciò si osservi che

$$\boldsymbol{A}\boldsymbol{y} = \boldsymbol{A}(r\boldsymbol{v}) = r(\boldsymbol{A}\boldsymbol{v}) = r(\lambda\boldsymbol{v}) = \lambda(r\ \boldsymbol{v}) = \lambda\boldsymbol{y},$$

e il risultato è ovvio confrontando il primo e l'ultimo membro.

Vale il seguente classico risultato di cui non riportiamo la dimostrazione.

**Teorema C.63** *Siano $\boldsymbol{v}_1, \ldots, \boldsymbol{v}_k$ autovettori di una generica matrice $\boldsymbol{A}$ e supponiamo che i corrispondenti autovalori $\lambda_1, \ldots, \lambda_k$ siano distinti. Allora gli autovettori $\boldsymbol{v}_1, \ldots, \boldsymbol{v}_k$ sono linearmente indipendenti.*

Da questo teorema discende immediatamente il seguente risultato.

**Teorema C.64** *Se una matrice di ordine $n$ ha $n$ autovalori distinti, allora esiste un insieme di $n$ autovettori linearmente indipendenti, che costituisce dunque una base per $\mathbb{R}^n$.*

Si considererà ora il caso di una matrice con autovalori non distinti e si definirà la molteplicità algebrica e geometrica di un autovettore.

**Definizione C.65** *Data una matrice quadrata* $\boldsymbol{A}$ *di ordine* $n$*, si supponga che essa abbia* $r \leq n$ *autovalori distinti*

$$\lambda_1, \lambda_2, \ldots, \lambda_r,$$

*con* $\lambda_i \neq \lambda_j$ *per* $i \neq j$*. Il polinomio caratteristico della matrice può quindi essere posto nella forma*

$$P(s) = (s - \lambda_1)^{\nu_1}(s - \lambda_2)^{\nu_2} \cdots (s - \lambda_r)^{\nu_r} \qquad \text{con} \qquad \sum_{i=1}^{r} \nu_i = n,$$

*dove* $\nu_i \in \mathbb{N}_+$ *definisce la* molteplicità *del generico autovalore* $\lambda_i$.

*Si definisce* molteplicità geometrica *(o* nullità*) dell'autovalore* $\lambda_i$ *il numero* $\mu_i$ *di autovettori linearmente indipendenti ad esso corrispondenti.*

Si faccia attenzione a non confondere la molteplicità geometrica $\mu$ di un autovalore con la sua molteplicità $\nu$. Talvolta per evitare ambiguità si è anche soliti chiamare $\nu$ *molteplicità algebrica*.

**Proposizione C.66** *Sia* $\lambda$ *un autovalore di molteplicità algebrica* $\nu$ *della matrice quadrata* $\boldsymbol{A}$*. La molteplicità geometrica* $\mu$ *di tale autovalore soddisfa*

$$\mu = \text{null}(\lambda \boldsymbol{I} - \boldsymbol{A}) \leq \nu,$$

*ovvero essa è pari alla nullità della matrice* $(\lambda \boldsymbol{I} - \boldsymbol{A})$ *ed è inferiore o uguale alla molteplicità algebrica.*

*Dimostrazione.* L'uguaglianza[4] si dimostra facilmente poiché ogni autovettore $\boldsymbol{v}$ associato a $\lambda$, in base alla eq. (C.7), soddisfa l'equazione $(\lambda \boldsymbol{I} - \boldsymbol{A})\boldsymbol{v} = \boldsymbol{0}$, e dunque è un vettore dello spazio nullo di $(\lambda \boldsymbol{I} - \boldsymbol{A})$ la cui dimensione è per definizione $\text{null}(\lambda \boldsymbol{I} - \boldsymbol{A})$. Del secondo risultato non viene invece data dimostrazione. □

**Esempio C.67** Si consideri la matrice

$$\boldsymbol{A} = \begin{bmatrix} 2 & 1 & 0 & 0 \\ 0 & 2 & 0 & 0 \\ 0 & 0 & 3 & 0 \\ 0 & 0 & 0 & 3 \end{bmatrix}$$

di ordine $n = 4$ il cui polinomio caratteristico vale $P(s) = (s-2)^2(s-3)^2$ e ha dunque autovalore $\lambda_1 = 2$ di molteplicità algebrica $\nu_1 = 2$ e autovalore $\lambda_2 = 3$ anch'esso di molteplicità algebrica $\nu_2 = 2$.

---

[4]Questo risultato fa capire perchè la *molteplicità algebrica* di un autovalore sia anche talvolta chiamata *nullità* di un autovalore.

La molteplicità geometrica del primo autovalore vale

$$\begin{aligned}\mu_1 &= \text{null}(\lambda_1 \boldsymbol{I} - \boldsymbol{A}) = n - \text{rango}(\lambda_1 \boldsymbol{I} - \boldsymbol{A}) \\ &= 4 - \text{rango}\left(\begin{bmatrix} 0 & -1 & 0 & 0 \\ 0 & 0 & 0 & 0 \\ 0 & 0 & -1 & 0 \\ 0 & 0 & 0 & -1 \end{bmatrix}\right) = 4 - 3 = 1 < \nu_1,\end{aligned}$$

dove si è sfruttato il Teorema C.40 che lega rango e nullità di una generica matrice. Si verifica facilmente che ogni autovettore associato a $\lambda_1$ è combinazione lineare dell'unico vettore $\boldsymbol{v} = \begin{bmatrix} 1 & 0 & 0 & 0 \end{bmatrix}^T$.

La molteplicità geometrica del secondo autovalore vale

$$\begin{aligned}\mu_2 &= \text{null}(\lambda_2 \boldsymbol{I} - \boldsymbol{A}) = n - \text{rango}(\lambda_2 \boldsymbol{I} - \boldsymbol{A}) \\ &= 4 - \text{rango}\left(\begin{bmatrix} 1 & -1 & 0 & 0 \\ 0 & 1 & 0 & 0 \\ 0 & 0 & 0 & 0 \\ 0 & 0 & 0 & 0 \end{bmatrix}\right) = 4 - 2 = 2 = \nu_2.\end{aligned}$$

Si verifica facilmente che ogni autovettore associato a $\lambda_2$ è combinazione lineare dei due vettori $\boldsymbol{v}_1 = \begin{bmatrix} 0 & 0 & 1 & 0 \end{bmatrix}^T$ e $\boldsymbol{v}_2 = \begin{bmatrix} 0 & 0 & 0 & 1 \end{bmatrix}^T$. ◇

# Appendice D

# Matrici in forma compagna e forme canoniche

Data una rappresentazione in variabili di stato è sempre possibile passare, mediante una trasformazione di similitudine, ad una rappresentazione in cui la matrice di stato assume una forma canonica diagonale o di Jordan. Esistono, tuttavia, altre forme canoniche in cui la matrice di stato assume una particolare struttura detta *forma compagna.* Nella prima sezione di questa appendice vengono definite le matrici in forma compagna e si presenta un primo risultato elementare relativo alla determinazione del loro polinomio caratteristico. Nella seconda sezione si presentano due forme canoniche che rivestono particolare importanza: esse sono la *forma canonica di controllo* e la *forma canonica di osservazione.* Infine, nell'ultima sezione si presentano alcuni risultati relativi alla determinazione degli autovettori di un matrice in forma compagna che ne semplificano notevolmente lo studio.

## D.1 Matrici in forma compagna

Una matrice è detta in *forma compagna* se assume la forma

$$\boldsymbol{A} = \left[\begin{array}{c|c} \mathbf{0} & \boldsymbol{I} \\ \hline \multicolumn{2}{c}{-\boldsymbol{\alpha}^T} \end{array}\right] = \left[\begin{array}{c|ccccc} 0 & 1 & 0 & \cdots & 0 & 0 \\ 0 & 0 & 1 & \cdots & 0 & 0 \\ 0 & 0 & 0 & \cdots & 0 & 0 \\ 0 & \vdots & \vdots & \ddots & \vdots & \vdots \\ 0 & 0 & 0 & \cdots & 0 & 1 \\ \hline -\alpha_0 & -\alpha_1 & -\alpha_2 & \cdots & -\alpha_{n-2} & -\alpha_{n-1} \end{array}\right] \tag{D.1}$$

dove $\mathbf{0}$ è un vettore colonna di $n-1$ zeri, $\boldsymbol{I}$ è la matrice identità di ordine $n-1$, e $\boldsymbol{\alpha}^T$ è un vettore riga di $n$ coefficienti arbitrari. Si noti che questa matrice contiene $n$ parametri liberi $\alpha_i$, mentre tutti gli altri elementi della matrice sono fissati e valgono o 0 o 1.

Più generalmente si parla di forma compagna anche per la matrice che si ottiene trasponendo la (D.1) e che assume la forma

$$
\boldsymbol{A}^T = \left[ \begin{array}{c|c} \frac{\boldsymbol{0}^T}{\boldsymbol{I}} & -\boldsymbol{\alpha} \end{array} \right] = \left[ \begin{array}{ccccc|c} 0 & 0 & 0 & \cdots & 0 & -\alpha_0 \\ \hline 1 & 0 & 0 & \cdots & 0 & -\alpha_1 \\ 0 & 1 & 0 & \cdots & 0 & -\alpha_2 \\ \vdots & \vdots & \vdots & \ddots & \vdots & \vdots \\ 0 & 0 & 0 & \cdots & 0 & -\alpha_{n-2} \\ 0 & 0 & 0 & \cdots & 1 & -\alpha_{n-1} \end{array} \right]. \tag{D.2}
$$

**Esempio D.1** Le matrici

$$
\boldsymbol{A}_1 = \left[\, 3 \,\right], \; \boldsymbol{A}_2 = \begin{bmatrix} 0 & 1 \\ -1 & 4 \end{bmatrix}, \; \boldsymbol{A}_3 = \begin{bmatrix} 0 & 1 & 0 \\ 0 & 0 & 1 \\ 6 & 5 & -2 \end{bmatrix} \text{ e } \boldsymbol{A}_4 = \begin{bmatrix} 0 & 0 & 6 \\ 1 & 0 & 5 \\ 0 & 1 & -2 \end{bmatrix}
$$

sono tutte in forma compagna. ◇

### D.1.1 Polinomio caratteristico

La particolare struttura delle matrici in forma compagna consente di determinarne il polinomio caratteristico in modo diretto.

**Proposizione D.2** *Data una generica matrice* $\boldsymbol{A}$ *in forma compagna* (D.1) *o* (D.2), *il suo polinomio caratteristico vale:*

$$
\det(s\boldsymbol{I} - \boldsymbol{A}) = s^n + \alpha_{n-1}s^{n-1} + \cdots + \alpha_1 s + \alpha_0. \tag{D.3}
$$

*Dimostrazione.* Le due forme compagne (D.1) e (D.2) sono l'una la trasposta dell'altra, ed è ben noto che il polinomio caratteristico di una matrice coincide con quello della sua trasposta. Dunque è sufficiente dimostrare il risultato solo per la prima delle due forme.

Il polinomio caratteristico della matrice $\boldsymbol{A}$ in (D.1) vale

$$
\det(s\boldsymbol{I} - \boldsymbol{A}) = \begin{vmatrix} s & -1 & 0 & \cdots & 0 & 0 \\ 0 & s & -1 & \cdots & 0 & 0 \\ 0 & 0 & s & \cdots & 0 & 0 \\ \vdots & \vdots & \vdots & \ddots & \vdots & \vdots \\ 0 & 0 & 0 & \cdots & s & -1 \\ \alpha_0 & \alpha_1 & \alpha_2 & \cdots & \alpha_{n-2} & s + \alpha_{n-1} \end{vmatrix}.
$$

Sviluppando secondo i cofattori dell'ultima riga vale

$$
\det(s\boldsymbol{I} - \boldsymbol{A}) = \sum_{i=1}^{n-1} (-1)^{n+i} \alpha_{i-1} \det(\boldsymbol{Z}_{n,i}) + (s + \alpha_{n-1}) \det(\boldsymbol{Z}_{n,n})
$$

dove $\boldsymbol{Z}_{n,i}$ è la matrice che si ottiene da $\boldsymbol{Z} = s\boldsymbol{I} - \boldsymbol{A}$ rimuovendo la $n$-ma riga e la $i$-ma colonna. Vale

$$\boldsymbol{Z}_{n,i} = \left[\begin{array}{c|c} \boldsymbol{U}_i & \boldsymbol{0} \\ \hline \boldsymbol{0} & \boldsymbol{L}_i \end{array}\right] = \left[\begin{array}{ccccc|ccccc} s & -1 & \cdots & 0 & 0 & 0 & 0 & \cdots & 0 & 0 \\ 0 & s & \cdots & 0 & 0 & 0 & 0 & \cdots & 0 & 0 \\ \vdots & \vdots & \ddots & \vdots & \vdots & \vdots & \vdots & \ddots & \vdots & \vdots \\ 0 & 0 & \cdots & s & -1 & 0 & 0 & \cdots & 0 & 0 \\ 0 & 0 & \cdots & 0 & s & 0 & 0 & \cdots & 0 & 0 \\ \hline 0 & 0 & \cdots & 0 & 0 & -1 & 0 & \cdots & 0 & 0 \\ 0 & 0 & \cdots & 0 & 0 & s & -1 & \cdots & 0 & 0 \\ \vdots & \vdots & \ddots & \vdots & \vdots & \vdots & \vdots & \ddots & \vdots & \vdots \\ 0 & 0 & \cdots & 0 & 0 & 0 & 0 & \cdots & -1 & 0 \\ 0 & 0 & \cdots & 0 & 0 & 0 & 0 & \cdots & s & -1 \end{array}\right]$$

dove $\boldsymbol{U}_i$ è una matrice $(i-1) \times (i-1)$ triangolare superiore il cui determinante vale $s^{i-1}$, mentre $\boldsymbol{L}_i$ è una matrice $(n-i) \times (n-i)$ triangolare inferiore il cui determinante vale $(-1)^{n-i}$. Essendo $\boldsymbol{Z}_{n,i}$ diagonale a blocchi vale

$$\det(\boldsymbol{Z}_{n,i}) = \det(\boldsymbol{U}_i) \cdot \det(\boldsymbol{L}_i) = s^{i-1}(-1)^{n-i}$$

e dunque

$$\begin{aligned} \det(s\boldsymbol{I} - \boldsymbol{A}) &= \textstyle\sum_{i=1}^{n-1}(-1)^{n+i}\alpha_{i-1}\det(\boldsymbol{Z}_{n,i}) + (s + \alpha_{n-1})\det(\boldsymbol{Z}_{n,n}) \\ &= \textstyle\sum_{i=1}^{n-1}(-1)^{n+i}\alpha_{i-1}s^{i-1}(-1)^{n-i} + (s + \alpha_{n-1})s^{n-1} \\ &= s^n + \alpha_{n-1}s^{n-1} + \cdots + \alpha_1 s + \alpha_0. \end{aligned}$$

□

In base al precedente risultato, il polinomio caratteristico *monico* (cioè tale che il coefficiente del termine di grado più alto vale 1) di una matrice in forma compagna (D.1) è un polinomio i cui coefficienti, dal grado 0 al grado $n-1$, compaiono ordinatamente nella riga inferiore della matrice cambiati di segno.

**Esempio D.3** La matrice $\boldsymbol{A}_3$ dell'Esempio D.1 ha polinomio caratteristico

$$\det(s\boldsymbol{I} - \boldsymbol{A}) = s^3 + 2s^2 - 5s - 6 = (s+3)(s+1)(s-2)$$

e dunque autovalori $\lambda_1 = -3, \lambda_2 = -1$, $\lambda_3 = 2$. ◇

## D.2 Forme canoniche delle rappresentazioni in variabili di stato

In questa appendice si fa sempre riferimento ad un sistema SISO il cui modello in variabili di stato vale

$$\begin{cases} \dot{\boldsymbol{x}}(t) &= \boldsymbol{A}\boldsymbol{x}(t) + \boldsymbol{B}u(t) \\ y(t) &= \boldsymbol{C}\boldsymbol{x}(t) + Du(t). \end{cases} \tag{D.4}$$

### D.2.1 Forma canonica di controllo

La rappresentazione in VS in eq. (D.4) è detta in *forma canonica di controllo* se la matrice della realizzazione vale:

$$\mathcal{R} = \left[\begin{array}{c||c} \boldsymbol{A}_c & \boldsymbol{B}_c \\ \hline \hline \boldsymbol{C}_c & D_c \end{array}\right] = \left[\begin{array}{cccccc||c} 0 & 1 & 0 & \cdots & 0 & 0 & 0 \\ 0 & 0 & 1 & \cdots & 0 & 0 & 0 \\ 0 & 0 & 0 & \cdots & 0 & 0 & 0 \\ \vdots & \vdots & \vdots & \ddots & \vdots & \vdots & \vdots \\ 0 & 0 & 0 & \cdots & 0 & 1 & 0 \\ -\alpha_0 & -\alpha_1 & -\alpha_2 & \cdots & -\alpha_{n-2} & -\alpha_{n-1} & 1 \\ \hline \hline \beta_0 & \beta_1 & \beta_2 & \cdots & \beta_{n-2} & \beta_{n-1} & \beta_n \end{array}\right]. \quad \text{(D.5)}$$

Tale rappresentazione è dunque caratterizzata da una matrice di stato $\boldsymbol{A}_c$ nella forma compagna (D.1). La matrice $\boldsymbol{B}_c$ è preassegnata, mentre la matrice $\boldsymbol{C}_c$ e lo scalare $D_c$ possono assumere valori arbitrari.

#### Funzione di trasferimento

**Proposizione D.4** *La funzione di trasferimento di una rappresentazione in forma canonica di controllo* (D.5) *vale:*

$$W(s) = \frac{\beta_{n-1}s^{n-1} + \cdots + \beta_1 s + \beta_0}{s^n + \alpha_{n-1}s^{n-1} + \cdots + \alpha_1 s + \alpha_0} + \beta_n. \quad \text{(D.6)}$$

*Dimostrazione.* Detto $P(s)$ il polinomio caratteristico di $\boldsymbol{A}_c$ si dimostra preliminarmente che vale

$$(s\boldsymbol{I} - \boldsymbol{A}_c)^{-1}\boldsymbol{B}_c = \begin{bmatrix} 1 \\ s \\ \vdots \\ s^{n-2} \\ s^{n-1} \end{bmatrix} \frac{1}{P(s)}$$

o in termini del tutto equivalenti

$$(s\boldsymbol{I} - \boldsymbol{A}_c) \begin{bmatrix} 1 \\ s \\ \vdots \\ s^{n-2} \\ s^{n-1} \end{bmatrix} = P(s)\boldsymbol{B}_c.$$

Infatti tenendo conto che vale

$$(s\boldsymbol{I} - \boldsymbol{A}_c) = \begin{bmatrix} s & -1 & 0 & \cdots & 0 & 0 \\ 0 & s & -1 & \cdots & 0 & 0 \\ 0 & 0 & s & \cdots & 0 & 0 \\ \vdots & \vdots & \vdots & \ddots & \vdots & \vdots \\ 0 & 0 & 0 & \cdots & s & -1 \\ \alpha_0 & \alpha_1 & \alpha_2 & \cdots & \alpha_{n-2} & s+\alpha_{n-1} \end{bmatrix}, \tag{D.7}$$

mentre in base alla Proposizione D.2 vale $P(s) = \alpha_0 + \cdots + \alpha_{n-1}s^{n-1} + s^n$, si ha che

$$(s\boldsymbol{I} - \boldsymbol{A}_c) \begin{bmatrix} 1 \\ s \\ \vdots \\ s^{n-2} \\ s^{n-1} \end{bmatrix} = \begin{bmatrix} s - s \\ s^2 - s^2 \\ \vdots \\ s^{n-1} - s^{n-1} \\ \alpha_0 + \cdots + \alpha_{n-1}s^{n-1} + s^n \end{bmatrix} = \begin{bmatrix} 0 \\ 0 \\ \vdots \\ 0 \\ P(s) \end{bmatrix} = P(s)\boldsymbol{B}_c.$$

Vale dunque

$$W(s) = \boldsymbol{C}_c(s\boldsymbol{I} - \boldsymbol{A}_c)^{-1}\boldsymbol{B}_c + D_c = \left[\ \beta_0\ \beta_1\ \cdots\ \beta_{n-2}\ \beta_{n-1}\ \right] \begin{bmatrix} 1 \\ s \\ \vdots \\ s^{n-2} \\ s^{n-1} \end{bmatrix} \frac{1}{P(s)} + \beta_n$$

e sviluppando questa espressione si ottiene la (D.6). □

### Controllabilità

**Proposizione D.5** *Una rappresentazione in forma canonica di controllo è sempre controllabile.*

*Dimostrazione.* La matrice di controllabilità della rappresentazione (D.5) vale:

$$\mathcal{T}_c = \left[\ \boldsymbol{B}_c \mid \boldsymbol{A}_c\boldsymbol{B}_c \mid \cdots \mid \boldsymbol{A}_c^{n-1}\boldsymbol{B}_c\ \right] = \begin{bmatrix} 0 & 0 & 0 & \cdots & 0 & 1 \\ 0 & 0 & 0 & \cdots & 1 & e_1 \\ \vdots & \vdots & \vdots & \ddots & \vdots & \vdots \\ 0 & 0 & 1 & \cdots & e_{n-4} & e_{n-3} \\ 0 & 1 & e_1 & \cdots & e_{n-3} & e_{n-2} \\ 1 & e_1 & e_2 & \cdots & e_{n-2} & e_{n-1} \end{bmatrix}, \tag{D.8}$$

dove

$$e_0 = 1 \qquad \text{e} \qquad e_k = -\sum_{i=0}^{k-1} e_i\ \alpha_{n-k+i}, \quad (k = 1, \ldots, n-1).$$

Tale matrice ha sempre rango $n$ avendo determinante pari a 1 o $-1$ (secondo il valore di $n$).

□

L'inversa della matrice di controllabilità della forma canonica di controllo ha una forma molto semplice che diamo esplicitamente perché sarà usata in seguito.

$$\mathcal{T}_c^{-1} = \begin{bmatrix} \alpha_1 & \alpha_2 & \alpha_3 & \cdots & \alpha_{n-1} & 1 \\ \alpha_2 & \alpha_3 & \alpha_4 & \cdots & 1 & 0 \\ \alpha_3 & \alpha_4 & \alpha_5 & \cdots & 0 & 0 \\ \vdots & \vdots & \vdots & \ddots & \vdots & \vdots \\ \alpha_{n-1} & 1 & 0 & \cdots & 0 & 0 \\ 1 & 0 & 0 & \cdots & 0 & 0 \end{bmatrix}. \tag{D.9}$$

Infine, si osservi che una rappresentazione in forma canonica di controllo è osservabile se e solo se la sua funzione di trasferimento in forma minima ha ordine $n$, in base al Teorema 11.54.

## Passaggio alla forma canonica di controllo

La seguente proposizione afferma che una qualunque rappresentazione controllabile può essere ricondotta, tramite similitudine, alla forma canonica di controllo.

**Teorema D.6.** *Si consideri una generica rappresentazione* $\{\boldsymbol{A}, \boldsymbol{B}, \boldsymbol{C}, D\}$ *descritta dalla* (D.4) *e sia* $P(s) = s^n + \alpha_{n-1}s^{n-1} + \ldots + \alpha_1 s + \alpha_0$ *il polinomio caratteristico della matrice* $\boldsymbol{A}$. *Se tale rappresentazione è controllabile, sia*

$$\mathcal{T} = [\ \boldsymbol{B} \mid \boldsymbol{AB} \mid \cdots \mid \boldsymbol{A}^{n-1}\boldsymbol{B}\ ]$$

*la sua matrice di controllabilità e si ponga*

$$\boldsymbol{P} = \mathcal{T}\mathcal{T}_c^{-1}$$

*dove la matrice* $\mathcal{T}_c^{-1}$ *definita in eq.* (D.9) *dipende dai coefficienti* $\alpha_i$ *del polinomio caratteristico.*

*La trasformazione di similitudine* $\boldsymbol{x}(t) = \boldsymbol{P}\boldsymbol{z}(t)$ *porta ad una rappresentazione*

$$\{\boldsymbol{A}_c = \boldsymbol{P}^{-1}\boldsymbol{A}\boldsymbol{P}, \quad \boldsymbol{B}_c = \boldsymbol{P}^{-1}\boldsymbol{B}, \quad \boldsymbol{C}_c = \boldsymbol{C}\boldsymbol{P}, \quad D_c = D\}$$

*nella forma canonica di controllo.*

*Dimostrazione.* Si osservi in primo luogo che l'ipotesi di controllabilità del sistema è essenziale per poter applicare la procedura. Infatti la matrice $\boldsymbol{P}$ può essere usata come matrice di similitudine se e solo se essa è non singolare, e ciò richiede che entrambi i suoi fattori siano non singolari. Mentre la matrice $\mathcal{T}_c^{-1}$ è sempre non singolare poiché ha determinante unitario, la matrice $\mathcal{T}$ è non singolare se e solo se la rappresentazione è controllabile.

Posto

$$\boldsymbol{P} = \begin{bmatrix} \boldsymbol{p}_1 & \boldsymbol{p}_2 & \cdots & \boldsymbol{p}_n \end{bmatrix}$$

si verifica facilmente che la generica colonna $\boldsymbol{p}_i$ soddisfa

$$\begin{aligned}
\boldsymbol{p}_n &= \boldsymbol{B}, \\
\boldsymbol{p}_{n-1} &= \boldsymbol{AB} + \alpha_{n-1}\boldsymbol{B} && = \boldsymbol{Ap}_n + \alpha_{n-1}\boldsymbol{p}_n, \\
\boldsymbol{p}_{n-2} &= \boldsymbol{A}^2\boldsymbol{B} + \alpha_{n-1}\boldsymbol{AB} + \alpha_{n-2}\boldsymbol{B} && = \boldsymbol{Ap}_{n-1} + \alpha_{n-2}\boldsymbol{p}_n, \\
&\vdots \\
\boldsymbol{p}_1 &= \boldsymbol{A}^{n-1}\boldsymbol{B} + \alpha_{n-1}\boldsymbol{A}^{n-2}\boldsymbol{B} + \ldots + \alpha_1\boldsymbol{B} && = \boldsymbol{Ap}_2 + \alpha_1\boldsymbol{p}_n.
\end{aligned} \tag{D.10}$$

Si vuole dimostrare che la matrice di similitudine data porta ad una rappresentazione in cui la matrice di stato $\boldsymbol{A}_c = \boldsymbol{P}^{-1}\boldsymbol{AP}$ vale

$$\boldsymbol{A}_c = \begin{bmatrix} 0 & 1 & 0 & \ldots & 0 & 0 \\ 0 & 0 & 1 & \ldots & 0 & 0 \\ 0 & 0 & 0 & \ldots & 0 & 0 \\ \vdots & \vdots & \vdots & \ddots & \vdots & \vdots \\ 0 & 0 & 0 & \ldots & 0 & 1 \\ -\alpha_0 & -\alpha_1 & -\alpha_2 & \ldots & -\alpha_{n-2} & -\alpha_{n-1} \end{bmatrix} = \begin{bmatrix} \boldsymbol{a}_{c,1} & \boldsymbol{a}_{c,2} & \cdots & \boldsymbol{a}_{c,n} \end{bmatrix}.$$

Per far ciò si dimostra che $\boldsymbol{AP} = \boldsymbol{PA}_c$, mostrando che $\boldsymbol{Ap}_i = \boldsymbol{Pa}_{c,i}$ per $i = 1, \ldots, n$. Infatti

$$\begin{aligned}
\boldsymbol{Ap}_1 &= (\boldsymbol{A}^n + \alpha_{n-1}\boldsymbol{A}^{n-1} + \ldots + \alpha_1\boldsymbol{A} + \alpha_0\boldsymbol{I})\boldsymbol{B} - \alpha_0\boldsymbol{B} \\
&= -\alpha_0\boldsymbol{B} = -\alpha_0\boldsymbol{p}_n = \begin{bmatrix} \boldsymbol{p}_1 & \boldsymbol{p}_2 & \ldots & \boldsymbol{p}_n \end{bmatrix} \begin{bmatrix} 0 \\ 0 \\ \vdots \\ 0 \\ -\alpha_0 \end{bmatrix} = \boldsymbol{Pa}_{c,1};
\end{aligned}$$

$$\boldsymbol{Ap}_2 = \boldsymbol{p}_1 - \alpha_1\boldsymbol{p}_n = \begin{bmatrix} \boldsymbol{p}_1 & \boldsymbol{p}_2 & \ldots & \boldsymbol{p}_n \end{bmatrix} \begin{bmatrix} 1 \\ 0 \\ \vdots \\ 0 \\ -\alpha_1 \end{bmatrix} = \boldsymbol{Pa}_{c,2};$$

$$\vdots$$

$$\boldsymbol{Ap}_n = \boldsymbol{p}_{n-1} - \alpha_{n-1}\boldsymbol{p}_n = \begin{bmatrix} \boldsymbol{p}_1 & \boldsymbol{p}_2 & \ldots & \boldsymbol{p}_n \end{bmatrix} \begin{bmatrix} 0 \\ 0 \\ \vdots \\ 1 \\ -\alpha_{n-1} \end{bmatrix} = \boldsymbol{Pa}_{c,n},$$

dove nel calcolo di $\boldsymbol{Ap}_1$ si è posto $\boldsymbol{A}^n + \alpha_{n-1}\boldsymbol{A}^{n-1} + \ldots + \alpha_1\boldsymbol{A} + \alpha_0\boldsymbol{I} = \boldsymbol{0}$ in base al teorema di Cayley-Hamilton (cfr. Teorema G.1).

Resta infine da dimostrare che

$$\boldsymbol{B}_c = \boldsymbol{P}^{-1}\boldsymbol{B} = \begin{bmatrix} 0 \\ \vdots \\ 0 \\ 1 \end{bmatrix},$$

e ciò si verifica immediatamente essendo

$$\boldsymbol{P}\begin{bmatrix} 0 \\ \vdots \\ 0 \\ 1 \end{bmatrix} = \mathcal{T}\mathcal{T}_c^{-1}\begin{bmatrix} 0 \\ \vdots \\ 0 \\ 1 \end{bmatrix} = \mathcal{T}\begin{bmatrix} 1 \\ 0 \\ \vdots \\ 0 \end{bmatrix} = \boldsymbol{B}. \qquad \square$$

**Esempio D.7** Si consideri la rappresentazione $\{\boldsymbol{A}, \boldsymbol{B}, \boldsymbol{C}, D\}$ data da

$$\begin{cases} \begin{bmatrix} \dot{x}_1(t) \\ \dot{x}_2(t) \\ \dot{x}_3(t) \end{bmatrix} = \begin{bmatrix} -3 & 0 & 0 \\ 0 & -1 & 0 \\ 0 & 0 & 2 \end{bmatrix} \begin{bmatrix} x_1(t) \\ x_2(t) \\ x_3(t) \end{bmatrix} + \begin{bmatrix} 2 \\ -1 \\ 1 \end{bmatrix} u(t) \\ y(t) = \begin{bmatrix} 2 & 1 & 2 \end{bmatrix} \begin{bmatrix} x_1(t) \\ x_2(t) \\ x_3(t) \end{bmatrix} \end{cases} \tag{D.11}$$

dove la matrice $\boldsymbol{A}$ ha polinomio caratteristico

$$\det(s\boldsymbol{I} - \boldsymbol{A}) = s^3 + \alpha_2 s^2 + \alpha_1 s + \alpha_0 = s^3 + 2s^2 - 5s - 6.$$

Possiamo porre:

$$\mathcal{T} = \left[\ \boldsymbol{B} \mid \boldsymbol{AB} \mid \boldsymbol{A}^2\boldsymbol{B}\ \right] = \begin{bmatrix} 2 & -6 & 18 \\ -1 & 1 & -1 \\ 1 & 2 & 4 \end{bmatrix}$$

mentre

$$\mathcal{T}_c^{-1} =: \begin{bmatrix} \alpha_1 & \alpha_2 & 1 \\ \alpha_2 & 1 & 0 \\ 1 & 0 & 0 \end{bmatrix} = \begin{bmatrix} -5 & 2 & 1 \\ 2 & 1 & 0 \\ 1 & 0 & 0 \end{bmatrix}$$

e infine

$$\boldsymbol{P} = \mathcal{T}\mathcal{T}_c^{-1} = \begin{bmatrix} -4 & -2 & 2 \\ 6 & -1 & -1 \\ 3 & 4 & 1 \end{bmatrix}.$$

Si verifica immediatamente che la rappresentazione $\{\boldsymbol{A}_c = \boldsymbol{P}^{-1}\boldsymbol{A}\boldsymbol{P},\ \boldsymbol{B}_c = \boldsymbol{P}^{-1}\boldsymbol{B},\ \boldsymbol{C}_c = \boldsymbol{C}\boldsymbol{P},\ D_c = D\}$ vale

$$\begin{cases} \begin{bmatrix} \dot{x}_1(t) \\ \dot{x}_2(t) \\ \dot{x}_3(t) \end{bmatrix} = \begin{bmatrix} 0 & 1 & 0 \\ 0 & 0 & 1 \\ 6 & 5 & -2 \end{bmatrix} \begin{bmatrix} x_1(t) \\ x_2(t) \\ x_3(t) \end{bmatrix} + \begin{bmatrix} 0 \\ 0 \\ 1 \end{bmatrix} u(t) \\ y(t) = \begin{bmatrix} 4 & 3 & 5 \end{bmatrix} \begin{bmatrix} x_1(t) \\ x_2(t) \\ x_3(t) \end{bmatrix} \end{cases}$$

e dunque assume la forma canonica di controllo. ◇

### D.2.2 Forma canonica di osservazione

La rappresentazione in VS in eq. (D.4) è detta in *forma canonica di osservazione* se la matrice della realizzazione vale:

$$\mathcal{R} = \left[\begin{array}{c|c} \boldsymbol{A}_o & \boldsymbol{B}_o \\ \hline \boldsymbol{C}_o & D_o \end{array}\right] = \left[\begin{array}{cccccc|c} 0 & 0 & 0 & \cdots & 0 & -\alpha_0 & \beta_0 \\ 1 & 0 & 0 & \cdots & 0 & -\alpha_1 & \beta_1 \\ 0 & 1 & 0 & \cdots & 0 & -\alpha_2 & \beta_2 \\ \vdots & \vdots & \vdots & \ddots & \vdots & \vdots & \vdots \\ 0 & 0 & 0 & \cdots & 0 & -\alpha_{n-2} & \beta_{n-2} \\ 0 & 0 & 0 & \cdots & 1 & -\alpha_{n-1} & \beta_{n-1} \\ \hline 0 & 0 & 0 & \cdots & 0 & 1 & \beta_n \end{array}\right]. \tag{D.12}$$

Si noti che la forma canonica di osservazione (D.12) è la rappresentazione duale della forma canonica di controllo (D.5). Infatti vale $\boldsymbol{A}_o = \boldsymbol{A}_c^T$, $\boldsymbol{B}_o = \boldsymbol{C}_c^T$, $\boldsymbol{C}_o = \boldsymbol{B}_c^T$ e $D_o = D_c$. Ciò consentirà di semplificare notevolmente la prova delle proprietà di tale rappresentazione.

#### Funzione di trasferimento

**Proposizione D.8** *La funzione di trasferimento di una rappresentazione in forma canonica di osservazione* (D.12) *vale:*

$$W(s) = \frac{\beta_{n-1}s^{n-1} + \cdots + \beta_1 s + \beta_0}{s^n + \alpha_{n-1}s^{n-1} + \cdots + \alpha_1 s + \alpha_0} + \beta_n. \tag{D.13}$$

*Dimostrazione.* La funzione di trasferimento della (D.12) vale

$$W(s) = \boldsymbol{C}_o(s\boldsymbol{I} - \boldsymbol{A}_o)^{-1}\boldsymbol{B}_o + D_o$$

ed poiché tale espressione è uno scalare essa è uguale alla sua trasposta. Dunque

$$W(s) = \boldsymbol{B}_o^T(s\boldsymbol{I} - \boldsymbol{A}_o^T)^{-1}\boldsymbol{C}_o^T + D_o = \boldsymbol{C}_c(s\boldsymbol{I} - \boldsymbol{A}_c)^{-1}\boldsymbol{B}_c + D_c$$

e il risultato deriva dalla Proposizione D.4. □

### Osservabilità

**Proposizione D.9** *Una rappresentazione in forma canonica di osservazione è sempre osservabile.*

*Dimostrazione.* Questo risultato discende immediatamente dal fatto che la rappresentazione (D.5) è controllabile come è stato dimostrato nella Proposizione D.5. Dunque la rappresentazione (D.12) è osservabile in base al principio di dualità (cfr. Teorema 11.38). □

In particolare, in base al principio di dualità la matrice di osservabilità $\mathcal{O}_o$ della (D.12) è legata alla matrice di controllabilità $\mathcal{T}_c$ della (D.5) dalla relazione

$$\mathcal{O}_o = \mathcal{T}_c^T = \mathcal{T}_c, \tag{D.14}$$

dove l'ultima relazione deriva dal fatto che $\mathcal{T}_c$ è simmetrica. Dunque la matrice $\mathcal{O}_o$ coincide con la matrice $\mathcal{T}_c$ data in (D.8) e la sua inversa vale

$$\mathcal{O}_o^{-1} = \mathcal{T}_c^{-1} = \begin{bmatrix} \alpha_1 & \alpha_2 & \alpha_3 & \cdots & \alpha_{n-1} & 1 \\ \alpha_2 & \alpha_3 & \alpha_4 & \cdots & 1 & 0 \\ \alpha_3 & \alpha_4 & \alpha_5 & \cdots & 0 & 0 \\ \vdots & \vdots & \vdots & \ddots & \vdots & \vdots \\ \alpha_{n-1} & 1 & 0 & \cdots & 0 & 0 \\ 1 & 0 & 0 & \cdots & 0 & 0 \end{bmatrix}. \tag{D.15}$$

Infine, si osservi che una rappresentazione in forma canonica di osservazione è controllabile se e solo se la sua funzione di trasferimento in forma minima ha ordine $n$, in base al Teorema 11.54.

### Passaggio alla forma canonica di osservazione

La seguente proposizione afferma che una qualunque rappresentazione osservabile può essere ricondotta, tramite similitudine, alla forma canonica di osservazione.

**Teorema D.10.** *Si consideri una generica rappresentazione $\{\boldsymbol{A}, \boldsymbol{B}, \boldsymbol{C}, D\}$ descritta dalla* (D.4) *e sia $P(s) = s^n + \alpha_{n-1}s^{n-1} + \ldots + \alpha_1 s + \alpha_0$ il polinomio caratteristico della matrice $\boldsymbol{A}$. Se tale rappresentazione è osservabile, sia*

$$\mathcal{O} = \begin{bmatrix} \boldsymbol{C} \\ \hline \boldsymbol{CA} \\ \hline \vdots \\ \hline \boldsymbol{CA}^{n-1} \end{bmatrix}$$

*la sua matrice di osservabilità e si ponga*

$$\boldsymbol{P} = \left(\mathcal{O}_o^{-1}\mathcal{O}\right)^{-1}$$

*dove la matrice* $\mathcal{O}_o^{-1}$ *definita in eq.* (D.15) *dipende dai coefficienti* $\alpha_i$ *del polinomio caratteristico.*

*La trasformazione di similitudine* $\boldsymbol{x}(t) = \boldsymbol{P}\boldsymbol{z}(t)$ *porta ad una rappresentazione*

$$\{\boldsymbol{A}_o = \boldsymbol{P}^{-1}\boldsymbol{A}\boldsymbol{P}, \quad \boldsymbol{B}_o = \boldsymbol{P}^{-1}\boldsymbol{B}, \quad \boldsymbol{C}_o = \boldsymbol{C}\boldsymbol{P}, \quad D_o = D\}$$

*nella forma canonica di osservazione.*

*Dimostrazione.* Si consideri la rappresentazione duale della rappresentazione data che vale $\{\boldsymbol{A}^T, \boldsymbol{C}^T, \boldsymbol{B}^T, D\}$ ed è controllabile poiché la rappresentazione data è osservabile. In base al Teorema D.6, la rappresentazione duale può essere posta in forma canonica di controllo mediante la trasformazione

$$\boldsymbol{P}_d = \left[\ \boldsymbol{C}^T \mid \boldsymbol{A}\boldsymbol{C}^T \mid \cdots \mid \boldsymbol{A}^{n-1}\boldsymbol{C}^T\ \right]\mathcal{T}_c^{-1} = \mathcal{O}^T\mathcal{T}_c^{-1} = \mathcal{O}^T\mathcal{O}_o^{-1},$$

dove $\mathcal{T}_c^{-1}$ data dalla (D.9) coincide con $\mathcal{O}_o^{-1}$ data dalla (D.15).

Dunque vale

$$\boldsymbol{P}_d^{-1}\boldsymbol{A}^T\boldsymbol{P}_d = \boldsymbol{A}_o^T; \qquad \boldsymbol{P}_d^{-1}\boldsymbol{C}^T = \begin{bmatrix} 0 \\ 0 \\ \vdots \\ 1 \end{bmatrix}$$

dove $\boldsymbol{A}_o^T$ è una matrice nella forma compagna (D.1). Trasponendo le precedenti equazioni si ottiene

$$\boldsymbol{P}_d^T\boldsymbol{A}\left(\boldsymbol{P}_d^{-1}\right)^T = \boldsymbol{A}_o, \qquad \boldsymbol{C}\left(\boldsymbol{P}_d^T\right)^{-1} = \left[\ 0\ \ 0\ \ \cdots\ \ 1\ \right],$$

che tendendo conto che $\left(\boldsymbol{P}_d^{-1}\right)^T = \left(\boldsymbol{P}_d^T\right)^{-1} = \left(\mathcal{O}_o^{-1}\mathcal{O}\right)^{-1} = \boldsymbol{P}$ può venir riscritta:

$$\boldsymbol{P}^{-1}\boldsymbol{A}\boldsymbol{P} = \boldsymbol{A}_o, \qquad \boldsymbol{C}\boldsymbol{P} = \left[\ 0\ \ 0\ \ \cdots\ \ 1\ \right],$$

dove $\boldsymbol{A}_o$ è una matrice nella forma compagna (D.2). Ciò dimostra che la matrice di similitudine $\boldsymbol{P}$ trasforma la rappresentazione data in una rappresentazione in forma canonica di osservazione. □

**Esempio D.11** Si consideri la rappresentazione $\{\boldsymbol{A}, \boldsymbol{B}, \boldsymbol{C}, D\}$ data in (D.11) e già presa in esame nell'Esempio D.7.

Possiamo porre:

$$\mathcal{O} = \begin{bmatrix} \boldsymbol{C} \\ \hline \boldsymbol{C}\boldsymbol{A} \\ \hline \boldsymbol{C}\boldsymbol{A}^2 \end{bmatrix} = \begin{bmatrix} 2 & 1 & 2 \\ -6 & -1 & 4 \\ 18 & 1 & 8 \end{bmatrix}$$

mentre la matrice $\mathcal{O}_o^{-1} = \mathcal{T}_c^{-1}$ è già stata determinata nell'Esempio D.7. Infine

$$\boldsymbol{P} = \left(\mathcal{O}_o^{-1}\mathcal{O}\right)^{-1} = \frac{1}{30}\begin{bmatrix} 1.5 & -4.5 & 13.5 \\ -5 & 5 & -5 \\ 1 & 2 & 4 \end{bmatrix}.$$

Si verifica immediatamente che la rappresentazione $\{\boldsymbol{A}_o = \boldsymbol{P}^{-1}\boldsymbol{A}\boldsymbol{P},\ \boldsymbol{B}_o = \boldsymbol{P}^{-1}\boldsymbol{B},\ \boldsymbol{C}_o = \boldsymbol{C}\boldsymbol{P},\ D_o = D\}$ vale

$$\begin{cases} \begin{bmatrix} \dot{x}_1(t) \\ \dot{x}_2(t) \\ \dot{x}_3(t) \end{bmatrix} = \begin{bmatrix} 0 & 0 & 6 \\ 1 & 0 & 5 \\ 0 & 1 & -2 \end{bmatrix} \begin{bmatrix} x_1(t) \\ x_2(t) \\ x_3(t) \end{bmatrix} + \begin{bmatrix} 4 \\ 3 \\ 5 \end{bmatrix} u(t) \\ y(t) = \begin{bmatrix} 0 & 0 & 1 \end{bmatrix} \begin{bmatrix} x_1(t) \\ x_2(t) \\ x_3(t) \end{bmatrix} \end{cases}$$

e dunque assume la forma canonica di osservazione. ◇

## D.3 Autovettori di una matrice in forma compagna

Si considera ora il problema di determinare gli autovettori di una matrice in forma compagna facendo riferimento dapprima alla forma compagna (D.1). Nell'ultimo paragrafo si estendono tali risultati alla forma trasposta (D.2).

### D.3.1 Autovettori

**Proposizione D.12** *Si consideri una generica matrice* $\boldsymbol{A}$ *nella forma compagna data in eq.* (D.1) *e sia* $\lambda$ *un suo autovalore. Il seguente vettore è un autovettore associato a* $\lambda$*:*

$$\boldsymbol{v} = \begin{bmatrix} 1 \\ \lambda \\ \vdots \\ \lambda^{n-2} \\ \lambda^{n-1} \end{bmatrix}$$

*Dimostrazione.* Si verifica immediatamente per sostituzione che l'equazione $\boldsymbol{A}\boldsymbol{v} = \lambda\boldsymbol{v}$ è soddisfatta. Infatti se $\lambda$ è radice del polinomio caratteristico (D.3) vale anche

$$\det(\lambda\boldsymbol{I} - \boldsymbol{A}) = 0 \quad \Longrightarrow \quad \lambda^n = -\alpha_0 - \alpha_1\lambda - \cdots - \alpha_{n-1}\lambda^{n-1}.$$

Dunque tenendo conto della particolare forma della matrice $\boldsymbol{A}$ in eq. (D.1) vale

$$\boldsymbol{A}\boldsymbol{v} = \begin{bmatrix} \lambda \\ \lambda^2 \\ \vdots \\ \lambda^{n-1} \\ -\alpha_0 - \alpha_1\lambda - \cdots - \alpha_{n-1}\lambda^{n-1} \end{bmatrix} = \begin{bmatrix} \lambda \\ \lambda^2 \\ \vdots \\ \lambda^{n-1} \\ \lambda^n \end{bmatrix} = \lambda\boldsymbol{v}.$$

□

**Esempio D.13** La matrice $\boldsymbol{A}_3$ dell'Esempio D.1 ha, come visto nell'Esempio D.3, autovalori $\lambda_1 = -3, \lambda_2 = -1$, $\lambda_3 = 2$. A tali autovalori sono associati, rispettivamente, gli autovettori:

$$\boldsymbol{v}_1 = \begin{bmatrix} 1 \\ -3 \\ 9 \end{bmatrix}; \quad \boldsymbol{v}_2 = \begin{bmatrix} 1 \\ -1 \\ 1 \end{bmatrix}; \quad \boldsymbol{v}_3 = \begin{bmatrix} 1 \\ 2 \\ 4 \end{bmatrix}. \qquad \diamond$$

Il precedente risultato consente anche di affermare che se una matrice in forma compagna ha autovalori distinti $\lambda_1, \ldots, \lambda_n$ una sua matrice modale vale

$$\boldsymbol{V} = \begin{bmatrix} 1 & 1 & \cdots & 1 \\ \lambda_1 & \lambda_2 & \cdots & \lambda_n \\ \vdots & \vdots & \ddots & \vdots \\ \lambda_1^{n-1} & \lambda_2^{n-1} & \cdots & \lambda_n^{n-1} \end{bmatrix}.$$

Una matrice in questa forma è la trasposta di una matrice di Vandermonde (cfr. Capitolo 4, § 4.2.2).

### D.3.2 Autovettori generalizzati [*]

La seguente proposizione consente di calcolare gli autovettori generalizzati (cfr. Capitolo 4, § 4.6) di una matrice in forma compagna con autovalori di molteplicità maggiore di uno.

**Proposizione D.14** *Si consideri una generica matrice* $\boldsymbol{A}$ *nella forma compagna data in eq.* (D.1) *e sia* $\lambda$ *un suo autovalore di molteplicità* $\nu$. *A tale autovalore corrisponde la seguente catena di* $\nu$ *autovettori generalizzati:*

$$\boldsymbol{v}_1 = \begin{bmatrix} 1 \\ \lambda \\ \lambda^2 \\ \vdots \\ \lambda^{n-2} \\ \lambda^{n-1} \end{bmatrix}; \; \boldsymbol{v}_2 = \frac{d}{d\lambda}\boldsymbol{v}_1 = \begin{bmatrix} 0 \\ 1 \\ 2\lambda \\ \vdots \\ (n-2)\lambda^{n-3} \\ (n-1)\lambda^{n-2} \end{bmatrix}; \; \cdots \; ; \; \boldsymbol{v}_\nu = \frac{d^{\nu-1}}{d\lambda^{\nu-1}}\boldsymbol{v}_1.$$

*Dimostrazione.* Avendo dimostrato nella proposizione precedente che $\boldsymbol{v}_1$ è un autovettore associato a $\lambda$ è sufficiente, in base alla Proposizione 4.40, dimostrare che per $k = 2, \ldots, \nu$ vale $\boldsymbol{A}\boldsymbol{v}_k = \lambda \boldsymbol{v}_k + \boldsymbol{v}_{k-1}$.

Per prima cosa si osservi che se $\lambda$ è radice di molteplicità $\nu$ del polinomio

$$P(s) = s^n + \alpha_{n-1}s^{n-1} + \cdots + \alpha_1 s + \alpha_0,$$

allora $\lambda$ sarà anche radice dei polinomi ottenuti derivando $P(s)$ sino all'ordine $\nu - 1$. Ciò implica:

$$\begin{array}{rcll}
\frac{d}{ds}P(s)\big|_{s=\lambda} & = & n\lambda^{n-1} + (n-1)\alpha_{n-1}\lambda^{n-2} + \cdots + 2\alpha_2\lambda + \alpha_1 & = 0 \\
\frac{d^2}{ds^2}P(s)\Big|_{s=\lambda} & = & n(n-1)\lambda^{n-2} + (n-1)(n-2)\alpha_{n-1}\lambda^{n-3} + \cdots + 2\alpha_2 & = 0 \\
\vdots & & \vdots & \vdots
\end{array}$$

Si consideri il caso $k = 2$. Grazie alla prima delle precedenti equazioni vale

$$\begin{aligned}
\boldsymbol{A}\boldsymbol{v}_2 &= \begin{bmatrix} 1 \\ 2\lambda \\ 3\lambda^2 \\ \vdots \\ (n-1)\lambda^{n-2} \\ -\alpha_1 - 2\alpha_2\lambda - \cdots - (n-1)\alpha_{n-1}\lambda^{n-2} \end{bmatrix} = \begin{bmatrix} 1 \\ 2\lambda \\ 3\lambda^2 \\ \vdots \\ (n-1)\lambda^{n-2} \\ n\lambda^{n-1} \end{bmatrix} \\
&= \begin{bmatrix} 0 \\ \lambda \\ 2\lambda^2 \\ \vdots \\ (n-2)\lambda^{n-2} \\ (n-1)\lambda^{n-1} \end{bmatrix} + \begin{bmatrix} 1 \\ \lambda \\ \lambda^2 \\ \vdots \\ \lambda^{n-2} \\ \lambda^{n-1} \end{bmatrix} = \lambda\boldsymbol{v}_2 + \boldsymbol{v}_1.
\end{aligned}$$

In modo analogo si dimostrano le altre relazioni. □

**Esempio D.15** Si consideri la matrice

$$\boldsymbol{A} = \begin{bmatrix} 0 & 1 & 0 \\ 0 & 0 & 1 \\ 0 & -1 & -2 \end{bmatrix}$$

che ha polinomio caratteristico $\det(s\boldsymbol{I} - \boldsymbol{A}) = s^3 + 2s^2 + s = (s+1)^2 s$ e autovalori $\lambda_1 = -1$ di molteplicità doppia e $\lambda_2 = 0$ di molteplicità singola. Un matrice modale generalizzata per la matrice $\boldsymbol{A}$ (avente per colonne gli autovalori e gli AG) vale

$$\boldsymbol{V} = \begin{bmatrix} 1 & 0 & 1 \\ \lambda_1 & 1 & \lambda_2 \\ \lambda_1^2 & 2\lambda_1 & \lambda_2^2 \end{bmatrix} = \begin{bmatrix} 1 & 0 & 1 \\ -1 & 1 & 0 \\ 1 & -2 & 0 \end{bmatrix}.$$

Tale matrice può dunque venir posta in forma di Jordan:

$$\boldsymbol{J} = \boldsymbol{V}^{-1}\boldsymbol{A}\boldsymbol{V} = \begin{bmatrix} -1 & 1 & 0 \\ 0 & -1 & 0 \\ 0 & 0 & 0 \end{bmatrix}.$$ ◇

Si noti che ad ogni autovalore $\lambda$ di molteplicità $\nu$ di una matrice in forma compagna, corrisponde una sola catena di AG di lunghezza $\nu$. Dunque una tale matrice è sempre riconducibile ad una forma di Jordan non derogatoria (cfr. Esempio 4.37) in cui all'autovalore $\lambda$ corrisponde un unico blocco di Jordan di ordine $\nu$.

### D.3.3 Matrici in forma compagna trasposta

Per determinare una matrice modale (generalizzata) per una matrice $\boldsymbol{A}$ in forma compagna (D.2) è possibile sfruttare il seguente risultato.

**Proposizione D.16** *Data una generica matrice $\boldsymbol{A}$ in forma compagna* (D.2) *sia $\bar{\boldsymbol{A}} = \boldsymbol{A}^T$ la sua trasposta. Se $\bar{\boldsymbol{V}}$ è una matrice modale (generalizzata) di $\bar{\boldsymbol{A}}$, allora la matrice*

$$\boldsymbol{V} = \left[\bar{\boldsymbol{V}}^T\right]^{-1}$$

*è una matrice modale (generalizzata) di $\boldsymbol{A}$.*

*Dimostrazione.* Si consideri dapprima il caso in cui $\bar{\boldsymbol{A}}$ (e dunque $\boldsymbol{A}$) sia diagonalizzabile e sia $\boldsymbol{\Lambda}$ la matrice diagonale contenente i suoi autovalori. Per definizione di matrice modale vale

$$\bar{\boldsymbol{A}}\bar{\boldsymbol{V}} = \bar{\boldsymbol{V}}\boldsymbol{\Lambda}.$$

Trasponendo tale equazione si ottiene l'equazione[1]

$$\bar{\boldsymbol{V}}^T\boldsymbol{A} = \boldsymbol{\Lambda}\bar{\boldsymbol{V}}^T \tag{D.16}$$

e moltiplicando ambo i membri da sinistra e da destra per $\boldsymbol{V} = [\bar{\boldsymbol{V}}^T]^{-1}$ si ottiene

$$\boldsymbol{A}\boldsymbol{V} = \boldsymbol{V}\boldsymbol{\Lambda},$$

il che dimostra il risultato voluto.

Nel caso in cui la matrice $\bar{\boldsymbol{A}}$ sia riconducibile alla forma di Jordan $\boldsymbol{J}$ tramite la matrice modale $\bar{\boldsymbol{V}}$ vale invece $\bar{\boldsymbol{A}}\bar{\boldsymbol{V}} = \bar{\boldsymbol{V}}\boldsymbol{J}$, e, trasponendo questa equazione e moltiplicandone ambo i membri da sinistra e da destra per $\boldsymbol{V}$, si ottiene

$$\boldsymbol{A}\boldsymbol{V} = \boldsymbol{V}\boldsymbol{J}^T.$$

Si noti che la trasformazione caratterizzata dalla matrice $\boldsymbol{V}$ porta ad una forma di Jordan trasposta, cioè triangolare inferiore. □

Sulla base del precedente risultato, per determinare una matrice modale per una matrice in forma compagna trasposta (D.2) è possibile dapprima determinare la matrice modale della sua trasposta (che per quanto visto precedentemente assume la forma di una matrice di Vandermonde) per poi determinare l'inversa della sua trasposta.

---

[1] L'equazione (D.16) si interpreta dicendo che $\bar{\boldsymbol{V}}^T$ è una matrice modale sinistra per la matrice $\boldsymbol{A}$. Infatti la generica riga $\boldsymbol{v}^T$ della matrice $\bar{\boldsymbol{V}}^T$ è un autovalore sinistro della matrice $\boldsymbol{A}$, cioè soddisfa l'equazione $\boldsymbol{v}^T\boldsymbol{A} = \lambda\boldsymbol{v}^T$ per un opportuno autovalore $\lambda$.

**Esempio D.17** Si consideri la matrice

$$\boldsymbol{A} = \begin{bmatrix} 0 & 0 & 6 \\ 1 & 0 & 5 \\ 0 & 1 & -2 \end{bmatrix} \quad \text{la cui trasposta vale} \quad \bar{\boldsymbol{A}} = \begin{bmatrix} 0 & 1 & 0 \\ 0 & 0 & 1 \\ 6 & 5 & -2 \end{bmatrix}.$$

Le due matrici hanno autovalori $\lambda_1 = -3, \lambda_2 = -1$, $\lambda_3 = 2$ (cfr. Esempio D.13) e $\bar{\boldsymbol{A}}$ ha matrice modale

$$\bar{\boldsymbol{V}} = \begin{bmatrix} 1 & 1 & 1 \\ \lambda_1 & \lambda_2 & \lambda_3 \\ \lambda_1^2 & \lambda_2^2 & \lambda_3^2 \end{bmatrix} = \begin{bmatrix} 1 & 1 & 1 \\ -3 & -1 & 2 \\ 9 & 1 & 4 \end{bmatrix}.$$

Dunque $\boldsymbol{A}$ ha matrice modale

$$[\bar{\boldsymbol{V}}^T]^{-1} = \frac{1}{30} \begin{bmatrix} -6 & 30 & 6 \\ -3 & -5 & 8 \\ 3 & -5 & 2 \end{bmatrix}. \qquad \diamond$$

# Appendice E

## Lineare indipendenza di funzioni del tempo

In questa appendice vengono dapprima richiamate alcune definizioni relative alla lineare indipendenza di funzioni del tempo. In seguito, vengono forniti due teoremi utili nell'analisi della controllabilità e osservabilità.

**Definizione E.1.** *Si consideri un insieme di funzioni scalari di valore reale*

$$f_1(t),\ f_2(t),\ \ldots,\ f_n(t) : \mathbb{R} \to \mathbb{R}.$$

*Tali funzioni sono dette* linearmente dipendenti *nell'intervallo* $[t_1, t_2]$ *se e solo se esistono dei numeri reali* $\alpha_1,\ \alpha_2,\ \ldots,\ \alpha_n$*, non tutti nulli, tali che*

$$\alpha_1 f_1(t) + \alpha_2 f_2(t) + \ \ldots\ + \alpha_n f_n(t) = 0, \quad \forall\ t \in [t_1, t_2].$$

*In caso contrario, tali funzioni sono dette* linearmente indipendenti *in* $[t_1, t_2]$.

**Esempio E.2** Si considerino le due funzioni $f_1(t)$ e $f_2(t)$ definite come

$$f_1(t) = t, \qquad \text{per } t \in (-\infty, +\infty),$$

$$f_2(t) = |\,t\,| = \begin{cases} -t & \text{per } t \in (-\infty, 0] \\ t & \text{per } t \in (0, +\infty). \end{cases}$$

Queste sono linearmente dipendenti in ogni intervallo $[t_1, t_2]$ con $t_2 \leq 0$. Infatti se assumiamo $\alpha_1 = \alpha_2 \neq 0$, risulta $\alpha_1 f_1(t) + \alpha_2 f_2(t) = 0$ per ogni $t \in [t_1, t_2]$.

Sono inoltre linearmente dipendenti in ogni intervallo $[t_1, t_2]$ con $t_1 \geq 0$. Infatti se assumiamo $\alpha_1 = -\alpha_2 \neq 0$, risulta $\alpha_1 f_1(t) + \alpha_2 f_2(t) = 0$ per ogni $t \in [t_1, t_2]$.

Al contrario esse sono linearmente indipendenti in ogni intervallo $[t_1, t_2]$ con $t_1 < 0$ e $t_2 > 0$. ◇

L'esempio sopra mette chiaramente in evidenza che due o più funzioni possono essere linearmente dipendenti in un intervallo ma essere linearmente indipendenti in un intervallo più ampio. Viceversa, la lineare indipendenza in un dato intervallo implica la lineare indipendenza in ogni altro intervallo che lo contiene.

Il concetto di lineare indipendenza di funzioni scalari si estende anche al caso di funzioni vettoriali.

Giua A., Seatzu C.: Analisi dei sistemi dinamici. 2a edizione

**Definizione E.3.** *Si consideri un insieme di funzioni vettoriali* $1 \times r$ *di valore reale*

$$\boldsymbol{f}_1(t),\ \boldsymbol{f}_2(t),\ \ldots,\ \boldsymbol{f}_n(t) : \mathbb{R} \to \mathbb{R}^r.$$

*Tali funzioni sono dette* linearmente dipendenti *nell'intervallo* $[t_1, t_2]$ *se e solo se esistono dei numeri reali* $\alpha_1,\ \alpha_2,\ \ldots,\ \alpha_n$*, non tutti nulli, tali che*

$$\alpha_1 \boldsymbol{f}_1(t) + \alpha_2 \boldsymbol{f}_2(t) + \ \ldots\ + \alpha_n \boldsymbol{f}_n(t) = \mathbf{0}^T, \qquad \forall\ t \in [t_1, t_2].$$

*In caso contrario, esse sono dette* linearmente indipendenti *in* $[t_1, t_2]$.

In altre parole, le funzioni vettoriali $\boldsymbol{f}_1(t),\ \boldsymbol{f}_2(t),\ \ldots,\ \boldsymbol{f}_n(t)$ sono linearmente dipendenti in $[t_1, t_2]$ se e solo se esiste un vettore costante e non nullo

$$\boldsymbol{\alpha} = \begin{bmatrix} \alpha_1 & \alpha_2 & \ldots & \alpha_n \end{bmatrix}$$

tale che, definita

$$\boldsymbol{F}(t) = \begin{bmatrix} \boldsymbol{f}_1(t) \\ \boldsymbol{f}_2(t) \\ \vdots \\ \boldsymbol{f}_n(t) \end{bmatrix}$$

la funzione matriciale $n \times r$ avente come $i$-ma riga la funzione $\boldsymbol{f}_i(t)$, vale

$$\boldsymbol{\alpha}\boldsymbol{F}(t) = \begin{bmatrix} \alpha_1 & \alpha_2 & \ldots & \alpha_n \end{bmatrix} \begin{bmatrix} \boldsymbol{f}_1(t) \\ \boldsymbol{f}_2(t) \\ \vdots \\ \boldsymbol{f}_n(t) \end{bmatrix} = \mathbf{0}^T.$$

**Esempio E.4** Sia

$$\boldsymbol{f}_1(t) = \begin{bmatrix} t & at \end{bmatrix}, \quad \boldsymbol{f}_2(t) = \begin{bmatrix} 4t & t \end{bmatrix}$$

per $t \in (-\infty, +\infty)$, dove $a \in \mathbb{R}$. Le due funzioni sopra sono linearmente dipendenti in $(-\infty, +\infty)$ se e solo se esiste un vettore non nullo $\boldsymbol{\alpha}$ tale che

$$\begin{bmatrix} \alpha_1 & \alpha_2 \end{bmatrix} \begin{bmatrix} t & at \\ 4t & t \end{bmatrix} = \begin{bmatrix} \alpha_1 t + 4\alpha_2 t & \alpha_1 a t + \alpha_2 t \end{bmatrix} = \mathbf{0}^T.$$

Tale equazione è naturalmente verificata se e solo se $\alpha_1 t + 4\alpha_2 t = 0$ e $\alpha_1 a t + \alpha_2 t = 0$ per ogni $t \in (-\infty, +\infty)$ ossia se e solo se $\alpha_1 + 4\alpha_2 = 0$ e $\alpha_1 a + \alpha_2 = 0$, o equivalentemente se e solo se $a = 1/4$. ◇

Vediamo ora due teoremi che forniscono condizioni necessarie e sufficienti per la lineare indipendenza di funzioni vettoriali. Si noti che solo del primo verrà data dimostrazione. Il secondo teorema verrà invece dato senza dimostrazione in quanto questa va oltre le finalità della presente trattazione.

**Teorema E.5.** *Siano* $\boldsymbol{f}_i(t)$, *per* $i = 1, 2, \ldots, n$, $n$ *funzioni vettoriali continue a valore reale* $1 \times r$ *definite in* $[t_1, t_2] \subseteq (-\infty, +\infty)$. *Sia* $\boldsymbol{F}(t)$ *la matrice* $n \times r$ *avente* $\boldsymbol{f}_i(t)$ *come i-ma riga. Definiamo*

$$\boldsymbol{W}(t_1, t_2) \stackrel{\text{def}}{=} \int_{t_1}^{t_2} \boldsymbol{F}(t)\boldsymbol{F}^T(t)dt. \tag{E.1}$$

*Le funzioni* $\boldsymbol{f}_i$ *sono* linearmente indipendenti *in* $[t_1, t_2]$ *se e solo se* $\boldsymbol{W}(t_1, t_2)$ *è non singolare.*

*Dimostrazione. (Condizione necessaria)* Ragioniamo per assurdo. Assumiamo che le $n$ funzioni siano linearmente indipendenti in $[t_1, t_2]$ ma che $\boldsymbol{W}(t_1, t_2)$ sia singolare. Questo significa che esiste un vettore riga $1 \times n$ non nullo $\boldsymbol{\alpha}$ tale che $\boldsymbol{\alpha W}(t_1, t_2) = \boldsymbol{0}^T$, il che implica che $\boldsymbol{\alpha W}(t_1, t_2)\boldsymbol{\alpha}^T = 0$ o anche

$$\boldsymbol{\alpha W}(t_1, t_2)\boldsymbol{\alpha}^T = \int_{t_1}^{t_2} (\boldsymbol{\alpha F}(t))(\boldsymbol{\alpha F}(t))^T dt = 0. \tag{E.2}$$

Poiché l'integrando $(\boldsymbol{\alpha F}(t))(\boldsymbol{\alpha F}(t))^T$ è una funzione scalare non negativa per ogni $t \in [t_1, t_2]$, l'equazione (E.2) implica che $\boldsymbol{\alpha F}(t) = \boldsymbol{0}^T$ per ogni $t \in [t_1, t_2]$. Ciò contraddice l'ipotesi di indipendenza lineare delle $\boldsymbol{f}_i$ per cui se le $\boldsymbol{f}_i$ sono linearmente indipendenti in $[t_1, t_2]$ allora $\det(\boldsymbol{W}(t_1, t_2)) \neq 0$.

*(Condizione sufficiente)* Supponiamo che $\boldsymbol{W}(t_1, t_2)$ sia non singolare ma che le $\boldsymbol{f}_i$ siano linearmente dipendenti in $[t_1, t_2]$. Allora per definizione esiste un vettore riga $1 \times n$ non nullo e costante $\boldsymbol{\alpha}$ tale che $\boldsymbol{\alpha F}(t) = \boldsymbol{0}^T$ per ogni $t \in [t_1, t_2]$. Di conseguenza abbiamo

$$\boldsymbol{\alpha W}(t_1, t_2) = \int_{t_1}^{t_2} \boldsymbol{\alpha F}(t)\boldsymbol{F}^T(t)dt = \boldsymbol{0}$$

che contraddice l'ipotesi che $\boldsymbol{W}(t_1, t_2)$ sia non singolare. Perciò se $\boldsymbol{W}(t_1, t_2)$ è non singolare allora le $\boldsymbol{f}_i$ sono linearmente indipendenti in $[t_1, t_2]$. □

Introduciamo ora una particolare classe di funzioni, dette *funzioni analitiche* e presentiamo poi un teorema ad esse relativo.

**Definizione E.6.** *Sia* $D$ *un intervallo aperto nell'asse reale e sia* $f(\cdot)$ *una funzione a valori reali definita in tale intervallo.*

*Una funzione* $f(\cdot)$ *di variabile reale è detta un elemento di classe* $C^k$ *in* $D$ *se la sua* $k$*-ma derivata* $f^{(k)}(\cdot)$ *esiste ed è continua per ogni* $t$ *in* $D$. $C^\infty$ *è la classe di funzioni aventi derivate di ogni ordine.*

*Una funzione di variabile reale* $f(\cdot)$ *è detta* analitica *in* $D$ *se essa è un elemento di* $C^\infty$ *e se per ogni* $t_0 \in D$ *esiste un numero reale positivo* $\varepsilon_0$ *tale che, per ogni* $t \in (t_0 - \varepsilon_0, t_0 + \varepsilon_0)$, $f(t)$ *è rappresentabile in serie di Taylor intorno al punto* $t_0$, *ossia*

$$f(t) = \sum_{k=0}^{\infty} \frac{(t - t_0)^k}{k!} f^{(k)}(t_0).$$

**Teorema E.7.** *Assumiamo che* $\forall\ i = 1, \ldots, n$, $\boldsymbol{f}_i = \boldsymbol{f}_i(t)$ *sia una funzione analitica* $1 \times r$ *in* $[t_1, t_2] \subseteq (-\infty, +\infty)$. *Sia* $\boldsymbol{F} = \boldsymbol{F}(t)$ *la matrice* $n \times r$ *avente* $\boldsymbol{f}_i$ *come i-ma riga. Sia* $\boldsymbol{F}^{(k)}(t)$ *la k-ma derivata di* $\boldsymbol{F}(t)$. *Le* $\boldsymbol{f}_i$, $i = 1, \ldots, n$, *sono linearmente indipendenti in* $[t_1, t_2]$ *se e solo se*

$$\text{rango}\left(\left[\ \boldsymbol{F}(t) \mid \boldsymbol{F}^{(1)}(t) \mid \ldots \mid \boldsymbol{F}^{(n-1)}(t) \mid \ldots\ \right]\right) = n \tag{E.3}$$

*per ogni* $t \in [t_1, t_2]$.

# Appendice F

# Serie e integrale di Fourier

L'analisi armonica di un segnale periodico, consiste nel suo sviluppo in una somma infinita di segnali elementari di forma sinusoidale, detta *serie di Fourier*. Il vantaggio di tale scomposizione nello studio dei sistemi lineari è immediato: poiché la risposta del sistema ad ogni singolo segnale elementare può essere determinata facilmente, la risposta totale si determina sommando le singole risposte. Infine, questa analisi può generalizzarsi ad una classe più ampia di segnali, non necessariamente periodici: in tal caso, il segnale viene descritto mediante l'*integrale di Fourier*. Tutti i risultati presentati in questa appendice sono dati senza dimostrazione.

## F.1 Serie di Fourier

### F.1.1 Forma esponenziale

Si consideri un segnale $f(t) : \mathbb{R} \rightarrow \mathbb{C}$ definito per tutti i valori di $t \in \mathbb{R}$ e continuo a tratti[1]. Si supponga che tale funzione sia periodica di periodo $T$, ossia che valga

$$f(t+T) = f(t) \qquad \text{per ogni } t \in \mathbb{R},$$

e definiamo pulsazione di tale segnale la grandezza

$$\Omega = \frac{2\pi}{T}.$$

Sotto tali ipotesi è possible scomporre il segnale dato nella seguente *serie di Fourier in forma esponenziale*:

$$f(t) = \sum_{k=-\infty}^{+\infty} F_k e^{jk\Omega t} \tag{F.1}$$

[1]Tale condizione è sufficiente ma non strettamente necessaria per la scomposizione in serie di Fourier. Essa può venir sostituita da condizioni di regolarità più generali.

dove i coefficienti dello sviluppo valgono[2], per $k \in \mathbb{Z} = \{\dots, -2, -1, 0, 1, 2, \dots\}$,

$$F_k = \frac{1}{T} \int_{-\frac{T}{2}}^{\frac{T}{2}} f(t) e^{-jk\Omega t} dt. \tag{F.2}$$

I *coefficienti di Fourier* dati dalla (F.2) sono scalari complessi; l'insieme di tali coefficienti è detto *spettro* della funzione. In effetti occorre precisare che la relazione (F.1) è verificata in tutti i punti in cui il segnale è continuo è derivabile. Nei punti di discontinuità la serie converge al valore medio fra limite destro e sinistro del segnale.

La serie di Fourier (F.1) ha la seguente interpretazione: le funzioni $e^{jk\Omega t}$ (per $k \in \mathbb{Z}$) costituiscono una base di dimensione infinita per le funzioni di periodo $\Omega$. Ogni funzione periodica può dunque essere sempre rappresentata attraverso una combinazione lineare di tali funzioni di base con opportuni coefficienti dati dalla (F.2).

**Esempio F.1** Si consideri la funzione complessa di periodo $T = 2$ definita per $t \in [-T/2, T/2)$ da

$$f(t) = \begin{cases} -\dfrac{j}{2} & \text{se } t \in [-1, 0) \\ j & \text{se } t \in [0, 1). \end{cases}$$

Tale funzione ha pulsazione $\Omega = 2\pi/T = \pi$. I suoi coefficienti di Fourier valgono

$$\begin{aligned} F_0 &= \tfrac{1}{2}\left(-\int_{-1}^{0} \tfrac{j}{2} dt + \int_0^1 j\right) = j0.25; \\ F_k &= \tfrac{1}{2}\left(\int_{-1}^{0} \tfrac{-j}{2} e^{-jk\Omega t} dt + \int_0^1 j e^{-jk\Omega t} dt\right) = \tfrac{j}{4}\left[\tfrac{-e^{-jk\Omega t}}{jk\Omega}\right]_{-1}^{0} + \tfrac{j}{2}\left[\tfrac{e^{-jk\Omega t}}{jk\Omega}\right]_0^1 \\ &= \tfrac{1}{4k\pi}\left(2 - 3e^{-jk\pi} + e^{-j2k\pi}\right) \end{aligned}$$

per $k \neq 0$.

Lo spettro di ampiezza e di fase di tale funzione, ossia i moduli e le fasi dei suoi coefficienti di Fourier, sono rappresentati in Fig. F.1 per valori di $k$ tra $-4$ e $+4$. ◇

### F.1.2 Forma trigonometrica

Qualora il segnale $f(t)$ sia una funzione reale lo sviluppo precedente si può ricondurre ad una forma più intuitiva. Si osservi, per prima cosa, che in tal caso i coefficienti di Fourier associati agli interi $-k$ e $k$ sono complessi e coniugati, ossia

$$F_{-k} = \mathrm{con}(F_k) = \mathrm{Re}(F_k) - j\,\mathrm{Im}(F_k).$$

[2]Si noti che benché nella eq. (F.2) siano stati scelti quali estremi integrazione $-T/2$ e $T/2$, è possible calcolare i coefficienti di Fourier integrando in un qualunque periodo $[t, t+T]$.

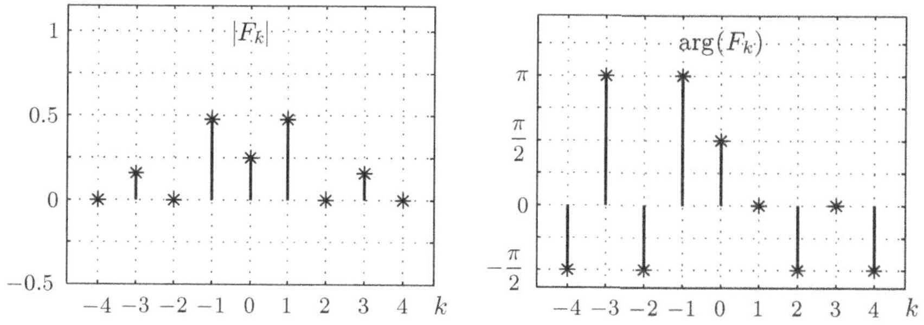


**Fig. F.1.** Spettro delle ampiezze e delle fasi della funzione in Esempio F.1

In tal caso è sufficiente calcolare i coefficienti solo per valori di $k \in \mathbb{N}$ ed è possibile riscrivere la serie (F.1) come segue:

$$\begin{aligned} f(t) &= F_0 + \sum_{k=1}^{+\infty} \left(F_k e^{jk\Omega t} + F_{-k} e^{-jk\Omega t}\right) \\ &= F_0 + \sum_{k=1}^{+\infty} (F_k[\cos(k\Omega t) + j\sin(k\Omega t)] \\ &\qquad + \text{con}(F_k)[\cos(k\Omega t) - j\sin(k\Omega t)]) \\ &= F_0 + 2\sum_{k=1}^{+\infty} (\text{Re}(F_k)\cos(k\Omega t) - \text{Im}(F_k)\sin(k\Omega t))\,. \end{aligned}$$

Ciò equivale a dire che un segnale periodico reale può essere scomposto in una *serie di Fourier in forma trigonometrica*:

$$f(t) = a_0 + \sum_{k=1}^{+\infty} (a_k \cos(k\Omega t) + b_k \sin(k\Omega t)) \tag{F.3}$$

dove i coefficienti dello sviluppo valgono

$$\begin{aligned} a_0 &= \frac{1}{T}\int_{-\frac{T}{2}}^{\frac{T}{2}} f(t)\; dt, \\ a_k &= \frac{2}{T}\int_{-\frac{T}{2}}^{\frac{T}{2}} f(t)\; \cos(k\Omega t)\; dt \qquad \text{per } k \in \mathbb{N}^+, \\ b_k &= \frac{2}{T}\int_{-\frac{T}{2}}^{\frac{T}{2}} f(t)\; \sin(k\Omega t)\; dt \qquad \text{per } k \in \mathbb{N}^+. \end{aligned} \tag{F.4}$$

Tali coefficienti sono reali e sono legati ai coefficienti dello sviluppo in forma esponenziale dalle semplici relazioni :

$$a_0 = F_0; \qquad a_k = 2\;\text{Re}(F_k) \quad \text{e} \quad b_k = -2\;\text{Im}(F_k), \qquad \text{per } k \in \mathbb{N}^+.$$

Si osservi che $a_0$ può pensarsi come il coefficiente associato alla funzione $\cos(0\Omega t) = 1$ che rappresenta la funzione costante che vale 1 su tutto l'asse reale: esso rappresenta il valore medio assunto dal segnale. La serie di Fourier (F.3) ha la seguente interpretazione: la funzione costante e le funzioni $\cos(k\Omega t)$ e $\sin(k\Omega t)$ costituiscono una base di dimensione infinita per le funzioni reali di periodo $\Omega$. La componente di pulsazione $\Omega$ è detta *armonica fondamentale* del segnale, mentre una componente la cui pulsazione vale $k\Omega$ è detta *k-ma armonica.*

Si dimostrano facilmente le seguenti proprietà.

- Se $f(t)$ è una funzione pari, cioè se $f(-t) = f(t)$ per ogni valore di $t \in \mathbb{R}$, allora i coefficienti $F_k$ dello sviluppo esponenziale sono numeri reali; ciò implica che nello sviluppo trigonometrico i coefficienti $b_k$ sono nulli.
- Viceversa, se $f(t)$ è una funzione dispari, cioè se $f(-t) = -f(t)$ per ogni valore di $t \in \mathbb{R}$, allora il coefficiente $F_0$ è nullo e i restanti coefficienti $F_k$ sono numeri immaginari; ciò implica che nello sviluppo trigonometrico i coefficienti $a_k$ per $k \in \mathbb{N}$ sono nulli.

Infine, uno sviluppo del tutto equivalente a quello dato in eq. (F.3) è il seguente

$$f(t) = c_0 + \sum_{k=1}^{+\infty} c_k \cos(k\Omega t + \phi_k) \tag{F.5}$$

dove i coefficienti dello sviluppo valgono, per $k \in \mathbb{N}^+$,

$$c_0 = a_0; \qquad c_k = \sqrt{a_k^2 + b_k^2} = 2\,|F_k|; \qquad \phi_k = \arctan \frac{-b_k}{a_k} = \arg F_k.$$

**Esempio F.2** Si consideri il segnale a forma di onda quadra, di periodo $T$ e parametro $0 < \tau \leq T/2$, definito da

$$f(t) = \begin{cases} 0 & \text{se } t \in [-T/2, -\tau) \\ A & \text{se } t \in [-\tau, \tau) \\ 0 & \text{se } t \in [\tau, T/2) \end{cases}$$

mostrato in Fig. F.2. Ricordando che in base alla (F.2) vale

$$F_k = \frac{1}{T} \int_{-\frac{T}{2}}^{\frac{T}{2}} f(t) e^{-jk\Omega t} dt = \frac{A}{T} \int_{-\tau}^{\tau} e^{-jk\Omega t} dt$$

suoi coefficienti di Fourier dello sviluppo esponenziale valgono

$$\begin{aligned} F_0 &= \frac{A}{T} \int_{-\tau}^{\tau} dt = \frac{2\tau}{T} A \\ F_k &= \frac{A}{T} \left[ \frac{e^{-jk\Omega t}}{-jk\Omega} \right]_{-\tau}^{\tau} = \frac{A}{k\pi} \sin(k\Omega\tau) \qquad \text{per } k \in \mathbb{N}^+. \end{aligned}$$

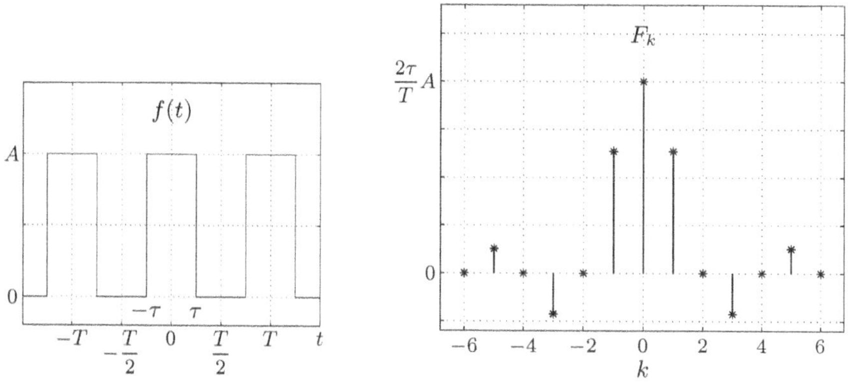


**Fig. F.2.** Onda quadra studiata nell'Esempio F.2 e suo spettro

Come atteso, essendo tale funzione pari tutti i coefficienti dello sviluppo esponenziale sono reali. In tal caso i coefficienti dello sviluppo trigonometrico valgono

$$a_0 = F_0; \qquad a_k = 2F_k, \quad e \quad b_k = 0, \qquad \text{per } k \in \mathbb{N}^+.$$

Lo spettro di tale funzione è rappresentato in Fig. F.2. Poiché i coefficienti di Fourier in questo caso particolare sono tutti reali, non è necessario rappresentare separatamente lo spettro delle ampiezze e delle fasi.

Si noti, infine, che poiché il segnale dato è reale vale $F_{-k} = F_k$: lo spettro è dunque simmetrico rispetto all'asse delle ascisse. ◇

## F.2 Integrale e trasformata di Fourier

### F.2.1 Forma esponenziale

La procedura precedentemente descritta per la scomposizione di un segnale in serie di Fourier può essere applicata solo a segnali periodici. Si consideri tuttavia un segnale $f(t) : \mathbb{R} \to \mathbb{C}$ non periodico ma che soddisfa la condizione di assoluta sommabilità

$$\int_{-\infty}^{\infty} |f(t)| \, dt \leq M < +\infty.$$

Esso può venir considerato come il caso limite di un segnale periodico in cui il periodo $T$ tende a $+\infty$ e la pulsazione fondamentale $\Omega$ tende a 0.

In tal caso posto $\omega = k\Omega$, e detto

$$\Delta\omega = (k+1)\Omega - k\Omega = \Omega$$

l'incremento fra due pulsazioni successive, è possibile riscrivere l'integrale (F.1) come segue

$$f(t) = \sum_{k=-\infty}^{+\infty} F_k e^{jk\Omega t} = \frac{1}{T} \sum_{\omega=-\infty}^{+\infty} F(\omega) e^{j\omega t} = \frac{1}{2\pi} \sum_{\omega=-\infty}^{+\infty} F(\omega) e^{j\omega t} \Delta\omega$$

dove oltre alla sostituzione $k\Omega = \omega$ si è anche posto

$$\frac{1}{T} = \frac{\Omega}{2\pi} = \frac{\Delta\omega}{2\pi}$$

e

$$F(\omega) = F(k\Omega) = TF_k = \int_{-\frac{T}{2}}^{\frac{T}{2}} f(t) e^{-j\omega t} dt.$$

Considerando il limite per $T \to +\infty$, la variabile $\omega$ diventa continua, e il suo incremento diventa un infinitesimo $\Delta\omega \to d\omega$. Dalle precedenti espressioni si ottiene la scomposizione del segnale in un *integrale di Fourier in forma esponenziale*:

$$f(t) = \frac{1}{2\pi} \int_{-\infty}^{+\infty} F(\omega) e^{j\omega t}\, d\omega \tag{F.6}$$

dove la funzione continua,

$$F(\omega) = \int_{-\infty}^{\infty} f(t) e^{-j\omega t} dt \tag{F.7}$$

è detta *trasformata di Fourier* del segnale dato.

L'eq. (F.6) ha la seguente interpretazione: una funzione non periodica può essere scomposta in una combinazione lineare di un insieme infinito e continuo di funzioni di base $e^{j\omega t}$ per $\omega \in \mathbb{R}$. I coefficienti di tale combinazione sono dati dalla funzione continua $F(\omega)$ che viene anche detta *spettro* della funzione $f(t)$ in analogia con quanto visto per le funzioni periodiche.

**Esempio F.3** Si consideri un impulso finito definito da

$$f(t) = \begin{cases} A & \text{se } t \in [-\tau, \tau) \\ 0 & \text{altrimenti} \end{cases}$$

mostrato in Fig. F.3. Tale segnale è assolutamente sommabile (l'area sotto la funzione è finita). La sua trasformata vale

$$F(0) = \int_{-\infty}^{\infty} f(t) dt = A \int_{-\tau}^{\tau} dt = 2\tau A,$$

e per $\omega \neq 0$

$$F(\omega) = \int_{-\infty}^{\infty} f(t) e^{-j\omega t} dt = A \int_{-\tau}^{\tau} e^{-j\omega t} dt = A \left[ \frac{e^{-j\omega t}}{-j\omega} \right]_{-\tau}^{\tau} = \frac{2A}{\omega} \sin(\omega\tau);$$

tale funzione è rappresentata in Fig. F.2. Poiché in questo caso lo spettro è reale, non occorre rappresentare separatamente lo spettro delle ampiezze e delle fasi, come sarebbe necessario nel caso più generale. ◇

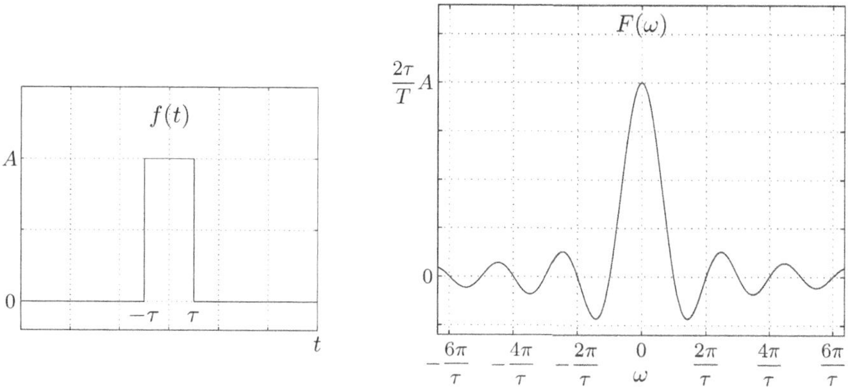


**Fig. F.3.** Impulso finito studiato nell'Esempio F.3 e suo spettro

### F.2.2 Forma trigonometrica

Qualora il segnale $f(t)$ sia una funzione reale l'integrale di Fourier si può ricondurre ad una forma più intuitiva. Si osservi, per prima cosa, che in tal caso la funzione $F(\omega)$ gode della seguente proprietà

$$F(-\omega) = \mathrm{con}(F(\omega)) = \mathrm{Re}(F(\omega)) - j\ \mathrm{Im}(F(\omega)),$$

ossia assume valori complessi coniugati per $\omega$ e $-\omega$.

In tal caso, l'integrale (F.6) può riscriversi

$$\begin{aligned} f(t) &= \frac{1}{\pi}\int_0^{+\infty} \left(F(\omega)e^{j\omega t} + F(-\omega)\right) e^{-j\omega t} d\omega \\ &= \frac{1}{\pi}\int_0^{+\infty} (F(\omega)[\cos(\omega t) + j\sin(\omega t)] \\ &\qquad + \mathrm{con}(F(\omega))[\cos(\omega t) - j\sin(\omega t)])\, d\omega \\ &= \frac{1}{\pi}\int_0^{+\infty} (2\mathrm{Re}(F(\omega))(\cos(\omega t) - 2\mathrm{Im}(F(\omega))\sin(\omega t)))\, d\omega \end{aligned}$$

che fornisce, in modo analogo a quanto visto per la serie di Fourier, un *integrale di Fourier in forma trigonometrica*

$$f(t) = \frac{1}{\pi}\int_0^{+\infty} (a(\omega)\cos(\omega t) + b(\omega)\sin(\omega t))\ d\omega \tag{F.8}$$

dove i coefficienti dello sviluppo sono le funzioni continue reali

$$\begin{aligned} a(\omega) &= 2\int_{-\infty}^{\infty} f(t)\ \cos(\omega t)\ dt, \\ b(\omega) &= 2\int_{-\infty}^{\infty} f(t)\ \sin(\omega t)\ dt, \end{aligned} \tag{F.9}$$

legate alla trasformata di Fourier dalle semplici relazioni:

$$a(\omega) = 2\ \mathrm{Re}(F(\omega)) \quad \text{e} \quad b(\omega) = -2\ \mathrm{Im}(F(\omega)).$$

Infine, uno sviluppo del tutto equivalente a quello dato in eq. (F.8) è il seguente

$$f(t) = \frac{1}{\pi}\int_0^{+\infty} c(\omega)\cos(\omega t + \phi\omega)\ d\omega \tag{F.10}$$

dove

$$c(\omega) = \sqrt{a^2(\omega) + b^2(\omega)} = 2\ |F(\omega)|; \qquad \phi(\omega) = \arctan\frac{-b(\omega)}{a(\omega)} = \arg F(\omega).$$

**Esempio F.4** L'integrale di Fourier della funzione studiata nell'Esempio F.3 in forma trigonometrica ha coefficienti:

$$a(\omega) = \frac{4A}{\omega}\sin(\omega\tau) \qquad \text{e} \qquad b(\omega) = 0,$$

ovvero

$$c(\omega) = \frac{4A}{\omega}\sin(\omega\tau), \qquad \text{e} \qquad \phi(\omega) = 0.$$

La funzione $b(\omega)$ è identicamente nulla perché il segnale $f(t)$ è una funzione pari. ◇

## F.3 Relazione tra trasformata di Fourier e di Laplace

Nella precedente sezione si è preferito introdurre la trasformata di Fourier come caso limite della serie di Fourier. Ciò al fine di rendere chiara l'interpretazione della trasformata come componente armonica del segnale relativa ad una data frequenza $\omega$.

Si sarebbe potuto definire la trasformata direttamente mediante l'eq. (F.7) in maniera analoga a quanto fatto nel Capitolo 6 dove è stata definito la trasformata di Laplace[3]

$$\hat{F}(s) = \int_0^{+\infty} f(t)e^{-st}\ dt. \tag{F.11}$$

In tal caso, l'integrale (F.6) assume il significato di antitrasformata di Fourier, ovvero consente di determinare un segnale $f(t)$ di cui è noto lo spettro $F(\omega)$.

Confrontando i due diversi operatori di trasformazione secondo Laplace e secondo Fourier definiti, rispettivamente, dalla eq. (F.11) e dalla eq. (F.7), si rimarcano le seguenti differenze.

---

[3] In questo paragrafo si denota la trasformata di Laplace $\hat{F}(s)$ per distinguerla dalla trasformata di Fourier.

- Il nucleo della trasformata di Laplace vale $e^{-st}$ con $s \in \mathbb{C}$, mentre quello della trasformata di Fourier vale $e^{-j\omega t}$ con $\omega \in \mathbb{R}$. Dunque $\hat{F}(s) : \mathbb{C} \to \mathbb{C}$ è una funzione complessa della variabile complessa $s$, mentre $F(\omega) : \mathbb{R} \to \mathbb{C}$ è una funzione complessa della variabile reale $\omega$.
- La trasformata di Fourier richiede che la funzione da trasformare sia assolutamente sommabile. Tale restrizione non è necessaria per la trasformata di Laplace, che esiste purché l'integrale (F.11) converga in un sottoinsieme del piano complesso detto regione di convergenza (il che si verifica per la maggior parte dei segnali di interesse).
- La trasformata di Laplace richiede che la funzione da trasformare sia nulla per $t < 0$. Tale restrizione non è necessaria per la trasformata di Fourier.

Si consideri ora un segnale $f(t)$ trasformabile secondo Laplace. Due sono i casi di interesse.

*Caso A*: Il segnale è assolutamente sommabile. In tal caso è possibile calcolare anche la trasformata di Fourier del segnale e vale $F(\omega) = \hat{F}(j\omega)$, cioè la trasformata di Fourier coincide con la restrizione della trasformata di Laplace al solo asse immaginario $s \in (-j\infty, j\infty)$. Si noti che se il segnale è assolutamente sommabile, l'asse immaginario appartiene alla regione di convergenza della trasformata di Laplace.

**Esempio F.5** Si consideri un impulso finito definito da

$$f(t) = \begin{cases} A & \text{se } t \in [0, \tau) \\ 0 & \text{altrimenti.} \end{cases}$$

Tale segnale è assolutamente sommabile e la sua trasformata di Fourier vale

$$F(0) = \int_{-\infty}^{\infty} f(t)dt = A\tau$$

e per $\omega \neq 0$

$$F(\omega) = \int_{-\infty}^{\infty} f(t)e^{-j\omega t}dt = A\int_{0}^{\tau} e^{-j\omega t}dt = A\left[\frac{e^{-j\omega t}}{-j\omega}\right]_{0}^{\tau} = \frac{A}{j\omega}\left(1 - e^{-j\omega\tau}\right).$$

D'altro canto, tale segnale può pensarsi come la somma di un gradino di ampiezza $A$ e di un gradino di ampiezza $-A$ traslato verso destra di $\tau$, ossia

$$f(t) = A\delta_{-1}(t) - A\delta_{-1}(t - \tau),$$

e la sua trasformata di Laplace vale

$$\hat{F}(s) = \frac{A}{s} - \frac{A}{s}e^{-s\tau} = \frac{A}{s}\left(1 - e^{-s\tau}\right).$$

Confrontando le due trasformate, si verifica come atteso che $F(\omega) = \hat{F}(j\omega)$. ◇

*Caso B*: Il segnale non è assolutamente sommabile. In tal caso $f(t)$ non è trasformabile secondo Fourier e l'asse immaginario non appartiene alla regione di convergenza della trasformata di Laplace. È sempre possibile valutare la funzione $\hat{F}(j\omega)$, cioè l'estensione analitica della trasformata di Laplace lungo l'asse immaginario, escludendo al più gli eventuali poli a parte reale nulla della $\hat{F}(s)$. Tuttavia tale funzione non ha il significato di spettro della segnale $f(t)$.

**Esempio F.6** Si consideri il segnale $f(t) = \delta_{-1}(t)$ che coincide con il gradino unitario. Tale segnale, non essendo assolutamente sommabile, non è trasformabile secondo Fourier. Infatti, applicando la (F.7) si ottiene

$$F(\omega) = \lim_{\tau\to\infty} \int_0^\tau e^{-j\omega t} dt = \lim_{\tau\to\infty} \left[ \frac{e^{-j\omega t}}{-j\omega} \right]_0^{tau} = \frac{1}{j\omega} - \lim_{\tau\to\infty} \frac{e^{-j\omega\tau}}{j\omega}$$

e tale limite non esiste. D'altro canto, il segnale ha trasformata di Laplace

$$\hat{F}(s) = \frac{1}{s} \qquad \text{e vale} \qquad \hat{F}(j\omega) = \frac{1}{j\omega}.$$

La funzione $\hat{F}(j\omega)$ è definita per ogni valore di $\omega \in \mathbb{R} \setminus \{0\}$ ma non rappresenta lo spettro del segnale. ◇

# Appendice G

# Teorema di Cayley-Hamilton e calcolo di funzioni matriciali

## G.1 Teorema di Cayley-Hamilton

Il seguente importante risultato, che prende il nome di teorema di Cayley-Hamilton[1], definisce il concetto di funzione polinomiale di una matrice quadrata e afferma che una matrice è radice del proprio polinomio caratteristico.

**Teorema G.1.** *Data una matrice quadrata* $\boldsymbol{A}$ *di ordine* $n$*, sia*

$$P(s) = s^n + a_{n-1}s^{n-1} + \cdots + a_1 s + a_0$$

*il suo polinomio caratteristico. La matrice* $\boldsymbol{A}$ *è* radice del suo stesso polinomio caratteristico, *ovvero soddisfa l'equazione*

$$P(\boldsymbol{A}) \stackrel{\text{def}}{=} \boldsymbol{A}^n + a_{n-1}\boldsymbol{A}^{n-1} + \cdots + \boldsymbol{A}_1 s + a_0 \boldsymbol{I} = \boldsymbol{0},$$

*dove* $\boldsymbol{0}$ *è una matrice quadrata di ordine* $n$ *i cui elementi valgono tutti zero.*

*Dimostrazione.* Per semplicità si dimostrerà il teorema solo nell'ipotesi che la matrice $\boldsymbol{A}$ abbia autovalori distinti $\lambda_1, \ldots, \lambda_n$: in tal caso è sempre possibile associare ad essi $n$ autovettori $\boldsymbol{v}_1, \ldots, \boldsymbol{v}_n$ linearmente indipendenti (cfr. Appendice C, Teorema C.64). Nel caso in cui la matrice ha autovalori con molteplicità maggiore di uno, vale un risultato ancora più forte, come si dimostra nel Teorema G.3.

Ricordiamo che il polinomio caratteristico di $\boldsymbol{A}$ ha per radici gli autovalori e dunque può anche essere scritto nella forma

$$P(s) = \prod_{i=1}^{n} (s - \lambda_i).$$

Sostituendo la matrice $\boldsymbol{A}$ si ottiene il polinomio matriciale

$$P(\boldsymbol{A}) = \prod_{i=1}^{n} (\boldsymbol{A} - \lambda_i \boldsymbol{I})$$

[1] Arthur Cayley (1821-1895, Inghilterra), William Rowan Hamilton (1805-1865, Irlanda).

Giua A., Seatzu C.: Analisi dei sistemi dinamici. 2a edizione

dove è importante osservare che i vari fattori commutano fra loro.

Consideriamo ora il prodotto della matrice $P(\boldsymbol{A})$ per un generico autovettore $\boldsymbol{v}_j$. Ricordando la relazione (C.7), che deve essere soddisfatta da ogni autovalore e corrispondente autovettore e afferma che $(\boldsymbol{A} - \lambda_j \boldsymbol{I})\boldsymbol{v}_j = \boldsymbol{0}$, vale

$$P(\boldsymbol{A})\boldsymbol{v}_j = \prod_{i=1}^{n} (\boldsymbol{A} - \lambda_i \boldsymbol{I})\, \boldsymbol{v}_j = \left( \prod_{i=1, i\neq j}^{n} (\boldsymbol{A} - \lambda_i \boldsymbol{I}) \right) (\boldsymbol{A} - \lambda_j \boldsymbol{I})\boldsymbol{v}_j = \boldsymbol{0}.$$

Poiché il prodotto $P(\boldsymbol{A})\boldsymbol{v}_j$ si annulla per ogni $j = 1, \ldots, n$, e gli $n$ vettori $\boldsymbol{v}_j$ costituiscono una base di $\mathbb{R}^n$ possiamo affermare che la matrice $P(\boldsymbol{A})$ è identicamente nulla. □

**Esempio G.2** La matrice del secondo ordine $\boldsymbol{A} = \begin{bmatrix} 2 & 1 \\ 1 & 1 \end{bmatrix}$ ha polinomio caratteristico $P(s) = s^2 - 3s + 1$. Poiché $\boldsymbol{A}^2 = \begin{bmatrix} 5 & 3 \\ 3 & 2 \end{bmatrix}$ si verifica che vale

$$P(\boldsymbol{A}) = \boldsymbol{A}^2 - 3\boldsymbol{A} + \boldsymbol{I} = \begin{bmatrix} 5 & 3 \\ 3 & 2 \end{bmatrix} + \begin{bmatrix} -6 & -3 \\ -3 & -3 \end{bmatrix} + \begin{bmatrix} 1 & 0 \\ 0 & 1 \end{bmatrix} = \begin{bmatrix} 0 & 0 \\ 0 & 0 \end{bmatrix}. \qquad \diamond$$

## G.2 Teorema di Cayley-Hamilton e polinomio minimo

Nel caso di matrici con autovalori con molteplicità non unitaria, nel Capitolo 4 (cfr. § 4.7.1) si è introdotto il concetto di polinomio minimo $P_{\min}(s)$ che è in genere un fattore del polinomio caratteristico. Il teorema di Cayley-Hamilton nella sua versione più forte può essere enunciato per il polinomio minimo.

**Teorema G.3.** *Data una matrice quadrata* $\boldsymbol{A}$ *di ordine* $n$*, sia*

$$P_{\min}(s) = \prod_{i=1}^{r} (s - \lambda_i)^{\pi_i}$$

*il suo polinomio minimo in cui* $\pi_i$ *denota l'indice dell'autovalore* $\lambda_i$ *. La matrice* $\boldsymbol{A}$ *soddisfa l'equazione*

$$P_{\min}(\boldsymbol{A}) = \boldsymbol{0}.$$

*Dimostrazione.* Nel Capitolo 4 (cfr. § 4.6) si è visto che data una matrice quadrata è sempre possibile determinare una base costituita da $n$ autovettori generalizzati linearmente indipendenti. In particolare, se $\lambda_i$ è un autovettore di molteplicità $\nu_i$ a tale base apparterranno $\nu_i$ autovettori generalizzati $\boldsymbol{v}_{i,k}$ (per $k = 1, \ldots, \nu$). Tali autovettori si costruiscono in catene e, se l'autovalore $\lambda_i$ ha indice $\pi_i$, ogni catena ha lunghezza minore o uguale a $\pi_i$: ciò implica che ciascuno dei vettori $\boldsymbol{v}_{i,k}$ è un autovettore generalizzato di ordine minore o uguale a $\pi_i$ e dunque soddisfa l'equazione

$$(\boldsymbol{A} - \lambda_i \boldsymbol{I})^{\pi_i} \boldsymbol{v}_{i,k} = \boldsymbol{0}$$

in base alla Definizione 4.38.

Si consideri ora il prodotto della matrice $P_{\min}(\boldsymbol{A})$ per un generico autovettore generalizzato $\boldsymbol{v}_{j,k}$. In maniera analoga a quanto visto nella prova del Teorema G.1 vale

$$\begin{aligned} P_{\min}(\boldsymbol{A})\boldsymbol{v}_{j,k} &= \prod_{i=1}^{r} (\boldsymbol{A} - \lambda_i \boldsymbol{I})^{\pi_i} \boldsymbol{v}_{j,k} \\ &= \left(\prod_{i=1, i\neq j}^{r} (\boldsymbol{A} - \lambda_i \boldsymbol{I})^{\pi_i}\right) (\boldsymbol{A} - \lambda_j \boldsymbol{I})^{\pi_j} \boldsymbol{v}_{j,k} = \boldsymbol{0} \end{aligned}$$

e poiché tale prodotto è nullo per ognuno degli $n$ autovettori generalizzati che costituiscono un base per $\mathbb{R}^n$, possiamo affermare che la matrice $P_{\min}(\boldsymbol{A})$ è identicamente nulla. □

**Esempio G.4** La matrice del quarto ordine

$$\boldsymbol{A} = \begin{bmatrix} -1 & 0 & 0 & 0 \\ 0 & -1 & 1 & 0 \\ 0 & 0 & -1 & 0 \\ 0 & 0 & 0 & -2 \end{bmatrix}$$

(come si verifica per ispezione, essendo la matrice in forma di Jordan) ha due autovalori distinti: $\lambda_1 = -1$ di molteplicità $\nu_1 = 3$ e indice $\pi_1 = 2$, e $\lambda_2 = -2$ di molteplicità $\nu_2 = 1$ e indice $\pi_2 = 1$. Il suo polinomio minimo vale dunque:

$$P_{\min}(s) = (s+1)^2(s+2) = s^3 + 4s^2 + 5s + 2.$$

Poiché

$$\boldsymbol{A}^2 = \begin{bmatrix} 1 & 0 & 0 & 0 \\ 0 & 1 & -2 & 0 \\ 0 & 0 & 1 & 0 \\ 0 & 0 & 0 & 4 \end{bmatrix} \quad \text{e} \quad \boldsymbol{A}^3 = \begin{bmatrix} -1 & 0 & 0 & 0 \\ 0 & -1 & 3 & 0 \\ 0 & 0 & -1 & 0 \\ 0 & 0 & 0 & -8 \end{bmatrix}$$

si verifica facilmente che vale

$$P(\boldsymbol{A}) = \boldsymbol{A}^3 + 4\boldsymbol{A}^2 + 5\boldsymbol{A}^2 + 2\boldsymbol{I} = \begin{bmatrix} 0 & 0 & 0 & 0 \\ 0 & 0 & 0 & 0 \\ 0 & 0 & 0 & 0 \\ 0 & 0 & 0 & 0 \end{bmatrix}. \qquad \diamond$$

## G.3 Funzioni analitiche di una matrice

Nei precedenti paragrafi è stato definito il concetto di polinomio di una matrice quadrata. Più in generale, si consideri una funzione scalare $f(s) : \mathbb{C} \to \mathbb{C}$ analitica[2]

[2] La definizione formale di analiticità per una funzione di variabile complessa non viene data in questo testo. Tuttavia si confronti la definizione di funzione analitica reale data nell'Appendice E (cfr. Definizione E.6).

in una regione del piano complesso. All'interno di tale regione la funzione può essere sviluppata in serie polinomiale e vale

$$f(s) = \sum_{k=0}^{+\infty} a_k s^k. \tag{G.1}$$

È possibile in tal caso estendere tale funzione al campo delle matrici quadrate definendo una equivalente funzione matriciale $f : \mathbb{C}^{n\times n} \to \mathbb{C}^{n\times n}$ tramite la serie

$$f(\boldsymbol{A}) = \sum_{k=0}^{+\infty} a_k \boldsymbol{A}^k. \tag{G.2}$$

Esempi di funzioni analitiche sono le funzioni polinomiali, la funzione esponenziale $e^{\boldsymbol{A}}$ definita in Appendice C (cfr. § C.2.6), le funzioni trigonometriche $\sin(\boldsymbol{A})$ e $\cos(\boldsymbol{A})$, la funzione inversa $\boldsymbol{A}^{-1}$, ecc.

La seguente proposizione presenta una semplice tecnica, basata sul Teorema di Cayley-Hamilton, che consente di determinare $f(\boldsymbol{A})$ senza ricorrere al calcolo della serie.

**Proposizione G.5** *Data una funzione analitica $f(s) : \mathbb{C} \to \mathbb{C}$, per ogni matrice quadrata $\boldsymbol{A}$ di ordine $n$ esistono $n$ scalari $r_0, \ldots, r_{n-1}$ tali che:*

$$f(\boldsymbol{A}) = r_0 \boldsymbol{I} + r_1 \boldsymbol{A} + \cdots + r_{n-1} \boldsymbol{A}^{n-1}. \tag{G.3}$$

*Se la matrice $\boldsymbol{A}$ ha $n$ autovalori distinti $\lambda_1, \ldots, \lambda_n$, gli $n$ coefficienti incogniti $r_j$ si determinano risolvendo il sistema*

$$\begin{bmatrix} 1 & \lambda_1 & \cdots & \lambda_1^{n-1} \\ 1 & \lambda_2 & \cdots & \lambda_2^{n-1} \\ \vdots & \vdots & \ddots & \vdots \\ 1 & \lambda_n & \cdots & \lambda_n^{n-1} \end{bmatrix} \begin{bmatrix} r_0 \\ r_1 \\ \vdots \\ r_{n-1} \end{bmatrix} = \begin{bmatrix} f(\lambda_1) \\ f(\lambda_2) \\ \vdots \\ f(\lambda_n) \end{bmatrix} \tag{G.4}$$

*in cui ad ogni autovalore corrisponde una equazione.*

*Se la matrice $\boldsymbol{A}$ ha autovalori di molteplicità non unitaria, gli $n$ coefficienti incogniti $r_j$ si determinano risolvendo un sistema di $n$ equazioni in cui ad ogni autovalore $\lambda$ di molteplicità $\nu$ corrispondono le seguenti $\nu$ equazioni:*

$$\begin{bmatrix} 1 & \lambda & \cdots & \lambda^{n-1} \\ \frac{d}{d\lambda}1 & \frac{d}{d\lambda}\lambda & \cdots & \frac{d}{d\lambda}\lambda^{n-1} \\ \vdots & \vdots & \ddots & \vdots \\ \frac{d^{\nu-1}}{d\lambda^{\nu-1}}1 & \frac{d^{\nu-1}}{d\lambda^{\nu-1}}\lambda & \cdots & \frac{d^{\nu-1}}{d\lambda^{\nu-1}}\lambda^{n-1} \end{bmatrix} \begin{bmatrix} r_0 \\ r_1 \\ \vdots \\ r_{n-1} \end{bmatrix} = \begin{bmatrix} f(\lambda) \\ \frac{d}{d\lambda}f(\lambda) \\ \vdots \\ \frac{d^{\nu-1}}{d\lambda^{\nu-1}}f(\lambda) \end{bmatrix}. \tag{G.5}$$

*Dimostrazione.* Si dimostra per prima cosa che la matrice $f(\boldsymbol{A})$ può essere parametrizzata nella forma data in eq. (G.3). In seguito si mostra come calcolare i parametri incogniti.

*Parametrizzazione*

Sia $P(s)$ il polinomio caratteristico della matrice $\boldsymbol{A}$, di grado $n$. Essendo per ipotesi la funzione $f(s)$ data in (G.1) analitica, è sempre possibile scomporla nella forma[3]

$$f(s) = Q(s)P(s) + R(s), \tag{G.6}$$

dove $Q(s)$ è il polinomio quoziente tra $f(s)$ e $P(s)$, mentre

$$R(s) = r_0 + r_1 s + \cdots + r_{n-1} s^{n-1}$$

è il polinomio resto che ha grado minore o uguale a $n - 1$.

In maniera analoga anche la (G.2) ha una analoga scomposizione

$$f(\boldsymbol{A}) = Q(\boldsymbol{A})P(\boldsymbol{A}) + R(\boldsymbol{A}).$$

Ricordando il Teorema di Cayley-Hamilton, che afferma che la matrice $\boldsymbol{A}$ è radice del proprio polinomio caratteristico, ovvero soddisfa l'equazione $P(\boldsymbol{A}) = \boldsymbol{0}$, possiamo infine porre:

$$f(\boldsymbol{A}) = R(\boldsymbol{A}) = r_0 \boldsymbol{I} + r_1 \boldsymbol{A} + \cdots + r_{n-1} \boldsymbol{A}^{n-1}.$$

Il problema di determinare la funzione $f(\boldsymbol{A})$ è stato dunque ridotto al calcolo dei coefficienti $r_j$, ovvero del polinomio resto $R(s)$.

*Determinazione del polinomio resto*

Il polinomio resto $R(s)$ può essere determinato con il classico algoritmo della lunga divisione nel caso in cui la serie (G.1) ha un numero finito di termini non nulli. Esiste tuttavia una tecnica più semplice, applicabile anche a serie infinite, che sfrutta la definizione di polinomio caratteristico.

Sia $\lambda$ un autovalore della matrice $\boldsymbol{A}$ e si consideri l'eq. (G.6) calcolata per $s = \lambda$. Vale:

$$f(\lambda) = Q(\lambda)P(\lambda) + R(\lambda) = R(\lambda),$$

poiché $P(\lambda) = 0$, essendo per definizione un autovalore radice del polinomio caratteristico. Ciò consente di scrivere per ogni autovalore una equazione

$$r_0 + r_1 \lambda + \cdots + r_{n-1} \lambda^{n-1} = f(\lambda)$$

nelle $n$ incognite $r_j$. Se la matrice $\boldsymbol{A}$ ha $n$ autovalori distinti si ottiene il sistema in eq. (G.4), in cui matrice dei coefficienti è detta matrice di Vandermonde (cfr. Capitolo 4, § 4.2.2).

[3] Tale scomposizione, che è ovvia per un polinomio $f(s)$ di grado finito, vale anche per funzioni analitiche.

Se $\lambda$ è un autovalore della matrice $\boldsymbol{A}$ di molteplicità $\nu$ esso è radice di molteplicità $\nu$ del polinomio caratteristico, il che equivale a dire che esso è radice dei polinomi:

$$P(s);, \qquad P'(s) = \frac{d}{ds}P(s), \qquad \ldots, \qquad P^{(\nu-1)}(s) = \frac{d^{\nu-1}}{ds^{\nu-1}}P(s).$$

Denotando per semplicità $Q^{(k)}(s)$ la derivata $k$-ma rispetto ad $s$ del polinomio $Q(s)$, derivando $\nu - 1$ volte l'eq. (G.6) si ottiene:

$$\begin{array}{ll} f(s) & = [Q(s)P(s)] + R(s), \\ \frac{d}{ds}f(s) & = [Q'(s)P(s) + Q(s)P'(s)] + \frac{d}{ds}R(s), \\ \vdots & \quad \vdots \\ \frac{d^{\nu-1}}{ds^{\nu-1}}f(s) & = \left[Q^{(\nu-1)}(s)P(s) + \cdots + Q(s)P^{(\nu-1)}(s)\right] + \frac{d^{\nu-1}}{ds^{\nu-1}}R(s). \end{array}$$

Valutando queste espressioni in $s = \lambda$ i termini tra parentesi quadre si annullano e il sistema di equazioni assume la forma data in eq. (G.5). □

Il primo esempio è relativo al caso di una matrice con autovalori di molteplicità unitaria.

**Esempio G.6** Si vuole determinare $\sin(\boldsymbol{A})$ per la matrice $\boldsymbol{A} = \begin{bmatrix} -1 & 1 \\ 0 & -2 \end{bmatrix}$ che ha due autovalori distinti $\lambda_1 = -1$ e $\lambda_2 = -2$.

La matrice ha ordine due e vale dunque $\sin(\boldsymbol{A}) = r_0\boldsymbol{I} + r_1\boldsymbol{A}$, dove i coefficienti incogniti si determinano risolvendo

$$\begin{cases} r_0 + \lambda_1 r_1 & = \sin(\lambda_1) \\ r_0 + \lambda_2 r_1 & = \sin(\lambda_2) \end{cases} \qquad \Longrightarrow \qquad \begin{cases} r_0 - r_1 & = \sin(-1) \\ r_0 - 2r_1 & = \sin(-2) \end{cases}$$

da cui si ricava

$$\begin{cases} r_0 & = 2\sin(-1) - \sin(-2) \\ r_1 & = \sin(-1) - \sin(-2). \end{cases}$$

Dunque

$$\begin{aligned} \sin(\boldsymbol{A}) & = r_0\boldsymbol{I} + r_1\boldsymbol{A} \\ & = (2\sin(-1) - \sin(-2)) \begin{bmatrix} 1 & 0 \\ 0 & 1 \end{bmatrix} + (\sin(-1) - \sin(-2)) \begin{bmatrix} -1 & 1 \\ 0 & -2 \end{bmatrix} \\ & = \begin{bmatrix} \sin(-1) & (\sin(-1) - \sin(-2)) \\ 0 & \sin(-2) \end{bmatrix}. \end{aligned}$$

◇

Il secondo esempio considera il caso di una matrice con autovalori di molteplicità non unitaria.

**Esempio G.7** Si vuole determinare $e^{\boldsymbol{A}}$ per la matrice $\boldsymbol{A} = \begin{bmatrix} 3 & 0 & 1 \\ 2 & -1 & 1.5 \\ 0 & 0 & 3 \end{bmatrix}$ che ha polinomio caratteristico $P(s) = (s-3)^2(s+1)$ e dunque ha autovalore $\lambda_1 = 3$ di molteplicità 2 e $\lambda_2 = -1$ di molteplicità 1.

La matrice ha ordine tre e vale dunque $e^{\boldsymbol{A}} = r_0\boldsymbol{I} + r_1\boldsymbol{A} + r_2\boldsymbol{A}^2$. Nel sistema di equazioni che consente di determinare i coefficienti incogniti $r_j$ all'autovalore $\lambda_1 = 3$ competono due equazioni; la prima è

$$r_0 + \lambda_1 r_1 + \lambda_1^2 r_2 = e^{\lambda_1},$$

mentre la seconda si ottiene derivando la prima rispetto a $\lambda_1$ e vale

$$r_1 + 2\lambda_1 r_2 = e^{\lambda_1}.$$

Si può dunque scrivere il sistema

$$\begin{cases} r_0 + \lambda_1 r_1 + \lambda_1^2 r_2 = e^{\lambda_1} \\ r_1 + 2\lambda_1 r_2 = e^{\lambda_1} \\ r_0 + \lambda_2 r_1 + \lambda_2^2 r_2 = e^{\lambda_2} \end{cases} \Longrightarrow \begin{cases} r_0 + 3r_1 + 9r_2 = e^3 \\ r_1 + 6r_2 = e^3 \\ r_0 - r_1 + 2r_2 = e^{-1} \end{cases}$$

da cui si ricava

$$\begin{cases} r_0 = \frac{1}{16}\left(5e^3 + 9e^{-1}\right) \\ r_1 = \frac{1}{8}\left(-e^3 - 3e^{-1}\right) \\ r_2 = \frac{1}{16}\left(3e^3 + e^{-1}\right). \end{cases}$$

Dunque si ottiene

$$\begin{aligned} e^{\boldsymbol{A}} &= r_0\boldsymbol{I} + r_1\boldsymbol{A} + r_2\boldsymbol{A}^2 \\ &= \begin{bmatrix} e^3 & 0 & e^3 \\ (0.5e^3 - 0.5e^{-1}) & e^{-1} & (0.75e^3 - 0.25e^{-1}) \\ 0 & 0 & e^3 \end{bmatrix}. \end{aligned}$$ ◇

Concludiamo con tre osservazioni.

1. La stessa tecnica usata per determinare la matrice costante $f(\boldsymbol{A})$ consente anche di determinare la matrice $f(\boldsymbol{A}t)$ funzione della variabile $t \in \mathbb{R}$. Si confronti a tale proposito l'Esempio 4.9 dove si calcola $e^{\boldsymbol{A}t}$ per la stessa matrice $\boldsymbol{A}$ considerata nell'Esempio 4.9. In tal caso i coefficienti scalari $r_j$ sono funzioni della variabile reale $t$.
2. Si noti che lo sviluppo di Sylvester presentato nel Capitolo 4 (cfr. Proposizione 4.7) è un caso particolare della Proposizione G.5.

3. Si noti che la Proposizione G.5 si applica anche al calcolo di potenze e polinomi matriciali. Ad esempio, data una matrice $\boldsymbol{A}$ di ordine $n$ esistono $n$ coefficienti $r_j$ tali che la potenza $\boldsymbol{A}^m$ con $m \geq n$ può sempre essere riscritta nella forma

$$\boldsymbol{A}^m = r_0 \boldsymbol{I} + r_1 \boldsymbol{A} + \cdots + r_{n-1} \boldsymbol{A}^{n-1},$$

come combinazione lineare delle matrici $\boldsymbol{I}$, $\boldsymbol{A}$, ..., $\boldsymbol{A}^{n-1}$. Più in generale se $Q(s)$ è un qualunque polinomio di grado $m \geq n$ esistono $n$ coefficienti $r_j$ tali che

$$Q(\boldsymbol{A}) = r_0 \boldsymbol{I} + r_1 \boldsymbol{A} + \cdots + r_{n-1} \boldsymbol{A}^{n-1}.$$

# Bibliografia


[1] Bolzern P., R. Scattolini, N. Schiavoni, *Fondamenti di Controlli Automatici*, McGraw-Hill, 2004

[2] Cassandras C., S. Lafortune, *Introduction to Discrete Event Systems*, Kluwer Accademic Publishers, 1999

[3] Chen C.T., *Linear System Theory and Design*, Holt, Rinehart and Winston, 1984

[4] Chiaverini S., F. Caccavale, L. Villani, L.Sciavicco, *Fondamenti di Sistemi Dinamici*, McGraw-Hill, 2003

[5] Di Febbraro A., A. Giua, *Sistemi ad Eventi Discreti*, McGraw-Hill, 2002

[6] Fornasini E., G. Marchesini, *Appunti di Teoria dei Sistemi*, Edizioni Libreria Progetto, 1988

[7] Friedland B., *Control System Design*, McGraw Hill, 1986

[8] Grasselli O.M., L. Menini, S. Galeani, *Sistemi dinamici*, Hoepli, 2008

[9] Isidori A., *Nonlinear Control Systems*, Springer Verlag, 1999

[10] Khalil H.K., *Nonlinear Systems*, Prentice Hall, 2002

[11] Kwakernaak H., R. Sivan, *Linear Optimal Control Systems*, John Wiley & Sons, 1972

[12] Lepschy A., A. Ruberti, *Lezioni di Controlli Automatici*, Edizioni Scientifiche Siderea, 1967

[13] Marro G., *Controlli Automatici*, Zanichelli, 1992

[14] Ogata K., *Modern Control Engineering*, Prentice Hall, 1990

[15] Ricci G., M.E. Valcher, *Segnali e Sistemi*, Ed. Libreria Progetto, 2002

[16] Rinaldi S., *Teoria dei Sistemi*, Clup, 1977

[17] Ruberti A., A. Isidori, *Teoria dei Sistemi*, Boringhieri, 1979

[18] Slotine E., W. Li, *Applied Nonlinear Control*, Prentice Hall, 1991

[19] M. Benidir, B. Picinbono, "Extended Table for Eliminating the Singularities in Routh's Array", *IEEE Trans. on Automatic Control*, vol. 35, n. 2, pp. 218–222, Feb. 1990

# Indice analitico

The manufacturer's authorised representative in the EU is Springer Nature Customer Service Centre GmbH, Europaplatz 3, 69115 Heidelberg, Germany. If you have any concerns regarding our products, please contact ProductSafety@springernature.com

Printed and bound by CPI Group (UK) Ltd, Croydon, CR0 4YY
25/03/2026
02078197-0007